Nr. 46 S. 12441—12728

1956 14. November

Chemisches Zentralblatt

Vollständiges Repertorium für alle Zweige der reinen und angewandten Chemie

1830 gegründet. 1897—1945 von der Deutschen Chemischen Gesellschaft fortgeführt.
Im Auftrage der Deutschen Akademie der Wissenschaften zu Berlin, der Chemischen Gesellschaft in der Deutschen Demokratischen Republik, der Akademie der Wissenschaften zu Göttingen und der Gesellschaft Deutscher Chemiker

herausgegeben von Prof. Dr. **Maximilian Pflücke**

127. Jahrgang

1956

Chefredakteure: Dr. Eugen Klever und Prof. Dr. Maximilian Pflücke

Akademie-Verlag GmbH., Berlin — Verlag Chemie, GmbH., Weinheim/Bergstr.

Inhalt

Namenregister

Chemisches Zentralblatt

1956 **Nr. 46** **14. November**

A. Allgemeine, physikalische und anorganische Chemie.

A₁. Kernphysik und Kernchemie.

L. Jánossy und **L. Nagy**, *Der Verlauf der Rossi-Kurve bei großen Bleidicken.* Messungen der ROSSIschen Übergangskurve wurden mit einer Anordnung ähnlich der von BOTHE u. THURN benutzten ausgeführt. Im Gegensatz zu diesen Autoren wird außer dem ersten Maximum kein weiteres Maximum in der Übergangskurve gefunden. Die statist. Ungenauigkeit der Meßpunkte liegt in der Größenordnung von 0,5%. Ein mit den Meßpunkten vereinbares Maximum bei Bleidicken >10 cm müßte um mehr als eine Größenordnung kleiner als der von BOTHE u. Mitarbeitern gefundene Effekt sein. (Vgl. nachst. Ref.) (Z. Naturforsch. **11a.** 312—15. April 1956. Budapest, Zentralforsch.-Inst. für Phys., Abt. für kosm. Strahlung.) H. NELKOWSKI. 85

H. Faissner, K. H. Lauterjung und **B. Schimmer**, *Die Form der Schauerauslösekurve bei großen Bleidicken.* (Vgl. C. **1956.** 6564.) Mit einer Zählrohranordnung nach THURN u. BOTHE wurde die Schauerauslösekurve unter Pb bis zu einer Schichtdicke von 40 cm gemessen. Die apparativen Bedingungen wurden mehrfach variiert u. immer nur das 1. Maximum gefunden. Die Überhöhung des ROSSI-Maximums war wesentlich kleiner als von THURN angegeben wurde. Die abweichenden Ergebnisse anderer Autoren können durch das Auftreten elektron. Kopplungen erklärt werden. Mit einer Anordnung nach SCHMEISER (SCHMEISER u. BOTHE, Ann. Physik **32.** [1938.] 161) ließ sich ebenfalls kein höheres Maximum finden. (Z. Naturforsch. **11a.** 315—22. April 1956. Heidelberg, MPI für med. Forsch., Inst für Phys.) H. NELKOWSKI. 85

L. v. Lindern, *Zur Mesonenerzeugung bei Kernstößen hoher Energie.* An ILFORD G5-Emulsionen von 0,4 mm Dicke, die ca. 8 Std. auf 25 km Höhe exponiert waren, wurden 45 energiereiche Mesonenschauer beobachtet, die von einem einfach geladenen oder neutralen Teilchen ausgelöst wurden. Identifizierung u. Energiebest. der geladenen Schauerteilchen erfolgte durch Messung der Vielfachstreuung u. Best. des Ionisationsverlustes aus der Korndichte. Es wurden nur Schauer ausgewählt, die von höchstens 3 geladenen Verdampfungsprodd. begleitet waren u. mindestens 8 geladene Schauerteilchen enthielten. Es wird angenommen, daß die Schauer bei einem einzigen Nucleon–Nucleon-Stoß erzeugt werden. Bei Primärenergien unter 100 GeV entspricht die Winkelverteilung der leichten Mesonen einer isotropen im Schwerpunktssystem. Bei Primärenergien über 100 GeV werden Teilchen hoher Energie bevorzugt unter kleinen Winkeln zur Vorwärts- oder Rückwärtsrichtung emittiert. Die HEISENBERGsche Stoßwellentheorie gibt eine gute Beschreibung der Daten. (Z. Naturforsch. **11a.** 340—47. Mai 1956. Göttingen, MPI für Physik.) M. WIEDEMANN. 85

A. W. Chrimjan, *Über die Existenz von durchdringenden Paaren.* Bei Unterss. der Höhenstrahlung auf 3250 m mittels eines Massenspektrometers im Magnetfeld von 6850 Oe. wurde festgestellt, daß unter Einw. der neutralen Strahlung in *Pb* bei Kernzertrümmerungen Paare durchdringender, verschieden geladener Teilchen entstehen, von denen mindestens eines weder ein Pion noch ein Proton ist. Der Querschnitt für Kernwechselwirkungen ist mindestens bei einem Partner kleiner als bei Pionen oder Protonen. Die Paare können nicht das Prod. des Zerfalls neutraler Teilchen sein. (Доклады Академии Наук СССР [Ber. Akad. Wiss. UdSSR] **104.** 393—96. 21/9. 1955. Physikal. Inst. der Akad. der Wiss. der ArmenSSR.) M. WIEDEMANN. 85

A. Achijeser, W. Alexin und **D. Wolkow**, *Über einige Effekte, die durch die Wechselwirkung des elektromagnetischen Feldes mit dem Vakuum skalarer geladener Teilchen bedingt sind.* In Analogie zur Wechselwrkg. des elektromagnet. Feldes mit dem Elektronen–Positronen-Vakuum wird die Wechselwrkg. mit dem Vakuum skalarer geladener Teilchen behandelt. Dabei wird die Streuung von Licht durch Licht u. die Abhängigkeit des Wirkungsquerschnitts von Winkel u. Frequenz abgeleitet, ferner die kohärente Streuung von γ-Strahlung durch Kerne u. schließlich die Korrektur am COULOMB-Gesetz, die durch die Polarisation des Vakuums bedingt ist. (Доклады Академии Наук СССР [Ber. Akad. Wiss. UdSSR] **104.** 830—33. 21/10. 1955.) M. WIEDEMANN. 90

Herbert Überall, *Radiale Ausbreitung bei der Photondiffusion.* Die Änderung der radialen Intensitätsverteilung eines parallelen Bündels von γ-Strahlen bei Eindringen in Materie wird untersucht. Die zugrunde liegende Transportgleichung wird unter Beschränkung auf $\hbar\omega \ll mc^2$ durch verschied. Näherungsmethoden gelöst: die so erhaltene Intensitätsverteilung ist in Integralform dargestellt u. wird für Spezialfälle numer. ausgewertet. (Acta physica austriaca **9.** 324—34. 1955. Wien.) B. Müller. 90

C. L. Oxley und **V. L. Telegdi,** *Streuung von 30—95 MeV-Photonen an Protonen.* Die elast. Streuung von γ-Strahlung an H wird unter Laboratoriumswinkeln von 50 bis 150° gemessen, die gefundenen Querschnitte werden in graph. Form dargestellt. Die theoret. Kurve für die Streuung an einem punktförmigen Proton wird zum Vgl. herangezogen. (Physic. Rev. [2] **100.** 435—36. 1/10. 1955. Chicago, Ill., Inst. for Nucl. Stud.) F. Weigel. 90

Lewis V. Spencer und **U. Fano,** *Durchdringung und Streuung von Röntgenstrahlen. Berechnung der räumlichen Verteilungen durch Polynomentwicklung.* Die räumliche Verteilung der Röntgenstrahlung in einem Medium kann durch eine Reihe von Polynomen gegeben werden, die rasch konvergiert. Für ein unendliches homogenes Medium werden die Berechnungen für folgende Fälle durchgeführt: ebene Quelle mit Strahlung in einer Richtung, ebene isotrope Quelle, Beschränkung auf energiereiche Photonen u. ohne Beschränkung, punktförmige isotrope Quelle u. solche mit Strahlung in einer Richtung. Als Beispiele sind durchgerechnet: die 10 Mev-γ-Strahlung in Pb, isotrope ^{60}Co-Quelle in Wasser. (J. Res. nat. Bur. Standards **46.** 446—56. Juni 1951. Washington, D. C.) M. Wiedemann. 90

H. Courant, *Beobachtung von Photonen in Verbindung mit K-Teilchen-Zerfällen in einer Vielplatten-Nebelkammer.* (Vgl. Bridge u. Mitarbeiter, C. **1954.** 11352.) Die l. c. erwähnte Existenz von Photonen unter den Zerfallsprodd. des K-Mesons wurde bestätigt. Sie entstehen indirekt nach einem Zweikörperzerfall, bei dem als neutrales Teilchen ein π^0-Meson auftritt. (Physic. Rev. [2] **99.** 282—87. 1/7. 1955. Cambridge, Mass., MIT, Dep. of Phys. and Labor. for Nucl. Sci.) M. Pollermann. 90

James R. Peterson, *Massenwerte identifizierter K-Mesonen.* (Sitzungsbericht.) (Physic. Rev. [2] **100.** 1803. 15/12. 1955. Berkeley, Calif., Univ. of California.) Gerhard Schmidt. 90

Frances M. Smith, Harry H. Heckman und **Walter H. Barkas,** *Massen positiver K-Teilchen.* 1. Mitt. *Identifizierung von K-Teilchen und Analyse von Sekundärteilchen.* (Sitzungsbericht.) (Physic. Rev. [2] **100.** 1802. 15/12. 1955. Berkeley, Calif., Univ. of California.) Gerhard Schmidt. 90

Harry H. Heckman, Frances M. Smith und **Walter H. Barkas,** *Massen positiver K-Teilchen.* 2. Mitt. *Methode, Analyse und Ergebnisse.* (1. vgl. vorst. Ref.) (Sitzungsbericht.) (Physic. Rev. [2] **100.** 1803. 15/12. 1955.) Gerhard Schmidt. 90

Charles E. Violet, F. C. Gilbert und **R. Stephen White,** *Wechselwirkungen negativer K-Teilchen in Kernemulsionen.* 1. Mitt. (Sitzungsbericht.) (Physic. Rev. [2] **100.** 1803. 15/12. 1955. Berkeley, Calif., and Livermore, Calif., Univ. of California.) Gerhard Schmidt. 90

F. C. Gilbert, Charles E. Violet und **R. Stephen White,** *Wechselwirkungen negativer K-Teilchen in Kernemulsionen.* 2. Mitt. (1. vgl. vorst. Ref.) (Sitzungsbericht.) (Physic. Rev. [2] **100.** 1803. 15/12. 1955.) Gerhard Schmidt. 90

R. Stephen White, F. C. Gilbert und **Charles E. Violet,** *Wechselwirkungen negativer K-Teilchen in Kernemulsionen.* 3. Mitt. (2. vgl. vorst. Ref.) (Sitzungsbericht.) (Physic. Rev. [2] **100.** 1803. 15/12. 1955.) Gerhard Schmidt. 90

H. L. Taylor, O. Lönsjö und **T. W. Bonner,** *Unelastische Streuquerschnitte für schnelle Neutronen.* Ausführliche Darst. der C. **1955.** 10668 referierten Arbeit. (Physic. Rev. [2] **100.** 174—80. 1/10. 1955. Erratum: **101.** 1835. 15/3. 1956. Houston, Tex., Rice Inst.) F. Weigel. 90

Toshiya Komoda und **Muneo Sasaki,** *Über die Proton–Neutron-Wechselwirkung.* Vff. berechnen das magnet. u. das Quadrupolmoment des Deuterons für verschied. Werte der Tiefe eines Wechselwirkungspotentials, das im Zentralanteil Yukawasche Radialabhängigkeit, im Tensoranteil eine r^{-2}-Singularität u. gleiche Reichweite in beiden Anteilen besitzt, wobei zwei verschied. Näherungen für kleine r verwendet werden. (Progr. theoret. Physics [Kyoto] **9.** 468. April 1953. Tokyo, Inst. of Technol., Metropolitan Univ. [Orig.: engl.]) D. Geissler. 90

Owen Chamberlain, Emilio Segrè, Clyde Wiegand und **Thomas Ypsilantis,** *Beobachtungen von Antiprotonen.* Es wird eine aus 4 verschied. Detektoren u. der gleichen Zahl von Deflektor- u. Fokussierungsmagneten bestehende Versuchsanordnung beschrieben, mit der es gelingt, das bei der Anwendung der Diracschen Theorie auf Protonen geforderte Antiproton experimentell nachzuweisen. Durch Einstellung der verschied. Detektoren auf engbegrenzte Energiebereiche u. Auswahl bestimmter Koinzidenzfolgen lassen sich die durch Antiprotonen ausgelösten Impulse von dem sehr starken Pionenuntergrund trennen. Pro 10^5 Pionen werden im Durchschnitt 2,5 Antiprotonen beobachtet, die Anregungsfunktion für die Erzeugung von Antiprotonen beim Beschuß eines Cu-Targets mit Bevatronprotonen wird mitgeteilt. (Physic. Rev. [2] **100.** 947—50. 1/11. 1955. Berkeley, Calif., UCRL.) F. Weigel. 90

R. G. P. Voss und **R. Wilson,** *Neutronen- und Protonenverteilungen in schweren Kernen.* Die unelast. Wirkungsquerschnitte von 134 MeV-Protonen u. 140 MeV-Neutronen werden in Termen des opt. Modells analysiert. Der Radius der Quadratmulde ist bei Pb- u. Cd-Kernen für Neutronen bedeutend kleiner als für Protonen, was die Annahme stützt, daß Neutronen im Kern eine größere räumliche Ausdehnung als Protonen haben. (Physic. Rev. [2] **99.** 1056—57. 1/8. 1955. Oxford, Clarendon Labor.) K.-E. Seyb. 95

Jerome Rothstein, *Die Bedeutung von Kernspinechoversuchen für die Begründung der statistischen Mechanik.* (Sitzungsbericht.) (Physic. Rev. [2] **100.** 1791. 15/12. 1955. Signal Corps Engng. Labors.) R. Stein. 95

H. L. Reynolds, L. D. Wyly und **A. Zucker,** *Der Wirkungsquerschnitt für den Elektroneneinfang und -verlust von 26 MeV-Stickstoffionen.* Die Elektroneneinfang- u. -verlustquerschnitte für 26 MeV-Stickstoffionen in Zapon werden gemessen. Durch das Magnetfeld des Cyclotrons voneinander getrennte Ladungsgruppen wurden in der Weise durch sehr dünne Zaponfolien geschickt, daß kein Ladungsgleichgewicht erreicht werden konnte. Die relativen Intensitäten der Nichtgleichgewichts-Ladungsverteilungen wurden zur Analyse der Querschnittsverhältnisse bestimmt. Es wurde gefunden, daß $\sigma_{56}/\sigma_{67} = 2{,}6$, $\sigma_{56}/\sigma_{65} = 3{,}8$ u. $\sigma_{67}/\sigma_{76} = 0{,}78$. Unter der Annahme von $A = 14$ als mittleres At-Gew. von Zapon ergeben sich die folgenden Einfang- u. Verlustquerschnitte in cm²/Atom: $\sigma_{56} = 7{,}6 \cdot 10^{-18}$, $\sigma_{65} = 2{,}0 \cdot 10^{-18}$, $\sigma_{67} = 2{,}9 \cdot 10^{-18}$ u. $\sigma_{76} = 3{,}8 \cdot 10^{-18}$. Die Nichtgleichgewichts-Ladungsverteilungen als Funktion der Foliendicke werden für eintretende Ionenbündel angegeben, die nur aus N^{7+}, N^{6+} oder N^{5+} bestehen. (Physic. Rev. [2] **98.** 1825—27. 15/6. 1955. Oak Ridge, Tenn., Oak Ridge Nat. Labor.) F. Weigel. 103

H. D. Holmgren, M. L. Bullock und **W. E. Kunz,** *Die Winkelverteilung der Protonen* aus *$^9Be(^3He, p)^{11}B$.* Die Winkelverteilung der Protonen aus der Rk. $^9Be(^3He, p)^{11}B$ wird gemessen. Die Kurven zeigen keine Symmetrie um 90°, was darauf hindeutet, daß die Rk. nicht ausschließlich über die Bldg. eines Compoundkerns führt, sofern nicht Niveaus mit entgegengerichteter Parität beteiligt sind. (Physic. Rev. [2] **100.** 436. 1/10. 1955. Washington, D. C., NRL.) F. Weigel. 103

John E. Iwersen und **W. S. Koski,** *Die γ-Strahlen beim Zerfall von ^{25}Na.* Vff. beschießen Mg mit schnellen Neutronen aus dem Li-Target eines Linearbeschleunigers u. messen das γ-Spektr. des erzeugten ^{25}Na mit Hilfe eines Scintillationsspektrometers. Gefunden werden Linien bei 0,98, 0,59, 0,41 u. wahrscheinlich bei 0,46 MeV. Die ersten drei Linien sind mit bekannten Energieniveaus in ^{25}Mg verträglich. (Physic. Rev. [2] **98.** 1307. 1/6. 1955. Baltimore, Md., Johns Hopkins Univ., Dep. of Chem.) F. Weigel. 103

A. McNair, R. N. Glover und **H. W. Wilson,** *Das Verzweigungsverhältnis von ^{40}K.* Vff. vergleichen das Verhältnis γ/β-Intensität in ^{40}K mit der in ^{60}Co. Die γ-Strahlen werden mit einem NaJ-Kristall gemessen, der sich in einem 200 ml Gefäß mit der akt. Lsg. befindet, während die β-Strahlung mit einem Proportionalzählrohr mit 1000 cm² Probenfläche gemessen wird. Es folgt $\lambda_k/\lambda_\beta = 0{,}124 \pm 0{,}002$. Bei einer zweiten Messung dient ^{24}Na als Vgl., es folgt $\lambda_k/\lambda_\beta = 0{,}121 \pm 0{,}004$. (Physic. Rev. [2] **99.** 771. 1/8. 1955. Glasgow, Univ., Dep. of Natural Philos.) G. Herrmann. 103

T. Yuasa, M. E. Nahmias und **M. Vivargent,** *Der Zerfall von ^{59}Cu und die Stabilität von $^{2Z+\frac{1}{2}}X$-Kernen.* 93,5%ig. ^{58}Ni wird mit 5,3 MeV-Deuteronen beschossen u. das 83,0 ± 1,0 Sek.-^{59}Cu mit einem 180° magnet. β-Spektrographen u. einem NaJ-Scintillationsspektrometer untersucht. Gefunden wird eine maximale β^+-Energie von 1,85 ± 0,05 MeV u. γ-Strahlen von ~1,75 MeV mit einer Intensität von ≤ 2% der β^+-Intensität. Ein Zerfallsschema wird aufgestellt. Die Anregungskurve der Rk. $^{58}Ni(d, n)^{59}Cu$ wird untersucht, der Q-Wert beträgt 3,26 ± 0,45 MeV. Die M. von ^{59}Cu ergibt sich zu 58,95602 ± 0,00030 Masseneinheiten. Für die $^{2Z+\frac{1}{2}}X$-Kerne wird E_β u. log*ft* gegen Z aufgetragen u. die Stabilität dieser Kerne erörtert. (J. Physique Radium **16.** 654—58. Aug./Sept. 1955. Paris, Coll. de France, Labor. de Phys. et Chim. nucl.) G. Herrmann. 103

Bernard L. Cohen und **Eugene Newman,** *(p, pn)- und (p, 2n)-Wirkungsquerschnitte in mittelschweren Kernen.* Beim Beschuß sehr kleiner Mengen von Elementen der Massen 48—75 mit 21,5 MeV-Protonen erhalten Vff. verhältnismäßig hohe Wirkungsquerschnitte

für die (p, pn)-Rk., was durch die Theorie nicht erklärt werden kann. Auch im Vgl. zu Rkk., die durch Protonen niedrigerer Energie u. 15 MeV-Neutronen induziert worden sind, ist die p-Emission gegenüber der n-Emission unerwartet stark begünstigt. (Physic. Rev. [2] **99.** 718—23. 1/8. 1955. Oak Ridge, Tenn., Oak Ridge Nat. Labor.)
K.-E. Seyb. 103

B. L. Cohen, E. Newman und **T. H. Handley,** *(p, pn)- + (p, 2n)- und (p, 2p)-Wirkungsquerschnitte in mittelschweren Kernen.* (Vgl. vorst. Ref.) Die Verss. werden bis herab zur M. 19 fortgesetzt. Das Prod. der (p, 2n)-Rk. geht durch Zerfall in das gleiche Isotop über, das durch die (p, pn)-Rk. direkt gebildet wird. Der Wirkungsquerschnitt beider Rkk. wird auf dieses Isotop bezogen. Zur Best. der (p, 2p)-Prodd. werden radiochem. Trennungen durchgeführt. Ebenso wie l. c. ist auch hier der Wirkungsquerschnitt der (p, 2p)-Rk. unerwartet hoch. (Physic. Rev. [2] **99.** 723—27. 1/8. 1955.)
K.-E. Seyb. 103

A. Kohn und **J. Doumerc,** *Untersuchung einiger Erscheinungen, die beim Beschuß von metallischen Proben in Luft mit Deuteronen von ungefähr 3 MeV beobachtet wurden.* Vff. untersuchen die Best. kleiner Mengen *C* in *Fe* durch die Rk. $^{12}C(d, n)^{13}N$ mit 3 MeV-Deuteronen. Die Inhomogenität des Deuteronenbündels muß durch ein rotierendes Target ausgeglichen werden. Störende Oberflächenaktivitäten durch Aktivierung der Luft sind das 1,5 Min.-^{15}O aus $^{14}N(d, n)$, 1,2 Min.-^{17}F aus $^{16}O(d, n)$, ^{13}N aus CO_2, 112 Min.-^{18}F aus $^{17}O(d, n)$ u. $^{20}Ne(d, \alpha)$, 107 Min.-^{41}Ar aus $^{40}Ar(d, p)$ u. das 114 Min.-^{83}Kr aus $^{82}Kr(d, p)$. (J. Physique Radium **16.** 649—53. Aug./Sept. 1955.)
G. Herrmann. 103

K. Fritze und **F. Strassmann,** *Indirekte Bestimmung der Halbwertszeit des Rubidiums.* Die Halbwertszeit des ^{87}Rb wurde an zwei Lepidolithen verschied. Lagerstätten aus dem Alter der Mineralien u. dem Geh. an Rb u. *Sr* zu $4{,}6 \cdot 10^{10}$ Jahren (±10%) bestimmt. Die Alterswerte wurden nach der K–Ar-Meth. ermittelt. Die Alkalien wurden durch Harzaustauscher-Chromatographie getrennt, der Sr-Geh. durch radiochem. Verdünnungsanalyse bestimmt u. Ar durch Adsorption u. Desorption an akt. Kohle im Hochvakuum gewonnen. Best. des *Ba*-Geh. der Proben zeigen, daß die Anteile an nichtradiogenem ^{40}Ar u. ^{87}Sr vernachlässigbar klein sind. (Z. Naturforsch. **11a.** 277—80. April 1956. Mainz, Univ., Anorgan.-chem. Inst.) H. Nelkowski. 103

Ingeborg Geese-Bähnisch, *Zum β-Zerfall des Rubidiums 87: Nachprüfung des Zerfallsschemas und Neubestimmung der Halbwertszeit.* Revision des Zerfallsschemas u. der Halbwertszeit von ^{87}Rb. (Z. Physik **142.** 565—84. 1955. Marburg, Univ., Physikal. Inst.)
F. Weigel. 103

Paul Avignon, *Der Zerfall des ^{102}Rh.* Vf. untersucht mittels eines Scintillationsspektrometers das γ-Spektr. des ^{102}Rh u. zeigt, daß dessen Zerfall hauptsächlich durch K-Einfang erfolgt. Ein Teil des gemessenen γ-Spektr. wird in Form eines Diagramms: Zerfälle pro Min. gegen Diskriminatoreinstellung gegeben. Auf Grund von Konversionskoeffizienten zieht Vf. Schlüsse auf Spin u. Parität des 1. angeregten Zustandes des ^{102}Rh sowie über Ordnung einzelner γ-Übergänge. (C. R. hebd. Séances Acad. Sci. **240.** 176—78. 10/1. 1955.) J. Roesmer. 103

Scott C. Daubin und **Donald R. Hamilton,** *Gestörte γ—γ-Richtungskorrelation in ^{114}Cd.* Der Einfl. des chem. u. physikal. Zustandes der ^{114}In-Quelle auf die Richtungskorrelation der 722—556 keV-γ–γ-Kaskade wird mit NaJ-Kristallzähler, Photomultiplier u. verchied. Koinzidenzkreisen untersucht. Festes $InCl_3$ u. gefrorene Lsgg. zeigen für die Anisotropie einen Schwächungsfaktor von $0{,}77 \pm 0{,}008$. Für den Zwischenzustand wird eine Lebensdauer von $\leq 2{,}3 \cdot 10^{-10}$ sec u. ein Quadrupolmoment $|Q| \geq 0{,}4 \cdot 10^{-24}$ cm² gefunden. (Physic. Rev. [2] **99.** 683—85. 1/8. 1955. Princeton, N. J., Univ., Palmer Labor.) K.-E. Seyb. 103

H. Carminatti, I. Fraenz, R. Radicella und **J. Rodriguez,** *Die Halbwertszeit von ^{127}Sn.* Mit dem Synchrocyclotron wurden unter Verwendung eines Be-Target, einer Deuteronenenergie von 28 MeV u. einer Stromstärke von 15 μA Neutronenbestrahlungen an Natriumtellurit durchgeführt. Dieses wurde in konz. HNO_3 gelöst u. mit Sb(III) als Träger die Sb-Oxyde gefällt. Der Nd. wurde gelöst u. nach Zugabe von Sn(IV) u. Te(VI) Te mit Hydrazinchlorid gefällt. Weiterhin wurde Sb_2S_3 gefällt, der Zinnkomplex durch Borax zerstört u. Sn als Sulfid gefällt. Eine andere Meth. bestand in Lsg. des Tellurits in $HClO_4$ u. Dest. von $SnCl_4$. Mittels eines Scintillators u. eines einfachen Diskriminators, wobei nur Photonen über 0,2 MeV gemessen wurden, wurde die Halbwertszeit des ^{127}Sn zu 123 ± 3 Min. bestimmt. Die Restaktivität von 5%, die in ca. 4 Tagen abfiel, wird der Tochtersubstanz ^{127}Sb zugeschrieben. (Z. Naturforsch. **11a.** 419—20. Mai 1956. Buenos Aires, Labor. de Radioquim. de la Comis. Nac. de la Energia Atom.)
M. Wiedemann. 103

Hans Mark und **George T. Paulissen,** *Elektrische Anregung bestimmter Kerne der Seltenen Erden durch Protonen.* Insgesamt 16 Niveaus wurden in den Kernen ^{148}*Sm*, ^{150}Sm, ^{152}Sm, ^{154}Sm, ^{151}*Eu*, ^{153}Eu, ^{154}*Gd*, ^{155}Gd, ^{156}Gd, ^{157}Gd, ^{158}Gd, ^{160}Gd u. ^{159}*Tb* beobachtet. Für einige dieser Niveaus werden die elektr. Quadrupolübergangswahrscheinlichkeiten durch Messung der elektr. Anregungsquerschnitte bestimmt. Für Gd-Isotope mit geradem A stimmen die beobachteten Eigg. der tiefliegenden Niveaus mit den Erwartungen des Rotationsmodells mit starker Kopplung überein. Im allg. sind die Ergebnisse qualitativ mit den Voraussagen des Kollektivmodells in Einklang. (Physic. Rev. [2] **100.** 813—22. 1/11. 1955. Cambridge, Mass., MIT, Dep. of Phys. and Labor. for Nucl. Sci.) F. WEIGEL. 103

Sven A. E. Johansson, *Rotationszustände in* ^{169}*Tm.* Der Zerfall von ^{169}*Yb* wird mit Hilfe eines Koinzidenz-Scintillationsspektrometers untersucht. Beobachtet werden 11 γ-Linien, die sich in ein Zerfallsschema mit Niveaus bei 10, 120, 142, 318, 336, 382 u. 476 keV einordnen lassen. Die Multipolarität der stärksten γ-Linie wird bestimmt u. einigen Niveaus der Spin zugeordnet. Es wird gefunden, daß fünf der Niveaus eine Rotationsbande mit $K = {}^1/_2$ bilden. Für diesen Fall sagt das Modell von BOHR u. MOTTELSON ein anomales Rotationsspektr. voraus. Das experimentell beobachtete Spektr. stimmt mit der Theorie überein. (Physic. Rev. [2] **100.** 835—40. 1/11. 1955. Lund, Univ., Dep. of Phys.) F. WEIGEL. 103

R. W. Hayward, D. D. Hoppes und **W. B. Mann,** *Das Verzweigungsverhältnis beim Zerfall von Polonium 210.* Vff. verwendeten verschied. Mikrocalorimeter, um die α-Zerfallsenergie eines 60 mC ^{210}Po-Präp. zu bestimmen u. ein Scintillationsspektrometer mit hohem Auflösungsvermögen zur Messung der γ-Zerfallsenergie. Das γ/α-Verhältnis wird zu $1{,}207 \pm 0{,}060 \cdot 10^{-5}$ bestimmt. Dieser Wert wird auf Grund der Annahme berechnet, daß die Energie der α-Hauptgruppe von ^{210}Po 5,301 MeV ist. Das Scintillationsspektrometer wurde mit einer ^{60}Co-γ-Strahlenquelle geeicht; die Winkelanisotropie der ^{60}Co-γ-Quanten wurde zu $1{,}164 \pm 0{,}02$ bestimmt. (J. Res. nat. Bur. Standards **54.** 47—50. Jan. 1955.) J. ROESMER. 103

S. W. Peat und **M. A. S. Ross,** *Der radioaktive Zerfall von* ^{232}*Th.* Der α-Zerfall von ^{232}Th wird an Kernemulsionen untersucht, die mit einer Th-Salzlsg. getränkt waren. Die Th-Zerfälle lassen sich gut von den Jo-Zerfällen unterscheiden. Außer α-Bahnen werden die Bahnen von 142 Konversionselektronen untersucht; diese lassen sich in 2 Gruppen mit den mittleren Energien von $42{,}0 \pm 0{,}5$ u. $54{,}5 \pm 0{,}7$ keV aufteilen. Wird angenommen, daß diese Elektronen aus einem E2-Überhang u. von der L- bzw. M + N-Konversion stammen, so folgt, daß die L-Gruppe fast vollständig aus der Konversion in der L_{II}- u. L_{III}-Schale herrührt, die die Termwerte 18,48 u. 15,44 keV besitzen. Die M+N-Gruppe hat ihren Ursprung hauptsächlich in den Schalen M_I, M_{II} u. M_{III}, deren Termwerte bei 3,8—4,8 keV liegen. Hieraus ergibt sich für den ursprünglichen konvertierten Übergang ein Wert von 59 ± 1 keV. Die beobachteten α-Bahnen lassen sich ebenfalls in 2 Gruppen verschied. Reichweite einteilen. Der Reichweiteunterschied beträgt $0{,}30 \pm 0{,}60\ \mu$ entsprechend einem Energieunterschied von 60 ± 12 keV in Übereinstimmung mit den Ergebnissen an Konversionselektronen. (Proc. physic. Soc., Sect. A **68.** 923—25. 1/10. 1955. Edinburgh, Univ., Dep. of Natural Philos.) F. WEIGEL. 103

John O. Rasmussen, Hilding Slätis und **Thomas O. Passell,** *Der* β*-Strahler* ^{238}*Np.* 1. Mitt. β*-Spektroskopie.* Ausführliche Darst. der C. **1955.** 1436 referierten Arbeit von SLÄTIS u. Mitarbeitern mit genaueren Werten des Energiespektrums. (Physic. Rev. [2] **99.** 42—47. 1/7. 1955. Berkeley, Calif., UCRL; Stockholm, Nobel Inst. of Phys.) G. HERRMANN. 103

John O. Rasmussen, Frank S. Stephens jr., Donald Strominger und **Björn Åström,** *Der* β*-Strahler* ^{238}*Np.* 2. Mitt. *Scintillationsspektroskopie und Koinzidenzuntersuchungen.* (1. vgl. vorst. Ref.) Aus der Intensität der K-Röntgenstrahlung, der γ-Strahlung u. den Konversionskoeffizienten wird das Verhältnis K-Einfang/β-Zerfall auf $< 1\%$ geschätzt. Aus Koinzidenzunterss. folgen zwei nur in Einzelheiten verschied. Zerfallsschemata, die durch drei Rotationsniveaus in der Nähe des Grundzustandes u. drei dicht um 1 MeV liegende Niveaus charakterisiert sind, zwei der letzteren Niveaus gehören zur gleichen Rotationsbande. Aus den Konversionskoeffizienten werden die Multipolordnungen der γ-Strahlung ermittelt. Die Spins u. Paritäten werden für einen Teil der Niveaus angegeben. Die relativen Übergangswahrscheinlichkeiten der γ-Strahlen einiger Niveaus werden mit der Theorie von BOHR u. MOTTELSON verglichen u. die K-Quantenzahl festgelegt. (Physic. Rev. [2] **99.** 47—55. 1/7. 1955.) G. HERRMANN. 103

Harlan W. Lefevre, Edwin M. Kinderman und **Harold H. Van Tuyl,** *Neue* γ*-Strahlen beim Zerfall von Neptunium 239.* Mit einem NaJ-Scintillationsspektrometer werden 2 neue γ-Strahlen von 0,440 u. 0,490 MeV nachgewiesen. Ihre relative Intensität im Vgl. zur

0,334 MeV-γ-Strahlung (100) beträgt 0,40 ± 0,05 bzw. 0,50 ± 0,05, ihre absol. Intensität (1,6 ± 0,5)·10^{-4} bzw. (1,9 ± 0,5)·10^{-4} γ-Strahlen pro Zerfall. Es wird angenommen, daß beide γ-Strahlen von dem gleichen 0,49 MeV-Niveau ausgehen. (Physic. Rev. [2] **100.** 1374—78. 1/12. 1955. Richland, Wash., Hanford, Atom. Prod. Oper.)
G. Herrmann. 103

Frank Asaro, F. S. Stephens jr., W. M. Gibson, R. A. Glass und **I. Perlman,** *α-Zerfallseigenschaften von ^{239}Am.* ^{239}Am wurde durch Beschuß von ^{239}*Pu* mit 18 MeV-Deuteronen gewonnen u. mit einer Scintillationsanordnung α–γ-Koinzidenzen gemessen. Gefunden wurden γ-Strahlen von 17, 48 u. 75 keV, letzterer wird dem ^{243}Am zugeschrieben, während die 17 keV-Strahlung als Röntgenstrahlung u. „escape"-Strahlung angesprochen wird. Die Intensität der 48 keV-Strahlung beträgt 50 ± 10% der α-Strahlung. Da sie konvertiert ist, wird angenommen, daß auf jeden α-Zerfall diese γ-Strahlung folgt. Die α-Zerfallsschemata von ^{239}Am, ^{241}Am u. ^{243}Am werden verglichen. (Physic. Rev. [2] **100.** 1541—42. 1/12. 1955. Berkeley, Calif., Univ. of California, Radiat. Labor., Dep. of Chem.)
G. Herrmann. 103

R. W. Hoff, H. Jaffe, T. O. Passell, F. S. Stephens, E. K. Hulet und **S. G. Thompson,** *Radioaktiver Zerfall der Isomere von Americium 242.* Gereinigtes ^{241}Am wurde mit Neutronen beschossen u. die Strahlungen des 16 Std.-^{242m}Am u. ~100 Jahre-^{242}Am mit einem Kristallspektrographen u. einer β–γ-Scintillationsanordnung mit Koinzidenzvorr. untersucht. ^{242m}Am zerfällt durch β-Strahlung zu 51 ± 5% in das 42,3 keV-Niveau von ^{242}*Cm*, der Rest führt zum Grundzustand. Der Elektroneneinfang ergibt zu 60% den 44,8 keV-Zustand von ^{242}Pm, der Rest führt zum Grundzustand. Der Übergang ^{242m}Am→^{242}Am beträgt < 6% des Zerfalls. ^{242}Am zerfällt zu 45% in den 42 keV-Zustand, zu 55% in den Grundzustand von ^{242}Cm. Das Verhältnis β^--Zerfall zu Elektroneneinfang beträgt im ^{242m}Am 4,2, das Verhältnis β^--Zerfall zu K-Einfang im ^{242}Am ~9. Die maximalen β-Energien wurden für ^{242m}Am u. ^{242}Am zu 620 ± 10 bzw. 585 ± 10 keV bestimmt. Ein Zerfallsschema wird gegeben. (Physic. Rev. [2] **100.** 1403—06. 1/12. 1955. Berkeley, Calif., Univ. of California Radiat. Labor., Dep. of Chem.)
G. Herrmann. 103

Elis Hjalmar, Hilding Slätis und **Stanley G. Thompson,** *Energiespektrum der Neutronen aus der spontanen Spaltung von Californium 252.* Ein ^{252}Cf-Präp. wird auf Pt eingedampft, mit Pt bedeckt u. auf eine Ilford C2-Emulsion gelegt. 281 Bahnen von Rückstoßprotonen werden ausgewertet u. die Zahl der Neutronen pro Energieintervall gegen die Neutronenenergie aufgetragen. Die Form des Neutronenspektr. gleicht dem bei der Spaltung von ^{235}U mit therm. Neutronen beobachteten, jedoch scheinen die Neutronenenergien beim ^{252}Cf um ~8% größer zu sein. (Physic. Rev. [2] **100.** 1542—43. 1/12. 1955. Stockholm, Nobel Inst. of Phys.)
G. Herrmann. 103

Peter Weinzierl und **Hans Tuppy,** *Herstellung linearer ^{32}P-Quellen hoher spezifischer Aktivität.* Vff. benötigen für Unterss. starke ^{32}P-Präpp., deren Abmessungen ca. 0,2 mm in der Breite u. 8 mm in der Länge nicht überschreiten sollen. Als Aktivität werden 8,18 mC ^{32}P in Form von 0,74 ml H_3PO_4-Lsg. (Geh. an ^{31}P ca. 20 μg) verwendet. Die H_3PO_4-Lsg. wird in einem ca. 2 ml fassenden Glasgefäß, das an einem Ende zu einer Capillare (Innendurchmesser 0,24 mm, Wandstärke 0,02 mm) ausgezogen ist, nach den üblichen Methoden der quantitativen Analyse als $Mg(NH_4)PO_4 \cdot 6\,H_2O$ (I) oder $(NH_4)_3PO_4 \cdot 12\,MoO_3 \cdot 2\,HNO_3 \cdot H_2O$ (II) gefällt u. der Nd. durch Zentrifugieren in die Capillare gebracht. Nach dem Zentrifugieren wird die Fl. abpipettiert u. der Nd. unter Vakuum u. Erhitzung mittels einer etwas oberhalb des Nd. befindlichen kleinen Heizspirale getrocknet u. dann unter Vakuum die Capillare in der gewünschten Länge abgeschmolzen. Da die Fällung als **II** nur 1,53% P enthält, würde bei einem Phosphorballast von 20 μg eine Niederschlagsmenge erhalten werden, die in einer Capillare der gewünschten Abmessungen nicht untergebracht werden kann. Es wird daher die Hauptmenge der vorhandenen Aktivität als **I** gefällt u. nur ihre Reste kommen als **II** zur Fällung. (Anz. österr. Akad. Wiss., math.-naturwiss. Kl. **1953.** 143—45. Wien, Univ., I. Phys. Inst. u. II. Chem. Labor.)
H. Gedschold. 104

V. J. Linnenbom, *Trennung des Natrium 22 hoher spezifischer Aktivität von großen Mengen Magnesium.* Zur Trennung von ^{22}Na von Mg wird die Technik des Ionenaustauschs auch für große Mengen Mg ausgebaut: Dowex-Austauschharz 50 wurde mit 3n NaCl u. 3n HCl wechselnd ausgewaschen bis zur Farblosigkeit u. Neutralität des Waschwassers. 850 g Harz mit der theoret. Kapazität von 4,2 Äquivalenten wurden in einer glasfreien Kunststoffkolonne von 115 cm Höhe mit der auf 2,5 Liter verd. salzsauren Lsg. von 15 g mit Neutronen bombardiertem Mg beschickt bei einer Durchflußgeschwindigkeit von 2,5 cm³/Min., dabei wurde die gesamte Aktivität der Lsg. vom Harz aufgenommen. Ausgewaschen wurde mit 0,1 n HCl mit einer Durchflußgeschwindigkeit von 1 cm³/Minute. Bei dieser Geschwindigkeit wird das adsorbierte Mg relativ festgehalten, während das akt. Na abgeht. Nach 72 Std. Auswaschzeit erschien die erste Aktivität, die insgesamt in 3,5 Liter gesammelt wurde. Die gesamte Menge betrug 16 mg. Das Eindampfen erfolgte in *Pyrex*-Gläsern, deren Adsorption aus salzsaurer Lsg. vernachlässigt werden kann, später in Pt-Schalen. Nach dem Zerstören von aus dem Harz herausgelösten organ. Stoffen durch HNO_3 wurde das Verf. in einer kleineren Kolonne von 20 cm Höhe wiederholt. Die letzte, Mg-freie, die gesamte Aktivität enthaltende Menge ^{22}Na befand sich in einem Rückstand von 3 mg. (J. chem. Physics **20.** 1657—58. Okt. 1952. Washington, D. C., Nucl. Div., Naval Res. Labor.) K. RUMPF. 104

A. M. Gaudin, *Die Radioaktivität bei der Aufbereitung der Mineralien.* Übersicht über Bedeutung u. Anwendung der Radioaktivität zur Forschung auf dem Gebiet der Mineralien, zur Arbeitsüberwachung u. zur Aufbereitung, bes. in Form von radioakt. Flotationskollektoren. (Bull. Instn. Mining Metallurgy Nr. **552.** Trans. **62.** 30—40. Nov. 1952.) W. WESLY. 106

Charles E. Crompton und **Nathan H. Woodruff,** *Chemische Synthesen von mit Radioisotopen markierten Verbindungen.* 2. Mitt. (1. vgl. C. **1955.** 6952.) Bibliographie u. kurze Beschreibung der Synthese von insgesamt 139 organ., mit ^{14}C, ^{131}J, ^{35}S u. ^{32}P markierten Verbb. aus folgenden Stoffklassen: Cycl. Verbb., heterocycl. Verbb., Steroide, Vitamine, Kohlenhydrate, Sedativa u. a. (Nucleonics **7.** Nr. 4. 44—61. Okt. 1950. Oak Ridge, Tenn., US AEC, Isotop. Div.) F. WEIGEL. 106

R. Schulten, *Die Atomenergie-Konferenz in Genf vom 8. bis 20. August 1955. Reaktoren und Reaktorphysik.* Konferenzbericht. (Naturwissenschaften **43.** 169—71. 2. April-H. 1956. Göttingen, MPI für Phys.) GERHARD SCHMIDT. 110

R. Hurst, *Homogene Kernreaktoren.* Homogene Reaktoren erlauben eine einfache Ergänzung des Spaltstoffes wie eine kontinuierliche Abtrennung der Spaltprodd. u. damit höheren Abbrand u. höhere Energiedichte als heterogene Reaktoren. Sie arbeiten weitgehend selbststeuernd. Schwierigkeiten liegen in den Korrosionsfragen u. in dem noch unbekannten Verh. der Baustoffe bei Neutronenflüssen von $>10^{15}$ Neutronen/cm^2/sec. Als Spaltstoffsyst. werden vorgeschlagen: 1. Lsgg. von Salzen in H_2O oder D_2O; 2. Suspensionen in geschmolzenen Salzen, z. B. von ca. 1 μ großen Na-Uranatteilchen in NaOH; 3. homogene feste Systeme, z. B. aus mit U imprägniertem Graphit oder einer festen Lsg. von UO_2 in BeO; 4. Wirbelschichten, z. B. aus UO_2–BeO-Gemischen, 5. fl. Metalle in Kombination mit einem festen Moderator, z. B. U in geschmolzenem Bi mit Graphit. Syst. 1 u. 5 ist im Versuchsbetrieb erprobt u. als Brutreaktor geeignet. (Research **8.** 301—06. Aug. 1955. Harwell, AERE.) G. HERRMANN. 110

John Cockcroft, *Anwendungen der Atomenergie.* (Vgl. C. **1953.** 485. 9060.) Übersicht über Kernenergiegewinnung u. Isotopenerzeugung. (Research **5.** 313—16. Juli 1952. Harwell, Berks., AERE.) GERHARD SCHMIDT. 110

E. Glueckauf, *Die Verwendung von Reaktorabfallprodukten.* Vf. erörtert die Eigg. der wichtigsten langlebigen Spaltprodd. hoher Spaltausbeute u. ihre Eignung u. Anwendung als Strahlenquellen. β-Quellen sind 20 Jahre-^{90}Sr–^{90}Y (83 MeV-Curie/g SrO), 2,6 Tage-^{90}Y (225 MeV-Curie/mg Y_2O_3), 275 Tage-^{144}*Ce*–^{144}*Pr* (660 MeV-Curie/g Ce_2O_3); γ-Quellen sind 30 Jahre-^{137}*Cs*–^{137}*Ba* (16,3 MeV-Curie/g Cs_2O); 65 Tage-^{95}*Zr*–^{95}*Nb* (2400 MeV-Curie/g ZrO_2) u. 1 Jahr-^{106}*Ru*–^{106}*Rh* (1900 MeV-Curie/g Ru). Von den Prodd. der (n,γ)-Rkk. der Spaltstoffe ist das 470 Jahre-^{241}Am wegen seiner sehr weichen γ-Strahlung von 60 keV von Interesse. (Research **8.** 314—23. Aug. 1955. Harwell, AERE.) G. HERRMANN. 110

W. Walkinshaw, *Beschleunigung von Protonen auf hohe Energien.* Übersicht über neuere lineare u. cycl. Beschleuniger. (Research **8.** 295—300. Aug. 1955. Harwell, AERE.) G. HERRMANN. 112

Gösta Carlson, *Ein 200 kV-Neutronengenerator.* 1. Mitt. Der beschriebene 200 kV-Neutronengenerator benutzt die Rk. D(d, n)^{3}He. Eine Capillarbogen-Ionenquelle mit einem Gasverbrauch von 15 Liter/Sek. u. eine Niederspannungsbogen-Ionenquelle nach ZINN, die jeweils auf der Hochspannungsseite montiert werden, liefern fokussierte Bündel mit einem Geh. an Atomionen von 15%. (Ark. Fysik **2.** Nr. 26. 277—87. 1950. Uppsala, Univ., Phys. Inst.) H. HAUSWALD. 112

I. Bartholdson und **G. Carlson,** *Ein 200 kV-Neutronengenerator.* 2. Mitt. (1. vgl. vorst. Ref.) Es werden folgende Möglichkeiten, den Brennfleck des Ionenbündels durch mechan. Nachregulierung zeitlich konstant u. unabhängig von der Hochspannung zu machen, diskutiert: Stellung der unteren Beschleunigungselektrode zur Röhrenachse, Zentrierung des ionenopt. Syst., Stellung desselben zur Achse der Beschleunigungslinsen u. Variation der Vorfokussierungsspannung. Bei einer Veränderung der Hochspannung von 20 auf 200 kV treibt der auf 1—3 mm fokussierte Brennfleck um weniger als 1 mm zur Seite. Die Neutronenausbeute steigt mit der D-Energie an u. erreicht bei 200 kV mit 80 μA Ionenstrom die einer 2 C Ra–Be-Quelle. (Ark. Fysik **2.** Nr. 27. 289—93. 1950.) H. Hauswald. 112

F. H. Schmidt, G. W. Farwell, J. E. Henderson, T. J. Morgan und **J. F. Streib,** *Das 60 inch-Cyclotron der Universität von Washington.* Ausführliche Beschreibung eines 60 inch-Cyclotrons mit Lage- u. Schaltskizzen. Das Gerät erzeugt äußere Bündel von 125—200 μA bei einer nominellen Deuteronenenergie von 21 MeV mit einer Oscillatoreingangsleistung von 100—125 kW. (Rev. sci. Instruments **25.** 499—510. Mai 1954. Seattle, Wash., Univ. of Washington, Dep. of Phys.) Gerhard Schmidt. 112

Edward L. Hubbard und **Elmer L. Kelly,** *Fokussierung mit wechselndem Gradienten des äußeren Cyclotronbündels.* Das äußere 0,75 MeV-Protonenbündel des 20 inch-Cyclotrons divergiert horizontal von einem Punkt u. vertikal von einem anderen Punkt. Mit einer Reihe von 3 alternierend konvergierenden u. divergierenden elektrostat. Linsenelementen mit hyperbol. Querschnitt läßt sich das äußere Bündel auf einen Punkt fokussieren oder parallel machen. (Rev. sci. Instruments **25.** 737—39. Aug. 1954. Berkeley, Calif., Univ. of California, Dep. of Phys., Radiat. Labor.) Gerhard Schmidt. 112

G. Schrank, *Energiekontrolle für Strahlungen außerhalb des Cyclotrons.* Vf. konstruierte eine Vorr., die nicht nur die mittlere Energie des durch die Streukammer hindurchgehenden Protonenstrahls auf besser als 0,1 % stabilisiert, sondern auch gleichzeitig die mittlere Energie mit einer Genauigkeit von 0,3 % mißt. Die Vorr. befindet sich am Ende der Reichweite von Protonen, die von dem Target unter einem Winkel von ca. 7° elast. gestreut werden. Bei diesem Winkel ist der differentielle elast. Streuwirkungsquerschnitt um Größenordnungen größer als jede unelast. Streuung von Zuständen, die nahe genug dem Grundzustand sind, die von der Vorr. erfaßt werden. Diese Gruppe von Protonen verliert zunächst in Al-Folien das meiste ihrer Reichweite, tritt dann in eine mit Ar gefüllte Ionisationskammer mit paralleler Platte ein u. wird dort gestoppt. Durch eine doppelte Elektronenanordnung, welche die am Ende der Reichweite erzeugten Protonen sammelt, wird die mittlere Energie dieser Protonen bestimmt; durch Zuführung des Differentialsignals dieser 2 Kollektoren in die Kontrollvorr. des magnet. Stroms des Cyclotrons wird die Energie automat. stabilisert. (Rev. sci. Instruments **26.** 677—80. Juli 1955. Princeton, N. J., Univ., Palmer Phys. Labor.) C. Gottfried. 112

I. N. Ussowa, *Bestimmung des Zentrums von schmalen achsensymmetrischen γ-Bündeln mit Hilfe von Sektoren-Ionisationskammern.* Mittels eines Paares von Sektoren-Ionisationskammern kann der Mittelpunkt eines γ-Bündels aufgefunden werden. Zur Eichung diente eine 400 mC ^{60}Co-Quelle sowie die 250- u. 80 MeV-Strahlung des Synchrotrons. Der Vgl. mit den nach der photograph. Meth. erhaltenen Ergebnissen ergab eine Differenz von 1—3 mm. (Доклады Академии Наук СССР [Ber. Akad. Wiss. UdSSR] **104.** 391—92. 21/9. 1955. Physikal. Lebedew-Inst. der Akad. der Wiss. der UdSSR.) M. Wiedemann. 112

D. H. Wilkinson, *Eine Bemerkung zur Raumladungsschicht im Geiger-Zähler.* Die allg. Vorstellung von der Raumladungsschicht eines Geiger-Zählers als einer dünnen expandierenden Schale bedarf der Modifizierung. Entsprechend der beachtlichen Ladungsmenge die in der Schicht transportiert wird, nimmt ihre Dicke auf dem Weg zur Kathode zu u. kann mehr als die Hälfte des gesamten Vol. des Zählers einnehmen. Die hieraus folgende weite Streuung des zeitlichen Eintreffens der positiven Ionen an der Kathode kann bis zum gewissen Grade die zeitliche Verteilung bei Fehlzählungen erklären. (Rev. sci. Instruments **23.** 463—64. Sept. 1952. Ithaca, N. Y., Cornell Univ.) B. Müller. 112

Satya Pal Puri und **P. S. Gill,** *Analyse der Geiger-Müller-Impulse nach der Methode der verzögerten Koinzidenzen.* Vff. beschreiben einen Intervallanalysatorkreis zur Unters. des Ursprungs unechter Impulse in Geiger-Müller-Zählrohren. Ein Ausdruck für die Wahrscheinlichkeit, daß eine reelle Entladung eine Nachentladung erzeugt, wird abgeleitet. Die Unterss. ergeben eine exponentielle Abnahme der Tot- u. Erholungszeit bei Überspannung, die Lebensdauer von mit PAe. gefüllten Zählern sowie die Werte des Koeff. der sek. Emission. (Indian J. Physics Proc. Indian Assoc. Cultivat. Sci. **29.** 95—107. Febr. 1955. Aligarh, Muslim Univ., Dep. of Phys.) Gerhard Schmidt. 112

P. R. Bell, R. C. Davis und **W. Bernstein,** *Impulshöhenänderung in Scintillationszählern.* Vff. beobachteten an einigen Scintillationszählern für eine gegebene Strahlung bei Änderung der Zählgeschwindigkeit durch Erhöhung oder Senkung der Aktivität der Probe eine meßbare Änderung der Impulshöhe, die im beobachteten Maximalfall ca. 20 % betrug. Eine Unters. einer Reihe von im Handel befindlichen Photoröhren

ergab, daß die beobachtete Verschiebung der Impulshöhe eine Eig. des Photoverstärkers ist u. nicht die des Phosphors oder des Gesamtstromkreises. Mittel zur Entfernung dieser Effekte wurden bisher nicht gefunden. (Rev. sci. Instruments **26.** 726—27. Juli 1955. Oak Ridge, Tenn., ORNL; Upton, N. Y., Brookhaven Nat. Labor.)
C. GOTTFRIED. 112

F. N. Hayes, Lloyd Williams, C. L. Cowan jr. und **F. Reines,** *Flüssige Scintillatoren für Empfänger mit großem Volumen.* (Sitzungsbericht.) Fl. Lsgg. für Scintillationszähler müssen folgende Eigg. besitzen: Hohe Scintillationsausbeute, günstige spektrale Lage des Scintillationslichtes zur Empfindlichkeitskurve des Sekundärelektronenvervielfachers, Ausmaße des Zählvol. klein gegen die Extinktionstiefe des Scintillationslichtes u. zur Neutronenzählung hoher Einfangquerschnitt für Neutronen. (Physic. Rev. [2] **92.** 1088. 15/11. 1953. Los Alamos, Calif., Univ. of California, Los Alamos Sci. Labor.)
H. C. WOLF. 112

Hubert Garrigue, *β- und γ-Zählgerät zur Untersuchung aktiver Niederschläge, die im Flug gesammelt werden.* Beschreibung einer 3 Liter-Ionisationskammer mit Goldblattelektroskop mit einem 120 cm² großen Fenster aus 2,7 mg/cm² dickem Al. $7 \cdot 10^{-8}$ g Ra mit Folgeprodd. können in 1 m Entfernung noch nachgewiesen werden. (C. R. hebd. Séances Acad. Sci. **239.** 1207—08. 8/11. 1954.) G. HERRMANN. 112

Yves Koechlin, *Proportionalzählrohr mit Be-Mantel zum Nachweis schneller Neutronen.* Vf. beschreibt ein Glaszählrohr mit Ar-Füllung, in dem sich ein Be-Zylinder befindet. Die Quantenausbeute beträgt für 50 MeV-Neutronen $\sim 8 \cdot 10^{-5}$, für Po–Be-Neutronen $\sim 3 \cdot 10^{-6}$, γ-Strahlungen können durch einen Diskriminator ausgeschaltet werden. (J. Physique Radium **16.** 707—08. Aug./Sept. 1955. Saclay, CEN, Service des Construct. électron.) G. HERRMANN. 112

J. A. Lockwood, F. R. Woods und **E. F. Bennett,** *Über die Temperaturabhängigkeit von BF_3-Proportionalzählern für Neutronen.* Vff. untersuchen experimentell die Temperaturabhängigkeit handelsüblicher BF_3-Neutronenzähler, das schemat. Diagramm der App. wird wiedergegeben. Während eines vorgegebenen Impulses findet bei einer Temperaturzunahme des Rohres ein Anstieg der Anzahl negativer Ionen statt, die durch Elektronenanlagerung gebildet werden. Dieser Effekt stellt einen Gleichgewichtsprozeß dar. Nach Absinken der Rohrtemp. nehmen die Rohrcharakteristika wieder ihre ursprünglichen Werte an. (Rev. sci. Instruments **25.** 446—49. Mai 1954. Durham, New Hampshire, Univ. of New Hampshire.) GERHARD SCHMIDT. 112

S. Rodda, *Einige Eigenschaften und Anwendungen von elektrostatisch fokussierten Sekundärelektronenvervielfacher-Röhren.* Vf. berichtet über Unterss. an elektrostat. fokussierten Sekundäremissionsvervielfachern, bes. über die optimale Anzahl von Stufen (Dynoden) u. die günstigsten Potentialdifferenzen zwischen den Dynoden. Die Empfindlichkeit des Photomultipliers (Ph) für den Nachw. kleinster Strahlungsmengen wird behandelt u. das flying-spot-Mikroskop, die Bildtelegraphie u. der Scintillationszähler in verschied. kernphysikal. Meßanordnungen werden als Anwendungsbeispiele behandelt. Eine demontierbare Röhre mit gegen Luft unempfindlichen Elektroden u. ohne Empfindlichkeit im sichtbaren Spektralgebiet wird bes. beschrieben. Die Elektroden bestehen dabei aus einer Cu–Be-Legierung. Dieser Ph eignet sich bes. für den Nachw. energiereicher Photonen. (Instruments and Measurements Conf. Stockholm, Trans. **1952.** 175—84. Brimsdown, Middlesex, Edison-Swan Electric Co., Cosmos Works.)
W. REUSSE. 112

Wolfgang Finkelnburg, Einführung in die Atomphysik. 4., verb. u. erg. Aufl. Berlin, Göttingen, Heidelberg: Springer. 1956. (XI + 545 S. m. 266 Abb.) 8°. DM 45,—.

A₂. Optisches Verhalten der Materie.

D. Barbier, *Analyse des Spektrums des Nachthimmels.* Zusammenfassender Überblick über den heutigen Stand der spektralanalyt. Unters. des Nachthimmels. (Ann. Géophysique **11.** 181—208. 1955. Paris, Inst. d'Astrophys.) C. GOTTFRIED. 113

Maurice Dufay und **Jean Dufay,** *Beitrag zu der Untersuchung des Spektrums des Nachthimmels im Violett und nahem Ultraviolett.* Vff. berichten über eine Analyse der Spektren des Nachthimmels zwischen 3400 u. 4000 Å. (Ann. Géophysique **11.** 209 bis 213. 1955. Observatoires de Lyon et de Haute-Provence.) C. GOTTFRIED. 113

Andrew McKellar, *Spektren der kalten Kohlenstoffsterne im Wellenlängenbereich λ 9000 bis λ 11000.* Mittels der neuen KODAK IZ (2)-Emulsion wurden verschied. Spektrogramme von mehreren Sternen verschied. Typen u. von sieben kalten C-Sternen erhalten. Die Aufnahmen wurden im Infraroten bis zu λ 11400 ausgedehnt. Es wird eine allg. Beschreibung der Spektren in diesem Bereich angegeben, die Meßergebnisse sind tabelliert. Von den 56 Absorptionsmerkmalen zwischen λ 9670 u. 11100 können mit

Sicherheit nur die vier stärksten als der 0,0-Bande des roten CN-Syst. angehörig, identifiziert werden. Während einige Anzeichen für die Anwesenheit von schwachen *CN*-Banden u. gewissen Atomlinien sprechen, wird geschlossen, daß eine weitere Identifizierung erst mit Spektrogrammen höherer Dispersion möglich sein wird. (Publ. astronom. Soc. Pacific **66.** 312—20. Dez. 1954. Victoria, B. C., Dominion Astrophys. Obsero.) H. PREUSS. 113

Robert P. Kraft, *Änderungen im Spektrum von X Cygni.* Der Cepheid X Cygni zeigt einen relativ plötzlichen u. raschen Anstieg seiner Lichtstärke. Es werden die Spektren zweier Phasen untersucht. Während seines Helligkeitsmaximums gehört X Cygni zum Typ F7 Ib. Vgll. mit dem Standardstern β Aquarii vom Typ GO Ib zeigen ein anomales Verh. der Intensität bei den Linien von *H, TiII* u. *FeII.* Auch die Linien H u. K von *Ca* zeigen in ihrer Art u. Stärke Abweichungen, ähnlich wie bei S Sagittae. Ein direkter Vgl. der Spektren bei den Phasen 0,961 u. 0,125 dient als Grundlage für Radialgeschwindigkeitsmessungen. Es scheint, daß für den Stern keine eindeutige Radialgeschwindigkeitskurve existiert, sondern eine Menge solcher Kurven, die prim. von der Linienstärke abhängen. (Publ. astronom. Soc. Pacific **66.** 136—40. Juni 1954. Berkeley, Calif., Univ. of California, Astronom. Dep.) H. PREUSS. 113

H. Friedman, *Das Sonnenspektrum unterhalb 2000 Ångstrøm.* Mit Hilfe von in eine Rakete eingebauten Photonenzählern wurde das UV-Spektr. der Sonne zwischen 1450 bis 1500 Å, das Maximum des O_2-Absorptionskontinuums zwischen 1100—1300 Å, das auch L_α von *Wasserstoff* enthält sowie das Gebiet der weichen Röntgenstrahlen zwischen 10—100 Å untersucht. Noch vollkommen unerforscht ist das Gebiet zwischen 100 bis 1000 Å. (Ann. Géophysique **11.** 174—80. 1955. Washington, D. C., U. S. Naval Res. Labor.) C. GOTTFRIED. 113

Robert S. Mulliken, *Bericht über die Bezeichnungen bei Spektren vielatomiger Moleküle.* Zusammenstellung der Empfehlungen u. Anregungen, die von der JOINT COMMISSION FOR SPECTROSCOPY dex IAU u. IUPAC zur einheitlichen Bezeichnung von Rotationsschwingungs- u. Elektronenzuständen, -übergängen u. -wellenfunktionen, also bei der Ausdeutung von UV-, sichtbaren, Infrarot-, RAMAN- u. Mikrowellenspektren angenommen worden sind. (J. chem. Physics **23.** 1997—2011. Nov. 1955. Erratum: **24.** 1118. Mai 1956.) G. KRESZE. 114

J. van Dranen, *Intensitätsberechnungen von Elektronenspektren von Molekülen.* Ausgehend von der zeitabhängigen Wellengleichung werden die Formeln für die Übergangswahrscheinlichkeit abgeleitet u. die Größenordnungen der magnet. Dipolstrahlung u. der elektr. Quadrupolstrahlung angegeben. Die mit 2atomigen u. konjugierten organ. Moll. erhaltenen Versuchsergebnisse werden mit den Intensitätswerten verglichen, die aus der Annäherung freier Elektronen u. anderen Verff. mol. Bahnfunktionen hervorgehen. Der Einfl. von Substituenten auf das Benzolspektr., der Begriff Konfigurations-Wechselwrkg. (H_2-Mol.) u. die für die Phosphorescenz bedeutungsvollen Singulett–Triplett-Übergänge werden besprochen. (Chem. Weekbl. **51.** 735—40. 15/10. 1955. Amsterdam, Univ., Labor. voor analyt. Scheikunde.) W. WESLY. 114

J. A. A. Ketelaar, *Schlußwort (zum Symposium über Elektronenspektren von Molekülen, 20—21/5. 1954 in Leiden).* Übersicht über Wesen, Deutung u. Anwendung der Absorptionsspektren in Wissenschaft u. Technik. (Chem. Weekbl. **51.** 760. 15/10. 1955. Amsterdam, Univ., Labor. voor Alg. en Anorgan. Chem.) W. WESLY. 118

Louis Burnelle, *Elektronisches Absorptionsspektrum des Thiophosgenmoleküls.* Vf. untersucht das Absorptionsspektr. des $CSCl_2$-Mol. im Sichtbaren u. im Ultraviolett. Die Banden in den Spektralbereichen ∼7000—5300, 5750—3900, 2970—2690 u. 2770 bis 2390 Å werden gedeutet u. mit der Zuordnung von DUCHESNE (C. **1956.** 349) verglichen. In den ersten drei angeregten Zuständen besitzt das Mol. die Symmetrie C_{2v} wie auch von DUCHESNE für den $^1A_2$*-Zustand angegeben. Das vierte Bandensyst. wird als $n \rightarrow \sigma^*$-Übergang vom Typ $A_1 \rightarrow A_1^*$, lokalisiert in der CCl_2-Gruppe, angesehen. (J. chem. Physics **24.** 620. März 1956. Cointe-Sclessin, Univ. of Liège, Inst. d'Astrophys.) W. KRÖNERT. 118

Serge Nikitine, Lucienne Couture, Guy Perny und **René Reiss,** *Absorptionsspektrum von Kupfer(I)-jodid bei sehr tiefen Temperaturen.* An dünnen CuJ-Schichten auf Glas wird bei der Temp. des fl. H_2 u. fl. He ein wasserstoffähnliches Spektr. aus Dubletts in Absorption beobachtet, dessen erste Komponente sich durch die Formel $\nu = 24606 - 1000/n_2\ cm^{-1}$ darstellen läßt. Die zweite Komponente liegt um 24 cm^{-1} nach größeren Wellenzahlen verschoben. Die Linien werden der Bldg. von Excitonen zugeschrieben. (C. R. hebd. Séances Acad. Sci. **241.** 629—31. 22/8. 1955.) H.-J. EICHHOFF. 118

H. Kobsa, *Zur Lichtabsorption der $Cr_2O_7^{2-}$-Ionen.* Berechnung der Extinktionskoeffizienten für $HCrO_4^-$ u. $Cr_2O_7^{2-}$-Ionen bei 313, 366 u. 436 mμ aus den Werten von

KORTÜM (Z. physikal. Chem., Abt. B **33.** [1936.] 243) für Lsgg. von $K_2Cr_2O_7$ in 0,005n-H_2SO_4 u. der aus einer Näherungsrechnung gewonnenen Gleichgewichtskonstanten der Rk. $2\,HCrO_4^- \rightleftarrows Cr_2O_7^{2-} + H_2O$. (Mh. Chem. **86.** 662—67. 1955. Wien, Univ., II. Chem. Labor.) H.-J. EICHHOFF. 118

F. Moser und **F. Urbach,** *Optische Absorption von reinen Silberhalogeniden.* Die Absorptionsspektren von reinen *AgBr-* u. *AgCl-*Kristallen, die aus Schmelzen gezüchtet wurden, werden aufgenommen. Die untersuchten Bereiche 410—500 mμ (AgBr) u. 380 bis 435 mμ (AgCl) schließen die jeweiligen „Absorptionskanten", bei denen der Absorptionskoeff. sehr stark mit der Frequenz ansteigt, ein. Die Daten für AgBr u. AgCl bei Zimmertemp. werden tabelliert u. die Temperaturabhängigkeit der Absorptionskanten zwischen —157 u. 350° (AgBr) u. zwischen 26 u. 425° (AgCl) graph. dargestellt. Einige Daten werden auch für die Absorptionsspektren der Mischkristalle AgCl–AgBr (58 Mol-% AgCl) u. AgBr–AgJ (97 Mol-% AgBr) angegeben. Es zeigt sich, daß durch gewisse kation. Verunreinigungen die Spektren sehr stark geändert werden. Die für eine genaue Messung der Absorptionskanten in reinen Materialien erforderlichen Bedingungen werden kurz diskutiert. Die Abweichung der für Zimmertemp. angegebenen Daten beträgt maximal $\pm$10%. Mit den erhaltenen Daten u. anderen veröffentlichten Messungen wird versucht, die absol. Absorptionsspektren für AgCl u. AgBr über einen großen Bereich der Absorptionskoeffizienten darzustellen. (Physic. Rev. [2] **102.** 1519—23. 15/7. 1956. Rochester, N. Y., Eastman Kodak Co., Res. Labor.) W. KRÖNERT. 119

H. Rose und **J. Lietz,** *Ein grün verfärbbarer Amethyst.* Vff. beschreiben ein Amethystbruchstück mittlerer Färbung von der Mine Montezuma, Minas Geraes, dessen Absorptionsspektr. für den ordentlichen Strahl Maxima im Grüngelb zwischen 500 u. 600 mμ u. im UV bei 350 mμ zeigt. Nach Erhitzen des Kristalls an der Luft auf 510° verschwindet die Farbe, nach Abkühlung auf Zimmertemp. hat sich der Amethyst jedoch sehr lebhaft grün gefärbt. Das Absorptionsspektr. zeigt nur noch ein Maximum im äußersten Rot. Durch Erhitzung in H_2 wird der Kristall vollständig entfärbt u. erhält seine grüne Farbe auch durch erneute Oxydation nicht wieder. (Naturwissenschaften **41.** 448. Okt. 1954. Hamburg, Univ., Mineralog.-Petrograph. Inst.) C. GOTTFRIED. 119

Victor H. Coffin und **Clarence E. Bennett,** *Molekularrefraktion von Kohlendioxyd und ihre Abhängigkeit von der Dichte bei Aufbewahrung in Stahlbehältern.* Genaue interferometr. Messungen der Mol.-Refr. (MR) von CO_2 bei Dichten von 0—0,06 g/cm³ zeigen, daß in diesem Bereich bei frischem CO_2 keine Abhängigkeit der MR von der D. besteht. Bei gealtertem, völlig trockenem Gas tritt jedoch, abhängig von der Zeit, welche dieses in Stahlzylindern aufbewahrt wurde, eine Abweichung der MR von dem konstanten Wert 6,45 auf, welche auf die Bldg. geringer Mengen CO zurückgeführt werden kann. Der Brechungsindex von CO_2 wird zu $1{,}000448 \pm 0{,}000001$ bestimmt. (J. chem. Physics **24.** 98—103. Jan. 1956. Orono, Me., Univ. of Maine.) H.-J. EICHHOFF. 119

Hans Wondratschek, *Zur Ableitung des elektrooptischen Effekts in Kristallen.* Es wird ein Verf. beschrieben, welches die Ableitung des linearen u. quadrat. elektroopt. Effektes für 20 Kristallklassen ohne Anwendung mathemat. Hilfsmittel gestattet. (Z. Kristallogr., Kristallgeometrie, Kristallphysik, Kristallchem. **106.** 467—73. Sept. 1955. Würzburg, MPI für Silikatforsch.) C. GOTTFRIED. 119

A. Rousset, *Die Rayleigh-Streuung in Lösungen.* Die RAYLEIGH-Streuung von fl. Gemischen u. Lsgg. mit isotropen u. anisotropen Bestandteilen wird an einer Reihe von Beispielen untersucht. Für *CS_2–Aceton-*Gemische entspricht die Änderung der RAYLEIGH-Konstante als Funktion des mol. CS_2-Anteils der EINSTEINschen Formel. Ähnlich verhalten sich wss. Lsgg. starker Elektrolyte mit isotropen Ionen, wie z. B. die Lsgg. der Alkalihalogenide; jedoch werden bei kleinen u. höherwertigen Ionen ($MgCl_2$, $MnSO_4$) größere Abweichungen der Meßwerte vom theoret. Verlauf beobachtet. Wie schließlich Messungen der Streuintensität für anisotrope gelöste Stoffe zeigen, tritt bei Lsgg. von *Bzl.* in *CCl_4* mit steigender Benzolkonz. C eine schwache Abnahme der Anisotropie, für *Nitrobenzol* in CCl_4 dagegen eine stärkere Zunahme mit C offenbar infolge Bldg. von Doppelmoll. auf. In reinem W. mit schwacher anisotroper Streuung wird diese durch Zusatz isotroper Ionen, z. B. *$MgCl_2$*, proportional mit deren Konz. infolge stärkerer opt. Anisotropie der gebundenen Wassermoll. erhöht. (J. Physique Radium **15.** 70 S—72 S. Dez. 1954. Bordeaux, Fac. des Sci.) J. RUDOLPH. 119

J. A. A. Ketelaar, J. P. Colpa und **F. N. Hooge,** *Reine Rotationsabsorptionsspektren von Wasserstoff.* Unters. des Absorptionsspektr. von reinem Wasserstoff bei hohen Drucken (bis 144 at) im Bereich von 8—15 μ. Die beobachtete Extinktion ist nahezu proportional dem Quadrat des Druckes. Trägt man die Extinktion über der Wellenlänge auf, so ergeben sich zwei Plateaus, die den Übergängen $I = 2 \rightarrow I = 4$ bzw. $I = 3 \rightarrow I = 5$ entsprechen u. an den von der Theorie geforderten Stellen (813,9 cm^{-1}

u. 1034,1 cm^{-1}) liegen. Auch an Mischungen aus H_2 u. N_2 sowie aus H_2 u. CO_2 wird das Rotationsspektr. beobachtet. Hier sind die Übergänge ausgeprägter als bei reinem H_2. (J. chem. Physics **23.** 413—14. Febr. 1955. Amsterdam, Univ., Labor. for Gen. and Inorgan. Chem.) E. GERDES. 120

Kurt Rossmann, K. Narahari Rao und **Harald H. Nielsen,** *Infrarotspektrum und Molekularkonstanten von Kohlendioxyd.* 1. Mitt. *ν_2 von $^{12}C^{16}O_2$ bei 15 μ.* Unters. der angegebenen Rotationsschwingungsbande mit einem hochauflösenden Gitterspektrometer. Die P- u. R-Zweige konnten bis zu J = 60 aufgelöst werden. Die neu berechneten Mol.-Konstanten sind: $B_{00}o_0 = 0{,}3901_6$ cm^{-1}; $B_{00}l_0$ (d) — $B_{00}o_0 = 0{,}00041_0$ cm^{-1}; $D_{00}o_0 = 0{,}14 \cdot 10^{-6} \pm 0{,}02 \cdot 10^{-6}$ cm^{-1}; $D_{01}l_0$ (d) — $D_{00}o_0 = 0$ (im Rahmen der Meßgenauigkeit), Bandenursprung = $667{,}4_0$ cm^{-1}. (J. chem. Physics **24.** 103—05. Jan. 1956. Columbus, O., Ohio State Univ.) H.-J. EICHHOFF. 120

Walter O. Freitag und **Eugene R. Nixon,** *Infrarotspektren von gasförmigen und kristallinen Cyanhalogenen.* Unters. von *ClCN* u. *BrCN* bei Raumtemp. im LiF-, NaCl-, KBr- u. CsBr-Gebiet, sowie dieser Verbb. u. *JCN* bei —180° im krist. Zustand. Mitt. der Frequenzen u. ihrer Zuordnungen sowie der Schwingungskonstanten für ClCN u. BrCN u. der Isotopieverschiebungen durch $^{35,37}Cl$, $^{12,13}C$ u. $^{79,81}Br$. Die Zuordnung der Frequenzen wird unter Berücksichtigung der bekannten RAMAN-Spektren u. Röntgenbeugungsdaten diskutiert. (J. chem. Physics **24.** 109—14. Jan. 1956. Philadelphia, Pa., Univ. of Pennsylvania, Dep. of Chem.) H.-J. EICHHOFF. 120

William Klemperer, *Infrarotspektrum von gasförmigem Aluminiumchlorid.* Das Infrarotspektr. von $AlCl_3$ wird bei erhöhter Temp. zwischen 1200 u. 325 cm^{-1} untersucht. In der Nähe des Sublimationspunktes (180°) ist $AlCl_3$ dimer. Die Banden bei 625, 484 u. 420 cm^{-1} werden dem Mol. *Al_2Cl_6* zugeordnet. Bei 900° u. 1 at Druck liegt $AlCl_3$ monomer vor u. zeigt eine Bande bei 610 cm^{-1}. Die Kraftkonstanten werden für beide Moll. berechnet. — Die verwendete Versuchsanordnung ist allg. für die Infrarotunters. von Substanzen geeignet, die bei hohen Tempp. flüchtig sind. (J. chem. Physics **24.** 353—55. Febr. 1956. Cambridge, Mass., Harvard Univ., Dep. of Chem.) W. KRÖNERT. 120

N. J. Hawkins und **D. R. Carpenter,** *Kraftkonstanten, Infrarotspektren und thermodynamische Eigenschaften von $TiCl_4$.* Das Infrarotspektr. von gasförmigem $TiCl_4$ wird aufgenommen u. die thermodynam. Funktionen C_p^0, S^0 u. $-(F^0 - E_0^0)/T$ berechnet. Es folgen Berechnungen für die Bahn–Valenz-Kraftfeldkonstanten. Diese erlauben die Folgerung, daß die Hybridisationsänderungen für die F_2-Schwingungen von Bedeutung sind. Die Infrarotbanden, fundamentalen Schwingungsfrequenzen, thermodynam. Eigg. u. Kraftkonstanten von $TiCl_4$ sind in Tabellen angegeben. (J. chem. Physics **23.** 1700—02. Sept. 1955. Schenectady, N. Y., Gen. Electr. Co., Knolls Atomic Power Labor.) E. HAHN. 120

Bernard Rice, J. M. Gonzalez-Barredo und **T. F. Young,** *Tieftemperatur-Raman-Spektrum. Das Raman-Spektrum von Tetramethyldiboran.* (Vgl. C. **1952.** 1623.) Es wird eine Tieftemperatur-RAMAN-App. beschrieben, mit deren Hilfe das RAMAN-Spektr. von *Tetramethyldiboran* aufgenommen wurde, das für die Brückenstruktur spricht. (Physic. Rev. [2] **80.** 129. Okt. 1950. Chicago, Ill., Univ.) J. GOUBEAU. 120

Ellis R. Lippincott und **Marvin C. Tobin,** *Die Schwingungsspektren und die Struktur von Stickstofftetrasulfid.* Um möglicherweise eine Entscheidung über die von verschied. Seiten vorgeschlagene Struktur des *Stickstofftetrasulfides* (**I**), N_4S_4, treffen zu können, wurde das Infrarot- u. RAMAN-Spektr. von **I** sowie das Infrarotspektr. von *Stickstoffhydrogensulfid* (**II**), $N_4S_4H_4$, untersucht. Als Lösungsm. bei dem RAMAN-Spektr. wurde Dioxan, bei den Infrarotspektren — Wellenlängenbereich 250—3500 cm^{-1} — Suspensionen in Nujol benutzt. Die beobachteten Spektren beider Verbb. sind tabellar. zusammengestellt. Für **I** wurde beobachtet, daß ein Teil der RAMAN-Linien infrarotakt., alle starken infraroten Banden dagegen RAMAN-akt. sind. Damit scheiden alle Modelle mit einem Symmetriezentrum aus sowie die Modelle, die C_{3v}- oder S_4-Symmetrie besitzen. Ebenso konnten alle Modelle mit niedriger Symmetrie ausgeschlossen werden. Am besten wird den beobachteten Spektren ein Modell mit der Symmetrie D_{2d} gerecht, die 2 Modelle zur Grundlage hat. Ein Vgl. der Spektren von **I** u. **II** lieferte den Beweis, daß **I** nur die von HASSEL u. VIERVOLL (Tidsskr. Kjemi, Bergves. Metallurgi **3.** [1943.] Nr. 2, 7) besitzen kann. Danach besteht das Mol. aus einem achtgliedrigen Ring mit je 2 N–N-Paaren. Da das Infrarotspektr. von **II** dem des **I** sehr ähnlich ist, ist auch erklärlich, warum Reduktionsprodd. von **I** niemals N—N-Bindungen besaßen. Bei der Red. werden die N–N-Bindungen unter Bldg. von N–H-Bindungen gelöst, d. h. die N—N-Bindungen werden leichter angegriffen als die N—S-Bindungen. Nach Berechnung der Kraftkonstanten mittels einer Koordinationsanalyse konnten die Spektren von **I** eindeutig bezeichnet werden. Die große Übereinstimmung zwischen den Infrarotspektren von **I**

u. II führte zu dem Schluß, daß beide Moll. analoge Strukturen besitzen, mit dem Unterschied, daß in II die N—N-Bindungen von I unter Bldg. von N—H-Bindungen gelöst sind. (J. chem. Physics **21.** 1559—65. Sept. 1953. Manhattan, Kans., Kansas State Coll., Dep. of Chem.; Storrs, Conn., Univ. of Connecticut, Dep. of Chem.) C. GOTTFRIED. 120

Marie-Louise Delwaulle, *Ramanspektroskopische Untersuchung von Lösungen der Halogenide des Zinks, Cadmiums und Quecksilbers, allein oder in Gegenwart von Halogenionen, in verschiedenen Lösungsmitteln. Existenzbedingungen für Moleküle* AX_2 *und* $X-A-Y$ *und für Ionen* AX_4^{2-} *und* $AX_nY_{4-n}^{2-}$. Es wurden die RAMAN-Spektren aufgenommen von $ZnCl_2$, $ZnBr_2$, ZnJ_2, CdJ_2, $HgCl_2$, $HgBr_2$ u. HgJ_2 soweit lösl. in folgenden Lösungsmitteln: H_2O, CH_3OH, C_2H_5OH, C_4H_9OH, $C_8H_{17}OH$, *Aceton* bzw. H_2O mit überschüssigen Halogenionen. In den wenig ionisierenden Lösungsmitteln wurden die freien Moll. AX_2 nachgewiesen. In den bin. Mischungen der *Quecksilberhalogenide* bzw. der *Zinkhalogenide* gelang in allen Fällen der Nachw. der gemischten Verbb. $X-A-Y$. Mit überschüssigen Halogenionen konnten die folgenden Komplexe spektroskop. identifiziert werden: ZnJ_4^{2-}, $ZnBr_4^{2-}$, $ZnCl_4^{2-}$, CdJ_4^{2-}, $CdBr_4^{2-}$, $CdCl_4^{2-}$, HgJ_4^{2-}, $HgBr_4^{2-}$ u. $HgCl_4^{2-}$. In den Gemischen der entsprechenden Komplexe konnte mit Hilfe der zentralsymm. Schwingungen die Existenz aller gemischter Komplexe der Zus. AX_nY_{4-n} sichergestellt werden bei den Elementen: Zn–J–Br, Zn–J–Cl, Cd–J–Br, Cd–J–Cl, Hg–J–Br u. Hg–J–Cl, während bei den Mischungen von Cl- u. Br-Komplexen die einzelnen Linien der gemischten Komplexe nicht getrennt beobachtet werden konnten. Weiterhin ergaben sich Hinweise in den Spektren für die Komplexe HgJ_3^-, ZnJ_3^- u. $ZnBr_3^-$. (Bull. Soc. chim. France, Mém. [5] **1955.** 1294—99. Okt. Lille, Fac. des Sci., Labor. Chim. Minér.) J. GOUBEAU. 120

C. J. S. M. Simpson, *Biegungsschwingungen von ebenen Molekülen außerhalb der Ebene.* Vf. beschreibt eine Meth. zur Berechnung der Frequenz von Biegungsschwingungen ebener Moll. außerhalb der Ebene. Die Meth. wurde benutzt, um eine Frequenzformel für die Schwingung von B_2H_6 außerhalb der Ebene herzuleiten. Mit Hilfe dieser Formel wurde ein Wert von 266 cm^{-1} berechnet, während experimentell 262 cm^{-1} mit einer Unsicherheit von ca. 3 cm^{-1} gefunden wurde. (J. chem. Physics **24.** 1108—09. Mai 1956. Oxford, Univ., Inorgan. Chem. Labor.) C. GOTTFRIED. 121

Tohru Kamei, *Quadrupolresonanz in festem Jod.* Vf. mißt bei verschied. Tempp. die Kernquadrupolresonanzfrequenzen in festem Jod. Nach DEHMELT (C. **1952.** 6008) sind zwei Arten von Frequenzen (ν_1 u. ν_2) zu beobachten. ν_2 wird im Temperaturbereich von 85° bis zur Temp. der fl. Luft gemessen, dagegen ν_1 nur bei Zimmertemperatur. Nach Extrapolation der erhaltenen Kurven sind die Werte für $\nu_1 = 642{,}8$ u. für $\nu_2 = 334{,}0$ MHz. Das Frequenzverhältnis ν_1/ν_2 sollte 2 sein, beträgt aber wegen einer kleinen Abweichung von der Axialsymmetrie 1,925. Ferner wird mit Hilfe der KRÜGERschen Formel die Quadrupolkopplungskonstante berechnet. (J. physic. Soc. Japan **7.** 649—50. Nov./Dez. 1952. Tokyo, Komaba-machi, Meguro-ku, Inst. of Sci. and Technol. [Orig.: engl.]) D. HAHN. 121

D. W. Posener, *Bemerkung über das X-Bandmikrowellenspektrum von schwerem Wasser.* Vf. bezieht sich auf eine Unters. von CRAWFORD (vgl. C. **1955.** 513), der über eine Absorptionslinie bei 8884,83 ± 0,07 MHz mit einem Absorptionskoeff. von ca. $2 \cdot 10^{-6}$ cm^{-1} berichtet hatte, die versuchsweise dem Übergang $5_{32} \rightarrow 4_{41}$ von D_2O zugeschrieben worden war. Bei mehrfachen Unterss. von D_2O in diesem Frequenzbereich mit einem hochempfindlichen STARK-Spektrometer konnte die obige Linie nicht gefunden werden; festgestellt wurde nur eine HDO-Linie bei 8837 MHz mit einem Absorptionskoeff. von 10^{-7} cm^{-1}. Außerdem wurde die Linie $5_{32} \rightarrow 4_{41}$ von D_2O von anderen Seiten bei 10947 MHz nachgewiesen. Bei einer ausführlichen Nachprüfung der Thesis von CRAWFORD (vgl. Thesis Univ. of Minnesota 1953) ergab sich, daß möglicherweise deuterisiertes NH_3 in der Absorptionszelle vorhanden war, das sich bekanntlich schwer durch Ausgasen entfernen läßt. Unterss. an deuterisiertem NH_3 ergaben nur das Auftreten der starken NHD_2-Linie bei 9518 MHz; eine Absorption bei 8885 MHz konnte nicht festgestellt werden. Aus der Literatur ist nun ersichtlich, daß eine Linie des Formaldehyds bei 8884,87 MHz auftritt, die mit der Frequenz von CRAWFORD (vgl. l. c.) übereinstimmt. Es wird daher angenommen, daß die von CRAWFORD beobachtete Linie von einem Formaldehydharz herrührt, das als Vakuumdichtung verwendet wird. (J. chem. Physics **23.** 1728—29. Sept. 1955. Sydney, Commonwealth Sci. and Ind. Res. Organizat., Div. of Electrotechnol.) C. GOTTFRIED. 121

F. J. Studer und **D. A. Cusano,** *Transparente Leuchtstoffschirme.* Durch Aufdampfen von *Zn* mit $ZnCl_2$ (bis 30 Gew.-%) im H_2S-Strom auf Glasplatten werden transparente, mit Kathodenstrahlen erregbare ZnS·Zn-Filme hergestellt. Durch Zusätze von *CuCl*, AsJ_3 bzw. *P* oder durch Rk. mit einem zuvor aufgedampften Mn-Film können Emissionen mit den den verschied. Aktivatoren entsprechenden Banden erhalten werden. Die höchste Helligkeit der gut haftenden durchsichtigen Phosphorfilme entspricht 10—20% derjenigen der üblichen Pulverschirme. Die UV-Erregbarkeit ist gering. Die Vorteile dieser nichtstreuenden Filme gegenüber den üblichen Pulverschirmen werden diskutiert. (J. opt. Soc. America **45.** 493—97. Juli 1955. Schenectady, N. Y., Gen. Electr. Res. Labor.) J. RUDOLPH. 125

G. Curie und **D. Curie,** *Über die Bestimmung der Tiefen von Elektronenhaftstellen durch Thermolumineszenz.* Die RANDALL-WILKINSsche Näherungsformel zur Best. der Haftstellentiefe E aus der Temp. eines Glowkurvenmaximums T* wird durch eine Näherungsformel ersetzt, die für beliebige Phosphore mit verschied. Frequenzfaktoren (s) u. für verschied. Heizgeschwindigkeiten (β) verwendbar ist. Danach ist der Zusammenhang zwischen E u. T* gegeben durch $x + 2 \ln x \ln y$ mit $x = E/kT^*$ u. $y = E/k\Theta$, wobei $\Theta = \beta/s$ ist. Zur numer. Auswertung der Beziehung werden graph. Verff. mitgeteilt u. abschließend die verschied. Methoden zur Best. von E u. s diskutiert. (J. Physique Radium **16.** 199—205. März 1955. Paris, Fac. des Sci., Labor. de Lumin.) J. RUDOLPH. 125

A_3. Elektrizität. Magnetismus. Elektrochemie.

H. Straubel, *Zum Öltröpfchenversuch von Millikan.* Vf. beschreibt Verss. zur Öltröpfchenmeth., bei denen geladene Tröpfchen aus elektrostat. zerstäubten Fll. beliebig lange im stabilen Gleichgewicht gehalten werden, indem man sie in einen Metallring fallen läßt, dessen mittleres Potential z. B. an Erde liegt, das aber durch eine Wechselspannung (1—5 kV, 50 Hz) gegen Erde moduliert wird. Die Teilchen schwingen parallel zur Ringebene, ihre Stabilisierung, die ein Relaxationseffekt ist, hängt von Frequenz u. Größe der angelegten Spannung ab. (Naturwissenschaften **42.** 506—07. Sept. 1955. Jena, Friedr.-Schiller-Univ., Physikal. Inst.) R. CONRAD. 130

H. Dreicer und **W. P. Allis,** *Einbeziehung von Coulomb-Wechselwirkungen in die Boltzmann-Gleichung.* (Sitzungsbericht.) (Physic. Rev. [2] **100.** 1234. 15/11. 1955. MIT.) H. LIEPACK. 131

Donald E. Kerr und **Eldred F. Tubbs,** *Vorübergehendes Verhalten nach der Zündung und Beziehungen zu Nachleuchtvorgängen.* (Sitzungsbericht.) (Physic. Rev. [2] **100.** 1231. 15/11. 1955. Johns Hopkins Univ.) H. LIEPACK. 131

A. V. Phelps, *Lebensdauer der eingefangenen Resonanzstrahlung in Neon.* (Sitzungsbericht.) (Physic. Rev. [2] **100.** 1230. 15/11. 1955. Westinghouse Res. Labors.) H. LIEPACK. 131

D. S. Jackson und **H. I. Schiff,** *Massenspektrometrische Untersuchung von aktivem Stickstoff.* (Vgl. C. **1955.** 1441.) In akt. N, der in einer Entladungsröhre nach WOOD-BONHOEFFER erzeugt war, wurde das Intensitätsverhältnis der Massen 14 zu 28 massenspektrometr. mit u. ohne Entladung gemessen. Die Kurven der Ionenausbeuten bei M. 28 decken sich, während die bei M. 14 voneinander abweichen. Die Differenz $\Delta 14$ zwischen diesen Kurven, gegen die Elektronenspannung aufgetragen, ergibt eine Diskontinuität, die auf 2 Prozesse hinweist. Die Appearancepotentiale dieser Prozesse sind $14{,}7_2 \pm 0{,}2_6$ u. $16{,}1 \pm 0{,}3$ eV. Der niedrigere Wert zeigt die Ggw. von N-Atomen im Grundzustand in akt. N an. Verschied. Prozesse, die den höheren Wert hervorrufen können, werden diskutiert. Die Konz. an akt. Substanz wird auf 0,1—1% geschätzt. (J. chem. Physics **23.** 2333—38. Dez. 1955. Montreal, Can., McGill Univ., Dep. of Chem.) R. CONRAD. 131

Mark G. Inghram, William A. Chupka und **Richard F. Porter,** *Massenspektrometrische Untersuchung von Bariumoxyddampf.* Vff. verwenden die früher beschriebene (CHUPKA u. INGHRAM, C. **1955.** 10202 u. PORTER u. Mitarbeiter, C. **1956.** 5741) KNUDSEN-Effusionszelle mit speziellem Verschluß zur massenspektrometr. Unters. von Bariumoxyddampf, der im thermodynam. Gleichgewicht mit festem Bariumoxyd steht. Bei Tempp. zwischen 1500 u. 1800° K in der Zelle wurden an Ionenströmen von Ba^+, BaO^+, Ba_2O^+, $Ba_2O_2^+$ u. $Ba_2O_3^+$ Kurven für die Temperaturabhängigkeit der Ionenintensität u. für die Appearancepotentiale erhalten. Die Entstehungsmöglichkeiten der Ionenarten werden diskutiert. Aus den gemessenen Temperaturabhängigkeiten ergibt sich die Existenz gasförmiger neutraler Mol.-Arten BaO, BaO_2, Ba_2O_2 u. Ba_2O_3, für die Partialdrucke berechnet werden. Eine thermodynam. Behandlung der Ionenausbeuten ergibt folgende Reaktionswärmen: BaO (fest) $\rightarrow$ BaO (g) : $\Delta H_0^0 = 104 \pm 4$ kcal/Mol; BaO (g) $\rightarrow$ Ba (g) + O (g) : $\Delta H_0^0 = 130 \pm 5$; Ba_2O_2 (g) $\rightarrow$ 2 BaO (g) : $\Delta H_{1700}^0 = 89 \pm 11$; Ba_2O (g) $\rightarrow$ Ba (g) + BaO (g): $\Delta H_{1700}^0 = 93 \pm 17$. (J. chem. Physics **23.** 2159—65. Nov. 1955. Chicago, Univ. of Chicago, Dep. of Phys.; Lemont, Ill., Argonne Nat. Labor.) R. CONRAD. 131

S. J. Smith und **L. M. Branscomb,** *Schwelle für die Photoablösung von OH^-.* (Sitzungsbericht.) (Physic. Rev. [2] **99.** 1657. 1/9. 1955. Nat. Bur. of Stand.) H. LIEPACK. 131

T. P. Das und **R. Bersohn,** *Quadrupolpolarisation von Ladungswolken in Ionen.* (Sitzungsbericht.) (Physic. Rev. [2] **100.** 1792. 15/12. 1955. Cornell Univ., Dep. of Chem.) R. STEIN. 131

F. Booth, *Dielektrizitätskonstante polarer Flüssigkeiten bei hohen Feldstärken.* Die Abhängigkeit der integralen DK. polarer Fll. vom angelegten Feld wird krit. untersucht. Wenn die stat. DK. groß gegen die opt. ist, lassen sich die üblichen Ausdrücke für niedrige Feldstärken übernehmen. Die Einfll. des Reaktionsfeldes u. des Hohlraumfeldes werden theoret. untersucht. (J. chem. Physics **23.** 453—57. März 1955. London, King's Coll., Wheatstone Phys. Labor.) D. HAHN. 132

William Fuller Brown jr., *Durchlässigkeiten eines festen Gemisches.* Theoret. wird die folgende Fragestellung diskutiert: Ein makroskop. homogener u. isotroper Festkörper besteht mkr. aus 2 Bestandteilen A u. B. Jeder Bestandteil hat eine bekannte DK. oder magnet. Permeabilität oder elektr. Leitfähigkeit. Ein Anteil p des Gesamtvol. ist durch A, ein anderer q = 1 — p durch B besetzt. Welches ist die DK. oder die magnet. Permeabilität oder die elektr. Leitfähigkeit des zusammengesetzten Stoffes u. ist ferner die DK. des Gemisches vollkommen durch p u. die DKK. der Komponenten bestimmt oder hängt sie noch von Einzelheiten der Teilchengeometrie ab? (J. chem. Physics **23.** 1514—17. Aug. 1955. Newtown Square, Pa., Sun Phys. Labor.) C. GOTTFRIED. 132

L. E. Cross und **B. J. Nicholson,** *Ferroelektrizität und Antiferroelektrizität in Natriumniobat.* Vff. bestimmten unter verschied. Bedingungen die elektr. Eigg. von $NaNbO_3$-Einkristallen (**I**). Wenn das elektr. Feld parallel zur c-Achse liegt, tritt bei 20° bis zu Feldstärken E = 100 kV/cm keine Hysteresiserscheinung in der P, E-Kurve auf (P = Polarisation, linearer P, E-Verlauf, Meßfrequenz 50 Hz). Wenn jedoch Feld u. c-Achse senkrecht zueinander stehen, so liegt unterhalb E = 90 kV/cm doppelte Hysteresis vor. Die Unters. der opt. Doppelbrechung von **I** zwischen 20 u. 650° ergibt, daß **I** bis 350° orthorhomb. u. oberhalb 640° kub. ist; dazwischen tritt bei 470 u. 520° je eine Strukturänderung auf. Weiter wurde zwischen —200 u. 500° die DK. von **I** gemessen (100 kHz, E = 50 V/cm). Daraus folgt, daß bei —190° eine weitere Strukturänderung vorliegt; diese Struktur ist bis —60° stabil (zwischen —190 u. —60° n. ferroelektr. Hysterese). Bei 20° ist **I** antiferroelektr., doch werden durch hohes E (E > 90 kV/cm) auch bei 20° ferroelektr. Strukturen angeregt. Beim Abkühlen von **I** auf unter —203° u. beim Erhitzen von tieferer Temp. auf —60° wurde ferroelektr. Polarisation beobachtet, bedingt durch die antiferroelektr. Verschiebungen der Ionen. (Res. Corresp. Suppl. zu: Research **7.** Nr. 6. S 36—S 38. Juni 1954. Leeds, Univ., Phys. Dep.) O. FUCHS. 132

Georges Briffod, *Berechnung der Schwingungsfrequenz eines mit einem Transistor verbundenen Quarzes.* Ableitung der grundlegenden Gleichungen. (C. R. hebd. Séances Acad. Sci. **240.** 841—42. 21/2. 1955.) O. FUCHS. 133

Joseph H. Bodine jr., *Hallkoeffizient und thermoelektrische Kraft von Thoriummetall.* Es wird der HALL-Koeff. von zwei Th-Metallproben bei Zimmertemp. in einem magnet. Feld der Größenordnung 4000 Gauß gemessen. Als Mittelwert der Messung ergibt sich ein Wert von $-1{,}2 \cdot 10^{-11}$ Volt·cm/Abampere·Gauß. Th ist demnach elektronenleitend mit einer Ladungsträgerdichte von ca. $4{,}7 \cdot 10^{22} \cdot cm^{-3}$ bzw. 1,6 Elektronen pro Atom bei Zimmertemperatur. Die EMK. des Thermoelementes Pt-Th wird in Abhängigkeit von der Temp. zwischen 400 u. 1100° ermittelt u. graph. dargestellt. (Physic. Rev. [2] **102.** 1459. 15/7. 1956. Swarthmore, Pa., Franklin Inst., Bartol Res. Found.) W. KRÖNERT. 133

E. Ferroni, *Eine chemische Prüfung zum Nachweis des Kramer-Effektes.* Der KRAMER-Effekt (vgl. KRAMER, C. **1954.** 10178 u. früher) besteht darin, daß eine metall. Oberfläche nach Abschleifen oder nach Einw. einer elektr. Entladung längere Zeit Elektronen emittiert, die mit dem GEIGER-Zähler nachgewiesen werden können. Vf. beschreibt eine chem. Nachprüfung des KRAMER-Effektes. Er ging dabei von den folgenden Annahmen aus: Die Emission von Elektronen folgt stets der Abschleifung von Metalloberflächen, auch bei relativ niederen Tempp.; schleift man ein Metall unter W. ab, dann bildet sich durch aufeinanderfolgende Rkk., während denen das OH-Radikal auftritt, H_2O_2. Die OH-Radikale rufen Polymerisation im Acrylonitril hervor. In 2 wss. Lsgg., die beide mit Acrylonitril gesätt. waren u. vor Licht geschützt wurden, wurde einmal ein mit Carborund abgeschmirgeltes Stück Al, das andere Mal ein nicht vorbehandeltes Al-Stück gelegt. Im ersten Fall bildete sich nach einigen Tagen reichlich fluorescierendes unlösl. Polymer, während im zweiten Fall die Lsg. noch nach Monaten vollkommen klar blieb. Das Ergebnis zeigt, daß eine Ketten-Rk., wie in diesem Fall die Polymerisation infolge der Emission von Elektronen von der abgeschmirgelten Oberfläche wie ein „chem. Verstärker" verhält. Durch die eingetretene Polymerisation ist die Ggw. freier Radikale einwandfrei nachgewiesen. (Res. Corresp., Suppl. zu: Research **8.** Nr. 10. S 49—S 50. Okt. 1955. Florenz, Univ., Inst. of Phys. Chem.) C. GOTTFRIED. 134

G. Mesnard und **R. Uzan**, *Neue Glühkathoden aus Oxyd–Metall-Sintergemengen.* Nach einer einleitenden Zusammenfassung über die heutigen Glühkathodenarten wird die Herst. von Erdalkalioxyd–Metall-Gemischkathoden z. B. in Form von direkt heizbaren Bändern ohne metall. Träger beschrieben. Innige Gemische aus Ni- oder W-Pulver mit Erdalkalioxyden (Paraffin in Bzl. als Bindemittel) werden in Bandform 40×2×0,1 bis 0,33 mm) gepreßt u. bei 1100° im Vakuum oder H_2 gesintert. Die an Luft nicht lange haltbaren Kathoden, die teils als Halbleiterkathode, teils als Metallcapillarkathode arbeiten, geben ca. 1 A/cm² bei Gleichstrombetrieb u. ca. 10 A/cm² bei Mikrosekunden-Impulsbetrieb. Die Ni-haltigen Kathoden emittieren besser als die mit W hergestellten. (J. Physique Radium **15.** 87S—88S. Dez. 1954, Lyon, Univ., Inst. de Phys. Gén.) J. RUDOLPH. 134

H. Wörner, *Die Konstanz von Selenphotoelementen.* Nach einem Dauerbetrieb von zwei Jahren bestimmt Vf. erneut die Konstanten von Se-Photoelementen (Strom pro Lumen, Spannung, innerer Widerstand). Er beobachtet bei sämtlichen Zellen einen Stromrückgang, einen hohen Empfindlichkeitsrückgang (bis zu 30%) u. eine Zunahme des Widerstandes. Diese Veränderungen lassen sich mit Ermüdungseffekten durch die Benutzung erklären, außerdem durch Alterungseffekte, die auch ohne jegliche Benutzung auftreten. Eine Nachprüfung der Konstanten von Zeit zu Zeit ist daher anzuraten. (Z. Meteorol. **9.** 248—50. Aug. 1955. Potsdam, Meteorolog. Hauptobserv.) D. HAHN. 134

P. J. Hillson und **Eric Rideal**, *Der Becquerel-Effekt in Gegenwart von Farbstoffen und die Wirkung von Licht auf Farben.* Unterss. des BECQUEREL-Effektes an verschied. Farbstoffen in dünnen Schichten auf Pt-Elektroden. Genaue Beschreibung der Versuchsanordnung u. Meßmethodik. Die Bestrahlung erfolgt mit Licht einer Spektralbreite von 200—250 Å, die Strahlung wird mit einer mit einem Uranyloxalat-Aktinometer geeichten Thermosäule gemessen. Die Photoströme liegen in der Größenordnung von 10^{-8} bis 10^{-7} A, die gemessenen Quantenausbeuten (Zahl der übertragenen Elektronen/hν) liegen für positive Photoströme bei 10^{-1}, für negative bei 10^{-2} bis 10^{-3} u. sind in jeder Absorptionsbande unabhängig von der Wellenlänge des eingestrahlten Lichtes sowie vom Widerstand im Stromkreis bei den beobachteten Photoströmen. Nach dem Primärakt, der in einer Bldg. von angeregten Farbstoffmoll. (D*) besteht, erfolgt die Photored., welche nur in Kontakt mit der Elektrode stattfindet, unter direkter Übertragung eines Elektrons von der Elektrode auf D* nach dem Schema $D^* + H^+ + e^- \rightarrow DH$, während die Photooxydation in gewisser Entfernung von der Elektrode nach dem Schema $D^* + HOH \rightarrow DOH + H$ verläuft. Diskussion der verschied. Beobachtungen bei Verss. mit gelösten u. adsorbierten Farbstoffen u. ihrer Bedeutung für das Ausbleichen von Farben u. die Veränderungen von Textilfasern. (Proc. Roy. Soc. [London], Ser. A **216.** 458—76. 24/2. 1953. London, King's Coll., Dep. of Chem.) H.-J. EICHHOFF. 134

Edward H. Kerner, *Elektrische Eigenschaften zusammengesetzter Medien.* (Sitzungsbericht.) (Physic. Rev. [2] **99.** 1656. 1/9. 1955. Univ. of Buffalo.) R. LEVI. 135

Motoichi Shibuya, *Das Problem der heißen Elektronen in Halbleitern mit sphäroiden Energieflächen.* Die Feldstärke E_c, oberhalb der in Ge Abweichungen vom OHMschen Gesetz auftreten, wird unter der Voraussetzung neu berechnet, daß die Energieflächen in der BRILLOUIN-Zone ellipsoide Form haben u. daß an Scherschwingungen im Gitter Streuungen stattfinden. Damit ergeben sich für Ge u. Si Werte, die von den beobachteten E_c-Werten nicht mehr so stark abweichen wie die nach der Theorie von SHOCKLEY berechneten. (Physic. Rev. [2] **99.** 1189—91. 15/8. 1955. Urbana, Ill., Univ. of Illinois, Phys. Dep.) G. KIRSCHSTEIN. 135

Ch. Enz, *Ladungsträger-Susceptibilität und Cyclotronresonanz von Germanium.* Auf Grund der heutigen Kenntnisse über die Struktur der Energiebänder von Ge wird die Ladungsträgersusceptibilität im Eigenleitungsgebiet, d. h. bei hohen Tempp. (T ca. 1000° K) berechnet u. mit den experimentellen Resultaten von BUSCH u. HELFER (C. **1955.** 5726) verglichen. Bei Annahme von 4 Ellipsoidscharen (N = 4) wird eine Abweichung von 30%, bei der Annahme von 8 Ellipsoidscharen (N = 8) eine Abweichung von 90% gefunden, was sehr für die erste Annahme spricht. Angesichts der starken Vernachlässigungen [Austausch- u. Korrelationseffekte, Mischeffekte zwischen den verschied. Bändern, Besetzung anderer Zustände als der N = 4- bzw. N = 8-Ellipsoidscharen in der (1 1 1)-Richtung werden vernachlässigt, die Ladungsträgergase werden als nicht entartet angenommen] ist die Übereinstimmung befriedigend. (Helv. physica Acta **28.** 158—66. 31/5. 1955. Zürich, ETH, Phys. Inst.) H. NELKOWSKI. 135

L. G. van Uitert, *Nickelferrite mit hohem Widerstand; der Einfluß kleiner Zusätze von Mangan oder Kobalt.* Vf. untersucht den Einfl. geringer Zusätze von MnO oder CoO auf die Leitfähigkeit von Ni-Ferriten mit Fe-Unterschuß in Abhängigkeit von den Brennbedingungen. Während n. hergestelltes Ni-Ferrit einen Gleichstromwiderstand von 10^4—10^6 $\Omega\cdot$cm besitzt, steigt dieser bei den Proben mit Mn oder Co bis auf 10^{10} oder 10^{11} $\Omega\cdot$cm. Die notwendigen Zusätze, um Proben mit maximalem Widerstand zu erhalten, hängen von der Brenntemp. ab. Mit steigender Brenntemp. sind höhere Mn-Konzz. erforderlich. Bei gegebener Zus. kann die Abhängigkeit des Widerstandes der Proben von der Brenntemp. mit dem Vorzeichen der Thermospannungen in Beziehung gesetzt werden. Die Aktivierungsenergie für den vorherrschenden Leitfähigkeitsmechanismus durchläuft ebenso wie der Widerstand in Abhängigkeit von dem Mn-Geh. ein Maximum. Vf. nimmt an, daß die Widerstandserhöhung mit dem Ersatz des Fe^{2+}–Fe^{3+}- u./oder Ni^{2+}–Ni^{3+}-Leitungsmechanismus durch einen komplizierteren Prozeß zusammenhängt. (J. chem. Physics **24**. 306—07. Febr. 1956. Murray Hill, N. J., Bell Telephone Labors, Inc.) W. KRÖNERT. 135

F. J. Morin und **T. H. Geballe**, *Elektrische Leitfähigkeit und Seebeck-Effekt von* $Ni_{0,80}Fe_{2,20}O_4$. Von Einkristallen von $Ni_{0,80}Fe_{2,20}O_4$ (**I**) wurde zwischen T = 115 u. 355° K die elektr. Leitfähigkeit σ u. der SEEBECK-Effekt (Thermospannung ΔV) gemessen. Im (log σ, 1/T)-Diagramm wurden zwar Geraden erhalten, die jedoch unter T = 130 u. oberhalb T = 210 verschieden voneinander sind. Im T-Gebiet 130—210 wurden bei gleichem T Meßpunkte für beide Geraden gefunden; eine Erklärung für dieses anomale Verh. kann nicht gegeben werden. In den ΔV-Messungen tritt die Anomalie nicht auf. Vff. schließen daraus, daß die Erscheinung mit einem Ladungsübergang, aber nicht etwa mit der Erzeugung von Ladungsträgern verknüpft ist. Die Aktivierungsenergie des Vorganges ergibt sich zu 0,10 eV oberhalb 210° K u. zu 0,06 eV unterhalb 130° K. 10% der Fe-Atome in **I** liegen als Fe^{2+} u. 90% als Fe^{3+} vor. (Physic. Rev. [2] **99**. 467—68. 15/7. 1955. Murray Hill, N. J., Bell Telephone Labors.) O. FUCHS. 135

James K. Wyatt, *Der elektrische Widerstand von Titanschlacken.* Die Messung des OHMschen Widerstandes geschmolzener Schlacken ergab Werte von 0,1—0,6 Ω/cm, stark abhängig vom FeO-Geh., wenig abhängig von der Temp. u. sehr viel niedriger als gewöhnliche Silicatschlacken. (J. Metals **188**. Trans. AIME 989—94. Aug. 1950. South Amboy, N. J., Nat. Lead Co.) H. ECKHARD. 135

Wolfgang Opitz, *Supraleitung und Widerstand dünner Indiumschichten mit Gitterstörungen und Fremdmetallzusätzen.* Fortführung der von BUCKEL u. HILSCH (vgl. C. **1953**. 7474) beschriebenen Verss. unter Verwendung von *In*. Die zu untersuchenden In-Schichten wurden durch Kondensation aus dem Metalldampf hergestellt. Die Kondensationstempp. T_0 wurden von 6—300° K variiert. Die Sprungtemp. T_s steigt von 3,37° K bei T_0 = 300° K an auf 4,2° K bei T_0 = 6° K; mit fallendem T_0 werden also in wachsendem Maße Gitterstörungen eingebaut. Durch den Zusatz von wenigen At.-% Cu, Pd oder Zn werden bes. große Störungen stabilisiert, so daß T_s-Werte bis zu 4,5° auftreten. Cr, Mn u. Fe dagegen setzen T_s stark herab. T_s der In-Schichten steigt bei zunehmender Schichtdicke d (Verss. für d = 49—4000 Å) zunächst steil an, geht bei d = 70 durch ein Maximum u. fällt dann weniger steil wieder ab. Die Ergebnisse stehen im Einklang mit den l. c. für Sn erhaltenen. (Z. Physik **141**. 263—76. 1955. Göttingen, Univ., I. Physik. Inst.) O. FUCHS. 136

Alfons Sellmaier, *Elektrisches und magnetisches Verhalten von Niobnitrid beim Übergang zur Supraleitung.* 4,7 mm dicke Stäbe aus Nb (Reinheitsgrad >99,9%) wurden in reinstem N_2 (<0,045% O_2) bei N_2-Drucken von 1,2—40 at u. bei 1480—1500° nitriert (Nitrierzeiten bis zu 50 Std.). Außen bildete sich hierbei eine zusammenhängende NbN-Schicht von 0,1—0,2 mm Dicke u. mit einem N-Geh. von 44,8—49,7 At.-%. Nach den Widerstandsmessungen steigt die Übergangstemp. T_s zur Supraleitung mit wachsendem N-Geh. an (z. B. T_s = 15,1° K für 49,7 At.-% N u. 13,25° für 44,8% N); außerdem steigt das Übergangsintervall mit zunehmendem N-Geh. an. Die Kerne unter den NbN-Schichten mit einem N-Geh. von 6,5% wurden bis 12,2° K nicht supraleitend. Von den N-reichsten Proben wurden Magnetflußmessungen im longitudinalen Magnetfeld durchgeführt. Für eine Feldstärke H = 1 Oe u. die Stromstärke J = 0 A wurden T_s-Werte gefunden, die um 0,5° tiefer lagen als die aus den Widerstandsmessungen erhaltenen. Flußmessungen an einer Probe mit 48,3% N zeigten bei H = 1 u. J = 20 keine Verstärkung des magnet. Flusses beim Übergang zur Supraleitung, während bei der Probe mit 49,7% N eine Flußverstärkung bis zu 63% des Flusses im nichtleitenden Zustand beobachtet wurde. Für die Mindeststromstärke J_0 zur Verstärkung des Flusses wurde gefunden: $J_0 = 2,35 + 0,67\,\pi\,Hd$ (d = Durchmesser der Probe nach der Nitrierung); die noch vorhandene Schwammstruktur der Probe hat keinen Einfl. auf diese Zahlenwerte. Die Steilheit der (H, T)-Kurve bei H = 0 beträgt —50 Oe/Grad. (Z. Physik **141**. 550—65. 1955. Herrsching/Obb.) O. FUCHS. 136

Claude Grenier, *Einwirkung elastischer Deformationen auf die Supraleitfähigkeit. 1. Mitt. Der Fall des Zinns.* (Vgl. C. **1955.** 4522. 6689 u. **1956.** 5743.) Fortführung der l. c. beschriebenen Verss. über die Änderung der Supraleitungseigg. von Sn. Gemessen wurde zwischen T = 1,5 u. 3,7° K die Änderung der krit. magnet. Feldstärke (ΔH_c) bei der Einw. elast. Deformationen (Druck, d. h. p > 0 bzw. Zug mit p < 0) auf krist. Sn. Bei konstantem T ist ΔH_c proportional p. $\Delta H_c/\Delta p$ fällt mit steigendem T ab. Ferner steigt $-\Delta H_c/\Delta p$ linear mit $\cos^2\Theta$ an, wo Θ = Winkel zwischen der einwirkenden Kraft u. der quaternären Kristallachse (Anisotropieeffekt, vgl. hierzu auch C. **1955.** 6689). Die Verss. zeigen, daß sich die elast. Deformationen bes. auf den Schwingungszustand des Sn-Kristalls u. nur wenig auf dessen Elektronenzustand auswirken. (C. R. hebd. Séances Acad. Sci. **240.** 2302—04. 13/6. 1955.) O. FUCHS. 136

Claude Grenier, *Einwirkung elastischer Deformationen auf die Supraleitfähigkeit. 2. Mitt. Der Fall des Quecksilbers.* (1. vgl. vorst. Ref.) Durchführung der l. c. beschriebenen Verss. an krist. Hg bei 2,10° K. Die Größe $\Delta H_c/\Delta p$ ändert sich hier ebenfalls linear mit $\cos^2\Theta$. Es gilt die Beziehung (vgl. hierzu BENDER u. GORTER, C. **1956.** 338): $(\Delta H_c/\Delta p)_T/H_0 = (-10 + 9\cos^2\Theta)\cdot 10^{-6}(1 - h/2) - (-8 + 16\cos^2\Theta)\cdot 10^{-6}(1 - h)$, wo $H_0 = H_c$ bei T = 0, $h = H_c/H_0$. Daraus folgt, daß $\Delta H_c/\Delta p$ nicht nur, wie beim Sn, von der Änderung des Schwingungszustandes des Kristallnetzes abhängt, sondern auch von der Änderung des Elektronenzustandes. (C. R. hebd. Séances Acad. Sci. **241.** 862—65. 3/10. 1955.) O. FUCHS. 136

J. G. Castle jr., *Eine systematische g-Verschiebung für freie Elektronen.* (Sitzungsbericht.) (Physic. Rev. [2] **99.** 341. 1/7. 1955. Univ. of Buffalo.) H. LIEPACK. 137

J. Yvon, *Die Theorie des Ferromagnetismus und das Heisenbergsche Modell.* Auf der Grundlage des HEISENBERG-Modells des Ferromagnetismus wird mit der BETHEschen Näherung gerechnet. Unter der Annahme von p magnet. gleichwertigen Nachbarn im Gitter, die miteinander in Austauschwechselwirkungen stehen, wird für verschied. p das Verhältnis der Austauschenergiekonstanten zur ferromagnet. CURIE-Temp. bei den Spinquantenzahlen 1/2 u. 1 berechnet. (J. Physique Radium **13.** 488—89. Okt. 1952.) H. FAHLENBRACH. 137

M. Kersten, *Reversible und irreversible Magnetisierungsänderungen längs der Hystereseschleife.* Es werden die wesentlichsten Forschungsergebnisse des letzten Jahrzehnts über die physikal. Elementarvorgänge längs der stat. ferromagnet. Hystereseschleife möglichst anschaulich unter Verzicht auf die Darst. der mathemat. Ableitungen zusammengefaßt. (Z. angew. Physik **7.** 397—407. 1955. Aachen, TH, Inst. für Werkstoffe der Elektrotechnik.) H. FAHLENBRACH. 137

Louis Weil, *Evolution der Koerzitivkraft feinen Nickelpulvers bei tiefen Temperaturen.* Feinstes Dauermagnetnickelpulver, das durch Wasserstoffred. des Formiats erhalten wurde, zeigt nach Abkühlung bei Tempp. unter Raumtemp. einen Abfall der Koerzitivkraft. Dabei sinkt die Koerzitivkraft mit zunehmender Haltezeit bei tiefen Tempp. noch nach einem Tag immer weiter ab. Bei 194° K ist die gefundene Evolution mit einem Abfall von 30% am größten. Bei 77° K wurde nur ein Abfall von wenigen % u. bei 20° K nur von wenigen ‰ beobachtet. Verss. mit u. ohne äußeres Magnetfeld führten zu dem Ergebnis, daß das Magnetfeld bei der Abkühlung keine entscheidende Bedeutung besitzt. Dagegen ist die therm. Vorgeschichte von großem Einfluß. Verss. mit verschied. Abkühlungsgeschwindigkeit führten zu stark verschied. Ergebnissen, doch scheint dadurch lediglich die Geschwindigkeit der Evolution der Koerzitivkraft beeinflußt zu werden. Der Evolutionsprozeß dauert ferner auch nach Rückkehr auf Raumtemp. an. Er tritt auf bei Reduktions-Ni-Pulvern verschied. Reduktionstempp. mit H_c-Werten zwischen 40 u. 200 Oe. Er konnte nicht bei Ni-Pulvern, die nach dem Carbonylverf. u. nach dem RANEY-Verf. hergestellt worden waren, beobachtet werden. Diese theoret. noch ungeklärte Evolution soll auch bei anderen ferromagnet. Feinstpulvern zu beobachten sein. (C. R. hebd. Séances Acad. Sci. **241.** 470—72. 1/8. 1955. Grenoble, Univ., Inst. de Phys.) H. FAHLENBRACH. 137

W. S. Paxton und **T. G. Nilan,** *Elementarbereich-Anordnung und kristallographische Orientierung in kornorientiertem Siliciumstahl.* Durch geeignetes Kaltwalzen u. Glühen erhält man bei 3—3,5%ig. Fe–Si in der Walzrichtung Rechteckschleifen durch Kornorientierung (Textur). Durch Spiegelung geätzter Flächen u. vor allen Dingen durch die BITTERsche Streifenmeth. wird die kristallograph. Orientierung der einzelnen Kristallite zu bestimmen versucht. Die beobachteten BITTERschen Streifenbilder werden dabei in 5 verschied. Gruppen geteilt, die dadurch verschieden zu sein scheinen, daß die [100]-Richtung verschied. Winkel Φ mit der Walzebene bildet. Ist $\Phi < 2°$, so beobachtet man eine einfache Wandstruktur mit glatten 180°-BLOCH-Wänden. Ist $2° < \Phi < 4°$, so treten lange Spieße („spikes") auf, die an den Korngrenzen entstehen.

Zwischen 4 u. 7° verkleinern sich die Spieße sehr stark („lozenges") u. zeigen weiter annähernd in [1 0 0]-Richtung. Auch bei der Struktur, die bei Φ bis ca. 15° auftritt („lace"), ist die [1 0 0]-Richtung noch zu erkennen. Bei größeren Winkeln wird eine recht unübersichtliche Struktur („maze") erhalten. Für die „spikes" u. „lozenges" wird aus Beobachtung bei verschied. äußeren Feldstärken die Entstehung erklärt. (J. appl. Physics **26.** 994—1000. Aug. 1955. Pittsburgh, Pa., U. S. Steel Comp., Appl. Res. Labor.)
H. FAHLENBRACH. 137

Yosiaki Tino, *Über das Verschwinden des Hopkinsonschen Effektes.* Unter dem HOPKINSONschen Effekt versteht man die Beobachtung, daß bei ferromagnet. Körpern die Anwendung schwacher Felder das charakterist. Maximum in der Magnetisierung (I)–Temp. (T)-Kurve nahe dem CURIE-Punkt induziert, was der niedrigen magnet. Anisotropie nahe dem CURIE-Punkt zugeschrieben wird. Vf. zeigt, daß bei *Fe–Ni-Legierungen* nach bestimmten Wärmebehandlungen dieser Effekt nicht auftritt, Kühlt man eine Fe–Ni-Legierung mit 30% Ni nach Anlassen über die Temp. des A_3-Punktes auf die Temp. der fl. Luft ab, dann liegt die Legierung hauptsächlich in der irreversiblen α-Phase vor. Läßt man dagegen auf Tempp. > A_3-Punkt an u. kühlt auf Zimmertemp. ab, dann erhält man die Legierung in Form der reversiblen γ-Phase. Die I–T-Kurve dieser γ-Phase zeigt den HOPKINSONschen Effekt nicht; die Kurve zeigt ein monotones Abnehmen der Magnetisierung, u. zwar sowohl bei schwachen als auch starken Feldstärken. Betreffs des Ursprunges dieses anomalen Verh. ist zu bemerken, daß die 30%ig. Ni-Legierung bei Zimmertemp. sowohl in der α- als auch der γ-Phase stabil existieren kann. Infolgedessen wurden Verss. mit einer 25%ig. Ni-Legierung durchgeführt, die der irreversiblen α-Phase angehört. Diese 25%ig. Ni-Legierung erhält man bei Zimmertemp. hauptsächlich in Form der α-Phase, wenn man sie nach Anlassen auf Tempp. oberhalb des A_3-Punktes auf die Temp. der fl. Luft abkühlt. In dieser α-Phase wurde der obige Effekt bei Erhitzen mit einer Geschwindigkeit von 100° pro 30 Min. beobachtet. Erhöht man die Erhitzungsgeschwindigkeit, dann tritt der Effekt noch deutlich hervor, erniedrigt man dagegen die Erhitzungsgeschwindigkeit, dann wird der Effekt schwächer. Der Grund hierfür ist der, daß durch das schnellere Erhitzen die Legierung sich schneller der Übersättigung nähert, während das langsamere Erhitzen die Zweiphasentransformation verursacht. Aus weiteren Unterss. wird geschlossen, daß die γ-Phase der 30%ig. Ni-Legierung sehr fein verteilte α-Teilchen enthält, was auch experimentell nachgewiesen werden konnte. Auf Grund mkr. Unterss. u. damit parallel verlaufender Unterss. der I–T-Kurven muß geschlossen werden, daß eine beträchtliche Menge von Martensitteilchen vor der sogenannten Martensitumwandlung gebildet werden, daß diese Teilchen jedoch unterdrückt werden, so daß die Charakteristiken der α-Phase nicht in Erscheinung treten. (J. sci. Res. Inst. [Tokyo] **49.** 97—102. März 1955.) C. GOTTFRIED. 137

L. R. Bickford jr., J. Pappis und **J. L. Stull,** *Magnetostriktion und Permeabilität von Magnetit und Kobalt-substituiertem Magnetit.* (Vgl. C. **1955.** 5003.) An Magnetiteinkristallen wird die Magnetostriktion bei Tempp. zwischen 120 u. 300° K in verschied. Kristallrichtungen gemessen. Dabei war $\lambda_{111} \sim + 80\cdot10^{-6}$; $\lambda_{110} \sim + 70\cdot10^{-4}$ u. $\lambda_{100} \sim - 20\cdot10^{-6}$. Diese Sättigungsmagnetostriktionswerte waren nur wenig temperaturabhängig. Der Umwandlungspunkt bei 130° K u. das damit zusammenhängende steile Permeabilitätsmaximum dicht oberhalb dieser Temp. ist nur durch die Form der λ–H-Kurven sichtbar zu machen. Für die Permeabilität scheint danach die Kristallanisotropie bestimmt zu sein. Permeabilitäts- u. Magnetostriktionsmessungen werden ferner an polykristallinen, synthet. Magnetitproben gemacht, bei denen geringe Mengen *MgO*, Al_2O_3, *CuO*, *ZnO*, *GaO*, *BaO*, *MnO* u. *CoO* in das Gitter eingebaut waren. Mit Ausnahme von Mn- u. Co-Zusätzen wird dadurch das magnetotherm. Verh. kaum geändert. Mn ergab nichtreproduzierbare größere Effekte. Interessant sind die sehr gut reproduzierbaren Ergebnisse mit Co-Zusätzen. Pro Mol-% Co-Ferritzugabe wird das Maximum der Permeabilität um 140° zu höheren Tempp. hin verschoben, wobei aus den Magnetostriktionskurven zu entnehmen ist, daß sich gleichzeitig auch der Umwandlungspunkt mit verschiebt. Die aus diesen Ergebnissen indirekt ermittelten hohen Werte der Kristallanisotropie für $CoO\cdot Fe_2O_3$ in der Größenordnung 10^6 erg/cm³ stimmen mit den Meßwerten anderer Autoren gut überein. (Physic. Rev. [2] **99.** 1210—14. 15/8. 1955. New York, N. Y., State Univ., Coll. of Ceram., u. Alfred, N. Y., Alfred Univ.)
H. FAHLENBRACH. 137

W. A. Yager, J. K. Galt und **F. R. Merritt,** *Ferromagnetische Resonanz von zwei Nickel–Eisen-Ferriten.* Aus zwei Nickel–Eisen-Ferriten der ungefähren Zus. $(NiO)_{0,95}\cdot(FeO)_{0,05}Fe_2O_3$ u. $(NiO)_{0,75}(FeO)_{0,25}Fe_2O_3$ werden Einkristalle hergestellt, an denen die ferromagnet. Resonanzabsorption in Abhängigkeit von der kristallograph. Richtung u. der Temp. zwischen 4,2 u. 380° K untersucht wird. Mit steigender Temp. nimmt dabei die Anisotropie stark ab, die Linienbreite jedoch im allg. zu. Interessant ist auch, daß in beiden Fällen eine geringe Temperaturabhängigkeit des g-Faktors festgestellt werden konnte. Aus den experimentellen Ergebnissen konnte nach Abzug des Einfl. der Wirbelströme gefunden werden, daß bei $(NiO)_{0,75}(FeO)_{0,25}Fe_2O_3$ die bei der Resonanzabsorption verbrauchte Energie in der Hauptsache die Folge eines Relaxationsmechanismus ist, der mit der Ggw. 2wertiger Fe-Ionen zusammenhängt. (Physic. Rev. [2] **99.** 1203—10. 15/8. 1955. Murray Hill, N. J.) H. FAHLENBRACH. 137

Junkichi Itoh und **Tetsuo Akioka,** *Ferromagnetische Resonanzabsorption von Molybdän–Permalloy bei 3000 Megahertz.* An 0,05 cm starken Scheiben aus Molybdän–Permalloy wurde die ferromagnet. Resonanzabsorption u. Dispersion bei einer Frequenz von 3000 Megahertz bestimmt. Dabei wird die KITTELsche Formel: $\omega = \gamma - \sqrt{B_r H_r}$ sehr gut bestätigt (H_r = Resonanzfeldstärke, B_r = Induktion bei H_r, ω = Frequenz u. γ = gyromagnet. Verhältnis). Aus den Ergebnissen erhält man einen g-Faktor = 2,11. (J. physic. Soc. Japan **5.** 447—52. Nov./Dez. 1950. Osaka, Univ., Phys. Inst. and Res. Inst. of Acoustic. Sci. [Orig.: engl.]) H. FAHLENBRACH. 137

J. M. Hastings und **L. M. Corliss,** *Eine antiferromagnetische Umwandlung in Zinkferrit.* Neutronenbeugungsdiagramme von $ZnFe_2O_4$-Pulver im Temperaturbereich 2,7 bis 300° K lassen erkennen, daß in der Umgebung von 9° K eine Umwandlung stattfindet. Etwas oberhalb dieser Temp. tritt unter einem Beugungwinkel von ca. 8° ein diffuses Maximum auf, das bei weiterer Temperaturerniedrigung schnell schärfer wird, während die paramagnet. Streuung zurückgeht. Die Lage u. Intensität der Grundlinien bleibt ungeändert, jedoch treten weitere Überstrukturlinien auf, die sich unter Annahme einer kub. Elementarzelle mit doppelter Kantenlänge indizieren lassen. Aus den Ergebnissen wird geschlossen, daß bei 9° K ein Übergang vom paramagnet. in den antiferromagnet. Zustand stattfindet. Es wird versucht, ein Modell abzuleiten, das der zusätzlichen Streuung in Verbindung mit dem Antiferromagnetismus Rechnung trägt. Qualitativ besteht die Struktur aus parallelen Bändern (Breite 2—3 Atome) mit wechselndem Spin u. gelegentlichen Fehlern in den Grenzlinien. Die Spinorientierung läuft parallel zu (0 1 0). Die unter Annahme dieser Struktur berechneten Linienintensitäten stimmen mit den beobachteten innerhalb von 25% überein. (Physic. Rev. [2] **102.** 1460—63. 15/7. 1956. Upton, N. Y., Brookhaven Nat. Labor., Dep. of Chem.) W. KRÖNERT. 137

Belling Tsai und **Jules Wucher,** *Die Wechselwirkung zwischen den magnetischen Momenten in den Molekülen, die drei Atome Eisen enthalten.* Gemessen wird die Temperaturabhängigkeit der Susceptibilität χ von 1. $[Fe_3(CH_3COO)_6(OH)_2]NO_3 + 6\,H_2O$ u. 2. $[Fe_3(C_6H_5COO)_6(OH)](C_6H_5COO)(ClO_4) + H_2O$ zwischen 2° K u. Raumtemperatur. Bis zu Tempp. von 20—40° K gilt in beiden Fällen das CURIE-WEISSsche Gesetz mit $C_1 = 3{,}47$, $\Theta_1 = -443°$ u. $C_2 = 3{,}78$, $\Theta_2 = -572°$. Der Abfall von $1/\chi$ zu den tiefsten Tempp. kann mit CURIE-WEISSschen Geraden mit $C_1 = 0{,}19$, $\Theta_1 = -4°$ K u. $C_2 = 0{,}20$, $\Theta_2 = -6{,}5°$ K formal beschrieben werden. Die Ergebnisse werden durch eine antiferromagnet. Ordnung der Fe-Atome bei Tempp. unter 20—40° K zu erklären versucht. (J. Physique Radium **13.** 485—86. Okt. 1952.) H. FAHLENBRACH. 137

Demetrius A. Kiskyras, *Untersuchungen der magnetischen Eigenschaften des Magnetkieses bei verschiedenen Temperaturen in besonderem Hinblick auf seine Entstehung.* Vf. hat auf Grund erzmkr. Unterss. u. magnet. Messungen gefunden, daß die in der Natur vorkommenden Magnetkiese in 2 Gruppen zerfallen, nämlich in die der α-Magnetkiese (Typus Hundholmen/Tysfjord), die paramagnet. bis schwach ferromagnet. Eigg. aufweisen u. bei hohen Tempp. u. Drucken entstanden sind, u. in die β-Magnetkiese (Typus Kisbanya), die stark ferromagnet. sind. Die α-Magnetkiese zeigen in dem Bereich 200 bis 240° eine magnet. Umwandlung, die einen sprunghaften Anstieg der Magnetisierungsintensität der Proben hervorruft. Die γ-Umwandlung entspricht dem Übergang der paramagnet. oder schwach ferromagnet. u. bei tieferen Tempp. stabilen a-Form in die ferromagnet. b-Form, die mit wachsender Temp. ihre ferromagnet. Eigg. bis 280° stark vermindert u. ab 310° ganz zum Verschwinden bringt. Beim Abkühlen treten die ferromagnet. Eigg. wieder auf, gleichen aber nicht denen der a-Form, sondern denen einer ebenfalls ferromagnet. c-Form. Die β-Magnetkiese zeigen keine der obigen magnet. Umwandlungen; sie sind bei tieferen Tempp. u. Drucken entstanden, treten zusammen mit primärem Pyrit auf u. sind reicher an Schwefel. Der Ferromagnetismus verschwindet bei ca. 320° Erhitzung. Bei 325°, der Temp. der β-Umwandlung, zeigen die Magnetkiese der 2. Gruppe eine Abnahme der Susceptibilität u. eine Zunahme des remanenten Magnetismus u. der Koerzitivkraft, während man bei den Magnetkiesen der 1. Gruppe das Umgekehrte beobachtet. (Neues Jb. Mineral., Geol., Paläontol., Abh., Abt. A **80.** 297—342. 1950.) E. SCHIEBOLD. 137

A. N. Holden, B. T. Matthias, P. W. Anderson und **H. W. Lewis,** *Neue ferromagnetische Stoffe bei tiefen Temperaturen.* Das magnet. Verh. komplexer *Cyanide* der Metalle der Fe-Übergangsgruppe wird untersucht. Die Verbb. sind durch Fällung aus wss. Lsg. hergestellte Kombinationen der Anionen $[Fe(CN)_6]^{3-}$, $[Fe(CN)_6]^{4-}$, *Co(III)-Cyanid, Mn(III)-Cyanid* u. *Cr(III)-Cyanid* mit den Kationen K^+, Zn^{2+}, Cr^{3+}, Mn^{2+}, Fe^{3+}, Fe^{2+}, Co^{2+}, Ni^{2+} u. Cu^{2+}. Bei einer Reihe von Stoffen werden bei der Temp. des fl. He große positive Susceptibilitäten u. ferromagnet. Remanenz beobachtet. (Physic. Rev. [2] **102.** 1463. 15/7. 1956. Murray Hill, N. J., Bell Telephone Labors.) W. KRÖNERT. 137

Jean Uebersfeld und **Edmond Erb,** *Paramagnetische Resonanz in Kohlearten. Entdeckung eines freien an Luft instabilen Radikals.* Die in der Steinkohle u. a. Kohlearten mittels paramagnet. Resonanz entdeckten an Luft stabilen freien Radikale (Konz. $5 \cdot 10^{18}$ bis 10^{19} Radikale/g Substanz) sind in Kohle, die oberhalb 650° pyrolysiert wurde, nicht mehr nachweisbar, sie konnten aber in N_2 bzw. im Vakuum von den Vff. wiedergefunden werden. Die Resonanzkurve ihres somit an Luft instabilen Paramagnetismus hat eine dem Diphenylpikrylhydrazil entsprechende Form mit ident. LANDÉ-Faktor ($g = 2{,}002 \pm 0{,}002$). Es wird vorgeschlagen, diese vor O_2-Einfl. zu schützende Kohle als billigere Eichsubstanz für Messungen der paramagnet. Resonanz oder magnet. Feldstärken zu verwenden. (J. Physique Radium **16.** 340. April 1955. École Sup. de Phys. et Chim., Labor. de M. Lucas.) K. REICHEL. 137

Roger Servant, *Entwicklung der Untersuchungen über die Anomalien der paramagnetischen Rotationsdispersion in den breiten Absorptionsbanden.* Vf. beschreibt zuerst die charakterist. Eigg. der Anomalien. Danach geht in der Absorptionsbande (Beispiel Lsg. von $CoCl_2$) das magnet. Drehungsvermögen α, wenn man es graph. gegen die Wellenlänge aufträgt, nacheinander durch ein Maximum u. ein Minimum. Anderseits ist die austretende Strahlung leicht ellipt., u. ihre Elliptizität β geht in der Mitte der Bande durch ein Maximum u. fällt nach beiden Seiten auf Null ab. Hierauf bespricht der Vf. die bereits früher (vgl. C. R. hebd. Séances Acad. Sci. **222.** [1946.] 1098) von ihm gegebene Deutung der Erscheinung u. leitet hierauf Gleichungen ab, mit deren Hilfe er an Hand experimenteller Ergebnisse an verschied. Co-Salzen das mit den fiktiven Oscillatoren in Zusammenhang stehende Moment μ berechnet. Die erhaltenen, nahe übereinstimmenden Werte von μ liegen bei ca. 2 BOHRschen Magnetonen u. sehr viel niedriger als das Ionenmoment. Hieraus ergibt sich, daß Spin u. Bahnmoment einen Beitrag zur Susceptibilität leisten, daß aber der Beitrag des Spins zur magnet. Rotation prakt. zu vernachlässigen ist. (J. Physique Radium **11.** 41 S. — 43 S. Juni 1950. Bordeaux, Fac. des Sci.) C. GOTTFRIED. 137

A. K. M. Trivedi und **M. J. Patani,** *Leitfähigkeit wässeriger Arsentrioxydlösungen.* Aus Messungen der elektr. Leitfähigkeit wss. As_2O_3-Lsgg. im Konzentrationsbereich von 0,0418—0,5618 n ergibt sich, daß die Leitfähigkeit im Verlauf mehrerer Tage kontinuierlich zunimmt, u. zwar, wie gezeigt wird, infolge katalyt. Oxydation durch Pt-Schwarz der Elektroden zu As_2O_5. Die Unters. der Kinetik der Rk. läßt eine, vermutlich an der Oberfläche des Pt stattfindende Rk. nullter Ordnung erkennen. (J. Sci. ind. Res. [New Delhi], Sect. B **14.** 415—17. Aug. 1955. Ahmedabad, L. D. Arts Coll. and M. G. Sci. Inst.) W. NIEMITZ. 138

Yves Doucet, *Berechnung der Gefrierpunktserniedrigung wässeriger Lösungen durch partiell dissoziierte Elektrolyte.* Es wird eine Formel entwickelt, die es gestattet, die Gefrierpunktserniedrigung wss. Lsgg. der Konz. c Mol/Liter zu berechnen: $\Theta/c = 1{,}858 [1 + (\nu - 1)\alpha - 0{,}375\, \nu\, \alpha\, z_1 z_2 \sqrt{\mu} \cdot \sigma]$; $\mu = 1/2\, z_1 z_2 \nu \alpha c$, α = Dissoziationsgrad, ν = Anzahl der Ionen im Mol., z_1 u. z_2 Wertigkeiten u. σ ein Koeff., der von der Ionenstärke u. dem mittleren Radius der hydratisierten Ionen abhängt. Die σ-Werte für Radien von 2—7 Å sind in einer Tabelle zusammengestellt. — Für ein Salz vom Typ II—I, das in zwei Stufen mit den Dissoziationsgraden α u. β dissoziiert, wird ebenfalls eine Formel gegeben. — Aus der Gefrierpunktserniedrigung läßt sich der Solvatationsgrad eines Elektrolyten berechnen, sofern seine Dissoziationskonstanten bekannt sind. α u. β sind auf verschied. Wegen zugänglich: aus opt. Absorptionsmessungen, EMK.-Messungen u. aus Messungen der Äquivalentleitfähigkeit. (J. Chim. physique Physico-Chim. biol. **53.** 80—84. Jan. 1956. Dijon, Fac. des Sci.) S. LANZ. 139

Henryk Buchowski, *Die Brönsted'sche Theorie.* Überblick: Entw. des Säure–Base-Begriffs u. Grundzüge der BRÖNSTEDschen Theorie. (Wiadomości chem. **4.** 129—38. Mai/Juni 1950. Warszawa, Uniw.) F. URBAN. 139

Bolesław Modrzejewski, *Die Entwicklung der Ansichten über das Wesen der Säuren und Basen.* Nach der Einführung in die Säure–Base-Theorien werden die wasserähnlichen Lösungsmittel, die Anwendung der Elektronentheorie auf Säuren u. Basen, der Neutralisationsvorgang, die Begriffe Säure- u. Basestärke, der Einfl. des Lösungsm. auf diese, die Neutralisationsmaßanalyse, die Säure- u. Basekatalyse, die Wrkg. auf Metalle u. der Zusammenhang zwischen Neutralisations- u. Redoxvorgängen behandelt. (Wiadomści chem. **4.** 149—73. Mai/Juni 1950. Warszawa, Główn. Inst. Chem. Przemysł.) F. URBAN. 139

Anna Roniewicz, *Theorien zur Übertragung des Säure–Base-Begriffes auf Lösungsmittel.* Behandlung der Begriffe Säure, Base, Salz in den Lösungsmitteln NH_3, H_2S, HF, $SeOCl_2$, $COCl_2$, SO_2. (Wiadomości chem. **4.** 139—48. Mai/Juni 1950. Warszawa, Uniw.) F. URBAN. 139

Jerome Saldick, *Der Einfluß der Konzentration einiger dreiwertiger Metallhalogenide auf die Verteilungskoeffizienten bei der Lösungsmittelextraktion.* Unter der Annahme, daß z. B. das aus stark HCl-saurer Lsg. in Form von $HFeCl_4$ mit Isopropyläther extrahierbare Fe in der organ. Phase bei sehr großer Verdünnung in H^+ u. $FeCl^-_4$ dissoziiert, u. daß dadurch die Konzentrationsabhängigkeit des Verteilungskoeffizienten zu erklären sei, werden Abweichungen vom NERNSTschen Verteilungssatz an Hand eines allg. Beispiels der Extraktion dreiwertiger Metallhalogenide theoret. gedeutet. Zur Berechnung des Verteilungskoeff. entwickelt Vf. eine Reihe von Gleichungen u. diskutiert kurz die sich daraus ergebenden Konsequenzen, die im Einklang mit Ergebnissen anderer Autoren stehen. (J. physic. Chem. **60.** 500—01. April 1956. Upton, N. Y., Brookhaven Nat. Labor., Dep. of Chem.) D. ERTEL. 139

K. B. Jatzimirski, *Über die Stabilität der verschiedenen Oxydationsstufen der Elemente.* Es werden die Gleichungen entwickelt, die die Redoxpotentiale zu bewerten ermöglichen u. die die Bedingungen für die Stabilität von 1- bis 3fach geladenen Ionen in wss. Lsgg. ausdrücken. Hierbei werden nur Elemente der 4. bis 6. Periode berücksichtigt. Gleichermaßen werden auch für feste (krist.) Oxydationsverbb. sowie niedrigere u. höhere Oxydationsstufen die Stabilitätsbedingungen in Lsgg. u. festem Zustand die Ursachen festgestellt sowie auf die Verbindung zwischen Oxydationsstufe u. Elektronenstruktur der Atome hingewiesen. — Wesentlich ist der Wert des Ionisationspotentials: so können Ionen „M^{+}" in Lsgg. nur auftreten, wenn das Ionisationspotential des 2. Elektrons 19 V übersteigt; Ionen M^{2+} nur, wenn das 2. Ionisationspotential 22 V nicht übersteigt, das 3. jedoch $>$26,5 V beträgt. Ionen M^{3+} sind nur bei einem minimalen 3. Potential ($<$29,5 V) u. gleichzeitig maximalem 4. ($>$42 V) existenzfähig (Beispiele Zn–Cd, Sn–Te). Bei der Berechnung der Stabilität höherer Oxyde werden die Schwankungen des Enthalpiewertes parallel mit dem Ionisationspotential mitberücksichtigt. (Сборник Статей по Общей Химии [Samml. Aufsätze allg. Chem.] **1.** 200—05. 1953. Iwanowo, Chem.-technol. Inst.) A. V. WILPERT. 139

G. H. Cartledge und **Wm. T. Smith jr.,** *Revision des Elektrodenpotential-Diagramms für Technetium.* Vff. messen u. berechnen die Elektrodenpotentiale zwischen den verschied. Wertigkeiten des Tc u. vergleichen sie mit den von COBBLE u. Mitarbeitern (C. **1954.** 2342) gemessenen. Genaue Beschreibung der Versuchsdurchführung. Die überprüften Elektrodenpotentiale sind: Tc—TcO_2 —0,272 V, Tc—TcO_4 —0,472 V, Tc—TcO_3 —0,8 V, TcO_2—TcO_4 —0,738 V, TcO_3—TcO_4 = —0,7 V. (J. physic. Chem. **59.** 1111—12. Okt. 1955. Oak Ridge, Tenn., Oak Ridge Nat. Labor.) V. BURBACH. 140

I. Epelboin, Ph. Brouillet und **M. Froment,** *Über die Messung hoher Anodenspannungen in konzentrierten Lösungen.* Einführend werden die Bedingungen für elektrolyt. Polieren untersucht. Voraussetzungen für gutes Polieren sind ein starkes homogenes elektr. Feld (10^6 V/cm) in unmittelbarer Nähe der Anode, das die kristallograph. Korrosion zurückdrängt u. Ausschaltung von Sekundär-Rkk., wie z. B. chem. Angriff der Anode. In einer 98%ig. alkoh. Lsg. mit 200 g $Mg(ClO_4)_2 \cdot 2\,H_2O$/Liter, Al-Anoden u. Stahlkathode wurde der Verlauf der Klemmenspannung in Abhängigkeit von der Stromdichte verfolgt u. festgestellt, daß der stärkste Potentialabfall an der Anode erfolgt. Es werden Methoden zur Best. der drei Komponenten — Diffusionspotential, OHMscher Widerstand u. Kontaktpotential — gegeben, aus denen sich der Gesamtanodenspannungsabfall zusammensetzt. Die Diffusionspotentiale wurden nur in der Größenordnung von einigen Zehntel V gefunden, während die Anodenspannung rd. 30 V betrug; auch der OHMsche Widerstand spielt nur eine untergeordnete Rolle, so können allein die Kontaktpotentiale für die hohen Anodenspannungen verantwortlich gemacht werden. Vff. nehmen an, daß es sich hier um eine Anhäufung von Ionen handelt, die von der Anodenoberfläche teilweise adsorbiert sind. Bei stetig steigender Klemmenspannung durchläuft das Kontaktpotential ein Maximum. Wie Verss. in verschied. Lsgg. gezeigt haben, besteht zwischen Wassergeh. des Elektrolyten u. Anodenkontaktpotential ein direkter Zusammenhang. Die Höhe des Anodenkontaktpotentials ist der DK. des Elektrolyten umgekehrt proportional. Weiterhin ist die Anodenspannung stark von der Temp. abhängig. Mit sinkender Temp. steigt die Anodenspannung stark an (170 V bei —71°), u. zwar ändert sich ihr Logarithmus linear mit 1/T. Vff. folgern aus dieser Temperaturabhängigkeit, daß sich die für die hohen Anodenspannungen verantwortlichen Ionenanhäufungen wie eine Halbleiterschicht verhalten. (J. Chim. physique Physico-Chim. biol. **53.** 85—92. Jan. 1956. Paris, Fac. des Sci., Labor. de Phys.) S. Lanz. 140

I. Epelboin, *Über eine experimentelle Untersuchung des elektrolytischen Polierens.* Macht man beim elektrolyt. Polieren die Kathode genügend groß, um Veränderungen der kathod. Erscheinungen auszuschalten, dann ist das Maximum des scheinbaren Widerstandes ein charakterist. Punkt, welcher gestattet, die der besten Politur entsprechenden elektr. Bedingungen zu reproduzieren. Wenn die Spannung U diesen Punkt überschreitet, dann tritt Gasentw. u. bei höheren Spannungen Korrosion ein. Dieser scheinbare Widerstand der Elektrolytzelle spielt eine wesentliche Rolle. Um die Natur seiner Schwankungen mit der Spannung zu bestimmen, bes. um den eigentlichen Ohmschen Widerstand von dem Einfl. der elektromotor. Polarisationskräfte zu trennen, überlagerte Vf. dem Polierstrom einen Hochfrequenzstrom (10 kHz) u. verglich den scheinbaren Widerstand U/I (I = Stromstärke) mit dem Impedanzmodul, den man unter Ausschaltung der Polarisationseffekte mißt. Vergleicht man den scheinbaren Widerstand U/I = R mit denen des Impedanzmoduls R′, dann ist festzustellen, daß sie prakt. den gleichen Verlauf haben u. daß trotz der sehr verschied. Werte von R u. R′ beide gleichzeitig ein Maximum für den gleichen Wert der Spannung des Polierens zeigen. Diese Beobachtungen wurden benutzt, um die besten elektr. Bedingungen für das Polieren festzulegen. Gleichzeitig war es möglich, die optimale Zus. des für einen gegebenen Körper bestimmten Elektrolytbades zu bestimmen. Es wurde gefunden, daß die Zus. des Bades hauptsächlich durch den Hydrationsgrad der Ionen in der Lsg. bestimmt wird. (J. chim. physique Physico-Chim. biol. **49.** C 214—C 218. Febr. 1952. Paris, Sorbonne, Labor. de Phys.) C. Gottfried. 141

Philippe Brouillet und **Israël Epelboin,** *Das elektrolytische Polieren von Germanium und Platin in Gegenwart von F^- -oder Cl^--Ionen.* Zum elektrolyt. Polieren von *Ge* empfehlen Vff. als Elektrolyt-Fll. eine Schmelze von NaCl + KCl, die bei 661° schm. u. 48 Mol-% KCl enthält sowie ein bei 699° schmelzendes eutekt. Gemisch von NaF + KF mit 60 Mol-% KF. Als Kathode wurde Pt mit einer großen Oberfläche u. als Spannung für die erste Schmelze 2 V u. für die zweite Schmelze 3 V benutzt. Die Spannungen können, ohne das gute Ergebnis zu beeinflussen, um ±1 V geändert werden. Die Politur in den Chloriden läßt die Struktur deutlicher erscheinen als die in den Fluoriden. Zum elektrolyt. Polieren des Pt werden die gleichen Schmelzen wie bei dem Ge empfohlen. Für die Chloridschmelze wird eine Spannung von ca. 2 V, als Kathode Pt empfohlen. Bei der Fluoridschmelze muß die Spannung etwas größer genommen werden. Im allg. sind die Ergebnisse dieselben wie bei dem Ge. (C. R. hebd. Séances Acad. Sci. **237.** 895—97. 19/10. 1953.) C. Gottfried. 141

Helmi Makram, *Beitrag zur Untersuchung der Diffusion von Metallionen durch elektrolytische Metallniederschläge.* Nach der früher (vgl. Bonnemay u. Vf., C. **1954.** 2347) beschriebenen Meth. zur Unters. der Diffusion von im Atommeiler markierten Cu-Ionen durch elektrolyt. Cr-Überzüge, wobei als ,,Durchgangszeit" diejenige Zeit definiert wurde, bis die markierten Ionen in der $CuSO_4$-Lsg. erschienen, wurde die Änderung dieser Durchgangszeit T in Abhängigkeit von der Zus. der Chromierungsbäder untersucht. Es wurde auch der Einfl. des SO_4^{2-}-Geh. auf T untersucht. Benutzt wurden Bäder, die pro Liter 250 g CrO_3 enthielten, denen steigende Mengen SO_4^{2-}-Ionen in Form von Na_2SO_4 zugesetzt wurden. Für jede Badzus. wurden Ndd. verschied. Dicke erzeugt u. ln T gegen die Dicke in μ graph. aufgetragen. In allen Fällen bekommt man Gerade, jedoch mit verschied. Neigungen; diese Neigung nimmt von 10 g/Liter allmählich zu, erreicht bei 40 g/Liter ein Maximum u. nimmt hierauf wieder ab. Da T die Porosität des Elektrolyt-Nd. charakterisiert u. damit sein Schutzvermögen gegen Korrosion ergibt sich aus den Unterss., daß bei einem Zusatz von 40 g/Liter Me_2SO_4 dieses Schutzvermögen ein Maximum hat. (C. R. hebd. Séances Acad. Sci. **237.** 1086—88. 2/11. 1953.) C. Gottfried. 141

P. A. van der Meulen und **H. V. Lindstrom,** *Eine Untersuchung der Whiskerbildung bei der Elektroabscheidung von Kupfer.* Es wird das Wachstum feiner Cu-Fäden an Cu-Kathoden in Zellen mit sauren *$CuSO_4$*-Lsgg. bei niedrigen Stromdichten beschrieben. Die gebildeten Whisker haben verschied. Gestalt. In Ggw. von *Chloriden* bilden sich gestreckte, nadelartige Fäden, die das Aussehen von Einkristallen haben. Beim Zusatz von 20 bis 100 mg/Liter kation. oberflächenakt. Verbb. zu den Elektrolyten entstehen unter sonst gleichen Bedingungen an der Cu-Kathode feine, verfilzte Härchen beträchtlicher Länge. *O_2* wirkt störend auf die Whiskerbldg.; andere äußere Bedingungen besitzen geringen oder keinen Einfluß. Auf der Suche nach Substanzen, die das Whiskerwachstum verhindern, werden *Phenazin* u. *Phenazinfarbstoffe* als höchst wirksam gefunden. Es zeigt sich, daß beide N-Atome in der Phenazingruppe erforderlich sind, um glatte Ndd. zu erzielen. Der Ersatz eines *N* durch *O*, *S* oder *C* hebt die Wirksamkeit auf. Zur Erklärung der Whiskerbldg. nehmen Vff. an, daß die zugesetzten Substanzen einen Kathodenfilm (*CuCl* bzw.

orientierte, positiv geladene oberflächenakt. Ionen) bilden, der die n. Cu-Abscheidung behindert. Diese Filme bewirken einen Potentialanstieg zwischen Kathode u. Lösung. An einzelnen freien Stellen der Kathodenoberfläche herrscht eine relativ höhere Stromdichte, die zu bevorzugter Cu-Abscheidung führt. Weiterhin sind, wie die Experimente erwiesen haben, suspendierte Fremdstoffe für die Whiskerbldg. erforderlich. Die Teilchen adsorbieren $CuSO_4$ u. bilden, wenn sie sich auf einer freien Stelle der Cu-Oberfläche absetzen, den Anfang eines Cu-Fädchens, indem sie die wachsende Faser über die Lsg. mit Cu-Ionen versorgen. Wachstum nach den Seiten wird durch Filmbedeckung verhindert. (J. electrochem. Soc. **103.** 390—95. Juli 1956. New Brunswick, N. J., Rutgers Univ., Ralph G. Wright Labor.) W. KRÖNERT. 141

Thedford P. Dirkse, *Die elektrolytische Oxydation von Zink in alkalischen Lösungen.* (Vgl. C. **1955.** 7848.) Bei der elektrolyt. Oxydation von Zn in alkal. Lsgg. werden zwei Rkk. beobachtet: $Zn + 4\,OH^- = Zn(OH)_4^{2-}$ u. $Zn(OH)_4^{2-} = ZnO + H_2O + 2\,OH^-$. Zur Unters. der Auflösungsgeschwindigkeiten wurden in 15—32%ig. KOH-Lsgg. bei 25° unter Rühren ZnO im Überschuß gegeben. Die Tatsache, daß nach 3 Std. die Lsgg. gesätt. waren, nach Wochen die Konz. aber abnahm, wird durch folgende Rkk. erklärt, von denen die erstere die weitaus schnellere ist: $ZnO(A) + 2\,OH^- + H_2O = Zn(OH)_4^{2-}$ u. $Zn(OH)_4^{2-} = ZnO\,(B) + 2\,OH^- + H_2O$. Die Zinkoxyde A u. B unterscheiden sich dabei durch den Inhalt an Freier Energie. Durch anod. Oxydation gebildetes ZnO ist eine leicht lösl. Form. Der Zn-Geh. des Elektrolyts in alkal. Zellen mit Zinkelektrode ist dadurch höher als bei gesätt. Lösungen. (J. electrochem. Soc. **102.** 497—501. Sept. 1955. Grand Rapids, Mich., Calvin Coll.) W. PENK. 141

A. N. Frumkin, *Reduktionsreaktionen und die Nullpunkte der Metalle.* Die Elektro-Red. ist abhängig von der Adsorption der Anionen an der Kathode. Wenn die Adsorption in dem Gebiet des Nullpunktes gering wird oder aufhört, können organ. Verbb. ($C_5H_{11}\cdot OH$) die Red. hemmen. Adsorption von Cl, J, Br beschleunigen die Reaktion. In der Reihe Cu, Cd, Zn wird der Nullpunkt nach der negativen Seite verschoben, die Adsorption u. Hemmung der Red. werden schwächer. Auch die elektrochem. Rkk. haben Einfl. auf die Polarisationserscheinungen. Die Ladung hat Einfl. auf die Konz. der reagierenden Teilchen u. kann zu einer Verschiebung der n. Abhängigkeit der Stromstärke vom Potential führen. Beim Durchgang durch den Nullpunkt kann die Abstoßung der Anionen, bes. in verd. Lsgg., Verringerung der Reaktionsgeschwindigkeit verursachen. So hat man bei der Red. von $S_2O_8^{2-}$ in verd. (0,01—0,001 n) Na_2SO_4 eine Verringerung der Stromstärke an Cd-Elektroden in der Nähe des Nullpunktes festgestellt. (Вестник Московского Университета, Серия Физико-Математических и Естественных Наук [Nachr. Moskauer Univ.] **7.** Nr. **9.** [physik.-math. naturwiss. Ser.] Nr. **6.** 37—47. Sept. 1952. Lehrstuhl für Elektrochem.) J. v. SCHROEDER. 141

Riad Tourky und **E. M. Lhairy,** *Beitrag zur Elektrochemie der Thalliumelektrode.* Es wird das Verh. von Tl-Elektroden in Pufferlsgg. untersucht, die anfänglich frei von Tl^+-Ionen waren. Zwischen p_H 4 u. 9 stellt sich stets ein Potential von $E_h = -0{,}5$ V ein, das einer Tl^+-Aktivität von 10^{-3} entspricht. Zwischen p_H 9 u. 12,4 ändert sich das Potential stetig. Durch Extrapolation erhält man für $E_0 = -0{,}330$ V, einen Wert, der dem thermodynam. errechneten Gleichgewichtspotential für Tl/Tl^+ von $-0{,}336$ V entspricht. Vff. führen dies Verh. der Tl-Elektroden auf die hohe H_2-Überspannung (~ 1 V) zurück. — In $TlNO_3$-Lsgg. ändert sich E_h zwischen $a_{Tl^+} = 1{,}6\cdot10^{-1}$ u. 3.10^{-3} linear mit der Tl^+-Aktivität. Die Neigung der Geraden beträgt 56 mV/p_H-Einheit. Unterhalb $a_{Tl^+} = 10^{-3}$ zeigt die Kurve eine scharfe Diskontinuität. — Für weitere Verss. wurden die Tl-Elektroden anod. bis zur O_2-Entw. vorpolarisiert, so daß sie elektrochem. als Elektroden vom Typ Metall–Metalloxyd–Sauerstoff ($Tl/Tl_2O_3/O_2$) betrachtet werden können. Das Potential einer solchen Elektrode wurde bei 20° zu $E'_0 = 1{,}410$ V gefunden, gegenüber dem thermodynam. berechneten Wert von $E_h = 1{,}2652$ V (25°). Die Temperaturkurve des Potentials verläuft zwischen 20 u. 48° sehr unregelmäßig. Vff. suchen für diese Resultate eine Erklärung in der Bldg. eines dichten Tl_2O_3-Films auf der Elektrodenoberfläche, der mit einer Sauerstoffdoppelschicht bedeckt ist. Auf Grund ihrer Ergebnisse über die Temperaturabhängigkeit des Tl-Potentials gehen Vff. abschließend auf den Mechanismus bei der katalyt. H_2O_2-Zers. ein. (J. Chim. physique Physico-Chim. biol. **53.** 119—24. Jan. 1956.) S. LANZ. 142

M. Dodero, *Über die kathodische Korrosion des Eisens und die anodische Bildung von kristallisiertem Ferrit durch Elektrolyse von geschmolzenem Natriumhydroxyd.* Vf. elektrolysierte mit einer Stromstärke von 2 A u. 2 Elektroden, die aus Fe-Stäben mit einem Durchmesser von 2 mm bestanden u. deren Abstand sehr klein war, ein Bad von geschmolzenem NaOH bei Tempp. zwischen 500 u. 750°. Makroskop. wurde kathod. Korrosion u. Bldg. eines kugelförmigen Nd. an der Anode beobachtet. Die kathod. Korrosion wird durch die Annahme der Bldg. eines Anions FeO_2H^- u. eine Übertragung von Elektronen aus der Lsg. an die Kathode erklärt, u. zwar im umgekehrten Sinne wie die Hauptübertragung, welche unter dem Einfl. der Elektrolyse stattfindet. Die Auflösungs-Rk. des Fe verläuft sehr langsam, da sich nur ca. 10 mm^3 Fe in 1 Std. unter den obigen Elektrolysierungsbedingungen auflösen. Es läßt sich leicht berechnen, daß ca. 5% der bei der Elektrolyse in Bewegung gesetzten Elektronen von der Lsg. auf die Kathode durch die Korrosion übertragen werden. Wäscht man den anod. Nd. zur Entfernung des NaOH schnell mit A., dann ist die Zus. des Nd. ca. 50% Fe u. 20% Na. Diese Zus. liegt nahe der Zus. eines Na-Ferrites $Na_2Fe_2O_4$. Die mkr. Unters. läßt zahlreiche kristalline Körnchen, z. B. mit hexagonalem Habitus, erkennen. Durch röntgenograph. Analyse konnte das Vorliegen von Natriumferrit bestätigt werden. Betr. der Bldg. des Ferrites kann man annehmen, daß sich die OH^--Ionen des NaOH an der Anode entladen u. O_2-Entw. bewirken. Das an der Kathode gebildete Na wird sofort in der Elektrolytlsg. gelöst u. diffundiert nach der sehr nahe gelegenen Anode. Unter Oxydation bildet sich Na_2O. Anderseits wandern die aus der kathod. Korrosion herrührenden FeO_2H^--Ionen nach der Anode u. empfangen dort je ein Elektron; hier findet die Rk. 2 (FeO_2H) = $H_2Fe_2O_4$ statt. Ein Teil dieser Säure wird sofort durch das Na_2O unter Bldg. von $Na_2Fe_2O_4$ neutralisiert, während ein anderer Teil Fe_2O_3, H_2O bildet. (J. Chim. physique Physico-Chim. biol. **49.** C 210—C 213. Febr. 1952. Grenoble, Inst. d'Électrochim.) C. GOTTFRIED. 142

W. F. Higgins, *Elektrolytische Korrosion von Eisen und Kupfer.* Bei der Unters. eines großen Kessels aus Schmiedeeisen, der zur Erhitzung von Salzsole benutzt wurde u. in dessen mittlerem Teil sich ein Syst. von Cu-Röhren befand u. der außerdem mehrere Jahre mit Erfolg in Benutzung war, beobachtete Vf. an den Cu-Röhren eine beträchtliche Korrosion, die augenscheinlich neueren Ursprungs war. Gleichzeitig wurde beobachtet, daß das Gußeisen in der näheren Umgebung der Cu-Röhren stark graphitisiert war. Verss. an Cu-Proben, die in konz. Salzsolelsgg. mit graphitisiertem Gußeisen verbunden waren, zeigten, daß überraschend starke Ströme in einer Richtung flossen, die das Cu zur Anode machten; gleichzeitig trat beträchtliche Lösung des Cu auf. Das besagt, daß das graphitisierte Gußeisen beträchtlich edler war als das Cu, während normalerweise das Gußeisen weniger edel ist. Diese bis jetzt nicht beobachtete Tatsache erfordert Vorsicht gegenüber Cu-Röhren an älteren Gasröhren aus Gußeisen oder an Wasserleitungen, die im Laufe der Jahre möglicherweise graphitisiert worden sind. (Nature [London] **173.** 994—95. 22/5. 1954. Manchester, Magnesium Elektron Ltd.) C. GOTTFRIED. 142

W. J. Schwerdtfeger und **O. N. McDorman,** *Bestimmung der Korrosionsgeschwindigkeit eines Metalls aus seinen Polarisationseigenschaften.* Die elektr. Beziehungen zwischen der Polarisation der Flächen von galvan. Korrosionselementen werden beschrieben u. theoret. an Hand einer geometr. Darst. abgeleitet. Die Ableitungen der mathemat. Beziehung zwischen Korrosionsstromdichte u. den kathod. bzw. anod. Stromdichten der Polarisation werden am Modellelement u. im Korrosionsvers. an *Eisen* in 6 verschied. Böden bestätigt. Aus den Stromdichte–Potentialkurven werden jeweils an den Knickpunkten die kathod. bzw. anod. Stromdichten gefunden, die die Korrosion auf Null herabsetzen. Der kathod. oder anod. beeinflußte Verlauf einer Korrosion kann aus Polarisationsmessungen oder der Neigung der Stromdichte-Potentialkurven abgeleitet werden. (J. electrochem. Soc. **99.** 407—13. Okt. 1952. Washington, D. C., U. S. Dep. of Commerce. Nat. Bur. of Stand.) W. KATZ. 142

A_4. Thermodynamik. Thermochemie.

Robert Jastrow, *Vielkörperproblem mit starken Kräften.* Vf. untersucht mit Hilfe einer Variationsmeth. die Grundzustandseigg. eines quantenmechan. Syst. von N Teilchen gleicher M. m, die in einem Vol. Ω enthalten sind u. durch zentrale Zweikörperkräfte in Wechselwrkg. stehen, die durch das Potential V(r) dargestellt werden. (Physic. Rev. [2] **98.** 1479—84. 1/6. 1955. Washington, D. C., Naval Res. Labor., Nucleon. Div.; New Haven, Conn., Yale Univ., Sloane Phys. Labor.) C. GOTTFRIED. 146

E. P. Egan jr. und **B. B. Luff,** *Dichte von wässerigen Phosphorsäurelösungen. Messungen bei 25°.* Vff. bestimmten von wss. H_3PO_4-Lsgg. bei 15, 25, 40, 60 u. 80° die Gewichte u. Voll. u. daraus die Dichten. Tabellar. Aufstellung über ein Säurekonzentrationsgebiet bis 85%. Bei der Aufstellung der D.-Temp.-Koeff. wird die H_3PO_4-Konz. bis 100% extrapoliert. (Ind. Engng. Chem. **47.** 1280—81. Juni 1955. Wilson Dam, Ala., Tennessee Valley Author.) V. BURBACH. 148

J. H. Christensen und **R. B. Reed,** *Dichte von wässerigen Phosphorsäurelösungen. Messungen bei 15—80°.* (Vgl. vorst. Ref.) Vff. geben eine tabellar. Aufstellung der DD. von wss. H_3PO_4-Lsgg. bei 25° auf 4 Stellen genau für Technik u. Industrie an. Die Dichtemesssungen werden pyknometr. an speziell gereinigten Chemikalien durchgeführt. — Genaue Beschreibung der Versuchsvorbereitungen u. -durchführungen. (Ind. Engng. Chem. **47.** 1277—80. Juni 1955.) V. BURBACH. 148

T. H. K. Barron, *Über die thermische Ausdehnung fester Körper bei niedrigen Temperaturen.* Nach der GRÜNEISENschen Regel ist die therm. Ausdehnung α der spezif. Wärme C_v proportional; der Proportionalitätsfaktor besteht aus dem Molvol., der Kompressibilität u. einem Faktor γ. Vf. untersucht die Temperaturabhängigkeit von γ zunächst allg., dann für ein kub. dichtest gepacktes Gitter mit Zentralkräften zwischen benachbarten Atomen. In der Nähe von $T \approx 0{,}2\ \Theta$, wo Θ die DEBYE-Temp. ist, ist die Änderung von γ am stärksten u. macht eine Berechnung von α aus C_v bei tieferen Tempp. unmöglich. (Philos. Mag. [7] **46.** 720—34. Juli 1955. Oxford, Univ., Clarendon Labor.) G. KIRSCHSTEIN. 148

D. J. Hooton, *Eine Bemerkung zum interatomaren und Gitterpotential in festem Helium.* (Vgl. C. **1956.** 4356.) Theoret. Erörterung einiger Potentialfunktionen u. numer. Vgl. der damit berechneten Ergebnisse. (Philos. Mag. [7] **46.** 701—10. Juli 1955. Göttingen, MPI.) G. KIRSCHSTEIN. 149

J. G. Dash und **R. Dean Taylor,** *Übergangstemperaturen von ^3He-^4He-Lösungen.* Vorl. Mitt. über die λ-Tempp. von Lsgg., in denen die ^{3}He-Konz. 0, 3,65, 6,0 oder 9,2% war; T_λ ergab sich zu 2,182 $\pm$0,0005°, 2,127 $\pm$0,002°, 2,096 $\pm$0,002° bzw. 2,045 $\pm$0,002°K. Damit ist die Verringerung von T_λ mit zunehmender ^{3}He-Konz. kleiner, als man aus den vorliegenden Literaturangaben entnehmen kann. (Physic. Rev. [2] **99.** 598—99. 15/7. 1955. Los Alamos, N. Mex., Los Alamos Sci. Labor.) G. KIRSCHSTEIN. 149

Bernard Smith und **Henry A. Boorse,** *Transport des Helium II-Films.* 2. Mitt. *Die Rolle der Oberflächenbearbeitung.* (1. vgl. C. **1956.** 4922.) Zahlreiche Versuchsreihen mit Bechern aus Al, Ni, rostfreiem Stahl u. einer Ni–Ag-Legierung nach verschied. Oberflächenbehandlung führen zu dem Ergebnis, daß man auf die Hypothese eines anomalen Fließens in Ritzen an der Oberfläche verzichten kann u. mit der Annahme auskommt, daß die Transportgeschwindigkeit durch den am häufigsten vorkommenden Krümmungsradius der Unebenheiten bestimmt wird. (Physic. Rev. [2] **99.** 346—58. 15/7. 1955. New York, N. Y., Columbia Univ., Pupin Phys. Labor.) G. KIRSCHSTEIN. 149

Bernard Smith und **Henry A. Boorse,** *Transport des Helium II-Films.* 3. Mitt. *Die Rolle der Filmhöhe.* (2. vgl. vorst. Ref.) Die Transportgeschwindigkeit hängt von der Filmhöhe etwa in derselben Weise ab wie von der Filmdicke. Diese Abhängigkeit bleibt zwischen 1° K u. dem λ-Punkt dieselbe u. wird auch von dem Bechermaterial u. seiner Oberflächenbeschaffenheit kaum beeinflußt. (Physic. Rev. [2] **99.** 358—66. 15/7. 1955.) G. KIRSCHSTEIN. 149

Bernard Smith und **Henry Boorse,** *Transport des Helium II-Films.* 4. Mitt. *Die Rolle der Temperatur.* (3. vgl. vorst. Ref.) Eine statist. Auswertung der 153 in den früheren Mitteilungen beschriebenen Meßreihen ergibt, daß die mittlere, normierte Transportgeschwindigkeit mit der Temp. durch den Faktor $1 - (T/T_\lambda)^7$ verknüpft ist. Diese Formel ist vom Bechermaterial, von der Oberflächenbeschaffenheit u. der Filmhöhe kaum abhängig. Ihre theoret. Bedeutung wird kurz diskutiert. (Physic. Rev. [2] **99.** 367—70. 15/7. 1955.) G. KIRSCHSTEIN. 149

W. J. Heikkila und **A. C. Hollis Hallett,** *Die Viscosität von flüssigem Helium II.* Zwischen 2,18 u. 1,13° K wurde das von einem äußeren rotierenden Zylinder auf einen inneren aufgehängten Zylinder durch He übertragene Drehmoment gemessen; die daraus unmittelbar berechnete Viscosität (Genauigkeit 3%) ist oberhalb 1,4° K etwas größer als sie sich aus den Verss. mit der rotierenden Scheibe ergibt, stimmt aber unterhalb 1,8° K gut mit der Theorie von LANDAU u. CHALATNIKOW überein. Das Minimum von η (12,69 μPoise) wird bei 1,820° K erreicht; bei 1,131° K ist $\eta = 20{,}6$ μPoise. Für denselben Temperaturbereich wird auch die krit. Geschwindigkeit angegeben. (Canad. J. Physics **33.** 420—35. Aug. 1955. Toronto, Univ., Dep. of Phys.) G. KIRSCHSTEIN. 149

G. A. Earwicker und **E. J. P. Fear,** *Viscosität von gasförmigem Schwefelhexafluorid.* Die Viscosität des gasförmigen SF_6 wurde bei 22,5° zu $1{,}537 \cdot 10^{-4}$ u. bei 100° zu $1{,}871 \cdot 10^{-4}$ cgs-Einheiten bestimmt. Hieraus ergibt sich eine SUTHERLAND-Konstante von 175, mittels derer für die Viscosität bei 0° u. 15° die Werte $1{,}43 \cdot 10^{-4}$ bzw. $1{,}50 \cdot 10^{-4}$ cgs-Einheiten erhalten werden. (Chem. and Ind. **1954.** 903—04. 17/7. Farnborough, Hants., Royal Aircraft Establishm.) E. FORCHE. 149

Louis Weil, *Durchgang von Gasen durch Flüssigkeiten.* Der Durchgang von H_2 u. O_2 durch W. in einer Röhre, in der das W. das Gas abgeschlossen hält, ist um 1—2 Größenordnungen höher, als mit Diffusion zu erklären ist; das Entweichen des Gases wird auf Konvektion zurückgeführt. Wird diese durch passend angebrachte Heizwicklungen unterdrückt, so kann H_2 u. He ohne Verlust über W. aufbewahrt werden. (J. Physique Radium **13.** 29 S—30 S. April 1952. Grenoble, Labor. du CNRS.) G. KIRSCHSTEIN. 149

J. van Dranen, *Eine Hypothese über den kritischen Zustand.* Nach einer schon früher aufgestellten Hypothese ist der krit. Zustand eines Stoffes die Folge davon, daß im krit. Punkt die kinet. Energie der potentiellen Energie gleich ist. Die Übereinstimmung von Versuchsergebnissen mit dieser Hypothese wird untersucht. Die Hypothese wird auf die gestörte Rotation im fl. Zustand, die Zustandsfunktion u. die Dampfspannungskurve angewandt. Die Möglichkeit eines Beweises der Hypothese wird erörtert. (Chem. Weekbl. **51.** 767—72. 22/10. 1955. Amsterdam, Univ., Labor. voor Analyt. Scheikunde.)
W. WESLY. 150

W. B. Kogan und **W. M. Fridman,** *Zur Methodik der Berechnung der Flüssigkeit–Dampf-Phasengleichgewichte binärer Systeme.* Ausgehend von der von MARGULES vorgeschlagenen Lösung der Gleichung von GIBBS-DUHEM entwickeln Vff. ein Verf. der Berechnung der Phasengleichgewichte Fl.–Dampf bin. Systeme aus den Messungen des Dampfdruckes der reinen Komponenten u. zweier Mischungen, für die eine Zus. mit einem mol. Anteil der einen Komponente von $^1/_3$ u. $^2/_3$ gewählt wird. Die Ergebnisse sind in einem Nomogramm wiedergegeben. Als Beispiele wurden die experimentellen Daten folgender Systeme herangezogen, wobei die Berechnungen gute Übereinstimmung ergaben: *Bzl.* + *Dichloräthan* bei 49,99°; *CCl_4* + Bzl. bei 49,99°; *Äthyljodid* + *Äthylacetat* bei 49,99°; *Methylalkohol* + *CS_2* bei 35,17°; *Aceton* + *$CHCl_3$* bei 35,17°; *Ä.* + W. bei 39,76 u. bei 54,81°. (Журнал Физической Химии [J. physik. Chem.] **28.** 1889 bis 1895. Nov. 1954. Leningrad, Inst. für angew. Chem.) M. WIEDEMANN. 150

Péter Móritz, *Zusammenhang zwischen Dampfdruck und Molekularstruktur der Flüssigkeiten.* Die red. Dampfdruckgleichung von VAN DER WAALS ist nicht allgemeingültig, da die Konstante a nicht für jede Verb. von der Temp. unabhängig, konstant ist. Ein annähernd allgemeingültiger Zusammenhang ergibt sich zwischen der auf den n. Kp. bezogenen Konstante u. dem Parachor, d. h. mit der Molekülstruktur. Eine Übereinstimmung mit den Erfahrungen erhält man, wenn diese Konstante aus Atom- u. Bindungsinkrementen (Tabelle 3) durch deren Addition berechnet wird. Sie ermöglicht zusammen mit der Kenntnis der krit. Konstanten u. Struktur der Verb. die Berechnung des Dampfdruckes (Tabelle 4) bei jedwelcher Temperatur. Diese Inkremente berechnete Vf. aus den Konstanten von 73 Verbb., u. dabei zeigte sich, daß die Abweichung zwischen den beobachteten u. berechneten Werten von *a* bei den untersuchten 73 Verbb. in 37 Fällen weniger als 1% ist. Bei den übrigen überschreitet die Abweichung die mit der Änderung der Temp. verbundene Schwankung von *a* auch nicht. Das Rechenverf. ist nicht nur für sogenannte n. Verbb. gültig. (Magyar Kémiai Folyóirat [Ung. Z. Chem.] **59.** 295—300. Okt. 1953. Budapest, TU, Anorg.-chem. Inst.) J. PLANK. 150

Jules de Launay, *Charakteristische Debye-Temperatur gewisser kubischer Kristalle bei 0° K.* Vf. nimmt Bezug auf eine eigene frühere Arbeit (vgl. C. **1955.** 8330), in der eine numer. Tabelle zur Berechnung der charakterist. DEBYE-Temp. bei 0° K für alle kub. Metalle zusammengestellt war, deren elast. Konstanten der Ungleichheit $C_{12} > C_{44}$ gehorchen. Diese Tabelle wurde auf einige kub. nichtmetall. Elemente erweitert, deren elast. Konstanten der Ungleichheit $C_{12} < C_{44}$ gehorchen. Diese neue Zusammenstellung wurde benutzt, um die charakterist. DEBYE-Tempp. bei 0° K von *Diamant*, *Ge* u. *Si* zu berechnen. Gefunden wurden in dieser Reihenfolge 1871°, 374,0° u. 647,8° K, während die entsprechenden experimentellen Werte ~1800, 362±6 u. 658° K sind. (J. chem. Physics **24.** 1071. Mai 1956. Washington, D. C., U. S. Naval Res. Labor.)
C. GOTTFRIED. 151

Stuart A. Rice, *Über die Freie Energie von Lösungen.* Nach dem Vorschlag von PRIGOGINE setzt sich die Freie Energie einer Mischung aus den einzelnen Freien Energien der Komponenten im reinen Zustand bei einer red. Temp. u. einem red. Vol., die charakterist. für die Umgebung in der Mischung sind, zusammen, wenn von der beim Mischen auftretenden Änderung der Freien Energie abgesehen wird. Diese Annahme wird an Hand eines einfachen Modells, dem verallgemeinerten Zellenmodell für Lsgg., geprüft u. als gute Annäherung befunden. (J. chem. Physics **24.** 357—59. Febr. 1956. Cambridge, Mass., Harvard Univ., Dep. of Chem.) W. KRÖNERT. 155

R. J. Weiss und **K. J. Tauer,** *Komponenten der thermodynamischen Funktionen von Eisen.* Es werden Werte der thermodynam. Funktionen Enthalpie, Entropie u. Freie Energie für α- u. γ-Fe unter Verwendung der von DARKEN u. SMITH (C. **1952.** 6336) angegebenen Daten für die spezif. Wärmen u. unter Berücksichtigung der magnet. Entropie von γ-Fe, berechnet. Die Funktionen werden auf Grund der Additivität der entsprechenden Anteile der spezif. Wärme in ihre magnet., Gitter- u. elektron. Komponenten aufgeteilt. Die gesamte magnet. Entropie beim F. geht gegen $R \cdot \ln(2s + 1)$, worin s die Zahl der ungepaarten Spinmomente pro Atom bedeutet, u. bestätigt so die Möglichkeit, die Anteile der spezif. Wärmen getrennt zu behandeln. Ein Vgl. zwischen der experimentellen Magnetisierungskurve u. der Änderung der magnet. Entropie mit der Temp. läßt erkennen, daß der Hauptanteil der Entropieänderung unterhalb der CURIE-Temp. qualitativ mit der Abnahme der Fernordnung zusammenhängt. Es wird gezeigt, daß bei 0° K das kub.-flächenzentrierte γ-Fe-Gitter unter Vernachlässigung magnet. Effekte um 130 cal/Mol stabiler ist als das kub.-raumzentrierte α-Gitter. Die Ergebnisse der Unters. werden auf Fe-reiche u. andere Legierungssysteme angewandt. Mit Hilfe von modifizierten Anteilen der Freien Energien werden für das Fe-reiche Gebiet des Syst. Fe–*Mn* die Phasengrenzen berechnet. (Physic. Rev. [2] **102.** 1490—95. 15/7. 1956. Watertown, Mass., Watertown Arsenal, Ordn. Materials Res. Off.) W. KRÖNERT. 155

Mario Fiorani und **Venanzio Valenti,** *Thermodynamische Untersuchungen über metallische Systeme.* 3. Mitt. *Das System flüssiges Zink–Zinn.* (2. vgl. GENTA, C. **1956.** 8270.) Zur Festlegung thermodynam. Größen wurde das Syst. fl. Zn–Sn durch Messung der EMK. der Kette $Zn_{fl.}/Zn^{2++}/Zn–Sn_{fl.}$ im Temperaturbereich von 445—555° untersucht. Die erhaltenen EMK.-Werte stimmen gut mit Unterss. von TAYLOR (J. Amer. chem. Soc. **45.** [1923.] 2865) überein. Im Intervall N_{Zn} = 0—0,08 gilt für Sn (Lösungsm.) das RAOULTsche, für Zn (gelöst) das HENRYsche Gesetz. Die Werte für $\Delta\bar{S}_{Sn}$ entsprechen im Molenbruchsbereich von 0,08—0,15 den theoret., charakterisieren also das Vorliegen einer n. Lösung. Bei den integralen Größen wird für ΔH ein Maximum bei N_{Zn} = 0,6 u. 750° K mit 810 cal erreicht u. auch hierdurch die TAYLORschen Messungen bestätigt. (Gazz. chim. ital. **85.** 607—13. Mai/Juni 1955. Modena, Univ., Ist. di Chim. fis.) H. NÖTH. 156

Vinicio Genta, *Thermodynamische Betrachtungen über das System Gallium–Zink.* 4. Mitt. *der Reihe „Thermodynamische Untersuchungen über metallische Systeme".* (3. vgl. vorst. Ref.) Aus dem Zustandsdiagramm des Syst. Ga–Zn wurden die Aktivitäten für Zn berechnet u. mit den Werten, die aus der EMK.-Messung erhalten wurden, verglichen. Es ergibt sich gute Übereinstimmung. Aus den Aktivitätswerten wurden die Entropien berechnet, desgleichen die Enthalpien. Die relativen Volumenänderungen im Syst. werden angegeben. Das Syst. wird mittels der Theorie von KUBASCHEWSKI (Trans. Faraday Soc. **45.** [1949.] 931) beschrieben. (Gazz. chim. ital. **85.** 614—19. Mai/Juni 1955.) H. NÖTH. 156

Venanzio Valenti und **Mario Fiorani,** *Thermodynamische, dem Zustandsdiagramm entnommene Größen des Systems Zn–Ga.* 5. Mitt. *der Reihe „Untersuchungen über metallische Systeme".* (4. vgl. vorst. Ref.) Die berechneten Aktivitäten für Zn im Syst. Zn–Ga stehen in guter Übereinstimmung mit den experimentellen Werten, bes. in der mittleren Zone (N_{Zn} = 0,2—0,5). Die Berechnung der partiellen Molwärmen der Lsg., der Aktivitäten u. der partiellen mol. Entropie für die Zn-Lsgg. wurden mittels der semi-empir. Gleichung von KLEPPA u. WEIL (C. **1952.** 5541) durchgeführt. Die Literaturwerte stimmen gut mit den eigenen Werten überein. Für ΔH wurden 392 bzw. 244 cal/Mol berechnet, je nachdem, ob man von der Volumen- bzw. Mol-Fraktion ausgeht. Aus dem therm. Koeff. der EMK. folgt für ΔH 510 cal/Mol. (Gazz. chim. ital. **85.** 620—27. Mai/Juni 1955.) H. NÖTH. 156

W. W. Fomin, *Berechnung der Bildungswärmen anorganischer Verbindungen.* Die Differenz der Bildungswärmen der verschied. Halogenverbb. eines Elements A: $(Q_{A\Gamma'} - Q_{A\Gamma''})/(Q_{A\Gamma''} - Q_{A\Gamma'''}) = \Delta$ kann aus den zwischenatomaren Abständen bzw. der Summe der Radien von Anion + Kation u. der Gitterenergie ermittelt werden. Für Δ_1, d. h. für Fluoride, Chloride u. Bromide, wurde bei einwertigen Elementen 3,2 ± 0,3 berechnet, bei zweiwertigen 3,6 ± 0,3 u. bei dreiwertigen 3,8; für Δ_2, d. h. für Chloride, Bromide u. Jodide: 0,64 ± 0,10, 0,78 ± 0,08; 0,94 ± 0,06. Mit diesen Werten wurden die Bildungswärmen von *TlCl*, *TlF*, BeF_2, $CrBr_2$, CrF_2, CoF_2, SnF_2, $BiBr_3$ u. BiF_3 berechnet u. befriedigende Übereinstimmung mit den experimentellen Daten erzielt. Dagegen konnte die sogenannte Regel des thermodynam. Logarithmus $\Delta = \lg (z'/z'')/\lg (z''/z''')$ nicht bestätigt werden. z = Ordnungszahl. (Журнал Физической Химии [J. physik. Chem.] **28.** 1896—1900. Nov. 1954.) M. WIEDEMANN. 156

N. W. Gregory und **T. R. Burton,** *Bildungswärmen von Chrom(III)- und Chrom(II)-jodiden.* Die Bildungswärme von CrJ_2 beträgt —37,3 kcal/Mol für die Rk. CrJ_2 (c) = Cr^{++} (aq) + 2 J^- (aq). Für die Rk. CrJ_3 (c) = CrJ_2 (c) + ½ J_2 (c) ist die Enthalpieänderung 10 kcal/Mol, 3 kcal weniger als früher durch Extrapolation bestimmt. Die Lösungswärmen pro Mol betragen (in kcal): $CrCl_3$ —32,7; $CrCl_2$ —18,0; KCl 4,0; CrJ_3 —41,3; CrJ_2 —22,6; KJ 4,2. Die Lösungswärmen in 0,02 nHCl bei überschüssigem J-Anteil betragen: CrJ_2 —54,7; CrJ_3 —43,7. (J. Amer. chem. Soc. **75.** 6054—55. 5/12. 1953. Washington, D. C., Univ. of Washington, Dep. of Chem.) F. CRAMER. 156

F. W. Thompson und **A. R. Ubbelohde,** *Durchdringungsvermögen von in Flammen entstandenem Wasserstoff durch Scheidewände.* Ebenso, wie elektrolyt. hergestellter atomarer H durch die Metallkathode infolge deren starker Belegung mit H wandern kann, ist es auch möglich, den in Flammen entstehenden H durch Metalle dringen zu lassen. Vff. untersuchten die Verhältnisse an Gemischen von 86% H_2 u. 14% Luft, die in MEKER-Brennern verbrannten; über diesen befanden sich in 4 cm Abstand Metallplatten verschied. Materials u. Dicke, auf deren Rückseite wieder Hochvakuum herrschte. Aus der Änderung der Druckverhältnisse konnte der Einfl. der einzelnen Metalle, der Einfl. von Zusätzen zur Flamme usw. erkannt werden. Untersucht wurden die Verhältnisse an *Chromstahl-* (**II**) C-haltig u. C-frei), *Immaculate-5-Stahl-* (**III**) u. Ni-Folien von 0,089—0,457 mm Dicke. Die Tempp. der Folien wurden mit Pyrometern zu $>700^0$ bestimmt, die erwärmte Fläche betrug dabei 12 cm^2. Da bei Zugabe von SO_2 oder H_2S zur Flamme die Bleche durch den Angriff der S-Verbb. oft Brüche zeigten, deren Folgen für den App. durch verschied. Schutzmaßnahmen ausgeschaltet wurden, wurde bei diesen Verss. ein mit MoO_3 belegter Ni-Streifen über der Flamme rotieren gelassen (78,5 U/Min.), um aus der Bläuung des MoO_3 auf den H-Geh. zu schließen. SO_2 vermindert die Konz. an H stark, H_2S dagegen wenig. Die Durchlässigkeit der Metallschichten hängt auch wesentlich von deren Vorbehandlung ab. Für 820° wurden an reinen H_2–Luft-Flammen folgende relativen Durchlässigkeiten gefunden: Ni 1000; C-haltiger **II** 300, C-freier Cr–Ni-Stahl (**I**) 300, C-freier **II** 10. S-Verbb. bewirkten auf Ni innerhalb weniger Min. starke Rißbldg. durch NiS, das mit Ni bei 625° ein Eutektikum bildet. Bei **III** vermindern S-Verbb. die Durchlässigkeit; bei C-freiem **II** wird erst auch eine leichte Abnahme für wenige Min. beobachtet, danach nimmt aber die Durchlässigkeit viel stärker zu. In S-freien Flammen läßt C-haltiger **II** anfangs besser durch als C-freier **II**, jedoch geht bei längerem Verweilen in der Flamme die Durchlässigkeit, wahrscheinlich infolge C-Verlustes, zurück. Bei Ggw. von 0,002% SO_2 geht die Abnahme schneller vor sich, so daß sich C-haltiger **II** u. C-freier **I** prakt. gleich verhalten. Allg. verhielten sich die Metallmembrane wie semipermeable Gebilde für die Diffusion von H aus der Flamme her, da H_2 selbst nicht durch das Kristallgitter treten kann. Die Wrkg. des SO_2 wird durch die Rkk. $SO_2 + O \rightarrow SO_3$ u. $SO_3 + H \rightarrow SO_2 + OH$ erklärt. 0,001% SO_2 genügte zur Zunahme der Durchtrittsgeschwindigkeit von H durch weichen Stahl, 0,09% H_2S zeigte dagegen keinen unmittelbaren Einfluß. Daraus schließen Vff., daß in den mit SO_2 versetzten Flammen S in atomarer Form vorliegt u. daß das große Verhältnis $H_2:O_2$ in der zentralen Flammenzone, der H entstammt, die Dissoziation von H_2S stärker verhindert, als die Bldg. von S aus SO_2 vor sich geht. (Proc. Roy. Soc. [London], Ser. A **216.** 193—202. 22/1. 1953. Belfast, Queen's Univ., Chem. Dep.) E. ROEDER. 157

Emil Slavíček, *Der Wärmeübergang im Kreuzstrom bei einer endlichen Anzahl von Röhren.* In dieser Arbeit wird der Wärmübergang im Kreuzstrom bei einer endlichen Anzahl von Röhren, d. h. bei diskontinuierlich geteilter Austauschfläche behandelt. Zwei grundlegende Fälle werden gelöst: 1. Keine der beiden Fll. wird in dem Querschnitt des Austauschers durchgemischt, sondern die Durchmischung erfolgt erst nach Verlassen des Austauschers; 2. die eine Fl. wird in dem Querschnitt des Austauschers vollständig durchgemischt. Es wird vorausgesetzt, daß die physikal. Eigg. der Fll. konstant bleiben, daß keine Änderung des Aggregatzustandes stattfindet u. daß keine Wärme an die Umgebung abgegeben wird. Dagegen können die Wärmedurchgangszahlen, die Flüssigkeitsmengen u. die Austauschflächen in verschied. Reihen der Rohre verschieden sein. Die abgeleiteten Gleichungen u. Nomogramme dienen zur Berechnung der Temperaturverteilung (bes. der Austrittstempp. beider Fll.) oder der nötigen Austauschfläche. (Chem. Listy **49.** 1739—55. Dez. 1955. Praha, Vys. škola chem. techn., Katedra procesů a aparátů.) M. RYBA/Prag. 158

A₅. Kolloidchemie. Grenzschichtforschung.

Ercole Cerasoli, *Ein Blick auf die Chemie der Kolloide.* Zusammenfassender Überblick über die Entw. der Kolloidchemie in den letzten 50 Jahren. (Chimica [Milano] [11] **31.** Nr. 3. 103—08. März 1955.) C. GOTTFRIED. 160

K. F. Shigatsch und **K. W. Konstantinowa,** *Über kolloide Eigenschaften einiger unlöslicher Pyrophosphate.* Die Unters. der durch Mischung von gesätt. $Na_4P_2O_7$-Lsg. mit Salzen von Fe, Al, Ba, Cu, Cd, Ni, Ca, Mg, Co, Mn u. Cr erhaltenen Suspensionen auf dem WEILER-REHBINDER-Gerät ergab, daß die Suspensionen der Pyrophosphate von Fe, Al, Ba, Cu, Cd, Ni u. Ca thixotrope Eigg. besitzen, nicht jedoch die übrigen, obwohl die Pyrophosphatpasten von Mn, Co u. Cr eine Struktur aufweisen. Die Grenzschubspannung P nimmt mit der Dauer des Ruhezustandes der Suspension stark zu. Die Al-Suspension zeigt sowohl bei Trocknung an der Luft als auch bei Trocknung im Exsiccator über $CaCl_2$ thixotrope Eigg., ein Beweis dafür, daß die H_2O-Entfernung bis 8% die thixotropen Eigg. nicht beeinflußt. Im Unterschied zu den Pyrophosphaten von Fe, Al u.

Ba zeigen die Pyrophosphate von Cu, Ni u. Cd keine Thixostabilität. Bei der Ni-Suspension nimmt P nach 6std. Ruhe stark zu u. erreicht nach 18 Std. den Wert 850 g/cm², der 1400mal größer ist als der P-Wert der frischhergestellten Suspension. Bei mehr als 18std. Ruhe nimmt P zunächst stark ab, dann wieder etwas zu. (Доклады Академии Наук СССР [Ber. Akad. Wiss. UdSSR] **104.** 559—62. 1/10. 1955. Moskau, Gubkin-Inst. für Erdöl.) O. LEBTAG. 162

Therald Moeller und **Gladys Helen Quinty,** *Beobachtungen über Seltene Erden. 56. Mitt. Spektrophotometrische Studien über kolloidales „Lanthanblau“.* (Vgl. C. **1952.** 2393; **1956.** 5223.) Es werden die Bedingungen festgestellt, unter denen gelöstes freies Jod stabile koll. Lsgg. von Lanthanblau gibt. Die Ausgangslsg. muß Acetat- oder Propionationen enthalten; Ameisensäure, Mono- u. Trichloressigsäure u. Buttersäure geben den Effekt nicht. Statt Lanthan kann man blaue Sole auch mit Neodym erhalten, dagegen nicht mit Yttrium oder Samarium. Die blauen Lsgg. zeigen Absorptionsmaxima bei 580 mμ für acetathaltige u. bei 600 mμ für propionathaltige Lösungen. Trotz der verschied. Lage der Bandenmaxima zeigen sowohl das Acetat- wie auch das Propionatsyst. die gleiche mol. Extinktion, bezogen auf die Jodkonzentration. Das BEERsche Gesetz ist bis $5 \cdot 10^{-5}$ Mol/Liter Jod erfüllt, so daß man kleinste Jodmengen colorimetr. mit einer Empfindlichkeit von ca. $1 \cdot 10^{-5}$ Mol/Liter bestimmen kann. Bzgl. des La-Geh. in acetathaltigen Lsgg. wird das BEERsche Gesetz nur sehr grob bis ca. 0,02 Mol/Liter befolgt. Der Geh. an Acetat- bzw. Propionsäureionen ist ohne Einfl. auf die Farbtiefe, solange er nicht so hoch ist, daß er Ausflockung des Hydroxyds bewirkt. (J. physic. Colloid Chem. **54.** 315—21. März 1950.) E. HOFFMANN. 162

Herman E. Ries jr. und **Wayne A. Kimball,** *Elektronenmikroskopische Untersuchung der Struktur monomolekularer Schichten.* Monomol. Filme von *n-Hexatriacontansäure* wurden auf W. gespreitet, auf Kollodiumträger aufgezogen, mit Cr bedampft u. im Elektronenmikroskop untersucht. Es wurde Tendenz zur Agglomeration in monomol. Inseln unregelmäßiger Form beobachtet. Der Kollaps des Films tritt ein durch Aufwölben entlang einer Linie u. Verwerfen nach einer Seite, wobei die polaren Gruppen der Falte einander zugewandt sind. (J. physic. Chem. **59.** 94—95. Jan. 1955. Whiting, Ind., Standard Oil Co., Res. Dep.) H. SCHULLER. 166

Lloyd Osipow, Gonzalo Segura jr., Cornelia T. Snell und **Foster Dee Snell,** *Vergleich der Reinigungswirkung von Zweiphasensystemen und Emulsionen, gemessen mit Hilfe radioaktiver Spurenelemente.* Vff. untersuchen den Reinigungseffekt von Zweiphasensystemen u. Emulsionen gleicher Zus. (67% Kerosin, 22,5% Pine oil, 5,4% Ölsäure, 3,6% Triäthanolamin, 1,5% Butylcellosolve; stark mit W. verd.). Stahlplättchen werden bestrichen mit genau bestimmten Mengen fetter Verunreinigungen, die radioakt. Spuren (^{14}C) von Ruß, $BaCO_3$ u. Palmitinsäure enthalten, u. dann unter gleichen Bedingungen mit dem Zweiphasensyst. u. der Emulsion behandelt. Zweiphasensysteme reinigen viel schneller als Emulsionen, was auf eine durch eine dünne Seifenschicht auf der Tröpfchenoberfläche bewirkte Inaktivierung der Emulsion zurückgeführt wird. (Ind. Engng. Chem. **45.** 2779—82. Dez. 1953. New York, N. Y., Foster D. Snell, Inc.) MAX SCHMIDT. 166

Kōzō Shinoda, *Die Wirkung von Alkoholen auf die kritischen Micellbildungskonzentrationen von Fettsäureseifen und Seifenmischungen.* Die Wrkg. verschied. Alkohole [*A.*, *Propanol-(1)*, *Butanol-(1)*, *Isoamylalkohol*, *Hexanol-(1)*, *Heptanol-(1)*, *Octanol-(1)*, *Decanol-(1)*] auf die krit. Micellbildungskonzz. (CMC) von *K-Octanoat*, *-Decanoat*, *-Dodecanoat* u. *-Tetradecanoat* wurde durch Farbumschlag von Pinacyanolchlorid bestimmt. Die CMC von Fettsäureseifen ist eine lineare Funktion der Alkoholkonzentration. Der Logarithmus der Geschwindigkeit der Änderung der CMC mit der Alkoholkonz. ist eine lineare Funktion der Anzahl C-Atome im Alkoholmol. bzw. im Seifenmolekül. Diese Beziehungen werden erklärt durch Abnahme der Ladungsdichte an der Micelloberfläche u. Abnahme der freien Mischungsenergie infolge Eindringens der Alkoholmoll. in die Außenschicht der Micelle. Die Energieänderung pro Methylenradikal beim Übergang von der wss. Phase in die KW-stoffumgebung wird geschätzt zu 1,1 kT, das sind 620 cal/Mol bei 10°. Die CMC verschied. tern. Seifenmischungen wurden bestimmt u. eine theoret. Gleichung für die CMC von Mehrkomponenten–Seifen-Mischungen abgeleitet. Die experimentellen Ergebnisse stimmen mit den berechneten Werten gut überein. (J. physic. Chem. **58.** 1136—41. Dez. 1954. Yokohama, Univ., Dep. of Phys. Chem., Fac. of Engng.) H. SCHULLER. 166

Lawrence M. Kushner und **Willard D. Hubbard,** *Viscositäts- und Trübungsmessungen an verdünnten wässerigen Lösungen einer Neutralseife.* Die Viscositäts- u. Trübungswerte von verd. Lsgg. eines nichtion. Emulgators *Triton X-100* (Polyoxyäthylenkondensat von Octylphenol) wurden in W., in 0,04 u. 0,12mol. NaCl-Lsgg. bestimmt. Grenzviscosität u. Mol.-

Gew. der Micellen sind unabhängig vom Salzzusatz. Die Meßergebnisse werden erklärt durch Annahme einer weitgehend hydratisierten Kugelmicelle, deren Radius gleich der Länge eines nahezu vollständig gestreckten Emulgatormol. ist. (J. physic. Chem. **58.** 1163—67. Dez. 1954. Washington, D. C., Nat. Bur. of Stand., Surf. Chem. Sect.)
H. SCHULLER. 166

Claude E. Cooke jr., *Untersuchung von elektrokinetischen Effekten unter Verwendung sinusförmigen Druckes und sinusförmiger Spannung.* (Vgl. C. **1955.** 5968.) Durch Anwendung u. Messung der sinusförmigen Änderungen des hydrodynam. Druckes u. der elektr. Spannung wurden die elektrokinet. Effekte Strömungspotential, Strömungsstrom u. elektroosmot. Druck untersucht. Es wurden die Systeme *Glas*–W. u. Glas–Salzlösungen untersucht. Zur Messung des elektrokinet. Koeff., des ζ-Potentials, wurde eine verbesserte experimentelle Meth. benutzt. Das Gesetz von SAXEN war innerhalb 6% bei den Frequenzen 20, 100 u. 200 Hz erfüllt. (J. chem. Physics **23.** 2299—2303. Dez. 1955. Austin, Tex., Univ., Dep. of Phys.) C. GOTTFRIED. 168

L.-H. Collet, *Aufklärende Erläuterungen zu den Kataphoresen von P. Jolibois und der Inversionserscheinung von Hittorf.* Vf. nimmt Bezug auf die Theorie der Elektrolyse von JOLIBOIS (vgl. Nouveaux aperçus sur l'Électrolyse, Act. Scient. Nr. 973, Hermann, Paris 1943) u. speziell auf die Kataphorese von Säuren u. Basen von JOLIBOIS (vgl. C. **1948.** II. 695) u. führt aus, daß die Wanderung des Elektrolyten in seiner Gesamtheit gegen die eine oder die andere Elektrode, d. h. die Kataphoresen, nicht existieren u. daß die Inversion von HITTORF nur scheinbar ist; sie muß sek. Rkk. u. parasit. Elektrolysen zugeschrieben werden. (J. Physique Radium **16.** 431—32. Mai 1955. Paris, Labor. de Phys.-Enseign.) C. GOTTFRIED. 168

P. Tauzin, *Die Photophorese.* Überblick über die Erscheinungen der Photophorese, der Magnetophotophorese u. der Elektrophotophorese. Kurz eingegangen wird auf die Beziehung zwischen der Magnetophotophorese u. dem Ferromagnetismus. (Génie chim. **74.** 33—37. Aug. 1955.) C. GOTTFRIED. 169

Francesco Toffoli, *Einfache isopiestische Methode zur Bestimmung des osmotischen Druckes mit kleinsten Mengen wässeriger Lösungen.* Es wurde eine mikroisopiest. Meth. zur Best. des osmot. Druckes wss. Lsgg. entwickelt. App. u. ihre Handhabung wird ausführlich beschrieben. Als Vgl. dient eine wss. KCl-Lösung. Bei Lsgg. von 1—1wertigen Elektrolyten beträgt die Genauigkeit 2% bei Konzz. bis 0,1 Mol/Liter. Messungen an $NaHCO_3$-Lsgg. ergaben, daß der osmot. Koeff. φ wesentlich kleiner ist als für einen 1—1wertigen Elektrolyten zu erwarten war. φ ist außerdem bei 0° größer als bei 20 u. 30°. Der erste Effekt deutet auf eine HCO_3^--Ionenassoziation, der zweite auf ein Hydratationsgleichgewicht: $2\,HCO_3^- \cdot nH_2O + Q \rightleftharpoons (HCO_3^-)_2 \cdot mH_2O + (2n - m)\,H_2O$. Isopiest. Messungen an wss. Lsgg. von *Isonicotinhydrazid* (I) ergaben in Übereinstimmung mit kryoskop. Messungen ein Assoziationsgleichgewicht, das zu $K = [I]_2/[I]^2 = 2{,}0$ bzw. 3,2 bei 0° bzw. 30° bestimmt wurde. Die Assoziationsenergie beträgt 2,5 kcal/Mol. Ein analoges Gleichgewicht von *Glycerinaldehyd* (**II**) wurde bei 22° zu $K = [II]^2/[II] = 0{,}60$ bestimmt. In 0,331 mol. Lsg. ist $\varphi = 0{,}80$ u. der Assoziationsfaktor 1,25. (Rend. Ist. super. Sanità **18.** 574—87. 1955. Roma, Ist. Sup. di Sanità, Labor. di biol.)
H. NÖTH. 170

R. A. Robinson, *Eine Bemerkung zu den osmotischen Koeffizienten wässeriger Kaliumchloridlösungen bei 25° C.* Vf. vergleicht die Ergebnisse verschied. Autoren u. errechnet aus den osmot. Koeffizienten φ nach der Gleichung $\varphi = -(55{,}5062/2m)\ln P/P_0$ jeweils das zugehörige Verhältnis P/P_0. Es wird festgestellt, daß sich auf diese Weise Meßfehler in den errechneten P/P_0-Werten nicht so stark widerspiegeln, als wenn entsprechende φ-Werte angegeben werden. (J. physic. Chem. **60.** 501—02. April 1956. Singapore, Univ. of Malaya, Dep. of Chem.) D. ERTEL. 170

J. R. White, *Messung von Diffusionskoeffizienten mit Glasdiaphragmazellen.* Bei der Eichung von Glasdiaphragmazellen zur anschließenden Best. von Diffusionskoeffizienten können Fehler dadurch auftreten, daß zwischen der Eichlsg. einerseits u. der zu untersuchenden Lsg. andererseits erhebliche Unterschiede bzgl. Zus., Polarität usw. bestehen. Zur Prüfung dieser Erscheinung werden Diaphragmazellen nach der Meth. von GORDON (Ann. New York Acad. Sci. **46.** [1945.] 285) u. mit den Daten von HARNED u. NUTALL (C. **1950.** I. 952) mit wss. *KCl*-Lsg. geeicht. Bei der anschließenden Ermittlung der integralen Diffusionskoeffizienten von *Diphenyl* in Bzl. werden ca. 6% höhere Werte gefunden, als sich aus den Standardmessungen von SANDQUIST u. LYONS (C. **1955.** 2386) in einer TISELIUS-Zelle ergeben. (J. chem. Physics **24.** 470—71. Febr. 1956. Paulsboro, N. J., Res. and Developm. Dep., Socony Mobile Labor.) W. KRÖNERT. 171

A. V. Phelps, *Absorptionsuntersuchungen an metastabilen Heliumatomen und -molekülen.* Durch Registrierung der zeitlichen Veränderung des Absorptionskoeff. wurde festgestellt, daß die im (1s 2s $^1S_0$)-Zustand befindlichen He-Atome entweder an der Gefäßwand oder beim Zusammenstoß mit einzelnen Atomen in den Grundzustand übergehen, während sie beim Zusammenstoß mit Elektronen von therm. Geschwindigkeit in den (1s 2s $^3S_1$)-Zustand übergehen. In diesem Zustand erfolgt entweder ein Übergang in den Grundzustand durch Diffusion oder eine Bldg. von Moll. im $2^3\,\Sigma_u{}^+$-Zustand beim Zusammenstoß mit 2 neutralen Atomen. Diese Moll. haben eine natürliche Lebensdauer von mindestens 0,05 Sekunden. Für die verschied. Umwandlungen werden die Koeffizienten quantitativ für 300° K angegeben. (Physic. Rev. [2] **99.** 1307—13. 15/8. 1955. East Pittsburgh, Pa., Westinghouse Res. Labor.) G. KIRSCHSTEIN. 176

Maurice Fried und **L. A. Dean,** *Phosphatretention durch Eisen und Aluminium in Kationenaustauschsystemen.* Die Phosphatretention wurde an einem kaolinit. Ton u. an Kationenaustauschharzen untersucht. Bei Zusatz von Ca war sie stärker als bei Zusatz von Na. Überzüge von Fe u. Al auf den Austauschmaterialien hielten einen großen Teil des zugesetzten Phosphats zurück. Dieser Teil vermehrte sich mit zunehmender Konz. des P in der Lösung. Der Prozentsatz des zurückgehaltenen Phosphats, der mit Radio-P in der Lsg. austauschte, war eine Funktion sowohl der Konz. des P in der Lsg. u. der zur Einstellung des Gleichgewichts zur Verfügung stehenden Zeit. Das mit Fe überzogene Harz legte nur wenig mehr Phosphat fest als das mit Al überzogene. In einem gemischten Syst. wurde das Phosphat aber hauptsächlich durch das Fe-Harz zurückgehalten. (Proc. Soil Sci. Soc. America **19.** 143—47. April 1955. Beltsville, Soil and Water Conservat. Res. Branch.) A. JACOB. 177

R. Torrence Martin, *Retention von Äthylenglykol durch Tone.* Durch Einschluß einer Glykoloberfläche mit jeder Reihe von Proben wurde die Glykolretentionsmeth. von DYAL u. HENDRICKS so abgeändert, daß sie für das Gleichgewicht einen Glykolretentionswert gab, der für eine gegebene Probe über einen weiten Bereich der Bedingungen der anfänglichen Trocknung konstant war. Größe der Probe, Temp. u. freie Eisenoxyde hatten nur geringen Einfl. auf den Gleichgewichtswert von Glykol. Der Glykolretentionswert per g des mit Ca gesätt. montmorillonit. oder Illittons lag zwischen 260 u. 295 bzw. 65 u. 80. Die Beziehungen zwischen dem Glykolretentionswert, Austauschfähigkeit u. K_2O-Geh. werden für wasserhaltige Glimmer von Glimmer bis zu Montmorillonit erörtert. (Proc. Soil Sci. Soc. America **19.** 160—64. April 1955. MIT of Soil Technol.) A. JACOB. 177

Armin Weiss, A. Mehler, G. Koch und **U. Hofmann,** *Über das Anionenaustauschvermögen der Tonmineralien.* Es werden Unterss. über den Austausch von OH^- gegen F^--Ionen an verschied. Tonmineralien im Hinblick auf die Reversibilität des Austausches sowie den Einfl. des p_H-Wertes, der Verweilzeit u. der F^--Konz. der Austauschlsg. auf das Austauschvermögen beschrieben u. diskutiert. Zur quantitativen Best. des Austausches wurden jeweils ca. 1 g des sorgfältig gereinigten u. bei 110° getrockneten Minerals mit 50 ml einer NH_4F-Lsg. von bestimmter Konz. u. bestimmtem p_H-Wert eine bestimmte Anzahl von Std. geschüttelt u. absitzengelassen. Von der klaren überstehenden Lsg. wurde ein aliquoter Teil entnommen u. die durch Ionenaustausch freigesetzten OH^--Ionen potentiometr. (Pt/H_2- oder Chinhydron- gegen Kalomelelektrode) titriert. Die Menge des ausgetauschten F^- wurde aus der Differenz zwischen vorst. Titrationsergebnis u. einer analogen Blindbest. an der reinen NH_4F-Lsg. berechnet. Alle Operationen wurden in Kunststoff- oder paraffinierten Glasgefäßen durchgeführt. Die Meth. liefert reproduzierbare Werte, obwohl auf eine Berücksichtigung der salzfreien Wasserhaut verzichtet wurde u. Fehler durch austauschfähig gebundene H^+-Ionen nur annähernd ausgeschaltet werden konnten. In der Montmorillonit-, Beidelit- u. Vermiculitgruppe (*Montmorillonit, Beidelit, Nontronit, Saponit, Wolchonskoit, Vermiculit*) erfolgt der Anionenaustausch an den Rändern der Oktaederschichten. Das Anionenaustauschvermögen hängt daher von der Größe des Durchmessers der Kristalle u. von den Ladungen der Kationen an den Rändern der Oktaederschichten ab. Es ist innerhalb der Meßgenauigkeit unabhängig von der Dicke der Kristalle. An Nontronit konnte der Einfl. der Ladung der Kationen an den Rändern der Oktaederschicht durch die Änderung des Anionenaustauschvermögens bei Red. u. Oxydation ermittelt werden. In der *Kaolinit*-Gruppe sind die an der einen Basisfläche des Kristalles liegenden OH-Gruppen gegen F^--Ionen austauschbar. Die Höhe des Austauschvermögens hängt daher von der Dicke der Kristalle ab. Beim *Halloysit* werden wie beim Kaolinit die OH-Gruppen der einen Basisfläche ausgetauscht. Das experimentelle Ergebnis würde der Annahme nicht widersprechen, daß der Austausch an der Innenwand der Halloysitröhrchen erfolgt. Bei Kaolinit u. Halloysit geht die Rk. über den Austausch hinaus u. führt schließlich zur Bldg. von $(NH_4)_3AlF_6$ u. amorphem SiO_2. In nichtentwässertem u. nur teilweise entwässertem Halloysit kann NH_4F an Stelle von W. eingelagert werden. Daher geht die

Zers. von Halloysit zu $(NH_4)_3AlF_6$ u. SiO_2 sehr viel rascher vor sich als die von Kaolinit. Die Best. des Anionenaustauschvermögens von OH^- gegen F^- wird durch Verunreinigungen, wie z. B. Calcit, Dolomit, Fe-Spat, Limonit usw. gestört. (Z. anorg. allg. Chem. **284**. 247—71. April 1956. Darmstadt, TH, Eduard-Zintl-Inst. für anorgan. u. physikal. Chem.) H. HOFMANN. 177

Ikumi Kagawa und **Ryūzō Kasashi,** *Ionenaustauscher*. 4. Mitt. *Einfluß der Temperatur auf das Gleichgewicht des Anionenaustauschers und den Wärmeaustausch*. (3. vgl. C. **1956**. 8824.) Für die Systeme NO_3–Cl, ½ SO_4–Cl u. ½ SO_4–NO_3 wurde aus Anionaustauschverss. bei 10, 37,5 u. 50° die jeweilige Gleichgewichtskonstante bestimmt u. daraus die Anionenaustauschwärme berechnet. Der Zustand des Anions im Harz entspricht dem in einer konz. Lösung. (J. chem. Soc. Japan, ind. Chem. Sect. [Kōgyō Kagaku Zassi] **54**. 242—44. März 1951. Nagoya Univ. [Orig.: japan.]) L. SCHULER. 177

—, The physics and chemistry of surfaces. 3rd. ed. New York: Oxford. 1956. (448 S.) 8°. $ 8,00.

A₆. Strukturforschung.

Jürg Waser, *Symmetriebeziehungen zwischen Strukturfaktoren*. Theoret. Untersuchung. (Acta crystallogr. [Copenhagen] **8**. 595. 10/9. 1955. Houston, Tex., Rice Inst., Dep. of Chem.) C. GOTTFRIED. 181

J. S. Rollett und **David R. Davies,** *Die Berechnung von Strukturfaktoren für zentrosymmetrische monokline Systeme mit anisotroper Atomschwingung*. Theoret. Untersuchung. (Acta crystallogr. [Copenhagen] **8**. 125—28. März 1955. Leeds, Univ., Dep. of Inorgan. and Struct. Chem.; Pasadena, Calif., Inst. of Technol., Gates and Crellin Labors. of Chem.) C. GOTTFRIED. 181

W. Cochran, *Beziehungen zwischen den Phasen von Strukturfaktoren*. (Vgl. C. **1956**. 6884.) Es werden Beziehungen zwischen den Phasenwinkeln komplexer Strukturfaktoren hergeleitet u. ihre mögliche Anwendung auf die Strukturanalyse diskutiert. (Acta crystallogr. [Copenhagen] **8**. 473—78. 10/8. 1955. Cambridge, Cavendish Labor., Crystallogr. Labor.) C. GOTTFRIED. 181

E. W. Radoslovich, *Berechnung geometrischer Strukturfaktoren für Raumgruppen niedriger Symmetrie*. 2. Mitt. (1. vgl. C. **1955**. 10693.) Vf. beschreibt ein neu konstruiertes Instrument „SUMCOS" zur Berechnung des Ausdrucks $\sum_j \cos(h\,x_j + k\,y_j + l\,z_j)$ mit der Hand. Der App. bildet getrennt für 10 Atome die 10 Werte $\cos(h\,x_j + k\,y_j + l\,z_j)$ fertig zur Addition für jeden gegebenen (h k l)-Wert. Die letzte Addition muß mit der Hand durchgeführt werden. Die mechan. Ausführung der einzelnen Handgriffe wird genau beschrieben. (Acta crystallogr. [Copenhagen] **8**. 456—60. 10/8. 1955. Cambridge, Cavendish Labor., Crystallogr. Labor.) C. GOTTFRIED. 181

G. Breitling, F. Herre und **H. Richter,** *Untersuchungen zur Fourier-Analyse von Röntgenstreukurven*. Ein Vgl. der theoret. u. experimentellen Atomverteilungskurven von feinstkristalliner Aktivkohle ergeben, daß bei der FOURIER-Analyse stets Nebenmaxima auftreten, die jedoch auch zur Kontrolle des Strukturmodells dienen können. In dem vorliegenden Fall konnte festgestellt werden, daß in dem Gitter der Aktivkohle nicht nur Einzelschichten, sondern auch Doppelschichten auftreten. Da die festen amorphen u. glasigen Stoffe in kleinsten Bereichen auch einen gitterähnlichen Aufbau besitzen, ist das beschriebene Verf. des Atomverteilungskurvenvgl. auch auf diese Stoffe anwendbar. (Naturwissenschaften **42**. 151—52. 1955. Stuttgart, TH, Röntgeninst., u. MPI für Metallforsch., Inst. für Metallphys.) C. GOTTFRIED. 181

D. M. Burns, *Eine analytische Methode zur Behandlung von unaufgelösten Maxima in Fourier-Projektionen*. Beschreibung der Methode. (Acta crytallogr. [Copenhagen] **8**. 517—18. 10/8. 1955. Achimoto, Brit. West Africa, Univ., Coll. of the Gold Coast, Phys. Dep.) C. GOTTFRIED. 181

M. M. Qurashi, *Eine Analyse der Wirksamkeit der Konvergenz verschiedener Methoden der Strukturbestimmung*. 2. Mitt. *Die Methode der Fourier-Synthese: Zentrosymmetrischer Fall*. (1. vgl. C. **1954**. 5951.) Vf. diskutiert theoret. die Geschwindigkeit u. Wirksamkeit der Konvergenz der FOURIER-Synth. für den Fall großer Abweichungen der angenommenen Annäherung von der wahren Struktur. (Acta crystallogr. [Copenhagen] **8**. 445—56. 10/8. 1955. Ottawa, Nat. Res. Council, Phys. Div.; Karachi, Council of Sci. and Ind. Res., Central Labor., Phys. Div.) C. GOTTFRIED. 181

Robert L. Collin, *Der Einfluß von Atomen in festen Lagen auf die statistischen Prüfungen für Symmetriezentren*. Die Wahrscheinlichkeitsverteilung von Röntgenstrahlenintensitäten wird durch die Ggw. von Atomen in festen Lagen verändert. Sind diese

Atome schwer genug, dann werden sie einen Einfl. auf die statist. Prüfungen haben, die zur Unterscheidung von zentr. u. azentr. Strukturen Verwendung finden. Sind die Lagen dieser festen Atome dagegen bekannt, dann kann man Verteilungskurven für zentr. u. azentr. Strukturen berechnen. Ein Vgl. dieser Kurven mit der beobachteten Intensitätsverteilung erlaubt, eine Entscheidung über die Ggw. oder die Abwesenheit eines Symmetriezentrums zu treffen. (Acta crystallogr. [Copenhagen] **8.** 499—502. 10/8. 1955. Boston, Mass., New England Deaconess Hosp., Cancer Res. Inst.) C. GOTTFRIED. 181

E. J. W. Whittaker, *Die Beugung von Röntgenstrahlen an einem zylindrischen Gitter.* 2. Mitt. (1. vgl. C. **1955.** 11347.) Die früher (l. c.) durchgeführten theoret. Betrachtungen über die Beugung von Röntgenstrahlen an einem zylindr. Gitter werden erweitert u. die Lage u. das Profil der diffusen Reflexe berechnet. Es werden zuerst Formeln für den Fall abgeleitet, daß die streuende Materie in den Gitterpunkten konz. ist. Anschließend erfolgt die Behandlung realer Gitter, bei denen jeder Gitterpunkt eine Atomgruppierung bedeutet. Die von JAGODZINSKI u. KUNZE (C. **1955.** 10454) angegebene physikal. Deutung ihrer Theorie wird krit. diskutiert. (Acta crystallogr. [Copenhagen] **8.** 261—65. 10/5. 1955. Stockport, England, Chapel-en-le-Frith, Ferode Ltd.) W. KRÖNERT. 181

E. J. W. Whittaker, *Die Beugung von Röntgenstrahlen an einem zylindrischen Gitter.* 3. Mitt. (2. vgl. vorst. Ref.) Die in Teil 1 u. 2 entwickelte Theorie der Beugung an kreiszylindr. Gittern wird durch opt. Modellverss. überprüft. Die verwendete Beugungsapp. entspricht der Anordnung von HUGHES u. TAYLOR (C. **1954.** 485). Die Verss. bestätigen die Vorstellungen über das Zustandekommen der Beugung. Die opt. Meth. findet außerdem Anwendung, um die Beugung an spiralzylindr. u. unvollkommenen kreiszylindr. Gittern zu untersuchen. Diese Gitter geben Beugungsbilder mit sowohl scharfen als auch diffusen Reflexen, ähnlich denen der kreiszylindr. Gitter. (Acta crystallogr. [Copenhagen] **8.** 265—71. 10/5. 1955.) W. KRÖNERT. 181

N. N. Padurow, *Laueaufnahmen auf zylindrischem Film.* Beschreibung der Methode. (Tschermaks mineralog. petrogr. Mitt. [3] **3.** 1—9. 1952. Würzburg, MPI für Silicatforsch.) C. GOTTFRIED. 181

Jerome D. Swalen, *Bemerkung über die Berechnung der Energieniveaus in Molekülen mit innerer Drehung.* Theoret. Unters. der inneren „Torsion". (J. chem. Physics **24.** 1072—74. Mai 1956. Cambridge, Mass., Harvard Univ., Chem. Dep.) C. GOTTFRIED. 182

Massimo Rocca, *Analyse und Bedeutung der chemischen Bindungen.* Von den Gedankengängen PAULINGs ausgehend, entwickelt Vf. die Grundlagen einer allg. Theorie rein mathemat. Natur über das Wesen der chem. Bindungen, wobei er sich jedoch jeglicher Hypothesen enthält, sondern nur vollständig gesicherte Daten der Literatur berücksichtigt. (Chimica [Milano] [N. S.] **11 (31).** 85—91. März, Nr. 4. 139—43. April 1955.) C. GOTTFRIED. 182

T. C. Owe Berg, *Über die Natur der chemischen und metallischen Bindungen.* Aus den 1949 bekannten Bildungswärmen einiger Salze u. der Hydroxyde der Alkali- u. Erdalkalimetalle zieht Vf. den Schluß, daß das Potential jedes an einer Bindung beteiligten Elektrons unabhängig von der Anzahl dieser Elektronen ist. (J. Physique Radium **13.** 245. April 1952. Avesta, Schweden.) G. KIRSCHSTEIN. 182

Donald G. Burkhard und **John C. Irvin,** *Lösung der Wellengleichung für innere Rotation von zwei vollkommen asymmetrischen Molekülen.* Ableitung u. Lsg. der Wellengleichung für 2 vollkommen asymm. Moll., welche um eine gemeinsame Achse rotieren, wobei die gemeinsame Rotation durch ein willkürliches Potential behindert sein kann. (J. chem. Physics **23.** 1405—14. Aug. Erratum: 2469. Dez. 1955. Boulder, Colo., Univ., Dep. of Phys.) C. GOTTFRIED. 182

Takehiko Shimanouchi, *Über die Berechnung der charakteristischen Werte und Vektoren für Schwingungssäkulargleichungen.* Theoret. Untersuchung. (J. chem. Physics **23.** 2465. Dez. 1955. Tokyo, Univ., Fac. of Sci., Chem. Labor.) C. GOTTFRIED. 182

J. H. Shaw, *Grundschwingungen von Stickstoffmonoxyd.* Die Grundrotationsschwingungsbande des NO bei 5,3 μ wird mit einem Spektrometer hoher Auflsg. erneut untersucht. Es wird gute Übereinstimmung der berechneten Mol.-Konstanten mit denen anderer Autoren gefunden (vgl. NICHOLS, HAUSE u. NOBLE, C. **1956.** 4051). (J. chem. Physics **24.** 399—402. Febr. 1956. Columbus, O., Ohio State Univ., Dep. of Chem.) W. KRÖNERT. 182

R. W. Nicholls und **W. R. Jarmain,** *r-Zentroide für zweiatomige Moleküle.* Theoret. Untersuchung.(J. chem. Physics **23.** 1561. Aug. 1955. London, Can., Univ. of Western Ontario, Dep. of Phys.) C. GOTTFRIED. 182

G. Fritz, *Eine Methode zur quantitativen Bestimmung der SiH-Bindung.* Wss. Lsgg. von $HgCl_2$ absorbieren SiH_4 gemäß $SiH_4 + 8\,HgCl_2 + 4\,H_2O \rightarrow Si(OH)_4$ (Nd.) + $4\,Hg_2Cl_2$ (Nd.) + 8 HCl; durch jodometr. Titration des gebildeten Hg_2Cl_2 läßt sich so

SiH_4 quantitativ bestimmen. In analoger Weise reagieren $HSiCl_3$ oder $H_2Si(C_2H_5)_2$, so daß die Meth. allg. zur Analyse gasförmiger u. leichtflüchtiger $\equiv$SiH-Verbb. geeignet ist ($\equiv SiH + H_2O + 2\,HgCl_2 \rightarrow \equiv SiOH + Hg_2Cl_2 + 2\,HCl$). Man kann mit Hilfe dieser Rkk. Si-Verbb. im Gemisch mit Gasen, wie KW-stoffen, H_2, N_2 u. anderen, bestimmen u. gleichzeitig entfernen, ohne daß H_2 aus der SiH-Verb. gebildet wird. (Z. anorg. allg. Chem. **280.** 134—42. Aug. 1955. Marburg, Univ., Inst. für Si-Chem.)
U. WANNAGAT. 182

J. Yvon, J. Horowitz und **A. Abragam,** *Austauschkopplung zwischen drei Eisenionen in zwei organischen Molekülen.* Vff. nehmen Bezug auf Unterss. von FOEX, TSAI u. WUCHER (vgl. C. **1953.** 9074) über die Änderungen der Susceptibilität zwischen 2 u. 293° K der beiden Verbb. $[Fe_3(CH_3COO)_6(OH)_2]NO_3 + 6\,H_2O$ u. $[Fe_3(C_6H_5COO)_7(OH)]\cdot ClO_4 + H_2O$ u. versuchen unter der Annahme einfacher Modelle die Austauschkopplung zwischen den 3 Spins der Fe^{3+}-Ionen zu erhalten. Die Übereinstimmung zwischen theoret. u. experimentellen Kurven ist bes. bei den tiefen Tempp. noch nicht befriedigend. (Rev. mod. Physics **25.** 165. Jan. 1953. Labor. de Chatillon.) C. GOTTFRIED. 182

Je. M. Lifschitz, *Theorie der molekularen Anziehungskräfte zwischen kondensierten Körpern.* Vf. berechnet die mol. Anziehungskräfte zwischen kondensierten Körpern auf der Grundlage der Fluktuationstheorie, die darauf basiert, daß diese Kräfte als Wirkungen eines fluktuierenden elektromagnet. Feldes betrachtet u. berechnet werden können. Die Berechnung schließt sich der Entw. von RYTOW an (vgl. Theorie der elektr. Fluktuation u. der Wärmestrahlung, Akad. der Wiss. der UdSSR, 1953), die auf den MAXWELLschen Gleichungen aufbaut. Ein quantitativer Vgl. von experimentell ermittelten Werten mit den aus theoret. Gleichungen ermittelten ist noch nicht möglich, da es experimentell sehr schwierig ist, sek. Effekte auszuschalten. (Доклады Академии Наук СССР [Ber. Akad. Wiss. UdSSR] [N. S.] **97.** 643—46. 1/8. 1954. Ss. I. Wawilow-Inst. für phys. Probleme der Akad. der Wiss. der UdSSR.) K. HÖRIG. 182

L. A. Girifalco, *Potentialenergie eines Moleküls in einer Flüssigkeit.* Theoret. Untersuchung. (J. chem. Physics **23.** 1728. Sept. 1955. Cleveland, O., Nat. Advis. Committee for Aeronaut., Lewis Flight Propuls. Labor.) C. GOTTFRIED. 186

Norman H. Nachtrieb und **Jean Petit,** *Selbstdiffusion in flüssigem Quecksilber.* Mit Hilfe von mit ^{203}Hg angereichertem Hg wurde die Selbstdiffusion in fl. Hg untersucht, u. zwar bei Atmosphärendruck u. Tempp. zwischen 0 u. 98,6° u. bei 30,25° u. 5 verschied. Drucken zwischen 1 u. 8366 kg cm^{-2}, u. zwar nach einer Scherzellenmethode. Außerdem wurde ein einzelner Vers. bei 30° u. 1 kg cm^{-2} in einer sehr langen Capillarzelle durchgeführt. Bei den Verss. bei 1 at nimmt log D linear mit 1/T ab. Die experimentellen Werte lassen sich durch die folgende Gleichung wiedergeben: $D = 8{,}5 \cdot 10^{-5} \exp \cdot (-1005/RT)$. Der mittlere Wert des STOKES-EINSTEINschen Radius beträgt 0,93 Å. Bei den Druckverss. ist neben der Linearität zwischen Viscositäts- u. Diffusionskoeff. u. Druck bes. die Linearität zwischen Diffusion u. F. (T_m) des Hg hervorzuheben. Der STOKES-EINSTEINsche Radius erwies sich als unabhängig vom Druck. Die experimentellen Ergebnisse lassen sich durch die folgenden Gleichungen wiedergeben: $\log D = -0{,}572\,T_m/T - 4{,}348$ oder $\log D = -4{,}7899 - 9{,}637 \cdot 10^{-6}\,P$ (kg cm^{-1}). Die Ergebnisse wurden an Hand eines unvollkommenen Kristallgittermodells einer Fl. diskutiert. (J. chem. Physics **24.** 746—50. April 1956. Chicago, Ill., Univ., Inst. for the Study of Metals.) C. GOTTFRIED. 186

Pierre Chatelain, *Bestimmung des Orientierungsfaktors eines flüssigen Einkristalls vom nematischen Typ aus den Indiceswerten.* Vf. nimmt Bezug auf Unterss. von PELLET u. CHATELAIN (vgl. C. **1955.** 7635), in denen die Brechungsindices von *p-Azoxyanisol* in Abhängigkeit von der Temp. u. der Wellenlänge gemessen worden waren. Die von den obigen Vff. (vgl. l. c.) erhaltenen außerordentlichen u. ordentlichen Indices der nemat. Phase werden vom Vf. theoret. gedeutet. Diese Deutung basiert auf einer Erweiterung der Theorien, die sich auf isotrope Fll. mit nur einer Isotropieachse beziehen. Um die Struktur des fl. Einkristalls vollständig zu kennen, muß man die Anzahl der Moll. in einem cm^3 feststellen, die mit ihren Achsen mit der Isotropieachse Winkel zwischen ϑ u. $\vartheta \cdot d\vartheta$ bilden; die Funktion $f(\vartheta)$ nennt Vf. die Verteilungsfunktion. Ferner muß die Art der Verteilung der Moll. um ein gegebenes Mol. mit der Neigung ϑ bekannt sein. Die vom Vf. abgeleiteten Gleichungen lassen den Schluß ziehen, daß in einem fl. Einkristall ein Mol. mit der Neigung ϑ von Moll. umgeben ist, die angenähert die gleiche Orientierung haben. Die Berechnungen erlauben jedoch nicht den Abstand genau festzulegen, von dem aus der der Orientierungen der 2 Moll. unabhängig ist; größenordnungsmäßig sind diese Abstände sehr viel größer als $\lambda/50$. Vf. führt dann noch den sogenannten Orientierungsfaktor ein, der für eine isotrope Fl. den Wert Null u. für einen festen Körper mit parallelen Moll. den Wert 1 hat. Für das p-Azoxyanisol liegen die

Werte für die Tempp. von 110—132° zwischen 0,603 u. 0,445. Aus den Unterss. geht hervor, daß man mit Hilfe der Indices der fl. Kristalle direkt die Verteilungsfunktion nicht erhalten kann. (Bull. Soc. franç. Minéralog. Cristallogr. **78.** 262—66. April/Juni 1955. Montpellier, Fac. des Sci., Labor. de Minéralog.) C. GOTTFRIED. 186

Ryoiti Kiriyama, *Wachstumsgeschwindigkeiten von Kristallen.* **2.** Mitt. *Strontium- und Bariumformiat.* (1. vgl. J. chem. Soc. Japan, pure Chem. Sect. [Nippon Kagaku Zassi] **70.** [1949.] 260.) Verss. über die Wachstumsgeschwindigkeit in den Hauptrichtungen der Kristalle von $Sr(HCOO)_2 \cdot 2H_2O$ u. $Ba(HCOO)_2$. Bei einer gewissen Konz. erreicht das Wachstum eine maximale Geschwindigkeit, wenn man annimmt, daß diese bei jeder bestimmten Temp. dem Grad der Übersättigung u. der Größe der Kristalloberfläche proportional ist. Die prakt. benutzte Abkühlungsrate sollte möglichst mit diesem auch theoret. erörterten Maximum Schritt halten. (J. chem. Soc. Japan, pure Chem. Sect. [Nippon Kagaku Zassi] **71.** 125—27. Febr. 1950. Osaka, Univ. [Orig.: japan.]) L. SCHULER. 190

Koichi Kobayashi und **Katsuo Shibuya,** *Bildung und Wachstumsgeschwindigkeit der Kristallkerne von Silberchromat und Silbersulfat.* Mittels der EMK. von Konzentrationszellen, in denen sich Kristalle von Ag_2SO_4 bzw. Ag_2CrO_4 aus ihren übersätt. Lsgg. abschieden, wurde die Änderung der Ag^+-Konz. mit der Zeit gemessen. Die Abhängigkeit der Induktionsperiode J von dem Sättigungsgrad S zeigt $J \cdot S^n = A$ (A u. n Konstante). Die Zahl der Ionenpaare in der Lsg. u. die Grenzflächenspannung zwischen Lsg. u. fester Phase beim Konzentrationsschwellenwert der Kristallkernbldg. wurden auf Grund der Theorien von ONO berechnet. (J. chem. Soc. Japan, pure Chem. Sect. [Nippon Kagaku Zassi] **71.** 128—30. Febr. 1950. Sendai, Tohoku Univ. [Orig.: japan.]) L. SCHULER. 190

Gunther Schoeck, *Wandernde Versetzungen und gelöste Atome.* Die Wechselwrkg. zwischen wandernden Versetzungen u. gelösten Atomen in festen Lsgg. wird untersucht. Bei Versetzungen, die sich so schnell bewegen, daß die Ausbldg. einer mitwandernden Atmosphäre von gelösten Atomen nicht möglich ist, kann eine Wechselwrkg. in der Art stattfinden, daß in dem von der Versetzung erzeugten Spannungsfeld eine örtlich begrenzte Umgruppierung der Atome (Nahordnung) erfolgt. Die Umordnung führt zu einer Reibungskraft, die von der Wanderungsgeschwindigkeit der Versetzung abhängt. Dieser Effekt sollte in Kriechexperimenten zutage treten. — Eine eingehende Unters. der Bewegung einer Schraubenversetzung in *α-Fe* mit *C*-Verunreinigungen wird durchgeführt. (Physic. Rev. [2] **102.** 1458—59. 15/7. 1956. Pittsburgh, Pa., Westinghouse Res. Labor.) W. KRÖNERT. 190

N. N. Padurow, *Neue Zwillingsgesetze des Siliciumcarbids.* Kristallograph. u. röntgenograph. wurden eine größere Anzahl von *SiC*-Kristallen untersucht, von denen sich ungefähr ein Drittel als Zwillinge erwiesen. Zunächst wurde das sogenannte FRAZER-Zwillingsgesetz diskutiert, unter welcher Bezeichnung die SiC-Zwillinge mit nichtparalleler [0 0 0 1]-Achse zusammengefaßt werden. Aus der goniometr. Vermessung ergaben sich für die Ebene der Zwillingsnaht die folgenden Indices: für SiC I $(1 0 \bar{1} 0)$, für SiC II $(1 0 \bar{1} 4)$ u. für SiC III $(3 0 \bar{3} 8)$. Hierauf wurden Zwillinge mit parallelen [0 0 0 1] untersucht. An Kristallen von SiCI stellte Vf. 3 Zwillingsgesetze fest, u. zwar das Pseudospinellgesetz, das Gesetz der Kante $[1 0 \bar{1} 0]$ u. das Gesetz der Kanten $[\bar{1} 2 \bar{1} 0]$ u. $[1 0 \bar{1} 0]$. In allen drei erwies sich die Basisebene (0 0 0 1) als Zwillingsnaht u. eine der 3 gegenseitig senkrechten Kanten [0 0 0 1], $[\bar{1} 2 \bar{1} 0]$ u. $[1 0 \bar{1} 0]$ als Zwillingsachse. In den hexagonalen Kristallen SiC II u. SiC III ist die Kante [0 0 0 1] die 6zählige Symmetrieachse. Demzufolge ist das Pseudospinellgesetz hier nicht möglich. Die Gesetze der Kanten führen zu dem gleichen Ergebnis, infolgedessen liegt hier nur ein Gesetz der Kante $[1 0 \bar{1} 0]$ vor. (Tschermaks mineralog. petrogr. Mitt. [3] **3.** 10—20. 1952. Würzburg, MPI für Silikatforsch.) C. GOTTFRIED. 190

N. Köppen, *Gesetzmäßige Verwachsung von synthetischem Phlogopit mit Mineralien der Humitgruppe.* Vf. zeigt an einigen Proben von synthet. Phlogopit, daß zusammen mit *Glimmer* noch andere Kristalle vorliegen, bes. Glieder der Humitgruppe, bei denen *Chondrodit* überwiegt. Die Individuen mit wechselnder Zus. sind miteinander nach der (0 0 1)-Ebene verwachsen. Die Kristalle sind tafelig nach (0 1 0), die stets parallel der (0 0 1)-Fläche des Phlogopits liegt. Die Begrenzungsfläche (0 0 1) ist gut u. scharf ausgebildet. Es gibt 2 verschied. Chondrodit-*Klinohumit*-Bildungen: 1. einfache Kristalle u. Zwillinge, die ziemlich isometr. ausgebildet sind, 2. zusammengebundene, stark nach Richtung (1 0 0) gestreckte Kristalle. Die Zwillungsverwachsungen wurden nach 2 Gesetzen beobachtet; das 1. ist nach (0 0 1) u. das 2. nach einer Ebene, die mit der (0 0 1)-Ebene einen Winkel von ca. 60° bildet. Alle Chondrodit–Klinohumit-Kristalle auf einem Glimmerblättchen bilden einen gesetzmäßigen Komplex, der aus 6 Individuen besteht. Die Ursache der Verwachsungen läßt sich aus Strukturvergleichen des Phlogopits u. der Mineralien der Humitgruppe erklären: Die Netze von Sauerstoffionen zeigen in beiden Kristallarten große Ähnlichkeit u. stimmen bei der beobachteten gegenseitigen Lage gut überein. (Neues Jb. Mineralog., Geol. Paläontol., Abh., Abt. A **80.** 343—74. 1950. Fladungen, Bayern, KWI für Silikatforsch.) E. SCHIEBOLD. 190

H. Müller-Hesse, H. E. Schwiete und H. Stollenwerk, *Beitrag zur Quarz–Cristobalit-Umwandlung.* An SiO_2-Rohstoffen wurde mit dem Zählrohr nach der direkten Vergleichsmeth. die Umwandlung *Quarz–Cristobalit* quantitativ verfolgt. Ausgangsmaterial war ein Tertiärquarzit u. ein Bergkristall, die bei 1200—1500° je 10—480 Min. getempert u. hierauf nachzerkleinert wurden. Bei der Unters. der Umwandlung ohne Zusatz von Mineralisatoren ergaben sich bei der Berechnung der Komponenten der gebrannten Proben im Gegensatz zu den Mischungsproben (Quarz/Quarzglas u. Quarz/Cristobalit) stark streuende Werte zwischen den an den einzelnen Intensitäten errechneten Gehalten. Die Ausmessung der Intensitäten zeigte, daß sich die einzelnen reflektierenden Ebenen beim Brennen anscheinend ungleich schnell oder ungleich gut ausbilden, wodurch bei der Berechnung der Gehalte eine größere Fehlergrenze entsteht. Die Umwandlungsgeschwindigkeit des Quarzes in Cristobalit verläuft bei den feineren Fraktionen anfänglich linear, verlangsamt sich dann aber. Die Umwandlungsgeschwindigkeit des Quarzits verläuft wesentlich schneller als die des Quarzes; dies beruht im wesentlichen auf einer Anreicherung des Basaltzements u. damit auch der Fremdoxyde in der feinsten Fraktion. Bei allen Proben wurde aus der Röntgenanalyse durch Differenzbldg. der röntgenamorphe Anteil quantitativ bestimmt; er durchläuft bei allen Versuchsreihen bei den einzelnen Tempp. ein Maximum, dessen Lage von der Brennzeit u. der Körnung abhängig ist. Aus den Verss. geht deutlich das Auftreten eines röntgenamorphen Übergangszustandes bei der Umwandlung von Quarz in Cristobalit hervor; es kann jedoch nicht entschieden werden, ob dieser Anteil eine definierte Phase darstellt. (Naturwissenschaften **42.** 437—38. Aug. 1955. Aachen, TH, Inst. für Gesteinshüttenkunde.) C. GOTTFRIED. 190

J. F. Smith, O. N. Carlson und R. W. Vest, *Allotrope Modifikationen des Calciums.* Vff. untersuchen röntgenograph. die allotropen Modifikationen von Ca. Die Aufnahmen an Proben verschied. Reinheit zeigen, daß im Gegensatz zu den Angaben von MANTELL u. HARDY („Calcium Metallurgy and Technology", New York, 1945, Reinhold Publishing Co.) Ca mit einem Reinheitsgrad $>99{,}9\%$ nur in zwei allotropen Formen auftritt. Bis 464° liegt ein kub. flächenzentriertes Gitter mit $a = 5{,}582 \pm 0{,}004$ Å u. zwischen 464° u. dem F. ein kub. raumzentriertes Gitter mit $a = 4{,}477 \pm 0{,}007$ Å vor. Messungen des elektr. Widerstandes als Funktion der Temp. ergeben eine lineare Abhängigkeit u. bestätigen den gefundenen Umwandlungspunkt. Die Ergebnisse für die Hochtemperaturform stimmen nicht mit der üblicherweise angenommenen Struktur überein; Handbücher u. Tabellen geben allg. die Hochtemperaturform als hexagonal dichtest gepackt an. Es wird weiterhin festgestellt, daß Ca in seinem Verh. sehr empfindlich auf kleine Mengen von Verunreinigungen anspricht. Die von einigen Autoren als dritte Ca-Modifikation angesehene komplizierte Phase rührt von Verunreinigungen her u. stellt ein Ca-Legierungssyst. dar. Der wenig scharfe Umwandlungspunkt bestätigt diese Ansicht. Röntgenaufnahmen an kaltverformten Proben zeigen, daß Ca selbsthärtend ist. (J. electrochem. Soc. **103.** 409—13. Juli 1956. Ames, Io., Iowa State Coll. of Agric. and Mechan. Arts, Inst. for Atomic Res.) W. KRÖNERT. 195

J. D. H. Donnay, *Das Gitter des rhomboedrischen Schwefels.* Im Zusammenhang mit der Feststellung von FRONDEL u. WHITFIELD (C. **1950.** II. 2045), daß rhomboedr. S zur LAUE-Klasse $\bar{3}$ gehört, weist Vf. darauf hin, daß aus rein morpholog. Gründen das Gitter rhomboedr. ist. Die Raumgruppe ist eindeutig $R\bar{3}$ u. die Zelle in hexagonaler Aufstellung 3fach primitiv. Die kleinste Zelle ist durch $a_{rh.} = 6{,}45$ kX; $\alpha = 115^0\,18'$; $Z = 6$ gegeben. (Acta crystallogr. [Copenhagen] **8.** 245. 10/4. 1955. Baltimore, Md., Johns Hopkins Univ.) W. KRÖNERT. 195

Aafje Vos und E. H. Wiebenga, *Die Kristallstruktur von P_4S_{10} und P_4S_7.* (Vgl. auch C. **1956.** 7724.) P_4S_{10} (I) krist. triklin mit $a = 9{,}07$; $b = 9{,}18$; $c = 9{,}19$ Å; $\alpha = 92{,}4$; $\beta = 101{,}2$; $\gamma = 110{,}5^0$ in der Raumgruppe $P\bar{1}$; $Z = 2$. Folgende Atomkoordinaten wurden bestimmt: P_1 ($x = 0{,}259$; $y = 0{,}087$; $z = -0{,}190$ bzw. $-0{,}187$); P_2 ($-0{,}090$; $0{,}153$; $-0{,}289$ bzw. $-0{,}288$); P_3 ($0{,}267$; $0{,}435$; $-0{,}297$); P_4 ($0{,}178$; $0{,}345$; $0{,}034$ bzw. $0{,}037$); S_1 ($0{,}357$; $-0{,}074$; $-0{,}195$ bzw. $-0{,}197$); S_2 ($0{,}008$; $-0{,}014$; $-0{,}285$ bzw. $-0{,}284$); S_3 ($0{,}367$; $0{,}265$; $-0{,}308$); S_4 ($0{,}288$; $0{,}176$; $0{,}033$ bzw. $0{,}030$); S_5 ($-0{,}316$; $0{,}065$; $-0{,}374$ bzw. $-0{,}372$); S_6 ($0{,}024$; $0{,}343$; $-0{,}405$ bzw. $-0{,}403$);

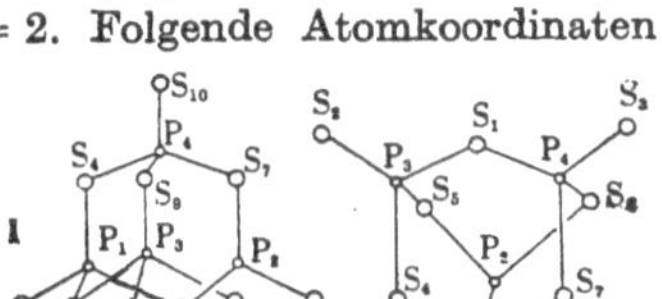

S_7 (−0,062; 0,245; −0,066 bzw. −0,062); S_8 (0,375; 0,609; −0,407 bzw. −0,406); S_9 (0,298; 0,526; −0,079 bzw. −0,080); S_{10} (0,199; 0,430; 0,237 bzw. 0,245). Die Atomabstände werden angegeben u. die Struktur diskutiert. — Die Atomkoordinaten von P_4S_7 (**II**) betragen: P_1 (x = 0,281; y = 0,379; z = 0,709); P_2 (0,353; 0,293; 0,463); P_3 0,271; 0,461; 0,274); P_4 (0,003; 0,335; 0,409); S_1 (0,043; 0,425; 0,220); S_2 (0,307; 0,544; 0,094); S_3 (−0,212; 0,308; 0,363); S_4 (0,305; 0,487; 0,569); S_5 (0,413; 0,367; 0,239); S_6 (0,150; 0,245; 0,366); S_7 (0,052; 0,366; 0,697). **I** u. **II** bestehen aus Moll. P_4S_{10} u. P_4S_7. In beiden Verbb. liegen zwei Arten von P–S-Bindungen vor, mit Atomabständen von 2,08 bzw. 1,95 Å. **I** besitzt die Mol.-Symmetrie $4\bar{3}$ m; die Winkel S—P—S u. P—S—P weichen kaum von 109,5° ab. **II** besitzt die Symmetrie m m 2, einige S—P—S-Winkel zeigen beträchtliche Abweichungen von 109,5°. In der Struktur von **II** tritt ein bemerkenswert langer P–P-Abstand (2,37 Å) auf. (Acta crystallogr. [Copenhagen] **8**. 217—23. 10/4. 1955. Groningen, Rijksuniv., Labor. voor Anorgan. en Phys. Chem.) W. KRÖNERT. 195

H. Fellner-Feldegg, *Strukturbestimmung von CsH_2PO_4*. Drehkristallaufnahmen an CsH_2PO_4 ergaben eine rhomb. Zelle mit a = 4,802 ± 0,033 Å; b = 6,25 ± 0,019 Å; c = 14,65 ± 0,24 Å. Raumgruppe ist C_{2v}^{14} — B 2 m m; Z = 4. Die gefundenen Punktlagen sind: (0 0 0); (½ 0 ½) + 4 Cs in x ½ z; x ½ $\bar{z}$ mit x = 0 u. z = 0,125; je 4 P, 4 O_I u. 4 O_{II} in x 0 z; x 0 $\bar{z}$ mit x_P = 0,333; z_P = 0,140; x O_I = 0; z O_I = 0,095; x O_{II} = 0,5; z O_{II} = 0,095, 8 O_{III} in der allgemeinsten Punktlage mit x = 0,5; y = 0,789; z = 0,095. (Tschermaks mineralog. petrogr. Mitt. [3] **3**. 37—44. 1952. Wien, Univ., I. Phys. Inst.) C. GOTTFRIED. 195

J. V. Smith, *Kristalldaten von Spurrit, 5 CaO · 2 SiO_2 · CO_2*. Es werden kristallograph. Daten von Spurrit, einem Glied der Ca-Carbonat–Silicat-Gruppe, angegeben. Gitterparameter: a = 10,46 ± 0,05; b = 6,70 ± 0,03; c = 14,28 ± 0,07 Å; β = 101 ± 1°; Raumgruppe P 2_1/a; Z = 4. Opt. Daten: α = 1,640 ± 0,003; β = 1,674 ± 0,003; γ = 1,679 ± 0,003; y = X; z:Z = 33°; 2 V = 39,5°, negativ. Physikal. Daten: D. 3,01; vollkommene Spaltbarkeit nach (0 0 1); geringe Spaltbarkeit nach (1 0 0); bevorzugte Zwillingsfläche (0 0 1). Es werden PATTERSON-Projektionen parallel zu (0 1 0) berechnet, die einige Aussagen über die Struktur ermöglichen. (Acta crystallogr. [Copenhagen] **8**. 290. 10/5. 1955. Cambridge, Dep. of Mineral. and Petrol.) W. KRÖNERT. 195

P. B. Braun, *Eine Überstruktur in Spinellen.* KORDES (Z. Kristallogr., Mineralog. Petrogr., Abt. A **91**. [1935.] 193) hatte röntgenograph. festgestellt, daß die von ihm dargestellte Verb. *$LiAl_5O_8$* nahezu Spinellstruktur besaß, doch konnten einige Extrainterferenzen nicht erklärt werden. Dieselben Beobachtungen machte HOFFMAN (Naturwissenschaften **26**. [1938.] 431) mit der Verb. *$LiFe_5O_8$*. Beide Verbb. wurden vom Vf. erneut untersucht. $LiFe_5O_8$ krist. kub. mit a = 8,33 Å in der Raumgruppe P 4_3 3. Es liegen 4 Li in 4 (b); 12 Fe in 12 (d) mit x + Δ_1; 8 Fe in 8 (c) mit x = 0 + Δ_2; 24 O in 24 (e) mit x = ⅛ + Δ_3, y = ⅛ + Δ_4; z = ⅛ + Δ_5; 8 O in 8 (c) mit x = ⅜ + Δ_6. Δ_3, Δ_4, Δ_5 u. Δ_6 sind angenähert 0,007, Δ_1 u. Δ_2 < 0,007. Wären alle Δ gleich Null, läge ein ideales Spinellgitter vor mit einer geordneten Anordnung der Li- u. Fe-Ionen im Verhältnis 1:3, u. zwar in den Oktaederlagen. Die 16 Oktaederlücken sind durch 4 Li- u. 12 Fe-Ionen in der Weise besetzt, daß jedes Li^+ von 6 Fe-Ionen in oktaedr. Anordnung u. jedes Fe-Ion von 4 Fe- u. 2 Li-Ionen umgeben ist. Unterhalb 735° sind die 4 Li^+ geordnet über die 16 Oktaederlücken verteilt. Die Fernordnung nimmt nur sehr langsam bis zu dieser Temp. ab. Oberhalb 755° ist die Fernordnung vollkommen verschwunden, u. die 4 Li^+ sind nur über die 16 Oktaederlücken verteilt. Bis zu wenigstens 1000° besetzten sie nur in geringer Menge die Tetraederlücken. Durch sehr schnelles Abschrecken erhielt Vf. die regellose Phase bei Zimmertemperatur. $LiAl_5O_8$ zeigt denselben Überstrukturtyp, der Übergang geregelt–regellos findet jedoch bei sehr viel höheren Tempp. statt. Die regellose Phase wurde durch Abschrecken von 1350° erhalten. — Einige im Labor. des Vf. hergestellte Proben von *γ-Fe_2O_3*, das einige Moll. H_2O enthielt, ergaben ein Diagramm, das dem des $LiFe_2O_5$ sehr ähnlich war. Das Oxyd besitzt die gleiche geordnete Struktur wie das $LiFe_2O_5$; im idealen Fall würde dies ein Verhältnis von 1:3 für die ordnenden Elemente enthalten. Bei der Beschreibung des γ-Fe_2O_3 als Spinell mit Leerstellen würde das Verhältnis der Leerstellen zu den Fe-Ionen mindestens 1:5 betragen. Das ideale Verhältnis für Ordnung würde erreicht bei Einfügung von H_2O-Moll., als Grenzformel erhielte man die Formel *HFe_5O_8*, deren Existenz unter gewissen Bedingungen durch Absorptionsmessungen von HOUBEN (Thesis, Delft, 1951) nachgewiesen werden konnte. (Nature [London] **170**. 1123. 27/12. 1952. Eindhoven, N. V. Philips' Gloeilampenfabr., Philips Res. Labor.) C. GOTTFRIED. 195

S. Geller und **B. B. Cetlin,** *Die Kristallstruktur von $RhSe_2$*. (Vgl. C. **1955**. 5496.) Pulveraufnahmen von *Rh–Se*-Legierungen mit Se-Gehh. zwischen 40 u. 71,4 At.-%

zeigen, daß die Phase $RhSe_2$ einen Homogenitätsbereich von 60—71,4 At.-% Se besitzt. Die kub. Indizierung der Diagramme führt zu den Gitterkonstanten a = 6,002; 5,991 u. 5,985 für die Legierungen mit 66,7; 68,6 u. 71,4 At.-% Se. Die Elementarzelle enthält 4 $RhSe_2$ (experimentelle D. = 8,03; röntgenograph. D. = 8,012). $RhSe_2$ besitzt Pyritstruktur (Raumgruppe T_h^6 — P a 3). 4 Rh-Atome liegen in 4(a): (0, 0, 0; 0, ½, ½; ↻) u. 8 Se in 8(c): ±(x, x, x; ½ + x, ½ — x, x̄; ↻) mit x = 0,380 ± 0,002. Zu der Ausbldg. fester Lsgg. zwischen $RhSe_2$ u. Se werden Hypothesen aufgestellt. (Acta crystallogr. [Copenhagen] **8.** 272—74. 10/5. 1955. Murray Hill, N. J., Bell Telephone Labors., Inc.) W. KRÖNERT. 195

Tokunosuke Watanabe und **Masao Atoji,** *Atomabstände in den komplexen Radikalen dreiwertiger Thalliumkomplexsalze.* Durch Röntgenunters. wurden in folgenden Komplexsalzen die angegebenen Abstände (in kX) zwischen *Halogen* u. *Tl* gefunden: $KTlBr_4 \cdot 2H_2O$ 2,57; $Rb_3TlBr_6 \cdot 8/7H_2O$ 2,70; $CsTlBr_4$ 2,65; $[Co(NH_3)_6][TlBr_6]$ 2,58; $K_3TlCl_6 \cdot 2H_2O$ 2,55 u. $[Co(NH_3)_6][TlCl_6]$ 2,48. Der Wechsel der Abstände scheint mit der Farbe in gewisser Weise parallel zu gehen. (J. chem. Soc. Japan, pure Chem. Sect. [Nippon Kagaku Zassi] **71.** 172. Febr. 1950. Osaka Univ. [Orig.: japan.]) L. SCHULER. 195

D. E. C. Corbridge und **E. G. Cox,** *Terpyridylkomplexe zweiwertiger Metalle mit der Koordinationszahl fünf.* 1. Mitt. *Die Stereochemie der Zink-, Cadmium- und Kupferverbindungen.* Röntgenograph. untersucht wurden die folgenden Verbb.: *Zn(terpy)Cl_2* (**I**), *Zn(terpy)J_2* (**II**), *Cd(terpy)Cl_2* (**III**), *Cd(terpy)J_2* (**IV**) u. *Cu(terpy)$Cl_2 \cdot 2H_2O$* (**V**) (terpy = ter-2-pyridyl). **I** u. **III** treten in 2 Formen auf, **V** ist isomorph mit der zweiten Form von **I** u. **III**. Aufgeklärt wurde die Struktur der zweiten Form von **I**. Die Verbb. der ersten Form von **I** u. **III** sowie **II** u. **IV** sind monoklin, Raumgruppe I a oder I 2/a; Z = 4, die der zweiten Form ebenfalls monoklin, Raumgruppe P 2_1/a; Z = 4. Die Elementarkörperdimensionen der ersten Form sind für **I**: a = 13,95 Å; b = 9,12 Å; c = 11,48 Å; β = 96°; für **II**: a = 14,05 Å; b = 9,62 Å; c = 11,73 Å; β = 95°; für **III**: a = 14,02 Å; b = 9,35 Å; c = 11,57 Å; β = 96°; für **IV**: a = 14,09 Å; b = 9,92 Å; c = 11,72 Å; β = 96°. Die zweite Form von **I** hat a = 16,21 Å; b = 8,25 Å; c = 10,97 Å; β = 93,5°, u. von **III**: a = 16,42 Å; b = 8,22 Å; c = 11,15 Å; β = 93°. **V** hat a = 16,20 Å; b = 8,26 Å; c = 10,66 Å; β = 95°. Die Struktur der zweiten Form von **I** wurde mit Hilfe von PATTERSON- u. FOURIER-Projektionen aufgeklärt, wobei zur Beseitigung von Zweifeln die experimentellen Daten der zweiten Form von **III** benutzt wurden. Folgende Parameter wurden festgelegt: Zn: (x =) 0,118; (y =) 0,097; (z =) 0,217; Cl_I: 0,239; 0,027; 0,135; Cl_{II}: 0,133; 0,323; 0,334; C_1: 0,186; 0,844; 0,405; C_2: 0,184; 0,760; 0,523; C_3: 0,108; 0,707; 0,536; C_4: 0,025; 0,767; 0,473; C_5: 0,040; 0,850; 0,386; C_6: 0,966; 0,917; 0,325; C_7: 0,889; 0,913; 0,350; C_8: 0,827; 0,000; 0,261; C_9: 0,858; 0,093; 0,170; C_{10}: 0,935; 0,107; 0,155; C_{11}: 0,971; 0,186; 0,050; C_{12}: 0,925; 0,263; 0,969; C_{13}: 0,950; 0,366; 0,874; C_{14}: 0,033; 0,377; 0,880; C_{15}: 0,077; 0,293; 0,975; N_1: 0,124; 0,900; 0,350; N_2: 0,994; 0,030; 0,236; N_3: 0,051; 0,203; 0,057. Aus der so gefundenen Struktur geht hervor, daß das Mol. ein Komplex mit der Koordinationszahl fünf ist u. daß keine Möglichkeit weder zur Polymerisation noch zur Ionisation besteht. Das Terpyridylmol. ist innerhalb der experimentellen Fehlergrenzen eben u. liegt in einer Ebene, die angenähert senkrecht zu der Ebene der Zn–Cl-Bindungen liegt; der Komplex hat damit angenähert zwei Symmetrieebenen, die sich in einer zweizähligen Achse schneiden, welche den Winkel ClZnCl u. den zentralen Pyridinring halbiert. Die Konfiguration der 5 Bindungen zu dem Zn-Atom ist die einer verzerrten trigonalen Bipyramide mit den Abständen Zn—Cl_I = $2,28_3$ Å; Zn—Cl_{II} = $2,29_5$ Å; Zn—N_1 = 2,19 Å; Zn—N_2 = 2,11 Å; Zn—N_3 = 2,34 Å; ∢ Cl_IZnCl_{II} = 111°; ∢ N_1ZnN_2 = 79°; ∢ N_2ZnN_3 = 72° u. ∢ $N_{1,3}$ZnCl = 100°. Die gleichen Strukturen besitzen sehr wahrscheinlich die zweite Form von **III** u. **V**. (J. chem. Soc. [London] **1956.** 594—603. März. Leeds, Univ., Dep. of Inorg. and Struct. Chem.) C. GOTTFRIED. 195

R. P. Mitra und **M. V. R. K. Rao,** *Basisreflexion von Elektronenwellen durch orientierte Aggregate von Tonmineralien.* Vff. gelang es ertsmalig, an blättchenförmigen Tonmineralien mittels Elektronenbeugung Basisreflexe zu erhalten. Sie erhielten diese Interferenzen durch streifenden Einfall des Elektronenstrahls u. auch dann nur, wenn die Orientierung der Blättchen nahezu vollkommen war. Anderenfalls fiel der Elektronenstrahl durch die auf den Blättchen vorkommenden „Hügel", so daß neben den Basisreflexen noch (h k 0)-Interferenzen auftreten. Die besten Ergebnisse wurden mit sehr dünnen Filmen erhalten, die sich aus wss. Suspensionen auf hochpolierten rostfreien Stahlplatten absetzen konnten, wobei die polierten Oberflächen, getrennt untersucht, Reflexionsdiagramme mit ca. 3 schwachen Halos lieferten, also als amorph anzusprechen waren. Die von *Montmorillonit* erhaltenen Interferenzen bestanden aus breiten Bändern, bei denen die Basisnetzebenenabstände zwischen den äußeren u. inneren Kanten jedes Bandes zwischen 10,1 u. 12,0 Å variierten. *Kaolinit* u. *Illit* gaben ebenfalls Basisinterferenzen mit den Netzebenenabständen 7,06 u. 9,95 Å. Die Meth. wurde hauptsächlich benutzt zur Identifizierung von Tonmineralien in Bodenkolloiden. (Naturwissenschaften **42.** 119—20. 1. März-H. 1955. Delhi, Univ., Dep. of Chem.) C. GOTTFRIED. 195

Ugo Ventriglia, *Die Struktur des Heulandits.* Aus LAUE- u. Präzessionsaufnahmen sowie auf Grund des positiven piezoelektr. Effektes folgte für den *Heulandit* triklinpediale Symmetrie. Die Elementarzelle hat a = 7,45 Å; b = 17,80 Å; c = 15,85 Å; $\beta = 88^0 36'$; $\alpha = \gamma = 90^0$; Z = 4·($Ca[Al_2Si_7O_{18}]\cdot 6H_2O$). Unter Annahme einer Pseudosymmetrie gemäß der Raumgruppe C_{2h}^3 u. mit Hilfe von PATTERSON-Projektionen auf die 3 Hauptebenen wurde die Struktur aufgeklärt. Die Parameter für die Si u. O sind angegeben. Die gefundene Struktur besteht aus Schichten von RO_4-Tetraedern parallel der Ebene (0 1 0) mit einem Schichtabstand von ½ c. Zwei Drittel der Tetraeder bilden in diesen Schichten hexagonale Ringe; von jedem dieser Tetraeder liegen 3 O-Ionen in der gleichen Schicht, während das vierte O-Ion einem der restlichen Tetraeder angehört. Diese restlichen Tetraeder verbinden die Schichten parallel (0 1 0) u. bilden ihrerseits hexagonale, fünf- u. achteckige Ringe. Parallel [1 0 0] verlaufen hexagonale, parallel [0 0 1] fünf- u. achteckige Kanäle, in die die Ca-Ionen u. die H_2O-Moll. eingelagert sind. (Periodico Mineralog. **24.** 49—82. 1955. Roma, Univ., Ist. di Mineral. e Petrogr.)
C. GOTTFRIED. 195

H. Strunz, *Zur Kristallchemie des wasserreichsten Zeolithes Faujasit.* Bei Röntgenunterss. an *Faujasit* ergab sich, daß mit der bisher angenommenen Formel (Na_2, Ca)·$[Al_2Si_5O_{14}]\cdot 10 H_2O$ keine ganzzahlige Anzahl Z von Moll. in der Elementarzelle erhalten werden konnte. Faujasit ist kub. mit a = 24,65 Å u. der Raumgruppe O_h^7—F d 3 m. Die Zähligkeit der Punktlagen in dieser Raumgruppe ist 192; 96; 48; 32; 16 u. 8. Mit Hilfe des Elementarvol., der D., der LOSCHMIDTschen Zahl, der Summe der chem. Analyse u. dem O-Quotienten erhält man als Anzahl der O-Atome in der Zelle Z = 640,4. Hierfür besteht die Möglichkeit der Aufteilung auf die Punktlagen 192 + 192 + 96 + 96 + 32 + 32. Berechnet man nun die Anzahl der Kationen pro 640 O-Ionen oder vereinfacht pro 20 O-Ionen, dann erhält man auf Grund der Analyse die Formel $Na_{0,888}Ca_{0,462}H_{0,226}\cdot[Al_{1,784}Si_{4,152}O_{12}]\cdot 8 H_2O$. Die Summe Al + Si ist ca. 6, die Summe der Wertigkeiten $Ca^{2+} + Na^{1+}$ = 1,812 kommt dem Wert für Al nahe. Der Überschuß von 0,2 26H^+ stellt den Wertigkeitsausgleich her; ob dieser H^+ als 3 H^+ für 1 Al^{3+} vorhanden ist oder als $H_3O_1{}^+$ für Na^{1+}, bleibt für die Formel ohne Bedeutung. Als Formel ergibt sich schließlich $Na_2Ca[Al_2Si_4O_{12}]_2\cdot 16 H_2O$. In der Zelle ist dann Z = 16. (Naturwissenschaften **42.** 485. Sept. 1955. Berlin, TU, Inst. für Mineral.; Regensburg, Inst. für Angew. Mineral.)
C. GOTTFRIED. 195

D. W. Pashley, *Orientierte Niederschläge auf kristallinen Unterlagen.* Mittels Elektronenbeugung wurden im Vakuum auf (1 0 0) u. (1 1 0) von *NaCl*, (1 0 0) von *MgO*, (1 0 0) von *KBr* u. (0 0 1) von *Glimmer* aufgedampfte Schichten von *AgCl*, *AgBr*, *AgJ* u. *TlCl* untersucht. Die Wirtkristalle konnten während des Aufdampfens auf Tempp. bis 150° erhitzt werden; die Dicke der Schichten betrug gewöhnlich ca. 100 A. Tabellar. sind die beobachteten Orientierungen zusammengestellt; angegeben sind außerdem die Abweichungen von den idealen Orientierungen. Bei den auf KBr aufgedampften AgCl-Schichten wurde beobachtet, daß eine chem. Rk. zwischen Wirt- u. Gastkristall stattgefunden hatte, denn neben den ursprünglichen Reaktionsteilnehmern wurden noch die Interferenzen von AgBr u. KCl beobachtet. Wurde der Wirtkristall während des Aufdampfens auf 150° erhitzt, dann wurden nur die Reflexe des AgBr erhalten. Beim Aufdampfen von TlCl auf NaCl u. Glimmer hatte das TlCl die gewöhnliche CsCl-Struktur. Beim Aufdampfen auf KBr besaß das TlCl NaCl-Struktur mit a = 6,17 ± 0,06 Å. (Proc. physic. Soc., Sect. A **65.** 33—38. 1/1. 1952. London, Imp. Coll., Phys. Dep.)
C. GOTTFRIED. 196

O. S. Heavens, *Oberflächenlage auf kristallinem Quarz.* Vf. nimmt Bezug auf Unterss. von NAGELSCHMIDT, GORDON u. GRIFFIN (vgl. C. **1954.** 3643), die röntgenograph. auf kristallinem Quarz amorphe Deckschichten festgestellt hatten. Ebenso hatten CLELLAND, CUMMING u. RITCHIE (vgl. C. **1955.** 3082) gefunden, daß man auf Quarzflächen durch Behandlung mit HCl eine amorphe Oberflächenschicht erzeugen kann. Solch eine amorphe Schicht sollte leicht mittels Elektronenbeugung nachweisbar sein. Aufnahmen an unbehandelten Flächen lieferten ein scharfes KIKUCHI-Diagramm. Hierauf wurden die Flächen 1 Std. mit sd. HCl behandelt. Es wurde das gleiche, nur noch schärfere Diagramm erhalten. Um festzustellen, wie stark eine Oberflächenschicht sein muß, um das KIKUCHI-Diagramm zum Verschwinden zu bringen, wurde die zu untersuchende Quarzfläche u. gleichzeitig ein Glasplättchen durch Aufdampfen mit einem dünnen, unsichtbaren Al-Film versehen. Das KIKUCHI-Diagramm war bereits bei einer mittleren Al-Filmdicke von 0,9 Å verschwunden. (Acta crystallogr. [Copenhagen] **6.** 571—72. 10/6. 1953. Reading, Univ.) C. GOTTFRIED. 196

Pierre Conjeaud, *Elektronenbeugungsuntersuchung der Kondensationsprodukte von TiO_2-Dampf auf Einkristallen erhitzter Halogenide.* TiO_2-Dampf wurde auf geheizten Einkristallen aus *NaCl, KCl, NaJ* oder *KJ* kondensiert u. der dünne Fim mit dest. W. von der Kristalloberfläche abgelöst u. dann sein Elektronenbeugungsdiagramm untersucht. Aufdampffläche war immer die (1 0 0)-Ebene. Bei Tempp. bis 450° findet man allg. amorphe Schichten, wie sie von früheren Unterss. mit kalten Kondensationsflächen bekannt waren. Über 450° entstehen kristalline Schichten mit regelloser Orientierung der Kriställchen. Doch stammen ihre Diagramme keineswegs von einer der bekannten Formen des TiO_2 u. sind auch, je nachdem ob auf eine Na- oder eine K-Verb. aufgedampft wurde, verschieden. Daraus wird auf die Bldg. einer neuen Verb., eines Orthotitanates TiO_4M_4 oder eines sauren Titanates (m-TiO_2, n-M_2O) geschlossen. Die vermutete Rk. würde in zwei Stufen erfolgen. (C. R. hebd. Séances Acad. Sci. **239.** 1210—13. 8/11. 1954.) C. REUBER. 196

Raymond Hocart und **Agnès Oberlin (Mathieu-Sicaud),** *Epitaxie von Goldmikrokristallen auf Graphit. Elektronenmikroskopische und Elektronenbeugungsuntersuchung.* (Vgl. C. **1956.** 4648.) Die Herst. der untersuchten Au-Mikrokristalle auf der Graphit-Einkristallschicht wird sorgfältig beschrieben. Die Graphits-Membran ist dünner als 200 Å, die Au-Mikrokristalle haben mittlere Abmessungen von 5000 Å bei einer Dicke von 80 Å. Das Beugungsdiagramm zeigt, daß alle Au-Mikrokristalle gleichmäßig auf der Graphit-(0 0 0 1)-Fläche orientiert sind. Die n. gefällten Kriställchen liegen mit ihren [1 1 0]-Achsen parallel zu den [1 0 0]-Achsen des Graphits. Eine Erhitzung läßt das Elektronenmikroskopbild ungeändert, aber das Beugungsdiagramm enthält nun zwei Systeme. Die Au-Atome haben also ihre n. Gitterplätze eingenommen, u. dabei hat sich das Kriställchen erneut gekrümmt. (C. R. hebd. Séances Acad. Sci. **239.** 1228—30. 8/11. 1954.) C. REUBER. 196

H. Müller und **G. Leibfried,** *Die Oberflächenerscheinungen auf gedehnten Aluminium-Einkristallen in ihrer Abhängigkeit von der Dehngeschwindigkeit.* Al-Einkristalle gleicher Orientierung wurden bei Zimmertemp. um 12% mit Dehnzeiten von $2 \cdot 10^{-4}$ sec bis 3 Tage gedehnt u. die Abhängigkeit des Gleitlinienbildes von der Dehnungsgeschwindigkeit licht- u. elektronenmkr. untersucht. Es wurde beobachtet, daß mit steigender Dehnungsgeschwindigkeit die Dichte der Gleitbänder im beobachteten Bereich auf das Doppelte steigt, die Breite dagegen bis zu Dehnungsgeschwindigkeiten von ca. 10^{-3}/Sek. stark, bei höheren Dehnungsgeschwindigkeiten nur noch schwach abnimmt, während die Länge der Gleitbänder unterhalb einer Dehnungsgeschwindigkeit von 100/Sek. schwach, darüber stark abnimmt. Aus der gemessenen Häufigkeitsverteilung der Gleitabstände ergibt sich, daß, unabhängig von der Dehnungsgeschwindigkeit, Abstände von ca. 1,5 μ bevorzugt auftreten. Nach Dehnung in fl. Luft sind die Gleitbänder kürzer, dichter u. schmaler als nach Dehnung bei Zimmertemperatur. In einem Anhang werden an Hand eines Modells aus den Oberflächenerscheinungen Schlüsse auf den Verformungszustand des Kristallinneren gezogen. Für die Laufgeschwindigkeit der Versetzungen bei schneller Dehnung wird eine untere Grenze von 20 m/Sek. abgeschätzt. (Z. Physik **142.** 87—115. 1955. Göttingen, Univ., Inst. für Theoret. Phys.) C. GOTTFRIED. 197

Paul A. Beck und **Philip R. Sperry,** *Zwei Arten von Korngrenzenwanderung in Aluminium hoher Reinheit.* (Vgl. C. **1953.** 8023.) Bei 500° vorgeglühtes reinstes Al zeigt unter dem Mikroskop beim Erwärmen auf 600° ein Wandern der Korngrenzen in Richtung auf die Krümmungsmittelpunkte der Korngrenzen; vorgwalztes Al zeigt Korngrenzenwanderung in entgegengesetzter Richtung. (J. Metals **188.** 468 A. März 1950. Notre Dame, Univ.) H. ECKHARD. 197

Thomas L. Fritzlen, *Anormales Kornwachstum einiger Aluminiumlegierungen.* Vf. berichtet an Hand eines reichen Reproduktionsmaterials über das anomale Kornwachstum an einer größeren Anzahl von in dem Werk des Vf. produzierten Al-Legierungen nach den verschiedensten therm. u. mechan. Behandlungen. Er beschreibt ferner elektronenmikrograph. Unterss. über die Strukturen u. die Größe der in den Makrokörnern beobachtbaren Subkörner. In den techn. Legierungen schwankte die Anzahl der Subkörner zwischen 5000000 u. 8000000 pro mm². Zum Vgl. wird angegeben, daß in 99,5%ig. Al-Blech die Anzahl der feinen Körner pro mm² zwischen 1500 u. 2000 liegt. (Congr. int. Aluminium **1.** 237—46. 1954. Richmond, Va., Reynolds Metals Co.) C. GOTTFRIED. 197

H. Buckle, *Technisches Anwendungsbeispiel der kritischen Rekristallisation des Aluminiums.* Vf. zeigt an Hand einer Reihe von Beispielen (Reproduktionen), wie man nach geeigneter krit. Kaltbearbeitung u. Rekristallisation dekorative Effekte erzielen kann. Der Grad der krit. Kaltbearbeitung hängt von der Rekristallisationstemp. u. der Reinheit des betreffenden Al ab; dieser Grad ist um so niedriger, je reiner das Metall u. je höher die Rekristallisationstemp. ist. Die Dauer der therm. Behandlung hat einen geringeren Einfluß. Durch variable Kaltbearbeitung kann man eine Überlagerung von groben u. feinen Körnern erhalten, wodurch der dekorative Effekt noch erhöht werden kann. (Congr. int. Aluminium **1.** 257—61. 1954. Paris, Office Nat. d'Études et de Rech. Aéronaut.) C. GOTTFRIED. 197

Wolfgang Bunk, *Walz- und Rekristallisationstexturen von Aluminiumplatten.* Als Ausgangsmetall der Unterss. wurde ein industrielles Al mit 99,3% Al; 0,4% Fe; 0,25% Si u. 0,04% Zn benutzt, das einmal bei $>450^0$ (I) u. das andere Mal bei $<450^0$ (II) auf 8 mm Stärke ausgewalzt worden war. I zeigte vorherrschend kub. (1 0 0) 1 0 0-Textur u. außerdem eine Walztextur, die durch (1 1 0) 1 1 2 wiedergegeben werden kann. II zeigte nur eine gut ausgebildete Walztextur (1 1 0) 1 1 2. Hierauf wurden I u. II kalt auf 1,5 mm ausgewalzt. Bei I hatte dies eine teilweise Zerstörung der kub. Struktur zur Folge, doch konnte eine neue Walztextur nicht beobachtet werden. II ließ außer der Textur (1 1 0) 1 1 2 noch eine Textur (1 2 3) 1 1 2 erkennen; außerdem waren noch Spuren der kub. Struktur nachweisbar. Diese kalt ausgewalzten I u. II wurden hierauf 1 Std. bei 400° angelassen. Bei beiden Proben tritt sehr deutlich die kub. Struktur auf, die von einer gleichzeitigen Rekristallisation begleitet ist. Diese kub. Struktur tritt deutlicher u. stärker in der Walzrichtung auf, was man durch eine Drehung um die Walzrichtung erklären kann. Ein Anlassen auf 550° bewirkt keine merkliche Änderung der Textur gegenüber den bei 400° angelassenen Proben. I u. II wurden hierauf nach dem Warmwalzen erneut 11 Std. bei 500° angelassen. In beiden Fällen trat deutlich die kub. Struktur hervor; bei I waren noch Spuren der Walztextur feststellbar. Diese beiden bei 500° angelassenen Proben wurden hierauf auf 1,5 mm kalt ausgewalzt. In beiden Fällen war die kub. Struktur stark verändert. Nach Anlassen auf 400° (1 Std.) treten beim Typ I mehrere Walztexturen auf, die alle beinahe dem Typ (1 2 3) 1 1 2 zugeordnet werden können. Die Probe vom Typ II zeigte nur eine undeutliche kub. Struktur. Nach Anlassen auf 550° (1 Std.) treten bei I neben der kub. Struktur noch Strukturen auf, die durch (1 2 3) 1 1 2 symbolisiert werden können. Typ II besaß hauptsächlich die kub. Struktur u. Teile der Struktur (1 2 3) 1 1 2. (Congr. int. Aluminium **1.** 231—36. 1954. Wuppertal, Julius u. August Erbslöh.) C. GOTTFRIED. 197

G. Wyon und **C. Crussard,** *Veränderung der Struktur von Aluminium beim Fließen.* Untersucht wurden ebene Al-Proben (Reinheitsgrad 99,99%), welche elektrolyt. poliert u. dann geätzt wurden. Die Verformung erfolgte durch eine CHEVENARD-Prüfmaschine. Nach dem Fließen wurden die Proben erneut poliert u. geätzt. Die Veränderung der Struktur bei verschied. Versuchstempp. (250, 310 u. 600°) wird an Hand von Schliffbildern gezeigt. (Métaux **27.** 446—57. Nov. 1952.) A. SCHAAL. 197

P. B. Braun und **J. H. N. van Vucht,** *Intermetallische Verbindungen Al–Th.* 2. Mitt. (1. vgl. C. **1956.** 41.) *AlTh* krist. in der Raumgruppe $C\,2\,2\,2_1$ mit a = 11,45; b = 4,42; c = 4,19 Å; Z = 4; $D._{(experimentell)}$ = 8,10; $D._{(berechnet)}$ = 8,11. Th in 4a(x, 0, 0), ($\bar{x}$, 0, $^1/_2$), ($^1/_2$ + x, $^1/_2$, 0), ($^1/_2$ − x, $^1/_2$, $^1/_2$) mit x = 0,147; Al in 4a(y, 0, 0) usw. mit y = 0,433. Die Struktur ist der von Al_2Th verwandt. Die Nachbarn u. Atomabstände jedes Th-Atoms sind: 4 Th (3,85 Å), 2 Th (3,96 Å), 2 Th (4,19 Å), 2 Th (4,42 Å), 3 Al (3,22 Å), 1 Al (3,39 Å). Der kürzeste Al—Al-Abstand beträgt 2,46 Å, kürzer als in Al_2Th. — $AlTh_2$ krist. in der Raumgruppe I4/m c m mit a = 7,62; c = 5,86 Å; Z = 4; $D._{(experimentell)}$ = 9,61; $D._{(berechnet)}$ = 9,63. Th in 8h ± (x, $^1/_2$ + x, 0), ±($^1/_2$ + x, $\bar{x}$, 0), ±($^1/_2$ + x, x, $^1/_2$), ±(x, $^1/_2$ − x, $^1/_2$) mit x = 0,162; Al in 4a ±(0, 0, $^1/_4$), ±($^1/_2$, $^1/_2$, $^1/_4$); Strukturtyp C 16 ($CuAl_2$). Die Nachbarn u. Atomabstände jedes Th-Atoms sind: 3 Th (3,49 Å), 4 Th (3,83 Å), 4 Al (3,21 Å). Der Abstand Al—Al beträgt 2,93 Å. Im Gegensatz zu den anderen Al–Th-Verbb. ist der Th—Th-Abstand kurz u. der Al—Al-Abstand lang. — Die sechste Phase im Al–Th-Syst. ist nur in dem engen Temperaturbereich um 1300° stabil u. hat eine Zus. zwischen Al_2Th u. AlTh, wahrscheinlich in der Nähe von Th_4Al_7. Die Indizierung des Pulverdiagramms ergibt a = 9,86 u. c = 7,81 Å. (Acta crystallogr. [Copenhagen] **8.** 246. 10/4. 1955. Eindhoven, N. V. Philips' Gloeilampenfabr., Philips Res. Labor.) W. KRÖNERT. 197

R. B. Pond und **S. W. Kessler,** *Modell für dendritische Kristallwachstumsformen in Metallen und Legierungen.* Es wird eine besondere Vorr. zur Erstarrung fl. Metalle mit Beobachtungsmöglichkeiten des Fortschreitens der Grenzfläche zwischen dem fl. u. festen Zustand mit der Zeit sowie mit der Entstehung dendrit. Kristallmerkmale an der Oberfläche beim Erstarren entwickelt. Die dendrit. Wachstumsformen beim Erstarren von *Pb*, *In*, *Cu* u. *Sn* werden erörtert, es wird ein Vorschlag eines Modells zur Erklärung dieser Formen gemacht. — (J. Metals **3.** 1156—62. Dez. 1951. Baltimore, Johns Hopkins Univ.) H. HOCHSTEIN. 197

B. H. Alexander und **F. N. Rhines,** *Dendritische Kristallisation von Legierungen.* An einer größeren Zahl bin. Legierungen von Al, Si, Zn, Cu, Sn, Pb, Ag, Ni, Sb, Bi, Te, Cd,

Mg maßen Vff. die Dendritarmerstreckung u. ihre Abhängigkeit von Zus., Kristallstruktur u. Konst. an je 3 Stellen von Rand bis Mitte des Gußstückes. Es ergab sich Unabhängigkeit von der Korngröße, umgekehrt proportionale Abhängigkeit von der Abkühlungsgeschwindigkeit u. Variation mit dem Verhältnis von Schmelzwärme zur therm. Diffusion. (J. Metals **188.** Trans. AIME 1267—73. Okt. 1950. Pittsburgh, Pa., Carnegie Inst. of Techn.) H. ECKHARD. 197

T. J. Heal und **G. I. Williams,** *Verbindungen des Urans mit den Übergangsmetallen der zweiten und dritten langen Perioden.* Röntgenograph. wurden die Verbb. UOs_2 (**I**), UIr_2 (**II**), UPd_3 (**III**), URu_3 (**IV**) u. UPt_3 (**V**) untersucht. **I** krist. in einem flächenzentriert-kub. Gitter u. ist isostrukturell mit $MgCu_2$ (C 15-Typ). Die Pulverdiagramme einer gegossenen u. einer 2 Wochen bei 900° angelassenen Legierung waren identisch. Die Elementarzelle hat bei 24° $a = 7{,}4974 \pm 0{,}0005$ kX. Raumgruppe ist O_h^7—F d 3 m; Z = 8. Es liegen 8 U in 0 0 0; $^1/_4$ $^1/_4$ $^1/_4$ u. 16 Os in $^5/_8$ $^5/_8$ $^5/_8$; $^5/_8$ $^7/_8$ $^7/_8$; $^7/_8$ $^5/_8$ $^7/_8$; $^7/_8$ $^7/_8$ $^5/_8$ (alle + 0 0 0; 0 $^1/_2$ $^1/_2$; $^1/_2$ 0 $^1/_2$; $^1/_2$ $^1/_2$ 0). Jedes U-Atom hat 12 Os Nachbarn in 3,1085 kX u. 4 U in 3,2465 kX; jedes Os 6 Os in 2,6508 kX u. 6 U in 3,1085 kX. Röntgenograph. D. 19,42. Die Pulveraufnahmen von **II** waren ident. mit denen von **I** mit Ausnahme einiger Ir-Linien. Die Kantenlänge des Elementarwürfels ist $a = 7{,}4939 \pm 0{,}0005$ bei 20°. Raumgruppe u. Z wie bei **I.** Jedes U-Atom hat 12 Ir Nachbarn in 3,1069 kX u. 4 U in 3,2449 kX, jedes Ir 6 Ir in 2,6495 kX u. 6 U in 3,1069 kX. Röntgenograph. D. 19,62. — Wurde eine gegossene Legierung der Zus. UPd_2 19 Tage bei 1000° angelassen, dann bildeten sich 2 Schichten mit verschied. Strukturen. Das Pulverdiagramm der äußeren Schicht war einfacher im Verhältnis zu der der inneren Lagen; eine Anzahl von Linien, die in dem letzteren Diagramm vorkamen, waren in dem ersten Diagramm nicht vorhanden, während die restlichen Linien in beiden Diagrammen auftraten. Es wurde vermutet, daß U-Verluste bei der obigen Temp. durch Dest. eingetreten sind u. daß sich UPd_n mit $n > 2$ gebildet hatte. Eine gegossene Legierung der Zus. **III** gab scharfe Linien, die ident. waren mit denen der äußeren Schicht der erhitzten Legierung UPd_2. LAUE-Aufnahmen an Einkristallen von **III** hatten die Symmetrie 6/m. Dreh- u. Pulveraufnahmen ergaben eine hexagonale Zelle mit $a = 5{,}757 \pm 0{,}001$ kX; $c = 9{,}621 \pm 0{,}001$ kX. Raumgruppe ist D_{6h}^4; Z = 4. Die Struktur hat den DO 24-Typ. Es liegen 6 Pd_1 in $^1/_2$ 0 0; 0 $^1/_2$ 0; $^1/_2$ $^1/_2$ 0; $^1/_2$ 0 $^1/_2$; 0 $^1/_2$ $^1/_2$; $^1/_2$ $^1/_2$ $^1/_2$; 6 Pd_2 in x 2x $^1/_4$; $2\bar{x}$ $\bar{x}$ $^1/_4$; x $\bar{x}$ $^1/_4$; $\bar{x}$ $2\bar{x}$ $^3/_4$; 2x x $^3/_4$; $\bar{x}$ x $^3/_4$; 2 U_1 in 0 0 0; 0 0 $^1/_2$; 2 U_2 in $^1/_3$ $^2/_3$ $^3/_4$; $^2/_3$ $^1/_3$ $^1/_4$. Der x-Parameter ist angenähert $^1/_6$. Röntgenograph. D. 13,39. Im Gegensatz zu den LAVES-Phasen UX_2, in denen nur U—U- u. X—X-Kontakte auftreten, gibt es in **III** nur U—Pd-Kontakte. — Eine Legierung der Zus. URu_2 zeigte eine Reihe von Analogien mit UPd_2. Wärmebehandlung führte zu einer Verschärfung u. Vereinfachung der Pulverdiagramme, aber keine Wärmebehandlung lieferte wirklich scharfe Spektren. Dies war bes. bemerkbar in den äußeren Schichten des Barrens, u. eine Legierung der Zus. **IV** gab ein einfaches Diagramm, dessen Linien sich auf der Grundlage eines flächenzentriert-kub. Gitters mit $a = 3{,}980 \pm 0{,}002$ kX indizieren ließen. Die restlichen schwachen Linien deuteten auf eine primitive Zelle mit dem gleichen a-Wert hin. Diese Beobachtungen stehen in Übereinstimmung mit einem geordneten flächenzentriert kub. Gitter vom Strukturtyp L 12, Raumgruppe P m 3 m mit 1 U in 0 0 0 u. 3 Ru in 0 $^1/_2$ $^1/_2$; $^1/_2$ 0 $^1/_2$; $^1/_2$ $^1/_2$ 0. Die U—Ru- u. Ru—Ru-Abstände sind 2,815 kX, die U—U-Abstände 3,980 kX. Die röntgenograph. D. ist 14,24. — **V** krist. im DO 19-Typ, Raumgruppe D_{6h}^4 C 6/m m c u. $a = 5{,}752 \pm 0{,}001$ Å; $c = 4{,}889 \pm 0{,}001$ Å. Die Atomlagen sind: 2 U in $^1/_3$ $^2/_3$ $^1/_4$; $^2/_3$ $^1/_3$ $^3/_4$ u. 6 Pt in x 2x $^1/_4$; $2\bar{x}$ $\bar{x}$ $^1/_4$; x $\bar{x}$ $^1/_4$; $\bar{x}$ $2\bar{x}$ $^3/_4$; 2x x $^3/_4$; $\bar{x}$ x $^3/_4$ mit $x = {}^5/_6$. Die röntgenograph. D. ist 19,43. Die interatomalen Abstände sind tabellar. angegeben. (Acta crystallogr. [Copenhagen] **8.** 494—98. 10/8. 1955. Stoke Pokes, Fulmer Res. Inst., Phys. Labor.) C. GOTTFRIED. 197

Kenneth A. Moon, *Druck–Zusammensetzungs–Temperatur-Beziehungen im System Palladium–Wasserstoff.* Vf. gibt einen Überblick über verschied. Arbeiten u. setzt sich mit deren Ergebnissen krit. auseinander. Die Überprüfung der Daten hinsichtlich ihrer Übereinstimmung mit einer vom Vf. abgeleiteten Druck–Zus.-Funktion führt zu der Feststellung, daß H_2 in α-Pd–H-Legierungen in n., homogener Lsg. vorliegt. (J. physic. Chem. **60.** 502—04. April 1956. Watertown, Mass., Watertown Arsenal, Ordn. Mater. Res. Off.) D. ERTEL. 197

J. Vidts, *Statische und dynamische Gleichgewichte in den Eisen–Kohlenstoff-Legierungen.* Nach allg. theoret. Betrachtungen über Umwandlungserscheinungen mit besonderer Berücksichtigung des Grades des Ungleichgewichtes, des Widerstands des Syst. u. der Energie der Kernbldg. bespricht der Vf. an Hand von Diagrammen speziell die Umwandlung Austenit–Perlit. (Fonderie belge **1955.** 101—06. Juni. Gand, Univ., Labor. de Métallurgie gén., Sidérurgie et Métallographie.) C. GOTTFRIED. 197

Eitaro Matuyama, *Kristallstörung von Graphit in Gußeisen.* Im Anschluß an Unterss. von OWEN u. STREET (vgl. C. **1951.** II. 2016) über die Linienbreiten u. die Elementarzellen der α- u. β-Modifikation des in Gußeisen vorkommenden *Graphits* untersucht der Vf. die Änderung der regellosen Struktur in dem Graphit durch allmähliche Entfernung der äußeren Schichten der Körner durch nasse Oxydation. Zu diesem Zweck wurden die unregelmäßigen Graphitblättchen durch Behandlung des Gußeisens mit HCl herausgelöst u. hierauf in einem Gemisch von 8%ig. $K_2Cr_2O_7$-Lsg. u. H_2SO_4 (D. 1,29) gekocht. Die Korngröße nahm mit zunehmender Kochzeit ab; nach 12 Std. hatten die Blättchen hexagonale Form. Pulveraufnahmen vor u. nach der Behandlung zeigten, daß die $10\bar{1}0$-Interferenz wesentlich schärfer u die $10\bar{1}1$-Interferenz wesentlich intensiver geworden war. Pulveraufnahmen an Tempergraphit nach 0-, 2- u. 12std. Kochen zeigten, daß die Linienbreiten der α- u. β-Modifikationen allmählich kleiner wurden u. daß die Maxima der $10\bar{1}1$-Interferenz sich mit abnehmender Korngröße nach der Lage des vollkommenen Kristalls zu verschieben. Daneben wurde eine Intensitätszunahme von $10\bar{1}2$ (bzw. 3) u. $10\bar{1}3$ (bzw. 4) des β-Graphits festgestellt. Aus den Ergebnissen kann geschlossen werden, daß die Kristallstruktur im Inneren der Körner, also in dem Gebiet, in dem sie zuerst gebildet wurden, vollkommener ist als in den äußeren Schichten. (Nature [London] **170.** 1123—24. 27/12. 1952. Ube, Yamaguchi Univ., Labor. of Appl. Phys.) C. GOTTFRIED. 197

Cyril Wells, Walter Batz und **Robert F. Mehl,** *Der Diffusionskoeffizient von Kohlenstoff in Austenit.* Auf statist. Wege ermitteln Vff. für Konzz. bis 7,67 At.-% C u. Temppp. bis ca. 1580° K die Diffusionskoeffizienten u. leiten Beziehungen ab zwischen der C-Konz. u. dem Diffusionskoeff., der Aktivierungswärme u. der Diffusionskonstanten. (J. Metals **188.** Trans. AIME 553—60. März 1950. Pittsburgh, Pa., Carnegie Inst. of Technol., Dep. of Metal. Engng.) H. ECKHARD. 197

V. Linnenbom, M. Tetenbaum und **C. Cheek,** *Tracerdiffusion von Eisen in rostfreiem Stahl.* Es wurde die Diffusion von radioakt. ^{55}Fe in einen rostfreien Stahl der Zus. Fe 68,06 (%), Cr 17,54, Ni 11,33, Mn 1,30, Nb 0,85, Si 0,70, Mo 0,10 u. C 0,045 untersucht. Die in Scheibenform vorliegenden Stahlproben wurden zunächst bei 1300° angelassen, hierauf eine Seite handpoliert, mit Seifenlsg., dest. W. u. Aceton u. kurz mit einer 20%ig. HCl-Lsg. zur Entfernung von Oxydspuren gewaschen. Von diesem Augenblick an wurde bis zur Niederschlagung des akt. Fe Zutritt von Luft vermieden. Das ^{55}Fe wurde elektrolyt. aus einer gesätt. Ammoniumoxalatlsg. auf der Stahloberfläche niedergeschlagen. Die Diffusion für die verschied. Tempp. wurde durch Messung der Abnahme der Oberflächenaktivität bestimmt. Die Versuchstempp. lagen zwischen 808 u. 1200°, die Erhitzungszeiten je nach der Temp. zwischen 888 u. 6 Stunden. Mit Ausnahme des Ergebnisses bei 808° läßt sich die Diffusion des ^{55}Fe durch die folgende Gleichung wiedergeben: $D = 0{,}58\,\exp.(-67100/RT)$. Verss. über den Einfl. der Korngröße bei 995° ergaben, daß D $(\cdot 10^{12})$ cm²/sec von 5,5 bei einer Korngröße $< 0{,}01$ mm einem Grenzwert von 1,9 zustrebt, der bei 0,2—0,3 mm erreicht wird. Der aus der Reihe herausfallende hohe Wert für D bei 808° ist wahrscheinlich dem zunehmenden Einfl. der Korngrenzendiffusion bei tieferen Tempp. zuzuschreiben. (J. appl. Physics **26.** 932—36. Aug. 1955. Washington, D. C., Naval Res. Labor.) C. GOTTFRIED. 197

Rudolf Vogel und **Helmut Klose,** *Ein Beitrag zum Dreistoffsystem Eisen—Phosphor—Calcium.* Im Dreistoffsyst. Fe–P–Ca wurden die Affinitätsverhältnisse u. Gleichgewichte zwischen Fe_3P–Ca, Fe_3P–Ca_3P_2 u. Fe_2P–Ca_3P_2 thermoanalyt. ermittelt. Eine ausgedehnte Mischungslücke erstreckt sich vom Randsyt. Fe–Ca in das Dreistoffsyst. hinein. Ihre Begrenzung konnte nur annähernd bestimmt werden, doch ist wahrscheinlich, daß die Mischungslücke mit steigenden P-Gehh. noch vor Erreichen des quasibin. Schnittes Fe_2P–Ca_3P_2 geschlossen wird. Auf dem quasibin. Schnitt Fe_2P–Ca_3P_2 wurde ein Eutektikum bei 8,5 (%) Ca, 23,0 P, 68,5 Fe entsprechend 12,9 Ca_3P_2 u. 87,1 Fe_2P gefunden. Die Temp. dieses Eutektikums wurde mit ca. 1275° angenommen. Während Ca mit Fe–P-Legierungen bis ca. 15% P (Fe_3P) nicht reagiert, vermag es Fe–P-Legierungen mit mehr als 15% P zu entsprechen u. Ca_3P_2 zu bilden. (Arch. Eisenhüttenwes. **27.** 75—76. Jan. 1956. Göttingen.) H. HOCHSTEIN. 197

Werner Köster und **Heinz Schmid,** *Aufbau und Aushärtung von Eisen—Kobalt—Zink-Legierungen.* Durch mkr. u. magnet. Unterss. wird der Aufbau des Dreistoffsyst. Fe–Co–Zn bis zum Zustandsfeld der Γ-Phase aufgeklärt. Der γ-Mischkristall dehnt sich, vom Randsyst. Fe–Co ausgehend, im ganzen tern. Gebiet bis zu 40% Zn im Gleichgewicht mit der Schmelze aus. Die eutektoid. Aufspaltung der γ-Phase erstreckt sich vom Syst. Fe–Zn bis zum Schnitt mit ca. 15% Fe, so daß der weitaus größte Teil aller tern. Legierungen im Gleichgewicht bei Raumtemp. aus α- u. Γ-Kristallen besteht. Die γ-Mischkristalle bis ca. 25% Fe wandeln sich bei Abschreckung in homogene α-Mischkristalle um, die beim Anlassen die Γ-Phase ausscheiden. Daher sind Fe–Co–Zn-Legierungen mit einem Zn-Geh. bis zu 40% aushärtbar. Die Steigerung der Härte u. Koerzitivkraft ist beachtlich. (Arch. Eisenhüttenwes. **27.** 211—17. März 1956. Stuttgart, MPI für Metallforsch.) H. HOCHSTEIN. 197

Rudolf Vogel und Walter von Mässenhausen, *Das System Silber–Eisen–Silicium.* Das Dreistoffsyst. Ag–Fe–Si wurde durch therm. Ausarbeitung mehrerer Schnittschaubilder sowie durch mkr. Auswertung von Gefügebildern untersucht. Das Syst. ist durch eine Mischungslücke im fl. Zustand gek., die im Syst. Fe–Ag von 0—100% Ag reicht u. sich bei ca. 50 (%) Ag, 12 Fe u. 38 Si schließt. Oberhalb dieser Grenze gibt es ein großes Teilgebiet vollständiger Löslichkeit der drei Bestandteile im fl. Zustand, das nach der Ag-Ecke zu schmaler werdend bis zum reinen Ag reicht. Die Gleichgewichtsverhältnisse des Dreistoffsyst. werden im wesentlichen durch die Randsysteme, bes. durch die Verbb. des Syst. Fe–Si, u. durch die folgenden Vierphasengleichgewichte bestimmt: Schmelze $F_1 = \alpha$-Fe + FeSi + Schmelze F_2 bei 1140°; Schmelze F_3 = FeSi + Fe_2Si_5 + Schmelze F_4 bei 1198°; Schmelze F_5 = Fe_2Si_5 + Si + Schmelze F_6 bei 1190°; Fe + FeSi = Fe_3Si_2 + Schmelze F_7 bei 1030°; E_3 = Fe_2Si_5 + FeSi + Ag bei 840°. (Arch. Eisenhüttenwes. **27.** 143—45. Febr. 1956. Göttingen.) H. HOCHSTEIN. 197

Paul Bastien und Jacques Dedieu, *Über die Lage des A_r'''-Punktes in den rostfreien Cr–Ni-Stählen und seine Veränderung durch Kaltverformung.* Mit Hilfe dilatometr. u. magnet. Messungen wird die Lage des A_r'''-Punktes in Abhängigkeit vom Ni-Geh. u. der vorhergehenden Kaltverformung untersucht. Mit zunehmendem Ni-Geh. fällt die Temp. des A_r'''-Punktes, u. zwar von ca. +100° bei 4,3% Ni bis —200° bei 11,3% Ni. Die Erniedrigung des A_r'''-Punktes beträgt im Mittel 50° für 1% Ni. Durch eine vorhergehende Kaltverformung um 50% wird die Umwandlungstemp., die bei den untersuchten Stählen mit 8, 10 u. 12% Ni bei —40, —185 u. —250° lag, auf ca. +90, +50 bzw. +30° gehoben. (Métaux **26.** 423—26. Nov. 1951.) O. WERNER. 197

Frederick Forscher, *Die Dehnungsgeschwindigkeit von weichem Stahl.* Vf. untersucht die Dehnungsgeschwindigkeit von weichem Stahl [Zus. C 0,21 (%); Mn 0,57; P 0,021; S 0,031; Si 0,04; Cr 0,06; Cu 0,14; Sn 0,01; N 0,005; Al 0,006] unter verschied. Zugspannungen u. Temperaturbedingungen. Es wurde zunächst die Beziehung zwischen den unteren Streckgrenzenspannungen u. der Temp. festgelegt. Die Spannungsgeschwindigkeit war konstant $4{,}00 \cdot 10^{-4} \pm 0{,}50 \cdot 10^{-4}$ (auf in./Min. bezogen). Unter diesen Bedingungen wurde beobachtet, daß dem gewöhnlichen Abfallen von der oberen zu der unteren Streckgrenzenspannung bei ca. —80°F ein mehr oder weniger stetiges Abfallen zu einem niedrigeren Wert folgte. Dieses zweite Abfallen dauerte ca. 1—5 Minuten. Bei den weiteren Verss., bei denen der Einfl. der Temp. mit untersucht wurde, wurde festgestellt, daß die Neigung der Kurven Deformationsgeschwindigkeit [in. pro Min.] gegen untere Streckgrenzenspannung [lb./in^2.] mit abnehmender Temp. für eine gewisse Deformationsgeschwindigkeit erst zu- u. dann abnimmt. Dies deutet darauf hin, daß die Kurve untere Streckgrenzenspannung gegen Temp. einen Buckel zwischen ca. 42000 u. 55000 lb./in.^{2} haben muß. Bei Spannungen angenähert $<$42000 lb./in.^{2} ist eine Zunahme von 2700 lb./in.^{2} in der unteren Streckgrenzenspannung pro zehnfache Zunahme in der Spannungsgeschwindigkeit zu erwarten; bei Spannungen zwischen 42000 u. 55000 lb./in.^{2} ist eine Zunahme von 16000 lb./in.^{2} pro zehnfache Zunahme in der Spannungsgeschwindigkeit zu erwarten. Es wird angenommen, daß Dehnungen bei niedrigeren Spannungen oder höheren Tempp. vornehmlich durch den Wachstumsmechanismus fortschreiten, während bei höheren Spannungen oder tieferen Tempp. Kernbldg. vorherrscht. Bei mittleren Spannungen oder Tempp. treten beide Mechanismen nebeneinander auf. Es war vermutet worden, daß eine eindeutige Beziehung zwischen Spannungsgeschwindigkeit, unterer Streckgrenzenspannung u. der Temp. beim Dehnen besteht. Von anderer Seite war beobachtet worden, daß die graph. Darst. des Logarithmus der unteren Streckgrenzenspannung gegen 1/T eine Gerade ist. Ebenfalls in einer Linie liegen die experimentellen Punkte Spannung gegen 1/T. (ASTM Bull. **1955.** 63—67. April.) C. GOTTFRIED. 200

Pierre-A. Jacquet, *Die Beziehung zwischen dem Stoßbruch und der mikrographischen Struktur von zwei schwach legierten Stählen mit verschiedener Empfindlichkeit gegen Anlaßsprödigkeit.* Verss. über die Beziehungen des Stoßbruches je eines *Cr–Ni-Stahles* (**I**) u. *Cr–Ni–Mo-Stahles* (**II**) zu ihrem Gefüge zeigen, daß die Art des Bruches mit dem Gefüge im Zusammenhang steht. Die niedrigsten Werte der Kerbzähigkeit für das Anlassen innerhalb der Versprödungszone entsprechen einem fast ausschließlich interkristallinen Bruch des **I** und einem sowohl inter- als auch transkrist. Bruch des **II** ohne nennenswerte plast. Verformung. Die höchsten Werte der Kerbzähigkeit der bei höheren Tempp. bearbeiteten u. gehärteten Proben fallen zusammen mit transkristallinem Bruch u. deutlicher Verformung; diese ist für **II** höher als für **I**. (C.R. hebd. Séances Acad. Sci **230.** 1284—86 27/3. 1950.) W. WESLY. 200

T'ing-Sui Kê, *Innere Reibung kaltverformter Metalle bei verschiedenen Temperaturen.* Über das logarithm. Dekrement langsamer Torsionsschwingungen wurde die innere Reibung an kaltverformten u. an wärmebehandelten Al-Proben bei Tempp. bis zur Rekristallisation an Reinst-Al u. Al mit geringen Verunreinigungen — Cu, Fe, Si — gemessen, graph. dargestellt u. kristalltheoret. gedeutet. (J. Metals **188.** Trans. AIME 575—80. März 1950. Chicago, Ill., Univ., Inst. for the Study Metals.) H. ECKHARD. 200

T'ing-Sui Kê, *Untersuchung der Rekristallisation und Korngrößenzunahme durch Messungen der inneren Reibung.* An kaltverformtem Al, α-Messing u. Fe wurden Messungen der inneren Reibung bei verschied. Vorbehandlungs- u. Meßtempp. gemacht, eine „Temp. der völligen Rekristallisation" definiert, bei der eine plötzliche Abnahme der inneren Reibung bei zunehmender Temp. stattfindet, u. festgestellt, daß Poren u. Verunreinigungen auf das Korngrößenwachstum entgegengesetzt wirken. (J. Metals **188.** Trans. AIME 581—85. März 1950. Chicago, Ill., Univ., Inst. for the Study Metals.) H. ECKHARD. 200

J. Lerebours-Pigeonniere, *Die Anwendung der Theorie der Plastizität auf die Formgebung der Metalle. Die Auswalzung von dünnen Streifen.* Es wird versucht, den Mechanismus der Verformung an dem Beispiel der Auswalzung dünner Streifen zu klären. Die theoret. Betrachtungen stimmen mit den experimentellen Ergebnissen überein, wenn die Struktur, die verschied. Eigg. der Metalle u. ihre Bearbeitung berücksichtigt werden. Allgemeingültige Formeln über den Mechanismus wurden nicht gefunden. (Métaux **27.** 119—34. 1952. März. Saint-Etienne, École des Mines.) M. BLUTH. 200

A. W. Stepanow, *Über Materialkonstanten, die zur Beschreibung der elastischen Eigenschaften von Kristallen notwendig sind.* (Vgl. C. **1956.** 2950.) Die elast. Deformationen bei festen Körpern (s_{ik}; i = 1, 2, 3; k = 4, 5, 6) lassen sich in Grunddeformationen (s_{11}, s_{22}, s_{33}) u. einen Bruchteil dieser darstellende Deformationen einteilen: $\varepsilon_{kk} = s_{ii}/\beta_{kk}$ mit $\beta_{kk} < 1$. Bei der Beschreibung der elast. Eigg. von Kristallen ist das HOOKEsche Gesetz in einer Form anzuwenden, die durch die Zahl der Elemente zweier (angegebener) Matrizen bestimmt wird, nicht durch die Zahl unabhängiger Materialkonstanten, die bisher meist als maßgebend angenommen wurde. (Журнал Технической Физики [J. techn. Physik] **25.** 2203—08. Okt. 1955.) R. K. MÜLLER. 200

S. V. Subrahmanyam, *Abhängigkeit der elastischen Eigenschaften von Cadmium von der Temperatur.* An rechteckigen u. zylindr. Proben von 99%ig. Cd wurden die longitudinalen u. die Torsionsfrequenzen in Abhängigkeit von der Temp. nach der von dem Vf. (vgl. C. **1955.** 5328) entwickelten Oscillatormethode gemessen. Das Quadrat der natürlichen Frequenz wurde als ein Maß für die verwandte elast. Konstante genommen. Beobachtet wurde eine plötzliche Änderung des Gradienten der Frequenz gegen die Temp. bei 130°. Unter Verwendung der aus Elastizitätsdaten bei 50 Hz u. 100 kHz bekannten Umwandlungstempp. wurde eine Aktivierungsenergie für die obige Erscheinung von 40000 cal/Mol erhalten. Aus dem von anderer Seite beobachteten Nichtauftreten der Umwandlung in Cd-Einkristallen u. der Frequenzabhängigkeit in polykristallinem Cd kann geschlossen werden, daß der Mechanismus sich durch Spannungsrelaxation an den Korngrenzen erklären läßt. (Nature [London] **177.** 852. 5/5. 1956. Hyderabad, Osmania. Univ., Phys. Labor.) ——————— C. GOTTFRIED. 200

F. C. Phillips, An introduction to crystallography, 2nd. edn. London: Longmans. 1956. (324 S. m. Diagr.) 8°. 30 s.

A₇. Gleichgewichte. Kinetik.

Ss. Ss. Urasowski und **A. W. Woronow,** *Über die Besonderheiten der chemischen Gleichgewichtsverschiebungen als Quelle der Anomalien der Temperaturabhängigkeit der physikalischen Eigenschaften.* Es wird gezeigt, daß die Schlußfolgerungen von URASOWSKI u. Mitarbeitern (C. **1950.** I. 1559) für alle mol. Strukturumwandlungen, darunter auch die chem., Geltung haben, daß nicht nur die mol.-polymorphen, sondern auch die chem. Umwandlungen für die Besonderheiten der Temperaturabhängigkeit einiger physikal. Eigg. verantwortlich sind. Im Temperaturintervall $T_1—T_2$ wird das Vorzeichen von $\delta C_p/\delta T$ verändert. Es gibt demnach hier eine Temp. $T_{m,c}$, bei der $(\delta C_p/\delta T)_{T=T_{m,c}} = 0$ ist, bei der die Wärmekapazität ein Maximum erreicht, wo die Kurve H = F(T) einen Knickpunkt aufweist. Ähnliches gilt für das relative Volumen. Auf der Kurve $(\delta^2 v/\delta T^2)_p = \psi(T)$ tritt, je nach der Art der Rk., ein Maximum oder ein Minimum auf. Die Richtigkeit dieser Schlußfolgerungen wird an der Temperaturabhängigkeit des Zersetzungsgrades von $N_2O_4 \rightleftarrows 2\,NO_2$ sowie an den Kurven $\alpha'(t)$, $C_p(t)$ für den anomalen Teil von ΔH nach den Versuchswerten von BODENSTEIN (Z. physik. Chem. **100.** [1922.] 68) gezeigt. (Доклады Академии Наук СССР [Ber. Akad. Wiss. UdSSR] [N. S.] **77.** 851—54. 11/4. 1951. Charkow, Polytechn. Lenin-Inst.) O. LEBTAG. 221

F. Seel, *Gleichgewichtsexponenten und Redoxexponenten.* Unter dem „Gleichgewichtsexponenten" wird der negative dekad. Logarithmus der thermodynam. Gleichgewichtskonstanten verstanden; als „Redoxexponent" ist der Gleichgewichtsexponent der Elektronenübertragung an das H^+-Ion definiert. Vf. stellt diese Exponenten zu sammen; diese Tabellen gestatten es, eine außerordentlich große Zahl wichtiger Rkk. in wss. Systemen zu interpretieren. Die Genauigkeit der errechneten Gleichgewichtsexponenten von Reaktionskombinationen hängt von der Zuverlässigkeit der Exponenten der Teil-Rkk. ab. (Angew. Chem. **62.** 316—19. 7/7. 1950. München, TH, Anorg.-chem. Inst.; Hamburg, Univ., Inst. für angew. Physik.) H. FALKENHAGEN. 221

H. M. Irving und **F. J. C. Rossotti,** *Die Lösungsmittelextraktion der Metallhalogenide der IIIb-Gruppe.* Mit Hilfe der Radioelemente ^{72}Ga, ^{114}In u. ^{204}Tl wird die Ätherextraktion von $GaBr_3$ u. GaJ_3, von $InBr_3$ u. InJ_3 sowie von TlJ_3, TlCl, TlBr u. TlJ aus den entsprechenden Halogenwasserstoffsäuren für eine Reihe von Säurenormalitäten untersucht. Für die Zählung wird in allen Fällen ein Flüssigkeitszähler verwendet. Während bei Tl, das ein reiner β-Strahler ist, eine einfache Korrektur der D. genügt, muß für Ga u. In ein besonderes Verf. ausgearbeitet werden, um die Abweichungen in der Zählgeschwindigkeit auszugleichen, die mit den Unterschieden der mittleren Atomzahl der in der Lsg. vorhandenen Arten zusammenhängen. Die erhaltenen Ergebnisse ergänzen das bereits über die Extraktion von Metallhalogeniden Bekannte u. bestätigen die Annahme, daß InJ_3 quantitativ aus HJ geringer Normalität (0,5—2,5 n) extrahiert werden kann, während unter diesen Bedingungen GaJ_3 kaum extrahierbar ist. KBr, KCN, KF, Citronensäure u. Na_2HPO_4 in Konzz. bis hinauf zu 0,5 mol. beeinträchtigen die Extraktion nicht, Cl^- jedoch beeinflußt sie etwas. In läßt sich aus 1,5 mol. HCl, die auch 1,5 mol. an KJ ist, nur zu 99,5% extrahieren. Die Ätherextraktion von FeJ_2 u. BeJ_2 aus 1,5 mol. HJ ist prakt. ergebnislos. Daraus ergibt sich eine auf der Extraktion von InJ_3 aus Lsgg. beruhende einfache Meth. für die In-Best. in Ggw. von Ga, Fe u. Be (nebst anderen Metallen). Es wird ferner gefunden, daß HJ bequem durch H_2SO_4 (1—7 n), die 1,5 mol. an KJ ist, ersetzt werden kann. Spektrograph. Unterss. anderer Elemente, deren Jodide unter ähnlichen Bedingungen eine Best. durch Ätherextraktion erlauben würden, werden angestellt. (Analyst **77.** 801—12. Nov. 1952. Oxford, Inorgan. Chem. Labor.) H. GEDSCHOLD. 224

Iwao Yasumori und **Kenji Fueki,** *Erratum: Eine quantenmechanische Gleichung für Reaktionsgeschwindigkeiten.* (Vgl. C. **1955.** 2621.) (J. chem. Physics **23.** 398. Febr. 1955.) G. KRESZE. 225

R. De Vogelaere und **M. Boudart,** *Beitrag zur Theorie der Geschwindigkeit schneller Reaktionen.* Die Anwendung der statist. Mechanik in der Übergangszustandstheorie ist an sich nur möglich, falls die Energiedifferenz E_a zwischen Ausgangs- u. Übergangszustand viel größer als die therm. Energie ist. Bei schnellen Rkk. ($E_a \approx RT$) müssen zur Berechnung der Reaktionsgeschwindigkeit Aussagen über den Übergangskoeff. γ vorhanden sein. Einem Vorschlag von WIGNER (Trans. Faraday Soc. **34.** [1938.] 29) folgend, lösen Vff. die klass. Bewegungsgleichungen eines Massenpunktes auf einer potentielle Energie–Oberfläche für die Rk. $AB + A \rightleftharpoons A + BA$ nach einem Verf., das mathemat. der Best. des für kosm. Strahlung erlaubten Kegels (vgl. VOGELAERE, C. **1953.** 8506 u. früher) analog ist. Nach der Berechnung sollte bei einem Energieinhalt des reagierenden Syst., der oberhalb einer krit. Energie E^* [$= 2\,(m_1 + m_2)\cdot E_a/(2\,m_1 + m_2)$, m_1, m_2 = Massen der reagierenden Partikeln] liegt, statt eines singulären Übergangszustandes ein „Pseudobassin" sich bilden u. der γ-Wert beträchtlich fallen. Dies Ergebnis ist von der speziellen Form der potentielle Energie–Oberfläche unabhängig. (J. chem. Physics **23.** 1236—44. Juli 1955. Princeton, N. J., Princeton Univ., James Forrestal Res. Center.) G. KRESZE. 225

Karol J. Mysels, *Elektrodiffusion: eine Fluktuationsmethode für die Messung von Reaktionsgeschwindigkeiten.* Es wird eine neue Meth. zur Verfolgung schneller Ionen-Rkk. angegeben. Das Verf. beruht darauf, daß in einem Syst., das sich im dynam. Gleichgewicht befindet, ein schneller Wechsel zwischen den beiden Ionenarten erfolgt, wobei die Zeit, die von den einzelnen Teilchen in dem jeweiligen Zustand verbracht wird, regellosen Schwankungen unterworfen ist. Beim Anlegen eines elektr. Feldes bewirken diese zeitlichen Schwankungen eine ungeordnete Bewegung der Teilchen, d. h. es setzt Diffusion ein. Die Geschwindigkeit der sogenannten Elektrodiffusion wird durch den Elektrodiffusionskoeff. (D_e) bestimmt, der in üblicher Weise (z. B. durch Verwendung von Radioisotopen) ermittelt werden kann. Aufschluß über die Reaktionsgeschwindigkeit erhält man durch Messung von D_e, da zwischen beiden Größen eine direkte Beziehung besteht. Die Meth. ist noch anwendbar bei Geschwindigkeitskonstanten der Größenordnung 100 Sek.$^{-1}$. D_e wächst mit der angelegten Spannung, die jedoch durch die JOULEsche Wärme des Syst. beschränkt wird. Die Meth. besitzt deshalb in verd. Lsgg. geringer

Leitfähigkeit größere Empfindlichkeit. Als Anwendung des Verf. wird der Austausch zwischen Fe^{3+} u. $Fe(C_2O_4)_3^{3-}$, das Eindringen von *Laurylsulfat*-Ionen in Micellen u. von W. in die Hydratationssphäre eines Ions untersucht. (J. chem. Physics **24.** 371—75. Febr. 1956. Los Angeles, Calif., Univ. of Southern California, Chem. Dep.) W. KRÖNERT. 225

E. Abel, *Über das wechselvolle Bild der Kinetik bei Umsetzung von Permanganat mit überschüssigem Wasserstoffsuperoxyd.* (Vgl. C. **1956.** 10187.) Vf. diskutiert die Kinetik der Rk. zwischen überschüssigem H_2O_2 u. Permanganat. Die eigenartigen u. unproduzierbaren Verhältnisse bei dieser Rk. werden in Gegensatz zu früheren Annahmen vom Vf. durch das zwischenzeitliche Auftreten einer schnell wieder verschwindenden Heterogenität erklärt. Diese Heterogenität wird auf intermediäre Hydrolyse des Mn^{4+}-Ions unter Bldg. von $Mn(OH)_4(MnO_2)$ zurückgeführt. Der bereits von anderen Autoren gefundene Einfl. der Rührung auf die Rk. wird vom Vf. im Sinne seiner Theorie gedeutet. (Mh. Chem. **86.** 952—57. 1955. London.) R. MATTNER. 225

Mieczysław Wroński, *Kinetische Untersuchungen des Reaktionsverlaufs zwischen Schwefelkohlenstoff und Natronlauge.* Vf. behandelt das Problem des Reaktionsverlaufs zwischen CS_2 u. NaOH mit Hilfe einer Versuchsdurchführung, durch die sich die kinet. Verhältnisse bes. einfach darstellen. Die Ergebnisse werden an Hand einer Reihe kinet. Formeln mathemat. berechnet u. bewiesen. (Faserforsch. u. Textiltechn. **7.** 175—76. April 1956.) E. ZEHMISCH. 225

Earl A. Gulbransen und **Kenneth F. Andrew,** *Kinetik der Reaktionen von Columbium (Niob) und Tantal mit O_2, N_2 und H_2.* Nach eingehender Übersicht über 43 Literaturstellen wird über die Meßergebnisse mittels Mikrowaage nach zeitvariierter Temperaturbehandlung bis 900° in Diagrammen u. Tabellen über die Kinetik der genannten Rkk. u. deren mathemat. Formulierung berichtet. (J. Metals **188.** Trans. AIME 586—99. März 1950. East Pittsburgh, Pa., Westinghouse Res. Labor.) H. ECKHARD. 225

Aldo Turco und **Giovanni Faraone,** *Kinetik des Isotopenaustausches zwischen Sb(III) und Sb(V) in Gegenwart von Bromid.* Während die Halbwertszeit für den Isotopenaustausch zwischen Sb(III) u. Sb(V) in 3,2 mol. HCl größer als 3000 Std. ist, liegt sie in Ggw. von Br^- in der Größenordnung einiger Minuten. Hierfür ist wahrscheinlich das Redoxgleichgewicht $Sb(V) + 2\,Br^- \rightleftharpoons Sb(III) + Br_2$ verantwortlich. Es wurde die Kinetik des Isotopenaustausches (^{124}Sb) untersucht u. die Austauschgeschwindigkeit bei 26° zu $R = (4,4 \pm 0,2) \cdot 10^4 [Sb(III)]^{0,15} [Sb(V)]^{1,1} [Br^-]^{3,5} [H^+]^{4,2}$ (R in $Liter^{-1}\,Mol^{-1}$) in 3,2 mol. HCl u. 1,5 mol. KBr-Lsg. bestimmt. Aus den Messungen bei 0, 16 u. 26° errechnet sich eine Aktivierungsenergie von 22,9 ± 0,8 kcal/Mol; sie ist in Abwesenheit von Br^- um ~4 kcal kleiner. Die Trennung des Sb(III) von Sb(V) erfolgte nach der Oxinmeth. oder durch Hydrolyse der sauren Lsg., Lösen des Nd. in KOH unter N_2 u. Fällung des Sb(V) mit Na^+. Hierbei erfolgt kein weiterer Austausch, denn bei 100° wurde unter Benutzung einer 0,02 mol. Antimonat- u. 0,008 mol. Antimonitlsg. innerhalb 24 Std. in Ggw. von 2 mol. KOH-Lsg. kein Austausch festgestellt. (Ricerca sci. **25.** 2887—93. Okt. 1955. Padova, Univ., Ist. di chim. gen.) H. NÖTH. 225

Aldo Turco und **Giovanni Sordillo,** *Beitrag zum Studium des Isotopenaustausches zwischen ein- und dreiwertigem Gold in salzsaurer Lösung.* Das Studium des Isotopenaustausches zwischen Au^+ u. Au^{3+} wird durch die Disproportionierungs-Rk. $3\,Au^+ \rightleftharpoons 2\,Au + Au^{3+}$ gestört. Man kann also nur von indiziertem Au^{3+} ausgehen u. die Zunahme der Aktivität von Au^+ messen u. muß Au^+ möglichst rasch in reiner Form isolieren, ehe der Austausch $*Au^{3+} + Au^+ \rightleftharpoons *Au^+ + Au^{3+}$ durch die Einstellung des Disproportionierungsgleichgewichtes gestört wird. Au^+ läßt sich gut als Cs_2AuCl_3 (I) isolieren. Au^+ wurde durch teilweise Red. von $HAuCl_4$ mit Na_2SO_3 bei 40° in Lsg. hergestellt. 0,1 mol. Lsgg. von Au^{3+} lassen sich zu Lsgg. mit Au^{3+} u. Au^+ im Verh. 4:1 reduzieren, ohne daß Disproportionierung einsetzt. ^{198}Au wurde nach $^{197}Au(n,\gamma)^{198}Au$ in Form von $HAuCl_4$-Lsg. hergestellt, u. diese Lsg. zu der red. Lsg. zugefügt. Trennung der Ionen zwecks Aktivitätsmessung gelang durch Abtrennen des Au^{3+} als Pyridiniumchloroaurat (II), das Au^+ wurde mit $KMnO_4$ bestimmt. Bei 25° ergab sich ein 81,5%ig. Austausch. Bei 0° erfolgt in 0,1 mol. Lsg. mit $Au^{3+}:Au^+ = 7,5:1$ in Ggw. von 0,03 mol. HCl ein 50%ig. Austausch in 2 Minuten. Au^{3+} wird zu 99% als Pyridiniumsalz gefällt. Unter den Bedingungen der γ-I-Fällung, 0,6n HCl, ist der Austausch bei 0° in der zur Abtrennung erforderlichen Zeit vollständig. (Gazz. chim. ital. **85.** 977—80. Aug. 1955. Padova, Univ., Ist. di chim. gen.) H. NÖTH. 225

M. Albrecht und **M. W. Mallett,** *Reaktion von Wasserstoff mit Uran.* Vff. untersuchen die Rk. von H_2 mit U im Temperaturbereich 96—400° u. jeweils konstanten Druckunterschieden $p-p_0 = 430$, 150 u. 70 mm Hg (p = Druck des Syst. u. p_0 = Zersetzungsdruck des gebildeten *U-Hydrids*; $\log p_0\,(mm) = -(4590/T) + 9,39$). Die Reaktionsgeschwindigkeiten folgen einem linearen Gesetz. Bei gegebenem $p-p_0$ nimmt im Bereich 96 bis ca. 250° die lineare Reaktionsgeschwindigkeit mit steigender Temp. zu u. fällt mit steigender Temp. zwischen ca. 250 u. 400°. Die Temp.- u. Druckabhängigkeit der Reaktionsgeschwindigkeit zwischen 96 u. 250° ist durch die Gleichung $r = 4{,}11 \cdot 10^{-3} \cdot p^{3/4} \cdot \exp(-1820/RT)$ gegeben, wenn r in $ml/cm^2/sec$ u. p in mm Hg gemessen wird. Zwischen 250 u. 400° wird empir. eine Abhängigkeit der Reaktionsgeschwindigkeit von $(p-p_0)/p_0$ gefunden. Da die Reaktionsmechanismen nicht bestimmt wurden, ist die Bedeutung der Druckabhängigkeiten jedoch nicht bekannt. Es liegen zwei verschied. Anfangs-Rkk. vor. Die eine in den Bereichen 96—250° ($p-p_0$ = 70 u. 150 mm Hg) u. 96—400° ($p-p_0$ = 430 mm Hg) zeigt ein allmähliches Anwachsen der Geschwindigkeit des H_2-Verbrauches, ehe die Geschwindigkeit linear wird. Die andere Anfangs-Rk. folgt einem parabol. Geschwindigkeitsgesetz im Bereich 250—400° ($p-p_0$ = 70 u. 150 mm Hg). (J. electrochem. Soc. **103.** 404—09. Juli 1956. Columbus, O., Battelle Mem. Inst.) W. KRÖNERT. 225

George C. Fryburg, *Erhöhte Oxydation von Platin in aktiviertem Sauerstoff.* Mit Wasserdampf gesätt. O_2 wird in einer Entladungsröhre nach der Meth. von WOOD (Philos. Mag. **44.** [1922.] 538) aktiviert. Die Konz. an O-Atomen wird mit einem Pt-Widerstandsthermometer bestimmt, das gleichzeitig die zu oxydierende Probe darstellt. Das Pt wird entweder elektr. oder durch Rekombination der O-Atome an seiner Oberfläche bzw. durch Kombination beider Methoden auf 1000° erhitzt; der O_2-Partialdruck beträgt 0,50 mm Hg. Das gebildete, flüchtige PtO_2 wird gesammelt u. Pt colorimetr. bestimmt. Die Geschwindigkeit der Oberflächenoxydation wird durch die Ggw. von O-Atomen beträchtlich gesteigert. Die Rk. läßt sich durch ein lineares Gesetz der Form $\omega = (k + k_2 n_0)t$ darstellen (ω = Gewicht des oxydierten Pt pro cm^2; n_0 = Zahl der O-Atome, die auf die Einheitsfläche des Pt pro Sek. treffen). k (= 7,4 $\mu g \cdot cm^{-2} \cdot Std.^{-1}$) ist die Geschwindigkeitskonstante für die Oxydation in n. O_2, während k_2 (= $7{,}8 \cdot 10^{-18}$ $\mu g \cdot sec \cdot Std.^{-1}$) ein Maß für die Zahl der Pt-Atome darstellt, die von einem die Oberfläche treffenden O-Atom oxydiert werden. Es wird berechnet, daß der Bruchteil der reagierenden O-Atome $\varepsilon = 1{,}3 \cdot 10^{-5}$ beträgt. Durch Vgl. mit dem entsprechenden Wert für O_2 ergibt sich, daß O-Atome bei der Pt-Oxydation ca. 400mal reaktionsfähiger als O_2-Moll. sind. (J. chem. Physics **24.** 175—80. Febr. 1956. Cleveland, O., Nat. Advis. Committee for Aeronaut., Lewis Flight Propuls. Labor.) W. KRÖNERT. 225

Louis Monchick, *Bemerkung zur Theorie diffusionsbestimmter Reaktionen: Anwendung auf die Photodissoziation in Lösungen.* Die Theorie diffusionsbestimmter Rkk. wird in Zusammenhang mit modernen Theorien der Transportvorgänge betrachtet u. gefunden, daß die partielle Differentialgleichung von SMOLUCHOWSKY in den meisten Fällen Gültigkeit besitzt. Bei der Anwendung auf kleinere Bereiche muß der mol. Natur des Lösungsm. durch Einführung entsprechender Potentiale u. Grenzbedingungen Rechnung getragen werden. Es wird die Wahrscheinlichkeit einer Rk. zwischen zwei Moll., die anfangs einen bestimmten Abstand voneinander haben, in Ggw. eines dritten reaktionsfähigen Stoffes berechnet. Mit Hilfe der abgeleiteten Formeln wird die Quantenausbeute für die Photolyse von Br_2, Br_3^- u. J_3^- in wss. Lsg. berechnet. Der Temp.- u. Wellenlängenabhängigkeit wird qualitativ Rechnung getragen. (J. chem. Physics **24.** 381—85. Febr. 1956. Notre Dame, Ind., Univ. of Notre Dame, Dep. of Chem.) W. KRÖNERT. 226

Birger Adell, *Die Geschwindigkeit der Rückwandlung von bestrahltem festem Nitropentamminkobalt(III)-chlorid.* Durch Belichtung einer dünnen Schicht von reinem, gelbem $[Co(NO_2)(NH_3)_5]Cl_2$ (I) durch Sonnenlicht entsteht eine rötliche Verb., die im Dunkeln wieder gelb wird. Diese Dunkelumwandlung wird extinktiometr. bei 20° verfolgt, sie verläuft als Rk. 1. Ordnung mit der Geschwindigkeitskonstanten $k_1 = (3{,}3 \pm 0{,}15)\ 10^{-3}$/Stunden. Dieser Wert ist der gleiche, der für die Isomerisation $[ONO \cdot Co(NH_3)_5]Cl_2$ (II) $\rightarrow$ $[NO_2 \cdot Co(NH_3)_5]Cl_2$ in festem Zustand gefunden wurde. Da außerdem die Absorptionsmaxima u. -minima der durch Bestrahlung von I entstandenen roten Verbb. dieselben sind wie für II, ebenso die Maxima u. Minima des im Dunkeln regenerierten I ident. sind mit synthet. I, schließt Vf., daß die beobachteten Farbänderungen auf den Rkk.: $[NO_2 \cdot Co(NH_3)_5]Cl_2 \rightleftharpoons [ONO \cdot Co(NH_3)_5]Cl_2$ beruhen. (Z. anorg. allg. Chem. **279.** 219—24. Juni 1955. Lund, Univ., Chem. Inst., Anorg. Abt.) M. SCHENK. 226

W. K. Zysskowski und **N. A. Kisselewa,** *Über den Übergang eines Katalysators in den heterogenen Zustand und die Ursachen dieser Erscheinung. 2. Mitt. Über den Mechanismus der Wirkung kolloider quasiheterogener Katalysatoren beim Prozeß der Oxydation von Kerosinfraktionen in flüssiger Phase.* (1. vgl. C. **1952.** 3142; 3. vgl. C. **1955.** 5040.) Um zu klären, worauf die Änderung der physikal.-chem. Eigg. des koll. quasiheterogenen Katalysators in der Anfangsperiode der Oxydation u. seine Entfernung aus der Reaktionssphäre beruhen, wurden nach F. u. Gruppenzus. verschied. Kerosinfraktionen in Ggw. von saurem *Mn-Naphthenat* (I) bei gleicher Konz. in allen Verss. oxydiert. Der prim. Zu-

stand des Katalysators wurde photocolorimetr. fixiert. Es zeigte sich, daß der Übergang des Katalysators in einen physikal.-chem. Zustand, unabhängig von der Zus. des Substrates u. von seinen physikal.-chem. Eigg., in allen Fällen beobachtet wird. Die Dauer des prim. Zustandes des Katalysators hängt nur von der Konz. der aromat. KW-stoffe ab; mit ihrer steigenden Konz. in der Fraktion wird der Übergang verzögert. Wurde I durch Naphthenate von Co, Fe u. Ni ersetzt, so wurden die gleichen Umwandlungen wie mit I beobachtet. Es kann als sicher angesehen werden, daß die hochmol. Naphthenate bei ihrer Anwendung als Katalysatoren im Frühstadium der Oxydation durch die gebildeten niedrigmol. Säuren zerstört werden. Die im koll. quasiheterogenen Zustand vorliegenden organ. Salze, welche die Oxydation effektiv beschleunigen, liegen so lange in dem zu oxydierenden Substrat vor, bis sie unter dem Einfl. der niedrigmol. Säuren hetrogen werden. (Журнал Прикладной Химии [J. angew. Chem.] **24.** 527—31. Mai 1951.)
O. LEBTAG. 227

Clayton McAuliffe und **N. T. Coleman,** *Wasserstoffionenkatalyse durch saure Tone und Austauschharze.* Wenn nicht Komplikationen durch Adsorption oder durch die beschränkte Diffusion des mol. Reagenten eintraten, war die Menge von H^+, welche die Hydrolyse von Äthylacetat oder die Inversion von Saccharose katalysierte, den Konzz. von H^+ in verschied. Ionenaustauschsystemen proportional. Es bestand keine Korrelation zwischen den potentiometr. H^+-Aktivitäten in Ton- oder Austauschharzsuspensionen u. ihrer katalyt. Wirkung. Nicht alle sauren Tone waren wirksam als H^+-Katalysatoren. Im Vgl. zu ihrer Gesamtacidität hatten Al-Tone eine geringe katalyt. Aktivität. Allg. war für die teilweise mit Metallkationen gesätt. Tone u. Harze die Katalyse durch das nicht neutralisierte austauschbare H^+ ebenso wirksam wie bei vollständiger H-Sättigung. Es wird angenommen, daß die wirksamen Ionenkonzz. in Ionenaustauschsystemen nicht für alle Rkk. die gleichen sind. Die wirksame Ionenkonz. nähert sich der Gesamtkonz. für Rkk. zwischen austauschbaren Ionen u. neutralen Moll., die nicht durch die Diffusionsgeschwindigkeit des mol. Reagenten begrenzt werden. Für Rkk. zwischen austauschbaren Ionen u. Teilchen entgegengesetzter Ladung nähert sich die wirksame Ionenkonz. der Konz. der Lsg. zwischen den Teilchen. In dispergierten Systemen mißt das potentiometr. p_H keine dieser Mengen. (Proc. Soil Sci. Soc. America **19.** 156—60. April 1955. Dep. of Agronomy North-Carolina, Agricult. Exp. Stat.) A. JACOB. 227

P. B. Weisz und **E. W. Swegler,** *Katalytische Aktivität, induziert durch Neutronenbeschuß von inertem Siliciumdioxyd.* Reines *Silicagel* wird aus Äthylsilicat mit NH_4OH in wss. A. bei $p_H \sim 7$ erhalten u. bei 550° 16 Std. getrocknet. 20 g werden in einem integrierten Fluß von je $1{,}8 \cdot 10^{18}$ (Präp. 1) bzw. $7{,}5 \cdot 10^{18}$ (Präp. 2) schnellen u. langsamen ($<0{,}1$ MeV) Neutronen/cm² beschossen. Die spezif. Oberfläche der Präpp. bleibt dabei unverändert. Eine Katalyse der Crack-Rk. an Isopropylbenzol wird nach dem Beschuß nicht festgestellt. Dagegen steigt die Isomerisierung von *n-Hexen-(1)* zu *Hexen-(2)* u. *Hexen-(3)* von 3,3% mit einem nicht beschossenen Präp. auf 4,6 (Präp. 1) bzw. 9,4% (Präp. 2) an. (J. chem. Physics **23.** 1567—68. Sept. 1955. Paulsboro, N. J., Socony-Vakuum Labor., Res. and Developm. Dep.) G. HERRMANN. 227

A_8. Präparative anorganische Chemie. Komplexchemie. Metallorganische Verbindungen.

Margot Goehring und **Rigobert Otto,** *Zur Kenntnis der Salze der stickoxyd-schwefligen Säure.* Den aus NO u. wss. Lsgg. von Alkalisulfiten gebildeten Salzen der Zus. $Me_2N_2 \cdot SO_5$ (**I**) („Stickoxydsulfite", „$Me_2SO_3 \cdot 2$ NO") kommt nach Röntgenstrukturunterss. (COX sowie von JEFFREY u. STADLER, C. **1952.** 4734) eine Konst. zu, die einem SO_3-Addukt an ein cis-Hyponitrit entspricht. Vff. konnten durch SO_3-Acceptoren, wie Pyridin [→ $C_5H_5N \cdot SO_3$; → mit Anilin Glutacondialdehyddianiliniumchlorid (**II**)] oder NH_3 (→ Amido- u. Imidodisulfonate) aus **I** SO_3 abspalten, doch handelt es sich bei **I** um eines der stabilsten bisher bekannten SO_3-Addukte. So gelang es, aus 7 g $Na_2N_2O_2 \cdot SO_3$ nur 50 mg **II** (rote Nadeln, F. 130°) zu isolieren, ferner war die Imidodisulfonatbldg. bei der nur langsam verlaufenden Rk. mit fl. NH_3 sehr gering, die Umsetzung erfolgte zu 90% nach $Na_2N_2O_2SO_3 + 3\,NH_3 \rightarrow H_2NSO_3NH_4 + N_2O + NaOH + NaNH_2$. Das bei der Hydrolyse von **I** gebildete cis-Hyponitrit ließ sich nicht isolieren, es zerfiel sofort weiter in H_2O u. N_2O. (Z. anorg. allg. Chem. **280.** 143—46. Aug. 1955. Heidelberg, Univ., Chem. Inst., Abt. für anorg. u. analyt. Chem.) U. WANNAGAT. 253

F. Seel und **H. Massat,** *Über das Nitrososulfurylfluorid.* Die von BALZ u. MAILÄNDER (Z. anorg. allg. Chem. **217.** [1934.] 161) beim Einleiten von NOF in fl. SO_2 entdeckte, von SEEL u. MEIER (C. **1954.** 6189) als Nitrososulfurylfluorid (**I**), $NOSO_2F$, erkannte Verb. verhält sich allg. wie ein äquimol. Gemisch der Ausgangskomponenten, auch in dem Temperaturbereich, in dem sie nur in geringem Maße in SO_2 u. NOF dissoziiert ist. Die Wirksamkeit des SO_2 ist jedoch stark in den Hintergrund gedrängt, die Oxydationskraft des NOF kaum gehemmt. Die Fluorierungseigg. stimmen mit denen der Alkalifluorsulfinate (vgl. C. **1956.** 11651) weitgehend überein. Die 4. Koordinationsstelle des S erscheint blockiert. Die Verb. ist als Fluorid der noch nicht isolierten Nitrososulfonsäure, $ONSO_3H$, aufzufassen. Sie bietet in präparativer Hinsicht als „stabilisiertes" NOF Vorteile, da sie leicht rein dargestellt u. im Tiefkühlschrank in Glasgefäßen aufbewahrt werden kann. — Am günstigsten läßt sich **I** aus NOF u. fl. SO_2 darstellen. Andere Methoden, die auf der Umsetzung $NO^+ + SO_2F^- \rightarrow$ **I** in fl. SO_2 oder NOCl beruhen (SO_2F^- als $N(CH_3)_4SO_2F$, NO^+ als $(NO)_2S_2O_7$, $NOHSO_4$, $NOSbCl_5$) führten nur zu unbefriedigenden Ergebnissen über teilweise verwickelte Rkk.: a) $2\,NOHSO_4 + 4\,SO_2F^- \rightarrow 2\,NO^+ + 2\,HF_2^- + 2\,SO_4^{2-} + 4\,SO_2$; $2\,NO^+ + SO_4^{2-} + SO_2 \rightarrow 2\,NO + 2\,SO_3$; $SO_3 + SO_4^{2-} \rightarrow S_2O_7^{2-}$; $SO_3 + HF_2^- \rightarrow SO_3F^- + HF$; b) $NOSbCl_6 + 7\,SO_2F^- \rightarrow$ **I** $+ SbF_6^- + 6\,Cl^- + 6\,SO_2$. Beim Überleiten von NOCl mit SO_2 über 120—130° warmes KSO_2F entstand **I** nur in geringer Ausbeute. NOF läßt sich am bequemsten aus $2\,NO + F_2$ darstellen; einige neue Darstellungsverff. fanden Vff. in den in fl. NOCl durchgeführten Rkk. $N_2O_4 + N(CH_3)_4F \rightarrow NOF + N(CH_3)_4NO_3$ u. $NOBF_4 + N(CH_3)_4F \rightarrow NOF + N(CH_3)_4BF_4$. — **I** schm. in Polytrifluoräthylenröhrchen („Hostaflon") unter dem eigenen Gasdruck von 3100 Torr bei 8°; es ist bei 430 Torr u. 19° zu 70% in SO_2 u. NOF dissoziiert. Über festem **I** erreicht der Druck bei —18°, über einer Suspension von **I** in fl. SO_2 bei —16° 760 Torr. **I** ist in fl. SO_2 etwas löslich. — Die Rkk. von **I** mit Elementen, wss. Systemen, Halogeniden, Oxyden u. organ. Verbb. in fl. SO_2, bisweilen auch in NOCl, bei —10° in Hostaflongefäßen wurden eingehend untersucht. **I** greift bei —10° Glas u. Quarz merklich an: $SiO_2 + 6$ **I** $\rightarrow (NO)_2SiF_6 + 2\,N_2O_3 + 6\,SO_2$; $Na_2O + 2$ **I** $\rightarrow 2\,NaF + N_2O_3 + 2\,SO_2$; $3\,N_2O_3 + 2\,SO_2 \rightarrow (NO)_2 \cdot S_2O_7 + 4\,NO$; A) Mit Elementen: Li, Na, Mg, Al, Sn, Pb, J, S werden nicht merklich angegriffen. Hg $\rightarrow Hg_2F_2$ (+ NO; kein $NOHgF_3$); $Cl_2 \rightarrow FSO_2Cl + NOCl$; $Br_2 \rightarrow FSO_2Br + NOBr$ (Cl_2 u. Br_2 reagieren nicht mit NOF); Se $\rightarrow (NO)_2SeF_6$; P (farblos) $\rightarrow NOPF_6$ (oberflächlich); As $\rightarrow NOAsF_6$; Sb $\rightarrow NOSbF_6$. B) Hydrolyse: $H_2O \rightarrow$ (prim.) SO_2, N_2O_3, HF, (sek.) NO, H_2SO_4; $4\,OH^- +$ **I** $\rightarrow SO_3^{2-} + NO_2^- + F^- + 2\,H_2O$. C) Mit Halogeniden: $BF_3 \rightarrow NOBF_4$; $SiF_4 \rightarrow (NO)_2SiF_6$. In fl. SO_2 lösl. Chloride setzen sich mit **I** unter NOCl- u. SO_2-Bldg. zu Fluoriden um: $BCl_3 \rightarrow BF_3$ bzw. $NOBF_4$; $AlCl_3$ bzw. $NOAlCl_4 \rightarrow AlF_3$ (kein $NOAlF_4$); $SiCl_4 \rightarrow (NO)_2SiF_6$ (dissoziiert bei Raumtemp. merklich in NOF u. SiF_4); $TiCl_4 \rightarrow (NO)_2TiF_6$ (erstmalig dargestellt; hygroskop., therm. beständig, sublimiert im Hochvakuum bei 180°); $SnCl_4 \rightarrow (NO)_2SnF_6$; $PCl_3 \rightarrow NOPF_6$ bzw. PF_3 (+ NO); $AsCl_3 \rightarrow NOAsF_6$ (+ NO); $SbCl_3 \rightarrow NOSbF_6$ (+ NO); $POCl_3 \rightarrow POF_3$ (langsam); $PSCl_3 \rightarrow$ keine Rk.; $SOCl_2 \rightarrow$ langsame Rk.; $SO_2Cl_2 \rightarrow$ keine Rk.; $SeCl_4 \rightarrow (NO)_2SeF_6$ (erstmalig dargestellt; bei Raumtemp. Zerfall in NOF u. $NOSeF_5$); $TeCl_4 \rightarrow (NO)_2TeF_6$ (erstmalig dargestellt; F. ∼100° unter Zers.); $JCl_3 \rightarrow JF_3$ (zerfällt weiter in JF_5 u. J_2) bzw. $NOJF_6$ (+ NO; reines $NOJF_6$ ließ sich nur aus $NOF + JF_5$ darstellen.) D) Mit Oxyden: $SO_3 +$ **I** $\rightarrow NOSO_3F + SO_2$; $NO_2 +$ **I** $\rightarrow NOSO_3F + NO$. E) Mit organ. Verbb.: **I** reagierte nicht mit gesätt. KW-stoffen, Bzl., C_2H_5J, $(CH_3)_3CCl$, $C_6H_5CH_2Cl$, C_2Cl_4, es verharzte mit $C_2(CH_3)_4$. Austausch des Cl gegen F fand statt bei $N(CH_3)_4Cl$, $(C_6H_5)_3CCl$, CH_3COCl, C_6H_5COCl. Methanolyse: $CH_3OH +$ **I** $\rightarrow SO_2 + HF + CH_3ONO$. $CH_3COOH +$ **I** $\rightarrow CH_3COONO + HF + SO_2$; $(CH_3CO)_2O +$ **I** $\rightarrow CH_3COF + CH_3COONO + SO_2$. (Z. anorg. allg. Chem. **280.** 186—96. Sept. 1955. Würzburg, Univ., Chem. Inst.) U. WANNAGAT. 253

G. Mitra, *Neue Trifluoroborate und ihre Analogie mit den Sulfaten.* Komplexe Fluoride sind zuweilen den komplexen Sauerstoffverbb. chem. analog, wenn die Ladung der beiden Komplexe u. die Ionenradien der Zentralatome gleich sind. So sind die Monofluorophosphate, Fluoroberyllate u. Oxyfluoroberyllate den entsprechenden Sulfaten analog u. die Fluoroborate, Difluorophosphate u. Fluorsulfonate den Perchloraten. Vff. stellten jetzt *Trifluoroborate* $M^I_2BF_3O$ dar u. beobachteten eine Analogie mit Sulfaten. Zwar konnte durch Zugabe von 1 Mol eines zweiwertigen Metallfluorids u. HF zu einer Lsg. von 1 Mol Borsäure in W. kein reines Salz der hypothet. H_2BF_3O gewonnen werden. Aber auf Zugabe einer Lsg. des Metallsulfats erhält man Mischkristalle, wie z. B. $Cu(BF_3O,SO_4) \cdot 5\,H_2O$. Ferner wurden Salze des Typs $M^I_2M^{II}SO_4 \cdot BF_3O \cdot 6\,H_2O$ mit $M^I = NH_4$ oder K u. M^{II} = Cu, Co, Ni, Cd oder Zn dargestellt. Auch der isomorphe Ersatz der Sulfatgruppe in Alaunen wurde beobachtet. (Sci. and Cult. **19.** 106—07. Aug. 1953. Calcutta, Univ., Coll. of Sci. and Technol., Inorg. Chem. Dep.) E. FORCHE. 258

H. W. Kohlschütter, P. Best und **G. Wirzing,** *Umsetzung von Trimethylsiliciummonochlorid mit Silicagel.* Vff. untersuchen experimentell die Rkk. von fl. $(CH_3)_3SiCl$ mit feinkörnigem porösem Silicagel bei 20°. Die Versuchsergebnisse werden unter der Annahme gedeutet, daß in dem Xerogel enthaltenes Capillarwasser nach $2\,(CH_3)_3SiCl + H_2O \rightarrow (CH_3)_3SiOSi(CH_3)_3 + 2\,HCl$ unter Bldg. nur leicht flüchtiger Reaktionsprodd. reagiert, während mit an der zugänglichen Oberfläche chem. gebundenem W. die Rk.

(O/2)₃SiOH + $ClSi(CH_3)_3$ → *(O/2)₃SiOSi(CH₃)₃* + HCl abläuft, die zu einer Gewichtszunahme des Bodenkörpers u. damit des Glührückstandes (*SiO_2*) führt. Es ergibt sich daraus die Möglichkeit, strukturelle Veränderungen des Silicagels beim Erhitzen u. damit verbundene Änderungen seines Reaktionsvermögens mit W. durch gravimetr. Analyse zu verfolgen. Die mit Hilfe der obigen Gleichungen berechneten Analysenergebnisse entsprechen den Erfahrungen über Adsorption u. Desorption von W. sowie den bestehenden Vorstellungen über Bldg. u. Rückbldg. von *SiOH*-Gruppen an der Oberfläche von SiO_2. Zwischen 100 u. 1000° spaltet Silicagel W. aus SiOH-Gruppen ab. Wird das erhitzte Silicagel bei 20° wieder mit W. beladen, so reagiert ein Teil des Capillarwassers mit der festen Oberfläche unter Rückbldg. von SiOH-Gruppen. Durch längeres Erhitzen bei 1000° totgeglühtes Silicagel reagiert weder mit W. noch mit $(CH_3)_3SiCl$. (Z. anorg. allg. Chem. **285.** 236—45. Juni 1956. Darmstadt, TH, Eduard-Zintl-Inst. für anorg. u. phys. Chem.)
W. KRÖNERT. 261

W. Rüdorff, E. Schulze und **O. Rubisch,** *Alkaliammingraphitverbindungen.* Bei der Einw. von in fl. NH_3 gelösten Alkalimetallen (Me = Li, Na, K, Rb, Cs) auf Graphit bei —50 bis —40° oder bei der Umsetzung der Alkaligraphitverbb. (vgl. C. **1955.** 10217) mit fl. NH_3 entstehen sehr reaktionsfähige Graphitverbb., in denen Me-Atome u. NH_3-Moll. in das Gitter eingelagert sind. Es konnten eine blaue Verb. mit der Zus. $\sim C_{12}Me(NH_3)_2$ u. der Struktur einer 1. Stufe sowie eine alkaliärmere, schwarze Verb. $\sim C_{28}Me(NH_3)_2$ mit der Struktur einer 2. Stufe dargestellt werden. Die Verbb. der 1. Stufe sind äußerst luft- u. feuchtigkeitsempfindlich, zers. sich an der Luft unter Abgabe von NH_3, entzünden sich dabei aber nicht. Mit W. entstehen Me-Hydroxyde u. H_2. In N_2-Atmosphäre bei Raumtemp. sind die K-, Rb- u. Cs-Verb. monatelang beständig, die Na- u. leichter noch die Li-Verb. zers. sich jedoch in 1—2 Tagen zu $MeNH_2$ u. H_2. — Li, gelöst in Methylamin, gibt mit Graphit eine blaue 1. Stufe mit der Idealformel $C_{12}Li(CH_3NH_2)_2$. — Durch die Einlagerung vergrößert sich der Abstand benachbarter C-Ebenen im Graphit von 3,35 auf 6,6 kX bei allen Ammoniakaten u. auf 6,9 kX bei der Methylaminverb., wobei die Aufweitung vornehmlich durch die N-Derivv. bestimmt wird. Diejenigen C-Ebenen, zwischen denen die Einlagerung stattfindet, nehmen ident. Lagen ein, die anderen bleiben wie im Graphit zueinander orientiert. (Z. anorg. allg. Chem. **282.** 232—40. Dez. 1955. Tübingen, Univ., Chem. Inst.)
U. WANNAGAT. 272

Hajime Osaka und **Tsugio Sawaya,** *Physikochemische Untersuchungen der Systeme Lithiumhalogenide–aliphatische Alkohole.* 1. Mitt. *Löslichkeiten in den Systemen LiCl–CH_3OH, LiBr–CH_3OH und LiBr–n-C_3H_7OH.* Durch Sättigung u. Synth. wurden die Löslichkeitskurven der bin. Systeme LiCl–CH_3OH, LiBr–CH_3OH u. LiBr–n-C_3H_7OH bei 0—40° bestimmt. Die Löslichkeiten der Anhydride sind bei allen fast unabhängig von der Temperatur. Die Löslichkeitskurven für LiBr·4 CH_3OH (**I**) u. LiBr·4(n-C_3H_7OH) (**II**) haben einen rückläufigen Ast mit einem Umkehrpunkt bei 31,1° bzw. 36,5°. Der Umwandlungspunkt von **I** in LiBr liegt unter 0°, der von **II** in LiBr bei 6° (graph. bestimmt). Der Umkehrpunkt für LiCl·3 CH_3OH (**III**) fällt fast mit dem Umwandlungspunkt von **III** in LiCl zusammen, bei 12,8°. (J. chem. Soc. Japan, pure Chem. Sect. [Nippon Kagaku Zassi] **71.** 159—60. Febr. 1950 .Tokyo Univ. [Orig.: japan.])
L. SCHULER. 273

A. G. Bergman, A. I. Kisslowa und **W. I. Possypaiko,** *Austauschzersetzung in Abwesenheit eines Lösungsmittels. Reziprokes System aus den Sulfaten und Metaboraten des Lithiums und Kaliums.* (Vgl. C. **1955.** 8105.) Das reziproke Syst. Li, K/SO_4, BO_2 wurde nach dem visuell-polytherm. Verf. untersucht u. als adiagonales Syst. mit untergeordneter Diagonale gekennzeichnet. Im Gegensatz zum Wolframatsyst. (Li, K/WO_4, BO_2, überwiegend Austausch-Rkk., C. **1956.** 11655) überwiegt im Sulfatsyst. die Komplexbildung. Untersucht wurden die bin. Teilsysteme, der stabile Diagonalschnitt *K_2SO_4–$Li_2(BO_2)_2$*, der instabile Diagonalschnitt *Li_2SO_4–$K_2(BO_2)_2$*, ein stabiler Adiagonalschnitt u. über 20 innere Schnitte. Es wurden 6 Kristallisationsfelder gefunden: K_2SO_4, Li_2SO_4, $Li_2(BO_2)_2$, $K_2(BO_2)_2$ u. die Komplexe *$Li_2SO_4 \cdot K_2SO_4$* (stabil, Fläche 14,9%) u. *3 Li_2SO_4 · 2 $LiBO_2$* (schm. unzers. bei 742°). Ferner wurden die nonvarianten Punkte (EP) E_1 525°, E_2 726°, E_3 570°, e_1 730°, e_2 750°, P_1 718° (mit Angabe der Zus. u. der Gleichgewichtsphasen) gefunden. Das bin. Syst. K/SO_4, BO_2 ergab einen EP bei 848° u. 42,5% K_2SO_4. Aus anderen bin. Systemen ergab sich der Übergang der α- u. β-Formen des Li_2SO_4 bei 572° u. 1,4% K_2SO_4, während derselbe α–β-Übergang für $Li_2(BO_2)_2$ je nach Zus. der zweiten Komponente bei 794, 800 u. 815° liegt. (Журнал Общей Химии [J. allg. Chem.] **25** (**87**). 1890—99. Sept. 1955. Rostow/Don, Univ.; Kubaner Landw. Inst.) A. v. WILPERT. 275

H. Tollert und **G. Bruns,** *Kinetische Ermittlung der Lösungsgleichgewichte im Sylvin- und Carnallitfeld des quinären Systems bei 20° und deren Darstellung in einem Rasterdiagramm.* Es wird die kinet. Meth. der Auflösungsgeschwindigkeit nach KARSTEN (C. **1955.** 8570) zur Ermittlung der Lösungsgleichgewichte im Sylvin/Steinsalz- u. Carnallit/Steinsalz-Feld des quinären Syst. der ozean. Salzablagerungen bei $MgCl_2$-Konzz. von 0—100 Mol u. $MgSO_4$-Konzz. von 0—10 Mol auf 1000 Mol W. bei 20° angewandt. Es werden genauere Werte als mit der bisher üblichen stationären Rührmeth. nach VAN'T HOFF erhalten. Die Darst. der Meßergebnisse erfolgt in einem Isohalinenraster (Abszisse: $MgCl_2$, Ordinate: $MgSO_4$; K_2Cl_2 u. Na_2Cl_2 als Isohalinen). An Hand von Zahlenbeispielen wird die Meth. erläutert. Im Carnallitfeld werden auch metastabile Lösungszustände erfaßt. (Chemie-Ing.-Techn. **28.** 481—86. Juli 1956. Empelde/Hannover, Hauptverwaltung der Salzdetfurth AG., Labor.) W. KRÖNERT. 282

Allen S. Russell, *Eigenschaften des Aluminiumoxyds.* Monographie über Al_2O_3. Abriß der kristallograph., therm., elektr., magnet. u. mechan. Eigg. der verschied. Modifikationen, Aufzählung der Verwendungsmöglichkeiten u. Strukturbeschreibung. — 230 Literaturhinweise. (Aluminium Res. Lab., techn. Pap. **1953.** Nr. 10. 1—35.) P. WOLF. 294

Jacques Charrier und **Denis Papée,** *Untersuchung der Zersetzungsprodukte der Tonerdehydrate mittels thermischer Differentialanalyse und mit dem Mikroskop.* Mittels therm. Differentialanalyse u. mkr. wurden eine Anzahl von Proben untersucht, die aus *Hydrargillit* u. *Bayerit* unter verschied. Druck- u. Temperaturbedingungen erhalten worden waren. Die ersten 3 Proben wurden durch Entwässerung von Hydrargillit bis zum Gleichgewicht u. im Hochvakuum (**I**), im partiellen Vakuum (**II**) u. bei Atmosphärendruck (**III**) hergestellt. Alle Proben hatten die angenäherte Zus. $Al_2O_3 \cdot 0{,}65\ H_2O$; im Pulverdiagramm traten außer den Interferenzen des *Böhmits* (**IV**) einige äußerst diffuse Banden von regellosem Al_2O_3 auf. **I** gab bei der therm. Differentialanalyse einen deutlichen exothermen Effekt bei ca. 300° u. einen endothermen Effekt bei ca. 480°, der in bezug auf die Temp. mit dem des reinen **IV** zusammenfällt. Dieser endotherme Effekt rührt daher wohl von der Zers. der 25% **IV**, die in **I** enthalten sind. Da sich unterhalb 400° röntgenograph. keine strukturelle Entw. erkennen läßt, läßt sich der exotherme Effekt nur durch die Umwandlung einer wenig geregelten Phase erklären. Auf Grund der therm. Gewichtsanalyse u. der Pulveraufnahmen ist der Anteil des Böhmits derselbe in **I** wie in **I'** (**I** auf 400° erhitzt). Der exotherme Effekt ist daher unabhängig von der Bldg. oder Zers. von **IV**. **I'** hat einen wesentlich höheren mittleren Brechungsindex als **I**, u. außerdem ist sein Rehydratationsvermögen in Bayerit wesentlich geringer als das von **I**. **II** liefert die gleiche Kurve wie **I**, nur ist der exotherme Effekt weniger ausgeprägt. **III** zeigt nur den endothermen Effekt des **IV**. Auf die gleiche Weise wie bei dem Hydrargillit wurden 3 Zersetzungsprodd. des Bayerits hergestellt. Sie zeigen angenähert in der Differentialanalyse das gleiche Verh. wie die Zersetzungsprodd. des Hydrargillits, nur ist, da sie weniger **IV** enthalten, der endotherme Effekt weniger ausgeprägt. Der mittlere Brechungsindex für Na-Licht ist um so niedriger, je mehr das Prod. reaktionsfähige Tonerde enthält. Er liegt für **I** zwischen 1,51 u. 1,535, für **II** u. **III** ist er höher als 1,61. (C. R. hebd. Séances Acad. Sci. **237.** 897 bis 900. 19/10. 1953.) C. GOTTFRIED. 294

Werner Rudorff und **Ernst Justus Kohlmeyer,** *Über die Oxydation der intermetallischen Verbindung AlSb durch Wasser.* Die quantitative Unters. der Umsetzung der intermetall. Verb. AlSb mit H_2O ergab folgende nacheinander ablaufende Rkk.: $AlSb + 2\ H_2O \rightarrow AlSbO \cdot H_2O + H_2$ u. $AlSbO \cdot H_2O + H_2O \rightarrow Al(OH)_3 + Sb + {}^1/_2\ H_2$. Daneben werden 0,4% Sb zu SbH_3 reduziert. Die 2. Rk. verläuft wesentlich langsamer als die 1. Durch Trocknen des Rückstandes, der als schwarzes Pulver mit mattem Glanz anfiel, bei 110° wurde 97,2% $AlSbO \cdot H_2O$ u. 2,8 Sb erhalten. Trocknen bei 190° ergab 96,9 AlSbO u. 3,1 Sb. Bei 450—500° setzt sich AlSbO nach der Gleichung $3\ AlSbO \rightarrow Al_2O_3 + AlSb + 2\ Sb$ um. Durch CO u. durch H_2 wird es bei 400° zu AlSb reduziert. (Z. Metallkunde **45.** 608—12. Okt. 1954. Berlin, Inst. für Metallhüttenkunde der TU.) F. VIER. 294

Jean Loriers und **Denyse Carminati,** *Die Verwendung von Nitrilotriessigsäure zur Trennung der Ceriterden mittels Ionenaustauschs.* Vff. untersuchen die Verwendbarkeit von Nitrilotriessigsäure (**I**) als Auswasch-Fl. zur Trennung der Seltenen Erden durch Ionenaustausch an DOWEX 50. Die Auswasch-Fl. wird durch Auflösen von **I** in W. (10 bis 30 g/Liter) bei Ggw. von NH_3 erhalten u. gegebenenfalls zur Einstellung des gewünschten p_H (3—8) mit Essigsäure versetzt. Die Verss. mit jeweils 10 g Ceriterde (2% Sm, 48% Nd, 24,5% Pr, 0,5% Ce u. 25% La) ergeben: Bei p_H 4 u. einer Lsg., die 14 g **I**/Liter enthält, kann ein großer Teil des Nd u. Pr spektroskop. rein u. fast die Gesamtmenge La prakt. rein erhalten werden. Eine Veränderung des p_H wirkt sich, solange der Stabilitätsbereich des **I**-Komplexes mit der als Kopffraktion auszuwaschenden Seltenen Erde nicht zu sehr überschritten wird, auf die Güte der Trennung nicht nachteilig aus. Die geeignetsten p_H-Werte sind 4—6. Die Wirksamkeit der **I**-Lsgg. ist größer als die der gewöhnlich verwendeten citronensauren Lösungen. Beim Arbeiten im Rahmen vorst. Versuchsbedingungen können unter Verwendung von Kolonnen großer Kapazität rasch u. wirtschaftlich Mengen von 300—400 g Seltene Erdoxyde getrennt werden. (C. R. hebd. Séances Acad. Sci. **237.** 1328—30. 23/11. 1953.) H. GEDSCHOLD. 303

Suzanne Barbezat und **Jean Loriers,** *Die Hydratation einiger Oxyde der Seltenen Erden und ihr Einfluß auf die Korrosion der entsprechenden Metalle an der Luft.* Ausgehend von Beobachtungen von LORIERS (vgl. C. **1951.** II 2849), daß bei der Oxydation von *Ce* bei höheren Tempp. an der Luft oder in reinem u. trockenem O_2 im ersten Falle eine sehr viel schnellere Korrosion als im zweiten Fall eintritt, wurden die angegriffenen Oberflächenschichten des Metalls röntgenograph. untersucht. In allen Fällen wurde nur das Diagramm von CeO_2 erhalten. Es müssen sich also bei der Oxydation Zwischenprodd. gebildet haben, die Vff. auch nachweisen konnten. Untersucht man eine frisch abgeschliffene Ce-Oberfläche direkt nach der mechan. Behandlung, dann erhält man das Diagramm des flächenzentriert-kub. Ce mit $a = 5{,}155 \pm 0{,}004$ Å. Nach einigen Std. Aufbewahren an der Luft erscheint das Diagramm des Ce_2O_3 mit $a = 11{,}16 \pm 0{,}02$ Å. Nach weiteren ca. 12 Std. treten 2 Diagramme auf, eines, das einem hexagonalen Gitter mit $a = 6{,}48 \pm 0{,}01$ Å, $c = 3{,}80 \pm 0{,}01$ Å entspricht u. das dem $Ce(OH)_3$ zugeschrieben wird, u. weiter das Diagramm des CeO_2. Mit zunehmender Entw. der beiden Phasen $Ce(OH)_3$ u. CeO_2 nimmt die Intensität der Interferenzen des Ce_2O_3 ab, bis zuletzt nur noch das Interferenzbild des CeO_2 auftritt. Setzt man anderseits ein im Trocknen oxydiertes Ce der Feuchtigkeit aus, dann werden weder die Diagramme des $Ce(OH)_3$ noch des Ce_2O_3 beobachtet. Das $Ce(OH)_3$ bildet sich demnach aus dem Ce_2O_3 u. nicht aus dem CeO_2. Weiter wurde mittels Pulveraufnahmen festgestellt, daß das einzigste Lanthanoxyd *La_2O_3*, das hexagonal mit $a = 3{,}94$ Å, $c = 6{,}15$ Å, krist., an der Luft schnell W. aufnimmt u. sich in hexagonales $La(OH)_3$ mit $a = 6{,}50$ Å, $c = 3{,}85_2$ Å umwandelt. Von Praseodymoxyden wurden *Pr_2O_3* u. *PrO_2* untersucht. Das hexagonale Pr_2O_3 mit $a = 3{,}85$ Å, $c = 6{,}00$ Å bildet in feuchter Luft hexagonales *$Pr(OH)_3$* mit $a = 6{,}48$ Å, $c = 3{,}76$ Å. Das durch Glühen des Nitrats bei 650° erhaltene kub. PrO_2 mit $a = 5{,}40$ Å wird durch Einw. von Feuchtigkeit oder W. nicht verändert. (C. R. hebd. Séances Acad. Sci. **234.** 1978—80. 12/5. 1952.)
C. GOTTFRIED. 304

A. N. Nessmejanow, E. M. Brainina und **R. Ch. Freidlina,** *Synthese von Bromalkoxytitanen und Chloralkoxypolytitanoxanen.* (Vgl. C. **1953.** 1157.) Die Umesterung von *Octaäthoxytrititanoxan* (I) nach $(C_2H_5O)_8Ti_3O_2 + 8\,ROH \rightarrow (RO)_8Ti_3O_2 + 8\,C_2H_5OH$ ($R =$ n-C_4H_9, n-C_6H_{13}) liefert viscose Fll., die sich beim Erhitzen im Vakuum zers., wobei die Alkylorthotitanate $(RO)_4Ti$ u. feste Polymere entstehen. Mit Acetylchlorid reagieren die Octaalkoxytrititanoxane unter Bldg. Cl-haltiger Prodd. $(RO)_7Ti_3O_2Cl$, $(RO)_6Ti_3O_2Cl_2$; auch letztere (mit $R =$ n-C_4H_9 u. n-C_6H_{13}) zers. sich beim Erhitzen im Vakuum zu $(RO)_3 \cdot TiCl$ u. Polymeren. Krist. Verbb. *$(C_2H_5O)_2TiBr_2$* u. *$C_2H_5OTiBr_3$* werden bei Einw. von $TiBr_4$ auf *$(C_2H_5O)_4Ti$* erhalten, bei Ggw. der berechneten Menge Piperidin als krist. Doppelverbb. mit diesem.

V e r s u c h e: *Octa-n-butoxytrititanoxan*, $C_{32}H_{72}O_{10}Ti_3$, aus I durch 2maliges je 2std. Erhitzen mit n-C_4H_9OH mit Dest. der Alkohole zwischen den 2 Stufen; hellgelbe, viscose Fl., hygroskop., leicht hydrolysierbar. Analog *Octa-n-hexoxytrititanoxan*, $C_{48}H_{104} \cdot O_{10}Ti_3$, aus I u. Hexylalkohol in quantitativer Ausbeute. — *Heptaäthoxytrititanoxanchlorid*, $C_{14}H_{35}O_9ClTi_3$, aus I u. Acetylchlorid (0,1:0,01 Mol) in PAe.; 2 Std. bei 70—75°, leicht lösl. in PAe., bei —70° daraus nicht umkristallisierbar. Analog *Hexaäthoxytrititanoxandichlorid*, $C_{12}H_{30}O_8Cl_2Ti_3$ (Molverhältnis 1:2), quantitative Ausbeute, aus PAe. umkristallisiert. *Hexa-n-butoxytrititanoxandichlorid*, $C_{24}H_{54}O_8Cl_2Ti_3$, viscose Fl., $Kp._1$ 145 bis 146°. *Hexa-n-hexoxytrititanoxandichlorid*, $C_{36}H_{78}O_8Cl_2Ti_3$, $Kp._1$ 178°. — *Diäthoxytitandibromid* (II), $C_4H_{10}O_2Br_2Ti$, aus $(C_2H_5O)_4Ti$ in Bzl. + PAe. (1:1) u. $TiBr_4$ (1:1 Mol) in Bzl. bei —10 bis —15°, 79% (Ausbeute), F. 47—50° (Zers.); *Äthoxytitantribromid*, $C_2H_5OBr_3Ti$, analog bei Molverhältnis 1:3, 45%, umkrist. aus Bzl. + PAe., ungenauer F. Bei Ggw. von Piperidin wird statt II die Doppelverb. *$(C_2H_5O)_2TiBr_2 \cdot C_5H_{10}NH$*, hellgelber Nd., umkrist. aus Bzl., erhalten, bei Molverhältnis $(C_2H_5O)_4Ti$:Piperidin:$TiBr_4$ = 3:4:1 die Doppelverb. *$(C_2H_5O)_3TiBr \cdot C_5H_{10}NH$*, 75%, aus Bzl. + PAe. umkristallisiert. (Известия Академии Наук СССР, Отделение Химических Наук [Nachr. Akad. Wiss. UdSSR, Abt. chem. Wiss.] **1955.** 838—43. Sept./Okt. Inst. für elementorg. Verbb. der Akad. der Wiss. der UdSSR.)
R. K. MÜLLER. 321

Herbert S. Kalish, *Die Gewinnung von Zirkoniumpulver.* Übersicht über die Verff. zur Gewinnung von Zr-Pulver ($ZrO_2 + 2\,Ca = Zr + 2\,CaO$; $ZrCl_4 + 4\,Na = Zr + 4\,NaCl$; $Na_5Zr_2F_{13} + 8\,Na = 2\,Zr + 13\,NaF$; $K_2ZrF_6 + 4\,Na = Zr + 4\,NaF + 2\,KF$; Red. von Zr-Schwamm mit H) u. die Eigg. der nach den verschied. Verff. gewonnenen Zr-Pulver. — 62 Literaturangaben. (Zirconium and Zirconium Alloys **8.** Kongressber. 365. 1—36. 27/3. 1953. Bayside, N. Y., Sylvania Electr. Prod. Inc., Atom. Energy Div.) W. WESLY. 322

Paul Ehrlich, Fritz Plöger und **Gerhard Pietzka,** *Über Niobtrifluorid.* Nach vergeblichen Verss. früherer Autoren (vgl. RUFF u. SCHILLER, Z. anorg. allg. Chem. **72.** [1911.] 329 sowie EMELÉUS u. GUTMANN, C. **1951.** I. 2264) gelang es Vff., aus Niobhydrid der

Zus. $NbH_{0,7}$, wie es durch Hydrierung von Nb-Blechstreifen (99,9%) erhalten werden kann, durch langsames Erhitzen im H_2/HF-Strom auf 560—580° u. Erkaltenlassen im H_2-Strom mit 55—60% Ausbeute das NbF_3 neben absublimierendem NbF_5 erstmalig darzustellen. NbF_3 zers. sich an der Luft merklich erst ab 300—400° zu Nb_2O_5 u. ist außerordentlich resistent selbst gegen konz. Mineralsäuren u. alkal. H_2O_2-Lösungen. Die dunkelblaue Substanz mit $D.^{25}{}_4$ 4,02 (pyknometr.) bzw. 4,19 (röntg.) u. dem Molvol. 37,3 (pykn.) bzw. 35,8 cm^3 (röntg.) krist. im ReO_3-Typ ($a_{kub.}$ = 3,895; Nb–Nb 3,895; Nb–F 1,948; F–F 2,754 kX) u. zeigt nur schwachen Paramagnetismus (0,7 BOHRsche Magnetonen; Θ —180°). In der Verb. liegt wahrscheinlich teils Ionen-, teils Atombindungscharakter vor. (Z. anorg. allg. Chem. **282.** 19—23. Dez. 1955. Gießen, Justus-Liebig-Hochsch.; Hannover, TH, Inst. für Anorg. Chem.) U. WANNAGAT. 331

A. K. Babko und **A. M. Golub,** *Untersuchung der Halogenidkomplexe des Wismuts.* Die Unters. der Halogenidkomplexverbb. des Bi wurde nach dem potentiometr. Verf. bei 20° durchgeführt (Kompensation mit Brücke u. Galvanometer): Indicatorelektrode — mit lockerem Bi bedeckte Pt-Spirale; für die Best. der Halogenionenaktivität — Ag/Ag-Halogenelektrode. Da geringe Unregelmäßigkeiten im Geh. an freiem Halogen die Berechnungen u. sehr stark die Konz. des Bi (bis zu deren Verschwinden) beeinflußt, wurden Eichkurven gezeichnet. Das leichte Ausfallen der Bi-Oxychloride verhinderte die Durchführung der Unters. bei geringer Säurekonzentration. Bes. empfindlich waren die Jodide: Ausscheidung von BiJ_3 oder J (verhindert durch Na_2SO_3-Zusatz), Unverwendbarkeit von Ag-Elektroden. — Es wurde nachgewiesen, daß die Stabilität der Bi-Komplexe von den Chloriden bis zu den Jodiden ansteigt. Die Best. der Dissoziationskonstanten ergab folgende Werte: $BiCl_4^-$ $3{,}8 \cdot 10^{-6}$; $BiBr_4^-$ $5 \cdot 10^{-8}$; $BiCl_5^{2-}$ $2 \cdot 10^{-6}$; $BiCl_6^{3-}$ $3{,}8 \cdot 10^{-7}$; $BiBr_6^{3-}$ $2 \cdot 10^{-10}$; BiJ_6^{3-} $3{,}1 \cdot 10^{-12}$. (Сборник Статей по Общей Химии [Samml. Aufsätze allg. Chem.] **1.** 64—71. 1953. Kiew, Univ.) A. v. WILPERT. 334

L. M. Wolstein, *Neue Klasse von Komplexverbindungen des Chroms mit Aminosäuren.* (Vgl. C. **1956. 11934.**) Vf. erhielt ca. 30 Verbb. mit Aminosäuren [*Glycin* (**I**) u. *Alanin* (**II**)]. Erwärmen von Cr^{3+}-Salzen mit einem Überschuß von **I** oder **II** führt — auch ohne Ggw. von Laugen — zur Komplexbildung. Dabei findet eine plötzliche Farbänderung statt, u. die für Cr^{3+}-Ionen charakterist. Rkk. erfolgen nicht mehr. Die Farbe hängt von der Mol-Anzahl n von **I** oder **II**, die auf 1 g-Atom Cr wirken, ab. Bei n > 3 wird weder durch Laugen noch Ammoniak $Cr(OH)_3$ ausgeschieden. Eingedampft bis zur Trockene werden glasartige, nichtkristalline, intensiv gefärbte Prodd. erhalten, die in sehr geringen Mengen W. leicht lösl. sind. Letzteres beweist, daß es sich hierbei nicht um Lsgg. von inneren Komplexsalzen [$CrGl_3$, $Cr_2Gl_4(OH)_2$, $CrAn_3$ oder $Cr_2An_4(OH)_2$] handelt. Durch Zugabe von Aceton oder A. zu stark eingedampften Lsgg. wird ein hochviscoses, ölartiges Prod. ausgeschieden, welches nach längerem Trocknen eine harte, nichtkristalline M. ergibt. Über dieser M. befindet sich die stark gefärbte W.–A.- bzw. W.–Aceton-Schicht. Zu einem bestimmten Vol. einer $CrCl_3$-Lsg. mit bekanntem Titer wurde **I** mit n = 2, 3, 4, 5 u. 6 zugegeben. Dabei gehen die Cl-Ionen in die innere Sphäre des Mol. über: $[Cr(H_2O)_3(GlH)_3]Cl_3 \rightleftarrows [Cr(GlH)_3Cl_3] + H_2O$. Bei Einw. von mindestens 3 Mol HCl auf 1 Mol $(CrGl)_3$ wird durch Aceton aus der stark eingedampften Lsg. eine ölartige M. erhalten, die, nach Eindampfen, das gleiche Prod. ergibt wie bei Einw. von $CrCl_3$ auf **I** (bei n = 3). Die Spaltung des **I**-Ringes erfolgt nach der Gleichung: $CrGl_3 + 3\,HCl \rightarrow [Cr(GlH)_3Cl_3]$. Analoge Verbb. erhält man mit Oxalsäure. Bei Einw. von 2 Mol HCl auf 1 Mol innerkomplexe Diolverbb. der Art $[Cr_2Gl_4(OH)_2]$ wurde die Spaltung der Komplexe in 2 Kerne durchgeführt: $[Gl_2 \overset{OH}{\underset{OH}{}} CrGl_2] + 2\,HCl \rightarrow 2\,[CrGl_2H_2OCl]$. Die erhaltene Verb. u. die entsprechende An-Verb. werden aus eingedampften Lsgg. durch Zugabe von Aceton gewonnen. Bei weiterem Zufügen von HCl werden aus Monochloriden — unter Spaltung der **I**- bzw. **II**-Ringe — Trichloride, $[Cr(GlH)_2H_2OCl_3]$, erhalten. Analoge Verbb. erhielt Vf. durch Einw. von Oxalsäure auf $Cr_2Gl_4(OH)_2$, wobei ein Teil des Ausgangssalzes unter Bldg. von $Cr(OH)_3$ hydrolysiert wird. Nachdem dieses abfiltriert u. das Filtrat stark eingedampft wird, scheidet sich das Reaktionsprod. $CrGl(GlH)H_2OC_2O_4$ — nach Zugabe von A. — aus. — Einige Verbb. von konstanter u. reproduzierbarer Zus. können durch Eindampfen der wss. Lsg. bis zur Trockene erhalten werden. Die Substanz wird bei 105—115° getrocknet u. besitzt glasartiges Aussehen. Die Verbb. können noch besser aus konz. wss. Lsgg. durch Zugabe von A. oder Aceton gewonnen werden. — Eine Tabelle zeigt alle erhaltenen Verbb. von der Diglycin- bis zur Hexaglycinreihe. Es wird angenommen, daß es sich bei den erhaltenen Verbb. um polymere Komplexverbb. handelt. (Известия Академии Наук СССР, Отделение Химических Наук [Nachr. Akad. Wiss. UdSSR, Abt. chem. Wiss.] **1952.** 248—60. März/April. Kurnakow-Inst. für allg. u. anorgan. Chem. der Akad. der Wiss. der UdSSR.) A. AMBURGER. 335

L. M. Wolstein und **W. P. Molossnowa,** *Zwei Modifikationen des Kaliumdiglycinooxalatochromiats.* (Vgl. vorst. Ref.) Da für $C_2O_4^{2-}$ eine festere Bindung an Cr zu erwarten ist als für Cl, werden die Rkk. der Glycin(Gl)–Oxalat-Komplexe des Cr mit KOH untersucht: $[CrGl(GlH)H_2OC_2O_4] + KOH \rightarrow K[CrGl_2C_2O_4] + 2\,H_2O$ u. $[CrGl(GlH)_2C_2O_4] + KOH \rightarrow K[CrGl_2C_2O_4] + H_2O + GlH$. Das entstehende Prod. (**I**) ist annähernd rosa gefärbt. Es geht durch Lösen in W., Kochen u. Eindampfen in eine violette Modifikation (**II**) gleicher Zus. über. Beide reagieren mit NH_3 auch beim Kochen nicht, mit Ca^{2+} wird erst bei längerem Kochen langsam CaC_2O_4 gefällt. **I** ist nach Unters. mit Polarisationsmikroskop eine anisotrope krist. Substanz, **II** isotrop u. anscheinend amorph u. glasig. **II** löst sich sehr gut in W., **I** geht in W. allmählich auch schon bei gewöhnlicher Temp. in **II** über. Bei Zugabe von A. oder Aceton im Überschuß fällt aus der 0,025mol. Lsg. von **I** sofort ein grobkrist. Nd. von **I** aus, aus **II**-Lsg. auch bei längerem Stehen nicht, die trübe Fl. scheidet allmählich feine ölige Tropfen aus. Die Gefrierpunktserniedrigung der 0,025mol. Lsg. beträgt bei **I** 0,092, bei **II** 0,090°; das entsprechende Mol.-Gew. (310 bzw. 318) ist niedriger als der Formel entspricht (327). Aus konz. Lsg. von **II** scheidet A. oder Aceton ein sehr viscoses „Öl" aus, das bei längerem Trocknen wieder **II** ergibt. Bei langem Stehen der sehr konz. Lsgg. von **II** in der Kälte erfolgt Umwandlung **II** → **I**. In fester Phase findet keine gegenseitige Umwandlung statt. Es wird angenommen, daß im gelösten **II** eine offene Glykokollkette, im gelösten **I** der daraus gebildete Ring vorliegt. Ringschluß (Dehydratation) u. Ringöffnung (Hydratation) erklären die gegenseitige Umwandlung. Die Unterschiede der Eigg. der festen Salze werden darauf zurückgeführt, daß **II** ein Polymeres ist. Wahrscheinlich beruhen die Unterschiede auf stereochem. verschied. Bau. (Доклады Академии Наук СССР [Ber. Akad. Wiss. UdSSR] [N. S.] **93.** 479—82. 21/11. 1953. Dnjepropetrowsk, Chem.-technol. Dshershinski-Inst.)
R. K. MÜLLER. 335

Vikt. I. Spitzyn und **Je. A. Fabrikowa,** *Untersuchung der Umwandlungen des Natriumphosphorwolframats unter der Einwirkung von Natriumhydroxyd.* Bei Zusatz von NaOH in berechneter Menge zu 25%ig. *Na-Phosphorwolframat* (**I**)-Lsg. (1 : 1 Mol) erfolgt teilweise Zers. nach $Na_3[PW_{12}O_{40}]\cdot 14\,H_2O + 6\,NaOH + 4\,H_2O \rightarrow Na_3[PW_9O_{31}]\cdot 3\,Na_2WO_4\cdot 21\,H_2O$ (**II**). Die Unters. der Rk. erfolgt nach verschied. Methoden (konduktometr., potentiometr., röntgenograph. u. unter Verwendung von mit ^{32}P markiertem **I**). Es ist möglich, daß **II** ein Zwischenprod. bei der Synth. von **I** aus Na_2HPO_4 u. Na_2WO_4 darstellt. (Доклады Академии Наук СССР [Ber. Akad. Wiss. UdSSR] **106.** 84—87. 1/1. 1956. Moskau, Lomonossow-Univ.)
R. K. MÜLLER. 337

W. W. Petschkowski, *Untersuchung der thermischen Zersetzung von Mangansulfat.* Es wird die Zersetzungsgeschwindigkeit von $MnSO_4$ (**I**) in Abhängigkeit von der Temp. sowie der Zus. der Ausgangscharge u. des in die Reaktionszone eintretenden Gases im Hinblick auf die Anreicherung von Mn-Erzen untersucht. Danach verläuft die therm. Zers. von **I** in trockener Luft oberhalb 1000° prakt. ausreichend rasch. Durch Zusatz von C zur Charge wird die Zers. stark beschleunigt. Bis zum C-Geh. 9,1% wird oberhalb 800° der S-Übergang in die Gasphase beschleunigt, oberhalb 9,1% C durch Bldg. von festem MnS gehemmt. Die Zers. von reinem **I** u. mit Kohle versetztem **I** wird mit abnehmender O_2-Menge in der Reaktionszone beschleunigt. Als optimal für die Zers. von **I** (möglichst vollständige Bldg. von Mn-Oxyden) ist ein 5—10%ig. C-Geh. der Charge u. ein geringer O_2-Geh. in der Reaktionszone anzusehen. Bei 800° entsteht als Röstprod. hierbei fast reines Mn_3O_4. Der SO_3-Geh. übersteigt nicht 3% der Summe von SO_2 u. SO_3. Steigt im Bereich 700—850° der C-Geh. der Charge über 9,1%, so besteht das Röstprod. aus MnO u. Mn_3O_4. (Журнал Прикладной Химии [J. angew. Chem.] **28.** 237—44. März 1955. Nowotscherkask, Polytechn. Ordshonikidse-Inst.)
O. LEBTAG. 350

J. Nakajima, *Strukturen und Eigenschaften von Manganoxyden.* Übersicht über die krist. Formen von MnO_2, Ionenadsorption u. -austausch an MnO_2, $Mn(OH)_2$, MnO_2 für Trockenbatterien, magnet. Unterss. an Mn-Oxyden. — 37 Literaturangaben. (J. electrochem. Soc. Japan **21.** 367—75. Aug. 1953. Tokyo Univ. [Orig.: japan.]) L. SCHULER. 350

Jean Brenet und **Anne-Marie Briot,** *Über den Valenzzustand des Manganatoms in den sogenannten „Mangandioxyden".* (Vgl. C. **1956.** 7160.) Nach Unterss. der Vff. ist das einzigste Manganoxyd, dem die Formel MnO_2 zusteht, das auf trockenem Wege dargestellte Oxyd. Röntgenograph. gibt dieses Oxyd das bekannte tetragonale Diagramm der Kristalle vom Rutiltyp. Den gefällten oder auf feuchtem Wege dargestellten Manganoxyden muß die Formel MnO_x mit x nahe 2 gegeben werden; es handelt sich hierbei um eine Phase, die noch OH-Gruppen enthält. In diesen Verbb. ist der Valenzzustand des Mn-Ions nicht, wie in dem wahren MnO_2, 4. Die Streuung der Werte der magnet. Susceptibilität scheint das zu bestätigen, auch bei Verbb., welche auf Grund der chem. Analyse die gleiche Zus. haben. Die Röntgendiagramme dieser Verbb. sind mit denen des tetragonalen MnO_2 nicht vergleichbar; ihre Deutung ist bisher noch nicht gelungen.

Die Deutung, daß es sich bei der katalyt. Zers. des H_2O_2 in Ggw. von Manganoxyd um das wahre MnO_2 handelt, ist nicht zutreffend, da einesteils diese Katalysatoren auf feuchtem Wege dargestellt werden u. ferner ihr Röntgendiagramm nicht mit dem des tetragonalen MnO_2 übereinstimmt. Im Gegenteil konnten AMIEL, BRENET u. RODIER (vgl. Colloque Polarisation de la matière, 1949) nachweisen, daß das tetragonale MnO_2 nur ein mittelmäßiger Katalysator ist. Ebenso dürften die Deutungen der Erscheinungen des Isotopenaustausches von HAÏSSINSKY (vgl. C. **1952.** 4104) dagegen sprechen, daß es sich bei dem auf feuchtem Wege dargestellten Manganoxyd um tetragonales MnO_2 gehandelt hat. Nach Ansicht der Vff. ist in diesen Verbb. der Valenzzustand des Mn-Ions insofern schlecht definiert, als die Bindung des Mn zu den O-Atomen sicher nicht einen vollkommenen Ionencharakter besitzt. (C. R. hebd. Séances Acad. Sci. **232.** 726—27. 19/2. 1951.) C. GOTTFRIED. 350

J. Chatt und **L. M. Venanzi**, *Darstellung von Platin(II)-Komplexen mit Halogenbrücken.* Für die Darst. zweikerniger $PtCl_2$-Komplexe des Typs $L_2Pt_2Cl_4$ wurden allg. Methoden entwickelt, die auf Komplexe mit folgenden ungeladenen Liganden L angewandt wurden: Olefine, Amine, tert. organ. Phosphine, Arsine u. Stibine, Dialkylsulfide, Selenide u. Telluride. Die Verff. zur Darst. folgender Verbb. u. deren Eigg. werden angegeben: *Bis-(tri-n-butylphosphin)-dichloro-μ.μ'-dichlorodiplatin*, $C_{24}H_{54}Cl_4P_2Pt_2$, F. 143 bis 144°, gelborange aus Aceton; 55,7% (Ausbeute). — *Bis-(tri-n-pentylphosphin)-dichloro-μ.μ'-dichlorodiplatin*, $C_{30}H_{66}Cl_4P_2Pt_2$, F. 121—122°, gelborange aus Aceton, Methanol; 49%. — *Bis-(tri-n-hexylphosphin)-dichloro-μ.μ'-dichlorodiplatin*, $C_{36}H_{78}Cl_4P_2Pt_2$, F. 120 bis 120,5°, gelborange aus Äthylmethylketon, Methanol; 12%. — *Bis-(di-n-butyl)-phenylphosphin)-dichloro-μ.μ'-dichlorodiplatin*, $C_{28}H_{46}Cl_4P_2Pt_2$, F. 167—171° (Zers.), gelborange aus Äthylmethylketon, A.; 10%. — *Bis-(triäthylarsin)-dichloro-μ.μ'-dichlorodiplatin*, $C_{12}H_{30}\cdot Cl_4As_2Pt_2$, F. 208—209° (Zers.), orange aus Aceton; 50%. — *Bis-(tri-n-butylarsin)-dichloro-μ.μ'-dichlorodiplatin*, $C_{24}H_{54}Cl_4As_2Pt_2$, F. 126—127°, orange aus Aceton, Äthylmethylketon; 50%. — *Bis-(di-n-propylsulfid)-dichloro-μ.μ'-dichlorodiplatin*, $C_{12}H_{28}Cl_4S_2Pt_2$, F. 194—197° (Zers.), hellgelb aus Chlf.; 49%. — *Bis-(di-n-butylsulfid)-dichloro-μ.μ'-dichlorodiplatin*, $C_{16}H_{36}Cl_4S_2Pt_2$, F. 188—198° (Zers.), hellgelb aus Chlf., Aceton; 39%. — *Bis-(di-n-butylsulfid)-dibromo-μ.μ'-dibromodiplatin*, $C_{16}H_{36}Br_4S_2Pt_2$, aus Äthylmethylketon; 42%. — *Bis-(diäthylselenid)-dichloro-μ.μ'-dichlorodiplatin*, $C_8H_{20}Cl_4Se_2Pt_2$, F. 146 bis 147° (Zers.), braunorange aus Chlf.; 36%. — *Bis-(di-n-propylselenid)-dichloro-μ.μ'-dichlorodiplatin*, $C_{12}H_{28}Cl_4Se_2Pt_2$, F. 76,5—77,5° (Zers.), braunorange aus Chlf. u. Ae.; 10%. — *Bis-(diäthylsulfid)-dichloro-μ.μ'-dichlorodiplatin*, $C_8H_{20}Cl_4S_2Pt_2$, F. 213—230° (Zers.), hellgelb aus A.; 73%. — *Bis-(di-n-octylsulfid)-dichloro-μ.μ'-dichlorodiplatin*, $C_{32}H_{68}Cl_4S_2Pt_2$, F. 148—166° (Zers.), hellgelb aus A., Aceton. — *Bis-(diäthyltellurid)-dichloro-μ.μ'-dichlorodiplatin*, $C_8H_{20}Cl_4Pt_2Te_2$, F. 142° (Zers.), braunorange aus A.; 40,5%. — *Bis-(di-n-propyltellurid)-dichloro-μ.μ'-dichlorodiplatin*, $C_{12}H_{28}Cl_4Pt_2Te_2$, F. 120—131° (Zers.), braunorange aus Aceton; 79%. — *Bis-(trimethylstibin)-dichloro-μ.μ'-dichlorodiplatin*, $C_6H_{18}Cl_4Pt_2Sb_2$, F. 150—170° (Zers.), rotorange aus Chlf. u. Petroleum; geringe Ausbeute. — *Bis-(triäthylstibin)-dichloro-μ.μ'-dichlorodiplatin*, $C_{12}H_{30}Cl_4Pt_2Sb_2$, F. 130—135° (Zers.), rotorange aus Äthylacetat; 35%. — *Bis-(trimethylphosphin)-dichloro-μ.μ'-dichlorodiplatin*, $C_6H_{18}Cl_4P_2Pt_2$, F. 217—220° (Zers.), gelborange Prismen aus Äthylmethylketon; 3%. — *Bis-(dimethylsulfid)-dichloro-μ.μ'-dichlorodiplatin*, $C_4H_{12}Cl_4S_2Pt_2$, F. 200—220° (Zers.), senfgelb, unlösl. in organ. Lösungsmitteln; mit Äthylendibromid in der Hitze umkristallisierbar unter Anlagerung eines Mol. Äthylendibromid. — *cis-Äthylen-4-n-pentylpyridindichloroplatin*, $C_{12}H_{19}NCl_2Pt$, F. 142—143°, silberweiße Blättchen aus A. u. wenig Holzkohle; 9%. — *trans-Äthylenpiperidindichloroplatin*, $C_7H_{15}NCl_2Pt$, F. 100 bis 105° (Zers.), gelb aus Petroleum; 68%. — *Dipiperidindichloro-μ.μ'-dichlorodiplatin*, $C_{10}H_{22}N_2Cl_4Pt_2$, F. 182—192°, gelborange aus Chlf.; 48%. — *Bis-(4-n-pentylpyridin)-dichloro-μ.μ'-dichlorodiplatin*, $C_{20}H_{30}N_2Cl_4Pt_2$, F. 121—122°, gelborange. — *trans-Äthylen-4-n-nonylpyridindichloroplatin*, $C_{16}H_{27}NCl_2Pt$, F. 73—73,5°, gelbe Nadeln; 90%. — *Bis-(4-n-nonylpyridin)-dichloro-μ.μ'-dichlorodiplatin*, $C_{28}H_{46}N_2Cl_4Pt_2$, F. 132—133,5°, gelborange. — *trans-Di-p-toluidindichloro-μ.μ'-dichlorodiplatin*, $C_{14}H_{18}N_2Cl_4Pt_2$, F. 190—205° (Zers.), rotorange aus Benzol. — *trans-Di-p-toluidindichloroplatin*, $C_{14}H_{18}N_2Cl_2Pt$, unlösl. in nahezu allen Lösungsmitteln, mit 70% Verlust aus viel Aceton umkristallisierbar. — *cis-Di-p-toluidindichloroplatin*, blaßgelbe Nadeln aus Methanol, F. 270—280° (Zers.), leichter lösl. in polaren organ. Lösungsmitteln als die trans-Verbindung. (J. chem. Soc. [London] **1955.** 2787—93. Aug. Welwyn, Herts., Akers Res. Labors, The Frythe.) W. LEONHARDT. 368

Arnold Frederik Holleman, Lehrbuch der anorganischen Chemie. 37.—39., sorgfältig durchges. u. verb Aufl. von **Egon Wiberg**. Berlin: de Gruyter. 1956. (XXVIII + 663 S. mit 166 Abb. u. 1 Faltbl.) DM 28,—.

P. Pascal, Nouveau Traité de Chimie minérale. T. X.: Azote. Phosphore, par **R. Dubrisay** et **P. Pascal**. Paris: Masson et Cie. (964 S. mit 130 Abb.) 7500 fr.

A_9. Mineralogische und geologische Chemie.

Arturo Debenedetti, *Scheinbare optische Anomalien von Phenokristallen von Quarz in Dünnschliffen von Quarzporphyren.* Bei der opt. Unters. von Dünnschliffen eines Quarzporphyrs von dem Val Cembra im natürlichen oder polarisierten Licht ohne Analysator muß aus dem Auftreten einer BECKEschen Linie geschlossen werden, daß die Ränder einer Anzahl von Quarzkörnern einen niedrigeren Brechungsindex haben als die Kerne der Körner. Die Ränder werden einige Tage nach Fertigstellung des Dünnschliffes sichtbar u. werden mit der Zeit breiter. Bei dieser Beobachtung handelt es sich um einen Effekt des Einbettungsmittels. (Periodico Mineralog. **24.** 1—12. 1955. Turin.) C. GOTTFRIED. 372

H. Tertsch, *Untersuchungen über die Hochtemperaturoptik saurer Plagioklase.* Durch Temperung bei ca. 100° unter dem F. ändert sich die opt. Orientierung der einzelnen gemessenen Plagioklastypen. Vf. untersucht aus diesem Grunde die Hochtemperaturorientierung von 3 sauren Plagioklasen, um die kristallograph. Lage der jeweiligen Indikatrix mit Hilfe der Drehtischmethoden festzulegen. Vf. gibt an Hand von Tabellen u. graph. Darstellungen eine Übersicht über die betrachtete Hochtemperaturoptik im Gesamtbereich der Plagioklasmischungen im Vgl. zu den Verhältnissen bei Tieftemperaturplagioklasen. (Neues Jb. Mineralog., Mh. **1950.** 121—28. Wien.) E. SCHIEBOLD. 372

Jean Orcel, Daniel Fauquier und **Marc Foex,** *Neue Daten über die Rekristallisation metamikter Mineralien.* Vff. untersuchten die Rekristallisation von 2 *Betafiten* aus Madagaskar durch Zusammenschmelzen im Sonnenofen. Nach Erkalten u. ohne Anlassen ist schon makroskop. zu erkennen, daß die dunkelbraune geschmolzene M. deutlich kristallin ist. In Dünnschliffen unter dem Mikroskop erkennt man bei beiden Proben undurchsichtige Stäbchen, die Blättchen von 2 anderen verschied. Bestandteilen begrenzen, welche durchscheinend u. doppelbrechend sind. Läßt man Anschliffe auf eine photograph. Kernplatte einwirken, so zeigt sich, daß die Radioaktivität nur in den doppelbrechenden Bestandteilen konz. ist. Die Pulveraufnahmen waren ident. mit Aufnahmen an Betafiten, die zur Rekristallisation auf 1000° bis oberhalb des exothermen Effektes erhitzt worden waren. Wegen des hohen Alters u. der starken Radioaktivität der Betafite gegenüber anderen metamikten Mineralien kann man annehmen, daß sie am Schluß ihrer Metamiktisierung sind. (C. R. hebd. Séances Acad. Sci. **241.** 658—60. 29/8. 1955.) C. GOTTFRIED. 378

Tamiya Asari, *Geochemische Verbreitung von Strontium.* **6. Mitt.** *Sr in Knochen.* (5. vgl. J. chem. Soc. Japan, pure Chem. Sect. [Nippon Kagaku Zassi] **70.** [1949.] 430.) Der mittlere Sr-Geh. von 22 Proben von verschied. Seefischen war 0,47% SrO, der von 8 Proben von Süßwasserfischen 0,23%. (J. chem. Soc. Japan, pure Chem. Sect. [Nippon Kagaku Zassi] **71.** 12—13. Jan. 1950. Tokyo Univ. [Orig.: japan.]) L. SCHULER. 378

Tamiya Asari, *Geochemische Verbreitung von Strontium.* **7. Mitt.** *Sr in Weichtierschalen.* (6. vgl. vorst. Ref.) Der durchschnittliche Sr-Geh. der Schalen von 55 verschied. Weichtierarten war 0,39% SrO (maximal 0,93, minimal 0,001%). Der Mittelwert ergibt ein Verhältnis Ca : Sr = 100 : 0,40; der von Seewasser ist 100 : 1,45. (J. chem. Soc. Japan, pure Chem. Sect. [Nippon Kagaku Zassi] **71.** 156—58. Febr. 1950. Tokyo Univ. [Orig.: japan.]) L. SCHULER. 378

A. K. Mousuf, *Das Verzweigungsverhältnis beim radioaktiven Zerfall von ^{40}K und seine Anwendung zur geologischen Altersbestimmung.* (Sitzungsbericht.) (Bull. geol. Soc. America **63.** 1282—83. Dez. 1952. Toronto, Can., Univ., Dep. of Phys. — C. **1953.** 6410.) F. WEIGEL. 378

Richard T. Moore, *Einhundert Arizona-Mineralien.* (Univ. Arizona, Bur. Mines Bull. **26.** Nr. 165. 1—31. Jan. 1955.) F. ENSSLIN. 380

J. E. Lamar und **H. B. Willman,** *Illinois-Bausteine.* Beschreibung von Kalksteinen, Dolomiten u. Sandsteinen, welche zur Errichtung von Bauten verwendet werden können. (State Illinois, Divis. State geol. Surv., Rep. Invest. **184. 1955.** 1—24.) F. ENSSLIN. 380

Heinz Meixner, *Zum Bindheimit.* Die mehrfach im Schrifttum angeführte Bindheimit-Komponente konnte Vf. nach Durcharbeitung alter u. neuer Funde als *Cerussit* identifizieren. Ebenfalls konnte nachgewiesen werden, daß die ohne weitere Unters. gemachten Angaben eines österreich. *Senarmontit*-Fundortes fallengelassen werden müssen. (Neues Jb. Mineralog., Mh. **1950.** 16—19. Graz.) E. SCHIEBOLD. 380

A. Alietti, *Über einen amphibolitischen Comptonit des Val del Fösch bei Mezzavalle im Val di Fassa.* Mkr. u. chem. wurde ein amphibolit. Comptonit des obigen Fundortes untersucht. Das Gestein hat porphyr. Struktur u. enthält als Hauptbestandteile *Labradorit* u. eine *basalt. Hornblende*; accessor. treten auf *Augit, Apatit, Chlorit, Magnetit* u.

Calcit. Die chem. Analyse ergab die folgenden Werte: SiO_2 45,36 (%); TiO_2 2,50, Al_2O_3 16,64, Fe_2O_3 7,47, FeO 2,97, MnO 0,01, MgO 4,79, CaO 9,52, Na_2O 3,45, K_2O 0,48, P_2O_5 0,35, H_2O^- 1,56, H_2O^+ 4,30, CO_2 0,34, Spuren von Ni, Cu, V, Pb u. Cr. Die Hornblende hat die mittleren Brechungsindices $\alpha' \leq 1{,}68$ u. $\gamma' \geq 1{,}70$. Die Auslöschungsschiefe beträgt $c:\gamma = 11 \pm 3^0$ u. der Achsenwinkel -72 ± 4^0. Der Pleochroismus ist α = farblos oder gelblich, β = kastanienbraun u. γ = dunkelkastanienbraun. An porphyr. Einschlüssen enthält das Gestein einen *sauren Plagioklas*, eine **basalt. Hornblende**, die einige Eigg. des Barkevikits zeigt, sowie *Heulandit*. Die Hornblende hat die Brechungsindices $\alpha' = 1{,}680$, $\beta' = 1{,}688$, $\gamma = 1{,}702$. Pleochroismus α = hellgelb, β = braun, γ = dunkelbraun. Die Auslöschungsschiefe ist $c:\gamma = 8^0$, der Achsenwinkel $2V = -73 \pm 2^0$. Die chem. Zus. ist SiO_2 36,92 (%), TiO_2 3,56, Al_2O_3 16,25, Fe_2O_3 4,90, FeO 11,13, MnO 0,38, MgO 8,53, CaO 11,72, Na_2O 2,73, K_2O 0,69, F 0,15, H_2O^- 0,08, H_2O^+ 2,43. Der Anorthitgeh. des Plagioklases ist schwankend. Für den Heulandit ergaben sich die Brechungsindices $\alpha = 1{,}498$, $\beta = 1{,}499$, $\gamma = 1{,}505$. Die therm. Differentialanalyse zeigte, ebenso wie bei einem Heulandit von den Faröer-Inseln, 2 endotherme Rkk., u. zwar zwischen 150 u. 200° u. bei 410°. Das Pulverdiagramm stimmte gut mit dem eines Standardheulandites überein. (Periodico Mineralog. **24**. 27—46. 1955. Modena, Univ., Ist. di Mineral.)
C. GOTTFRIED. 380

M. Fürst, *Ein neuer Flußspatgang bei Stefling (Landkreis Nittenau, Bayr. Wald) sowie Bemerkungen über die Anwendung des Mikroskops beim Prospektieren*. Beschreibung der Lagerstätte. CaF_2 kommt hier meist würfelig vor. Zwei weitere Vorkk. (bei Reifilding u. Hungersacker) werden skizziert. Beschreibung u. Kritik der Meth. des Prospektierens mit dem Mikroskop. (Geol. Bl. Nordost-Bayern angrenz. Gebiete **5**. 86—92. 12/5. 1955. Erlangen.) G. MEINHARDT 380

Ju. Ss. Ssolowjew, *Beobachtungen an Hämatitkristallen der Schabrow-Lagerstätte der Talk–Magnesit-Steine im Ural*. An der Spaltoberfläche u. in der feinblättrigen M. des *Talkes* (I) wurden gut ausgebildete Kristalle von *Hämatit* (II) gefunden. Vorherrschend sind die Flächen (1 1 1), (0 0 0), (3 1 $\bar{1}$), wahrscheinlich sind die Flächen (5 1 $\bar{1}$), (2 1 $\bar{1}$), (5 3 1) u. (7 3 $\bar{3}$). Auf den nach oben gerichteten Flächen von **II** beobachtet man sehr dünne Aufstaubungen von **I** mit *Chlorit* u. darauf kleine dunkle Körner von *Turmalin*. Diese Körner sind ihrerseits von feinblättrigem blauweißem **I** bedeckt (verunreinigt durch Fe-Oxyde). Dies beweist, daß die Aufstaubung von Turmalin auf **II** vor der von blauweißem **I** u. nach der von I-Chlorit erfolgte. (Записки Всесоюзного Минералогического Общества [Schr. Allunions mineralog. Ges.] [2] **83**. 60—61. 1954.)
O. LEBTAG. 380

Hans Rechenberg, *Melnikovit-Markasit*. Vf. beschreibt im Melnikovit-Pyrit eingelagerte, 1—5 mm starke, dunkelbraune bis schwarze, metall. reflektierende Bänder, die sich nach Anschliffunterss. als stark anisotropes Mineral u. nach DEBYE-SCHERRER-Aufnahmen als Markasit erwiesen. Dieser besitzt vom echten Markasit abweichende chalkograph. Eigg. u. wird daher als „Melnikovit-Markasit" bezeichnet. Härte: 4,5. (Neues Jb. Mineralog., Mh. **1950**. 141—44. Berlin.) E. SCHIEBOLD. 380

Joseph L. Gillson, *Die Lagerstätten von schweren Mineralien an der brasilianischen Küste*. Aus den Sanden an der brasilian. Küste können die schweren Mineralien durch Waschen zu Sammelkonzentraten angereichert werden. Aus diesen lassen sich *Ilmenit*, *Rutil*, *Zirkon* u. *Monazit* durch magnet. u. naßmechan. Aufbereitung in Konzentrate überführen. (Mining Engng. **187**. 685—93. Juni 1950.) F. ENSSLIN. 380

Elysiario Tavora, *Röntgenbeugungspulverdaten einiger Mineralien von brasilianischen Fundorten*. Mit *Alvarolit* hatte FLORENCIO (vgl. C. **1953**. 6840) ein Mineral bezeichnet, das chem. nahezu die ideale Zus. $MnTa_2O_6$ besaß. Da die Vermutung bestand, daß es sich bei diesem Mineral in Wirklichkeit um einen *Manganotantalit* gehandelt hat, wurden Vergleichsaufnahmen hergestellt, die die Vermutung bestätigten. Der Name Alvarolit ist demnach zu streichen. Aufnahmen an einem Mineral von Acań, das als *Bismutotantalit* angesprochen war, waren den Aufnahmen von Stibiotantalit sehr ähnlich. Dagegen sprach nur die hohe D. (8,86) des Minerals. Aus diesem Grund wurde eine chem. Analyse durchgeführt, die folgende Werte lieferte: Ta_2O_5 50,88 (%), Bi_2O_3 48,31, MnO 0,23, SiO_2 0,07, H_2O^+ 0,55, TiO_2, Al_2O_3 u. Sb_2O_3 Spuren. Es handelt sich demnach einwandfrei um Bismutotantalit. Ein Mineral von Itambé konnte als *Gahnit* identifiziert werden. Die Kante des flächenzentriert-kub. Würfels wurde zu 8,085 Å bestimmt. Ebenso konnte nachgewiesen werden, daß es sich bei einem Mineral von Araparica um *Hercynit* handelt. Die Kantenlänge des kub. Würfels beträgt 8,113 Å. Ein zur Identifizierung erhaltenes schönes weißes Mineral von Fortalezza wurde als *Hurlbutit*, $CaBe_2(PO_4)_2$, erkannt. Der zur Unters. vorliegende *Petalit* unterschied sich von dem Petalit aus dem Pegmatit von Varnträsk (Schweden) dadurch, daß er vollkommen farblos war. Die Pulveraufnahmen eines Originalpetalits u. des Petalits von Conselheiro Pena stimmten jedoch vollständig überein. *Ribeirit* von Macaraní wurde vor u. nach Erhitzung des Minerals untersucht, wobei der metamikte Charakter des Minerals deutlich erkennbar war. Die Pulveraufnahmen des erhitzten Minerals stimmen vollkommen mit denen von Zirkon überein. Es handelt sich demnach bei dem Mineral um einen Yttrium-haltigen Zirkon. Ti-haltiger *Romeit* oder *Lewisit* von Tripní wurden röntgenograph. untersucht; die Diagramme stimmten mit den von anderer Seite hergestellten Aufnahmen überein. Von *Tripuhyit* von Três Cruzes wurde zuerst eine chem. Analyse gemacht. Sie ergab die Werte: Sb_2O_5 71,176 (%), FeO 23,685, Fe_2O_3 4,820, Al_2O_3 0,188, SiO_2 0,160, CaO 0,012, SnO_2 0,012, MgO 0,002, MnO, CuO, TiO_2, S u. $K_2O + Na_2O$ Spuren. Die ideale Formel für das Mineral ist $FeSbO_4$. Aus der Pulveraufnahme ergibt sich, daß das Mineral mit Tapiolit isostrukturell ist. Aus den Pulveraufnahmen eines *Variscits* von Casa de Pedra folgte, daß es sich um einen Fe-haltigen Variscit (Al, Fe''')$PO_4 \cdot 2\,H_2O$ mit sehr geringem Fe-Geh. handelt. (An. Acad. brasil. Ci. **27.** 7—27. 1955. Rio de Janeiro, Univ., Dep. Nac. da Produção Mineral, Fac. Nac. de Filosof.) C. GOTTFRIED. 380

S. C. Robinson, *Mineralogie der Uraniumlagerstätten, Goldfields, Saskatchewan.* Die einzelnen Vorkk. werden beschrieben u. die Mineralien der epigenet. u. syngenet. Lagerstätten aufgezählt. In einem Kapitel wird die Verteilung u. Paragenese derMineralien u. Elemente behandelt. An Hand von Isotopenanalysen des Bleis von Bleiglanz u. Clausthalit wird das Alter der epigenet. Abscheidungen auf 1400—1600 Millionen Jahre berechnet, welche älter als die syngenet. sind. Es sind zwei weitere Mineralisationen mit 850—950 u. 230—350 Millionen Jahren zu erkennen. Die Genesis u. die Klassifikation der epigenet. U-Lagerstätten wird besprochen. (Canada, Dep. Mines techn. Surv., geol. Surv. Canada, Bull. **31.** 1—128. 1955.) F. ENSSLIN. 380

N. R. Srinivasan, *Ein neues uranhaltiges Seltenerd-Mineral.* Mineralog., kristallograph. u. chem. Beschreibung u. Definition eines neuen, *Stillwellit* genannten, Ceritähnlichen Minerals aus dem Mount Isa-Gebiet in Queensland mit 58,4% Oxyden Seltener Erden, davon 51% Ce_2O_3, 11,5% B_2O_3, 0,61% U_3O_8, Rest SiO_2, P_2O_5, CaO, Al_2O_3, Fe_2O_3, CO_2 u. F. (Chem. Age **74.** 947—48. 28/4. 1956.) H. ECKHARD. 380

John H. Soulé, *Erkundung der „Red Bed"-Kupfervorkommen im südwestlichen Colorado und in Neu-Mexico.* Zur Beschaffung eines Überblickes über die Mineralreserven wurden die aus der Literatur bekannten — jetzt stilliegenden — kleinen Cu-Bergwerke des genannten Gebietes geograph., geolog., stratigraph. u. klimatolog. erkundet. Die meisten Vorkk. gehören dem Perm u. bes. dem Trias an. Die Cu-Gehh. betragen einige Zehntel bis einige %. (U. S. Dep. Interior, Bur. Mines, Inform. Circ. **1956.** Nr. 7740. 1—74. Febr. Bluement, Va., Bur. Mines, Mount Weather Field Stat.) H. ECKHARD. 380

Alfred Kingsley Wells und **Arthur Clive Bishop,** *Eine Appinit-Fazies in Gesellschaft mit einigen Graniten in Jersey, Channel Islands.* (Quart. J. geol. Soc. London **111.** 143—66. 8/11. 1955.) F. ENSSLIN. 382

J. Zemann, *Die Riebeckitgneise des Semmeringgebietes.* Der Mineralbestand der Riebeckitgneise ist *Quarz, Kalifeldspat, Albit, Riebeckit, Ägirin* u. Accessorien. Es sind Alkaligneise, deren Analysen mit denen von Alkaligraniten gut übereinstimmen. Für ihre Genese gibt es zwei Möglichkeiten: 1. Es ist ein n. Orthogneis u. 2. es sind ehemalig sandige Sedimente, die im Zusammenhang mit bas. Ergüssen kräftige Alkalizufuhr erlitten haben. (Fortschr. Mineralog. **29/30.** 78. 1951. Wien.) J.-E. HILLER. 385

Alexandru Cişman, *Die Radioaktivität der Mineralwässer von Covasna, Călimăneşti und Olăneşti.* Bei den untersuchten Quellen werden Radioaktivitätswerte von Spuren bis zu 2,25 mμC/Liter gefunden; sie werden in einer Tabelle teilweise älteren Werten gegenübergestellt. (Bul. ştiinţific, Ser. Mat., Fizică, Chim. **2.** 51—55. Jan. 1950. Timişoara, Inst. Politehn., Labor. de Fiz.) R. K. MÜLLER. 393

Peter J. Wangersky, *Isolierung von Ascorbinsäure und Rhamnosiden aus Seewasser.* Vf. berichtet kurz über Unterss. an Seewasser, aus dem sich zwei krist. Verbb. isolieren ließen. Im einen Fall gelang auf Grund der analogen Absorptionsspektren der Nachw. von Dehydroascorbinsäure. Im andern Fall handelt es sich um ein noch nicht genau definiertes Rhamnosid, das in Konzz. bis zu 0,1 g/Liter gefunden wurde. (Science [Washington] **115.** 685. 20/6. 1952. Galveston, Tex., Fort Crockett, U. S. Fish and Wildlife Serv., Gulf Fish. Investigat.) R. KÖNIG. 393

Mario Talenti und **Natale Borgioli,** *Das Wasser der Thermen von Fogliano.* Chem., physikal.-chem. u. bakteriolog. wurde das W. der Thermen von Fogliano (Latina) untersucht. Temp. des W. beim Austritt (17/6. 1954) u. einer Lufttemp. von 23° 56,4°. Der p_H-Wert bei 18° beträgt 8,5, der A_H-Wert $3,16 \cdot 10^{-9}$, die elektr. Leitfähigkeit bei 25° ist $19,83 \cdot 10^{-3}\ \Omega^{-1}$, kryoskop. Konstante 0,65, osmot. Druck $P_0 = 7,95$. Das W. ist nicht radioaktiv. Bakteriolog. ist das W. als vollkommen steril anzusehen. Die chem. Analyse ergab die folgenden Werte in g pro Liter: Ca^{2+} 1,1685, Mg^{2+} 0,2786, Sr^{2+} 0,0180, Na^+ 1,6060, K^+ 2,0691, Fe^{3+} 0,0015, Cl^- 4,7425, J^- 0,0278, Br^- 0,0905, F^- 0,0007, SO_4^{2-} 0,8477, HCO_3^- 2,9389, HS^- 0,1210, SiO_2 0,0127, freie CO_2 1,3200, freier H_2S 0,1250. Der feste Rückstand bei 180° beträgt pro g 12,4320. (Chimica [Milano] [N. S.] **11** (**31**). 241—44. Juni 1955. Roma, Univ., Ist. d'Igiene.) C. GOTTFRIED. 393

O. Haxel und **G. Schumann**, *Selbstreinigung der Atmosphäre.* Vff. führen zunächst aus, daß die in der Luft vorhandenen natürlichen Radioaktivitäten, also die Folgeprodd. der Ra- u. Th-Emanation, sich sofort nach ihrer Entstehung an die immer vorhandenen Aerosole anlagern, so daß man diese Aktivitäten als Indicatoren für das Verh. der Aerosole benutzen kann. Die Verss. ergaben, daß das langlebige RaD nicht im Gleichgewicht mit seinen kurzlebigen Vorprodd. ist. Aus der Größe dieser Gleichgewichtsstörung läßt sich die mittlere Aufenthaltsdauer des RaD u. damit der Aerosole in der unteren Atmosphäre errechnen. Für diese Aufenthaltsdauern ergaben sich Werte in der Größenordnung von Tagen. Die Spaltprodd., die bei Atombombenexplosionen teilweise bis in die Stratosphäre geschleudert werden u. erst nach Monaten in Bodennähe zur Messung gelangen, zeigen, daß die Aufenthaltsdauer von Aerosolen in höheren Schichten wesentlich größer ist. (Z. Physik **142**. 127—32. 1955. Heidelberg, Univ., II. Phys. Inst.) C. GOTTFRIED. 396

H. K. Paetzold und **H. Zschörner**, *Zur optischen Temperaturmessung des atmosphärischen Ozons.* Opt. Messungen in Weissenau u. auf der Zugspitze ergaben für November 1953 eine mittlere O_3-Temp. von $-35 \pm 2°$. Diese mittlere O_3 Temp. stimmt nach der Theorie mit der herrschenden Lufttemp. in 30 km Höhe überein. Die Meßmeth. wird beschrieben. (Meteorol. Rdsch. **8**. 92—93. Mai/Juni 1955. Weissenau.) C. GOTTFRIED. 396

W. Herbst, R. Neuwirth und **K. Philipp**, *Betrachtungen über die Eignung radioaktiver atomtechnischer Aerosole als Markierungsmittel bei Arbeiten auf dem Gebiete der meteorologischen Strömungsforschung.* (Vgl. C. **1954**. 4086.) Vff. untersuchen die am 18/10. 1951 wesentlich über die Norm erhöhte Grundstrahlung der Luft u. finden einen Zusammenhang mit ähnlichen Erscheinungen an weit entlegener Stelle, wodurch eine Verfolgung des Wanderwegs der radioakt. Schwaden von Amerika nach Deutschland möglich wird. Durch Markierung von Luftmassen mit radioakt. Prodd. werden Unterss. auf dem Gebiet der meteorolog. Strömungsforschung, bes. der horizontalen u. vertikalen Luftbewegungen, ermöglicht. Vff. diskutieren die Transportweise der radioakt. Schwaden u. die Bedeutung der Vorgänge im Bereich des atmosphär. Ringstromes. (Naturwissenschaften **41**. 156—60. 1. April-H. 1954. Wittental/Br., Inst. für Pflanzenphysiol.; Freiburg/Br., Meteorol. Observ. des Dtsch. Wetterdienstes, u. Univ., Biol. Inst.) MAX SCHMIDT. 396

B. Allgemeine und theoretische organische Chemie.

R. Mecke und **K. Noack**, *Spektroskopische Beobachtungen an einfachen ungesättigten Ketonen.* Die UV-Maxima von *3.4-Dimethylpenten-(3)-on-(2)*, *-hexen-(3)-on-(2)* (**I**), *-hepten-(3)-on-(2)* (**II**) u. *2-Methyl-1-acetylcyclohexen-(1)* liegen zwar an der für α,β-ungesätt. Ketone erwarteten Stelle (ca. 246 μ), zeigen jedoch einen unerwartet niedrigen Extinktionskoeff. (etwa die Hälfte des n. Wertes). Nach den Infrarotspektren liegt keine Verunreinigung mit β,γ-ungesätt. Verbb. vor. Die UV-Maxima der Semicarbazone u. der 2.4-Dinitrophenylhydrazone sind nach kurzen Wellen verschoben. Zur Erklärung der Anomalien reicht die Annahme einer Verkürzung des konjugierten Syst. durch Einstellung in die ebene, ungehinderte s-cis-Konfiguration nicht aus, auch die Annahme einer ster. gehinderten, nicht ebenen s-trans-Konfiguration genügt nicht: Beide Annahmen treffen auch für das Mesityloxyd zu, das jedoch n. absorbiert. Für das Zustandekommen der Anomalien müssen vielmehr 2 Bedingungen zusammentreffen: 1. Ster. Hinderung durch einen β-ständigen Substituenten; 2. eine CH_3-Gruppe in α-Stellung, die durch Hyperkonjugation der Konjugation C=C—C=O entgegenwirkt. — Parallel mit der anomalen Absorption geht die Bevorzugung der unkonjugierten Form R—CO—CHR—CR=CHR im Gleichgewicht mit der konjugierten. Das Gleichgewicht stellt sich beim Kochen mit Basen schnell ein. Bei **I** u. **II** liegt die konjugierte Form im Gleichgewicht bei der Darst. nur zu ca. 10% vor. (Angew. Chem. **68**. 150—51. 21/2. 1956. Freiburg/Br., Univ., Inst. für physikal. Chem.) F. SCHAUDER. B 118

P. G. Wilkinson, *Absorptionsspektren und Ionisationspotential von Benzol und D_6-Benzol.* Vf. untersucht die Absorptionsspektren des *Bzl.* (**I**) u. *D_6-Bzl.* (**II**) im Vakuum-

UV u. findet gegenüber früheren Messungen viele neue, schwache Banden, die 4 RYDBERG-Serien zugeordnet werden. Diese konvergieren jeweils auf das Ionisationspotential 9,247 eV bei **I** u. 9,251 eV bei **II**. Vf. diskutiert die Schwingungsübergänge, die zu den Normalschwingungen $\nu_2(a_{1g})$, $\nu_{18}(e_{2g})$ u. $\nu_{20}(e_{2u})$ gehören, u. ihre Intensitätsverhältnisse in Hinsicht auf das JAHN-TELLER-Theorem. (J. chem. Physics **24**. 917. April 1956. Chicago, Ill., Univ., Dep. of Phys., Labor. of Molecular Structure and Spectra.)
H.-J. BECHER. B 118

Walter F. Edgell und **L. Parts**, *Das Rotationsschwingungsspektrum des D_3-Methylfluorids*. Vff. untersuchen das RAMAN- u. Infrarotspektr. des *D_3-Methylfluorids* (**I**). Alle Grundschwingungsfrequenzen erscheinen in zwei Gruppen u. in verhältnismäßig engen Frequenzbereichen, so daß sich die Banden stark überlappen. Es werden drei starke Parallelbanden u. eine von mittlerer Intensität beobachtet. Sowohl im Infrarot- als auch im RAMAN-Spektr. liegen die Frequenzen der Q-Zweige der Typ A-Banden für ν_3; ν_2; $\nu_1, 2\nu_5$ u. $2\nu_5, \nu_1$ bei 991, 1137, 2089 bzw. 2149 cm^{-1}. Unter den eingehaltenen Versuchsbedingungen gilt für die beobachteten Maxima der Q-Subbanden $R,P_{QK} = \nu_0' + [A'(1-2\zeta) - B'] \pm 2[A'(1-\zeta) - B'K] + [(A'-B') - (A''-B'')]K^2$, worin A' u. B' sich auf den angeregten Zustand u. A'' u. B'', J u. K auf den Grundzustand beziehen. Die Differenz zwischen dem scheinbaren Bandenzentrum ν_0' u. dem tatsächlichen Zentrum ist näherungsweise $(B' - B'')J^2_{max}$ für die R_{Q_0}-Subbande. Die Feinstrukturen der Q-Subbandenfrequenzen für ν_6 (scheinbares Zentrum 911,0 cm^{-1}), ν_5 (1076,3) u. ν_4 (2258) werden mitgeteilt. Die entsprechenden Corioliskopplungskonstanten sind 0,179, −2,86 u. 0,241. Die Rotationskonstante A wird zu 2,546 ± 0,052 berechnet. Eine Anzahl von Oberschwingungs- u. Kombinationsbanden konnten beobachtet werden, deren Zuordnung durch Vgl. mit den entsprechenden Banden im Spektr. des CH_3Cl u. CH_3J möglich war. Da das untersuchte **I** 5,6% CD_2HF enthielt, wurden acht Banden beobachtet, die diesem zugeordnet werden müssen. Die entsprechenden Bandenzentren lagen bei 966,0; 986,5; 1050,0; 1308,8; 2198,3; 2266 u. 2975,6 cm^{-1}. Berechnet wurden ferner für **I** r_{C-F} zu $1{,}385 \cdot 10^{-18}$ cm, ∢ DCD = 110° 20′ u. ∢ DCF = 108° 35′; die entsprechenden Werte für das CH_3F sind r_{C-H} $1{,}05 \cdot 10^{-8}$ cm, ∢ HCH = 109° 54′ u. ∢ HCF = 109° 02′. (J. Amer. chem. Soc. **78**. 2358—62. 5/6. 1956. Lafayette, Ind., Purdue Univ., Dep. of Chem.) K. FRENKLER. B 120

Roger Marignan und **Lucette Bardet**, *Die niederfrequenten Spektren von Oxalsäuredihydrat*. (Vgl. C. **1953**. 988.) Die Best. der Depolarisationsfaktoren der niederen RAMAN-Linien (51—176 cm^{-1}) mit natürlichem u. polarisiertem Licht in den verschied. Richtungen eines Einkristalles von *Oxalsäuredihydrat* erlaubt in Verbindung mit theoret. Berechnungen eine Zuordnung der verschied. Frequenzen zu den Schwingungen der H_2O-Molekel im Gitter. (C. R. hebd. Séances Acad. Sci. **234**. 1964—65. 12/5. 1952.)
J. GOUBEAU. B 120

Si-Oh Li und **Robert E. Eakin**, *Infrarotspektren von N-phosphorylierten Derivaten von Aminosäuren*. Die Infrarotspektren von folgenden aus α-Aminosäurederivv. dargestellten Phosphoramiden werden im Bereich 3—15 μ angegeben: *N-Phosphoryl-DL-phenylalaninmethylesterhydrat* (**I**), *-DL-phenylalaninhydrat*, *-DL-tryptophanmethylesterhydrat* (**II**), *N-Dibenzylphosphoryl-DL-phenylalaninmethylester*, *-DL-phenylalaninbenzylester*, *-DL-tryptophanmethylester*, *-DL-valinmethylester*, *N.N′-Bis-[dibenzylphosphoryl]-L-cystindimethylester*, *N-Dibenzylphosphorylglycinäthylester*, *N-Dibenzylphosphorylglycinamid*, *N-Dibenzylphosphoryl-DL-alaninamid*, *N-Diäthylphosphorylglycinäthylester*, *N-Diäthylphosphoryl-DL-alaninmethylester*, sowie *N-Dibenzylphosphoryl-p-chloranilin* u. *N-[p-Chlorphenyl]-aminophosphorsäure*. Der N—P-Bindung in der $-NH-PO_3H_2$- bzw. $-NH-PO(OCH_2)_2$-Gruppe werden Banden im Bereich 10,62—10,80 bzw. 11,38 bis 11,54 μ zugeordnet. Die zuletztgenannte Gruppe kann außerdem eine Bande bei 13,3 μ hervorrufen, die aber durch Phenylgruppen im Mol. maskiert wird. Die Infrarotspektren von *DL-Phenylalaninmethylesterphosphat* (**III**), *DL-Tryptophanmethylesterphosphat* (**IV**) u. *Glycinäthylesterphosphat* wurden ebenfalls untersucht. **III** u. **IV** unterscheiden sich charakterist. von ihren Isomeren **I** u. **II**.

Versuche: *Aminosäureesterphosphate*, durch Neutralisieren der Hydrochloride mit Na-Methylat in Methanol u. Ae., Zugabe von 98% H_3PO_4, Umkristallisieren der Phosphate aus Methanol u. Ae.; *Glycinäthylesterphosphat*, $C_4H_{12}O_6NP$, F. 230—231°. — *DL-Tryptophanmethylesterphosphat* (**IV**), $C_{12}H_{17}O_6NP$, F. 204—205°. — *N-Diäthylphosphorylaminosäureester*, aus Aminosäureester u. Diäthylphosphorylchlorid (vgl. C. **1956**. 12242). — *N-Diäthylphosphorylglycinäthylester*, $Kp._{0,5}$ 126—132°, n_D^{25} 1,4340; 51% (Ausbeute). — *N-Diäthylphosphoryl-DL-alaninmethylester*, $C_8H_{18}O_5NP$, $Kp._{0,5}$ 118 bis 119°, n_D^{25} 1,4332; 69%. (J. Amer. chem. Soc. **77**. 3519—21. 5/7. 1955. Texas, Univ., Biochem. Inst. and Dep. of Chem.; Clayton Foundat. for Res.) U. JOHN. B 120

C. F. Hammer und **R. A. Hines,** *Struktur des cyclischen Kondensationsproduktes von Adipinsäuredinitril.* Da das cycl. Kondensationsprod. (I) von Adipinsäuredinitril bei der Hydrolyse *2-Cyancyclopentanon* (II) liefert, war früher angenommen worden, daß I die Struktur *2-Cyancyclopentylidenimin* besitzt. Mit Hilfe der Infrarot- u. UV-Spektren von I beweisen Vff., daß I in der Enaminform, als *1-Amino-2-cyancyclopenten-(1)* existiert. Die Infrarot-Spektren von I u. II im Bereich 2—15 werden angegeben. (J. Amer. chem. Soc. **77.** 3649—50. 5/7. 1955. Wilmington, Del., E. I. du Pont de Nemours & Co., Inc., Polychem. Dep.) U. JOHN. B 120

De Los F. De Tar und **Louis A. Carpino,** *Die Darstellung und die spektralen Eigenschaften von einigen 2-substituierten cis-und trans-Stilbenen.* Die Infrarot- u. UV-Spektren einer Reihe von 2-substituierten *cis-* u. *trans-Stilbenen* (I; Substituenten: —H, —Cl, —CN, $-NO_2$, —Br, —COOH, $-NH_2$, $-NH_2 \cdot HCl$, $-N_2BF_4$, $-CONH_2$) werden verglichen. Die *trans*-I sind durch eine starke Infrarotbande bei 10,38 μ charakterisiert, die *cis*-I durch Banden bei 10,88 u. 12,8 μ. Die λ_{max}-Werte der *trans*-I sind im Vgl. zu den *cis*-I um 15—40 mμ nach längeren Wellen verschoben. Die Spektren können also zur Unterscheidung der Isomeren verwandt werden. — *cis-2-Bromstilben* (II) wurde durch Kondensation von 2-Brombenzaldehyd mit Phenylessigsäure u. Decarboxylierung der gebildeten *trans-o-Brom-α-phenylzimtsäure* (IV) [Phenylgruppen sind cis!] dargestellt. Die Rk. der GRIGNARD-Verb. von II mit CO_2 führte zu *cis-Stilbencarbonsäure-(2)* (III). Bei der Hydrolyse von III-Nitril entstand III nur in Spuren; das gleiche gilt für das trans-Isomere. Bei Verss., das diazotierte cis-2-Aminostilben in die *2-Jod-* bzw. *2-Cyanverb.* zu überführen, wurde *Phenanthren* in 80%ig. Ausbeute gebildet.

Versuche: Folgende I wurden nach bekannten Verff. dargestellt: *trans-Stilben,* F. 120—121° (A.). — *cis-Stilben,* $Kp._{0,08}$ 90—92°, durch Decarboxylierung von trans-α-Phenylzimtsäure, Chromatographie an Al_2O_3, enthielt weniger als 3% des trans-Isomeren. — *cis-2-Nitro-,* F. 62,5—63,5°, analog vorst. Verb., *trans-2-Nitro-,* F. 70—71°, durch Isomerisierung der cis-Verb.; *cis-2-Amino-,* $Kp._{0,2}$ 104,3—104,5° (*Hydrochlorid,* F. 202—203°) u. *trans-2-Amino-,* F. 100—101°, durch Red. der Nitroverbb.; *cis-2-Chlor-* (V), $Kp._{1,5-2}$ 118—120°; *trans-2-Chlorstilben,* F. 39—40°. — *o-Brombenzylbromid,* $Kp._{13}$ 120—130°, durch Zugabe von Br_2 zu o-Bromtoluol mit einigen Kristallen Benzoylperoxyd bei 100—115°; 82% (Ausbeute). — *o-Brombenzaldehyd* (Rohprod.), a) $Kp._{0,13-0,28}$ 63,5 bis 77°, durch Behandlung vorst. Verb. mit dem Na-Salz von 2-Nitropropan; 65%, b) $Kp._{3,5}$ 81,8—91,2°, durch 12std. Kochen von o-Brombenzalbromid in 75%ig. A. mit Na-Acetat; 70%. — *trans-o-Brom-α-phenylzimtsäure* (IV), $C_{15}H_{11}O_2Br$, F. 181—182,2° (Essigester, dann A.), durch 1½ std. Kochen von vorst. Verb., Phenylessigsäure, K_2CO_3 u. Acetanhydrid; 54%. — *cis-2-Bromstilben* (II), $C_{14}H_{11}Br$, $Kp._{0,5}$ 121°, $n_D^{24,5}$ 1,6404, durch langsame Zugabe vorst. Verb. zu Chinolin bei 225—230° in Ggw. von Kupfer-Chromoxyd, Dest. bei 1—2 mm; 70%. — *trans-2-Bromstilben,* F. 27—28° (Pentan), $Kp._{0,55}$ 145°, $n_D^{24,5}$ 1,6822, durch Isomerisierung von II in Nitrobenzol in Ggw. von J_2; *Dibromid,* F. 182—183°. II gibt unter den gleichen Bedingungen das gleiche Dibromid. — *cis-Stilbencarbonsäure-(2)* (III), $C_{15}H_{12}O_2$, F. 145—146,5° (n-Heptan–Bzl., dann A.), durch Einleiten von trockenem CO_2 zu der eisgekühlten GRIGNARD-Verb. aus II u. frischen Mg-Spänen in Ae.; 61%. Bei Verwendung von älteren Mg-Spänen wurden als Reaktionsprodd. nur *Phenanthren* u. *cis-Stilben* erhalten; *Chlorid,* $C_{15}H_{11}OCl$, F. 76—77° (Cyclohexan), durch 8 Std. Erhitzen von III mit $SOCl_2$ bei 50°; 89%. *Amid,* $C_{15}H_{13}ON$, F. 93 bis 94° (Methanol). *Methylester,* $C_{16}H_{14}O$, F. 74—75° (Methanol). — *trans-α-Phenyl-2-cyanzimtsäure,* $C_{16}H_{11}O_2N$, F. 191,5—192,5° (A.), analog IV aus o-Cyanbenzaldehyd (F. 102—103°, durch Oxydation von o-Tolunitril mit Cr(VI)-Oxyd] u. Phenylessigsäure, Verwendung von Triäthylamin statt K_2CO_3, leicht grüngelb gefärbt; 44%. — *cis-2-Cyanstilben,* $C_{15}H_{11}N$, F. 39,5—40° (Pentan), $Kp._{3,5}$ 147—151° (roh), a) analog II aus vorst. Verb.; 75%. b) durch 24 Std. Kochen von V, CuCN u. Pyridin, Nebenprod.: *trans-2-Cyanstilben,* $C_{15}H_{11}N$, F. 65—66° (Cyclohexan, n-Heptan), *Dibromid,* $C_{15}H_{11}Br_2N$, F. 144—145° (A.). Bei der Hydrolyse von *cis-* u. *trans-2-Cyanstilben* entstanden nur sehr geringe Mengen der entsprechenden Säuren neben einer nicht identifizierten neutralen Substanz vom F. 132—133°. — *trans-Stilbencarbonsäure-(2),* F. 158—160° (Essigsäure, dann A.), durch Red. von Benzalphthalid (F. 97—99°, aus Phthalsäureanhydrid u. Phenylessigsäure) mit Zn-Staub in kochender Kalilauge; 65%; *Chlorid,* F. 56—57° (Cyclohexan); *Amid,* $C_{15}H_{13}ON$, F. 191—192° (A.). (J. Amer. chem. Soc. **78.** 475—79. 20/1. 1956. Univ. of South Carolina, Dep. of Chem.) U. JOHN. B 120

Jerome D. Swalen, *Struktur und Potentialschwelle bei gehinderter Rotation in Methylalkohol.* Mit Hilfe von Mikrowellen werden $^{12}CH_3OH$, $^{13}CH_3OH$, $^{12}CH_3OD$, $^{13}CH_3OD$, $^{12}CD_3OH$ u. $^{12}CD_3OD$ auf berechnete u. beobachtete Resonanzfrequenz, Schwellenhöhe u. Struktur untersucht. Die Ergebnisse sind in einer Tabelle mit denen anderer Autoren verglichen. (J. chem. Physics **23.** 1739—40. Sept. 1955. Cambridge, Mass., Harvard Univ., Chem. Dep.) E. HAHN. B 121

S. H. Liebson und **R. T. Farrar,** *Temperaturabhängigkeit der Lichtausbeute bei Naphthalin–Anthracen-Mischungen.* Zur Klärung der Frage des Energietransportes in organ. Leuchtstoffen wurde die Lichtausbeute als Funktion der Temp. bei einer Reihe von Naphthalin–Anthracen-Mischungen verschied. Zus. untersucht. Man nimmt an, daß bei diesen Mischungen die Energie vom Naphthalin absorbiert wird u. durch einen ähnlichen Mechanismus wie bei der sensibilisierten Fluorescenz auf die Anthracenmoll. übertragen wird, die sie wieder emittieren. Es werden die Kurven der Temperaturabhängigkeit der totalen Lichtausbeute für die reinen Substanzen u. der Lichtausbeute des Anthracenemissionsspektr. für verschied. Mischungen gegeben. Die Kurven zeigen, daß die Form des Temperaturverlaufes durch das Naphthalin bestimmt wird u. daß größere Anthracenzusätze kürzeren Wegen des Energietransportes u. geringerer therm. Löschung entsprechen. (Physic. Rev. [2] **79.** 733. 15/8. 1950. Washington, D. C., Naval Res. Labor., Electricity Div.) E. REUBER. B 125

Jacques Collin, *Vergleichende Untersuchung der intramolekularen Umlagerungen von aliphatischen Aminen und Alkoholen bei Elektronenstoß.* Massenspektrograph. untersucht wurde die Zus. der durch Elektronenstoß auftretenden Ionen bei nachst. Aminen, Alkoholen u. Äthern. Bei den Aminen treten stets NH_3^+ u. NH_4^+, bei den Alkoholen OH_2^+ u. OH_3^+ auf. Für die weiteren beobachteten Massenzahlen werden die in ( ) angegebenen Strukturen vorgeschlagen: *Methylamin* (**I**), *Äthylamin, n-Butylamin, n-Propylamin, n-Amylamin* ($CH_2CH_2NH_3$ [**A**]), *n-Hexylamin* (**A**), *n-Heptylamin* (**A**), *Isopropylamin* (CH_2NH_2 [**B**], $CH_3CH_2NH_2$), *sek.-Butylamin* (**B**), *tert.-Butylamin* ($CHNH_2$ [**C**], CH_3CH_2 [**D**], **B**, CH_3CHNH_2 [**E**], $CH_2CH_2NH_2$ [**F**]), *Isobutylamin* (**II**; **F**, $CH_3CH_2CH_2NH_2$), *Isoamylamin* (**A**, $CHCH_2CH_2NH_3$), *Dimethylamin, Diäthylamin* (**B**, CH_2NH_3), *Di-n-propylamin* (**B**, **F**), *Diisopropylamin* (**B**, **C**, **D**, $CH_3CH_2CH_3$ [**G**], **E**), *Di-n-butylamin* (**B**, **F**), *Diisobutylamin* (**B**, **F**, **G**, $CH_3CHCH_2NH_2$), *Di-sek.-butylamin* (**B**, CH_2CHNH_2, **E**, $CH_3CH_2 \cdot CHNH_2$, $C_2H_5(CH_3)CHNHCH_2$, $C_2H_5(CH_3)CHNH_2CH_2$), *Trimethylamin* (**B**), *Triäthylamin* (**B**, **F**, $CH_3CH_2NHCH_2$) u. *Acrylamin* (**F**, $CHCH_2NH_3$) sowie *Methylalkohol* (**III**), A, *n-Propylalkohol* (CH_2OH_2 [**H**], CH_2OH_3 [**J**]), *n-Butylalkohol* (**J**), *n-Hexylalkohol* (**J**), *Isopropylalkohol* (**H**), *Isobutylalkohol* (**IV**; **H**, **J**, $CHCH_2OH_2$, $CHCH_2OH_3$), *tert.-Butylalkohol* (CHOH oder COH_2, CH_2OH [**K**], COH_3, CH_3CHOH [**L**] oder CH_3COH_2), *sek.-Butylalkohol* (**K**), *Isoamylalkohol* (**H**, **J**, $CH_3CH_2OH_2$, $CH_2CH_2OH_3$), *Ae.* (**K**) u. *Diisopropyläther* (**K**, **L**). Bei den aliphat. Aminen entstehen die umgelagerten Ionen hauptsächlich durch Wanderung von H-Atomen in Richtung auf das negative N-Atom, z. T. auch durch Wanderung von H-Atomen zum sek. oder tert.-C-Atom. Ähnliche Umlagerungen beobachtete auch O'NEAL (C. **1952.** 3136) bei KW-stoffen mit hohem Mol.-Gew., wie Tricyclohexylmethan. Ein Teil der Ionen entsteht anscheinend durch stufenweise Zers. eines umgelagerten prim. Ions. Bei den Alkoholen läuft die Umlagerung analog ab. Die entsprechenden KW-stoffe lagern sich in viel geringerem Maße um. Die Ggw. eines polaren Zentrums im Mol. scheint also eine erhebliche Rolle zu spielen; bei den Massenspektren zeigen sich im allg. große Ähnlichkeiten zwischen den Aminen u. den entsprechenden Alkoholen, während die analogen KW-stoffe völlig andere Spektren ergeben. Um die Umlagerungen quantitativ erfassen zu können, wird ein Umlagerungsindex $I_u = \Sigma i_u / \Sigma i$ eingeführt, wobei I_u den %-Satz an umgelagerten Ionen, die im Spektr. auftreten, u. Σi die gesamte Ionisation darstellen. An den angegebenen I_u-Werten ist zu erkennen, daß bei beiden Verbindungsklassen die Umlagerung bedeutend u. größenordnungsmäßig gleich ist. Ausnahmen sind **I** u. **II** sowie **III** u. **IV**. Die Umlagerungen nehmen mit der Anzahl an Alkylgruppen am Heteroatom an Umfang zu. (Bull. Soc. roy. Sci. Liège **23.** 377—94. Nov. 1954. Liège, Univ., Inst. de Chim., Centre de spectrométrie de masse.) B. GNAUCK. B 131

G. Drefahl und **H. J. Henkel,** *Zur Photoleitfähigkeit des Stilbens.* An *trans-Stilben* (**I**) wurde bei einer Feldstärke von 5000 V/cm u. einem Objektabstand von 20 cm im Wellenbereich bis $\sim$ 3500 Å ein Photostrom in der Größenordnung von 10^{-10} A gemessen. Dies entspricht größenordnungsmäßig dem des Anthracens, wie es auf Grund der Konjugation der π-Elektronensysteme mit der Äthylenbrücke erwartet worden war. Die Photoleitfähigkeit ist richtungsabhängig u. zeigt in **I** senkrecht zur Spaltbene den kleinsten Wert ($\sim 3 \cdot 10^{-11}$ A). Keine Photoleitfähigkeit zeigt das *trans-α-Methylstilben.* (Naturwissenschaften **42.** 624. 1. Dez.-H. 1955.) H. NÖTH. B 134

L. Giulotto, G. Lanzi und **L. Tosca,** *Kernrelaxation und Molekülassoziation in Flüssigkeiten.* (Vgl. C. **1956.** 6309.) Vff. nehmen Bezug auf die Theorie von BLOEMBERGEN, PURCELL u. POUND (vgl. C. **1949.** I. 573) über die Kernrelaxation in Fll. u. zeigen, daß es möglich ist, mit Hilfe der Unters. von kernmagnet. Relaxation in Fll. die Bldg. von

Molekülassoziationen nachzuweisen. Messungen der Kernrelaxationszeiten wurden durchgeführt an Lsgg. verschied. Konz. von C_6H_5Cl in CCl_4 u. C_6H_5OH in CCl_4. Aus ihnen ergab sich, daß in Lsgg. von C_6H_5Cl in CCl_4 keine Assoziation vorhanden ist, daß dagegen eine solche in Lsgg. von C_6H_5OH in CCl_4 nachzuweisen ist, u. zwar nimmt die Größe der Molekülgruppen mit steigender Konz. zu. (J. chem. Physics **24.** 632—33. März 1956. Pavia, Univ., Ist. di Fis.) C. GOTTFRIED. B 137

F. Dörr und **F. Engelmann,** *Magnetische Messungen an phototropen Stoffen.* Um die Frage zu prüfen, ob die Ausbldg. eines metastabilen Anregungszustandes mit neuem Absorptionsspektr. die Ursache der Erscheinung der Phototropie, d. h. der reversiblen Farbänderung von Stoffen im Licht, ist, wobei es sich in manchen Fällen um den Übergang Singulett—Triplett handeln dürfte, versuchen Vff., die damit verbundene parallele Änderung des Magnetismus an *Tetrachlor-α-ketonaphthalin* nachzuweisen mit dem Ergebnis, daß der angeregte Zustand echt paramagnet. ist mit der allerdings recht großen WEISS-Konstanten u. daß bei Annahme eines $3\Sigma_1$-Term für ihn noch 20 Min. nach der Belichtung ca. 3,5% der Moll. angeregt sind. (Naturwissenschaften **39.** 397—98. 1. Sept.-H. 1952. München, TH, Physikal. u. Phys. Chem. Inst.) W. NIEMITZ. B 137

B. Kamieński und **G. Pytasz,** *Die Messung elektrischer Grenzflächenpotentiale von chemischen Substanzen, die auf den menschlichen Körper einwirken.* Vff. untersuchten die Abhängigkeit der Oberflächenspannung u. des an der Grenzfläche Luft/Lsg. auftretenden elektr. Potentials vom p_H-Wert der wss. Lsg. einiger 5.5-substituierter Barbitursäurederivate. Die Substanzen zeigten mit Ausnahme von 5-Äthyl-5-piperidinobarbitursäure (Eldoral) (**I**) u. 1-Methyl-5-äthyl-5-phenylbarbitursäure (Prominal) (**II**) bei einem bestimmten p_H-Wert in Richtung zunehmender H^+-Konz. einen sprunghaften Anstieg des Grenzflächenpotentials u. eine ebensolche Änderung der Oberflächenspannung. An Barbitursäure selbst wurden im p_H-Bereich 3—9 diese Effekte nicht beobachtet. **I** zeigt wegen seines amphoteren Charakters statt eines Anstiegs ein Maximum der untersuchten Eigenschaften. Bei **II** wurden nur geringe Effekte gefunden. Vff. weisen u. a. darauf hin, daß dieses abweichende Verh. von Barbitursäure, **I** u. **II** mit der schwachen hypnot. Wirksamkeit dieser Verbb. parallel läuft. Aus den charakterist. p_H-Werten wurden die Dissoziationskonstanten der untersuchten Verbb. abgeschätzt. (Bull. int. Acad. polon. Sci. Lettres, Cl. Sci. math. natur., Sér. A **1951.** 433—38. Juli/Dez.) H. LÖWE. B 140

Tarō Sekine und **Kiihiro Sugino,** *Untersuchungen über die Verbesserung elektrolytischer Verfahren zur Herstellung organischer Verbindungen.* 2. Mitt. ***Elektrolytische Reduktion von Nitrobenzol zu Hydrazobenzol.*** Die Herst. von *Hydrazobenzol* (**I**) aus Nitrobenzol wurde verbessert bei Einhaltung folgender Bedingungen: 80 cm^2-Zn-Kathode mit 3—2 A/dm^2 an der Kathode, im Katholyten: 9,8 g $NO_2C_6H_5$, 5 g NaOH, 100 g W. (nach beinahe vollendeter Bldg. von Azobenzol Erhöhung auf 10% NaOH), 92—96°, Stromverbrauch 10,86—12,75 A.Std. in 81—86% ig. Ausbeute an **I** u. 72—84% Stromausbeute. (J. electrochem. Soc. Japan **21.** 383—86. Aug. 1953. Tokyo, Inst. of Technol. [Orig.: japan.; Auszug: engl.]) J. SCHULER. B 141

H. J. Gardner, *Die Polarographie von Benzophenon. Benzophenon* (**I**) gibt in saurer Lsg. zwei Reduktionsstufen. Die erste zeigt mit steigendem p_H ein Negativwerden der Halbstufenpotentiale, während die zweite p_H-unabhängig ist. Ab etwa p_H 6,5 vereinigen sich beide zu einer einzigen, ebenfalls p_H-abhängigen Stufe. Der Einfl. von Hg-Druck, Temp., Ionenstärke, Konz. der Lsg. an A., **I** u. Gelatine wird untersucht. Für die Rk. wird folgender Verlauf angenommen: $\mathbf{I} + e^- \rightleftharpoons [(C_6H_5)_2C.-O:]^- + H^+ \rightleftharpoons (C_6H_5)_2C.-OH + e^- \rightleftharpoons [(C_6H_5)_2C-OH]^- + H^+ \rightarrow (C_6H_5)_2CHOH$. (Chem. and Ind. **1951.** 819—20. 29/9. Sydney, Univ., Chem. Dep.) E. MOISAR. B 142

Melvin A. Cook, Robert T. Keyes, G. Smoot Horsley und **Aaron S. Filler,** *Eine Untersuchung der Zustandsgleichung für EDNA.* Vff. stellten mit der Umkehr-Meth. thermohydrodynam. Berechnungen für *EDNA* (*Äthylendinitramin*) an unter Verwendung von drei grundlegend verschied. Zustandsgleichungen, die zu stark unterschiedlichen inneren Drucken führen. Bei der Umkehr-Meth. ist die gemessene Detonationsgeschwindigkeit (v)-Dichte-Gleichung in die Lsg. eingeschlossen. Zwei gemessene v-Werte werden bei jeder Zustandsgleichung angewandt. Die Ergebnisse zeigen, daß alle thermodynam. Größen, mit Ausnahme der Detonationstemp. T_2, weniger empfindlich gegen die Form der Zustandsgleichung als gegen Fehler in v sind. Demnach scheint nur T_2 ein Kriterium für die objektive Best. der Zustandsgleichung zu sein, sofern das Problem allein von der Detonationstheorie her behandelt wird. — Eine Folgerung ist, daß jede Zustandsgleichung unter Anwendung der Detonationstheorie u. der gemessenen v-Werte zuverlässige thermodynam. Werte liefert. (J. physic. Chem. **58.** 1114—24. Dez. 1954. Salt Lake City, Ut., Univ. of Utah, Explosions Res. Group.) A.-F. BOGENSCHÜTZ. B 149

L. J. Tichacek, W. S. Kmak und **H. G. Drickamer,** *Thermische Diffusion in Flüssigkeiten. Der Einfluß des nichtidealen Verhaltens und der Assoziation.* Vff. zeigen, daß die Thermodynamik irreversibler Prozesse bei ihrer Anwendung auf ein bestimmtes Syst. voraussagt, daß der therm. Diffusionstrenneffekt von der Differenz in den Größen Q_i^*/V_i abhängig ist, wobei Q_i^* die mol. reine Transportwärme u. V_i das partielle Molvol. bedeuten. Q_i^* wird mit Hilfe physikal. Überlegungen u. einer kinet. Ableitung zu der Bewegungs-Aktivierungs-Energie in Beziehung gesetzt. Die theoret. Überlegungen werden an aus der Literatur entnommenen Daten für folgende bin. Systeme mit einer oder mehreren assoziierten Verbb. geprüft: *Bzl.-Cyclohexan* (I), *Bzl.-CCl_4*, I-CCl_4, *Bzl.-Methanol* (II), CCl_4-II, *n-Butylalkohol-CS_2*, *Isobutylalkohol-CS_2*, *A.-Triäthylamin*, *A.-Diäthylamin* (III), *W.*-III, *W.-A.* u. *W.*-II. Die sich daraus ergebenden Folgerungen werden diskutiert u. führen zur Einführung des Begriffes der „partiellen mol. Aktivierungsenergie", der die Konzentrationsabhängigkeit in der therm. Diffusion korrekt vorauszusagen gestattet. (J. physic. Chem. **60.** 660—65. Mai 1956. Urbana, Ill., Univ., Dep. of Chem. and Chem. Engng.) W. NIEMITZ. B 149

Ajay Kumar Chaudhuri, *Phasendiagrammuntersuchung des binären Systems Benzophenon–Salol.* Vf. gibt für *Benzophenon–Salol* (I)-Mischungen die Gefrierpunkte in Abhängigkeit von den Gew.-% I an. Das Syst. besitzt ein einfaches Eutektikum mit dem F. 13,9° bei einer Zus. mit 47,01 Mol-% I. Nimmt man an, daß es sich um eine ideale Lsg. handelt, so liegt der dafür berechnete Gefrierpunkt bei 14,6°. (J. Indian chem. Soc. **29.** 196—98. März 1952. Calcutta, Presidency Coll., Chem. Labors.) S. v. SCHIESZL. B 150

John H. Seifarth und **Joseph Joffe,** *Spezifische Wärme bei konstantem Druck von Propan über einen großen Druck- und Temperaturbereich.* Nach einer Literaturübersicht über die Berechnung der spezif. Wärme von Gasen, bes. von KW-stoffen, führen Vff. Rechnungen an Propangas nach der Gleichung von BENEDICT-WEBB-RUBIN aus. Es wird die Abhängigkeit der Differenz $C_p—C_p^+$ von der Temp. in einer Kurvenschar wiedergegeben. C_p = spezif. Wärme von Propan, C_p^+ = die des idealen Gases. Der Druck ist der Kurvenparameter u. umfaßt ein Gebiet von 100—1000 Pound/sq.in. = ca. 7—700 kg/cm². Der Temperaturbereich erstreckt sich von 200—14000° F. Die berechneten Werte werden mit den aus der Literatur bekannten verglichen. (Ind. Engng. Chem. **44.** 2894—97. Dez. 1952. Newark, N. J., Newark Coll. of Engng.) H. MIETHING. B 151

Gordon M. Barrow und **A. L. McClellan,** *Die thermodynamischen Eigenschaften von Naphthalin.* Von wiederholt gereinigtem *Naphthalin* (I) (F. 79,9°; $Kp._{209}$ 167,7°) bestimmten Vff. die Verdampfungswärme bei 209 mm u. 440,9° K mit einem Mittelwert von 11086 ± 30 cal/Mol. Die Wärmekapazität c_p des dampfförmigen I bei 209 mm betrug bei 451° K 48,34 u. bei 522,7° K 54,27 cal/Grad·Mol (für den idealen Gaszustand korr. nach BERTHELOT C_p^0: 48,18 u. 54,17). Die Entropiebest. zwischen 298,16 u. 490,9° K in cal/Grad·Mol (idealer Gaszustand), aus Wärmekapazitätsmessungen graph. abgeleitet, ergab u. a. folgende Zahlen: S fest bei 298,16° K = 39,89 ± 0,12; ΔS fest 298,16—353,1° K = 7,65; ΔS fest, 353,1° K, fl. = 12,92; ΔS 440,9° K, fl. Dampf 440,9°, 209 mm = 25,15; S Dampf 440,9° K, 209 mm = 98,4. Für P = 1 at u. T = 440,9° K ist S = 95,9 ± 0,4. Schmelzentropie: 12,92 cal/Grad·Mol; Schmelzwärme: 4560 cal/Mol. Vff. teilen noch Frequenzen von Infrarotspektren (im Bereich von 581—3070 cm^{-1}; 4 Klassen) u. RAMAN-Spektren (512—3058 cm^{-1}; 4 Klassen) mit. Für den idealen Gaszustand sind für 298 16° K u. von 300—1500° K die Wärmekapazitätswerte, die Änderungen des Wärmeinhalts u. der freien Energie sowie die Entropien zusammengestellt. (J. Amer. chem. Soc. **73.** 573—75. 15/2. 1951. Berkeley, Calif., Univ. of California.) H. WINGCHEN. B 155

G. R. Nicholson, M. Szwarc und **Watson Taylor,** *Die Bildungswärmen von Diacetyl und Benzylmethylketon in der Gasphase.* Die Verbrennungs-, Bildungs- u. Verdampfungswärmen von *Diacetyl* (I) u. *Benzylmethylketon* (II) werden bestimmt. Es werden spezielle App. zur Reinigung dieser Verbb. durch Kristallisation beschrieben. Die Verbrennungswärmen sind für I $-\Delta H_c^0$ = 493,81 ± 0,19 u. II $-\Delta H_c^0$ = 1151,65 ± 0,4 kcal·Mol^{-1}. Die Bildungswärmen (fl., ΔH_f^0) werden zu I = —87,35 u. II = —36,40 kcal·Mol^{-1} angegeben. Zusammen mit den Verdampfungswärmen I = 9,25 ± 0,22 u. II = 12,78 ± 0,06 kcal·Mol^{-1} ergeben sich für die Bildungswärmen der gasförmigen Prodd. ΔH_f^0: I = —78,10 u. II = —22,62 kcal·Mol^{-1}. (J. chem. Soc. [London] **1954.** 2767—69. Aug. Manchester, Univ.) W. KAUFMANN. B 156

K. Schwabe, *Thermochemische Untersuchungen an den isomeren Hexachlorcyclohexanen.* Es wurden die Verbrennungswärmen des α-, β-, γ- u. δ-*Hexachlorcyclohexans* (I) gemessen. Da die Differenzen der Wärmetönungen sehr gering sind, wurde ein Metallblockcalorimeter nach MAGNUS u. BECKER (vgl. C. **1952.** 4347) benutzt, das die er-

forderliche Meßgenauigkeit besitzt. Um die vollständige Verbrennung zu HCl sicherzustellen u. die zu Cl_2 zu verhindern, wurde mit Hydrazinchlorhydrat getränkte Glaswolle in die calorimetr. Bombe eingebracht, nach der Verbrennung dessen Verbrauch durch Titration mit Jod ermittelt u. bei der Berechnung der Wärmetönung berücksichtigt. Aus den Meßergebnissen wurden die folgenden thermodynam. Größen errechnet: W_v: α-I —659,01 [kcal/Mol], β-I —657,25, γ-I —662,32, δ-I —659,24; H_H^0: α-I —41,23, β-I —42,99, γ-I —37,92, δ-I —41,00; ΔH_0: α-I —52,35, β-I —54,11, γ-I —49,04, δ-I —52,12 kcal/Mol; ΔG^0: α-I —17,75, β-I —19,35, γ-I —14,45, δ-I —17,75. Die früher (SCHWABE u. FRIND, Z. physik. Chem. **204.** [1955.] 78 u. vorher) gefundenen Relativwerte der freien Enthalpie (aus den polarograph. Halbstufenpotentialen) bei der Bldg. aus Bzl. u. Chlor zeigen die gleiche Reihenfolge. Es ergibt sich also, daß eine Umwandlung der α-, β- u. δ-Isomeren in die γ-Form wenig aussichtsreich ist, diese sich vielmehr spontan in die energieärmeren Formen umwandeln kann. Ferner werden die integralen Lösungswärmen in Bzl. u. Aceton gemessen (Konz. $\approx$ 1 g I auf 100 g Lösungsm.). In Bzl.: α-I 4,210, β-I 6,000, γ-I 4,751, δ-I 2,974; in Aceton: α-I 3,702, β-I 3,309, γ-I 3,866, δ-I 2,053 kcal/Mol. Mit zunehmender Konz. nehmen die integralen mol. Lösungswärmen bei allen Isomeren ab. Die Aktivität des Lösungsm. wurde aus seinem Dampfdruck über der Lsg. nach einer Differentialmeth. in einer App. nach KLAGES u. MÖHLER (vgl. C. **1951.** II. **2164**) gemessen. Die Aktivitäten wurden auf den reinen Stoff bezogen. Es ergeben sich folgende Lösungsenthalpien $\Delta \overline{H}$ u. -entropien $\Delta \overline{S}$ (alle in cal/Mol): In Bzl. $\Delta \overline{H}$: α-I 13,0, β-I 16,3, γ-I 14,6, δ-I 9,3; $T\Delta \overline{S}$: α-I 17,8, β-I 18,2, γ-I 20,9, δ-I 15,8. In Aceton $\Delta \overline{H}$: α-I 11,1, β-I 10,01, γ-I 12,0, δ-I 6,9; $T\Delta \overline{S}$: α-I 15,7, β-I 14,96, γ-I 17,9, δ-I 14,4. Die beobachtete Aktivität bei einigen Isomeren ist also auf verschied. Effekte zurückzuführen, wie überhaupt Lösungsenthalpie u. -entropie die Löslichkeit in verschied. Weise beeinflussen. Die unterschiedlichen Werte der thermodynam. Größen werden auf Unterschiede in mol. Kraftfeld hinsichtlich Stärke, Asymmetrie u. Reichweite der einzelnen Molekülstrukturen zurückgeführt. (Z. Elektrochem., Ber. Bunsenges. physik. Chem. **60.** 151—57. März 1956. Dresden, TH, Inst. für Elektrochem. u. physik. Chem.)
V. SCHMIDT. B 156

A. A. Dobrinskaja und **M. B. Neiman,** *Mechanismus der Bildung der kalten Butenflamme.* Das Gebiet der kalten Flamme des Buten-(2) wurde bestimmt u. die Kinetik der Oxydation untersucht. Die p,T-Abhängigkeit ist für Butan u. Buten-(2) sehr ähnlich. Der Zusammenhang von Induktionszeit u. Druck u. Temp. ergab eine Abhängigkeit der Form: $\tau(p - p_0)^{2,1} \cdot e^{-19500/T} = \text{const.}$ Während der Induktionsperiode sammeln sich organ. Peroxyde, höhere Aldehyde u. Crotonaldehyd nach exponentiellen Bildungsgesetzen an. Es wurden während der bei 320° u. 220 mm Hg Druck 48 Sek. dauernden Induktionszeit bei 20, 30, 40 u. 47 Sek. Proben abgezogen u. polarograph. untersucht. Zugabe von Methylamin vergrößert die Induktionsperiode der kalten Butenflamme; es bildeten sich merkbare Mengen von Formaldehyd aus der Spaltung der Peroxyde. (Академия Наук СССР. Институт Химической Физики. Сборник Работ [Akad. Wiss. UdSSR, Inst. chem. Physik, gesammelte Arb.] **1950.** 157—84.) A. HELMS. B 157

Daniele Sette, *Elastische Relaxation und Struktur von Flüssigkeiten.* 2. Mitt. *Ultraschallabsorption in einigen halogenierten Benzolen.* (1. vgl. C. **1953.** 2733.) (Kon. vlaamse Acad. Wetensch. Letteren schone Kunsten België, Colloquium ultrasonore Trillingen **1951.** 153—63. — C. **1954.** 1441.) H. FALKENHAGEN. B 159

Italo Gabrielli und **Gianni Poiani,** *Messungen der Ausbreitungsgeschwindigkeit des Ultraschalles in einigen Flüssigkeitsgemischen.* (Vgl. C. **1953.** 2573.) Es werden die Schallkennlinien u. Kompressibilitätskennlinien von den Flüssigkeitsgemischen *Methylalkohol–Nitrobenzol, A.*–Nitrobenzol, *Bzl.–CCl_4, Chlf.*–CCl_4, Bzl.–Chlf., *Toluol*–Nitrobenzol, Toluol–Bzl. bestimmt. Die Schallgeschwindigkeit wurde nach LUCAS-BIQUARD bei 6,4 MHz gemessen. (Kon. vlaamse Acad. Wetensch. Letteren schone Kunsten België, Colloquium ultrasonore Trillingen **1951.** 234—42. Roma, Ist. di Ultracustica; Trieste, Univ., Ist. di Fis.) H. FALKENHAGEN. B 159

James E. Shewmaker, Carl E. Vogler und **E. Roger Washburn,** *Spreitung von Kohlenwasserstoffen und verwandten Verbindungen auf Wasser.* Vff. untersuchten die Spreitungstendenz von *Bzl.*, verschied. *Alkylbenzolen* (*Toluol, Äthyl-, n-Propyl-, Isopropyl-, n-Butyl-, sek.-Butyl-, tert.-Butylbenzol*), *Isooctan* u. *Tetralin* durch Messung der Oberflächen- u. Grenzflächenspannungen u. berechneten die Spreitungskoeffizienten. Spreitungsdrucke u. -koeffizienten der untersuchten Fll. sind nahezu gleich. Nur Tetralin hat negativen Spreitungskoeffizient. Es wird gezeigt, daß die Spreitungsneigung von gealtertem Tetralin hauptsächlich auf die Bldg. von Tetralinhydroperoxyd zurückzuführen ist. (J. physic. Chem. **58.** 945—48. Nov. 1954. Nebraska, Univ., Dep. of Chem. and Chem. Engng.) H. SCHULLER. B 166

Jack K. Carlton und **Walter C. Bradbury**, *Chromatographische Untersuchung der sterischen Hinderung bei o-substituierten Alkylphenolen.* Zur Unters. des Einfl. der Substituenten auf die Adsorptionsaffinität werden folgende o- u. p-Alkylphenole an Kieselsäure mit Bzl. chromatographiert u. ihre R_f-Werte bestimmt: *Phenol* (R_f-Wert) 0,26, *2-* 0,37 u. *4-Methyl-* 0,28, *2-* 0,43 u. *4-Äthyl-* 0,30, *2-* 0,52 u. *4-Isopropyl-* 0,30, *2-* 0,74 u. *4-tert.-Butyl-* 0,31, *2-Cyclohexyl-* 0,49, *2.6-* 0,55 u. *3.5-Dimethyl-* 0,28, *2.6-Diisopropyl-* 0,95 u. *2.6-Di-tert.-butylphenol* 1,00. In der Reihe der o-alkylsubstituierten Phenole nimmt die Adsorptionsaffinität mit wachsender Größe des Substituenten ab. Bes. stark hemmt die tert.-Butylgruppe die Adsorption. Die p-Substituenten hingegen beeinflussen die Adsorption kaum. Vff. diskutieren die verschied. möglichen Einfll. u. schließen, daß die zunehmende Hemmung der Adsorption der OH-Gruppe an das Adsorbens überwiegend eine Folge zunehmender ster. Hinderung durch die o-Substituenten ist. Einfll. anderer Art müßten sich auch bei den p-substituierten Verbb. geltend machen. (J. Amer. chem. Soc. **78.** 1069—71. 5/3. 1956. Univ. of Arkansas, Dep. of Chem.)
K. Prchal. B 177

Friedrich Becker, *Hyperkonjugation.* Gegeben werden eine Zusammenfassung der Theorie der Hyperkonjugation u. quantitative Näherungsmethoden zur Berechnung der Größe des Hyperkonjugationseffektes auf die Energie des Grundzustandes, der Resonanz- u. Anregungsenergie. Besprochen wird der Einfl. der Hyperkonjugation auf Hydrierungs- u. Verbrennungswärmen, Dipolmomente, UV-Spektren, Ionisierungspotentiale u. Trennungsenergien der C–H-Bindung; ferner der Einfl. auf die chem. Reaktivität (bes. bei aromat. Substitutionen, Additions-Rkk. an Olefinen, Eliminierungs-Rkk., Enolisierung aliphat. Ketone, anionotrope Umlagerungen) u. auf die Lage chem. Gleichgewichte (wie Abspaltung von W. aus Alkoholen u. Tautomerieerscheinungen bei Phenylpropenen u. -gleichgewichten zwischen $\alpha.\beta$- u. $\beta.\gamma$-ungesätt. Carbonsäuren) sowie die ster. Hinderung der Hyperkonjugation. — 141 Literaturhinweise. (Fortschr. chem. Forsch. **3.** 187—252. 1955. Saarbrücken, Univ., Chem. Inst.) B. Gnauck. B 182

S. Amelinckx, *Wachstumsspiralen von Kristallen langkettiger Verbindungen.* An Aufnahmen von Wachstumsspiralen auf Kristalloberflächen von n-Alkoholen (C_{22},C_{24},C_{26}) u. Behensäure wird gezeigt, daß die früher (C. **1955.** 1472) beschriebenen gekreuzten Spiralen eine wirkliche Wachstumsstruktur sind u. daß die Kritik von Anderson u. Mitarbeitern (C. **1955.** 4313) nicht berechtigt ist. Es wird eine Erklärung für das Zustandekommen solcher Spiralen u. für die Erzeugung von Zwillingen durch sie gegeben. (Naturwissenschaften **41.** 356—57. 1. Aug.-H. 1954. Gent, Univ., Geolog. Inst., Labor. voor Kristalkunde.) H. C. Wolf. B 190

W. Lindenberg, *Saures Strontiumphthalat, $Sr(C_8H_5O_4)_2$ 2 H_2O.* Aus Phthalsäure enthaltender wss. Sr-Formiatlsg. wurde $Sr(C_8H_5O_4)_2 \cdot 2H_2O$ in rhomb.-bipyramidalen Kristallen erhalten. Das goniometr. Achsenverhältnis ist $a:b:c = 0{,}794:1:3{,}271$. Aus Drehkristallaufnahmen ergab sich $a = 7{,}0$, $b = 8{,}8$, $c = 28{,}5$. Da die D. zu $D = 1{,}730$ (21^0) bestimmt wurde, ergibt sich die Zahl der Formeleinheiten in der Elementarzelle $Z = 4$. Opt. Daten: $n_\alpha = 1{,}49_6$, $n_\beta = 1{,}66_0$, $n_\gamma = 1{,}66_8$, $2V \approx 23^0$. Opt. negativ. Ebene der opt. Achsen ist (0 1 0). (Neues Jb. Mineralog., Mh. **1954.** 109—10. Mai. Hamburg.)
W. Baur. B 195

J. Zussman, *Die Kristallstruktur eines Cyclonucleosids.* Bei ihren Verss., 5′-Jod-2′.3′-isopropylidenadenosin zu synthetisieren, erhielten Clark, Todd u. Zussman (vgl. C. **1953.** 1023) ein ion. Jodid, das wahrscheinlich während der Synth. durch Umlagerung entstanden war. Dieses synthet. Prod. wurde vom Vf. röntgenograph. untersucht. Es sei vorausgeschickt, daß es als *2′.3′-Isopropyliden-3.5′-cycloadenosinjodid* identifiziert werden konnte. Die Verb. krist. in sehr dünnen rhomb. Nadeln u. hat die Zelldimensionen $a = 5{,}4$ Å; $b = 15{,}4$ Å; $c = 18{,}1$ Å (alle ± 1%). Raumgruppe ist $P\,2_1\,2_1\,2_1$. Aus der gemessenen D. 1,81 folgt, daß das Gesamtgewicht der Elementarzelle 1640 beträgt. Die in der obigen Raumgruppe kleinste Zahl asymm. Einheiten ist 4; das Maximalgewicht jeder Einheit beträgt daher ca. 410. Dies entspricht dem Mol.-Gew. (417) einer Einheit der Zus. $C_{13}H_{16}O_3N_5J$. Die Einheiten in dem Kristall sind daher Monomere, die Umlagerung muß daher intramol. gewesen sein. Aus der Projektion der Elektronendichte parallel der kürzesten Achse [also auf (1 0 0)] ergab sich dann einwandfrei die Konfiguration der synthet. Verbindung. Durch Verfeinerung der Projektionen u. Verwendung höherer Schichtlinienprojektionen wurden die endgültigen Parameter erhalten. Sie sind (wegen der Bezifferung vgl. die nebenst. Figur): C_2: (x =)·0,932; (y =) 0,416; (z =) 0,466; C_4: 0,134; 0,371; 0,366; C_5: 0,022; 0,430; 0,320; C_6: 0,856; 0,481; 0,350; C_8: 0,260; 0,358; 0,250; C_1': 0,530; 0,248; 0,343; C_2': 0,315; 0,180; 0,355; C_3': 0,310; 0,175; 0,445; C_4': 0,427; 0,250; 0,469; C_5': 0,277; 0,331; 0,495; C_6': 0,440; 0,051; 0,399; C_7': 0,730; 0,053; 0,399; C_8': 0,659; 0,454; 0,103; N_1: 0,822; 0,471; 0,426; N_3: 0,120; 0,365; 0,439; N_6: 0,348; 0,031; 0,189; N_7: 0,098; 0,417; 0,248; N_9: 0,346;

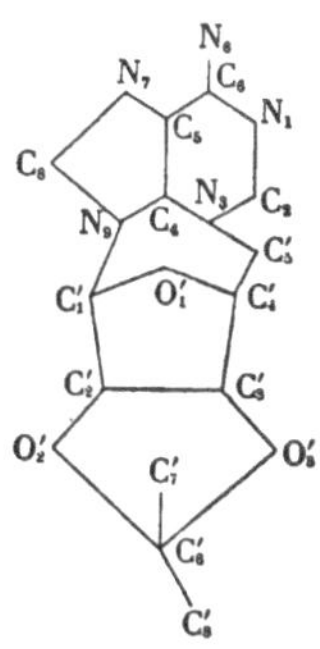

0,328; 0,322; O_1': 0,600; 0,259; 0,406; O_2': 0,360; 0,096; 0,338; O_3': 0,324; 0,094; 0,461; J: 0,770; 0,1942; 0,1515. — Der Abstand $N_3—C_5'$ entspricht angenähert einer kovalenten Einfachbindung. Das aus dieser Umlagerung entstandene Mol. u., zwar unter Bldg. eines neuen 7gliedrigen Ringes wurde wie oben benannt. Der Zucker ist Ribofuranose u. an das Purin bei N_9 durch eine β-glucosid. Bindung gebunden. Die Atome des Purinringsyst. sind innerhalb der experimentellen Fehlergrenzen koplanar; in der gleichen Ebene liegt C_1', C_5', jedoch 0,7 Å außerhalb dieser Ebene. Der Zuckerring ist gefaltet, u. zwar liegen O_1' u. C_3' außerhalb der durch C_1', C_2' u. C_4' gebildeten Ebene. Diese Ebene bildet mit der des Purins einen Winkel von 90°. Ein H-Atom der NH_2-Gruppe bei N_6 bildet mit O_2' eines Nachbarmol. eine H-Bindung; der Abstand beträgt 2,86 Å. Eine zweite H-Bindung scheint zwischen dem zweiten H-Atom der NH_2-Gruppe u. einem Jodion zu bestehen; der Abstand beträgt in diesem Fall 3,5 Å. Die Abstände zwischen den C- u. N-Atomen u. dem Jodion sind von zweierlei Art. Ein Abstand beträgt angenähert 4,0 Å u. entspricht damit dem erwarteten VAN DER WAALSschen Abstand u. tritt auf einer Seite des Mol. (C_8, C_1') auf. Der andere Abstand von ca. 3,5 Å auf der anderen Seite des Mol. deutet auf eine Art schwacher Bindungsbldg., vielleicht elektrostat. Natur zwischen dem Jodion u. den C-Atomen hin. — Bei weiteren synthet. Unterss. von CLARK, TODD u. ZUSSMAN (vgl. l. c.), das der Adenosinverb. entsprechende Uridin herzustellen, ergaben die röntgenograph. Unterss., daß in diesem Fall keine intramol. Umlagerung stattgefunden hatte, sondern daß sich das gewünschte *5'-Jod-2'.3'-isopropylidenuridin* gebildet hatte. Die Verb. krist. ebenfalls rhomb. mit der Elementarzelle a = 5,42 Å; b = 15,4 Å; c = 16,7 Å (alle ±1%). Raumgruppe ist $P\,2_1\,2_1\,2_1$; Z = 4. (Acta crystallogr. [Copenhagen] **6.** 504—15. 10/6. 1953. Cambridge, Cavendish Labor., Crystallogr. Labor.) C. GOTTFRIED. B 195

P. Colmant, *Experimentelle Untersuchung am System Methanol–Dibutylsebacat bei 20°.* Es werden Dampfdruck (bei 20 u. 18°), D., Refraktion, Viscosität u. DK. von Mischungen bestimmt. Aus den Dampfdrucken werden die Enthalpien berechnet u. calorimetr. geprüft. Ebenso werden die freie Energie u. Entropie der Mischung bestimmt. Die Energiedifferenzen gegenüber einer idealen Lsg. werden berechnet. Der Einfl. der Assoziation der Alkoholmoll. wird qualitativ bestimmt u. der Assoziationsfaktor bei hohen Konzz. an Alkohol mit 5 angegeben. Es wird eine Proportionalität zwischen dem Aktivitätskoeff. u. dem Mol.-Vol. der Lsg. gefunden u. besprochen. (Bull. Soc. chim. belges **63.** 5—39. Jan./Febr. 1954. Namur, Fac. Notre Dame de la Paix.)
W. KAUFMANN. B 221

M. I. Kabatschnik, N. I. Kurotschkin, T. A. Masstrjukowa, Ss. T. Ioffe, Je. M. Popow und **N. P. Rodionowa,** *Tautomerie der sauren Alkylthiophosphonsäureester.* (Vgl. C. **1956.** 1544. 2958.) Das Gleichgewicht der tautomeren Formen der sauren *Alkylthiophosphonsäureester* (**I**): RP(=S)(OR')(OH) (**Ia**) ⇌ RP(=O)(OR')(SH) (**Ib**) ist stark nach der Seite von **Ia** verschoben. Dies wird durch potentiometr. Unters. der verschied. **I** mit R = CH_3, C_2H_5, n-C_3H_7, n-C_4H_9 u. R' = C_2H_5 bestätigt, die mit den Dialkylphosphaten verglichen werden. In ihren Ultrarotspektren fehlt die für Alkylthiolphosphonsäuren charakterist. Bande mit dem Maximum 1215 cm^{-1}, ebenso die Banden der S—H-Bindung bei 2400 bis 2500 cm^{-1}; dafür ist eine intensive, verwaschene Bande bei 3080—3120 cm^{-1} vorhanden, die OH-Gruppen entspricht, die durch H-Bindungen anderweitig gebunden sind. Daß auch die Form **Ib** anwesend ist, zeigt die Rk. mit Diazomethan, die 10% der **Ia** u. 90% der **Ib** entsprechenden alkylierten Prodd. liefert; doch lassen die Ausbeuten keinen Schluß auf die Lage des Gleichgewichts zu; dieses folgt vielmehr aus den potentiometr. u. spektralen Daten. (Доклады Академии Наук СССР [Ber. Akad. Wiss. UdSSR] **104.** 861—64. 21/10. 1955. Inst. für elementorgan. Verbb. der Akad. der Wiss. der UdSSR.)
R. K. MÜLLER. B 221

W. Smith Dorsey und **Howard J. Lucas,** *Koordination des Silberions mit ungesättigten Verbindungen.* 7. Mitt. *Hexin-(3).* (6. vgl. KOFAHL u. LUCAS, C. **1954.** 10912.) Nach der früher (vgl. HEPNER u. Mitarbeiter, C. **1953.** 3052) beschriebenen Meth. wurde die Anlagerung von Ag^+ an *Hexin-(3)* (**I**) durch Best. der Verteilung von **I** zwischen CCl_4 u. wss. $AgNO_3$ (μ = 1,00) bei 25° untersucht. Es wurde festgestellt, daß außer dem

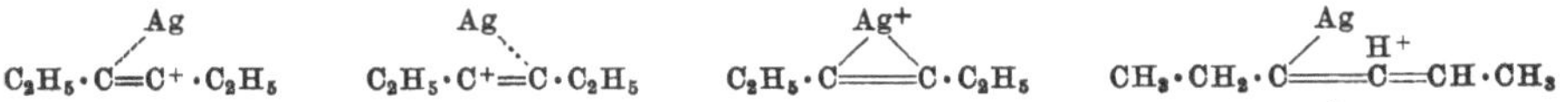

A

Komplex **I**·Ag^+ noch **I**·2 Ag^+ gebildet wird. Für **I**·Ag^+, das als Resonanzhybrid aufzufassen ist, werden vorst. Grenzformen angenommen, die hyperkonjugative Form **A** ist dabei von geringerer Bedeutung. Das Ausmaß der Anlagerung von Ag^+ an I ist geringer als bei Alkenen, aber größer als bei aromat. KW-stoffen. Untersucht wurde ferner unter den gleichen Bedingungen die Verteilung von I bei Ggw. von KNO_3, $Cd(NO_3)_2$, $Co(NO_3)_2$, $CuSO_4$, $Ni(NO_3)_2$, $Zn(NO_3)_2$ u. CuCl an Stelle von $AgNO_3$ in der wss. Phase. Nur CuCl zeigte eine erhebliche Neigung zur Koordination mit I. Bei den Unterss. mußte unter strengem O_2-Ausschluß gearbeitet werden. (J. Amer. chem. Soc. **78**. 1665—69. 20/4. 1956. Pasadena, Calif., California Inst. of Technol., Gates and Crellin Labors. of Chem.)

B. GNAUCK. B 223

R. Foster, D. Ll. Hammick und **B. N. Parsons,** *Wechselwirkung von Lewis-Säuren mit aromatischen Kohlenwasserstoffen und Basen.* 16. Mitt. *Die Assoziation von Chloranil mit Methylbenzolen in Cyclohexan.* (15. vgl. CORKILL u. Mitarbeiter, C. **1956**. 4092.) Wie l. c. wurden colorimetr. [Best. der Schwächung der Ladungsübertragungsbande (Maximum ν) durch Zugabe eines konkurrierenden LEWIS-Donors, N.N-Dimethylanilin] für folgende Komplexe mit *Chloranil* (I) die Gleichgewichtskonstanten K (in Liter/Mol), die freien Bildungsenergien ΔG (in cal/Mol) der Komplexe u. ν (in cm^{-1}) in Cyclohexanlsg. bei 18—20° bestimmt: *Bzl.* (K 0,56; ΔG + 340; ν 28900), *Toluol* (1,7; —310; 27400), *m-Xylol* (2,9; —613; 25600), *Mesitylen* (5,9; —1030; 24500), *Durol* (10,4; —1360; 22100), *Pentamethylbenzol* (16,5; —1630; 21000), *Hexamethylbenzol* (II, 28,9; —1960; 19800) u. *Hexaäthylbenzol* (III, 1,3; —152; für Messung zu schwach). ΔG wächst bis II linear mit abnehmendem Ionisierungspotential P der Methylbenzole (vgl. FRANKLIN, C. **1956**. 8555). Damit ist ein Zusammenhang mit den Anregungsenergien der Komplexe erzielt, da nach MULLIKEN (C. **1954**. 6437) diese eine Funktion der P des Elektronendonors sind. Es wurde entsprechend gefunden, daß ν direkt proportional dem P des betreffenden Methylbenzols ist. Ähnliche Beziehungen wurden auch von BRIEGLEB u. CZEKALLA (C. **1956**. 2982) u. MCCONNELL u. Mitarbeitern (C. **1955**. 7168) gefunden. Der niedrige ΔG-Wert beim I—III-Komplex ist sicherlich der ster. Wrkg. der Äthylgruppen zuzuschreiben. I zeigt das analoge Verh. wie symm.-Trichlorbenzol (vgl. BRIEGLEB u. CZEKALLA, l. c.) u. Jod (vgl. ANDREWS u. KEEFER, C. **1956**. 1259) bei Wechselwrkg. mit aromat. KW-stoffen. Die gleiche Folge für ΔG wurde auch von ANDREWS u. KEEFER (C. **1953**. 6006) bei JCl–Methylbenzol-Komplexen gefunden. (J. chem. Soc. [London] **1956**. 555—58. März. Oxford, Univ., Dyson Perrins Labor.)

B. GNAUCK. B 223

C. W. Hoerr und **H. J. Harwood,** *Der Einfluß von Verunreinigungen auf die Löslichkeiten von Aminacetaten hohen Molekulargewichts.* Untersucht werden *Do-* (F. 69,5°), *Hexa-* (F. 81,5°), *Octadecylammoniumacetat* (F. 84,5°), *Armac 12* (F. 55,5°), *-C* (F. 52,0°), *-T* (F. 54,0°) u. *-HT* (F. 69,0°) in n-Hexan, Bzl., Chlf., Isopropylalkohol, W. u. einem W.–Äthyl- u. Methylalkohol-Gemisch von —20 bis + 100°. Danach sind die techn. Prodd. weit stärker lösl. als die nächstverwandten reinen Komponenten. Der Einfl. von Verunreinigungen auf Schmelz- u. Gefrierpunkte ist additiv. Die am häufigsten auftretenden Verunreinigungen sind Homologe, die eine Gefrierpunktserniedrigung bewirken. Weiter können freie Amine, substituierte Amide, Nitrile, Essigsäure (I) u. W. vorhanden sein. Die Gefrierpunktserniedrigung ist bei weitem am stärksten bei Anwesenheit von I oder Wasser. Da diese stets nur in geringen Konzz. vorliegen, ist ihr Einfl. nur in vereinzelten Fällen merklich. (Ind. Engng. Chem. **44**. 2923—28. Dez. 1952. Chicago, Ill., Armour & Co., Res. Div.) S. V. SCHIESZL. B224

Andre S. Dreiding und **John A. Hartman,** *Die Umlagerung einiger substituierter Allylalkohole in ihre isomeren Ketone.* Die isomeren Allylalkohole *2-Methylencyclohexanol* (I) u. *Cyclohexenyl-(1)-methanol* (II) lagern sich in Ggw. von verd. H_2SO_4 in 2-Methylcyclohexanon um. Dasselbe gilt für die analogen Fünfringverbb. *2-Methylencyclopentanol* (III) u. *Cyclopentenyl-(1)-methanol* (IV). Verss., die Umlagerung mit 50%ig. H_2SO_4 auszuführen, ergaben nur eine geringe Ausbeute des entsprechenden Semicarbazons, dagegen eine hohe an 2.4-Dinitrophenylhydrazon. Der sek. Alkohol I reagiert besser als der prim. II, beide gaben das gleiche 2.4-Dinitrophenylhydrazon. Vff. untersuchten die Umlagerung in stärker verd. H_2SO_4. Für I u. II u. die entsprechenden Fünfringderivv. III u. IV ergaben sich folgende Ausbeuten an Semicarbazon: I mit 10%ig. H_2SO_4 sofort 59%, nach 1½ Std. 65%, nach 4 Std. 59%; I mit 1%ig. H_2SO_4 sofort 23%, nach 20 Std. 50%; II mit 10%ig. H_2SO_4 nach 4 Std. 56%, nach 24 Std. 25%; II mit 1%ig. H_2SO_4 nach 20 Std. 40%; III mit 10%ig. H_2SO_4 nach ½ Std. 50%, nach 24 Std. 46%, sofort 43%; III mit 1%ig. H_2SO_4 sofort 50%; IV mit 10%ig. H_2SO_4 sofort 41%. Die Nullzeitangaben beziehen sich auf Beginn des Siedens. Die entsprechende Rk. mit 2.4-Dinitrophenylhydrazin liefert bessere Ausbeuten. Frühere Arbeiten (vgl. HEAM, TANELE u. CONVERSE, Ind. Engng. Chem. **33**. [1941.] 805) lassen es möglich erscheinen, daß neben dem Keton auch ein kleiner Anteil isomeren Aldehyds entsteht. — *Dinitrophenylhydrazon* von *2-Methylcyclohexanon*, F. 137,4—138°, aus I bzw. III. —

Dinitrophenylhydrazon von *2-Methylcyclopentanon*, F. 158—159° (A.), aus **III** bzw. **IV**. (J. Amer. chem. Soc. **78.** 1216—17. 20/3. 1956. Detroit, Mich., Inst. of Cancer Res., Rollin H. Stevens Memorial Labor.) V. SCHMIDT. B 225

Robert B. Carlin und **George E. Foltz,** *Die Benzidinumlagerung.* 7. Mitt. *Die Umlagerung von 3.3'-Dibrom-5.5'-dimethylhydrazobenzol in 2:1-Schwefelsäure.* (6. vgl. C. **1955.** 8609.) Einw. von wss. H_2SO_4 (2:1 Vol.) auf 3.3'-Dibrom-5.5'-dimethylhydrazobenzol (**I**) bei 85—90° (½ Std.) ergab 48,5% *2.2'-Dibrom-6.6'-dimethylbenzidin* (**II**), 19,8% dimorphes *2.4'-Diamino-6.6'-dibrom-2'.4-dimethyldiphenyl* (**III**), 2,3% *2.2'-Diamino-4.6'-dibrom-4'.6-dimethyldiphenyl* (**IV**), 5,1% *5-Brom-3-toluidin* (**V**, *N-Acetylverb.*, F. 166 bis 168°) u. 5,3% *3.3'-Dibrom-5.5'-dimethylazobenzol* (**VI**), ferner 0,7% einer nichtidentifizierten Verb., vermutlich ein Semidin. Die Trennung der Prodd. erfolgte durch Gegenstromverteilung, Wasserdampfdest., Hochvakuumsublimation u. fraktionierte Kristallisation. Die Struktur der Umlagerungsprodd. **II**—**IV** wurde durch katalyt.-reduktive Debromierung zu den Diaminomethyldiphenylen nachgeprüft, die unabhängig aus Dimethyldinitrodiphenylen durch Red. dargestellt wurden (vgl. J. Amer. chem. Soc. **78.** [1956.] 1997). Der dimorphe Charakter von **III** [F. 140° **IIIa**) bzw. F. 167° (**IIIb**)] wurde durch Bldg. ident. Derivv. u. Reduktionsprodd. beider Arten, durch das gleiche Infrarotspektr. u. durch Umwandlung von **IIIa** in **IIIb** nachgewiesen. Da etwa gleiche Mengen an **V** u. **VI** erhalten wurden, wird angenommen, daß sie durch Disproportionierung aus **I** entstanden sind. Aus den Bildungsverhältnissen (v) der Prodd. geht hervor, daß die früher (vgl. C. **1951.** II. 962) an 3.3'.5.5'-Tetrabrom- u. -Tetramethylhydrazobenzol festgestellte Beziehung zwischen v u. der Größe der 4 Substituenten hier nicht zutrifft. Offenbar üben die polaren Effekte der Substituenten in **I** einen Einfl. auf v aus, ster. Effekte kommen als Ursache nicht in Betracht, da die Größe von CH_3- u. Br-Substituenten etwa als gleich anzunehmen ist. Die früher ermittelte Beziehung gilt also offenbar nur für Verbb. mit 4 gleichen Substituenten. Da nur eines der 2 möglichen Diphenyline u. nur eines der 3 möglichen 2.2'-Diaminodiphenyle entstehen, nehmen Vff. an, daß die Übergangszustände der Umlagerungen starr u. selektiv orientiert sind. Keiner der bislang für die Benzidinumlagerung u. ähnliche Rkk. vorgeschlagenen Mechanismen scheint eine befriedigende Erklärung für die vorliegenden Befunde zu bieten.

V e r s u c h e (FF. korr.): *3-Brom-4-amino-5-nitrotoluol*, hellorangefarbene Prismen, F. 63—64°, durch Zugabe von Br_2 zu gesätt. Lsg. von 3-Nitro-4-aminotoluol in Eisessig; 96% (Ausbeute). — *3-Brom-5-nitrotoluol*, gelbe Nadeln, F. 81—83° (A.), durch Einw. von $NaNO_2$ auf vorst. Verb. in sd. A.-konz. H_2SO_4 (½ Std. Kochen); 77%. — *3.3'-Dibrom-5.5'-dimethylazobenzol* (**VI**), $C_{14}H_{12}N_2Br_2$, orangefarbige flockige Nadeln, F. 162—163° (A.) u. *3.3'-Dibrom-5.5'-dimethylhydrazobenzol* (**I**), $C_{14}H_{14}N_2Br_2$, F. 132,5—134,5° (PAe.), analog l. c., 95 bzw. 90%. — *2.2'-Dibrom-6.6'-dimethylbenzidin* (**II**), $C_{14}H_{14}N_2Br_2$, F. 179 bis 181° (wss. A.); *N.N'-Diacetylverb.*, $C_{18}H_{18}O_2N_2Br_2$, F. 295°; *N.N'-Disalicylalverb.*, $C_{28}H_{22}O_2N_2Br_2$, gelbe Prismen, F. 254 — 255° (Bzl.-PAe.). — *2.4'-Diamino-6.6'-dibrom-2'.4-dimethyldiphenyl* (**III**), $C_{14}H_{14}N_2Br_2$, F. 139—140° bzw. F. 165—167°; *N.N'-Diacetylverb.*, $C_{18}H_{18}O_2N_2Br_2$, F. 256—258° (wss. A.); *N.N'-Disalicylalverb.*, $C_{28}H_{22}O_2N_2Br_2$, gelbe Prismen, F. 268—270° (Bzl.-PAe.). — *2.2'-Diamino-4.6'-dibrom-4'.6-dimethyldiphenyl* (**IV**), $C_{14}H_{14}O_2N_2Br_2$, F. 179—181° (wss. A.); *N.N'-Diacetylderiv.*, $C_{18}H_{18}\cdot O_2N_2Br_2$, F. 208,5—209° (wss. A.). — *2.4'-Diamino-6(6')-brom-2'.4-dimethyldiphenyl*, $C_{14}H_{15}N_2Br$, F. 128—130° (wss. A.), durch Debromierung von **IIIb**; *N.N'-Diacetylderiv.*, $C_{18}H_{19}O_2N_2Br$, F. 194—196° (A.); *N.N'-Disalicylalverb.*, $C_{28}H_{23}O_2N_2Br$, gelbe Nadeln, F. 164—165° (A.). — Die Infrarothauptbanden (in CS_2) von **I**—**IV** sind angeführt. (J. Amer. chem. Soc. **78.** 1992—97. 5/5. 1956. Pittsburgh, Pa., Carnegie Inst. of Technol.) B. GNAUCK. B 225

Joseph Wiemann und **Li Thi Thuan,** *Umlagerung von Alkylderivaten des 2-Vinyl-2.3-dihydrofurans in 1-Acylcyclopentene.* Beim Erhitzen (24 Std. auf 50° unter N_2) von 2.3.3.5-Tetramethyl-2-isobutenyl-2.3-dihydrofuran mit 90%ig. Essigsäure wurde *1.3.3.4.4-Pentamethyl-2-acetylcyclopenten-(1)* (Kp.$_{14}$ 96—100°; *Semicarbazon*, F. 165 bis 166°) erhalten. Analog ergab 2-Propenyl-3-methyl-2.3-dihydrofuran nach 24std. Erhitzen mit wasserfreiem $CuSO_4$ auf 140° 2 Prodd. vom Kp.$_{12}$ 58—60° bzw. Kp.$_{12}$ 61—63°, die nach katalyt. Hydrierung *2-trans-3-cis-Dimethylcyclopentylmethanol* (Kp.$_{11}$ 82—83°, D^{18}_4 0,897, n_D^{18} 1,450; *Phenylurethan*, $C_{15}H_{21}O_2N$, F. 85—86°) bzw. *2-cis-3-cis-Dimethylcyclopentylmethanol* (Kp.$_{10}$ 85—86°, D^{18}_4 0,918, n_D^{18} 1,460; *Phenylurethan*, F. 91—92°) lieferten bzw. nach Oxydation mit Ag_2O u. folgende Hydrierung die den vorst. Alkoholen entsprechenden Säuren ergaben (*Amide*, $C_8H_{15}ON$, F. 172,5—173,5° bzw. F. 150 bis 151°). Abweichungen vorst. FF. von den Daten von PINES u. Mitarbeitern (J. Amer. chem. Soc. **76.** [1954.] 4412) werden darauf zurückgeführt, daß jene Autoren nur par-

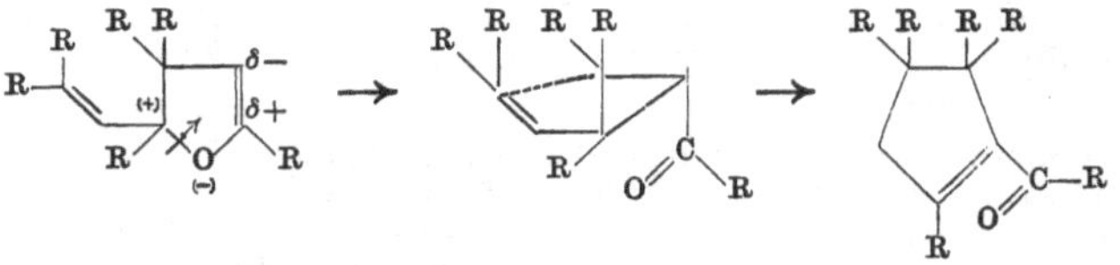

tiell racemisierte Prodd. untersucht hatten. Zum Verlauf dieser Umlagerungen wird angenommen, daß die 1.2-Bindung des Furanringes unter dem Einfl. des polaren Mediums eine heterolyt. Spaltung erleidet. Gemäß obenst. Formulierung stabilisiert sich das an $C_{(2)}$ entstandene Carboniumion durch die Knüpfung einer neuen Bindung zwischen $C_{(2)}$ u. $C_{(4)}$ zum Cyclopropanderiv. (vgl. WILSON, C. **1947.** E. 523), das nach Vff. unter intermediärer Bldg. eines bicycl. Syst. in das Cyclopentenprod. übergeht. (C. R. hebd. Séances Acad. Sci. **241.** 503—05. 1/8. 1955.) B. GNAUCK. B 225

O. Ss. Popow und **D. W. Ssokolski,** *Hydrierung von Tetramethylbutindiol am Nickelskelettkatalysator unter erhöhtem Druck.* (Vgl. SSOKOLSKI u. POPOW, C. **1954.** 9730.) Nach Aufnahme von 1 Mol H_2 nimmt in allen Verss. bei 0—60° u. 1—3 at die Hydriergeschwindigkeit (HG) von Tetramethylbutindiol (**I**) stark ab, das entstehende Tetramethylbutendiol (**II**) wird wesentlich langsamer hydriert. Die Rk. ist, bezogen auf **I**, nullter Ordnung, bezogen auf **II**, 0,5ter Ordnung, bezogen auf H_2, 1. Ordnung, vermutlich nach einem gemischten Stoß- u. Oberflächenmechanismus. Mit steigender Temp. nimmt die HG des **I** stärker zu als die des **II**; der Temperaturkoeff. nimmt bei **I** u. **II** allmählich ab, er ist bei 40—60° u. 1 at gleich 1. Die Aktivierungsenergie ist bei **II** höher als bei **I**, sie wird in beiden Fällen nicht durch die Aktivierung des H_2, sondern der ungesätt. Verbb. bestimmt; mit steigender Temp. nimmt sie ab. Das Abnehmen bei Steigerung der Temp. wird mit dem Verschwinden akt. Zentren infolge Resorption von H_2 in Zusammenhang gebracht (H_2 als Initiator der Bldg. akt. Zentren); vgl. WOLKENSTEIN (C. **1955.** 293). (Доклады Академии Наук СССР [Ber. Akad. Wiss. UdSSR] **105.** 731—34. 1/12. 1955. Alma-Ata, Kasach. Kirow-Univ.) R. K. MÜLLER. B 225

N. M. Tschirkow und **Ss. G. Enteliss,** *Kinetik der Äthanoxydation.* Es wurde eine Änderung des Temperaturkoeff., der durch ein Gebiet geht, wo die effektive Aktivierungsenergie Null ist, bei der Oxydation des Äthans bei 340—370° u. ein entgegengesetzter Temperaturverlauf festgestellt, wobei die Kurven der Abhängigkeit des Geschwindigkeitskoeff. vom Druckanstieg ihr Maximum verschieben u. ihre Form verändern. Bei an Äthan reichen Mischungen mit O_2 tritt eine stetige Veränderung der effektiven Aktivierungsenergie von 30—30,6 kcal/Mol bei T = 270—340° bis zu 55,6 kcal/Mol bei T = 400 bis 500 auf. Die Größe der Induktionsperiode der Rk. wächst bei 274—333° mit der Temp., wodurch gleichzeitig die maximale Reaktionsgeschwindigkeit ansteigt. Bei niedrigen Reaktionstempp. stimmen die experimentellen Werte mit der von SSEMENOW aufgestellten Formel für den Fall negativer Wechselwrkg. der Ketten überein. Bei höheren Tempp. wird die Äthanoxydation durch eine Gleichung für autokatalyt. Rkk. zweiter Ordnung beschrieben. Mit dieser wird auf Grund der SSEMENOWschen Theorie der Wärmeexplosion eine neue Gleichung für die Entstehung einer Explosion aufgestellt, die die experimentellen Daten gut wiedergibt. (Академия Наук СССР. Институт Химической Физики. Сборник Работ [Akad. Wiss. UdSSR, Inst. chem. Physik, gesammelte Arb.] **1950.** 118—55.) A. HELMS. B 225

N. M. Emanuel, *Kinetik der Aldehydoxydation in der Gasphase.* Bei Tempp. von 140—190° u. p = 100 mm Hg wurde die Kinetik der Oxydation von Acetaldehyd untersucht. Je niedriger die Reaktionstemp., um so langsamer u. tiefer fällt der Druck ab u. um so langsamer u. weniger steigt er wieder an. Die Aktivierungsenergie beträgt 11,7 kcal/Mol. Die Verteilung der Komponenten des Reaktionsgemisches in Abhängigkeit von der Zeit bei p = 100 mm Hg u. T = 125 u. 170°, auf O_2, Acetaldehyd, Essigsäure u. das Hydroperoxyd des Acetaldehyds als Zwischenprod. wurde bestimmt. Die Autokatalyse der Acetaldehydoxydation in einem Quarzrohr bei Zugabe verschied. Mengen Essigsäure, T = 190°, p = 100 mm Hg zeigte, daß der kinet. Verlauf der Rk. bei Steigerung der Menge Essigsäure einen nicht so starken Druckabfall aufweist. Der allg. Charakter der kinet. Kurven bleibt auch für Oxydation des Propion- u. Butyraldehyds erhalten. Die kinet. Besonderheiten der Aldehydoxydation in Mischungen nach Abschreckung werden diskutiert. Es wird eine Analogie zwischen einer abgeschreckten u. einer vorbereiteten Mischung Aldehyd—O_2 festgestellt. Jeder Temp. entspricht eine bestimmte Gleichgewichtskonz. einer Niedrigtemperaturform des Hydroperoxyds. Vf. beschreibt Verss. des Abschreckens der Reaktionsmischung von ca. 195° auf Tempp. unter 100° u. letztlichem Erhitzen auf Tempp. von 200° u. mehr, wobei entsprechend den Reaktionsbedingungen Explosionen auftreten können. Für die Übergangswärme der Hoch- in die

Niedrigtemperaturform der gebildeten Persäure ergibt sich ca. 7,5 kcal/Mol, was der Aufrichtung einer innermol. H-Brücke entspricht. Ultrarotaufnahmen bestätigen die Bldg. von innermol. H-Bindungen in den Hydroperoxyden bei Zimmertemperatur. (Академия Наук СССР. Институт Химической Физики. Сборник Работ [Akad. Wiss. UdSSR, Inst. chem. Physik, gesammelte Arb. **1950.** 185—232.) A. HELMS. B 225

A. G. Schafigullin, *Photoelektrische Methode zur Untersuchung der Oxydationsreaktion von Oxalsäure durch Kaliumpermanganat in Abhängigkeit von der Temperatur.* (Vgl. C. **1954.** 6905.) Die Rk. $KMnO_4 + H_2C_2O_4$ wurde bei 5, 10 u. 15° u. 15, 25 u. 40%ig. Konz. des $KMnO_4$ in Ggw. von H_2SO_4 photometr. verfolgt (Messung des hindurchgehenden Lichtstromes mittels Photoelementen). Mn(IV) erzeugt die beobachtete Verdunklung der Lösung. Während der Induktionszeit laufen 3 Rkk. ab: Mn(VII) → Mn(IV) (langsam); Mn(IV) → Mn(III) (sehr langsam); Mn(III) → Mn(II) (rasch). Die Konz. der H_2SO_4 ist für den Ablauf der Rk. ohne Einfluß. Bei der Rk. treten mehrere Zwischenprodd. auf, die unter sich u. mit den Anfangs- u. Endprodd. reagieren; sie sind kurzlebig u. können nicht unabhängig von der Gesamt-Rk. untersucht werden. Die Rk. ist eine typ. Ketten-Rk. in fl. Phase. (Журнал Физической Химии [J. physik. Chem.] **27.** 1767—75. Dez. 1953. Kasan, Uljanow-Lenin-Univ.) A. v. WILPERT. B 225

L. Wilputte-Steinert und **P. J. C. Fierens,** *Kinetische Untersuchung von Solvolysereaktionen.* 1. Mitt. *Einführung in eine Reihe von Veröffentlichungen. Solvolysen des tert.-Butylchlorids.* Die Kinetik der S_N1-Solvolyse von *tert.-Butylchlorid* ($Kp._{755}$ 50,6°, n_D^{18} 1,3869) wurde konduktometr. nach FIERENS u. Mitarbeitern (Bull. Soc. chim. Belgique **64.** [1955.] 191) in folgenden Medien untersucht [% = Vol.-%; in () E in kcal/Mol, log PZ u. untersuchter Temperaturbereich]: 25% Dioxan (**I**) + 69,7% Ameisensäure (**II**) + 5,3% W. (22,10; 12,31; 15—40°), 39,8% **I** + 54,1% **II** + 6,1% W. (21,15; 11,59; 15—40°); 50,7% **I** + 49,3% W. (21,13; 11,74; 12—36°), 79,5% **I** + 20,5% W. (21,45; 9,98; 40,2—79,2°), 93,6% **II** + 6,4% W. (20,7; 12,2; 5—25°) u. 91,6% A. + 8,4% W. + 0,5395 Mol/Liter $HgCl_2$ (19,41; 10,60; 0—30°). Auf die elektrophile katalyt. Wrkg. von $HgCl_2$ in wss. A. wird hingewiesen. Die Beziehungen der S_N1-Solvolysegeschwindigkeiten organ. Halogenide zur Ionisierungskraft des Lösungsm. werden im Zusammenhang mit den Arbeiten von WINSTEIN u. Mitarbeitern (C. **1954.** 2998 u. früher) erörtert. Eine neue Meßzelle zur Verfolgung der Leitfähigkeitsänderungen während der Rk. wird beschrieben. (Bull. Soc. chim. belges **64.** 277—86. 15/8. 1955. Bruxelles, Univ. Libre, Fac. des Sci., Service de Chim. Organ.) B. GNAUCK. B 225

L. Wilputte-Steinert und **P. J. C. Fierens,** *Kinetische Untersuchung von Solvolysereaktionen.* 2. Mitt. *Solvolysen von α-Methallyl- und α-Phenyläthylchlorid.* (1. vgl. vorst. Ref.) Wie l. c. wurde die Kinetik folgender Solvolyse-Rkk. untersucht: [in () E in kcal/Mol, log PZ u. untersuchter Temperaturbereich] von *α-Methallylchlorid* (**I**) in 93,6% Ameisensäure (**III**) + 6,4% W. (21,32; 11,01; 10—40°), in 25% Dioxan (**IV**) + 69,7% **III** + 5,3% W. (21,81; 10,46; 25—60°), 39,8% **IV** + 54,1% **III** + 6,1% W. (22,59; 10,40; 40—74,5°), 79,5% **IV** + 20,5% W. (21,33; 8,46; 60,2—90,2°), 50,7% **IV** + 49,3% W. (21,04; 10,19; 25—60°) u. in reinem W. (22,37; 13,15; 0—25°) sowie in 91,6% A. + 8,4% W. + 0,5395 Mol/Liter $HgCl_2$ ($k = 1,76 \cdot 10^{-5}$ sec^{-1} bei 25°); von *α-Phenyläthylchlorid* (**II**) in 93,6% **III** + 6,4% W. (20,74; 12,61; 5—20°), 69,7% **III** + 25% **IV** + 5,3% W. (22,84; 12,96; 15—40°), 54,1% **III** + 39,8% **IV** + 6,1% W. (22,52; 12,01; 14,9 bis 51°), 34,0% **III** + 60,2% **IV** + 5,8% W. (22,72; 11,07; 40—74,5°), 79,5% **IV** + 20,5% W. (22,33; 10,02; 50—90,3°), 50,7% **IV** + 49,3% W. (21,24; 11,43; 12—45°), 33,33% **IV** + 66,67% W. (20,04; 11,74; 0—25°), 20,5% **IV** + 79,5 % W. (19,84; 12,37; 0—15°) u. in reinem W. (ca. 20; ca. 13,3; 0—5°). Mit Ausnahme der Solvolyse im $HgCl_2$-haltigen Medium erfüllen die Rkk. von **I** die Beziehung zwischen Reaktionsgeschwindigkeit u. Ionisierungskraft des Lösungsm. von WINSTEIN u. Mitarbeitern (C. **1954.** **2998 u. früher) recht gut, während die von II größere Abweichungen zeigen.** In **III**-haltigen tern. Lösungsmittelgemischen wird die monomol. Kinetik besser eingehalten als in W. + **IV**, eine nucleophile Wrkg. des W. in diesem Medium ist nicht anzunehmen. Vielmehr wird die Erhöhung der Reaktionsgeschwindigkeit gegenüber dem theoret. Wert gemäß einem S_N1-Mechanismus durch die Annahme einer kovalenten Wrkg. des Lösungsm. gedeutet. Die kinet. Untersuchungsmeth. war auch gut für die Rkk. in reinem W. verwendbar, wenn sehr verd. Lsgg. (10^{-4} Mol/Liter) verwendet wurden. — *α-Methallylchlorid* (**I**), $Kp._{752}$ 63,65° durch $LiAlH_4$-Red. von Crotonaldehyd, Alkohol mit $SOCl_2$ bei 0° behandeln; n_D^{25} 1,4130; 23% (Ausbeute). — *α-Phenyläthylchlorid* (**II**), $Kp._{12}$ 78°, durch Einleiten von HCl-Gas in die absol. Benzollsg. von Phenyläthylalkohol unter Eiskühlung, HCl u. Bzl. im Vakuum bei 30—40° abtreiben; n_D^{20} 1,5281. (Bull. Soc. chim. belges **64.** 287—98. 15/8. 1955.) B. GNAUCK. B 225

L. Wilputte-Steinert und **P. J. C. Fierens,** *Kinetische Untersuchung von Solvolysereaktionen.* 3. Mitt. *Solvolysen von α.α-Dimethylneopentyl- und α-Phenylneopentylchlorid.*

(2. vgl. vorst. Ref.) Wie früher (l. c.) wurde die Solvolyse von *α.α-Dimethylneopentylchlorid* bei 25° kinet. untersucht in 25% Dioxan (I) + 69,7% Ameisensäure (II) + 5,3% W. [(k =) $3{,}02 \cdot 10^{-4}$ (sec^{-1})], 39,8% I + 54,1% II + 6,1% W. ($6{,}66 \cdot 10^{-5}$), 50,7% I + 49,3% W. ($2{,}05 \cdot 10^{-4}$), 79,5% I + 20,5% W. ($1{,}62 \cdot 10^{-6}$) u. 91,6% A. + 8,4% W. + 0,5395 Mol/Liter $HgCl_2$ ($2{,}30 \cdot 10^{-4}$), ferner die gleiche Rk. von *α-Phenylneopentylchlorid* in vorst. Medien, wobei folgende E- (in kcal/Mol) u. log PZ-Werte ermittelt wurden: 26,70, 13,41 (zwischen 51,1 u. 82,8°); 25,97, 12,07 (60,1—90,1°); 23,84, 10,69 (45—82,8°); 28,43, 11,46 (74,4—103,8°) bzw. 32,28, 11,22 (30,1—60°). Vff. zeigen, daß die l. c. erwähnte Beziehung von WINSTEIN u. Mitarbeitern bei den Solvolyse-Rkk. beider untersuchten Verbb. nicht erfüllt ist. Unerwarteterweise scheinen hier einige Lösungsmittelgemische nucleophile Wrkg. zu haben, wodurch der nach WINSTEIN berechnete Wert für die Ionisierungskraft des Lösungsm. verfälscht wird. — *α.α-Dimethylneopentylchlorid*, aus Pinakolin u. CH_3MgBr, Einw. von konz. HCl auf den erhaltenen Alkohol, Reinigung durch Sublimation in Mischung mit $CaCl_2$. — *α-Phenylneopentylchlorid*, $Kp._{12}$ 112°, aus Benzaldehyd u. tert.-Butyl-MgCl, Alkohol mit $SOCl_2$ umsetzen; n_D^{25} 1,5142. (Bull. Soc. chim. belges **64**. 299—307. 15/8. 1955.) B. GNAUCK. B 225

L. Wilputte-Steinert und **P. J. C. Fierens,** *Kinetische Untersuchung von Solvolysereaktionen.* 4. Mitt. *Allgemeine Diskussion.* (3. vgl. vorst. Ref.) Unter Zusammenfassung u. Diskussion der Ergebnisse der vorst. Reff. wird gezeigt, daß sich die Gleichungen von WINSTEIN u. Mitarbeitern (l. c.) sowie die von SWAIN u. DITTMER (C. **1954**. 742) aus gleichen Näherungsannahmen ableiten: 1. Die freie Aktivierungsenergie ist die Summe eines vom Lösungsm. unabhängigen Ausdrucks u. eines Ausdrucks, der der Wrkg. des Lösungsm. entspricht; 2. die Wrkg. des Lösungsm. wird als Prod. eines Parameters, der nur von der Struktur des Halogenids abhängt, u. einer Funktion der Lösungsmitteleigg. dargestellt. Da experimentell gefunden wurde, daß die Gleichung von WINSTEIN u. Mitarbeitern nicht immer zutrifft, ist der von diesen Autoren eingeführte quantitative Wert für die Ionisierungskraft eines Lösungsm. nur von geringem Nutzen, da der berechnete Wert von dem als Bezugsverb. gewähltem Halogenid abhängt. Die Gleichung, für welche die Form $(\log k_{Aa} - \log k_{Ab})/(\log k_{Ba} - \log k_{Bb}) = m_{AB}$ vorgeschlagen wird (A, B: Halogenide; a, b: Lösungsm.; m_{AB}: nur von der Art der Halogenide A u. B abhängige Konstante), gilt angenähert nur für eine begrenzte Klasse von Halogeniden. Die Ursachen für Abweichungen sind nach Vff. vor allem in der Komplexität der Wechselwirkungen zwischen Halogenid u. Lösungsmittelmoll. zu suchen, wobei die Solvatationsenergien, ster. u. Polarisierbarkeitseffekte sowie die Löslichkeiten der Halogenide eine Rolle spielen. (Bull. Soc. chim. belges **64**. 308—332. 15/8. 1955.) B. GNAUCK. B 225

Robert B. Scott jr. und **Martin J. Gordon,** *Eine Untersuchung aliphatischer Sulfonylverbindungen.* 4. Mitt. *Neopentylmethansulfonylchlorid.* (3. vgl. J. org. Chemistry **20**. [1955.] 1165.) Die Äthanolyse von *Neopentylmethansulfonylchlorid* (**I**) in überschüssiger alkoh. HCl wurde bei 81,8, 84 u. 85,7° kinet. verfolgt. Die Geschwindigkeitskonstanten [$k = 0{,}076\ min^{-1}$, $0{,}092\ min^{-1}$ bzw. $0{,}103\ min^{-1}$] sind etwa gleich groß wie die der Äthanolyse von Octan-1-sulfonylchlorid u. bestätigen die Annahme, daß γ-Methylgruppen die Rk. nicht ster. hindern. Die für die Rk. von *Neopentylmethansulfonsäureäthylester* (**II**) in überschüssiger alkoh. HCl bei 84° gemessene Geschwindigkeitskonstante ($k = 0{,}051\ min^{-1}$) stimmt mit der von SCOTT u. LUTZ (C. **1955**. 1475) für Octan-1-sulfonsäureäthylester ermittelten überein u. bestätigt obiges Ergebnis. Die Konstante $k = 0{,}003\ min^{-1}$ für die Äthanolyse von **II** in sd. A. zeigt, daß die Solvolyse nur einen kleinen Anteil des Angriffs alkoh. HCl auf **II** ausmacht. **II** wurde durch Rk. des Ag-Salzes der Säure mit C_2H_5J dargestellt, Umsetzung der Säure mit Diazoäthan ergab kein **II**.

V e r s u c h e: *4-Chlor-2.2-dimethylbutan*, $Kp._{759}$ 116—117,5°, a) durch Absorption von Äthylen in einer Lsg. von tert.-Butylchlorid in n-Pentan bei —30 bis —20° in Ggw. von $AlCl_3$; n_D^{20} 1,4158; 25% (Ausbeute); b) aus Neopentyl-MgCl u. CH_2O u. Erhitzen des entstehenden Carbinols mit HCl in Ggw. von $ZnCl_2$. *Chlormercurideriv.*, C_6H_{13}·ClHg, F. 178—180°, durch Umsetzung des GRIGNARD-Reagens mit $HgCl_2$. — *γ.γ-Dimethylvaleriansäureanilid*, F. 138—139°, durch Rk. des GRIGNARD-Reagens vorst. Verb. (**III**) mit Phenylisocyanat. — *3'.3'-Dimethylbutyl-3.5-dinitrobenzoat*, F. 80 bis 81°, durch Oxydation von **III** u. Rk. mit dem Benzoesäurederivat. *α-Naphthylaminaddukt*, F. 132—133°. — *2.2-Dimethylbutan-4-sulfonylchlorid* (**I**), $C_6H_{13}O_2ClS$, F. 43—44°, durch langsame Zugabe von **III** zu SO_2Cl_2 in Ae. unter Rühren bei 0—5°; $Kp._1$ 60—61°; 34%. — *2.2-Dimethylbutan-4-sulfonsäureamid*, F. 96—97°, aus **I** u. NH_3 in Äther. *-isopropylamid*, F. 74,5—75°. *-n-butylamid*, F. 76,5—77,5°. *-isobutylamid*, F. 83—83,5°. *-n-propylamid*, F. 84—85°. *-morpholid*, F. 104,5—105,5°. *-cyclohexylamid*, F. 118,5—119,5°. *-benzylamid*, F. 121—122°. — *2.2-Dimethylbutan-4-sulfonylfluorid*, $C_6H_{13}O_2SF$, $Kp._{23}$ 53—54°, durch 2std. Kochen von **I** mit KF in W.; n_D^{25} 1,4077, $D._4^{25}$ 1,0811; 44%. — *2.2-Di-*

methylbutan-4-sulfonsäureäthylester (II), $C_8H_{18}O_3S$, Kp.$_1$ 90°, durch Alkoholyse von I, Umsetzung der Säure zum Ag-Salz u. Rk. mit C_2H_5J; n_D^{25} 1,4337, $D.^{25}_4$ 1,0276; 61%. (J. org. Chemistry **21**. 385—87. 30/4. 1956. Alabama, Univ., Chem. Labor.)

H. BERTSCH. B 225

Robert B. Scott jr. und **Harry L. McLeod,** *Eine Untersuchung aliphatischer Sulfonylverbindungen.* 5. Mitt. *Neopentansulfonylchlorid.* (4. vgl. vorst. Ref.) Die weitgehende Übereinstimmung der Geschwindigkeitskonstanten der Alkoholyse in sd. alkoh. HCl für *Neopentansulfonylchlorid* (I; k = 0,016 min^{-1}) u. Octan-2-sulfonylchlorid (k = 0,014 min^{-1}) zeigt, daß zwei β-Methylgruppen denselben hindernden Effekt auf die Äthanolyse ausüben wie eine α-Methylgruppe. Die Geschwindigkeitskonstante des Angriffs von alkoh. HCl auf *Neopentansulfonsäureäthylester* (II; k = 0,011 min^{-1}) ist wesentlich kleiner als für Octan-1- bzw. -2-sulfonsäureäthylester (k = 0,051 bzw. 0,041 min^{-1}). I wurde durch photochem. Sulfochlorierung von Neopentan oder durch Sulfochlorierung von Neopentyl-MgCl (III) dargestellt. II wurde aus der Sulfonsäure durch Rk. mit Diazoäthan oder über das Ag-Salz durch Rk. mit C_2H_5J erhalten.

Versuche: *Neopentansulfonylchlorid* (I), $C_5H_{11}O_2ClS$, Kp.$_1$ 43—44°, a) durch Zugabe von III zu SO_2Cl_2 in Ae. bei —5 bis 0°; n_D^{25} 1,4556; $D.^{25}_4$ 1,1529; 28% (Ausbeute); b) durch 1std. Sulfochlorierung von Neopentan in 200 cm³ CCl_4 mit Cl_2 u. SO_2 bei —5 bis 0° unter Belichtung; 20%. — *γ-Chlorneopentansulfonylchlorid,* $C_5H_{10}O_2Cl_2S$, Kp.$_{1,8}$ 84—85°, neben vorst. Verb. nach b) bei stärkerer Chlorzuführung; n_D^{25} 1,4847—1,4848. — *Neopentansulfonsäure-n-butylamid,* F. 54—55°. *-anilid,* F. 70,5—71,5°. *-benzylamid,* F. 89—91°. *-piperidid,* F. 90—91°. *-cyclohexylamid,* F. 90—91°. *-morpholid,* F. 113 bis 114°. *-amid,* F. 122—123°. — *Neopentandisulfonsäuremorpholid,* F. 159—160°, durch Rk. des Destillationsrückstandes von I nach b) mit Morpholin. — *γ-Chlorneopentansulfonsäurebenzylamid,* F. 63—64°. *-amid,* F. 85—86°. *-morpholid,* F. 109—110°. — *Neopentansulton,* $C_5H_{10}O_3S$, F. 51,5—52° (CCl_4), durch Erhitzen von γ-Chlorneopentansulfonsäure auf 160—170° im Vakuum; Kp.$_{18}$ 150—160°; 52%. — *Neopentansulfonsäureäthylester* (II), $C_7H_{16}O_3S$, Kp.$_{0,8}$ 62—63°, a) durch Verseifung von I, Zers. des Na-Salzes durch Einleiten von HCl in eine äther. Suspension u. Rk. der Sulfonsäure mit äther. Diazoäthan; 41%; b) durch Rk. des Sulfonsäure–Ag-Salzes mit äther. C_2H_5J; n_D^{25} 1,4318, $D.^{25}_4$ 1,0567; 69%. — *Neopentansulfonsäureanhydrid,* $C_{10}H_{22}O_5S_2$, F. 81 bis 82°, durch Erhitzen äquimol. Mengen Ag-Neopentansulfonat u. I auf 100°; 45%. (J. org. Chemistry **21**. 388—90. 30/4. 1956.)

H. BERTSCH. B 225

Robert B. Scott jr. und **John B. Gayle,** *Eine Untersuchung aliphatischer Sulfonylverbindungen.* 6. Mitt. *Camphan-10-sulfonylchlorid.* (5. vgl. vorst. Ref.) *Camphan-10-sulfonylchlorid* (I) wurde aus dl-Campher-10-sulfonsäure durch modifizierte WOLFF-KISHNER-Rk. u. Umsetzung des erhaltenen Na-Sulfonates mit PCl_5 dargestellt. Die kinet. Unters. der Alkoholyse von I in sd. alkoh. HCl ergab eine Geschwindigkeitskonstante (k = 0,018 min^{-1}), die mit der von Neopentansulfonylchlorid übereinstimmt, was die Auffassung bestätigt, daß räumlich große Substituenten mit behinderter Rotation einen ähnlichen ster. Effekt wie die Methylgruppe haben. Die Geschwindigkeitskonstanten der Äthanolyse von Benzolsulfochlorid (II) in Ggw. von HCl stimmten mit Literaturwerten, die in Abwesenheit von HCl bestimmt wurden, überein, so daß eine katalyt. Wrkg. von HCl auszuschließen ist. Die k-Werte für II in Ggw. von HCl bei 34° bzw. Siedetemp. betragen 0,0031 bzw. 0,14 min^{-1}. Die große Konstante für II bei Siedetemp. läßt darauf schließen, daß $\alpha.\beta$-ungesätt. Sulfonylchlorid sehr reaktionsfähig u. die entsprechenden Sulfonate sehr starke Alkylierungsmittel sind. Die Konstante der Rk. von sd. alkoh. HCl mit *Camphan-10-sulfonsäureäthylester* (III) ist wesentlich geringer (k = 0,016 min^{-1}) als die von Octan-1-sulfonsäureäthylester (k = 0,051 min^{-1}), was wiederum zeigt, daß Äthylsulfonate ster. gehinderter Sulfonsäuren weniger reaktionsfähige Alkylierungsmittel sind als solche geradkettiger Sulfonate. Die Geschwindigkeitskonstante der Alkoholyse von III in sd. A. wurde zu k = 0,001 min^{-1} bestimmt.

Versuche: *Camphan-10-sulfonylchlorid* (I), $C_{10}H_{17}O_2ClS$, F. 82—84° (2.2.4-Trimethylpentan), durch 1std. Kochen von dl-Campher-10-sulfonsäure (F. 200—202°) mit NaOH u. $N_2H_4 \cdot H_2O$ in Diäthylenglykol, Abdest. von W. u. überschüssigem N_2H_4 u. 7std. Kochen bei 195—210°, Zugabe von PCl_5 zum isolierten Na-Camphan-10-sulfonat bei 10—20° unter Rühren u. Hydrolyse des überschüssigen PCl_5; 38% (Ausbeute). — *Camphan-10-sulfonsäuremorpholid,* $C_{14}H_{25}O_3NS$, F. 191—193°. *-benzylamid,* $C_{17}H_{25}O_2NS$, F. 114—115°. — *Camphan-10-sulfonsäureäthylester* (III), $C_{12}H_{22}O_3S$, F. 66—68° (Isooctan), durch Umsetzung von Camphan-10-sulfonsäure mit feuchtem Ag_2O u. 1std. Kochen des Ag-Salzes mit C_2H_5J in Acetonitril; 61%. (J. org. Chemistry **21**. 391—93. 30/4. 1956.)

H. BERTSCH. B 225

M. Willems und **A. Bruylants,** *Kinetische Untersuchung der Hydrolyse von aliphatischen Amiden.* Vff. untersuchen die Kinetik der Hydrolyse von Amiden, u. zwar von

Acetamid, Propionsäureamid, Butyramid (I), *Pentan-* u. *Hexansäureamid* in saurem u. alkal. Medium. Im alkal. Milieu verläuft die Hydrolyse stets schneller als im sauren Milieu; mit zunehmendem Mol.-Gew. nimmt die Reaktionsgeschwindigkeit ab. Die Aktivierungsenergien bei den verschied. Verbb. der homologen Reihe sind bei einem gegebenen p_H-Wert prakt. gleich. Für das saure Gebiet wird als Mittelwert E_{H^+} = 18,1 kcal/Mol, für die alkal. Hydrolyse E_{OH^-} = 14,8 kcal/Mol angegeben. Die für den ster. Faktor gefundenen Werte nehmen mit zunehmendem Mol.-Gew. der Säureamide ab. Das Verh. von I wurde mit dem des *Vinylessigsäureamids* (II) u. dem des *cis-* u. *trans-Crotonsäureamids* verglichen: II verhält sich ähnlich I, die Crotonsäureamide unterscheiden sich von den gesätt. Amiden in ihrem Verh.; die trans-Verb. reagiert schneller als die cis-Verb.; die Aktivierungsenergien betragen für beide Isomeren 23,4 kcal (in saurem Medium), so daß der Unterschied in der Reaktionsgeschwindigkeit bei den verschied. Werten für den Frequenzfaktor zu suchen sein muß. (Bull. Soc. chim. belges **60.** 191—207. April/Juni 1951. Louvain, Univ., Labor. de Chim. Gén.) J. MATTNER. B 225

R. J. J. Simkins und **Gwyn Williams,** *Die Nitrierung von Guanidin in Schwefelsäure.* 1. Mitt. *Die reversible Umwandlung von Guanidinnitrat in Nitroguanidin.* Wie bereits aus Literaturhinweisen (vgl. ALLENBY u. WRIGHT, Canad. J. Res., Sect. B **25.** [1947.] 295 u. STUART u. WRIGHT, Canad. J. Res., Sect. B **26.** [1948.] 401) zu erwarten war, erweist sich die genannte Umwandlung, die durch Nitratbest. mittels potentiometr. Titration untersucht wird, in Schwefelsäure–W.-Mischungen als reversibel. In 71—83%ig. Säure stellt sich das Gleichgewicht von beiden Seiten her mit meßbarer Geschwindigkeit ein (Halbwertszeiten der Umwandlung bei 25° ca. 20 Min.); in Medien mit höherem Säuregeh. wird die Einstellung sehr rasch. Eine empir. Gleichgewichtskonstante K wird bei 25° u. einer Anfangskonz. von 0,2 mol. Guanidinnitrat oder Nitroguanidin in 71,5—100%ig. H_2SO_4 gemessen; K u. damit die Umwandlung in Nitroguanidin weisen ein Maximum in 88%ig. Säure auf (93,5% Nitroguanidin im Gleichgewicht). Unter Annahme des Nitroniumions als Nitrierungsagens bei allen betrachteten Zuss. des Mediums läßt sich aus Massenwirkungsbetrachtungen ein solches Maximum im Gebiet von 88 bis 90%ig. H_2SO_4 erwarten, jedoch erlaubt die Massenwirkungstheorie keine quantitative Beschreibung des Umwandlungsgrades in Abhängigkeit vom Medium. Eine theoret. Verknüpfung von K u. der Aktivität des W. wird abgeleitet u. im Gebiet von 71—86%ig. H_2SO_4, in dem HNO_3 nur schwach zu Nitroniumionen dissoziiert ist, bestätigt gefunden. (J. chem. Soc. [London] **1952.** 3086—94. Aug. Englefield Green, Surrey, Royal Holloway Coll.) O. REITZ. B 225

E. W. Crunden und **R. F. Hudson,** *Der Mechanismus der Hydrolyse von Säurechloriden.* 6. Mitt. *Formolyse p-substituierter Benzoylchloride.* (5. vgl. BROWN u. HUDSON, C. **1955.** 9058.) Konduktometr. verfolgt wurde die Solvolysengeschwindigkeit v von *p-Toluyl-* (I), *Benzoyl-* (II), *p-Brom-* (III), *p-Nitro-* (IV) u. *2.4.6-Trinitrobenzoylchlorid* (V) in Lösungsmitteln gleicher Solvatationskraft (vgl. GRUNWALD u. WINSTEIN, C. **1949.** I. 969): Ameisensäure (VI) u. wss. Aceton (VII; 65 cm³ W. in 100 cm³ Lösungsm.), ferner in wss. VI bei Tempp. zwischen 9 u. 61° (bzw. in wss. VII von —13 bis +9°). In wss. VI nimmt v mit der Tendenz der Elektronenabgabe von den p-Substituenten an das Carbonyl-C-Atom zu. Die k-Werte von I u. II sind weitgehend vom Wassergeh. unabhängig, Zugabe von Formiationen bei der Rk. von I erhöht v nicht. Dagegen wirken Formiat-Ionen bei IV stark beschleunigend, u. v ist hier annähernd proportional dem Wassergehalt. Vff. schließen hieraus, daß die Solvolysen der verschied. substituierten Säurechloride nach unterschiedlichen Mechanismen (S_N1 bzw. S_N2) ablaufen. Durch Vgl. mit den Daten in wss. VII konnte der Anteil des S_N1-Mechanismus ermittelt werden. Folgende Werte wurden erhalten (k_1 in sec^{-1} in wss. VII bzw. VI bei 9°; % S_N1-Rk. u. Steigerung von v in % bei Erhöhung der Wasserkonz. von 0,8 auf 5 Vol.-% in VI): I $28\cdot10^{-3}$, $19\cdot10^{-3}$; 70%, ca. 0%; II $8,9\cdot10^{-3}$, $3,5\cdot10^{-3}$; 40%, 10%; III $2,2\cdot10^{-3}$, $2,4\cdot10^{-4}$; 10%, 50%; IV $3,0\cdot10^{-2}$, ca. $1,0\cdot10^{-6}$; ca. 0%, 625%. V reagiert wie IV nur nach dem S_N2-Mechanismus. Vff. vermuten, daß mit Steigerung der elektronenanziehenden Eigg. der Substituenten u. mit Zunahme der Polarität des Mediums sich der Übergangszustand insofern verändert, als ein Teil der Moll. ionisiert, ohne einen Energiebeitrag vom nucleophilen Agens (W.) empfangen zu haben, während die übrigen Moll. nach dem bimol. Mechanismus solvolysieren. Es wird für den S_N1-Mechanismus angenommen, daß die geschwindigkeitsbestimmende Ionisierung zu einem Acylkation führt, wobei nur elektrostat. Wechselwrkg. zwischen Säurechlorid u. Lösungsmittelmoll. beteiligt ist. Wegen des Einfl. von Formiat-Ionen auf die Rk. von IV ist vielleicht anzunehmen, daß Cl intermediär durch HCOO verdrängt wird, obwohl v streng der 1. Ordnung folgt. Die v von IV u. V nimmt bemerkenswerterweise mit steigender DK. u. Solvatationskraft ab, obwohl deren Übergangszustände stärker polar als sie selbst sind. Die verminderte v bei S_N2-Rkk.

in Lösungsmitteln mit hoher Solvatationskraft wird halbquantitativ durch die erhöhte Bindungsenergie zwischen Lösungsmittelmoll. u. dem nucleophilen Agens erklärt; so wird die für die Rk. in wss. **VI** (gegenüber wss. **VII**) erforderliche höhere Energie auf eine starke Bindung zwischen H_2O u. HCOOH zurückgeführt, die stärker ist als die Assoziationskraft zwischen Wassermolekülen. Vff. schließen, daß in solchen Fällen die Bldg. einer Kovalenzbindung einen höheren Beitrag zur Aktivierungsenergie liefert als der Bruch einer Bindung. (J. chem. Soc. [London] **1956**. 501–07. März London, Queen Mary Coll.) B. GNAUCK. B 225

T. G. Bonner, Freda Bowyer und **Gwyn Williams**, *Nitrierung in Schwefelsäure*. 8. Mitt. *Kinetik der Nitrierung des Trimethylphenylammoniumions*. (7. vgl. LOWEN u. Mitarbeiter, C. **1952**. 6833.) Die Geschwindigkeit der Nitrierung des *Trimethylphenylammoniumions* (**I**) wird in 100–82% ig. H_2SO_4 bei 25° durch potentiometr. Titration der HNO_3 gemessen. In einem gegebenen Medium u. bei gegebener Anfangskonz. ist die Nitriergeschwindigkeit je von 1. Ordnung in bezug auf die Konz. an **I** u. die Gesamtkonz. der HNO_3; sie variiert mit der Anfangskonz. von **I** in der HNO_3 in einer qualitativ vorauszusehenden Weise. Bei gleichen Anfangskonzz. von **I** u. NO_3^- von 0,025 mol. ergibt sich eine Geschwindigkeitskonstante k_2 (in min^{-1}) von 0,51 in 100% ig. H_2SO_4 u. von 0,01 in 82% ig. H_2SO_4. Es liegt ein Geschwindigkeitsmaximum in 90,4% ig. H_2SO_4 mit 2,07 min^{-1} vor. Die Änderung der Nitriergeschwindigkeit in 90–82% ig. H_2SO_4 kann in Beziehung gesetzt werden zu der Carbinolsäurefunktion J_0 (vgl. 7. Mitt.) oder direkt zu dem Dissoziationsgrad von 4.4'.4''-Trinitrotriphenylcarbinol im gleichen Mediumsbereich. Diese Beziehung macht wahrscheinlich, daß der Rückgang der Dissoziation der HNO_3 zu Nitroniumionen die Hauptursache für die Abnahme des Geschwindigkeitskoeff. der Nitrierung im Untersuchungsbereich um den Faktor 200 darstellt. (J. chem. Soc. [London] **1952**. 3274–80. Aug. Englefield Green, Surrey, Royal Holloway Coll.) O. REITZ. B 225

Herbert C. Brown und **George Ham**, *Chemische Wirkungen sterischer Spannungen*. 12. Mitt. *Der Einfluß der Ringgröße auf die Geschwindigkeit der Acetolyse von Cycloalkyl-p-toluol- und -p-brombenzolsulfonaten*. (11. vgl. C. **1955**. 2390; vgl. auch C. **1956**. 12222.) Vff. synthetisieren die *p-Toluolsulfonate* (vgl. HECK u. PRELOG, Helv. chim. Acta **38**. [1955.] 1541) von *Cyclobutyl-* (**I**), *-pentyl-* (**II**), *-hexyl-* (**III**), *-heptyl-* (**IV**), *-octyl-*, *-nonyl-*, *-undecyl-*, *-dodecyl-*, *-tridecyl-*, *-tetradecyl-*, *-pentadecyl-*, *-heptadecylalkohol* u. *Heptylalkohol-(3)* (**V**) u. die *p-Brombenzolsulfonate* (vgl. WINSTEIN u. Mitarbeiter, J. Amer. chem. Soc. **70**. [1948.] 821 u. GRUNWALD u. WINSTEIN, C. **1949**. I. 969) von **II**, **III**, **IV** u. messen die Geschwindigkeit ihrer Acetolyse. Die Aktivierungsenthalpie $\Delta H^{\neq}$ (-entropie $\Delta S^{\neq}$) der Rk. in gleicher Reihenfolge der Verbb. ist: – (–); 24,1 kcal Mol^{-1} (–4,2 cal $Grad^{-1}$ Mol^{-1}); 27,3 (–0,5); 23,3 (–5,7); 22,3 (–4,1); 22,5 (–4,2); – (–); 23,7 (–3,2); 27,6 (2,8); 26,2 (–1,3); 27,8 (1,7); 26,5 (–1,3); 26,5 (–1,4); – (–); 22,7 (–6,3); 26,8 (0,4) u. 23,0 (–4,2). – Als geschwindigkeitsbestimmender Schritt wird die Ionisation der p-Tosyl- bzw. p-Brosylgruppe unter Bldg. eines Carboniumions angesehen. Die relativ hohe Geschwindigkeit beim **I**-Deriv. wird damit erklärt, daß die Acetolyse von einer Umlagerung begleitet ist (vgl. ROBERTS u. CHAMBERS, C. **1956**. 6912). Die bei den **II**- u. **IV**-Derivv. im Ionenzustand durch Abnahme der Bindungskräfte verminderte Ringspannung bewirkt eine erhöhte Reaktivität im Gegensatz zum **III**-Deriv., bei dem diese Kräfte bei der Ionisation zunehmen. Verminderung der Ringspannung im Übergangszustand ruft auch in den stark gespannten 8–12gliedrigen Ringverbb. eine weitere Erhöhung der Reaktivität hervor, die in den höhergliedrigen, weniger gespannten Ringen allmählich abnimmt (Reaktivität gleich der des aliphat. **V**-Derivats). Für die gespannten 5–11gliedrigen Ringe besteht eine lineare Beziehung zwischen der Geschwindigkeitskonstanten der Acetolyse der p-Tosylate u. der Gleichgewichtskonstanten der Cyanhydrinbldg. aus den Cyclanonen (vgl. PRELOG u. KOBELT, C. **1950**. II. 24).

V e r s u c h e: Darst. der Cycloalkohole aus den analogen Cyclanonen durch Red. mit $LiAlH_4$. Darst. der p-Tosylate u. p-Brosylate durch Einw. von p-Toluol- oder p-Brombenzolsulfonylchlorid auf den entsprechenden Cycloalkohol in Pyridin 12–24 Std. bei 0°. – *Cyclobutanol* (**I**), Kp. 123–124°; *p-Tosylat*, F. 24,0–25,0°. – *Cyclopentanol* (**II**), $Kp._{754}$ 138,2°; n_D^{20} 1,4529; *p-Tosylat*, F. 28,5–29,0°; *p-Brosylat*, F. 45,8–46,6°. – *Cyclohexanol* (**III**), Kp. 160,5–161,0°; n_D^{20} 1,4647; *p-Tosylat*, F. 44,5–45,0°; *p-Brosylat*, F. 48,5–49,0°. – *Cycloheptanol* (**IV**), $Kp._{20}$ 86,0°; n_D^{20} 1,4770; *p-Tosylat*, F. 19,0–19,6°; n_D^{20} 1,5263; *p-Brosylat*, F. 32,0–32,5°; *3.5-Dinitrobenzoat*, $C_{14}H_{16}O_6N_2$, F. 81,0–82,0° (A. oder wss. Aceton). – *Cyclooctanol*, n_D^{20} 1,4835; *p-Tosylat*, n_D^{20} 1,5276. – *Cyclononanol*, $Kp._{16}$ 115,0–116,0°; n_D^{20} 1,4901; *p-Tosylat*, F. 43,7–44,6°. – *Cycloundecanol*, $Kp._7$ 118,0–119,0°; *p-Tosylat*, F. 44,2–45,4°. – *Cyclododecanol*, F. 75,0–76,0°; *p-Tosylat*, F. 87,0–87,6°. – *Cyclotridecanol*, F. 59,5–60,3°; *p-Tosylat*, F. 36,3–37,2°. – *Cyclotetradecanol*, F. 79,0–80,0°; *p-Tosylat*, F. 77,5–78,8°. – *Cyclopentadecanol*,

F. 80,5—81,2°; *p-Tosylat*, F. 47,2—48,0°. — *Cycloheptadecanol*, F. 80,0—81,0°; *p-Tosylat*, n_D^{25} 1,5092. (J. Amer. chem. Soc. **78.** 2735—39. 20/6. 1956. Lafayette, Ind., Purdue Univ., Dep. of Chem.) G. PÖTZSCHER. B 225

Cyrus O. Guss und **Robert W. Lerner,** *Intramolekulare Verdrängung des Carboxylations.* 3. Mitt. *Sterische Erleichterung.* (2. vgl. C. **1952.** 1990.) Bei Einw. von verd. (0,280 mol.) bzw. stärkerer (3,124 mol.) NaOH auf β-substituierte β-[2-Oxynaphthyl-(1)]-äthylhydrogenphthalate entstehen 3-substituierte Naphtho-[1'.2':4.5]-2.3-dihydrofurane. Nach den Resultaten hat die Größe des β-Substituenten einen starken Einfl. auf das Ausmaß dieser Rk., so ergeben die Ester mit folgenden β-Substituenten in starker (bzw. verd.) NaOH nachst. Ausbeuten an cycl. Prod. u. n. Hydrolyseprod.: Phenyl 67,1 (93,5) u. 24,6%, p-Chlorphenyl 69,1 (86,0) u. 18,7%, p-Methoxyphenyl 76,0 (98,9) u. 21,9%, Mesityl 92,5 u. 0%, Cyclohexyl 91,2 u. 9,3% sowie Phenyl (CH_3-Gruppe in 8-Stellung am Naphthalinring) 90,4 u. 0%. Nach den Mol.-Modellen tritt ster. Wechselwrkg. zwischen der β-C_6H_5-Gruppe u. der 8-Stellung des Naphthalinrings auf, ferner auch zwischen der p-CH_3O-Gruppe u. der 7-Stellung im Naphthalinring. Die Cyclohexylgruppe gibt erwartungsgemäß größere Effekte als die C_6H_5-Gruppe. Andererseits scheinen die elektr. Effekte von Substituenten der β-Phenylgruppe keinen Einfl. auf den Ablauf der Rk. zu haben. Vff. nehmen an, daß ein intramol. Analogon zur bekannten Alkyl–Sauerstoff-Spaltung von Estern vorliegt u. daß hier diese Rk. bimol. abläuft. — Die den Estern zugrunde liegenden substituierten Äthanole wurden durch Red. der aus β-Naphthol u. geeignet substituierten Mandelsäuren erhaltenen Lactone dargestellt. Für die β-Cyclohexylverb. (wie für andere aliphat. substituierte Verbb.) mußte vom 2-Methoxynaphthaldehyd-(1) ausgegangen werden.

V e r s u c h e: Durch Erhitzen der trockenen Mischung von p-Chlor- (F. 118—121°), p-Methoxy- (F. 106—107°), 2.4.6-Trimethylmandelsäure (F. 151—154°) bzw. Mandelsäure u. β-Naphthol bzw. 8-Methylnaphthol-(2) (F. 66—68°; 30 Min. bis 1 Std. bei 150—210°) u. Zugabe von A.: α-[*2-Oxynaphthyl-(1)*]-α-[*p-chlorphenyl*]-, $C_{18}H_{11}O_2Cl$, F. 170 bis 172°; 93,0% (Ausbeute), -α-[*p-methyoxyphenyl*]- (F. 146—148°; 89,9%), -α-[*2.4.6-trimethylphenyl*]-*essigsäurelacton* ($C_{21}H_{18}O_2$, F. 203—204°; 94,0%) u. α-[*2-Oxy-8-methylnaphthyl-(1)*]-*α-phenylessigsäurelacton* ($C_{19}H_{14}O_2$, F. 187—188,5°; 98,0%). — Durch Zugabe vorst. Lactone zu $LiAlH_4$ in Ae. oder durch Zugabe von $LiAlH_4$–Ae. zu den Lactonen in Ae. (1 Std.): β-[*2-Oxynaphthyl-(1)*]-β-[*p-chlorphenyl*]- ($C_{18}H_{15}O_2Cl$, glasartige Substanz; 100%), -β-[*p-methoxyphenyl*]- (F. 128—130°), -β-*mesityl*- ($C_{21}H_{22}O_2$, F. 162 bis 165°; 98%), β-[*2-Oxy-8-methylnaphthyl-(1)*]-β-*phenyläthanol* ($C_{19}H_{18}O_2$, F. 110—117° [unter Braunfärbung]; 95%), ferner β-[*2-Oxynaphthyl-(1)*]-β-*cyclohexyläthanol* ($C_{18}H_{22}O_2$, F. 133,5—135°; 97%). — Aus vorst. Verbb. durch 1—2std. Kochen mit wenig p-Toluolsulfonsäure in Bzl. oder durch Stehenlassen einer Lsg. von Phenolalkohol u. Phthalsäureanhydrid mit Pyridin in Dioxan (>24 Std.), Ausziehen der äther. Lsg. des gebildeten Esters mit $NaHCO_3$ u. Behandlung des Na-Salzes mit wss. NaOH: *Naphtho-[1'.2':4.5]-3-[p-chlorphenyl]-* ($C_{18}H_{13}OCl$, F. 94—96°; 100%), -*3-[p-methoxyphenyl]-* (F. 104—106°), -*3-mesityl-* ($C_{21}H_{20}O$, F. 143—144,5°; 100%), -*3-cyclohexyl-* ($C_{18}H_{20}O$, F. 87—88°; 96,6%) u. *8-Methylnaphtho-[1'.2':4.5]-3-phenyl-2.3-dihydrofuran* ($C_{19}H_{16}O$, F. 128—130°; 32%). — *Cyclohexyl-2-oxynaphthyl-(1)-keton*, $C_{17}H_{18}O_2$, F. 136—137° (A. oder PAe.), durch Zugabe von Cyclohexylcarbonsäurechlorid ($Kp._{19}$ 77—78°) in CS_2 zu Naphthyl-(2)-methyläther in CS_2 bei Ggw. von $AlCl_3$ (5 Std.). — *Cyclohexyl-2-methoxynaphthyl-(1)-keton*, $C_{18}H_{20}O_2$, F. 107,5—108,5° (PAe.), aus vorst. Verb. mit Dimethylsulfat; 50%. — *α-Cyclohexyl-α-[2-methoxynaphthyl-(1)]-methanol*, $C_{18}H_{22}O_2$, F. 77—79°, a) durch $LiAlH_4$-Red. vorst. Verb.; 90%; b) durch Zugabe von 2-Methoxynaphthaldehyd-(1) in Bzl. zu Cyclohexyl-MgCl in Ae., nach 1 Std. Zers. mit wss. NH_4Cl; *p-Nitrobenzoat*, $C_{25}H_{25}O_5N$, F. 124—126° (A.). Ergab bei Zugabe von $SOCl_2$ *α-Cyclohexyl-1-chlormethyl-2-methoxynaphthalin* (I). — *Äthyl-[α-cyclohexyl-2-methoxynaphthyl-(1)-methyl]-äther*, $C_{20}H_{26}O_2$, F. 81,5—83° (verd. A.), Hauptprod. bei Einw. von KCN auf I in Äthanol. — *α-Cyclohexyl-α-[2-methoxynaphthyl-(1)]-acetonitril*, $C_{19}H_{21}ON$, F. 113—114,5° (verd. A.), durch Zugabe von KCN in viel W. zu I in viel Aceton (1 Std. bei 35°), dann 2 Std. Stehen, im Vakuum ohne Erhitzen auf das halbe Vol. eindunsten. Bei Anwendung geringerer Mengen an Lösungsmitteln entsteht vor allem vermutlich *Bis-[α-cyclohexyl-2-methoxynaphthyl-(1)-methyl]-äther*, $C_{36}H_{42}O_3$, F. 200—201° (PAe.). — *α-Cyclohexyl-α-[2-oxynaphthyl-(1)]-essigsäurelacton*, $C_{18}H_{18}O_2$, F. 134,5—135,5° (verd. A.), durch Kochen vorst. Nitrils in Triäthylenglykol mit wss. NaOH bis zum Ende der NH_3-Entw. (12 Tage), in W. gießen, Unlösliches mit PAe. abtrennen, Prod. nach Ansäuern 8 Std. mit konz. HBr–Eisessig kochen. — *α-Cyclohexyl-α-[2-methoxynaphthyl-(1)]-essigsäure*, $C_{19}H_{22}O_3$, F. 157—158° (verd. A.), durch Carbonisieren der entsprechenden GRIGNARD-Verbindung. (J. Amer. chem. Soc. **78.** 1236—39. 20/3. 1956. Fort Collins, Col., Colorado A. and M. Coll., Dep. of Chem.) B. GNAUCK. B 225

R. Lynn Cobb und **William E. McEwen,** *Mechanismus der säurekatalysierten Hydrolyse von Reissert-Verbindungen.* Bei der säurekatalysierten Hydrolyse von *1-Benzoyl-1.2-dihydrochinaldonitril* [**I**; F. (korr.) 153—154,5° (A.)] entsteht Chinaldinsäure (**II**), **II**-Amid (**III**), der **II**-Benzoinester [**VI**; F. (korr.) 163—164° (A.)] u. als Hauptprod. Benzaldehyd (**V**). Die vom Isochinolin u. Phenanthridin abgeleiteten REISSERT-Verbb. liefern analoge Prodd. u. ganz allg. in ausgezeichneter Ausbeute die entsprechenden Aldehyde. Alle von verschied. Autoren für die Rk. vorgeschlagenen Mechanismen stützen sich auf die intermediäre Bldg. von Chinaldonitril (**IV**). Vff. zeigen, daß bei der HCl-katalysierten Hydrolyse von **I**, die bis zu 25% Umsatz durchgeführt wurde, weder in alkoh. noch wss. Lsg. **IV** entsteht. Bei der Behandlung einer dem verbrauchten **I** äquivalenten Menge **IV**, allein oder im Gemisch mit **I**, mit HCl unter ident. Bedingungen, blieben 11—39% des **IV** unverändert, aus dem Rest entstanden **II** u. **III**. Danach ist **IV** kein Zwischenprodukt. Auch die von Vff. synthetisierten Verbb. *1-Benzoyl-1.2-dihydrochinaldinsäureamid* u. die analoge 3-Acetylverb. gaben bei Einw. von konz. HCl keinen **V**. Vff. nehmen daher folgenden Mechanismus an: 1. **I** bildet unter der Wrkg. von HCl zwischen dem Carbonyl-C u. dem Nitril-C einen O-haltigen 5-Ring mit — infolge Verschiebung der CO-Doppelbindung — positiviertem Ring-N (ionogene Bindung des Cl), wobei das Proton der HCl vom Nitril-N gebunden wird. 2. Umlagerung dieses Prod. (wahrscheinlich über eine mesoion. Stufe, wofür eine nach kurzer Zeit auftretende hellgelbe Verfärbung der Reaktionslsg. spricht) durch H^--Wanderung aus der 2-Stellung an das ursprüngliche Carbonyl-C-Atom. 3. Anlagerung von W. an die Gruppierung $>C{=}NH$ des 5-Ringes u. Zerfall des Prod. in HCl, **III** u. **V**. Unter Benutzung inerter, wasserfreier Lösungsmittel versuchten Vff., die angenommenen Zwischenprodd. zu fassen. In $CHCl_3$ entsteht ein gelber, unter Feuchtigkeitseinw. dunkelnder Nd., der bei Hydrolyse (W. oder HCl) außer **V** auch **II**, **III** u. eine *Verb.* $C_{20}H_{14}ON_2$ [F. (korr.) 222,5 bis 223° (A./Aceton); Desoxychinaldoin (?)] liefert. In Bzl. entstand ein rotvioletter Nd., dessen schwach saure wie auch alkoh. Hydrolyse ca. die gleiche Ausbeute an **V** u. **III** ergibt. Die Bldg. von **V** auch unter alkal. Bedingungen zeigt, daß W. zur Vervollständigung der Rk. genügt, wenn das Zwischenprod. einmal gebildet ist. Bei Verwendung von **V** als Lösungsm. entstand **VI** u. *2-[Chinolyl-(2')]-4.5-diphenyloxazol* [$C_{24}H_{16}ON_2$, F. (korr.) 140,5—141,5° (Ligroin)], das bei 6tägiger saurer Hydrolyse am Rückfluß Benzoin [F. (korr.) 132—133° (A.)] u. **II** gab. — Überraschenderweise zeigen die Infrarotspektren von REISSERT-Verbb. im Frequenzbereich der CN-Gruppe (2200—2400 cm^{-1}) keine Absorptionsbanden. Es ist möglich, daß dies auf der Wechselwrkg. zwischen dem Carbonyl-O u. dem C-Atom der CN-Gruppe beruht, die sich im FISHER-HIRSCHFELD-Modell prakt. berühren.

Versuche (FF. korr.): *Chinaldonitril* (**IV**), F. 93° (Ligroin), aus Chinolin-1-oxyd, Benzoylchlorid u. KCN nach HENZE [1936]. — *1-Benzoyl-1.2-dihydrochinaldinsäureamid*, $C_{17}H_{14}O_2N_2$, F. 172,8—173,2° (95%ig. A.), aus **I** mit H_2O_2 in Ggw. von $NaHCO_3$ in der Kälte, ca. 1 Std.; 65% (Ausbeute). Wasserabspaltung mittels P_2O_5 in Ggw. von Triäthylamin (**VII**) gibt wieder **I**. — *1-Benzoyl-1.2.3.4-tetrahydrochinaldinsäureamid*, $C_{17}H_{16}O_2N_2$, F. 193,8—194,4° (A.), durch Hydrierung vorst. Verb. an PtO_2 in absol. A. bei n. Temp. u. Druck (20 Min.); 51%. Auch aus 1.2.3.4-Tetrahydrochinaldinsäurehydrochlorid u. HCl-Gas in absol. CH_3OH (48std. Stehen bei n. Temp.) über Methyl-1.2.3.4-tetrahydrochinaldat, dann Umsetzung mit NH_3-Gas zu *1.2.3.4-Tetrahydrochinaldinsäureamid* [F. 105—110° (A.)] u. 10tägige Benzoylierung bei n. Temp. in wasserfreiem Pyridin; daneben entsteht *1-Benzoyl-1.2.3.4-tetrahydrochinaldonitril*, F. 147—148° (A.). — *3-Acetyl-1.2-dihydrochinaldinsäureamid*, $C_{12}H_{12}O_2N_2$, F. 181,5—182,5°, aus 3-Acetyl-1.2-dihydrochinaldinsäuremethylester in absol. CH_3OH durch 1½std. Einleiten von NH_3 in der Kälte u. Stehen über Nacht; aus A. gelbe Blättchen; 63,5%. — *1-Benzoyl-3-acetyl-1.2-dihydrochinaldinsäureamid*, $C_{19}H_{16}O_3N_2$, F. 230—231°, aus vorst. Verb. in Bzl. mit C_6H_5COCl u. Ggw. von **VII**, 1 Std. am Rückfluß; 15,5%. (J. Amer. chem. Soc. **77**. 5042—48. 5/10. 1955. Lawrence, Kans., Univ., Chem. Dep.) J. RICHTER. B 225

F. A. Long und **J. G. Pritchard,** *Hydrolyse von substituierten Äthylenoxyden in $H_2{}^{18}O$-Lösungen.* Vff. verfolgen die Hydrolyse von *Propylen-* (**I**, Kp. 35°, n_D^{25} 1,3638) u. *Isobutylenoxyd* (**II**, Kp. 52°, n_D^{25} 1,3700) in ^{18}O-markiertem W. in saurer, bas. u. neutraler Lsg. durch kinet. Messungen u. durch massenspektrometr. Best. der Hydrolysenprodukte. Die basenkatalysierte Rk. verläuft nach einem S_N2-Mechanismus, der Angriff des OH^--Ions erfolgt bei **II** ausschließlich am prim., bei **I** daneben auch in geringerem Maße am sek. Kohlenstoffatom. Wahrscheinlich ist bei Verbb. mit Propanstruktur die Anlagerung von OH^- ster. nicht völlig auf das prim. Kohlenstoffatom beschränkt, da auch BARTLETT u. ROSS (vgl. C. **1948**. E. 2029) bei der basenkatalysierten Rk. von Butadienmonoxyd mit Methanol zu einem ähnlichen Ergebnis kamen. — Bei der Rk. von **I** in neutraler Lsg. tritt der Sauerstoff zu 65% an das prim. Kohlenstoffatom wegen des geringeren nucleophilen Charakters des W. im Vgl. zum OH^--Ion. Für die säurekatalysierte Rk. wird, da der Angriff fast ausschließlich am sek. (bei **I**) bzw. tert. Kohlenstoffatom (bei **II**) stattfindet u. sek. bzw. tert. Carboniumionen stabiler als prim. sind, folgender A-1-Mechanismus angenommen (R_2 = H bei **I**): $R_1R_2C\overset{O}{—}CH_2 + H^+ \rightleftarrows R_1R_2C\overset{OH^+}{—}CH_2$; $R_1R_2C\overset{OH^+}{—}CH_2 \rightarrow R_1R_2\overset{+}{C}-CH_2OH$ (langsam); $R_1R_2C^+-CH_2 \cdot OH + H_2O \rightarrow R_1R_2COH-CH_2OH + H^+$ (schnell).

V e r s u c h e: *Isobutylenglykol*, $Kp._{10}$ 79°, durch saure Hydrolyse von **II**; n_D^{27} 1,4307. (J. Amer. chem. Soc. **78.** 2663—67. 20/6. 1956. Ithaka, N. Y., Cornell Univ., Dep. of Chem.) G. PÖTZSCHER. B 225

J. G. Pritchard und **F. A. Long,** *Kinetik und Mechanismus der säurekatalysierten Hydrolyse von substituierten Äthylenoxyden.* (Vgl. vorst. Ref.) Die Kinetik der säurekatalysierten Hydrolyse in wss. $HClO_4$-Lsg. (bis 3,5 mol.) bei 0° folgender Epoxyde wird dilatometr. untersucht, in [] die Geschwindigkeitskonstanten $k \cdot 10^5$ (sec^{-1}), bezogen auf die HAMMETTsche Säurefunktion $H_0 = 0$: *Epibrom-* [3,8]; *Epichlor-* [4,8]; *β-Methylepichlorhydrin*, Kp. 122°, n_D^{20} 1,4330 [11,5]; *Glycid* [26,6]; *β-Methylglycid*, $Kp._{26}$ 74—76°, n_D^{20} 1,427 [75]; *Äthylen-* [63]; *Propylen-* [350]; *Isobutylenoxyd*, Kp. 52, n_D^{25} 1,3700 [33000]; *trans-*, Kp. 54°, n_D^{30} 1,3690 [770] u. *cis-2.3-Epoxybutan* (**I**), Kp. 60—61°, n_D^{30} 1,3770 [1480]. — Die Rk. ist 1. Ordnung in bezug auf die Epoxydkonz., log k nimmt linear mit H_0 zu. Substituenten mit +I-Effekt erhöhen, solche mit —I-Effekt verzögern die Reaktionsgeschwindigkeit. Die mono- u. 1.2-disubstituierten, nicht dagegen die 1.1-disubstituierten Verbb. befolgen, mit Ausnahme von **I** wegen seiner erhöhten Reaktionsfähigkeit gegenüber der trans-Verb., die TAFTsche Gleichung mit einem ϱ^*-Wert von —1,95. Diese Ergebnisse zusammen mit denen anderer Autoren sprechen für den l. c. aufgestellten A-1-Mechanismus mit einem intermediären Carboniumion. (J. Amer. chem. Soc. **78.** 2667—70. 20/6. 1956.) G. PÖTZSCHER. B 225

A. D. Stepuchowitsch und **L. W. Derewenskich,** *Kinetik und Mechanismus des Zerfalls von Kohlenwasserstoffen.* 5. Mitt. *Kinetik des thermischen Zerfalls gasförmiger Paraffine in Gegenwart von Zusätzen von Divinyl.* (4. vgl. Журнал Физической Химии [J. physik. Chem.] **28.** [1954.] 1361; 3. vgl. C. **1956.** 10898.) Die Kinetik der therm. Zers. von *Propan* (593°), *n-Butan* (510; 515°) u. *Isobutan* (504; 510; 548°) bei Anfangsdrucken von ~10 mm wird mit u. ohne Zusatz von Divinyl (**I**, 0,6—11 Mol-%) untersucht. **I** zeigt keine merkliche Hemmwrkg. wie Propylen oder Isobutylen, wofür eine Erklärungsmöglichkeit gegeben wird. (Журнал Физической Химии [J. physik. Chem.] **28.** 1720—24. Okt. 1954. Ssaratow, Tschernyschewski-Univ.) R. K. MÜLLER. B 225

Allan Maccoll und **P. J. Thomas,** *Mechanismus der Pyrolyse von Äthylbromid. Eine Bemerkung über eine Arbeit von Friedman, Bernstein und Gunning.* Vff. weisen darauf hin, daß im Gegensatz zur Auffassung obiger Autoren (vgl. C. **1956.** 2078), der Mechanismus der Elimination des HBr sei unimolekular, auch ein Zerfall betrachtet werden könne, der gemischt unimol. u. vorwiegend zusätzlich nach einem Radikalkettenmechanismus abliefe. (J. chem. Physics **23.** 1722. Sept. 1955. London, Univ. Coll., William Ramsay and Ralph Forster Labors.) E. HAHN. B 225

Teruaki Mukaiyama und **Yoichi Hoshino,** *Über die thermische Dissoziation organischer Verbindungen.* 10. Mitt. *Lösungsmitteleffekte (Amine und Fettsäuren) auf die thermische Dissoziation von Urethanen.* (9. vgl. Bull. chem. Soc. Japan **29.** [1956.] 54.) Titrimetr. verfolgt wurde die Kinetik der therm. Dissoziation von *Benzyl-* (**I**, F. 76° [wss. A.]) u. *Cinnamyl-N-phenylcarbamat* (**II**, F. 88—89° [wss. A.]) bei Ggw. von Aminen bei 165° in Tetralin (**III**) bzw. Benzylalkohol (**IV**). Die gleiche Rk. wurde wie früher (vgl. Bull. chem. Soc. Japan **27.** [1954.] 578) durch Best. der Bildungsgeschwindigkeit von CO_2 bei Ggw. von Fettsäuren (an Stelle der Amine) untersucht. Die Rkk. verlaufen nach der 1. Ordnung bzgl. der Urethane. Diese zerfallen in der Hitze unter Bldg. von Isocyanaten u. Alkoholen; bei Ggw. von Aminen lagern sich diese an die Isocyanate unter Bldg. von Harnstoffen an; bei Ggw. von Fettsäuren entstehen über Verbb. des Typs RNHCOOCOR substituierte Säureamide u. CO_2. Folgende k_1-Werte (in 10^3 min^{-1}) wurden ermittelt: **I** bzw. **II** in **III** bei Ggw. von Benzylamin ($Kp._{30}$ 83°) 5,83 bzw. 5,44, Di-n-butylamin 33,6 bzw. 20,4 (bei 165,8°), Laurylamin (**V**, $Kp._{15}$ 134—135°) 15,2 bzw. 14,5, Hexamethylendiamin ($Kp._{23}$ 104°) 12,6 bzw. 10,4; **I** bzw. **II** in **IV** bei Ggw. von **V** 12,0 bzw. 9,33, Äthanolamin ($Kp._{12}$ 74°) 13,2 bzw. 12,4; **I** bzw. **II** in **III** bei Ggw. von Monochloressigsäure (Kp. 184°) 10,9 bzw. 270, Phenylessigsäure ($Kp._{4,5}$ 117°) 6,13 bzw. 12,0, n-Capronsäure ($Kp._{17}$ 104—105°) 2,52 bzw. 4,3, n-Caprinsäure ($Kp._{3,5}$ 122—123°) 1,86 bzw. 2,56. Die Geschwindigkeit der therm. Dissoziation nimmt also mit steigender

Basizität der Amine bzw. mit steigender Acidität der zugesetzten Säuren zu. Vff. schließen, daß in bas. Medien der Entzug von H^+ durch das Amin unter Bldg. der negativ geladenen konjugierten Base des Urethans die Hauptrolle spielt, welche anschließend ein Mol Alkohol (unter Aufnahme eines Protons) eliminiert; analoge Annahmen werden für saure Medien gemacht. Entsprechend sollen an der Rk. 2 Lösungsmittelmoll. SH beteiligt sein u. nebenst. Zwischenzustand auftreten (vgl. Bull. chem. Soc. Japan **28.** [1955.] 253 u. früher). Das Urethan wirkt also gegenüber SH zugleich als Base u. Säure. — *1-Phenyl-3.3-dibenzylharnstoff*, F. 125°, durch 3std. Erhitzen von **I** u. Dibenzylamin in **III** auf 165°. (J. Amer. chem. Soc. **78.** 1946—48. 5/5. 1956. Mejiro, Toshima-ku, Tokyo, Japan, Gakushuin Univ., Dep. of Phys. and Chem.)

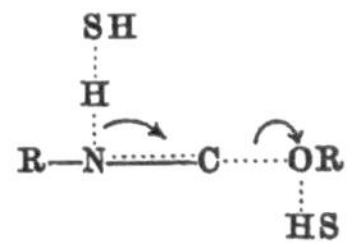

B. GNAUCK. B 225

P. Agius und **B. de B. Darwent,** *Die Reaktion von $Cd(^3P_1)$ mit Propan bei geringer Umwandlung.* Die Rk. von $Cd(^3P_1)$ mit *Propan* wurde bei sehr geringen Umwandlungen unter besonderer Berücksichtigung des Einfl. des Druckes (der sich bekanntermaßen auf Crackprozesse auswirkt) u. der Natur der Prodd. bei 300° in einem Quarzzylinder untersucht. Als Lichtquelle diente eine Cd-Niederdruckentladungslampe, die bei ca. 350° u. geeigneter Filterung 97% als λ 3261 ausstrahlte mit einer Intensität von $8{,}3\cdot10^{-7}$ Einstein·$Std.^{-1}$ (geeicht an der Photolyse von Aceton bei 130° unter der Annahme $\Phi_{CO} = 1$). Die Absorption wurde mittels einer Photozelle gemessen. Die kondensierbaren Prodd. wurden mit fl. N_2 gekühlt, die gasförmigen Bestandteile volumetr. bestimmt, CH_4–H_2-Analysen entweder durch Oxydation an CuO bei 280° oder massenspektrometr. ausgeführt. — Bei geringem Umsatz ist die Geschwindigkeit der Bldg. von CH_4 u. H_2 unabhängig von der Zeit, wird jedoch bei längerer Belichtung, auch nach Entfernung der nichtkondensierbaren Prodd., verringert, offenbar infolge Ansammlung kleiner Mengen *Äthylen*, das zwar nicht rasch mit $Cd(^3P_1)$-Atomen, wohl aber mit H-Atomen reagiert u. einen großen Auslöschungsquerschnitt ($24{,}9\cdot10^{-16}$ cm^2) für λ 3261 besitzt (*Propan* $0{,}02\cdot10^{-16}$ cm^2). Die Geschwindigkeit der H_2-Bldg. verringert sich mit abnehmendem Propandruck, während die der CH_4-Bldg. druckunabhängig zu sein scheint. Für $p_{C_3H_8} > 100$ mm ist $\Phi_{H_2} \approx 1$, unabhängig vom Druck. *Äthylen* wird in etwa gleicher Menge gebildet wie *Methan*, *Äthan* nur ca. $^1/_5$ davon. Die Bldg. von H_2 u. *Hexan* ist durch die Reaktionsfolge $Cd(^3P_1) + C_3H_8 \rightarrow C_3H_7 + CdH$, $CdH \rightarrow Cd(^1S_0) + H$, $H + C_3H_8 \rightarrow C_3H_7 + H_2$, $2\,C_3H_7 \rightarrow C_6H_{14}$, die von *Methan* u. *Äthylen* durch Zers. von Propylradikalen nach $C_3H_7 \rightarrow CH_3 + C_2H_4$, $CH_3 + C_3H_8 \rightarrow CH_4 + C_3H_7$ u. (im Gegensatz zu früheren Annahmen) nicht durch „atomare Crackprozesse" zu erklären. — Unterschiede der untersuchten Rk. gegenüber der zwischen $Hg(^3P_1)$ u. *Propan* (BYWATE u. STEACIE, C. **1954.** 514) werden diskutiert. (J. chem. Physics **20.** 1679—83. Nov. 1952. Ottawa, Can., Nat. Res. Council, Div. of Chem.) G. LOHAUS. B 226

B. de B. Darwent, *Die Reaktion von $Hg(^3P_1)$ mit Äthylen.* (Vgl. C. **1951.** II. 2025.) Die Verss. wurden bei Zimmertemp. (0, 10, 20°) unter besonderer Berücksichtigung des Einfl. von Druck u. Hg-Konz. auf die Bildungsgeschwindigkeit von H_2 u. auf die Rkk., die zur Bldg. von C_4-KW-stoffen führen, durchgeführt. Die Verfolgung des Reaktionsablaufes geschah durch Ausfrieren von unumgesetztem Äthylen sowie allen kondensierbaren Prodd. mit fl. N_2 u. Messung des Druckes des permanenten Gases (ausschließlich H_2). Die Rk. wurde nur im Bereich geringer Umwandlungen ($p_{H_2} < 5\cdot10^{-2}$ mm) untersucht, um Komplikationen durch Auslöschung angeregter Zustände durch H_2 zu vermeiden. Die Hg-Niederdrucklampe mit Ne als Trägergas gab λ 2537 mit einer Intensität von $2\cdot9\cdot10^{-7}$ Einstein·min^{-1}, sie wurde an der photosensibilisierten Zers. von Propan geeicht. Unter den Standardbedingungen ($p_{C_2H_4} = 19{,}2 \pm 0{,}2$ mm, $20{,}0 \pm 0{,}1°$) betrug die Quantenausbeute $\Phi_{H_2} = 0{,}321$. Die beobachtete lineare Beziehung zwischen Φ_{H_2} u. log p_{Hg} kann nicht durch die naheliegende Annahme einer proportionalen Verringerung der Absorption von λ 2537 durch Hg erklärt werden, da nach Berechnungen unter den Versuchsbedingungen in jedem Fall prakt. quantitative Absorption stattfinden sollte. — $1/\Phi$ erweist sich als zusammengesetzte Funktion von p u. p^2, dies steht im Einklang damit, daß $C_2H_4{}^*$ Zers. sowohl in der Gasphase als auch an der Wand erleidet. Die gleichzeitige Berücksichtigung homogener u. heterogener Zersetzungsmechanismen führt zu der Gleichung $\Phi/\gamma - \Phi = k_3/k_2\cdot1/[C_2H_4] + k_4/k_2\cdot1[C_2H_4]^2$ [γ = Prod. der Wirksamkeit der beiden Rkk. $C_2H_4 + Hg(^3P_1) \rightarrow C_2H_4{}^* + Hg(^1S_0)$ (1) u. $C_2H_4{}^* \xrightarrow{\text{Wand}} C_2H_2 + H_2$ (4); weitere Rkk. $C_2H_4{}^* + C_2H_4 \rightarrow 2\,C_2H_4$ (2) u. $C_2H_4{}^* \rightarrow C_2H_2 + H_2$ (3)] in befriedigender Übereinstimmung mit den experimentellen Ergebnissen, wenngleich dieser Ausdruck auch nicht alle Beobachtungen wiedergibt. Die Umkehrung der Absorption $Hg(^1S_0) + h\nu \rightarrow Hg(^3P_1)$ soll bei $p > 2$ mm vernachlässigbar sein. Die Desaktivierung von $Hg(^3P_1)$ verläuft zumindest z. T. stufenweise nach $C_2H_4 + Hg(^3P_1) \rightarrow C_2H_4' +$

$Hg(^3P_0)$ mit den Folge-Rkk. $C_2H_4 + Hg(^3P_0) \rightarrow C_2H_4^* + Hg(^1S_0)$ bzw. $Hg(^3P_0) \xrightarrow{Wand} Hg(^1S_0) + E$. C_4-KW-stoffe wurden unter den Reaktionsprodd. nicht gefunden, Deren obere Grenze muß demnach bei 0,03% liegen, was bedeutet, daß bei Zimmertemp. weniger als 8% der $C_2H_4^*$ desaktivierenden Zusammenstöße zur Bldg. von C_4-Verbb. führen. Wahrscheinlich benötigt die Addition nach $\cdot CH_2CH_2\cdot(\equiv C_2H_4^*) + C_2H_4 \rightarrow \cdot CH_2CH_2C_2H_4\cdot$ im Gegensatz zu der als Konkurrenz-Rk. verlaufenden Desaktivierung nach (2) eine gewisse Aktivierungsenergie u. tritt deshalb an Bedeutung zurück. — Die Grundlagen der Berechnung der mittleren Lebensdauer (10^{-7} sec) von angeregten Äthylenmoll. durch LEROY u. STEACIE (J. chem. Physics **9.** [1941.] 829) werden als falsch angesehen. Neue Berechnungen führen zu einem Wert von $\tau_3 = 0{,}5\cdot10^{-8}$ sec. (J. chem. Physics **20.** 1673—78. Nov. 1952. Ottawa, Can., Nat. Res. Labors., Div. of Chem.) G. LOHAUS. B 226

A. L. Liberman, T. W. Lapschina und **B. A. Kasanski,** *Cyclisierung von Isooctan zu 1.1.3-Trimethylcyclopentan.* Wenn über denselben Katalysator (20% Pt auf Kohle) 6 Tage nacheinander täglich dieselbe Volumenmenge *Isooctan* (*2.2.4-Trimethylpentan*) geleitet wird (Volumengeschwindigkeit 0,16—0,19; 310°), nimmt die Bldg. von 1.1.3-Trimethylcyclopentan von 25% am 1. Tag zuerst rascher, dann langsamer auf 7% am 6. Tag ab. Der Katalysator verliert also an Aktivität u. stabilisiert sich allmählich. — Die vereinigten Katalysate werden durch Filtrieren über Silicagel von ungesätt. u. aromat. KW-stoffen befreit, Fraktionieren mit gut wirkender Kolonne liefert *1.1.3-Trimethylcyclopentan,* $Kp._{760}$ 105,1°; $D.^{20}_4$ 0,7478; n_D^{20} 1,4111; Anilinpunkt 59,8°. (Доклады Академии Наук СССР [Ber. Akad. Wiss. UdSSR] **105.** 727—30. 1/12. 1955. Zelinsky-Inst. für Organ. Chem. der Akad. der Wiss. der UdSSR.) R. K. MÜLLER. B 227

J. T. Kummer, *Die katalytische Oxydation des Äthylens zu Äthylenoxyd an einzelnen Silberkristallen.* Aus Verss. über die katalyt. Oxydation des *Äthylens* (**I**) zu *Äthylenoxyd* an Ag-Oberflächen ergibt sich, daß weder der chem. Umsatz der **I**-Oxydation noch die Reaktionsgeschwindigkeit merklich von dem als Katalysatoroberfläche verwendeten Typ der Ag-Kristallfläche abzuhängen scheinen, während S- oder Halogenatome an der Ag-Oberfläche den chem. Umsatz der Rk. ansteigen lassen. Die gefundenen absol. Reaktionsgeschwindigkeiten pro cm^2 der Oberfläche u. die Aktivierungsenergien können, wie gezeigt wird, benutzt werden, um den von TWIGG (Trans. Faraday Soc. **42.** [1946.] 284) vorgeschlagenen Oxydationsmechanismus zu beweisen. (J. physic. Chem. **60.** 666—70. Mai 1956. Midland, Mich., Dow. Chem. Co.) W. NIEMITZ. B 227

C. Präparative organische Chemie. Naturstoffe.

Nelson J. Leonard und **Samuel Gelfand,** *Die Kishner-Reduktionselimination.* 1. Mitt. *Cyclische und offenkettige α-Aminoketone.* Unter den Bedingungen der WOLFF-KISHNER-Red. (WK-Red.) wird aus 1.2-Dimethyl-1-azacycloheptanon-(3) (**I**) zu je ca. 50% das n. Reduktionsprod. *1.2-Dimethyl-1-azacycloheptan* u. durch KISHNER-Reduktionselimination (Elim.) *N-Methylheptenylamin* (nach Hydrierung als *N-Methylheptylamin* nachgewiesen) erhalten, während aus 1-Methyl-2-äthylpiperidon-(3) (**II**) nur *1-Methyl-2-äthylpiperidin* entsteht. Aus dem Vgl. mit früheren Ergebnissen (vgl. C. **1954.** 2828) ergibt sich, daß das Verh. cycl. α-Aminoketone bei der WK-Red. von der Ringgröße abhängt: Elim. tritt vorwiegend ein bei 8-, weniger bei 7- u. kaum bei 6-gliedrigen Ringen. Bei offenkettigen α-Aminoketonen, z. B. 1-Phenyl-3-piperidinopropanon-(2), 1-Phenyl-1-piperidinopropanon-(2) u. 1-Anilino-1-phenylpropanon-(2) entsteht überwiegend das n. Reduktionsprod., daneben durch Elim. *Propenylbenzol* (**III**). α-Piperidinopropiophenon liefert neben 40% *N-[α-Methyl-β-phenyläthyl]-piperidin* schon 37% **III**, während aus α-Phenyl-α-piperidinoacetophenon u. 4-Methoxy-α-[4-methoxyphenyl]-α-[α-phenyläthylamino]-acetophenon (**IV**) überwiegend die Prodd. der Elim. entstehen. Auch bei α-Alkoxyketonen, wie Benzoinäthyläther u. 1-Amyloxy-3-phenylpropanon-(2), werden unter Elim. vorwiegend *Stilben* bzw. *Allylbenzol* gebildet.

V e r s u c h e (FF. korr.): *1-Methyl-2-äthylpiperidin,* $Kp._{745}$ 152—154°, durch WK-Red. (mit KOH u. $N_2H_4\cdot H_2O$ in Triäthylenglykol [2 Std. bei 110—120°], dann Dest. bis zur Innentemp. von 200°), aus **IV**; $n_D^{19,5}$ 1,4482; 78% (Ausbeute). *Pikrat,* F. 174,5—175° (95%ig. A.). — *1.2-Dimethyl-1-azacycloheptan,* Kp. 135—150°, aus **I** durch WK-Red. u. anschließende Hydrierung (zur Trennung von nachst. Verb.); n_D^{20} 1,4381; 74%. *Pikrat,* $C_{14}H_{20}O_7N_4$, F. 237—238° (A.). — *N-Methylheptylamin, α-Naphthylthioharnstoffderiv.,* $C_{19}H_{26}N_2S$, F. 72—73° (wss. A.), aus der Mutterlauge vorst. Verb.; 44%. — *N-[γ-Phenylpropyl]-piperidin,* $Kp._{19-21}$ 151—154°, aus 1-Phenyl-3-piperidinopropanon-(2) ($Kp._{0,8}$ 126—128°, n_D^{25} 1,5210. *Hydrochlorid,* F. 182—183°) durch

WK-Red.; n_D^{22} 1,5172; 75% (*Hydrochlorid*, F. 182—185°. *Methojodid*, F. 133—135°. *Pikrat*, $C_{20}H_{24}O_7N_4$, F. 102°), daneben 14% *Propenylbenzol* (III; *Dibromid*, F. 65—66,5°) u. 14% *Piperidin* (V; *Phenylthioharnstoffderiv.*, F. 99,5—100°). — *1-Phenyl-1-piperidino-propanon-(2)*, $C_{14}H_{19}ON$, Kp.$_{0,5}$ 99°, aus 1-Brom-1-phenylaceton u. V; $D.^{20}_4$ 1,017; n_D^{20} 1,5293; 80%. — *N-[α-Phenylpropyl]-piperidin*, Kp.$_{11}$ 128—129°, aus vorst. Verb. durch WK-Red.; n_D^{20} 1,5227; 74% (*Pikrat*, $C_{20}H_{24}O_7N_4$, F. 140—141°); daneben je 19% III u. V. — *N-[α-Phenylpropyl]-anilin*, Kp.$_{0,5}$ 117—118°, aus 1-Anilino-1-phenyl-propanon-(2) (F. 89,5—90,5°) durch WK-Red.; n_D^{20} 1,5907; 70% (*Hydrochlorid*, $C_{15}H_{18}$·NCl, F. 177—179°); daneben 6% III. — *N-[α-Methyl-β-phenyläthyl]-piperidin*, Kp.$_{22}$ 153 bis 155°, aus α-Piperidinopropiophenon (Kp.$_{0,3}$ 94—96°, $n_D^{22,5}$ 1,5373. *Pikrat*, F. 177 bis 178°. *Hydrazon*, $C_{14}H_{21}N_3$, Kp.$_{0,5}$ 127—128°) durch WK-Red.; 40% (*Pikrat*, $C_{20}H_{24}$·O_7N_4, F. 134—135°); daneben 37% III. — *Stilben*, F. 123—124°, a) aus α-Phenyl-α-piperidinoacetophenon (F. 82—83°) durch WK-Red.; 34%; daneben 5% *N-[1.2-Diphenyläthyl]-piperidin* (*Pikrat*, $C_{25}H_{26}O_7N_4$, F. 166—168°) u. 25% *N-Benzylpiperidin* (Kp.$_{0,3-0,4}$ 63—64,5°. *Pikrat*, $C_{18}H_{20}O_7N_4$, F. 179—181°); b) analog aus Benzoinäthyläther; 44%. — *p-p'-Dimethoxybibenzyl*, F. 127—127,5°, aus IV; 34%. — *1-Amyloxy-3-phenylpropanon-(2)*, $C_{14}H_{20}O_2$, Kp.$_{0,15}$ 102°, aus Benzyl-MgCl in Ae. mit n-Amyloxy-acetonitril; $n_D^{24,5}$ 1,4926; 53%. — *n-Amyl-γ-phenylpropyläther*, $C_{14}H_{22}O$, Kp.$_{30}$ 153 bis 154°), aus vorst. Verb. durch WK-Red.; 18%; daneben 70% eines Gemisches aus III u. *Allylbenzol* (*Dibromid*, Kp.$_{0,1}$ 77°). (J. Amer. chem. Soc. **77.** 3269—71. 20/6. 1955. Urbana, Ill., Univ., Noyes Chem. Labor.) F. J. MEYER. 470

Nelson J. Leonard und **Samuel Gelfand**, *Die Kishner-Reduktionselimination*. 2. Mitt. *α-Substituierte Pinakoline*. (1. vgl. vorst. Ref.) Zur Unters. des Einfl. der abzuspaltenden Gruppe auf das Eintreten der KISHNER-Reduktionselimination (Elim.), die α-substituierte Ketone unter den Bedingungen der WOLFF-KISHNER-Red. (WK-Red.) erleiden, werden α-substituierte Pinakoline, $(CH_3)_3C·CO·CH_2·Y$, untersucht. Neben n. Prodd. $(CH_3)_3C·CH_2·CH_2·Y$ bildet sich dabei durch Elim. *3.3-Dimethylbuten-(1)* (I). Pinakoline mit Y = NRR' entstehen aus *α-Brompinakolin* (II) mit Aminen, solche mit Y = OR, SR oder O-Acyl, aus II mit Alkaliphenolaten, Mercaptiden u. Carbonsäuresalzen. In der Reihe mit Y = *Piperidino*, *α-Methylpiperidino*, *α.α'-Dimethylpiperidino* nimmt die I-Bldg. mit 29, 38 bzw. 54% (Ausbeute) zu, wobei 64, 44 u. 0% n. Prodd. isoliert werden; Zunahme der Elim. mit zunehmender ster. Hinderung der $C_{(α)}$—N-Bindung. Dasselbe Verh. zeigen die Reihen mit Y = *Pyrrolidino*, *Piperidino*, *Hexamethylenimino*, *α.α-Dimethylpyrrolidino*, *n-Heptylamino*, *Di-n-butylamino*, *Anilino* u. *N-Methylanilino*. Noch stärker tritt die Elim. in den Vordergrund, wo der abgespaltene Rest stabile Anionen bilden kann, z. B. mit Y = *Phenoxy*, *Trimethylacetoxy*, *2.4.6-Trimethylbenzoxy*, *Phenylmercapto* u. *n-Hexylmercapto*; allerdings liefert das nicht gehinderte *Benzoat* gar kein I, vielleicht durch leichtere bas. Hydrolyse oder Hydrazinolyse. Aus *3.3-Dimethyl-1-p-toluolsulfonylbutanon-(2)* wird unter den Bedingungen der WK-Red. nur *Methyl-p-tolylsulfon* gebildet. Die Elim. zeigt sich somit als basenkatalysierte Abspaltungs-Rk., für deren Mechanismus eine trans-Abspaltung über ein intermediär auftretendes Diimin bzw. die Bldg. eines intramol. cycl. Übergangszustandes mit cis-Elim. diskutiert wird.

Versuche (FF. korr.): *α-Brompinakolin* (II), Kp.$_8$ 68—69°, nach WITMAN u. WAHLBERG [1911]; 78% (Ausbeute). — *N-tert.-Butylacetylpiperidin*, $C_{11}H_{21}ON$, Kp.$_{0,3}$ 73°, aus tert.-Butylessigsäure (Kp.$_{18}$ 88—91°, n_D^{23} 1,4088) durch Kochen mit $SOCl_2$ u. anschließende Rk. mit Piperidin (III) in Bzl.; n_D^{24} 1,4737; 67%. — *N-[3.3-Dimethylbutyl]-piperidin* (IV), Kp.$_{15}$ 82°, Kp.$_{25}$ 99—101°, aus vorst. Verb. mit $LiAlH_4$ in Ae.; n_D^{20} 1,4500, n_D^{27} 1,4460; 48%. *Pikrat*, $C_{17}H_{26}O_7N_4$, F. 172—173,5°, Prismen aus Methanol. — *N-[3.3-Dimethylbutyl]-α.α'-dimethylpiperidin*, Kp.$_{10}$ 99—100°, aus N-tert.-Butyl-acetyl-α.α'-dimethylpiperidin (Kp.$_{0,5}$ 89—91°); mit $LiAlH_4$ in Ae.; n_D^{20} 1,4560. *Pikrat*, $C_{19}H_{30}O_7N_4$, F. 161—162°, aus A. Nadeln. — $C_{(1)}$-Substituierte 3.3-Dimethylbutanone-(2): *1-Piperidino-*, $C_{11}H_{21}ON$, Kp.$_{0,4}$ 49—50°, aus II u. III in Ae. (14 Std. rühren u. ½ Std. kochen); n_D^{20} 1,4593, $D.^{20}_4$ 0,910; 88%. *Hydrobromid*, $C_{11}H_{22}ONBr$, F. 257—259°, aus A.-Ae. Prismen. *Pikrat*, $C_{17}H_{24}O_8N_4$, F. 128—129°, aus A. gelborangefarbene Nadeln. *Hydrazon*, $C_{11}H_{23}N_3$, F. 86—88°, aus wss. A. Prismen. Gibt bei der WK-Red. [durch Erhitzen mit $N_2H_4·H_2O$ in Triäthylenglykol (1½ Std. auf 120—130°), Zugabe von festem KOH (nach Kühlen) u. Erhitzen, zuletzt 2 Std. bei 200 bis 210°]; 29% III, 64% IV u. 29% *3.3-Dimethylbuten-(1)* (I; n_D^{20} 1,3764. *2.4-Dinitrobenzolsulfenylchloridderiv.*, $C_{12}H_{15}O_4N_2ClS$, F. 97,5—98,5°, aus A. gelbe Prismen. *Dibromid*, $C_6H_{12}Br_2$, Kp.$_3$ 73°, n_D^{20} 1,5054, $D.^{20}_4$ 1,604). — *1-[α-Methylpiperidino]-*, $C_{12}H_{23}$·ON, Kp.$_{0,5}$ 65—67°, n_D^{27} 1,4570; 72%. *Hydrobromid*, $C_{12}H_{24}ONBr$, F. 167—169°, aus A.-Ae. Nadeln. *Pikrat*, $C_{18}H_{26}O_8N_4$, F. 133—134°, aus A. gelborangefarbene Prismen,

Hydrazon, $C_{12}H_{25}N_3$, F. 81—83°, aus wss. A. Blättchen. Gibt bei der WK-Red. 38% **I** u. 44% *N-[3.3-Dimethylbutyl]-α-methylpiperidin* (Kp.$_{20}$ 100—102°, n_D^{25} 1,4488. *Pikrat*, $C_{18}H_{28}O_7N_4$, F. 151—152°, Prismen aus Methanol). — *1-[α.α'-Dimethylpiperidino]-*. $C_{13}H_{25}ON$, Kp.$_{0,5}$ 72,5—73,5°, $n_D^{23,5}$ 1,4598, D.$^{20}_4$ 0,919; 55%. *Pikrat*, $C_{19}H_{28}O_8N_4$, F. 123—124°, aus A. gelborangefarbene Prismen. *Pikrolonat*, $C_{23}H_{33}O_6N_5$, F. 189—191°, aus A. gelborangefarbene Prismen. Gibt bei der WK-Red. ausschließlich 54% **I**. — *1-[α.α.α'.α'-Tetramethylpieridino]-*, $C_{15}H_{29}ON$, Kp.$_{0,1}$ 63°, F. 77,5—80° (aus wss. A. Prismen), aus **II** u. α.α.α'.α'-Tetramethylpiperidin in Xylol (48 Std. Kochen); 10%. Die WK-Red. liefert weder **I** noch n. Prod., wahrscheinlich wird dabei kein Hydrazon gebildet. — *1-Pyrrolidino-*, $C_{10}H_{19}ON$, Kp.$_8$ 81,5°, n_D^{23} 1,4534, D.$^{20}_4$ 0,95; 74%. *Hydrobromid*, $C_{10}H_{20}ONBr$, F. 239—242°, aus A.-Ae. Blättchen. *Pikrat*, $C_{16}H_{22}O_8N_4$, F. 128—129°, aus A. gelborangefarbene Prismen. Gibt bei der WK-Red. 15% **I** u. 65% *N-[3.3-Dimethylbutyl]-pyrrolidin* (Kp.$_{22}$ 75—76°, n_D^{25} 1,4414. *Pikrat*, $C_{16}H_{24}O_7N_4$, F. 192—193°, aus A. Nadeln). — *1-Hexamethylenimino-*, $C_{12}H_{23}ON$, Kp.$_{17}$ 97°, n_D^{22} 1,4659, D.$^{20}_4$ 0,914; 86%. *Hydrobromid*, $C_{12}H_{24}ONBr$, F. 234—236°, aus A.-Ae. Nadeln. *Pikrat*, $C_{18}H_{26}O_8N_4$, F. 129—130°, aus A. orangegelbe Blättchen. Gibt bei der WK-Red. 41% **I** u. 42% *N-[3.3-Dimethylbutyl]-hexamethylenimin* (Kp.$_{20}$ 107—108°. *Pikrat*, $C_{18}H_{28}O_7N_4$, F. 186 bis 187°, aus A. Nadeln). — *1-n-Heptylamino-*, $C_{13}H_{27}ON$, Kp.$_{0,1}$ 79—80°, n_D^{20} 1,4423, D.$^{20}_4$ 0,859; 58%. *Hydrobromid*, $C_{13}H_{28}ONBr$, F. 234—235° (Zers.), aus A.-Ae. Nadeln. Gibt bei der WK-Red. 41% **I** u. 37% *N-[3.3-Dimethylbutyl]-n-heptylamin* (Kp.$_8$ 118°, n_D^{20} 1,4377). — *1-Anilino-*, $C_{12}H_{17}ON$, F. 72—73°, durch 2std. Kochen von **II** mit Anilin in 95%ig. A. in Ggw. von $NaHCO_3$; 70%. Gibt bei der WK-Red. (Zers.) 13% **I** u. 31% *N-[3.3-Dimethylbutyl]-anilin* (Kp.$_{17}$ 138—139°. *Phenylthioharnstoffderiv.*, $C_{19}H_{24}N_2S$, F. 118—119,5°, aus A. Nadeln). — *1-[α.α-Dimethylpyrrolidino]-*, $C_{12}H_{23}ON$, Kp.$_3$ 80—81°, n_D^{23} 1,4535; 86%. *Hydrobromid*, $C_{12}H_{24}ONBr$, F. 209—210,5°, aus A.-Ae. Prismen. *Pikrat*, $C_{18}H_{26}O_8N_4$, F. 156—158° (Zers.), aus A. gelborangefarbene Nadeln. Gibt bei der WK-Red. 24% **I** u. 41% *N-[3.3-Dimethylbutyl]-α.α-dimethylpyrrolidin* (Kp.$_{18}$ 81—85°. *Pikrat*, $C_{18}H_{28}O_7N_4$, F. 126,5—127,5°, aus A. Nadeln). — *1-Di-n-butylamino-*, $C_{14}H_{29}ON$, Kp.$_{1,5}$ 84,5—85°, n_D^{23} 1,4379; 88%. Gibt bei der WK-Red. 54% **I** u. 21% *N-[3.3-Dimethylbutyl]-di-n-butylamin* (Kp.$_{18}$ 116—118°, n_D^{20} 1,4291—1,4310. *p'-Oxyazobenzol-p-sulfonat*, $C_{26}H_{41}O_4N_3S$, F. 191,5—193,5°, aus A. Prismen), sowie *Di-n-butylamin* (Kp.$_{18}$ 53—56°, n_D^{24} 1,4181. *Phenylthioharnstoffderiv.*, F. 84—85°). — *1-[N-Methylanilino]-*, $C_{13}H_{19}ON$, Kp.$_{0,7}$ 116°, n_D^{25} 1,5299, D.$^{20}_4$ 0,988; 70%. *Hydrobromid*, $C_{13}H_{20}$·ONBr, F. 193°, aus A.-Ae. Nadeln. Gibt bei der WK-Red. 36% **I** u. 48% *N-[3.3-Dimethylbutyl]-N-methylanilin* [Kp.$_{0,2}$ 77—79°, n_D^{20} 1,5180. *Pikrat*, $C_{19}H_{24}O_7N_4$, F. 126,5—128° (Zers.), Prismen aus A.]. — *1-Phenoxy-*, $C_{12}H_{16}O_2$, Kp.$_{0,2}$ 77°, aus Na-Phenolat u. **II** durch 3std. Kochen in Bzl.; n_D^{20} 1,5077, D.$^{20}_4$ 1,013; 81%. *Hydrazon*, $C_{12}H_{18}ON_2$, F. 55—57°, aus wss. A. Nadeln. Gibt bei der WK-Red. 80% **I**. — *1-Trimethylacetoxy-*, $C_{11}H_{20}O_3$, F. 49—50°, Kp.$_{1,5-2,0}$ 81—83°, aus Na-Trimethylacetat u. **II** (4 Std. kochen in absol. A.); 75%. *Semicarbazon*, $C_{12}H_{23}O_3N_3$, F. 154—155°, aus wss. A. Prismen. Gibt bei der WK-Red. 52% **I** (unter hydrolyt. u. hydrazinolyt. Neben-Rkk.). — *1-Mesitoxy-*, $C_{16}H_{22}O_3$, F. 59,5 bis 60,5° (Prismen aus wss. A.), analog vorst. Verb. aus K-Mesitoat; 81%. Gibt bei der WK-Red. 58% **I**. — *1-Phenylmercapto-*, $C_{12}H_{16}OS$, Kp.$_{0,3}$ 92—92,5°, aus **II** u. Thiophenol in wss. NaOH; $n_D^{20,5}$ 1,5453, D.$^{20}_4$ 1,043; 86%. Gibt bei der WK-Red. 76% **I** u. 78% *Thiophenol* (Kp.$_{60}$ 87°, n_D^{20} 1,5840). — *1-n-Hexylmercapto-*, $C_{12}H_{24}OS$, Kp.$_{0,25}$ 70°, aus **II** u. n-Hexylmercaptan in 50%ig. wss. A. unter Erwärmen; n_D^{20} 1,4654, D.$^{20}_4$ 0,904; 88%. Gibt bei der WK-Red. 95% **I** u. 70% *n-Hexylmercaptan* (Kp.$_{60}$ 70—72°, n_D^{20} 1,4460), daneben *Disulfid*. — *1-Benzoxy-*, $C_{13}H_{16}O_3$, F. 87—88° (Nadeln aus A.), aus K-Benzoat; 73%. *Semicarbazon*, $C_{14}H_{19}O_3N_3$, F. 155—156°, aus wss. A. Blättchen. WK-Red. führt nicht zu **I**; beim Vers. der Darst. des Hydrazons in Triäthylenglykol (1 Std. bei 110 bis 115°) wird eine *Verb.* $C_{12}H_{24}N_6$, F. 212—214° (Zers.), Blättchen aus A., erhalten. — *1-p-Toluolsulfonyl-*, $C_{13}H_{18}O_3S$, F. 114—115° (Nadeln aus A.), durch 1½std. Kochen von **II** mit p-toluolsulfinsaurem Na (Dihydrat) in 95%ig. A.; 76%. Gibt bei der WK-Red. 69% *Methyl-p-tolylsulfon*, F. 86—87,5°, aus A. Prismen. (J. Amer. chem. Soc. **77**. 3272—78. 20/6. 1955.) F. J. MEYER. 470

G. Richard Burns, *Die Reaktion von markiertem Methanol mit Kohlenmonoxyd und Wasserstoff.* Bei der Oxo-Rk. von Methylalkohol (**II**) mit CO u. H_2 in Ggw. von $Co_2(CO)_8$ bilden sich 40 (Mol-%) *A.*, 14 *Essigsäure* u. 5 *n-Propylalkohol* (**I**). Zur Klärung des Mechanismus verwendet Vf. dabei einen Zusatz von $^{14}CH_3OH$. Nach Trennung u. Abbau der Prodd. wird gefunden, daß sich beim gebildeten *A.* die gesamte (relative) Aktivität im $C_{(2)}$ befindet u. das $C_{(1)}$ aus dem CO stammt; während der Rk. bildet sich kein **II**. Die entstandene *Essigsäure* trägt die Aktivität am $C_{(2)}$. Bei **I** ist das $C_{(1)}$ inakt. u. $C_{(2)}$ u. $C_{(3)}$ besitzen je die Hälfte der Aktivität des ursprünglichen **II**. Die Bldg. von **I** kann durch Addition von CO an ein symm. Zwischenprod., wahrscheinlich durch Dehydratation aus A. entstandenes *Äthylen* erklärt werden. (J. Amer. chem. Soc. **77.** 6615—16. 20/12. 1955. New York, N. Y., Hunter Coll., Dep. of Chem.) H. FECHTER. 480

L. C. Leitch, *Organische Deuteriumverbindungen.* 12. Mitt. *D_6-Benzol.* (11. vgl. MORSE u. LEITCH, Canad. J. Chem. **32.** [1954.] 500.) *D_6-Benzol* mit 95,24 Mol-% C_6D_6 wurde durch 4malige Behandlung von Bzl. mit D_2O u. Pt-Schwarz (aus PtO_2 durch Red. mit D_2) im Rohr (12 Std. bei 110°) anschließende Fraktionierung im Vakuum erhalten. (Canad. J. Chem. **32.** 813—14. Aug. 1954.) K. NEZEL. 480

S. G. Laland und **I. Smith-Kielland,** *Die Synthese von $^{14}C_{(1)}$-D-Arabinose und $^{14}C_{(1)}$-D-Ribose.* Vff. beschreiben die Synth. von *$^{14}C_{(1)}$-D-Arabinose* u. *$^{14}C_{(1)}$-D-Ribose* aus Erythrose u. $K^{14}CN$. Dabei wurde sowohl unter sauren als auch unter bas. Bedingungen zunächst ein Gemisch von Aldonsäuren erhalten, das vorwiegend *Arabonsäure* enthielt; die Epimerisierung zu *Ribonsäure* gelang nur mit ca. 20%ig. Ausbeute.

V e r s u c h e: *$^{14}C_{(1)}$-Arabinose,* aus 80 mg D-Erythrose in W. mit gefrorenem (Aceton–Trockeneis) $K^{14}CN$ u. KOH in W., dann 20 Std. bei 0°, 2 Tage bei Zimmertemp. u. unter Belüftung bei 50°; die erhaltenen *K-Salze* der Aldonsäuren (aus wss. A. Tafeln) werden mit Amberlite IR–120 in die *freien Säuren* übergeführt, mit wss. Pyridin (2 Tage bei 130° im Rohr) isomerisiert, durch Erhitzen auf 90°/0,01—0,001 mm lactonisiert, mit 5%ig. Na-Amalgam in wss. Oxalsäure/Na-Oxalat red., mit Amberlite IR–120 (H^+) bzw. IR–4 B (OH^-) entsalzt u. an Papier mit W.–Butanol–A.–NH_4OH (49 : 45 : 5 : 1) chromatograph. getrennt; 6 mg (Ausbeute), daneben 1,8 mg *$^{14}C_{(1)}$-D-Ribose.* (Acta chem. scand. **9.** 393—96. 1955. Oslo, Univ., Inst. for Ernaeringsforsk.) J. MILLER. 480

A. I. Titow und **F. L. Makljajew,** *Gekoppelte Anlagerung von Halogenen an Olefine.* 1. Mitt. Vff. definieren als gekoppelte Anlagerungs-Rkk. von Halogenen an Olefine diejenigen Rkk., bei denen eine 3. Verb., die an sich mit der doppelten Bindung nicht reagiert, in die Anlagerungs-Rk. hineingezogen wird. Es wird gezeigt, daß die Moll. der Halogene die Eigg. starker aproton. Säuren, die Olefine dagegen bas. Charakter haben, was auf ihre relativ schwach gebundenen π-Elektronen zurückzuführen ist. Anzunehmen ist, daß das Anfangsstadium der Einw. der Halogene auf Olefine eine reversible Komplexbldg. auf Säure–Basen-Grundlage ist: $Br-Br + R_2C-CR_2 \rightleftharpoons Br\overset{\curvearrowright}{-}Br \leftarrow \cdots R_2\overset{+}{C}=\overset{+}{C}R_2$. Die C-Atome in solchem Komplex besitzen hohe elektrophile Eigg.; daher kann dieser Komplex als stärkstes Mittel dienen, um selbst sehr starke anorgan. Säuren in β-Halogenalkylester überzuführen: $Br\overset{\curvearrowright}{-}Br \leftarrow \cdots R_2\overset{+}{C}=\overset{+}{C}R_2 + A^- = Br^- + Br-CR_2$, worin

$$R_2C-A$$

A^- ein Anion bedeutet. Unter dem entwickelten Gesichtspunkt werden die allg. Gesetzmäßigkeiten u. besondere Fälle der Rk. von Halogenen mit ungesätt. Verbb. nach dem Ionenmechanismus erklärt. (Журнал Общей Химии [J. allg. Chem.] **24** (**86**). 1624—30. Sept. 1954.) R. KNOBLOCH. 520

A. I. Titow und **F. L. Makljajew,** *Gekoppelte Anlagerung von Halogenen an Olefine.* 2. Mitt. *Gewinnung von β-Halogenäthylestern der Benzol- und p-Toluolsulfonsäure, von β-Chloräthylestern der Schwefel-, Chlorsulfon- und Phosphorsäure und von gemischten 1.2-Dihalogenäthanen.* (1. vgl. vorst. Ref.) Die gekoppelte Rk. der Halogene mit C_2H_4 u. Anionen beginnt mit der Bldg. eines Komplexes, z. B. $Br\overset{\curvearrowright}{-}Br \leftarrow \cdots \overset{+}{C}H_2=\overset{+}{C}H_2$; hierbei deutet der Pfeil das Eindringen der π-Elektronen in die Sphäre des elektrophilen Halogenatoms an. In vorliegender Unters. werden als Anionen diejenigen der Benzol- u. p-Toluolsulfonsäure u. anorgan. Säuren angewendet u. ihre β-Halogenäthylester erhalten, z. B. $Br_2 + CH_2=CH_2 + C_6H_5SO_3^- \rightarrow Br^- + C_6H_5SO_3CH_2CH_2Br$. Die entstehenden Br^--Ionen reagieren ebenfalls u. geben $BrCH_2CH_2Br$. Wird die Rk. in wss. Lsg. durchgeführt, so reagieren auch die OH^--Ionen des W., u. es entsteht $HOCH_2CH_2Br$. Ein Vers. mit p-Toluolsulfonsäure in 62%ig. wss. Lsg. lieferte 19% $ArSO_3CH_2CH_2Br$, 34% $HOCH_2 \cdot CH_2Br$ u. 47% $BrCH_2CH_2Br$; die hohe Ausbeute an letztangegebener Verb. wird erreicht, obgleich die Konz. an dem entstehenden HBr während des Vers. nur ca. 3% betrug. Die Aktivitäten (f) der Anionen verhalten sich demnach wie $f_{H_2O} : f_{ArSO_3H} : f_{HBr} \sim 1 : 3{,}2 : 700$. Die Aktivität von HCl war 10—15mal geringer als diejenige von HBr. Zur optimalen Bldg. von β-Halogenäthylestern ist es daher notwendig, möglichst wasserfrei zu arbeiten, als Halogen Cl_2 anzuwenden u. die Entfernung des entstehenden HCl zu bewirken. So wird β-Chloräthylbenzolsulfonat mit 80%ig. Ausbeute gewonnen. F^--Ion ist äußerst wenig akt.; dies muß mit der geringen Polarisationsfähigkeit von F^- im Zusammenhang stehen u. auch mit der Beständigkeit seiner Hydrate vom Typus $F^- \cdots > H-\bar{O}-H$.

V e r s u c h e: *Benzolsulfonsäure-β-bromäthylester,* $Kp._{15}$ 198—200°; ein Gemisch von 500 g 50%ig. wss. Lsg. von $C_6H_5SO_3K$ u. 10,5 ml Br_2 wird unter Durchmischung auf der Schüttelmaschine mit C_2H_4 gesätt. u. nach Zusatz einer weiteren Menge Br_2

wieder mit C_2H_4 gesätt.; 11,2 g neben 25,9 g *$BrCH_2CH_2Br$*. — *p-Toluolsulfonsäure-β-bromäthylester*, $C_9H_{11}O_3BrS$, Kp.$_{2-3}$ 173—174°; aus 400 g 60%ig. Lsg. von p-Toluolsulfonsäure, 10,5 ml Br_2 u. C_2H_4 u. Wiederholung des Zusatzes von Br_2 analog Vorst.; $D.^{20}_4$ 1,531; n_D^{20} 1,5472; 24 g neben 35 g *$BrCH_2CH_2Br$*. Ob am Licht oder in der Dunkelheit gearbeitet wird, ist unwesentlich. — *Benzolsulfonsäure-β-chloräthylester*, $C_8H_9O_3ClS$, Kp.$_4$ 150—154°; in 456 g geschmolzener, 96%ig. Benzolsulfonsäure werden bei 60° (Badtemp.) u. energ. Rühren in 2 Std. gleichzeitig 19,6 Liter Cl_2 u. 25 Liter C_2H_4 eingeleitet; Gewichtszunahme 61 g; $D.^{20}_4$ 1,352; n_D^{20} 1,530; 124,7 g neben 16,3 g $ClCH_2CH_2Cl$. — *Di-[β-chloräthyl]-sulfat*, Kp.$_3$ 143°; $D.^{20}_4$ 1,4838; n_D^{20} 1,463; 150 g aus 224 g H_2SO_4 (D. 1,84). — *Chlorsulfonsäure-β-chloräthylester*, Kp.$_{16}$ ca. 90°; aus $ClSO_3H$, Cl_2 u. C_2H_4 unter Kühlung mit Eis. — *Tri-[β-chloräthyl]-phosphat*, Kp.$_3$ 180—182°; aus H_3PO_4 u. bedeutendem Überschuß an Cl_2 u. C_2H_4 bei Zimmertemp.; $D.^{20}_4$ 1,422; n_D^{20} 1,475. — *α-Chlor-β-bromäthan*; aus 25%ig. NaCl-Lsg., Br_2 u. C_2H_4 oder aus Salzsäure, Br_2 u. C_2H_4; 70—80% bzw. 65%. (Журнал Общей Химии [J. allg. Chem.] **24** (**86**). 1631—35. Sept. 1954.) R. KNOBLOCH. 520

A. I. Titow und **F. L. Makljajew**, *Gekoppelte Anlagerung von Halogenen an Olefine.* 3. Mitt. *Über die Anlagerungsweise an unsymmetrische Olefine.* (2. vgl. vorst. Ref.) Da die CH_3-Gruppe des Propylens (I) die positive Ladung des benachbarten C stabilisiert $CH_3\overset{+\delta 1}{C}H{=}\overset{+\delta 2}{C}H_2$ ($\delta_1 > \delta_2$), so verläuft die Rk. von I mit Cl_2 in Ameisen- bzw. Essigsäure unter Bldg. von *β-Chlorisopropylformiat* bzw. *-acetat*. Daneben entsteht *1.2-Dichlorpropan*. Analog bildet sich aus I mit Cl_2 in Benzolsulfonsäure (II) *β-Chlorisopropylbenzolsulfonat*, das beim Erhitzen Allylchlorid u. II gibt.

V e r s u c h e: *β-Chlorisopropylacetat*, $C_5H_9O_2Cl$, Kp. 149—150°, in 100 g Eisessig werden unter Rühren in 2 Std. gleichzeitig 15 Liter Cl_2 u. etwas mehr I eingeleitet; $D.^{20}_4$ 1,1012; n_D^{20} 1,4270; ca. 21,7 g (Ausbeute). — *β-Chlorisopropylformiat*, $C_4H_7O_2Cl$, Kp. 137°, analog Vorst. mit 92 g HCOOH (D. 1,22); $D.^{20}_4$ 1,1489; n_D^{20} 1,4260; 19,4 g. — *β-Chlorisopropylalkohol*, Kp.$_{743}$ 126°, aus vorst. Verb. beim Erhitzen mit 3%ig. methanol. HCl; $D.^{20}_4$ 1,111; n_D^{20} 1,4390; neben *Methylformiat*. — *β-Chlorisopropylbenzolsulfonat*, $C_9H_{11}O_3SCl$, Kp.$_{3-4}$ 160—170°, aus I u. Cl_2 in geschmolzener II bei 65°; $D.^{20}_4$ 1,3014; n_D^{20} 1,5220; 128 g; Nebenprod. 24,2 g *1.2-Dichlorpropan*. Dest. in Mengen von 20—30 g bei 3—4 mm fast ohne Zers.; größere Mengen zers. sich unter Bldg. von *Allylchlorid* u. *1-Chlorpropen-(1)*. (Журнал Общей Химии [J. allg. Chem.] **24** (**86**). 1860—62. Okt. 1954.) O. POLLAK V. EMHOFEN. 520

A. I. Titow, F. L. Makljajew und **W. G. Kusmin**, *Gekoppelte Anlagerung von Halogenen an Olefine.* 4. Mitt. *Gewinnung von β-Halogenäthylestern der Ameisen-, Essig-, Chloressig- und Trichloressigsäure.* (3. vgl. vorst. Ref.) Aus Cl_2 u. Äthylen in Essigsäure wird *β-Chloräthylacetat* erhalten; die Ausbeute erhöht sich, wenn $(CH_3CO_2)_2Hg$ zugegen ist. Analog wird *β-Bromäthylacetat* hergestellt. Die Herst. von *β-Chloräthylformiat*, *-chloracetat* u. *-trichloracetat* erfolgt ohne Hg-Acetat.

V e r s u c h e: *β-Chloräthylacetat*, $C_4H_7O_2Cl$, Kp. 143—145°, man leitet durch 63 ml Eisessig in 2 Std. 19,2 Liter Cl_2 u. 22,3 Liter Äthylen; $D.^{17}_4$ 1,1465, n_D^{17} 1,4255; 33,1 g (Ausbeute). — *β-Bromäthylacetat*, Kp. 159—164°, in ein Gemisch von 50 ml Eisessig, 40 g $(CH_3CO_2)Hg$ u. 30 g Br_2 wird Äthylen bis zum Verschwinden der Färbung eingeleitet; ca. 14,5 g. — *β-Chloräthylformiat*, $C_3H_5O_2Cl$, Kp. 129—130°, $D.^{17}_4$ 1,2296, n_D^{17} 7,4288; 50%. — *β-Chloräthylchloracetat*, Kp. 197—198°; ca. 40%. — *β-Chloräthyltrichloracetat*, Kp. 217°; ca. 35%. (Журнал Общей Химии [J. allg. Chem.] **25** (**87**). 744—47. April 1955.) O. POLLAK V. EMHOFEN. 520

A. I. Titow und **F. L. Makljajew**, *Gekoppelte Anlagerung von Halogenen an Olefine.* Inhaltlich ident. mit den vorst. referierten Arbeiten; vgl. auch C. **1956.** 12532. (Доклады Академии Наук СССР [Ber. Akad. Wiss. UdSSR] [N. S.] **98.** 795—98. 11/10. 1954.) R. K. MÜLLER. 520

Melvin J. Astle, B. Schaeffer und **C. O. Obenland**, *Veresterung von Glykolen durch Säuren in Gegenwart von Kationenaustauschharzen.* Durch Anwendung von Kationenaustauschharzen auf Basis Polystyrolsulfonsäuren [*Amberlite IR-120* (I)] als Katalysatoren an Stelle von H_2SO_4 oder Toluolsulfonsäure konnten Vff. bei der Veresterung von *Diäthylenglykol* (II) mit *Laurin-*, *Öl-*, *Stearin-*, *Benzoe-* u. *2.4.5-Trichlorphenoxyessigsäure* in Toluol (III) die Ausbeuten an Monoestern beträchtlich verbessern. Prakt. quantitative Ausbeuten wurden mit einem Mol-Verhältnis II : Säure von 12 : 1 erzielt. Die Reaktionsdauer betrug im allg. 18 Std., konnte jedoch durch steigende Katalysatormenge u. Erhöhung der Temp. ohne wesentliche Ausbeuteänderung auf $1^1/_2$ Std. gedrückt werden. Die Harze wurden für mehrere Rkk. verwendet u. verloren auch bei 180° nichts von ihrer Wirksamkeit, jedoch arbeitet man zweckmäßig bei 130—140°. Zusätzliche Vorteile der Austauscherharze: Entfernung durch Filtration oder Dekantieren, keine färbenden Nebenprodd., Wiederverwendung gegebenenfalls im kontinuierlichen Verf. in beschickten Säulen. Die Meth. ist auf alle 2- u. mehrwertigen Alkohole anwendbar. — Beispiel: 1 Mol Säure u. 1—12 Mol **II** werden mit 7,5—15 g **I**/100 g Säure in 200—300 ml **III** 4—18, bes. 10 bis 18 Std. unter Rückfluß bei gleichzeitiger Entfernung des Azeotrops W./**III** erhitzt, Badtemp. 130—150°. (J. Amer. chem. Soc. **77.** 3643—44. 5/7. 1955. Cleveland, O., Case Inst. of Technol. u. Olin Mathieson Chem. Co., Dep. of Chem.) J. RICHTER. 570

T. A. Faworskaja und **D. A. Schkurgina,** *Zur Synthese von α-Mercaptoisobutyraldehyd.* Durch Bromieren von Isobutyraldehyd (I) in Ae. in Ggw. von $CaCO_3$ wird *α-Bromisobutyraldehyd* (II) mit guter Ausbeute gewonnen. Hieraus entsteht beim Behandeln mit KSH in Ae. *α-Mercaptoisobutyraldehyd* (**III**), der nur als Na- u. Ag-Mercaptid erhalten werden konnte. Bei dem Vers., **III** durch Dest. im Vakuum zu isolieren, scheidet sich W. ab u. man erhält ein Öl, das sich nicht dest. läßt; wahrscheinlich bildet sich aus 3 Moll. **III** *α-Mercaptoisobutyraldehyd-bis-[α-formylisopropylthioacetal]* (**IV**), außerdem *Methacrylaldehyd-bis-[α-formylisopropylthioacetal]* (**V**) durch Abspaltung von HBr aus **II** u. Kondensation des Methacrylaldehyds mit **III**. Verss., **III** aus polymerem **II** oder aus *α-Bromisobutyraldehyddiäthylacetal* mit NaSH in Ae. zu erhalten, verliefen negativ.

Versuche: *Polymerer α-Bromisobutyraldehyd,* F. 125—126° (A.), man gibt zu 36 g **I** bei 0° 1 Tropfen H_2SO_4, löst das entstehende Polymere in 50 ml CCl_4 u. bromiert unter Kühlung mit 80 g Br_2; 62,4 g (Ausbeute). — *α-Bromisobutyraldehyddiäthylacetal,* $C_8H_{17}O_2Br$, $Kp._8$ 60—62°, man gibt zum abgekühlten Gemisch aus 20 g **I** u. 51 g absol. A. in Ggw. von 25 g Kreide 14,2 ml Br_2; $D.^{20}{}_4$ 1,1815, n_D^{20} 1,4399; 10,5 g. — *α-Bromisobutyraldehyd* (**II**), C_4H_7OBr, $Kp._8$ 48°, 60 g **I** in 500 ml Ae. u. 120 g Kreide werden unter Kühlung mit Eis + NaCl u. starker Beleuchtung in 2 Std. mit 42 ml Br_2 versetzt; $D.^{20}{}_4$ 1,4132, n_D^{20} 1,4531; 108,5 g. — *α-Mercaptoisobutyraldehyd* (**III**), durch tropfenweises Hinzufügen von 60 g **II** zu einer gekühlten Suspension von 35 g KSH in 300 ml Ae.; man rührt 5 Std.; die äther. Lsg. wurde mit J_2 titriert, danach beträgt die Ausbeute 43,2%. *Na-Mercaptid,* weißer Niederschlag. *Silbermercaptid,* C_4H_7OSAg, Niederschlag. Beim Verdampfen der äther. **III**-Lsg. im Vakuum ohne zu erwärmen erhält man Kristalle vom F. 75—77° u. ein Öl, aus dem sich ein *Semicarbazon* vom F. 226—228° gewinnen läßt; die Kristalle wie auch das Öl geben ein Gemisch der *Bis-2.4-dinitrophenylhydrazone,* F. 250—251° (heißer A.), von **IV**, $C_{24}H_{30}O_8N_8S_3$, u. **V**, $C_{24}H_{28}O_8N_8S_2$. (Журнал Общей Химии [J. allg. Chem.] **25** (**87**). 747—53. April 1955. Leningrad, Univ.)
O. POLLAK V. EMHOFEN. 600

R. C. Mehrotra, *Darstellung von Aluminium-tri-seifen. Al-Tripalmitat* u. *Al-Tristearat* sind zugänglich aus Al-Isopropylat (**I**) u. den Carbonsäuren, wenn das entstehende Isopropanol (**II**) mit dem Lösungsm. (Bzl.) azeotrop abdest. wird. Analog lassen sich auch Ti- u. Zr-Seifen gewinnen.

Versuche: *Al-Tristearat,* harte M., aus **I** u. Stearinsäure durch 5std. Kochen in Bzl. unter Abdest. von **II** u. Bzl., Entfernen des restlichen Bzl. unter vermindertem Druck u. 1std. Erhitzen auf 200—220°/0,2 mm. — *Al-Tripalmitat,* gelbliche M., analog. (Nature [London] **172.** 74. 11/7. 1953. Allahabad, Univ., Chem. Dep.)
G. SEELIGER. 810

Torsten Hasselstrom und **Malcolm C. Henry,** *Eine neue Synthese der Oxalsäure.* Oxalsäure (**I**) bildet sich bei der Einwrkg. von *β*- oder *γ*-Strahlung auf Bicarbonate in wss. Lösung. Zur Unters. dieses Verh. werden Lsgg. von NH_4HCO_3 (**II**), $Ca(HCO_3)_2$ (**III**), Na_2CO_3 (**IV**) u. $(NH_4)_2CO_3$ (**V**) in verschied. Konzz. aus analyt. reinen Substanzen hergestellt u. in flachen Polyäthylenbeuteln (durchstrahlte Schicht $\leq$ 6 mm) der *β*-Strahlung eines VAN DE GRAAFF 2 MeV-Elektronenbeschleunigers ausgesetzt. Die Gesamtstrahlendosen liegen zwischen 2,10 u. 52,5 Mrep. Entstandene **I** wird nach verschied. analyt. Methoden identifiziert. Eine Bldg. von **I** in **IV**-Lsgg. wird nicht beobachtet. Qualitativ wird festgestellt, daß *γ*-Strahlung in ähnlichen Dosen bei **II**-, **III**- u. **V**-Lsgg. ebenfalls zur Bldg. von **I** führt. (Science [Washington] **123.** 1038—39. 8/6. 1956. Natick, Mass., Pioneering Res. Div., Quartermaster Res. and Developm.) W. KRÖNERT. 820

E. T. McBee, J. F. Higgins und **O. R. Pierce,** *Synthese von 2.2-Dichlorcyanessigsäureäthylester.* Vff. beschreiben die Synth. von *2.2-Dichlorcyanessigsäureäthylester* (**I**) aus Cyanessigsäureäthylester durch Chlorieren bei 140°. **I** sollte als Ausgangsmaterial zur Synth. von *symm.-Triazin* dienen, die jedoch nach dem Verf. von MCBEE u. Mitarbeitern (C. **1947.** 589) nicht gelang.

Versuche: *2.2-Dichlorcyanessigsäureäthylester* (**I**), $C_5H_5O_2NCl_2$, $Kp._{19}$ 60°, aus Cyanessigsäureäthylester durch Einleiten von Chlor bei 140°; n_D^{20} 1,4380, $D.^{20}{}_4$ 1,238; Ausbeute 90%. (J. Amer. chem. Soc. **73.** 5473. Nov. 1951. Lafayette, Ind., Purdue Univ., Dep. of Chem.) H. TIMMLER. 820

Herbert F. Schwartz und **Robert F. Doerge,** *Antikonvulsiva. Über einige α.α-disubstituierte Malondiamide.* Durch Kondensation von Acetaldehyd mit Cyanacetamid wird *α-Äthylcyanacetamid* erhalten, das nach DOERGE u. WILSON (J. Amer. pharmac. Assoc., sci. Edit. **40.** [1951.] 407) in *α-Alkyl-α-äthylcyanacetamide* übergeführt wird. Diese geben bei der Behandlung mit kalter konz. H_2SO_4 die entsprechenden α-alkylierten *Malondiamide,* von denen bei durchweg fehlender sedativer Wrkg. nur das *α.α-Diäthylderiv.* wenig oder keine u. das *α-Äthyl-α-n-butylderiv.* eine gute antikonvulsiv. Wrkg. bei Elektroschock u. Gaben von Metrazol zeigten, während das *α-Äthyl-α-n-amylderiv.* die Wrkg. des Elektroschocks verhinderte u. gegen Metrazol inakt. war. Die anderen Verbb. waren völlig ohne Wrkg.; die Darst. der Äthylisopropyl- u. Äthyl-[1-methylbutyl]-verbb. gelang nicht.

V e r s u c h e: *Äthylcyanacetamid,* F. 113—114° (W.), aus Cyanacetamid u. Acetaldehyd in W. (4°) in Ggw. von Pd-Kohle u. Piperidin–Eisessig unter 1—2 at H_2 (11 bis 12 Std.); 36—46% (Ausbeute). — α-A l k y l-α-ä t h y l c y a n a c e t a m i d e: *α.α-Diäthyl-,* F. 121,5—122°; 63,0%. — *α-n-Propyl-,* $C_8H_{14}ON_2$, F. 113,5—114,5°; 88,2%. — *α-Isopropyl-,* $C_8H_{14}ON_2$, F. 111—112°; 62,3%. — *α-n-Butyl-,* $C_9H_{16}ON_2$, F. 105—105,5°; 68,4%. — *α-Isobutyl-,* $C_9H_{16}ON_2$, F. 103,5—104,5°; 46,3%. — *α-n-Amyl-,* $C_{10}H_{18}ON_2$, F. 77—77,5°; 44,0%. — *α-Isoamyl-,* $C_{10}H_{18}ON_2$, F. 100—101°; 77,9%. — *α-[1-Methylbutyl]-,* $C_{10}H_{18}ON_2$, F. 113,5—114,5°; 6,6%. — α-A l k y l-α-ä t h y l-m a l o n d i a m i d e: *α.α-Diäthyl-,* $C_7H_{14}O_2N_2$, F. 218—219°; 100%. — *α-n-Propyl-,* $C_8H_{16}O_2N_2$, F. 195—196°; 100%. — *α-n-Butyl-,* $C_9H_{18}O_2N_2$, F. 182—183°; 77,2%. — *α-Isobutyl-,* $C_9H_{18}O_2N_2$, F. 211—212°; 61,5%. — *α-n-Amyl-,* $C_{10}H_{20}O_2N_2$, F. 176—177°; 91,0%. — *α-Isoamyl-,* $C_{10}H_{20}O_2N_2$, F. 191—192°; 84,0%. (J. Amer. pharmac. Assoc., sci. Edit. **44.** 80—82. Febr. 1955. Austin, Tex., Univ., Coll. of Pharmacy.)
H. WALTER. 820

Hans von Euler und **Hans Hasselquist,** *Über die Oxydation des Triosereduktons und die Decarboxylierung der Brenztraubensäure durch Hydroperoxyd.* Aus Triosereduktton (I) u. p-Chinon entstehen in heftiger Rk. *Mesoxalaldehyd* (II) u. *Chinhydron.* Bei Einw. von H_2O_2 auf I wird unter CO_2-Abspaltung *Ameisensäure* (III) neben wenig *Oxalsäure* gebildet. Diese Rk. verläuft folgendermaßen: **I** → **II** → *Dioxyacrylsäure* → **III** + CO_2. Ascorbinsäure wird durch H_2O_2 erst nach Öffnung des Lactonringes oxydativ decarboxyliert. Fe^{3+}-Spuren katalysieren diese Reaktion. Aus 1 Mol Brenztraubensäure u. 1 Mol H_2O_2 entstehen 1 Mol *Essigsäure* u. 0,9 Mol CO_2. (Z. Naturforsch. **11 b.** 176. März 1956. Stockholm, Inst. für organ.-chem. Forschung.) R. BEHNISCH. 870

Hans Zimmer, Ludwig F. Audrieth und **Marlies Zimmer,** *Notiz über einige Derivate 1.1-disubstituierter Hydrazine.* 1.1-Disubstituierte Hydrazine (vgl. C. **1955.** 4807) reagieren außer mit KOCN auch glatt mit Estern, Säureanhydriden u. Phenylisothiocyanat (I). Vff. beschreiben einige *Derivv.* von *1.1-Diisobutyl-* (**IV**), *1.1-Di-n-butyl-* u. *Morpholylhydrazin.* Wie erwartet, werden mit **I** *Thioharnstoffderivv.* u. mit Diäthyloxalat (**II**) *Bis-hydrazide* erhalten. Die Umsetzungsprodd. mit Phthalsäureanhydrid (**III**) sind auf Grund des Infrarotspektr. wahrscheinlich die *N-substituierten Phthalimide.* Die Prüfung einiger Substanzen auf pharmakolog. Aktivität gegen zahlreiche Bakterien verlief negativ.

V e r s u c h e: *1.1-Diisobutylhydrazin* (**IV**), $C_8H_{20}N_2$, Kp.$_{11}$ 54,5—55,5°, aus Diisobutylnitrosamin mit Na in Isopropanol bei 60°; n_D^{22} 1,4241, $D.^{36}_4$ 0,7785; 50,3% (Ausbeute). — *1.1-Di-n-butylhydrazin,* Kp.$_{25}$ 85—87°, analog **IV** aus Di-n-butylnitroamin; 41,7%. — *Morpholylhydrazin* (*N-Aminomorpholin*), durch Red. von Nitrosomorpholin mit $LiAlH_4$ u. Zers. mit absol. A.; 60—70%. — *1.1-Diisobutyl-2-acetylhydrazin,* $C_{10}H_{22}$·ON_2, Kp.$_{12}$ 139—141° (Zers.), durch Zutropfen von überschüssigem Acetanhydrid zu **IV** u. 18std. Stehen im Eisschrank; sehr viscose Flüssigkeit. — *Oxalsäure-bis-[β.β-diisobutylhydrazid],* $C_{18}H_{38}O_2N_4$, F. 112—113° (A.), durch 6std. Kochen von **IV** mit **II** in absol. A.; lange Nadeln; 90,5%. — *Oxalsäure-bis-[β.β-di-n-butylhydrazid],* $C_{18}H_{38}O_2N_4$, F. 170 bis 171° (wss. Aceton oder Ae.), analog vorst. Verb.; lange Nadeln; 55,2%. — *1.1-Diisobutyl-2-phthalylhydrazin,* $C_{16}H_{22}O_2N_2$, F. 82° (30%ig. A.), aus **IV** u. **III** (3 Std. auf dem Dampfbad, dann noch 2 Std. in Ggw. von W.); 36,5%. — *1.1-Diisobutyl-4-phenylthiosemicarbazid,* $C_{15}H_{25}N_3S$, F. 150—151,5° (absol. A.), aus **IV** u. **I** unter Eiskühlung; 89,2%. — *1.1-Di-n-butyl-4-phenylthiosemicarbazid,* $C_{15}H_{25}N_3S$, F. 72° (KOFLER-Heiztisch; 75%ig. A.), analog vorst. Verb.; 73,3%. — *N-Phenyl-N'-morpholinothioharnstoff,* $C_{11}H_{15}ON_3S$, F. 165—167° (absol. A.), analog vorst. Verb.; 77,3%. (Chem. Ber. **89.** 1116—19. 4/5. 1956. Urbana, Ill., Univ., Dep. of Chem. and Chem. Engng.)
K. PRCHAL. 910

J. G. Aston und **D. M. Jenkins,** *Rein aliphatische Azoxyverbindungen mit einer Methylgruppe, die am Stickstoffatom gebunden ist. 2-Methylazoxy-2.5-dimethylhexan,*

$Kp._{738,5}$ 184° (geringe Zers.), aus N-Methylhydroxylaminhydrochlorid mit KOH in Ae., dann mit Bis-[2-nitroso-2.5-dimethylhexan] durch Erhitzen bis zum F. der NO-Verb. u. Kühlen während der heftigen Rk., dann 1 Std. auf 85° u. 2 Std. auf 110°; n_D^{20} 1,4330; 57% (Ausbeute). Gibt bei der Red. mit Na in A. *2.5-Dimethylhexen-(2)*. (Nature [London] **167.** 863—64. 26/5. 1951. Pennsylvania State Coll., Pa., School of Chem. and Physics, Dep. of Chem.) G. REISNER. 910

Arthur P. Phillips, *Synthetische blutdrucksenkende Agentien.* 2. Mitt. *Einige Hexamethylen-1.6-bis-tert.-amine und quaternäre Salze als ganglienblockierende Agentien.* (1. vgl. C. **1954.** 9752.) Einige *Hexamethylen-1.6-bis-tert.-amine*, davon abgeleitete *quaternäre Salze* u. *p-Xylylen-ω.ω'-bis-[trimethylammoniumbromid]* werden dargestellt u. auf ihre ganglienblockierende Wrkg. untersucht. Die Wirksamkeit des *Hexamethoniumsalzes* wird von den tert. Aminen nicht erreicht, von den quaternären Salzen dagegen beträchtlich überschritten.

V e r s u c h e: *1.6-Bis-[dimethylamino]-hexan*, Kp. 206—208°, durch 18std. Kochen von Hexamethylendibromid (I) u. Dimethylamin in Methanol, Einengen, Alkalisieren u. Ausäthern; ca. 85% Ausbeute. *Dihydrochlorid*, $C_{10}H_{26}N_2Cl_2$, F. 245—246° (Methanol, Essigester oder Ae.). — Analog: *1.6-Bis-[pyrrolidino]-hexan*, $Kp._4$ 148—149°. *Dihydrochlorid*, $C_{14}H_{30}N_2Cl_2$, F. 238—239°. *Bis-methojodid*, F. 182—183°. *Bis-äthojodid*, $C_{18}H_{38}N_2J_2$, F. 245—246°. — *1.6-Bis-[piperidino]-hexan*, $Kp._4$ 165—167°. *Dihydrochlorid*, $C_{16}H_{34}N_2Cl_2$, F. 263—264°. *Bis-methojodid*, F. 239—240°. *Bis-äthojodid*, $C_{20}H_{42}N_2J_2$, F. 248 bis 249°. — *1.6-Bis-[morpholino]-hexan*, F. 41—42°, $Kp._4$ 173—174°. *Dihydrochlorid*, $C_{14}H_{30}O_2N_2Cl_2 \cdot H_2O$, F. 255—256°. *Bis-methojodid*, F. 217—218°. *Bis-äthojodid*, F. 253 bis 254°. — *Hexamethylen-1.6-bis-[isochinoliniumbromid]*, $C_{24}H_{26}N_2Br_2$, F. 219—221°, aus I u. Isochinolin. — *1.6-Bis-[1.2.3.4-tetrahydroisochinolino]-hexan, Dihydrochlorid*, $C_{24}H_{34}N_2Cl_2$, F. 272—273°, aus vorst. Verb. mit ADAMS Katalysator. *Bis-methojodid*, $C_{26}H_{38}N_2J_2$, F. 228—229°. — *p-Xylylen-ω.ω'-bis-[trimethylammoniumbromid]*, $C_{14}H_{26}N_2Br_2$, F. > 320°. (J. Amer. chem. Soc. **77.** 1693—95. 20/3. 1955. Tuckahoe, N. Y., Wellcome Res. Labors.) W. HOFFMANN. 910

D. E. Sunko und **M. Proštenik,** *Untersuchungen in der Reihe der Sphingolipide.* 2. Mitt. *Synthese von enantiomeren Sphinginen.* (1. vgl. PROŠTENIK u. Mitarbeiter, C. **1956.** 9693; vgl. auch CARTER u. HUMISTON, C. **1952.** 4120.) Vff. beschreiben eine neue Synth. des *rac. Sphingins* (I) u. seine Spaltung in die opt.-akt. Komponenten mit (+)-L-Glutaminsäure. Das aus Heptadecansäure über das *Säurechlorid* u. *1-Diazooctadecanon-(2)* hergestellte *1-Acetoxyoctadecanon-(2)* (**II**) lieferte entweder durch Red. seines Oxims mit $LiAlH_4$ oder durch Hydrierung mit ADAMS-Katalysator in Ggw. von Benzylamin u. katalyt. Debenzylierung des erhaltenen *1-Oxy-2-benzylaminooctadecans* (**IV**) *1-Oxy-2-aminooctadecan* (**I**).

V e r s u c h e: *Heptadecansäurechlorid*, $Kp._3$ 164°, durch 2std. Erhitzen von Margarinsäure u. $SOCl_2$ (Dampfbad); 92% (Ausbeute). — *1-Diazooctadecanon-(2)*, F. 57 bis 59°, durch Zutropfen von 53 g vorst. Chlorids zu CH_2N_2 in Ae. bei 0—5° u. Vakuumdest.; 54 g. — *1-Acetoxyoctadecanon-(2)* (**II**), $C_{20}H_{38}O_3$, F. 76,5—78° [Chromatographie an Al_2O_3 Eluierung mit PAe.-Bzl. (1 : 1) u. Kristallisation aus PAe.-Bzl. (10 : 1)], durch Zers. vorst. Verb. mit Eisessig u. Na-Acetat bei 60—70°, 1std. Kochen u. Kristallisation aus Eisessig u. aus A.; 95%. — *1-Oxyoctadecanon-(2)-oxim* (**III**), $C_{18}H_{37}O_2N$, F. 91—92° (PAe.), durch Zugabe einer Suspension von $NH_2OH \cdot HCl$ u. Na-Acetat in absol A. zu **II** in absol. A., 10std. Kochen u. Extraktion des mit W. verd. Rückstandes mit Ae.; 26%. Aus der Mutterlauge 65,5% eines gelben, wachsartigen Prod., vermutlich ein Gemisch (**B**) aus **III** u. seinem *O-Acetylderivat.* — *1-Oxy-2-benzylaminooctadecan* (**IV**), $C_{20}H_{45}ON$, F. 72 bis 74° (A.), nach Kristallbldg. bei 57—58°, durch Hydrierung von **III** in Ggw. von Benzylamin in absol. CH_3OH mit PtO_2 bei Zimmertemp./1 at (Absorption von 1 Mol H_2 in 2 Std. u. weitere 50 ml in 5 Std.), Wasserdampfdest. der mit KOH versetzten Lsg. u. Extraktion des amorphen Rückstandes mit Ae.; 60%. — *1-Oxy-2-aminooctadecan* (**I**; *DL-Sphingin*), $C_{18}H_{39}ON$, F. 79—80° (aus Ae. glitzernde Platten), 1. durch $LiAlH_4$-Red. von **III** in absol. Ae. u. 5std. Erwärmen; 85%; 2. analog aus dem Gemisch **B**; 62%; 3. durch Hydrierung von **IV** in A. an $Pd/BaSO_4$ bei Zimmertemp./1 at; 78,5%. *N-Benzoylderiv.*, $C_{25}H_{43}O_2N$, F. 92,5—94° (A. u. CH_3CN). *N-Acetylderiv.*, $C_{20}H_{41}O_2N$, F. 104—107° (absol. CH_3OH), mit $(CH_3CO)_2O$ u. Pyridin u. Hydrolyse des Diacetylderiv. mit KOH. *D-Tartrat*, $C_{40}H_{84}O_8N_2$, F. 150—155° (Zers.; CH_3OH). *Dibenzoyl-D-tartrat*, $C_{54}H_{92}O_{10}N_2$, F. 143—144° (Aceton). — *L-(+)-Sphingin* (**I**)*-L-glutamat* (**V**), $C_{23}H_{48}O_5N_2$, F. 150—152° (90%ig. A.); 83%. — *D-(—)-*I*-L-Glutamat*, F. 135—137° (95%ig. Methanol), aus der Mutterlauge vorst. Verb. durch Kristallisation bei —5 bis —10°. (+)-*L*-**I**, $C_{18}H_{39}ON$, F. 85—86° (PAe.), durch Spaltung von **V** mit 2n Na_2CO_3-Lsg.; $[\alpha]_D^{20}$ +4,82° (c = 3,76; $CHCl_3$); 78,4%. (—)-*Diacetyl-L-*I, $C_{22}H_{43}O_3N$, F. 100—103° (Methanol), $[\alpha]_D^{33}$ —23,9°

(c = 2,046; $CHCl_3$). (—)-*N-Acetyl-L-I*, $C_{20}H_{41}O_2N$, F. 97—98° (Methanol), $[\alpha]_D^{21}$ —12,27° (c = 2,737; $CHCl_3$). *D*-(—)-I, $C_{18}H_{39}ON$, F. 83—85° (PAe.), analog L-(+)-I; $[\alpha]_D^{23}$ —4,92° (c = 3,64; $CHCl_3$). (+)-*Diacetyl-D*-I, $C_{22}H_{43}O_3N$, F. 101—103°, $[\alpha]_D^{21}$ +22,0° (c = 2,154; $CHCl_3$). (+)-*N-Acetyl-D*-I, $C_{20}H_{41}O_2N$, F. 97—98,5°, $[\alpha]_D^{21}$ +11,74° (c = 2,49; $CHCl_3$). (J. org. Chemistry **18**. 1523—28. Nov. 1953. Zagreb, Salata, Jugoslawien.)
W. ULRICHS. 920

M. Munk-Weinert, D. E. Sunko und M. Proštenik, *Untersuchungen in der Reihe der Sphingolipide.* 3. Mitt. *Darstellung von Sphingin durch katalytische Reduktion von Tribenzoylsphingosin.* (2. vgl. vorst. Ref.) Bei Verss. zur Darst. von *Sphingin* konnte durch Hydrieren von Tribenzoylsphingosin (**I**) unter rascher Aufnahme von 11 Mol H_2 u. Abspaltung von *Cyclohexancarbonsäure O.N-Bis-[hexahydrobenzoyl]-sphingin* (**II**) gewonnen werden, das mit 10%ig. methanol. H_2SO_4 vollständig zu *Sphingin* verseift wurde. Bei der alkal. Verseifung von **II** wurde *N-Hexahydrobenzoylsphingin* (**III**) erhalten. — *O.N-Bis-[hexahydrobenzoyl]-sphingin* (**II**), $C_{32}H_{59}O_3N$, F. 90—91°, durch Hydrierung von I mit ADAMS-Pt-Oxyd bei 24°/754 mm (3 Std.) u. Extraktion mit Ae.; $[\alpha]_D^{22}$ +21,36° (c = 2,336; $CHCl_3$); 72,4% (Ausbeute). Daneben aus dem Waschwasser *Cyclohexancarbonsäure*, F. 29—30°, Kp.$_{12}$95—100°. — *N-Hexahydrobenzoylsphingin* (**III**), $C_{25}H_{49}O_2N$, F. 115,5—116° (A.), durch 1std. Erwärmen von **II** mit KOH in Methanol bei 40°; 89,4%. — *D-Sphingin*, $C_{18}H_{39}ON$, F. 84—85°, durch 24std. Kochen von **II** mit 10%ig. methanol. H_2SO_4; 85,1%; oder analog aus **III**; $[\alpha]_D^{22}$ —5,1° (c = 3,14; $CHCl_3$); 97%. (J. org. Chemistry **19**. 378—80. März 1954. Zagreb, Univ., Chem. Inst.) W. ULRICHS. 920

M. Proštenik, M. Munk-Weinert und D. E. Sunko, *Untersuchungen in der Reihe der Sphingolipide.* 4. Mitt. *Bestimmung der Konfiguration des Aminokohlenstoffatoms in Sphingosin.* (3. vgl. vorst. Ref.) Die Konfiguration des Aminokohlenstoffatoms in *Sphingosin* (**I**) wurde auf direktem chem. Wege bestimmt. Das aus **I** über (+)-*1-Chlor-2-benzoylaminooctadecan* (**III**) u. (+)-*2-Aminooctadecan* (**V**) dargestellte *Hexahydrophthaloylderiv.* von **V** ist mit (+)-*2-Hexahydrophthaloylaminooctadecan* (**VII**), das ausgehend von L-Alanin aufgebaut wurde, identisch. In Übereinstimmung mit anderen Unterss. wird $C_{(2)}$ in **I** D-Konfiguration zugeordnet. Damit erhält **I** die Struktur *trans-erythro-D-1.3-Dioxy-2-aminooctadecen-(4)*.

Versuche: (+)-*N-Benzoylsphingin* (**II**), F. 112—114°, aus Tribenzoylsphingosin über (—)-Sphingin; $[\alpha]_D^{20}$ +21,9° (c = 2; Chlf.). — (+)-*1-Chlor-2-benzoylaminooctadecan* (**III**), $C_{25}H_{42}ONCl$, F. 101—102° (Nadeln aus absol. A.), durch 3std. Kochen von 1 g **II** in Ae. mit $SOCl_2$; $[\alpha]_D^{20}$ —33,57° (c = 1,83; Chlf.); 0,6 g (Ausbeute). — (+)-*2-Benzylaminooctadecan* (**IV**), Kp. 130—140° (Bad), durch langsame Zugabe von 550 mg **III** in Ae. zu $LiAlH_4$ in Ae. u. 4std. Kochen; 410 mg. *Benzoyl-D-alaninsalz*, $C_{35}H_{56}O_3N_2$, F. 80° (Nadeln aus Aceton), durch 12std. Stehen von 180 mg **IV** u. Benzoyl-D-alanin in Aceton bei 0°; $[\alpha]_D^{23}$ —21,9° (c = 2,5; A.); 84 mg. — (+)-*2-Aminooctadecan* (**V**), F. 75—78°, durch Hydrierung von 500 mg **IV** in A. in Ggw. von $Pd/BaSO_4$ in 30 Min.; Kp.$_{0,01}$ 90—100° (Bad), $[\alpha]_D^{20}$ +2,78° (c = 4,68; Chlf.); 235 mg. — (—)-*2-Acetylaminooctadecan*, $C_{20}H_{41}ON$, F. 90—91° (Blättchen aus A.), durch 1std. Erhitzen von 100 mg **V** mit Pyridin u. Acetanhydrid auf 100°; $[\alpha]_D^{20}$ —4,6° (c = 2,61; Chlf.); 80 mg. — (+)-*2-Phthaloylaminooctadecan* (**VI**), $C_{26}H_{41}O_2N$, F. 60—61° (Platten aus A.), durch 1std. Erhitzen von 237 mg **V** in Phthalsäureanhydrid auf 140°; $[\alpha]_D^{24}$ +10,93° (c = 3,02; Chlf.); 186 mg. — (—)-*2-Phthaloylaminooctadecanon-(3)* (**VIII**), $C_{26}H_{39}O_3N$, F. 78—79° (Nadeln aus PAe.), durch Zugabe von Tetradecylmalonsäure-bis-[tetrahydropyranylester] (aus 45 g Tetradecylmalonsäure) in Bzl. zu einer Suspension von Na-Pulver in Bzl. unter Rühren u. Kühlen unter 35°, 2std. Rühren, Zutropfen von 32 g Phthaloyl-D-alanylchlorid in Bzl. unterhalb 35° unter Rühren, 7std. Rühren, 10 Min. Kochen, Zugabe von Eisessig u. 2std. Kochen; $[\alpha]_D^{18}$ —3,2° (c = 5; Chlf.), —3,1° (c = 10; Chlf.); 14 g. *Oxim*, $C_{26}H_{40}O_3N_2$, F. 93—93,5° (PAe.). — (+)-*2-Hexahydrophthaloylaminooctadecan* (**VII**), $C_{26}H_{47}O_2N$, F. 44—45° (Nadeln aus A.), a) durch 3std. Hydrierung von 160 mg **VI** in A. in Ggw. von PtO_2; $[\alpha]_D^{23}$ +6,31° (c = 3,1; Chlf.); 70 mg; b) durch Sättigen von 845 mg **VIII** in Chlf. u. Äthandithiol mit HCl bei 0—5°, 15std. Stehen in der Kälte u. 7std. Kochen des isolierten Thioketals mit RANEY-Ni in A.; $[\alpha]_D^{21}$ +5,59° (c = 3,04; Chlf.). — *2-o-[Carboxyhexahydrobenzoylamino]-octadecan*, $C_{26}H_{49}O_3N$, F. 77—80° (70%ig. A.), durch 10 Min. Erhitzen von **VII** in A. mit 17%ig. KOH auf dem Dampfbad. (J. org. Chemistry **21**. 406—09. 30/4. 1956. Zagreb, Univ., Med. Fac., Dep. of Chem., u. Inst. „Rugjer Bošković", Dep. of Chem.) H. BERTSCH. 920

A. P. Terentjew und P. F. Butzkuss, *Synthesen mit Hilfe von Acrylonitril.* 20. Mitt. *Cyanäthylierung von Aminosäureestern.* (19. vgl. JASCHUNSKI u. Mitarbeiter, C. **1955**. 10004; vgl. auch C. **1956**. 10936.) Es werden die Rkk. von Glykokollmethyl- u. -äthylester bzw. ihrer Hydrochloride mit Acrylonitril untersucht. Bei der Cyanäthylierung der Ester entstehen die *N-[β-Cyanäthyl]-glykokollester* in 55—70% ig. Ausbeute. Bei 1 std. Erhitzen der Glykokollesterhydrochloride mit Acrylonitril (1 : 3 Mol) in W. in Ggw. von KOH entstehen hauptsächlich N-[β-Cyanäthyl]-glykokollester, während bei 10 std. Erhitzen noch *N.N-Bis-[β-cyanäthyl]-glykokollester* erhalten werden. Als Nebenprodd. entstehen die entsprechenden cycl. Säureanhydride. β-Phenylalaninäthylester wird unabhängig von der Reaktionsdauer nur zu *α-[β-Cyanäthylamino]-β-phenylpropionsäure-äthylester* cyanäthyliert. Durch Behandeln der β-Cyanäthylaminosäureester mit methanol. NH_3 werden die entsprechenden *Amide* gewonnen.

Versuche: *N-[β-Cyanäthyl]-glykokollmethylester*, $C_6H_{10}O_2N_2$, Kp.$_{12}$ 142—143°, a) man läßt 0,056 Mol Glykokollmethylester u. 0,112 Mol Acrylonitril in absol. Ae. 3 Tage stehen, erhitzt 5 Std. zum Sieden, filtriert u. dest.; D.$^{20}_4$ 1,0983, n_D^{20} 1,4530; 55,2% (Ausbeute); b) man gibt zu 0,08 Mol Glykokollmethylesterhydrochlorid in 5 ml W. u. 0,24 Mol Acrylonitril bei 50° 4,4 g KOH in 15 ml W., erhitzt 1 Std. auf 70—75° u. fraktioniert die organ. Schicht; 51,3%. *Hydrochlorid*, $C_6H_{11}O_2N_2Cl$, F. 137° (A.). — *N.N-Bis-[β-cyanäthyl]-glykokollmethylester*, $C_9H_{13}O_2N_3$, Kp.$_{12}$ 218—219°, F. 59,5—60° (W.), aus Glykokollmethylesterhydrochlorid u. Acrylonitril analog Vorst. nach b) (10 Std. bei 70—75°); 21,9%. *Hydrochlorid*, $C_9H_{14}O_2N_3Cl$, F. 121—121,5° (A.). — *N-[β-Cyanäthyl]-glykokoll, Äthylester*, $C_7H_{12}O_2N_2$, Kp.$_{12}$ 148—149°, aus Glykokolläthylester u. Acrylonitril (1 : 2 Mol) nach a); D.$^{20}_4$ 1,0615, n_D^{20} 1,4498; 70,5%. *Äthylesterhydrochlorid*, $C_7H_{13}O_2N_2Cl$, F. 113° (A.). *Amid*, $C_5H_9ON_3$, F. 46—47°, aus dem Äthylester mit methanol. NH_3 (1 Tag stehen); 79,2%. — *N.N-Bis-[β-cyanäthyl]-glykokoll, Äthylester*, $C_{10}H_{15}O_2N_3$, Kp.$_{12}$ 221—222°, aus Glykokolläthylester u. Acrylonitril (1 : 3) nach b) (10 Std. bei 70—75°); 29,3%. *Äthylesterhydrochlorid*, $C_{10}H_{16}O_2N_3Cl$, F. 121—121,5° (A.). *Amid*, $C_8H_{12}ON_4$, F. 95,5°, aus A. Plättchen; 81,4%. — *α-[β-Cyanäthylamino]-β-phenylpropionsäure, Äthylester*, $C_{14}H_{18}O_2N_2$, Kp.$_8$ 191—192°, aus β-Phenylalanin u. Acrylonitril nach b) (5 Std. bei 70—75°); D.$^{20}_4$ 7,0763, n_D^{20} 1,5110; 78,5%. *Äthylesterhydrochlorid*, $C_{14}H_{19}O_2N_2Cl$, F. 166° (A.). *Amid*, $C_{12}H_{15}ON_3$, F. 108,5°, aus A. Plättchen; 82,3%. (Журнал Общей Химии [J. allg. Chem.] **23** (**85**). 1230—34. Juli 1953. Moskau, Lomonossow-Univ., Labor. für Eiweißchemie.) G. FROELICH. 950

E. Vinkler und **J. Szabó**, *Untersuchungen über die Synthese von β-Alanin. Eine anomale Reaktion von N-[Brommethyl]-phthalimid.* Bei der Einw. von N-[Brommethyl]-phthalimid (I) auf das Na-Salz des Malonesters (II) werden statt des erwarteten *Phthalimidomethylmalonesters Methylendimalonester, Phthalimid* u. *NaBr* erhalten. Die Annahme, daß es sich bei dieser Rk. um eine analoge Rk. wie die von BUC (C. **1948.** I. 673) beschriebene handelt, trifft nicht zu, da aus N-[Oxymethyl]-phthalimid (**III**) u. **II** mit konz. H_2SO_4 *Diphthalimidomethan* u. *Formaldehyd* entstehen.

Versuche (unter Mitarbeit von **Lajós Lechotal**): *Phthalimid*, $C_8H_5O_2N$, F. 224,5 bis 225° (Toluol), 19,2 g **II** u. 2,7 g Na in 100 ml absol. Bzl. versetzt man in kleinen Portionen mit 14,4 g **I** in 150 ml Bzl., läßt 2 Std. stehen, kocht 1 Std., zers. mit verd. HCl u. dest. mit Wasserdampf; der Rückstand wird mit CCl_4 extrahiert u. die Kristalle abfiltriert; 7,3 g (Ausbeute). Durch Dest. des CCl_4-Filtrates *Methylendimalonsäurediäthylester*, $C_{15}H_{24}O_8$, Kp. 172—174°, n_D^{20} 1,4380; 10 g. — *Diphthalimidomethan*, F. 221—223° (A., Eisessig, A. u. Toluol), a) 7 ml **II** u. 7,8 g **III** werden in 25 ml konz. H_2SO_4 gelöst, 2 Tage stehengelassen, auf Eis gegossen u. mit Bzl. extrahiert; aus der wss. Schicht HCHO; b) durch Kochen von 7 g **I** u. 9,2 g Phthalimid-K in 100 ml Toluol. (Acta chim. Acad. Sci. hung. **1.** 103—07. 1951. Szegedin, Univ., Chem.-pharmaceut. Inst.)
O. POLLAK V. EMHOFEN. 950

John H. Billman und **John A. Buehler**, *Aminosäuren.* **7. Mitt.** *dl-β-Aminoadipinsäure; Darstellung und Oxydation von 2-, 3- und 4-Acetamidocyclohexanol.* (6. vgl. J. biol. Chemistry **180.** [1949.] 29.) Durch Oxydation von cis- oder trans-4-Acetamidocyclohexanol (**Ia** bzw. **Ib**) oder deren Gemischen mit HNO_3 in Ggw. von NH_4VO_3 konnten Vff. in 63—77% ig. Ausbeute *β-Acetamidoadipinsäure* u. daraus durch Hydrolyse *β-Aminoadipinsäure* (**II**) gewinnen. Entsprechende Oxydationverss. an 2- bzw. 4-Acetamidocyclohexanolen führten nicht zu den erwarteten Aminoadipinsäuren.

Versuche: *cis-trans-4-Acetamidocyclohexanol* (**Ia** + **Ib**), $C_8H_{15}O_2N$, F. 100 bis 103° (korr.), aus 4-Acetamidophenol durch katalyt. Hydrierung an RANEY-Ni in absol. A. (1¾ Std. bei 1000 lb./180°); 96—99% (Ausbeute). Daraus durch 9malige Kristallisation aus Aceton **Ib**, F. 165—167°, u. **Ia**, F. 115—120°. — *β-Acetamidoadipinsäure*, $C_8H_{13}O_5N$, F. 141—142° (korr.; W.), aus **Ia** + **Ib** (100 g) durch Eintropfen der warmen wss. Lsg. in 16n HNO_3 + NH_4VO_3 unter Rühren (Temp. 30—40°, bis zwei Drittel der Lsg. zugefügt sind, dann 60°), Einengen unterhalb 50°/35 mm u. Versetzen mit Ae.; 85%. *Monohydrat*, F. 90—110°, aus der wasserfreien Verb. beim Umkristallisieren aus W. u. Trocknen an der Luft; daraus *Hemihydrat*, F. 138—139° (korr.). — *β-Aminoadipinsäure*

(II), $C_6H_{11}O_4N$, F. 189—190,5° (korr.), durch 18std. Kochen vorst. Verb. mit 18%ig. HCl, mehrmaliges Abdampfen mit W. u. Neutralisation mit NH_4OH; 81%. — *β-Phthalimidoadipinsäure*, $C_{14}H_{13}O_6N$, F. 166—167° (korr.), aus **II** u. Phthalsäureanhydrid. — *cis-trans-2-Acetamidocyclohexanol*, $C_8H_{15}O_2N$, F. 120—130° (Aceton), aus 100 g 2-Acetamidophenol analog **Ia** + **Ib**; 64 g. *trans-Verb.* F. 142—145°. — *cis-trans-3-Acetamidocyclohexanol*, $C_8H_{15}O_2N$, F. 95—98°, aus 3-Acetamidophenol; 91%. (J. Amer. chem. Soc. **75**. 1345—46. 20/3. 1953. Indiana Univ., Dep. of Chem.) G. Mohr. 950

M. G. Woronkow und **A. Ja. Jakubowskaja,** *Untersuchung der Reaktion von Kieselsäuretetramethylester mit Organomagnesiumverbindungen. Synthese von Alkylmethoxysilanen.* Es wird die Rk. von Kieselsäuretetramethylester (I) mit Alkyl(Aryl)magnesiumhalogeniden zu *Alkyl(Aryl)methoxysilanen* untersucht. **I** wirkt — wie auch Kieselsäuretetraäthylester (II) — auf die Bldg. der Organomagnesiumverbb. aus prim. Alkylbromiden oder Benzylchlorid u. Mg katalysierend, so daß die Synth. der Alkyl(Aryl)methoxysilane durch direkte Rk. von Alkylbromid (Benzylchlorid) mit **I** u. Mg in Abwesenheit von Ae. durchführbar u. keine vorausgehende Darst. der Alkylmagnesiumbromide notwendig ist. Alkylchloride reagieren nicht nach dieser Meth. u. müssen vorher in Alkylmagnesiumchloride übergeführt werden. Bei der Rk. von **I** mit n-Butyl-MgBr (1 : 1 Mol) werden 20% *n-Butyltrimethoxysilan* u. 31% *Di-n-butyldimethoxysilan* (III) erhalten. Bei einem Verhältnis von 1 : 3 entstehen 38% **III**, bei 1 : 5 12% *Tri-n-butylmethoxysilan.* Tetra-n-butylsilan wurde nicht erhalten. Auch bei der Rk. von **II** mit n-Butyl-MgBr entstand entgegen Post u. Hofrichter (C. **1940**. I. 695 u.C. **1942**. II. 154) kein Tetra-n-butylsilan.

Versuche: *Kieselsäuretetramethylester* (I), $Kp._{764}$ 121,5°, $D.^{20}_4$ 1,034, n_D^{20} 1,3689. — *Methyltrimethoxysilan*, $Kp._{760}$ 103,5°, man gibt zu **I** in Ae. die äther. Lsg. von CH_3MgCl (1 : 1 Mol) (Meth. **A**); $D.^{20}_4$ 0,9489, n_D^{20} 1,3696; 13% (Ausbeute). — *n-Butyltrimethoxysilan*, $Kp._{760}$ 164,8°, zu Mg (5%ig. Überschuß) läßt man unter Kühlung ein Gemisch äquimol. Mengen **I** u. n-Butylbromid tropfen u. erwärmt 5 Std. auf dem Wasserbad (Meth. **B**); $D.^{20}_4$ 0,9312, n_D^{20} 1,3979; 18—20%. — *n-Pentyltrimethoxysilan*, $Kp._{760}$ 181,9°, aus **I** u. n-Pentylbromid (1 : 1) nach **B**; $D.^{20}_4$ 0,9199, n_D^{20} 1,4030; 26%. — *Phenyltrimethoxysilan*, $Kp._{20}$ 103°, man gibt zu Phenyl-MgBr tropfenweise unter Kühlung **I** (3 : 1) (Meth. **C**); $D.^{20}_4$ 1,064, n_D^{20} 1,4734; 5%. — *Benzyltrimethoxysilan*, $Kp._{760}$ 227,7°, aus **I** u. Benzylbromid nach **B**; $D.^{20}_4$ 1,064, n_D^{20} 1,4590; 10%. — *Dimethyldimethoxysilan*, $Kp._{760}$ 82,0°, aus **I** u. CH_3MgCl (1 : 2) nach **A**; $D.^{20}_4$ 0,8535, n_D^{20} 1,3679; 44%. — *Di-n-propyldimethoxysilan*, $Kp._{760}$ 169,3°, aus **I** u. n-Propyl-MgBr (1 : 1) nach **C**; $D.^{20}_4$ 0,8764, n_D^{20} 1,4088; 36%. — *Di-n-butyldimethoxysilan* (III), $Kp._{760}$ 205,4°, aus **I** u. n-Butyl-MgBr (1 : 3) nach **B** unter Zusatz von Bzl. oder PAe. (Kp. >220°); $D.^{20}_4$ 0,8731, n_D^{20} 1,4288; 38%. — *Di-n-Pentyldimethoxysilan*, $Kp._{760}$ 236,9°, aus **I** u. n-Pentyl-MgBr (1 : 1) nach **B**; $D.^{20}_4$ 0,870, n_D^{20} 1,4235; 35%. — *Trimethylmethoxysilan*, $Kp._{760}$ 57,2°, aus **I** u. CH_3MgCl (1 : 3,5) nach **A**; $D.^{20}_4$ 0,7560, n_D^{20} 1,3678; 53%. — *Tri-n-butylmethoxysilan*, $Kp._{760}$ 239,0°, aus **I** u. n-Butyl-MgBr (1 : 5) nach **B** unter Zusatz von Bzl. oder PAe. (Kp. >220°); $D.^{20}_4$ 0,8316, n_D^{20} 1,4329; 12%. — *Triallylmethoxysilan*, $Kp._{760}$ 191,2°, aus **I** u. Allyl-MgBr (1 : 3) nach **B**; n_D^{20} 1,4480; 11%. (Журнал Общей Химии [J. allg. Chem.] **25** (**87**). 1124—28. Juni 1955. Leningrad, Univ.) O. Pollak v. Emhofen. 980

Je. P. Fokin, *Zum Ersatz der Diazogruppe durch ein Wasserstoffatom.* Der Ersatz der Diazoniumgruppe durch H mittels A. läßt sich bei Zimmertemp. durchführen, wenn ein Reduktionsmittel, am besten $FeSO_4$, oder, mit gleichem Erfolg, ein Oxydationsmittel, z. B. $K_2Cr_2O_7$, zugegen ist. So wird 3-Nitrotoluol-4-diazoniumsulfat in verd. A. in Ggw. von $FeSO_4$ in 6—8 Min. mit 84—85%ig. Ausbeute in *3-Nitrotoluol* übergeführt; in Ggw. von $K_2Cr_2O_7$ wird die gleiche Ausbeute erhalten; in Abwesenheit von A. aber bei Ggw. von $FeSO_4$ entstehen nur 15%. Statt A. können andere Alkohole, Äthylenglykol, Glycerin, Glucose, Aldehyde, Dioxan, Ameisensäure u. Ae., angewendet werden. Zum Gelingen der Rk. ist eine NO_2-Gruppe, am besten in o-Stellung zur Diazoniumgruppe, notwendig; daher reagieren Benzoldiazoniumsalz u. die isomeren Toluoldiazoniumsalze nicht in dieser Weise. Da A. noch in starker Verdünnung wirkt, bildet die Diazoniumverb. mit A. wahrscheinlich ein stabiles Solvat, innerhalb dessen die Rk. abläuft. Der Reaktionsmechanismus wird gedeutet, bei $FeSO_4$ elektronentheoret. als Ketten-Rk., bei $K_2Cr_2O_7$ als Rk. freier Radikale. (Доклады Академии Наук СССР [Ber. Akad. Wiss. UdSSR] **105**. 1266—69. 21/12. 1955. Moskau, Chem.-technol. Mendelejew-Inst.)
R. Knobloch. 1010

A. I. Titow und **W. G. Kusmin,** *Gekoppelte Anlagerung von Halogenen an Olefine.* 5. Mitt. *β-Halogenalkylierung am Stickstoff.* (4. vgl. C. **1956**. 12526.) Aus C_2H_4 u. $Cl_2(Br_2)$ in Ggw. von N-Methylbenzolsulfamid werden neben hauptsächlich *α.β-Dichlor(dibrom)-äthan N-Methyl-N-[β-chlor(brom)äthyl]-benzolsulfamid* (I bzw. II) erhalten. Die Rk. verläuft nicht so, daß zunächst N-Halogen-N-methylbenzolsulfamid (III) entsteht, das dann mit C_2H_4 weiterreagiert, da zwischen III u. C_2H_4, wie der Vers. zeigt, keine Rk. erfolgt. Vielmehr liegt eine gekoppelte Rk. vor, deren Mechanismus elektronentheoret. gedeutet wird. Die Identität von I bzw. II wird durch Synth. dieser Verbb., z. B. nach der Gleichung p-$CH_3C_6H_4SO_3CH_2CH_2Br$ + $K(CH_3)NSO_2C_6H_5$ = $BrCH_2CH_2(CH_3)NSO_2C_6H_5$ + p-$CH_3C_6H_4SO_3K$, bewiesen.

Versuche: *N-Methyl-N-[β-chloräthyl]-benzolsulfamid* (I), $C_9H_{12}O_2NClS$, F. 65°; Kp.$_7$ 178°; Kp.$_3$ 167°, a) man leitet durch 100 g geschmolzenes N-Methylbenzolsulfamid unter Rühren 20 Std. Cl_2 u. C_2H_4 (dieses in geringem Überschuß) bis zur Gewichtszunahme von ca. 50 g, dest. *$ClCH_2CH_2Cl$* (42 g) ab, dest. den Rückstand bei 197—200°/11 mm u. behandelt diese Fraktion zur Entfernung von Ausgangsmaterial mit 4%ig. NaOH; 11 g (Ausbeute); b) aus 11 g K-Verb. von N-Methylbenzolsulfamid u. 11,8 g Di-[β-chloräthyl]-sulfat, 4 Std. bei 65°; 4,6 g. — *N-Methyl-N-[β-bromäthyl]-benzolsulfamid* (II), $C_9H_{12}O_2NBrS$, F. 76°; a) aus einem Gemisch von 70 g geschmolzenem N-Methylbenzolsulfamid u. 90 g Br_2 durch Sättigen mit C_2H_4; 9,2 g neben 90 g *$BrCH_2CH_2Br$*; b) aus 4,2 g K-Verb. von N-Methylbenzolsulfamid u. 5,6 g β-Bromäthyl-p-toluolsulfonat beim Erwärmen. II krist. aus A. in Prismen. (Журнал Общей Химии [J. allg. Chem.] **26** (**88**). 180—84. Jan. 1956.) R. KNOBLOCH. 1090

G. S. Misra und **R. S. Asthana**, *Substituierte Benzylphenylsulfone und Benzylsulfonamide und deren Cyanäthylierungsprodukte als Insekticide.* Zahlreiche der früher von Vff. (vgl. J. Indian chem. Soc. **31**. [1954.] 459) dargestellten substituierten *Benzylphenylsulfone* sowie die daraus durch Anlagerung von Acrylnitril erhaltenen *Cyanäthylierungsprodd.* wurden auf ihre insekticide Wrkg. geprüft. Dazu wurden je 20 Fliegen mit einer 1%ig. Lsg. der Verb. in Bzn. bei 28,5—30,5° u. 73—83% relativer Luftfeuchtigkeit besprüht u. die Zeit [in Min.] bestimmt, die erforderlich ist, um bei 50 bzw. 100% der Fliegen Rückenlage hervorzurufen. Zum Vgl.: DDT, 5,5, 9,5; HCC (Hexachlorcyclohexan), 5,0, 7,0; Pyrethrum (0,02%ig), 14,3 bzw. 34,3 Sekunden. Benzylphenylsulfone: *unsubstituiert*, 10,5, 16; *p-Chlorbenzyl-*, 2,5, 5,5; *o-Chlorbenzyl-*, 7,0, 12,5; *m-Chlorbenzyl-*, 15,0, 30,5; *p-Methylbenzyl-*, 34,5, 49,0; *m-Methylbenzyl-*, 38,5, 54,0; *p-Acetaminobenzyl-*, 49,0, 63,0. γ-Aryl-γ-phenylsulfonylpimelinsäuredinitrile: *γ-Phenyl-*, 20,0, 35,0; *γ-[p-Chlorphenyl]-*, 36,0, 53,0; *γ-[o-Chlorphenyl]-*, 30,0, 41,0; *γ-[m-Chlorphenyl]-*, 23,0, 33,0. In analoger Weise wurden folgende Benzyl-N.N-bis-[2-cyanäthyl]-sulfonamide aus den entsprechenden Benzylsulfonamiden dargestellt: *unsubstituiert*, 47, 57; *p-Chlorbenzyl-*, 34,5, 53; *o-Chlorbenzyl-*, 22,0, 45; *m-Chlorbenzyl-*, 30,0, 52,5; *m-Methylbenzyl-*, 29,5, 44,0.

Versuche: *p-Chlorbenzylsulfonylchlorid* (I), F. 86° (Ae.), aus *Na-p-Chlorbenzylsulfonat* (durch Einw. von Na_2SO_3 auf p-Chlorbenzylbromid in wss. NaOH, 6 Std. kochen) mit PCl_5 u. $POCl_3$, anfangs Kühlung, dann 5 Std. bei 70—90°; 75% (Ausbeute). — *p-Chlorbenzylsulfonamid*, $C_7H_8O_2NClS$, F. 157° (aus W. Platten), aus vorst. Verb. mit wss. NH_4OH; 70%. — *N.N-Bis-[2-cyanäthyl]-p-chlorbenzylsulfonamid*, $C_{13}H_{14}O_2N_3ClS$, F. 121—122° (A.), aus vorst. Verb. in Dioxan mit Benzyltrimethylammoniumhydroxyd u. Acrylnitril (48 Std. rühren); 90%. — *β-[p-Chlorbenzylsulfonamido]-propionsäure*, F. 181—182° (Zers.; W.), durch Hydrolyse vorst. Verb. mit sd. verd. NaOH (15 Std.); 78%. — *o-Chlorbenzylsulfonylchlorid*, F. 54° (Ae.), aus o-Chlorbenzylbromid analog I; 48%. — *o-Chlorbenzylsulfonamid*, $C_7H_8O_2NClS$, F. 90—91° (W.), aus vorst. Verb. u. wss. NH_4OH; 66%. — *N.N-Bis-[2-cyanäthyl]-o-chlorbenzylsulfonamid*, $C_{13}H_{14}O_2N_3ClS$, F. 92—93° (A.); 77%. — *β-[o-Chlorbenzylsulfonamido]-propionsäure*, F. 151—152°, durch Hydrolyse vorst. Verb.; 65%. — *m-Chlorbenzylsulfonylchlorid*, F. 60—61° (Ae.), aus m-Chlorbenzylbromid analog I; 60%. — *m-Chlorbenzylsulfonamid*, $C_7H_8O_2NClS$, F. 128 bis 129° (W.); 83%. — *N.N-Bis-[2-cyanäthyl]-m-chlorbenzylsulfonamid*, $C_{13}H_{14}O_2N_3ClS$, F. 85—86° (A.); 82,5%. — *β-[m-Chlorbenzylsulfonamido]-propionsäure*, F. 85—86° (W.); 58,5%. — *3.4-Dichlorbenzylsulfonylchlorid*, aus 3.4-Dichlorbenzylbromid analog I. — *3.4-Dichlorbenzylsulfonamid*, $C_7H_7O_2NCl_2S$, F. 150—151° (W.). — *N.N-Bis-[2-cyanäthyl]-3.4-dichlorbenzylsulfonamid*, $C_{13}H_{13}O_2N_3Cl_2S$, F. 150° (A.); 75%. — *β-[3.4-Dichlorbenzylsulfonamido]-propionsäure*, F. 98—99° (W.). — *m-Methylbenzylsulfonylchlorid*, Öl, aus m-Methylbenzylbromid. — *m-Methylbenzylsulfonamid*, $C_8H_{11}O_2NS$, F. 142—143° (W.). — *N.N-Bis-[2-cyanäthyl]-m-methylbenzylsulfonamid*, $C_{14}H_{17}O_2N_3S$, F. 94—95° (A.); 80%. — *β-[m-Methylbenzylsulfonamido]-propionsäure*, F. 205° (Zers.; W.); 63%. (J. prakt. Chem. [4] **3**. 4—12. März 1956. Lucknow, Indien, Univ., Dep. of Chem.) G. SEELIGER. 1090

Harry Venner, *Molekülverbindungen der 3.5-Dinitrobenzoesäure und 4-Methyl-3.5-dinitrobenzoesäure mit verschiedenen tertiären Aminen.* 3.5-Dinitrobenzoesäure (I) u. ihr 4-Methylderiv. bilden mit Pyridin, Chinolin u. Dimethylanilin *1 : 1-Salze* sowie gefärbte *2 : 1-Addukte*, in denen das Amin auch über die NO_2-Gruppe gebunden ist u.

aus denen durch Verwitterung wieder die 1 : 1-Salze entstehen. Dagegen geben Triäthylamin u. N-Äthylpiperidin nur schwach gefärbte *1 : 1-Addukte*. Das *Dimethylanilinium-3.5-dinitrobenzoat* (II) nimmt eine Mittelstellung ein u. wurde durch Belichtung oder Erwärmung auf 100° reversibel in die *Molekülverb.* übergeführt; Einw. von Methanol auf das *2 : 1-Addukt* (**IIa**) liefert II oder *3.5-Dinitrobenzoesäuremethylester* über dessen *Dimethylanilinaddukt*. Ob daher zuerst Ammoniumsalzbldg. oder Molekülverbindungsbldg. erfolgt, hängt wahrscheinlich von der Basizität des verwandten Amins ab. Der Nachw. von Molekülverbb. erfolgte durch Absorptionsmessungen in verschied. Lösungsmitteln. Es kann dabei Verdrängung des Adduktamins durch das Lösungsmittelamin eintreten: Dimethylanilin verdrängt alle genannten Amine außer Chinolin aus der Molekülverbindung.

Versuche: Salze bzw. Addukte von 3.5-Dinitrobenzoesäure: *Pyridiniumsalz*, $C_{12}H_9O_6N_3$, F. 170°, Nadeln. — *Pyridinaddukt*, $C_{17}H_{14}O_6N_4$, F. 128°; scharfes Trocknen führt unter Verwitterung zu I. — *Chinoliniumsalz*, $C_{16}H_{11}O_6N_3$, F. 148°. — *Chinolinaddukt*, $C_{25}H_{18}O_6N_4$, F. 102°, rote Nadeln. — *Triäthylaminaddukt* (1 : 1), $C_{13}H_{19}O_6N_3$, F. 153°, gelb. — *N-Äthylpiperidinaddukt* (1 : 1), $C_{14}H_{19}O_6N_3$, F. 163°, gelbbraun. — *Pyridinium-4-methyl-3.5-dinitrobenzoat*, $C_{13}H_{11}O_6N_3$, F. 152°. — *N-Äthylpiperidin-4-methyl-3.5-dinitrobenzoesäureaddukt* (1 : 1), $C_{15}H_{21}O_6N_3$, F. 91°, braune Nadeln. — *Dimethylanilinium-3.5-dinitrobenzoat* (II), $C_{15}H_{15}O_6N_3$, F. 115°, aus **IIa**, a) durch Verwitterung; b) durch Waschen mit viel eiskaltem Methanol. — *I-Dimethylanilinaddukt* (**IIa**; 2 : 1), F. 190°, tiefrote Nadeln. — *3.5-Dinitrobenzoesäuremethylester*, $C_8H_6O_6N_2$, F. 109°, aus dem Addukt a) durch Verwitterung; b) durch Einw. von viel Methanol. *Dimethylanilinaddukt* (1 : 1), $C_{16}H_{17}O_6N_3$, F. 60°, dunkelrote Tafeln, durch langsames Waschen von **IIa** mit wenig warmem Methanol. — *Dimethylanilinium-4-methyl-3.5-dinitrobenzoat* (III), $C_{16}H_{17}O_6N_3$, F. 120°, a) aus 4-Methyl-3.5-dinitrobenzoesäure u. Dimethylanilin; b) durch Verwitterung nachst. Addukts. — *I-Dimethylanilinaddukt* (2 : 1), F. 24—30°, hellrot. — *4-Methyl-3.5-dinitrobenzoesäuremethylester*, $C_9H_8 \cdot O_6N_2$, F. 89°, blaßgelbe Nadeln, a) aus III durch längere Einw. von Methanol; b) aus dem Addukt in Ggw. von Methanol. *Dimethylanilinaddukt*, dunkelrotes Öl. (J. prakt. Chem. [4] **3**. 13—25. März 1956. Jena, Inst. für Mikrobiol. u. exp. Therap.)

G. Seeliger. 1210

Otto Th. Schmidt und **Werner Blank**, *Die Gallussäureester des Glycerins*. Hergestellt werden *1-Galloylglycerin* (I), *2-Galloylglycerin*, *1.2-Digalloylglycerin*, *1.3-Digalloylglycerin* (II) u. *Trigalloylglycerin* (III). Die Monoester zeigen prakt. keine Gerbstoff-Rkk., beim Triester sind die Rkk. stärker als bei den Diestern. **I**, **II** u. **III** wirkten beim Meerschweinchen in Dosen von 30 mg/kg intraperitonal capillarabdichtend.

Versuche (FF. korr.): *1-Tribenzylgalloyl-2.3-acetonglycerin*, $C_{34}H_{34}O_7$, F. 83°, aus Acetonglycerin u. Tribenzylgalloylchlorid (**IV**) in Chlf. in Ggw. von Chinolin; prismat. Stäbchen aus Methanol; 73,7% (Ausbeute). — *1-Tribenzylgalloylglycerin*, $C_{31}H_{30}O_7$, F. 127,5°, aus vorst. Verb. mit 2n HCl in Aceton; prismat. Stäbchen aus Toluol; 60%. — *1-Galloylglycerin* (I), $C_{10}H_{12}O_7$, F. 190°, aus vorst. Verb. durch Hydrierung in Tetrahydrofuran über Pd/$BaSO_4$; Rhomben aus W.; 83%. — *2-Tribenzylgalloyl-1.3-benzalglycerin*, $C_{38}H_{34}O_7$, F. 161°, aus 1.3-Benzalglycerin u. **IV**; Nadeln aus Essigester; 87%. — *2-Galloyl-1.3-benzalglycerin*, $C_{17}H_{16}O_7$, F. 230°, aus vorst. Verb. durch Hydrierung in Tetrahydrofuran über Pd-Mohr; prismat. Stäbchen aus Aceton–W.; 93,2%. — *2-Galloylglycerin*, $C_{10}H_{12}O_7$, F. 187,5°, aus vorvorst. Verb. durch Hydrierung über Pd in Methanol; prismat. Stäbchen aus Aceton–Cyclohexan; 98%. — *1-Benzyl-2.3-acetonglycerin*, $C_{13} \cdot H_{18}O_3$, Kp.$_{0,05}$ 99—100°, aus Acetonglycerin u. Benzylchlorid mit KOH; 80,3%. — *1-Benzylglycerin*, $C_{10}H_{14}O_3$, Kp.$_{0,1}$ 136,5°, aus vorst. Verb. mit 2n HCl in Aceton; hygroskop., viscose Fl.; 45%. — *1-Benzyl-2.3-bis-tribenzylgalloylglycerin*, $C_{66}H_{58}O_{11}$, F. 132°, aus vorst. Verb. u. **IV**; Nadeln aus PAe.–Aceton; 93%. — *1.2-Digalloylglycerin*, $C_{17}H_{16}O_{11}$, F. 125°, aus vorst. Verb. durch Hydrierung in Methanol in Ggw. von Pd; Nadeln aus W.; 98%. — *2-Benzyl-1.3-benzalglycerin*, $C_{17}H_{18}O_3$, F. 80°, aus 1.3-Benzalglycerin u. Benzylchlorid mit KOH; prismat. Stäbchen aus PAe.; 93%. — *2-Benzyl-1.3-diacetylglycerin*, $C_{14}H_{18}O_5$, Kp.$_{0,2}$ 142°, aus vorst. Verb. mit Eisessig u. HCl; 62%. — *2-Benzylglycerin*, $C_{10}H_{14}O_3$, F. 40,5° (unkorr.), Kp.$_{0,2}$ 149°, aus vorst. Verb. mit methanol. NaOH; Prismen aus Cyclohexan; 76%. — *2-Benzyl-1.3-bis-tribenzylgalloylglycerin*, $C_{66}H_{58}O_{11}$, F. 143°, aus vorst. Verb. u. **IV**; Nadeln aus Aceton–PAe.; 92%. — *1.3-Digalloylglycerin* (II), $C_{17}H_{16}O_{11}$, F. 256°, aus vorst. Verb. durch Hydrierung über Pd in Tetrahydrofuran; Nadeln aus W.; 98%. — *Tristribenzylgalloylglycerin*, $C_{87}H_{74}O_{15}$, aus **IV** u. Glycerin; Nadeln aus Aceton–W.; 99%. — *Trigalloylglycerin* (III), $C_{24}H_{20}O_{15}$, F. 155° (wss. Aceton), aus vorst. Verb. analog **II**; 99%. (Chem. Ber. **89**. 283—90. 1956. Heidelberg, Univ., Chem. Inst.)

G. Hohmann. 1250

G. D. Parkes und **K. J. Clark,** *Darstellung von p-Bis-[6-carboxyhexanoyl]-benzol.* Das Na-Deriv. des Pentan-1.1.5-tricarbonsäuretri-[tetrahydropyranyl-(2)]-esters reagiert mit Terephthalsäuredichlorid (I) in Benzol. Zers. des Prod. mit Essigsäure liefert *p-Bis-[6-carboxyhexanoyl]-benzol* in geringer Ausbeute. Aus Propan-1.1.3-tricarbonsäure konnte dagegen p-Di-[4-carboxybutanoyl]-benzol nicht erhalten werden. Die Benzylestermeth. (vgl. dazu BOWMAN u. FORDHAM, C. **1955.** 5520 u. früher) führte in keinem Fall zum Ziel.

Versuche: *δ-Bromvaleriansäureäthylester,* $Kp._{15}$ 120°, $Kp._{35}$ 129°, aus dem Ag-Salz des Adipinsäuremonoäthylesters mit Br_2; 51% (Ausbeute). — *Pentan-1.1.5-tricarbonsäuretriäthylester,* $Kp._{13-15}$ 177—184°, aus vorst. Verb. u. Na-Malonsäurediäthylester; 69%. — *p-Bis-[6-carboxyhexanoyl]-benzol,* $C_{20}H_{26}O_6$, aus Pentan-1.1.5-tricarbonsäure, in Bzl. mit Dihydropyran verestert, mit Na u. I; Zers. mit Essigsäure, Abtrennung von der mitentstandenen *Monosäure* durch fraktionierte Extraktion mit sd. Wasser. (J. chem. Soc. [London] **1955.** 3294. Sept. Oxford, Dyson Perrins Labor.)

A. DILLMANN. 1270

P. Karrer und **K. Ehrhardt,** *Überführung optisch-aktiver α-Aminocarbonsäuren in optisch-aktive Amine mit gleichem Kohlenstoffskelett.* (Vgl. C. **1955.** 9071.) Das aus D-(+)-Phenylalanin erhältliche *D-(+)-Phenylalaninol* (D-I) wurde in *N-[p-Toluolsulfonyl]-D-phenylalaninol-p-toluolsulfonat* übergeführt, mittels $LiAlH_4$ die Tosylatgruppe durch H ersetzt u. aus dem erhaltenen *N-Tosyl-D-phenyl-β-aminopropan* der N-Tosylrest mit Na in fl. NH_3 abgespalten. Das erhaltene (+)-*D-Phenyl-β-aminopropan* (D-II) gehört der D-Reihe an u. entspricht somit den „unnatürlichen" α-Aminocarbonsäuren. Aus DL-I entstand analog DL-II. In ähnlicher Weise wurde L-Tyrosinol in *L-[p-Oxyphenyl]-β-aminopropan* übergeführt. Das aus L-(—)-Prolin erhältliche L-(+)-Prolinol gab durch Tosylierung u. Red. dasselbe *N-[p-Toluolsulfonyl]-L-2-methylpyrrolidin* wie die Tosylierung von L-2-Methylpyrrolidin (L-III).

Versuche: *N-[p-Toluolsulfonyl]-DL-phenylalaninol-p-toluolsulfonat,* $C_{23}H_{25}O_5NS_2$, F. 104—106°, aus DL-I u. Tosylchlorid in Pyridin bei 0°, dann bei Raumtemp.; Nadeln aus Bzl.–PAe.; 59,3% (Ausbeute). — *β-[p-Toluolsulfonylamino]-DL-phenylpropan,* $C_{16}H_{19}O_2NS$, F. 55—57°, durch Zutropfen vorst. Verb. in Bzl. zu $LiAlH_4$ in Ae. u. 16std. Kochen; Nadeln aus wss. Methanol; 65%. — *N-[p-Toluolsulfonyl]-D-phenylalaninol-p-toluolsulfonat,* F. 98—98,5° (Bzl.–PAe.), aus D-I wie oben; $[\alpha]_D^{20}$ + 50,5° (A.); 59,4%. — *N-Tosyl-D-phenyl-β-aminopropan,* aus vorst. Verb. durch 23std. Kochen mit $LiAlH_4$ in Tetrahydrofuran; gelbliches Öl; 46,6%. — *D-Phenyl-β-aminopropan* (D-II), $C_9H_{13}N$, $Kp._{11}$ 80—90° (nicht ganz rein), aus 1,75 g vorst. Verb. mit Na in fl. NH_3; $[\alpha]_D^{20}$ + 28,7° (A.); 0,2 g. *Pikrat,* $C_{15}H_{16}O_7N_4$, F. 140,5°, aus A.–PAe. Nadeln. — *N-[p-Toluolsulfonyl]-L-tyrosinmethylester-p-toluolsulfonat,* $C_{24}H_{25}O_7NS_2$, F. 139° (Bzl.), aus L-Tyrosinmethylester u. Tosylchlorid in Pyridin erst bei 0°, dann bei Zimmertemp.; 92,5%. — *N-[p-Toluolsulfonyl]-L-tyrosinol,* $C_{16}H_{19}O_4NS$, F. 178—179° (A.), durch Red. vorst. Verb. mit $LiAlH_4$ in Tetrahydrofuran (24std. Kochen); $[\alpha]_D^{20}$ —48,2° (A.); 81,5%. — *N-Tosyl-L-tyrosinolditosylat,* $C_{30}H_{31}O_8NS_3$, F. 147—148,5° (absol. A.), aus vorst. Verb. u. Tosylchlorid in Pyridin; $[\alpha]_D^{17}$ —33,6° (Essigester); 71%. — *N-Tosyl-L-tyrosinolmonotosylat,* $C_{23}H_{25}O_6NS_2$, F. 164° (A.), neben vorst. Verbindung. — *L-p-Oxyphenyl-β-[p-toluolsulfonylamino]-propan,* $C_{16}H_{19}O_3NS$, F. 119—120° (wss. A. oder wss. CH_3OH), aus vorvorst. Verb. durch Red. mit $LiAlH_4$ in Tetrahydrofuran (20std. Kochen); $[\alpha]_D^{19}$ —21,65°; 77%. — *L-p-Oxyphenyl-β-aminopropan,* $C_9H_{13}ON$, F. 110,5—111,5° (Bzl. oder A.), aus vorst. Verb. mit Na in fl. NH_3; $[\alpha]_D^{17}$ —52,0° (A.); 33,8%. — *N-[p-Toluolsulfonyl]-L-prolinol-p-toluolsulfonat,* $C_{19}H_{23}O_5NS_2$, sintert bei 95—97°, F. 104—105°, aus L-Prolinol u. Tosylchlorid in Pyridin; Nadeln oder Stäbchen aus A.; $[\alpha]_D^{16}$ —129,5°; 57,5%. — *N-[p-Toluolsulfonyl]-L-2-methylpyrrolidin,* $C_{12}H_{17}O_2NS$, F. 70° (Bzl.–PAe.), a) aus vorst. Verb. mit $LiAlH_4$ in Tetrahydrofuran (3std. Kochen); $[\alpha]_D^{18}$ —61,1° (A.); 26%; b) aus L-III u. Tosylchlorid in Pyridin erst unter Kühlung, dann bei Raumtemp.; $[\alpha]_D^{20}$ —65° (A.). — *2-Methylpyrrolidin* (III), $Kp._{730}$ 93—96°, durch Zutropfen einer äther. Lsg. von 33 g 2-Methylpyrrolidon-(5) zu 16 g $LiAlH_4$ in Ae. unter Rühren u. Kühlen, dann 2½std. Kochen u. Fraktionierung; 12,8 g. L-III, $Kp._{728}$ 94°, über das *L-Tartrat* ($C_9H_{17}O_6N$, sintert bei 124°, F. 127°; $[\alpha]_D^{21}$ + 17,0°; 65,5%), das mit Sodalsg. zerlegt wurde; $[\alpha]_D^{22}$ —11,97° (W.); 38,8%. *Pikrat,* $C_{11}H_{14}O_7N_4$, F. 73° (A.–Bzl.–PAe.). (Helv. chim. Acta **34.** 2202—10. 1/12. 1951. Zürich, Univ., Chem. Inst.) E. KASPAR. 1300

Ernst D. Bergmann und **Michael Bentov,** *Sandmeyer-Reaktionen von Monoacylarylendiaminen.* Monoacylierte Phenylendiamine, wie N^1-Phthaloyl-o-phenylendiamin (I) u. N^1-Acetyl-1.3- (II) bzw. -1.4-phenylendiamin (III) lassen sich diazotieren u. nach SANDMEYER unter milden Bedingungen zu *2-*, *3-* oder *4-Halogen-* bzw. *Cyanacylaniliden* umsetzen.

Versuche: *N-Phthaloyl-o-aminobenzonitril*, $C_{15}H_8O_2N_2$, F. 144—145° (Bzl.), aus I-Hydrochlorid durch Diazotieren in verd. HCl u. Rk. mit wss. $K_3Cu(CN)_4$ bei 5°, dann bei 50° unter Toluol; 83% (Ausbeute). — *o-Aminobenzonitril*, F. 47° (Ae.-PAe.), aus vorst. Verb. mit Hydrazinhydrat in A.; 68%. — *2-Amino-5-methoxybenzonitril*, $C_8H_8ON_2$, F. 130° (Bzl.), aus N¹-Phthaloyl-4-methoxy-1.2-phenylendiamin analog vorvorst. Verb.; 63%. — *2-Amino-5-methoxybenzoesäure*, F. 170—171° (A.), aus vorst. Nitril mit sd. wss.-alkoh. KOH; 51%. — *4-Jodacetanilid*, F. 183° (A.), aus diazotiertem III mit KJ bei 50°; 51%. — *4-Bromacetanilid*, F. 167° (verd. A.), aus diazotiertem III mit Cu in HBr bei 0°; 47%. — *4-Cyanacetanilid*, F. 204° (W.), aus diazotiertem III u. $K_3Cu(CN)_4$ bei 20°; 64%. — *3-Cyanacetanilid*, F. 130° (W.), aus diazotiertem II analog vorst. Verb.; 72%. — *3-Bromacetanilid*, F. 87°, aus II; aus Chlf. Nadeln; 41%. (J. org. Chemistry **20.** 1654—56. Dez. 1955. Hakirya, Israel, Ministry of Defence, Sci. Dep.)
R. Behnisch. 1310

E. Marder und **I. W. Ruderman,** *Kupplung von Phenolalkoholen mit Benzoldiazoniumchlorid.* Für die Feststellung von freien, zur phenol. Hydroxylgruppe o- oder p-ständigen Stellungen im Benzolring bei Zwischenprodd. der Phenol-Formaldehyd-Kondensation wird die Kupplungsfähigkeit dieser Prodd. mit Diazoniumsalzen herangezogen. Vff. zeigen, daß 2-Oxy-α^1-mesitylenol, 4-Oxy-α^1-mesitylenol u. 2-Oxy-$\alpha^1.\alpha^3$-mesitylendiol mit Benzoldiazoniumchlorid (I) in alkal. Lsg. kuppeln unter Abspaltung von HCHO, obwohl ursprünglich keine zur Phenolgruppe o- oder p-ständige Stellung frei ist.

Versuche: *6-Phenylazo-2.4-dimethylphenol*, F. 90—91°, aus 2-Oxy-α^1-mesitylenol oder 2.4-Dimethylphenol u. I; 85% (Ausbeute). — *4-Phenylazo-2.6-dimethylphenol*, F. 94—95°, aus 4-Oxy-α^1-mesitylenol oder 2.6-Dimethylphenol u. I; 100 bzw. 76%. — *2-Phenylazo-p-kresol*, F. 107—108°, aus p-Kresol u. I; 55%. — *2-Oxymethyl-6-phenylazo-p-kresol*, F. 118—119°, aus 2-Oxy-$\alpha^1.\alpha^3$-mesitylendiol u. I; 53%; *Diurethanderiv.*, F. 158°. (J. Amer. chem. Soc. **73.** 5475—76. Nov. 1951. New York, N. Y., Columbia Univ., Dep. of Phys.) H. Timmler. 1320

J. L. Warnell und **Clarence P. Berg,** *Die Darstellung von L-, D- und DL-Kynurenin.* Vff. beschreiben die Synth. von *L-, D-* u. *DL-Kynurenin* (I) aus N-Acetyltryptophan (II) durch Ozonisierung, die besser verläuft als mit freiem Tryptophan (vgl. Witkop u. Graser, Liebigs Ann. Chem. **556.** [1944.] 103).

Versuche (opt. Drehungen in W., c = 1): *N-Acetyl-D-tryptophan* (*D*-**II**); $[\alpha]_D^{26}$ $-29°$ (c = 1; wss. NaOH); über das *Brucinsalz*; $[\alpha]_D^{25}$ $-18,0°$. *L*-II; $[\alpha]_D^{25}$ $+30,1°$ (c = 1; wss. NaOH); über das *Brucinsalz*; $[\alpha]_D^{25}$ $+0,5°$. — *Kynurenin* (I), aus dem entsprechenden **II** mit O_3 in Eisessig bei 20° u. Hydrolyse mit 37%ig. HCl auf dem Dampfbad; Isolierung über die *Sulfate* (77% Ausbeute): *DL*-I, $C_{10}H_{12}O_3N_2$, F. 218° (Zers.), aus 66%ig. CH_3OH Plättchen. *DL*-I-*Sulfat*, $C_{10}H_{12}O_3N_2 \cdot H_2SO_4$, F. 173° (Zers.); *Hydrat*, $C_{10}H_{12}O_3N_2 \cdot H_2SO_4 \cdot H_2O$, F. 173° (Zers.). *L*-I, F. 191° (Zers.); $[\alpha]_D^{25}$ $-30,5°$. *L*-I-*Sulfat*, F. 178° (Zers.); $[\alpha]_D^{25}$ $+10,2°$; *Hydrat*, F. 178° (Zers.); $[\alpha]_D^{25}$ $+9,6°$. *D*-I, F. 191° (Zers.); $[\alpha]_D^{25}$ $+30,0°$. *D*-I-*Sulfat*, F. 178° (Zers.); $[\alpha]_D^{25}$ $-10,1°$; *Hydrat*, F. 178° (Zers.); $[\alpha]_D^{25}$ $-9,5°$. — *L*-I läuft im Papierchromatogramm etwas schneller als D-I. Die Infrarotabsorptionsmaxima von I u. I-Sulfat sind angegeben. (J. Amer. chem. Soc. **76.** 1708—09. 20/3. 1954. Iowa City, Io., State Univ., Dep. of Biochem.)
H. Schubert. 1350

Ludwig Anschütz und **Heinrich Wirth,** *Notiz zur Bildung von Pyrophenylphosphonsäure aus Phosphinobenzol und Phenylphosphonsäuredichlorid. Pyrophenylphosphonsäure*, $C_{12}H_{12}O_5P_2$, F. 79,5—80° (W.), a) aus Phosphinobenzol (Phenylphosphonsäureanhydrid) u. W. in Chlorbenzol; 66% (Ausbeute); b) aus Phenylphosphonsäuredichlorid mit W. in Ae.; 55%. Hydrolysiert beim 4std. Erhitzen mit W. zu *Phenylphosphonsäure*, $C_6H_7O_3P$, F. 159—160°. (Chem. Ber. **89.** 688—89. 8/3. 1956. Würzburg, Univ., Chem. Inst.)
F. J. Meyer. 1380

Jules Meyer, *Ergänzende Bemerkungen zur Arbeit von Georg Wittig und Ulrich Schöllkopf: Über Triphenylphosphinmethylene als olefinbildende Reagentien.* Vf. weist im Zusammenhang mit der Arbeit von Wittig u. Schöllkopf (vgl. C. **1955.** 2887) auf die von Staudinger u. Meyer (Ber. dtsch. chem. Ges. **53.** [1920.] 73) geschilderte Umsetzung zwischen Triphenylphosphindiphenylmethylen (I) u. Phenylisocyanat hin, die zu *Diphenylketenphenylimid* u. *Triphenylphosphinoxyd* (II) führt, sowie auf die von Lüscher (Dissertation ETH Zürich [1922]) beschriebene Bldg. von *Tetraphenylallen* u. II aus I u. Diphenylketen. (Chem. Ber. **89.** 842—43. 8/3. 1956. Basel.) F. J. Meyer. 1380

Lee Irvin Smith und **Bob K. Davis,** *Cyclopropane.* 15. Mitt. *Die Einwirkung von Natriummalonsäuredimethylester auf zwei β-Nitro-α.β-ungesättigte Ketone.* (14. vgl. C. **1953.** 5175.) *β-Nitrobenzalacetophenon* (I) entsteht bei der Kondensation von Phenylnitromethan u. Phenylglyoxal (III) in Dioxan in Ggw. von n-Butylamin nur in 12%ig. Ausbeute, besser aber bei der Kondensation in Ae. in Ggw. von Triäthylamin, wobei zunächst ein Gemisch aus den beiden diastereomeren *rac.-1.3-Diphenyl-2-oxy-3-nitropropanonen-(1)* gebildet wird, von dem nach Auftrennung jedes für sich ein *rac.-Acetylderiv.* bildet, deren Behandlung mit Triäthylamin in Ae. die *Stereoisomeren* **Ia** u. **Ib** liefert. **Ia** gibt mit überschüssigem $NaOC_2H_5$ *β-Äthoxybenzalacetophenon,* aus dem beim Erwärmen mit verd. HCl u. dann Schütteln mit wss. Cu-Acetat das *Cu-Enolat* von *Dibenzoylmethan* gebildet wird. Bei der Einw. der Na-Verb. des Malonsäuredimethylesters (**IIa**) auf **Ia** oder **Ib** unter verschied. Bedingungen wurde in 2 Fällen von mehreren Verss. in geringer Menge *4.6-Diphenyl-α-pyron-3-carbonsäuremethylester,* in 2 anderen Fällen *α-Carbmethoxy-β-benzoyl-γ-phenyl-$Δ^β$-butensäuremethylester* erhalten. Verss., durch Verwendung der Mg-Verb. des Malonsäurediäthylesters (**IIb**) oder von Na-Cyanessigsäureäthylester statt **IIa** die Ausbeute zu verbessern, blieben erfolglos. — Die Darst. von *1.4-Diphenyl-3-nitrobuten-(2)-on-(1)* (**IV**) erfolgt analog der von **I** durch Kondensation von **III** mit β-Phenylnitroäthan über die *rac.-1.4-Diphenyl-2-oxy-3-nitrobutanone-(1)* u. ihre *Acetylderivv.* zu den Isomeren **IVa** u. **IVb**; die Ausbeute ist nur gering. **IVa** bildet mit **IIb** in sehr geringer Menge *4-Benzyl-6-phenyl-α-pyron-3-carbonsäureäthylester.* — Die geringen Ausbeuten an Pyron sowohl aus **I** als auch aus **IV** lassen vermuten, daß diese beiden Verbb. als Zwischenprodd. bei der Pyronbldg. aus sek.-Nitrocyclopropanketonen keine Rolle spielen (vgl. J. Amer. chem. Soc. **71.** [1949.] 2676).

Versuche: *1.3-Diphenyl-2-oxy-3-nitropropanon-(1),* $C_{15}H_{13}O_4N$: *Isomeres A,* F. 96—97° (Cyclohexan), durch Zufügen von Triäthylamin zu Phenylnitromethan in Ae. bei 0°, Zutropfen der Lsg. zu **III** in Ae. unter Rühren, 3 std. Rühren bei 0° u. 14 Std. bei Raumtemp., Vakuumabdampfen u. fraktionierte Kristallisation aus $CHCl_3$. Daneben das *Isomere B,* F. 174—176° (Cyclohexan); Gesamtausbeute 72%. *Acetylderiv. A,* $C_{17}H_{15}O_5N$, F. 100—101° (PAe.); 54% (Ausbeute). *Acetylderiv. B,* F. 77,5—78° (PAe.); 81%; zers. sich beim Stehen. — *β-Nitrobenzalacetophenon* (**Ia**), $C_{15}H_{11}O_3N$, F. 95—96°, a) durch 4½ std. Stehen von 0,5 g vorst. Verb. A mit Triäthylamin in absol. Ae. unter gelegentlichem Schütteln u. Vakuumabdampfen der ausgewaschenen Lsg.; gelbliche Nadeln aus Cyclohexan; 2,26 g; b) wie vorst. aus einem Gemisch beider Acetylverbb. u. fraktionierte Kristallisation; insgesamt 86,5%; c) durch 18 std. Stehen einer Lsg. aus Phenylnitromethan u. **III** mit n-Butylamin in Dioxan u. Vakuumabdampfen; 12%; d) analog aus der Acetylverb. B; 0,15 g. *2.4-Dinitrophenylhydrazon,* F. 191—192° (Äthylacetat–A.). *Semicarbazon,* $C_{16}H_{14}O_3N_4 \cdot H_2O$, F. 158—162° (A.). **Ib**, F. 80—80,5°; gelbliche Platten aus Cyclohexan. *2.4-Dinitrophenylhydrazon,* $C_{21}H_{15}O_6N_5$, F. 210—211°, orangegelbe Kristalle aus Äthylacetat. *Piperidinoaddukt von* **I**, vermutlich $C_6H_5COCH \cdot (NC_5H_{10})CH(NO_2)C_6H_5$, $C_{20}H_{22}O_3N_2$, F. 142,5—144°, durch Zutropfen von Piperidin zu einer Lsg. aus 3,8 g **III** u. 3 g Phenylnitromethan in absol. A. u. wenig Essigsäure u. Stehen bei 0—5°; gelbes Pulver aus Cyclohexan; 1,1 g. — *β-Äthoxybenzalacetophenon,* $C_{17}H_{16}O_2$, F. 78—80°, durch 70 Min. Stehen von **Ia** u. $NaOC_2H_5$ in absol. A., Gießen in W. u. Ausäthern; Prismen aus Cyclohexan; 62%. — *Cu-Enolat* von *Dibenzoylmethan,* F. 323—325° (Zers.), durch kurzes Kochen vorst. Verb. in A. u. wenig HCl, Verdünnen mit W., Ausäthern u. Schütteln mit wss. Cu-Acetat; grüne M.; 100%. — *4.6-Diphenyl-α-pyron-3-carbonsäuremethylester,* F. 132—135°, durch Zutropfen von **IIa** in CH_3OH zu warmem **Ia** in CH_3OH u. Gießen in Eiswasser; gelbe M.; 5,6%. — *α-Carbomethoxy-β-benzoyl-γ-phenyl-$Δ^β$-butensäuremethylester,* $C_{20}H_{18}O_5$, F. 145—146°, durch Zutropfen einer warmen Lsg. von **Ia** in CH_3OH zu **IIa**, 1 std. Erwärmen, Verdünnen, Ausäthern u. Vakuumabdampfen; Nadeln aus Cyclohexan; 22%. — *1.4-Diphenyl-2-oxy-3-nitrobutanon-(1),* $C_{16}H_{15}O_4N$: *Isomeres A,* F. 133—134,5° (Cyclohexan), durch Zutropfen von Triäthylamin zu 108 g β-Phenylnitroäthan in absol. Ae., dann Zutropfen der Lsg. zu 96,2 g **III** in Ae. bei 0° u. 2 std. Stehen bei 0°; 47,5%. Daneben aus der Mutterlauge (nach Abtrennen von weiterem *A* durch Einengen) nach Stehen mit Bzl./PAe. u. Chromatographieren des in Bzl./PAe. aufgenommenen Nd. an SiO_2 1,1 g *Isomeres B,* F. 87—88° (Cyclohexan). *Acetylderiv. A,* $C_{18}H_{17}O_5N$, F. 103,5—104°; Nadeln aus CH_3OH; 96%. — *1.4-Diphenyl-3-nitrobuten-(2)-on-(1)* (**IVa**), $C_{16}H_{13}O_3N$, F. 104—104,5° (Cyclohexan), durch 6 std. Stehen von 1 g vorst. Acetylverb. A u. LiCl in Ae. mit Triäthylamin unter gelegentlichem Schütteln, Vakuumabdampfen u. fraktionierte Kristallisation aus Cyclohexan; 0,06 g. **IVb**, F. 53,5—54° (Ae., dann PAe.); 0,1 g. — *1.4-Diphenyl-1-keto-3-nitrobuten-(3),* F. 98°, durch 2½ std. Kochen von vorvorst. Acetylderiv. A in Cyclohexan unter Zutropfen von Triäthylamin in Cyclohexan; 0,3 g. — *4-Benzyl-6-phenyl-α-pyron-3-carbonsäureäthylester,* F. 123—126°, durch Erhitzen von **IIb** u. 80 mg **IVa** in absol. A. im SOXHLET, 1 std. Kochen, Ansäuern mit Essigsäure, 5 std. Stehen bei 5°, Verdünnen des Filtrats mit W., Stehen, Vakuumabdampfen, Aufnehmen des Nd. in Ae. u. Chromatographieren an Al_2O_3; gelbe Kristalle; 2 mg. (J. Amer. chem. Soc. **76.** 5376 bis 5380. 5/11. 1954. Minneapolis, Minn., Univ., School of Chem.) H. LEHWALD. 1560

Torger Bruun, Lars Skatteböl und **Nils Andreas Sörensen,** *Untersuchungen über natürlich vorkommende Acetylenverbindungen.* 18. Mitt. *Synthese einiger Phenylacetylene im Zusammenhang mit Verbindungen in Compositen.* (17. vgl. SÖRENSEN u. SÖRENSEN, C. **1956. 12413.**) Einige Acetylenverbb. in Compositen treten so spärlich auf, daß ihre Konst. nur durch Vgl. mit analogen synthet. Verbb. (bes. der UV- u. Infrarotspektren) sichergestellt werden kann. So wurde für das *1-Phenylhepten-(5)-diin-(1.3)-yl-(7)-acetat* (**I**) aus *Coreopsis* die von SÖRENSEN angenommene Struktur durch Vgl. der FF. der synthet. Verbb. u. ihres Verseifungsprod. (**Ia**) bestätigt. Der *1-Phenylhepten-(5)-diin-(1.3)-säure-(7)-methylester* zeigte als Phenylanalogon des Matricariaesters eine ähnliche UV-Absorption. Das in der 17. Mitt. beschriebene, aus einem fl. KW-stoff erhaltene *Maleinsäureaddukt* gab ein ähnliches UV-Spektr. wie die Entriine, z. B. wie eine Verb. aus dem Wurzelöl von *Artemisia vulgaris.* In diesem Zusammenhang wurde das *1-Phenyloctatriin-(1.3.5)* hergestellt, das ein UV-Spektr. ähnlich dem der Entriine aufwies.

V e r s u c h e: *1-Phenylhepten-(5)-diin-(1.3)-ol-(7)*(**Ia**), $C_{13}H_{10}O$, F. 70—71°, lange dünne Nadeln aus PAe., aus *Phenylacetylen* (**II**) (5 g) u. *Penten-(2)-in-(4)-ol-(1)* (4,1 g) in einer wss. Lsg. von NH_4Cl, CuCl u. $FeCl_3$ bei 6½std. Luftdurchleiten u. folgender Extraktion mit Ae., dessen Eindampfrückstand mit PAe. an inaktiviertem Al_2O_3 chromatographiert wurde; nach Elution von Diphenyldiacetylen (**III**) mit PAe. u. PAe.+Bzl. eluierte Ae. ein Öl (0,7 g), mit PAe. gereinigt, 0,3 g; F. u. Misch-F. mit der verseiften Verb. aus *Coreopsis* 71—72°. *Acetat* (**I**), $C_{15}H_{12}O_2$, Plättchen aus PAe., F. 45—46°; Misch-F. mit der *Verb. aus Coreopsis* 42—45°; aus **Ia** mit Acetanhydrid u. Pyridin. — *1-Phenylhepten-(5)-diin-(1.3)-säure-(7)-methylester,* $C_{14}H_{10}O_2$, F. 44—45°, harte Kristalle aus PAe., aus **II** u. *Penteninsäuremethylester* analog **Ia**; die vereinigten Eluate mit PAe. + Bzl. (1 : 1) u. Bzl. gaben aus PAe. gelbe Kristalle (F. 42—43°), aus denen **III** chromatograph. abgetrennt wurde. — *Phenylpropargylaldehyd* (**IV**) wurde über das cycl. *Äthylenacetal des α-Bromzimtaldehyds* ($C_{11}H_{11}O_2Br$, $Kp._{16}$ 168—172°, durch Kochen des Aldehyds u. Äthylenglykols in Toluol mit p-Toluolsulfonsäure bis zur Abspaltung der berechneten Wassermenge) nach Org. Syntheses **25.** [1945.] 92 hergestellt. — *1-Phenyloctadiin-(1.4)-diol-(3.6)* (**V**), $Kp._{0,005}$ 100°, viscose orangefarbene Fl., erhalten aus C_2H_5·MgBr (aus 8 g Mg) durch 1std. Zutropfen von *Pentin-(1)-ol-(3)* (15 g) in Tetrahydrofuran, 1std. Kochen u. langsame Zugabe von **IV** (15 g) unter je 1std. Kühlung u. Erwärmung. — *1-Phenyl-3.6-dichloroctadiin-(1.4)*, aus **V** (17 g) in Pyridin durch Zutropfen von $SOCl_2$ unterhalb —15°, 4std. Rühren bei Raumtemp., Zers. mit W. u. Extraktion des Gemischs mit Ae.; der Extrakt wird nach Reinigung sofort weiterverarbeitet auf *1-Phenyloctatriin-(1.3.5)* durch tropfenweise Zugabe zu einer K-Äthylatlsg. unter N_2, 1½std. Rühren, Zers. mit W. u. wiederholtes Chromatographieren des getrockneten Ae.-Extrakts; schwach gelbe Fl., $Kp._{0,0005}$ 60°; durch Hydrierung mit Pd/$BaSO_4$-Katalysator entsteht *n-Octylbenzol,* n_D^{20} 1,4850. (Acta chem. scand. **8.** 1757—62. 1954. Trondheim, Norwegen, Tekniske Högskole, Inst. for Organ. Kjemi.) W. SCHULENBURG. 1610

J. Quarterman und **T. S. Stevens,** *Die Einwirkung von Benzaldehyd auf Benzyloxyaceton: Eine neue Cyclopentansynthese.* Bei der Kondensation von Benzaldehyd (**I**) mit Benzyloxyaceton (**II**) in Ggw. von NaOH oder HCl wurde ein ungesätt. fl. Keton erhalten, dessen Zus. ungefähr der des erwarteten *Benzyloxymethylstyrylketons* entsprach. Bei der HCl-katalysierten Rk. entstand außerdem *1.2-Diphenylcyclopentandion-(3.4)* (**IV**); als Zwischenstufen sind dabei *Dibenzylidenbenzyloxyaceton* u. *1.5-Diphenylpenten-(1)-dion-(3 4)* anzunehmen. Unter energischer HCl-Einw. entsteht das *Benzylidenderiv.* von **IV**. **II** wurde in guter Ausbeute aus Benzylchlorid (**V**), CH_2O u. KCN u. bei anschließender Grignardierung des Benzyloxyacetonitrils (**III**) dargestellt.

V e r s u c h e: *Benzyloxyacetonitril* (**III**), C_9H_9ON, $Kp._{20}$ 140°, aus **V**, KCN u. CH_2O in wss. Methanol. Dabei als Nebenprod. *Benzyloxyacetamid,* $C_9H_{11}O_2N$, F. 89 bis 91°, lange Nadeln aus Bzl.-Ligroin u. H_2O. — *Benzyloxyaceton* (**II**), Kp. 118—134° (hauptsächlich 130°), aus 15 g **III** mit CH_3MgJ; 10 g (Ausbeute); Jodoformprobe positiv. *2.4-Dinitrophenylhydrazon,* $C_{16}H_{16}O_5N_4$, F. 92—93°, orangegelbe Nadeln. *Semicarbazon,* $C_{11}H_{15}O_2N_3$, F. 113—114°, Blättchen. **II** konnte nicht aus Chloraceton u. Na-Benzylat erhalten werden. Bei Rk. von Chloraceton mit Benzylalkohol in Ggw. von Pyridin, $CaCO_3$, $Ba(OH)_2$ oder $Ca(OH)_2$ waren die Ausbeuten an **II** gering (21, 3, 35 bzw. 14%). — Wahrscheinlich *Benzyloxymethylstyrylketon,* $C_{17}H_{16}O_2$, $Kp._{12}$ 205—208°, aus 7 cm³ **I** u. 15 cm³ **II** mit 25%ig. wss. NaOH in Dioxan durch 7std. Erhitzen auf 100°; 5 g; oder mit trockenem HCl (5 Min. Einleiten); gelbes Öl; Jodoformprobe negativ. — *1.2-Diphenylcyclopentandion-(3.4)* (**IV**), $C_{17}H_{14}O_2$, F. 176—177°, Nadeln aus A., bei der letzten Rk. als Nebenprod.; *Diacetylderiv.*, F. 145°. — *5-Benzyliden-1.2-diphenylcyclopentandion-(3.4)*, $C_{24}H_{18}O_2$, F. 219—221°, durch 3std. Einleiten von HCl in 14 g **II** + 8 g **I** u. 48std. Stehen; aus CH_3COOH Nadeln; 9 g. (J. chem. Soc. [London] **1955.** 3292—94. Sept. Sheffield, Univ.) A. DILLMANN. 1970

Francis H. Case, *Synthese von 4'-Nitro-o-terphenyl.* 2-[p-Toluolsulfonamido]-biphenyl (**I**) läßt sich mit rauchender HNO_3 zu *5-Nitro-2-[p-toluolsulfonamido]-biphenyl* (**II**) nitrieren, das durch modifizierte GOMBERG-Rk. in *4'-Nitro-o-terphenyl* übergeführt wurde. Letzteres ist mit einem von ALLEN u. BURNESS (J. org. Chemistry **14.** [1949.] 175) durch Nitrieren von o-Terphenyl erhaltenen Prod. identisch.

Versuche: *5-Nitro-2-[p-toluolsulfonamido]-biphenyl* (**II**), F. 168—169°, durch Zugabe von rauchender HNO_3 (D. 1,5) in Essigsäure zu **I** in Essigsäure bei 60° unter Kühlung (<80°); 89,5% (Ausbeute). — *2-Acetamido-5-nitrobiphenyl,* F. 135—136°, durch Hydrolyse von **II** u. Acetylierung. — *4'-Nitro-o-terphenyl,* $C_{18}H_{13}O_2N$, F. 118—119° (CH_3OH), durch Zutropfen einer Lsg. von NOCl in Acetanhydrid zu vorst. Verb., K-Acetat u. P_2O_5 in Essigsäure u. Acetanhydrid unter Rühren bei 8° u. 12 std. Erwärmen der entstandenen Nitrosoverb. [F. 93° (Zers.)] in Bzl. auf 35° u. 4—5 std. Kochen; 9,3%. (J. org. Chemistry **21.** 477—78. 30/4. 1956. Philadelphia, Pa., Temple Univ., Dep. of Chem.)

H. BERTSCH. 2210

Charles R. Hauser, Wallace R. Brasen, Philip S. Skell, Simon W. Kantor und **Alex E. Brodhag,** *Dimere Olefine und Amine aus α-Arylalkylhalogeniden mit Alkaliamiden in flüssigem Ammoniak. Intermediäre dimere Halogenide und ihre Dehydrohalogenierung. Imine aus Aminen.* Benzhydrylchlorid (**I**) u. 9-Chlorfluoren (**II**) reagieren mit $NaNH_2$ oder KNH_2 in fl. NH_3 analog Benzylchlorid (**V**) unter Bldg. von *Tetraphenyläthylen* (**III**) bzw. *Dibiphenylenäthylen* (**IV**); ein Gemisch von **I** u. CH_3J gab unter denselben Bedingungen *1.1-Diphenyläthylen.* 2.4.6-Trimethylbenzylchlorid (**VI**) reagierte unter Bldg. von *2.4.6-Trimethylbenzylamin* (**X**), während aus α-Phenylneopentylbromid ein Gemisch von *α.α'-Di-tert.-butyldibenzyl* (**XIII**), *α-Phenylneopentylamin* u. *Pivalophenonimin* entstand. Auch bei der Rk. der übrigen Halogenide entstanden kleine Mengen Imine. Eine genauere Unters. der Rk. von **I** mit $NaNH_2$ in fl. NH_3 zeigte, daß die Ausbeute an **III** von der Art des Zusammenbringens der Reaktionspartner u. von ihren Mengenverhältnissen abhängt. Durch Zugabe von KNH_2 in fl. NH_3 zu **I** in fl. NH_3–Ae. (Meth. **A**) wurden 93% **III** erhalten; wurde umgekehrt **I** zu 1 Äquivalent KNH_2 gegeben (Meth. **B**), so entstand neben 75—85% **III** ein nicht identifiziertes gelbes Prod., das zum Hauptprod. wurde, wenn **I** zu 2 Äquivalenten KNH_2 gegeben wird. Die Rk. von Halogeniden zu dimeren Olefinen verläuft in zwei Stufen, Selbstalkylierung des Halogenids zum dimeren Halogenid u. Dehydrohalogenierung (β-Eliminierung) zum dimeren Olefin. Durch Zugabe von $LiNH_2$ oder $NaNH_2$ in fl. NH_3 zu 3 Äquivalenten **V** in fl. NH_3 u. Ae. bei —70° wurden 74—79% *α-Chlorbibenzyl* (**VII**) erhalten, das durch weitere Rk. mit $NaNH_2$ 90% *Stilben* (**XII**) ergab. Auch durch Rk. von **V** mit $NaNH_2$ nach Meth. **A** wurden 40—50% **XII** neben 20—25% **VII** erhalten. Die Umsetzung von theoret. Mengen **I** mit $NaNH_2$ nach Meth. **B** ergab 60% *1.1.2.2-Tetraphenyläthylchlorid* (**VIII**), das durch weitere Einw. von $NaNH_2$ in **III** übergeführt wurde. Für den Verlauf der Selbstalkylierung des Halogenids wird ein Carbanion als Übergangszustand angenommen, was durch die auftretenden Farberscheinungen bestätigt erscheint. Während **VII** durch Einw. von $SOCl_2$ auf das entsprechende Carbinol leicht darstellbar ist, wird 1.1.2.2-Tetraphenyläthanol durch $SOCl_2$ auch unter milden Bedingungen in **IV** übergeführt. **VIII** spaltet oberhalb 60° leicht Halogenwasserstoff ab. Das Ausbleiben der Selbstalkylierung von **VI** wird auf relativ starke Hinderung des α-C-Atoms zurückgeführt. Die Bildungsweise des Amins **X** wird diskutiert. Die als Nebenprodd. gebildeten Imine konnten leicht als 2.4-Dinitrophenylhydrazone der entsprechenden Aldehyde oder Ketone, die durch Hydrolyse der Iminhydrochloride erhalten wurden, isoliert werden. 9-Aminofluoren, Benzhydrylamin (**XI**) u. Benzylamin gaben in 1 Std. bzw. 15 Min. bzw. 1 Std. beim Stehen mit KNH_2 in fl. NH_3 unter N_2 47%, 3% bzw. 0,5% der Imine neben unverändertem Ausgangsmaterial. Es wird β-Eliminierung eines Hydridions aus dem Carbanion, dessen Bldg. sich durch tiefe Verfärbung anzeigt, angenommen. Umsetzung von **XI** mit KNH_2 in fl. NH_3 u. weiter mit **I** ergab 78% *Imin,* 72% *Diphenylmethan* u. 16% *Tetraphenyläthan.* Es wird angenommen, daß die beiden Hauptprodd. durch Alkylierung des Benzhydrylanions durch **I** u. Spaltung entstehen, während sich durch Kondensation des entstehenden Diphenylmethyl-K mit **I** Tetraphenyläthan bilden könnte. Das intermediäre *Dibenzhydrylamin* (**IX**) wurde dargestellt u. mit KNH_2 umgesetzt; 73% *Benzophenonimin* u. 80% *Diphenylmethan* konnten isoliert werden.

Versuche: *Stilben* (**XII**), F. 121—122° (CH_3OH), a) durch Zugabe von **V** in Ae. zu $NaNH_2$ in fl. NH_3 innerhalb 10 Min. unter Rühren u. 1 std. Rühren; 95% (Ausbeute); b) neben **VII** nach b); 8%; c) neben **VII** nach c); 40—50%; d) durch Zugabe von **VII** in Ae. zu $NaNH_2$ in fl. NH_3 innerhalb 5 Min. u. 15 Min. Rühren; 90%; e) durch Zugabe von Benzylamin zu KNH_2 in fl. NH_3 unter N_2 u. Rühren, 10 Min. Rühren, Zugabe von **V** in Ae. u. 1 std. Rühren; 95%. — *Tetraphenyläthylen* (**III**), F. 221—221,5° (Bzl.-CH_3OH), a) analog **XII** nach a); 80—90%; b) durch Zugabe von **I** in Ae. zu KNH_2

in fl. NH_3 innerhalb 35 Min. unter Rühren; 75%; c) durch Zugabe von KNH_2 in fl. NH_3 zu **I** in Ae.-fl. NH_3 innerhalb 10 Min. unter Rühren; 93%; d) durch Erhitzen von **VIII** auf 60°; e) aus **VIII** analog **XII** nach d); 90%; f) durch Zugabe von 1.1.2.2-Tetraphenyläthanol in Chlf. zu $SOCl_2$ u. 1std. Stehen; 83%. — *Dibiphenylenäthylen* (**IV**), F. 185 bis 187°, aus **II** analog **XII** nach a); 90%. — *1.1-Diphenyläthylen*, Kp.$_{13}$ 144—145°, durch Zugabe von **I** u. CH_3J in Ae. zu KNH_2 in fl. NH_3; 40%. — *2.4.6-Trimethylbenzylamin* (**X**), Kp.$_6$ 98,5—100°, a) durch Zugabe von 0,1 Mol **VI** in Ae. zu 0,11 Mol KNH_2 in fl. NH_3; 80%; b) analog aus 0,1 Mol **VI** u. 0,011 Mol KNH_2; 10%. *Benzoylderiv.*, F. 153—154°. — *α.α'-Di-tert.-butyldibenzyl* (**XIII**), $C_{22}H_{30}$, F. 180—181° (CH_3OH), durch Zugabe von α-Phenylneopentylbromid zu KNH_2 in fl. NH_3 u. 5std. Rühren; 14—27%. — *Neopentylbenzol* (?), Kp.$_{12}$ 66—68°, neben **XIII**; 18—23%. — *Pivalophenon*, neben **XIII** nach Hydrolyse; 9—11%. *Oxim*, F. 164—165°. — *α-Phenylneopentylamin*, neben **XIII**; 28%. *Benzoylderiv.*, F. 148—149°. — *α-Chlorbibenzyl* (**VII**), $C_{14}H_{13}Cl$, Kp.$_{0,4}$ 110—111°, a) durch Zugabe von $LiNH_2$ in fl. NH_3 zu **V** in Ae.-fl. NH_3 bei —70° innerhalb 15 Min. u. 15 Min. Rühren; 78,6%; b) analog mit $NaNH_2$; 74%; c) durch Zugabe von **V** in fl. NH_3-Ae. zu $NaNH_2$ oder $LiNH_2$ in fl. NH_3; 20—25%; Kp.$_1$ 124—126°, n_D^{25} 1,5825. — *1.1.2.2-Tetraphenyläthylchlorid* (**VIII**), $C_{26}H_{21}Cl$, analog **VII** nach b); 60%. — *Diphenylmethan*, Kp.$_{7,5}$ 125—126°, aus **XI** u. **I** analog **XII** nach e); 72%. — *Tetraphenyläthan*, F. 210—211° (Chlf.-CH_3OH), neben vorst. Verb.; 16%. — *Dibenzhydrylamin* (**IX**), $C_{26}H_{23}N$, F. 138 bis 139° (Aceton-CH_3OH), durch 2std. Erhitzen von **XI** u. Benzhydrylbromid in Acetonitril auf dem Dampfbad; 49%. *Pikrat*, $C_{32}H_{26}O_7N_4$, F. 206—207° (Zers.; A.). — *Benzaldehydimin* (**XIV**), a) neben **XII** nach a); 3%; b) durch Zugabe von Benzylamin in Ae. zu $NaNH_2$ in fl. NH_3 unter N_2 u. Rühren u. 1std. Rühren; 0,5%; isoliert als *Benzaldehyd-2.4-dinitrophenylhydrazon*, F. 238—239°. — *Benzophenonimin*, a) neben **III**; Spuren; b) analog **XIV** nach b); 3%; c) neben **XII** nach e); 1,2%; isoliert als *Benzophenon-2.4-dinitrophenylhydrazon*, F. 240—240,5°. — *Benzophenon*, F. 47,5—48,5° (PAe.), durch 30 Min. Rühren von **IX** u. KNH_2 in fl. NH_3 u. Ae. u. Hydrolyse des entstehenden Imins mit HCl; 73%. — *Diphenylessigsäure*, F. 147—148° (wss. CH_3OH), neben vorst. Verb. durch Zugabe von Trockeneis u. 30 Min. Rühren; 80%. — *Fluorenon*, F. 81—82°, a) durch Extraktion des Reaktionsgemisches von **IV** mit HCl u. Hydrolyse des Iminhydrochlorids; 9%; b) durch Zugabe von 9-Aminofluoren in Ae. zu KNH_2 in fl. NH_3 unter N_2 u. Rühren, 1std. Rühren, Zugabe von NH_4Cl u. W., Fällen mit HCl u. Hydrolyse des Iminhydrochlorids mit W.; 47%. (J. Amer. chem. Soc. **78**. 1653—58. 20/4. 1956. Durham, N. C., Duke Univ., Dep. of Chem.) H. BERTSCH. 2210

J. E. Driver und **S. F. Mok**, *Die Kondensation von Phenolen mit Nitrobenzaldehyden.* Die Kondensation von Phenolen mit Oxybenzaldehyden liefert neben harzigen Prodd. in geringer Ausbeute *Trioxytriarylmethane*. Vff. vermuten, daß die Harzbldg. auf weitergehende Rk. zwischen akt. Stellen im Benzolkern u. dem Aldehyd zurückzuführen ist. Es werden deshalb Phenole mit den weniger reaktionsfähigen Nitrobenzaldehyden kondensiert u. dabei *Dioxynitrotriphenylmethane* in guter Ausbeute erhalten. Das *4.4'-Dioxy-3.3'.5.5'-tetramethyl-3''-nitrotriphenylmethan*, bei dem alle akt. Stellen besetzt sind, wurde in sehr hoher Ausbeute ohne harzige Nebenprodd. erhalten. Viele der dargestellten Triphenylmethane geben beim Umkristallisieren aus aromat. KW-stoffen Molekülverbb., die das Lösungsm. meist erst oberhalb des F. freigeben.

Versuche: Triphenylmethane: *4.4'-Dioxy-3''-nitro-*, $C_{19}H_{15}O_4N$, F. 158,5° (wss. A., Ae.-PAe., p-Xylol oder Chlorbenzol), aus Phenol u. m-Nitrobenzaldehyd (**I**) mit H_2SO_4/Eisessig bei 3—4°; 45% (Ausbeute). *Benzolatverb.*, $C_{19}H_{15}O_4N \cdot 2\,C_6H_6$, F. 72°, aus Bzl. gelbe Kristalle. *Toluolat*, $C_{19}H_{15}O_4N \cdot C_7H_8$, F. 150—157,5° (unter Lösungsmittelverlust). *Diacetylderiv.*, $C_{23}H_{19}O_6N$, F. 98,5°, aus A. Nadeln. *Dibenzoylderiv.*, $C_{33}H_{23}O_6N$, F. 145—146° (PAe. oder CCl_4). — *3-Amino-4''.4''-dioxy-*, $C_{19}H_{17}O_2N$, F. 168° (wss. A.), aus vorst. Verb. durch Red. a) mit H_2 in Ggw. von ADAMS-Katalysator in A.; b) mit $FeSO_4$ in wss.-alkoh. NH_4OH. *Benzolat*, $C_{19}H_{17}O_2N \cdot C_6H_6$, F. ca. 110° (unter Lösungsmittelverlust). *Toluolat*, $C_{19}H_{17}O_2N \cdot C_7H_8$, F. 80—90°. Diazotieren u. Kuppeln des Amins mit β-Naphthol gibt einen leuchtendroten *Azofarbstoff* $C_{29}H_{22}O_3N_2$. — *4.4'-Dioxy-2.2'-dimethyl-3''-nitro-*, $C_{21}H_{19}O_4N$, F. 171—172°, aus m-Kresol u. **I**. *Benzolat*, $C_{21}H_{19}O_4N \cdot 2\,C_6H_6$, F. 85—90° (unter Lösungsmittelverlust); 44%. *Semihydrat*, $C_{21}H_{19}O_4N \cdot {}^1/_2\,H_2O$, F. 140° (wss. A.). *Diacetylderiv.*, $C_{25}H_{23}O_6N$, F. 156° (A.). *Dibenzoylderiv.*, $C_{35}H_{27}O_6N$, F. 173,5—175° (PAe.). — *3-Amino-4'.4''-dioxy-2'.2''-dimethyl-*, $C_{21}H_{21}O_2N$, F. 245—247° (wss. A.), aus vorst. Verb. mit $FeSO_4$ in wss.-alkoh. NH_4OH (15 Min. kochen); Kristallisation aus Bzl. lieferte Prodd. mit einem Benzolgeh. von 7,8—9,8%. — *4.4'-Dioxy-3.3'-dimethyl-3''-nitro-*, $C_{21}H_{19}O_4N$, sintert bei 63°, aus o-Kresol u. **I**; 70%. *Benzolat*, $C_{21}H_{19}O_4N \cdot C_6H_6$, F. 63—68°, aus Bzl. gelbe Kristalle. *Diacetylderiv.*, $C_{25}H_{23}O_6N$, F. 163°, aus A. Nadeln. — *2.2'-Dioxy-5.5'-dimethyl-3''-nitro-*, $C_{21}H_{19}O_4N$, F. 144°, aus p-Kresol u. **I**; aus PAe. oder PAe.-Bzl. gelbe Nadeln. *Diacetylderiv.*, $C_{25}H_{23}O_6N$, F. 131°

(A. oder Methanol). — *4.4'-Dioxy-4''-nitro-*, $C_{19}H_{15}O_4N$, F. 86—87°, aus Phenol u. p-Nitrobenzaldehyd (**II**); nicht unsolvatisiert kristallisierbar. *Benzolat*, $C_{19}H_{15}O_4N \cdot 2\,C_6H_6$, F. 49 bis 57°, gelbe Prismen aus Bzl.; 36%. *Tetrabromderiv.*, $C_{19}H_{11}O_4NBr_4$, F. 211°, gelbe Kristalle aus Eisessig. — *4-Amino-4'.4''-dioxy-*, $C_{19}H_{17}O_2N$, F. 219—221°, aus vorst. Verb. mit $FeSO_4$; aus wss. A. oder Bzl. rosa Nadeln. Gibt mit $NaNO_3$ in H_2SO_4 *Leukaurin*, F. 233—235°. — *4.4'-Dioxy-2.2'-dimethyl-4''-nitro-*, $C_{21}H_{19}O_4N$, F. 203,5—204,5°, aus m-Kresol u. **II**; aus wss. A. blaßgelbe Nadeln. *Benzolat*, $C_{21}H_{19}O_4N \cdot 2\,C_6H_6$, F. 88—94° (unter Lösungsmittelverlust), aus Bzl. blaßgelbe Kristalle. — Durch Kondensation von p-Kresol u. **II** wurde nach mehrmaligem Behandeln mit Cyclohexan ein *Prod. vom F. ca. 210—220°* erhalten; o-Kresol u. **II** gaben kein kristallines Produkt. — *4.4'-Dioxy-2''-nitro-*, $C_{19}H_{15}O_4N$, F. 163°, aus Phenol u. o-Nitrobenzaldehyd (**III**); blaßgelbe Prismen aus A., Toluol oder Chlorbenzol. *Benzolat*, $C_{19}H_{15}O_4N \cdot C_6H_6$, F. 162—163°. — *4.4'-Dioxy-2.2'-dimethyl-2''-nitro-*, $C_{21}H_{19}O_4N$, F. 236—238°, aus m-Kresol u. **III**; gelbe Nadeln aus Bzl., A., PAe. u. Cyclohexan. — *2.2'-Dioxy-5.5'-dimethyl-2''-nitro-*, $C_{21}H_{19}O_4N$, F. 176 bis 177° (Bzl., Toluol, wss. A. oder PAe.), aus p-Kresol u. **III**; 66%. — *4.4'-Dioxy-3.3'-dimethyl-2''-nitro-*, $C_{21}H_{19}O_4N$, F. 138—139° (wss. A.), aus o-Kresol u. **III**. *Benzolat*, $2\,C_{21}H_{19}O_4N \cdot C_6H_6$, F. 100—110°, gelbe Prismen. *Toluolat*, $2\,C_{21}H_{19}O_4N \cdot C_7H_8$, F. 95—110°. *Chlorbenzolat*, $C_{21}H_{19}O_4N \cdot C_6H_5Cl$, F. 85—100°. — *4.4'-Dimethoxy-3''-nitro-*, $C_{21}H_{19}O_4N$, F. 73 bis 75°, aus Anisol u. **I**; große Prismen aus A., Methanol, PAe. oder Cyclohexan. — *3-Amino-4'.4''-dimethoxy-*, aus vorst. Verb. mit H_2 über PtO_2; Öl. *Hydrochlorid*, $C_{21}H_{22}O_2NCl$, F. ca. 120°. Bei der Kondensation von Anisol mit **II** oder **III** wurden keine kristalline Prodd. erhalten. — *4.4'-Dioxy-3.5.3'.5'-tetramethyl-3''-nitro-*, $C_{23}H_{23}O_4N$, F. 146° (wss. A. oder PAe.), aus 2.6-Xylenol-(1) u. **I**; 85%. *Benzolat*, $3\,C_{23}H_{23}O_4N \cdot 2\,C_6H_6$, F. ca. 100°, blaßgelbe Stäbchen. *p-Xylolat*, $3\,C_{23}H_{23}O_4N \cdot 2\,C_8H_{10}$, F. 104°. *Toluolat*, $3\,C_{23}H_{23}O_4N \cdot 2\,C_7H_8$, F. ca. 100°. (J. chem. Soc. [London] **1955.** 3914—18. Nov. Hongkong, Univ.)
H. D. BELITZ. 2260

Karl Freudenberg und **Erich Fischer**, *Synthese des DL-Sesamins.* Die ölige Form von Dipiperonylbernsteinsäurediäthylester (**I**) liefert mit $LiAlH_4$ zwei *Tetrole* der Formel *R·CHOH·CH(CH₂OH)·CH(CH₂OH)·CHOH·R, R = 3.4-Methylendioxyphenyl* (**II**) vom F. 157° (**IIa**); 8% (Ausbeute) bzw. vom F. 186—187°; 2%. **I** (F. 162°) gibt analog ein drittes **II** vom F. 177—178°; 15%. **IIa** wird bei der therm. Wasserabspaltung in *DL-Sesamin*, F. 126°, übergeführt. (Naturwissenschaften **43.** 16. 1. Jan.-H. 1956. Heidelberg, Univ., Chem. Inst.)
GERHARD MÜLLER. 2270

Douglas O. Dean, William B. Dickinson, George B. Hoey und **Chas. T. Lester**, *symm.-Tetraphenylaceton.* 2. Mitt. *Reaktionen und Derivate.* (1. vgl. C. **1951.** I. 185.) Symm.-Tetraphenylaceton (**I**) reagiert nicht mit Hydrazin, Phenylhydrazin, 2.4-Dinitrophenylhydrazin, Semicarbazid, Hydroxylamin u. Thioglykolsäure. Durch $LiAlH_4$ wird **I** zu *β.β.β'.β'-Tetraphenylisopropylalkohol* red., bei der WOLFF-KISHNER-Red. wird **I** unter Bldg. von *Diphenylmethan* gespalten. Durch O_2 wird **I** in alkal. Medium fast quantitativ zu *Benzophenon* u. *Diphenylessigsäure* oxydiert. Daneben entsteht wenig *α-Oxy-symm.-tetraphenylaceton* (**II**). Bei der Bromierung gibt **I** leicht *α-Brom-symm.-tetraphenylaceton* (**III**); ein Dibromderiv. konnte nicht erhalten werden. Beim Behandeln von **III** mit Methanol, A. oder wss. Na_2CO_3 entstehen *α-Methoxy-* u. *α-Äthoxy-***I** bzw. **II**. Mit Isobutyl- oder Isoamylalkohol reagiert **III** nicht.

Versuche: *β.β.β'.β'-Tetraphenylisopropylalkohol*, $C_{27}H_{24}O$, F. 107—108°, aus **I** mit $LiAlH_4$; 92% (Ausbeute). — *Diphenylmethan*, F. 26—27°, durch WOLFF-KISHNER-Red. von **I**; 73%. — *Benzophenon*, F. 50°, aus **I** in tert.-Butanol u. K-tert.-Butylat unter Durchleiten von O_2 bei 60—65°; 87,5% (*Semicarbazon*, F. 164—165°), daneben 82,5 % *Diphenylessigsäure*, F. 144—145° (auch aus **II** mit sd. alkoh. KOH), u. 3,8% **II**. — *α-Brom-symm.-tetraphenylaceton* (**III**), $C_{27}H_{21}OBr$, F. 108—109° (Aceton u. PAe.), aus **I** u. Br_2 in CCl_4 (72 Std. bei 50—60° unter Belichtung); 82%. — *α-Methoxy-symm.-tetraphenylaceton*, $C_{28}H_{24}O_2$, F. 73—74°, aus **III** durch 5—6std. Kochen mit Methanol. — *α-Äthoxy-symm.-tetraphenylaceton*, $C_{29}H_{26}O_2$, F. 78—79°, analog vorst. Verb. aus **III** mit Alkohol. — *α-Oxy-symm.-tetraphenylaceton* (**II**), $C_{27}H_{22}O_2$, F. 118—119° (A.), aus **III** in Aceton mit wss. Na_2CO_3 (12 Std. Kochen); 90%. 1 g **II** gibt beim Erhitzen mit wss. 50%ig. HJ fast quantitativ **I** (F. 133—134°). *Acetat*, $C_{29}H_{24}O_3$, F. 165—167° (A.). (J. Amer. chem. Soc. **76.** 4988—89. 5/10. 1954. Emory, Ga., Univ., Dep. of Chem.)
I. FESTL. 2360

G. Brooke Hoey, Douglas O. Dean und **Chas. T. Lester**, *symm.-Tetraphenylaceton.* 3. Mitt. *Die Darstellung von 2.2.4.4-Tetraphenyloxetanon.* (2. vgl. vorst. Ref.) Die Autoxydation von symm.-Tetraphenylaceton (**I**) in 91%ig. Essigsäure gibt *2.2.4.4-Tetraphenyloxetanon* (**II**) u. *Benzophenon*, daneben wenig *Diphenylessigsäure*. **II** wurde von VORLANDER u. WINSTEIN (Ber. dtsch. chem. Ges. **56.** [1923.] 1122) durch Oxydation von Tetraphenylallen (III) gewonnen u. fälschlicherweise als Dioxyd 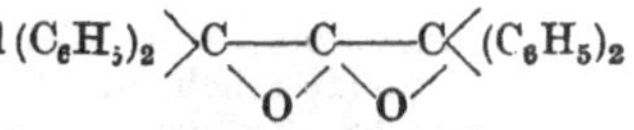

bezeichnet. II entsteht auch bei der Einw. von Br_2 auf α-Oxy-symm.-tetraphenylaceton. Die Struktur von II wird durch Red. zu *2.2.4.4-Tetraphenyloxetanol* u. durch Rk. mit CH_3MgBr bzw. Benzyl-MgBr zu *2.2.4.4-Tetraphenyl-3-methyl-* bzw. *-3-benzyloxetanol* sowie durch die Infrarotspektren von II u. diesen Derivv. bewiesen. II wird durch KOH in Dioxan unter Bldg. von *O-Benzhydrylbenzilsäure*, durch KOH in Äthylenglykol unter Bldg. von *Bis-[diphenylmethyl]-äther* gespalten. Die Struktur von II stimmt gut mit seinem Halbwellenpotential überein. Es wird angenommen, daß bei der Oxydation von I als Zwischenprod. das *Peroxyd* $(C_6H_5)_2C(OOH)COCH(C_6H_5)_2$ entsteht.

Versuche: *2.2.4.4-Tetraphenyloxetanon* (II), $C_{27}H_{20}O_2$, F. 199—201° (Aceton), a) aus 200 g I durch 105tägiges Kochen in 91%ig. Essigsäure; 98 g (Ausbeute), daneben 32,2 g *Benzophenon* (*Semicarbazon*, F. 165—167°) u. 10,6 g *Diphenylessigsäure*, F. 146 bis 148°; b) aus 5 g α-Oxy-symm.-Tetraphenylaceton mit Br_2 in CCl_4 (17 Std. bei 75—80° unter UV-Bestrahlung); 2,55 g; c) aus 2 g III durch Oxydation nach VORLANDER (l. c.); 1,1 g. — *2.2.4.4-Tetraphenyloxetanol*, $C_{27}H_{22}O_2$, F. 239—240° (Aceton-A.), aus II mit $LiAlH_4$ oder Isopropyl-MgBr oder Na-Methylat in Dioxan; 57 bzw. 57 bzw. 93%. Oxydation mit CrO_3-Essigsäure liefert II. — *2.2.4.4-Tetraphenyl-3-methyloxetanol*, $C_{28}H_{24}O_2$, F. 226—228°, aus II u. CH_3MgBr in Toluol oder Dibutyläther; 89%. — *2.2.4.4-Tetraphenyl-3-benzyloxetanol*, $C_{34}H_{28}O_2$, F. 203—205°, aus II u. Benzyl-MgBr in Toluol oder Dibutyläther; 70%. — *O-Benzhydrylbenzilsäure*, $C_{27}H_{22}O_3$, Zers. bei 100—110°, aus 10 g II durch 3std. Kochen mit KOH in 90%ig. wss. Dioxan; 7 g. Gibt beim Erhitzen mit HJ/verd. Essigsäure *Diphenylessigsäure* (F. 144—146°) u. *Diphenylmethan* (F. 26°), beim Behandeln mit HCl *Benzilsäure* (F. 147—148°). — *Bis-[diphenylmethyl]-äther*, F. 109 bis 110° (A.), aus 7,5 g II durch 1std. Erhitzen mit KOH in 75%ig. Äthylenglykol unter Abdest. von W. bis 195° u. mehrtägiges Stehen bei Zimmertemp.; 0,5 g. (J. Amer. chem. Soc. **77.** 391—93. 20/1. 1955.) I. FESTL. 2360

G. Drefahl und **K. Ponsold,** *Diphenylbutadien-(1.4)-p-chinon.* Analog der Darst. von Diphenylbutadien (vgl. KUHN u. WINTERSTEINER, Helv. chim. Acta **11.** [1928.] 87) erhielten Vff. aus Anisaldehyd u. Bernsteinsäure *p.p'-Dimethoxydiphenylbutadien-(1.4)* u. daraus durch 8std. Kochen mit KOH in Glykol *p.p'-Dioxydiphenylbutadien-(1.4)* (I; F. 284°. *Diacetylverb.*, F. 216°), das durch 10std. Schütteln mit PbO_2 in Ae. bei Raumtemp. in *Diphenylbutadien-(1.4)-p-chinon* (II; Zers. $>400°$, rotviolette Nadeln aus Xylol, dunkle metall. glänzende graphitähnliche Blättchen aus Butylacetat) übergeführt wird. II liefert mit Na_2SO_3 in geringer Ausbeute I zurück u. gibt mit 4.4'-Dioxystilben oder I in Xylol oder Tetrahydrofuran *Chinhydrone*; mit Hydrochinon wird die Lsg. unter Bldg. von *p-Benzochinon* entfärbt. (Angew. Chem. **68.** 305—06. 21/4. 1956. Jena, Univ., Inst. für organ. Chem. u. Biochem.) H. ASCHERL. 2390

Günther Drefahl und **Friedrich Fischer,** *Untersuchungen über Stilbene.* 2. Mitt. *Die Darstellung von Stilbenderivaten der Adrenalinreihe.* (1. vgl. C. **1955.** 801.) Verschied. aromat. Aldehyde werden mit den C. **1956.** 12251 beschriebenen p-substituierten Phenylessigsäuren nach PERKIN zu *Stilben-α-carbonsäuren* kondensiert. In Ggw. phenol. Gruppen erweist sich dabei Verf. **a** gegenüber **b** überlegen. Die Säuren werden anschließend zu *Stilbenen* decarboxyliert, die sich leicht zu den entsprechenden *freien Aminhydrochloriden* verseifen lassen.

Versuche: 4'-[α-Oxy-β-acetamidoäthyl]-stilben-α'-carbonsäuren, aus Na-4-[α-Oxy-β-acetamidoäthyl]-phenylacetat u. dem aromat. Aldehyd in Acetanhydrid (7 Std. im Ölbad bei 160°; Verf. **a**); aus 4-[α-Oxy-β-aminoäthyl- bzw. -propyl]-phenylessigsäurehydrochlorid u. dem aromat. Aldehyd mit K-Acetat u. Acetanhydrid (7 Std. bei 160°; Verf. **b**): *3.4-Methylendioxy-*, $C_{20}H_{19}O_6N$, F. 227° (verd. Essigsäure), mit Piperonal; nach **a** 20% (Ausbeute), nach **b** 22%. — *4-Methoxy-*, $C_{20}H_{21}O_5N$, F. 157°, mit Anisaldehyd; nach **a** 29%, nach **b** 39%. — *3-Oxy-4-methoxy-*, $C_{20}H_{21}O_6N$, F. 230°, mit Isovanillin; nach **a** 20%, nach **b** 19%. — *3-Methoxy-4-oxy-*, $C_{20}H_{21}O_6N$, F. 172°, mit Vanillin; nach **a** 20%, nach **b** 8%. — *4-Oxy-*, $C_{19}H_{19}O_5N$, F. 169° (W.), mit p-Oxybenzaldehyd; nach **a** 38%, nach **b** Verharzung. — *3.4-Dioxy-*, $C_{19}H_{19}O_6N$, F. 51°, mit Protocatechualdehyd; nach **a** 7%, nach **b** Verharzung. — *4'-[α-Oxy-β-acetamidopropyl]-stilben-α'-carbonsäure*, $C_{20}H_{21}O_4N$, F. 113°, mit Benzaldehyd; nach **b** 25%. *3.4-Methylendioxyverb.*, $C_{21}H_{21}O_6N \cdot H_2O$, F. 173°, mit Piperonal nach **b**; 22%. *3.4-Dioxyverb.*, $C_{20}H_{21}O_6N$, F. 108°, mit Protocatechualdehyd nach **b**; 10%. — 4'-[α-Oxy-β-acetamidoäthyl]-stilbene, aus der entsprechenden vorst. Carbonsäure mit Natur-Cu C in Chinolin (ca. 4 Min. bei 260°, dann bei 240°): *3.4-Methylendioxy-*, $C_{19}H_{19}O_4N$, F. 192°, Blättchen; 23%. — *4-Methoxy-*, $C_{19}H_{21}O_3N$, F. 124°, Blättchen; 20%. — *3-Oxy-4-methoxy-*, $C_{19}H_{21}O_4N$, F. 203°, Blättchen; 18%. — *3-Methoxy-4-oxy-*,

$C_{19}H_{21}O_4N$, F. 144°, Blättchen; 15%. — *4-Oxy-*, $C_{18}H_{19}O_3N$, F. 132°, Kristallpulver; 11%. — *3.4-Dioxy-*, Sirup. — *4-[α-Oxy-β-acetamidopropyl]-stilben*, $C_{19}H_{21}O_2N$, F. 71°, Blättchen; 20%. *3'.4'-Methylendioxyverb.*, $C_{20}H_{21}O_4N$, F. 211°, Kristallpulver; 16%. *3'.4'-Dioxyverb.*, $C_{19}H_{21}O_4N$, F. 63°, Kristallpulver; 15%. — 4'-[α-Oxy-β-aminoäthyl]-stilbenhydrochloride, aus dem entsprechenden vorst. N-Acetylderivv. mit sd. 10%ig. HCl (1—5 Std.): *3.4-Methylendioxy-*, $C_{17}H_{17}O_3N \cdot HCl$, F. 224° (Zers.; Eisessig); 61%. — *4-Methoxy-*, $C_{17}H_{19}O_2N \cdot HCl$, F. 179° (W.); 75%. — *3-Oxy-4-methoxy-*, $C_{17}H_{19}O_3N \cdot HCl$, F. 225° (W.); 60%. — *3-Methoxy-4-oxy-*, $C_{17}H_{19}O_3N \cdot HCl$, F. 210° (W.); 70%. — *4-Oxy-*, $C_{16}H_{17}O_2N \cdot HCl$, F. 181° (W.); 65%. — *3.4-Dioxy-*, $C_{16}H_{17}O_3N \cdot HCl$, F. 153° (A.). — *4-[α-Oxy-β-aminopropyl]-stilbenhydrochlorid*, $C_{17}H_{19}ON \cdot HCl$, F. 167° (W.); 65%. — *3'.4'-Methylendioxyverb.*, $C_{18}H_{19}O_3N \cdot HCl$, F. 258° (W.); 60%. — *3'.4'-Dioxyverb.*, $C_{17}H_{19}O_3N \cdot HCl$, F. 152° (A.); 80%. (Liebigs Ann. Chem. **598.** 167—73. 1956. Jena, Univ., Inst. für organ. Chem. u. Biochem.) H. OTTERBACH. 2500

Günther Drefahl und **Joachim Ulbricht**, *Untersuchungen über Stilbene.* 3. Mitt. *Die Darstellung von N-Dialkyl-4-aminostilbenen mit ungleichen Substituenten.* (2. vgl. vorst. Ref.) *4-Aminostilben* (I) läßt sich durch partielle katalyt. Hydrierung von 4-Nitrostilben gewinnen, da die Red. der Äthylenbindung langsamer erfolgt (im Gegensatz zu 2- u. 3-Nitrostilben). Einheitliche *sek. Amine* entstehen daraus in hoher Ausbeute durch Umsetzen mit p-Toluolsulfochlorid, Alkylieren u. Verseifen der Sulfonamidbindung, wonach dann weiter zum *tert. Amin* alkyliert werden kann. Mit Dialkylaminoäthylchlorid entstehen aus I einheitlich *sek. Amine*; eine erneute Alkylierung setzt am tert.-N an u. führt zu *quartären NH_4-Salzen.* Bei der katalyt. Red. von 4-Benzalaminostilben wird ein Gemisch aus *N-Benzyl-4-aminostilben* (II) u. *N-Benzyl-4-aminodibenzyl* (III) erhalten. III setzt sich mit Diäthylaminoäthylchlorid 10 mal so schnell um wie II. *N-Benzyl-4-aminostilben* (II) wird am besten durch Kondensation von *4-Benzylaminophenylessigsäure* mit Benzaldehyd u. Decarboxylieren hergestellt. Beim Erhitzen von *N-Benzyl-N-diäthylaminoäthyl-4-aminophenylessigsäureäthylester* in HCl tritt neben der Verseifung eine acidolyt. Spaltung zu *Benzylchlorid* u. *N-Diäthylaminoäthyl-4-aminophenylessigsäure* ein.

Versuche: *4-Aminostilben* (I), F. 151° (Nadeln aus Methanol), durch partielle Hydrierung von 4-Nitrostilben in Essigester–Methanol (8 : 1) über RANEY-Ni; 82% (Ausbeute). — *4-Aminodibenzyl*, F. 52—54° (PAe.), analog I bei Weiterführung der Hydrierung; fast 100%. *Benzoylverb.*, F. 170—171°. — *3-Nitrostilben*, F. 112°, durch Decarboxylieren von 3-Nitro-α-phenylzimtsäure mit Naturkupfer C in Chinolin (30 Min. bei 200°); gelbe Nadeln aus Butanol; 52%. — *3-Aminodibenzyl*, F. 50—51° (PAe.), analog I aus vorst. Verb.; fast 100%. — *2-Aminodibenzylhydrochlorid*, F. 193—195° (A.–Ae.), analog I aus 2-Nitrostilben; fast 100%. — *N-[Stilbenyl-(4)]-4-toluolsulfamid*, $C_{21}H_{19}O_2NS$, F. 182—183° (A.), aus I u. p-Toluolsulfochlorid in Pyridin; 80%. — N-Alkylderivv., aus der Na-Verb. (mit Na in sd. Toluol) mit Alkylsulfat bzw. -chlorid: *N-Methyl-*, $C_{22}H_{21}O_2NS$, F. 163° (A.), mit Dimethylsulfat (4 Std. kochen); 87%. — *N-Äthyl-*, $C_{23}H_{23}O_2NS$, F. 141—142° (Nadeln aus A.), mit Diäthylsulfat; 86%. — *N-Diäthylaminoäthyl-, Hydrochlorid*, $C_{27}H_{33}O_2N_2ClS \cdot 1/2\, H_2O$, F. 203—204° (Nadeln aus Isopropanol), mit Diäthylaminoäthylchlorid; 72%. — *N-Propyl-*, $C_{24}H_{25}O_2NS$, F. 157 bis 157,5° (Nadeln aus n-Butanol), mit n-Propylbromid in Dimethylformamid (2 Std. bei 100°); 89%. — *N-Butyl-*, $C_{25}H_{27}O_2NS$, F. 158,5—159,5°, mit Butylbromid; Nadeln aus Butanol; 80%. — *N-Benzyl-*, $C_{28}H_{25}O_2NS$, F. 193—194° (Nadeln aus Butanol), mit Benzylbromid; 89%. — N-Alkyl-4-aminostilbene, aus der entsprechenden vorst. Verb. mit konz. HCl in Eisessig (14 Std. kochen); aus den *prim. Aminen* mit Dimethyl- bzw. Diäthylsulfat die *sek. Amine*: *N-Methyl-*, $C_{15}H_{15}N$, F. 108—109°, Blättchen aus A.; 89%. *N-Acetylderiv.*, $C_{17}H_{17}ON$, F. 137—138° (Methanol). — *N-Äthyl-*, $C_{16}H_{17}N$, F. 127—127,5°, gelbliche Blättchen aus A.; 83%. *N-Acetylderiv.*, $C_{18}H_{19}ON$, F. 91,5—92,5° (PAe.). — *N-Propyl-*, $C_{17}H_{19}N$, F. 106—107°, gelbliche Blättchen aus A.; 93%. *Acetylderiv.*, $C_{19}H_{21}ON$, F. 94—95° (PAe.). — *N-Butyl-*, $C_{18}H_{21}N$, F. 111—112,5°, gelbliche Blättchen aus Methanol; 85%. *Acetylderiv.*, $C_{20}H_{23}ON$, F. 53—55° (PAe.). — *N-Benzyl-* (II), $C_{21}H_{19}N$, F. 136—137° (Methanol); 37%. — *N-Diäthylaminoäthyl-*, $C_{20} \cdot H_{26}N_2$, F. 70° (Methanol), Kp.$_{0,05}$ 192—195°, im Rohr (6 Std. bei 110°) in konz. HCl; 77%. *Monohydrochlorid*, $C_{20}H_{27}N_2Cl$, F. 179—180° (A.), auch aus I mit Diäthylaminoäthylchlorid in Toluol; 49%. *Methomethylsulfonat*, $C_{22}H_{32}O_4N_2S$, F. 139—141° (beim langsamen Abkühlen) bzw. F. 105—107° (Nadeln; beim schnellen Abkühlen), mit $(CH_3)_2SO_4$ in Ae.; 37%. — *N-Dimethylaminoäthyl-, Monohydrochlorid*, $C_{18}H_{23}N_2Cl$, F. 238—240° (A.), aus Dimethylaminoäthylchlorid u. I; 42%. — *N-Methyl-N-äthyl-*, $C_{17}H_{19}N$, F. 89—90°, gelbliche Nadeln aus Methanol; 52%. — *N-Äthyl-N-propyl-*, $C_{19}H_{23}N$, F. 39,5—41°, gelbliche Blättchen aus Methanol; 53%. — *N-Äthyl-N-butyl-*, $C_{20}H_{25}N$, F. 55—56,5°, gelbliche Blättchen aus A.; 61%. — *N-Äthyl-N-benzyl-*, $C_{23}H_{23}N$, F. 86—87° (A.); 60%. —

N-Methyl-N-propyl-, $C_{18}H_{21}N$, F. 81,5—82,5°, gelbliche Blättchen aus Methanol; 47%. — *N-Methyl-N-butyl-*, $C_{19}H_{23}N$, F. 94—95°, Blättchen aus A.; 66%. — *N-Methyl-N-benzyl-*, $C_{22}H_{21}N$, F. 120—121°, Nadeln aus Isopropanol; 59%. — *N-Methyl-N-diäthylaminoäthyl-*, *Hydrochlorid*, $C_{21}H_{29}N_2Cl$, F. 207,5—209° (Nadeln aus A.), aus N-Methyl-4-aminostilben u. Diäthylaminoäthylchlorid·HCl in Dimethylformamid in Ggw. von NaJ (6 Std. bei 160—170°); 33%. — *4-Aminophenylessigsäureäthylester* (**V**), F. 52°, Kp.$_{18}$ 174—175°, aus der Nitroverb. mit H_2 in Äthylacetat–CH_3OH über RANEY-Ni; 95%. *Benzalverb.*, $C_{17}H_{17}O_2N$, F. 37—38° (Methanol), Kp.$_{0,01}$ 164—167°, mit Benzaldehyd in Bzl.; 94%. — *4-Benzylaminophenylessigsäure*, $C_{15}H_{15}O_2N$, F. 119,5—121° (Methanol), aus **IV** mit sd. wss. HCl; 83%. *Hydrochlorid*, F. 193—194°. *Äthylester* (**IV**), $C_{17}H_{19}O_2N$, F. 66—67° (Methanol), a) durch Hydrieren vorst. Benzalverb. über RANEY-Ni in Eisessig; 93%; b) aus **V** mit Benzylchlorid in sd. A.; 46,5%. — *N-Acetyl-N-benzyl-4-aminostilben-α-carbonsäure*, $C_{24}H_{21}O_3N$, F. 198—199,5° (aus Essigester Nadeln), aus vorst. Säure mit Benzaldehyd in Ggw. von K-Acetat u. Pyridin in Acetanhydrid (6 Std. bei 140—150°); 52%. — *N-Acetyl-N-benzyl-4-aminostilben*, $C_{23}H_{21}ON$, F. 94—95° (Methanol), aus vorst. Verb. mit Naturkupfer C in Chinolin (1 Std. bei 200°); 59%. Gibt mit sd. wss.-alkoh. HCl (8 Std.) 64% **II**. — *4-Benzalaminostilben*, $C_{21}H_{17}N$, F. 193—194° (gelbe Nadeln aus Bzl.), aus **I** u. Benzaldehyd in sd. Bzl.; 73%. — *N-Benzyl-4-aminodibenzyl* (**III**), $C_{21}H_{21}N$, F. 62 bis 63° (Methanol), durch Hydrieren vorst. Verb. über RANEY-Ni in Dioxan; fast 100%. — *N-Diäthylaminoäthyl-N-benzyl-4-aminodibenzylhydrochlorid*, $C_{27}H_{35}N_2Cl$, F. 121—122° (Aceton), aus vorst. Verb. mit Diäthylaminoäthylchlorid in sd. Toluol (7 Std.); 66%. — *N-Diäthylaminoäthyl-N-benzyl-4-aminophenylessigsäureäthylesterhydrochlorid*, $C_{23}H_{33}O_2 \cdot N_2Cl$, F. 135—136° (A.), aus **IV** analog vorst. Verb.; 72%. Gibt mit sd. wss. HCl (6 Std.) 84% *Benzylchlorid* (→ *Dimethylbenzylaniliniumchlorid*, F. 108—110°) u. 93% *N-Diäthylaminoäthyl-4-aminophenylessigsäurehydrochlorid* (→ nachst. Esterpikrat). — *N-Diäthylaminoäthyl-4-aminophenylessigsäureäthylester*, Kp.$_{0,7-0,8}$ 162—167°, aus **V** analog vorst. Verb.; 70%. *Dipikrat*, $C_{16}H_{26}O_2N_2 \cdot 2\,(C_6H_3O_7N_3)$, F. 99—101°, aus Methanol hellgelbe Kristalle. (Liebigs Ann. Chem. **598**. 174—85. 1956.) H. OTTERBACH. 2500

Harold E. Zaugg und **Bruce W. Horrom**, *Einige Amine aus 3-Phenylindanon-(1)*. Zur Prüfung ihrer pharmakolog. Wrkg. werden 4 MANNICH-*Basen* aus 3-Phenylindanon-(1) (**I**) hergestellt. Das *2-Dimethylaminomethylderiv.* läßt sich mit Na-Amalgam zum *Carbinol* red., das zum *Inden* dehydratisiert wird. Das *2-Isonitrosoderiv.* von **I** kann zum *Amin* u. weiter zu dessen *Carbinol* hydriert werden.

Versuche: 3-Phenylindanon-(1)-hydrochloride: *2-Dimethylaminomethyl-* (**II**), $C_{18}H_{20}ONCl$, F. 138—140° (CH_3OH–Ae.), aus **I** mit Paraformaldehyd, $(CH_3)_2NH \cdot HCl$ u. konz. HCl in sd. absol. A. (40 Min.); 34% (Ausbeute). Zers. unter Bldg. von $(CH_3)_2NH \cdot HCl$. — *2-Diäthylaminomethyl-*, $C_{20}H_{24}ONCl$, F. 120—121°, mit Diäthylaminhydrochlorid analog **II**; 13%. — *2-Piperidinomethyl-*, $C_{21}H_{24}ONCl$, F. 155 bis 156°, mit Piperidinhydrochlorid analog **II**; 12%. — *2-Morpholinomethyl-*, $C_{20}H_{22}O_2NCl$, F. 150—151°, mit Morpholinhydrochlorid analog **II**; 30%. — *2-Dimethylaminomethyl-3-phenylindanol-(1)-hydrochlorid*, $C_{18}H_{22}ONCl$, F. 238,5—240° (Isopropanol), durch Red. von 15 g **II** in CH_3OH–W. (1 : 3) mit 5%ig. Na-Hg bei p_H 4—6 (mit 50%ig. Eisessig) u. 5—8° (75 Min.); 4,2 g. — *2-Dimethylaminomethyl-3-phenylinden*, F. 65—67°, Kp.$_{0,5}$ 136 bis 137°. *Bioxalat*, $C_{20}H_{21}O_4N$, F. 183—185° (A.–Ae.), a) durch $^1/_4$std. Kochen von 1 g vorst. Verb. in konz. HCl–CH_3COOH (1 : 4); 1 g; b) aus 2-Dimethylaminomethylindanon-(1) u. C_6H_5MgBr nach HOFFMANN u. SCHELLENBERG (Helv. chim. Acta **27**. [1944.] 1782). *Hydrochlorid*, $C_{18}H_{20}NCl$, F. 169—170°. — *2-Amino-3-phenylindanol-(1)-hydrochlorid*, $C_{15}H_{14}ONCl$, F. >250° (Zers.), durch 4std. Hydrierung unter 35 lbs./sq.in. über 20%ig. Pd-Kohle von 2-Isonitroso-3-phenylindanon in ca. 2%ig. alkoh. HCl; aus Isopropanol–Ae. Mikrokristalle; 86% (roh). — *2-Amino-3-phenylindanol-(1)*, $C_{15}H_{15}ON$, F. 150—152° (Bzl.), aus 5,5 g vorst. Verb. in W. unter 40 lbs./sq.in. H_2 über 10%ig. Pd-Kohle (20 Std.); 3,4 g. — *2-Brom-3-phenylindanon-(1)*, F. 87—88° (Hexan), aus **I** in Ae. u. Br_2 in Chlf. bei 18—20°; 82%. — *2-Brom-3-phenylindanol-(1)*, $C_{15}H_{13}OBr$, F. 129,5 bis 130° (Heptan), aus 12 g vorst. Verb. u. Al-Isopropylat in Isopropanol; 1,6 g. (J. Amer. chem. Soc. **76**. 4488—90. 5/9. 1954. North Chicago, Ill., Abbott Labors., Res. Div.) K. LEHMSTEDT. 2650

Calvin Hanna, *S-[2-Methyl-1.4-naphthochinonyl-(3)]-β-mercaptopropionsäure*. *S-[2-Methyl-1.4-naphthochinonyl-(3)]-β-mercaptopropionsäure*, $C_{14}H_{12}O_4S$, F. 161° (korr.), orangefarbene Nadeln aus Bzl., entsteht aus 2-Methyl-1.4-naphthochinon u. β-Mercaptopropionsäure in A. durch 2tägiges Stehen bei Zimmertemp.; 30% Ausbeute; lösl. in Chlf. u. Ae., weniger in A. (5 g/Liter), Ligroin u. Bzl., unlösl. in W.; in reiner Form geruchlos. (J. Amer. chem. Soc. **74**. 2120. 20/4. 1952. Iowa City, Io., State Univ., Dep. of Pharm.) H. TIMMLER. 2700

M. K. Bessubetz, *Über die Einwirkung von Schwefelchlorür auf β-Aminoanthrachinon.* Aus β-Aminoanthrachinonhydrochlorid u. S_2Cl_2 in Eisessig wird *Anthrachinon-(1.2)-thiazthioniumchlorid* (I), hieraus durch Hydrolyse mit W. u. anschließend Behandeln mit $ClCH_2CO_2H$ in alkal. Lsg. *2-Aminoanthrachinon-1-thioglykolsäure* erhalten, die diazotiert u. Kupplungs-Rkk. unterworfen wird. Die Kupplungskomponenten Salicylsäure, 1-Aminonaphthalin-4- bzw. -5- u. -6-sulfonsäure u. 1-Oxy-8-aminonaphthalin-3.6-disulfonsäure geben Azofarbstoffe von gelber bzw. roter, schwarzer, schwarzer u. grüner Farbe.

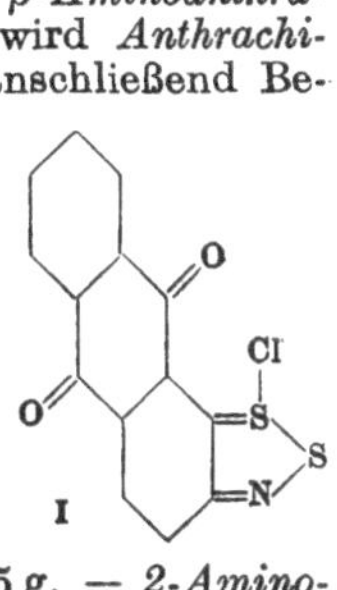
I

Versuche: *Anthrachinon-(1.2)-thiazthioniumchlorid* (I), man sättigt eine Suspension von 22,3 g β-Aminoanthrachinon in 150 ml Eisessig mit HCl-Gas, rührt nach Zusatz von 42 g S_2Cl_2 2 Std. unter allmählicher Temperaturerhöhung u. hält 16 Std. bei 80°; nach Filtration wird der Nd. mit 25 ml Eisessig gewaschen; Gewicht der Paste 65 g. — *2-Aminoanthrachinon-1-thioglykolsäure*, $C_{16}H_{11}O_4NS$, die I-Paste (65 g) wird in 600 g Eis + 600 ml W. eingetragen, der Nd. nach 12 Std. abfiltriert, mit W. bis zum Verschwinden der sauren Rk. gewaschen u. zur feuchten Paste nach Verdünnen mit W. + Eis bis zur fl. Konsistenz bei 2° verd. NaOH + $ClCH_2CO_2Na$ hinzugesetzt; man läßt bei 10°, Zimmertemp. u. 70° einwirken, verd. auf 500 ml, filtriert u. säuert das Filtrat mit HCl an; Reinigung durch Umfällen aus der Na_2CO_3-Lsg.; braunrot; 16,6 g (bei 70° getrocknet). (Журнал Общей Химии [J. allg. Chem.] **26** (**88**). 111—15. Jan. 1956. Wiss. Woroschilow-Forschungsinst. für organ. Zwischenprodukte u. Farbstoffe.)

R. KNOBLOCH. 2800

Chin Chang, *Untersuchungen über kondensierte Ringsysteme.* 2. Mitt. A) *Optische Spaltung von γ-[6-Methoxy-2-carboxy-1.2.3.4-tetrahydronaphthyl-(1)]-buttersäure.* B) *Synthese von d- und l-1-Oxy-2-methyl-2-carbomethoxy-7-methoxy-1.2.3.4.9.10.11.12-oktahydrophenanthren-1-essigsäuremethylester.* (1. vgl. C. **1956.** 7248.) γ-[6-Methoxy-2-carboxy-3.4-dihydronaphthyl-(1)]-buttersäure (**VII**) wird in Ggw. von Pd-Kohle in Eisessig zu *γ-[6-Methoxy-2-carboxy-1.2.3.4-tetrahydronaphthyl-(1)]-buttersäure* (**VIII**) hydriert. **VIII** wird über ihr Brucinsalz opt. gespalten; die *Dimethylester* (**X**) von *d-* u. *l*-**VIII** ergaben bei der DIECKMANN-Cyclisierung u. nachfolgender Methylierung *d-* u. *l-1-Keto-2-methyl-2-carbomethoxy-7-methoxy-1.2.3.4.9.10.11.12-oktahydrophenanthren* (*d-* u. *l*-**XI**). *d-* u. *l*-**XI** u. Bromessigsäuremethylester geben durch REFORMATSKI-Rk. *d-* u. *l-1-Oxy-2-methyl-2-carbomethoxy-7-methoxy-1.2.3.4.9.10.11.12-oktahydrophenanthren-1-essigsäuremethylester* (*d-* u. *l*-**XII**).

Versuche: *m-Jodanisol* (I), $Kp._{20}$ 130°, aus m-Methoxyanilin durch Diazotierung u. Versetzung mit KJ; 83% (Ausbeute). — *β-[m-Methoxyphenyl]-äthylalkohol* (**II**), $Kp._2$ 118—123°, aus der GRIGNARD-Verb. aus I u. Äthylenoxyd. — *β-[m-Methoxyphenyl]-äthylbromid* (**III**), $Kp._8$ 158—160°, aus **II** u. PBr_3. — *β-[m-Methoxyphenyl]-äthylmalonsäurediäthylester* (**IV**), $Kp._{0,4}$ 188—192°, aus **III** u. Malonsäurediäthylester. — *5-Keto-6.6-dicarbäthoxy-8-[m-methoxyphenyl]-caprylsäureäthylester* (**V**), aus 118 g **IV** u. 9,2 g Na in Bzl. durch Zugabe von 90 g γ-Carbäthoxybuttersäurechlorid; 160 g (roh). — *γ-[6-Methoxy-2-carboxy-3.4-dihydronaphthyl-(1)]-buttersäure* (**VII**), F. 188—190°, a) aus **V** durch Ringschluß mit wasserfreiem fl. HF bei —10° zu *1-[γ-Carbäthoxypropyliden]-2.2-dicarbäthoxy-6-methoxy-1.2.3.4-tetrahydronaphthalin* (**VI**), dessen Hydrolyse mit KOH u. Decarboxylierung auf dem Dampfbad; Nadeln aus Dioxan; 47% (bezogen auf **IV**); b) aus **V** durch Ringschluß mit konz. H_2SO_4 bei 0° zu **VI** u. weiter wie a). — *γ-[6-Methoxy-2-carboxy-1.2.3.4-tetrahydronaphthyl-(1)]-buttersäure* (**VIII**), F. 156—158° (Bzl.–Methanol), aus **VII** in mit CrO_3 gereinigtem Eisessig durch Hydrierung über Pd-Kohle bei Zimmertemp.; 90%. *Brucinsalz von* **VIII** (**IX**), $C_{62}H_{72}O_{13}N_4$, aus 29,2 g **VIII** u. 79 g Brucin in 1200 cm³ Methanol durch Kochen; dabei 49 g *l*-**IX** als erster Nd., F. 161—167°, $[\alpha]_D^{25}$ —74,0°, 8 g Gemisch von *l-* u. *d*-**IX** aus der konz. Mutterlauge u. 50 g *d*-**IX** als Rückstand. — *l*-**VIII**, $C_{16}H_{20}O_4$, F. 171—172° (Bzl.–A.), aus *l*-**IX** durch Hydrolyse mit KOH; $[\alpha]_D^{25}$ —123° (A.). — *d*-**VIII**, $C_{16}H_{20}O_5$, F. 171—172°, aus *d*-**IX** wie *l*-**VIII**; aus Bzl.–A. Nadeln; $[\alpha]_D^{25}$ + 121° (A.). — *l-γ-[6-Methoxy-2-carbomethoxy-1.2.3.4-tetrahydronaphthyl-(1)]-buttersäuremethylester* (*l*-**X**), aus *l*-**VIII** in absol. Ae. u. Diazomethan. — *d*-**X**, aus *d*-**VIII** u. Diazomethan. — *d-1-Keto-2-methyl-2-carbomethoxy-7-methoxy-1.2.3.4.9.10.11.12-oktahydrophenanthren* (*d*-**XI**), $C_{18}H_{22}O_4$, F. 114—116°, aus *l*-**X** mit Natriummethylat, dann mit Methyljodid; 1,4 g als erster Nd. aus Aceton–PAe. aus 6 g *l*-**VIII**; $[\alpha]_D^{25}$ + 89° (A.). — *l*-**XI**, $C_{18}H_{22}O_4$, F. 114—116°, aus *d*-**X** wie *d*-**XI**; 1,7 g aus 6 g *d*-**VIII**; $[\alpha]_D^{25}$ —90,4° (A.). — *d-1-Oxy-2-methyl-2-carbomethoxy-7-methoxy-1.2.3.4.9.10.11.12-oktahydrophenanthren-1-essigsäuremethylester* (*d*-**XII**), $C_{21}H_{28}O_6$, F. 86—88°, aus 0,4 g *d*-**XI**, 5 g Zn u. 0,8 cm³ Bromessigsäuremethylester durch Kochen; $[\alpha]_D^{25}$ + 113,6° (A.); 0,42 g Nadeln aus Methanol. —

l-XII, $C_{21}H_{28}O_6$, F. 86—88°, aus 0,4 g *l*-XI wie *d*-XII; $[\alpha]_D^{25}$ —113° (A.); 0,4 g Nadeln aus Methanol. (Acta chim. sinica **21**. 303—14. 1955. Peking, Petrol. Inst. [Orig.: chines.; Auszug: engl.]) E. Maekawa. 2850

Chin Chang, *Untersuchungen über kondensierte Ringsysteme.* **3.** Mitt. *Reformatski-Reaktion von 1-Keto-2-methyl-7-methoxy-1.2.3.4.9.10.11.12-oktahydrophenanthren mit γ-Bromcrotonsäuremethylester.* (2. vgl. vorst. Ref.) Das aus γ-[6-Methoxy-2-carbomethoxy-1.2.3.4-tetrahydronaphthyl-(1)]-buttersäuremethylester mit Natriummethylat u. Methyljodid hergestellte *1-Keto-2-methyl-2-carbomethoxy-7-methoxy-1.2.3.4.9.10.11.12-oktahydrophenanthren* (I) gibt durch Kochen in KOH-Lsg. *1-Keto-2-methyl-7-methoxy-1.2.3.4-9.10.11.12-oktahydrophenanthren* (II), das durch Reformatski-Rk. mit γ-Bromcrotonsäuremethylester zu *γ-[1-Oxy-2-methyl-7-methoxy-1.2.3.4.9.10.11.12-oktahydrophenanthryl-(1)]-crotonsäuremethylester* (III) führt. Der entsprechende *Buttersäureester* (IV) wird durch Red. von III hergestellt u. zur freien *γ-[1-Oxy-2-methyl-7-methoxy-1.2.3.4-9.10.11.12]-oktahydrophenanthryl-(1)]-buttersäure* hydrolysiert.

Versuche: *1-Keto-2-methyl-2-carbomethoxy-7-methoxy-1.2.3.4.9.10.11.12-oktahydrophenanthren* (I), $C_{18}H_{22}O_4$, F. 133—135° (Aceton–PAe.), aus 12,8 g γ-[6-Methoxy-2-carbomethoxy-1.2.3.4-tetrahydronaphthyl-(1)]-buttersäuremethylester in Bzl. mit Natriummethylat durch 6std. Kochen im N_2-Strom u. Versetzen mit Methyljodid in Methanol; 12 g (Ausbeute). — *1-Keto-2-methyl-7-methoxy-1.2.3.4.9.10.11.12-oktahydrophenanthren* (II), F. 116—117° (Methanol), aus 3 g I in Methanol durch 2std. Kochen mit 6n KOH; 2,3 g. — *γ-[1-Oxy-2-methyl-7-methoxy-1.2.3.4.9.10.11.12-oktahydrophenanthryl-(1)]-crotonsäuremethylester* (III), aus II in Bzl.–Ae. durch Kochen mit γ-Bromcrotonsäuremethylester u. Zn u. Versetzen mit Wasser. — *γ-[1-Oxy-2-methyl-7-methoxy-1.2.3.4.9.10.11.12-oktahydrophenanthryl-(1)]-buttersäuremethylester* (IV), aus rohem III in A. durch Red. mit H_2/Pd-Kohle bei Zimmertemp. u. 3 atü. *Freie Säure,* $C_{20}H_{28}O_4$, F. 168—169°, aus rohem IV durch Hydrolyse mit 2n KOH; aus Bzl. Nadeln; 93% (bezogen auf II). (Acta chim. sinica **21**. 315—19. 1955. [Orig.: chines., Auszug: engl.]) E. Maekawa. 2850

O. Neunhoeffer und **H. Woggon,** *Die Addition von Alkalimetall an Pyren. Pyren-Na* (I) entsteht leicht aus Pyren u. Na in Ae. oder fl. NH_3. Mit NH_4Br liefert I in fl. NH_3 neben Pyren *Dihydropyren* (II) in 12%ig., bei 4fachem Na-Überschuß bis zu 30%ig. Ausbeute. Durch Zugabe von Ae. zu I in fl. NH_3, Abdest. des NH_3 u. Umsetzung mit A. wurde eine blaugrüne äther. Lsg. (vermutlich von II) erhalten, beim Konzentrieren trat Polymerisation ein. Unter veränderten Bedingungen entsteht aus der blaugrünen Lsg. ein Umsetzungsprod. mit 2 Mol Nitrosodimethylanilin. Mit CO_2 entsteht aus I *Pyren-1-monocarbonsäure* u. zwei *Pyrendicarbonsäuren,* jedoch keine Dihydropyrendicarbonsäuren. Die äther. I-Lsg. enthält 1 Mol Na auf 1 Mol Pyren. (Angew. Chem. **68**. 386. 7/6. 1956. Berlin.) H. Ascherl. 2950

D. Muriel Hall und **E. E. Turner,** *Darstellung von optisch-aktivem 9.10-Dihydro-3.4;5.6-dibenzophenanthren.* Vorl. Mitt. zu der C. **1956. 4434** referierten Arbeit. (Chem. and Ind. **1953**. 1177. 31/10.) H. Winter. 2950

A. P. Terentjew, A. N. Kosst und **W. A. Smit,** *Synthesen mit Hilfe von Acrylonitril.* 21. Mitt. *Synthese und Eigenschaften von β-[Indolyl-(1)]-propionsäuren.* (20. vgl. C. **1956. 12530.**) Es werden aus Acrylonitril (I) u. Indol (II) bzw. α-Methylindol (III) in Ggw. von 5—6 g Ätzkali je Mol II in Bzl. *β-[Indolyl-(1)]-* u. *β-[2-Methylindolyl-(1)]-propionsäure* sowie *1.3-Bis-[β-cyanäthyl]-indol* u. *1.3-Bis-[β-cyanäthyl]-2-methylindol* u. daraus durch Verseifen die entsprechenden *Indolcarbon-* u. *-dicarbonsäuren* dargestellt. Durch Verseifen der entsprechenden Nitrile werden *β-[Indolyl-(3)]-* u. *β-[2-Methylindolyl-(3)]-propionsäure* gewonnen. I reagiert mit II oder III nicht ohne Katalysator oder in Ggw. von Säuren (Borsäure, Essigsäure). Analog I reagieren Äthylencyanhydrin (IV), β-Äthoxypropionitril (V) u. β-Dimethylaminopropionitril (VI). Beim Erhitzen von 1.3-Bis-[β-cyanäthyl]-indol oder beim Behandeln von 1.3-Bis-[β-carboxyäthyl]-indol mit überhitztem Dampf entstehen *β-[Indolyl-(3)]-propionitril* bzw. *β-[Indolyl-(3)]-propionsäure.*

Versuche: *β-[Indolyl-(1)]-propionitril,* F. 47°, a) man rührt 10,6 g I u. 11,7 g II in 50 ml Bzl. in Ggw. von 0,6 g KOH 1—2 Std. bei Zimmertemp., wobei die Lsg. unter Erwärmen von Blau nach Rot umschlägt; 95% (Ausbeute); b) man kocht V u. II in Xylol in Ggw. von KOH 2—3 Std.; 12%; c) man kocht 19,6 g VI, 11,6 g II u. 0,6 g KOH in 50 ml Xylol 4 Std.; 3 g. — *β-[Indolyl-(1)]-propionsäure,* F. 91°, a) durch Verseifen vorst. Verb. mit 10%ig. KOH (3 Std. Kochen); b) durch 8std. Kochen von 5,1 g vorst. Verb. mit 50%ig. KOH im NH_3-Strom; 4 g; daneben 0,5 g *Indol;* c) durch 6std. Erhitzen von IV, II u. KOH (NaOH) in A. auf 190—200° im Stahlautoklaven; 47% (41%); d) aus II, V u. KOH in A. unter vorst. Bedingungen; 47%; e) analog c) aus II u. VI; 53%. Gibt in 30%ig. KOH beim Behandeln mit überhitztem Dampf (250—270°) *Indol. Äthylester*, $Kp._2$ 135—150°, man rührt II u. Äthylacrylat in Bzl. in Ggw. von KOH 1 Std. bei Zimmertemp. u. erhitzt 2 Std. zum Sieden; 30%. — *β-[Indolyl-(3)]-propionsäure*, F. 133°, durch 2std. Kochen von β-[Indolyl-(3)]-propionitril mit 25%ig. KOH; 90%. — *β-[2-Methylindolyl-(3)]-propionsäure*, F. 138°, durch Verseifen von β-[2-Methylindolyl-(3)]-propionitril analog Vorst.; 70%. — *β-[2-Methylindolyl-(1)]-propionitril*, F. 84° (wss. Methanol), man rührt I, III u. KOH in Bzl. 1 Std. in der Kälte u. kocht 1 Std.; 77%. — *β-[2-Methylindolyl-(1)]-propionsäure*, $C_{12}H_{13}O_2N$, F. 111—112° (W.), durch 3std. Verseifen vorst. Verb. mit 15%ig. KOH; 90%. — *1.3-Bis-[β-cyanäthyl]-indol*, $C_{14}H_{13}N_3$, F. 97° (A.), man rührt β-[Indolyl-(3)]-propionitril u. I in Ggw. von KOH in Bzl. 1—2 Std., wobei Erwärmung auf 30—40° eintritt; 97%; gibt beim Erhitzen im Vakuum auf 250° in Ggw. von Hydrochinon unter N_2 *β-[Indolyl-(3)]-propionitril*; 92%. — *1.3-Bis-[β-carboxyäthyl]-indol*, $C_{14}H_{15}O_4N$, F. 146° (wss. A.), durch 4std. Kochen vorst. Verb. mit 10%ig. KOH; 94%; gibt mit 50%ig. KOH beim Einleiten von überhitztem Dampf (280°) u. darauffolgendem Ansäuern *β-[Indolyl-(3)]-propionsäure*; 82%. — *1.3-Bis-[β-cyanäthyl]-2-methylindol*, F. 144—145° (A.), man rührt β-[2-Methylindolyl-(3)]-propionitril mit I in Bzl. in Ggw. von KOH 1—2 Std. bei Zimmertemp.; 83%. — *1.3-Bis-[β-carboxyäthyl]-2-methylindol*, F. 128° (W.), durch 4std. Kochen von 1,2 g vorst. Verb. mit 15%ig. KOH; 1,3 g. (Журнал Общей Химии [J. allg. Chem.] **25** (**87**). 1959—66. Sept. 1955. Moskau, Univ.) CH. WEISKE. 3000

A. P. Terentjew, A. N. Kosst und **A. M. Berlin,** *Synthesen mit Hilfe von Acrylonitril.* 22. Mitt. *Eine neue Methode zur Synthese von Pyrrolinen.* (21. vgl. vorst. Ref.) Es werden aus Ketonen u. Acrylonitril über δ-Ketonitrile durch Verseifung nach RADZISZEWSKI (3%ig. H_2O_2 in alkal. Lsg.) δ-Ketamide dargestellt, die beim HOFMANNschen Abbau durch Cyclisierung der entstehenden Aminoketone *Pyrroline* ergeben. So werden aus Diisopropylketon bzw. Isobutyrophenon über *γ-Methyl-γ-isobutyrylvaleramid* bzw. *γ-Methyl-γ-benzoylvaleramid 3.3-Dimethyl-2-isopropyl-* bzw. *3.3-Dimethyl-2-phenylpyrrolin* erhalten.

Versuche: *γ-Methyl-γ-isobutyrylvaleronitril*, $Kp._4$ 106—108°, $Kp._7$ 116—118°, man erhitzt 91,2 g Diisopropylketon in Ggw. von Na-Äthylat (0,6 g Na, 10 ml A.) auf 100° u. läßt in 1½ Std. 21,2 g Acrylonitril zutropfen, erhitzt noch 3 Std. u. neutralisiert mit verd. H_2SO_4; $D.^{20}_4$ 0,9222; n_D^{20} 1,4432; 46% (Ausbeute). — *γ-Methyl-γ-isobutyrylvaleramid* (I), $C_{10}H_{19}O_2N$, F. 90°, man rührt 15 g vorst. Verb. mit 300 ml 3%ig. H_2O_2, 3 ml 6n NaOH u. 50 ml A. 6 Std. bei 50—60° u. neutralisiert mit verd. H_2SO_4; Prismen aus trockenem Bzl.; 89%. — *γ-Methyl-γ-benzoylvaleramid* (II), $C_{13}H_{17}O_2N$, F. 145° (W.), man verseift γ-Methyl-γ-benzoylvaleronitril analog Vorst. (4 Std. bei 50—60°); 93,5%. — *3.3-Dimethyl-2-isopropylpyrrolin*, $Kp._{745}$ 157—158°, durch HOFMANNschen Abbau von I (2 Std. bei 100°); flüchtige, stechendriechende Fl., Kopfschmerzen u. Augenbrennen hervorrufend; $D.^{20}_4$ 0,8340; n_D^{20} 1,4471; 70%. *Pikrat*, $C_{15}H_{20}O_7N_4$, F. 189° (Zers.; absol. A.). *Styphnat*, F. 184° (Ae.). *Flavianat*, gelbgrünes Öl. *Benzolsulfamidderiv.*, Öl. *N-Phenylcarbamidderiv.*, $C_{16}H_{22}ON_2$, F. 203° (absol. A.). — *3.3-Dimethyl-2-phenylpyrrolin*, $Kp._{17}$ 119—121°, durch HOFMANNschen Abbau von II (1 Std. bei 70—80°); $D.^{20}_4$ 0,9983; n_D^{20} 1,5440; 58%. *Pikrat*, $C_{18}H_{18}O_7N_4$, F. 160° (absol. A.). *N-Phenylcarbamidderiv.*, $C_{19}H_{20}ON_2$, F. 230°. (Журнал Общей Химии [J. allg. Chem.] **25** (**87**). 1613—16. Aug. 1955.) CH. WEISKE. 3000

W. G. Jaschunski und **A. P. Terentjew,** *Synthesen mit Hilfe von Acrylonitril.* 23. Mitt. *Gewinnung von N-[γ-Alkoxypropyl]-pyrrolidinen und -piperidinen.* (22. vgl. vorst. Ref.) Für pharmakol. Unterss. werden durch Kondensation von 1.4-Dibrombutan (I) mit γ-Äthoxy-, γ-Isopropoxy-, γ-Isobutoxy-, γ-n-Butoxy- u. γ-Isoamyloxypropylamin in Ggw. von K_2CO_3 *N-[γ-Äthoxypropyl]-*, *N-[γ-Isopropoxypropyl]-*, *N-[γ-Isobutoxypropyl]-* *N-[γ-Butoxypropyl]-* u. *N-[γ-Isoamyloxypropyl]-pyrrolidin* dargestellt. Aus 1.5-Dibrompentan (II) u. γ-Äthoxy- bzw. γ-Butoxypropylamin entstehen *N-[γ-Äthoxypropyl]-* bzw. *N-[γ-Butoxypropyl]-piperidin* u. aus β.β'-Dibromdiäthyläther (**III**) u. γ-Äthoxypropylamin *N-[γ-Äthoxypropyl]-morpholin*. Die dargestellten tert. Amine sind leichtbewegliche, farblose Fll., die schnell W. u. CO_2 aufnehmen. Ihre Hydrochloride, Pikrate, Jodmethylate u. Chloroplatinate sind Öle.

Versuche: *β.β'-Dibromdiäthyläther* (**III**), $Kp._{33}$ 114—115°, man läßt unter Kühlung u. Feuchtigkeitsausschluß eine Lsg. von 34 g Diäthylenglykol in 9,25 g trockenem Pyridin zu 68,5 g PBr_3 zutropfen u. läßt 12 Std. stehen; 72,3% (Ausbeute). — *N-[γ-Äthoxypropyl]-pyrrolidin* (**IV**), $C_9H_{19}ON$, $Kp._5$ 64—65°, $Kp._{10}$ 74—75°, man läßt zu 13,24 g mit W. angefeuchtetes K_2CO_3 10,36 g I in 15 ml Bzl. u. unter Rühren u. Erwärmen auf dem Wasserbad eine Lsg. von 4,95 g γ-Äthoxypropylamin in 10 ml Bzl. Zutropfen u.

erhitzt noch 16 Std.; $D.^{20}_4$ 0,8856; n_D^{20} 1,4440; 44,4%. — *N-[γ-Isopropoxypropyl]-pyrrolidin*, $C_{10}H_{21}ON$, $Kp._{10}$ 79—80°, aus γ-Isopropoxypropylamin u. **I** in Ggw. von K_2CO_3 in 24 Std. analog Vorst.; $D.^{20}_4$ 0,8863; n_D^{20} 1,4476; 46,2%. — *N-[γ-Isobutoxypropyl]-pyrrolidin*, $C_{11}H_{23}ON$, $Kp._9$ 92,5°; $D.^{20}_4$ 0,8749; n_D^{20} 1,4445; 45,5%. — *N-[γ-n-Butoxypropyl]-pyrrolidin*, $C_{11}H_{23}ON$, $Kp._9$ 98—100°, aus γ-Butoxypropylamin u. **I** (17 Std. Erhitzen); $D.^{20}_4$ 0,8729; n_D^{20} 1,4448; 36,6%. — *N-[γ-Isoamyloxypropyl]-pyrrolidin*, $C_{12}H_{25}ON$, $Kp._{11}$ 113—115°, man läßt in eine sd. Lsg. von 8,42 g **I** in 25 ml Dioxan u. 10 ml Ae. 5,72 g γ-Isoamyloxypropylamin in 20 ml Ae. Zutropfen u. erhitzt 23 Std. auf dem Wasserbad; $D.^{20}_4$ 0,8709; n_D^{20} 1,4462; 28,7%. — *N-[γ-Äthoxypropyl]-piperidin*, $C_{10}H_{21}ON$, $Kp._9$ 82—83°, aus γ-Äthoxypropylamin u. **II** in Bzl. in Ggw. von K_2CO_3 (20 Std. kochen); $D.^{20}_4$ 0,8884; n_D^{20} 1,4490; 59%. — *N-[γ-Butoxypropyl]-piperidin*, $C_{12}H_{25}ON$, $Kp._{15}$ 120—121,5°, analog Vorst. aus γ-Butoxypropylamin u. **II** in 27 Std.; $D.^{20}_4$ 0,8796; n_D^{20} 1,4508; 53,4%. — *N-[γ-Äthoxypropyl]-morpholin*, $C_9H_{19}O_2N$, $Kp._{15}$ 92 bis 94°, aus **III** u. γ-Äthoxypropylamin in 24 Std.; $D.^{20}_4$ 0,9534; n_D^{20} 1,4498; 44,8%. (Журнал Общей Химии [J. allg. Chem.] **25** (**87**). 2299—2303. Nov. 1955.)

Ch. Weiske. 3000

D. H. R. Barton, A. M. Deflorin und **O. E. Edwards,** *Die Synthese der Usninsäure.* Die Struktur der durch Oxydation von p-Kresol entstehenden *dimeren Verb. vom F. 124°* wird durch verschied. Abbau-Rkk. u. Unters. der Infrarotspektren der Abbauprodd. als *3.4.4a.9b-Tetrahydro-8.9b-dimethyl-3-oxodibenzofuran* (I) festgestellt u. der Bildungsmechanismus diskutiert. **I** gibt bei der Hydrierung mit Pd-$CaCO_3$ das *1.2.3.4.4a.9b-Hexahydroderiv.*, das in A. in Ggw. von C_2H_5ONa mittels Pd-Kohle zu *4-Methyl-4-[2-oxy-5-methylphenyl]-cyclohexanon* hydriert wird, das ebenso auch direkt aus **I** erhalten werden kann. Letztere Verb. liefert bei der Red. nach Wolff-Kishner u. nachfolgende Oxydation mit $KMnO_4$ *1-Methylcyclohexan-1-carbonsäure.* Die von Westerfeld u. Lowe (J. biol. Chemistry **145.** [1942.] 463) durch Oxydation mit $KMnO_4$ aus **I** erhaltene Säure $C_{13}H_{14}O_5$ ist demnach als *3-Carboxy-3.5-dimethylcumaranyl-(2)-essigsäure* u. die Säure $C_{13}H_{12}O_7$ *3-Methyl-3.5-dicarboxycumaranyl-(2)-essigsäure* anzusehen. Analog wie **I** aus p-Kresol wird aus Methylphloracetophenon (**II**) das entsprechende *Dibenzofuranderiv.* (**III**) gebildet, dessen Acetylierung (±)-*Usninsäurediacetat* liefert, aus dem durch Hydrolyse ebenso wie durch Rk. von **III** mit konz. H_2SO_4 (±)-*Usninsäure* erhalten wird.

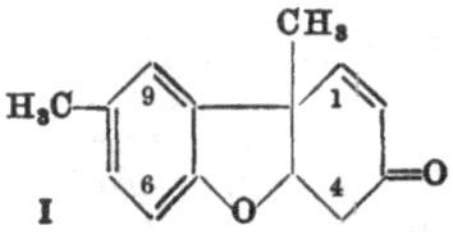

I

Versuche: *1.2.3.4.4a.9b-Hexahydro-8.9b-dimethyl-3-oxodibenzofuran*, $C_{14}H_{16}O_2$, F. 81—82°, aus 645 mg **I** u. H_2 in Ggw. von Pd-$CaCO_3$ in Äthylacetat (1/4 Std.); aus PAe. Prismen; 500 mg (Ausbeute): λ_{max} 287 mμ (ε = 3500). — *4-Methyl-4-[2-oxy-5-methylphenyl]-cyclohexanon*, $C_{14}H_{18}O_2$, F. 175—176° (verd. A.), aus **I** oder vorst. Verb. u. H_2 in A. in Ggw. von Pd-Kohle u. C_2H_5ONa. — *1-Methylcyclohexan-1-carbonsäure*, aus 3 g der vorst. Verb. u. Hydrazinhydrat bei 200° (1 Std.), Zugeben von Na in Diäthylenglykol, 6std. Kochen, Ansäuern mit 5%ig. HCl, Extraktion mit Ae. u. Oxydation des Ätherrückstandes mit $KMnO_4$ in Aceton bei Zimmertemp. (24 Std.), dann mit $KMnO_4$ in 0,87n KOH (2 Std.); nach Chromatographie an Silicagel 312 mg. *p-Bromphenacylester*, $C_{16}H_{19}O_3Br$, F. 57,5—58,5° (PAe.). *S-Benzylisothiuroniumsalz*, $C_{16}H_{24}O_2N_2S$, F. 139—140° (verd. A.). — *2.6-Diacetyl-3.4.4a.9b-tetrahydro-1.4a-7.9-tetraoxy-8.9b-dimethyl-3-oxodibenzofuran* (**III**), $C_{18}H_{18}O_8$, F. 192° (Zers.), a) durch Zugeben von 1 Mol $K_3[Fe(CN)_6]$ zu 5 g **II** in wss. Na_2CO_3 unter N_2 bei 0° (½ Std.), dann weiteres Rühren bei 0° (½ Std.), Ansäuern mit H_2SO_4, Extrahieren mit Ae., Abdampfen, Lösen des Rückstandes in Chlf., Abdampfen des Chlf. u. Chromatographie in Bzl. an Silicagel; 395 mg; daneben eine *Verb. vom F. 291—292°* (aus Dioxan Prismen); b) aus 2,36 g **II**, 6 g Na_2CO_3 in 150 ml W. u. 1,5 Mol $K_3[Fe(CN)_6]$ wie vorst.; 367 mg. — (±)-*Usninsäure*, F. 195° (A.), a) aus dem Diacetat u. konz. H_2SO_4 bei 0° (5 Min.) u. Gießen auf Eis; b) aus 364 mg **III** wie vorst.; 8 mg; λ_{max} 234 u. 282 mμ (ε = 32900 u. 24300), λ_{min} 255 mμ (ε = 12700). *Diacetylverb.*, F. 205—207° (Bzl.-CH_3OH), aus 200 mg **III** u. konz. H_2SO_4 in Acetanhydrid bei 40° (½ Std.); 60 mg; λ_{max} 223 mμ (ε = 25400), Inflexionen bei 243 u. 307 mμ (ε = 17700 u. 8200). — *1.7.9-Trioxy-4a-methoxy-2.6-diacetyl-3-oxo-8.9b-dimethyl-3.4.4a.9b-tetrahydrodibenzofuran* („*Usninsäureisomethyläther*"), $C_{19}H_{20}O_8$, F. 188—190° (CH_3OH), aus 96 mg der 9-Acetylverb. (F. 178°) durch Lösen in konz. H_2SO_4 bei 0° u. Gießen auf Eis; 56 mg; λ_{max} 226 u. 283 mμ (ε = 19800 u. 24900), λ_{min} 251 mμ (ε = 11700), Inflexion bei 330 mμ (ε = 3400). (J. chem. Soc. [London] **1956.** 530—34. März; Chem. and Ind. **1955.** 1039—40. 13/8. London, Birkbeck Coll.; Glasgow, Univ.) E. Hanschke. 3061

A. P. Terentjew und **L. A. Janowskaja,** *Methoden zur Synthese von Verbindungen der Pyrrolreihe.* Umfassende zusammenfassende Übersicht. — 346 Literaturangaben. (Успехи Химии [Fortschr. Chem.] **23.** 697—736. 1954. Moskau.) E. Klever. 3081

Abraham S. Endler und **Ernest I. Becker,** *Enzymmodelle.* 3. Mitt. *Synthese einiger neuer Oxindolderivate.* (2. vgl. SCHACHAT u. Mitarbeiter, C. **1955.** 4126.) Es wurden verschied. mit *3-Aminooxindol* verwandte Verbb., die als organ. Katalysatoren der Decarboxylierung der Benzoylameisensäure interessant sind, ausgehend von o-substituierten Acetophenonen über Hydantoine aufgebaut. Verss., *3-Methyl-3-aminooxindol* (**I**) durch Nitrosierung von 3-Methyloxindol u. Hydrierung bzw. durch Behandlung von 3-Methyl-3-oxyoxindol mit HCl oder $SOCl_2$ u. Umsetzung mit NH_3 darzustellen, verliefen negativ. **I** wurde aus o-Chloracetophenon (**II**) oder o-Nitroacetophenon (**III**) über *5-Methyl-5-[2-aminophenyl]-hydantoin* (**IV**) u. alkal. Hydrolyse erhalten.

Versuche (FF. u. Kpp. korr.): *3-[α.α-Dimethylbenzylimino]-oxindol,* $C_{17}H_{16}ON_2$, F. 216—218°, durch 2std. Kochen von Isatin, o-Xylol, α.α-Dimethylbenzylamin, Dimethylanilin u. n-Butanol, Einengen u. Verreiben mit 5%ig. NaOH; gelbe Kristalle aus Dioxan–Bzl.; 40% (Ausbeute). — *5-Methyl-5-[2-nitrophenyl]-hydantoin,* $C_{10}H_9O_4N_3$, F. 193,7—194,7° (CH_3OH–Toluol), durch 14std. Schütteln von 37 g **III** in CH_3OH u. W. mit NH_4Cl, NH_4HCO_3 u. NaCN im Druckgefäß bei 60—70°, Einengen, Einstellen mit HCl auf p_H 4, Verdünnen mit W., Einengen u. Extraktion mit Bzl. (5 g **III** zurück); 68%. — *5-Methyl-5-[2-aminophenyl]-hydantoin* (**IV**), $C_{10}H_{11}O_2N_3$, F. 298—300° (W.), durch Hydrierung vorst. Verb. in CH_3OH in Ggw. von 5%ig. Pd-Kohle bei ca. 3 atü u. 20—30°; 95%. — *5-Methyl-5-[2-chlorphenyl]-hydantoin* (**V**), $C_{10}H_9O_2N_2Cl$, F. 200,2—201,0 (W. oder CH_3OH–Toluol), aus **II** analog vorvorst. Verb.; 61%; gibt durch Ammonolyse mit 28%ig. NH_4OH in Ggw. von frischem CuCl bei 80—95° in 48 Std. im Autoklaven **IV**; 32%. — *5-Methyl-5-phenylhydantoin,* F. 193,5—195,5° (W.), aus **V** im Autoklaven mit 28%ig. NH_4OH, $CuCl_2 \cdot 2\,H_2O$ u. Cu-Pulver (24 Std. bei 110°), Filtration, Eindampfen u. Aufnehmen in 5n HCl; 62%. — *3-Methyl-3-aminooxindol* (**I**), $C_9H_{10}ON_2$, F. 182,2—183,2° (Toluol, dann Butanol), durch 48std. Kochen von **IV** mit NaOH in W. unter N_2, Einengen bei p_H 5, Extrahieren mit sd. CH_3OH, Eindampfen des Extrakts nach Zusatz von NH_4OH u. Extraktion mit sd. Toluol; 24%. — *Diacetyl-3-methyl-3-aminooxindol,* $C_{13}H_{14}O_3N_2$, F. 191—192°, aus rohem **I**-Hydrochlorid durch Eindampfen mit Na-Acetat, Essigsäure u. Acetanhydrid bei ca. 100° u. Extraktion mit sd. Toluol; 67%. — *3-Benzylidenamino-3-methyloxindol,* $C_{16}H_{14}ON_2$, F. 145,2—146° (Bzl.–Cyclohexan, CH_3OH–W.), durch Einengen einer methanol. Lsg. von **I** u. Benzaldehyd, Abdampfen mit Bzl. u. Aufnehmen in Cyclohexan; 19%. — *Monoacetyl-3-aminooxindol,* $C_{10}H_{10}O_2N_2$, F. 248—249,5° (Isopropanol–Bzl.), aus 3-Aminooxindolhydrochlorid (durch Hydrierung von β-Isatoxim in wss.-alkoh. HCl) in W. u. Essigsäure mit Acetanhydrid u. wasserfreiem Na-Acetat (bis zur Auflsg. rühren), Eindampfen über NaOH im Exsiccator u. Behandeln mit W.; 10%. — *1-Methyl-3-acetylaminooxindol,* $C_{11}H_{12}O_2N_2$, F. 213—214°, durch Acetylierung von 1-Methyl-3-aminooxindolhydrochlorid (durch Hydrierung von 1-Methylisatinoxim in HCl). — *3-Benzylidenaminooxindol,* $C_{15}H_{12}ON_2$, F. 250—252° (Zers.), a) aus dem Rohprod. (vgl. 1. Mitt., SCHACHAT u. Mitarbeiter, C. **1953.** 214) durch Extraktion mit sd. Pyridin u. Versetzen mit Cyclohexan; b) durch 1std. Erhitzen von 3-Aminooxindol-p-toluolsulfonat, Na-Acetat, Benzaldehyd u. CH_3OH auf dem Wasserbad; 19%. Bei der Säurehydrolyse entstehen nur 3-Aminooxindol u. Benzaldehyd. — *3-Methyloxindol,* C_9H_9ON, F. 123,8—124,6° (Toluol, Butanol), durch Cyclisierung von β-Propionylphenylhydrazin nach BRUNNER [1897] mit CaH_2 an Stelle von Kalk u. Reinigung durch Dest.; $Kp._{1,5}$ 132°; 38—50%. — *3-Methyl-3-oxyoxindol,* $C_9H_9O_2N$, F. 159,5 bis 160,5° (W.), durch 1std. Rühren von o-Acetylaminoacetophenon in CH_3OH, $(NH_4)_2CO_3$, KCN u. W. bei 50°, Einengen, Eindampfen bei p_H 4 u. Extraktion mit heißem CH_3OH; 51%. (J. Amer. chem. Soc. **77.** 6608—10. 20/12. 1955. Brooklyn, N. Y., Polytechn. Inst., Chem. Labors.) K. MAIER. 3081

Leon D. Freedman und **G. O. Doak,** *Phosphafluorinsäure. Diphenylenphosphinsäure* (**I**; *Phosphafluorinsäure*), $C_{12}H_9O_2P$, F. 253—257° (95%ig. A.), aus Bis-[o-bromphenyl]-phosphinsäure durch 48std. Kochen mit 1%ig. Pd/$CaCO_3$ in 1,25n wss. KOH u. Methanol; über das krist. *Na-Salz*; 41% (Ausbeute). Die UV-Spektren von **I**, Diphenylphosphinsäure u. Diphenylenarsinsäure werden verglichen. (J. org. Chemistry **21.** 238—39. 17/2. 1956. Chapel Hill, N. C., Univ., School of Publ. Health; U. S. Publ. Health Serv., Venereal Dis. exp. Labor.) F. J. MEYER. 3091

James A. Moore, *Die Reaktion von α.β-ungesättigten Säurechloriden mit Diazomethan* Bei der Rk. von Zimtsäurechlorid mit Diazomethan wird *3-Diazoacetyl-4-phenylpyrazolin* in einer metastabilen Form (F. 80°) erhalten, die beim Stehen in die stabile Form (F. 114°) übergeht. Durch Vgl. der UV- u. Infrarotspektren dieser Isomeren mit denen von *3-Diazoacetyl-3-methyl-4-phenylpyrazolin* (**I**) wurde festgestellt, daß die metastabile Form das Δ^1-Pyrazolin ist, das in die konjugierte Δ^2-Form übergeht. Als Zwischenprod der Synth. von **I** wurde *Diazomethyl-α-methylstyrylketon* (**II**) erhalten. **II** gibt mit methanol. Ag-Benzoat nach Verseifung *3-Methyl-4-phenylbuten-(3)-säure*, mit HCl das *Chlorketon*, mit Essigsäure das *Acetoxyketon*; es bildet bei weiterer Einw. von Diazomethan **I** im Gegensatz zum entsprechenden Styrylketon nur sehr langsam. Ferner wurden *3-Carbomethoxy-4-phenyl-Δ^2-pyrazolin* u. *3-Carbomethoxy-Δ^2-pyrazolin* dargestellt u. ihre Spektren untersucht.

V e r s u c h e: *3-Diazoacetyl-4-phenyl-Δ^2-pyrazolin*, $C_{11}H_{10}ON_4$, F. 114—115°, aus 16 g Zimtsäurechlorid u. Diazomethan in Ae. (über Nacht im Eisschrank); glänzende gelbe Kristalle aus Methanol–W., zerfällt beim Erwärmen der Lsg.; 8,5 g (Ausbeute). *Δ^1-Isomeres*, F. 80—81°, aus Ae. blaßgelbe Prismen; wird beim 10tägigen Stehen in dunkler Flasche bei Raumtemp. dunkelorangefarben (→ F. 109—111°, aus Methanol-W.). — *Diazomethyl-α-methylstyrylketon* (**II**), $C_{11}H_{10}ON_2$, F. 88—89°, aus 62 g α-Methylzimtsäurechlorid u. CH_2N_2 bei 10°; blaßgelbe Nadeln aus A.–W.; 45 g, daneben 5,5 g **I**. — *3-Methyl-4-phenylbuten-(3)-säure*, $C_{11}H_{12}O_2$, F. 112—113°, aus **II** u. Ag-Benzoat in absol. Methanol u. Verseifung des *Methylesters* mit alkoh. KOH; Blättchen aus wss. Aceton; pK_a 5,35. — *α-Methylstyrylchlormethylketon*, $C_{11}H_{11}OCl$, F. 71—71,5°, aus **II** u. konz. HCl in Methanol; Nadeln aus wss. Methanol. *Oxim*, F. 106—108°, Nadeln aus wss. Methanol. — *1-Acetoxy-3-methyl-4-phenylbuten-(3)-on-(2)*, aus **II** u. Eisessig (10 Min. auf dem Dampfbad); orangefarbenes Öl. *Dinitrophenylhydrazon*, $C_{19}H_{18}O_6N_4$, F. 166—169°, aus A. orangerote Nadeln. — *3-Diazoacetyl-3-methyl-4-phenyl-Δ^1-pyrazolin* (**I**), $C_{12}H_{12}ON_4$, F. 92—93°, aus 28,5 g α-Methylzimtsäurechlorid u. CH_2N_2 in Ae. bei 8° (16 Std.), dann mit weiterem CH_2N_2 20 Std. bei 26°; Prismen aus Methanol–Ae. u. Methanol; 19,2 g. — *3-Carbomethoxy-4-phenyl-Δ^2-pyrazolin*, F. 126—126,5°, aus 1 g Zimtsäure u. überschüssigem CH_2N_2; Prismen; 1,27 g. — *3-Carbomethoxy-Δ^2-pyrazolin*, F. 65—66°, aus 2,4 g Acrylsäure u. überschüssigem CH_2N_2 in Ae. bei —5° (10 Min.); 3,46 g. — Die UV- u. Infrarotspektren aller Verbb. sind angegeben. (J. org. Chemistry **20**. 1607—12. Nov. 1955. Detroit, Mich., Parke, Davis & Co., Res. Labors.)

H.-D. BELITZ. 3122

Henri Wahl, *Bemerkung zu einer Arbeit von Porai-Koschitz und Murewitsch über Kupplung von Diazoverbindungen mit Verbindungen, die eine aktive Methylgruppe enthalten. Über das 2-Methylbenzimidazol.* In einer Arbeit über die Reaktionsfähigkeit α-ständiger Methylgruppen in Stickstoffheterocyclen haben PORAI-KOSCHITZ u. MUREWITSCH (J. allg. Chem. **23**. [1953.] 835) gezeigt, daß sich *1.2-Dimethylbenzothiazoliumsalze* (**I**) mit Diazoniumverbb. des p-Nitranilins (**II**) kuppeln lassen, während bei *1.2.3-Trimethylbenzimidazoliumsalzen* (**III**) eine Kupplung mit **II** nicht gelingt. Sie schlossen daraus, daß die 2-Methylgruppe in **III** weniger reaktionsfähig ist als in **I**. Dieser Schluß ist aber nicht zwingend, denn **III** lassen sich zwar nicht mit **II**, wohl aber mit Diazoniumsalzen des Anilins (**IV**) oder des p-Chloranilins kuppeln. Vf. nimmt daher an, daß für das Zustandekommen bzw. Ausbleiben der Kupplung die Versuchsbedingungen verantwortlich sind. Während nämlich **I** außerordentlich leicht kuppeln, selbst in neutralem Medium, reagieren **III** erst in stark alkal. Medium. Unter diesen Bedingungen werden aber die Diazoniumverbb. teilweise in die nicht mehr kupplungsfähigen anti-Diazotate umgelagert. Diese Isomerisierung erfolgt nun im Falle der **II** sehr viel leichter als bei **IV**. Damit ist das Ausbleiben einer Rk. zwischen **II** u. **III** erklärt. Daß **III** nur in stark alkal. Medium kuppeln kann, liegt wahrscheinlich daran, daß erst das aus dem Salz gebildete (stabile) Carbinol (**A**) kupplungsfähig ist, während sich im Falle der **I** aus der Base durch Dehydratation sehr leicht die entsprechende Methylenverb. bildet, die in bekannter Weise kuppeln kann. (Bull. Soc. chim. France [5] **1956**. 321—22. Febr. Nancy, Fac. des Sci.)

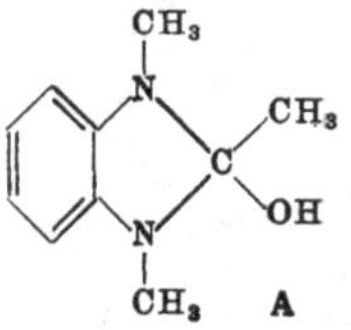

A

N. ULLMANN. 3122

Hans-Jürgen Nitzschke, Leo Busch, Horst Witzel und Helmut Gansau, *Notiz über die Kondensation von Mesomethylthiazolpurpur und Mesomethyloxazolgelb mit aromatischen Aldehyden. 9-Methyl-3.3'-diäthylbenzthiocarbocyaninjodid* (*Mesomethylthiazolpurpur*; **I**) u. *9-Methyl-3.3'-diäthylbenzoxocarbocyaninjodid* (*Mesomethyloxazolgelb*; **II**) werden an der Methylgruppe in 9-Stellung mit verschied. aromat. Aldehyden zu substituierten *9-Styrylverbb.* kondensiert. Über die opt. Eigg. der erhaltenen Verbb. wird berichtet.

V e r s u c h e: *2-Methylbenzthiazol*, $Kp._{18}$ 118°, nach KIPRIANOW u. Mitarbeiter (C. **1936**. II. 1540); 51,7% (Ausbeute). — *2-Methyl-3-äthylbenzthiazoljodid*, F. 196°, nach MILLS (J. chem. Soc. [London] **121**. [1922.] 460), aber im Rohr bei 100°; aus Methanol grobe Kristalle; 88,5%. — B e n z t h i o c a r b o c y a n i n j o d i d e: *9-Methyl-3.3'-diäthyl-* (**I**), F. 285°, aus vorst. Verb. a) mit K-Acetat/Acetanhydrid; 18,1%; b) mit Orthoessigester/Acetanhydrid; 79%. — *3.3'-Diäthyl-9-styryl-*, $C_{29}H_{27}N_2JS_2$, F. 267°, aus **I** u. Benzaldehyd durch 30 Min. Erhitzen auf 80—90° im Einschlußrohr; grüne Kristalle aus Methanol; 30,6%. — *3.3'-Diäthyl-9-[p-dimethylaminostyryl]-*, F. 251—252°, aus I u. p-Dimethylaminobenzaldehyd bei 2std. Erhitzen wie vorst.; aus Methanol grüne Kristalle; 39,7%. — *3.3'-Diäthyl-9-[β-(α-furyl)-vinyl]-*, F. 276°, aus I u. Furfurol wie vorst.; 13,8%. — *3.3'-Diäthyl-9-[p-chlorstyryl]-*, $C_{29}H_{26}N_2ClJS_2$, F. 274—275°, aus I u. p-Chlorbenzaldehyd mit etwas Methanol u. Piperidin durch 1std. Erhitzen auf 80—90° im Rohr; aus Methanol grüne Nadeln; 38,6%. — *3.3'-Diäthyl-9-[m-chlorstyryl]-*, $C_{29}H_{26}N_2ClJS_2$, F. 259°, wie vorst. mit m-Chlorbenzaldehyd; stahlblaue Tafeln aus Methanol; 45%. — *3.3'-Diäthyl-9-[p-methylstyryl]-*, $C_{30}H_{29}N_2JS_2$, F. 255°, aus I u. p-Tolylaldehyd wie vorst.; stahlblaue Nadeln aus Methanol (werden im Vakuum langsam grün); 38,3%. — *3.3'-Diäthyl-9-[p-methoxystyryl]-*, $C_{30}H_{29}ON_2JS_2$, F. 244°, aus I u. Anisaldehyd wie vorst.; stahlblaue Nadeln aus Methanol, die im Vakuum grün werden; 35,6%. — *3.3'-Diäthyl-9-[p-oxystyryl]-*, $C_{29}H_{27}ON_2JS_2$, F. 219°, aus I u. p-Oxybenzaldehyd mit wenig Methanol u. Piperidin durch 2std. Erhitzen auf 80° im Rohr; grüne Kristalle aus Methanol; 41,4%; in bas. Lösungsmitteln Blaufärbung. — *3.3'-Diäthyl-9-[3.4-dioxystyryl]-*, F. 185°, aus I u. Protocatechualdehyd; grüne Nadeln aus Methanol; 16,1%; in bas. Lösungsmitteln Blaufärbung. — *3.3'-Diäthyl-9-[3-methoxy-4-oxystyryl]-*, $C_{30}H_{29}O_2N_2JS_2$, F. 192°, aus I u. Vanillin; grüne Kristalle aus Methanol; 22,2%; in Pyridin Blaufärbung. — *3.3'-Diäthyl-9-[p-nitrostyryl]-*, $C_{29}H_{26}O_2N_3JS_2$, F. 287°, aus I u. p-Nitrobenzaldehyd; aus Methanol dunkelgrüne Kristalle; 31,7%. — *3.3'-Diäthyl-9-[p-formylstyryl]-*, $C_{30}H_{27}ON_2JS_2$, F. 271°, aus I u. Terephthalaldehyd mit wenig Methanol u. Piperidin; aus Methanol blaugrüne Kristalle; 29,2%. — *3.3'-Diäthyl-9-[β-(β-naphthyl)-vinyl]-*, F. 221°, aus I u. β-Naphthaldehyd wie vorst.; aus Methanol grüne Kristalle; 25,1%. — Benzoxocarbocyaninjodide: *9-Methyl-3.3'-diäthyl-* (II), F. 274°, nach BROOKER u. WHITE (J. Amer. chem. Soc. **57.** [1935.] 547). — *3.3'-Diäthyl-9-styryl-*, $C_{29}H_{27}O_2N_2J$, F. 262°, aus II u. Benzaldehyd mit wenig Methanol u. Piperidin durch 3std. Erhitzen im Rohr auf 80—90°; aus Methanol grüne Säulen; 22%. — *3.3'-Diäthyl-9-[m-chlorstyryl]-*, F. 255°, aus II u. m-Chlorbenzaldehyd wie vorst.; aus Methanol grüne Plättchen; 6%. — *3.3'-Diäthyl-9-[p-chlorstyryl]-*, $C_{29}H_{26}O_2N_2ClJ$, F. 267°, aus Methanol violette Nadeln; 20%. — *3.3'-Diäthyl-9-[p-methylstyryl]-*, F. 242°, aus II mit p-Tolylaldehyd; aus Methanol grüne Nadeln; 4,1%. — *3.3'-Diäthyl-9-[p-oxystyryl]-*, $C_{29}H_{27}O_3N_2J$, F. 238°, aus II u. p-Oxybenzaldehyd; rote Nadeln aus Methanol; 7%. — *3.3'-Diäthyl-9-[p-methoxystyryl)-*, F. 237°, aus II u. Anisaldehyd; violettrote Nadeln aus Methanol; 8%. — *3.3'-Diäthyl-9-[3-methoxy-4-oxystyryl]-*, $C_{30}H_{29}O_4N_2J$, F. 215°, aus II u. Vanillin; aus Methanol grüne Kristalle; 13%. — *3.3'-Diäthyl-9-[p-formylstyryl]-*, aus II u. Terephthalaldehyd; ölig. — *3.3'-Diäthyl-9-[p-nitrostyryl]-*, aus II u. p-Nitrobenzaldehyd; ölig. — *3.3'-Diäthyl-9-[p-dimethylaminostyryl]-*, $C_{31}H_{32}O_2N_3J$, F. 184°, aus II u. p-Dimethylaminobenzaldehyd; aus Methanol violette Nadeln; 8,5%. — *3.3'-Diäthyl-9-[β-(α-furyl)-vinyl]-*, $C_{27}H_{25}O_3N_2J$, F. 185°, aus II u. Furfurol; rote Nadeln aus Methanol; 10%. — Die Absorptions- u. Sensibilisierungsmaxima wurden angegeben. (Chem. Ber. **85.** 487—90. 1952. Berlin-Charlottenburg, Techn. Univ., Organ.-chem. Inst. u. Inst. für Angew. Photochem.) R. GOMPPER. 3142

C. Ainsworth, *Hydrogenolyse der Stickstoff-Stickstoff-Bindung mit Raney-Nickel.* Durch Einw. von feuchtem RANEY-Ni in 95%ig. A. (2—3std. Kochen) wurden folgende Umsetzungen erzielt: 2-[β-Benzamidoäthyl]-Δ^2-1.3.4-oxadiazolinthion-(5) → *β-Benzamidopropionamid* (F. 171—172°), 2-Phenyl-1.3.4-oxadiazol (**II**) → *Benzamid* (**I**, F. 126 bis 128°), 2-Phenyl-Δ^2-1.3.4-oxadiazolinthion-(5) oder 2-Methylmercapto-5-phenyl-1.3.4-oxadiazol → I u. 20% II, 2-Phenyl-Δ^2-1.3.4-thiadiazolinthion-(5) → *2-Phenyl-1.3.4-thiadiazol,* N-Benzoyl-N'-formalhydrazin oder N.N'-Dibenzoylhydrazin → 50 bis 60% I, N-Nitrosodiphenylamin → *Diphenylamin,* Benzolsulfonsäurehydrazid → *Benzolsulfonamid,* Semicarbazid → 20% *Harnstoff,* Phenylhydrazin → *Anilin* + *N-Äthylanilin.* Phthalhydrazid [2.3-Dihydrophthalazindion-(1.4)] u. Maleinsäurehydrazid wurden nicht angegriffen.

Versuche: *β-Benzamidopropionsäurehydrazid,* $C_{10}H_{13}O_2N_3$, F. 152—153° (Dioxan–Ae.), durch 2std. Kochen von β-Benzamidopropionsäureäthylester u. Hydrazinhydrat in A.; 100% (Ausbeute). — *2-[β-Benzamidoäthyl]-Δ^2-1.3.4-oxadiazolinthion-(5),* $C_{11}H_{11}O_2N_3S$, F. 182—183° (wss. Essigsäure), durch 2tägiges Kochen vorst. Verb. mit KOH u. CS_2 in A.; 90%. (J. Amer. chem. Soc. **78.** 1636—37. 20/4. 1956. Indianapolis, Ind., Lilly Res. Labor.) B. GNAUCK. 3163

Jerome P. Horwitz und **Vytautas A. Grakauskas,** *Eine Synthese für 3.5-Diaryl-1-[tetrazolyl-(5)]-(1H)-tetrazoliumbetaine.* [„*(1H)*" bedeutet, daß die Salzbldg. durch Quaternisierung eines $N_{(1)}$-substituierten Tetrazols erfolgt.] 1-[Tetrazolyl-(5)]-3-phenyltetrazen reagiert mit Benzaldehyd zu dem relativ stabilen *4-Benzal-2-[tetrazolyl-(5)]-3-phenyltetrazen* [I; $C_{14}H_{12}N_8$, F. 116—117° (Zers.)]. Oxydation mit kalter konz. HNO_3

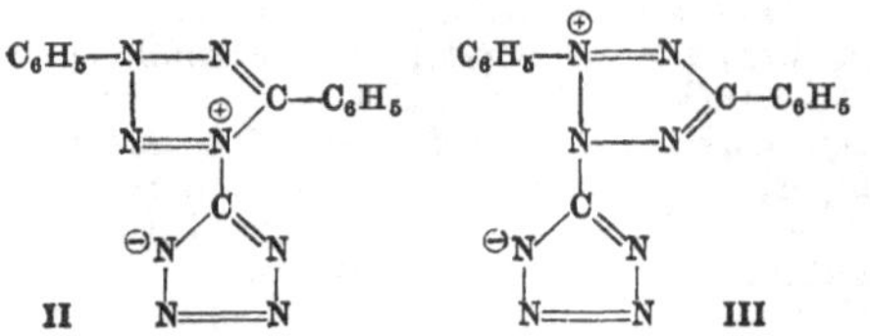

II III

liefert *3.5-Diphenyl-1-[tetrazolyl-(5)]-(1H)-tetrazoliumbetain* [II; $C_{14}H_{10}N_8$, F. 300°]. II wird mit heißer konz. HCl zu *5-Oxytetrazol* u. *2.5-Diphenyltetrazol* in 60 % ig. bzw. 98 % ig. Ausbeute abgebaut. Eine Tetrazen-Formazan-Umlagerung kann während der Synth. von II nicht eingetreten sein, da sich die Eigg. des dann zu erwartenden 2.5-Diphenyl-3-[tetrazolyl-(5)]-(2.4)-tetrazoliumbetains [III; F. 209—210°, vgl. KUHN u. KAINER, C. **1953**. 8813] von denen von II unterscheiden. Ebenfalls ist das Formazan, aus dem III mit N-Bromsuccinimid erhalten wurde, von I verschieden. (J. Amer. chem. Soc. **77**. 6711—12. 20/12. 1955. Chicago, Ill., Inst. of Techn., Dep. of Chem.) W. RUSKE. 3184

H. L. Hergert, *Die Flavonoide der Rinde der Lodgepole-Kiefer.* Aus der Rinde der *Lodgepole-Kiefer* (*Pinus contorta Dougl.*) wird als hauptsächliches Flavonoid *Myricetin* (I) erhalten; *P. contorta var. contorta* besitzt einen höheren Flavonoidgeh. als *P. contorta var. latifola Engelm.* Neben I werden noch *Quercetin* (II), *Dihydroquercetin* u. *Dihydromyricetin* (*Ampelopsin*) isoliert u. das Vork. von *Aromadendrin* u. *Pinobanksin* durch chromatograph. Vgl. mit den entsprechenden Verbb. nachgewiesen. Die Unters. der Infrarotspektren der *Hydrochloride* von I u. II macht die Existenz von Zwitterionen wahrscheinlich, wobei im Kristallgitter durch HCl gebildete Wasserstoffbrücken zwischen dem Carbonyl u. dem Ring-O zweier Moll. vorliegen.

Versuche: *Myricetin* (I), $C_{15}H_{10}O_8 \cdot CH_3COCH_3$, F. 350° (Zers.), aus der getrockneten, gemahlenen u. mit PAe. u. Bzl. extrahierten Rinde von *P. contorta Dougl.* durch Extraktion mit Ae., Eindampfen, Extrahieren des Rückstandes mit Bzl. u. Waschen mit Aceton; aus Aceton gelbe Kristalle mit 1 Mol Aceton, das auch bei 55° im Vakuum über P_2O_5 nicht entfernt wird; 2% (Ausbeute); Borcitronensäuretest nach WILSON positiv, gibt mit Basen oder bas. Salzen eine intensiv tiefblaue bis purpurrote Färbung. *Hydrochlorid*, hellorangefarbene Kristalle. *Hexaacetylverb.*, $C_{27}H_{22}O_{14}$, F. 215—216°, aus A. lange faserförmige Kristalle. *Pentamethyläther*, $C_{20}H_{20}O_8$, F. 139—140°, aus I, $(CH_3)_2 \cdot SO_4$ u. K_2CO_3 in sd. Aceton; aus A. blaßgelbe Nadeln. *Hexamethyläther*, $C_{21}H_{22}O_8 \cdot H_2O$, F. 155—156°, a) aus 2 g I, $(CH_3)_2SO_4$ u. K_2CO_3 in sd. Aceton (3 Std.); 1,75 g; b) durch Methylierung des aus ω-Benzoyloxyphloracetophenon, Na-3.4.5-Trimethoxybenzoat u. 3.4.5-Trimethoxybenzoesäureanhydrid erhaltenen I-*3'.4'.5'-Trimethyläthers*; aus 80 % ig. A. Prismen. — *Quercetin* (II), F. 310—314°, aus der aceton. Mutterlauge von I durch Verdünnen mit W.; aus W.-Aceton gelbe Kristalle; 0,1 %. *Pentaacetylverb.*, F. 193—194°, aus W.-Aceton (1:1) Nadeln. — *Dihydromyricetin* u. *Dihydroquercetin*, aus der Rinde durch Extraktion mit sd. W., Extrahieren der wss. Lsg. mit Ae., Eindampfen u. Fällen mit K_2HPO_4; nach Zers. der K-Salze mit HCl Nadeln vom F. 236—238°; 0,15 %; gibt mit Zn u. HCl in A. eine intensiv violettrote Färbung. Das Gemisch läßt sich durch fraktionierte Kristallisation nicht trennen; Papierchromatographie ergibt ein Verhältnis der Komponenten von 3:1; Rk. mit heißer 20 % ig. $NaHSO_3$-Lsg. gibt ein gelbes Flavongemisch (F. 308—320°), das durch fraktionierte Kristallisation aus Aceton in I u. II zerlegt wird. (J. org. Chemistry **21**. 534—37. 15/5. 1956. Shelton, Wash., Rayonier Inc., Olympic. Res. Div.) E. HANSCHKE. 3211

M. L. Dhar und **T. R. Seshadri**, *Isomerisierung bei Isoflavonen: Eine Synthese von 5.7-Dimethoxy-6-oxyisoflavon.* 7.8-Dimethoxy-5-oxyisoflavon wird durch alkoh. KOH in *6.7-Dimethoxy-5-oxyisoflavon* umgelagert. Ebenso wird aus 7-Methoxy-8-benzyloxy-5-oxyisoflavon durch Umlagerung zum *7-Methoxy-6-benzyloxy-5-oxyisoflavon*, Methylierung u. anschließende Abspaltung der Benzylgruppe *5.7-Dimethoxy-6-oxyisoflavon* erhalten. Die gleiche Umlagerung führt vom 7-Methoxy-5.8-dioxyisoflavon zum *7-Methoxy-5.6-dioxyisoflavon.* (J. sci. ind. Res. [New Delhi], Sect. B **14**. 422—23. Aug. 1955. Delhi, Univ., Dep. of Chem.) E. HANSCHKE. 3211

M. L. Dhar und **T. R. Seshadri**, *Synthetische Versuche in der Benzopyronreihe: Teilmethyläther von Isoflavonen.* 5.6.7-Trioxyisoflavon liefert bei partieller Methylierung mit Dimethylsulfat u. $NaHCO_3$ in Aceton den *7-Methyläther*, der nach Acetylierung in 6-Stellung, anschließende Methylierung in 5-Stellung u. Verseifung in *5.7-Dimethoxy-6-oxyisoflavon* übergeführt wird. Die gleiche Reaktionsfolge führt vom 5.6.7.4'-Tetraoxyisoflavon über den *7-Methyläther* u. dessen *6.4'-Diacetylderiv.* durch weitere Methylierung zum *Muninginacetat*, aus dem durch Hydrolyse *Muningin* (*5.7-Dimethoxy-6.4'-dioxyisoflavon*) erhalten wird. (J. sci. ind. Res. [New Delhi], Sect. B **14**. 423. Aug. 1955. Delhi, Univ., Dep. of Chem.) E. HANSCHKE. 3211

S. K. Pavanaram und **L. Ramachandra Row,** *Neue Flavone aus Pongamia pinnata (L.) Merr.: Die Identifizierung der Verbindung D.* Das aus der Wurzelrinde von *Pongamia pinnata (L.) Merr.* neben der *Verb. C* (F. 232—233°) isolierte *Furoflavon D* vom F. 177 bis 179° (**I**; vgl. Austral. J. sci. Res., Ser. A **5.** [1952.] 754) wird durch Misch-F. u. Vgl. der Rkk. als *5-Methoxyfurano-[2'.3':7.6]-flavon* identifiziert. — *5-Methoxyfurano-[2'.3':7.6]-flavon* (**I**), F. 181—182°, aus Visnaginonbenzoat mit KOH–Pyridin nach BAKER-VENKATARAMAN; breite rechteckige Prismen. — *5-Methoxyfurano-[2'.3':7.8]-flavon,* F. 180°, aus 4-Benzoyloxy-5-acetyl-6-methoxycumaron wie vorst.; aus A. dünne schmale zerbrechliche Nadeln; Misch-F. mit **I** 130—145°. — *3'.4'-Methylendioxy-5-methoxy-furano-[2''.3'':7.8]-flavon,* F. 263—264°, Darst. analog vorst. Verbb.; nicht ident. mit Verb. C. (Nature [London] **176.** 1177. 17/12. 1955. Waltair, S. India, Andhra Univ., Chem. Dep.) E. HANSCHKE. 3211

James Grimshaw und **Robert D. Haworth,** *Galloflavin.* **3.** Mitt. *Die Stellung der Carboxylgruppe im Isogalloflavin und eine Synthese des Trimethylbrevifolins.* (2. vgl. C. **1955.** 10019.) Entgegen den Befunden von HERZIG u. WACHSLER [1914] konnten Vff. Galloflavin mit Dimethylsulfat (**VI**) zum *Tetra-O-methylgalloflavin* umsetzen. In gleicher Weise war *Tri-O-methylisogalloflavin* (**V**) durch Methylierung des Isogalloflavinmethylesters u. anschließende Hydrolyse erhältlich. Durch Umsetzung von **V** mit $SOCl_2$ wurde das entsprechende *Säurechlorid* gebildet, das in *Säureamid, Säureester* u. *Thiolester* übergeführt werden konnte. Mit Diäthylcadmium lieferte **V** *5.6.7-Trimethoxy-5'-propionylfurano-[3'.2':3.4]-isocumarin* (**II**), welches durch CLEMMENSEN-Red. in *5.6.7-Trimethoxy-5'-n-propylfurano-[3'.2':3.4]-isocumarin* (**III**) übergeht. Einw. von alkoh. Alkali auf **III** ließ *3-Acetyl-4.5.6-trimethoxyphthalid* (**IV**), *4.5.6-Trimethoxyphthalidcarbonsäure-(3), Methyl-n-propylketon* u. *Buttersäure* entstehen. Die Bldg. dieser Prodd. ist jedoch nur möglich, wenn das Zwischenprod. **III** nebenst. Konst. besitzt; damit kommt aber dem Trimethylisogalloflavin (**V**) bzw. dem Isogalloflavin selbst eindeutig Struktur **I** zu.

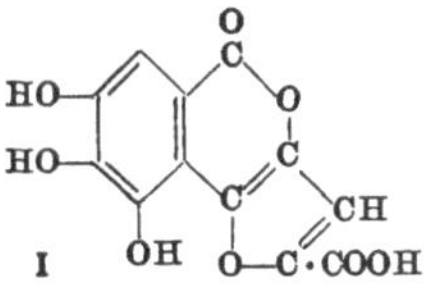

I

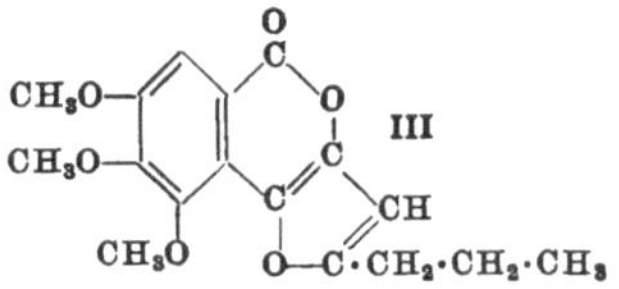

III

— Durch Rk. von 5.6.7-Trimethoxy-4-isocumarinylacetylchlorid mit CH_2N_2 erhielten Vff. *4-[3-Diazo-2-oxopropyl]-5.6.7-tri-O-methoxyisocumarin,* welches mit Ag-Benzoat in Triäthylamin zum *β-[5.6.7-Trimethoxy-4-isocumarinyl]-propionsäuremethylester* umgelagert werden konnte. Die daraus durch Hydrolyse erhältliche *Säure* ließ sich mit P_2O_5 zum *5.6.7-Trimethoxy-5'-oxo-3.4-cyclopentenoisocumarin* (*Trimethylbrevifolin*) cyclisieren.

V e r s u c h e: *Tetra-O-methylgalloflavin,* F. 236—237° (Essigsäure), aus 0,5 g Galloflavin, K_2CO_3 u. **VI** in Xylol; 0,3 g (Ausbeute). — *Isogalloflavinmethylester,* F. 300—305° (Zers.), Nadeln, aus Isogalloflavin (**I**) in sd. Methanol mit 1% H_2SO_4. — *Tetra-O-methylisogalloflavin,* $C_{16}H_{14}O_8$, F. 231—232°, Nadeln aus Toluol, durch zunächst 4std. Erhitzen von 5 g vorst. Verb., K_2CO_3 u. **VI** in Acetophenon auf 130—140°, weitere Zugabe von **VI** u. erneutes 6std. Kochen; 4 g. — *Tri-O-methylisogalloflavin* (**V**), $C_{15}H_{12}O_8$, F. 264—265°, Nadeln aus 50%ig. Essigsäure, durch alkal. Hydrolyse vorst. Verbindung. — *Verb.* $C_{14}H_{12}O_6$ (vgl. HAWORTH u. MCLACHLAN, C. **1954.** 10949), F. 130—132°, durch Decarboxylierung von **V.** — *Säurechlorid* von *Tri-O-methylisogalloflavin* (**V**), $C_{15}H_{11}O_7Cl$, F. 217—218°, gelbe Nadeln aus Toluol, aus **V** mit $SOCl_2$ nach 20std. Kochen. *Säureamid,* $C_{15}H_{13}O_7N$, F. 258 bis 259°, Nadeln aus 50%ig. Essigsäure. *Äthylester,* $C_{17}H_{16}O_8$, F. 170—171°, aus A. Nadeln. *n-Butylester,* $C_{19}H_{20}O_8$, F. 129—130°, Nadeln aus n-Butanol. *Äthylthiolester,* $C_{17}H_{16}O_7S$, F. 166—167°, aus Bzl./PAe. hellgelbe Nadeln, nach 8 Std. aus dem Säurechlorid in Dioxan mit Triäthylamin u. Äthanthiol. — *5.6.7-Trimethoxy-5'-propionylfurano-[3'.2':3.4]-isocumarin* (**II**), $C_{17}H_{16}O_7$, F. 207—208°, Nadeln zunächst aus Butanol, dann aus A., aus 3,5 g obenst. Säurechlorid mit Diäthylcadmium in sd. Bzl. unter N_2 nach 2 Std.; 0,75 g; daneben 0,5 g **V.** *p-Nitrophenylhydrazon,* $C_{23}H_{21}O_8N_3$, F. 281—282° (Zers.), orangefarbene Platten aus Essigsäure. — *5.6.7-Trimethoxy-5'-n-propylfurano-[3'.2':3.4]-isocumarin* (**III**), $C_{17}H_{18}O_6$, Kp.$_{0,05}$ 190° (Bad), F. 135—136°, Nadeln aus Methanol, aus 0,7 g **II** in Toluol mit amalgamiertem Zn u. HCl (10 Std.); 0,13 g. — *3-Acetyl-4.5.6-trimethoxyphthalid* (**IV**)-*2.4-dinitrophenylhydrazon,* $C_{19}H_{18}O_9N_4$, F. 202—203°, gelbe Nadeln aus A., nach 4std. Erhitzen von 0,09 g **III** in Methanol u. 10%ig. KOH, Ansäuern mit verd. H_2SO_4 u. Dest. auf das halbe Vol. (Destillat **A**); Rückstand mit W. verdünnen, mit Ae. extrahieren u. mit Bicarbonatlsg. waschen (**B**); durch Verdampfen des Ae.-Extraktes u. Umkristallisieren aus Methanol **IV**; 0,02 g. — *4.5.6-Trimethoxyphthalid-3-carbonsäuremethylester,* F. 118—119°, Nadeln aus Cyclohexan, durch Ansäuern von **B** u. Ae.-Extraktion, Veresterung des Rückstandes mit Diazomethan u. Reinigung über Al_2O_3; 0,02 g. Ammoniakal. Stellen von **A** u. Abdest. bis zum halben Vol. (Destillat **C**) lieferte im Destillationsrückstand chromatograph. nachgewiesene *Buttersäure*, während aus **C** *Methyl-n-propylketon* isoliert wurde. *2.4-Dinitrophenylhydrazon*, F. 137—138°, aus verd. A. orangefarbene Nadeln. — *Chlormercuriverb. von* **V**, $C_{14}H_{11}O_6ClHg \cdot \frac{1}{2} C_3H_7ON$, Zers. bei 255°, hellgelbe Nadeln aus Dimethylformamid, aus **V** mit Mercurichlorid in wss. $KHCO_3$ nach 3 Std. auf dem Dampfbad. — *5.6.7-Trimethoxyfurano-[3'.2':3.4]-isocumarin*, F. 130—132°, durch Kochen vorst. Verb. mit 2n HCl u. Methanol. — *4-[3-Diazo-2-oxo-propyl]-5.6.7-tri-O-methoxyisocumarin*, $C_{15}H_{14}O_6N_2$, F. 140—141° (Zers.; Bzl./PAe.), aus 1,5 g 5.6.7-Trimethoxyisocumarinyl-(4)-acetylchlorid mit 3 Mol Diazomethan in Ae.; 1,3 g. — *β-[5.6.7-Trimethoxyisocumarinyl-(4)]-propionsäuremethylester*, $C_{16}H_{18}O_7$, F. 97 bis 98°, Nadeln aus Methanol, aus 1,2 g vorst. Verb. in Methanol nach 1½std. Behandeln mit einer filtrierten Lsg. von 0,5 g Silberbenzoat in 4 cm³ Triäthylamin, weiteres 1std. Stehen u. anschließendes Erhitzen mit Kohle u. wenig Ameisensäure; 0,69 g. *Säure*, $C_{15}H_{16}O_7$, F. 179—180°, Nadeln aus Bzl., aus 0,5 g vorst. Ester nach 2std. Erhitzen mit HCl u. Essigsäure; 0,35 g. — *5.6.7-Trimethoxy-5'-oxo-3.4-cyclopentenoisocumarin* (*Tri-O-methylbrevifolin*), $C_{15}H_{14}O_6$, F. 212—213°, hellgelbe Nadeln aus Methanol (Kältemischung), nach 1std. Erhitzen von 0,2 g vorst. Säure mit P_2O_5 in Bzl.; 0,12 g. *p-Nitrophenylhydrazon*, $C_{21}H_{19}O_7N_3$, F. 284—286° (Zers.); tiefrote Rhomben aus Anisol. (J. chem. Soc. [London] **1956**. 418—22. Febr. Sheffield, Univ.) M. KÜHNEL. 3211

Eugene Sawicki und **Vincent T. Oliverio**, *Die Reaktion von Thiaxanthydrol mit aktiven Wasserstoff enthaltenden Verbindungen.* Ebenso wie Xanthydrol (**I**) reagiert Thiaxanthydrol (**II**) mit Eisessig in A. unter Bldg. des *Acetats*, wobei das entstehende Carboniumion durch Mesomerie der positiven Ladung stabilisiert wird bzw. durch Anlagerung an ein H-substituiertes C-, N- oder S-Atom eines Donormol. mit hoher Elektronendichte u. nachfolgende Abspaltung von Essigsäure *Anlagerungsprodd.* geben kann. Vff. untersuchen die Farb-Rkk. von **I** u. **II** mit Carbazol- u. Indolderivv., β-Diketonen sowie Barbitursäure. Die Blaufärbung von **I** mit 9-Methylcarbazol (**III**) oder Carbazol (**IV**) in HCl– oder H_2SO_4–Essigsäure wird auf die Bldg. von *3-[Xanthyliden-(9)]-carbazolium-* bzw. der mesomeren *9-[Carbazolyl-(3)]-xanthyliumverbb.* zurückgeführt; eine Acylgruppe in 9-Stellung oder eine Nitro- oder Aminogruppe an $C_{(2)}$ oder $C_{(3)}$ im Carbazolring verhindert die Blaufärbung u. es entstehen nur gelbe Färbungen. *3-[Xanthyl-(9)]-9-methylcarbazol* gibt ebenso wie die entsprechende *Thiaxanthylverb.* beim Schmelzen mit festen organ. Säuren eine bleibende tiefblaue Färbung, die jedoch bei Verwendung von Nicotinsäure beim Erstarren der Schmelze wieder verschwindet; dieser reversible Farbwechsel beruht wahrscheinlich auf einer Redoxreaktion.

Versuche: N-[Xanthyl-(9)]-carbaminsäurealkylester, aus dem entsprechenden Carbaminsäureester u. **I** in A.–Eisessig (3 Tage stehen); Umkristallisieren aus PAe. oder Bzn.; 60—80% (Ausbeute): *Methylester*, F. 192—193°. — *Trifluoräthylester*, $C_{16}H_{12}O_3NF_3$, F. 166—167°. — *2-Chloräthylester*, $C_{16}H_{14}O_3NCl$, F. 171 bis 172°. — *2-Fluoräthylester*, $C_{16}H_{14}O_3NF$, F. 183—184°. — *Äthylester*, $C_{16}H_{15}O_3N$, F. 170 bis 171°. — *Allylester*, $C_{17}H_{15}O_3N$, F. 147—148°. — *n-Propylester*, $C_{17}H_{17}O_3N$, F. 144 bis 145°. — *n-Butylester*, $C_{18}H_{19}O_3N$, F. 140—141°. — *Isobutylester*, $C_{18}H_{19}O_3N$, F. 145 bis 146°. — *n-Amylester*, $C_{19}H_{21}O_3N$, F. 146—147°. — *n-Hexylester*, $C_{20}H_{23}O_3N$, F. 120°. — *N-[Xanthyl-(9)]-thiolcarbaminsäureäthylester*, $C_{16}H_{15}O_2NS$, F. 173—174°. — N-[Thiaxanthyl-(9)]-carbaminsäurealkylester: *Methylester*, $C_{15}H_{13}O_2NS$, F. 155—156°. — *Trifluoräthylester*, $C_{16}H_{12}O_2NF_3S$, F. 126—128°. — *2-Chloräthylester*, $C_{16}H_{14}O_2NClS$, F. 114—116°. — *2-Fluoräthylester*, $C_{16}H_{14}O_2NFS$, F. 161—162°. — *Äthylester*, $C_{16}H_{15}O_2NS$, F. 170—171°. — *Allylester*, $C_{17}H_{15}O_2NS$, F. 106—107°. — *n-Propylester*, $C_{17}H_{17}O_2NS$, F. 123—124,5°. — *n-Butylester*, $C_{18}H_{19}O_2NS$, F. 91—92°. — *Isobutylester*, $C_{18}H_{19}O_2NS$, F. 118—119°. — *n-Amylester*, $C_{19}H_{21}O_2NS$, F. 83,5—85°. — *n-Hexylester*, $C_{20}H_{23}O_2NS$, F. 80—81°. — *N-[Thiaxanthyl-(9)]-thiolcarbaminsäureäthylester*, $C_{16}H_{15}ONS_2$, F. 147—149°. — [Xanthyl-(9)]-alkyl- bzw. -arylsulfide, aus **I** u. Sulfhydrylverbb. in Eisessig–A. (1 Std.); Kristallisation der Carbonsäurederivv. aus W. oder verd. A., der anderen Verbb. aus PAe.; 80—95%: *Carboxymethyl-*, $C_{15}H_{12}O_3S$, F. 131—132°. — *Äthyl-*, $C_{15}H_{14}OS$, F. 63—65°. — *2-Carboxyäthyl-*, $C_{16}H_{14}O_3S$, F. 84—85°. — *1.2-Dicarboxyäthyl-*, $C_{17}H_{14}O_5S$, F. 207—208° (Zers.). — *p-Nitrophenyl-*, $C_{19}H_{13}O_3NS$, F. 133—135°. — *Phenyl-*, $C_{19}H_{14}OS$, F. 77—78°. — *n-Octyl-*, $C_{21}H_{26}OS$, F. 37—38°. — *β-Naphthyl-*, $C_{23}H_{16}OS$, F. 137—138°. — [Thiaxanthyl-(9)]-alkyl- bzw. -arylsulfide aus **II**: *Carboxymethyl-*, $C_{15}H_{12}O_2S_2$, F. 165—167°. — *Äthyl-*, $C_{15}H_{14}S_2$, F. 135—136°. — *2-Carboxyäthyl-*, $C_{16}H_{14}O_2S_2$, F. 132—133°. — *1.2-Dicarboxyäthyl-*, $C_{17}H_{14}O_4S_2$, F. 234—235° (Zers.). — *n-Amyl-*, $C_{18}H_{20}S_2$, F. 104—105°. — *p-Nitrophenyl-*, $C_{19}H_{13}O_2NS_2$, F. 164—166°. — *Phenyl-*, $C_{19}H_{14}S_2$, F. 152—153°. — *n-Octyl-*, $C_{21}H_{26}S_2$, F. 64—65°. — *β-Naphthyl-*, $C_{23}H_{16}S_2$, F. 217—218°. — *β-Diketonderivv. von* **I** *u.* **II** analog vorst. Verbb.; Kristallisation aus Hexan oder Heptan; 60—80%:

3-[Xanthyl-(9)]-pentandion-(2.4), $C_{18}H_{16}O_3$, F. 152—153°. — *α-[Xanthyl-(9)]-acetessigsäureäthylester*, $C_{19}H_{18}O_4$, F. 87—89°. — *2-[Xanthyl-(9)]-1-[α-thienyl]-4.4.4-trifluorbutandion-(1.3)*, $C_{21}H_{13}O_3SF_3$, F. 133—134°. — *1-[Xanthyl-(9)]-1-benzoylaceton*, $C_{23}H_{18}O_3$, F. 171—172°. — *2-[Xanthyl-(9)]-2-nitroindandion-(1.3)*, $C_{22}H_{13}O_5N$, F. 157—158°. — *2-[Xanthyl-(9)]-indandion-(1.3)*, $C_{22}H_{14}O_3$, F. 143—145° (Zers.). — *3-[Thiaxanthyl-(9)]-pentandion-(2.4)*, $C_{18}H_{16}O_2S$, F. 165—166°. — *α-[Thiaxanthyl-(9)]-acetessigsäureäthylester*, $C_{19}H_{18}O_3S$, F. 117—118°. — *2-[Thiaxanthyl-(9)]-1-[α-thienyl]-4.4.4-trifluorbutandion-(1.3)*, $C_{21}H_{13}O_2S_2F_3$, F. 143—144°. — *1-[Thiaxanthyl-(9)]-1-benzoylaceton*, $C_{23}H_{18}O_2S$, F. 150 bis 152°. — *2-[Thiaxanthyl-(9)]-2-nitroindandion-(1.3)*, $C_{22}H_{13}O_4NS$, F. 188—189°. — *2-[Thiaxanthyl-(9)]-indandion-(1.3)*, $C_{22}H_{14}O_2S$, F. 141—142°. — Aryl-[xanthyl-(9)]-amine, durch Lösen des Amins in Essigsäure, Zugeben von **I** u. 7tägiges Stehen; Kristallisation aus Heptan oder Methylcellosolve–W.; 30—50%: *2-Nitrophenyl-*, F. 201 bis 202°. — *2-Nitro-4-methoxyphenyl-*, $C_{20}H_{16}O_4N_2$, F. 164—165°. — *4-[Pyridyl-(2)-amidosulfonyl]-phenyl-*, $C_{24}H_{19}O_3N_3S$, F. 241—242°. — *4-[Pyrimidyl-(2)-amidosulfonyl]-phenyl-*, $C_{23}H_{18}O_3N_4S$, F. 246—247°. — *3-Nitrodibenzofuryl-(2)-*, $C_{25}H_{16}O_4N_2$, F. 230 bis 231°. — *3-Nitroxenyl-(4)-*, $C_{25}H_{18}O_3N_2$, F. 181—182°. — Aryl-[thiaxanthyl-(9)]-amine, analog vorst. Verbb. aus **II**: *2-Chlor-4-nitrophenyl-*, $C_{19}H_{13}O_2N_2 \cdot ClS$, F. 170—172°. — *2-Nitrophenyl-*, $C_{19}H_{14}O_2N_2S$, F. 150—151°. — *2-Nitro-4-methoxyphenyl-*, $C_{20}H_{16}O_3N_2S$, F. 165—167°. — *3-Nitroxenyl-(4)-*, $C_{25}H_{18}O_2N_2S$, F. 170—171°. — *Dixanthyl-(9.9')-sulfid*, $C_{26}H_{18}O_2S$, F. 179—180° (Zers.; Essigsäure), aus **I** in verd. Essigsäure mit H_2S; 10—30%. — *Dithiaxanthyl-(9.9')-sulfid*, $C_{26}H_{18}S_3$, F. 184—185° (Zers.; Essigsäure), analog vorst. Verb. aus **II** u. H_2S. — *Dixanthyl-(9.9')-selenid*, $C_{26}H_{18}O_2Se$, F. 145—146° [Zers.; Hexan–Heptan (1 : 1)], aus **I** u. H_2Se. — *Dithiaxanthyl-(9.9')-selenid*, $C_{26}H_{18}S_2Se$, F. ca. 190° [Zers.; Hexan–Heptan (1 : 1)], aus **II** u. H_2Se. — *symm.-Dixanthyl-(9.9')-harnstoff*, F. 274° (Zers.; Dimethylformamid), aus **I** u. Harnstoff in A.–Eisessig (1 : 1); 40—50%. — *symm.-Dithiaxanthyl-(9.9')-harnstoff*, $C_{27}H_{20} \cdot ON_2S_2$, F. 283—285°, analog vorst. Verb. aus **II**. — *2.5-Bis-[thiaxanthyl-(9)]-pyrrol*, $C_{30}H_{21}NS_2$, F. 238—239° (Methylcellosolve), aus **II** u. Pyrrol; 70—75%. — *2.5-Bis-[xanthyl-(9)]-pyrrol*, F. 198—201° (Methylcellosolve), aus **I** u. Pyrrol; 70—75%. — *9-Nitromethylxanthen*, $C_{14}H_{11}O_3N$, F. 94—96° (Pentan), aus **I** u. CH_3NO_2 in A.–Eisessig; 10%. — *3-[Xanthyl-(9)]-9-methylcarbazol*, $C_{26}H_{19}ON$, F. 193—195° (Methylcellosolve), aus **I** u. **III**; 70—80%. — *3-[Thiaxanthyl-(9)]-9-methylcarbazol*, $C_{26}H_{19}NS$, F. 162 bis 163°, aus **II** u. **III**; 70—80%. — *[Xanthyl-(9)]-malodinitril*, $C_{16}H_{10}ON_2$, F. 186 bis 188° (A.), aus **I** u. Malodinitril; 70—80%. — *9-[3.4-Dichlorbenzolsulfonylamido]-xanthen*, $C_{19}H_{13}O_3NCl_2S$, F. 186—187° (A.), aus **I** u. 3.4-Dichlorbenzolsulfamid; 70—80%. — *9-[4-Brombenzolsulfonylamido]-xanthen*, $C_{19}H_{14}O_3NBrS$, F. 216—217° (A.), aus **I** u. 4-Brombenzolsulfamid; 70—80%. — *9-[3-Nitrobenzolsulfonylamido]-xanthen*, $C_{19}H_{14} \cdot O_5N_2S$, F. 206—207° (A.), aus **I** u. 3-Nitrobenzolsulfamid; 70—80%. — *1-[3-Nitrobenzoyl]-2-[xanthyl-(9)]-hydrazin*, $C_{20}H_{15}O_4N_3$, F. 191—192° (A.), aus **I** u. 3-Nitrobenzhydrazid; 70—80%. — *1-[3-Nitrobenzoyl]-2-[thiaxanthyl-(9)]-hydrazin*, $C_{20}H_{15}O_3N_3S$, F. 194—195° (A.), aus **II** u. 3-Nitrobenzhydrazid; 10%. — *N-[4-Äthoxyphenyl]-N'-[xanthyl-(9)]-harnstoff*, $C_{22}H_{20}O_3N_2$, F. 245° (Methylcellosolve), aus **I** u. 4-Äthoxyphenylharnstoff; 70—80%. — *N-[4-Äthoxyphenyl]-N'-[thiaxanthyl-(9)]-harnstoff*, $C_{22}H_{20}O_2N_2S$, F. 232—233° (Methylcellosolve), analog vorst. Verb. aus **II**; 70—80%. — *3-[Thiaxanthyl-(9)]-indol*, $C_{21}H_{15}NS$, F. 155—156° (A.), aus **II** u. Indol; 70—80%. — Farb-Rkk. von **I** bzw. **II**: durch Zugeben einer 1%ig. Lsg. von **I** bzw. **II** in Essigsäure zu 1—5 mg der zu prüfenden Substanz in 1 ml Essigsäure u. Zufügen von 1 Tropfen konz. HCl nach 5—10 Min.: **IV** mit **I** u. **II** blau; Tryptophan mit **I** u. **II** violett; Barbitursäure mit **I** violett, mit **II** blau; Indandion-(1.3) mit **I** violett. Eine blaue Färbung gibt **I** mit **III**, 9-Äthylcarbazol, 2-Carbäthoxyamino-, 3-Acetamido-, 2-Acetamido- u. 2-Trifluoracetamido-9-methylcarbazol, 1.2.3.4-Tetrahydrocarbazol sowie **II** mit **III**, **IV**, 9-Äthylcarbazol u. Indol; weitere Farb-Rkk. mit **I**: Indol (purpurrot), Gramin (tiefrot), 5.10-Dihydroindeno-[1.2:b]-indol (grünblau), 5-Methyl-5.10-dihydroindeno-[1.2:b]-indol (grün); mit 3-Nitrocarbazol, 3-Nitro-9-methylcarbazol, 3-Nitro-9-äthylcarbazol u. 2-Nitro-9-methylcarbazol rötlich bis violett; mit **II**: Gramin (rot), 1.2.3.4-Tetrahydrocarbazol (purpurrot). (J. org. Chemistry **21.** 183—89. 17/2. 1956. Gainesville, Fla., Univ., Cancer Res. Labor.) E. HANSCHKE. 3221

Yusuf Ahmad und **D. H. Hey**, *Acylarylnitrosamine.* 7. Mitt. *Reaktionen von 3-Aminomethoxypyridinen und 3-Amino-1-methylpyridonen. Die Darstellung von 2-Methoxy-3-phenyl-, 4-Methoxy-3-phenyl- und 2-Methoxy-5-phenylpyridin.* (6. vgl. HEY u. Mitarbeiter, C. **1954.** 2797.) Im Gegensatz zu den früheren Ergebnissen in der Chinolinreihe (vgl. ADAMS u. HEY, C. **1952.** 5254) erfolgt in der Pyridinreihe n. Nitrosierung. Das aus 2-Chlor-5-nitropyridin über *2-Methoxy-5-nitropyridin* u. *2-Methoxy-5-aminopyridin* dargestellte *5-Acetamido-2-methoxypyridin* gibt bei der Nitrosierung das *N-Nitrosoderiv.*, das beim Erhitzen mit Bzl. *2-Methoxy-5-phenylpyridin* liefert, ident. mit dem aus 2-Chlor-5-phenylpyridin u. $NaOCH_3$ gebildeten Produkt. Das aus Nicotinamid gewonnene *3-Amino-2-chlorpyridin* wird über *3-Amino-2-methoxy-* in *3-Acetamido-2-methoxypyridin*, ebenfalls aus 2-Methoxy-3-nitropyridin erhältlich, verwandelt. Dieses gibt analog bei der Nitrosierung u. Zers. mit Bzl. *2-Methoxy-3-phenylpyridin*, ident. mit dem aus 2-Chlor-3-phenylpyridin u. $NaOCH_3$ erhaltenen Produkt. Analog entsteht aus dem durch Red. von 4-Methoxy-3-nitropyridin u. anschließende Acetylierung erhaltenen *3-Acetamido-4-methoxypyridin* nach Nitrosierung u. Zers. *4-Methoxy-3-phenylpyridin*. Demgegenüber lassen sich 5-Acetamido-1-methyl-, 3-Acetamido-1-methylpyridon-(2) u. 3-Acetamido-1-methylpyridon-(4) nicht nitrosieren u. die Diazoniumverbb. der entsprechenden Amine reagieren nicht mit Benzol. Das aus 5-Amino-1-methylpyridon-(2) gewonnene *[1-Methylpyridon-(2)-yl-(5)]-dimethyltriazen* gibt beim Kochen mit Bzl. u. wenig HCl in geringer Menge *1-Methyl-5-phenylpyridon-(2)*, diese Rk. blieb aber bei den Triazenen aus 3-Amino-1-methylpyridon-(2) u. -pyridon-(4) aus. Die zur Darst. der Triazene vorerwähnten Amine wurden aus den entsprechenden Oxynitropyridinen durch Methylierung u. Red. der Nitrogruppe erhalten.

Versuche: *5-Acetamido-2-methoxypyridin*, $C_8H_{10}O_2N_2$, F. 96—98°, durch ½std. Hydrieren von 5,1 g 2-Methoxy-5-nitropyridin in A. über RANEY-Ni oder 5%ig. Pd-Kohle u. Eindampfen des Filtrats zu *5-Amino-2-methoxypyridin* [100% (Ausbeute); *Dipikrat*, F. 127—128°], Acetylieren mit Acetanhydrid + wenig $HClO_4$, Vakuumabdampfen u. Ausäthern; Nadeln aus Bzl.–PAe.; 4,5 g. — *2-Methoxy-5-phenylpyridin*, *Pikrat*, $C_{12}H_{11}ON \cdot C_6H_3O_7N_3$, F. 170—171°, a) durch Zutropfen einer 15%ig. Lsg. von NOCl in Acetanhydrid zu 2 g vorst. Verb. u. K-Acetat in Eisessig–Acetanhydrid unter Rühren bei 0—5° u. Gießen auf Eis u. Na_2CO_3; aus dem abgetrennten *2-Methoxy-5-[N-nitrosoacetamido]-pyridin* [F. 51,5—52,5° (Zers.); 2,2 g] durch 24std. Kochen mit absol. Bzl. (N_2-Entw.), Abdampfen, Chromatographieren an Al_2O_3 u. Behandeln des isolierten gelben Öles (0,74 g) mit Pikrinsäure; aus Bzl. gelbe Nadeln; b) durch 24std. Erhitzen von 2-Chlor-5-phenylpyridin mit Na in absol. CH_3OH u. wenig Cu-Pulver im Einschlußrohr auf 160°, Vakuumabdampfen des Filtrats u. Ausäthern. — *3-Amino-2-chlorpyridin*, F. 79—80°, Kp.$_{12}$ 124°, durch Zufügen von 15 g Nicotinamid zu einer wss. Lsg. von NaOCl unter Rühren, ¾std. Erhitzen auf 75°, Ansäuern mit HCl, Zutropfen von H_2O_2 bei 70—80° unter Rühren, Vakuumeinengen, Alkalisieren mit NaOH u. Ausäthern; Nadeln aus Bzl.; 9 g. *Pikrat*, $C_5H_5N_2Cl \cdot C_6H_3O_7N_3$, F. 169—171°; aus Bzl. gelbe Nadeln. — *3-Acetamido-2-methoxypyridin*, $C_8H_{10}O_2N_2$, F. 88—90°, durch Überführung vorst. Verb. in *3-Amino-2-methoxypyridin* u. Acetylieren von 4,6 g wie oben; hexagonale Prismen aus Ae.; 4,5 g. — *2-Methoxy-3-nitropyridin*, $C_6H_6O_3N_2$, F. 56—58°, durch 2std. Erhitzen von 3,3 g 2-Oxy-3-nitropyridin mit PCl_5 u. $POCl_3$ auf 110°, Vakuumabdampfen, Gießen auf Eis, 1std. Kochen von 3 g des gebildeten *2-Chlor-3-nitropyridins* [F. 100—101° (Aceton); 100%] mit $NaOCH_3$ u. Vakuumeinengen; Nadeln aus Ae.; 2,5 g. — *3-Amino-2-methoxypyridin*, *Pikrat*, $C_6H_8ON_2 \cdot C_6H_3O_7N_3$, F. 155—156°, durch ½std. Hydrieren vorst. Verb. in CH_3OH über Pd-Kohle u. Behandeln mit Pikrinsäure; braune Prismen aus Aceton. — *3-Acetamido-2-methoxypyridin*, F. 87—89°, aus Ae.–PAe. Nadeln. — *2-Methoxy-3-phenylpyridin*, *Pikrat*, $C_{12}H_{11}ON \cdot C_6H_3O_7N_3$, F. 117—118°, a) durch Nitrosieren von 2,5 g der vorst. Verb. wie oben, Kochen des gebildeten *2-Methoxy-3-[N-nitrosoacetamido]-pyridins* mit Bzl., Chromatographieren (0,9 g) u. Behandeln mit Pikrinsäure; aus Bzl. gelbe Nadeln; b) durch 10std. Erhitzen von 2-Chlor-3-phenylpyridin mit $NaOCH_3$ u. Cu-Pulver im Einschlußrohr auf 150°. — *3-Amino-4-methoxypyridin*, *Pikrat*, $C_6H_8ON_2 \cdot C_6H_3O_7N_3$, F. 162—163°, durch Hydrieren von 5,1 g 4-Methoxy-3-nitropyridin in CH_3OH über RANEY-Ni, Aufarbeiten (4 g) u. Behandeln mit Pikrinsäure; braungelbe Prismen aus Ae.–Aceton. — *3-Acetamido-4-methoxypyridin*, $C_8H_{10}O_2N_2$, F. 123—124°, aus Chlf.–PAe. prismat. Platten. — *4-Methoxy-3-phenylpyridin*, *Pikrat*, $C_{12}H_{11}ON \cdot C_6H_3O_7N_3$, F. 206—207°, durch Nitrosieren von 1,5 g vorst. Verb. wie oben, Zers. von 1,4 g des gebildeten *4-Methoxy-3-N-nitrosoacetamido]-pyridins* [$C_8H_9O_3N_3$, F. 84° (Zers.); gelbliche Kristalle aus Ae.; 1,5 g] mit Bzl., Chromatographieren (0,5 g) u. Behandeln mit Pikrinsäure; aus Aceton gelbe Nadeln. — *5-Amino-1-methylpyridon-(2)*, a) (in Lsg.), durch Zufügen einer Suspension von 1-Methyl-5-nitropyridon-(2) u. NH_4OH in sd. W. zu einer sd. Lsg. von $FeSO_4$ in W. u. Filtrieren; fluoresciert blau; gibt beim Benzoylieren in Alkali *5-Benzamido-1-methylpyridon-(2)*, $C_{13}H_{12}O_2N_2$, F. 149—151°, aus A. Prismen. b) Durch 24std. Kochen von 1,5 g 1-Methyl-5-nitropyridon-(2) u. 5%ig. Pd-Kohle in Cyclohexen u. CH_3OH u. Vakuumabdampfen des Filtrats; hygroskop., wachsartige Kristalle; 1,35 g. *Pikrat*, $C_6H_8ON_2 \cdot C_6H_3O_7N_3$, F. 204° (Zers.; verfärbt sich ab 190°); gelbgrüne Nadeln aus CH_3OH. — *1-Methyl-5-phenylpyridon-(2)*, *Pikrat*, $C_{12}H_{11}ON \cdot C_6H_3O_7N_3$, F. 133—134°, durch Auskochen der nach vorst. a) erhaltenen Lsg., Fällen der SO_4^{2-} mit Ba^{2+}, Vakuumeinengen,

Behandeln mit $NaNO_2$ bei 0—5°, Zufügen der Diazoniumsalzlsg. zu einer wss. Lsg. aus $(CH_3)_2NH$ u. Soda bei 0°, 1std. Rühren, Ausziehen mit Bzl., Einengen u. 1std. Kochen unter Einleiten von HCl, Zufügen von wss. NaOH, Abdampfen der isolierten Benzolschicht u. Behandeln mit Pikrinsäure; aus Bzl. gelbe Nadeln. — *5-Acetamido-1-methylpyridon-(2)*, $C_8H_{10}O_2N_2$, F. 147—149°, *Dihydrat*, F. 74°, a) durch Erwärmen von 5-Acetamido-2-methoxypyridin mit $(CH_3)_2SO_4$ mit wenig W., Alkalisieren mit 40%ig. NaOH, Zufügen von K_2CO_3 u. Ausziehen mit Aceton; als Dihydrat Nadeln aus Aceton; wasserfrei amorph; wird an der Luft hydratisiert; b) durch Acetylieren des freien Amins. — *1-Methyl-3-nitropyridon-(2)*, $C_6H_6O_3N_2$, F. 175—176°, durch 20 Min. Schütteln u. 12std. Stehen von 14,8 g 2-Oxy-3-nitropyridin mit $(CH_3)_2SO_4$ u. KOH in W.; gelbe prismat. Nadeln aus W.; 14 g. — *3-Amino-1-methylpyridon-(2)*, *Pikrat*, $C_6H_8ON_2 \cdot C_6H_3O_7N_3$, F. 204° (Zers.), durch Red. vorst. Verb. mit $FeSO_4$ u. NH_4OH wie oben (hygroskop. wachsartige M., fluoresciert violettblau) u. Behandeln mit Pikrinsäure; gelbgrüne Nadeln aus CH_3OH; entsteht ferner in geringer Menge beim 24std. Erhitzen von $NaOCH_3$ u. 3-Amino-2-chlorpyridin im Einschlußrohr auf 160—180°. — *3-Acetamido-1-methylpyridon-(2)*, $C_8H_{10}O_2N_2$, F. 165—166°, aus Bzl. hygroskop. Nadeln. — *1-Methyl-3-nitropyridon-(4)*, $C_6H_6O_3N_2$, F. 235°, wie 1-Methyl-3-nitropyridon-(2) aus 4,7 g 4-Oxy-3-nitropyridin; aus W. gelbe Nadeln; 4,7 g. — *3-Amino-1-methylpyridon-(4)*, $C_6H_8ON_2$, F. 147 bis 148°, durch Red. von 3-Nitro-1-methylpyridon-(4) mit $FeSO_4$ u. NH_4OH wie oben; gelbe hygroskop. Nadeln aus Aceton. *Pikrat*, $C_6H_8ON_2 \cdot C_6H_3O_7N_3$, F. 209—210° (Zers.), aus CH_3OH gelbe Nadeln. — *3-Diacetylamino-1-methylpyridon-(4)*, $C_{10}H_{12}O_3N_2$, F. 150 bis 152°, aus Bzl. federartige Nadeln. — *3-Acetamido-1-methylpyridon-(4)*, $C_8H_{10}O_2N_2$, F. 185—186°; aus Bzl. lange Nadeln. (J. chem. Soc. [London] **1954**. 4516—23. Dez. London, Univ., Kings Coll.) H. LEHWALD. 3231

A. K. Chatterjee, *Notiz über substituierte 8-Aminochinolinderivate.* 1. Mitt. *Einige 6-Chlorchinolyl-(8)-biguanide.* Für Verss. gegen *Plasmodium inui* wurden 6 *N^1-Aryl-N^5-[6-chlorchinolyl-(8)]-biguanide* synthetisiert.

V e r s u c h e: N^5-[6-Chlorchinolyl-(8)]-biguanide, durch 16 bis 25std. Kochen von je 0,01 Mol des entsprechenden Arylcyanguanidins u. 6-Chlor-8-aminochinolin mit der berechneten Menge konz. HCl in 90%ig. A., Alkalisieren mit konz. NH_4OH, Gießen in W. u. Kristallisation aus 80%ig. A.: *N^1-Phenyl-*, F. 138°. — *N^1-p-Chlorphenyl-*, F. 170°. — *N^1-m-Chlorphenyl-*, F. 138°. — *N^1-p-Methoxyphenyl-*, F. 165°. — *N^1-p-Tolyl-*, F. 148°. — *N^1-m-Tolyl-*, F. 219° (Zers.). (Sci. and Cult. **20**. 246—47. Nov. 1954. Poona, Armed Forces Med. Coll.) J. MILLER. 3231

Nelson J. Leonard und **Allan S. Hay,** *Ungesättigte Amine.* 5. Mitt. *Der Angriff von nucleophilen Reagentien auf ternäre Iminiumverbindungen.* (4. vgl. C. **1955**. 7913.) $\Delta^{5,10}$-Dehydrochinolizidiniumperchlorat (**I**) reagiert mit GRIGNARD-Verbb., auch mit α-Picolyl-Li, unter Bldg. der entsprechenden *10-substituierten Chinolizidine*; Ausnahmen sind Isopropyl-MgJ u. Phenyl-MgBr die statt dessen — wohl infolge stärkerer ster. Hinderung — ein Proton von $C_{(1)}$ bzw. $C_{(9)}$ unter Bldg. von *$\Delta^{1,10}$-Dehydrochinolizidin* (**III**) abziehen. KCN ergab analog mit **I** *10-Cyanchinolizidin* (**VI**), das mit CH_3MgJ in *10-Methylchinolizidin* (**II**) übergeführt werden konnte. Dieser Weg zur Darst. von **II** wird der nichthomogenen Rk. von **I** mit CH_3MgJ vorgezogen. Auch Mercaptane greifen **I** nucleophil an, doch konnten mit niedermol. Mercaptanen keine reinen Prodd. isoliert werden, da diese sich leicht zu **III** zersetzen. Die aus den K-Verbb. von p-Thiokresol (**IV**) bzw. α-Naphthylmethylmercaptan (**V**) u. **I** erhaltenen Verbb. konnten auch durch Addition von **IV** bzw. **V** an **III** erhalten werden. Die Addukte stehen nach ihren Infrarotspektren mit den Komponenten im Gleichgewicht. Verss. zur Darst. analoger O-Verbb. aus **I** u. K-Alkoholaten oder -Phenolaten ergaben nur sehr instabile Verbb.; auch KOH, KSCN, KF, K-Benzoat, K-p-Toluolsulfonat u. das K-Salz von Malonester ergaben keine stabilen Produkte. Die mißlungenen Verss., **I** mit typ. Carbonylreagentien umzusetzen, zeigen die Grenzen der Ähnlichkeit zwischen $>C=N^+<$ u. der Carbonylgruppe. $\Delta^{4,9}$-Hexahydropyrrocoliniumperchlorat (**VII**) reagiert ähnlich wie **I**.

V e r s u c h e (FF. korr.): *10-Äthylchinolizidin*, $C_{11}H_{21}N$, Kp.$_{25}$ 115°, durch Zugabe von **I** zu Äthyl-MgJ u. 1std. Kochen; 71% (Ausbeute); *Pikrat*, $C_{17}H_{24}O_7N_4$, gelbe Nadeln, F. 220—221° (A.). — *10-n-Propylchinolizidin*, $C_{12}H_{23}N$, Kp.$_{25}$ 132°, analog vorst. Verb. aus n-Propyl-MgJ; $n_D^{20,5}$ 1,4908; 69%; *Pikrat*, $C_{18}H_{26}O_7N_4$, gelbe Nadeln, F. 185—186° (A.); *Hydrojodid*, $C_{12}H_{24}NJ$, F. 188—189° (A.). — *10-Benzylchinolizidin*, $C_{16}H_{23}N$, Kp.$_{0,3}$ 117—119°, F. 60—62°, analog vorvorst. Verb. aus Benzyl-MgCl; 68%; *Pikrat*, $C_{22}H_{26}O_7N_4$, gelbe Prismen, F. 203—204°. — *10-[α-Picolyl]-chinolizidin*, $C_{15}H_{22}N_2$, F. ca. 50°, Kp.$_{0,3}$ 137°, durch Zugabe von α-Picolin in Ae. zu Phenyl-Li in Ae., Zugabe von **I** u. 2std. Kochen, dann Zugabe von konz. NaOH; 65%; *Dipikrat*, $C_{27}H_{28}O_{14}N_8$, gelbe Prismen, F. 152,5—153,5° (A.); *Monomethojodid*, $C_{16}H_{25}N_2J$, F. 212—213° (A.). —

10-Cyanchinolizidin (VI), $C_{10}H_{16}N_2$, Kp.$_{16}$ 118—119°, durch Zugabe von I zu wss. KCN; n_D^{21} 1,4893; 88%; *Pikrat*, $C_{16}H_{19}O_7N_5$, gelbe Nadeln, F. 128—129° (A.). — *10-Methylchinolizidin* (II), durch Zugabe von VI zu CH_3MgJ in Ae. u. 2std. Kochen; *Pikrat*, gelbes Pulver, F. 261,5—262° (Zers.). — *$\Delta^{5,10}$-Dehydrochinolizidiniumperjodid*, $C_9H_{16}NJ_3$, dunkelkastanienbraune Nadeln, F. 155—156° (A.), durch Einw. von J_2 in Ae. auf VI; 86%. — *10-[p-Tolylmercapto]-chinolizidin*, $C_{16}H_{23}NS$, F. 61—63° (absol. Ae.), durch Zugabe von I in Methanol zu IV in methanol. KOH. — *10-[α-Naphthylmethylmercapto]-chinolizidin*, $C_{20}H_{25}NS$, F. 98—99°, analog vorst. Verb. aus V. — *9-Cyanoktahydropyrrocolin*, $C_9H_{14}N_2$, Kp.$_{14}$ 98°, durch Zugabe von VII in W. zu wss. KCN-Lsg.; $n_D^{28,5}$ 1,4790; 96%. — *$\Delta^{4,9}$-Hexahydropyrrocoliniumperjodid*, $C_8H_{14}NJ_3$, braunpurpurfarbene Nadeln, F. 90—91° (A.), aus vorst. Verb. u. J_2 in Ae.; 63%. — *9-Methyloktahydropyrrocolin*, $C_9H_{17}N$, Kp.$_{18}$ 68°, analog II aus VII; n_D^{28} 1,4753; *Pikrat*, $C_{15}H_{20}O_7N_4$, gelbe Platten, F. 274° (Zers.; A.); *Hydrojodid*, $C_9H_{18}NJ$, F. 256,5—157,5° (Zers.; A.–Ae.). — *2-Methylpyrrocoliniumperchlorat*, $C_9H_{10}O_4NCl$, F. 95,5—96° (A.), durch Zugabe von 68%ig. $HClO_4$ zu 2-Methylpyrrocolin. (J. Amer. chem. Soc. **78**. 1984—87. 5/5. 1956. Urbana, Ill., Univ., Noyes Chem. Labor.) B. GNAUCK. 3231

L. H. Sternbach und **S. Kaiser**, *Antispasmodica*. 3. Mitt. *Ester von basischen bicyclischen Alkoholen und deren quartäre Salze*. (2. vgl. C. **1953**. 4204.) Durch Veresterung (Meth. vgl. l. c.) der bicycl. Alkohole Chinuclidinol-(3) (I), 3-Methylchinuclidinol-(3) u. 1-Azabicyclo-[3.2.1]-octanol-(6) (II) mit Diphenylessigsäure (III), Benzilsäure (IV) u. Acetylmandelsäure wurden antiacetylcholinakt. Substanzen erhalten, deren Quaternisierung im Falle der III-*Ester* zu einer Wirkungsminderung führte. Die beiden isomeren *Metho-d-camphersulfonate* des Esters aus I u. IV zeigten in ihrer spasmolyt. Wirksamkeit keinen Unterschied.

Versuche (FF. korr.; in [] die relative spasmolyt. Aktivität, Atropin = 1): *3-Methylchinuclidinol-(3)*, $C_8H_{15}ON$, F. 109—111°, aus Chinuclidinol-(3) (I) in Bzl. mit äther. CH_3Li (2 Std. kochen); aus Ae./PAe. Prismen; 65% (Ausbeute). *Hydrochlorid*, $C_8H_{16}ONCl$, F. 291—292°, aus A.–Aceton Prismen. — *3-Methylchinuclidinol-(3)-diphenylacetat* (*Ro 2–3631*), $C_{22}H_{25}O_2N$, F. 82—87° (PAe.), *Sulfat* (*Ro 2–3631/2*), $(C_{22}H_{25} \cdot O_2N)_2 \cdot H_2SO_4$, F. 205—206° (Aceton) [1/10]; 90%. *Methobromid* (*Ro 2–4201*), $C_{23}H_{28}O_2NBr$, F. 176—177° (Aceton) [1/50]; 80%. — II-*Diphenylacetatmethobromid* (*Ro 2–3951*), $C_{22}H_{26} \cdot O_2NBr$, F. 165—167° (Isopropanol–Aceton–Ae.) [1/50]; 80%. — II-*Benzilat* (*Ro 2–4569*), $C_{21}H_{23}O_3N$, F. 156—157° (Aceton–Ae.–PAe.) [1—2]; 15%. *Methobromid* (*Ro 2–4570*), $C_{22}H_{26}O_3NBr$, F. 231—233° (CH_3OH–Aceton–Ae.) [1—2]; 85%. — I-*Diphenylacetat*, *Methobromid* (*Ro 2–3203*), $C_{22}H_{26}O_2NBr$, F. 212—213° (A.–Ae.–PAe.) [0,2]; 90%. *Äthobromid* (*Ro 2–3528*), $C_{23}H_{28}O_2NBr$, F. 205—206° (A.–Ae.) [0,01]; 90%. *Allylobromid* (*Ro 2–5205*), $C_{24}H_{28}O_2NBr$, F. 149—150° (Aceton) [0,1]; 80%. *Benzylobromid* (*Ro 2–4157*), $C_{28}H_{30}O_2NBr$, F. 171—173° (Isopropanol) [0,01]; 40%. — *3-Benziloyl-N-methylchinuclidiniumhydroxyd, Bromid* (*Ro 2–3773*), $C_{22}H_{26}O_3NBr$, F. 240—241° (CH_3OH–Aceton–Ae.) [1]; 90%. *Pikrat*, $C_{28}H_{28}O_{10}N_4$, F. 182—183° (A.). (+)-*d-Camphersulfonat* (*Ro 2–5044*), $C_{32}H_{41}O_7NS$, F. 221—223°, aus CH_3OH–Aceton–PAe. Nadeln, $[\alpha]_D^{30}$ +30,5 ± 0,5° (c = 5; W.), [1]; 56%. (—)-*d-Camphersulfonat* (*Ro 2–5109*), $C_{32}H_{41}O_7NS$, F. 209—210°, aus $CH_3 \cdot OH$–Aceton–PAe. Nadeln, $[\alpha]_D^{30}$ —13,2 ± 0,5° (c = 5; W.), [1]; 20%. — I-*Benzilat*, *Äthobromid* (*Ro 2–4174*), $C_{23}H_{28}O_3NBr$, F. 229—230° (CH_3OH–Aceton) [1]; 90%. *Propylobromid* (*Ro 2–4665*), $C_{24}H_{30}O_3NBr$, F. 251—254° (CH_3OH–Aceton–W.) [1]; 90%. *Butylobromid* (*Ro 2–4550*), $C_{25}H_{32}O_3NBr$, F. 246—247° (CH_3OH–Aceton–Ae.) [1]; 80%. *Allylobromid* (*Ro 2–5084*), $C_{24}H_{28}O_3NBr$, F. 181—182° [1]; 80%. *Benzylobromid* (*Ro 2–4148*), $C_{28}H_{30}O_3NBr$, F. 223—224° (Isopropanol) [$^1/_{25}$]; 37%. — I-*Acetylmandelathydrochlorid* (*Ro 2–4344*), $C_{17}H_{21}O_4N \cdot HCl$, F. 169—178° (A.–Aceton–Ae.) [$^1/_{25}$]; 65%. (J. Amer. chem. Soc. **75**. 6068—69. 5/12. 1953. Nutley, N. J.) M. THIEL. 3231

M. W. Rubzow und **Je. Je. Michlina**, *Darstellung und Eigenschaften von Äthyl-N-[chinuclidyl-(2)]-urethan*. Beim CURTIUSschen Abbau von Chinuclidin-2-carbonsäurehydrazid (I) mit Isoamylnitrit in alkoh. HCl entsteht neben *Chinuclidin-2-carbonsäureäthylester Äthyl-N-[chinuclidyl-(2)]-urethan* (II), aus dem bei salzsaurer Verseifung nicht das erwartete 2-Aminochinuclidin, sondern unter NH_4Cl-Abscheidung *polymeres Dehydrochinuclidin* $(C_7H_{11}N)_n$ (III) entsteht. Mit Anilin oder Benzylamin (IV) reagiert II bei 180° unter NH_3-Entw. zu *Diphenyl-* oder *Dibenzylharnstoff* u. III, während bei der Einw. von IV auf II bei 100° unter NH_3-Entw. *Benzylurethan* u. III erhalten werden. Demnach reagiert II prim. unter Bldg. von 2-Aminochinuclidin, das unter NH_3-Abspaltung in ein ungesätt. bicycl. Syst. übergeht, welches leicht zu III polymerisiert. Aus I u. Isoamylnitrit in Isoamylalkohol/HCl wird *Isoamyl-N-[chinuclidyl-(2)]-urethan* erhalten.

Versuche: *Äthyl-N-[chinuclidyl-(2)]-urethan* (II), $C_{10}H_{18}O_2N_2$, F. 166—168°, man fügt zu einer Lsg. von 3,76 g I in 40 ml absol. A. 7,27 ml 16,4%ig. alkoh. HCl, kühlt auf 0° ab, setzt 3,88 g Isoamylnitrit zu, rührt 3 Std. bei Zimmertemp. u. 4 Std. bei

Siedetemp. u. neutralisiert mit 50% ig. K_2CO_3; 1,9 g (Ausbeute); daneben *Chinuclidin-2-carbonsäureäthylester*, $C_{10}H_{17}O_2N$, Kp.$_{0,5}$ 87—89°, Kp.$_{14}$ 122—123°; n_D^{23} 1,4723; 1 g. II-*Hydrochlorid*, $C_{10}H_{19}O_2N_2Cl$, F. 136—138° (wss. Aceton). — *Isoamyl-N-[chinuclidyl-(2)]-urethan*, $C_{13}H_{24}O_2N_2$, Kp.$_{0,6}$ 105—108°, man versetzt eine Lsg. von 2 g I in HCl enthaltendem Isoamylalkohol mit Isoamylnitrit, erwärmt 3½ Std. auf 120—125° u. neutralisiert mit 50% ig. K_2CO_3; grünliche Fl.; n_D^{16} 1,4587; 0,95 g; daneben *Chinuclidin-2-carbonsäureisoamylester*, $C_{13}H_{23}O_2N$, Kp.$_{0,6}$ 110—112°; n_D^{16} 1,4671; 0,8 g. — Bei 4std. Kochen von 1 g II mit 10 ml HCl (1:1) bildet sich nach Neutralisieren mit 50% ig. K_2CO_3 III als amorpher Niederschlag. *Pikrat*, $(C_7H_{11}N \cdot C_6H_3O_7N_3)_n$, F. 158—160°. — Bei 6std. Erhitzen von 1 g II mit 6 g Benzylamin auf 180° werden 0,9 g *Dibenzylharnstoff*, $C_{15}H_{16}ON_2$, F. 167—168°, erhalten. Die Mutterlauge enthält III. Bei 100° werden in 10 Std. 0,4 g *Benzylurethan*, $C_{10}H_{13}O_2N$, Kp.$_{0,3}$ 50—52, F. 45°, u. III erhalten. (Журнал Общей Химии [J. allg. Chem.] **26** (88). 135—38. Jan. 1956. Chem.-pharmaz. Ordshonikidse-Forschungsinst.) CH. WEISKE. 3231

George H. Hitchings, Peter B. Russell und Norman Whittaker, *Einige 2.6-Diamino- und 2-Amino-6-oxyderivate von 5-Aryl-4.5-dihydropyrimidinen. Eine neue Synthese von 4-Alkyl-5-arylpyrimidinen.* Durch Kondensation von Aceton, Diäthylketon, Benzophenon u. anderen (cycl.) Ketonen in alkal. Lsg. mit p-Chlor- (**XVI**), 3.4-Dichlor- bzw. p-Methoxyphenylacetonitril wurden *α-Aryl-β.β-dialkyl* (*bzw. -diaryl*)-*acrylonitrile* (**II**) u. [*Arylcyanmethylen*]-*cycloalkane* (**XII**) dargestellt. Die **XII** liegen nach Lage der UV-Maxima (Tabelle) in der Styrolstruktur vor. [p-Chlorphenylcyanmethylen]-cyclobutan konnte auf diesem Wege nicht gewonnen werden. Kondensation der **XII** mit Guanidin (**V**) führte in guter Ausbeute zu *2.6-Diamino-5-aryl-4.5-dihydropyrimidin-4-spirocycloalkanen* (**XIII**), die gegen Alkalien stabil sind, mit verd. Mineralsäure jedoch zu den entsprechenden *6(4)-Oxyverbb.* hydrolysiert wurden, was auf das Vorliegen einer mesomeren Imino- bzw. Ketoform [in 6(4)-Stellung] zurückgeführt wird. Die Ausbeute an **XIII**, für deren Bldg. ein Reaktionsmechanismus diskutiert wird, ist abhängig von der Größe des Cycloalkanringes. Analog wurden aus den **II** u. **V** die *4.4-Dialkyl-5-aryl-2.6-diamino-4.5-dihydropyrimidine* dargestellt, die sich wie die **XIII** in die *6(4)-Oxyderivv.* überführen ließen. α-p-Chlorphenyl-β.β-diphenylacrylonitril konnte nicht mit **V** umgesetzt werden. Einige **XIII** wurden besser erhalten durch direkte Umsetzung der entsprechenden Acrylacetonitrile mit Cyclohexanon u. **V**; mit Cyclopentanon bzw. Cycloheptanon wurden jedoch nur geringe Ausbeuten erzielt. Bei dem Vers. der Darst. von Dihydropyrimidinen durch Kondensation von **XVI** mit Cyclohexanon u. Harnstoff in Ggw. von H_2SO_4 konnte nur ein nichtchlorhaltiges Gemisch isoliert werden. 2-p-Chlorphenylpenten-(2)-nitril (**IV**) gab jedoch beim Erhitzen mit alkoh. **V** das *2-Amino-4.5-dihydro-6-oxypyrimidin* (**XIV**), α-p-Chlorphenyl- u. α.β-Diphenylacrylonitril reagierten analog mit **V**, die entsprechenden *5-m-Chlorphenyl-* u. *5-[3.4-Dichlorphenyl]-verbb.* wurden besser direkt aus m-Chlor- bzw. 3.4-Dichlorphenylacetonitril, Propionaldehyd (**VI**) u. **V** erhalten. Aus den Dihydropyrimidinen wurden durch Dehydrierung mit S bei 180—190° in guter Ausbeute die *Pyrimidine* dargestellt, die Verwendung von Chloranil als Dehydrierungsmittel war weniger günstig. *2-Amino-5-p-chlorphenyl-4-äthyl-6-oxypyrimidin* (**VII**) wurde auch in geringerer Ausbeute aus Daraprim (**VIII**; Pyrimethamin; 2.4-Diamino-5-chlorphenyl-6-äthylpyrimidin) durch Hydrolyse gewonnen. Die Umsetzung von **XIV** bzw. **VII** mit P_2S_5 bei ~170° führte unter Ersatz der OH-Gruppe zu der *6-Mercaptoverb.* (**IX**), die sich mit alkoh. NH_3 unter Druck bei 180° in **VIII** überführen ließ. Die analoge Sulfurierung bei höherer Temp. (190°) gab vorwiegend das *2.6-Dimercaptopyrimidin* (**X**), während niedrigere Temp. zu einem Gemisch von **IX** u. **X** führte. **X** ergab mit NH_4OH unter Druck bei 155° ein 1:4-Gemisch von *4-Amino-5-p-chlorphenyl-6-äthyl-2-mercaptopyrimidin* (**XI**) u. **IX**. **IX** u. **XI** wurden mit Methyljodid zu den *Methylmercaptoverbb.* methyliert, die mit RANEY-Ni zu *2-* u. *4-Amino-5-p-chlorphenyl-6-äthylpyrimidin* entsulfuriert werden konnten. 2.6-Diamino-5-[3.4-dichlorphenyl]-4.5-dihydro-4.4-dimethylpyrimidin (**XV**) u. sein 5-p-Chlorphenylanaloges sind akt. gegen *Plasmodium gallinaceum* in Küken in Mengen von 1 mg/kg (inakt. bei 0,1 mg/kg) u. gegen *P. berghei* in Mäusen bei 10 mg/kg (inakt. bei 1 mg/kg), **VIII** ist akt. bei 0,1 mg/kg (inakt. bei 0,01 mg/kg). Im Gegensatz dazu besitzt die entsprechende 4.4-Diäthylverb. nur sehr wenig Aktivität gegen *P. gallinaceum* (200 mg/kg), während die Spirane keine Antimalariawirksamkeit zeigen. 4.4-Dialkyl-4.5-dihydropyrimidine besitzen keine Aktivität bei gegen **VIII** resistentem *P. gallinaceum*. Dagegen sind 4.4-Dialkyl-2.6-diamino-5-aryl-4.5-dihydropyrimidine u. eine Anzahl der Spirananalogen wirksam gegen *Entamoeba histolytica* in Ratten bei 250 mg/kg (6mal täglich oral gegeben). **XV** ist bereits akt. bei 125 mg/kg.

Versuche: Acrylonitrile (**II**), durch Zugeben des entsprechenden Arylacetonitrils u. des Ketons zu Na in absol. A., 30 Min. Kochen, Verdünnen mit W. in der Kälte, Einstellen auf p_H 5—6 mit H_2SO_4, Ae.-Extraktion u. Einengen; bei Kristallisation des Rückstandes konnte durch einmaliges Umkristallisieren das reine Prod. gewonnen werden (Meth. **A**), im anderen Falle wurde fraktioniert, in PAe. bzw. Bzl./PAe. gelöst, filtriert, über eine Al_2O_3-Säule gereinigt u. eingeengt, wobei Kristallisation erfolgte (Meth. **B**); nichtkrist. Verbb. wurden nocheinmal fraktioniert (Meth. **C**): *β.β-Dimethyl-α-[p-chlorphenyl]-*, $C_{11}H_{10}NCl$, Kp.$_{12}$ 162—164°, nach **C**; 42% (Ausbeute). — *β.β-Diäthyl-α-[p-chlorphenyl]-*, $C_{13}H_{14}NCl$, Kp.$_8$ 162—169°, analog; 33%. — *β.β-Dimethyl-α-[3.4-dichlorphenyl]-* (**I**), $C_{11}H_9NCl_2$, F. 106—107° (A.), durch 24std. Stehen der Reaktionslsg. bei Raumtemp. u. Aufarbeiten nach **A**; 78%. — *β.β-Diäthyl-α-[3.4-dichlorphenyl]-*, $C_{13}H_{13}NCl_2$, F. 47—49° (Methanol), analog **I** u. Aufarbeiten nach **B**; 21%. — *β.β-Diphenyl-α-[p-chlorphenyl]-*, $C_{21}H_{14}NCl$, F. 143—144° (A.), nach **A**; 15%. — [p-Chlorphenylcyanmethylen]-cycloalkane: *-cyclopentan*, $C_{13}H_{12}$·NCl, F. 75—76° (A.), nach **A**; 31%. — *-cyclohexan*, $C_{14}H_{14}NCl$, F. 43—44° (Methanol), nach **B**; 37%. — *-cycloheptan*, $C_{15}H_{16}NCl$, F. 117—118° (A.), nach **A**; 53%. — *-cyclooctan*, $C_{16}H_{18}NCl$, F. 63—64° (Methanol), nach **B**; 21%. — *[3.4-Dichlorphenylcyanmethylen]-cyclopentan*, $C_{13}H_{11}NCl_2$, F. 81—82° (A.), analog **I**; 55%. — *[3.4-Dichlorphenylcyanmethylen]-cyclohexan*, $C_{14}H_{13}NCl_2$, F. 64—65° (Methanol), nach **B**; 45%. — *[p-Methoxyphenylcyanmethylen]-cyclohexan*, $C_{15}H_{17}ON$, Kp.$_{0,05}$ 128°, nach **C**; 15%. — *1-[p-Chlorphenylcyanmethylen]-3-methylcyclohexan, Gemisch der cis- u. trans-Form*, $C_{15}H_{16}NCl$, Kp.$_{0,17}$ 133—134°, aus **XVI** u. 3-Methylcyclohexanon nach **C**; hellgelbes Öl, das nach einigen Wochen bei 0° teilweise krist.; 50%. — 2.6-Diamino-4.5-dihydropyrimidine, a) durch Versetzen vorst. Nitrile mit 0,8n alkoh. **V** (aus **V**-Hydrochlorid u. alkoh. Na-Äthylat), 18std. Kochen, langsam in der Kälte mit dem 3fachen Vol. W. Verdünnen, Ausziehen von unumgesetztem Material mit PAe. oder wenig Bzl. u. 3std. Stehen; b) durch Zugeben äquimol. Mengen **XVI** u. Cyclohexanon zu 0,8n alkoh. **V**, 3std. Kochen u. langsames Verdünnen mit W. in der Kälte: *-5-phenyl-4-spirocyclohexan*, $C_{15}H_{20}N_4$, F. 135° (verd. Methanol). — *-5-p-chlorphenyl-4-spirocyclopentan, Hydrat*, $C_{14}H_{17}N_4Cl\cdot H_2O$, F. 153° (verd. Methanol), nach a) über das *Naphthalin-2-sulfonat* [$C_{24}H_{25}O_3N_4ClS$, F. 246—247° (verd. Methanol), durch Versetzen der nichtkrist. Base in wss. A. oder Aceton mit konz. wss. Naphthalin-2-sulfonsäure unter Eiskühlung; 88%]. — *-5-p-chlorphenyl-4-spirocyclohexan*, $C_{15}H_{19}N_4Cl\cdot CH_3OH$, F. 157—159° (Methanol), nach a) 94%; nach b) 47%. — *-5-p-chlorphenyl-4-spirocycloheptan, Semihydrat*, $C_{16}H_{21}$·$N_4Cl\cdot \frac{1}{2}H_2O$, F. 179—181° (verd. Methanol), nach a) 75%. — *-5-p-chlorphenyl-4-spirocyclooctan, Semihydrat*, $C_{17}H_{23}N_4Cl\cdot \frac{1}{2}H_2O$, F. 181—182° (verd. Methanol), nach a); 39%. — *-5-[3.4-dichlorphenyl]-4-spirocyclopentan, Hydrochloridhydrat*, $C_{14}H_{17}N_4Cl_3\cdot H_2O$, F. 186—188° (W.), nach b) 52%. — *-5-[3.4-dichlorphenyl]-4-spirocyclohexan* (**III**), $C_{15}H_{18}$·$N_4Cl_2\cdot CH_3OH$, F. 166—167° (Methanol). — *-5-[2.4.5-trichlorphenyl]-4-spirocyclohexan*, $C_{15}H_{17}N_4Cl_3$, F. 218—219° (Methanol), nach b) 45%. — *-5-p-methoxyphenyl-4-spirocyclohexan*, $C_{16}H_{22}ON_4$, F. 164—165° (verd. Methanol). — *-5-p-chlorphenyl-4-spiro-[3-methylcyclohexan]*, $C_{16}H_{21}N_4Cl\cdot CH_3OH$, F. 161—163° (unter Aufschäumen; Methanol), nach a); Prismen. — *-5-p-chlorphenyl-4-spiro-[4-methylcyclohexan]*, F. 166—168° (unter Aufschäumen; Methanol), aus **XVI**, 4-Methylcyclohexanon u. **V** nach b), lösungsmittelhaltige Prismen. — 4.4-Dialkyl-5-aryl-2.6-diamino-4.5-dihydropyrimidine, durch Behandeln der **II** mit 0,8n alkoh. **V**, 24std. Kochen, Verdünnen in der Kälte mit dem gleichen Vol. W., Einengen bei ~40°, Abkühlen auf 0°, Dekantieren, Aufnehmen des abgeschiedenen Öles in trockenem Aceton, Einengen bei Raumtemp., Aufnehmen in trockenem Aceton, Einstellen mit konz. HCl auf p_H 5—6 unter Eiskühlung u. 1std. Stehen des abgeschiedenen *Hydrochlorids* bei 0°; 80—85%. *4.4-Dimethyl-5-p-chlorphenyl-, Hydrochlorid*, $C_{12}H_{16}N_4Cl_2$, F. 244—245°. — *4.4-Diäthyl-5-p-chlorphenyl-, Hydrochlorid*, $C_{14}H_{20}N_4Cl_2$, F. 172° (W.). *β-Naphthalinsulfonat*, $C_{24}H_{27}O_3N_4ClS$, F. 244 bis 245° (A.). — *4.4-Dimethyl-5-[3.4-dichlorphenyl]-* (**XV**), *Hydrochlorid*, $C_{12}H_{15}N_4Cl_3$, F. 278—280° (W.). — *4.4-Diäthyl-5-[3.4-dichlorphenyl]-*, *Hydrochlorid*, $C_{14}H_{19}N_4Cl_3$, F. 180° (W.). — 2-Amino-4.5-dihydro-6-oxypyrimidine: *-5-[3.4-dichlorphenyl]-4-spirocyclohexan*, $C_{15}H_{17}ON_3Cl_2$, F. 316—317° (Zers.; Methanol), durch Versetzen von 16 g in verd. Essigsäure gelöstem **III** mit konz. HCl, 20 Min. Kochen u. Alkalisieren mit wss. NaOH; Prismen; 15 g. — Analog in fast quantitativer Ausbeute aus den entsprechenden Diaminen: *-5-phenyl-4-spirocyclohexan*, $C_{15}H_{19}ON_3\cdot H_2O$, F. 307° (Zers.; verd. Methanol). — *-5-p-chlorphenyl-4-spirocyclopentan*, $C_{14}H_{16}ON_3Cl\cdot H_2O$, F. 286° (Zers.; verd. Methanol). — *-5-p-chlorphenyl-4-spirocyclohexan*, $C_{15}H_{18}ON_3Cl$·CH_3OH, F. 307° (Zers.; Methanol). — *-5-p-chlorphenyl-4-spirocycloheptan*, $C_{16}H_{20}ON_3Cl$·CH_3OH, F. 301—302° (Zers.; Methanol). — *-5-[3.4-dichlorphenyl]-4-spirocyclopentan, Hydrochlorid*, $C_{14}H_{16}ON_3Cl_3$, F. 225—227° (Zers.; verd. HCl). — *-4.4-dimethyl-5-p-chlorphenyl-, Dihydrat*, $C_{12}H_{14}ON_3Cl\cdot 2H_2O$, F. 245—247° (Zers.; W.). — *-4.4-diäthyl-5-p-chlorphenyl-*, $C_{14}H_{18}ON_3Cl$, F. 246—248° (Zers.; W.). — *2-p-Chlorphenylpenten-(2)-nitril* (**IV**), *Polymeres*, $(C_{11}H_{10}NCl)_n$, F. 145° (AeP./Ae.), aus **XVI** u. **VI** nach MURRAY u. CLOKE

(J. Amer. chem. Soc. **58.** [1936.] 2014), Behandeln des Öl/Kristall-Gemisches mit A. u. Filtration; Würfel. Daneben aus der alkoh. Lsg. rohes *monomeres* **IV**. — *α-p-Chlorphenylacrylonitril*, C_9H_6NCl, Kp.$_{0,25}$ 97°, nach A. P. 2 478 990; C. **1949.** E. 792; enthält etwas *Dimeres*; nach 4tägigem Stehen bei 0° war die Fl. stark viscos (λ_{max} 262 mμ, ε = 6800 → 3500, nach 10 Min. bei 100° ε → 1600). — *2-Amino-5-p-chlorphenyl-4-äthyl-4.5-dihydro-6-oxypyrimidin* (**XIV**), $C_{12}H_{14}ON_3Cl$, F. 275° (A.), a) durch 10std. Kochen von 10 g rohem **IV** mit alkoh. **V** unter Durchleiten von NH_3 u. Einengen; 7 g; b) durch Zugeben von 15 g **XVI** u. 5,8 g **VI** zu alkoh. **V**, 1std. Stehen bei 0°, Erwärmen auf 30° in 2 Std., 3std. Kochen, Verdünnen mit W. in der Kälte, Dekantieren u. Anreiben des abgeschiedenen Öls mit Ae.; 10 g. — *2-Amino-4.5-dihydro-6-oxy-4.5-diphenylpyrimidin*, $C_{16}H_{15}ON_3$, F. 285—286° (Prismen aus verd. A.), a) durch Kochen von 10 g α.β-Diphenylacrylonitril mit alkoh. **V** über Nacht u. Versetzen mit verd. wss. NaOH in der Kälte; 6,7 g; b) aus Phenylacetonitril, Benzaldehyd u. **V** in A. analog **XIV** nach b); 30%. — *2-Amino-5-p-chlorphenyl-4.5-dihydro-6-oxypyrimidin*, aus α-[p-Chlorphenyl]-acrylonitril u. **V** analog **XIV** nach a); konnte nicht rein erhalten werden. Ließ sich zu *2-Amino-5-p-chlorphenyl-4-oxypyrimidin* dehydrieren. — *2-Amino-5-m-chlorphenyl-4-äthyl-4.5-dihydro-6-oxypyrimidin*, F. 229—230° (verd. A.), durch Zugeben von 30 g m-Chlorphenylacetonitril u. 11,6 g **VI** zu alkoh. **V**, 2std. Stehen bei Raumtemp., Erhitzen über Nacht u. Verdünnen mit W. nach Abkühlen; Nadeln; 17 g. — *2-Amino-5-[3.4-dichlorphenyl]-4-äthyl-4.5-dihydro-6-oxypyrimidin*, $C_{12}H_{13}ON_3Cl_2$, F. 242°, durch 5std. Kochen von 18,6 g 3.4-Dichlorphenylacetonitril mit 5,8 g **VI** u. alkoh. **V** u. Aufarbeiten wie bei vorst. Verb.; 9,0 g. — 2-Amino-5-aryl-6-oxypyrimidine, durch 4std. Erhitzen der entsprechenden 4.5-Dihydroverb. mit der doppelten Menge S auf 180—190° unter H_2S-Entw., Entfernen des überschüssigen S durch Extraktion mit CS_2, Aufnehmen in kalter verd. wss. NaOH u. Eintropfen in heiße verd. Essigsäure: *-5-p-chlorphenyl-4-äthyl-* (**VII**), F. 284° (Nadeln); 70%; oder durch 5std. Kochen von 12 g **VIII** in konz. HCl u. wenig W., Verdünnen mit W. nach Abkühlen, Alkalisieren mit wss. NaOH, Filtration, Ansäuern mit Essigsäure u. Umfällen aus 2n NaOH durch Eintropfen in sd. verd. Essigsäure; 2,7 g. *N-Acetylverb.*, $C_{14}H_{14}O_2N_3Cl$, F. 263—264° (verd. A.). — *-4.5-diphenyl-*, $C_{16}H_{13}ON_3$, F. 319° (A.), Nadeln. — *-5-p-chlorphenyl-*, F. 320° (Zers.; A.). — *-5-[3.4-dichlorphenyl]-4-äthyl-*, *N-Acetylderiv.*, $C_{14}H_{13}O_2N_3Cl_2$, F. 261°; 42%. — *2-Amino-5-p-chlorphenyl-4-äthyl-6-mercaptopyrimidin* (**IX**), $C_{12}H_{12}N_3ClS$, F. 231° (hellgelbe Prismen aus Bzl.), a) durch 2std. Erhitzen von 10 g **XIV** mit P_2S_5 in Tetralin auf 170—175° unter Rühren, Verdünnen mit PAe. nach Abkühlen, Lösen des Nd. in konz. NH_4OH, Filtration u. Eingießen in verd. Essigsäure; 5,1 g; b) analog a) aus **VII**; ähnliche Ausbeute. — *5-p-Chlorphenyl-4-äthyl-2.6-dimercaptopyrimidin* (**X**), $C_{12}H_{11}N_2ClS_2$, F. 317° (glänzende gelbe Prismen aus Bzl.), a) wie **IX**, jedoch bei 190°; 2,7 g (daneben aus der Benzollsg. 0,2 g **IX**); b) analog a) aus 10 g **VIII**; 0,56 g. — **VIII**, F. u. Misch-F. 235° (A.), durch 16std. Erhitzen von 2,5 g **IX** in mit NH_3 gesätt. A. im Autoklaven auf 180°, Einengen, Schütteln mit 2n NaOH u. Umfällen aus heißer verd. Essigsäure mit NaOH; 1,0 g. — *4-Amino-5-p-chlorphenyl-6-äthyl-2-mercaptopyrimidin* (**XI**), $C_{12}H_{12}N_3ClS$, F. 326° (Zers. nach Braunwerden bei 230—240°; 2-Äthoxyäthanol), durch Erhitzen von 1 g **X** mit konz. NH_4OH im Autoklaven über Nacht auf 155° u. Filtration nach Abkühlen; Nadeln; 0,8 g (roh). Daneben durch Ansäuern der Mutterlauge mit Essigsäure 0,2 g **IX**. — *2-Amino-5-p-chlorphenyl-4-äthyl-6-methylmercaptopyrimidin*, $C_{13}H_{14}N_3ClS$, F. 196° (Methanol), durch Versetzen von 1,3 g **IX** in methanol. NaOH mit CH_3J, Stehen über Nacht u. Verdünnen mit W.; Prismen; 1,2 g. — *2-Amino-5-p-chlorphenyl-4-äthylpyrimidin*, $C_{12}H_{12}N_3Cl$, F. 168° (Ae./PAe.), durch 4std. Erhitzen vorst. Verb. in A. mit Raney-Ni u. Soda, Filtration u. Einengen; Nadeln. *Pikrat*, $C_{12}H_{12}N_3Cl \cdot C_6H_3O_7N_3$, F. 192—193° (A.), gelbe Nadeln. — *4-Amino-5-p-chlorphenyl-6-äthyl-2-methylmercaptopyrimidin*, $C_{13}H_{14}N_3ClS$, F. 156° (Bzl./PAe.), aus 0,5 g **XI** u. CH_3J analog vorvorst. Verb.; 0,37 g. — *4-Amino-5-p-chlorphenyl-6-äthylpyrimidin*, F. 145° (A. u. Ae./PAe.), aus vorst. Verb. analog vorvorst. Verbindung. (J. chem. Soc. [London] **1956.** 1019—28. April. Tuckahoe, N. Y.; Langley Court, Beckenham, Kent, Wellcome Res. Labors.) W. Gehrmann. 3272

Morton Munk und **Harry P. Schultz**, *Chinoxalinuntersuchungen*. 4. Mitt. *Die Darstellung von dl-2.6-Dimethyl-1.2.3.4-tetrahydrochinoxalin und dl-2.7-Dimethyl-1.2.3.4-tetrahydrochinoxalin.* (3. vgl. Patton u. Schultz, C. **1956.** 9182.) Verss. zur Klärung der Frage, ob bei der von Hinsberg [1887.] durchgeführten Kondensation von 3.4-Diaminotoluol mit Chloraceton *2.6-* (**I**), *2.7-Dimethylchinoxalin* (**II**) oder ein Gemisch aus beiden entsteht, wurden dadurch erschwert, daß es nicht gelang, **I** u. **II** auf anderem Wege darzustellen. 2-Oxy-3-methylchinoxalin konnte aber über *2-Chlor-3-methylchinoxalin* zu *dl-2-Methyl-1.2.3.4-tetrahydrochinoxalin* hydriert werden. Es wurde daher von den aus 2-Oxy-3.6- (**III**) bzw. 2-Oxy-3.7-dimethylchinoxalin (2. Mitt. vgl. Marks u. Schultz, C. **1956.** 9182) analog erhaltenen *dl-2.7-* u. *dl-2.6-Dimethyl-1.2.3.4-tetrahydrochinoxalinen* das F.-Diagramm aufgestellt u. mit dem F. der hydrierten Kondensationsprodd. der Synth. nach HINSBERG verglichen. Danach liegt ein eutekt. Gemisch (F. 88—89°) aus 50% **I** u. 50% **II** vor. **III** wurde in besserer Ausbeute als nach der früheren Meth. durch Kondensation von 3-Amino-4-nitrotoluol mit α-Brompropionsäure zu *N-[2-Nitro-5-methylphenyl]-dl-α-alanin*, reduzierende Cyclisierung u. anschließende Oxydation dargestellt.

Versuche: *2-Chlor-3-methylchinoxalin*, $C_9H_7N_2Cl$, F. 90—92° (PAe.), durch ½std. Kochen von 2-Oxy-3-methylchinoxalin mit $POCl_3$; aus A.-W. rosafarbene Plättchen; 54% (Ausbeute). *dl-2-Methyl-1.2.3.4-tetrahydrochinoxalin*, F. 71—72°, a) durch 4std. Hydrieren vorst. Verb. in Eisessig in Ggw. von CH_3COONa über 5%ig. $PdCl_2$-Kohle bei 60°/2 at, 65%; b) durch Hydrieren von 2-Methylchinoxalin über Pd-Kohle. — *N-[2-Nitro-5-methylphenyl]-dl-α-alanin*, $C_{10}H_{12}O_4N_2$, F. 127—128°, aus 3-Amino-4-nitrotoluol mit α-Brompropionsäure (96 Std. bei 100°); orangefarbener Nd.; 39%. — *2-Oxy-3.6-dimethylchinoxalin* (**III**), F. 254° (nach Sublimation), durch 4std. Hydrieren vorst. Verb. in A. über 5%ig. $PdCl_2$-Kohle bei 30°/2 at u. anschließendes 2std. Erhitzen des Rückstandes mit 8%ig. H_2O_2 u. 8%ig. NaOH auf 100°; 82%. — *2-Chlor-3.6-dimethylchinoxalin*, $C_{10}H_9N_2Cl$, F. 76—77°, aus **III** mit $POCl_3$; 66%. — *dl-2.7-Dimethyl-1.2.3.4-tetrahydrochinoxalin*, $C_{10}H_{14}N_2$, F. 118—118,5°, aus vorst. Verb. durch Hydrieren; 72%. — *2-Chlor-3.7-dimethylchinoxalin*, $C_{10}H_9N_2Cl$, F. 86—87°, aus 2-Oxy-3.7-dimethylchinoxalin; 72%. — *dl-2.6-Dimethyl-1.2.3.4-tetrahydrochinoxalin*, $C_{10}H_{14}N_2$, F. 115—115,5°, durch Hydrieren vorst. Verb.; 60%. — Gemisch aus *2.6-* (**I**) u. *2.7-Dimethylchinoxalin* (**II**), Kp. 265—285°, aus 3.4-Diaminotoluol u. Chloraceton; gibt bei der Hydrierung (4 Std.) über 5%ig. $PdCl_2$-Kohle bei 60°/2 at das eutekt. Gemisch vom F. 88—89°. — Die UV-Spektren von **I** u. **II** in A. u. HCl sind angegeben. (J. Amer. chem. Soc. **74**. 3433—34. 5/7. 1952. Carol Gables, Fla., Univ. of Miami, Dep. of Chem.) G. GEBHARD. 3272

George Kyryacos und **Harry P. Schultz**, *Chinoxalinuntersuchungen*. 5. Mitt. *Synthese von 2-Oxy-3.5-dimethylchinoxalin und 2-Oxy-3.8-dimethylchinoxalin*. (4. vgl. vorst. Ref.) Durch Kondensation des aus o-Acetotoluidid durch Nitrierung zu *3-Nitro-2-acetotoluidid* u. Hydrolyse erhaltenen *2-Amino-3-nitrotoluols* mit α-Brompropionsäure (**I**) zu *N-[2-Nitro-6-methylphenyl]-dl-α-alanin*, reduzierende Cyclisierung zu *3.4-Dihydro-2-oxy-3.5-dimethylchinoxalin* u. Oxydation entsteht *2-Oxy-3.5-dimethylchinoxalin*. Analog, aber in besserer Ausbeute gelingt durch Kondensation von 3-Amino-2-nitrotoluol mit **I** über *N-[2-Nitro-3-methylphenyl]-dl-α-alanin* die Gewinnung von *2-Oxy-3.8-dimethylchinoxalin*.

Versuche: *N-[2-Nitro-6-methylphenyl]-dl-α-alanin*, $C_{10}H_{12}O_4N_2$, F. 122—123°, aus 2-Amino-3-nitrotoluol u. **I** (96 Std. bei 110°); gelbes Pulver; 16,5% (Ausbeute). — *2-Oxy-3.5-dimethylchinoxalin*, $C_{10}H_{10}ON_2$, F. 256,5—257,5° (wss. A.), durch 4std. Hydrierung vorst. Verb. bei Raumtemp. in 95%ig. A. über 5%ig. Pd-Kohle bei 2 at u. anschließendes 2std. Erhitzen mit 8%ig. H_2O_2 u. 8%ig. NaOH; 52,5%. — *3-Amino-2-nitrotoluol*, nach HOOGEWERFF u. VAN DORP [1889] aus 2-Nitro-3-toluylsäureamid; 74%. — *N-[2-Nitro-3-methylphenyl]-dl-α-alanin*, $C_{10}H_{12}O_4N_2$, F. 164—165°, durch 36std. Erhitzen vorst. Verb. mit **I** auf 110°; gelb; 36,5%. — *2-Oxy-3.8-dimethylchinoxalin*, $C_{10}H_{10}ON_2$, F. 256—257°, analog drittvorst. Verb.; 34%. — Die UV-Maxima der Verbb. sind angegeben. (J. Amer. chem. Soc. **75**. 3597—98. 20/7. 1953.) G. GEBHARD. 3272

Wolfgang Pfleiderer, *Über die Kondensation von Methylalloxan mit o-Phenylendiamin*. Die Kondensation von o-Phenylendiamin (**III**) mit Methylalloxan (**IV**) in saurem Medium führt zu einem Gemisch der beiden möglichen isomeren *Monomethylalloxazine*. Durch unabhängige Synth. werden diese Verbb., das *1-Methyl-* (**I**) u. das *3-Methylalloxazin* (**II**) dargestellt.

Versuche: *3-Methylaminochinoxalincarbonsäure-(2)-amid*, $C_{10}H_{10}ON_4$, F. 204° (A.), aus 10 g Methylester mit bei 0° gesätt. äthanol. NH_3 im Autoklaven (4 Std. bei 80°); große gelbe Kristalle; 8,5 g (Ausbeute). — *3-[Carbäthoxy-methylamino]-2-cyanchinoxalin*, $C_{13}H_{12}O_2N_4$, F. 85° (A./W.), aus 3 g vorst. Verb. u. Chlorameisensäureäthylester (26 Std. kochen); 1,2 g. — *1-Methylalloxazin* (**I**), $C_{11}H_8O_2N_4$, F. 356—358° (Eisessig), aus 0,8 g vorst. Verb. in CH_3OH mit $NaOCH_3$ (1 Std. kochen); 0,6 g. — *1-Methyl-3-äthylalloxazin*, $C_{13}H_{12}O_2N_4$, F. 219° (A.-W.), aus 0,6 g **I** in Aceton mit C_2H_5J u. K_2CO_3 (24 Std. kochen); 0,22 g. — *3-Methylaminochinoxalincarbonsäure-(2)-äthylamid*, $C_{12}H_{14}ON_4$, F. 121° (A./W.), durch Kochen von 0,15 g vorst. Verb. mit 0,5n NaOH (30 Min.); gelbe Nadeln; 0,07 g. — *3-Aminochinoxalincarbonsäure-(2)-methylamid*, $C_{10}H_{10}ON_4$, F. 175—178°, aus 2,6 g des Methylesters mit bei 0° gesätt. alkoh. CH_3NH_2 im Autoklaven (3 Std. bei 120°); aus CH_3OH gelbe Nadeln; 1,8 g. — *3-Carbäthoxyaminochinoxalincarbonsäure-(2)-methylamid*, $C_{13}H_{14}O_3N_4$, F. 167° (A.), durch 24std. Kochen von 1,8 g vorst. Verb. mit Chlorameisensäureäthylester; 1,5 g. — *3-Methylalloxazin* (**II**), $C_{11}H_8O_2N_4$, F. 343—344° (Eisessig), aus 0,5 g vorst. Verb. mit sd. alkoh. $NaOC_2H_5$ (45 Min.); 0,3 g. — *1-Äthyl-3-methylalloxazin*, $C_{13}H_{12}O_2N_4$, F. 204° (A./W.), aus 0,5 g **II** mit C_2H_5J/K_2CO_3 in sd. Aceton; 0,25 g. — *3-Äthylaminochinoxalincarbonsäure-(2)-methylamid*, $C_{12}H_{14}ON_4$, F. 148°, aus 0,12 g vorst. Verb.

mit sd. 0,5nNaOH (15 Min.); aus A./W. gelbe Nadeln; 0,08 g. — *1.3-Dimethylalloxazin*, F. 242° (Aceton), aus 0,5 g **I** bzw. **II** mit CH_3J/K_2CO_3 in sd. Aceton (24 Std.); 0,35 g. — *1.3-Diäthylalloxazin*, $C_{14}H_{14}O_2N_4$, F. 157° (Aceton/W.), aus 1 g Alloxazin mit C_2H_5J analog vorst. Verb.; 0,7 g. — *3-Äthylaminochinoxalincarbonsäure-(2)-äthylamid*, $C_{13}H_{16}$·ON_4, F. 128°, aus 0,1 g vorst. Verb. mit n-NaOH (20 Min. kochen); aus A./W. gelbe Nadeln; 0,06 g. — *3-Oxychinoxalincarbonsäure-(2)-methylamid*, F. 298° (W.), aus 1,1 g **III** u. 1,6 g **IV** in sd. W. (15 Min.); 1,1 g. Die Kondensation von 3 g **III**-Hydrochlorid u. 3,2 g **IV** in sd. W. (15 Min.) liefert 3,1 g Gemisch aus **I** u **II** von F. 330° (Sintern ab 310°; Eisessig). (Chem. Ber. **89**. 1148—51. 4/5. 1956. Stuttgart, TH, Inst. für organ. Chem. u. org.-chem. Technol.) H. GOEBEL. 3272

L. N. Goldyrew und **L. N. Sacharowa**, *Über die Synthese von Thiobarbitursäure.* Es wird festgestellt, daß bei der Darst. von *Thiobarbitursäure* durch Rk. von Malonester mit Thioharnstoff in Ggw. von Äthylat die besten Ausbeuten erzielt werden, wenn nur wenig A. als Lösungsmittel (gerade ausreichend zur Bldg. des Äthylats) u. ein Überschuß an Alkoholat verwendet wird. Li-Alkoholat gibt bessere Ausbeuten als Na- oder K-Alkoholat. — *Thiobarbitursäure*, $C_4H_4O_2N_2S$, F. 235°, aus äquimol. Mengen Malonester u. Thioharnstoff in Ggw. von Li-Äthylat (20% Überschuß) durch 2std. Erhitzen auf 80° u. Behandeln des Reaktionsprod. mit verd. HCl; 80%. *Kondensationsprod. mit Furfurol*, $C_9H_6O_3N_2S$. (Сборник Статей по Общей Химии [Samml. Aufsätze allg. Chem.] **2**. 1273—74. 1953. Uraler Gorki-Univ.) G. FROELICH. 3272

W. W. Binkley, *Die Säulenchromatographie der Zucker und ihrer Derivate.* Übersicht über die Säulenchromatographie der Zucker, Zuckeralkohole, Zuckersäuren, Ester u. Äther; Anwendungsmöglichkeiten einzelner Adsorptionsmittel. — 196 Literaturstellen. (Advances Carbohydrate Chem. **10**. 55—94. 1955. Columbus, O., Ohio State Univ., Dep. of Chem.) K. H. WOLF. 3400

F. A. H. Rice und **Arthur Russell Johnson**, *Reaktion von Silber-penta-O-acetyl-D-gluconat mit Brom.* Durch Decarboxylierung von Ag-Penta-O-acetyl-D-gluconat mit Br_2 in CCl_4 wurde *1-Brom-penta-O-acetylaldehydo-D-arabinose* (**I**) erhalten. Die Konst. von **I** wurde bewiesen durch Umwandlung in *Hexa-O-acetylaldehydo-D-arabinose* u. durch Red. zu *D-Arabit*. Aus der Nichtkristallisierbarkeit u. der geringen opt. Drehung von **I** wird auf das Vorhandensein einer α- u. β-Form geschlossen.

Versuche: *Penta-O-acetyl-D-gluconsäure*, $C_{16}H_{22}O_{12}$, F. 110° (Toluol), aus Penta-O-acetyl-D-gluconamid (F. 183°, $[\alpha]_D^{22}$ +23°) mit NOCl in Chlf.; $[\alpha]_D^{20}$ +11° (c = 2 in Chlf.). *Ag-Salz*, $C_{16}H_{21}O_{12}Ag \cdot H_2O$, mit Ag_2O in Aceton. — *1-Brompenta-O-acetylaldehydo-D-arabinose* (**I**), $C_{15}H_{21}O_{10}Br$, aus wasserfreiem vorst. Ag-Salz mit Br_2 in CCl_4 (2 Std. bei Raumtemp. u. 4 Std. bei 80°); $[\alpha]_D^{21}$ +21° (c = 5; Chlf.); größere Ansätze (>1 g) wurden, um völlige Umsetzung zu erreichen, unter Zusatz von P_2O_5 u. Ag_2O oxydiert, doch entstand immer etwas vorst. Säure. — *Hexa-O-acetylaldehydo-D-arabinose*, F. 89—90°, aus **I**, mit Ag-Acetat in Toluol (5 Min. unter Rückfluß); $[\alpha]_D^{21}$ +29°. — *Penta-O-acetylarabit*, $C_{15}H_{22}O_{10}$, F. 75° (A.), aus **I** mit $LiAlH_4$ bei 20° in Ae. u. anschließend Acetylierung; $[\alpha]_D^{22}$ +35° (c = 5; Chlf.). (J. Amer. chem. Soc. **78**. 428—30. 20/1. 1956. Indian Head Md., U. S. Naval Powder Factory, Res. and Developm. Dep.) H. LEUBE. 3400

M. V. Lock und **G. N. Richards**, *Eine Ionenaustauschmethode zur Trennung teilweise methylierter Zucker und ihre Anwendung zur verbesserten Darstellung von 2-O-Methyl-D-glucose.* Die Boratform des bas. Austauschers Amberlite IRA-400 adsorbiert unter Komplexbldg. Zucker, die in der furanoiden Form vorliegen u. bei denen die 1-, 2- u. 4-Stellung unbesetzt sind. Es werden auch Glykoside adsorbiert, die benachbarte, cis-ständige OH-Gruppen enthalten. Die Trennung vom Austauscher gelingt mit Borsäure- oder Boraxlösung.

Versuche: *2-O-Methyl-β-D-glucose*, F. 157—159°, durch Versetzen von Methyl-4.6-O-benzyliden-α-D-glucosid in NaOH u. Aceton mit Dimethylsulfat bei 45°, 30 Min. kochen, Gießen in W., Abtrennen von *Methyl-4.6-O-benzyliden-2.3-di-O-methyl-α-D-glucosid* [F. 122—123° (W.)], 20std. Erhitzen auf dem sd. Wasserbad bei p_H 1, Zugabe von $Ba(OH)_2$ in der Wärme, Neutralisation mit $BaCO_3$, Entionisierung mit Amberlite IR-120(H) u. IR-4B(OH) u. Entfernung der *3-O-Methylverb.* mit der Boratform von Amberlite IRA-400; Kristalle aus A. mit Butanol, $[\alpha]_D^{20}$ +65° (c = 1 in W.), 12,5% (Ausbeute). *p-Nitrophenylhydrazon*, $C_{13}H_{19}O_7N_3$, F. 196—197°. — Die Gleichgewichtsadsorption war für *Glucose* nach 2 Std. 100%, für *D-Mannose* nach 2 Std. 100%, für *2-O-Methyl-D-glucose* nach >7 Std. 39%, für *3-O-Methyl-D-glucose* nach 2 Std. 100%, für *6-O-Methyl-D-glucose* nach 2 Std. 100%, für *2.3-Di-O-methyl-D-glucose* nach >7 Std. 56%, für *4.6-Di-O-methyl-D-glucose* nach >7 Std. 38%, für *2.3.6-Tri-O-methyl-D-glucose* nach >7 Std. 8,5%; für *Methyl-α-D-glucopyranosid* nach 3 Std. 33% u. für *Methyl-α-D-mannopyranosid* nach 3 Std. 95%. (J. chem. Soc. [London] **1955**. 3024—27. Sept. Wythenshawe, Manchester, Brit. Rayon Res. Assoc., Heald Green Labors.) M. REIHER. 3400

H. R. Arthur, W. H. Hui und **C. N. Ma,** *Eine Untersuchung der Rutaceen von Hongkong.* 1. Mitt. *Flavonglykoside von Zanthoxylumarten und das Vorkommen von optisch-aktivem Hesperetin.* Aus der Rinde von *Zanthoxylum avicennae* werden *Hesperidin* (**I**) u. *Diosmin* (**II**), aus der Rinde von *Z. cuspidatum* nur **I** u. aus der Wurzelrinde von *Z. nitidum* nur **II** isoliert, während die Rinde der letzten Art keine Glykoside enthält. Die Hydrolyse von **I** liefert ein Gemisch von (±)- (**III**) u. (—)-*Hesperetin* (**IV**), das durch fraktionierte Kristallisation getrennt wird; ebenso wird aus **II** *Diosmetin* erhalten, das auch aus Hesperetintriacetat mit N-Bromsuccinimid u. Benzoylperoxyd dargestellt wird.

Versuche: *Hesperidin* (**I**), $C_{28}H_{34}O_{15} \cdot H_2O$, F. 260° (Zers.), a) aus der trockenen Rinde (400 g) von *Z. avicennae* durch Extraktion mit sd. CH_3OH u. Trennung vom **II** durch fraktionierte Kristallisation aus W.-Pyridin (1:1); ca. 1,5 g (Ausbeute); b) aus der Rinde von *Z. cuspidatum* (400 g) wie vorst.; 1,9 g; feine Nadeln; $[\alpha]_D^{27}$ —88,2° (c = 1,24; Pyridin). *Oktaacetylverb.*, $C_{44}H_{50}O_{23}$, F. 176—179°, aus A. Nadeln. — *Diosmin* (**II**), $C_{28}H_{32}O_{15} \cdot H_2O$, F. 283° (Zers.), durch Extraktion der gemahlenen Wurzelrinde (31 kg) von *Z. nitidum* mit heißem CH_3OH, Eindampfen auf 5 Liter, Abtrennen des krist. Nd., weiteres Eindampfen u. Kristallisation des mit PAe. gewaschenen Rückstandes aus CH_3OH; aus W.-Pyridin (1:1) feine Nadeln; 2 g, — *Isoferulasäure*, $C_{10}H_{10}O_4$, F. 228 bis 229°, aus 10 g **I** u. sd. 6%ig. NaOH (2 Std.); aus verd. A. Nadeln; 2,2 g; $FeCl_3$-Rk. rotbraun. *Acetylverb.*, $C_{12}H_{12}O_5$, F. 204—205°. — *Hesperetin*, $C_{16}H_{14}O_6$, F. 224—226°, a) aus 5 g **I** u. H_2SO_4 in Äthylenglykol auf dem Wasserbad (40 Min.); 1,8 g; $[\alpha]_D^{26}$ —16,9° (c = 1,42; A.); b) aus **I** u. sd. verd. H_2SO_4 neben *Glucose* u. *Rhamnose*; aus A. blattförmige Kristalle. — (±)-*Hesperetin* (**III**), $C_{16}H_{14}O_6$, F. 226—228°, a) aus vorst. Gemisch durch fraktionierte Kristallisation aus A. neben dem leichter lösl. **IV** (2,5 g); 2,2 g; b) aus 0,4 g **IV** in Äthylenglykol im Rohr bei 250—260° (2 Std.); 0,1 g; aus A. hexagonale Prismen; $[\alpha]_D^{27}$ 0,0° (c = 1,56; A.). *7.3'-Dimethyläther*, $C_{18}H_{18}O_6$, F. 132—133°, aus 0,6 g **III** u. CH_2N_2; 0,3 g. *Triacetylverb.*, $C_{22}H_{20}O_9$, F. 139—141°, aus 1,2 g **III** u. Acetylchlorid in Pyridin; aus CH_3OH Nadeln; 0,95 g. *Oxim*, $C_{16}H_{15}O_6N$, F. 227—228°, aus verd. A. feine Nadeln. — (—)-*Hesperetin* (**IV**), F. 216—218°, aus A. dreieckige Platten; $[\alpha]_D^{27}$ —37,6° (c = 1,80; A.); wird durch alkoh. HCl oder C_2H_5ONa (3 Tage) nicht racemisiert. *7.3'-Dimethyläther*, F. 149—151°; $[\alpha]_D^{28}$ —35,6° (c = 1,04; Chlf.). *Triacetylverb.*, F. 130—132°; $[\alpha]_D^{16}$ +21,1° (c = 1,28; Chlf.). *Oxim*, F. 219—220° (Zers.); $[\alpha]_D^{27}$ —16,1° (c = 0,40; A.). Vorst. Hesperetinderivv. geben mit Mg u. HCl in CH_3OH eine hellrote Färbung. — *Diosmetin*, $C_{16}H_{12}O_6$, F. 253—254,5°, a) aus **II** u. H_2SO_4 in Äthylenglykol auf dem Wasserbad (40 Min.); b) aus **II**, Pyridin u. Acetanhydrid bei Zimmertemp. (4 Tage) u. Rk. der Acetylverb. mit sd. alkoh. H_2SO_4 (2 Std.); c) aus 0,9 g Hesperetintriacetat, N-Bromsuccinimid u. Benzoylperoxyd auf dem Wasserbad; 0,08 g; aus A. feine gelbe Nadeln; Rk. mit Mg u. HCl in CH_3OH ebenso wie nachst. Verb. rot. *Triacetylverb.*, $C_{22}H_{18}O_9$, F. 189—191°, Nadeln. (J. chem. Soc. [London] **1956**. 632—35. März. Hongkong, Univ.)

E. HANSCHKE. 3450

T. F. Platonowa und **A. D. Kusowkow,** *Über die Alkaloide von Leontice Eversmannii Bge.* 3. Mitt. *Leontin. Konstitution des heterocyclischen Kerns.* (2. vgl. C. **1955.** 10029.) Vff. setzen das früher (vgl. C. **1954.** 3474) von ihnen u. MASSAGETOW in der Pflanze aufgefundene *Isoleontin* ident. mit *Leontin* (**I**). Der Unterschied im opt. Verh. — linksdrehend bzw. inakt. — kann auf einen Beobachtungsfehler bei der Best. der opt. Aktivität von **I** durch JUNUSSAW u. SSOROKINA (Журнал Общей Химии [J. allg. Chem.] **19** (**81**). [1949.] 1955) beruhen, so daß also **I** als opt.-akt. mit dem Drehungswert $[\alpha]_D$ —78,2° (c = 14,4; absol. A.) anzusehen ist. *Isoleontan* (**II**) wurde l. c. bei der katalyt. Red. der CO-Gruppe in **I** u. in vorliegender Unters. durch Red. mit $LiAlH_4$ erhalten:

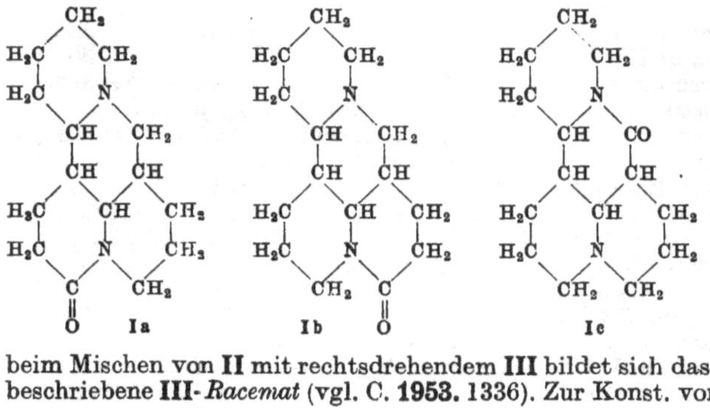

Ia Ib Ic

es wird mit *Matridin* (**III**) verglichen. Die in der Literatur vorhandenen Angaben für linksdrehendes **III** kommen den für **II** festgestellten nahe. Zum direkten Vgl. wird rechtsdrehendes **III** durch Hydrieren von Matrin (**IV**) hergestellt; es ergibt sich völlige Identität mit **II** — bis auf den entgegengesetzten Drehungswert; die Infrarotspektren fallen zusammen; beim Mischen von **II** mit rechtsdrehendem **III** bildet sich das von SCHÖPF u. Mitarbeitern beschriebene **III**-*Racemat* (vgl. C. **1953.** 1336). Zur Konst. von **I**: bei gleicher Bruttoformel ist I mit IV nicht ident. (von den opt. Aktivitäten abgesehen); sie müssen sich durch die verschied. Stellung der CO-Gruppe unterscheiden; als Formulierungen kommen **Ia—Ic** in Frage.

Versuche: *Isoleantan* (II), F. 77—79° (Ae.); durch 5std. Kochen von 2 g I mit 0,8 g $LiAlH_4$ in Ae.; 1,9 g (Ausbeute). — (+)-*Matridin* (III, rechtsdrehend), $C_{15}H_{26}N_2$, F. 76—77,5° (Ae.); durch Hydrieren von IV (Pt aus PtO_2, n-HCl; 70—90°; 24 Std.); das Reaktionsprod. wird aus alkal. Lsg. mit Ae. extrahiert, im Vakuum dest. (0,9 g vom $Kp._{10}$ 155—160°) u. als Hydrochlorid isoliert; $[\alpha]_D$ +29,7° (c = 4,1; absol. A.). *Hydrochlorid*, F. 368° (A.); $[\alpha]_D$ +12,4° (c = 4,9; A.). *Pikrat*, F. 258° (Aceton + A.). *Jodmethylat*, Zers. bei 293°; $[\alpha]_D$ +5,4° (c = 4,1; W.). — *Matridinracemat*, F. 55—56°; aus rechtsdrehendem III u. II in Äther. *Hydrochlorid*, F. 340° (A.). (Журнал Общей Химии [J. allg. Chem.] **26** (88). 283—85. Jan. 1956. Allunions Wiss. Chem.-pharmaz. Ordshonikidse-Forschungsinst.) R. KNOBLOCH. 3500

Tze-Tsin Chu und **Jen-Yung Loh**, *Untersuchungen über Alkaloide aus Fritillaria. 2. Mitt. Weitere Untersuchung von Peimin und Peiminin.* (1. vgl. CHOU u. CHU, C. **1942.** I. 3211.) Die Summenformeln für *Peimin* (I) u. *Peiminin* (II) werden zu $C_{27}H_{45}O_3N$ bzw. $C_{27}H_{43}O_3N$ berichtigt. Weder I noch II enthält Methoxy-, Äthoxy- Methylamino- oder Äthylaminogruppen, eine akt. Äthylenbindung oder eine tert. alkoh. Oxygruppe. Das bas. N-Atom von I u. II liegt wahrscheinlich im bicycl. Ring. II besitzt keine akt. Methylengruppe in Nachbarstellung zur CO-Gruppe. I u. II enthalten mindestens 3 C–CH_3-Gruppen u. geben keinen Nd. mit Digitonin. I gibt bei der Dehydrierung mit Se 4 Produkte. Aus I u. II werden einige neue Salze dargestellt.

Versuche: *Peimin* (I), *Thiocyanat* (III), $C_{27}H_{45}O_3N \cdot HCNS$, F. 260—262° (Zers.), aus I u. Natriumthiocyanat in Essigsäure; aus W. Prismen. — *Peiminin* (II), *Thiocyanat*, $C_{27}H_{43}O_3N \cdot HCNS \cdot H_2O$, F. 175°, aus II wie III; Nadeln. *Methojodid*, $C_{27}H_{43}O_3N \cdot CH_3J$, F. 267—269° (Zers.), aus W. Nadeln. — Die Dehydrierung von I mit Se (1:1) in 13 bis 14 Std. ergab bei 320—325° 2 als Pikrate isolierte Prodd., $C_{25}H_{37}N \cdot C_6H_3O_7N_3$, F. 220° (Zers.), gelbe Nadeln, u. $C_{26}H_{37}N \cdot C_6H_3O_7N_3$ (oder $C_{27}H_{39}N \cdot C_6H_3O_7N_3$), F. 193°, gelbe Nadeln; bei 310—315° *bas. Prod.* $C_{26}H_{37}O_2N$, F. 228°, Blätter, u. bei 280—285° *bas. Prod.* $C_{26}H_{41}O_3N$, F. 256°, Prismen. (Acta chim. sinica **21.** 227—31. 1955. Shanghai, Acad. Sinica, Inst. of Organ. Chem. u. Fu-Tan Univ., Dep. of Chem. [Orig.: chines.; Auszug: engl.]) E. MAEKAWA. 3500

Tze-Tsin Chu, Wen-Kuei Hwang und **Jen-Yung Loh**, *Untersuchungen über Alkaloide aus Fritillaria. 3. Mitt. Skelettbestimmung von Peimin und Peiminin durch Zinkstaubdestillation und Dehydrierung mit Selen.* (2. vgl. vorst. Ref.) Durch Zinkstaubdest. gibt *Peimin* (I) eine alkal. Fraktion, aus der *2.5-Lutidin* isoliert wurde, u. eine neutrale Fraktion, aus der durch Dehydrierung mit Se zwei *KW-stoffe*, $C_{22}H_{20}$ oder $C_{20}H_{18}$ (III) u. $C_{18}H_{14}$ (IV) erhalten wurden. Die UV-Spektren von III u. IV sind ähnlich dem Spektr. von 1.2-Benzfluoren. III ähnelt dem KW-stoff $C_{21}H_{20} \pm CH_2$ von WINKLER u. REICHSTEIN (Helv. Chim. Acta **37.** [1954.] 721), IV ist wahrscheinlich *8-Methyl-1.2-benzofluoren*. Aus diesen Tatsachen u. dem Verhältnis zwischen I u. Peiminin (II) werden **Ia** u. **Ib** als mögliche Strukturen für I vorgeschlagen; für II wird die **Ia** entsprechende Struktur mit einer Oxogruppe an $C_{(11)}$ angenommen.

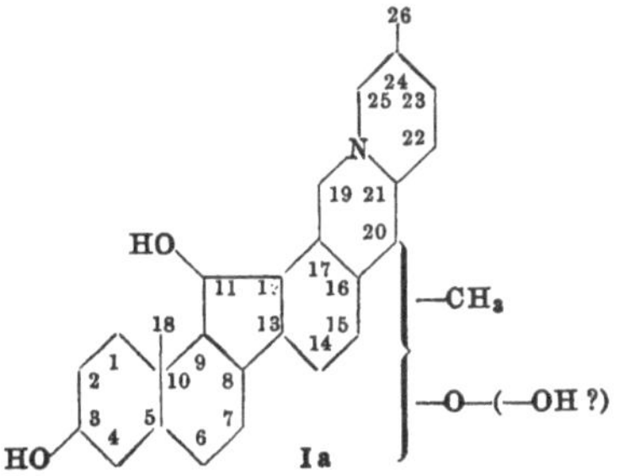

Ia

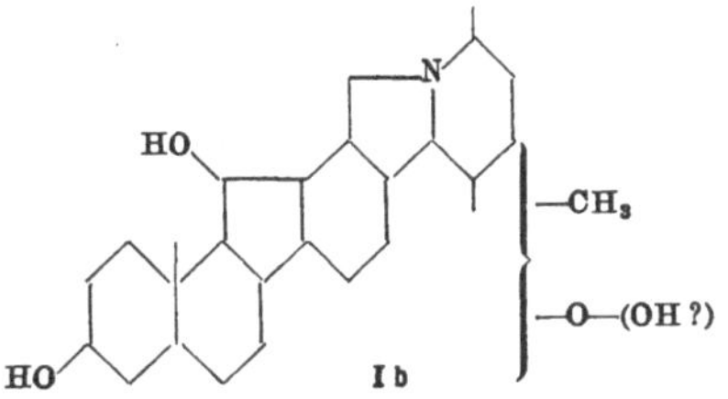

Ib

Versuche: Dest. von I mit Zn (1:100) u. Dest. mit Wasserdampf ergab aus dem Destillat *2.5-Lutidin*; *Pikrat*, $C_7H_9N \cdot C_6H_3O_7N_3$, F. 164—165° (Essigester); *Chloroplatinat*, $(C_7H_9N \cdot HCl) \cdot PtCl_4$, F. 195°; *Chloroaurat*, $C_7H_9N \cdot HCl \cdot AuCl_3$, F. 105—106°. — Aus dem Rückstand der Wasserdampfdest. wurden nach anschließender Dehydrierung mit Se isoliert: *KW-stoff* $C_{18}H_{14}$ (IV), F. 115—116° (Methanol); *1.3.5-Trinitrobenzolderiv.*, $C_{18}H_{14} \cdot 2(C_6H_3 \cdot O_6N_3)$, F. 141—142° (A.); orangefarbene Kristalle; *2.4.7-Trinitrofluorenonderiv.*, $C_{18}H_{14} \cdot C_{13}H_5O_7N_3$, F. 201—202° (A.-Bzl.), rotes Pulver. — *KW-stoff* $C_{22}H_{20}$ oder $C_{20}H_{18}$, F. 171

bis 173°; *2.4.7-Trinitrofluorenonderiv.*, $C_{22}H_{20}\cdot C_{13}H_5O_7N_3$ oder $C_{20}H_{18}\cdot C_{13}H_5O_7N_3$, F. 175 bis 176°, aus Bzl.-A. rotes Pulver. (Acta chim. sinica **21.** 232—40. 1955. [Orig.: chines.; Auszug: engl.]) E. MAEKAWA. 3500

Tze-Tsin Chu und **Jen-Yung Loh,** *Untersuchungen über Alkaloide aus Fritillaria.* 4. Mitt. *Isolierung eines neuen Alkaloids aus Si-Pei-Mu.* 1. Mitt. (3. vgl. vorst. Ref.) Ein neues Alkaloid, *Sipeimin* (I), wird aus der chines. Droge Si-Pei-Mu in 0,12—0,2 % ig. Ausbeute isoliert. I ist eine starke, einsäurige tert. Base mit einer alkoh. Oxy-, einer Carbonylgruppe u. mindestens drei C–CH_3-Gruppen, hat aber weder eine akt. Äthylenbindung, noch eine akt. Methylengruppe. I gibt keinen Nd. mit Digitonin.

Versuche: *Sipeimin* (I), $C_{27}H_{43}O_3N$, F. 269°, aus dem Gemisch der getrockneten, mit Ae. entfetteten Si-Pei-Mu u. 5 % ig. Na_2CO_3-Lsg. durch Extraktion mit Bzl.; Prismen aus A., $[\alpha]_D^{19}$ —39,4° (c = 0,838; absol. A.), $[\alpha]_D^{18}$ —33,8° (c = 0,696; Chlf.). *Hydrochlorid*, F. 210°, aus I in Chlf.-Ae. u. HCl-Gas; $[\alpha]_D^{8}$ —51,08 (c = 0,646; W.). *Chloroplatinat*, $(C_{27}H_{43}O_3N)_2\cdot H_2PtCl_6$, F. 239° (Zers.), orangefarbenes Kristallpulver. *Chloroaurat*, $C_{27}H_{43}O_3N\cdot HAuCl_4$, F. 163° (Zers.), gelbes amorphes Pulver. *Thioyanat*, $C_{27}H_{43}O_3N\cdot HCNS\cdot H_2O$, F. 170° (Zers. bei 262°). *Methojodid* (II), $C_{27}H_{43}O_3N\cdot CH_3J$, F. 251—252° (Zers.), Nadeln. *Methoperchlorat*, $C_{27}H_{43}O_3N\cdot CH_3ClO_4$, F. 279—281°, aus II in heißem W. u. Natriumperchloratlsg.; Nadeln. *Oxim*, $C_{27}H_{44}O_3N_2$, F. 170° (Aceton). *Monoacetylderiv.*, $C_{29}H_{45}O_4N$, F. 189°, Prismen aus Aceton; *Hydrochlorid*, $C_{29}H_{45}O_4N\cdot HCl$, F. 270—271°. (Acta chim. sinica **21.** 241—46. 1955. [Orig.: chines.; Auszug: engl.]) E. MAEKAWA. 3500

Tze-Tsin Chu, Jen-Yung Loh und **Wen-Kuei Hwang,** *Untersuchungen über Alkaloide aus Fritillaria.* 5. Mitt. *Sipeiminuntersuchung.* 2. Mitt. *Dehydrierung von Sipeimin und die Beziehungen zwischen Sipeimin, Peimin und Peiminin.* (4. bzw. 1. vgl. vorst. Ref.) Bei der Zn-Staubdest. u. nachfolgenden Selendehydrierung von *Sipeimin* (I) werden dieselben Prodd. wie aus *Peimin* (II) erhalten, nämlich *2.5-Lutidin* u. die *KW-stoffe* $C_{18}H_{14}$ (III) u. $C_{22}H_{20}$ oder $C_{20}H_{18}$. III wird durch Synth. nach GROSS u. LANKELMA (C. **1955.** 10501) als *8-Methyl-1.2-benzofluoren* identifiziert. I, II u. *Peiminin* (IV) haben vermutlich dasselbe Skelett u. gehören zur Gruppe der modifizierten Steroidalkaloide. I u. IV haben dieselbe Zus., dieselben funktionellen Gruppen u. prakt. gleiche Spektren. Der Strukturunterschied zwischen I u. IV ist gering, möglicherweise sind es Stereoisomere. (Acta chim. sinica **21.** 407—11. 1955. [Orig.: chines.; Auszug: engl.]) E. MAEKAWA. 3500

Bruno O. G. Schuler und **F. L. Warren,** *Rauwolfiaalkaloide.* 1. Mitt. *Reserpin und Ajmalin aus Rauwolfia natalensis Sond.* (*R. caffra*). Durch Extraktion der Wurzelrinde von Rauwolfia natalensis Sond. wird neben geringen Mengen *Reserpin* als Hauptalkaloid *Ajmalin* isoliert.

Versuche: *Reserpin*, $C_{33}H_{40}O_9N_2$, F. 262—263°, durch 3malige Extraktion von 200 g Wurzelrinde mit 1,7 Liter Ae., 500 cm³ Bzl., 200 cm³ A. u. nach 15 Min. 400 cm³ 7nNH$_4$OH (2tägiges Schütteln unter N_2), Filtration, Eindampfen der kombinierten Extrakte < 35° unter vermindertem Druck, 2malige Extraktion des trockenen Rückstandes mit je 100 cm³ Bzl., Chromatographie der Lsg. an Al_2O_3; aus Benzoleluaten amorphes Pulver, F. 139°, enthält keine Alkaloide; mit Ae. ein Gummi, aus dessen methanol. Lsg. Kristalle; 30 mg (Ausbeute). — *Ajmalin*, $C_{20}H_{26}O_2N_2\cdot CH_4O$, F. 158—161°, durch Eindampfen der methanol. Lsg. des bei vorst. Verb. erhaltenen Gummis, stäbchenförmige Kristalle, aus Methanol rechteckige Platten; 1 g; $[\alpha]_D$ +128°, UV-Spektr.: λ_{max} 250 u. 292 mμ (log ε 3,95 u. 3,55), Infrarotspektr.: Bande bei 3,00. 3,5—4,00 u. 6,21 μ, in CCl_4 auch bei 5,83 μ, diese Bande jedoch nicht in Nujol u. $CHCl_3$. *Dihydrochlorid*, $C_{20}H_{26}O_2N_2\cdot 2\,HCl$, F. 254°. *Pikrathydrat*, F. 125°; wasserfrei, F. 220°. *Oximhydrochlorid*, F. 214 bis 218°. (J. chem. Soc. [London] **1956.** 215—16. Jan. Pietermaritzburg, Univ. of Natal, Dep. of Chem. and Chem. Technol.) A. SCHMIDT. 3500

Patrick A. Diassi, Frank L. Weisenborn, Christiane M. Dylion und **Oskar Wintersteiner,** *Über die Stereochemie des Reserpins.* Im Gegensatz zu der früheren (C. **1956.** 439) Annahme der Vff. sind im *Reserpin* (I) die Carbomethoxygruppe an $C_{(16)}$ u. die OH-Gruppe an $C_{(18)}$ zu $C_{(15)}$-H u. $C_{(20)}$-H nicht cis-, sondern transständig, denn aus Reserpinol konnte mit p-Toluolsulfochlorid in Pyridin bei Raumtemp. ein *quartäres Chlorid* (II; $C_{22}H_{29}O_2N_2Cl$, F. 352—353° [$CH_3\cdot OH$], $[\alpha]_D^{23}$ + 73,6° [c = 0,713; W.]) erhalten werden, dessen Ultrarotspektr. ebenso wie das des aus der Pyridinmutterlauge isolierten analogen *quartären Tosylates* ($C_{29}H_{36}O_5N_2S$, F. 310—312° [$CH_3\cdot OH$]) keine für ⩾NH⁺ typ. Bande zeigte. Nach Ansicht der Vff. soll sich I von Iso-I durch eine Epimerie an $C_{(3)}$ unterscheiden, wonach $C_{(2)}$—$C_{(3)}$ zu

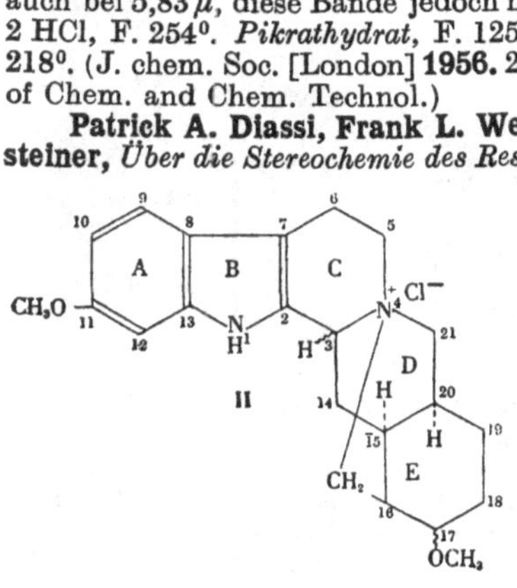

II

Ring D in **I** axial u. in Iso-**I** äquatorial sein soll. (J. Amer. chem. Soc. **77.** 4687—88. 5/9. 1955. New Brunswick, N. J., Squibb Inst. for Med. Res.) S. TODT. 3500

Eugene E. van Tamelen und **Paul D. Hance,** *Die stereochemische Formulierung des Reserpins.* Vff. kommen ebenfalls (vgl. vorst. Ref.) zu dem Ergebnis, daß im *Reserpin* (I) die H-Atome an $C_{(16)}$ u. $C_{(20)}$ cis-ständig sind. Sie erhielten aus Reserpinol (F. 254—255,5°) mit p-Tosylchlorid in Pyridin ebenfalls ein *quartäres Tosylat* (F. 330—333° [Zers.], λ_{max} 222, 269 u. 294 [log ε = 4,70, 3,80 u. 3,93]), in welchem $N_{(4)}$ mit $C_{(22)}$ direkt verbunden ist. Ebenfalls wird eine axiale $C_{(2)}$—$C_{(3)}$-Bindung angenommen u. eine äquatoriale trans-Stellung des H an $C_{(3)}$ gegenüber den H-Atomen an $C_{(15)}$ u. $C_{(20)}$. (J. Amer. chem. Soc. **77.** 4692—93. 5/9. 1955. Madison, Wis., Univ., Dep. of Chem.) S. TODT. 3500

Milton Heller und **Seymour Bernstein,** *Die Darstellung von 17β-Methyl-Δ⁵-androsten-3β-ol.* Bei der Hydrierung von *17*-Methyl-$\Delta^{5.16}$-androstadien-3β-olacetat (I) über Pd entsteht *17β-Methyl-Δ^5-androsten-3β-olacetat* (**II a**), das zum *freien Alkohol* (**II**) verseift wird. Bei der Hydrierung von **II a** über PtO_2 entsteht *17β-Methylandrostan-3β-olacetat.* Die Oxydation von **II** nach OPPENAUER liefert *17β-Methyl-Δ^4-androsten-3-on* (**III**). Die physikal. Konstanten von **II** u. seinen Derivv. sind von denen des Serposterins, dem von GHOSH u. BASU (vgl. Naturwissenschaften **42.** [1955.] 130) die Struktur **II** zugeschrieben wurde, deutlich verschieden. **II** u. **III** zeigen bzgl. der Veränderung der Prostata bei Ratten u. im Hahnenkammtest keine androgene Aktivität.

Versuche (opt. Drehungen in Chlf.): *17β-Methyl-Δ^5-androsten-3β-ol* (**II**), $C_{20}H_{32}O$, F. 164—165° (Methanol), aus 338 mg **II a** mit sd. 5%ig. methanol. KOH (1 Std.); $[\alpha]_D^{25}$ — 63° (c = 1,055); 258 mg (Ausbeute). *Acetat* (**II a**), $C_{22}H_{34}O_2$, F. 123,5—124,5° (CH_3OH-W.), aus 163 mg **I** in A. mit H_2 über Pd-Kohle; $[\alpha]_D^{25}$ — 68° (c = 0,89). *Benzoat*, $C_{27}H_{36}O_2$, F. 193—194° (Methanol). — *17β-Methyl-Δ^4-androsten-3-on* (**III**), $C_{20}H_{30}O$, F. 109,5—110,5° (wss. Methanol), aus 500 mg **II**, Al-Isopropylat u. Cyclohexanon in Toluol (1/2 Std. unter Rückfluß); $[\alpha]_D^{25}$ + 123° (c = 0,79); 234 mg. — *17β-Methylandrostan-3β-olacetat*, $C_{22}H_{36}O_2$, F. 98,5—99° (CH_3OH), aus 279 mg **II a** bzw. 195 mg **I** in Essigsäure mit H_2 über PtO_2; $[\alpha]_D^{26}$ — 2° (c = 2,984); 143 bzw. 44 mg. — Die UV- u. Infrarotabsorptionsmaxima der Verbb. sind angegeben. (J. Amer. chem. Soc. **78.** 1161—62. 20/3. 1956. Pearl River, N. Y., Amer. Cyanamid Co., Lederle Labors.) WALTER SIMON. 3700

Louis F. Fieser, Srinivasa Rajagopalan, Evelyn Wilson und **Max Tishler,** *Umwandlung von Cholsäure in 3α-Oxy-12-keto-$\Delta^{9,11}$-cholensäure. 3α-Oxy-12-keto-$\Delta^{9,11}$-cholensäure* (**III**), als Zwischenprod. zur Darst. von 11-Oxygallensäurederivv., aus denen sich Cortison herstellen läßt, wichtig, war bisher nur über die Desoxycholsäure zugänglich. Vff. berichten über einen neuen Weg zur Darst. von **III**: Aus Cholsäure wird durch ein neues Verf. *3α.7α-Diacetoxy-12-ketocholansäuremethylester* (I) gewonnen, der mit SeO_2 in das *9,11-ungesätt. Deriv.* **II** übergeht, welches mit Alkali *3α-Oxy-12-keto-$\Delta^{7.9,11}$-choladiensäure* (**IV**) liefert. **IV** ist wahrscheinlich ident. mit der von SHIMIZU u. Mitarbeitern (J. Jap. biochem. Soc. **20.** [1948.] 164) aus 3.7-Diacetoxy-11-brom-12-ketocholansäure erhaltenen u. als $\Delta^{8,14.9,11}$-Dien-12-on angesehenen Verbindung. Red. von **IV** mit Zn u. Essigsäure gibt das nicht-konjugierte, einfach ungesätt. *Keton* **V**, das sich zu **III** umsetzen läßt.

Versuche: Cholsäuremethylester wird in Dioxan/Pyridin mit Acetanhydrid acetyliert zum *3.7-Diacetat*, F. 181 bis 183°; 56% (Ausbeute), unter Berücksichtigung der aus der Mutterlauge zurückgewonnenen Cholsäure (F. 194—196°) 88,6%. — Das Diacetat wird mit CrO_3 in Essigsäure zum *3α.7α-Diacetoxy-12-ketocholansäuremethylester*

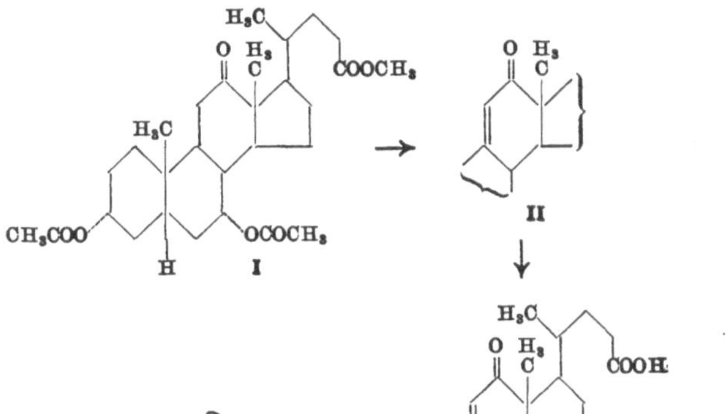

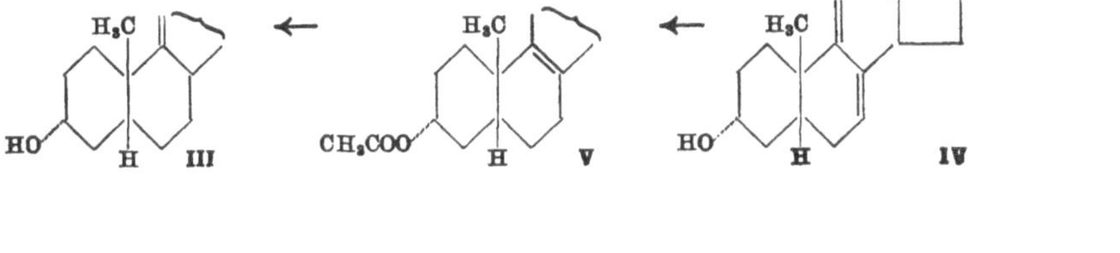

(I) oxydiert; F. 179—181° (CH_3OH); $[\alpha]_D^{25}$ + 73° (Dioxan), + 84° (Chlf.); 90%. — I gibt mit SeO_2 in CH_3COOH bei 18std. Kochen u. anschließender Behandlung mit CrO_3 in W. *3α.7α-Diacetoxy-12-keto-Δ⁹,¹¹-cholensäuremethylester* (II), $C_{29}H_{42}O_7$, F. 159—161° — *3α-Oxy-7α-acetoxy-12-keto-Δ⁹,¹¹-cholensäuremethylester*, $C_{27}H_{40}O_6$, F. 162—163°, durch mehrstd. Stehen von 40 g II in methanol. HCl; aus wss. CH_3OH lange Nadeln; $[\alpha]_D^{22}$ + 65 ± 2° (Dioxan); 30,8 g. — *3α.7α-Dioxy-12-keto-Δ⁹,¹¹-cholensäure*, $C_{24}H_{36}O_5$, F. 202—206° unter Zers. (wss. Aceton), durch ³/₄std. Kochen von 15 g II in wss.-methanol. KOH, Einengen, Ansäuern u. Ausziehen mit Chlf.; 3,3 g; gibt beim Kochen mit überschüssigem alkoh. Alkali IV. — *3α-Oxy-12-keto-Δ⁷,⁹,¹¹-choladiensäure* (IV), $C_{24}H_{34}O_4$, F. 185—187°, durch 6std. Kochen von II mit wss.-methanol. KOH u. Ansäuern; aus wss. Aceton blaßgelbe Nadeln u. Stäbe; $[\alpha]_D^{20-22}$ + 250° (Dioxan); 92%. *Acetat*, $C_{26}H_{36}O_5$, F. 225—226° (Zers.), aus wss. CH_3OH Nadeln; $[\alpha]_D^{21}$ + 261 ± 5° (Dioxan). **IV**-*Methylester*, $C_{25}H_{36}O_4$, F. 148—149°, aus CH_3OH blaßgelbe, prismat. Nadeln; $[\alpha]_D^{20}$ + 253 ± 5° (Dioxan). **IV**-*Methylesteracetat*, $C_{27}H_{38}O_5$, F. 152—153°, Nadeln aus verd. A.; $[\alpha]_D^{22}$ + 258 ± 5° (Dioxan). — *3α-Acetoxy-12-keto-Δ⁸-cholensäure* (V), $C_{26}H_{38}O_5$, F. 148—152° (CH_3OH), durch 60std. Kochen von IV in CH_3COOH mit Zn-Staub; $[\alpha]_D^{22}$ + 110° (Chlf.); 73%. *Methylester*, $C_{27}H_{40}O_5$, F. 131—134° (CH_3OH), mit CH_2N_2 gewonnen; $[\alpha]_D^{25}$ + 128° (Chlf.). — *3α-Oxy-12-keto-Δ⁹,¹¹-cholensäure* (III), F. 173—175° (W.), aus V a) durch 40std. Rk. mit 0,6 n methanol. HCl bei n. Temp. unter N_2, Eindampfen, Zugabe von W. u. Verseifung des entstandenen *Methylesters* [F. 115—118° (CH_3OH); $[\alpha]_D^{22}$ + 104° (Chlf.)]; $[\alpha]_D^{22}$ + 103° (Chlf.); 80%; b) durch mehrstd. Stehen von 1 g V in CH_3OH mit 30%ig. NaOH, Eindampfen, Aufnehmen in W. u. Ansäuern; 0,7 g. (J. Amer. chem. Soc. **73.** 4133—35. Sept. 1951. Cambridge, Mass., Harvard Univ., Chem. Labor.; Rahway, N. J., Merck & Co., Inc., Res. Labors.) G. HALDER. 3700

Robert H. Mazur und **Edward A. Brown**, *24-Oxycholan-3.7.12-trion.* Zur Überführung von Dehydrocholsäure in *24-Oxycholan-3.7.12-trion* (I) werden die 3 Ketogruppen der Säure durch Umsetzung mit β-Mercaptoäthanol geschützt. Das so erhaltene *Dehydrocholsäure-tris-[hemithioäthylenketal]* wird mit Diazomethan verestert u. der Ester mit $LiAlH_4$ zu *24-Oxycholan-3.7.12-trion-tris-[hemithioäthylenketal]* (II) reduziert. II ist selektiv hydrolysierbar zum *Mono-*, *Di-* u. *Triketoalkohol*. I wird am besten durch Hydrolyse von II mit konz. HCl in Eisessig u. Verseifung des zunächst entstehenden *Acetats* gewonnen. Alle Verbb. zeigten die erwarteten Infrarotspektren.

V e r s u c h e : *Dehydrocholsäure-tris-[hemithioäthylenketal]*, $C_{30}H_{46}O_5S_3$, F. 155° (Aufschäumen, Sintern ab 150°), $[\alpha]_D$ + 92° (Dioxan), aus Dehydrocholsäure u. β-Mercaptoäthanol durch 18std. Kochen mit p-Toluolsulfonsäuremonohydrat in Toluol unter Wasserabscheidung, Abdest. des Toluols, 2std. kochen des in 90%ig. wss. CH_3OH + KOH gelösten Rückstands, Gießen u. verd. HCl, Aufnehmen in Bzl., Einengen u. Verdünnen mit CH_3OH; lange Nadeln aus Bzl.–CH_3OH; 30% (Ausbeute). *Methylester*, $C_{31}H_{48}O_5S_3$, F. 183° (Sintern ab 177°), mit CH_2N_2; federartige Nadeln aus CH_3OH, $[\alpha]_D$ + 90° (Dioxan). — *24-Oxycholan-3.7.12-trion-tris-[hemithioäthylenketal]* (II), $C_{30}H_{48}O_4S_3$, F. 233—235° $[\alpha]_D$ + 95° (Dioxan), aus vorst. Ester durch Red. mit $LiAlH_4$ in Ae. (2 Std. kochen u. über Nacht stehenlassen); Nadeln aus Bzl.–CH_3OH; 98% (roh). — *24-Oxycholan-3.7.12-trion-7.12-bis-[hemithioäthylenketal]*, $C_{28}H_{44}O_4S_2$, F. 212,6—214,2°, $[\alpha]_D$ + 43° (Dioxan), durch 5std. Kochen von II in trockenem Methanol mit Acetylchlorid, chromatograph. Reinigung des Hydrolysats über Silicagel u. Elution mit 50%ig. Äthylacetat–Bzl.; dicke Nadeln aus Bzl.–Cyclohexan; 41% (roh). — *24-Oxycholan-3.7.12-trion* (I), $C_{24}H_{36}O_4 \cdot {}^1/_2\,CH_3OH$, F. 212,2—212,8° ($CH_3OH$), $[\alpha]_D$ + 28° (Dioxan), a) aus dem Acetat mit 4%ig. methanol. KOH; 74%; b) durch 22std. Kochen von 7 g II in Dioxan mit verd. H_2SO_4, Neutralisation mit $NaHCO_3$. Eindampfen, Aufnehmen in CH_3OH (etwas I krist. aus), Eindampfen, Aufnehmen in Bzl. u. Verdünnen mit Ae.; 1,3 g; daneben durch weiteres Verdünnen mit Ae. u. Eindampfen 0,55 g *24-Oxycholan-3.7.12-trion-12-hemithioäthylenketal*, $C_{26}H_{40}O_4S$, F. 182—183° (CH_3OH), $[\alpha]_D$ + 57,5° (Dioxan). — *24-Acetoxycholan-3.7.12-trion*, $C_{26}H_{38}O_5$, F. 203—204° (Bzl.-PAe.), $[\alpha]_D$ + 26° (Dioxan), a) aus I durch Acetylierung mit Essigsäureanhydrid u. Pyridin; b) durch 24std. Kochen von II in Eisessig u. konz. HCl; 59%. (J. Amer. chem. Soc. **77.** 6670—71. 20/12. 1955. Chicago, Ill., G. D. Searle and Co., Div. of Chem. Res.) R. KOCH. 3700

Taketami Sakuragi und **Fred A. Kummerow**, *Die Synthese langkettiger Fettsäurederivate der Pantothensäure.* Es wird die Synth. einiger langkettiger Fettsäurederivv. der Pantothensäure, u. zwar von *Äthyldipalmitoxy-* u. *Äthylmonopalmitoxypantothenat* beschrieben. Beide Verbb. sind in Fetten leicht lösl. u. zeigen bei Ratten volle Pantothensäurewirksamkeit. Ferner wird die Synth. von *Monopalmitoxypantolacton*, von *Pantamid*, das im Gegensatz zu früheren Angaben des Schrifttums aus Pantolacton u. NH_3 auch in wss. Phase hergestellt werden kann, sowie von *Dipalmitoxypantamid*, *Dipalmitoxypantoinsäure* u. *Dipalmitoxypantothenylpalmitat* beschrieben.

Versuche: *N-[α.γ-Dipalmitoxy-β.β-dimethylbutyryl]-β-aminopropionsäureäthylester* (*Dipalmitoxypantythensäureäthylester*), $C_{43}H_{81}O_7N$, F. 57,0—58,5° (A.), aus β-Alaninäthylesterhydrochlorid in methanol. $NaOCH_3$ mit Pantolacton (12 Std. stehen), dann in Chlf. u. Pyridin mit Palmitoylchlorid; 29,3% (Ausbeute). — *N-[α-Palmitoxy-β.β-dimethyl-γ-oxybutyryl]-β-aminopropionsäureäthylester* (*Monopalmitoxypantothensäureäthylester*), $C_{27}H_{51}O_6N$, F. 36,0 (PAe.), aus β-Aminopropionsäureäthylesterhydrochlorid in methanol. $NaOCH_3$ mit Pantolactonmonopalmitat (48 Std. stehen) 41,6%. — *α-Palmitoxy-β.β-dimethyl-γ-butyrolacton* (*Monopalmitoxypantolacton*), $C_{22}H_{40}O_4$, F. 56,0—56,5°, aus Pantolacton in Pyridin u. Chlf. mit Palmitoylchlorid (12 Std. stehen); aus 95%ig. A. Nadeln; 55,8%. — *α.γ-Dioxy-β.β-dimethylbutyramid* (*Pantamid*), $C_6H_{13}O_3N$, F. 129,0 bis 130,0° (A., Äthylacetat oder CH_3OH–Äthylacetat), aus Pantolacton, a) in absol. CH_3OH mit NH_3 (48 Std. stehen) 74,5%; b) in W. mit konz. NH_4OH (2 Std. stehen u. 8 Std. am Rückfluß); 64,5%. — *α.γ-Dipalmitoxy-β.β-dimethylbutyramid* (*Dipalmitoxypantamid*), $C_{38}H_{73}O_5N$, F. 74,0 bis 75,0°, aus Pantamid mit Palmitoylchlorid in Pyridin–Chlf.; aus PAe. u. 95%ig. A. leichtes amorphes Pulver, 77,0%. — *α.γ-Dipalmitoxy-β.β-dimethylbuttersäure* (*Dipalmitoxypantoinsäure*), $C_{38}H_{72}O_6$, F. 62,0—63,0° (PAe.), aus vorst. Verb. in Eisessig mit Isoamylnitrit (2 Std. auf dem Wasserbad); 55,0%. — *N-[α.γ-Dipalmitoxy-β.β-dimethylbutyryl]-3-amino-n-propylpalmitat* (*Dipalmitoxypantothenylpalmitat*), $C_{57}H_{109}O_7N$, F. 49,0 bis 53,0 (A.), aus d-Pantothenylalkohol mit Palmitoylchlorid in Chlf. u. Pyridin (12 Std. stehen); $[\alpha]_D^{34}$ + 9,5° (c = 4,22; Chlf.); 60,9%. (J. Amer. chem. Soc. **78.** 838—39. 20/2.1956. Urbana, Ill., Univ., Dep. of Food Technol.)
H. P. FIEDLER. 3800

Taketami Sakuragi und **Fred A. Kummerow**, *Die Synthese langkettiger Fettsäuren der Vitamin-B_6-Gruppe.* Durch Behandlung des entsprechenden Vitaminhydrochlorids mit Acylchloriden in Pyridin werden langkettige *Fettsäurederivv. der Vitamin-B_6-Gruppe* hergestellt; sie bilden im Gegensatz zu den Acetaten u. Propionaten keine Hydrochloride u. sind im Rattentest sämtlich biol. aktiv. *Pyridoxal-3-palmitat* wurde aus Pyridoxalmonoäthylacetal mit Palmitoylchlorid u. anschließende Hydrolyse gewonnen u. gab bei der Red. mit Zn in A. *Pyridoxin-3-palmitat.* Beim Vers. zu dessen Darst. durch Bromierung von Pyridoxin zu *2-Methyl-3-oxy-4.5-dibrommethylpyridin* u. anschließende Rk. mit Palmitoylchlorid u. mit Ag^+ wurde jedoch nur *2.4.5-Trimethyl-3-palmitoxy-$4^1.5^1$-bis-[pyridiniumbromid]* statt des erwarteten 2-Methyl-3-palmitoxy-4.5-dibrommethylpyridins erhalten. Die Synth. von *Isopropylidenpyridoxin* gelang durch Behandlung von Pyridoxinhydrochlorid mit Aceton u. H_2SO_4 als Katalysator. Es wurde mit Palmitoylchlorid in Chlf.–Pyridin u. anschließende Hydrolyse in *Pyridoxin-5-palmitat* verwandelt. *Pyridoxin-3.5-dipalmitat* wurde durch Red. von *Pyridoxaldipalmitat* (**I**) mit Zn in A. dargestellt. Bei der Behandlung von *Pyridoxamintripalmitat* (**II**) mit Isoamylnitrit in Eisessig wurde nur ein Gemisch der *Di-* u. *Monopalmitate* von Pyridoxin erhalten.

Versuche: Pyridoxinester, aus Pyridoxinhydrochlorid in Chlf. u. Pyridin mit dem entsprechenden Fettsäurechlorid (4—48 Std. stehen): *Tripalmitat*, $C_{56}H_{101}O_6N$, F. 72,0—74,0°; 70,4% (Ausbeute). — 150 mg **II** geben mit Isoamylnitrit in sd. Eisessig (30 Min.) 35 mg Gemisch aus *Pyridoxinmono-* u. *-dipalmitat*, F. 56,5—60,0°. *Trilinolat*, $C_{62}H_{101}O_6N$, Fl.; 65,2%. *Trioctanoat*, $C_{32}H_{53}O_6N$, Öl. *Tridecanoat*, $C_{38}H_{65}O_6N$, F. 47,5 bis 48,5° (CH_3OH). — *Pyridoxaldipalmitat* (**I**), $C_{40}H_{69}O_5N$, F. 74,0° (A.); 77,7%. — *Pyridoxamintripalmitat* (**II**), $C_{56}H_{102}O_5N_2$, F. 102—103,0° (A.); 53,1%. — *4-Desoxypyridoxindipalmitat*, $C_{40}H_{71}O_4N$, F. 59,5—61,0° (A.); 95,9%. — *2-Methyl-3-palmitoxy-4-oxymethyl-5-palmitoxymethylpyridin* (*Pyridoxin-3.5-dipalmitat*), $C_{40}H_{71}O_5N$, F. 58,0—61,0° (A.), aus **I** mit Zn in sd. A. (2 Std.); 24,9%. — *3-Palmitoxypyridoxalmonoäthylacetal*, $C_{26}H_{43}O_4N$, F. 56,0—57,0° (60%ig. A.), aus Pyridoxalmonoäthylacetalhydrochlorid mit Palmitoylchlorid in Chlf.–Pyridin; 46,1%. — *2-Methyl-3-palmitoxy-4-formyl-5-oxymethylpyridinhydrobromid* (*3-Palmitoxypyridoxalhydrobromid*), $C_{24}H_{39}O_4N \cdot HBr$, F. 132,0°, aus vorst. Verb. mit wss.-alkoh. HBr. (10 Min. am Rückfluß); 66,9%. — *Isopropylidenpyridoxin-5-palmitathydrochlorid*, $C_{27}H_{45}O_4N \cdot HCl$, F. 132,5—133,5° (Aceton–PAe.), aus Isopropylidenpyridoxinhydrochlorid u. Palmitoylchlorid in Chlf.–Pyridin, dann mit Aceton. HCl; 30,9%. Gibt mit sd. wss.-alkoh. HCl *Pyridoxinhydrochlorid.* — *2-Methyl-3-oxy-4-oxymethyl-5-palmitoxymethylpyridin* (*Pyridoxin-5-palmitat*), $C_{24}H_{41}O_4N$, F. 72,0 bis 76,0° (Aceton–W.), aus vorst. Verb. mit stark verd. sd. wss.-alkoh. HBr; 91,5%. — *2-Methyl-3-oxy-4.5-bis-brommethylpyridinhydrobromid*, F. 225—226° (Zers.), aus 800 mg Pyridoxinhydrochlorid mit sd. 48%ig. HBr; 800 mg. — *2.4.5-Trimethyl-3-palmitoxy-pyridin-$4^1.5^1$-bis-[pyridiniumbromid]*, $C_{34}H_{49}O_2N_3Br_2$, F. 146,0°, aus vorst. Verb. in alkoholfreiem Chlf. mit Palmitoylchlorid u. Pyridin (12 Std. stehen), aus CH_3OH–Aceton–PAe. Nadeln; 94,2%. — Die UV-Absorptionsmaxima der meisten Verbb. sind angegeben. (J. Amer. chem. Soc. **78.** 839—42. 20/2. 1956. Urbana, Ill., Univ., Dep. of Food Technol.)
H. P. FIEDLER. 3800

Andrew N. Wilson und **Stanton A. Harris**, *Phosphate der Vitamin-B_6-Gruppe.* 5. Mitt. *Eine Synthese von Codecarboxylase.* (4. vgl. HEYL u. Mitarbeiter, C. **1952. 4147.**) *Codecarboxylase* (**I**; *2-Methyl-3-oxy-4-formylpyridyl-(5)-methylphosphorsäure*) wurde durch Phosphorylierung von Pyridoxaminhydrochlorid (**II**) mit wasserfreier H_3PO_4 u. Oxydation des *phosphorylierten Amins* (**III**) dargestellt. Bei der Adsorption von **III** an Darco G-60 erfolgte spontane Oxydation zu **I**, das mit NH_4OH eluiert wurde. Die Oxydation von **III** zu **I** erfolgt jedoch zweckmäßiger mit MnO_2.

Versuche: *Codecarboxylase* (I), *NH_4-Salz*, $C_8H_{16}O_6N_3P$, a) aus **II** mit P_2O_5 u. 85%ig. H_3PO_4 (3—6 Tage über P_2O_5); dann in W. mit Darco G-60 u. Elution mit 1—2%ig. NH_4OH; 63% (Ausbeute); b) analog, aber vor der Behandlung mit Kohleoxydation mit MnO_2 bei p_H 6 (20 Min. bei 60°); 88% (Isolierung als *Ca-Salz*; 97%). *Oxim*, F. 218° (Zers.). (J. Amer. chem. Soc. **73.** 4693—94. Okt. 1951. Rahway, N. J., Merck & Co., Inc., Res. Labors.) K. F. MÜLLER. 3850

Yasuo Abe, Tadatsugu Harukawa, Hisahi Ishikawa, Takuichi Miki, Masao Sumi und **Tadashi Toga**, *Santonin.* 2. Mitt. *Die Synthese neuer Stereoisomerer von Santonin.* 11. Mitt. *Untersuchungen über Anthelminthica.* (1. bzw. 10. vgl. C. **1956. 1613.**) Von dem mit einem planaren A- u. sesselförmigen B-Ring ausgestatteten Santonin sind auf Grund der 4 asymm. C-Atome in 5-, 6-, 9- u. 11-Stellung theoret. 8 verschied. Formen möglich, von denen die beiden mit e-(äquatorialen)Abzweigungen in 5- u. 9-Position ausscheiden, da hier eine 5.6-Lactonringbldg. ster. unvereinbar ist. Zufolge der l. c. durchgeführten Unterss. kommen für *rac. Santonin A* (rac.-**I**-A) nur die Formen mit a.a-, e.e- oder e.a-Konfiguration (a = axial) an $C_{(5.6)}$ in Betracht. Verss., die natürliche rac. Santoninsäure über ihre Brucinsalze in opt. Isomere aufzutrennen, schlugen fehl, jedoch gelang die Trennung bei ihrem Vorläufer, α-[3-Keto-4.9-dimethyl-1.2.3.5.6.7.8.9-oktahydronaphthyl-(6)]-propionsäure A (rac.-**II**-A), in (+)-**II**-A u. (−)-**II**-A. Bei der Umwandlung von (+)-**II**-A (l. c.) entsteht (−)-**I**-A, das unter milden Bedingungen in *d-α-Desmotroposantonin* (d-α-**III**) umgelagert wird. Da (−)-**I**-A nicht ident. ist mit dem natürlichen (−)-Santonin, kann rac.-**I**-A an $C_{(5.6)}$ nur a.a- oder e.e-Konfiguration haben, die letztere Form scheidet aber auf Grund der Rotationsverhältnisse aus. Demnach besitzen (−)-**I**-A u. *rac.*-**I**.*A* die vorst. Strukturen mit a-Konfiguration der 6-Seitenkette. Damit besitzt **II**-A die gleiche Konfiguration, was durch die Beobachtung, daß das aus **II**-A (mit trans-$C_{(5)}$-OH zur Seitenkette) erhaltene *rac. Methylsantoninat A* bei der Alkalibehandlung *rac.*-**I**-*A* u. nicht das Isomere mit einem trans-Lactonring liefert, bestätigt wird. Aus Vorst. u. aus dem Vgl. der UV-Spektren der A- u. B-Reihe folgt, daß das rac.-**I**-B u. rac.-**II**-B sich von den entsprechenden Verbb. der A-Serie durch ihre Konfiguration am $C_{(11)}$ unterscheiden. — Bei der Darst. der Methylester von **II**-A u. **II**-B durch ROBINSON-Kondensation tritt in den Mutterlaugen ein weiteres öliges *Isomeres* auf, das nach der Bromierung als das bisher unbekannte α-[*3-Keto-4.9-dimethyl-2-brom-5-oxy-1.2.3.5-6.7.8.9-oktahydronaphthyl-(6)*]-*propionylsäurelacton D* isoliert werden konnte. Bei der anschließenden HBr-Abspaltung in sd. γ-Kollidin wird das neue *rac.*-**I**-*D* (F. 190°; $C_{(5.6)}$ = e.e) erhalten, das auch analog aus dem bei der vorst. Bromierung als weiteres Prod. isolierten α-[*3-Keto-2.5-dibrom-4.9-dimethyl-1.2.3.5.6.7.8.9-oktahydronaphthyl-(6)*]-*propionsäure* gewonnen werden kann. rac.-**I**-D, das sich im UV-Spektr. vom natürlichen **I**-A u. **I**-B durch Fehlen des Maximums bei 270 mμ unterscheidet u. auch ein verschied. Infrarotspektr. besitzt, bildet bei der Umlagerung das *rac.*-*β*-**III**. Der früher bei der MICHAEL-Kondensation von 3-Keto-4.9-dimethyl-1.2.3.7.8.9-hexahydronaphthalin u. Methylmalonsäurediäthylester (vgl. MIKI, J. pharmac. Soc. Japan **75.** [1955.] 395) erhaltene

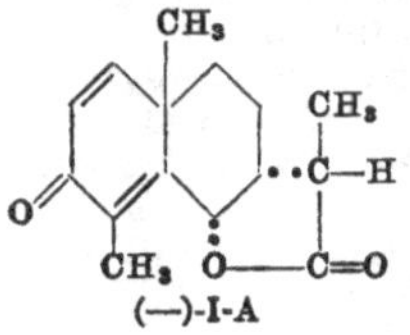
(−)-I-A

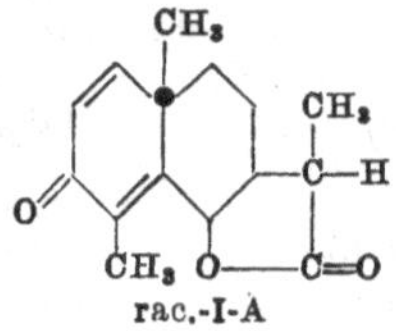
rac.-I-A

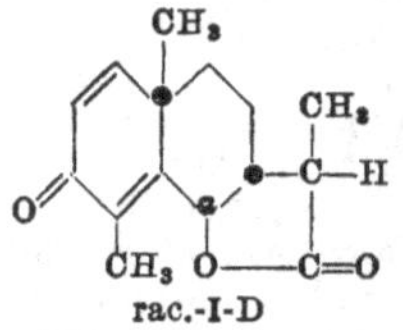
rac.-I-D

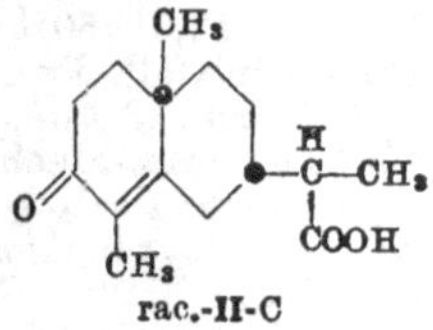
rac.-II-C

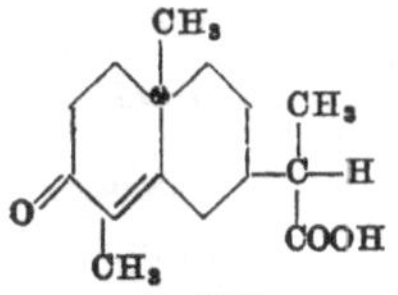
rac.-II-D

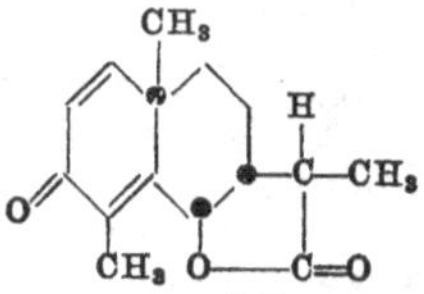
rac.-I-C

[3-Keto-4.9-dimethyl-1.2.3.5.6.7.8.9-oktahydronaphthyl-(6)]-methylmalonsäurediäthylester (wahrscheinlich e-6-Seitenkette) gibt nach Hydrolyse u. Decarboxylierung ein Gemisch aus *rac.*-**II**-*C* u. *rac.*-**II**-*D*, die sich von rac.-**II**-A u. rac.-**II**-B durch eine e-6-Seitenkette unterscheiden. rac.-**II**-C läßt sich in das bisher unbekannte *rac.*-**I**-*C* verwandeln, dessen UV-Spektr. fast ident. ist mit dem von rac.-**I**-D, u. bildet bei der milden Umlagerung rac.-α-**III**. Analog entsteht aus rac.-**II**-D *rac.*-**I**-*D*.

Versuche ([α] in A.): (+)-α-*[3-Keto-4.9-dimethyl-1.2.3.5.6.7.8.9-oktahydronaphthyl-(6)]-propionsäure A*[(+)-**II**-*A*], F. 122°, durch mehrstd. Stehen u. Erwärmen von 12 g rac.-**II**-A mit 2,2 g Brucin in CH_3OH, Zers. von 3 g des gebildeten *Brucinsalzes* [$C_{38}H_{48}O_7N_2 \cdot 2\,H_2O$, F. 123—125°; Nadeln aus CH_3OH; $[\alpha]_D^{15}$ 0° (c = 1,0); 15 g (Ausbeute)] mit 5%ig. NaOH u. Chlf. u. Ansäuern; $[\alpha]_D^{16}$ + 91° (c = 1,0); 1,1 g. (—)-**II**-*A*, $C_{15}H_{22}O_3$, F. 122°, aus der Mutterlauge vorst. Brucinsalzes durch Behandeln mit Alkali, Erwärmen des isolierten Nd. (5,1 g) mit 3,3 g d-Ephedrin in Äthylacetat u. Zers. des gebildeten *d-Ephedrinsalzes* [F. 123°; $[\alpha]_D^{15}$ —37° (C = 0,5); 8,2 g]; Prismen aus verd. CH_3OH; $[\alpha]_D^{15}$ —91° (c = 0,5); 2,8 g. — (+)-*1.2-Dihydro-2-bromsantonin A*, $C_{15}H_{19}O_3Br$, F. 97° (Zers.), durch Bromieren von 2 g (+)-**II**-A in Ae. mit Br_2 in Eisessig (Erwärmen), Vakuumabdampfen u. Gießen in W.; Prismen aus CH_3OH; $[\alpha]_D^{15}$ + 86° (c = 0,5); 1,8 g. — (—)-*Santonin A* [(—)-**I**-*A*], $C_{15}H_{18}O_3$, F. 144°, durch ³/₄std. Erhitzen von 2,6 g vorst. Verb. in γ-Kollidin auf 170—180° unter N_2, Verdünnen mit Ae. u. Eindampfen des Filtrats; Prismen aus CH_3OH; $[\alpha]_D^{15}$ —115° (c = 0,5). Daneben eine *rote, krist. Verb. vom F. 210—215°* (Zers.). — *d-α-Desmotroposantonin* (*d*-α-**III**), F. 196—197°, durch 20std. Rühren von 0,15 g (—)-**I**-A in 55%ig. H_2SO_4 bei 50° u. Verdünnen mit W.; Prismen aus CH_3OH, $[\alpha]_D^{14}$ —135° (c = 0,5); 120 mg. — α-*[3-Keto-4.9-dimethyl-2-brom-5-oxy-1.2.3.5.6.7.8.9-oktahydronaphthyl-(6)]-propionsäurelacton D*, $C_{15}H_{19}O_3Br$, F. 181°, aus der Mutterlauge der l. c. hergestellten rac.-**II**-A u. rac.-**II**-B-Säuren durch Abdampfen u. Bromieren des Rückstandes (33 g) mit Br_2 in Eisessig u. Ae.; Prismen aus CH_3OH; 0,7 g. Daneben α-*[3-Keto-2.5-dibrom-4.9-dimethyl-1.2.3.5.6.7.8.9-oktahydronaphthyl-(6)]-propionsäure*, $C_{15}H_{20}O_3Br_2$, F. 145—147° (Zers.); 2 g. — *rac.-Santonin D* (*rac.*-**I**-*D*), $C_{15}H_{18}O_3$, F. 183°, a) durch Erhitzen von 0,7 g vorvorst. Verb. mit γ-Kollidin; Prismen aus PAe.–Bzl.; b) analog aus vorst. Verb.; bildet bei der Umlagerung mit H_2SO_4 wie oben *rac.*-β-**III**, F. 228°. — *[3-Keto-4.9-dimethyl-1.2.3.5.6.7.8.9-oktahydronaphthyl-(6)]-methylmalonsäurediäthylester*, F. 63°, $Kp._{1,5}$ 203°, durch Zufügen von 520 g Methylmalonsäurediäthylester u. 150 g 3-Keto-4.9-dimethyl-1.2.3.7.8.9-hexahydronaphthalin zu $NaOC_2H_5$ (aus 23,6 g Na) in A., 12std. Stehen, Gießen in W., Ausziehen mit Bzl. u. Dest.; Prismen aus PAe.; 214 g. *2.4-Dinitrophenylhydrazon*, $C_{26}H_{34}O_8N_4$, F. 123°; rote Platten. *Freie Säure*, $C_{16}H_{22}O_5$, F. 204°; Prismen aus CH_3OH. — *rac.*-**II**-*C*, $C_{15}H_{22}O_3$, F. 135°, durch Decarboxylieren von 7 g vorst. Verb. bei 200° im Vakuum u. fraktionierte Kristallisation aus Äthylacetat; Prismen aus verd. CH_3OH; 0,7 g. Daneben *rac.*-**II**-*D*, F. 146°; Prismen aus verd. CH_3OH; 0,1 g. — α-*[3-Keto-4.9-dimethyl-2-brom-5-oxy-1.2.3.5.6.7.8.9-oktahydronaphthyl-(6)]-propionsäurelacton C*, F. 143° (Zers.; CH_3OH), durch Bromieren von 1,6 g rac.-**II**-C mit Br_2 in Eisessig u. Ae. u. 15std. Rühren des gebildeten *Dibromids* mit 10%ig. Na_2CO_3; 1,5 g. Daneben 0,9 g des *D-Isomeren*. — *rac.-Santonin C* (*rac.*-**I**-*C*), $C_{15}H_{18}O_3$, F. 179°, durch Decarboxylieren von 1,5 g vorst. Verb. mit γ-Kollidin; Prismen aus CH_3OH; 0,1 g; gibt bei der Umlagerung wie oben *rac.*-α-**III**, F. 197°; Prismen aus CH_3OH. (J. Amer. chem. Soc. **78**. 1416—21. 5/4. 1956. Osaka, Japan, Takeda Pharm. Ind., Res. Labor.) H. LEHWALD. 3950

Yasuo Abe, Tadatsugu Harukawa, Hisashi Ishikawa, Takuichi Miki, Masao Sumi und **Tadashi Toga**, *Santonin.* 3. Mitt. *Die Totalsynthese des Santonins.* 12. Mitt. *Untersuchungen über Anthelminthica.* (2. bzw. 11. vgl. vorst. Ref.) Zur Synth. von α- (α-**I**) u. *β-Santonin* (β-**I**) wird der durch Kondensation von 3-Keto-4.9-dimethyl-1.2.3.7.8.9-hexahydronaphthalin u. Methylmalonsäurediäthylester entstandene *11-Carbäthoxy-3-oxoeusantonen-(4)-säureäthylester* (**IV**) mit SeO_2 zu *11-Carbäthoxy-3-oxoeusantonadien-(1.4)-säureäthylester* dehydriert, der nach Hydrolyse zur *freien Disäure* (**II**) zu einem nur unvollkommen trennbaren Gemisch aus *3-Oxoeusantonadien-(1.4)-säure* u. seinem $C_{(11)}$-*Epimeren* (beide e-Konfiguration an $C_{(9.7)}$) decarboxyliert wird. Bei der anschließenden Behandlung mit SeO_2 in Essigsäure wird am $C_{(6)}$ eine e-OH-Gruppe eingeführt, gleichzeitig tritt Lactonisierung zu *rac.*-α-**I** (F. 181°) u. *rac.*-β-**I** (F. 186°) ein, die auf Grund der verschied. Lactonisierungsgeschwindigkeiten getrennt werden können. Ihre Infrarotspektren sind mit denen der natürlichen Isomeren (*l*-α-**I** bzw. *l*-β-**I**) identisch. Sie werden unter milden Bedingungen zu *rac.-α-* u. *rac.-β-Desmotroposantonin* umgelagert. Wird **II** zunächst über das Brucin- bzw. Chininsalz in opt. Isomere aufgetrennt u. dann erst die Synth. an den einzelnen Isomeren durchgeführt, so wird aus d-**II** *d*-α-**I** (F. 172°) u. *d*-β-**I** bzw. aus *l*-**II** *l*-α-**I** (F. 172°) u. *l*-β-**I** (F. 212°) erhalten. — Die Synth. von **I** wurde noch auf anderen Wegen versucht: Ein Gemisch aus 3-Oxoeusantonen-(4)-säure u. 3-Oxo-11-epieusantonen-(4)-säure wird mit CH_2N_2 in die *Methylester* verwandelt u., da die direkte Bromierung aus ster. Gründen nicht möglich ist, mit Acetanhydrid–H_2SO_4 einer Enolacetylierung unterworfen. Die anschließende Bromierung mit N-Bromsuccinimid gibt zwar *6-Brom-3-oxoeusantonen-(4)-säureäthylester* u. dessen *11-Epiform*, jedoch läßt sich der Austausch des Br-Atoms gegen die OH-Gruppe mit Ag_2O nicht durchführen. Dagegen kann **II**-Diäthylester mit Acetanhydrid u. wenig H_2SO_4 in *3-Acetoxy-11-carbäthoxyeusantonadien-(3.5)-säureäthylester* verwandelt werden, aus dem durch Oxydation mit Perameisen- oder Peressigsäure *11-Carbäthoxy-6α-oxy-3-oxo-11-epieusantonen-(4)-säurelacton* mit trans-Stellung von B- u. Lactonring entsteht. Die anschließende Bromierung führt zu *2-Brom-11-carbäthoxy-6α-oxy-3-oxo-11-epieusantonen-(4)-säurelacton* u. die HBr-Abspaltung dann zu *11-Carbäthoxy-6α-oxy-3-oxo-11-epieusantonadien-(1.4)-säurelacton*, aus dem nach alkal. Verseifung u. Ansäuern die beiden *$C_{(11)}$-Epimeren* von *11-Carboxy-6α-oxy-3-oxoeusantonadien-(1.4)-säurelacton* (**IIIa** u. **IIIb**, FF. 210 u. 186°) erhalten werden, die beide bei der folgenden Decarboxylierung nur *rac.-α*-**I** bilden. Wird **IIIa** durch Brucin zunächst in die opt. Isomeren aufgetrennt, so bildet sich aus dem wenig lösl. Brucinsalz nach Zers. u. Decarboxylierung *l-α*-**I**. Bei der Auftrennung über das Chininsalz entsteht aus dem weniger lösl. Salz von **IIIb** (—)-**III** vom F. 213° u. aus dem weniger lösl. Salz von **IIIa** (+)-**III** vom F. 200°, aus denen bei der Decarboxylierung *d-α*-**I** erhalten wird.

Versuche: *11-Carbäthoxy-3-oxoeusantonadien-(1.4)-säureäthylester*, Kp.$_3$ 203 bis 220°, durch ½std. Kochen von 30 g **IV** u. 10 g SeO_2 in Essigsäure, Vakuumabdampfen des Filtrats u. Dest.; 10 g (Ausbeute). *2.4-Dinitrophenylhydrazon*, $C_{26}H_{32}O_8N_4$, F. 190°, aus Bzl.–A. rote Nadeln. *Freie Säure* (II), $C_{16}H_{20}O_5$, F. 192° (Zers.); Nadeln aus verd. CH_3OH. *d*-**II**, F. 196° (Zers.); $[\alpha]_D^{15}$ + 72,5° (c = 0,4; A.); aus 55 g **II** über das *Brucinsalz* (F. 159°; $[\alpha]_D^{18}$ + 15° [c = 0,4; Chlf.]; Prismen aus CH_3OH); Prismen aus CH_3OH; aus 20 g Salz. — *3-Oxo-11-epieusantonadien-(1.4)-säure* (*rac. Desoxy-β-santoninsäure*), $C_{15}H_{20}O_3$, F. 147°, durch ¼std. Kochen von 15 g **II** mit γ-Kollidin unter Bldg. eines Gemisches aus *rac. Desoxy-β-santoninsäure* u. *3-Oxoeusantonadien-(1.4)-säure* (*rac.-Desoxy-α-santoninsäure*), Verdünnen mit Ae., Ausziehen mit Soda, Ansäuern, Aufnehmen des Öls in Äthylacetat u. Eindampfen; Prismen aus Äthylacetat. — *rac.-α-Santonin* (*rac.-α*-**I**), $C_{15}H_{18}O_3$, F. 181°, a) durch Kochen von 10 g vorst. Gemisches mit SeO_2 in Essigsäure, Vakuumabdampfen des Filtrats, Ausziehen mit Ae., kurzes Kochen des Abdampfrückstandes mit 20%ig. KOH u. Ansäuern, Ausziehen mit Äthylacetat u. dann mit 10%ig. Sodalsg. u. Abdampfen der organ. Lsg.; Platten aus CH_3OH; 0,4 g; b) aus 3,9 g **IIIb** oder 5,2 g **IIIa** mit γ-Kollidin; 2,8 bzw. 3,9 g. — *rac.-β*-**I**, F. 186°, aus vorst. Sodalsg. durch Ansäuern mit HCl, Erwärmen u. Ausziehen mit Äthylacetat; Prismen aus CH_3OH; 0,6 g. — *rac.-α-Desmotroposantonin*, F. 201°, durch 15std. Rühren von 60 mg rac.-α-**I** in 55%ig. H_2SO_4 bei 50°, Verdünnen, Aufnehmen des Nd. in 10%ig. NaOH u. Ansäuern; Prismen aus CH_3OH; 50 mg. — *rac.-β-Desmotroposantonin*, F. 231°, analog aus 15 mg rac.-β-I; Prismen aus CH_3OH; 11 mg. — *d-α*-**I**, F. 172°, a) aus 14 g d-**II** durch Decarboxylieren (9 g) u. Dehydrieren mit SeO_2; Platten aus CH_3OH; $[\alpha]_D^{17}$ + 156,4° (c = 1,0; Chlf.); 0,3 g; b) durch Decarboxylieren von 1,1 g (+)-**III** (F. 213°); 0,6 g; c) durch Decarboxylieren von 1 g (+)-**III** (F. 200°); 0,8 g. *d-β*-**I**, F. 213°, aus der Mutterlauge nach a); $[\alpha]_D^{17}$ + 137,9° (c = 1,1; Chlf.); rhomb. Platten; 0,3 g. *l-α*-**I**, F. 172°, a) aus 17 g *l*-**II** wie oben; $[\alpha]_D^{19}$ —153° (c = 1,8; A.); b) aus 4 g (—)-**III** u. γ-Kollidin; Platten aus CH_3OH; 2,8 g. Daneben nach a) *l-β*-**I**, F. 212°; $[\alpha]_D^{19}$ —136,7° (c = 1,0; Chlf.); Platten; 0,3 g. — *3-Acetoxy-11-carbäthoxyeusantonadien-(3.5)-säureäthylester*, $C_{22}H_{32}O_6$, F. 68°, durch 3std. Erwärmen von 100 g **IV** in Acetanhydrid mit wenig konz. H_2SO_4 auf 55°, Vakuumeinengen u. Digerieren des ausgewaschenen Rückstandes mit PAe./Ae.; Prismen aus CH_3OH; 75 g. — *11-Carbäthoxy-6α-oxy-3-oxo-11-epieusantonen-(4)-säurelacton*, $C_{18}H_{24}O_5$, F. 124°, durch 3std. Stehen von 10 g vorst. Verb. in 80%ig. Ameisensäure u. 30%ig. H_2O_2 bei 20°, Verdünnen, Ausäthern u. Digerieren des Abdampfrückstandes mit Ae./PAe.; Prismen aus CH_3OH; 3,7 g. — *2-Brom-11-carbäthoxy-6α-oxy-3-oxo-11-epieusantonen-(4)-säurelacton*, $C_{18}H_{23}O_5Br$, F. 126°, durch Zufügen von Br_2 zu 5 g vorst. Verb. in Ae. (Erwärmen) u. Abdampfen; Platten aus CH_3·OH; 2,3 g. — *11-Carbäthoxy-6α-oxy-3-oxo-11-epieusantonadien-(1.4)-säurelacton*, $C_{18}H_{22}O_5$, F. 129°, durch 25 Min. langes Kochen von 2,2 g vorst. Verb. mit γ-Kollidin; Prismen aus CH_3OH; 0,8 g. — *11-Carboxy-6α-oxy-3-oxoeusantonadien-(1.4)-säurelacton* (**IIIa**, *rac.-11-Carboxy-α-santonin*), $C_{16}H_{18}O_5$, F. 210° (Zers.), durch 2std. Kochen von 20 g vorst. Verb. mit methanol. KOH, Isolieren des *Di-K-Salzes* ($C_{16}H_{18}O_6K_2$·1½ H_2O; Prismen aus CH_3OH), Ansäuern von 20 g mit HCl u. fraktionierte Kristallisation aus CH_3OH; Nadeln aus CH_3OH. Daneben *11-Carboxy-6α-oxy-3-oxo-11-epieusantonadien-(1.4)-säure* (**IIIb**, *rac.-11-Carboxy-β-santonin*), F. 185° (Zers.); Nadeln aus CH_3OH; zusammen [13 g. (—)-**III**, F. 213° (Zers.), aus 12,3 g **IIIa** über das *Brucinsalz* [(F. 134—138° [Zers.]; $\alpha]_D^{20}$ —9,8° [c = 0,91; A.]; Platten aus CH_3OH; 10,5 g); $[\alpha]_D^{18}$ —75,1° (c = 1,01; A.); 4 g. (+)-**III**, F. 213° (Zers.), aus 8,5 g **IIIb** über das *Chininsalz* ($C_{36}H_{42}O_7N_2$, F. 182° [Zers.]; $[\alpha]_D^{18}$ —57,7° [c = 0,61; A.]; Nadeln aus CH_3OH; 4,5 g); $[\alpha]_D^{18}$ + 75,4° (c = 1,03;

A.); Nadeln aus CH_3OH; 1,1 g (aus 3 g Salz). Weiteres (+)-**III**, F. 200° (Zers.), aus **IIIa** über das *Chininsalz* (*Hydrat*, F. 170° [Zers.]; $[\alpha]_D^{18}$ −41,6° [c = 0,32; A.]; Nadeln aus CH_3OH); $[\alpha]_D^{20}$ +140,7° (c = 1,03; A.); Nadeln aus CH_3OH. (J. Amer. chem. Soc. **78**. 1422−26. 5/4. 1956.) H. LEHWALD. 3950

K. Kratzl, G. Billek, W. Schweers, A. Graf, G. Hofbauer, K. Buchtela und **E. Klein,** *Über den Nachweis von ^{14}C markierten Guajacylketonen in Ligninen.* Die Äthanolyse u. alkal. Hydrolyse vor u. nach der Sulfitierung wurden von Vff. als Mikromethoden ausgebaut u. an enzymat. Dehydrierungspolymerisaten (DHP) von markierten u. unmarkierten p-Oxyzimtalkoholen angewendet. Bei Äthanolyse von Lignin werden die Ketone $RCOCH(OC_2H_5)CH_3$ (**I**), RCH_2COCH_3 (**II**), $RCOCOCH_3$ (**III**) u. der Aldehyd *RCHO* (**IV**) erhalten (R = Guajacyl-, p-Oxyphenyl- oder Syringylrest, je nach verwendetem Lignin oder Zimtalkohol). Das DHP aus Coniferylalkohol ergab alle vier, das aus p-Oxyzimtalkohol **I** u. **II**, eine DHP-ähnliche Substanz aus Sinapinalkohol **II** u. **III**. Von den sek. Bausteinen FREUDENBERGs ergab der β-Coniferyläther des Guajacylglycerins **I**, **III** u. **IV**. Unter den in organ. Lösungsmitteln lösl. Zwischenprodd. aus Sinapinalkohol wurden alle vier nachgewiesen, ebenso aus frischem Fichtencambialsaft. Damit ist bewiesen, daß die Seitenkette bei verschied. DHP u. Zwischenprodd. in eine höhere, äthnolysierbare Oxydationsstufe übergeht. Dasselbe konnte in vivo an $^{14}C_3$-Coniferinimplantaten durch Nachw. der Aktivität der HIBBERTschen Bausteine festgestellt werden. Die alkal. Hydrolyse vor u. nach Sulfitierung des DHP vom Coniferylaldehydtypus ergab, wie Holzlignin u. BRAUNS-Lignin Vanillin u. Acetaldehyd, neben Acetovanillon u. HCHO. Die wss. Hydrolyse des DHP bei 175° lieferte, ähnlich wie Holz, neben Coniferylaldehyd noch **II** u. **IV**. (Angew. Chem. **68**. 384. 7/6. 1956. Wien.)
K. SEIFERT. 3950

R. M. Acheson, Acridines. New York: Interscience. 1956. (422 S. m. Abb.) D. $ 12,50.

Louis Frederick Fieser and Mary A. Peters Fieser, Organic chemistry; 3rd edn. New York: Reinhold. (1117 S. m. Abb. u. Diagr.) 8°. $ 10,—.

Kenneth George Stone, Determination of organic compounds. New York: McGraw-Hill. (238 S. m. Abb. u. Diagr.) 8°. $ 5,—.

D. Makromolekulare Chemie.

G. J. Hills, A. O. Jakubovic und **J. A. Kitchener,** *Bestimmung der elektrischen Leitfähigkeit von vernetzten Polyelektrolyten, Harzen und Gelen.* Kurze Beschreibung der App. (Messung mit der WHEATSTONEschen Brücke), wobei bes. auf die Beseitigung von Kontaktwiderständen Wert gelegt wird. Die spezif. elektr. Leitfähigkeit von Ionenaustauschern läßt sich so rasch auf 0,2% genau bestimmen. (J. Polymer Sci. **19**. 382−84. Febr. 1956. London, Imp. Coll. Sci. and Technol., Dep. of Chem.) O. FUCHS. 4000

V. V. Varadaiah und **M. Ramakrishna Rao,** *Über Hart's Methode der Bestimmung der Intrinsicviscositäten durch einen Punkt.* Nach SCHULZ u. BLASCHKE besteht für die Konzentrationsabhängigkeit der Viscosität von Hochpolymerlsgg. die Beziehung $[\eta] = \eta_{sp}/C\,(1 + \eta_{sp}/N)$, wo C = Konz. (über die Größe N vgl. HART, J. Polymer Sci. **17**. [1955.] 215). Es wurde gefunden: $N = 5{,}224 \cdot \log(\eta_{sp} + 4) - 0{,}65$ für *Polyvinylacetat* in Bzl. bei 30°; $N = 5{,}41 \cdot \log(\eta_{sp} + 5) - 1{,}15$ für *Polymethylmethacrylat* (**I**) in Chlf. bei 32°; $N = 6{,}09 \cdot \log(\eta_{sp} + 5) - 2{,}05$ für **I** in Aceton bei 32°; $N = 10{,}5336 \cdot \log(\eta_{sp} + 3) - 2{,}65$ für *Polystyrol* in Bzl. bei 30°. (J. Polymer Sci. **19**. 379−80. Febr. 1956. Hyderabad, Indien, Osmania Univ., Phys. Labor.) O. FUCHS. 4000

W. R. Krigbaum, *Berechnung der Konfigurationsentropieänderung athermischer Mischungen auf Grund des Gittermodells.* Zur theoret. Behandlung atherm. Gemische von Hochpolymersystemen nach dem Gittermodell wird von einem Zweistufenprozeß ausgegangen, bei dem eine Interferenz zwischen einer wachsenden Kette u. einem fertig gebildeten Makromol. erfolgt. Berechnet wird so die Besetzungswahrscheinlichkeit der einzelnen Stellen des Systems. Die Ergebnisse stimmen im Falle verd. Lsgg. linearer Makromoll., die auch verzweigt sein können, fast mit den früher von HUGGINS, MILLER, ORR u. GUGGENHEIM auf andere Weise erhaltenen überein u. gelten, falls keine ringbildenden zwischenmol. Kontakte vorkommen. Bei stärker geknäuelten Moll. dagegen spielt die Zahl der Kontakte eine wesentliche Rolle, wodurch die Eigg. der verd. Lsgg. geändert werden. Der Einfl. von Mol.-Gew., Verzweigung u. Konz. wird berechnet. (J. Polymer Sci. **19**. 159−70. Jan. 1956. Durham, N. C., Duke Univ., Dep. of Chem.)
O. FUCHS. 4000

K. Katagiri, K. Uno und **S. Okamura,** *Q- und e-Werte für mehrere Kettenübertragungssubstanzen.* Die Q- u. e-Werte der Kettenübertragung zwischen wachsenden Polymerketten u. niedermol. Verbb. wurde auf Grund von Literaturdaten nach den von FUHRMAN u. MESROBIAN (vgl. C. **1956.** 445) angegebenen Gleichungen bei 80° bestimmt zu (Q in Einheiten von 10^{-5}): *Bzl.* 0,42 u. —0,32; *Cyclohexan* 0,52 u. —0,50; *Toluol* 2,58 u. —0,62; *Äthylbenzol* 7,42 u. —0,34; *Isopropylbenzol* 9,89 u. —0,46; *tert.-Butylbenzol* 1,44 u. —0,40; *Chlf.* 1,48 u. 0,72; *CCl_4* 53,8 u. 3,21; *CCl_3Br* 3890 u. 3,19; *Chlorbenzol* 1,81 u. 1,17. (J. Polymer. Sci. **17.** 142—45. Mai 1955. Kyoto, Univ., Fac. of Engng., Dep. Textile Chem.) O. FUCHS. 4000

E. J. Slowinski jr., H. Walter und **R. L. Miller,** *Über die Bestimmung des Methylgehaltes in Polyäthylenen.* Von *n-Oktapentakontan* (**II**), *Hexatriakontan* u. *Oktakosan* wurden im Bereich 7,0—7,6 μ die Ultrarotspektren aufgenommen. Daraus ergibt sich für den Zusammenhang zwischen dem Verhältnis der opt. Dichten bei 1378 cm^{-1} (CH_3-Gruppen) u. 1370 cm^{-1} (CH_2-Gruppen) u. dem CH_3-Geh. β eine Eichkurve, die zur Best. von β mehrerer (nicht näher gek.) *Polyäthylene* (**I**) verwendet wird. Die D. der **I**-Proben fällt mit wachsendem β anfangs stark ab u. nähert sich dann einem Grenzwert (Dichtebereich 0,915—0,955 g/cm^3). Bei wachsendem Mol.-Gew. M von **I** fällt β ab (M zwischen 10000 u. 100000, Verwendung von **I**-Fraktionen). Zwischen dem Logarithmus des dynam. Schermoduls u. β besteht eine lineare Beziehung (Abfall der Geraden mit wachsendem β). — Darst. von *n-Oktapentakontan* (**II**): 20 g Nonakosylalkohol + 6 g J_2 + 1 g roter P wurden 5 Std. auf 150—220° erhitzt; die Reaktionsmischung wurde in 1000 cm^3 Ae. gelöst u. die Lsg. filtriert. Nach Verdampfen des Ae. wurden 21 g *Nonakosyljodid* (**III**) erhalten; nach Umkristallisieren in PAe. F. 63° (14,5 g). **III** wurde mit Na anfangs auf 160°, dann auf 135° (4 Std.) erhitzt; Lösen der Mischung in absol. A., Zusatz von W., Abtrennen des ausgeschiedenen rohen **II** u. mehrfaches Umkristallisieren des rohen **II** in Butylacetat, in A. u. in PAe. ergibt **II** vom F. 97°. (J. Polymer Sci. **19.** 353—58. Febr. 1956. Springfield, Mass., Monsanto Chem. Co., Plastics Div.) O. FUCHS. 4010

A. B. Bestul und **C. B. Bryant,** *Anomale Beziehung zwischen Viscosität und Temperatur von hochmolekularem Polyisobutylen unter Scherung in einem Capillarviscosimeter.* Untersucht wurden mehrere Proben von *Polyisobutylen* (**I**, Vistanex-B-Proben, Mol.-Gew. M_v = 490000—2500000) u. von 2 *Copolymeren* (**II**) *aus Isobutylen u. 2% Isopren* (M_v = 300000 u. 500000). Von **I** u. **II** wurden mit dem von MCKEE u. WHITE (vgl. C. **1952.** 3595) beschriebenen Viscosimeter die Fließviscosität η bei verschied. Tempp. t (bis zu t = 120°) u. für verschied. Schergeschwindigkeiten D (2,8—55 sec^{-1}) gemessen. Alle Prodd. zeigen bei konstantem D qualitativ die gleiche t-Abhängigkeit von η: Bei wachsendem t zuerst sehr steiler Abfall von η, dann ca. 10° breiter Übergangsbereich, in dem η zunehmend schwächer abnimmt, u. schließlich nur noch relativ geringe u. fast lineare Abnahme von η. Die 1. Stufe (t_t) liegt bei um so niedrigerem t, je kleiner M (z. B. für **I** bei 49° für M = 490000 u. bei 89° für M = 2500000, je für D = 25 sec^{-1}); bei wachsendem M nähert sich t_t einem Grenzwert. Bei gleichem M u. D liegt t_t für **II** höher als für **I**. Ferner fällt t_t mit abnehmendem D u. zunehmendem Radius der Capillarmeßröhrchen. Die Diskussion dieser u. weiterer Ergebnisse (z. B. Einfl. der Länge des Meßröhrchens u. des hydrostat. Druckes auf η) ergibt: Der starke η-Abfall bei t_t kann nicht durch eine Verschiebung der Glasübergangstemp. oder durch Kristallisation bedingt sein. Vielmehr dürfte die unzureichende Einstellung des Orientierungsgleichgewichtes der Makromoll. beim Strömen von **I** bzw. **II** durch die Capillare (bedingt durch zu hohe Relaxationszeiten τ) die Ursache sein. Zwischen τ u. der Aufenthaltszeit des Polymeren in der Capillare kann keine einfache Beziehung bestehen. (J. Polymer Sci. **19.** 255—74. Febr. 1956. Washington, D. C., Nat. Bur. Standard.) O. FUCHS 4010

Zdeněk Menčík, *Fraktionierungsanomalien im Lichte der Polymerassoziation.* Für die Ausfällung von *Polyvinylchlorid* (**I**) aus der Lsg. in Cyclohexanon (**II**) mit Äthylenglykol oder in Tetrahydrofuran (**III**) mit W. gilt die Beziehung β = b/[η] + e, wo β = Volumenfraktion des Fällmittels. Neben diesen „n." Systemen gibt es auch solche, z. B. **I** in **II** bei Zusatz von Butanol oder **I** in **III** bei Zusatz von Amylalkohol, bei denen nicht nur keine Linearität zwischen β u. 1/[η] besteht, sondern bei denen auch zu einem β zwei 1/[η]-Werte gehören. Eine Fraktionierung durch Fällung ist in solchen Fällen natürlich nicht mehr möglich. Die (von der Konz. von **I** unabhängige) Erscheinung wird auf eine Assoziation der **I**-Moll. vor der Ausfällung zurückgeführt. (J. Polymer Sci. **17.** 147—51. Mai 1955. Brno, Gottwaldov I-Res. Inst. for Plastics.) O. FUCHS. 4010

Kurt Ueberreiter und **Gerhard Kanig,** *Die Refraktion homologer Polystyrole.* **1. Mitt.** *Der fixiert-flüssige Zustand.* In Abhängigkeit von der Temp. (0, 50, 100 u. 150°) u. vom Polymerisationsgrad (2—311) führten Vff. refraktometr. Messungen an einer polymerhomologen Reihe von *Polystyrol* im fl. oder fixiert-fl. Zustand durch. Die Temperaturabhängigkeit der nach der LORENZ-LORENTZschen Beziehung berechneten spezif. Refraktion r ist unabhängig vom Polymerisationsgrad u. die Änderung von r mit dem Molenbruch des Kettenendgliedes unabhängig von der Temp. t. Dadurch ergibt sich folgende Beziehung $r = 0{,}32 + 3{,}52 \cdot 10^{-5}\, t + 1{,}85 \cdot 10^{-2}/\bar{P}_n$ ($\bar{P}_n$ = Zahlenmittel des mittleren Polymerisationsgrades). Die Befunde ermöglichten eine Berechnung der Mol.-Refrr. der Kettenend- u. -mittelglieder. Der angenommene Kettenabbruch durch Disproportionierung (therm. bei 220 u. 300° ohne Katalysator hergestellte Polymerisate, vgl. C. **1952.** 2850) konnte bestätigt werden. Ferner gilt für das spezif. Vol. v oberhalb der Einfriertemp. $v = 4{,}838 - 2{,}193 \cdot 10^{-4}\, t - 2{,}4325\, n$. (Kolloid-Z. **129.** 132—37. Dez. 1952. Berlin-Dahlem, KWI für physikal. Chem. u. Elektrochem.) R. SCHÄFF. 4010

Olov E. Öhrn, *Vorläufiger Bericht über den Einfluß der Adsorption auf die Capillardimensionen von Viscosimetern.* Bei Viscositätsmessungen an Hochpolymerlsgg. mit einem Capillarviscosimeter kann durch Adsorption von gelösten Makromoll. an der Glaswand der Radius r der Capillare vermindert werden. Es gilt dann für die gemessene Viscosität: $\eta'_{sp}/c = \eta_{sp}/c + (\eta_{rel}/c)(4a/r)$, wo a = Dicke der Adsorptionsschicht. Der wahre η-Wert wird durch Messen bei verschied. r-Werten u. graph. Extrapolation auf $1/r = 0$ erhalten. Messungen an *Polystyrol* (M = 500000) in Toluol für r = 0,1 u. 0,25 mm im Konzentrationsbereich c = 0,0002—0,002 g/cm³ zeigen, daß bes. bei kleinem c der Effekt sehr groß sein kann; z. B. ist $\eta'_{sp}/c = 162$ für c = 0,0002, dagegen $\eta_{sp}/c = 1{,}46$, während der Unterschied für c = 0,002 nur noch ca. 2% beträgt. Aus den Messungen folgt, daß a bis zu 1500 Å (bei kleinerem c etwas weniger) betragen kann. Auf die Möglichkeit, daß auf die Nichtbeachtung der Erscheinung widersprechende Daten in der Literatur zurückgeführt werden können, wird ausdrücklich hingewiesen. (J. Polymer Sci. **17.** 137—40. Mai 1955. Uppsala, Schweden, Univ., Inst. of Phys. Chem.) O. FUCHS. 4010

Olov E. Öhrn, *Weitere Bemerkungen zum Einfluß der Adsorption auf Viscositätsmessungen.* Die von BOYER u. STREETER (C. **1956.** 2765) an den im vorst. Ref. mitgeteilten Verss. des Vf. geübte Kritik wird zurückgewiesen. (J. Polymer Sci. **19.** 199—200. Jan. 1956. Uppsala, Schweden, Univ., Inst. of Phys. Chem.) O. FUCHS. 4010

Emil J. Slowinski jr. und **George C. Claver,** *Über die Messung der Polymerisationsgeschwindigkeiten mittels der Infrarotabsorptionsspektren.* Die Geschwindigkeit der therm. Polymerisation von *Styrol* (I) bei 98,5° wurde durch Messung der Zunahme der Ultrarotabsorption bei 3,4 μ (nur im Polymeren, nicht in I enthalten) oder durch Messung der Änderung des Intensitätsverhältnisses der Absorption bei 10,12 μ (zu I gehörig) u. bei 10,38 μ (zum Polymeren gehörig) bestimmt zu 1,96% I pro Stunde. (J. Polymer Sci. **17.** 269—73. Juni 1955. Springfield, Mass., Monsanto Chem. Comp., Plastics Div.) O. FUCHS. 4010

Kozo Kawata, *Änderung des photoelastischen Verhaltens einiger Polymerer mit der Temperatur.* Untersucht wurden *Styrol–Divinylbenzol*-Copolymere mit 5 (**Ia**) bzw. 10 (**Ib**) bzw. 20 (**Ic**) Gew.-% Divinylbenzol (**II**) u. ein *Diallylphthalat*-Polymeres (**III**). Von den 5,8 mm dicken plattenförmigen Proben wurden zwischen t = 20 u. 180° die bei Anlegen der mechan. Spannung σ auftretende Doppelbrechung Δn u. der YOUNGsche Modul E gemessen. Die Größe $\beta = (\Delta n/\sigma) \cdot (T/293)$ von **Ia—Ic** ist bis t = 80° konstant, etwa gleich groß u. schwach positiv; zwischen 80 u. 115° fällt β sehr stark ab u. bleibt dann wieder konstant; die Höhe des Endwertes von β fällt in der Reihenfolge **Ic—Ib—Ia** ab. Der daraus durch Extrapolation auf die Konz. 0 von **II** berechnete β-Wert stimmt mit dem von reinem Polystyrol überein. Qualitativ ähnlich ändern sich auch 293 E/T von **Ia—Ic** u. von **III** u. β von **III**. Die $(\alpha_1 - \alpha_2) \cdot 10^{25}$ cm³-Werte (α_1 u. α_2 = Hauptpolarisierbarkeiten längs u. senkrecht zur Polymerkette) betragen zwischen t = 130 u. 170°: —115 (**Ia**), —98 (**Ib**) u. —62 (**Ic**). Im höheren Temperaturbereich besteht Übereinstimmung zwischen den experimentellen Daten u. der statist. Theorie für idealen Kautschuk. (J. Polymer Sci. **19.** 359—64. Febr. 1956. Bunkyo-Ku, Tokyo, Sci. Res. Inst. Komagome.) O. FUCHS. 4010

Uma Sankar Nandi und **Santi R. Palit,** *Wasserstoffperoxyd als Initiator bei der Vinylpolymerisation im homogenen System.* 1. Mitt. *Kinetische Untersuchungen.* Die Lösungs- u. Blockpolymerisation von *Methylmethacrylat* (**I**) unter der Einw. von H_2O_2(**II**) wurde unter folgenden Bedingungen ausgeführt: Verwendung der Lösungsmittel Toluol (**III**), Äthylacetat (**IV**) u. Methyläthylketon (**V**) bei der Lösungspolymerisation, Einfl. der **I**-Konz. c_1, der **II**-Konz. c_2 u. der Temp. T (nur bei der Blockpolymerisation, T zwischen 323—388° K, bei der Lösungspolymerisation betrug T je 333° K). Gemessen wurde jeweils die Polymerisationsgeschwindigkeit R u. das Mol.-Gew. M (viscosimetr. bestimmt). Eine Induktionsperiode liegt in keinem Falle vor. R steigt mit $\sqrt{c_2}$ an. Die Rk. ist am Anfang in **III** u. **IV** von 1. Ordnung, bezogen auf **I**, aber in **V** von halber Ordnung. Die Größe $\beta = \sqrt{k_t}/k_p$, wo k_t bzw. k_p = Geschwindigkeitskonstanten für Abbruch bzw. für Wachstum, ist in **III**, **IV** u. **V** unabhängig von c_1 u. beträgt 8,43. Bei

der Blockpolymerisation fällt β von 11,62 bei T = 323 auf 2,48 bei T = 388; die zugehörige Aktivierungsenergie $E_p - E_t/2$ ergibt sich daraus zu 5,71 kcal/Mol, während die Gesamtaktivierungsenergie E zu 13,2 bestimmt wurde. E der Lösungspolymerisation steigt mit fallendem c_1 an u. beträgt z. B. für c_1 = 1,86 bzw. 4,65 Mol/Liter: 31,3 bzw. 14,3 kcal/Mol in **III** u. 30,8 bzw. 11,5 in **IV**. Die Geschwindigkeitskonstante k_i der Start-Rk. wurde aus den kinet. Unterss. u. aus M bestimmt; sie beträgt (in Einheiten von 10^{-7}) 0,69 für die Blockpolymerisation, 0,69—0,80 in **IV**, 0,11—0,33 in **III**, 2,55—3,40 in **V** (je für c_1 = 4,65); k_i steigt mit fallendem c_1 an (nur für **V** gemessen). Aus der relativ guten Übereinstimmung der für die einzelnen Systeme nach beiden Methoden erhaltenen k_i-Werte sehen Vff. eine Bestätigung für die in der Form **I** + **II** = **I-II*** angesetzte Start-Rk. u. für die Gültigkeit des Ansatzes $R = k_p \sqrt{k_i} \sqrt{c_2}\, c_1^{3/2}/\sqrt{k_t}$. (J. Polymer Sci. **17**. 65—78. Mai 1955. Calcutta, Indien, Ind. Assoc. for Culitvation of Sci.)
O. FUCHS. 4010

Malcolm Dole, *Schmelzbereich von halbkristallinen Polymeren und Copolymeren.* Für den F. T_m eines teilkristallinen Hochpolymeren oder Copolymeren wird die Beziehung $\ln(T_m/T_0) = 6\gamma(N-1)/\varrho\zeta\Delta H(N+1)$ abgeleitet; darin bedeuten: T_0 = F. des völlig krist. Prod., N = Mol.-Fraktion der krist. Anteile, γ = Grenzflächenenergie, ζ = Kristallitlänge, ϱ = D., ΔH = Schmelzwärme. Die Gleichung wird speziell auf die Berechnung der Abhängigkeit von T_m von N von *Polyäthylenterephthalat* angewandt. (J. Polymer Sci. **19**. 347—52. Febr. 1956. Evanston, Ill., Northwestern Univ., Dep. of Chem.)
O. FUCHS. 4010

E. Collinson, F. S. Dainton und **G. S. Mc Naughton**, *Molekulare und radikalische Ausbeuten in den wässerigen Lösungen von Acrylamid, die mit X-Strahlen von 50 und 220 kV bestrahlt wurden.* Vff. untersuchten die Polymerisation von *Acrylamid* (**I**) in neutraler wss. Lsg. unter der Einw. von Röntgenstrahlen der Intensität J (in Einheiten von 100 eV/Liter·sec). Die Polymerisationsgeschwindigkeit ergibt sich zu $R_p = 5{,}5 \cdot 10^{-11} \exp(-2/RT)\, m_1 \sqrt{J}$, wo m_1 = Konz. von **I** in Mol/Liter. Der Polymerisationsgrad P ist proportional m_1 u. J^{-a}, wo a < 0,5. Bei der Bestrahlung der Lsg. findet gleichzeitig die Bldg. von H_2O_2 (**II**) statt. Unterhalb $m_1 = 3 \cdot 10^{-3}$ ist **II** ohne Einfl. auf R_p u. P. Die Ausbeute an **II** steigt mit wachsendem m_1 zunächst an, geht zwischen m_1 = 0,01 u. 0,001 durch ein Maximum u. fällt dann bis m_1 = 0,5 wieder sehr stark ab. Aus diesen Verss. folgt, daß **I** sowohl mit den Radikalen H u. OH (entstanden aus W. durch die Einw. der Strahlen) als auch mit der Vorverb. von **II** reagieren kann; die zugehörigen Ausbeuten werden angegeben. Werden der wss. Lsg. von **I** Fe^{3+}-Ionen u. $HClO_4$ zugesetzt, so wird das Wachstum der Polymerisatkette durch Oxydation unterbrochen (Übergang von Fe^{3+} in Fe^{2+}, Anlagerung von H u. OH an die Doppelbindung). Es gilt hier: $R_p = 4{,}7 \cdot 10^{-25}\, J m_1/[Fe^{3+}]$. (J. Chim. physique Physico-Chim. biol. **52**. 556—69. Juli/Aug. 1955. Leeds, Univ., Dep. of Phys. Chem.)
O. FUCHS. 4010

J. W. Breitenbach und **A. Koref**, *Streulichtmessungen an Lösungen von DL-Phenylalaninpolypeptiden.* Zur Ermittlung der Aggregation der Polypeptidmoll. wird die Intensität des Streulichtes der Lsgg. von synthet. *dl-Phenylalaninpolypeptiden* unter Verwendung eines ZEISS-Stufenphotometers in einem Winkelbereich von 35—120° gemessen. Lsgg. in Nitrobenzol enthalten sehr große, verhältnismäßig kompakte Aggregate, bei denen kein gesetzmäßiger Zusammenhang zwischen der Partikelgröße u. der Viscosität besteht. Diese Lsgg. zeigen eine Instabilität, die in einer Zunahme der Teilchengewichte bei sehr langem Stehen der Lsg. zum Ausdruck kommt. Die größere Beständigkeit der Lsgg. in Bzl. ist auf die geringere Partikelgröße zurückzuführen. Die Teilchengewichte sind immer noch viel größer als dem mittleren Mol.-Gew. der einzelnen Polypeptidketten entsprechen würde. Allg. scheinen Lsgg. mit lockerer Teilchenstruktur (größere Dissymmetrie) instabiler zu sein als solche mit kompakteren Teilchen. Am meisten nähern sich die Lsgg. in Dichloressigsäure dem molekulardispersen Lösungszustand. Hier konnten auch qualitative Zusammenhänge zwischen den Streulicht- u. Viscositätsgrößen gefunden werden. (Mh. Chem. **86**. 278—91. 1955. Wien, Univ., I. Chem. Labor.)
F. SCHIPKE. 4010

J. W. Breitenbach, K. Allinger und **A. Koref**, *Viscositätsstudien an Lösungen von DL-Phenylalaninpolypeptiden.* Vff. untersuchen makromol. *dl-Phenylalaninpolypeptide*, die durch Polymerisation des N-Carbonsäureanhydrids entstanden sind, auf ihr Viscositätsverh. in Nitrobenzol (**II**), Dichloressigsäure (**I**) u. Bzl. (**IV**). Bei der Bldg. der Polymerisate in **II** ist das Polypeptid nach Ende der Rk. noch vollkommen in Lsg. u. löst sich nach dem Ausfällen mit PAe. darin wieder. Als Starter für die Rk. wurde *N-Äthylglycindiäthylamid* verwendet. Die Verss. ergaben, daß keine Beziehung zwischen der Viscosität u. dem mittleren Mol.-Gew. besteht. Die Lsg. enthält große Aggregate. Es konnte eine schwache Zeitabhängigkeit festgestellt werden. Die aus **II** ausgefällten

Polymeren sind auch in **I** löslich. Für die Verss. mit **I** wurde ein Gemisch (**III**) von 6 Voll. W. u. 94 **I** verwendet, da reine **I** zu hygroskop. ist. **III** besitzt eine Viscosität, die 15% höher ist als die von **I**. Auch in **III** konnte keine Beziehung zwischen der Viscosität u. dem mittleren Mol.-Gew. gefunden werden. Aus **IV** ausgefälltes Polypeptid löst sich in **IV**, **II** u. **III**. Hier wirkt als Starter vermutlich Phenylalanin, das als Verunreinigung im Anhydrid vorhanden ist. Es wird hier eine starke Abhängigkeit von η_{sp}/c gefunden; die auf $c = 0$ extrapolierten Werte unterscheiden sich jedoch nicht viel von den nach den anderen Methoden gefundenen. Vff. nehmen eine starke Aggregation an. Die Versuchsergebnisse werden diskutiert. (Mh. Chem. **86**. 269—77. 1955. Wien, Univ., I. Chem. Labor.) F. SCHIPKE. 4010

V. Bruckner, J. Kovács, I. Kandel und **G. Dénes**, *Über die Struktur der natürlichen D-Polyglutaminsäure.* 5. Mitt. (4. vgl. C. **1956**. 10722.) In *D-Polyglutaminsäuren* verschied. Mol.-Gew. (4670, 6400 bzw. 9000), die aus dem Nährboden eines geeigneten *B. subtilis*-Stammes isoliert wurden (Subtilis-Polypeptid), ließ sich durch papierchromatograph. Unters. der Abbauprodd. der Polyhydrazide oder Polyamide keine α-Glutamylbindung nachweisen. Die Abbaumethoden (vgl. C. **1954**. 9774) wurden auch auf eine D-Polyglutaminsäure hohen Mol.-Gew. (48300) übertragen, die aus der Milzbrandbacillenkapsel (Anthrax-Polypeptid) abgetrennt wurde. Als Abbauprod. ließ sich hier auf präparativem Wege β-Formylpropionsäure (*p-Nitrophenylhydrazon*, $C_{10}H_{11}O_4N_3$, F. u. Misch-F. 178°) nachweisen, die etwa in gleicher Menge wie beim Abbau des Subtilis-Polypeptids entsteht. Dies beweist das Vorherrschen von γ-Glutamylbindungen. α.γ-Diaminobuttersäure, die auf die Anwesenheit von α-Glutamylbindungen hinweisen würde, konnte papierchromatograph. nicht nachgewiesen werden. Im Abbauhydrolysat von D-Polyglutaminsäure aus *B. subtilis* u. *B. anthracis* ist als ninhydrinpositive Komponente nur wenig Glutaminsäure enthalten, aus deren Entstehung jedoch nicht auf eine Kettenverzweigung geschlossen werden darf. Natürliche D-Polyglutaminsäuren verschied. Mol.-Gew. scheinen nach den Abbauverss. prinzipiell dieselbe Konst. zu besitzen. (Acta chim. Acad. Sci. hung. **7**. 223—32. 1955. Budapest, Eötvös Univ., Inst. für organ. Chem.) K. F. MÜLLER. 4010

E. Schreuer, *Weichheit, Stoßdauer und innere Dämpfung technischer Gummimischungen.* Vf. zeigt, daß mit Hilfe der HERTZschen Theorie des Stoßes (Zusammenhang zwischen Deformation u. elast. Körpereigg.) für einige empir. Kunststoffprüfungen ein Zusammenhang zwischen den erhaltenen Meßwerten u. physikal. definierten Eigg. des untersuchten Materials herzustellen ist. So können aus Messungen der Weichheit einer Gummiprobe (nach DIN-DVM 3503, 1938) der stat. Elastizitätsmodul u. aus Messungen der Stoßdauer von Stahlkugeln auf Gummiplatten der dynam. Elastizitätsmodul bestimmt werden. Zwischen der Differenz beider Moduln u. der inneren Dämpfung bei Stoßverss. besteht ein einfacher Zusammenhang, der an der Größe der Rückprallelastizität nachgeprüft wird. Der gefundene Unterschied zwischen berechneten u. experimentell ermittelten Werten für die Rückprallelastizität hängt offensichtlich mit der inneren Vorspannung des Materials (vor allem Oberflächenspannung, aber auch Walztexturen u. ähnliches) zusammen. Wenn diese Vorspannung mit ca. $^1/_{20}$ der Arbeitsspannung bei den 7 untersuchten Mischungsproben berücksichtigt wird, ergeben sich auch quantitativ gute Übereinstimmung zwischen gemessenen u. berechneten Werten. (Kolloid-Z. **129**. 123—27. Dez. 1952. Karlsruhe, TH, Physikal. Inst.) R. SCHÄFF. 4030

N. H. Sivaramakrishan und **M. R. A. Rao**, *Spreitungseigenschaften von Kautschuk.* 1. Mitt. *Oberflächenfilme von gereinigtem Kautschuk.* Vff. untersuchen die Spreitung von Lsgg. von Naturkautschuk, der nach 4 verschied. Methoden gereinigt worden war, an Luft–W.-Grenzflächen. Mit Bzl. oder Chlf. als Lösungsm. wurden mäßig stabile Filme erhalten. Die Spreitungseigg. von Kautschuk hängen nicht von Proteinverunreinigungen oder oxydierten Kautschukbestandteilen ab. Minimale Filmdicken zwischen 270 u. 700 Å konnten erhalten werden, Werte, die ca. 100mal größer sind als die der meisten polaren Hochpolymeren. Dieser hohe Wert wird auf die relativ schwache hydrophile Natur der Doppelbindungen im Kautschuk u. auf die großen lateralen Kohäsionskräfte zwischen den Ketten, die das Spreiten der Moll. in einem größeren Bereich verhindern, zurückgeführt. (Trans. Proc. Instn. Rubber Ind., Trans. **32**. T19—T26. Febr. 1956. Bangalore, Ind. Inst. of Sci., Dep. of Gen. Chem.) R. SCHÄFF. 4030

Ei Teramoto, *Fadenmolekülkonfigurationen und Kautschukelastizität.* Vf. diskutiert ein neues statist. Modell eines Fadenmol., bei dem die Verteilungsfunktion des Mol.-Endenabstandes im Bereich kleiner Dehnung auf die GAUSSsche Funktion red. wird u. bei vollkommener Streckung verschwindet. Mit der abgeleiteten Verteilungsfunktion kann die Spannungs–Dehnungs-Beziehung der einfachen Kautschukdehnung in der gleichen Weise erhalten werden wie bei der üblichen Behandlung der Kautschukelastizität.

(Progr. theoret. Physics [Kyoto] **11.** 604—05. Juni 1954. Kyoto, Univ., Dep. of Phys. [Orig.: engl.]) R. SCHÄFF. 4030

Mieczysław Wronski, *Theorie der Viscosereifung.* Der Vorgang der Viscosereifung läßt sich durch die Gleichung $-dx/dt = k_2X - k_1\mu\Theta$ darstellen, wo X bzw. μ bzw. Θ = Konz. von Cellulosexanthat bzw. CS_2 bzw. NaOH. Die Gleichung wird für die beiden Fälle $\mu = 0$ u. $\mu \neq 0$ hinsichtlich der zeitlichen Änderung der Konz. der Reaktionspartner kurz diskutiert. (J. Polymer Sci. **19.** 212—13. Jan. 1956. Lodz, Polen, Univ., Dep. of Chem. Techn.) O. FUCHS. 4050

Mieczysław Wronski, *Theorie der Kinetik der Xanthatreaktion.* Vf. geht von der Gleichung $RO^- + CS_2 \rightleftharpoons ROCSS^-$ aus (RO^- = Anion des Alkohols ROH) u. stellt deren Geschwindigkeitsbeziehung auf. Gleichzeitig mit dieser Xanthat-Rk. findet gemäß $CS_2 + 6NaOH = Na_2CO_3 + 2Na_2S + 3H_2O$ eine Verseifung des CS_2 statt, wofür ebenfalls die Geschwindigkeitsgleichung angegeben wird. Aus der Kombination beider werden Ausdrücke für die zeitliche Änderung der Xanthat- u. der CS_2-Konz. erhalten; daraus folgt z. B., daß die Xanthatkonz. im Laufe der Rk. durch ein Maximum geht. (J. Polymer Sci. **19.** 210—12. Jan. 1956. Lodz, Polen, Univ., Dep. of Chem. Techn.)
O. FUCHS. 4050

W. J. Polglase, *Die mit der Holzcellulose vorkommenden Polysaccharide.* Überblick über die Kohlenhydratbestandteile des Holzes, ihr Vork., ihre Struktur u. Bestimmung. — 217 Literaturstellen. (Advances Carbohydrate Chem. **10.** 283—333. 1955. Vancouver, Can., Univ. of Brit. Columbia, Dep. of Biochem.) K. H. WOLF. 4050

A. B. Foster und **A. J. Huggard,** *Die Chemie von Heparin.* Übersicht über Entdeckung, Isolierung u. Reinigung, Strukturaufklärung u. Chemie, biol. Aktivität u. Funktion von *Heparin* in knapper u. ziemlich erschöpfender Form. Ein sehr kurz gehaltener Abschnitt verweist auf die Literatur über die Biosynth. der Mucopolysaccharide. — 133 Literaturstellen. (Advances Carbohydrate Chem. **10.** 335—68. 1955. Birmingham, Univ., Chem. Dep.; Columbus, O., Ohio State Univ., Chem. Dep.) K. H. WOLF. 4050

Daniel L. Larson und **Robert Feinberg,** *Fraktionierung des menschlichen Serumalbumins durch kontinuierliche Elektrophorese auf Filtrierpapier.* Ein aus menschlichem Serum durch Alkoholfraktionierung hergestelltes *Albumin* (I) wurde durch kontinuierliche Elektrophorese nach DURRUM aufgetrennt u. die Einheitlichkeit der Fraktionen mit der Geldiffusionsmeth. nach OUDIN (Ann. Inst. Pasteur **75.** [1948.] 109) geprüft. Hierbei ließen Präpp., die nach den üblichen Methoden (Ultrazentrifuge, Elektrophorese, Präzipitin-Rk.) einheitlich zu sein scheinen, mindestens 3, in manchen Fällen aber mehr als 6 Komponenten erkennen. 5—10% des ursprünglichen Materials zeigten eine höhere elektrophoret. Wanderungsgeschwindigkeit u. waren bei der Geldiffusionsprobe einheitlich. Auf die besondere Eignung der Geldiffusionsprobe zur Erkennung der immunolog. Homogenität wird hingewiesen. (Science [Washington] **120.** 426—27. 10/9. 1954. Washington, D. C., Army Med. Serv., Dep. Exp. Immunol.) U. FREIMUTH. 4070

C. J. Bradish und **Nan V. Smart,** *Fraktionierung von Serumproteinen mittels Zonenelektrophorese in Glaspulver.* Die von SVENSSON u. BRATTSTEN (C. **1950.** II. 2226) beschriebene App. zur kontinuierlichen Elektrophorese in einer mit Glaspulver gefüllten Perspexkammer wird weiterentwickelt. Neben der Meth. mit kontinuierlich strömender Pufferlsg. (l. c.) wird eine zweite Arbeitsweise im stationären Syst. beschrieben, bei der die Proteinlsg. (5—10 ml) als vertikale, 1 cm breite Zone in die Kammer eingebracht wird. Wird hierauf — ohne gleichzeitige Strömung des Lösungsm. — der Strom eingeschaltet, so trennen sich die Fraktionen horizontal als vertikale Zonen. Nach dem Abschalten des Stromes werden diese Fraktionszonen durch strömende Pufferlsg. in die entsprechenden Auffanggefäße ausgewaschen. Mit Veronal- u. Phosphatpuffersystemen, p_H 7,5—9; Ionenstärke 0,04; 10 mA/cm²; 10 V/cm beträgt bei 30° die Wanderungsgeschwindigkeit von *γ-Globulin* (γ-I) 3—4 cm/Stunde. Mit dieser Meth. werden Ochsenserum-*Albumin* u. -γ-I sauber getrennt. α- u. β-I sind mit geringen Mengen β- bzw. α-I verunreinigt. Kurz erwähnt werden vorläufige Unterss. über die Fraktionierung der Seren von mit Maul- u. Klauenseuchevirus infizierten Rindern. (Nature [London] **174.** 272—73. 7/8. 1954. Pirbright, Surrey, Res. Inst. [Animal Virus Diseases].)
K. PRCHAL. 4070

Carlos H. von der Becke, *Verluste von Cystein bei der sauren Proteinhydrolyse.* Von verschied. Autoren wurden bei der Hydrolyse von Proteinen Verluste von *Cystein* (I) beobachtet, die auf H_2S-, NH_3-, CO_2-Abspaltung oder sonstigen Rkk. beruhen sollen, u. durch Zugabe von *Harnstoff* (II) während der Hydrolyse größtenteils vermieden werden können. Vf. stellte bei Hydrolyse von 1 kg *Casein* mit 20%ig. HCl bei 125° fest, daß 2 mg *Cystin* (III) bei sofortiger Zugabe nur zu 54%, bei Zugabe 35 Min. nach Beginn der 6std. Hydrolysezeit jedoch bereits zu 89% wiedergefunden werden. III u. I wurden nach den von HESS u. SULLIVAN (J. biol. Chemistry **151.** [1943.] 635) angegebenen Methoden bestimmt. Auch hier wird durch Zugabe von **II** eine Verbesserung der **I**-Ausbeute erreicht. In Form von *Glutathion* bei der Hydrolyse von Eialbumin (**IV**) zugegebenes **I** wird ebenfalls nur zu 70% wiedererhalten; auch durch vorherige Reinigung u. Kristallisation von **IV** wird keine Verbesserung erzielt. Der Rest **I** wird jedoch prakt. quantitativ als **III** wiedergefunden. Da bei den unter denselben Bedingungen nur in Abwesenheit des Proteins durchgeführten Kontrollen kein **I** zu **III** oxydiert wird, ist anzunehmen, daß diese Oxydation nicht auf Ggw. geringster Luftspuren beruht, sondern durch die Proteine bedingt ist. (Semana méd. **57.** Nr. 4. 115—20. 26/2. 1950. Georgetown, Wash., Univ.) W. KIMPEL. 4070

Serge N. Timasheff, Raymond A. Brown und **John G. Kirkwood,** *Die Fraktionierung des Insulins durch Konvektionselektrophorese.* Nachdem frühere Unterss. selbst bei hochgereinigtem *Insulin* (I) elektrophoret. Uneinheitlichkeit der Präpp. ergeben hatten, wenden Vff. zur Prüfung der Einheitlichkeit eine Reihe von Puffern mit unterschiedlichem p_H an (Barbiturat, Phosphat, Kakodylat u. Acetat mit p_H 8,6/7,5/7,0/4,0 u. Phosphat mit p_H 3,0). Wegen der Unlöslichkeit des **I** im isoelektr. Bereich von p_H **4,4** bis 7,0 kann dieses Gebiet nicht in die Unterss. einbezogen werden. Das verwendete **I** war ein hochgereinigtes krist. Prod. von Zn-**I** mit 27 I.E./mg u. 24 I.E./mg. Die Konvektionselektrophorese bei p_H 7,5 ergab eine schnell bewegliche Hauptkomponente u. eine langsam wandernde heterogene Nebenkomponente. Die Aktivität befindet sich vorwiegend in der Hauptkomponente. Beide Fraktionen können wegen ihres gleichartigen Verh. bei den üblichen Trennungsverff. u. der Elektrophorese sowie ihrer chem. Zus. nur geringfügige chem. Differenzen aufweisen. Auf Grund der HENRYschen Gleichung läßt sich ein Unterschied von 3 Elektronen/Mol. **I** errechnen, wobei ein Mol.-Gew. von 36000 zugrunde gelegt ist. Nach Ansicht der Vff. entsprechen diese Fraktionen nicht den von HARFENIST u. CRAIG (C. **1956.** 1916) durch Verteilung erhaltenen Fraktionen. (J. Amer. chem. Soc. **75.** 3121—24. 5/7. 1953. New Haven, Conn., Yale Univ., Sterling Chem. Labor.) U. FREIMUTH. 4070

Serge N. Timasheff und **John G. Kirkwood,** *Anwendung der Konvektionselektrophorese auf das System des Insulin–Protamin-Komplexes.* (Vgl. vorst. Ref.) Proteingemische mit geringen Unterschieden in der elektrophoret. Beweglichkeit können durch Komplexbldg. mit zugesetzten Stoffen stärkere Kontraste ergeben u. dadurch trennbar werden. Zusatz von *Protamin* ergibt mit *Insulin* einen Komplex, wodurch es bei p_H 4,0 in Acetatpuffer lösl. bleibt, so daß eine elektrophoret. Trennung ermöglicht wird. Vff. weisen auf die Anwendungsmöglichkeiten dieses Verf. zur elektrophoret. Trennung biol. wichtiger Stoffe wie Antikörper u. Enzyme hin. (J. Amer. chem. Soc. **75.** 3124—26. 5/7. 1953.) U. FREIMUTH. 4070

E. Biologische Chemie. Physiologie. Medizin.

E_1. Allgemeine Biologie und Biochemie.

J. H. Schulman, B. A. Pethica, A. V. Few und **M. R. J. Salton,** *Die physikalische Chemie der Hämolyse und Bakteriolyse durch oberflächenaktive und antibiotische Stoffe.* Übersichtsreferat. 10 graph. Darstellungen, 3 Tabellen. — 121 Literaturangaben. (Progr. Biophysics biophysic. Chem. **5.** 41—71. 1955. Cambridge, Univ., Dep. of Coll. Sci. and Biochem.) E. FISCHOEDER. 4100

Vernon H. Baker, Dennis E. Wiant und **Oscar Taboada,** *Die Wirkungen elektromagnetischer Energie auf Pflanzen und Tiere.* Vff. bringen einen systemat. Überblick über die Wrkg. ionisierender, bes. elektromagnet. Strahlen auf das biol. Gewebe. Bei Wellenlängen größer als 2880 Å steht die Wärmewrkg. im Vordergrund, bei kürzeren Wellen im wachsenden Maße die Ionisierung. (Agric. Engng. **36.** 808—12. Dez. 1955. Michigan State Univ.) W. REUSSE. 4102

W. Hanle, *Wechselwirkung von Strahlung mit Materie.* Zusammenfassender Bericht über die Wechselwrkg. zwischen ionisierenden Strahlen u. Materie u. ihre Bedeutung für Biologie u. Technik. (Strahlentherapie **98.** 4—20. Sept. 1955. Gießen, Justus-Liebig-Hochschule, Physikal. Inst.) W. REUSSE. 4102

Lars Ehrenberg und **Nils Nybom,** *Ionisierungsdichte und biologische Wirksamkeit von Strahlungen.* Es wird über erbbiol. Unterss. an Gerstensamen berichtet, wobei die Wrkg. von Röntgenstrahlen mit der von Neutronen verglichen wurde. Die Unterschiede sind auf die verschied. Ionisationsdichte zurückzuführen. Die Neutronen erwiesen sich um den Faktor 10—100 wirksamer als die Röntgenstrahlen. Ihre Wrkg. ist im Gegensatz zum Verh. der Röntgenstrahlen durch den O_2-Partialdruck, durch chem. Schutzmittel oder sonstige Variationen der physiol. Bedingungen nicht beeinflußbar. Die stark ionisierende

Strahlung wirkt vorwiegend direkt auf den Zellkern, die weniger ionisierende mehr auf die übrigen Bestandteile der Zelle. (Acta Agric. scand. **4.** 396—418. 1954. Stockholm, Univ., Inst. of organ. Chem. and Biochem.; Lund, Inst. of Genetics.) W. REUSSE. 4130

F. Mainx, *Die Gefahren der Erbschädigung durch die Verwertung der Atomenergie.* Unter Zugrundelegung der Daten über Strahlenbeeinflussung der Mutationen bei Drosophila u. Mäusen wird eine Abschätzung der Gefahren versucht, die dem menschlichen Erbgut durch Atomstrahlen drohen. Eine Erhöhung der spontanen Mutationsrate durch strahleninduzierte zusätzliche Mutationen wird als gefährlich angesehen u. eine Mutationsprophylaxe gefordert. (Münchener med. Wschr. **98.** 673—75. 11/5. 1956. Wien, Univ., Inst. für allg. Biol.) H. DOSSMANN. 4130

Günter Cleffmann, *Über die Beeinflussung der Wildfärbung in vitro.* Durch Zusatz von *Glutathion* oder konz. Embryonalextrakt zur Nähr-Fl. von Gewebekulturen kann man die sogenannte Bindenbldg. der Haare wildfarbiger Mäusehaut anregen. In einfarbiger Mäusehaut kann man mit diesen Prodd. die Bindenbldg., d. h. also die Nachahmung der Wildfärbung, erzwingen. Mit *Jodacetamid* als SH-Antagonisten wird die Bindenbldg. gehemmt. Die Wirkungsweise des Erbfaktors A für Wildfarbigkeit wird diskutiert. (Z. Naturforsch. **9b.** 701—04. Nov. 1954. Bonn, Univ., Zool. Inst.) G. WELTZIEN. 4130

Je. D. Logatschew, *Nelkenöl-Ersatz beim Extrahieren von Celloidin aus Schnitten.* Vf. verwendet zur Celloidinentfernung aus den Schnitten statt Nelkenöl ein beliebiges anderes fl. Pflanzenöl (Leinöl, Sonnenblumenöl), gemischt mit Aceton im Verhältnis 2—3 : 1. Nach 5—10 Min. werden die Schnitte durchsichtig u. das Celloidin quillt genau wie bei der Einw. des reinen Nelkenöls. Anschließend erfolgt die übliche weitere Bearbeitung. Die so behandelten Schnitte kleben gut auf Objektträgern u. können beliebigen Färbungen unterzogen werden. (Архив Патологии [Arch. Pathol.] **18.** Nr. 1. 121—22. 1956. Omsk, Med. Inst., Lehrst. für allg. Biol.) F. DU. MANS. 4150

G. Seybold und **E. Kallee,** *Farbstoffbindungsstudien an Mitochondrien.* 1. Mitt. Vital gespeichertes *Trypanblau* (**I**) läßt sich aus Mitochondrien mit Kollidon besser eluieren als mit Serumeiweißen. *Li-Karmin* (**II**) wird vorwiegend von α-Globulin, weniger von Albumin u. nicht von Kollidon herausgelöst. Na-Salze sulfonierter Fettsäuren können von Mitochondrien absorbierte Farbstoffe vollständig ablösen, aber auch die Mitochondrien zerstören. **I** u. **II** werden auch in vitro von isolierten Mitochondrien absorbiert u. können eluiert werden. (Z. Naturforsch. **9b.** 173—74. März 1954. Tübingen, Univ., Med. Klinik.) G. WELTZIEN. 4150

Gerald R. Seaman und **Robert K. Houlihan,** *trans-1.2-Cyclopentandicarbonsäure, eine der Bernsteinsäure analoge Säure, die die Permeabilität der Zellmembran beeinflußt.* Eine 0,04mol. Lsg. von *trans-1.2-Cyclopentandicarbonsäure* (**I**) erhöht die Oxydationsgeschwindigkeit von 0,02mol. Lsgg. von Brenztraubensäure u. Essigsäure durch lebende Zellen von Tetrahymena geleii (S), wie Vff. durch Messung des O_2- u. Substratverbrauchs feststellten. 0,02mol. Bernsteinsäure (**II**)-Lsg., für welches die Zellen von T. geleii sonst undurchlässig sind, wird ebenfalls in Ggw. von **I** oxydiert. Die Wirkungen von **I** erklären sich durch eine Permeabilitätserhöhung der Zellmembran. **I** selbst wird nicht oxydiert. Die Oxydation von **II** durch Zellhomogenate wird durch **I** gehemmt, wahrscheinlich wegen seiner Konkurrenz mit **II** um die Enzymoberfläche. (Arch. Biochemistry **26.** 436—41. Mai 1950. Omaha, Nebr., Creighton Univ., School of Med., Dep. of Biol. Chem.; Chestnut Hill, Mass., Boston Coll., Dep. of Biol.) J. NECKEL. 4150

Harry Eagle, *Nährstoffbedarf von Säugetierzellen in Gewebekulturen.* In einem Medium aus einem Gemisch von *Aminosäuren* (**I**), *Vitaminen* (**II**), *Cofaktoren, Kohlenhydraten, Salzen* u. *Serumprotein* (**III**)-Zusatz ließ sich der Wachstumsbedarf von Mäusebindegewebezellen (Stamm L) u. humanen Uteruskrebszellen (Stamm HeLa) bestimmen, da Wegfall einer Komponente spezif. Symptome u. Absterben der Kultur bedingte. Beide Stämme benötigten 13 **I**: *Tryptophan, Histidin, Cystin, Tyrosin, Methionin, Phenylalanin, Arginin, Leucin, Threonin, Valin, Lysin, Isoleucin, Glutamin* (**IV**). Die Rolle von **IV** wird bes. hervorgehoben. Der optimale Bedarf an **I** lag für Stamm L zwischen 0,005 u. 0,5 mMol, für HeLa zwischen 0,01 u. 1 mMol. An **II** sind *Cholin, Folsäure, Nicotinamid, Pantothenat, Pyridoxal, Riboflavin* u. *Thiamin* notwendig. Für Stamm L liegt der minimale Bedarf an **II** bzw. der „percursors oder conjugates" zwischen 10^{-2} u. 10^{-6} mMol. Weitere Bestandteile: *Glucose*, die Ionen Na^+, K^+, Mg^{2+}, Ca^{2+}, Cl^-, $H_2PO_4^-$ u. **III**. Die Unterss. führten zur Darst. eines chem. definierten Mediums, das die Feststellung des Wachstumsbedarfs anderer n. u. maligner humaner Zellen gestattet. Hinweis auf die Möglichkeit zum Nachw. der Stoffwechselerfordernisse von Viren. (Science [Washington] **122.** 501—04. 16/9. 1955. Bethesda, Md., U. S. Public Health Serv., Nat. Inst. of Health, Nat. Microbiol. Inst., Labor. of Infect. Diseases.) H. DOSSMANN. 4160

A. Graffi, *Über den Mechanismus der Geschwulstbildung.* Der Initialvorgang der Geschwulstbldg. ist die irreversible Anlage eines Tumorkeimes durch sehr kleine Mengen eines Cancerogens ($< 1\,\gamma$). Diese Vorgänge können in unterschiedlichen Mutationsstufen stattfinden, wodurch z. B. die Wrkg. des *Crotonöls* (Bldg. gut- oder bösartiger Geschwülste) erklärt werden kann. Es konnte gezeigt werden, daß cancerogene KW-stoffe ausschließlich in den Mitochondrien u. Mikrosomen gespeichert werden. Die Bldg. der Geschwulst an der prim. Tumorkeimanlage ist zunächst bedingt durch verstärkte Regeneration des Epithels u. eine starke Gefäß-Rk., worauf später die uneingeschränkte Vermehrung der fertigen Tumorzellen eintritt, für welche noch nahezu unbekannte Faktoren verantwortlich sind. — 47 Literaturangaben. (Schweiz. med. Wschr. **83.** 865—72. 12/9. 1953. Berlin, Akad. der Wiss., Inst. für Med. u. Biol., Abt. für biol. Krebsforsch.) H. SCHEURLEN. 4160

Bengt Pernow und **Jan Waldenström,** *Bestimmung von 5-Oxytryptamin in Blutserum und Urin bei Fällen von Carcinoidtumor.* Der Geh. an *5-Oxytryptamin* (**I**) im Serum ist bei 5 von 6 Fällen von Carcinoidtumor stark erhöht, in 2 auch im Urin, in dem auch 5-Oxyindolessigsäure stärker ausgeschieden wird. Die Unters. der Blutfraktionen zeigt, daß **I** an die Thrombocyten gebunden ist. (Nord. Med. **55.** 100—02. 19/1. 1956. Stockholm, Karol. inst. u. Karol. sjukh., Malmö, Allm. sjukh.) R. K. MÜLLER. 4160

G. L. Tschernjawskaja, *Histochemische Charakterisierung der Ascorbinsäure in Krebsgeschwülsten.* Mittels der histochem. Meth. durchgeführte Unterss. von Krebsgeschwülsten (Operationsmaterial von 78 Krebspatienten) ergaben — im Vgl. zur Norm — eine Tendenz zur Zunahme von *Ascorbinsäure* (**I**) in den atypisierten Zellstrukturen. Dabei ließ sich eine bestimmte Gesetzmäßigkeit der Verteilung von **I** feststellen: je weniger reif u. differenziert die Krebszellen waren u. je mehr sich ihre biol. Eigg. veränderten, um so intensiver erfolgte in ihnen die **I**-Ablagerung. In bes. stark dedifferenzierten Krebszellen wurde nicht selten auch in den Kernen **I** gefunden. Waren die Krebszellen stark dystroph. verändert oder nekrotisiert, so ließ sich nur wenig oder gar keine **I** feststellen. (Архив Патологии [Arch. Pathol.] **18.** Nr. 3. 55—57. 1956. Dagestan. Med. Inst., Lehrstuhl für Pathol. Anatomie.) E. RENTZ. 4160

David I. Macht, *Phytopharmakologische Untersuchungen an Blut- und Gewebeextrakten von Tumorpatienten.* Die Blutsera von insgesamt 300 Tumorpatienten lassen unter genau festgelegten Versuchsbedingungen zu 94% einen deutlichen phytotox. Effekt auf das Wurzelwachstum von Lupinus albus erkennen. Das gleiche gilt für die aus den Skelettmuskeln gewonnenen Gewebeextrakten. Auch die Photosynth. scheint durch Blut- oder Gewebeextrakte von Carcinomkranken beeinflußt zu werden. Da auch im Anfangsstadium befindliche Tumoren auf diese Weise nachgewiesen werden können, dürfte die phytopharmakol. Unters. des Blutes bzw. des Gewebes von Tumorkranken für die Carcinomdiagnose von Bedeutung sein. (Arch. int. Pharmacodynam. Thérap. **97.** 65—78. 1/2. 1954. Baltimore, Md., Sinai Hosp., Dep. of Res. Pharmacol. Labor.)
H. P. FIEDLER. 4160

Morris Pollard und **Robert H. Bussell,** *Onkolytische Wirkung von Viruskörpern auf Gewebekulturen.* Implantate von Tumorgewebe von 1 mm Durchmesser werden in 1 ml eines Gemisches von Kükenplasma u. Ochsenserumultrafiltrat, HANKscher Lsg. mit Phenolrotindicator u. Kükenembryonalextrakt gezüchtet, da sich diese Meth. gut zur Schnellbest. von cytopathogen wirkenden Stoffen eignet. Auf Infektion mit St.-Louis-Encephalitis reagierten die Implantate mit einer deutlich onkolyt. Rk., indem 2 menschliche u. 2 Nagertumoren völlig zerstört wurden; die letzten wurden durch neurotrop. Influenzavirus weniger stark zerstört. Infektion mit LANSING-Poliomyelites, NEWCASTLE-Krankheit, Herpes u. an Kükenembryonen adaptiertes Influenza-A-Virus störten das Wachstum der Implantate nicht. Dagegen schien Tollwutvirus das Wachstum solcher Implantate eher zu stimulieren. (Proc. Soc. exp. Biol. Med. **80.** 574—78. Aug./Sept. 1952. Galveston, Tex., Univ. of Texas, Med. Branch.) V. KLINGMÜLLER. 4160

W. Bollag, *Myleran, ein neues Cytostaticum bei Leukämien. Myleran* [**I**; *Butandiol-(1.4)-dimethylsulfat*] ist zur Behandlung chron.-myeloischer Leukämie gut geeignet. Die Leukocytenzahl fällt oft bis zur völligen Normalisierung ab. **I** wird gut vertragen u. ist in Mengen von 4 mg/Tag (peroral) wirksam. (Schweiz. med. Wschr. **83.** 872—76. 12/9. 1953. Zürich, Univ., Med. Klinik.) H. SCHEURLEN. 4160

Harald Schmidt-Elmendorff, Willy Schild und **Karl-Heinz Schreyer,** *Über die Anwendung von Trimethylolmelamin bei menschlichen Tumoren.* Am Bronchialcarcinom konnte mit dem Cytostaticum *Trimethylolmelamin* (**I**) = *Cealysin* lediglich ein palliativer Erfolg erzielt werden. Andere, bes. auch metastasierende Carcinome sprachen nicht auf **I** an. **I** zeigt geringere Nebenwirkungen als *Triäthylenmelamin* (*TEM*) u. *Hexamethylolmelamin* (*Cilag 61*). (Med. Klin. **50.** 2189—94. 30/12. 1955. Düsseldorf, Med. Akad., Chirurg. Klinik, Frauenklinik u. II. Med. Klinik.) H. DOSSMANN. 4160

P. Croizat und **Lacoste,** *Versuch mit Actinomycin C bei der Behandlung maligner Adenopathien.* Behandlung von 44 Fällen mit verschied. Adenopathien mit 300 bis 400 γ/Tag *Actinomycin C* bzw. *Antimitosique 5221* über ca. 3 Wochen ergab unterschiedliche Ergebnisse, die an die Therapieerfolge mit Röntgenbestrahlung oder Stickstoffsenfgas nicht heranreichten. (Presse méd. **63.** 1681. 3/12. 1955. Lyon, Hôp. Edouard-Herriot.) H. DOSSMANN. 4160

A. Forssberg und **G. Klein,** *Untersuchungen über den Einfluß von Röntgenstrahlen auf die Biochemie und die Zellzusammensetzung von Ascitestumoren.* 2. Mitt. *Änderungen im Bild der* $^{14}C_{(2)}$*-Glycininkorporation während der ersten zwei Stunden nach Bestrahlung in vivo.* Mit Ascitestumorzellen intraperitoneal geimpfte ♂ Mäuse wurden mit 1250 r röntgenbestrahlt. Bestrahlungsdaten: 165 kV, Filter 1 mm Al, Dosisleistung 1300 r/Minute. Die Bestrahlung erfolgte über das Abdomen. Die Tiere wurden ferner intraperitoneal mit ^{14}C*-Glycin* (I) injiziert, u. der ^{14}C-Umsatz wurde untersucht. Abhängig von der Zeit zwischen Injektion u. Tötung der Tiere wurden Änderungen in der Inkorporationsgeschwindigkeit des ^{14}C in verschied. Nucleinsäuren beobachtet. 35 Min. nach der Bestrahlung zeigte sich die Aktivität der *Nucleinsäuren* (II), *Proteine* u. *Lipoide* (III) verringert, bei II u. III trat in der Periode 35—80 Min. nach Bestrahlung erhöhte Aktivität in Erscheinung. Die Permeabilität der Tumorzellen für ^{14}C wurde durch die Bestrahlung nicht geändert. In Verbindung mit weiteren Beobachtungen über den Verbleib von ^{14}C u. seine Einlagerung in die biochem. Fraktionen der Tumorzellen ergibt sich eine gute Übereinstimmung zwischen der relativen Wachstumsgeschwindigkeit der Tumorzellen u. dem physiol. Alter u. der Inkorporationsgeschwindigkeit der ^{14}C-Atome in die Proteinfraktion. (Exp. Cell Res. **7.** 480—97. Nov. 1954. Stockholm, Karolinska Inst., Inst. for Cell Res., Inst. of Radiophys. u. Wallenberg Labor.) W. REUSSE. 4160

J. Gary-Bobo, P. Leenhardt, H. Pourquier, A. Pagés und **M. Dumont,** *Seröse metastatische Ergüsse und ihre Behandlung mit kolloidalem Radiogold* (^{198}Au)*; klinische, cytologische und elektrophoretische Befunde.* Für die Anwendung einer koll. ^{198}Au-Lsg. zur Therapie seröser Effusionen werden prakt. Anweisungen gegeben, die sich auf die Darst. der Injektions-Fl., die Beobachtung des Kranken u. die zur Überwachung des Verbleibs der akt. Fl. erforderlichen Messungen beziehen. Klin. Erfahrungen u. eine Beschreibung des Wirkungsmechanismus der akt. Lsg. werden mitgeteilt. (J. Radiol. Électrol. Arch. Électr. méd. **36.** 522—28. 1955. Montpellier.) W. REUSSE. 4160

Vincent Vermooten, *Anwendung von radioaktivem Kobalt* (^{60}Co) *bei der Behandlung von Blasentumoren.* Durch Einnähen radioakt. Co enthaltender Nylonfäden (ABBOTT LABORS, Chicago) in Blasencarcinome konnte in 5 von 6 Fällen die Ausbreitung des Tumors gestoppt u. Normalisierung der Blasenfunktion erreicht werden. (J. Urology **74.** 85—92. Juli 1955. Dallas, Tex.) H. DOSSMANN. 4160

Egon Wildbolz und **Guelfo G. Poretti,** *Blasencarcinombehandlung mit radioaktivem Kobalt.* Besprechung der physikal. u. biol. Eigg. von ^{60}Co, der Dosierung, der prakt. Anwendungsmeth. u. der Vorsichtsmaßnahmen. Nach Vff. ist innere Co-Bestrahlung zwar nicht das Mittel der Wahl, aber ein wesentlicher Faktor bei der Blasencarcinomtherapie. (J. Urology **74.** 93—103. Juli 1955. Bern, Inselspital, Deps. of Urology and Radiology and Theodor-Kocher-Res. Inst., Isotope Labor.) H. DOSSMANN. 4160

Edwin A. Dawes, Quantitative problems in biochemistry. London: E. & S. Livingstone. 1956. (236 S. m. Abb.) 8°. 21 s.

E₂. Enzymologie. Gärung.

Hans Lück, *Beitrag zur quantitativen Bestimmung der katalytischen Aktivität biologischen Materials.* Vf. zeigt die Schwierigkeiten auf, die bei einer exakten quantitativen Best. der katalat. Aktivität in biol. Material bestehen. Für Gewebeunterss. spielen Lagerungsdauer u. Extraktionszeiten eine wesentliche Rolle. Bei Einzellern sind Aktivitätssteigerungen bei Zellzerstörung zu beachten. Die monomol. Reaktionsgeschwindigkeitskonstante, die maximal spaltbare H_2O_2-Menge u. die maximale Reaktionsgeschwindigkeit werden auf ihre Brauchbarkeit als Aktivitätsmaß geprüft. Bei Best. der monomol. Reaktionskonstanten empfiehlt es sich, diese auf die H_2O_2-Konz. $S = 0$ zu extrapolieren. Diskussion der Proportionalität zwischen Aktivitätskonstanten u. Enzymmenge in biol. Material. (Enzymologia [Den Haag] **17.** 31—40. 15/7. 1954. Windhoek, Suedwestafrika, Dairy Ind. Control Board.) H. GOEBEL. 4210

Pierre Brocq und **Théodore Stephanopoli,** *Über die ernährende und befruchtende Rolle der roten Blutkörperchen. Funktioneller Begriff der Häminogranulopexie, in Übereinstimmung mit dem Vorkommen einer bestimmten Peroxydase des Hämoglobins in den Erythrocyten des zirkulierenden Blutes.* Der *Ferro–Porphyrin-Komplex* (I) der roten

Blutkörperchen liefert in den lebenden Zellen die Katalysatoren der Oxydoreduktionsprozesse. Vff. haben die Verteilung von I in den Erythrocyten auf Grund seiner *Peroxydase*-Wrkg. untersucht. In den unreifen Blutkörperchen scheint die I-Konz. am größten zu sein. (C. R. hebd. Séances Acad. Sci. **230.** 1614—16. 3/5. 1950.) I. CARLS. 4210

Stefano Cutillo, *Die Aktivität der Carboanhydrase des Blutes im 1. Lebensmonat.* Es wird die Aktivität der *Carboanhydrase* des Blutes bei 46 Kindern während des 1. Lebensmonats (darunter 20 Frühgeburten) mittels einer manometr. Meth. in der WARBURG-App. untersucht. Die erhaltenen Resultate werden hinsichtlich der Anpassung der Neugeborenen an die Extrauterinatmung diskutiert. (Pediatria [Napoli] **64.** 45—53. Jan./Febr. 1956. Napoli, Univ., Ist. Clin. Pediatrica.) A. EBEN. 4210

Arnold F. Brodie und **Clarke T. Gray,** *Mit Oxydation gekoppelte Phosphorylierung in Bakterienextrakten.* (Vgl. Biochim. biophysica Acta [Amsterdam] **17.** [1955.] 146.) In zellfreien, dialysierten, durch Ultraschalleinw. hergestellten Extrakten aus *Mycobacterium phlei* u. *Corynebacterium creatinovorans* ist ein Enzymsyst. aufgefunden worden, das die oxydative Bldg. energiereicher Phosphatbindungen katalysiert. Die im bakteriellen Syst. beobachtete gekoppelte oxydative Phosphorylierung ist der in Säugergewebe beobachteten weitgehend ähnlich. Die Verwertung anorgan. Phosphats verläuft in beiden Systemen wahrscheinlich nach dem gleichen Reaktionsmechanismus. Succinat, β-Oxybutyrat, Pyruvat, Malat, Fumarat u. α-Ketoglutarat gaben als Substrat P : O-Werte > 1. Mit Adenosinmonophosphat als alleinigem Phosphatacceptorsyst. war Bldg. von Adenosintriphosphat nachweisbar. Entkoppelnd wirkende Verbb., wie 2.4-Dinitrophenol, Gramicidin, DL-Thyroxin, Trijod-L-thyronin, Arsenat, Azid u. 2-Amino-4-nitrophenol, hemmten die Phosphatveresterung, ohne den O_2-Verbrauch zu blockieren. Streptomycin, Isoniazid, Cycloserin u. Pyrazinamid beeinflußten mit Succinat als Elektronendonator das P : O-Verhältnis nicht. (J. biol. Chemistry **219.** 853—62. April 1956. Boston, Mass., Harvard Med. School, Dep. of Bacteriol. and Immunol., Leonard Wood Mem. Labor.) K. MAIER. 4210

Richard J. Podolsky und **Manuel F. Morales,** *Die Enthalpieänderung bei der Hydrolyse von Adenosintriphosphat.* Als Fortsetzung ihrer früheren Arbeit (C. **1956.** 10967) untersuchen Vff. den Enthalpiewechsel des *Adenosintriphosphats* (**I**) bei der Dephosphorylierung in folgenden Pufferlsgg.: „Tris“, Glycylglycin u. Orthophosphat. Die Hydrolyse wird ausgelöst durch ein Myosinpräp., das bei p_H 8 u. 20° nur die Endgruppe des **I** angreift. Alle Messungen werden in einer später zu beschreibenden calorimetr. App. vorgenommen. Aus diesen Meßwerten, den Ionisationswärmen u. den Titrationsergebnissen für die entstandenen H-Ionen berechnen Vff. $\Delta H = -4{,}7 \pm 0{,}7$ cal/Mol. Der bei einer Verringerung der Elektrolytkonz. auf $^1/_{10}$ benötigte Korrekturwert fällt in die Fehlergrenze. **I** ist damit nicht mehr zu den energiereichen Substanzen zu zählen; seine Hydrolysenwerte sind denjenigen von Pyro- u. Trimetaphosphat vergleichbar. — 32 Literaturangaben. (J. biol. Chemistry **218.** 945—59. Febr. 1956. Bethesda, Md., Div. of Phys. Biochem., Naval Med. Res. Inst.) R. LENSCHAU. 4210

Irwin A. Rose und **Severo Ochoa,** *Phosphorylierung durch Partikelpräparate von Azotobacter vinelandii.* Suspensionen von Partikeln von Azotobacter vinelandii führen eine von Mg^{2+} abhängige Phosphorylierung herbei von ADP zu ATP, gekoppelt mit der Oxydation einiger Substrate durch mol. O_2. Unter den Substraten waren mol. H_2, Succinate, DPNH u. TPNH (red. Di- u. Triphosphorpyridinnucleotid). Im Gegensatz zu frisch präparierten tier. Mitochondrien ist die Oxydation unabhängig von der An- oder Abwesenheit eines P-Acceptors, was zeigt, daß diese Präpp. weitgehend „ungekoppelt“ waren hinsichtlich der Phosphorylierung. Dies mag der Grund sein, warum die Phosphorylierung nur wenig empfindlich ist gegen Dinitrophenol. Die Azotobacterpartikel waren weitgehend frei von Myokinase. Unter diesen Bedingungen ist es möglich zu zeigen, daß ADP mehr als Adenosin-5'-monophosphat der unmittelbare P-Acceptor bei der gekoppelten Phosphorylierung ist. Der aufgenommene P ist hauptsächlich in der Endphosphatgruppe von ATP enthalten. (J. biol. Chemistry **220.** 307—14. Mai 1956. New York, N. Y., Univ., Coll. of Med., Dep. of Pharmacol.; New Haven, Conn., Yale Univ., School of Med., Dep. of Biochem.) H. AMAN. 4210

Sigmund Schwimmer und **William J. Weston,** *Wirkung von Phosphat und anderen Faktoren in Kartoffelextrakten auf die durch Phosphorylase verursachte Amylosebildung.* Die scheinbar hemmende Wrkg. eines äthanol. Kartoffelextraktes auf rohe Kartoffelphosphorylase beruht nur auf einer Verringerung der Kettenlänge der gebildeten Amylosemoleküle. Weder die Freisetzung von anorgan. Phosphat noch die Bldg. A.-unlösl. Polysaccharide wird dadurch vermindert. Mindestens vier Faktoren der frischen A.-Extrakte sind für die Hemmung verantwortlich: 1. Glucose, 2. Phosphorylasestarter („primer“), 3. anorgan. PO_4 u. 4. eine scheinbar enzymat. Red. des J_2 durch einen leicht

oxydierbaren Faktor. Der Wirkungsmechanismus der Hemmung, bes. der durch anorgan. PO_4 verursachten, wird diskutiert. (J. biol. Chemistry **220.** 143—55. Mai 1956. Albany, Calif., U. S. Dep. of Agric., Agric. Res. Serv., Western Utilisation Res. Branch.)
A. DILLMANN. 4210

T. Ramasarma, J. Sri Ram und **K. V. Giri,** *Phosphoglucomutase aus grünen Bohnen (Phaseolus radiatus).* Vff. isolieren aus gepulverten Bohnensamen durch 5malige Extraktion mit W. (12 Std., 0°), Dialyse gegen dest. W., Erhitzen des auf p_H 5,0 (Essigsäure) eingestellten Rohextraktes auf 45° (10 Min.) u. fraktionierte Fällung des zentrifugierten Auszuges mit festem $(NH_4)_2SO_4$ ein *Enzym* (**I**), das *Glucose-1-phosphat* (**II**) in *Glucose-6-phosphat* (**III**) umwandelt. **I** besitzt eine maximale Wrkg. bei p_H 7,5 u. 45°, u. wird bei 60° inaktiv. Durch Mg^{2+} (2 mMol), Mn^{2+} u. Co^{2+} (1) wird die Aktivität von **I** gesteigert, während höhere Konzz. von Mg^{2+} (4—100) u. Co^{2+}, sowie Ni^{2+}, NaCl (50), $CaCl_2$ (25), $BaCl_2$ (10), $ZnSO_4$ (5), KCN (5), $Pb(NO_3)_2$ (1), $CuSO_4$ (0,05), $AgNO_3$ (0,05), $HgCl_2$ (0,05) u. Na_2SO_3 in Ggw. von Veronalpuffer hemmen. Ungepuffertes Sulfit fördert dagegen in Konzz. von 10—20 mMol die **I**-Aktivität. Ein Anstieg der **I**-Wirksamkeit wird bei Substratkonzz. zwischen 3—10 mMol u. eine leichte Hemmung bei höheren **II**-Gehh. beobachtet. Die **I**-Wrkg. wird auch durch *Versen* (10 mMol) abgeschwächt, aber durch Versetzen mit Mg^{2+} u. Ba^{2+} (2) wiederhergestellt. *Cystein, Histidin* u. *8-Oxychinolin* (5—50) zeigen nur einen geringen Einfl. auf dialysiertes **I**. Die enzymat. Umwandlung von **II** in **III** erreicht bei Ggw. von $1{,}6 \cdot 10^{-5}$ bis $1{,}6 \cdot 10^{-4}$ mol. **I** (Reinheitsgrad 80%) ein Gleichgewicht, sobald 95% des Substrates umgesetzt worden sind. (Arch. Biochem. Biophysics **53.** 167—73. Nov. 1954. Bangalore, India, Ind. Inst. of Sci., Dep. of Biochem.)
P. FAHRNLAENDER. 4210

Harvey L. Tookey und **A. K. Balls,** *Pflanzenphospholipase D.* 2. Mitt. *Hemmung des Succinoxydasesystems durch Baumwollsamenphospholipase D.* (1. vgl. C. **1956.** 11204.) Baumwollsamen-*Phospholipase D* (**I**) hemmt die Aktivität des *Succinoxydase*-Syst. aus Rinderherz. Die Hemmung ist enzymat. u. ist von einer geringen aber meßbaren Hydrolyse der Mitochondrienphospholipide begleitet; sie ist keine Wrkg. der Reaktionsprodukte. Durch NaCl, das die **I** aktiviert, wird die genannte Hemmung verstärkt, während sie durch NaF, das als Hemmstoff der **I** bekannt ist, vermindert wird. Zusatz von Sojabohnen-„Lecithin RG" im Überschuß schützt das Succinoxydasesyst. vor dem Angriff der **I**. Durch gleiche Mengen **I** wird das gesamte Succinoxydasesyst. am stärksten, die Bernsteinsäuredehydrase schwächer u. die Cytochromoxydase am schwächsten gehemmt. Der Wirkungsmechanismus der Hemmung wird diskutiert. (J. biol. Chemistry **220.** 15—23. Mai 1956. Lafayette, Ind., Purdue Univ., Dep. of Biochem.)
A. DILLMANN. 4210

William P. Norris und **Stanton H. Cohn,** *Die Wirkung von injiziertem Radium auf die alkalische Phosphataseaktivität von Knochen und Geweben.* Bei der Unters. des Einfl. von *Radium* (**I**) als interner α-Strahler auf die *alkalische Phosphatase* (**II**)-Aktivität von Knochen (**III**) u. Gewebe an Ratten nach Injektion verschied. $RaCl_2$-Mengen (0,001 bis 0,75 γ Ra/g) in isoton. Salzlsg. (p_H 3—4) erhielten Vff. folgende Ergebnisse: In **III** abgelagertes **I** mit einer Strahlungsintensität von 10—100 r/Std. setzt den **II**-Geh. von **III** innerhalb 24 Std. bedeutend herab. Gleichzeitig wird auch die Serum-**II**-Konz. vermindert, entsprechend der früheren Anschauung, daß diese aus **III** stammt. Dagegen ist der **II**-Geh. des Gewebes weitgehend unabhängig von der **III**-Phosphatase u. wird daher durch **I**-Injektion nicht beeinflußt. In vitro-Verss. mit Röntgenstrahlen bzw. mit zu Serum- u. **III**-Homogenaten zugegebenem **I** (bis zu 10000 r) zeigen keinerlei Änderung an **II**-Aktivität. Daher ist wahrscheinlich die Ursache in der Einw. von **I** auf die **II**-bildenden Elemente in **III** zu suchen. (J. biol. Chemistry **196.** 255—64. Mai 1952. Chicago, Ill., Argonne Nat. Labor., Div. of Biol. and Med. Res.)
W. KÖNIGSDORF. 4210

Pierre Cartier, *Biochemie der Knochenbildung. Phosphorylierung und Calcification.* In einem P + Ca-Milieu wird die Calcification durch die Ggw. von Glucose nicht beeinflußt. Die Ggw. von ATP läßt dagegen die Calcification proportional ihrer Konz. anwachsen. Die Intensität der Mineralisation ist verzehnfacht, wenn der gesamte P durch ATP geliefert wird. ATP greift unmittelbar in die Mineralisation des Knochens ein, indem ihr labiler P durch einen Transphosphorylierungsprozeß auf die polaren Gruppen der Proteinmatrize fixiert wird. Das Verhältnis Ca/P ist niedriger als bei Tricalciumphosphat (Ca/P = 1,94). Der mit CORI-Ester durchgeführte Vers. ergab ein mittleres Verhältnis Ca/P = 1,24 ± 0,07, entsprechend etwa dem von $CaHPO_4$ in Höhe von 1,29. Dies entspricht etwa der Theorie von KRAMER u. SHEAR, nach der die Mineralisation mit der Fixierung des $CaHPO_4$ beginnt, das sich dann in Tricalciumphosphat umbildet. (C. R. Séances Soc. Biol. Filiales **144.** 331—33. März 1950. Fac. de Méd., Labor. d'étude de l'os et de la croissance.)
H. PATZSCH. 4210

A. G. E. Pearse und **J. L. Reis**, *Der histochemische Nachweis einer spezifischen Phosphatase (5-Nucleotidase)*. Unter Anwendung der von GOMORI (C. **1950**. II. 1704) für alkal. Phosphatase entwickelten Meth. wird ein histochem. Nachw. einer spezif. Phosphatase, der *5-Nucleotidase* (**I**), durch Einlegen der Schnitte in *Adenosin-5-phosphat* u. nachfolgende Behandlung mit $AgNO_3$ bei p_H 7,5 beschrieben. — Von menschlichen Geweben zeigte der Hypophysenhinterlappen die größte **I**-Wirkung. (Biochem. J. **50**. 534—36, 1 Seite Mikrophotographien. Febr. 1952.) A. HESSE. 4210

Friedrich Bruns und **Klaus Bücher**, *Biochemische Untersuchungen über die Wirkung der α-oxybenzylphosphinigen Säure (Phoselit) auf fermentative Stoffwechselreaktionen. α-Oxybenzylphosphinige Säure* (0,001—0,0005 mol.; **I**) steigert die *Milchsäure*-Bldg. menschlicher Erythrocyten aus *Glucose, Mannose, Fructose* u. *Hexose-6-phosphat* (Hämolysat; **II**), wobei die Aktivierung 40, 37, 48 u. 35% beträgt (Zahlwerte nur für die angewandten Versuchsbedingungen gültig). *Muskeladenylsäure* (**III**) u. *Adenosintriphosphorsäure* bewirken ebenfalls eine Steigerung der Glykolyse. **I** + **III** zeigen hierbei eine additive Wrkg. (95% gegenüber 33 bzw. 65 mit **I** bzw. **III** allein). Die *Lactat*-Bldg. aus *Fumarat* (intakte Zellen) u. **II** erfährt unter gleichen Bedingungen durch die genannten Verbb. keine Beschleunigung. **I** aktiviert nur dann, wenn das Substrat vor dem Abbau phosphoryliert wird. Anscheinend aktiviert **I** die *Hexokinase* der roten Blutzellen. Die Oxydoreduktionsphase der Glykolyse u. die Aktivität der *Pyridinnucleotidase* (**IV**) werden durch **I** nicht beeinflußt. Das Optimum der *Nicotinsäureamid* (**V**)-Konz. zur spezif. **IV**-Hemmung, die eine kompetitive Verdrängung der Cozymase vom Apoenzym durch **V** darstellt, liegt bei 0,01—0,005 mol. (Menschenerythrocyten), demnach tiefer als bei anderen Organsystemen. Die Aktivität der gewebseigenen Proteinase *Kathepsin* wird durch **I** gehemmt. (Naunyn-Schmiedebergs Arch. exp. Pathol. Pharmakol. **216**. 367—74. 1952. Düsseldorf, Med. Akad., Inst. für Physiol. u. Biochem.) K. MAIER. 4210

Tsoo E. King und **Vernon H. Cheldelin**, *Oxydation von Acetaldehyd durch Acetobacter suboxydans*. Es wird ein 6 stufiges Reinigungsverf. für *Acetaldehyddehydrogenase* (**I**) aus Acetobacter suboxydans beschrieben, mit der die spezif. Aktivität nach Reaktivierung mit Triphosphopyridinnucleotid (Diphosphopyridinnucleotid) als Coenzyme von 1100 E. (170 E.) auf 108800 E. (25000 E.) gesteigert wurde. Das Vorliegen von 2 verschied. Enzymen konnte nicht mit Sicherheit ausgeschlossen werden. — **I** benötigt weder K^+, Mg^{2+}, PO_4^{3-} noch Coenzym A, auch konnte die Bldg. von Acetylcoenzym A nicht beobachtet werden. Die Rk. konnte durch Cystein, Glutathion oder Äthylendiamintetraessigsäure stimuliert werden. Das optimale p_H liegt bei 8,7. Die MICHAELIS-Konstante des Acetaldehyd-**I**-Komplexes beträgt mit Triphosphopyridinnucleotid $9,8 \cdot 10^{-5}$ mol., mit Diphosphopyridinnucleotid $12,8 \cdot 10^{-5}$ Mol/Liter. Außer Acetaldehyd oxydiert **I** auch Propionaldehyd u. n-Butyraldehyd, dagegen nicht DL-Glycerinaldehyd. — Als hemmend erwiesen sich $CuSO_4$, $AgNO_3$, $Hg(NO_3)_2$, $ZnCl_2$, p-Chlormercuribenzoat u. Jodosobenzoat. Die Aktivierungsenergie beträgt 13—14 Calorien. (J. biol. Chemistry **220**. 177—91. Mai 1956. Corvallis, Ore., Oregon State Coll., Dep. of Chem. and Sci. Res. Inst.) H. AMAN. 4210

R. W. Stone und **P. W. Wilson**, *Der Einbau von Acetat in Säuren des Citronensäurecyclus durch Azotobacterextrakte*. Zur Ergänzung manometr. Ergebnisse, die auf die Oxydation von Acetat mittels des Citronensäurecyclus hinweisen, wird der Weg der Acetatoxydation durch zellfreie Azotobacter-Extrakte mit Carboxyl-^{14}C markiertem *Acetat* (**I**) untersucht. Best. der organ. Säuren sowie der *2.4-Dinitrophenylhydrazone* (**II**) der Ketosäuren erfolgte chromatograph. an Silicagel. Bei **II** wurde die Radioaktivität direkt, bei den anderen Säurefraktionen nach Oxydation zu CO_2 (als $BaCO_3$) gemessen. Der Einbau von **I** in Citrat verläuft schnell, gefolgt vom Auftreten von ^{14}C im Succinat. Auch in α-Ketoglutarsäure ließ sich ein Einbau zeigen, ein Hinweis, daß die Rkk. des Citronensäurecyclus den Hauptweg der Oxydation in Azotobacter vinelandii darstellen. (J. biol. Chemistry **196**. 221—25. Mai 1952. Madison, Wis., Univ., Inst. for Enzyme Res.) W. KÖNIGSDORF. 4210

Felix Friedberg, Julius Adler und **Henry A. Lardy**, *Die Carboxylierung von Propionsäure durch Lebermitochondrien*. Rattenlebermitochondrien wurden mit $H^{14}CO_3^-$ (**I**), *Propionat* (**II**), *DL-β-Oxybutyrat* (**III**), *ATP*, Mg^{2+} u. Phosphatpuffer anaerob 20 Min. bei 30° aufbewahrt. Nach dieser Zeit waren 20—30% des zugesetzten **I** fixiert, in Abwesenheit von **II** jedoch nur 1,5%. **III** konnte durch *L-β-Oxybutyrat, Succinat, α-Ketoglutarat* oder durch *ATP-Kreatintransphosphorylase* sogar unter Anaerobiose ersetzt werden. *Glucose-Hexokinase* u. $2 \cdot 10^{-5}$ mol. *Dinitrophenol* hemmten die **I**-Aufnahme vollständig. In Abwesenheit eines oxydablen Cosubstrats erfolgte durch Lebermitochondrien von Meerschweinchen u. Rind die Katalyse der CO_2-Fixierung durch **II** ebenso schnell wie durch Rattenlebermitochondrien mit einem geeigneten Cosubstrat. Chromatographie des enteiweißten Reaktionsgemisches zeigte, daß ^{14}C bevorzugt in das *Malat* übergeführt worden war, wenn **III** in einem aeroben Syst. vorgelegen hatte. In Ggw. von *Malonat* oder unter anaeroben Bedingungen wurde *Succinat* bevorzugt. *n-Valerat, Isobutyrat* u. *DL-α-Methylbutyrat* führten mit Mitochondrien auch zur Fixierung von ^{14}C aus **I**. Die chromatograph. Verteilung war der mit **II** erhaltenen ähnlich. (J. biol. Chemistry **219**. 943—50. April 1956. Madison, Wis., Univ. of Wisconsin, Dep. of Biochem. and Inst. for Enzym. Res.) HANS THIELE. 4210

Henry A. Lardy und **Julius Adler**, *Synthese von Succinat aus Propionat und Bicarbonat durch lösliche Enzyme aus Lebermitochondrien.* Wss. Extrakt von acetongetrockneten Ratten-, Ochsen- oder Meerschweinchenlebermitochondrien katalysierten die Carboxylierung (Verwendung von $H^{14}CO_3^-$) von *Propionat* (**I**) zu *Succinat*. Die Rk. verlief nur in Ggw. von *ATP* u. Mg^{2+} oder Mn^{2+}, optimal bei einem Verhältnis *ATP*:Metallion von 1:1. An gealterten Präpp. oder durch Behandlung frischer Präpp. mit „Dowex 1" wurde der Bedarf an *Coenzym A* (**II**) nachgewiesen. *Propionyl*-**II** war wirksamer als **I**, aber auch diese Rk. erforderte *ATP*. Der *Propionsäure* nahe verwandte Säuren (Essig-, Butter-, Bernstein-, β-Chlorpropion-, β-Oxypropion-, α-Chlorpropion, α-Methylbutter- u. Acrylsäure) wurden nicht carboxyliert. Präpp. von Ratten, die unter *Biotin* (**III**)-Mangel gehalten worden waren, waren viel weniger wirksam als die von n. Ratten. Diese Stoffwechselstörung wurde durch **III**-Injektion aufgehoben. (J. biol. Chemistry **219**. 933—42. April 1956. Madison, Wis., Univ. of Wisconsin, Dep. of Biochem. and Inst. for Enz. Res.) HANS THIELE. 4210

B. v. Hofsten, *Synthese der β-Galaktosidase durch Ophiostoma multiannulatum und einige Eigenschaften des Enzyms. Ophiostoma multiannulatum*, ein Ascomycet, kann *Lactose* (**I**), *Cellobiose, Raffinose, Glycerin* u. *A.*, nicht jedoch *Galaktose* als C-Quelle verwerten. Zugabe eines Aminosäurengemisches kürzt die anfängliche Wachstumsruhephase ab. Während des Wachstums wird *β-Galaktosidase* (**III**) in das Nährmedium abgegeben (Nachw. mit *o-Nitrophenyl-β-D-galaktosid* als Substrat), in den Zellen läßt sich keine meßbare Aktivität nachweisen. Es handelt sich also im Gegensatz zu der bei Bakterien u. *Neurospora* gefundenen **III** um ein Exoenzym. Wird **I** als C-Quelle gegeben, so läßt sich **III** in einem frühen Wachstumsstadium nachweisen; liegt jedoch mehr als 0,05 mg/ml *Glucose* (**II**) vor, wird die **III**-Synth. vollständig gehemmt. In kontinuierlicher Kultur mit **II** als wachstumsbegrenzendem Faktor u. überschüssigem *N* erfolgt beträchtliche **III**-Produktion, sowohl bei 25 als auch bei 30°. **III** kann durch Chromatographie u. Elektrophorese teilweise gereinigt werden. Nach Abzentrifugieren der Zellen wird die Nährlsg. auf p_H 7,2 gepuffert (*Tris-[oxymethyl]-aminomethan·HCl*, 0,02 mol.). Absorption an „*Dowex 2*". Mit 0,2 mol. Puffer erfolgt Elution der **III** (90%), wobei 80% der Begleitproteine zurückgehalten werden. Dialyse gegen 0,01 mol. *Acetat*-Puffer, p_H 5,0 u. weitere Reinigung durch Chromatographie auf *Calciumphosphat*. Das Präp. ist bei Zimmertemp. in einem Puffer von 0,1 mol. *Pyridin* u. *Essigsäure*, p_H 5,5, stabil. Weitere Reinigung durch Zonenelektrophorese. Kinet. Unterss. zeigten kompetitive Hemmung der **III** durch **I**, nichtkompetitive durch **II**. Das p_H-Optimum liegt bei 5,0. Der Temperaturkoeff. der Rk. ist zwischen 20 u. 40° konstant. Das Rohpräp. ist stabil. Bei 65° nach 20 Min. 50% Inaktivierung (p_H 5), bei 30° mehrere Std. stabil (p_H 3—8). Mit zunehmender Reinheit wird die Stabilität geringer. (Nature [London] **177**. 844—45. 5/5. 1956. Uppsala, Univ., Inst. of Biochem.) HANS THIELE. 4210

G. Pfleiderer und **K. Dose**, *Eine enzymatische Bestimmung der L(+)-Milchsäure mit Milchsäuredehydrase.* Aus *L-(+)-Milchsäure* (**I**) u. *Diphosphopyridinnucleotid* (**II**) entsteht mit **I**-*Dehydrase* (**III**) Brenztraubensäure + Dihydro-**II** + H^+. Durch Beseitigung des H^+ durch Zugabe von OH^- wird das Gleichgewicht der Rk. im Sinne eines quantitativen Verlaufs verschoben. **III** wird in einem Carbonat–Bicarbonat-Puffer p_H 9,7 nicht inaktiviert. Die photometr. Best. der gebildeten Dihydro-**II** bei 340 mμ dient zur Berechnung der **I**-Menge. Andere α-Oxysäuren stören erst in unphysiol. hohen Konzentrationen. Das Verf. wird auf die **I**-Best. in Blut, Muskulatur u. Leber angewendet. (Biochem. Z. **326**. 436—41. 25/5. 1955. Frankfurt/M., Univ., Inst. für organ. Chem.)
PH. FRESENIUS. 4210

Laurens Anderson, Kenkichi Tomita, Peter Kussi und **S. Kirkwood**, *Über das den Cyclit oxydierende Enzymsystem von Acetobacter suboxydans.* Vff. untersuchen den Einfl. von Ruhezellsuspensionen aus Acetobacter suboxydans, die *Myoinosit* (**I**) innerhalb 15—30 Min. zu oxydieren imstande sind, auf verschied. *Cyclite* u. deren Derivv., wie *Condurit* (**II**) (aus Condurangorinde); *Dihydrocondurit* (**III**) (aus **II** durch Hydrierung mit Pt-Oxyd), *Mucoinosit* (**IV**) (aus **II** nach der Meth. von DAUGSCHAT u. FISCHER, Naturwissenschaften **27**. [1939.] 756), *Myoinosamin-(2)* (**V**); *Scylloinosamin* (**VI**), *DL-Epiinosamin-(2)* (**VII**), *DL-Myoinosamin-(4)* (**VIII**), *N-Acetylderivv.* von **VII** u. **VIII** (**VIIa, VIIIa**)

u. *Sequoyit* (**IX**) (aus Sequoia sempervirens). *γ-Cyclohexantriol* (**X**) (aus Pyrogallol durch Hydrierung) wird mit einem zellfreien Cyclitoxydasepräp. versetzt. Es wird festgestellt, daß nur **II**, **III**, **VIIIa** u. am stärksten **IV** von der Bakterienoxydase angegriffen werden. Ferner wird gefunden, daß **V**, **VI**, **VII**, **VIII** die Oxydation von **I** nicht hemmen, obwohl sie selbst nicht oxydiert werden. **X** wird von dem zellfreien Präp. ebenfalls nicht angegriffen, woraus hervorgeht, daß das Enzym, das **X** oxydiert, gegenüber demjenigen, das die höheren Cyclite angreift, einen Unterschied aufweisen muß. Es wird angenommen, daß bei **II** eine Oxydation in 1- u. 4-Stellung stattfindet, wodurch ein α.β-ungesätt. Keton gebildet wird. (J. biol. Chemistry **204.** 769—80. Okt. 1953. Madison, Wis., Univ., Dep. of Biochem., Coll. of Agricult.) P. FAHRNLAENDER. 4210

Mohamed Khattab, Eunice V. Flock, John H. Grindlay und **Jesse L. Bollman,** *Einfluß der Leber auf die Plasmaamylase.* Vff. erzeugen mit CCl_4 Lebercirrhosen bei Hunden u. untersuchen den Einfl. auf den Geh. an *Amylase* (**I**) in Plasma u. Blut. Der Plasmageh. der Versuchstiere an **I** unterscheidet sich nicht von dem der Kontrolltiere. Auch der Geh. im Blut der Pfortader u. Jugularvene stimmt bei beiden Tiergruppen überein. Nach intravenöser Injektion von Pankreassaft, der aus Pankreasfisteln stammt, wird ein Ansteigen des Plasmageh. an **I** beobachtet. Die gleichzeitig untersuchten Blutproben ergeben, daß die vom Pankreassaft abgesonderte **I** durch Leber u. Darm nicht geschädigt wird. (Amer. J. Physiol. **175.** 458—60. Dez. 1953. Rochester, Minn., Sect. of Biochem. and Surg. Res., Mayo Found. and Mayo Clin.) R. LENSCHAU. 4210

Nicola Di Ferrante, *Turbidimetrische Messung von sauren Mucopolysacchariden und Hyaluronidaseaktivität. Na-Hyaluronat* (**I**), *-Chondroitinsulfat* (**II**) u. *-Heparinat* in 0,2 mol Na-Acetatpuffer p_H 6 (mit 0,15 mol. NaCl) geben mit dem doppelten Vol. 2,5%ig. Cetyltrimethylammoniumbromid (gelöst in 2% NaOH) der Konz. proportionale Trübungen, was zu ihrer Konzentrationsmessung sowie zur Best. der *Hyaluronidase*-Aktivität (gegenüber **I** oder **II**) empfohlen wird. (J. biol. Chemistry **220.** 303—06. Mai 1956.) H. GIBIAN. 4210

Luis Glaser und **David H. Brown,** *Die enzymatische in vitro-Synthese von Hyaluronsäureketten.* Zellfreie Homogenate von ROUS' Kükensarkom synthetisierten markierte Oligosaccharide (**I**) der *Hyaluronsäure* (**II**) (mit einem Mol.-Gew. >2000) bei Incubation mit *$^{14}C_{(CH_3CO)}$-N-Acetyl-D-glucosamin-6-phosphat* (**III**) u. Uridintriphosphat (UTP) oder mit *$^{14}C_{(CH_3CO)}$-Uridindiphospho-N-acetyl-D-glucosamin* (**IV**). Der benötigte Glucuronsäureanteil wurde wahrscheinlich in jedem Fall über *Uridindiphospho-D-glucuronsäure* (**V**) geliefert, die aus zugesetzter Uridindiphosphoglucose (**VI**) in Ggw. von DPN enzymat. gebildet wurde. Weder **III** noch N-Acetyl-D-glucosamin-1-phosphat (**VII**) sind direkte Vorprodd. von **I**, sondern müssen erst, u. zwar **III** über **VII**, in **IV** übergeführt werden. — Zur Isolierung von **I** wurde **II** als Träger zugesetzt; allerdings war **I** leichter dialysabel als **II**. Daß aber tatsächlich **I** entstanden war, wurde durch Isolierung markierter *N-Acetylhyalobiuronsäure* sowie des homologen markierten *Tetrasaccharids* bewiesen. — **V** wurde aus **VI** mittels eines Enzyms aus Taubenlebertrockenpulver in Ggw. von DPN hergestellt u. an Dowex-1 (Formiat) gereinigt. **IV** wurde aus **III** in Ggw. von UTP, einer geringen Menge α-Glucose-1.6-diphosphat u. Mg^{2+} mittels eines aus ultrabeschallter Bäckerhefe gewonnenen Fermentsyst. synthetisiert, das auch das die Umwandlung von **III** in **IV** bewirkende Enzym enthielt. (Proc. nat. Acad. Sci. USA **41.** 253—60. Mai 1955. St. Louis, Mo., Washington Univ., Med. School.) H. GIBIAN. 4210

Frederick Challenger, *Biologische Methylierung.* Übersicht. C—CH_3, N—CH_3, O—CH_3, O_2CH_2, R·CO_2CH_3, S—CH_3; Entw. des Begriffs der biol. Methylierung; Methylierung durch Schimmelpilze; Spaltung der Monosulfidbindung durch Schimmelpilze u. im tier. Organismus; mit Dialkylsulfiden verwandte natürliche Sulfoniumverbb.; Mechanismus der Methylierung durch Schimmelpilze; Transmethylierung; Synth. labiler CH_3-Gruppen im Organismus; ^{14}C zur Unters. der Methylierung durch Pilze; Methylierung in Pflanzen; Methylierung in Enzymsystemen, möglicher Mechanismus der Methylierung durch C_1-Fragmente. — 100 Literaturangaben. (Quart. Rev. (chem. Soc., London) **9.** 255-86. 1955. Leeds, Univ., Dep. of Colour Chem.) K. MAIER. 4210

M. Staehelin und **F. Leuthardt,** *Über den Mechanismus der Glutaminsynthese.* Das Glutamin synthetisierende Enzym nach ELLIOTT wurde mit $AD^{32}P$ u. ATP incubiert, wobei ATP im Austausch mit $AD^{32}P$ radioakt. wurde. Letzte Spuren von Myokinase konnten aus dem Enzym nicht entfernt werden. Bei der Verwendung geeigneter Inhibitoren [Mercurochrom (**I**); 0,1 mol. $CaCl_2$] zeigte sich, daß dieser Austausch nur teilweise auf Myokinase zurückgeführt werden konnte. Eine zweite, durch *Glutaminsynthetase* verursachte Rk. läßt sich durch Phosphorylierung des Enzyms deuten, gemäß: Enzym + ATP ⇌ Enzym-S-phosphat + ADP. Die Glutaminsynth. wurde durch SH-Reagentien inhibiert. Wurde die Konz. des ATP u. Mg^{2+} gleichzeitig erhöht, wurde die I-Hemmung der Glutaminsynth. aufgehoben. Da die jeweilige I-Hemmung mit steigender Konz. von ATP u. Mg^{2+} verringert wird, läßt sich daraus ableiten, daß I mit der Enzym–ATP-Rk. konkurriert u. daß deshalb eine SH-Gruppe des Enzyms durch ATP phosphoryliert wird. — Eine zunehmende ATP-Konz. hemmte die Glutaminsynth., wenn nicht die Mg^{2+}-Konz. entsprechend erhöht wurde. Daraus läßt sich folgern, daß ein Überschuß von ATP einen inakt. Komplex mit Mg^{2+}-Ionen bildet. (Helv. chim. Acta **38.** 184—90. 1/2. 1955. Zürich, Univ., Physiol.-chem. Inst.) W. LAUER. 4210

František Šorm und **Timotej Turský**, *Einfluß von Anionen auf Glutaminsäuredecarboxylase im Gehirn.* Vff. haben den Einfl. von Anionen auf *Glutaminsäuredecarboxylase* verfolgt (WARBURG). Es wurden die Anionen als Na- oder K-Salze derart zugegeben, daß die Endkonz. der Salze im Reaktionsgemisch 0,115 mol. war. Die Anionen hemmten das Enzym in der Reihenfolge: Acetat < Chlorid < Phosphat < Citrat < Bromid < Nitrat < Sulfat < Jodid. Dabei handelt es sich um eine kompetitive Hemmung (vgl. dagegen: BJERRUM u. Mitarbeiter, Arch. Biochem. Biophysics **26.** [1950.] 442, u. MASSEY, Biochem. J. **53.** [1953.] 67). Vff. setzten neben der Aldehydgruppe des Pyridoxalphosphates, die ein akt. Zentrum bildet, noch eine oder zwei positive Gruppen auf der Fermentoberfläche voraus, welche der Bindung mit einer oder zwei Carboxylgruppen der Glutaminsäure oder auf die Inhibition tragende Anionen fähig sind. Die Zugabe des Pyridoxalphosphates verursacht eine Verminderung des Inhibitioneffektes der Anionen. Sie haben bei Fütterung der Ratten mit Bromiden keine Aktivitätsänderung der Glutaminsäuredecarboxylase in vitro gefunden. (Chem. Listy **48.** 1403—08. Sept. [Orig.: slov.]; Collect. czechoslov. chem. Commun. **20.** 290—97. Febr. 1954. [Orig.: russ.] Praha, Českoslov. akad. věd, Chem. ústav, oddělení biochemie.)
V. HOLEYŠOVSKÝ/Prag. 4210

Harold J. Strecker und **Paula Mela**, *Die Verwandlung von Glutaminsäure und Prolin ineinander.* Die biol. Umwandlung von *Glutaminsäure* (I) in *Prolin* (II) u. umgekehrt erfolgt wahrscheinlich auf dem Wege: I ⇌ *Glutaminsäure-γ-semialdehyd* (III) ⇌ *Δ'-Pyrrolin-5-carbonsäure* (IV) ⇌ II. Unters. der Vff. an ganzen Zellen einer E. coli-Mutante (55–1) ergaben eine Anreicherung an IV (III), wenn als Substrat I gegeben wird. Die III-Bldg. ist ein aerober Prozeß u. wird durch *Lactat*, *Pyruvat* (V), *Glucose* u. *Formiat* stimuliert, wobei V am wirksamsten ist. Bei Ggw. von V ist eine weitere Stimulierung durch *Adenosinmonophosphat* u. in geringerem Maße durch *Adenosindiphosphat* möglich. Extrakte von Rattenlebermitochondrien katalysieren die Oxydation von synthet. IV. Diese Oxydation erfordert *Diphosphopyridinnucleotid* u. *anorgan. Phosphat* oder *Arsenat.* (Biochim. biophysica Acta [Amsterdam] **17.** 580—81. Aug. 1955. New York, N. Y., Columbia Univ., Coll. of Physic. and Surg., Dep. of Biochem., u. New York State Psychiat. Inst.) E. SCHWERDTFEGER. 4210

Eva Heimann-Hollaender und **N. Lichtenstein**, *Hemmung der D-Aminosäureoxydase.* Peptide, die D-Aminosäuren enthalten, werden durch *D-Aminosäureoxydase* (I) nicht angegriffen. Vff. bestimmten im WARBURG-App. bei 38° u. p_H 8,1—8,5 (0,06 mol. Pyrophosphatpuffer) die Wrkg. eines I-Präp. aus Schweinenieren auf DL-Aminosäuren (0,008 mol.) u. stellten fest, daß *DL-Leucinamid* die Oxydation von *DL-Leucin* (II), *DL-Valin* (III) u. *DL-Phenylalanin* (IV) in einem mol. Verhältnis von 5 : 1 um 35—45, *DL-Leucylglycin* die Oxydation von II um 40—45, von IV um 50 u. von III um 60% hemmt. *DL-Leucylglycylglycin* hemmte die I-Aktivität auf IV zu 25, auf II zu 30 u. auf III zu 65%. *Glycyl-DL-leucin* hatte eine ähnliche Wirkung. Derivv. von II, III u. IV, bei denen ein Amino-H durch *Äthyl-*, *Oxyäthyl-* oder *Cyclohexyl*-Reste substituiert ist, hemmten die I gleichfalls. So hemmten *DL-N-Äthylphenylalanin* die Oxydation von IV zu 70, *DL-N-Äthylleucin* die von II zu 80, *DL-N-Oxyäthylvalin* die von III zu 80 u. *DL-N-Cyclohexylvalin* die von II zu 65%. Zum Teil wurde durch Derivv. einer Aminosäure die Oxydation dieser Aminosäure weniger beeinflußt als die einer anderen Aminosäure. Die oxydative Desaminierung von II, III u. IV wurde ebenso durch *DL-N-Äthylleucylglycin* zu 23—30% gehemmt. Die Derivv. wurden durch I nicht angegriffen. Da die rohen I-Präpp. auch *Katalase* (V) enthalten, wurde die Wrkg. auf H_2O_2 getestet. Verschied. Peptide u. Aminosäurederivv. beeinflußten diese Rk. nicht. Daraus folgt, daß die verminderte O_2-Aufnahme aus der gehemmten I-Wrkg. u. nicht aus einer gesteigerten V-Wrkg. resultierte. (Nature [London] **174.** 559—60. 18/9. 1954. Jerusalem, Hebrew. Univ., Dep. of Biol. and Colloid. Chem.) HANS THIELE. 4210

P. Boulanger, *Die Aminosäureoxydasen im Pflanzen- und Tierreich.* Zusammenfassende Übersicht über Vork., charakterist. Eigg., Spezifität u. die Bedeutung der pflanzlichen u. tier. Aminosäureoxydasen (I) für den intermediären Aminosäurestoffwechsel. Während man die d-I, deren Spezifität ihrem Ursprung u. ihrer biol. Bedeutung nach sehr variiert, vornehmlich bei Wirbeltieren, Heferassen u. Bakterien findet, sind die *l*-I sehr weit verbreitet, so z. B. in der Niere von Säugetieren, in Schlangengiften, in der Leber von Hühnervögeln, in Hefen, Bakterien usw. Sie unterscheiden sich sehr hinsichtlich ihrer Aktivität u. Spezifität. Es wird bes. auf die für bas. Aminosäuren spezif. I aus Weichtieren u. Truthahnleber hingewiesen. (Arch. Scienze biol. **39.** 593—604. Nov./Dez. 1955. Lille, Fac. de Méd. et de Pharm., Labor. Chim. biol.) A. EBEN. 4210

David S. Kinnory, Yoshiro Takeda und **David M. Greenberg,** *Stoffwechsel von* $^{14}C_{(3)}$*-DL-α-Aminobuttersäure und* $^{14}C_{(3)}$*-DL-Norleucin.* Vff. bebrüten $^{14}C_{(3)}$*-DL-α-Aminobuttersäure* (I; 5 mg; 4,3 μC/mg) u. $^{14}C_{(3)}$*-DL-Norleucin* (II; 2,5 mg; 21 μC/mg) 2 Std. bei 38° mit Rattenleberhomogenat u. chromatographieren den wss. Extrakt nach Enteiweißung an einer Silicagelsäule. Aus dem Ansatz mit I ließen sich radioakt. *α-Ketobuttersäure* u. *Propionsäure* u. aus dem Ansatz mit II radioakt. *α-Ketocapronsäure, Valeriansäure* u. *β-Oxyvaleriansäure* isolieren. Nach Ansicht der Vff. erfolgt daher der Abbau *gradkettiger α-Aminosäuren* über folgende Stufen: Umwandlung in die entsprechende Ketosäure, oxydative Decarboxylierung u. β-Oxydation der entstandenen Monocarbonsäure. (Biochim. biophysica Acta [Amsterdam] **17.** 561—64. Aug. 1955. Berkeley, Calif., Univ., Dep. of Physiol. Chem., School of Med.) E. SCHWERDTFEGER. 4210

E. A. Zeller, P. Stern und **L. A. Blanksma,** *Abbau von Histamin durch Monoaminoxydase.* Vff. fanden, daß *Histamin* (III) nicht nur durch *Diaminoxydase* (I), sondern auch durch *Monoaminoxydase* (II) abgebaut wird. Schweinenierenrinde enthält I u. II. Die II-Fraktion katalysiert in Phosphatpuffer (p_H 7,2) die oxydative Desaminierung von Tyramin, III u. *Cadaverin* (IV); letzteres ist ein typ. Substrat für Säugetier-I. Der III-Abbau wird durch Antihistamine (Benadryl, Neoantergan, Pyribenzamin) bedeutend stärker gehemmt als der IV-Abbau. Es scheint, als würde II eine größere Rolle beim III-Abbau spielen als I. Rinderlebermitochondrien enthalten in der Hauptsache II. (Naturwissenschaften **43.** 157. April 1956. Chicago, Ill., Northwestern Univ., Med. School, Dep. of Biochem.) H. GOEBEL. 4210

Guillaume Valette und **Yves Cohen,** *Eine Methode zum histochemischen Nachweis der Histaminase (Diaminoxydase) in Geweben.* Gefrierschnitte tier. Organgewebe werden 24 Std. bei 37° in 2%ig. Na-Bisulfitlsg. behandelt. Nach gründlicher Wässerung überträgt man sie für weitere 24 Std. (bei 37°) in eine 0,5%ig. Lsg. von Histaminhydrochlorid (gepuffert bei p_H 7,2). Nach dem Spülen gibt man die Schnitte 1 Std. in FEULGENs Reagens, spült wieder in 0,2%ig. Na-Bisulfitlsg. u. dest. W. u. bettet dann in Glycerin. Die *Histaminase* (I)-freien Kontrollschnitte erscheinen homogen cyclamenfarbig, während die I-haltigen Schnitte dunkellila gefärbte Zellgruppen aufweisen. So wurde z. B. I in der (proximalen) Tubenzone u. in den apicalen Zellpolen der Meerschweinchenniere nachgewiesen. Demgegenüber fand sich in der Regel aber keine I in der Rattenniere. (C. R. Séances Soc. Biol. Filiales **146.** 714—16. Mai 1952. Marseille, Fac. de Pharm., Labor. de Zool. appl.) J. KEIL. 4210

Norman D. Lee, *Der induzierte Anstieg an Tryptophan–Peroxydase–Oxydase-Aktivität der Rattenleber: Zeituntersuchungen.* Der Zeitverlauf des Anstiegs an *Tryptophan–Peroxydase–Oxydase* (I)-Aktivität wurde bestimmt nach intraperitonealer oder intravenöser Verabreichung verschied. Dosen von *l-Tryptophan* (II) an Ratten. Die Zeitintervalle erstreckten sich bis zu 20 Stunden. Es zeigte sich, daß die Geschwindigkeit der Enzymbldg. unabhängig war von der Induktordosis, während der höchste Enzymgeh. u. die Zeit, bis zu welcher er erhalten wurde, beide in linearen Beziehungen zur Menge des verabreichten II standen. Fernerhin konnte das Ende des Anstiegs der I-Aktivität in der Leber in Beziehung gebracht werden zur Rückkehr des Plasma-I-Geh. zu den Kontrollwerten. (J. biol. Chemistry **219.** 211—20. März 1956. Memphis, Tenn., Radioisotope Unit, Veterans Adm., Med. Teaching Group Hosp.) H. AMAN. 4210

Francis W. Sayre, David Jensen und **David M. Greenberg,** *Substratanregung der Threonindehydrase in vivo und in durchströmten Rattenlebern.* Die in vivo-Verss. zeigen, daß die *Threonindehydrase* (I)-Aktivität nach intraperitonealer Zufuhr von *Threonin* (II) ansteigt. Die I-Aktivität erreicht nach ca. 5 Std. ihr Maximum, wobei sie auf das 4fache des n. Wertes ansteigt. 5std. Durchströmung von Rattenlebern ergab einen Anstieg der I-Aktivität bis zum 4fachen, wenn II, Glucose u. Aminosäuren im Durchströmungsmedium vorhanden waren; die Serindehydraseaktivität änderte sich unter diesen Bedingungen nicht. Nach Ansicht der Vff. erfolgt unter dem II-Einfl. eine I-Synth., da zur Anregung auch ein Gemisch der Aminosäuren erforderlich ist u. Äthionin in der durchströmten Leber die I-Anregung hemmt. (J. biol. Chemistry **219.** 111—17. März 1956. Berkeley, Calif., Univ.,School of Med., Dep. of physiol. Chem.) E. SCHWERDTFEGER. 4210

J. R. S. Fincham und **A. B. Boulter,** *Wirkungen von Aminosäuren auf die Transaminaseproduktion in Neurospora crassa: Beweis für vier verschiedene Enzyme.* Zellfreie

dialysierte Extrakte von Neurospora crassa katalysieren die Bldg. von Glutaminsäure aus α-Ketoglutarsäure u. einer Anzahl Aminosäuren. Vff. ließen verschied. Aminosäuren auf α-Ketoglutarsäure (Na-Salz), beides in 0,1 mol. Konz., bei Ggw. des Neurosporaextraktes einwirken (35°). Auf die *Transaminase*-Aktivitäten wurde aus der Menge der gebildeten Glutaminsäure geschlossen. Die papierchromatograph. erhaltenen Ninhydrinflecke wurden photoelektr. geprüft u. mit Hilfe einer Eichkurve ausgewertet. Durch Zusatz gewisser Aminosäuren (wie Valin, Leucin, Arginin, Phenylalanin) zum obigen Reaktionsgemisch wird die Transaminaseaktivität z. T. erhöht. Vff. folgern die Anwesenheit von vier Enzymen im Extrakt: 1. Die *Alanin–Glutaminsäure–Transaminase* (I) hat im allg. geringe Aktivität u. wird nicht merklich durch zugesetzte Aminosäuren verändert. 2. Die *Asparaginsäure–Glutaminsäure–Transaminase* zeigt ziemlich hohe Aktivität u. wird nicht durchweg durch zugesetzte Aminosäuren beeinflußt. 3. Die *Ornithin–Glutaminsäure–Transaminase*-Aktivität wird durch verschied. Aminosäuren auf das 2–3fache angeregt. 4. Neun andere Transaminaseaktivitäten (II) stehen in Wechselbeziehung zueinander u. sind einem Enzym oder einer Enzymgruppe zuzuschreiben. Durch Zusatz gewisser Aminosäuren wird hier die Aktivität auf das 5fache gesteigert. Die Aktivitäten der Transaminasen I u. II werden durch Zusatz von Pyridoxalphosphat angeregt. Die anderen beiden Enzyme sprachen nicht auf Pyridoxalphosphat an. (Biochem. J. **62.** 72–77. Jan. 1956. Leicester, Univ. Coll., Dep. of Genetics.)
K. HEYNS. 4210

P. Puig Muset, F. Calvet und **J. Valls,** *Aktivierung des Caseinabbaues durch Trypsin mit Wasserstoffperoxyd. Trypsin* (I) hat in Ggw. von H_2O_2 eine auf 135% gesteigerte hydrolyt. Wirksamkeit auf Casein, wobei ein zunehmender p_H-Wert fördernd wirkt. I allein mit H_2O_2 behandelt, verliert seine Wirksamkeit u. erlangt sie durch Behandeln mit H_2S auch nicht wieder. Der Abbau steigt auf 130%, wenn das Casein mit H_2O_2 vorbehandelt wurde. H_2S kann das so vorbehandelte Casein nicht wieder regenerieren. (Arch. int. Pharmacodynam. Thérap. **103.** 270–80. 1/10. 1955. Barcelona, Fac. de Méd., Labor. de la Chaire de Pharmacol.) K. HEYNS. 4210

B. A. Kilby und **G. Youatt,** *Die Hemmung von Trypsin und Chymotrypsin durch gewisse organische Phosphorester.* Gewisse organ. P-Verbb. haben als Insekticide Bedeutung erlangt. Die Giftwrkg. auf Säugetiere beruht einmal auf einer *Anticholinesterase*-Aktivität. Neben anderen Fermenten werden aber auch *Trypsin* u. *Chymotrypsin* gehemmt. Vff. arbeiteten mit *Diäthyl-p-nitrophenylphosphat* (*E 600*) u. *O.S-Diäthyl-O-p-nitrophenylphosphorthiolat. Diäthyl-p-nitrophenylphosphorthionat* (*Parathion*) war inaktiv. Während der Rk. wird *p-Nitrophenol* in der mol. Konz. des Enzyms frei. Geschwindigkeitskonstanten für verschied. Tempp. wurden gemessen, desgleichen die jeweilige Aktivierungsenergie. Die stabilisierende Wrkg. von Ca^{2+} auf Trypsin wird diskutiert. Die Ergebnisse stützen die Hypothese über ein einziges akt. Zentrum im Trypsin. (Biochem. J. **57.** 303–09. Juni 1954. Leeds, Dep. of Biochem.)
HANS THIELE. 4210

Heinz Fraenkel-Conrat, Ross C. Bean, E. D. Ducay und **Harold S. Olcott,** *Isolierung und Charakterisierung eines Trypsininhibitors aus Limabohnen.* Zu den jüngst isolierten *Trypsinhemmstoffen* (I), einem *Globulin* aus Sojabohnen u. *Ovomucoid,* fanden Vff. einen weiteren I in Limabohnen, der 2,5mal aktiver ist als der aus Sojabohnen. Dieses *Limabohnenprotein* (II) wurde durch Ultrazentrifugation u. Elektrophorese weitgehend rein erhalten u. von unwirksamen, kristallisierbaren Proteinen befreit. Das II enthält 5,5% *S* u. bis zu 16,5% *Cystin*; ferner *Tryptophan, Alanin, Arginin, Asparaginsäure, Glutaminsäure, Glykokoll, Histidin, Isoleucin, Leucin, Phenylalanin, Prolin, Serin, Threonin, Tyrosin* u. *Valin.* II ist relativ stabil gegen denaturierende Einfll., u. es wird nicht von Pepsin oder Papain angegriffen. Ultrazentrifugenanalyse u. osmot. Messung ergaben ein Mol.-Gew. von ca. 10000. Eine Inaktivierung des II tritt nicht ein bei weitgehender Veresterung seiner Carboxylgruppen u. durch Jodierung oder Kuppelung seiner Phenol- u. Imidazolgruppen. Dagegen geht seine Wirksamkeit verloren, wenn man die Amino-, Amid- oder Guanidylgruppen (teilweise) blockiert oder auch die Hydroxylreste sulfuriert oder die Disulfidbindungen reduziert. Die Eigg. des II unterscheiden sich also erheblich von denen des Ovomucoides u. des Sojabohnen-I. (Arch. Biochem. Biophysics **37.** 393 bis 407. Juni 1952. Albany, Calif., U. S. Dep. of Agricult., Western Reg. Res. Labor.)
J. KEIL. 4210

M. Rovery, M. Poilroux, A. Curnier und **P. Desnuelle,** *Über die partielle Proteolyse, die die Aktivierung des Chymotrypsinogens bewirkt.* Die „schnelle" Aktivierung des *Chymotrypsinogens* (I) durch verhältnismäßig große Mengen *Trypsin* führt zur Bldg. von 2 *Chymotrypsinen* (**II**; π u. δ), die sich vom α-**II**, das bei „langsamer" Aktivierung entsteht, unterscheiden u. aktiver als α-**II** sind. Nach den Unterss. der Vff. mittels Säulen- u. Papierchromatographie erfolgt der Übergang **I** → π-**II** durch Sprengung einer

Arginyl—Isoleucin-Bindung im Innern des **I**-Moleküls. Die Umwandlung π-**II** → δ-**II** scheint durch autolyt. Spaltung einer Leucyl–Serin-Bindung unter Abspaltung eines Seryl–Arginin-Peptids zu erfolgen. Die Esteraseaktivität wird durch diese 2. Spaltung nicht wesentlich beeinflußt. Das krist. **II**-*Diisopropylphosphat* ist elektrophoret. inhomogen. Zur Bldg. von α-**II** ist ebenfalls die Sprengung der Arginyl—Isoleucin-Bindung u. die Abspaltung des Seryl–Arginin-Peptids erforderlich. Außerdem muß jedoch mindestens eine weitere Proteolyse erfolgen, welche die verminderte Wirksamkeit auf die **I**-Aktivierung verursacht. (Biochim. biophysica Acta [Amsterdam] **17.** 565—78. Aug. 1955. Marseille, Fac. de Sci., Labor. de Chim. Biol.) E. SCHWERDTFEGER. 4210

Günter Rößger, *Über Eiweißspaltung im nüchternen Magensaft.* Vf. untersuchte die peptidspaltende Wrkg. des nüchternen Magensaftes bei 223 diagnost. gesicherten Krankheitsfällen. Die Ggw. von Trypsin im Magensaft (durch Rückfluß von Pankreassaft zum Magen) muß ausgeschlossen werden, was durch Bebrütung mit Casein bei p_H 8,5—9 überprüft wird. Der Magensaft wird mit Pufferlsg. auf ca. p_H 8,0 eingestellt u. mit einer 5%ig. Lsg. von WITTE-Pepton nach Zusatz von Toluol 24 Std. bei 37° bebrütet. Nach Enteiweißung mit 10%ig. Trichloressigsäure wird im Filtrat Tryptophan durch die Farb-Rk. mit Bromwasser nachgewiesen. Die Polypeptidasewrkg. ist an zellige Bestandteile gebunden u. kann durch Hitzeeinw. zerstört werden. Die Rk. fällt bei Leberparenchymschäden u. Magencarcinom meist positiv aus. Auf die diagnost. Bedeutung der Befunde wird hingewiesen. (Z. ges. inn. Med. Grenzgebiete **11.** 467—69. 15/5. 1956. Karl-Marx-Stadt, Stadtkrankenhaus Küchenwald, Innere Abt.) E. SCHWERDTFEGER. 4210

C. E. Jensen, *Über ein fibrinolytisches Enzym in der Perilymphe von Haifischen.* Die Perilymphe des Dornhaies Acanthias vulg. enthält ein *fibrinolyt. Enzym,* das durch 12std. Incubation bei 37° völlig zerstört wird. Die „Halbwertszeit" beträgt 2 Stunden. Das Enzym hat bei 20° eine maximale Aktivität. (Acta physiol. scand. **33.** 378—82. 1955. Copenhagen, Univ., Inst. of Phys. Chem.; Carlsberg Found., Biol. Inst.) R. HÄHNEL 4210

Edward H. Frieden, *„Enzymoid"-Eigenschaften von Lysozymmethylester.* Als „*Enzymoid*" wird ein inakt. Deriv. eines Enzyms bezeichnet, das seine Affinität zum Substrat behalten hat. Dieses kann die Aktivität des „nativen" Enzyms hemmen. So hemmt *Lysozymmethylester* (**I**) die lyt. Wrkg. von *Lysozym* (**II**), wobei offenbar eine Konkurrenz von **I** u. **II** um das Substrat besteht. Die ungefähren K_m-Werte für die **II**-Substratverb. u. die **I**-Substratverb. sind 1,1 bzw. 0,015. (J. Amer. chem. Soc. **78.** 961—65. 5/3. 1956. Boston, Mass., Tufts Univ., School of Med., Arthritis Res. Labor. of the Boston Dispensary and the Cancer Control Unit of the Dep. of Surg.) A. HESSE. 4210

G. Pfleiderer, W. Gruber und **Th. Wieland,** *Eine enzymatische Bestimmung der* L-*Asparaginsäure.* L-*Asparaginsäure* (**I**) läßt sich mit Asparaginat–Oxalacetat–Transaminase u. α-Ketoglutarsäure quantitativ im Umaminierungsgleichgewicht zu *Oxalessigsäure* (**II**) umsetzen, wenn man **II** mit *Äpfelsäuredehydrase* (**III**) u. der hydrierten Form des *Diphosphopyridinnucleotids* (**IV**) laufend als Äpfelsäure aus dem Gleichgewicht entfernt. Die quantitative Best. von **I** erfolgt durch spektrophotometr. Messung des nach Beendigung der Rk. verbleibenden **IV**-Restes bei 366 mμ. **III** wird durch mehrmalige $(NH_4)_2SO_4$-Fraktionierung eines Rinderherzextrakts erhalten. — 9 Literaturangaben. (Biochem. Z. **326.** 446—50. 25/5. 1955. Frankfurt/M., Univ., Inst. für organ. Chem.) PH. FRESENIUS. 4210

Th. Wieland, K. Dose und **G. Pfleiderer,** *Eine enzymatische Bestimmung des Glutathions.* Glutathion (Gt) wird bestimmt durch Absorptionsmessung des mit Methylglyoxal in 0,067 mol. Phosphatpuffer bei p_H 6,3 u. mit *Glyoxalase I* quantitativ entstehenden S-Lactoyl-Gt bei 240 mμ. (Biochem. Z. **326.** 442—45. 25/5. 1955. Frankfurt/M., Univ., Inst. für organ. Chem.) PH. FRESENIUS. 4210

B. P. Sleeper und **R. Y. Stanier,** *Die bakterielle Oxydation aromatischer Verbindungen.* 1. Mitt. *Adaptive Modelle in bezug auf Polyphenolverbindungen.* Zellen von Pseudomonas fluorescens, Stamm A. 3.12, gezüchtet in Ggw. von Mandelsäure oder Benzoesäure u. Zellen vom Stamm A. 3.8, gezüchtet in Ggw. von *Phenol* (**I**), zeigten vollständige Anpassung gegenüber *Brenzcatechin* (**II**), aber nicht gegenüber *Protocatechusäure* (**III**). Bei Züchtung mit *p-Oxybenzoesäure* (**IV**), Anpassung gegenüber **III**, aber nicht gegenüber **II**. Danach ist **II** Intermediärprod. bei der Oxydation der Glieder der Mandelsäure-Benzoesäure-Reaktionskette u. von **I**, u. **III** ist Intermediärprod. bei der Oxydation von **IV**. Andere Polyphenolverbb. wurden mit negativem Ergebnis als Zwischenprodd. getestet. (J. Bacteriol. **59.** 117—27. Jan. 1950. Berkeley, Calif., Univ. of California, Dep. of Bacteriol.) F. LINGENS. 4210

B. P. Sleeper, M. Tsuchida und **R. Y. Stanier,** *Die bakterielle Oxydation aromatischer Verbindungen.* 2. Mitt. *Die Darstellung enzymaktiver Trockenzellen und ihr Einfluß auf* *frühere Adaptationsmodelle.* (1. vgl. vorst. Ref.) Trockenzellpräpp. von Pseudomonas fluorescens mit der Fähigkeit, *Mandelsäure* (I), *Brenzcatechin* (II) u. *Protocatechusäure* (III) zu oxydieren, wurden dargestellt. Die Oxydation erfolgte nur, wenn die lebenden Zellen an das bestimmte Substrat adaptiert waren. Bei den getrockneten Zellen wurde eine viel geringere O_2-Aufnahme pro Mol Substrat beobachtet. Das Enzymsyst. für die Oxydation von II konnte mit dest. W. oder neutralem Phosphatpuffer extrahiert werden, während die Extraktion der Fermente zur Oxydation von I u. III so nicht gelang. (J. Bacteriol. **59.** 129—33. Jan. 1950. Berkeley, Calif., Univ. of California, Dep. of Bacteriol.) F. Lingens. 4210

R. Y. Stanier, B. P. Sleeper, M. Tsuchida und **D. L. MacDonald,** *Die bakterielle Oxydation aromatischer Verbindungen.* 3. Mitt. *Die enzymatische Oxydation von Brenzcatechin und Protocatechusäure zu β-Ketoadipinsäure.* (2. vgl. vorst. Ref.) Getrocknete Zellen von Pseudomonas fluorescens, die auf Mandelat, Benzoat oder Phenol gewachsen waren, bzw. zellfreie Extrakte davon, waren in der Lage, *Brenzcatechin* (I) quantitativ zu *β-Ketoadipinsäure* (II) zu oxydieren (Warburg-App., manometr. Best. von II durch katalyt. Decarboxylierung mit Anilincitrat). Auf p-Oxybenzoat gewachsene Zellen von P. fluorescens oxydierten *Protocatechusäure* quantitativ zu II. Beide Zellarten oxydierten *Oxyhydrochinon,* jedoch ist letztere Rk. nicht enzymat. bedingt (Oxydation auch durch gekochte Zellen!) u. ergab auch keine Zunahme von II. II besitzt nach diesen u. früheren Unterss. der Vff. eine zentrale Stellung im oxydativen Abbau der geprüften aromat. Verbb. durch P. fluorescens. (J. Bacteriol. **59.** 137—51. Febr. 1950. Berkeley, Calif., Univ. of California, Dep. of Bacteriol. and Virus Labor.) H. Zeller. 4210

R. Y. Stanier, *Die bakterielle Oxydation aromatischer Verbindungen.* 4. Mitt. *Untersuchungen über den Mechanismus des enzymatischen Abbaus der Protocatechusäure.* (3. vgl. vorst. Ref.) Durch Extraktion mit W. von auf p-Oxybenzoesäure gezüchteten u. getrockneten Pseudomonas fluorescens-Zellen wurden zellfreie Enzympräpp. mit Fähigkeit zur Oxydation von *Protocatechusäure* (I) zu *β-Ketoadipinsäure* (II) gewonnen. Nach Dialyse gegen dest. W. war die Decarboxylierungsfähigkeit verlorengegangen, während die Oxydationsfähigkeit erhalten blieb; I wurde von diesem Präp. zu einer Tricarbonsäure mit 7 C-Atomen oxydiert, die durch ein Enzympräp. mit Decarboxylierungsfähigkeit ohne O_2-Aufnahme in CO_2 u. II verwandelt wurde. Als wahrscheinliche Tricarbonsäure wurde *β-Keto-γ-carboxyadipinsäure* angenommen, die aber im Gegensatz zum erhaltenen Zwischenprod. durch Anilincitrat decarboxyliert werden sollte. (J. Bacteriol. **59.** 527—32. April 1950. Berkeley, Calif., Univ. of California, Dep. of Bacteriol.) F. Lingens. 4210

B. P. Sleeper, *Die bakterielle Oxydation aromatischer Verbindungen.* 5. Mitt. *Abbau von mit ^{14}C-markierter Benzoesäure.* (4. vgl. vorst. Ref.) Unterss. über die bakterielle Oxydation von $^{14}C_{(COOH)}$- bzw. $^{14}C_{(1)}$-*Benzoesäure* (**Ia** bzw. **Ib**) zeigten, daß *Brenzcatechin* (II) aus **Ia** inakt. ist, während solches aus **Ib** dieselbe spezif. Aktivität zeigt wie die Ausgangsverbindung. Die gesamte Radioaktivität des aus **Ib** entstandenen II sitzt in C_1 u. C_2 des Mol.; das gesamte ^{14}C der COOH-Gruppe wurde im Atmungs-CO_2, das aus C_1 zum großen Teil im CO_2, daneben aber auch in den Bakterienzellen u. in der überstehenden Fl. wiedergefunden. Diskussion der Ergebnisse. Testorganismus: *Pseudomonas fluorescens.* (J. Bacteriol. **62.** 657—62. Nov. 1951. Berkeley, Calif., Univ. of California, Dep. of Bacteriol.) H. Goebel. 4210

G. P. Fraser und **W. O. Kermack,** *Wirkung von Schafleberhomogenaten auf Chinin, Chinidin, Cinchonin und Cinchonidin.* Kurzer Bericht über die Wrkg. von Homogenaten aus Schafleber in Ringer-Locke-Lsg. (250 g Leber/Liter) auf die Hydrochloride der nachst. Alkaloide (2,5 g/Liter). Nach Zugabe von Glucose u. $NaHCO_3$ (je 1 g/Liter) wurde bei 37° 12 Std. Luft durch die Lsg. geblasen. *Chinin* ergab 2 Umwandlungsprodd.: *2'-Oxychinin* (F. 251°) u. eine Verb. vom F. 214—215°, deren Chinolinring auf Grund der UV-Absorption noch intakt war. *Chinidin* wurde übergeführt in *2'-Oxychinidin* (F. 235—260°) u. in eine Verb. vom F. 244—245°. *Cinchonidin* (I) ergab ebenfalls 2 Prodd.: eine am Chinolinring oxydierte Verb. vom F. 229° u. eine dem *2'-Oxycinchonidin* ähnliche Verb., die jedoch 2 O-Atome mehr zu enthalten schien als I. Aus *Cinchonin* wurde nur eine Verb. vom F. 270—273° erhalten, die wahrscheinlich mit *2'-Oxycinchonin* ident. ist. (Biochem. J. **52.** XXVI—XXVII. Dez. 1952. Aberdeen, Univ., Dep. of Biol. Chem.) R. König. 4210

Arnošt Kleinzeller, *Stoffwechsel der β.γ-Hexensäure in Tiergeweben.* In Gewebeschnitten wurde der Stoffwechsel der *β.γ-Hexensäure* (I) auf manometr. Wege mit dem Stoffwechsel der *Capronsäure* (II) u. der *α.β-Hexensäure* (III) verglichen. I wird mit gleicher Geschwindigkeit umgesetzt wie II; III langsamer. II u. I werden durch die Leber unter Entstehung von Acetessigsäure oxydiert. Die Oxydationsgeschwindigkeit der angeführten Substrate in Nierenrindenschnitten ist fast gleich groß. Bei anaeroben Bedingungen entsteht in der Niere eine kleine Menge ungesätt. Säure aus II; Fumarsäure erhöht schwach die Dehydrogenierung der **II**. Die Ergebnisse werden mit Hinsicht auf die Theorie des Fettsäurecyclus besprochen. Es wurde eine verbesserte Meth. zur manometr. Best. niedriger ungesätt. Fettsäuren ausgearbeitet — Dest. mit $MgSO_4$ — (vgl. Kleinzeller, Biochem. J. **37.** [1943.] 678; Burger u. Kleinzeller, Chem. Listy **47.** [1953.] 76). (Chem. Listy **48.** 450—54. März. [Orig.: tschech.]; Collect. czechoslov. chem. Commun. **19.** 594. Juni 1954. [Orig.: engl.] Praha, Karlova universita, Biochemický ústav.) B. Meloun/Prag. 4210

František Šorm und **Zdeňka Beránková,** *Der Einfluß des Aconitins auf den Stoffwechsel des Gehirngewebes.* Im Bestreben, den Mechanismus der tox. Wrkg. des *Aconitins* (**I**) aufzuklären, untersuchten Vff. mittels manometr. Methoden den Einfl. des **I** auf die Atmung der grauen M. der Gehirnrinde von Gewebeschnitten u. Homogenaten, wobei gefunden wurde, daß **I** in kleinen Konzz. (0,02—0,2 mg%) die Atmung dieser Gewebe stimuliert, u. zwar kommt es bei höheren Konzz. von **I** zuerst zur Stimulation, dann zur Inhibition der Atmung, wobei angenommen wird, daß die Stimulierung, welche für das Gehirngewebe spezif. ist, wahrscheinlich mit der Aktivierung der Sauerstoffbindung verbunden ist. (Chem. Listy **48.** 80—86. Jan. [Orig.: tschech.]; Collect. czechoslov. chem. Commun. **19.** 586. Juni 1954. [Orig.: russ.] Praha, Českoslov. akad. věd, Ústav org. chemie, Biochemické oddělení.) B. Meloun/Prag. 4210

Arya Bhushan Gupta, *Die Enzyme von Myxophyceae.* Bei den Algenarten Nostoc, Scytonema hofmani u. Fischerella mucicola wurden folgende intracelluläre Enzyme nachgewiesen: *Lipase, Katalase, proteolyt.* Aktivität u. sehr schwache *Invertase*-Wirkung. Die Teste auf *Amylase, Inulase, Raffinase, Oxydase, Peroxydase, Cellulase* u. *Pektinase* verliefen negativ. Eine Sekretion extracellulärer Enzyme war nicht festzustellen. (Sci. and Cult. **19.** 306—07. Dez. 1953. Kanpur, Indien, D. A. V. Coll.) F. Krusen. 4210

Boris Ephrussi und **Piotr P. Slonimski,** *Sauerstoffeinfluß auf die Bildung von Atmungsenzymen bei der Bäckerhefe.* Aerobe Kulturen von Saccharomyces cerevisiae wurden in der Durchlüftung weitgehend variiert u. die dabei auftretenden Änderungen im Cytochromsyst. spektrochem. an Hand der charakterist. Bänder α (551, 563, 603 mμ) verfolgt. Es zeigte sich, daß die Atmungsfermente keine typ. konstitutiven Enzyme sind, sondern in ihrem charakterist. Verh. mehr den adaptiven Enzymen näher stehen. (C. R. hebd. Séances Acad. Sci. **230.** 685—86. 13/2. 1950.) G. Schulze. 4270

Wolff Gross, *Wirkung von α-Naphthylessigester auf Atmung und Gärung von Hefen.* *α-Naphthylessigester* (**I**) hemmt die Atmung von Hefe in etwa der gleichen Konz. wie *KCN* (**II**), die Gärung bei entsprechend hohen Dosen. Die Hemmwrkg. von **I** u. **II** ist nach 3maligem Waschen weitgehend reversibel. Bei Unterdrückung der Atmung durch 0,005 mol. **I** auf ca. 10% steigt die aerobe Gärung um ca. **475%** an. (Naturwissenschaften **43.** 184. April 1956. Kiel, Univ., Inst. für physiol. Chem. u. Physikochem.)
B. Görlich. 4270

Hugh D. Sisler und **Carroll E. Cox,** *Wirkung von Tetramethylthiuramdisulfid auf die anaerobe Vergärung von Glucose durch Bierhefe.* Unterss. der Wrkg. von *Tetramethylthiuramdisulfid* (**I**) auf das fermentative Syst. von Saccharomyces cerevisiae zeigen, daß **I** die Vergärung von *Glucose* (**II**), *Fructose-1.6-diphosphat* (**III**) u. *Glycerinaldehyd-3-phosphat* hemmt, u. zwar durch Beeinflussung der *Triosephosphatdehydrogenase* (**IV**). *Cystein* (**V**) bzw. *Glutathion* (**VI**) heben die hemmende Wrkg. von **I** auf die Vergärung von **II** bzw. **III** weitgehend auf. Die *Aldolase*-Aktivität wird durch **I** in hohen Konzz. (5-, 10- u. $50 \cdot 10^{-5}$ mol.) gehemmt, durch **I** in niedrigen Konzz. dagegen stimuliert. Diese Hemmung wird durch **V** bzw. **VI** gänzlich aufgehoben. Verantwortlich für diese schützende Wrkg. scheint eine Rk. zwischen **V** bzw. **VI** u. **I** zu sein, durch die **I** zu einer weniger akt. Form red. wird. *Diphosphopyridinnucleotid* (**VII**) hebt ebenfalls die Hemmwrkg. von **I** gegenüber **II**- u. **III**-Vergärung weitgehend auf. Es wird angenommen, daß dabei die Oxydation der SH-Gruppen von **IV** durch **VII** unterbunden wird. (Amer. J. Bot. **42.** 351—56. April 1955. College Park, Md., Univ. of Maryland, Dep. of Botany, Agricult. Exp. Stat.) G. Klesse. 4270

E_3. Mikrobiologie. Bakteriologie. Immunologie.

André-Romain Prévot, Gerhard Fischer, Bernard Bizzini und **Marcel Raynaud,** *Untersuchung von ligninlösenden Bakterien.* Eine Reihe Lignin-abbauender Bakterien der Gattung Pseudomonas wurden isoliert. Die Kultur erfolgte in einem Medium, das Phenollignin enthielt (nach Kalb u. Schoeller u. Mastaglio), teilweise wurde den Nährsalzen auch Amyllignin zugesetzt. Abbau erfolgte zu ca. 40%, z. T. auch 80%. Die Ergebnisse wurden durch Messung der Atmungsintensität bestätigt. (C. R. hebd. Séances Acad. Sci. **238.** 743—45. 8/2. 1954.) W. D. Weinmann. 4310

Irving J. Slotnick und **M. G. Sevag**, *Untersuchungen über das natürliche Vorkommen von 4-Aminoimidazol-5-carbonsäureamid in einigen Stämmen von Escherichia coli.* Die Best. von *4-Aminoimidazol-5-carbonsäureamid* (I) erfolgt nach BRATTON u. MARSHALL (Modifikation SEVAG u. GREEN). I reichert sich bei allen 8 untersuchten Colistämmen (5 wilde Stämme u. 3 Mutanten) beim Wachstum in Caseinhydrolysat–Glucose-Medium u. Salz–Glucose-Medium bei Abwesenheit von Sulfonamiden u. Aminopterin an. Sulfathiazolzugabe bewirkt eine Zunahme von I bei den wilden Colistämmen. Auch bei semianaeroben Bedingungen bilden alle untersuchten Stämme I, wenn auch nur in geringen Mengen. (Arch. Biochem. Biophysics **57**. 491—95. Aug. 1955. Philadelphia, Pa., Univ. of Pennsylvania, School of Med., Dep. of Microbiol.) H. ZELLER. 4320

J. Liebster, B. Lukšík, G. Färber und **V. Svoboda**, *Eine neue Methode zur Isolierung von Dioxyaceton und L-Sorbose aus Gärungssubstraten.* Durch Beseitigung von anorgan. Salzen u. Aminosäuren mittels Ionenaustauschern konnten die Ausbeuten an *Dioxyaceton* (I) u. an *L-Sorbose* (II) erhöht werden. Beide Verbb. werden nach einem Fermentationsverf. hergestellt. Durch biochem. Dehydrogenierung des *Glycerins* (III) durch Acetobacter suboxydans entsteht I, mit D-Sorbit als Substrat entsteht II. In beiden Fällen wurden die vergorenen Substrate durch eine Schicht akt. Kohle u. Kieselgur filtriert. Die Lsg. wird dann an einer Säule von Wofatit KS im H^+-Cyclus, nachher an Wofatit MD im OH^--Cyclus chromatographiert. Aus den Filtraten wird nach dem Einengen im Vakuum I nach Zusatz von A. zur Kristallisation gebracht, F. 91—93° (Ausbeute 79,6%). Bei II erfolgt die Kristallisation schon durch Einengen im Vakuum. Das Prod. enthält 99,5% Sorbose ($[\alpha]_D^{20}$ +43,2°, F. 157—159°). *Isolierung von* I *durch ein Extraktionsverf.*: Die vergorenen Lsgg. von III werden durch Kieselgur u. Carboraffin filtriert, im Vakuum eingeengt u. mit Aceton extrahiert. Nach erneutem Einengen wird A. zugegeben u. nach Impfen das erste Prod. von I erhalten. In gleicher Weise werden die Mutterlaugen verarbeitet. Nach Kristallisation aus A. beträgt die Ausbeute an I 71% (F. 78—80°). (Chem. Listy **50**. 395—97. März 1956. Praha, Českoslov. akad. věd, Biolog. ústav Brno, Lachema n. p.) B. MELOUN/Prag. 4320

Daizo Ushiba und **Boris Magasanik**, *Wirkungen auxotropher Mutationen auf die Anpassung an den Inositabbau bei Aerobacter aerogenes.* Vff. untersuchen die Fähigkeit aminosäure-, purin- u. pyrimidinauxotropher Stämme von *Aerobacter aerogenes* anpassungsfähige Enzyme für den Abbau des *Myoinosits* (I; *Mesoinosits*) zu bilden, mit dem Ziel, den Mechanismus der enzymat. Adaption in einigen Phasen zu klären. Während die Synth. anpassungsfähiger Enzyme bei den Aminosäureauxotrophen nur durch Zufügen des spezif. Wachstumsfaktors stimuliert werden kann, genügt bei den purin- u. pyrimidinlosen Mutanten die Anwesenheit einer exogenen N-Quelle, wie $(NH_4)_2SO_4$. Teilungsfähige Zellen sind reicher an anpassungsfähigen Enzymen als Ruhende. Die beobachtete geringe Nutzbarmachung des *Histidins* (II) für das Wachstum auf I durch *Stamm 50* führen Vff. auf eine Stoffwechselbeziehung zwischen I u. II zurück. Der Mechanismus der Adaption wird mit Hilfe der Versuchsergebnisse diskutiert. (Proc. Soc. exp. Biol. Med. **80**. 626—32. Aug./Sept. 1952. Boston, Mass., Harvard Med. School, Dep. of Bacteriol. and Immunol.) G. NIESWANDT. 4320

Jean B. Youatt, *Denitrifikation von Nitrit durch eine Achromobacterart.* Die untersuchte *Achromobacter* (I)-Art red. nur NO_2^-, nicht dagegen NO_3^- zu elementarem N_2. Colorimetr. Best. der Abnahme von $NaNO_2$ in mg/Liter·Std. (nach der Sulfanilsäure–α-Naphthylamin-Meth.), Substrat: Natriumlactat im Überschuß. I wurde aerob u. anaerob, in Ggw. u. Abwesenheit von $NaNO_2$ gezüchtet, die Zellen dann gewaschen u. auf ihre Aktivität untersucht. Es wurde gezeigt, daß die Ggw. von O_2 eine stärkere Aktivitätsminderung bewirkt als die Abwesenheit von NO_2^-. Wenn I nach anfänglichem aerobem Wachstum unter anaeroben Bedingungen gehalten wurde, wurden hochakt. Zellen erhalten. Gewaschene, aerob gewachsene Zellen zeigten unter anaeroben Verhältnissen dagegen keine Aktivitätssteigerung mehr. Fe-Mangel bewirkte Verminderung der „Nitritase"-Aktivität. Es bestand keine Abhängigkeit der Aktivität vom Cytochromgehalt. Die Hemmung der „Nitritase"-Wrkg. von intakten Zellen u. Zellextrakten durch verschied. Substanzen (KCN, Hydroxylamin, NaN_3, 8-Oxychinolin, CO, H_2S, $CuSO_4$, $AgNO_3$, Hg-Phenylacetat u. m-Amino-p-oxyphenylarsenoxyd) wird diskutiert. (Nature [London] **173**. 826—27. 1/5. 1954. Leeds, Univ., Dep. of Biochem.) HANS THIELE. 4320

Amos Neidle und **Heinrich Waelsch**, *Beteiligung von Glutamin bei der Biosynthese von Histidin.* Bei der Biosynth. von *Histidin* (I) mit *^{15}N-L-Glutaminamid* in *Escherichia coli* stellten Vff. fest, daß der markierte Amidstickstoff des Glutamins hauptsächlich als N^1-Atom im Imidazolring der Aminosäure eingebaut wird. Gleiche Ergebnisse wurden beobachtet, wenn die Rk. in Ggw. von 180fachem Überschuß an Ammoniak- bzw.

90fachem Überschuß an Asparaginamidstickstoff ausgeführt wurde. — 2mal je 52 mg ^{15}*N-L-Glutaminamid*, dargestellt aus dem gemischten Anhydrid von CbO-Glutaminsäurebenzylester u. Chlorkohlensäureester (nach BOISSONNAS, C. **1952.** 874) u. $^{15}NH_3$, wurden in *Escherichia coli*-Kultur 3 Std. bei 37° geschüttelt; nach Ausziehen der abzentrifugierten Zellen mit Trichloressigsäure sowie A.-Chlf.-Ae.-Gemisch wurde I nach Hydrolyse des Proteins als Hg-Salz isoliert u. als Bis-3.4-dichlorbenzolsulfonat kristallisiert. Beim schrittweisen Abbau von I zur Urocaninsäure u. Glutaminsäure durch Ausziehen mit heißen u. kalten Extrakten von *Pseudomonas fluorescens* wurden zuerst Ammoniak aus der α-Aminogruppe der Seitenkette, dann der Stickstoff 3 des Imidazolringes als Ammoniak frei sowie aus den Enzymauszügen Glutaminsäurehydrochlorid (N^1 des Histidins) nach dem FOREMAN-Verf. krist. zurückgewonnen u. die jeweiligen ^{15}N-Konzz. gemessen. — Der Weg für die Beteiligung der Amidgruppe des Glutamins bei der Biosynth. von I wird zur Diskussion gestellt. (J. Amer. chem. Soc. **78.** 1767—68. 20/4. 1956. New York, N. Y., Columbia Univ., Coll. of Phys. and Surg., Dep. of Biochem.; New York State Psychiatr. Inst.) W. ZIEGLER. 4320

Subrata Ganguly, *Ein Lactoflavin bildendes Bakterium.* Zahlreiche Bakterien verschied. Gattungen sind zur *Lactoflavin* (I)-Synth. befähigt. Relativ große I-Mengen bildet Clostridium acetobutylicum. Vf. isolierte ein aus einer Luftinfektion stammendes coccoides gramnegatives Bakterium (0,8—1,0 μ), das auf Caseinhydrolysat–Fleischextrakt-Medium ein grünlichgelbes Pigment bildet. Dieses Pigment zeigte starke Fluorescenz im UV-Licht mit Adsorptionsmaxima bei 225, 269, 372 u. 445 mμ. Die Fluorescenz wird durch $NaHSO_3$ gehemmt. Danach ist das Pigment mit I identisch. In dem genannten Medium wurden 150—250 γ I/ml produziert (26°, Schüttelapp.). Vf. führt weitere Unterss. zur Identifizierung des Bakteriums aus. (Nature [London] **174.** 559. 18/9. 1954. Calcutta, Univ., Coll. of Sci. and Technol., Dep. of Appl. Chem.) HANS THIELE. 4320

G. Czerkinsky, N. Diding und **Ö. Ouchterlony,** *Bestimmung der Chemoresistenz von Bakterien unter Anwendung von Teststreifen (Strips).* Sterile Filterpapierstreifen werden in Abständen mit Sulfonazol u. verschied. Antibioticis (Penicillin, Aureomycin, Terramycin, Chloromycetin, Streptomycin) imprägniert, dann auf eine Agarplatte gebracht, die auf der einen Seite mit dem zu untersuchenden Bakterienmaterial, auf der anderen Seite mit einem „Standardbakterien"-Material bestrichen wird. Durch Messung der Hemmungszonen nach 18std. Incubation bei 37° wird die Resistenz im Vgl. mit der Kontrolle (Staphylococcus aureus 209–P) bestimmt. Die Meth. vermeidet die Fehler, die bei den Diffusionsmethoden die Auswertung beeinträchtigen. (Svensk farmac. Tidskr. **60.** 165—70. 29/2. 1956. Göteborg, Univ., Bakteriol. inst., u. Statens bakteriol. labor.) R. K. MÜLLER. 4330

H. Bortels, *Über den Spurenelementbedarf von Cellvibrionen und Cytophagen.* Vortrag. Der Spurenelementbedarf der Vibrionengattung *Cellvibrio* u. Cytophagen entspricht ihrem jeweiligen p_H-Optimum im Boden. Cytophagen zeigen einen größeren Bedarf an *Fe, Mn* u. *Cu,* wahrscheinlich auch an Ca, u. bevorzugen schwach saure Böden. Cellvibrionen brauchen sehr weniger, bes. weniger Schwermetalle u. finden sich deshalb auch mehr in neutralen bis schwach alkal. Böden. (Zbl. Bakteriol., Parasitenkunde, Infektionskrankh. Hyg., I. Abt., Orig. **160.** 213—16. 21/12. 1953. Braunschweig-Gliesmarode.) K. MAIER. 4331

John H. Northrop (unter techn. Mitarbeit von **Marie King**), *Wachstum und Phagenproduktion von B. megatherium.* 1. Mitt. *Wachstum der Zelle nach Infektion mit C-Phagen.* 2. Mitt. *Wuchsanteil, Phagengehalt und Ribonucleinsäuregehalt der Zellen.* 3. Mitt. *Einfluß verschiedener Substanzen auf die Wachstumsgeschwindigkeit und Phagenproduktion.* Von den beiden Phagensorten T u. C, die von B. megatherium erzeugt werden, führt nur Zusatz von C zur Lyse. Lysiszeit u. Stickstoffgeh. sind die einzigen vom Wachstum unabhängigen Komponenten in der Zelle, denn Ribo- u. Desoxyribonucleinsäuregeh. nehmen etwas weniger schnell als das Zellvol. zu. Einw. von UV-Licht vermindert das Wachstum u. fördert die Phagenproduktion. Von 25 untersuchten Substanzen hat nur eine (Merck AB 81) die gleiche Wirkung. Alle anderen hemmen bei der für vollständige Wachstumshemmung minimalen Konz. schon die Phagenproduktion. (J. gen. Physiol. **36.** 581—99. 20/3. 1953. Berkeley, Calif., Univ. of California, Labor. Rockefeller Inst. for Med. Res., Dep. of Bact.) R. LENSCHAU. 4331

Jacques Panijel und **Joseph Huppert,** *Nachweis und Bestimmung einer nicht serienmäßig reproduzierbaren lytischen Substanz (Lysin), die die Bildung eines Bakteriophagen begleitet.* Da die lyt. Substanz (I) sowohl auf lebende als auch auf tote Escherichia coli Fb wirkt, wurde Acetontrockenpulver der Bakterien suspendiert u. die Einw. von I darauf turbidimetr. verfolgt u. als Bestimmungsgrundlage benutzt. I wurde aus E. coli-Kultur, die mit der Phage Fcz infiziert worden waren, durch Zentrifugieren gewonnen. I u.

Phagen befinden sich im Überstand. Innerhalb 60 Min. entspricht die lyt. Wrkg. der wirksamen I-Menge, bei längerer Einw. werden die Werte bald konstant als Folge einer Heterogenität der Bakterienmasse, die sich gegenüber der I-Substanz in eine sehr empfindliche u. eine weniger empfindliche Fraktion auftrennen läßt. (C. R. hebd. Séances Acad. Sci. **238.** 745—47. 8/2. 1954.) W. D. WEINMANN. 4331

Robert Wahl und **Jacqueline Josse-Goichot,** *Der bakteriostatische Faktor von Bakterienlysaten.* Hinweis auf das Vorhandensein eines bakteriostat. Faktors in gewissen Bakteriophagenaufschwemmungen, der als ein Prod. des Bakterienstoffwechsels angesehen wird. Sein Vorhandensein erklärt einige Paradoxa der Bakteriophageneigg.; er ist hitzeempfindlich, säurebeständig bis p_H 5,6 u. zeigt eine spezif. Wrkg. auf einige Bakterienstämme. (C. R. hebd. Séances Acad. Sci. **230.** 1703—04. 8/5. 1950.) H. DOSSMANN. 4331

Dezider Grünberger, Vilém Hess und **František Šorm,** *Wirkungsmechanismus der Antibiotica. 9. Mitt. Über den Einfluß des Chloramphenicols auf die Bildung enzymatischer Systeme, die Essigsäure, Oxalessigsäure und Brenztraubensäure bei Escherichia coli oxydieren.* (8. vgl. SKODA, C. **1956.** 5042.) In Kulturen von Escherichia coli verhinderte Zusatz von *Chloramphenicol* (I) die Bldg. adaptiver Enzymsysteme, die Essigsäure oder Oxalessigsäure oxydieren. Bei bereits adaptierten E. coli übte I keinen Einfl. auf die gebildeten Enzyme aus. — In einem brenztraubensäurehaltigen Medium wird die Bldg. adaptiver Enzyme, die dieses Substrat bis zur Essigsäure abbauen, nicht gestört, jedoch bleibt der Abbau auf dieser Stufe stehen, der sonst bis zum CO_2 weiterverläuft. Stämme mit I-Resistenz oxydieren Essigsäure nur langsam infolge mangelhaftem Adaptationsvermögen. (Chem. Listy **49.** 1710—16. 1955 [Orig.: tschech.]; Collect. czechoslov. chem. Commun. **21.** 932—39. Aug. 1956 [Orig. russ.]. Praha, Chem. ústav., biochem. oddělení.) P. MÄSIAR/Prag. 4340

A. I. Korenjako, O. I. Artamonowa und **Ss. W. Letunowa,** *Bildung und Erhaltung antibiotischer Stoffe von Bodenactinomyceten.* In Verss. mit Podsol, Schwarzerde, Grauerde u. Roterde unter Verwendung verschied. Actinomycesarten wird festgestellt, daß sowohl im sterilen als auch im unsterilen Boden einige Actinomycesarten auch ohne Zufuhr von organ. Stoffen antibiot. Stoffe bilden. Diese Fähigkeit richtet sich nach der Bodenart. So zeigen diese Fähigkeit im Podsolboden nur Act. griseus Nr. 2353 u. Act. globisporus sp. Nr. 81 B, im Grauboden daneben noch Act. aurantiacus Nr. 1149, in der Schwarzerde außerdem noch Act. globisporus vulgaris Nr. 2570. Die Bldg. von antibiot. Stoffen im unsterilen Boden ist bes. intensiv bei Zusatz von Glucose. Im sterilen Boden bleiben die von den Actinomycesarten gebildeten antibiot. Stoffe länger erhalten als im unsterilen. Am raschesten werden sie in der Roterde inaktiviert. Am beständigsten sind die antibiot. Stoffe von Act. aurantiacus, Act. griseus variabilis u. Act. sp. Nr. 76. Die starke Inaktivierung in Roterde ist durch das p_H (4,39—4,84) bedingt. Bei Zusatz von 1% Kreide zur Erhöhung des p_H-Wertes auf 6,83 wird die Inaktivierung in Roterde stark vermindert. (Микробиология [Mikrobiologie] **24.** 550—57. Moskau, Inst. für Mikrobiol. der Akad. der Wiss. der UdSSR.) O. LEBTAG. 4340

R. Cros und **J. Demarchi,** *Bemerkung über die Wirkung von Chloromycetin auf den Bacillus Whitmore in vitro.* Unters. von 6 Stämmen nach der „gutter method" nach FLEMING. Bestimmt wurde die *Chloromycetin* (I)-Konz., bei der 50% der Kulturen völlig gehemmt werden. Der Mittelwert für I mit Ausnahme eines Stammes mit R-Kulturen betrug nach 24 Std. 2,95 γ u. nach 7 Tagen 93,7 γ. Nach Vff. lassen die in vitro-Verss. vermuten, daß mit I die notwendige Blutkonz. für die Therapie bei gewissen Formen der Melioidose zu erreichen ist. (Ann. Inst. Pasteur **79.** 217—21. Aug. 1950. Saigon, Inst. Pasteur.) H. DOSSMANN. 4340

Bernard D. Davis, *Untersuchungen über mittels Penicillin isolierter Stoffwechselminusmutanten von Bakterien. Penicillin* (I) vermag ausschließlich wachsende u. sich vermehrende Bakterien abzutöten. Führt man in großen Bakterienkulturen durch UV-Bestrahlung Mutanten herbei u. setzt der Kultur I zu, so überleben selektiv die nicht zu wachsen vermögenden Minusmutanten, während die n. Keime der Kultur abgetötet werden. Mittels dieser Technik wurden Mutanten von E. coli mit individuell verschied. Ansprüchen auf nahezu alle Aminosäuren, Vitamine, Purine u. Pyrimidine isoliert. Es konnten Einblicke in die Stoffwechselbedürfnisse, in den Gang von Biosynthesen u. die Wirkungsweise bestimmter antibakterieller Wirkstoffe gewonnen werden. (Experientia [Basel] **6.** 41—50. 15/2. 1950. New York, N. Y.) K. BÖHM. 4340

B. P. Bruns, Je. M. Ssawitzkaja und **T. Ss. Petrowa,** *Quantitative Methode zur Bestimmung von in Kulturmedien für Antibiotica gelöstem Sauerstoff.* Die Best. des O_2 in Kulturmedien für Antibiotica (Penicillin, Streptomycin) erfolgt in einer elektrolyt. Zelle durch polarograph. Strommessung mit der Hg-Tropfelektrode (mit erzwungenem Abreißen der Hg-Tröpfchen) u. HgCl-Elektrode als ruhender Anode (ohne metall. Hg):

Die Stromstärke ist dem O_2-Geh. (linear) proportional. Beschreibung der Zelle u. der Probenahme, bei welcher keine Luftberührung erfolgen darf; durch 10maliges Umschütteln mit $^1/_{10}$ des Vol. der Prüflsg. (30 ml) an wss. gesätt. Phenollsg. werden vor der Messung die Mikroorganismen abgetötet (verbrauchen O_2), dann erfolgt die Messung. Zur Darst. einer Kultur-Fl. gewünschter Zus. werden dann abgemessene Voll. des filtrierten Mediums 1. mit N_2, 2. mit O_2 gesätt. vermischt. Die Messungen wurden bei $\pm 25^0$ durchgeführt, der O_2-Geh. entspricht bei Sättigung dem des reinen Wassers. Bestimmungsdauer 40 Minuten. (Журнал Аналитической Химии [J. analyt. Chem.] **9.** 42—46. Jan./Febr. 1954. Moskau, Allunions Wiss. Forschungsinst. für Antibiotica.) A. v. WILPERT. 4340

Klaus Hofmann, Chao-Ying Yuan Hsiao, Dov B. Henis und **Charles Panos,** *Die Bestimmung der Fettsäurezusammensetzung der Bakterienlipide.* Zur Best. der Fettsäurezus. der Bakterienlipide wird das Fettsäurengemisch zunächst mit Perameisensäure oxydiert u. die oxydierten Fettsäuren durch Umkehrphasenchromatographie unter Verwendung von Gummisäulen (Mealrub-Gummi) bestimmt, nachdem die Brauchbarkeit der Meth. an einzelnen Fettsäuren u. Fettsäurengemischen aufgezeigt werden konnte. Lediglich Stearinsäure u. Lactobacillussäure können nicht voneinander getrennt werden. Letzte mußte mittels des mikrobiol. Testes unter Verwendung von Lactobacillus delbrückii nachgewiesen werden. Es wird die Fettsäurenzus. der nachfolgend aufgeführten Mikroorganismen angegeben: *Lactobacillus arabinosus* (**A**), *L. casei* (**B**), *L. delbrückii* (**C**), *Streptococcus species* (**D**) u. *A. tumefaciens* (**E**). Dioxysäuren 35,6 (%) **A**, 37,6 **B**, 45,5 **C**, 38,0 **D** u. 63,6 **E**. — C_{10}-Fettsäuren 1,1 **A**, 2,1 **B**, 0,5 **C**, 0,5 **D** u. 0,9 **E**. — C_{12}-Fettsäuren 2,3 **A**, 2,8 **B**, 1,1 **C**, 5,2 **D** u. 4,0 **E**. — C_{14}-Fettsäuren 1,2 **A**, 2,1 **B**, 2,5 **C**, 4,4 **D** u. 1,1 **E**. — C_{16}-Fettsäuren 18,7 **A**, 24,3 **B**, 27,5 **C**, 26,6 **D** u. 8,2 **E**. — C_{18}-Fettsäuren Spuren **A**, 7,0 **B**, 10,8 **C**, 18,0 **D** u. Spuren **E**. — C_{19}-Fettsäuren 30,1 **A**, 12,6 **B**, 6,4 **C**, Spuren **D** u. 9,4 **E**. — Die Lipide von **C** enthalten eine mikrobiol. akt. gesätt. Fettsäure. (J. biol. Chemistry **217.** 49—60. Nov. 1955. Pittsburgh, Pa., Univ. of Pittsburgh, School of Med., Biochem. Dep.) H. P. FIEDLER. 4350

Ludwig A. Sternberger, Alan R. Feinberg, Samuel M. Feinberg, Martha Clarke, Carlos Benaim und **Sidney A. Warren,** *Immunologische und klinische Versuche mit allergieerzeugenden Pilzen.* 1. Mitt. *Reinigung eines Antigens aus Alternaria.* In dem NaCl-Lösungsextrakt aus getrocknetem Pilzrasen der Gattung Alternaria gibt es ein nichtdialysierbares (I) u. ein dialysierbares (II) Antigen. **I** wurde nach SEVAG enteiweißt u. mit Uranylacetat gefällt. Der in n-NaCl gelöste Nd. wurde nochmals dialysiert u. durch zentrifugale Ultrafiltration bei tiefer Temp. konzentriert. Die Ausbeute an gereinigtem akt. Antigen betrug ca. $^1/_3$ des Ausgangsmaterials. Das gereinigte **I** gab mit einem Antiserum vom Kaninchen eine Präcipitation u. bei allerg. Patienten eine spezif. Hautreaktion, **II** dagegen, obwohl bei Allergikern auch wirksam, präcipitierte mit Antiserum nicht, hemmte aber die Präcipitation von **I**. (J. Allergy **27.** 16—26. Jan. 1956. Brooklyn, N. Y., Jewish Hosp., Allergy Div.) E. FISCHOEDER. 4370

J. Meyer, J. Malgras und **J. Ponelle,** *Die Wirkung der Kombination Vaccine + Vitamin B_5 auf die Antikörperbildung.* Ein Kaninchen wurde 5mal mit Typhus-Paratyphus-Vaccine subcutan geimpft, ein zweites mit Vaccine u. *Pantothensäure.* Beim ersten Kaninchen trat am 20. Tage eine Zunahme des β-Globulins auf das Doppelte ein, beim zweiten Tier am 30. Tage auf das Vierfache. Auch die γ-Globuline nahmen beim zweiten Tier zu, beim ersten dagegen nicht. (Rev. Immunol. Thérap. antimicrobienne **19.** 414. 1955. Strasbourg, Fac. de Pharmacie, Labor. de Microbiol.) E. FISCHOEDER. 4370

B. Zabłocki, K. Kotełko und **S. Szydłowski,** *Der Einfluß der Staphylokokkenantihyaluronidase auf die bei Meerschweinchen durch Diphtheriebacillen ausgelösten Hautreaktionen.* (Bull. Acad. polon. Sci., Cl. II **3.** 257—60. 1955. — C. **1956.** 8943.) R. K. MÜLLER. 4370

E. Carlinfanti, *Quantitative Untersuchungen an Diphtherieimpfstoffen und einige Gedanken über die Schätzung der antigenen Wirkung.* Aluminiumphosphat verstärkt die immunisierende Wrkg. von *Diphtherietoxoid* beträchtlich auch dann, wenn das Toxoid nicht adsorbiert ist. Die Aktivierung ist maximal, sofern bei p_H 5,5 eine vollständige Adsorption erfolgt. Das für diese Meerschweinchenverss. angewandte Verf. beruht auf Antitoxinbestimmungen bei Tierkollektiven 6 Wochen nach der einmaligen Impfung mit verschied. Dosen u. auf der statist. Auswertung der Versuchsergebnisse. (J. Immunology **64.** 373—79. Mai 1950. Neapel, Ist. Sieroterap. Stal.) E. FISCHOEDER. 4370

Ch. Gernez Rieux und **A. Tacquet,** *Vergleichende Hämagglutinationsreaktionen mit dem Antigen nach Middlebrook und Dubos und mit gefälltem Tuberkulin.* Das 1 : 100 gefällte Tuberkulin des PASTEUR-Inst. kann zur Hämagglutination verwendet werden. Die sensibilisierende Dosis für 0,1 cm^3 Erythrocytensediment ist 0,5 cm^3. Die Untersuchungsergebnisse sind bei der Ablesung nach 24 Std. etwa die gleichen wie mit dem Bakterienextrakt nach MIDDLEBROOK u. DUBOS. (Ann. Inst. Pasteur **78.** 550—54. April 1950. Lille, Inst. Pasteur.) E. FISCHOEDER. 4370

W. Catel und **W. Schmidt,** *Klinische und experimentelle Untersuchungen über das Wesen der lokalen Tuberkulinempfindlichkeit.* Nach intracutaner Injektion von gereinigtem *Tuberculoprotein* (GT) trat ein typ., histolog. durch Ggw. von Epitheloidzellen nachgewiesene Tuberkulin-Rk. auf. *Mykol-* u. *Phthionsäure* gaben makroskop. ähnliche Rkk., die sich aber histolog. durch das Fehlen von Epitheloidzellen als unspezif. erweisen. Beim infizierten u. tuberkulinpositiven Kaninchen war die Tuberkulin-Rk. am Bein nach Durchtrennung des N. femoralis bzw. ischiadicus u. periarterieller Sympathektomie abgeschwächt oder negativ. Offensichtlich spielt das Nervensyst. beim Zustandekommen u. bei Aufrechterhaltung der tuberkulösen Allergie eine wichtige Rolle. (Dtsch. med. Wschr. **75.** 1140—45. 1/9. 1950. Kronberg i. T., Landeskinderheilstätte Mammolshöhe.) E. FISCHOEDER. 4370

Samuel J. Ajl, Jeanette S. Reedal, E. L. Durrum und **Jouel Warren,** *Pestuntersuchungen.* 1. Mitt. *Reinigung und Eigenschaften des Toxins von Pasteurella pestis.* Ein aus den getrockneten P. pestis mit 2,5% NaCl-Lsg. hergestellter Extrakt wurde durch $(NH_4)_2SO_4$-Fällung ($^3/_5$ Sättigung) bei p_H 4,7—4,8 konzentriert. Aus der Lsg. des Nd. wurden die Nucleinsäuren durch $MnCl_2$ entfernt. Alkoholfällung, Chloroformextraktion u. schließlich elektrophoret. Fraktionierung lieferten ein reines sehr wirksames Toxin (Protein). 14% N, 1,9% S, 0,2% P; Mol.-Gew. 74000. (J. Bacteriol. **70.** 158—69. Aug. 1955. Washington, D. C., Army Med. Serv. Graduate School, Dep. of Bacteriol.) E. FISCHOEDER. 4370

Joel Warren, Ursula Walz, Jeanette S. Reedal und **Samuel J. Ajl,** *Pestuntersuchungen.* 2. Mitt. *Immunologische Eigenschaften des gereinigten Toxins von Pasteurella pestis.* (1. vgl. vorst. Ref.) Es werden die Antikörperbldg. bei Kaninchen u. die Spezifität des Antitoxins untersucht. (J. Bacteriol. **70.** 170—76. Aug. 1955. Washington, D. C., Army Med. Serv. Graduate School, Dep. of Bacteriol.) E. FISCHOEDER. 4370

G. Scheibner, *Der Einfluß von Ultraschallwellen auf das Botulinustoxin.* Ultraschall (*US*)-Einw., 800 kHz, 2,42 Watt/cm², 1 Std. red. die Toxizität von *Botulinustoxin* (I) *Typ A* gegenüber der weißen Maus um eine Zehnerpotenz, völlige Entgiftung gelang unter den Versuchsbedingungen nicht. Kein Einfl. mit *US* auf die Toxizität von I *Typ C*; das unterschiedliche Verh. der beiden I wird auf die Wahl der Nährböden zurückgeführt. (Tierärztl. Umschau **10.** 364—66. Okt. 1955. Leipzig, Karl-Marx-Univ., Veter.-Hygien. u. Tierseuchen-Inst.) H. DOSSMANN. 4370

Constantin Toumanoff, *Wirkung von Bacillus larvae W., dem Erreger der malignen Bienenlarvenfäule, auf die Raupen von Galleria melonella L.* Bericht über Verss. an den Raupen von Galleria melonella, die Injektionen von Bacillus larvae W. in Dosen, die eine Mortalität von 40—60% bewirkte, erhielten. Die Blutunters. ergab bei überlebenden u. durch Injektion getöteten Exemplaren völlige Zerstörung der Bacillen, was auf die Bldg. eines *Endotoxins* zurückgeführt wird, welches auch durch Erhitzen von Suspensionen des B. larvae zu erhalten war. Die Bedeutung dieses Endotoxins für die Bienenlarvenfäule wird diskutiert. (C. R. hebd. Séances Acad. Sci. **230.** 1709—11. 8/5. 1950.) H. DOSSMANN. 4370

Roger M. Herriott und **James L. Barlow,** *Darstellung, Reinigung und Eigenschaften vom Virus E. coli T_2.* Es wird ein Verf. zur Darst. hochkonz. Lysate des Virus T_2 angegeben u. Maßnahmen zur Reinigung u. Konzentrierung beschrieben. Die besten Präpp. haben ein Titer von $2 \cdot 10^{15}$ Infektionseinheiten/g. Aus den quantitativen Analysendaten schließen Vff., daß der Virus zu 40% aus Protein, zu über 50% aus Desoxyribonucleinsäure u. zu 0,5% aus Lipoiden besteht. Der Rest sind lösl. Stickstoffverbindungen. (J. gen. Physiol. **36.** 17—28. 20/9. 1952. Baltimore, Johns Hopkins School of Hyg. and Public Health, Dep. of Biochem.) R. LENSCHAU. 4374

A. D. Hershey und **Martha Chase,** *Die voneinander unabhängigen Funktionen von Virusprotein und Nucleinsäuren beim Wachstum von Bakteriophagen.* Bei der Zers. der Phagen T_1 durch osmot. Schock geht die gesamte *Desoxyribonucleinsäure* (I) in Lsg., aus der sie weder ausgefällt noch adsorbiert werden kann. Der Phagenrest enthält den gesamten Schwefel, der durch Antiphagenserum gefällt u. von Bakterien adsorbiert werden kann. Er ist als schützende Membran für die I vor *Desoxyribonuclease* (II) u. Bakterienangriff aufzufassen. Die I der an hitzegeschädigten Bakterien adsorbierten Phagen wird im Gegensatz zu der I der nicht adsorbierten Phagen gegen II sensibilisiert. Die sensibilisierte in den infizierten Zellen befindliche I kann durch Hitze oder Kälte frei gemacht werden. Bei der Zentrifugierung solcher Zellen werden 75% des Phagenschwefels u. nur 15% des Phagenphosphors frei gemacht. Verss. mit Phagenadsorption an Bakterientrümmern zeigen, daß ein Teil der I in Lsg. geht, u. der andere adsorbiert wird, aber durch II entfernt werden kann. Vff. nehmen deshalb an, daß bei einer Phageninfektion der Schwefel an der Oberfläche bleibt, während die I ins Zellinnere eindringt. Dieser Vorgang geht auch in solchen Lsgg. vor sich, in denen kein Virenwachstum mehr beobachtet wird. Phagen, die in Formalinlsg. inaktiviert worden sind, können zwar noch von Bakterien adsorbiert werden, aber ihre I wird nicht mehr frei gemacht. Die Funktion des Virusproteins beim Wachstum der intracellulären Phagen ist also nur eine indirekte als I-Transporteur zu den Zellen, während I selbst direkt am Wachstum beteiligt ist. (J. gen. Physiol. **36.** 39—56. 20/9. 1952. Cold Spring Harbor, Long Island, Carnegie Inst. of Washington, Dep. of Genetics.) R. LENSCHAU. 4374

Randall L. Thompson, Marian L. Price, Sherman A. Minton jr., Gertrude B. Elion und **George H. Hitchings,** *Der Einfluß von Purinderivaten und ihren Analogen auf die Vermehrung des Vaccinia-Virus.* Vff. testen folgende Substanzen auf ihre Wrkg. gegen Vaccinia-Virus: *Benzimidazol* (**I**), *7-Oxy-1H-vic.-triazolo-[d]-pyrimidin, 5-Amino-7-oxy-1H-vic.-triazolo-[d]-pyrimidin, 5.7-Diamino-1H-vic.-triazolo-[d]-pyrimidin, 2-Aminopurin, 2.6-Diaminopurin* (**II**), *2.6-Dichlor-8-oxypurin* (**III**), *2.6.8-Trichlorpurin* (**IV**), *2.6-Dichlor-7-methylpurin* (**V**) allein u. in Verb. mit *Adenin* (**VI**), *Guanin* (**VII**), *Hefenucleinsäure* (**VIII**), *Hypoxanthin* (**IX**), *Xanthin, Uracil, Adenylsäure* (**X**), *Guanylsäure* (**XI**), *Diphosphorpyridinnucleotid* (**XII**). Von den genannten Verbb. wirkten nur **I**—**IV** virostatisch. Die hemmende Wrkg. von **I** ließ sich durch Kombination mit **VI, VII** oder **VIII** nicht aufheben. Die Wrkg. von **II** wurde durch Kombination mit **VI, VIII, IX, X, XI** oder **XII** unterbunden. — Bei in vitro-Verss. mit Mäusen, die mit den Viren infiziert worden waren, war keine der Verbb. therapeut. wirksam. (J. Immunology **65.** 529—34. Nov. 1950. Indianapolis, Ind., Indiana Univ. Med. Center, Dep. of Microbiol.; Tuckahoe, N. Y., Welcome Res. Labor.) R. LENSCHAU. 4374

A. Borrow, P. W. Brian, V. E. Chester, P. J. Curtis, H. G. Hemming, Catherine Henehan, E. G. Jeffreys, P. B. Lloyd, I. S. Nixon, G. L. F. Norris und **Margaret Radley,** *Gibberellsäure, (ein Stoffwechselprodukt des Pilzes Gibberella fujikuroi. Einige Beobachtungen über ihre Entstehung und Isolierung. Gibberellsäure* (**I**), das Stoffwechselprod. eines pflanzenpathogenen Pilzes, erzeugt bei Reis die Bldg. verlängerter, blasser Schößlinge — als „bakanae-Effekt" bezeichnet. Mittels Aktivkohle wird **I** aus dem sterilen Kulturfiltrat isoliert u. mit Aceton aus der lufttrockenen Kohle eluiert. Ein sich anschließendes Aufbereitungsverf. über Äthylacetat (**II**), Pufferlsg. p_H 6,2 u. 3,8 u. nochmals **II** führt zu einem krist., physiol. akt. Material, das nicht bei allen untersuchten Pilzstämmen einheitlich ist (Verunreingung). Einige Stämme produzierten auch das von YABUTA u. HAYASHI (J. agric. chem. Soc. Japan **15.** [1939.] 257) isolierte *Gibberellin A*, dessen Infrarotspektr. sich von dem der **I** unterscheidet. — Die Produktion von **I**, begünstigt durch Glucose oder Saccharose als C-Quelle, erreicht ihr Maximum, wenn das Pilzmycel bereits sein Wachstum eingestellt hat (Autolysebeginn). Vff. beweisen aber durch künstliche Toluolautolyse, daß **I** kein Autolyseprod. ist, sondern vom lebenden Pilz abgeschieden wird. — *Gibberellsäure,* $C_{19}H_{22}O_5$. — *p-Bromphenacylester,* F. u. Misch-F. 217—218°. (J. Sci. Food Agric. **6.** 340—48. Juni 1955. Welwyn, Hertfordshire, Imp. Chem. Ind. Ltd., Akers Res. Labor.) R. RITTER. 4380

G. Turian, *Borsäure als Hemmstoff für die Ausbildung der Ascosporen bei Sordaria.* (Vgl. C. **1956. 4475.**) *Sordaria spec.* bildet in Ggw. von $^1/_{20000}$ *Borsäure* (**I**) auf einem Glucose–Stärke–Hefeextrakt-Nährboden nur anomale Asci aus, Kümmerformen ohne Ascosporen. Da *Biotin* (**II**)-Mangel ähnliche Erscheinungen hervorruft, wäre es möglich, daß **I** die **II**-Verwertung hemmt. Der Pilz kann **II** nicht synthetisieren. (Experientia [Basel] **10.** 183. 15/4. 1954. Genève, Univ., Inst. de botan. gén.; Lausanne, Stat. féd. d'essais agric.) HANS THIELE. 4380

Herbert Förster und **Lutz Wiese,** *Gamonwirkungen bei Chlamydomonas eugametos.* Die von MOEWUS beschriebene agglutinierende Wrkg. von geschlechtsspezif. Gamonen findet auch ohne Ggw. von Bakterien statt. Sie sind temperaturempfindlich u. von Belichtung abhängig, bes. die männlichen. (Z. Naturforsch. **9b.** 548—50. Aug. 1954. Tübingen, Max-Planck-Inst. für Biol.) G. WELTZIEN. 4380

E_4. Pflanzenchemie. Pflanzenphysiologie. Pflanzenpathologie.

J. C. Fidler, *Flüchtige organische Produkte des Stoffwechsels von Früchten.* Literaturübersicht über Isolierung, Best. u. Physiologie von flüchtigen Substanzen des Obstes. — 33 Literaturangaben. (J. Sci. Food Agric. **6.** 293—95. Juni 1955. Ditton Labor., Dep. of Sci. and Ind. Res.) R. RITTER. 4420

Bernhard Hellström und **Nils Löfgren,** *Über Polyen- und Polyinverbindungen in Centaurea cyanus L.* Vff. isolierten aus Centaurea-Arten mindestens 4 Verbb.: „*Cen-*

taur X_1" u. „X_3" u. „*Centaur* Y_1" u. „Y_2". An Hand von UV-Absorptionsmessungen konnten Vff. feststellen, daß die X-Komponenten mit *1.9-Decadien-3.5.7-triin* u. die Y-Komponenten mit *1.3.5.7-Octatetraen* verwandt sind. (Acta chem. scand. **6.** 1024—29. 1952. Stockholm, Univ., Inst. of Org. Chem. and Biochem.) M. L. KLAAR. 4420

Randolph T. Wedding und **Walton B. Sinclair,** *Eine quantitative papierchromatographische Untersuchung der Aminosäuren von Proteinen und Orangensaft.* Vff. isolieren *Proteine* (**I**) aus Navel (a)- u. Valencia (b)-Orangensaft durch Extraktion mit alkal. A. u. verd. (0,3% ig.) NaOH u. Fällung bei p_H 4,6—4,7. Der *N*-Geh. der **I** beträgt 15,37% (a) u. 15,12% (b) des Trockengewichtes. Zur chromatograph. Unters. werden die **I** mit 6n HCl hydrolysiert (6 Std. im Autoklaven). Das Hydrolysat wird nach dem Eindampfen mit 80% ig. A. versetzt, auch Saftproben kommen nach dem Zentrifugieren in der gleichen A.-Konz. zur Analyse. Als Lösungsmittel für die Entw. der Chromatogramme dienen mit W. gesätt. Phenol u. ein Gemisch aus 60% *Lutidin* (**II**) u. 40% *Collidin.* Die quantitative **I**-Best. erfolgt nach der Meth. von MILLER u. ROCKLAND, THOMPSON u. DUVICK mit Hilfe einer Lsg. von 0,5% *Ninhydrin* in **II** auf spektrophotometr. Wege. Die Ergebnisse zeigen, daß die **I** aus a u. b nicht miteinander ident. in ihrer Zus. sind. Der größte Unterschied besteht im Fehlen von *Ornithin* bei b-**I** (a: 14,0% des **I**-N) u. von *γ-Aminobuttersäure* (**III**) bei a-**I** (b: 10,6%). Ferner enthält b-**I** größere Mengen *Asparaginsäure* (**IV**) (13%; a: 10,0%) u. *Glutaminsäure* (**V**) (12%; a: 5,1%), aber weniger *Tyrosin* (1,3%; a: 7,7%) als a-**I**. Dafür besitzt das letzte eine höhere Konz. an *Phenylalanin* (7,5%; b: 3,7%). An weiteren Aminosäuren werden *Alanin* (**VI**) (a: 5,20%; b: 6,2%), *Glycin* (**VII**) (6,6 u. 8,3%), *Leucin* (6,0 u. 6,7%), *Lysin* (**VIII**) (5,1 u. 6,9%), *Prolin* (**IX**) (2,9 u. 6,1%), *Serin* (**X**) (4,4 u. 3,6%), *Threonin* (2,5 u. 1,5%) u. *Valin* (**XI**) (4,0 u. 6,2%) bei einer Gesamtausbeute an **I**-N von 81,0 bzw. 86,1% gefunden. Im Saft von a u. b lassen sich nicht alle die im **I**-festgestellten Aminosäuren in freier Form nachweisen, doch werden auch hier Unterschiede ermittelt. Bei einer Gesamt-N-Ausbeute von 58,2% (a) bzw. 51,7% (b) besitzt b-Saft 0,8% (Gesamt-N) **XI** u. 0,3% **VII**, die im a-Saft fehlen. Letzterer enthält größere Mengen von **III** (2,5%; b: 0,9%, **IX** (10,8%; b: 6,3%), *Asparagin* (15,5%; b: 7,5%) u. *Glutamin* (6,2%; b: 4,4%), aber geringere an **IV** (3,7%; b: 7,4%), **V** (1,7%; b: 5,1%) u. **VIII** (12,0%; b: 17,1%). Außerdem kommen **VI** (a: 2,4%; b: 1,5%) u. **X** (3,4 u. 0,4%) im Orangensaft vor. (Bot. Gaz. **116.** 183—88. Dez. **1954.** Riverside, Calif., Citrus Exp. Stat., Univ. of California, Dep. of Plant Biochem.)
P. FAHRNLAENDER. 4420

Teruko Fujiwara, *Untersuchungen über die Chromoproteine in japanischem „Nori" (Porphyra tenera).* 1. Mitt. *Eine neue Methode zur Kristallisation von Phycoerythrin und Phycocyanin.* 1 kg des getrockneten Materials (Porphyra tenera) wurde mit 20 Liter W. 3—4 Tage im Dunkeln extrahiert u. filtriert. Dem Filtrat wurde 1 mol. Ca-Acetat-Lsg. bis zu einer Konz. von 0,1 mol. zugesetzt, filtriert u. 400 g $(NH_4)SO_4$ (**I**)/Liter Lsg. zugegeben. Die gefällten Chromoproteine wurden in 10 Liter W. gelöst, 2—3 Tage dialysiert, 100 ml 1% ig. Rivanol (**II**; 2-Äthoxy-6.9-diaminoacridinlactat)-Lsg. zugesetzt u. filtriert. Das Filtrat wurde mit 300 ml 1% ig. **II**-Lsg. versetzt, wobei der **II**-Phycoerythrin (**III**)-Symplex ausfällt, der abfiltriert wurde. Das Filtrat (**A**) wurde auf Phycocyanin (**IV**) aufgearbeitet, während der **II**-**III**-Nd. mit $^1/_2$ mol. NaH_2PO_4-Lsg. u. W. gewaschen wurde. Aus dem Waschwasser können weitere Mengen an **III** u. **IV** isoliert werden. Der Nd. wurde in 10% ig. **I**-Lsg. gelöst u. durch Fällung mit **I** bei 30% Sättigung gereinigt. Dann wurde der Nd. in W. gelöst, dialysiert, zentrifugiert u. aus dem Überstand wurden durch Zusatz von $^1/_3$ Vol. gesätt. **I**-Lsg. u. Stehen im Eisschrank Kristalle von **III** erhalten. — Aus dem Filtrat **A** wurde **II** durch Tonzusatz adsorbiert. Zum Filtrat wurden 4 kg **I** gegeben, worauf **IV** ausfällt. **IV** wurde in W. gelöst u. weiter wie **III** behandelt, mit der Ausnahme, daß zur Kristallisation $^1/_4$ Vol. gesätt. **I**-Lsg. zugesetzt wurde. **III** krist. in kleinen Nadeln oder Prismen u. **IV** in Nadeln oder Plättchen. Die wss. **III**-Lsg. ist hellrot mit gelber Fluorescenz u. die **IV**-Lsg. blau mit roter Fluorescenz. In Phosphatpuffer p_H 6,4, 6,8 u. 7,2 waren **III** u. **IV** elektrophoret. einheitlich. Nach wiederholter Umkristallisation zeigte **III** eine positive MOLISCH-Reaktion. Die Elementaranalyse ergab für **III**: C 50,80; H 7,99; N 15,13; S 2,06; Asche 1,06; u. für **IV**: C 51,01; H 6,82; N 15,81; S 1,12; Asche 1,52. Die Absorptionsspektren von **III** zeigen starke Absorptionen bei 496, 546 u. 560 mμ u. schwache bei 270—274 mμ u. bei 350—366 mμ, während **IV** starke Absorptionen bei 615 mμ u. schwache bei 340—366 u. 260—275 mμ aufweist. (J. Biochemistry [Tokyo] **42.** 411—17. Juli 1955. Osaka, Univ., Fac. of Sci., Labor. of Biochem. [Orig.: engl.]) E. SCHWERDTFEGER. 4420

Donald B. Melville und **Stephen Eich,** *Das Vorkommen von Ergothionein in pflanzlichem Material.* 2 kg Haferflocken mit einem chromatograph. bestimmten *Ergothionein* (**I**)-Geh. von **34** mg wurden mit **12** Liter heißem W. (80—90°) 15 Min. extrahiert. Dann wurden **12** Liter 95% ig. A. zugegeben u. die filtrierte Lsg. im Vakuum zur Trockne

eingeengt. Der in W. gelöste Rückstand wurde mit Pb-Acetat gefällt u. die von Pb-Ionen befreite Lsg. auf eine Säule von 1,5 kg Amberlite IRA–410 in der Acetatform gegeben u. mit W. nachgewaschen. Der im Vakuum zur Trockne eingeengte Durchlauf wurde in 100 ml W. gelöst, 300 ml absol. A. zugegeben u. die zentrifugierte Lsg. an einer Säule von 4 kg Al_2O_3 unter Verwendung eines Lösungsmittelgemisches von A.–W. (3 : 1) fraktioniert u. die I-reichsten Fraktionen erneut an 80 g Al_2O_3 aufgetrennt. Die im Vakuum zur Trockne eingeengten I-reichen Fraktionen wurden in 3 ml 0,5n H_2SO_4 gelöst u. I mit Cu_2O gefällt. Nach Zers. des Nd. mit H_2S u. Einengen zur Trockne wurde an einer 20 g Al_2O_3-Säule mit 80%ig. A. fraktioniert u. erneut die I-reichsten Fraktionen gesammelt. Nach Einengen u. Lösen in wenig W. wurden Kristalle von I durch Zusatz von A. erhalten. Nach erneuter Reinigung an einer Säule an Amberlite IRA–410 in der Acetatform wurden 5,6 mg I als Nadeln erhalten. Zersetzungspunkt, Farb-Rk. im Diazo-Test, papierchromatograph. Verh. in n-Butanol–Essigsäure u. n-Butanol–Methanol, UV- u. Ultrarotabsorptionsspektren entsprechen autent. I. Nach Ansicht der Vff. kann I im Hafer, wenigstens z. T., pilzlicher Herkunft sein. (J. biol. Chemistry **218.** 647—51. Febr. 1956. New York, N. Y., Cornell-Univ., Med. Coll., Dep. of Biochem.)
E. Schwerdtfeger. 4420

F. Wessely und **L. Neugebauer,** *Über die Inhaltsstoffe der Wurzel von Pimpinella saxifraga.* 3. Mitt. (2. vgl. Mh. Chem. **60.** [1932.] 141.) Aus dem Ätherextrakt der Wurzel wurden durch verfeinerte Trennungsmethoden (bes. Papierchromatographie) zwei weitere Substanzen isoliert; ihre Identität mit *Sphondin* (vgl. Späth u. Schmid, Ber. dtsch. chem. Ges. **74.** [1941.] 595) u. *Sphondylin* (vgl. Späth u. Simon, Mh. Chem. **67.** [1936.] 344) wurde durch Misch-F., Papierchromatogramm u. Analysenzahlen bewiesen. (Mh. Chem. **84.** 217—18. 15/2. 1953. Wien, Univ., II. Chem. Labor.) H.-E. Toussaint. 4420

Ss. O. Grebinski, L. A. Ljukowa und **K. N. Frischko,** *Der Einfluß von Vitaminen auf die Öffnung ruhender Knospen.* Durch Injektion von *Vitamin* B_1 (I) u. *Vitamin PP* (II) in die Knospen abgeschnittener Zweige von Kastanien- u. Apfelbaum, Eiche, Magnolie, Flieder, Kirschbaum, Linde u. Esche wird die Öffnung der Knospen stark beschleunigt. Die Wrkg. ist bei 1 u. 10 γ/ml gleich. Bei 100 γ/ml I oder II werden die Knospen braun u. sterben ab. Die Wrkg. von I u. II ist viel stärker als die von 1%ig. Acetylen. Durch die Injektion von I oder II wird die Atmung intensiviert. Da die Knospenöffnung von einer I-Zunahme (bei Flieder von 58 auf 221 γ/100 g Trockensubstanz) begleitet ist, beruht die Wrkg. der I- oder II-Injektion möglicherweise auf einer Verstärkung der zur Knospenöffnung führenden Umsetzungsprozesse. Die Wrkg. von I u. II hängt mit der Atmungsstimulierung zusammen. (Доклады Академии Наук СССР [Ber. Akad. Wiss. UdSSR] **105.** 1361—63. 21/12. 1955. Lwow, Franko-Univ.) O. Lebtag. 4425

Sachchidananda Banerjee, Krishnasudha Rohatgi, Maya Banerjee, Dhurjatiprosad Chattopadhyay und **Haripada Chattopadhyay,** *Pyridoxin–Inosit- und Vitamin-K-Gehalte von gekeimten Hülsenfrüchten.* Vff. lassen Samen von Lathyrus sativus, Phaseolus mungo, Pisum sativum, Cajunus indicus, Phaseolus radiatus, Cicer arietinum u. Lens esculenta 2 bzw. 4 Tage keimen u. bestimmen die Konzz. an *Pyridoxin* (I) u. *Inosit* (II) (auf mikrobiol. Wege durch Einw. von Saccharomyces carlsbergensis [18 Std., 30°] u. Messung der Trübung des alkal. Samenextraktes im photoelektr. Colorimeter bei 650 mμ) sowie den Geh. an *Vitamin K* (III) nach der Redoxmeth. von Scudi u. Buhs (J. biol. Chemistry **141.** [1941.] 451). Außer bei Lathyrus sativus wird ein Anstieg der I-Menge (um 20 bis über 100%) nach der Keimung beobachtet. Auch die II- u. III-Konzz. zeigen Zunahmen, die aber bes. bei III geringer sind u. kaum über 50% hinausgehen. (Food Res. **20.** 545—47. Nov./Dez. 1955. Calcutta, India, Presidency Coll., Dep. of Physiol.)
P. Fahrnlaender. 4425

Richard U. Byerrum, Lovell J. Dewey, Robert L. Hamill und **Charles D. Ball,** *Die Verwertung von Glykolsäure zur Methylgruppensynthese im Tabak.* Vff. hatten nachgewiesen, daß das α-C-Atom des *Glykokolls* im Stoffwechsel der Tabakpflanze großenteils in die N-Methylgruppe des *Nicotins* (I) eingelagert wird. Mit Hilfe von *$^{14}C_{(2)}$-Calciumglykolat* konnten sie zeigen, daß ebenfalls *Glykolsäure* (II) verwertet wird. Im Hydroponicverf. gegeben, wurde II durch die Wurzel der Tabakpflanzen aufgenommen. Nach einer Woche wurde I als Dipikrat u. dann auch das *Lignin* (III) isoliert. Nach Demethylierung wurden die jeweiligen Methylgruppen als *Methyltriäthylammoniumjodid* erhalten. Hierin konnte die vorher im I u. III gemessene Radioaktivität vollständig bzw. zum größten Teil wiedergefunden werden. Das α-C-Atom der II geht also in die N-Methylgruppe des I sowie die O-Methylgruppen des III über. Format kann als Zwischenstufe ausgeschaltet werden. (J. biol. Chemistry **219.** 345—50. März 1956. East Lansing, Mich., Michigan State Univ.; Kedzie Chem. Labor.) Hans Thiele. 4460

William G. Boll, *Die Wirkung der Saccharosekonzentration, Zeitdauer des Saftdurchgangs, Zufuhr von Spurenelementen und des* p_H*-Wertes auf das Wachstum von ab-*

getrennten Tomatenwurzeln. Vff. untersuchen das Wachstum abgetrennter Teile von Tomatenwurzeln unter Verwendung des Substrates von WHITE (ohne *Thiamin, Pyridoxin, Niacin* u. *Glycin*) bei 28° in der Dunkelheit (p_H 4,8—5,0). Es wird festgestellt, daß das Längenwachstum der Hauptachse 6—7 Tage nach der Inoculation erniedrigt ist, jedoch 4—5 Tage nach derselben n. verläuft. Unter dem Einfl. von 1,5%ig. *Saccharose* (**I**)-Lsgg. wird das Wachstum der Wurzeln in axialer u. lateraler Richtung am stärksten gefördert, u. es zeigt sich die größte Zunahme an Frisch- u. Trockengewicht. Bei einer **I**-Konz. von 2% besitzen 0,01 p.p.m. Mo oder 0,0001 p.p.m. Cu eine wachstumsfördernde Wrkg., die in 1,5%ig. **I**-Lsg. nur bei Zusatz von Mo eintritt. In Ggw. von Mo wirkt Cu bei oberhalb von 0,01 p.p.m. liegenden Konzz. tox., während in Ggw. von Cu ein Geh. von 0,005 p.p.m. Mo stärker wachstumsfördernd ist als Cu allein. Höhere Mo-Konzz. (0,01) hemmen in Cu-haltigem Substrat die Entw. der Wurzeln. Das Wachstumsoptimum liegt bei p_H 4,8—4,9; bei ca. 5,2 u. höheren p_H-Werten der Nährlsg. tritt Hemmung des Wachstums infolge Fällung von Fe ein. Eine Lsg. von *Fe^{III}-Na-Äthylendiamintetraacetat*, die zur Aufrechterhaltung des Fe-Bedarfs für Tomatenwurzelkulturen verwendet wird, verschiebt das Optimum auf höhere p_H-Werte (5,6) u. verhindert das Ausfällen des Fe. Die Verss. zeigen einen gewissen antagonist. Effekt zwischen Cu u. Mo. (Bot. Gaz. **116.** 156—62. Dez. 1954. Austin, Tex., Univ., Plant Res. Inst. and Clayton Found. for Res.)
P. FAHRNLAENDER. 4480

Clark Livingston, Merle G. Payne und **Jess L. Fults,** *Die Wirkungen von Maleinsäurehydrazid und 2.4-Dichlorphenoxyessigsäure auf die freien Aminosäuren in Zuckerrüben.* Vff. führen in den Jahren 1951 u. 1952 an Zuckerrüben Spritzungen mit *Maleinsäurehydrazid* (**I**; 3,0—6,0 lb. pro acre) bzw. **I** zusammen mit *2.4-Dichlorphenoxyessigsäure* (**II**; *Na-Salz*, 2 ounces pro acre u. 6 lb. **I**) durch u. bestimmen 5—60 Tage nach der Behandlung den Geh. an freien *Aminosäuren* (**III**) in den Zuckerrübenwurzeln auf papierchromatograph. Wege. Es wird beobachtet, daß **I** (1951) nach 33 Tagen eine Erhöhung der Mengen an *Leucin* (**IIIa**), *Isoleucin* (**IIIb**), *Valin* (**IIIc**) u. *γ-Aminobuttersäure* (**IIId**) hervorruft, wobei die geringere **I**-Menge (3,0 pds) zu größeren **III**-Anstiegen führt. Die 1952 durchgeführte Spritzung mit **I** erniedrigte 5 Tage nach dessen Zufuhr die Konzz. an *Glutamin* (**IIIe**), *Alanin, Lysin* u. *Tyrosin,* während 60 Tage nach der **I**-Spritzung ein Anstieg dieser **III** festgestellt wurde. Behandlung mit **II** (1952) besitzt auf vorst. **III** die gleiche Wrkg. wie **I**. Der Geh. an *Asparaginsäure* bleibt unverändert. Ein **I**-**II**-Gemisch zeigt nur 60 Tage nach den Spritzungen eine additive Wrkg. auf **IIIe**, **IIId**, **IIIc**, **IIIb** u. **IIIa**, deren Konzz. stärker ansteigen, als nach **I** oder **II** per se. Der Erfolg der Behandlung mit **I** u./oder **II** ist von der Jahres- bzw. Erntezeit u. vom physiol. Status der Pflanzen abhängig. (Bot. Gaz. **116.** 148—56. Dez. 1954. Fort Collins, Colo., Agricult. Exp. Stat., Bot. and Plant Pathol. and Chem. Sect.)
P. FAHRNLAENDER. 4485

S. Krishnamurthi und **D. Subramanian,** *Die Wirkung von 2.4-Dichlorphenoxyessigsäure auf Solanum melongena, L.* Bericht über die Wrkg. von *2.4-Dichlorphenoxyessigsäure* (**I**) als Wachstumsregulator bei Solanum melongena, L. Danach kommt es durch **I**-Konzz. von 0,0025, 0,005 u. 0,01% zu einem gegenüber den Kontrollen gesteigerten Fruchtansatz u. erhöhtem Gesamtertrag, obwohl die Einzeldurchschnittsgewichte u. Voll. hinter denen der unbehandelten Kontrollgruppe zurückbleiben. Die Reifungszeit wird gegenüber den Kontrollen herabgesetzt. (Current Sci. **23.** 125—26. April 1954. Annamalainagar, Dep. of Agricult.)
H. ZELLER. 4485

R. E. Hay und **D. P. Uhl,** *Die Reaktion einiger Pflanzenarten auf ein Acrylsäurederivat.* Vff. behandeln junge Tomaten-, Radieschen-, Sojabohnen-, Sonnenblumen (Helianthus annuus)- u. Ringelblumen (Tagetes tatula)-Pflanzen in Wachstumsverss. (Versuchsdauer 21 Tage) mit 0,05—0,4%ig. wss. Suspensionen von *α-Cyan-β-[2.4-dichlorphenyl]-acrylsäure* (**I**) in 0,1%ig. Lsg. von Tween-20. Es zeigt sich, daß **I** (mit Ausnahme der Konz. von 0,05% bei der Sojabohne) das Wachstum der ersten 4 Pflanzenarten hemmt u. die Blütenentw. der letzten verzögert (bis zu 12 Tagen), ohne weitere tox. Wirkungen zu besitzen. Von weiteren Acrylsäurederivv., *α-Cyan-β-[p-methoxyphenyl]-acrylsäure, -[2.4-dichlorphenyl]-acrylsäureäthylester, -[3.4-dichlorphenyl]-acrylsäure, Na-Salz, Amid* u. *Diäthanolaminsalz* von **I**, besitzt nur das letzte die stärkste wachstumshemmende Wrkg. auf junge Tomatenpflanzen. (Bot. Gaz. **116.** 193—95. Dez. 1954.)
P. FAHRNLAENDER. 4485

M. S. Smith, R. L. Wain und **F. Wightman,** *Antagonistische Wirkung bestimmter Stereoisomere auf die das Pflanzenwachstum regulierende Aktivität ihrer Enantiomorphe.* Das Verh. der wachstumsfördernden (+)-α-*[2-Naphthoxy]*-, (+)-α-*[2.4-Dichlorphenoxy]*- u. (+)-α-*[2.4.5-Trichlorphenoxy]-propionsäure* in Ggw. der nicht wirksamen (—)-Enantiomorphe wurde mittels des Avena-Cylindertestes untersucht. Es zeigte sich, daß die Wirksamkeit der (+)-Verbb. durch einen großen Überschuß der entsprechenden (—)-Verbb.

ganz oder teilweise aufgehoben wird. — Vff. diskutieren in Erweiterung ihrer bisherigen Vorstellungen über die Wirkungsweise der akt. Enantiomorphe die Möglichkeit der Blokkierung der für Wachstums-Rkk. notwendigen Receptorzentren durch inakt. Moll. der (—)-Enantiomorphe. (Nature [London] **169.** 883—84. 24/5. 1952. Near Ashford, Kent, Univ. of London, Wye Coll.) F. RANG. 4485

E. G. Bollard, *Mitteilung über die Innenbräunung von Quittenfrüchten.* Die Quitteninnenbräune ist eine typ. Spurenelementmangelerscheinung, am wichtigsten ist Fe- u. Mg-Mangel. Direkte Behandlung mit Spurenelementen zeitigten bisher noch keine Erfolge. (New Zealand J. Sci. Technol., Sect. A **35.** 63—64. Juni 1953. Auckland, Dep. of Sci. and Ind. Res., Fruit Res. Stat.) C. GRIMME. 4490

D. W. Dye, *Bekämpfung von Pseudomonas syringae mit Streptomycin.* In Gewächshausverss. erwiesen sich *n-Trichlormethyltetrahydrothiophthalimin* (**I**; *SR 406*) u. *Streptomycinsulfat* an Prunus persica gegen Pseudomonas syringae als mäßig wirksam. Beim Besprühen mit **I** traten Blattschädigungen auf. (Nature [London] **172.** 683—84. 10/10. 1953. Auckland, New Zealand, Dep. of Sci. and Ind. Res., Plant Dis. Div., Bacteriol. Sect.) H. DOSSMANN. 4490

S. B. D. Agarwala und **R. N. Prasad,** *Untersuchungen mit Pestox-3 H an Zuckerrohrschädlingen (Trionymus sacchari).* Bei einem Befall verschied. Zuckerrohrarten (Co. 513, Co. 313 u. Bo. 11) mit Trionymus sacchari wurde durch Behandlung mit einem 0,5%ig. *Pestox*-Spray der Prozentsatz der befallenen Blätter u. die Zahl der Schädlinge pro Blatt signifikant herabgesetzt. (Current Sci. **23.** 132—33. April 1954. Pusa, Entomol. Sect.) H. ZELLER. 4490

E₅. Tierchemie. Tierphysiologie. Tierpathologie.

W. V. Mayneord, *Die Scintillationszählung und ihre medizinischen Anwendungen.* Vf. behandelt die Physik des Photomultipliers u. der in der Praxis der Scintillationszählung gebräuchlichen Luminescenzstoffe. Die externe Messung der örtlichen Aktivitätsverteilung von ^{131}J in der Schilddrüse kann mit einer feineren Meßsonde vorgenommen werden als bei Messungen mit dem GEIGER-Zähler, die Auflösung ist daher entsprechend höher. Ähnliche Vorteile bieten sich bei der Diagnose von Hirntumoren mit Dijodfluorescein mit ^{131}J als Tracer, von Leber- u. Muskelbefunden mit ^{42}K. Mit einer Vorr. in Nadelform können Beobachtungen im Inneren des Körpers vorgenommen werden (^{32}P in Brustcarcinomen). Für fl. Proben, z. B. Blut, wird ein 4π-Zähler angewandt. Schließlich wird eine App. beschrieben, mit der unmittelbar die örtliche Verteilung der Aktivität ermittelt werden kann. (Brit. J. appl. Physics **4.** 353—58. Dez. 1953. London, Royal Cancer Hosp., Physics Dep.) W. REUSSE. 4500

R. Hamm, *Über die Erdalkalien des Muskels: ihr Einfluß auf die Muskelhydratation und die Bestimmung ihrer Bindungsfestigkeit.* Nach Zusatz von 10% *Lewatit S 100* (*Na^+*-Form) u. 100% W. zu einem auf p_H 7,0 eingestellten Muskelbrei ist dieser nach einigen Std. Rühren bei 0° gelatinös-fest, während ein Muskelbrei ohne diesen Zusatz unverändert breiigfl. ist. Dies ist auf Entzug von *Ca*- u. *Mg*-Ionen zurückzuführen, die durch ihre Verb. mit den Muskelproteinen die Hydratation stark herabsetzen. 60% des Mg erwiesen sich als leicht austauschbar, während Ca weit langsamer ausgetauscht wird. Die Hydratationszunahme wird in erster Linie durch die Entfernung von Ca verursacht. Die die Wasserbindung erhöhende Wrkg. von *Phosphat* ist bei lewatitbehandeltem Material entsprechend geringer. (Naturwissenschaften **42.** 394. 1. Juli-H. 1955. Kulmbach, Bundesforschungsanst. für Fleischwirtschaft, Chem.-Physikal. Inst.) J. SCHWAIBOLD. 4510

H. Bertha, H. Malissa und **F. Pohl,** *Mikrochemische Untersuchungen über die topische Verteilung von Spurenelementen im Gehirn.* Neben bekannten Vork. von Spurenelementen im menschlichen Gehirn werden in allen untersuchten Hirngebieten Al u. Cu gefunden. In einzelnen Gebieten treten Pb, Zn, Si, Sn, Sr, Ag, Be u. Ti auf. Nachw. spektroskop. bei direktem Aufbringen der Hirnmasse mit HCl auf die Kohle oder bei Aufbringen nach $HClO_4$-Aufschluß. (Mikrochem. verein. Mikrochim. Acta **36/37.** 989—96. 1951. Graz, Univ., Nervenklinik u. TH, Inst. für Mikrochem. u. Geochem.) PH. FRESENIUS. 4510

Z. Hrůza, *Über einige chemische Eigenschaften des sogenannten Reserveproteins.* Bei Leberhomogenaten von Ratten wird nach 4 Wochen eiweißarmer, n. u. eiweißreicher Ernährung die pept. Abbaufähigkeit der Proteine untersucht. Durch Best. der Menge der abgebauten Polypeptide u. der Aminosäuren mit Phenolkern wird festgestellt, daß mit steigender Eiweißmenge in der Nahrung die Widerstandsfähigkeit der Leberproteine gegenüber dem Abbau durch Pepsin abnimmt. Dies könnte die Ursache dafür sein, daß das durch die Eiweißnahrung in der Leber entstehende Protein leichter gelockert wird u. als Reserveprotein wirkt. (Českoslov. Fysiol. **4.** 411—18. 22/10. 1955. Praha, Úst. pro výzk. výživy lidu, fysiol. odd.) R. K. MÜLLER. 4520

S. Cmelik und **B. Briski**, *Untersuchungen über Eiweißfraktionen von Taenia echinococcus.* Durch Extraktion mit mol. Kochsalzlsg. wurde aus Echinococcusmembranen der Schweineleber ein Nucleoproteid isoliert, dessen Nucleinsäure eine Hexose, anscheinend Glucose (I) oder Galaktose (II) enthält. In der Eiweißkomponente liegt der Geh. an sauren Aminosäuren hoch. Aus den Scolices konnte ein Nucleoproteid mit anderem Absorptionsspektr. isoliert werden. Im NaCl-Extrakt konnten keine Globuline gefunden werden. Durch Aussalzen wurde ein Glucoprotein mit 12% N u. 28% reduzierendem Zucker gefunden. Durch Aceton ließ sich aus der gesätt. Kochsalzlsg. ein Aminosäure-Polysaccharid-Komplex, enthaltend 3,6% N u. 54,2% reduzierender Zucker, ausfällen. Der Zuckeranteil dieser Substanzen bestand aus **I**, **II** u. Glucosamin. In allen Proteinanteilen ist die gleiche Anzahl Aminosäuren vorhanden. (Biochem. Z. **324.** 104—14. 1953. Zagreb, Centrales hygien. Inst.) K. NEHRING. 4520

Lise Raeber, Georges Schapira und **Jean-Claude Dreyfus**, *Über eine neues Muskelprotein, das „Metamyosin".* Wird aus Foetalmuskeln von Kaninchen oder Schaf Myosin nach der Meth. von MOMMAERTS u. PARRISH (C. **1953.** 7107) extrahiert, so lassen sich durch Elektrophorese *Actomyosin* (**I**), *Myosin* (**II**) u. ein weiteres Protein, für das Vff. den Namen *Metamyosin* (**III**) vorschlagen, nachweisen. **III** macht 5—20% des Präp. aus u. läßt sich auch (in geringerer Konz.) in Extrakten aus ausgewachsenen Muskeln nachweisen. **III** unterscheidet sich in seiner elektrophoret. Wanderungsgeschwindigkeit von **I**, **II**, Tropomyosin, Actin, dem Protein Y u. Contractin. **III** erscheint nicht bei der Elektrophorese von rohen Muskelextrakten, da es durch Myogen maskiert wird. (C. R. hebd. Séances Acad. Sci. **241.** 1000—03. 10/10. 1955.) E. SCHWERDTFEGER. 4520

J. G. Henrotte, *Eine kristalline Komponente der Fällung von Karpfenmyogen bei hohen Ionenstärken.* Die frischen Muskeln werden homogenisiert, 1 Std. bei 2° mit W. extrahiert u. zentrifugiert. Der Überstand wird gegen W. dialysiert, die ausgefallenen Globuline werden entfernt, die Lsg. auf 88% Sättigung mit festem $(NH_4)_2SO_4$ gebracht u. das p_H auf 6,5 eingestellt. Nach Entfernung des Nd. wird die Lsg. auf 98% Sättigung gebracht, 1 Std. in der Kälte gerührt u. der durch Zentrifugieren abgetrennte Nd. in wenig W. gelöst. In dieser Lsg. erfolgt innerhalb 24 Std. bei 2° eine starke Kristallisation. Die krist. Proteinkomponente zeigt bei der freien Elektrophorese 2 Gradienten von sehr ähnlicher Beweglichkeit u. in der Ultrazentrifuge eine Bande mit ca. 1,5 S. Das UV-Spektr. zeigt eine geringe Absorption bei 280 mμ u. 3 Maxima bei ca. 253, 259 u. 264 mμ, die denen des Phenylalanins bei neutralem p_H entsprechen. Das Protein scheint daher sehr wenig Tyrosin u. Tryptophan u. viel Phenylalanin zu enthalten. (Nature [London] **176.** 1221. 24/12. 1955. Liège, Univ., Labor. of Gen. Biol.)
E. SCHWERDTFEGER. 4520

F. Sanger und **E. O. P. Thompson**, *Die Umkehrung von Dipeptiden als Folge der Hydrolyse in verdünnter Säure.* Bei der Partialhydrolyse von Proteinen oder Polypeptiden durch verd. Säure entstandene Dipeptide brauchen nicht in der erhaltenen Form im ursprünglichen Mol. vorgelegen haben. Eine Umkehrung des Dipeptides AB in die Form BA über das Diketopiperazin ist möglich. Vff. zeigen dies an dem Beispiel *Glycylvalin* (**I**) → *Valylglycin* (**II**), eine Umkehrung, die durch Hydrolyse mit 0,1 n HCl bei 100° erzielt wurde. Proben, die nach 6, 11, 23 u. 30 Std. einem sd. Reaktionsgemisch **I** + 0,1 n HCl entnommen worden waren, wurden mit Kontrollproben **I** u. **II** papierchromatographiert. Die **I** u. **II** entsprechenden Flecke der Versuchsprobe wurden eluiert, mit 1.2.4-Fluordinitrobenzol behandelt, die DNP-Peptide hydrolysiert (nach Extraktion) u. die DNP-Aminosäuren auf gepuffertem Papier chromatographiert. Das Chromatogramm zeigte, daß sich aus **I** das Dipeptid **II** gebildet hatte. Bei einer Partialhydrolyse n. Art mit 12 n HCl bei 37° wurde keine Umkehrung beobachtet. (Biochim. biophysica Acta [Amsterdam] **9.** 225—26. Aug. 1952. Cambridge, Biochem. Labor.) H. ENDRASS. 4520

Otto Völker, *Die Isolierung von Astaxanthin aus Federn.* Aus 17,6 g roten Federn von 22 *Laniarius atrococcineus* wurde nach Reinigung u. 14tägiger Vorbehandlung mit konz. KSCN-Lsg. *Astaxanthin* (**I**) mit CH_3OH bei Raumtemp. extrahiert, durch mehrmalige Verteilung zwischen Bzn. u. 90%ig. CH_3OH gereinigt u. aus Pyridin-W. umkrist. (F. 205° [Zers.], violette Täfelchen). Die Pyridinlsg. gab mit butanol. KOH unter N_2 stark positive **I**-Rk. (Blaufärbung). (Naturwissenschaften **41.** 405. Sept. 1954. Gießen, Justus-Liebig-Hochschule, Zool. Inst.) K. MAIER. 4520

Bret Ratner und **Lloyd V. Crawford**, *Anaphylaktogene Eigenschaften von Gelatine und deren Vorstufen.* Im Meerschweinchenvers. wird festgestellt, daß *Gelatine* (**I**) keine Anaphylaxie auslösen kann. Die in **I** vorhandenen Verunreinigungen (Serum u. Plasma) stammen von derjenigen Tierart, von der die **I** gewonnen wurde. Diese Bestandteile können als Antigene wirken, so daß auch nicht exakt gereinigte **I** eine Anaphylaxie bewirken kann. (J. Allergy **26.** 320—28. Juli 1955. New York, N. Y., Med. Coll. and Flower and Fifth Avenue Hosp., Depp. of Pediatrics and Immunology.) H. ZELLER. 4551

H. Hammerl und **H. Millesi**, *Experimentelle Untersuchungen zur Frage der Blockade des reticuloendothelialen Systems.* Vff. untersuchen die Regeneration des reticuloendothelialen Syst. (RES) in bezug auf die Zeit, den Zeitpunkt der blockierenden Injektion im Verhältnis zur Sensibilisierung u. bes. die Wrkg. der Blockade des RES in Hinblick auf das allerg. Asthma bronchiale beim Menschen. Als Blockadestoff wird *Thorotrast* (**I**; HEYDEN) verwandt. Bei Meerschweinchen hemmt **I** mit u. ohne vorherige Milzexstirpation die antikörperbildende Funktion des RES. Die Regeneration des RES beginnt wenige Tage später. Nach 18 Tagen ist die Funktion voll wiederhergestellt, so daß eine Erfolgsinhalation ad exitum führt. Sensibilisiert man aber ein Tier, das bereits einmal mit **I** blockiert war, noch einmal, dann zeigt selbst nach 3 Wochen die Erfolgsinhalation nur eine angedeutete Reaktion. Der Grund ist z. Z. noch unbekannt. Bronchogen ausgelöste allerg. Rkk. lassen sich beim Meerschweinchen mit **I** auch bei monatelang wiederholten Erfolgsinhalationen voll unterdrücken. Für eine Verwendung beim Menschen ist **I** wegen seiner Nebenwirkungen nicht geeignet. (Wiener Z. inn. Med. Grenzgebiete **35.** 133—40. März 1954. Wien, Wilhelminen-Spital, I. Med. Abt.) G. WELTZIEN. 4551

Gerhard Bornmann, Hermann-Josef Leppelmann und **Arnold Loeser**, *Ovarialhormone und Leber.* Werden weibliche Albinoratten kastriert u. dafür ein Ovar *a*) sofort, *b*) erst nach 3 Monaten in die Milz verpflanzt, so ergibt eine Nachkontrolle der Tiere nach 5 Monaten wesentliche Unterschiede: *a*) die implantierten Ovarien sind luteomatös verändert, bei ca. $^1/_3$ der Tiere ist die Uterusschleimhaut proliferativ oder metaplast. aktiviert, die Schilddrüse ist n.; *b*) das implantierte Ovar ist narbig degeneriert, Uterusschleimhaut u. Schilddrüse sind inakt. bzw. ruhig. Es scheint, daß im Falle *a*) die Leber die vom „Milzovar" ausgehenden u. sie passierenden Wirkstoffe nicht völlig zerstört oder durch Umbau inaktiviert hat, so daß sie ihre endokrine Funktion teilweise weiter ausüben können, jedoch durch das entstehende Defizit die Hypophyse zur Ausschüttung gonadotroper Wirkstoffe, die auf das Ovarimplantat rückwirken, veranlaßt wird. Im Falle *b*) hat die Leber zwischenzeitlich die Fähigkeit zur Inaktivierung der Sekrete des Implantates verloren, das — infolge der fehlenden hypophysären Rückwrkg. — verkümmert. Für eine Besonderheit der Ovarialwirkstoffe nach Leberpassage spricht nichts. (Acta endocrinol. [Copenhagen] **19.** 188—94. Juni 1955. Münster/Westf., Univ., Pharmacol. Inst.) H. DANNENBAUM. 4559

E. L. Noach, *Der Einfluß von Östrogenen auf die Schilddrüsenfunktion.* 1. Mitt. Vf. glaubt die Widersprüche der Literatur durch eine Doppelwrkg. der Östrogene aufklären zu können: danach sollen die Gonadenhormone a) die Ausschüttung von ***thyreotropem Hormon*** (**II**) durch die Hypophyse hemmen u. b) dessen Wrkg. auf die Schilddrüse potenzieren können. Der jeweils erzielte Effekt sei die Resultierende aus a) u. b) u. hänge auch weitgehend von den qualitativen u. quantitativen Gegebenheiten der Tierverss. ab. In eigenen Verss. wird gefunden, daß 10—1000 μg ***Östradiolbenzoat*** (**I**) bei kastrierten männlichen Albinoratten die Aufnahme von $Na^{131}J$ u. das Gewicht der Schilddrüse steigern, daß ferner 20—50 μg **I** am hypophysenlosen Tier allein keine Wrkg. zeigen, aber gleichzeitig verabfolgtes **II** (2 HEYL-LAQEUR-E.-/Tag) in seiner Wrkg. auf das Schilddrüsengewicht u. die Aufnahme von $Na^{131}J$ steigern. Ein gleichsinniger Effekt wird an hypophysenlosen weiblichen Ratten erzielt, wenn die Tiere zusätzlich zu **II** noch 10 I.E. Gonadotropin erhalten. (Acta endocrinol. [Copenhagen] **19.** 127—38. Juni 1955. Leiden, Univ., Dep. of Pharmacol.) H. DANNENBAUM. 4559

E. L. Noach, *Der Einfluß von Östrogenen auf die Schilddrüsenfunktion.* 2. Mitt. (1. vgl. vorst. Ref.) Die Verss. zur Deutung der Doppelrolle der *Östrogene* bei der Beeinflussung der Schilddrüsenaktivität werden fortgesetzt, bes. hinsichtlich des Nachw., daß eine Hemmung der thyreotropen Aktivität der Hypophyse erfolgt. Folgende Befunde werden berichtet u. ausführlich diskutiert: Bei kastrierten nebennierenlosen männlichen Ratten verursacht *Östradiolbenzoat* (**I**) eine gesteigerte Aufnahme von ^{131}J, ohne eine erkennbare Korrelation zwischen Dosis u. Wirkung. — Tägliche Gaben von 50 μg **I** verursachen bei schilddrüsenlosen kastrierten männlichen Ratten bei einer Erhaltungsdosis von 10 μg *Thyroxin*/Tag eine schwache Retention einer Spurendosis von $Na^{131}J$. — Schilddrüsen von Ratten, die eine Woche vorher täglich mit 50—500 μg **I** behandelt worden waren, nehmen beim in vitro-Vers. mehr ^{131}J auf als die Drüsen unbehandelter Kontrolltiere. **I** wirkt auf die Überführung von ^{131}J in organ. Bindung nicht hemmend; endogene Östrogene, die den begünstigenden Effekt von thyreotropem Hormon auf die Bindung von ^{131}J durch die Schilddrüse steigern, verändern in kleinen Dosen nicht die histolog. Struktur der Drüse. (Acta endocrinol. [Copenhagen] **19.** 139—51. Juni 1955. Leiden, Univ., Dep. of Pharmacol.) H. DANNENBAUM. 4559

C. Champy, *Reproduktionen der Follikulinwirkung auf das Federkleid durch lokale Einwirkung von Acetylcholin und Adrenalin.* (Vgl. C. **1955.** 2708.) Die Wrkg. des *Folli-*

kulins auf das Federkleid der Vögel kann reproduziert werden durch lokale Applikation von *Acetylcholin* u. *Adrenalin* an der Federwurzel. Diese Wrkg. scheint, wie auch die auf den Genitaltractus, synerg. u. nicht antagonist. zu sein. Sie stellt allerdings nicht die gesamte gestaltende Wrkg. des Nervensyst. auf die Feder dar. Denn die völlige Zerstörung des Nervensyst. führt zu einer sehr viel tiefer greifenden morpholog. Störung. Die Wrkg. dieser Stoffe erscheint als ursächliche Triebkraft für ein spezielles Phänomen des Wachstumsabschlusses. (Bull. biol. France Belgique **89.** 211—17. 1955.)
H. KOLM. 4559

Rudolf M. Anker, *Die Bestimmung von Östrogenen in gelagerten Schwangerenharnen.* Es wird eine genaue Vorschrift zur raschen Best. von *Östrogenen* (**I**) u. *Pregnandiol* aus bis zu 2 Jahren alten, mit Butanol stabilisierten Schwangerenharnen gegeben, welche eine Modifikation der älteren Verff. von ENGEL bzw. DINGEMANSE darstellt u. eine vereinfachte Extraktionstechnik der mit HCl gespaltenen Harne bringt. Die schließlich in absol. A. gelösten **I** werden colorimetr. nach KOBER in einer etwas verbesserten Modifizierung nach ALLEN bestimmt; der Fehler beträgt ca. 300 μg **I**/24 Std. maximal, abhängig von gefärbten Verunreinigungen aus dem Harn. Auch hierfür werden genaue Vorschriften gegeben u. die Fehlermöglichkeit der Meth. diskutiert, die eine optimale, jedoch keine ganz quantitative Erfassung der **I** gestattet. (J. clin. Endocrinol. Metabolism **15.** 210—14. Febr. 1955. Denver, Colo., Univ. of Colorado, School of Med., Dep. of Obstetr. and Gynecol., Endocrinol. Labor.) H. DANNENBAUM. 4559

J. F. Tabarelli-Neto, C. E. de Salles-Gomes und **M. Fernandez,** *Spermienausscheidung bei Kröten nach Oxalsäure und Oxalaten.* Bei den Kröten Bufo marinus, Bufo paracnemis Lutz u. Bufo arenarum Hensel wurde subcutan oder peritoneal injiziert 5, 10 u. 15 ml Stutenplasma, das 10, 20 u. 30 mg Oxalate (**I**) enthielt; *Oxalat*-Lsg. von HELLER u. PAUL von *K, Na* oder *NH_4-Oxalaten* mit einem Geh. von 10, 15, 20, 30, 40 u. 75 mg in 15 ml W.; 2%ig. *Oxalsäure* in der Dosis von 20 mg. Bei 10—80% je nach Mittel wurde im Durchschnitt ein positiver Spermienbefund im Urin nach frühestens 3 Std. festgestellt. B. marinus zeigte sich bes. anfällig für die tox. Wrkg. der **I**. Kontrollinjektionen von 50—70 mg Na-Citrat blieben alle wirkungslos. (C. R. Séances Soc. Biol. Filiales **148.** 2122—23. Dez. 1954. São Paulo, Brasilien, Univ., Fac. de Méd. vétérin.)
G. WELTZIEN. 4559

J. D. Emerson und **G. M. Emerson,** *Kein kontinuierliches Wachstum bei Ratten nach Verabreichung von rohen Alkaliextrakten aus Rattenhypophyse.* Bei täglicher Injektion eines rohen alkal. Extraktes aus *Rattenhypophysen* zeigten die Ratten nach anfänglich raschem Wachstum einen Wachstumsstillstand, wie er auch bei Verabreichung eines ähnlichen Extraktes aus Rinderhypophyse oder mit gereinigtem Wachstumshormon eintritt. Die wachstumsteigernde Aktivität beider Extrakte wurde an jungen erwachsenen u. an alten Ratten mit dem Ergebnis, daß die Aktivitäten von Ratten- u. Rinderhypophysenextrakten ungefähr gleich sind, verglichen. (Amer. J. Physiol. **182.** 521—23. Sept. 1955. Birmingham, Ala., Med. Coll. of Alabama, Dep. of Physiol., u. Univ. of Alabama, School of Dent.) A. DILLMANN. 4560

M. E. Peguiron, L. Peguiron und **S. Neukomm,** *Die polarographische Kurve der Gonadotropine. Natur und physikochemische Bedingungen ihrer Erscheinung.* Es werden folgende Faktoren, die die polarograph. Kurven beeinflussen, untersucht: die Konz. der polarograph. akt. Substanz, der Wert der Polarisationsspannung, Wahl der Elektrolytlösung, Geschwindigkeit u. Dicke der Tropfen der Mikroelektrode, der Einfl. des gelösten O_2, die Konz. der Ionen des Milieus, der p_H-Wert der zu untersuchenden Lsg. u. die Wahl der Eichbedingungen der gonadotropen Produkte. (Arch. int. Pharmacodynam. Thérap. **96.** 447—61. 1/1. 1954. Lausanne, Centre anti-cancereuxromand, Serv. des Rech. exp.) H. BENISCHKE. 4560

R. Klein, C. Papadatos, J. Fortunato und **Camilla Byers,** *Säurehydrolysierbare Corticoide des Serums.* Es wird erstmalig der Nachw. geführt, daß es außer den *freien*, nach NELSON u. SAMUELS bestimmbaren *17.21-Dioxy-20-ketosteroiden* (**I**) im Serum auch noch *gebundene Formen* (**II**) gibt, welche sich durch kurze Einw. von konz. HCl bei Raumtemp. auf das zuvor von **I** befreite Serum gewinnen u. in gleicher Weise quantitativ bestimmen lassen wie diese. Die durchschnittlichen Mengen der **I** werden von den Vff. mit 13 γ/100 cm^3 Serum angegeben, die der **II** mit 4—8,5 γ/100 cm^3 (n. Kinder u. Erwachsene). Die Werte u. das relative Verhältnis von **I** u. **II** können nun außerordentlich variieren, abhängig von einer vorausgehenden Medikation (*Cortison, ACTH!*) oder Erkrankung; die (meist geringeren) Werte von **II** können in einzelnen Fällen, bes. bei Nierenschäden, die dann geringen **I**-Werte um ein Vielfaches übersteigen u. typ. Spitzenwerte von 115 bis 125 γ/100 cm^3 annehmen. Meist aber treten Werte von 30—60 γ für **I** u. 10—50 γ für **II** (auf 100 cm^3 Serum) auf. Es wird nun in einer Reihe von n., erkrankten u. unter Medikation stehenden Personen die zeitliche Konz. von **I** u. **II** gemessen u. tabellar. u. graph.

festgelegt, wobei beispielsweise der Anstieg u. das Abklingen von **I** u. **II** nach Cortison- oder ACTH-Zufuhr oder während chirurg. Eingriffe u. im postoperativen Verlauf gut zum Ausdruck kommt. **II** ist die physiol. inakt. Ausscheidungsform von **I**. Zu der sorgfältig durchgearbeiteten Meth. ist bemerkenswert, daß reine *Compound E*, durch das Bestimmungsverf. gezogen, zu 90% wiedergefunden wird, *Compound F* jedoch nur zu 50%, so daß die gefunden Werte für **II** insgesamt nur als Mindestwerte anzusehen sind. (J. clin. Endocrinol. Metabolism **15.** 215—26. Febr. 1955. Pittsburgh, Pa., Univ., Med. School, Dep. of Pediatrics; u. Children's Hosp. of Pittsburgh.) H. Dannenbaum. 4561

Paul R. Cannon, Laurence E. Frazier und **Randolph H. Hughes,** *Der Einfluß von Cortison auf den Eiweißstoffwechsel.* Die Verss. der Vff. mit n. u. eiweißverarmten Ratten zeigen, daß durch Zufuhr von *Cortison* (**I**) eine Hemmung der Synth. von Körperproteinen erfolgt. Diese Hemmung wird durch gleichzeitige Zufuhr von Vitaminen der B-Gruppe, einschließlich Cyanocobalamin oder Ascorbinsäure, nicht beeinflußt. Calor. Ergänzung förderten zwar eine Gewichtszunahme, doch bestand diese in einer vermehrten Fett- u. Kohlenhydratablagerung. Ob K-Ionen mit der katabol. Wrkg. von **I** in Zusammenhang stehen, konnte nicht sicher geklärt werden. (A. M. A. Arch. Pathol. **61.** 271—79. April 1956. Chicago, Univ., Dep. of Pathol.) E. Schwerdtfeger. 4561

Jerome W. Conn, *Aldosteron in der klinischen Medizin. Vergangenheit – Gegenwart – Zukunft.* Vf. gibt eine Übersicht über Entdeckung, Zus., Stoffwechsel u. klin. Anwendung des *Aldosterons* sowie über die Erkrankungen, welche auf seinem Mangel oder Überschuß beruhen. — 60 Literaturzitate. (Arch. internal Med. **97.** 135—44. Febr. 1956. Ann Arbor, Mich.) B. Görlich. 4561

Robert P. Knight jr., Donald S. Kornfeld, Gilbert H. Glaser und **Philip K. Bondy,** *Der Einfluß von intravenös gegebenem Hydrocortison auf die Elektrolyte des Serums und des Harnes beim Menschen.* Gibt man an menschliche Versuchspersonen massive Dosen (50—100 mg) *Hydrocortison* (**I**) durch intravenöse Infusion, verteilt auf 4 Std., so zeigt sich, außer einem zu erwartenden Fall der Serumeosinophilen u. prakt. unveränderten Werten für Na- u. Cl-Ionen in Serum u. Harn ein bisher nicht beschriebenes Phänomen, nämlich ein unerwartet frühzeitiger, starker Anstieg der K-Konz. im Serum, begleitet von dem bekannten u. erwarteten Anstieg der K-Konz. im Harn. Vff. betrachten als einen der wichtigsten Früheffekte des **I** auf den Elektrolytstoffwechsel seinen Einfl. auf die Verteilung der Kationen zwischen intra- u. extracellulärer Flüssigkeit. In den geschilderten Verss. wird die K-Ausschwemmung ins Serum als so groß angesehen, daß auch die gesteigerte Ausscheidung des K in den Harn diese K-Spitze nicht abfangen konnte. Diese Vorgänge spielen sich in den ersten 4—6 Std. ab; bei längerer **I**-Zufuhr sinkt der Serum-K-Spiegel unter die n. Konz. u. bleibt dort stehen, solange die **I**-Behandlung anhält. (J. clin. Endocrinol. Metabolism **15.** 176—81. Febr. 1955. New Haven, Conn., Yale Univ., School of Med., Dep. of Internal Med.) H. Dannenbaum. 4561

Isidor R. Leusen und **Hiram E. Essex,** *Die Wirkung von Epinephrin, Norepinephrin und Khellin auf die Zirkulation isolierter perfundierter Herzen.* Verss. an isolierten perfundierten Herzen von Hunden, Kaninchen u. Meerschweinchen mit *Epinephrin* (**I**) u. *Norepinephrin* (**II**) ergaben folgendes: Gleiche Dosen von **I** u. **II** ergaben am gleichen Herzen (Kaninchen) ident. Effekte. Der Coronardurchfluß zeigte im Einzelfall sowohl einen Anstieg als auch einen Abfall, der für **I** u. **II** jeweils gleichartig auftrat. Am Meerschweinchenherz vergrößerten **I** u. **II** die Kontraktionskraft u. die Frequenz im Zuge eines gesteigerten coronaren Durchflusses. Am Hundeherz waren die Effekte ähnlich wie beim Kaninchen. *Khellin* (**III**) vermochte die Zirkulationsgröße der perfundierten Herzen zu vergrößern, hatte aber keinen Einfl. auf Kontraktion u. Frequenz wie **I** u. **II**, sondern brachte in höherer Konz. sogar eine Herabsetzung derselben. Für **III** läßt sich damit eine von seiner Herzwrkg. unabhängige Zirkulationssteigerung am isolierten Herz nachweisen. (Amer. J. Physiol. **172.** 226—30. Jan. 1953. Rochester, Minn., Univ. of Minnesota, Mayo Foundat., Div. of Exp. Med.) H. Jordan. 4561

Ernest Jawetz und **Elizabeth R. Merrill,** *Der Einfluß von Cortison auf die therapeutische Wirksamkeit von Antibioticis.* (Vgl. C. **1955.** 2718.) Mäuse wurden intramuskulär mit Klebsiella pneumoniae infiziert, z. T. erhielten die Mäuse ferner *Aureomycinhydrochlorid* oder *Streptomycinsulfat* u. *Cortisonacetat* (**I**). In Übereinstimmung mit bereits vorliegenden Befunden kann festgestellt werden, daß **I** die Heilwrkg. der Antibiotica in Abhängigkeit von der **I**-Dosis herabsetzt, während eine hohe Antibioticadosis die hemmende Wrkg. von **I** zu kompensieren vermag. (Science [Washington] **118.** 549—50. 6/11. 1953. San Francisco, Calif., Univ. of California, School of Med., Dep. of Microbiol., Med. and Pediatrics.) H. P. Fiedler. 4561

T. W. Fyles, J. A. P. Pare und **Bram Rose,** *Die Wirkung von Corticotropin und Cortison auf die Atemfunktion bei Bronchialasthma.* Klin. Bericht über 8 Asthmafälle, die über lange Zeit mit *Corticotropin* u. *Cortison* behandelt worden waren. Bei 4 Patienten war die Lungenfunktion nach Abschluß der Behandlung wieder n., bei 3 Patienten fand sich lediglich noch erhöhte Residualluft, während ein Patient nicht auf die Behandlung ansprach. (J. Allergy **26.** 340—58. Juli 1955. Montreal, McGill Univ. Clin., Roy. Victoria Hosp., Allergy Res. Div.) H. ZELLER. 4561

Ss. A. Afinogenowa, *Über die Methodik der Bestimmung von 17-Ketosteroiden im Harn.* Das Verf. von DREKTER u. Mitarbeitern (J. clin. Endocrinol. Metabol. **12.** [1952.] 55) zur Best. von *17-Ketosteroiden* (I) im Harn wird so modifiziert, daß die Reinigung des Harnes zu nur schwach gefärbten Prodd. führt. Während nach der Originalmeth. 80—120% der dem Harn zugesetzten I gefunden werden, findet man nach dem modifizierten Verf. 94 ± 5,5%. Die mittlere Abweichung von Parallelbestimmungen beträgt höchstens ± 3,4%. Bei 24 gesunden Personen nach dem modifizierten Verf. vorgenommene I-Bestimmungen ergaben im Mittel (in mg/24 Std.) 13,8 bei Männern, 8,8 bei Frauen, 1,1 bei Kindern. Diese Zahlen stimmen mit den Literaturangaben überein. (Проблемы Эндокринологии и Гормонотерапии [Probleme Endokrinol. Hormontherap.] **1.** Nr. 5. 105—12. Sept./Okt. 1955. Moskau, Inst. für biol. u. med. Chem. der Akad. der Wiss. der UdSSR, Labor. für Neuro- u. Hormonalregul. der biochem. Prozesse.) F. DU MANS. 4561

Edward Chang und **W. Roy Slaunwhite jr.,** *Ein Vergleich der urinären Zimmermann-Chromogene durch Girard-Fraktionierung und durch die Korrektionsmethode von Allen.* Bei 15 Min. Kochen (Rückfluß) einer 100 cm³ Urinprobe mit 10 cm³ 12n H_2SO_4, 4maligem Ausziehen des Hydrolysats mit 0,2 Voll. Äthylenchlorid u. Waschen des Extrakts mit NaOH u. W. sowie Eindampfen zur Trockne wird die Konz. der rohen u. nach der Meth. von PINCUS u. PEARLMAN erhaltenen Ketonfraktion als Dehydroisoandrosteron durch Messung der opt. Dichte bei 520 mμ, der korr. Wert für die rohe Fraktion nach ALLENs Meth. gemessen. Die korr. Werte liegen etwas höher als die durch die GIRARD-Trennung erlangten, was teilweise auf eine unvollständige Rückgewinnung der Ketone (experimentell bewiesen 5—10% Verlust) zurückgeführt wird. Da aus der Absorptionskurve der keton. Urinfraktion von 440 über 520 bis 600 mμ hervorgeht, daß diese Substanzen enthält, die stärker als Dehydroisoandrosteron bei niederen Wellenlängen absorbieren, sind die für die Ketonfraktion erhaltenen u. in der allg. Praxis als absol. für die urinäre 17-Ketosteroidausscheidung angenommenen Werte ungerechtfertigt. Eine engere Annäherung an die wahre Ketosteroidausscheidung wird allein mit der Korrektionsmeth. nach ALLEN erreicht, die nur im Falle einer linearen Funktion der Absorption der Verunreinigungen von der Wellenlänge, wie im vorliegenden Fall, anwendbar ist. (J. clin. Endocrinol. Metabolism **15.** 767—70. Juni 1955. Buffalo, Roswell Park Memorial Inst., Dep. of Biochem.) ANTJE SCHMIDT. 4561

Tadashi Miyake und **Masahiko Sengoku,** *Klinische Verwendbarkeit der Zimmermann-Reaktion.* Die nach DREKTER u. PEARSON modifizierte ZIMMERMANN-Rk. zum Nachw. von *17-Ketosteroiden* (I) mittels m-Dinitrobenzol im Harn wurde für Best. der I-Werte bei der japan. Bevölkerung benutzt. Kinder 0—12 Jahre: 1,38—1,9 mg; Männer 13 bis 49 Jahre: 3,4—11,0 mg; Frauen 13—53 Jahre: 3,8—9,3 mg. Aufschlüsselung der Werte, Fehlerrechnung. (Folia endocrinol. japon. **26.** 122—32. 20/10. 1950. Kyoto, Univ., Med. Clin. [Orig.: japan., Auszug: engl.]) J. BROSEMANN. 4561

Ira S. Goldenberg, Leo Lutwak, Paul J. Rosenbaum und **Mark A. Hayes,** *Stoffwechselbeziehungen zwischen Schilddrüse und Nebennierenrinde.* Aus eingehenden Stoffwechselstudien an 2 Patienten (Frau, Schilddrüsenunterfunktion; Mann, Nebennierenunterfunktion) schließen Vff. auf einen auch in der Literatur erwähnten Antagonismus zwischen Rinden- u. Schilddrüsenhormonen im menschlichen Stoffwechsel, der eine Beziehung zu der sogenannten „permissiven Wrkg." der Rindensteroide haben könnte. (J. clin. Endocrinol. Metabolism **15.** 227—37. Febr. 1955. New Haven, Conn., Yale Univ., School of Med., Dep. of Surgery, Samuel C. Harvey Metabolic Unit.) H. DANNENBAUM. 4562

Sidney H. Ingbar, *Gleichzeitige Messung der jodanreichernden und proteinbindenden Fähigkeiten der normalen und der überfunktionellen menschlichen Schilddrüse.* In einer sehr umfangreichen Arbeit an einem Untersuchungsgut von 48 Personen wird ein auf der Anwendung von radioakt. J beruhendes Verf. entwickelt u. diskutiert, welches es gestattet, gleichzeitig die Anreicherung von J aus dem Plasma in der Schilddrüse u. die Bindung des gespeicherten anorgan. J an Protein messend zu verfolgen. Es werden n. Personen u. solche mit unbehandelter GRAVESscher Krankheit gegenübergestellt. Es zeigt sich, daß diese ihre gesteigerte Thyroxinbldg. einem Zusammenwirken von erhöhter J-Speicherung u. zugleich erhöhter Bindung des J an Protein verdanken. Die neue Meth.. soll es ermöglichen, denBetrag des in der Schilddrüse vom Plasma an das Protein übertragenen J genau zu messen u. damit Patienten zu untersuchen, welche mit antithyreoidalen Medikamenten behandelt werden. (J. clin. Endocrinol. Metabolism **15.** 238—64. Febr. 1955. Washington, D. C., Walter Reed Army Med. Center; Boston, Mass., City Hosp., Thorndike Memorial Labor., Harvard Med. School, Second and Fourth Med. Serv.) H. DANNENBAUM. 4562

Thomas F. Frawley, John C. McClintock, Richard T. Beebe und **George L. Marthy,** *Stoffwechsel- und Therapiewirkungen von Trijodthyronin.* Bei Verabreichung von *DL-Trijodthyroninhydrochlorid* (I), *L-Trijodthyronin* (II), *Na-l-Thyroxin* (III) u. *getrockneter Schilddrüse* (IV) wurden gleichwertige Ergebnisse in bezug auf Normalisierung des Grundumsatzes, des Serumcholesterinspiegels u. anderer Symptome erzielt mit 200 bis 250 γ **I**, 75—100 γ **II**, 200—300 γ **III** u. 96—192 mg **IV**. (J. Amer. med. Assoc. **160.** 646—52. 25/2. 1956. Albany, N. Y., Albany Med. Coll., Subdep. of Endocrinol. u. Albany Hosp.) H. DOSSMANN. 4562

Jean Roche, Raymond Michel, Serge Lissitzky und **Odette Michel,** *Über die Bildung von Jodiden aus Dijodtyrosin in der Schilddrüse und über ihre Wiederverwendung.* Zur Klärung des Dehalogenierungsmechanismus des *Dijodtyrosins* (I) wurde 1 g Schilddrüse (Hammel) in 10 ml KREBS-RINGER-Lsg. auf p_H 7,3 gebracht, 5 γ markiertes **I** zugegeben u. 3 Std. bei 37° incubiert. Nach Einfrieren u. Homogenisieren bei 4° u. Zugabe von 100 γ NaJ, von *Monojodtyrosin* (II) u. weiterem **I** als reaktionsfördernde Substanzen wurde mit n-HCl auf p_H 1 gebracht u. mit 20 ml HCl-gesätt. n-Butanol extrahiert, eingeengt u. der Geh. an markiertem **I** bzw. an markierten Umwandlungsprodd. radiochromatograph. bestimmt. Die Weiterverwendung der aus dem I-Zerfall gebildeten Jodide durch die Schilddrüse wurde in analogen Verss. untersucht u. mit ^{131}J markierte, nicht butanextrahierbare Verbb. erhalten. Daraus geht hervor, daß die freigesetzten Jodide zur Biosynth. des Thyroxins wiederverwendet werden u. daß **II** dabei ein Zwischenprod. ist. (C. R. hebd. Séances Acad. Sci. **232.** 2148—50. 4/6. 1951.) L. LEICHTER. 4562

F. M. Labban, *Thyroxinwirkung auf das sexuelle Benehmen des Mutterschafes.* Weibliche Lämmer wurden 6 Wochen mit 3,5 mg, dann 6 Monate mit 5,0 mg u. endlich 3½ Monate mit 4,5 mg *L-Thyroxin* behandelt. Bei Beginn der n. Laufzeit wurden sie zu den Böcken gelassen u. zeigten ein ausgesprochen männliches Benehmen, indem sie andere Tiere besprangen. Trotzdem wurden sie n. belegt u. lammten normal. (Nature [London] **174.** 933. 13/11. 1954. Cambridge, England, Univ., School of Agric.) G. WELTZIEN. 4562

Piero P. Foá, Leonida Santamaria, Sheldon Berger, Jay A. Smith und **Harriet R. Weinstein,** *Wirkungen des hyperglykämischen-glykogenolytischen Faktors (HGF), des Epinephrins und Insulins bei normalen und pankreasektomierten Hunden.* Bei n. Tieren ist die hyperglykäm. Wrkg. des *HGF* (I) u. *Epinephrins* u. die hypoglykäm. des *Insulins* (II) geringer als bei pankreasektomierten Hunden ohne Ketosis, da vom Pankreas ausgesandtes **I** bzw. **II** regulierend eingreifen. Vff. nehmen an, daß die aufeinander abgestimmte Sekretion der beiden Pankreashormone ein wichtiger Faktor für die Aufrechterhaltung einer n. Blutzuckerbilanz darstellt. (Proc. Soc. exp. Biol. Med. **80.** 635—39. Aug./Sept. 1952. Chicago, Ill., Med. School, Dep. of Physiol. and Pharmacol.) G. NIESWANDT. 4564

Cesare Cavallero und **Bruno Malandra,** *Hyperglykämie- und Glucosuriewirkung von Glukagon bei der intakten, mit verstärkter Diät gefütterten Ratte.* Erwachsene intakte ♂ Ratten, die eine verstärkte fl. Diät mit hohem Kohlenhydratgeh. erhielten, zeigten nach Gaben von *Cortison* (I), *ACTH*, *STH* (*somatotropes Hormon*) oder *Glukagon* (II) Zunahme des Blut- u. Harnzuckers. Diese Wrkg. war bes. stark bei den mit **I** u. **II** behandelten Gruppen. Wird **II** gleichzeitig mit **I**, ACTH oder STH an die mit verstärkter Diät gefütterten Ratte gegeben, so zeigt sich eine stark erhöhte Wrkg. auf die Glucosurie u. Glykämie. Die kombinierte Behandlung mit **I** + **II** erwies sich zur Erzeugung eines temporären diabet. Zustands als am besten geeignet. Vff. schließen aus ihren Verss., daß **II** unter günstigen Bedingungen ein wichtiger diabetogener Faktor sein kann. (Acta endocrinol. [Copenhagen] **13.** 79—86. Mai 1953. Milano, Univ., Ist. di Anatomia patol., Centro di Endocrinol. „M. Mosca".) K. F. MÜLLER. 4564

W. Weis, *Blutzuckersenkende Sulfonamide.* Allg. Ausführungen, die sich bes. mit dem Wirkungsmechanismus der blutzuckersenkenden *Sulfonamide* (*N^1-Sulfanilyl-N^2-n-butylcarbamid, 2-[p-Aminophenylsulfonamido]-5-isopropyl-1.3.4-thiodiazol*) befassen. — 10 Literaturangaben. (Subsidia med. [Wien] **8.** 50—56. April 1956.) M. NEGWER. 4564

Carl A. Dragstedt, *Histamin. Pharmakologie und Bedeutung bei der Anaphylaxie.* Nach einer Übersicht über den derzeitigen Stand der Erkenntnisse wird festgestellt, daß *Histamin* (I) bei der Erzeugung anaphylakt. Phänomene bei bestimmten Tieren eine wesentliche Bedeutung besitzt. Es ist jedoch heute noch nicht möglich, eine genaue Grenze zu ziehen zwischen **I** u. den **I**-ähnlichen Substanzen, die bei der anaphylakt. Rk. auftreten. (J. Allergy **26.** 287—91. Juli 1955. Chicago, Ill.) H. ZELLER. 4569

H. Moussatché, *Freiwerdung von Histamin bei hepatektomierten Hunden im anaphylaktischen, peptonischen und tryptischen Schock.* Vf. bestätigt einige Ergebnisse aus der Literatur über das Freiwerden von *Histamin*, Verkürzung der Blutgerinnungszeit, teilweiser Fibrinolyse u. Verschwinden der Blutplättchen bei hepatektomierten Hunden im anaphylakt., pept. u. trypt. Schock. (Nature [London] **176.** 648—49. 1/10. 1955. Rio de Janeiro, Inst. Oswaldo Cruz, Dep. of Pharm.) G. WELTZIEN. 4569

Floyd C. McIntire, *Die quantitative Bestimmung von Histamin in tierischen Geweben.* Übersicht über die gebräuchlichen chem. u. biol. Nachweismethoden von *Histamin* (**I**). Dabei wird die von LOWRY u. GRAHAM unter Verwendung von 2.4-Dinitrofluorbenzol entwickelte spektrophotometr. chem. Nachweismeth. als die derzeit beste angesehen, die auch der biol. Meth. (Meerschweinchendarm) überlegen ist, da es damit bereits gelingt, in einem Vol. von 0,05 ml **I** in Mengen von 0,01 γ nachzuweisen. Darüber hinaus werden damit im Gegensatz zu den biol. Methoden Histaminfreisetzer nicht erfaßt. (J. Allergy **26.** 292—96. Juli 1955. Chicago, Ill., Abbott Labors.) H. ZELLER. 4569

O. A. Stepun, A. I. Lomauri, G. Ss. Achmeteli und **W. N. Tschikwaidse,** *Weitere Angaben zur biochemischen Charakteristik des Renins normaler Nieren und des Renols, der Pressorsubstanz der in vivo ischämisierten und in vitro autolysierten Kaninchenniere.* Bei der in vivo ischämisierten u. in vitro autolysierten Kaninchenniere (24—28 Std., p_H 3,8, 37°) findet sich als pressor. Substanz nicht *Renin* (**I**), wie bisher angenommen wurde, sondern *Renol* (**II**), welches Hypertensinogen nicht in Hypertensin überführt. **I** wird bei der Autolyse der Kaninchenniere zerstört; **II** wird hier maximal aus seiner Proteinbindung frei. **I** ist ein einheitlicher chem. Stoff, **II** besteht aus einem thermolabilen Faktor u. einem thermostabilen Cofaktor. Der pressor. Effekt kommt erst beim Vorliegen beider Faktoren zustande. Der Faktor ist von Eiweißnatur, wird durch A. umgefällt u. nicht denaturiert. Der Faktor ist spezif. für die Niere. Der Cofaktor ist eine niedrigmol. Verb., die durch eine Membran läuft. Er findet sich in den A.-Auszügen sowohl der autolysierten als auch der n. Nieren. Während der Autolyse nimmt seine Menge im Gegensatz zum Faktor nicht zu. (Архив Патологии [Arch. Pathol.] **18.** Nr. 2. 52—57. 1956. Inst. für klin. u. exp. Cardiol. der Akad. der Wiss. der GrusinSSR, Abt. Pathochemie.) G. BREHM. 4569

K. J. Öbrink, *Die hemmende Wirkung des Enterogastrons auf die Magensekretion bei Katzen. Enterogastron* (**I**) wurde nach GRAY, BRADLEY u. IVY gewonnen u. durch Dialyse gereinigt. Die akt. Substanz befindet sich im Dialysat. **I** zeigte bei Katzen eine starke, mehrere Std. dauernde hemmende Wrkg. auf die durch *Histamin* angeregte Magensekretion. (Acta physiol. scand. **21.** 120—23. 10/11. 1950. Upsala, Univ., Inst. of Physiol.) M. E. FERNHOLZ. 4569

P. George und **D. H. Irvine,** *Die Reaktion zwischen Metmyoglobin und Wasserstoffperoxyd.* (Vgl. C. **1955.** 2008.) In Fortsetzung früherer Arbeiten (C. **1952.** 3985) wurde der Komplex untersucht, der von H_2O_2 u. *Metmyoglobin* (**I**) im p_H-Bereich von 5—12 gebildet wird. Nur zwischen p_H 8 u. 9 wird der Vorgang nicht durch oxydativen Angriff des Porphyrinringes gestört. Bei $p_H > 9$ deutet Intensitätsabnahme der Banden sowohl im sichtbaren als auch im SORET-Gebiet des Spektr. auf Cholemyoglobinbldg. bei $p_H < 8$ Verschiebung des Bandenmaximums auf Neben-Rkk. während der Komplexbldg. hin. Das Syst. **I** + H_2O_2 ist, da fast unabhängig von der Konz., nicht ein Gleichgewichtssystem. Der Komplex hat gutes Oxydationsvermögen, das vom p_H abhängig ist, so daß er zwischen p_H 8 u. 9 gegen Ferrocyanid das Oxydationsäquivalent 1 hat. Messungen der mol. magnet. Suszeptibilität des Komplexes bei p_H 8,6 ergaben diese zu ca. $11000—11800 \cdot 10^{-6}$ cgs-Einheiten bei Raumtemperatur. Das entspricht einem magnet. Moment von 5,1—5,3 BOHRschen Magnetonen (μ_s) u. deutet auf die Ggw. von 4 unpaarigen Elektronen hin. (Biochem. J. **52.** 511—17. Nov. 1952. Cambridge, Univ. of Cambridge, Dep. of Coll. Sci.) H. BENISCHKE. 4572

P. George und **G. Hanania,** *Die Ionisation von saurem Metmyoglobin. Metmyoglobin* enthält je mol. nur eine Fe(III)-Protoporphyrin-(Hämatin)-Gruppe. Die Veränderungen seiner Ionisationskonstanten mit dem p_H, der Ionenstärke u. Temp. wurden untersucht. Die Ionisation schließt ein Wassermol. ein: $Fe^+(H_2O) \rightleftharpoons FeOH + H^+$. NaCl-Zusatz begünstigt die Ionisation bis zu einer Ionenstärke von ca. 0,01. Darüber hinaus wird die Wrkg. umgekehrt. Extrapolation der Ionenstärke auf Null gibt $pK' = 9{,}038 \pm 0{,}030$ bei 20° u. $8{,}803 \pm 0{,}025$ bei 37°. Diese Werte führen zu $\Delta H^0 = 5{,}75 \pm 0{,}67$ kgcal/Mol für den endothermen Wert der Ionisation u. zu $\Delta S^0_{20} = -21{,}7 \pm 2{,}4$ cal/Mol/Grad für die Entropieänderung. Die Ionisationskonstante darf nur in dem p_H-Bereich vom 7,8—9,2 gemessen werden, da sonst Störungen eintreten. (Biochem. J. **52.** 517—23. Nov. 1952. Univ. of Cambridge, Dep. of Coll. Sci.) H. BENISCHKE. 4572

F. Jung, *Einige Probleme des Stoffwechsels der Erythrocyten.* Bei Vergiftung mit aromat. Nitro- u. Aminoverbb. nimmt die Methämoglobin (I)-Bldg. in den Erythrocyten ab. Dieser Vorgang wird durch die Ggw. von n. Zellen erheblich beschleunigt u. zwar proportional deren Menge. Die gewöhnlich in n. Erythrocyten entstehende Milchsäure fehlt in I enthaltenden Zellen, vermutlich, weil sie sofort zum Abbau des I verbraucht wird. (Československ. Fysiol. **4.** 390—92. 2 Tafeln. 22/10. 1955. Berlin, Humboldt-Univ., Pharmakol. Inst.) R. K. MÜLLER. 4573

L. A. Kljutscharew, *Der Eisenumsatz bei Blutverlust und Schock.* Verss. an Kaninchen u. Hunden mit radioakt. Fe-Ascorbinat (4 mg/kg ^{59}Fe mit einer Aktivität von 150—600 Impulsen/Min. auf 1 γ Fe) ergaben, daß sowohl bei massiven Blutverlusten als auch bei O_2-Hunger (12 std. Aufenthalt in verd. Luft) die Konz. des Plasma-Fe auf Kosten des *Ferritin* (I)-Fe zunimmt. Der Austritt von I aus der Leber in die Blutbahn nach Blutverlusten ist wahrscheinlich auf die Hypoxie nach diesen zurückzuführen. Bei Schock nach mechan. Trauma kommt es zu einer Zunahme des Plasma-Fe nur bei gleichzeitigen starken Blutverlusten. Der Übergang von I in das Plasma ist mit seinem Einbau in die Erythrocyten verbunden, der bei Blutverlusten 2mal rascher erfolgt als normal. Die intravenöse Zufuhr von I (0,2—5 mg Fe) senkt den Blutdruck um 10—20 mm Hg. (Архив Патологии [Arch. Pathol.] **18.** Nr. 3. 36—42. 1956. Militärmed. Kirow-Akad., Lehrstuhl für Biochem.) E. RENTZ. 4573

R. Ja. Poljak, *Über die antikoagulierende Wirkung von 2-Phenylindandion-(1.3).* In Verss. an Kaninchen erwies sich das synthet. sowjet. *2-Phenylindandion-(1.3)* in Dosen von 20 mg/kg intravenös als gutes Antikoagulans, dessen Wrkg. 2—3 Std. nach der Applikation einsetzte, gewöhnlich 24 Std. anhielt u. durch wiederholte Zufuhr beliebig verlängert werden konnte. Dosen von 2 g/kg führten nach 2 Tagen zum Tode der Versuchstiere, während 50, 100 u. 1000 mg/kg gut vertragen wurden. (Фармакология и Токсикология [Pharmakol. u. Toxikol.] **18.** Nr. 4. 30—32. Juli/Aug. 1955. Leningrad, 1. Med. Pawlow-Inst., Lehrstuhl für Pharmakol.) E. RENTZ. 4574

Austin L. Vickery, *Das Schicksal von Dextran in Geweben von akut Verwundeten. Eine Untersuchung der histologischen Lokalisierung von Dextran in Geweben von in Korea tödlich Verletzten.* Bei der Sektion von 15 Toten, die vor dem Tode *Dextran* (I) erhalten hatten, u. von mit I behandelten Ratten wurde Gewebe von Niere, Milz, Leber, Lunge, Pankreas, Herz, Gehirn, dem Verdauungkanal usw. mit der SCHIFFschen Färbemeth. auf I untersucht. Die rasch auftretenden Veränderungen in den Nieren werden als nichttox. u. als vorübergehend angesprochen. Auch anderweitig wurden keine Gewebeschädigungen durch I beobachtet. (Amer. J. Pathol. **32.** 161—83. März/April 1956. Tokyo, 406th Med. General Labor.) W. WILLENBERG. 4576

Hemming Poulsen, *Harnsäure im Blut und Urin von Kindern.* Die 24 Std.-Ausscheidung von endogener *Harnsäure* bei neugeborenen Kindern wurde zu 16 mg/kg u. bei Erwachsenen zu ca. 4 mg/kg gefunden. Die Durchschnittskonz. der Harnsäure im Blut der Nabelschnur war 61 μg/ml u. im Fruchtwasser 72 μg/ml. (Acta physiol. scand. **33.** 372—77. 1955. Copenhagen, Univ., Dep. of Pharmacol.; Rigshospitalet, Dep. of Obstetr. and Gynecol.) R. HÄHNEL. 4577

C. A. Elvehjem, *Aminosäuregleichgewicht in der Ernährung.* Übersicht über die Bedeutung einer ausgeglichenen Aminosäurezufuhr. Es wird bes. auf das mögliche Auftreten von Eiweißmangelschäden auch bei quantitativ ausreichender Zufuhr von Proteinen mit unausgeglichener Aminosäurezus., auf den Antagonismus zwischen einzelnen Aminosäuren u. die Verschlechterung der an sich bereits ungünstigen Zus. gewisser Getreideproteine durch nichtvollständige Zugänglichkeit u. Verwertbarkeit gewisser Aminosäuren hingewiesen. (J. Amer. dietet. Assoc. **32.** 305—08. April 1956. Madison, Wis., Univ., Graduate School.) E. SCHWERDTFEGER. 4585

Je. M. Masslenikowa, *Die Beteiligung von Vitamin B_2 (Riboflavin) am Stoffwechsel.* Übersicht an Hand von in der Literatur (26 Literaturangaben) der letzten 20 Jahre vorliegenden Arbeiten über biochem. u. physiol. Beobachtungen über die Rolle des *Vitamins B_2* beim Stoffwechsel. (Вопросы Питания [Fragen d. Ernähr.] **15.** Nr. 1. 3—9. Jan./Febr. 1956. Moskau, Inst. für Ernährung der Akad. der Wiss. der UdSSR, Labor. für Vitaminuntersuchungen.) M. ULMANN. 4587

P. A. Little, J. J. Oleson und **P. K. Roesch,** *Die Wirkung von Pteroylglutaminsäure auf die Immunität bei Küken.* Vff. untersuchen den Einfl. von *Pteroylglutaminsäure* (I) u. *Vitamin B_{12}* (II) auf Eier u. 1—2 Tage alte Küken. Den mit einer I-freien synthet.

Diät ernährten Tieren werden zwischen dem 8. u. 19. Tag ca. 10 Billionen formalingetöteter Bakterien (B. abortus) in Formalin injiziert. Bei der am 25. Tag vorgenommenen Prüfung auf die Agglutinationsfähigkeit zeigt sich, daß sie bei den später mit einem I-Zusatz behandelten Tieren erheblich höher ist als bei den mit II, Stilböstrol oder Testosteron behandelten. Der Einfl. von I auf P. multocida u. S. typhosa ist entsprechend. Werden I u. ein B. abortus immunisierendes Antigen zusammen verabfolgt, so ist die Wrkg. der I bei gleicher Dosierung 5—10mal stärker. Bei experimentell verursachten Infektionen durch P. multocida oder Newcastle-Virus ist die bei n. Fällen einige Wochen anhaltende Resistenz durch I erheblich verlängert. Abschließend stellen Vff. fest, daß I zwar den Riboflavinmangel nicht, aber den Pyridoxinmangel einigermaßen ausgleichen könne. II kann I weder ersetzen noch in seiner Wrkg. verstärken. (J. Immunology **65.** 491—98. Nov. 1950. Pearl River, N. Y., Dep. of Nutrit. and Exp. Biol. Res.)
R. LENSCHAU. 4587

A. N. Tichomirowa und **O. I. Penar,** *Materialien zur Untersuchung des Folsäureumsatzes bei weißen Ratten bei Folsäuremangel.* Zugabe von *Sulfonamiden* zur Futterration zur Erzeugung von Mangelerscheinungen führt zu einer Erniedrigung der Ausscheidung von *Folsäure* (I) mit dem Harn u. des Geh. der Leber an I. Bereits 2 Wochen nach Versuchsbeginn beobachtet man einen Gewichtsstillstand u. eine Senkung des Hämoglobingeh. u. der Leuko- u. der Reticulocyten. Wird gleichzeitig mit den Sulfonamiden I gegeben, so treten die beobachteten Mangelerscheinungen nicht auf. (Вопросы Питания [Fragen d. Ernähr.] **15.** Nr. 1. 37—40. Jan./Febr. 1956. Moskau, Inst. für Ernährung der Akad. der Wiss. der UdSSR, Labor. für Vitaminuntersuchungen.)
M. ULMANN. 4587

K. Starke, *„Extrinsic factor" — „Intrinsic factor" — Vitamin B_{12}.* Allg. Ausführungen. (Dtsch. Apotheker-Ztg. **96.** 469—71. 24/5. 1956. Würzburg, Staatl. Luitpoldkrankenhaus, Central-Apotheke.) M. NEGWER. 4587

R. Karlin, *Über den Vitamin-B_{12}- und Methioningehalt im Blutserum bei der Frau während Schwangerschaft und Stillzeit.* Best. des *Vitamin-B_{12}* (I)- u. *Methionin* (II)-Geh. des Serums bei 165 Frauen in jedem Monat der Schwangerschaft. Zwischen dem 3. u. 6. Monat trat in zahlreichen Fällen Vitaminmangel auf. Der gleiche Effekt wurde bei 7 Frauen während der Stillzeit durch I- u. II-Best. in Serum u. Milch festgestellt. (C. R. Séances Soc. Biol. Filiales **149.** 971—74. Mai 1955. Lyon, Inst. Pasteur et C. N. R. S.)
H. DOSSMANN. 4587

S. Ghosh und **G. Werner,** *Die Prüfung der hämopoetischen Aktivität von Vitamin B_{12} und Leberextrakten bei anämischen Mäusen.* Die Spezifität u. Konzentrationsabhängigkeit der Meth. von VIJAYARAGHAVAN u. DUNN (C. **1951.** II. 1766) zur Best. von *Vitamin B_{12}* wurde an 150 Mäusen mittels Varianzanalyse untersucht. Mit der Meth. werden nicht nur Vitamin B_{12}, sondern auch andere hämopoet. wirksame Fraktionen quantitativ bestimmt. (Arch. int. Pharmacodynam. Thérap. **97.** 214—20. 1/3. 1954.)
F. LEUSCHNER. 4587

Annemarie Niklas und **Wolfgang Oehlert** (unter techn. Mitarbeit von **Renate Roesch**), *Autoradiographische Untersuchung der Größe des Eiweißstoffwechsels verschiedener Organe, Gewebe und Zellarten.* Vff. untersuchten an Ratten, Mäusen u. Kaninchen den Einbau ^{35}S-markierter Thioaminosäuren nach Gaben von ^{35}S-markierter Hefe, dem Hydrolysat ^{35}S-markierter Hefe oder ^{35}S-Methionin. Die Best. der Einbauraten für die verschied. Gewebe u. Zellen erfolgte entweder autoradiograph. nach der „stripping-film"-Meth. oder direkt mit dem GEIGER-MÜLLER-Zählrohr. Nach der Größe des Eiweißumsatzes teilen Vff. die Zellen in 4 Gruppen ein. Die Ergebnisse bestätigen die CASPERSSONsche Anschauung über die Proportionalität zwischen Ribonucleinsäuregeh. u. Größe des Eiweißumsatzes einer Zelle. Auf die Strahlenschäden infolge Inkorporation von ^{35}S wird kurz eingegangen. (Beitr. pathol. Anatom. allg. Pathol. **116.** 92—123. 1956. Köln, Univ., Med. Klin. u. Pathol. Inst.) E. SCHWERDTFEGER. 4596

G. Popják, R. F. Glascock und **S. J. Folley,** *Einbau von $^{14}C_{(1)}$-Acetat in Lactose und Glycerin durch das lactierende Ziegeneuter.* Überblick an Hand der Literatur über die synthet. Fähigkeiten der lactierenden Milchdrüse der Wiederkäuer hinsichtlich der Biogenese der *Fettsäuren,* des *Glycerins,* der *Lactose.* Es werden einer lactierenden Ziege intravenös 5 mC $CH_3{}^{14}COONa$ injiziert, in gewissen Zeitabständen Milchproben entnommen u. daraus Lactose sowie das Glycerin der Milchglyceride im reinen Zustand abgetrennt. Ermittelt werden die spezif. Aktivitäten der Lactose u. des Glycerins sowie der durch Perjodatoxydation des Glycerins entstehenden Spaltprodd. (2 Mol Formaldehyd, 1 Mol Ameisensäure/1 Mol Glycerin). Die Kurven für die spezif. Aktivitäten der Lactose u. des Glycerins, aufgetragen gegen die Zeit nach der Injektion, zeigen einen charakterist. Verlauf, der darauf hinweist, daß die Lactose der Vorläufer für die Bldg.

des Glycerins in der Milchdrüse ist; dabei wird vermutet, daß dieser Vorläufer prim. Glucose ist, aus der in der Drüse rasch Lactose gebildet wird. Die Auswertung der experimentellen Daten lehrt ferner, daß 95% des ^{14}C sich im α- u. γ-C-Atom des Glycerins u. nur 5% im β-C-Atom befinden. Daraus wird abgeleitet, daß der Acetat-C auf dem Wege über den Citronensäurecyclus mit nachfolgender Glykolyse in die Glucose eingebaut wird. (Biochem. J. **52.** 472—75. Nov. 1952. London, Mill Hill, Nat. Inst. for Med. Res., u. Reading, Univ., Nat. Inst. for Res. in Dairying.) K. TÄUFEL. 4596

E. Kodicek und **G. Loewi**, *Die Aufnahme von ^{35}S-Sulfat durch die Mucopolysaccharide des Granulationsgewebes.* Vff. geben Meerschweinchen, denen die Sehnen der hinteren Extremitäten entfernt worden sind, eine intraperitoneale Injektion von $Na_2 \cdot {}^{35}SO_4$ (0,12 mC/100 g Körpergewicht) u. messen nach 48 Std. die Radioaktivität sowie die Konzz. an *Hexosamin* (**I**) u. *Oxyprolin* (**II**; durch Hydrolyse der Präpp. mit 4 bzw. 6n HCl, 100°, 4 Std.) im Granulationsgewebe bei verschied. Stadien der Heilung (4 bis 28 Tage nach Entfernung der Sehnen). Es wird festgestellt, daß die maximale Aufnahme von ^{35}S nach 7 Tagen eintritt, sich weitere 8 Tage auf der gleichen Höhe hält u. nach 23 Tagen auf niedrige Werte zurückgeht. Zwischen ^{35}S-Aufnahme, **I**- u. **II**-Gehh. besteht eine Beziehung derart, indem die höchsten **I**-Werte kurz nach der Operation während des Anstiegs der ^{35}S-Konz. auftreten u. im regenerierenden Sehnengewebe bei niedrigen ^{35}S- u. **I**-Gehh. u. fortschreitender Bldg. von Bindegewebe ein Anstieg der **II**-Menge beobachtet wird. Skorbut. Tiere (Fütterung mit *Ascorbinsäure* (**III**)-freier Kost) zeigen im Vgl. mit Kontrolltieren, die 10 mg **III** pro Tag erhalten haben, geringere ^{35}S-Aufnahme u. um 50% erniedrigte **II**-Werte, während die **I**-Konzz. unverändert bleiben. Daraus geht hervor, daß bei Skorbut der S-Stoffwechsel im Granulationsgewebe anomal verläuft. Aus demselben wird durch Extraktion mit 2%ig. NaOH (4°, 48 Std.), Fällung mit Aceton, Auflösen des Nd. in Alkali (p_H 9) u. erneute Fällung durch Ansäuern (p_H 4) ein stark radioakt. ***Polysaccharid*** (**IV**) isoliert, das ca. 67% ^{35}S u. 35% **I**, aber nur 0,4% **II** enthält u. bei Papierionophorese (0,1 mol. Phosphatpuffer, p_H 6,8, 10 V/cm, 4 Std.) die gleiche Beweglichkeit zeigt, wie *Chondroitinsulfat*. Die ^{35}S-Aufnahme ist demnach durch Einbau von S in ein Mucopolysaccharid erklärbar. Der Mechanismus der ^{35}S-Aufnahme wird in vitro untersucht durch Incubation von Schnittpräpp. des Granulationsgewebes in einem Substrat, bestehend aus NaCl (0,14 mol.), KCl (0,004), *Glucose* (0,006), Na_2HPO_4 (0,005), KH_2PO_4 (0,001), $MgCl_2$ (0,001) u. $CaCl_2$ (0,002) mit $Na_2{}^{35}SO_4$ (4,8 μg SO_4^{2-}/ml; p_H 7,4, 38°, 4 Std.). Es wird gefunden, daß die Bindung von ^{35}S mit zunehmendem Alter der Präpp. abnimmt. Auch verschied. physikal. Behandlungsmethoden (Homogenisation, Einfrieren u. Wiederauftauen, Hitze, Kälte [4°]) oder anaerobe Bedingungen (Gasphase: CO_2 oder N_2) erniedrigen den S-Stoffwechsel bis zu 99%. Er wird ferner gehemmt durch Einw. von *2.4-Dinitrophenol* ($1 \cdot 10^{-5}$ mol.), *NaCN* ($1 \cdot 10^{-2}$ bis 10^{-3}), *NaN_3* ($1 \cdot 10^{-3}$ bis 10^{-4}), *Na-Jodacetat* ($1 \cdot 10^{-3}$ bis 10^{-4}), *Na-Salicylat* ($1 \cdot 10^{-3}$ bis 10^{-4}). Dagegen besitzen *Cortisonacetat* (0,025%) u. *Cortisonalkohol* (0,01%) sowie *Na-Arsenat* keinen oder stimulierenden Einfluß. Skorbut. Granulationsgewebe zeigt ebenfalls erniedrigtes S-Bindungsvermögen. Aus den Ergebnissen wird geschlossen, daß die S-Aufnahme durch das Granulationsgewebe von einer enzymat. Rk. abhängt, die wahrscheinlich mit einer oxydativen Phosphorylierung in Verb. steht. (Proc. Roy. Soc. [London], Ser. B **144.** 100—15. 16/8. 1955. Cambridge, Univ., Dunn Nutrit. Labor. and Med. Res. Counc.) P. FAHRNLAENDER. 4596

M^e. D. Astudillo und **Félix Sanz**, *Der Schwefelstoffwechsel und der Einbau in das Vogelei bei Anwendung von radioaktivem Sulfat.* Unter Verwendung von ^{35}S untersuchten Vff. den S-Stoffwechsel u. den Einbau des *S* in das Ei bei Leghornhennen. Sie stellten fest, daß der S-Stoffwechsel beim Vogel ganz anders verläuft als beim Säugetier. Ohne Zweifel läuft bei Vögeln neben der Sulfataufnahme u. Synth. von *Methionin* (**I**) u. *Cystein* (**II**) durch die Darmflora dieser Vorgang auch in körpereigenen Zellen ab. Wie Vff. bereits früher feststellten, wird der Sulfat-S in das Eiweiß des Eies eingebaut, der Mechanismus ist noch nicht genau bekannt. Die Schwefelfixierung scheint sehr schnell abzulaufen. Die größte Menge an ^{35}S wurde in der Mucoidfraktion des Eiweißes gefunden, worin der S als SO_3H^- vorzuliegen scheint. **I** u. **II** werden also nicht nur aus der Nahrung direkt aufgenommen, sondern es besteht die Möglichkeit, daß diese Aminosäuren teilweise oder ganz aus dem anorgan. S der Nahrung synthetisiert werden. (An. Real Soc. españ. Física Quím., Ser. B **50.** 901—08. Nov. 1954. Inst. de Quím. Fís. „A. de G. Rocasolano"; Labor. de Radiobiol. e Inst. de Invest. Veterin., Seccion de Farmacol.) HANS THIELE. 4596

Philip Grant, *Phosphatstoffwechsel während der Oogenese bei Rana temporaria.* Eingehende Unterss. im Verlauf der 3jährigen Entw. der Oocyten unter Anwendung von ^{32}P-Injektionen u. Isolierung verschied P-Fraktionen ergaben Hinweise auf das Bestehen eines 2phas. Wachstumsverlaufs während der Oogenese. Eine 1. Phase ist gek.

durch Synth. von Lipoid-P-Verbb. u. eine spätere Phase durch eine Periode intensiver Dottersynth., gek. durch eine Zunahme des Phosphoprotein-P. Bei der Dotterbldg. ändert sich die P-Verteilung. Bei jungen Oocyten überwiegen Nucleinsäure-P u. säurelösl. P, bei reifen dagegen Protein-P u. Lipoid-P. Durch den heterogenen Ursprung der P-Fraktionen wird die Analyse des Umsatzes sehr erschwert. Aus der Konz. der Fraktionen ist der Zustand der Organisation der intracellulären Systeme z. T. erkennbar, auf Grund derer jene entstehen. Die Oberflächengebiete der Oocyten haben auch einen deutlichen Einfl. auf die ^{32}P-Aufnahme. In den ersten Wachstumsstadien ist die Bldg. eines synthetisierenden Syst. anzunehmen, das später in ein solches zur Dotterbldg. umgewandelt wird. (J. exp. Zoology **124.** 513—43. Dez. 1953. New York City, N. Y., Columbia Univ., Dep. of Zool.) J. SCHWAIBOLD. 4596

Ju. A. Petrowitsch, *Untersuchung der mineralischen Zusammensetzung des Blutes und des Harns von Tieren, die sich lange in Dunkelheit befinden.* Im Hunde- u. Kaninchenvers. wird gezeigt, daß nach einem Aufenthalt in völliger Dunkelheit (1—21 Tage) im Harn die *Chlorid*-Konz. im Vgl. zur Kontrolle herabgesetzt ist (992 bzw. 527 mg%), daß jedoch die in 30 Min. mit dem Harn ausgeschiedene Chloridgesamtmenge zunimmt (verstärkte Diurese). Im Blut ist nach Dunkelaufenthalt der Tiere die Amplitude der Schwankungen im Chloridgeh. vermindert. Der *Ca*-Geh. des Harns zeigt bei Dunkelheit verminderte Schwankungen. Die nachgewiesenen Veränderungen des Stoffwechsels unter dem Einfl. der Dunkelheit zeigen die Veränderungen in der Nervenregulation des Stoffwechsels an. (Бюллетень Экспериментальной Биологии и Медицины [Bull. exp. Biol. Med.] **40.** Nr. 11. 33—36. Nov. 1955. Odessa, Psychoneurol. Wiss. Forschungsinst.) O. LEBTAG. 4596

Ilse Wolburg, Vitamine. Lutherstadt Wittenberg: Ziemsen. 1956. (57 S. m. 12 Abb.) 8° = Die neue Brehm-Bücherei. H. 178. DM 3,—.

G. E. W. Wolstenholme and **Elaine C. P. Millar,** eds., Porphyrin Biosynthesis and Metabolism. London: J. A. Churchill. 1956. (308 S. mit Abb.) 8°. 30 s.

E_6. Pharmakologie. Therapie. Toxikologie. Hygiene.

H. Langendorff, *Die Atomenergiekonferenz in Genf vom 8. bis 20. August 1955. B. Biologische und medizinische Fragen.* Konferenzbericht. (Naturwissenschaften **43.** 171—74. April 1956. Freiburg/Br., Univ., Radiol. Inst.) GERHARD SCHMIDT. 4601

Eugene P. Cronkite, Victor P. Bond, W. H. Chapman und **R. H. Lee,** *Die biologische Wirkung der Atombomben-γ-Strahlung.* Vff. erörtern die möglichen Strahlenschäden am lebenden Objekt durch die γ-Strahlung einer Atombombenexplosion u. der nachfolgenden Strahlung der Zerfallsprodukte. Qualitativ erhält man gleichartige Schäden am Objekt u. gleiche mittlere Überlebenszeit wie nach Bestrahlung mit 250 kV-Röntgenstrahlen. Im einzelnen wird die vergleichende Deutung von Laboratoriumsverss. u. Tierverss. bei Atombombenexplosionen diskutiert. (Science [Washington] **122.** 148—50. 22/7. 1955. Bethesda, Md., Naval Med. Res. Inst., u. San Francisco, Calif., Naval Radiol. Defense Labor.) W. REUSSE. 4601

S. Ohashi, K. Hashimoto, N. Fukushima, K. Tashiro, H. Sugano und **Y. Mori,** *Pathologische Befunde bei einem tödlichen Fall von Strahlenschädigung durch Bikini-Asche.* Es wird eingehend über die patholog. Befunde berichtet, die bei einem der durch Bikini-Asche strahlengeschädigten Fischer nach dessen Exitus gefunden wurden. Im Organismus des Patienten konnten akt. Spaltprodd. nachgewiesen werden, deren interne Bestrahlung für die intensiven histolog. u. physiol. Schäden an den inneren Organen verantwortlich zu machen ist. Sek. wurde bei dem Patienten eine Virushepatitis ausgelöst, deren Entstehung als Ursache einer prim. Strahlungshepatopathie diskutiert wird. (Iryo [Tokyo] **9.** Nr. 1. 46—55. Jan. 1955. Tokyo, 1. Tokyo Nat. Hosp. u. Tokyo Univ. [Orig.: japan., Auszug: engl.]) W. REUSSE. 4601

Yoshiyuki Koyama, *Klinischer Verlauf der Strahlenerkrankung, verursacht durch Bikini-Asche.* Es wird ein zusammenfassender klin. Bericht über 23 japan. Fischer gegeben, die im März 1954 100 Meilen von Bikini entfernt auf einem Fischereischiff während 5 Tagen einem radioakt. Aschenregen ausgesetzt waren. Der Bericht umfaßt Angaben über die Analyse der auf dem Schiff gesammelten Asche u. bringt Einzelheiten über die Wrkg. der Strahlung auf Haut, Haar, Blut, Knochenmark, Leber, Urin u. Genitalorgane der Betroffenen, ferner über Befunde im Elektrocardiogramm u. über die verabfolgten Medikamente. (Iryo [Tokyo] **9.** Nr. 1. 1—45. Jan. 1955. Tokyo, 1. Tokyo Nat. Hosp. [Orig.: japan., Auszug: engl.]) W. REUSSE. 4601

H. Aebi, L. Bernays, H. Flückiger, B. Schmidli und **A. Zuppinger,** *Die Taurinausscheidung röntgen- und betatronbestrahlter Ratten.* Bei n. Ratten von 200—250 g Gewicht beträgt die tägliche Ausscheidung an *Taurin* (I) 1,5—2,0 mg/100 g Körpergewicht. Nach Bestrahlung mit 250 r (250 kV Röntgenstrahlen) steigert sich die Tagesquote an den 2—3 darauffolgenden Tagen um 100—200%, nach 500 r um 300—400%. Bei Bestrahlung mit der Röntgenstrahlung eines 31 MeV-Betatrons ist die Rk. schwächer. Etwa die gleiche Steigerung der I-Ausscheidung erhält man nach Gaben von 10 mg *Cysteamin* (II)/100 g Körpergewicht. Wird II in Verb. mit einer Röntgendosis von 500 r gegeben, dann ist die Steigerung gleich groß wie nach 500 r Bestrahlung ohne II-Gabe. Das Ausbleiben einer Addition der Wirkungen wird so gedeutet, daß wahrscheinlich bei der Kombinierung beider Mittel eine der beiden Komponenten in ihrer Wrkg. geschwächt wird. (Helv. physiol. pharmacol. Acta **13.** Nr. 4. C49—C51. 1955. Bern.) W. REUSSE. 4601

E. A. Sellers und **John C. Barlow,** *Die Reaktion hypophysektomierter Ratten auf Röntgenbestrahlung und Rückbildungstherapie.* 8—12 Tage nach Hypophysektomie wurden ♀ Ratten röntgentotalbestrahlt. Bestrahlungsdaten: 200 kV, 19 mA, HWS 0,9 mm Cu, Dosisleistung 30 r/Min., FHA 50 cm, Gesamtdosis 300 oder 400 r. 1—2 Std. nach Bestrahlung erhielten die Tiere subcutane oder intramuskuläre Injektionen mit gereinigtem *Porcin-ACTH, Wachstumshormon, Protamin-Zink-Insulin, dl-Thyroxin, Cortisonacetat, Testosteronpropionat.* Überlebensbeobachtungen ergaben: Die Hypophysektomie verringert die Strahlenresistenz der Tiere. Von den injizierten Stoffen erhöhte ausschließlich Thyroxin die Überlebensrate. Mit Insulin behandelte Tiere starben schneller als nur bestrahlte. (Radiation Res. **2.** 534—37. Aug. 1955. Toronto, Can., Univ. of Toronto, Dep. of Physiol.) W. REUSSE. 4601

Eberhard Harbers, *Grundlagen der Auswertung von biologischen und medizinischen Versuchen mit Radioisotopen.* Vf. bringt Hinweise für Planung, Auswertung u. krit. Beurteilung biol. u. medizin. Verss. mit akt. Isotopen u. behandelt speziell die Analyse von Stoffwechselunterss. an Hand verschied. ausgesuchter Beispiele. — 114 Literaturangaben. (Klin. Wschr. **32.** 392—403. 1/5. 1954. Göttingen, Univ., Inst. für med. Phys. u. Biophys.) W. REUSSE. 4601

Howard H. Vogel jr., S. Phyllis Stearner, *Der Einfluß der Dosisleistung von Spaltneutronen und ^{60}Co-γ-Strahlen auf die Überlebensrate von jungen Küken.* 3 Tage alte ♂ weiße Leghornküken wurden mit schnellen Neutronen (Dosisleistung 1 oder 4 rep/Min.) oder mit ^{60}Co-γ-Strahlen (Dosisleistung 6 oder 12 oder 22 r/Min.) bestrahlt, u. die Überlebensrate wurde untersucht. Die zur Erzielung einer 50% Überlebensrate nach 21 Tagen Beobachtungszeit erforderliche Gesamtdosis erwies sich als abhängig von der Dosisleistung. Bei den beiden Neutronendosisleistungen betrug sie $306{,}5 \pm 4{,}1$ bzw. $236{,}0 \pm 3{,}9$ rep. Bei der ^{60}Co-γ-Bestrahlung lag sie bei der kleinsten Dosisleistung bei $1207{,}4 \pm 21{,}9$ r, bei den beiden höheren Dosisleistungen, die sich nicht merklich unterschiedlich verhielten, betrug sie $878{,}4 \pm 19{,}4$ r. Die Mortalität in den ersten 48 Std. nach der Bestrahlung war bes. dosisleistungsabhängig. Die relative biol. Wirksamkeit der schnellen Neutronen zu der der ^{60}Co-γ-Strahlen wurde zu 3,72 ermittelt, wenn die Überlebenskurven bei 4 rep/Min. (Neutronen) bzw. 12 u. 22 r/Min. (γ-Strahlen) miteinander verglichen wurden. (Radiation Res. **2.** 513—22. Aug. 1955. Lemont, Ill., Argonne Nat. Labor., Div. of Biol. and Med. Res.) W. REUSSE. 4601

A. Morrison, W. R. Dixon, C. Garrett, H. E. Johns, L. M. Bates, E. R. Epp, D. V. Cormack und **S. O. Fedoruk,** *Multicurie-Kobalt-60-Einheiten für die Strahlentherapie.* Die Vorteile der Anwendung von ^{60}*Co* an Stelle von Ra in der Tiefentherapie (relative Tiefendosis) werden erläutert, u. es wird die Entw. der ^{60}Co-Therapie unter besonderer Berücksichtigung der kanad. Beiträge dargestellt. Die techn. Einrichtung einiger Anlagen wird beschrieben. (Science [Washington] **115.** 310—12. 21/3. 1952. Ottawa, Nat. Res. Council of Canada, Div. of Phys., Radiol. Labor., u. Saskatoon, Univ. of Saskatchewan, Phys. Dep.) W. REUSSE. 4601

A. F. Stehney, W. P. Norris, H. F. Lucas jr. und **W. H. Johnston,** *Eine Methode zur Messung der Eliminationsgeschwindigkeit von Radon in der Atemluft.* Zur Best. abgelagerter Radiummengen im lebenden Organismus eignet sich die Messung des *Radons* (I), das mit der Atemluft ausgeschieden wird. Eine App. zur Anreicherung von I an Aktivkohle, seine Elution bei 500° durch Stickstoff u. die angewandten Meßmethoden werden beschrieben. An 19 Patienten wurde diese Technik erprobt (Amer. J. Roentgenol., Radium Therapy Nuclear Med. **73.** 774—84. Mai 1955. Lafayette, Ind., Univ., Dep. of Chem.) D. PÄTZE. 4601

William P. Norris, Thomas W. Speckman und **Philip F. Gustafson,** *Untersuchungen über den Radiumstoffwechsel beim Menschen.* Eine frühere Arbeit von SCHLUNDT u. Mitarbeitern (Amer. J. Roentgenol. Radium Therapy **30.** [1933.] 515) wird krit. besprochen u. auf mögliche Fehlerquellen u. deren Beseitigung hingewiesen. Tabellen u. graph. Darstellungen geben Auskunft über die Ablagerung u. Ausscheidung von

Radium, das Patienten 22 Jahre früher in Form lösl. Salze injiziert worden war. Die im Tiervers. ermittelten Potenzfunktionen für diese Ablagerungen u. Ausscheidungen wurden auf die Analyse beim Menschen übertragen. Verss. zeigten, daß so unter bestimmten Voraussetzungen die Möglichkeit gegeben ist, vermittels des täglichen Eliminationskoeff. die Zeit zu ermitteln, die seit der Injektion einer bestimmten Radiummenge vergangen ist. (Amer. J. Roentgenol., Radium Therapy, Nuclear Med. **73.** 785 bis 802. Mai 1955. Lemont, Argonne Nat. Labor., Div. of Biol. and Med. Res.)
D. PÄTZE. 4601

J. Garcia, D. J. Kimeldorf und **R. A. Koelling,** *Konditionierte Aversion gegenüber Saccharin nach Behandlung mit γ-Strahlung.* Mit ^{60}Co-γ-Strahlung totalbestrahlte ♂ Ratten (Dosis 30 oder 57 r) zeigten Abneigung gegenüber der Aufnahme von Saccharinlsg., während die mittlere Aufnahme von reinem Trinkwasser unbeeinflußt blieb. Der Mechanismus der durch die Strahlung bewirkten Stimulation gegenüber der Saccharinlsg. wird diskutiert. (Science [Washington] **122.** 157—58. 22/7. 1955. San Francisco, Calif., U. S. Naval Radiol. Defense Labor., Div. of Biol. and Med.) W. REUSSE. 4601

G. Klein, *Der Einfluß des Megaphens auf die Überlebenszeit röntgenbestrahlter Ratten.* Weiße Ratten (♀) wurden röntgentotalbestrahlt. 60 Min. vor der Applikation der DL (700—800 r) bekamen die Tiere intramuskuläre Injektionen mit dem Phenothiacenderiv. *Megaphen.* Die Überlebensrate betrug danach 40%, die Verlängerung der Überlebenszeit bis zu 63%. (Radiol. clin. [Basel] **25.** 65—72. März 1956. Erlangen, Univ., Frauenklin.) W. REUSSE. 4601

Reynold F. Brown, *Einfluß von Cortison auf die Bestrahlungsreaktion der Rattenlunge.* Nach Bestrahlung der rechten Rattenlunge mit 3000 r hatte *Cortison* keinen deutlichen Einfl. auf die Zahl der Überlebenden. Es schützte nicht einheitlich vor Atelektase u. Fibrose, sondern verhütete nur bei einigen Tieren Atelektase, vielleicht durch Hemmung der allg. Entzündungsreaktion. (Amer. J. Roentgenol., Radium Therapy Nuclear Med. **75.** 796—806. April 1956. San Francisco, Calif., Univ. of California, Med. Center, Radiol. Labor.) EBERHARD MÜLLER. 4601

Georges Ungar, Evelyn Damgaard und **Florence Williams,** *Schutzwirkung von Milzhomogenisaten gegen β-Strahlen-induzierte Hautschäden bei Ratten.* (Vgl. C. **1956.** 8688.) Anästhesierte Albinoratten wurden mit 3000 rep von einer ^{90}Sr-β-Strahlquelle bestrahlt. Die ausgelösten Hautschäden erreichen nach ca. 15 Tagen ihren Höchststand. Ein Teil der Tiere erhielt in Abständen von 30 Min. bis 4 Std. intraperitoneale Injektionen mit *Milzhomogenisaten* von Ratten. Bei diesen Tieren traten die Schäden später auf u. waren weniger heftig. (J. appl. Physiol. **8.** 287—88. Nov. 1955. Chicago, Ill., Univ. of Illinois, Coll. of Med., Dep. of Physiol. u. Inst. for Tuberculosis Res.) W. REUSSE. 4601

K. H. Kimbel, W. Börner und **E. Heise,** *Untersuchungen mit radioaktivem Biligrafin.* Um das Verh. von *Biligrafin* (*Dinatriumsalz* von *Adipinsäure-bis-[3-carboxy-2.4.6-trijodanilid]*) im Organismus zu untersuchen, wurden Ratten in die Schwanzvene 0,5 ml = 0,223 g Biligrafinsäure, markiert mit ^{131}J, als Methylglucaminsalz gelöst, mit einer Aktivität von 54 μC injiziert. Die Tiere wurden in verschied. Zeitabständen nach der Applikation getötet, die entfernten Organe mit 0,9%ig. NaCl-Lsg. abgespült, getrocknet, gewogen u. einzeln mit 50 ml physiol. Kochsalzlsg. homogenisiert. Je 15 ml wurden im Flüssigkeitszählrohr FH 49 gemessen. Für Verss. am Menschen wurde eine 44,7%ig. Lsg. des Methylglucaminsalzes der Biligrafinsäure mit einer Aktivität von 150 μC intravenös angewandt. Tabellen u. graph. Darstellungen zeigen die Aktivitätsverteilung in den einzelnen Organen u. geben Aufschluß über die Ausscheidung des Biligrafins. Als Eichsubstanz wurde eine Lsg. von Na^{131}J benutzt. — Mittels Papierelektrophorese konnten 0,05 ml einer Lsg. von markiertem Bilgrafin in Serum bei 100 mA in 12 Std. aufgetrennt werden. Entwickelt wurde mit Amidoschwarz. Das Auszählen der Flecke ergab die höchste Aktivität in der α-Globulin- u. der Albuminfraktion. (Fortschr. Gebiete Röntgenstrahlen verein. Röntgenprax. **83.** 1—9. Juli 1955. Erlangen, Univ., Med. Klin.) D. PÄTZE. 4601

Joseph C. Root und **William C. Strittmatter,** *Hypaque, ein neues Blasenkontrastmittel. Hypaque* (*Na-Salz* der *3.5-Diacetamido-2.4.6-trijodbenzoesäure*) — Jodgeh. 59,8% — wurde bei 350 Patienten in 50%ig. Lsg. zur Herst. eines Urogramms mit gutem Erfolg angewandt. Nachwirkungen traten im wesentlichen nur bei allerg. Personen auf. (Amer. J. Roentgenol. Radium Therapy, Nuclear Med. **73.** 768—70. Mai 1955. Cleveland, O., Cleveland Clin. Found.; Frank E. Bunts Educat. Inst., Dep. of Roentgenol.)
D. PÄTZE. 4601

M. Rollins, F. J. Bonte, F. A. Rose und **D. R. Keating,** *Klinische Auswertung einer neuen Verbindung für die intravenöse Urographie.* Das neue Blasenkontrastmittel, *Hypaque* (vgl. vorst. Ref.), wurde klin. ausprobiert u. seine Wirkungsweise u. Verträglichkeit mit der des bekannten Natriumjodmethamats verglichen. (Amer. J. Roentgenol. Radium Therapy Nuclear Med. **73.** 771—73. Mai 1955. Cleveland, O., Univ. Hosp., Dep. of Radiol.) D. PÄTZE. 4601

James K. V. Willson, F. Robert Perilla und **Richard B. Hanchett,** *Bronchographie mit Dionosil (Propyliodone). Ein neues resorbierbares bronchographisches Kontrastmittel. Dionosil* (GLAXO LABORS LTD., Middlesex, England) ist *3.5-Dijodpyridon-(4)-N-essigsäure-n-propylester.* Im Gegensatz zum *Diodrast,* dem Diäthanolaminsalz dieser Säure, hat es keine Reizwirkung. (Amer. J. Roentgenol., Radium Therapy Nuclear Med. **75.** 720—27. April 1956. Baltimore, Md., Johns Hopkins Univ.; Hosp., Dep. of Radiol.) EBERHARD MÜLLER. 4601

W. S. Holden und **R. S. Crone,** *Bronchographie mit öligem Dionosil.* (Vgl. auch C. **1955.** 7959.) Vff. berichten über 116 Bronchographien mit einer öligen Suspension von *Dionosil* [*3.5-Dijodpyridon-(4)-N-essigsäurepropylester in reinem Erdnußöl*]. Es werden gute Kontraste erzielt, das Material ist subjektiv besser verträglich als andere vergleichbare Mittel u. ist nach wenigen Tagen in der Lunge nicht mehr nachweisbar. (Brit. J. Radiol. **26.** 317—22. Juni 1953. United Oxford Hosp.) W. REUSSE. 4601

A. C. Giese, R. M. Iverson, R. T. Sanders und **J. P. Bors,** *Die Wirkungen von Peroxyd und Ultraviolettstrahlung.* Der Einfl. von UV-Strahlen auf H_2O_2 u. Protozoen u. Seeigelgameten, bes. auf Vitalität u. Zellteilung, wurde vergleichsweise untersucht, ferner wurde die Wrkg. beider Agentien auf die Absorptionsspektren (2500—2800 Å) der die Zellen bildenden Verbb. geprüft (Albumin, aliphat. Aminosäuren, Tyrosin, Phenylalanin, Tryptophan, Ribonucleinsäure, Desoxyribonucleinsäure, Adenin, Uracil, Adenylsäure, Uridylsäure, Adenosin, Uridin). Die Wrkg. beider Agentien ist im einzelnen dargestellt, sie ist so unterschiedlich, daß die Deutung von UV-Schäden durch Bldg. von H_2O_2 in der Zelle zweifelhaft erscheint. — 100 Literaturstellen. (Exp. Cell Res. **8.** 369—86. April 1955. Stanford, Calif., Stanford Univ., Dep. of Biol. Sci.) W. REUSSE. 4601

Klaus Buchmüller, *Fortschritte auf dem Gebiet der Ultraschalltherapie.* Übersicht über den Stand der Ultraschall (US)-Therapie nach Reff. auf dem internationalen US-Kongreß in Marseille, Mai 1955. Herausgestellt wird: der noch nicht geklärte Wirkungsmechanismus, die oft nicht vergleichbaren in vitro-Verss., die durch Angabe von Frequenz, Leistung, Zeit u. Abstrahlfläche nicht exakt charakterisiert sind, die bedeutende Rolle der stehenden US-Wellen, die allein biol. Effekte auslösen, die durch US hervorgerufenen Permeabilitätssteigerungen u. die Dosierungsfrage mit der Forderung nach Festlegung einer therapeut. US-Einheit. (Dtsch. Gesundheitswes. **10.** 1524—28. 24/11. 1955. Berlin, Charité, Geschwulstklin.) H. DOSSMANN. 4601

R. G. Busnel, P. Chauchard und **H. Mazoué,** *Elektrophysiologische Untersuchungen über die Wirkungsweise von therapeutisch angewandtem Ultraschall.* Vff. berichten über chronaximetr. Messungen auf der Haut von weißen Ratten im Bereich des Nervus ischiadicus nach *Ultraschall*-Behandlung mit 0,18—5,8 W bei 1 MHz. Die Messungen lassen erkennen, daß im Sinne einer Anregung des Nervensyst. die Überschreitung einer gewissen Dosis wirkungslos ist. Bei intermittierender Beschallung wird die Wirksamkeit erhöht. Bei Erhöhung der Frequenz auf 3 MHz wird keine spezif. Änderung festgestellt. Es besteht keine einfache physikal. Beziehung zwischen der applizierten Ultraschallintensität u. der erzielten Wrkg. am Nerven. (J. Radiol. Électrol. Arch. Électr. méd. **35.** 847—51. 1954. Paris.) W. REUSSE. 4601

Louis Bakay, *Untersuchungen über die Blut–Gehirn-Schranke mit radioaktivem Phosphor.* Verss. an Kaninchen mit ^{32}P (**I**). In verschied. Zeitabständen nach der Injektion wurden die Tiere getötet u. der **I**-Geh. in verschied. Teilen des Zentralnervensyst. bestimmt. **I**-Verabreichung a) intravenös 20 μC/kg, b) intracisternal 1 μC/kg. Maximale **I**-Konz. im Gehirn a) nach 12—24 Std., b) nach 30—60 Min., wobei das **I**-Depot b) 20 bis 50mal höher war als a). In der Hypophyse war das maximale **I**-Depot nach a)-Verabreichung höher als nach b). — Diskussion des Vorgangs der **I**-Speicherung. (A. M. A. Arch. Neurol. Psychiatry **66.** 419—26. Okt. 1951. Boston, Mass., Massachusetts General Hosp., Dep. of Neurosurgery.) H. DOSSMANN. 4606

J. Cerf, *Die Beziehung zwischen der depolarisierenden Wirkung von Lithium und seiner depressiven Wirkung auf den Froschnerven.* Nach Unterss. an Froschnerven unter verschied. Bedingungen (n., *Na*-frei in *Cholin*-Lsg., Nerven adrenalektomierter Tiere, in *Na*-armem u. *K*-reichem Medium) stehen die Depolarisation u. die Erhöhung der Reizschwelle nebst der Abnahme der Geschwindigkeit der Erregungsleistung in *Li*-haltigem Medium in unmittelbarem Zusammenhang. Außerdem nimmt Vf. jedoch eine von der Depolarisation unabhängige tox. Wrkg. des *Li* auf den Nerven an. (Arch. int. Pharmacodynam. Thérap. **103.** 281—96. 1/10. 1955. Bruxelles, Univ., Labor. de Pathol. générale.) D. ZEMKE. 4606

H. C. Dudley und **E. J. Wallace**, *Pharmakologische Untersuchungen am Radiogermanium* (*^{71}Ge*). 1. Mitt. Proben von amorphem GeO_2, GeS_2, elementarem Ge, koll. Ge u. Germaniumsol wurden im Atomreaktor mit Neutronen behandelt. Die gewonnenen akt. Proben (^{71}Ge) wurden bei Kaninchen u. Hunden intravenös injiziert, während 72 Std. die Exkrete gesammelt u. auf ihren Geh. an ^{71}Ge untersucht. Danach wurden die Tiere getötet u. an entnommenen Proben verschied. Organe ebenfalls der Geh. an ^{71}Ge bestimmt. Es zeigt sich, daß das Ge schnell über den Harn ausgeschieden wird. Spezif. Ablagerung in bestimmten Organen kann nicht nachgewiesen werden. GeO_2 ist pharmakolog. inakt., die sehr weiche Strahlung von ^{71}Ge (9 kV) ist biol. ohne Bedeutung. (A. M. A. Arch. ind. Hyg. occupat. Med. **6.** 263—70. Sept. 1952. Bethesda, Md., Nat. Naval Med. Center, Naval Med. Res. Inst.) W. REUSSE. 4606

H. C. Dudley, *Pharmakologische Untersuchungen mit Radiogermanium.* 2. Mitt. *Inhalation von Stäuben.* (1. vgl. vorst. Ref.) 40 Ratten wurde durch Beimischung zur Atemluft Staub aus akt. ^{71}Ge oder $^{71}GeO_2$ zugeführt. Das ^{71}Ge wurde aus handelsüblichem ^{70}Ge nach Zerkleinerung in der Pulvermühle (mittlere Teilchengröße 1,7 μ) u. Aktivierung im Atomreaktor gewonnen, das $^{71}GeO_2$ durch gleichartige Behandlung von $^{70}GeO_2$ (mittlere Teilchengröße 0,45 μ). Die beatmeten Tiere wurden in Gruppen geteilt, die nach 1, 4, 24, 48, 96 bzw. 168 Std. getötet wurden. Dann wurden Lunge, Leber u. Nieren excidiert u. ihre Aktivität (γ-Strahlen von 9 kV) in einem fensterlosen GEIGER-Zähler bestimmt. Dabei zeigte sich, daß das Ge größtenteils bereits nach ca. 1 Std. über den Kreislauf in die Nieren verschleppt ist. Nach 4—7 Std. findet man in Lunge, Leber u. Nieren nur noch Spuren von Ge. Die Befunde zeigen, daß Ge oder GeO_2 nicht als industrielle Giftstoffe anzusehen sind. (A. M. A. Arch. ind. Hyg. occupat. Med. **8.** 528—30. Dez. 1953. St. Albans, N. Y., U. S. Naval Hosp., Radioisotope Labor.) W. REUSSE. 4606

Frank Eisenberg jr., James B. Field und **DeWitt Stetten jr.**, *Untersuchungen über die Glucuronidbindung beim Menschen.* Vff. geben männlichen Versuchspersonen *l-Menthol* (I) (750 mg/Tag, oral) u. 8 Tage später eine Infusion von $^{13}C_{(6)}$-*Glucuronsäurelacton* (**II a**) bzw. $^{13}C_{(6)}$-*Na-Glucuronat* (**II b**) (200, 207 u. 500 mg) u. bestimmen die mit dem Urin ausgeschiedene Menge an *Menthylglucuronid* (**III**) durch Abbau mit 12% ig. HCl u. Best. des ^{13}C-Einbaus. Aus den Ergebnissen geht hervor, daß weder **II a** noch **II b** für den Bindungsprozeß von I nutzbar gemacht werden, da keine ^{13}C-Aufnahme stattfindet. Somit werden **IIa** u. **II b** nicht für die Glucuronidsynth. im menschlichen Organismus verbraucht. (Arch. Biochem. Biophysics **59.** 297—99. Nov. 1955. Bethesda, Md., U. S. Dep. of Health, Educat. and Welf., Nat. Inst. of Health, Publ. Health Serv., Nat. Inst. of Arthritis and Metabol. Diseases.) P. FAHRNLAENDER. 4607

Theodore Gillman, Michael Hathorn und **Jack Penn**, *Lipämie-klärende Wirkung von sulfatiertem tierischen Hyaluronat.* An Ratten u. Hunden wirkte *sulfatiertes Hyaluronat* intravenös oder intraperitoneal gegeben wie Heparin. Intramuskulär oder intravenös angewandte *Hyaluronidase* war wirkungslos. (Nature [London] **177.** 894—95. 12/5. 1956. Durban, Univ. of Natal, Fac. of Med., Dep. of Physiology.) H. GIBIAN. 4607

I. W. Dardymow und **R. Ss. Rybolowlew**, *Reflektorische Stimulierung der Atmung durch Dicholinester der Korksäure.* Im Katzenvers. zeigt der *Korksäuredicholinester* (**I**) eine stimulierende Wrkg. auf die Atmung, bedingt durch eine Erregung der Chemoreceptoren der Sinocarotidzonen. Die Pressorwrkg. von I beruht auf der durch Erregung der Nebennierenrinde erzeugten Adrenalinämie. Bei intravenöser Zufuhr tritt bei 0,0005—0,001 mg I je 1 kg Körpergewicht ein Pressoreffekt auf, bei 0,001—0,0002 mg eine Stimulierung der Atmung. Bei 0,01 mg sind beide Effekte stark ausgeprägt u. halten 2—4 Min. an. Bei wiederholter intravenöser I-Zufuhr tritt weder Verstärkung noch Abschwächung des Effektes ein. DL_{50} = 1 mg/kg (1000mal größer als die wirksame Minimaldosis). Bei intramuskulärer u. subcutaner Zufuhr wirken 0,1—0,5 mg/kg I atmungsstimulierend; DL_{50} = 4 mg/kg (40mal größer als die wirksame Minimaldosis). Wird die Atmung durch Ae., Hexenal oder Morphin gehemmt, so wird durch I-Zufuhr die Atmung ebenfalls stimuliert. Beim gesunden Menschen (12 Personen) bewirkt die intravenöse Zufuhr von 0,015 mg/kg I eine Stimulierung der Atmung, wobei während der Höchstwrkg. das Vol. der eingeatmeten Luft 200—500% erreicht. Der Blutdruck steigt hierbei um einige mm Hg an. Die maximal angewandte Dosis von 0,3 mg/kg (eine Beobachtung) zeigte keine tox. Wirkung. Bei subcutaner Zufuhr von 0,3—0,5 mg/kg I (0,3—0,5 ml der 10% ig. Lsg.) wird die Atmung stark stimuliert. Die Stimulierung hält 20 Min. an; das Vol. der eingeatmeten Luft beträgt 20—45 Liter/Minute. Der Blutdruck steigt hierbei um 20—50 mm Hg. Die stimulierende Wrkg. nimmt langsamer zu u. hält länger an als bei intravenöser Zufuhr. Die therapeut. Wirkungsbreite von I beträgt 1000:1 bei intravenöser, 40:1 bei subcutaner Zufuhr. (Бюллетень Экслериментальной Биологии и Медицины [Bull. exp. Biol. Med.] **40.** Nr. 11. 41—44. Nov. 1955. Leningrad, 1. Med. Pawlow-Inst.) O. LEBTAG. 4607

Albert N. Booth und **Floyd DeEds,** *Untersuchung der chronischen Toxizität von mit Phytinsäure behandeltem Sojabohnenöl bei Ratten.* Vff. geben Ratten eine aus 73% entkeimtem Getreidemehl, 10% Rohcasein, 10% Leinsamenölkuchenmehl, 2% Alfalfa, 1,5% Knochenasche, 0,5% NaCl u. 3% Dorschleberöl bestehende Kost u. 400 Tage lang bis zu 10% *Phytinsäure* (**I**, *Inosithexaphosphorsäureester*) enthaltendes Sojabohnenöl. Es werden keine Anzeichen einer tox. Wrkg. von **I** auf das Wachstum u. bei der histopatholog. Unters. der Gewebe nach der Autopsie gefunden. Tox. Symptome (Wachstumshemmung u. Atrophie der Testis) treten dagegen auf, wenn 2% **I** allein ohne oder mit Zusatz von Ca-Salzen (bis 1,17%) gegeben werden u. das Futter nur Getreide- u. Leinsamenmehl sowie Rohcasein (17% Protein) enthält. Dieselbe **I**-Menge ist bei Fütterung mit Vollkost (Purina-Mischfutter [23,8% Protein, 6,0% Rohfett u. 49,4% N-freier Extrakt] unwirksam. Daraus geht die Bedeutung der Ernährung bei Unterss. der chron. Toxizität hervor. (Food Res. **20.** 582—86. Nov./Dez. 1955. Albany, Calif., West. Utiliz. Res. Branch, Agricult. Res. Serv., U. S. Dep. of Agricult.) P. FAHRNLAENDER. 4607

N. R. Brewer, A. J. Carlson und **Anne Pratt,** *Untersuchungen über die chronische Toxizität von Alkylphenylphthalat.* Vff. geben Ratten (a) 2 Jahre lang eine Kost bestehend aus 61,1% gemahlenem Weizen, 23,7% Mischpulver, 10% Schweinefett, 4% *Alkylphenylphthalat* (**I**, *Alfenthal*), 1% Mineralsalzgemisch u. 0,2% Vitamin A + D bzw. Hunden (b) ein Futter mit 31,8% gemahlenem Pferdefleisch, 31,8% Weizenbrot, 21,2% W., 0,53% Jodsalz, 2,12% Knochenmehl, 1,06% Alfalfamehl, 1,065% Vitamin A + B + D, 5,6% Schweinefett u. 4% **I** (Versuchsdauer: 1 Jahr). Weder bei a noch bei b wird ein Unterschied im Wachstum, in der Lebensdauer, der Blutzusammensetzung oder der Histopathologie im Vgl. mit den Kontrolltieren gefunden. Die Ergebnisse zeigen, daß **I**, selbst in Dosen von 2000 mg/kg pro Tag (bei a), keine tox. Wirkungen besitzt. (Food Res. **20.** 531—38. Nov./Dez. 1955. Chicago, Ill., Univ., Dep. of Physiol.)
P. FAHRNLAENDER. 4607

J. Schmid, *Beitrag zur Irgapyrinwirkung bei Polyarthritikern an Hand von Beobachtungen mit der Butazolidinkomponente. Irgapyrin,* das zu je 15% *Butazolidin* (**I**) u. *Dimethylaminoantipyrin* enthält, erhält seine bes. Wrkg. durch **I**. In therapeut. Mengen erhöht **I** entgegen dem Tiervers. weder die Blutkonz. von Salicylsäure, noch verzögert es die Ausscheidung. Der Organismus wird durch **I** für Antirheumatica sensibilisiert u. **I** steigert die Wrkg. von Hormonen, bes. ACTH u. Cortison. Unterss. über die Beeinflussung des vegetativen Nervensyst. durch **I** verliefen negativ. Die bes. Wrkg. von **I** scheint außerdem in einer Einw. auf den Eiweißstoffwechsel zu liegen, indem **I** in Kombination mit Hormonen die Ausscheidung einiger Aminosäuren beträchtlich erhöht. (Wiener Z. inn. Med. Grenzgebiete **35.** 106—10. März 1954. Wien, Univ., II. Med. Klin.)
G. WELTZIEN. 4607

W. K. Sburshinski, *Vergleichende Wirkung von Paramion bei intraarterieller und intravenöser Zufuhr. Paramion (meso-3.4-Bis-[p-dimethylaminophenyl]-hexan-bis-methojodid)* erwies sich in Verss. an 25 decerebrierten Katzen zur Erschlaffung der Unterschenkelmuskulatur in Dosen von 50—250 γ/kg am wirksamsten bei Injektion in die Arterie der entsprechenden Extremität. Auch die Störungen der Atmung sind dann geringer als nach intravenöser Zufuhr. (Фармакология и Токсикология [Pharmakol. u. Toxikol.] **18.** Nr. 4. 17—21. Juli/Aug. 1955. Leningrad, Sanität.-hygien. Med. Inst., Lehrstuhl für Pharmakol.) E. RENTZ. 4607

Guido Tappi und **Dino Coppini,** *Über die toxikologische Untersuchung von quaternären Ammoniumverbindungen.* Vff. beschreiben die Trennung u. die Unters. der toxikolog. Wirksamkeit der in curareähnlich wirkenden Verbb. vorkommenden quaternären Ammoniumverbindungen. Die Verss. wurden durchgeführt an *d-Tubocurarin,* Verbb. der Serie des *Flaxedils* (*Trijodäthylat von Tris-[diäthylaminoäthoxy]-benzol*), des *Succinylcholins* u. Salzen des *Tetraalkylammoniums* sowie den sogenannten Salzen des *Methons* (*Salze von Polymethylen-bis-trimethylammonium*), u. zwar des *Hexamethons* u. des *Dekamethons.* Es wird darauf hingewiesen, daß es zur Ausbldg. der curareähnlichen Wirksamkeit nicht notwendig ist, daß der quaternäre N wie im Falle des **I** Teil eines Ringes ist. Von größerer Wichtigkeit ist die Anzahl der quaternären Ammoniumfunktionen, die Natur der an den N gebundenen Radikale u. vor allen Dingen ihr gegenseitiger Abstand. Die toxikol. Unters. der *quaternären Ammoniumverbb.* (**I**) erfolgt nach der bekannten Meth. von STAS-OTTO, nachdem zuvor die Glucoside, Barbiturate u. Alkaloide entfernt worden sind. Es wurde zunächst versucht, die **I** in einer Säule mit Hilfe des schwach sauren Kationenaustauschharzes *Amberlite IRC-50* zu trennen. Verss. mit W., verschied. starker HCl u. Pufferlsgg. mit p_H-Werten zwischen 2 u. 8,4 waren jedoch erfolglos. Hierauf wurde die Säule mit W. gewaschen u. **I** mit n-HCl herausgelöst u. ihre Trennung papierchromatograph. durchgeführt. Als Filtrierpapier wurde WHATMAN N 1 benutzt. Als beste mobile Phase ergab sich nach Unters. einer Reihe von

Flüssigkeitsgemischen ein Gemisch von n-Butanol–Essigsäure–W. (78:5:17). Zuvor wurden die Streifen mit einer 13% ig. Natriumacetatlsg. getränkt. Nach der eingetretenen Fraktionierung wurde mit DRAGENDORFFschem Reagens bespritzt, das im Verhältnis 1:10 mit Eisessig verd. war; das überschüssige Reagens wurde durch Spülen mit W. entfernt. In einer Tabelle sind für die obigen Verbb. die R_f-Werte sowie die erhaltenen Färbungen auf dem feuchten u. dem trockenen Papier wiedergegeben. Die intensivsten u. glänzendsten Farben wurden mit dem feuchten Papier erhalten. Aus dem Chromatogramm wurden die einzelnen Streifen mit verd. HCl herausgelöst u. auf ihre pharmakodynam. Wrkg. untersucht. (Gazz. chim. ital. **85.** 714—19. Mai/Juni 1955. Modena, Univ., Ist. di Chim. farmaceut. e tossicol.) C. GOTTFRIED. 4607

Roy V. Talmage, Bernard F. Trum, Robert A. Monroe und **John H. Rust,** *Der Einfluß von Phenothiazin N. F. (grün oder gereinigt) auf die ^{131}J-Aufnahme der Schilddrüse beim Esel.* Vorl. Bericht. (Vgl. C. **1955.** 8897.) Die ^{131}J-Aufnahme der Schilddrüse wurde an Eseln geprüft, nachdem sie Gaben von 5 g *Phenothiazin grün* (I) bzw. 10 g der gereinigten Form erhalten hatten. Während die gelbe Form die *J*-Speicherung nicht beeinflußt, wurde bei Applikation der grünen Form je nach Fabrikat die J-Aufnahme um 90, 60—70 oder 0% verringert. In diesem Fall werden Verunreinigungen des Präp. als Ursache der unterschiedlichen Wirksamkeit diskutiert. Auf die beobachteten antithyreoid. Wirkungen des **I** ist bei medikamentöser Anwendung bei Haustieren zu achten. (J. Amer. veterin. med. Assoc. **123.** 328—29. Okt. 1953. Oak Ridge, Tenn., Univ. of Tennessee, AEC, Agricultural Res. Program.) W. REUSSE. 4607

J. Ranque, René M. Nicoli und **R. Depieds,** *Einige Versuche über die Wirkung des Chlorhydrats von 3-Chlor-10- [3-dimethylaminopropyl]-phenothiazin (RP 4560) auf die Insekten.* Injektion eines Tropfens einer 1% ig. Lsg. von *RP 4560* = *Largactil* (I) hatte bei Heuschrecken keinen Einfl. auf die Beweglichkeit der Tiere. Verss. an Schmetterlingsraupen, durch **I**-Injektion eines Tropfens die Aktivität zu beeinflussen, gelang nur mit 10- bzw. 5% ig. **I**-Lösung. Die verabreichte **I**-Menge kommt an die letale **I**-Dosis heran. 2,5-, 1,0- u. 0,5% ig. Lsgg. blieben ohne Effekt. (C. R. Séances Soc. Biol. Filiales **149.** 991—92. Mai 1955. Marseille, Faculté de Méd., Labor. de Parasitologie.)
H. DOSSMANN. 4607

M. D. Maschkowski, *Pharmakologische Eigenschaften des Aminazins und anderer Präparate der Phenothiazinreihe.* (Vgl. C. **1956.** 5902.) Übersicht über die sowjet. Alkylaminderivv. des Phenothiazins (in Klammern das entsprechende nichtsowjet. Präp.): *Aminazin* (*Megaphen*), *Äthizin* (*Anergan*), *Diprozin* (*Phenergan*), *Dinezin* (*Diparcol*), *Parfezin* (*Parsidol*) u. *Multezin* (*Multergan*). — 65 Literaturangaben. (Журнал Невропатологии и Психиатрии имени С. С. Корсакова [Korssakow J. Neuropathol. Psychiatr.] **56.** 81—93. 1956. Moskau, Allunions Wiss. Chem.-Pharm. Ordshonikidse-Forschungs-Inst.) E. RENTZ. 4607

W. G. Agafonow, *Die hemmende Wirkung des Aminazins auf den zentralen Effekt der Schmerzerregung.* In Verss. an 35 urethannarkotisierten Kaninchen wird elektroencephalograph. festgestellt, das *Aminazin* (= *Megaphen*; **I**; 5—10 mg/kg intravenös) die Rk. auf Eintauchen einer Extremität in heißes W. von 50—70° für 30—50 Sek. deutlich abschwächt. **I** wirkt dadurch, daß es den unter n. Verhältnissen tonisierenden u. erregenden Effekt des Stammhirns auf die Großhirnrinde unterdrückt. Die hypotherm. Wrkg. von **I** erklärt sich durch Hemmung der reticulären Substanz des hinteren Teils des Hypothalamus. (Журнал Невропатологии и Психиатрии имени С. С. Корсакова [Korssakow J. Neuropathol. Psychiatr.] **56.** 94—102. 1956. Moskau, Chir. Wischnewski-Inst. der Akad. der Med. Wiss. der UdSSR, Physiol. Labor.) E. RENTZ. 4607

B. Ss. Bamdass, G. D. Glod, L. I. Lando, A. P. Lewkowitsch, G. K. Tarassow und **I. M. Chasen,** *Materialien zum Mechanismus der Aminazinwirkung.* Akute u. chron. Verss. an Ratten, Kaninchen u. Hunden sprechen dafür, daß *Aminazin* (I) in erster Linie unmittelbar an den subcorticalen Zentren angreift u. dadurch eine gewisse Herabsetzung der bedingtreflektor. Tätigkeit verursacht. **I** führt zu Muskelschlaffheit, Vertiefung des Schlafes, Hypothermie, Hypotonie, Pulsverlangsamung, Herabsetzung des Albumin-Globulin-Koeff., des Blutzuckers (an Hunden) u. des Prothrombinkoeff., zu einer geringen Abnahme des Erythrocyten u. des Hämoglobins, zu Lymphopenie, Leukocytose u. Zunahme der Blutkörperchensenkung. An Kaninchen kommt es nach **I** (25 mg/kg subcutan bzw. 12,5 mg/kg intravenös) zu einer Erhöhung des Blutzuckerspiegels. Die Adrenalinhyperglykämie wird durch **I** kaum beeinflußt, die Insulinhypoglykämie deutlich gehemmt. Chron. **I**-Zufuhr führt zu Gefäßpermeabilität u. vereinzelten Blutaustritten ins Gewebe. An den Gehirnzellen, vor allem an deren Kernen, zeigen sich Quellungserscheinungen. Bei chron. Zufuhr von **I** kommt es zu einer gewissen Gewöhnung. (Журнал Невропатологии и Психиатрии имени С. С. Корсакова [Korssakow J. Neuropathol. Psychiatr.] **56.**

121—38. 1956. Moskau, Zentralinst. für Ärztefortbldg., Militärfakultät u. Lehrstuhl für Psych.; Psychiatr. Inst. des Gesundheitsminist. der RSFSR.) E. RENTZ. 4607

N. A. Fedorow und **Ss. E. Schnol,** *Untersuchung der Verteilung des Aminazins im Organismus und der Wege seiner Ausscheidung mit Hilfe der Methode der markierten Atome.* (Vorl. Mitt.) In Verss. an weißen Ratten wurde das mit ^{35}S markierte *Aminazin* (**I**; 2 mg subcutan) bald nach der Injektion in allen Organen u. Geweben, am meisten in den Lungen, am wenigsten in Blut u. Muskeln, gefunden. **I** durchdringt auch leicht die Blut-Liquor-Schranke u. verteilt sich im Gehirn unter Bevorzugung der Großhirnrinde. In 4 Tagen wurden 97,4% der zugeführten **I**-Menge ausschließlich durch den Harn in unveränderter Form ausgeschieden. Bei Zufuhr per os kommen nur 16—17% von **I** zur Resorption; der Rest verläßt den Organismus mit den Faeces im Laufe von 8—9 Tagen. (Журнал Невропатологии и Психиатрии имени С. С. Корсакова [Korssakow J. Neuropathol. Psychiatr.] **56.** 139—45. 1956. Moskau, Wiss. Psychiatr. Forschungs-Inst. des Gesundheitsminist. der RSFSR; Zentral-Inst. für Ärztefortbldg., Lehrstuhl für med. Radiol.) E. RENTZ. 4607

G. K. Tarassow, *Resultate der klinischen Untersuchung der Aminazinwirkung bei der Behandlung psychischer Erkrankungen.* Die Ergebnisse der *Aminazin* (**I**)-Behandlung (80 Patienten, die bis zu 500 mg **I** täglich erhielten) waren am günstigsten u. der Insulinkomatherapie gleichwertig bei maniakalen, depressiven u. kataton. Erregungszuständen, selbst bei solchen Patienten, die sich bisher gegenüber anderen Behandlungsverff. refraktär verhielten. (Журнал Невропатологии и Психиатрии имени С. С. Корсакова [Korssakow J. Neuropathol. Psychiatr.] **56.** 146—54. 1956. Moskau, Zentral-Inst. für Ärztefortbldg., Psychiatr. Klin. u. militär. Fak.) E. RENTZ. 4607

M. Ja. Ssereisski, E. Ss. Tolmasskaja, G. R. Golodetz und **N. F. Ssamter,** *Behandlung Schizophreniekranker mit Aminazin.* An 50 Patienten erzielte man die besten Erfolge mit *Aminazin* (**I**; bis zu höchstens 400 mg täglich intramuskulär 30 bis höchstens 70 Tage lang) bei den remittierenden Formen der akuten Schizophrenie mit halluzinator.-paranoiden oder katatonen Symptomen. Im Elektroencephalogramm war eine deutliche Zunahme der Amplituden der α-Wellen festzustellen, was nach einer Insulintherapie bzw. nach erfolgloser **I**-Behandlung nicht der Fall war. Bei der gewöhnlichen hebephrenen Form der Erkrankung war die **I**-Behandlung erfolglos. (Журнал Невропатологии и Психиатрии имени С. С. Корсакова [Korssakow J. Neuropathol. Psychiatr.] **56.** 155—61. 1956. Psychiatr. Inst. des Gesundheitsminist. der RSFSR; Psychoneurol. Gannuschkin-Krankenhaus.) E. RENTZ. 4607

W. Je. Galenko, I. Ju. Ossberg und **W. D. Asbukina,** *Aminazin in der psychiatrischen Klinik. Aminazin* (**I**; 25—75 mg per os oder 25 mg intramuskulär 3mal täglich 20—90 Tage lang) erwies sich als therapeut. wertvoll bei verschied. psychiatr. Erregungszuständen (106 Fälle). Die Wrkg. kleiner Barbituratdosen (0,1—0,2 g) wird durch **I** potenziert. Bei Dauerschlafbehandlung in Kombination mit **I** betrug die maximale Tagesdosis von Barbamyl 0,6—0,8 g bei 14—16 Std. Schlaf. Auch die Insulinwrkg. wird durch **I** verstärkt. (Журнал Невропатологии и Психиатрии имени С. С. Корсакова [Korssakow J. Neuropathol. Psychiatr.] **56.** 162—65. 1956. Moskau, Psychiatr. Inst. des Gesundheitsminist. der UdSSR.) E. RENTZ. 4607

Je. A. Skljarenko, *Über die Anwendung von Aminazin in der psychiatrischen Praxis. Aminazin* (bis zu 300 mg täglich $1^1/_2$—2 Monate lang) coupiert zuerst die motor. u. dann die affektive u. sprachliche Komponente psychiatr. Erregungszustände (30 Patienten). (Журнал Невропатологии и Психиатрии имени С. С. Корсакова [Korssakow J. Neuropathol Psychiatr.) **56.** 166—71. 1956. Moskau, 2. Med. Stalin-Inst., Lehrstuhl für Psychiatrie.) E. RENTZ. 4607

L. P. Demidowa, *Somatische Veränderungen bei psychisch Erkrankten während der Behandlung mit Aminazin.* An Hand von Beobachtungen an 100 Patienten werden die Nebenwirkungen u. Komplikationen der *Aminazin*-Therapie geschildert. Dosis: 75 bis 800 mg täglich. Dauer der Behandlung: 9—153 Tage. (Журнал Невропатологии и Психиатрии имени С. С. Корсакова [Korssakow J. Neuropathol. Psychiatr.] **56.** 172—79. 1956. 4. Psychoneurol. Gannuschkin-Krankenhaus; Zentral-Inst. für Ärztefortbldg., Lehrstuhl für Psychiatrie.) E. RENTZ. 4607

N. N. Laptewa, *Veränderung der Eiweißfraktionen des Blutes bei Schizophreniepatienten während der Behandlung mit Aminazin.* Elektrophoret. Unterss. bei 12 Schizophrenikern während der *Aminazin*-Behandlung (0,1 g 3mal täglich intramuskulär) ergaben allg. eine Zunahme der Gesamtproteine des Blutserums bei gleichzeitigem Überwiegen vor allem der α_1- u. α_2-Globulinfraktionen. Weiterhin kommt es dann allmählich zu einer Normalisierung des Proteinbestandes des Blutserums. (Журнал Невропатологии и Психиатрии имени С. С. Корсакова [Korssakow J. Neuropathol. Psychiatr.] **56.** 187—90. 1956. Moskau, Zentral-Inst. für Ärztefortbldg., Lehrst. für Pathophysiol. u. Lehrst. für Psychiatrie.) E. RENTZ. 4607

W. Bejdl und **W. Czech,** *Tierexperimentelle Untersuchungen über die Veränderungen der Bluteiweißkörper mit Theobromin–Magnesium-Oleat.* Bei Verabreichung von täglich 0,4 g (100fache Dosierung der in der Humanpraxis üblichen) *Perskleran* (**I**; *Theobromin–Magnesium-Oleat*) an männliche Ratten vermehren sich in 4 Tagen die lipophilen, *Cholesterin* (**II**)-bindenden Globulinkomponenten (α_2 u. β), so daß durch **I** eine absol. Erhöhung des **II**-Bindungsvermögens eintritt. (Klin. Med. [Wien] **11.** 212—13. Mai 1956. Wien, Univ., Histolog.-Embryolog. Inst.) EBERHARD MÜLLER. 4607

Helga Harm, *Der Einfluß von Trypanblau auf die Nachkommenschaft trächtiger Kaninchen. Trypanblau*-Injektionen bei trächtigen Kaninchen löste bei 13% der Nachkommenschaft Mißbildungen, bes. Schwanz- u. Augenanomalien, aus. Die Jungenzahl pro Wurf u. der Prozentsatz der zu Würfen führenden Deckungen waren erheblich geringer. (Z. Naturforsch. **9 b.** 536—40. Aug. 1954. Berlin-Dahlem, Max-Planck-Inst. für vergl. Erbbiolog. u. Erbpathol.) G. WELTZIEN. 4607

A. I. Rudenko, *Der Einfluß des Giftes von Apocynum cannabinum auf die Diurese.* (Vgl. C. **1954.** 5800.) In Verss. an weißen Ratten wird festgestellt, daß die Tinktur aus Apocynum androsae mifolium L. in hohen Dosen (0,9 ml/100 g) die Diurese hemmt, während kleinere Dosen (0,15—0,6 ml/100 g) diuret. wirken. Als optimal erwiesen sich per os 0,6 ml/100 g u. subcutan 0,3 ml/100 g. (Фармакология и Токсикология [Pharmakol. u. Toxikol.] **19.** Nr. 1. 43—45. Jan./Febr. 1956. Charkow, Med. Inst., Lehrstuhl für Pharmakol.) E. RENTZ. 4608

Ann Bishop, *Fehlen einer Potenzierungswirkung von Chinin mit Pyrimethamin bei Infektionen junger Hühnchen mit Plasmodium gallinaceum.* Bei Verabreichung verschied. kombinierter Dosen von *Pyrimethamin* u. *Chinin* wurde keine potenzierte oder synergist. Wrkg. der Drogen beobachtet. (Parasitology **46.** 220—23. Mai 1956. Cambridge, Univ., Molteno Inst.) EBERHARD MÜLLER. 4610

H. Dressler und **W. Wittels,** *Lokale Verbrennungsbehandlung mit Sulfonamid–Gel-Präparaten. Aristamid*-Gel (NORDMARK-WERKE) u. *Badional*-Gel (BAYER-WERKE) eignen sich gut zur Erstversorgung nicht zu ausgedehnter Verbrennungen 1. u. 2. Grades an freigetragenen Körperstellen, zur Weiterbehandlung drittgradiger Verbrennungen u. zur Nachbehandlung nach Dermatomlappenplastik. (Klin. med. [Wien] **11.** 204—09. Mai 1956. Wien, Univ.-Klinik für Haut- u. Geschlechtskrankheiten.) EBERHARD MÜLLER. 4610

Wilhelm Bredl, *Über die Behandlung chronischer Cystitiden mit Mallebrinlösung.* Mit Spülungen von 2—3%ig. *Mallebrin* (KREWEL-WERKE, Eitorf b. Köln) wurden bei chron. Cystitiden u. bei Coliinfektionen rasche Beseitigung der Beschwerden bzw. Verschwinden der Erreger aus dem Harn erzielt. (Med. Klin. **51.** 988—93. 8/6. 1956. Köln-Kalk, St. Josef-Hosp.) H. DOSSMANN. 4610

Francine Charconnet-Harding und **Jean Abraham,** *Vergleich des Einflusses von Vitamin-B$_6$-Mangel und Isonicotinoylhydrazin (INH) auf den Stoffwechsel von* L-*Tryptophan und* D-*Tryptophan bei der weißen Ratte.* Verss. an Albinoratten zeigen, daß im Gegensatz zu den Verhältnissen beim Menschen *Isonicotinsäurehydrazid* (**I**) auch bei Vitamin-B$_6$-Mangel keinen Einfl. auf den Stoffwechsel von L-*Tryptophan* (**II**) ausübt. Bei Belastung mit D-**II** haben jedoch Vitamin-B$_6$-Mangel oder **I**-Zufuhr die gleiche Wrkg. in bezug auf die erhöhte Ausscheidung von Indolderivv. im Harn. Nach Ansicht der Vff. kann dies auf einer Blockierung der Umwandlung D-**I** → L-**II** beruhen. (C. R. hebd. Séances Acad. Sci. **241.** 993—95. 10/10. 1955.) E. SCHWERDTFEGER. 4610

E. Truc, R. Schilliro und **J. P. Dutarte,** *Erste Versuche mit „Pasiniazid" (p-Aminosalicylat von Isonicotinoylhydrazin) bei Harnwegtuberkulose.* Gute Erfolge wurden bei der Behandlung von Harnwegtuberkulose mit 0,1 g *Pasiniazid* (**I**; LABORS. ROLLAND) /kg/Tag erzielt. — **I** ist das Salz aus *Isonicotinsäurehydrazid* u. *p-Aminosalicylsäure*, $C_{13}H_{14}O_4N_4$; F. 174°; gelbe Kristalle. (Presse méd. **64.** 744—45. 21/4. 1956. Palavas, Hérault, Centre Uro-Médico-Climatique.) H. DOSSMANN. 4610

E. Toenniessen, *Über die kombinierte Behandlung der Meningitis tuberculosa mit Streptomycin und intralumbalen Tebeprotininjektionen.* Bericht über therapeut. Erfolg bei 3 schweren Meningitis tuberculosa-Fällen durch Kombination von *Streptomycin* (**I**) mit intralumbalen Injektionen des Tuberkulinpräp. *Tebeprotin* (**II**). **I**-Dosierung im 1. Monat 1 mg/kg täglich intralumbal + 500 bis 1000 mg intramuskulär, anschließend die gleiche Dosierung bei intralumbaler Applikation, im 2. Monat nur jeden 2. Tag u. im 3. Monat zweimal in der Woche. Daneben **II**-Injektionen in geeigneter Verdünnung mit physiol. NaCl-Lösung. — **II**-Ausgangslsg. enthält 0,01 mg reine **II**-Substanz — im Anfang alle

8, später alle 10 Tage — bis zum Aufhören der Fieber-Rk. u. zur Normalisierung des Liquors. Der Erfolg wird auf die verschied. Angriffspunkte von I u. II zurückgeführt. (Neue med. Welt **1.** 955—57. 15/7. 1950. Kassel, Stadtkrankenhaus.) H. DOSSMANN. 4610

Georg Glogowski, *Die Auswirkung der Toxizitätsminderung von Dihydrostreptomycin auf die Behandlung der Knochen- und Gelenktuberkulosen.* Nach Übersicht über den Wert von *JNH*, *PAS*, *Streptomycin* (**I**), *Dihydrostreptomycin* (**II**), *Oxyprocainpenicillin*, *Paratebin*, bei der Knochentuberkulose Angabe der Erfahrungen mit den durch verminderte Toxizität gek. **I**- u. **II**-Präpp.: **I**- u. **II**-*Pantothenat* als *Streptothenat* (**III**) u. *Didrothenat* (*Protothenat* **IV**) bei 188 Kranken. Durch **III**- u. **IV**-Anwendung ist Steigerung der Dosis auf 4 g/Tag zulässig ohne tox. Wrkg. auf Cochlearis u. Vestibularis, auch kein Auftreten neurotox. Störungen bei laufender **III** (**IV**)-Verabreichung von 2—3 g/Tag bis zu einer Gesamtdosis von 100 g. (Die Medizinische **1955.** 1121—26. 20/8. München, Univ., Orthopäd. Klinik.) H. DOSSMANN. 4611

M. Barléty und **J. Sifferlen,** *Die Ausbreitung der Tuberkulose bei intranasaler Infektion der Maus. Vergleichende Untersuchung der Lungenläsionen bei unbehandelten und mit Streptomycin behandelten Mäusen.* (C. R. Séances Soc. Biol. Filiales **146.** 915—16. Juni 1952. Paris, Inst. Pasteur.) H. DOSSMANN. 4611

R. G. Gadshijew, *Eine vergleichende Untersuchung der Streptomycinkonzentration in dem von der Urethra ausgeschiedenen Blut und im Prostatasekret bei Gonorrhoekranken.* Die Streptomycin (**I**)-Konz. wird bei 41 Gonorrhoekranken untersucht. In der eitrigen Ausscheidung aus der Harnröhre schwankt die **I**-Konz. in weiten Grenzen. Sie ist nach Einführung von 0,5 g **I** erheblich höher als bei 0,25 g **I**. Die größte Konz. wird nach 3 Std. erreicht. 6 Std. nach der Einführung von **I** ist seine Konz. in der Ausscheidung aus der Harnröhre genügend hoch, um eine baktericide Wrkg. auf Gonokokken auszuüben. Eine Parallelität zwischen dem **I**-Geh. im Blut u. in der Urethraabsonderung läßt sich nicht nachweisen. Im Prostatasekret schwankt der **I**-Geh. je nach der Art des Prozesses. Er ist bes. hoch bei katarrhal. Formen, bei parenchymatösen Prostatitiden nicht höher als bei gesunder Prostata. 6—12 Std. nach der Injektion ist sein Geh. im Prostatasekret erheblich höher als der für die Abtötung der Gonokokken notwendige. Er ist meist höher als die **I**-Konz. im Blut. Die Einführung von **I** in Dosen von 0,25 g alle 6 Std. oder 0,5 g alle 12 Std. sichert bei gonorrhoischer Infektion die therapeut. notwendige **I**-Konz. im Blut. (Урология [Urologie] **21.** Nr. 1. 41—43. Jan./März 1956. Zentr.-Inst. für Haut- u. Geschlechtskrankh. des Gesundh.-Minist. der UdSSR, **Abt. für Urol. u. Mikrobiol.**) OTTO MAIER. 4611

W. Diehl und **H. Marx,** *Klinisch-experimentelle Untersuchungen mit Tetracyclin.* Blutspiegelunterss. nach Verabreichung von 250 bzw. 500 mg *Tetracyclin* (**I**; *Hostacyclin*, FARBWERKE HOECHST) ergaben höhere Werte als nach Verabreichung gleicher Dosen *Chlortetracyclin* (**II**) u. *Oxytetracyclin* (**III**), die mit der besseren Löslichkeit u. höheren Stabilität von **I** im Organismus erklärt werden. Verabreichung von 1 g **I**/Tag an 60 Fälle mit schweren Infekten ergab vollen klin. Erfolg in 30, wesentliche Besserung in 18 Fällen; 12 Versager. Die Nebenwirkungen von **I** sind seltener u. leichter als bei **II** u. **III**. (Die Medizinische **1955.** 1118—20. 20/8. Darmstadt, Med. Klinik der Stadt.) H. DOSSMANN. 4611

K. H. Kimbel, E. Heise und **H. König,** *Untersuchungen über enterale Antibiose bei der Ratte.* 1. Mitt. *Veränderungen der Glucosebelastungskurve.* Albinoratten, die Futterbeilagen von *Terramycin, Aureomycin* u. *Streptomycin* erhielten, zeigen typ. flache Glucosetoleranzkurven u. Mangelsymptome. Vorübergehende oder keine Normalisierung trat nach intraperitonealer Injektion von *Aneurin, Lactoflavin, Nicotinsäureamid, Pyridoxin* ein. Voll wirksam waren 7,5 γ *Vitamin* B_{12}. (Z. ges. exp. Med. **123.** 265—78. 1954. Würzburg, Univ., Poliklinik.) P. LOCH. 4611

E. Heise und **K. H. Kimbel,** *Untersuchungen über enterale Antibiose bei der Ratte.* 2. Mitt. *Veränderungen der Haut und des Haarkleides.* (1. vgl. vorst. Ref.) Bei Zufütterung von 20 bzw. 25 mg/Tag *Aureomycin* oder *Terramycin* treten bei Ratten Veränderungen auf, die für Mangel an verschied. Vertretern der Vitamin-B-Gruppe charakterist. sind (struppiges Haarkleid, Hyperkeratose der Ohren u. der Nase, Schwanzveränderungen). Von den hiergegen verabreichten Vitaminen besserte *Lactoflavin* lediglich die Hyperkeratose der Ohren, *Nicotinsäureamid* war wirkungslos, *Pyridoxin* behob alle Erscheinungen. Im Gegensatz zur Normalisierung der Glucosetoleranz durch *Vitamin* B_{12} (vgl. 1. Mitt.) blieb dieses Vitamin hier wirkungslos. (Z. ges. exp. Med. **123.** 326—31. 1954. Erlangen, Univ., Med. Klinik.) P. LOCH. 4611

K. H. Kimbel, H. Bünte, E. Heise und **W. Fischer,** *Untersuchungen über enterale Antibiose bei der Ratte.* 3. Mitt. *Beeinflussung der Kohlenhydratresorption.* (2. vgl. vorst. Ref.) *Terramycin* u. *Sulfaguanidin* hemmen die Glucoseresorption bei Ratten, was auf eine Störung der Darmflora u. damit der Vitaminsynth. zurückgeführt wird. Tägliche intraperitoneale Injektion von 25 mg *Pyridoxin* oder 15 mg *Folsäure* verbesserten die Resorption geringfügig. *Vitamin* B_{12} war ohne Wirkung. (Z. ges. exp. Med. **124.** 342—44. 1954. Erlangen, Med.-Univ.-Klin.) E. CARSTENS. 4611

K. H. Kimbel, H. Bünte und **E. Heise,** *Untersuchungen über enterale Antiobiose bei der Ratte.* 4. Mitt. *Veränderungen des roten Blutbildes unter Aureomycin und Terramycin.* (3. vgl. vorst. Ref.) Ratten, die 3 Wochen beobachtet worden waren, erhielten täglich 25 mg *Terramycin* per os. Bei den wöchentlichen Kontrollen des Blutbildes zeigte sich gegenüber den Kontrolltieren eine Zunahme der Erythrocyten (Er) ohne Zunahme der Gesamtmenge des Blutfarbstoffes, so daß ein geringerer Hämoglobingeh. der Zelle resultierte, der auf einem geringeren mittleren Vol. der Er beruhte. Im Knochenmarkausstrich zeigte sich eine gesteigerte Erythropoese bei leichter Vermehrung der eosinophilen Elemente. *Folsäure, Vitamin* B_6 hatten keinen deutlichen Einfl., wohl aber *Vitamin* B_{12} auf die Volumenabnahme. (Z. ges. exp. Med. **125.** 23—39. 1955. Erlangen, Med.-Univ.-Klin.) E. CARSTENS. 4611

H. Bünte und **K. H. Kimbel,** *Untersuchungen über enterale Antibiose bei der Ratte.* 5. Mitt. *Verhalten der Serumeiweißfraktionen.* (4. vgl. vorst. Ref.) Tägliche Gaben von 25 mg *Terramycin* (I) (Dauer 16 Wochen) zeigte bei Ratten eine Abnahme der α_2-Fraktion u. eine Zunahme der *β-Globuline* (**II**). Nach Absetzen von **I** trat nach 4 Wochen ein Anstieg der Albumine u. ein Abfall von **II** zur Norm ein. (Z. ges. exp. Med. **125.** 40—45. 1955. Erlangen, Med.-Univ.-Klin.) E. CARSTENS. 4611

Dieter Klaus, *Hyaluronidase und Nierenfunktion.* Nach intravenös 3mal 20 bis 40 SCHERING-E. *Hyaluronidase* („*Kinetin*") waren keine signifikanten Veränderungen des Glomerulusfiltrats u. des effektiven Nierenplasmastroms zu finden. (Z. ges. inn. Med. Grenzgebiete **9.** 411—12. 15/4. 1954. Berlin, Charité, I. Med. Univ. Klin.) H. GIBIAN. 4614

G. A. Tschubakowa, *Einfluß der Analeptica auf die analgesierende Wirkung schmerzstillender Mittel.* In Verss. an weißen Mäusen u. Kaninchen wurde der Einfl. von *Coffein* (**I**), *Corazol* (**II**), *Cordiamin* (**III**) u. *Strychnin* (**IV**) auf die schmerzstillende Wrkg. von *Morphin, Thecodin, Lidol, Promedol* u. *Phenadon* untersucht. Als Schmerzreize dienten Kneifen der Schwanzwurzel, Hitze u. elektr. Strom. Durch **I**, in einigen Fällen auch durch **III**, wurde die schmerzstillende Wrkg. der Analgetica herabgesetzt, während **II** u. **IV** diese meist verstärkten. Die schädliche Wrkg. der Analgetica auf die Atmung ließ sich mehr oder weniger deutlich durch sämtliche Analeptica, vor allem aber durch **II**, beseitigen (Фармакология и Токсикология [Pharmakol. u. Toxikol.] **18.** Nr. 4. 3—8. Juli/Aug. 1955. Leningrad, 1. Med. Pawlow-Inst., Lehrstuhl für Pharmakol.) E. RENTZ. 4622

Hans Günter Stoll, *Klinische Erfahrungen mit AZu 8, einem synthetischen Azulenpräparat, in der Hals-, Nasen-, Ohrenheilkunde. AZu 8* (**I**; MEDICHEMIA; *3.4-Dimethyl-7-isopropylazulen*) ein synthet. Isomer des *Chamazulens,* wurde in Dragées (20 mg) u. Ampullen (50 mg) mit gutem Erfolg bei Heuschnupfen u. vasomotor. Rhinitis verabreicht, auch in Verbindung mit *Varsyl* (GEIGY), *Dondren* (KNOLL) u. *Kainon* (WANDER) bei notwendiger Sklerombehandlung. Bei 8 Versagern mit chron. Rhinitis sprach die allg. Allergisierung auf *Paspat* an. Bei Schleimhautentzündungen des Mittelohrs, Kehlkopfs u. Rachens gleichfalls gute Erfolge mit **I**, z. T. in Kombination mit *Antibioticis.* (Die Medizinische **1956.** 893—95. 16/6. Berlin-Buch, Hufeland-Krankenhaus, HNO-Klinik.) H. DOSSMANN. 4625

Ed. Frommel, I. T. Beck und **F. Valette,** *Die pharmakodynamische Wirkung des ω-Diäthylamino-2.6-dimethylacetanilids* (*Xylocain*). Es wurden vergleichende Verss. mit *Xylocain* (**I**), *Novocain* u. *Percain* an verschied. Nagetieren unternommen, um die Wrkg. des **I** als Infiltrations- u. Kontaktanästheticum sowie seine Wrkg. auf das neurovegetative Syst. zu erkennen. Dieses geschieht mit Hilfe der Austestung der anticholinerg. u. antihistamin. Wrkg. des **I** u. seiner Vergleichsstoffe am ganzen Syst. bzw. am einzelnen freigelegten Organ (Krummdarm der Maus). Aus den Ergebnissen schließen Vff., daß **I** in pharmakodynam. Hinsicht trotz unterschiedlicher Konst. ähnliche Angriffspunkte besitzen muß wie die zum Vgl. gebrauchten Stoffe. (Helv. physiol. pharmacol. Acta **8.** 1—17. 1950. Genf, Univ., Inst. de Therapeut.) E.-G. DUCHO. 4627

W. Breuner, *Das neue Wehenmittel Spartichin.* Nach Vf. eignet sich *Spartichin* (**I**; SANAPHA, Graz) gut zur Beseitigung von Wehenschwäche. **I** enthält pro Ampulle 0,09 g *Sparteinhydrochlorid,* 0,05 g *Chininhydrochlorid* u. 0,1 g *Pentamethylentetrazol.* (Münchener med. Wschr. **98.** 409. 23/3. 1956. Wien, Frauenklinik.) H. DOSSMANN. 4628

Lykke Cartellieri, *Klinische Erfahrungen mit dem Antiepilepticum Mylepsin.* Mit *Mylepsin* [RHEINCHEMIE, Heidelberg; *Mysoline*; *5-Äthyl-5-phenylhexahydropyrimidin-dion-(4.6)*] konnte bei 50 Epileptikern mit 0,25—1,5 g/Tag bereits nach 3—4 Wochen ein deutlicher Rückgang der großen Anfälle erzielt werden. (Med. Klin. **51.** 986—88. 8/6. 1956. Erfurt, Med. Akad., Nervenklinik.) H. DOSSMANN. 4628

K. Matthes, *Probleme der Therapie der Herzinsuffizienz.* Klin. Aspekte bei der Behandlung von Herzinsuffizienzen mit *Digitalisglucosiden.* (Verh. dtsch. Ges. Kreislaufforsch. **16.** 98—114. 1950. Erlangen, Univ., Med. Klinik.) K. BÖHM. 4630

G. Heuchel, *Klinische Untersuchungen über ein neues quecksilberfreies perorales Diureticum (Orpidan).* Bericht über Erprobung von *Orpidan* (**I**; L. HEUMANN & Co., Nürnberg; *N-p-Chlorphenyl-2.4-diamino-1.3.5-triazinhydrochlorid*) an 50 Fällen. Standarddosis 3mal 50 mg/Tag. Ebenso wie *Urofort* (*2-Anilino-4-amino-1.3.5-triazin*) u. *Neo-Urofort* (*2-p-Chloranilino-4-amino-1.3.5-triazin*) ist **I** bes. bei cardial verursachten Ödemen u. bei Wasserretention bei Lebercirrhose indiziert. Völlige Unschädlichkeit von **I** selbst bei langer Anwendungszeit. (Münchener med. Wschr. **98.** 822—23. 8/6. 1956. Jena, Univ., Med. Klinik.) H. DOSSMANN. 4634

H. Horn, *Neuartige Therapie von Gallenwegkrankheiten mit Artischockenextrakt.* Bericht über Erprobung von *Heparaxal* (**I**; BIKA, CHEM.-PHARM. FABRIK, Stuttgart) bei 31 Fällen mit Gallenwegkrankheiten. **I** enthält Extrakte aus Artischocke, Boldus (Boldus Mol.), Löwenzahn (Taraxacum), Ochsengalle u. Diacetyl-bis-[oxyphenyl]-isatin. Die therapeut. Wirksamkeit beruht auf vermehrter Cholerese u. Cholokinese bei spasmolyt. u. abführendem Effekt. (Münchener med. Wschr. **98.** 160—65. 3/2. 1956. Bad Mergentheim, Kuranstalt Hohenlohe.) H. DOSSMANN. 4640

Franklin Hollander und **Henry D. Janowitz,** *Unterdrückung der gastrischen Salzsäuresekretion durch Enzymhemmstoffe. Diamox* (**I**; *2-Acetylamino-1.3.4-thiodiazol-5-sulfonamid*) stellt einen Hemmstoff der *Kohlensäureanhydrase* bzw. *-anhydratase* (**II**) dar u. blockiert die Erzeugung von Magensäure. Bei Hunden kann die durch *Histamin* hervorgerufene Magensäureerzeugung durch Anwendung von **I**, intravenös oder lokal auf die Schleimhaut, um 95—97% verringert werden. Die Bldg. der restlichen 3—5% Magensäure konnte nicht unterbunden werden, da sie von der nicht enzymat. H_2CO_3-Erzeugung herrühren. In der Klinik verringern Dosen von mehr als 95 mg/kg **I** die HCl-Bldg. um 90% u. mehr. Manchmal findet sich dann überhaupt keine freie HCl mehr. Die Konz. von Na, K u. Cl wird dabei nicht verändert, u. die Hemmwirkungen sind unabhängig von Veränderungen der Plasmaelektrolyte. Die Hemmung der Säurebldg. ist innerhalb von 24 Std. vollkommen reversibel, denn nach Ausscheidung von **I** nimmt **II** ihre Tätigkeit erneut auf, u. die HCl-Bldg. kommt wieder in Gang. (Arch. internal Med. **97.** 194—200. Febr. 1956. New York, N. Y.) B. GÖRLICH. 4645

Bryce C. Walton, Robert Traub und **Harold D. Newson,** *Wirksamkeit der Kleiderimprägnierungsmittel M-2065 und M-2066 gegenüber Landblutegeln in Nordborneo.* Nach Verss. der Vff. wird mit der Kleiderimprägnierung durch insektenabstoßende Mittel, wie *M-1960* (**I**), *M-2065* (**II**) u. *M-2066* (**III**), gegen den Anfall von Blutegeln ein guter Schutz erzielt, der über mehrere Waschvorgänge anhält. **I, II, III** waren gleichwertig. Zus. **I**: *N-Butylacetanilid* 30%, *2-Butyl-2-äthyl-1.3-propandiol* 30%, *Benzylbenzoat* 30%, *Tween 80* (**IV**) 10%; **II** (**III**): *Undecylensäure* 29 (29,66) %, *N-Propylacetanilid* 29 (29,66)%, *N-Butyl-4-cyclohexan-1.2-carboximid* 29 (29,66) %, *Lindan* 3 (1) %, **IV** 10 (10) %. (Amer. J. trop. Med. Hyg. **5.** 190—96. Jan. 1956. Washington, D. C., Walter Reed Army Med. Center, Army Med. Service Graduate School, Dep. of Med. Zool. and Entomol.; Kuala Lumpur, Malaya, U. S. Army Med. Res. Unit.) H. DOSSMANN. 4649

M. P. Bolotow, *Über die Urochromreaktion des Harns bei Nahrungsvergiftungen.* Bei Unters. der Pigmente des Harns stellt Vf. fest, daß das *Chloramin* (**I**) mit dem Harn bei Nahrungsmittelvergiftungen eine intensive Gelbfärbung gibt. Hiervon ausgehend, arbeitet Vf. ein Verf. aus, das sich auf das verschied. Verh. von **I** (5%ig. Lsg.) u. *Ammoniumpersulfat* (**II**; 2%ig. Lsg.) gegenüber *Bilirubin, Urochrom* u. *Urobilinogen* gründet. Eine Lsg. von **I** oxydiert in schwach saurem Harn rasch das Bilirubin, wobei dessen Farbe verändert wird u. öfters infolge Bldg. von Biliverdin ein grünlicher Farbton erscheint. Urochrom wird durch **I** im Verlauf weniger Min. oxydiert, wobei eine intensive gelbe Farbe auftritt. **II** wirkt auf Bilirubin nur langsam ein, auf Urochrom überhaupt nicht u. gibt mit Urobilinogen eine braune Farbe. An einem großen Versuchsmaterial über verschied. Lebensmittelvergiftungen werden Beispiele der Veränderungen der Pigmentformel des Harns gebracht. Streptocid, Sulfidin, Norsulfazol, Jodide, Bromide u. Pyramidon stören die **I**- u. **II**-Reaktion. Bei Vergiftungen durch Essigsäure, NH_3, Methylalkohol u. CO ist die Pigmentformel kaum verschoben. Bei Magenkrebs, Schwangerschaftstoxikose, schweren Verletzungen u. inneren Blutungen ist die Urochrom-Rk. sehr ausgeprägt. (Вопросы Питания [Fragen d. Ernähr.] **15.** Nr. 1. 44—48. Jan./Febr. 1956. Ugleuralsk, Städt. Krankenhaus.) M. ULMANN. 4675

A. Heffter, Hrsg., Handbuch der experimentellen Pharmakologie. Fortgef. von **Wolfgang Heubner.** Bd. 1—3, 4, Sachreg. II. Leverkusen: Farbenfabr. Bayer, Pharmazeut. Abt. 1955. 275 S.) 8°.

F. Pharmazie. Desinfektion.

Per Finholt, *Einige Haltbarkeitsprobleme in Apotheken.* (Arch. Pharmac. og Chem. 63 (113). 1—12. 7/1. 37—46. 21/1. 1956. — C. **1956.** 8980.) R. K. Müller. 4750

Lars-Einar Fryklöf und **Erik Sandell,** *Gießen von Suppositorien in der Rezepturarbeit.* Übersicht über die Grundlagen des Verf.; wesentlich ist die Durchführung des Gießens bei genügend niedriger Temp. der M. u. deren dauerndes Rühren; Berechnung der Menge der Suppositorienbase u. die dabei anzuwendenden Regeln; angewandte App.; Arbeitsvorschrift; Sonderunterss.: Best. des Verdrängungsfaktors; Arzneimitteldosierung. (Svensk farmac. Tidskr. **60.** 105—14. 10/2.; Arch. Pharmac. og Chem. **63** (**113**). 117—29. 3/3. 1956. Stockholm, Kungl. farmac. inst., avd. f. galen. farmaci.) R. K. Müller. 4766

W. Junges und **G. Büttner,** *Saatgutbehandlung und Anbautechnik von Ricinus.* (Pharmazie **10.** 615—20. Okt. 1955. Dresden-Pillnitz, Dtsch. Akad. der Landw.-Wiss., Inst. für Gartenbau.) K. Herrmann. 4782

Pál Tuzson, *Solanumalkaloide.* Kurze Zusammenfassung der Kenntnisse über die Solanumalkaloide u. Bericht über Verss., Steroidhormone herzustellen bzw. alkaloidreiche Solanaceen durch Auswahl der geeigneten Art als Ausgangsmaterial zu pflanzen. (Magyar tudományos Akad., kémiai Tudományok Osztályának Közleményei [Ung. Akad. Wiss., Ber. Abt. chem. Wiss.] **5.** 77—85. 1954.) J. Plank. 4782

F. Gross und **F. Schaaf,** *Verhalten der Haut gegen Fettsäuren mittlerer Kettenlänge.* Hinweis an Hand des Schrifttums auf die Sonderstellung der Fettsäuren mittlerer Kettenlänge (C_8—C_{14}) im physiol.-chem. Geschehen (fungi- u. tuberkulostat. Wrkg.) unter besonderer Berücksichtigung der von gewissen fetthaltigen Salbengrundstoffen bei wiederholter Applikation verursachten Hautveränderungen [Epidermisverdickung (Acanthose), Entzündungen, Ödeme]. Es werden in der früher beschriebenen Weise (Dermatologica [Basel] **106.** [1953.] **170.** 357) systemat. Verss. mit Salben aus gesätt. Fettsäuren (Capron-, Caprin-, Undecan-, Laurin-, Myristin-, Stearinsäure), aus ungesätt. Fettsäuren [Undecylen-, Öl-, Ricinol- (Ricinusfettsäuren), Brassidin-, Behenolsäure sowie Mischung aus Linol- u. Linolensäure, sogenanntes Vitamin F], aus Triglyceridgemischen [Sesam-, Oliven-, Mandel-, Mohn-, Ricinusöl, Cocosfett, Kakaofett, Schweineschmalz, hydriertes Arachisöl (Astrafett hart)], aus Gemischen von Fettsäureestern u. Monoglyceriden [Cetiol (vorwiegend Oleyloleat), Walrat (vorwiegend Cetylpalmitat), Glycerinmonolaurat, Glycerinmonostearat] durchgeführt; die zu prüfenden Stoffe werden männlichen Meerschweinchen 8—10 Tage lang täglich ½ Min. lang auf eine geschorene Stelle der Flanke eingerieben; an Schnitten von Probeexcisionen wird im Vgl. mit n. Haut die Epidermisbreite bestimmt u. in ihrem Ausmaß zahlenmäßig approximativ festgelegt; Abb. mit Mikroaufnahmen der Hautschnitte. Die diskutierende Auswertung der Versuchsergebnisse führt zu der Folgerung, daß die geradlinigen gesätt. Fettsäuren mittlerer Kettenlänge gegenüber der Haut ein stark ausgeprägtes besonderes Verh. zeigen insofern, als (vielleicht durch gesteigerte Zellneubldg.) die Epidermis eine Verbreiterung erfährt (Acanthose), zu der sich z. B. bei Cocosfett noch eine Hautreizung einstellt. Die Acanthosewrkg. von Fetten u. Ölen ist eine Funktion etwa ihres Geh. an Fettsäuren mittlerer Kettenlänge. Bei den ungesätt. Fettsäuren beschränkt sich die Wrkg. auf die Haut nach den bisherigen Befunden ebenfalls auf die mittleren Glieder. (Hoppe-Seyler's Z. physiol. Chem. **295.** 119—28. 26/11. 1953. Basel, Ciba Akt.-Ges.) K. Täufel. 4792

Henry Jensen und **Flemming Reymann,** *Über die Anwendung von Hydrocortison in modernen Salbengrundlagen.* 1. Mitt. *Herstellung von Öl-in-Wasser-Emulsionen.* Die bei der ambulanten Behandlung von chron. Hautkrankheiten, bes. Prurigo Besnier, häufig verwendete Hydrocortisonsalbe kann als teerhaltige Salbe verwendet werden, wenn man sie in geeigneten Öl-in-W.-Emulsionen verarbeitet. Dabei sind jedoch lokalirritierende Komponenten zu vermeiden, wie sie z. B. bei Acanthose verursachenden Paraffinen u. dgl. vorliegen. Bei der Salbengrundlage ist ferner ihr Einfl. auf die Absorption durch die Haut zu berücksichtigen. Vff. verwenden eine Salbe folgender Zus.: 13 (g) Cetylalkohol, 6 wasserfreies Lanolin, 5 Isopropylmyristat, 6 Tween 60, 10 Sorbit, 0,2 Methyl-p-oxybenzoat, 0,1 Propyl-p-oxybenzoat, 59,7 W.; die Herst. u. dermatolog. Wrkg. dieser Salbe (p_H 6) wird beschrieben. (Arch. Pharmac. og Chem. **63** (**113**). 174—99. 17/3. 1956. København, Kommunehosp. Apotek u. Rudolph Berghs Hosp.) R. K. Müller. 4792

Vladimír Hach, *Fortschritte in der Arzneimittelsynthese des Jahres 1954.* Eine umfassende Übersicht über Synthesen auf allen Gebieten der Heilmittelsynth. wird gegeben. — 576 Literaturangaben. (Československ. Farmac. **4.** 519—40. Dez. 1955.) E. Vevera. 4800

Anibal R. Marquez und **Luis M. Alvarez,** *Beitrag zur Kenntnis der Industrie chemisch-pharmazeutischer Produkte in unserem Land. Salicylsäure und Derivate.* Angaben über die argentin. Produktion an Salicylsäure u. -derivaten. Es werden Versuchsanlagen zur Salicylsäuresynth. aus Phenol (**I**) betrieben. — Beschreibung eines techn. anwendbaren Laboratoriumsverf. zur Herst. von **I** über Benzolsulfonsäure aus 98%ig. Bzl. mit 98%ig. H_2SO_4 (130°, 25 Std. Rühren), Neutralisieren mit CaO, Umwandeln des Ca-Sulfonats in das Na-Salz (mittels wasserfreiem Na_2CO_3), Alkalischmelze [58,1 Teile (statt der theoret. erforderlichen 44,5) NaOH, erst unter Rühren auf 180—190°, dann 230° Erhitzen, ohne Rühren 2—3 Std. bei 230°]. Nach Aufnehmen in W., Abfiltrieren von Na_2SO_3 u. Neutralisieren mit 95%ig. H_2SO_4 wird das **I** von der Na_2SO_4-Lsg. abgetrennt u. unter 105 mm Hg destilliert. Reaktionsschema, Versuchsdaten, Kostenberechnung. Kurzer Hinweis auf **I**-Gewinnung aus Chlorbenzol. (Ind. y Quim. **12.** 86—89. Mai 1950.) G. v. DECHEND. 4806

Anibal R. Marquez und **Luis M. Alvarez,** *Beitrag zur Kenntnis der Industrie chemisch-pharmazeutischer Produkte in unserem Land. Salicylsäure und Derivate.* 2. Mitt. *Salicylsäure, Salicylate, Acetylsalicylsäure.* (1. vgl. vorst. Ref.) Erfahrungen bei einer Versuchsanlage mit der von SCHMITT abgeänderten KOLBEschen *Salicylsäure* (**II**)-Synth.: Kresolfreies Phenol, möglichst fein gepulvertes Na-Phenolat, 1—1,5 atü CO_2, 130—140°. — Zur Wiedergewinnung u. Reinigung von **II** aus Rückständen der Aspiringewinnung werden Bzl.–Essigsäure (25:75)-Lsgg. 2 Std. im Wasserdampfstrom, dann nacheinander mit NaOH (42° Bé) u. 50%ig. H_2SO_4 u. schließlich, wenn erforderlich, mit Na_2S-Lsg. behandelt. — *Phenylsalicylat* (**I**). Beim Erhitzen der Lsgg. von **II** u. Aspirin in Bzl.–Essigsäure in Ggw. von Pyridin entsteht **I**, häufig zusammen mit Acetylphenylsalicylat, wahrscheinlich über Salicylylsalicylsäure, wobei Pyridin decarboxylierend wirkt. Nebenher bildet sich über den Phenylsalicylatphenyläther Xanthon. Das Verf. ist techn. anwendbar. — Erfahrungen bei der Herst. von *Methylsalicylat*: Veresterung 6 Std. bei 56—65° unter Rühren; H_2SO_4 in 30—40% der **II**-Menge, bei Überschuß Methanolverluste. Bei der Reinigung des Methyl- u. Äthylesters Zusatz von Na_2SO_4 oder NaCl zum Waschwasser. Betriebsdaten. — Abänderung der *Na-Salicylat-Herst.*: Es wird in wss. Lsg. unter Einleiten von CO_2 bei p_H 9—10 gearbeitet. — *Acetylsalicylsäure* wird nach einer modifizierten Arbeitsweise mit Acetanhydrid in Bzl. in Ggw. von Pyridin (84°, 1 Std.) hergestellt (vergleichende Versuchsdaten, Ausbeuten). Zur Reinigung wird auf Grund einer Unters. der Kristallisationsbedingungen in verschied. Lösungsmitteln Bzl.–Essigsäure (30% Bzl.) bei 54° verwendet (Kristallisationskurve). Aus Äthylacetat mit oder ohne Zusatz von Essigsäure werden bei niedriger Temp. große, farblose Kristalle erhalten, doch ist die Aufarbeitung der Mutterlaugen erforderlich. (Ind. y Quím. **12.** 127—34. Juni 1950.) G. v. DECHEND. 4806

—, *Phenylbutazon, ein neues antiarthritisches Heilmittel.* Kurze Angaben über Wrkg. u. Anwendung von Phenylbutazon als Antiarthriticum. Das Mittel soll billiger, aber ebenso wirksam sein wie Cortison u. ACTH. (Australas. J. Pharmacy [N. S.] **33.** 597. 30/7. 1952.) F. v. GIZYCKI. 4806

E. Kaiser und **M. Pantlitschko,** *Heparin und Heparinoide.* Ausführliche Übersicht über die Stoffe mit Heparinwirksamkeit. U. a. werden besprochen: Heparin, Hyaluronsäure, *sulfurierte Hyaluronsäure* (**I**), sulfurierte Polygalakturonsäure (*Thrombostop*), ferner Schwefelsäure- u. Phosphorsäureester der Cellulose, Schwefelsäureester von Chondroitin, Xylan (*Thrombocid*), Inulin u. Chitin u. andere Derivv. der Polysaccharide, das Na-Salz des Schwefelsäureesters des Polyvinylalkohols, polyanetholsulfonsaures Na u. Neodymsulfoisonicotinat (*Thrombodym*). — Vff. berichten von eigenen Arbeiten über **I** (Darst. u. Wrkg.). **I** wirkt in schwachen Konzz. nur als Antithrombin, in stärkeren Dosen als Antithrombokinase u. als Antithrombin. Die Toxizität ist äußerst gering. Protaminsulfat hebt die Wrkg. auf. Bei der Best. der Heparinwirksamkeit nach verschied. Methoden wurden unterschiedliche Ergebnisse erzielt (100% bzw. 20—25% der des Heparins). — 56 Literaturzitate. (Scientia pharmac. **19.** 247—61. 31/12. 1951. Wien, Univ., Med.-Chem. Inst.) W. WILLENBERG. 4806

Servant und **Argoud,** *Die Extraktion des Carotins aus dem Palmöl. Verfahren I. R. H. O.* Übersicht über die Verff. zur Gewinnung des Carotins aus dem Palmöl; bes. werden folgende Arbeitsweisen ausführlich erörtert. Verf. nach ECKEY (A. P. 2 460 796; C. **1950.** I. 439; E. P. 567 682), das in erster Phase auf der Überführung des Öles mittels Methanols (NaOH als Katalysator) in die Methylester beruht; in zweiter Phase werden die Ester u. sonstige flüchtige Bestandteile im Vakuum abdest.; im Rückstand verbleiben die Carotinoide in angereicherter Form (2—2,5%); die Ester sind hochwertiges Prod. für die Seifenherst.; Einzelheiten über die laboratoriumsmäßige Durchführung vgl. Original. Chromatograph. wird ermittelt, daß das Konzentrat neben etwas oxydiertem Carotin stereoisomere Formen enthält, bes. *Neo-β-carotin B* oder *Pseudocarotin α*. Da das Palmöl im wesentlichen das β-Carotin in der all–trans-Form enthält, muß sich während der Gewinnung eine Isomerisierung vollzogen haben; Angaben über das UV-Verh. der verschied. Isomeren des Carotins. — Das Verf. I. R. H. O. geht analog vor, führt die Dest. der Methylester aber in einer Mol.-Destillationsapp. durch; auf diese Weise erfolgt nur sehr kurzzeitige Erhitzung auf relativ niedrige Temp. (ca. 100°); man vermeidet die Isomerisierung des Carotins weitgehend. Verarbeitet wird bei diesem Verf. jene Fraktion des Palmöls, die beim Abkühlen auf ca. 19° fl. bleibt u. das Carotin angereichert enthält; im Konzentrat sind ca. 5,5% Carotin enthalten, daß man nach Verseifung dem Destillationsrückstand (getrocknete Seife) mittels Lösungsm. (Dichloräthan usw.) entziehen u. in üblicher Weise krist. kann; analyt. Angaben über die Eigg. eines so dargestellten Carotins. Durch Zugabe eines Antioxydans, z. B. Nordihydroguajaretsäure, kann man die Carotinverluste bei der Verarbeitung des Palmöls herabsetzen; diese Wrkg. erreicht man auch durch Waschen der Methylester mit wss. phosphoriger oder Citronensäure; Beleganalysen nach dem SWIFT-Test. — Hinweis auf die relativ leichte Gewinnung des bei der Methanolyse in konz. Form anfallenden Glycerins. (Oléagineux **10.** 15—20. Jan. 1955.) K. TÄUFEL. 4808

P. Koshucharow und **T. Charisanowa,** *Laboratoriumsuntersuchung zur Herstellung von biologischen Präparaten mit chemostatischer Wirkung bei lokaler Anwendung.* Es wurden die Präpp. aus Gehirn, Rückenmark, Lunge, Thymus, Testes, Pankreas, Herz- u. Skelettmuskel untersucht, von denen die aus Lunge u. Hirn die größte u. am längsten andauernde koagulierende Aktivität zeigen. Konservierungsmittel, die keinen Einfl. auf die Aktivität der Lungen- u. Hirnpräpp. ausüben, sind: 0,5—1%ig. *Phenol*, 0,3%ig. *Trikresol*, 1‰ig. *Nipagin*, 1‰ig. *Chinosol*, 1‰ig. *Oxin* u. 1‰ig. *β-Naphthol*, für die Lunge noch *Formalin*. Hirnpräpp. mit 1% Phenol vernichten Staphylokokken, Colibacillen u. andere Bakterien in 48 Stunden. Bei einer Lagerung im Kühlschrank besteht die Aktivität noch nach 7 Monaten. Das aus dem Hirn erhaltene Präp. kann als Thrombokinase zur Best. der Prothrombinzeit Verwendung finden. (Фармация (София) [Pharmazie (Sofia)] **1955.** Nr. 6. 18—25. Nov./Dez.) O. POLLAK V. EMHOFEN. 4808

Emil G. Klarmann, *Einige Aspekte über die chemische „Sterilisation" von Instrumenten.* Unterss., wie eine Sterilisation von chirurg. Instrumenten u. dgl. an Stelle mit Wasserdampf unter Druck durchgeführt werden kann. Mit den sehr resistenten Sporen verschied. Bakterien (B. subtilis, Cl. sporogenes, Cl. perfringens u. Cl. tetani) als Testmaterial wurde nach der Meth. von ORTENZIO, STUART u. FRIEDL (J. Assoc. off. agric. Chemists **36.** [1953.] 480) bzw. nach einer Modifikation derselben vom Vf. festgestellt, daß konstant sd. HCl nur ungenügende u. HCHO (8%ig. bei n. Temp.) nur bei den Sporen von B. subtilis eine abtötende Wrkg. besitzt. Dagegen kann durch Kochen mit 2%ig. Phenol, 2%ig. Kresol, 2%ig. o-Phenylphenol (**I**) u. letzteres in Mischung mit p-tert.-Amylphenol (**II**) schon nach wenigen Min. eine Abtötung der Sporen erzielt werden. Mit **I** u. **I + II** kann auch eine wirksame Kaltdesinfektion an Instrumenten, die nicht erhitzt werden können (Thermometer) u. die mit Tuberkulosesputum verunreinigt waren, durchgeführt werden. (Amer. J. Pharmacy Sci. support. publ. Health **128.** 4—18. Jan. 1956. New York, N. Y., Lehn & Fink, Inc.) M. NEGWER. 4832

S. Simon, *Mikrobestimmung von Halogenen in pharmazeutischen Spezialitäten.* Frei von den Nachteilen früherer Verff. u. ausgezeichnet durch Schnelligkeit, Empfindlichkeit u. Genauigkeit ist die vorgeschlagene Meth. zur Mikrobest. von Halogenen durch explosive Zers. der Prüfsubstanz, gemischt mit Na_2O_2, KNO_3 u. Zucker oder Na_2O_2 u. Äthylenglykol in der Ni-Bombe nach PARR oder WURZSCHMITT, u. die Best. von Cl^- (Br^- u. J^-) in den geeignet vorbereiteten Lsgg. durch Potentiometrie u. die von Br^- u. J^- durch Jodometrie nach Oxydation zu BrO_3^- u. JO_3^-. Die Best. von Cl benötigt so 35 Min., die von Br u. J ca. 50 Min. bei Fehlergrenzen von 0,6 bis $<2\%$. (J. Pharmac. Belgique [N. S.] **10** (**37**). 292—99. Sept./Okt. 1955. Dep. microanal. du Service de Controle des Médicaments de l'Assoc. Pharmaceut. Belge.) W. SCHULENBURG. 4880

F. Je. Kagan, *Die quantitative Bestimmung von Präparaten des zweiwertigen Eisens mit organischen Stoffen.* Ohne den organ. Stoff zu zerstören, wird Fe^{2+} direkt wie folgt titriert: 0,1—0,2 g Fe-Salz wird in 10—15 ml W. gelöst, ein Überschuß an JCl oder JCl_3 zugegeben (eine in W. unlösl. Einwaage wird in titrierter HCl-Lsg. von JCl oder JCl_3 gelöst). Nach 3—5 Min. Stehen werden 20 ml 10%ig. SEIGNETTE-Salzlsg., nach weiteren 5—10 Min. 10 ml 10%ig. KJ-Lsg. zugefügt; nach 5 Min. wird mit 0,1n Thiosulfat u. Stärke das J zurücktitriert. Sollten Stoffe vorliegen, die J aus KJ ausscheiden, oder Titration in stark saurer Lsg. geboten sein, so muß mit Chlf. extrahiert u. die Chloroformlsg. mit Thiosulfat zurücktitriert werden. 1 FeJ_2 verbraucht 3 JCl (1 JCl_3)

unter Ausscheidung von 5 J (3 J). — Anwendung: Best. von Fe^{2+} in Präpp., die Rohrzucker, Glucose, Milchsäure, Glycerophosphorsäure, $FeCO_3$ u. a. enthalten. Die Ergebnisse sind genauer als nach der sowjet. Pharmakopoe VIII. (Аптечное Дело [Apothekenwesen] **4.** Nr. 5. 10—13. Sept./Okt. 1955. Kiew, Inst. für Ärztefortbldg. des Gesundheitsminist. der UkrSSR.) A. v. WILPERT. 4880

Josef Blažek und **Zdeněk Stejskal,** *Eine gewichtsanalytische Bestimmung von 2-Benzyl-4.5-imidazolin (Divascol). 2-Benzyl-4.5-imidazolin (Benzolin, Pridazol, Priscol, Vasodil;* **I**), F. 171°, kann nach 2 Methoden bestimmt werden: Mit *Reineckesalz* (**II**): 100 mg **I** mit W. auf 20 ml verd. u. unter Rühren 15—20 ml 2%ig. Lsg. von **II** zufügen, umrühren, 30 Min. in Eis kühlen, Nd. durch G4-Filter filtrieren, 3mal mit 30 ml W. Gefäß ausspülen u. auf Filter bringen. Nd. 2 Std. bei 100° trocknen. Fehlergrenze 0,5%. Mit *Silicowolframsäure* (**III**): 50 mg **I** mit 20 ml W. verd., auf 70° erwärmen, 1 ml HCl zufügen, unter Rühren tropfenweise 10 ml **III** zufügen, Nd. durch G4-Filter filtrieren. Gefäß mit 20 ml W. auswaschen u. auf Filter bringen. Nd. bei 100° trocknen. Fehlergrenze 2,5%. (Českoslov. Farmac. **4.** 506—08. Dez. 1955. Praha, stát̄n. úst. kontr. leč.) E. VEVERA. 4880

Robert Kalvoda, *Die Verwendung von quantitativen oscillographischen Analysen in der Pharmazie.* (Vgl. C. **1956.** 4801.) Zur quantitativen Best. wurden 2 Methoden ausgearbeitet: Die Vergleichstitration (I) u. das Messen der Einschnittiefe in den oscillograph. Kurven (**II**). Beide Methoden wurden im Polaroskop P524 (Fa. KŘIŽIK) durchgeführt. **I** u. **II** kann in allen Fällen benutzt werden, wo bei Ggw. von Depolarisatoren eine oscillograph. Kurve entsteht, die von der Konz. abhängig ist. Gute Best. im Bereich $8 \cdot 10^{-5}$ bis $3 \cdot 10^{-4}$mol. konz. Lsg. verdünnen. Bei **I** sind die Kurven der zu untersuchenden u. der Vergleichslsg. auf dem Geräteschirm zu sehen. Die Vergleichslsg. wird maßanalyt. mit dem Depolarisator titriert, bis sich beide Kurven decken. Fehlergrenze 3%. Bei **II** werden die Einschnittiefen gemessen, die von der Konz. abhängig sind. Fehlergrenze 3%. Für Reihenunterss. geeignet. Diese Methoden wurden verwendet bei der Best.: Ni neben Co, Pb, Cd im Zn, Pb u. Cu, S. Beide Methoden sind Universalmethoden. (Českoslov. Farmac. **4.** 501—04. Dez. 1955. Praha, Českosl. Akad., Polarogr. úst.) E. VEVERA. 4880

V. Parrák, *Oscillopolarographische Untersuchung von Kotarnin, Narcein, Hydrastin und Emetin.* Gearbeitet wurde mit dem Polaroskop P 524 (Fa. KŘIŽIK) mit Hg-Tropfelektrode. Untersucht wurden *Kotarnin* (**I**), *Narcein* (**II**), *Hydrastin* (**III**), *Emetin* (**IV**). **I, II, III, IV** in 30—60 mg% wss. Lsg., wobei **III** vorher in 2—3 Tropfen HCl gelöst wurde. **I** u. **II** gaben in saurem Medium (2n H_2SO_4) gut sichtbare Einschnitte. **I** 2 an der Kathode, **II** 1 an der Anode u. 1 an der Kathode. **I** u. **II** können nebeneinander bestimmt werden. **III** gibt einen Einschnitt an der Kathode. **IV** einen negativen Einschnitt. **III** u. **IV** können nebeneinander bestimmt werden. (Českoslov. Farmac. **4.** 504—06. Dez. 1955. Preßburg [Bratislava], Statn. ust. kontr. lieč.) E. VEVERA. 4880

Detlef Horn, *Zur colorimetrischen Arzneimittelanalyse.* Übersicht. Vf. macht Angaben über die colorimetr. Bestimmungsmethoden für folgende Arzneimittel: Atropin, Hyoscyamin, Hyoscin, Morphin, Ephedrin, Ergometrin, Ergotoxin, Pilocarpin, Strychnin, Codein, Kotarnin, Hydrastinin, Strophanthin, Digitoxin, Anthrachinone, die Vitamine A, B_1, C u. D, Novocain, Barbitursäure, Rivanol, Adrenalin, Aludrin, PAS u. Antipyrin. (Pharmazie **6.** 330—35. Juli 1951. Jena, Thüring. Arzneimitteluntersuchungsamt.) K. HERRMANN. 4880

Ss. I. Koromysslow, *Zur Bestimmung von Morphin in „Paregoric"-Tabletten.* Das Verf. von GINSBERG zur Best. von *Morphin* (Extraktion mit Chlf., Oxydation mit $K_3Fe(CN)_6$ u. colorimetr. Best. des Berliner Blaus) wurde wie folgt modifiziert: 5 Tabletten werden zerrieben, mit 2 ml W. angefeuchtet, 1 ml 10%ig. NH_3 zugegeben (alkal. Lackmus-Rk.) u. mit 30 ml Chlf.-A.-Gemisch (9:1) 15 Min. geschüttelt, 5 g entwässertes Na_2SO_4 zugefügt, 5 Min. geschüttelt, die Chloroformschicht durch Na_2SO_4 filtriert, die Extraktion 2mal mit je 10 ml Gemisch wiederholt, Chlf. + A. abdest., der Rückstand mit 0,1n-HCl (3mal 2,5 ml) erhitzt, die Lsg. trockengedampft, in 2,25 ml W. gelöst u. colorimetriert. Zu dem Zweck werden 9 ml Reagens mit 1 ml Prüflsg., weitere 9 ml mit 1 ml Vergleichslsg. versetzt u. nach 15 Min. colorimetriert. Bei befriedigenden Ergebnissen wird im Vgl. zur Originalvorschrift an Zeit gespart. (Аптечное Дело [Apothekenwesen] **4.** Nr. 5. 36—37. Sept./Okt. 1955. Moskau, Pharm. Inst. des Gesundheitsminist., Lehrstuhl für pharm. Chem.) A. v. WILPERT. 4880

Kurt Erne und **Teodor Canbäck,** *Die fluorimetrische Noradrenalinbestimmung.* Um 0,001% *Noradrenalin* (**I**) enthaltende, mit Na-Pyrosulfit stabilisierte wss. Lsgg. auf ihren I-Geh. zu prüfen, wird die von WEIL-MALHERBE u. BONE (vgl. C. **1956.** 9271) empfohlene Meth., die auf einer Oxydation des Brenzcatechinamins in alkal. Lsg. u. einer Kondensation mit Äthylendiamin beruht, umgewandelt dahingehend, daß das Sulfit zuvor unter Verwendung eines anion. Austauschers (Amberlite IR-A 400 oder Dowex 2) entfernt u. I anschließend unter Verwendung von NH_4-Molybdat als Katalysator fluorimetr. bestimmt wird. Der mittlere Fehler der Meth., die ausführlich beschrieben wird, beträgt 2%. Die Ergebnisse werden durch gleichzeitig in der Lsg. enthaltene Lokalanästhetica nicht beeinflußt. (J. Pharmacy Pharmacol. **7.** 248—54. April 1955. Stockholm, Apotekens kontrollabor.) H. P. FIEDLER. 4880

Helmut Dorn und **Hermann Pfanz**, Magdeburg, *Herstellung von hochviscosen Lösungen für die röntgenologische Sichtbarmachung von Körperhöhlen.* Man löst steril u. haltbar Salze des Amylopektinglykolsäureäthers in wss. Lsgg. J- oder/u. Br-haltiger kontrastgebender Verbb. vorzugsweise hoher Konz. unter Einhaltung eines p_H-Bereiches von 6—9. — 90,7 (g) 2.3.5.6-Tetrabrom-4-oxybenzoesäure werden mit 36,5 Diäthanolamin in 128 ml W. gelöst, die Lsg. wird auf p_H 6—9 gestellt, bei 20—40° portionsweise 10,2 amylopektinglykolsaures Na eingerührt u. nach 10—20std. Quellen nochmals 30 Min. gerührt. Die Viscosität der erhaltenen Lsg. beträgt bei 37° (Subspannung in g/cm²): 1350 cP (50); 1500 cP (40); 1750 cP (30); 1900 cP (20); 2550 cP (10). (**D. P. [DDR] 9 491** Kl. 30h vom 22/12. 1953, ausg. 28/3. 1955 [Wirtschaftspatent].) G. WELTZIEN. 4787

Schering Akt.-Ges. (Erfinder: **Helmer Richter** und **Martin Schenck**), Berlin, *Herstellung von analeptisch wirksamen 2-Aminoindanverbindungen* nach D. B. P. 936 507 durch Einführen einer Aminogruppe $-N(R_1)(R_2)$ [R_1 u. R_2 = H, Alkyl, Aralkyl, die beide gemeinsam mit dem N-Atom einen heterocycl. Ring bilden können, welcher zusätzlich noch O, S oder N enthalten kann] in üblicher Weise in die 2-Stellung 1-substituierter 3-Indanone der allg. Formel **I** (R = H, niedermol. aliphat. KW-stoffrest, R' = H, Alkyl, Alkoxyl) u. anschließende katalyt. Red. des erhaltenen 1-substituierten 2-Aminoindanons-(3), dad. gek., daß man die nach dem Verf. des D. B. P. 936 507 erhältlichen 1-Phenyl-2-isonitrosoindanone-(3) in Ggw. von Ni-Katalysatoren, bes. RANEY-Ni, mit H_2 in neutraler oder alkal. Lsg., bes. bei n. Druck u. n. Temp., hydriert.

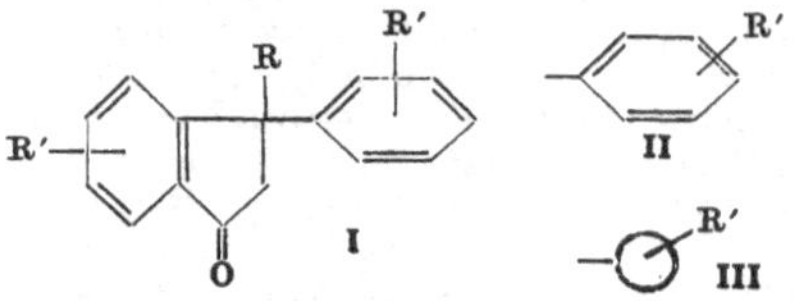

Nach dem anderen Verf. verwendet man als Ausgangsstoffe 3-Indanone, die in 1-Stellung statt der Gruppe **II** einen Substituenten X der Formel **III** oder Alkyl oder Aralkyl tragen, wobei der Rest —O einen anderen Arylrest als Phenyl bedeutet. — Aus 1-Phenyl-2-isonitrosoindanon-(3) in Ggw. von methanol. NaOH u. RANEY-Ni mit H_2 bei n. oder 20 atü → *1-Phenyl-2-aminoindanol-(3)*, aus Dioxan, F. 162—164°; Ausbeute 80 bzw. 88%. — 1-Phenyl-5-methyl-2-isonitrosoindanon-(3), F. 211—212° (Zers.) → *1-Phenyl-5-methyl-2-aminoindanol-(3)*, aus Dioxan, F. 183—184°. *Hydrochlorid*, F. 232°. *2-Dimethylaminoderiv.*, F. 144—146°; *Hydrochlorid*, F. 128—132°. — 1-Phenyl-1-methyl-2-isonitrosoindanon-(3) → *1-Phenyl-1-methyl-2-aminoindanol-(3)*; *Hydrochlorid*, F. ca. 120°; Sintern bei 101°; Ausbeute 52%. — 1-Methyl-2-isonitrosoindanon-(3) → *1-Methyl-2-aminoindanol-(3)-hydrochlorid*, F. 234—236° (Zers.); Ausbeute 96,8%, daraus mit 90%ig. HCOOH u. 38%ig. HCHO → *1-Methyl-2-dimethylaminoindanol-(3)*; *Hydrochlorid*, F. 172—173°. — 1-Äthylindanon-(3) (**V**) → 1-Äthyl-2-isonitrosoindanon-(3), F. 121—122°; Sintern bei 119°, → *1-Äthyl-2-aminoindanol-(3)*, F. 94—100°; aus Ae., F. 137—138°; *Hydrochlorid*, F. 199

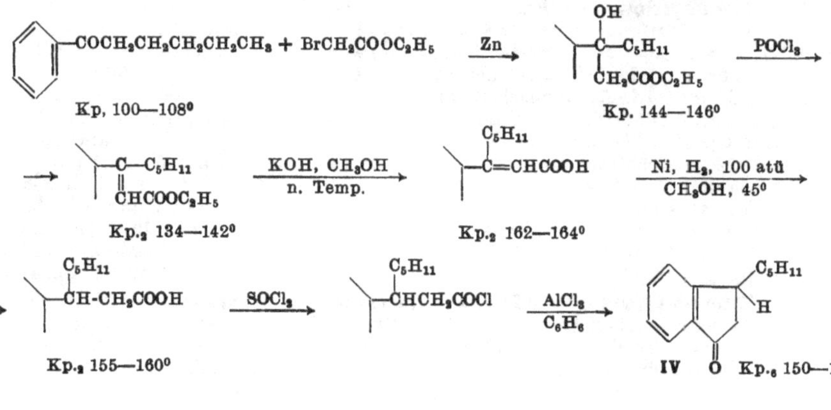

bis 200°. — 1.1-Dimethylindanon-(3) → 1.1-Dimethyl-2-isonitrosoindanon-(3), F. 126 bis 132°, → *1.1-Dimethyl-2-aminoindanol-(3)*, F. 223—224° (Zers.). — 1-Pentylindanon-(3) (**IV**) → 1-Pentyl-2-isonitrosoindanon-(3), F. 84—85°, → *1-Pentyl-2-aminoindanol-(3)*, aus Hexan, F. 105—105,5°; *Hydrochlorid*, F. 133—134°. — **IV** erhält man nach untenstehendem Reaktionsschema. **V** wird in gleicher Weise aus $C_6H_5-COCH_2CH_3$ hergestellt. (**D. B. PP. 937 953** Kl. 12o vom 31/10. 1953, ausg. 19/1. 1956. Anmeldung bekanntgemacht 28/7. 1955 u. **940 045** Kl. 12o vom 31/10. 1953, ausg. 8/3. 1956. Anmeldung bekanntgemacht 15/9. 1955. **Zusätze zu D. B. P. 936 507; C. 1956. 9805.**) G. Krauss. 4807

Upjohn Co., Kalamazoo, Mich., übert. von: **Merrill E. Speeter**, V. St. A., *5-Benzyloxytryptamine* der allg. Formel **I**, in der X einen Phenylrest u. Y einen Alkyl-, Cycloalkyl-, Phenylrest oder H bedeuten u. die Phenylreste auch durch Alkyl-, Cycloalkyl-, Alkoxy- u. Aralkylreste oder Halogen substituiert sein können, erhält man durch Red. von substituiertem 5-Benzyloxy-3-indolacetonitril, welches durch Kondensation eines 5-Benzyloxyindols mit einem Grignard-Reagens u. Rk. des erhaltenen Benzyloxyindolmagnesiumhalogenids mit einem Halogenacetonitril bei 0—100° hergestellt werden kann, mit Metallhydriden ($LiAlH_4$, $LiBH_4$) oder mit H_2 in Ggw. eines Katalysators (Pt) bei 0—100°, unter Anwendung organ. Lösungsmittel (Ae., Isopropyläther, Tetrahydrofuran, N-Methylmorpholin, Dioxan). — 4,25 (g) CH_3J u. 2 Mg in 200 cm³ Ae. werden mit einer Lsg. von 5,5 5-Benzyloxyindol in 200 cm³ Ae. 30 Min. unter Rückfluß erhitzt, in einem Eisbad gekühlt, mit einer Lsg. von 3 frisch dest. Chloracetonitril in 100 cm³ Ae. versetzt u. 2½ Std. unter Rückfluß erhitzt, abgekühlt u. mit 10 cm³ Eisessig u. 90 cm³ W. hydrolysiert. Aus der Ätherschicht wird in üblicher Weise das *5-Benzyloxy-3-indolacetonitril* gewonnen. Dieses wird in Ae. gelöst, mit einer Lsg. von 3,7 $LiAlH_4$ in 400 cm³ wasserfreiem Ae. versetzt u. unter Rückfluß erhitzt. Nach der Hydrolyse mit 500 cm³ wassergesätt. Ae. u. 50 cm³ 5%ig. NaOH-Lsg. erhält man nach üblicher Aufarbeitung das *5-Benzyloxytryptamin*; *Hydrochlorid*, F. (aus A.-W.) 248—250° (Zers.). — Analog: *5-(p-Methylbenzyloxy)-tryptamin.* — *5-(p-Benzylbenzyloxy)-tryptamin.* — *5-(p-Methoxybenzyloxy)-tryptamin.* — *5-Benzhydryloxytryptamin.* — *5-(p-Cyclohexylbenzyloxy) tryptamin.* — *5-(p-Chlorbenzyloxy)-tryptamin.* — *5-(α-Methylbenzyloxy)-tryptamin.* — *5-(α-Cyclohexylbenzyloxy)-tryptamin.* — *Zwischenprodd.* zur Herst. von *Serotonin. Hämostat.* Mittel u. *Vasokonstriktoren.* (**A. P. 2 703 325** vom 6/12. 1951, ausg. 1/3. 1955.) R. Link. 4807

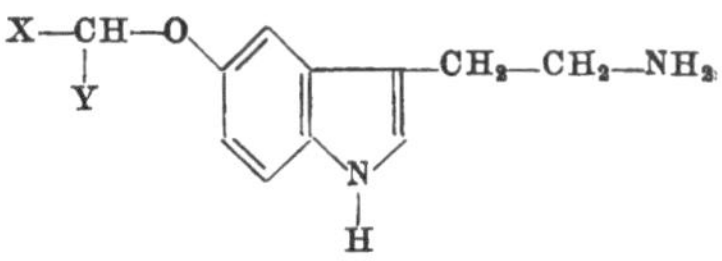

G. D. Searle & Co., Chicago, Ill., übert. von: **John W. Cusic**, Skokie, V. St. A., *Basisch substituierte 9-Carbazolcarbonsäureamide* der allg. Formel **I**, in der R einen niedermol. Cycloalkyl-, Aralkyl- u. Arylrest, A einen niedermol. Alkylenrest u. R′ u. R″ niedermol. Alkylreste bedeuten, die auch zusammen mit dem N-Atom einen heterocycl. Ring bilden können, erhält man durch Kondensation von 9-Carbazolcarbonylchlorid (**II**) u. einem Amin in Butanon unter Rückfluß. — Mit nichttox. anorgan. u. organ. Säuren können die entsprechenden Salze u. in üblicher Weise auch quaternäre Ammoniumverbb. hergestellt werden. — Aus **II** + N-Dimethylaminoäthylhexahydroanilin → *N-(β-Dimethylaminoäthyl)-N-cyclohexyl-9-carbazolcarbonsäureamid*; *Hydrochlorid*, F. 117—120°. — Analog: *N-(β-Diisopropylaminoäthyl)-N-cyclopentyl-9-carbazolcarbonsäureamid*, hochsd., gelbes Öl. — *N-(β-Diäthylaminoäthyl)-9-carbazolcarbonsäureanilid*; *Hydrochlorid*, F. 207—208°. — *N-(γ-Dimethylaminobutyl)-N-(3.4-xylyl)-9-carbazolcarbonsäureamid*, hochsd., orangegelbes Öl. — *N-(β-Diäthylaminoäthyl)-N-benzyl-9-carbazolcarbonsäureamid*; *Hydrochlorid*, F. 205—206° — *N-(β-Diäthylaminoäthyl)-N-(α-phenäthyl)-9-carbazolcarbonsäureamid*; *Hydrochlorid*, F. (aus verd. Isopropanol) 211—212°. — *Arzneimittel*, bes. zur Regulierung anomaler *Herzfunktionen* u. *blutdrucksenkende* Mittel. (**A. P. 2 719 850** vom 21/9. 1953, ausg. 4/10. 1955.) R. Link. 4807

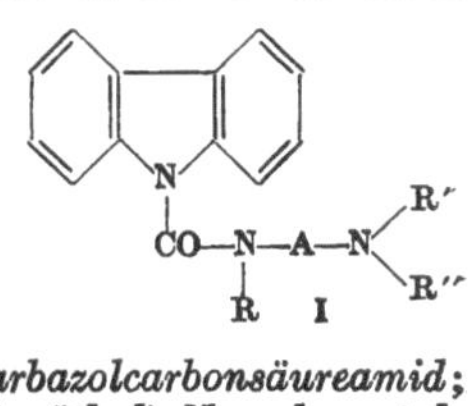

Ciba Akt.-Ges., Basel, Schweiz, *Herstellung von Piperidylalkylketonen* der allg. Formel **I**, in der R_1, R_2, R_3 u. R_4 niedermol. Alkylreste mit 1—4 C-Atomen, bes. CH_3, C_2H_5 u. C_3H_7, bedeuten, sowie deren Salzen durch Rk. eines 1-Alkyl-1-benzyl-4-(3′.4′-dialkoxyphenyl)-4-cyanpiperidiniumhalogenids der allg. Formel **II**, in der R_1, R_2 u. R_3 die oben angegebene Bedeutung besitzen u. Hal ein Halogenrest ist, mit einem Alkylmagnesiumhalogenid, Zers. des Reaktionsprod. mit W., NH_4Cl oder verd. Säure (HCl) u. Dequaternisieren des gebildeten quaternären Piperidylketons mit Hilfe von katalyt. erregtem H_2. Außer Alkylmagnesiumhalogeniden können auch andere Alkylmetallhalogenide, z. B. von Zn oder Cd, oder Alkylalkalimetallverbb., z. B. von Na, K oder Li, verwendet werden. — 88,5 (Gewichtsteile) Homoveratrumsäurenitril u. 15 NaH werden in 200 Voll. Toluol unter Rückfluß erhitzt u. anschließend mit 93 *β*-Chloräthylmethylbenzylamin versetzt. Nach Beendigung der H_2-Entw. wird die Reaktionsmischung abgekühlt, mit W. zers., mit verd. H_2SO_4 angesäuert, das Toluol abgetrennt u. die wss. Schicht alkal. gemacht. *Methylbenzylaminoäthyl-3.4-dimethoxybenzylcyanid*, Kp.$_{0,05}$ 189—195°, hellgelbes, dickfl. Öl. — 76 davon werden in 235 Toluol gelöst, mit 15 $NaNH_2$ versetzt, zunächst über Nacht bei n. Temp. gerührt, dann 7 Std. bei 45—50°. Bei 18—20° werden darauf 34,5 l.2-Äthylenchlorbromid allmählich zugegeben; die Mischung wird dann noch 1 Std. bei 18—20° gerührt. Nach dem Zersetzen mit Eis u. 2std. Erhitzen der Toluolschicht auf dem Wasserbad erhält man das *1-Methyl-1-benzyl-4-(3'.4'-dimethoxyphenyl)-4-cyanpiperidiniumchlorid*, weißes Pulver, wasserlösl. mit unscharfem Zersetzungspunkt. — 44 davon werden mit einer Grignard-Lsg. aus 7 Mg, 34 C_2H_5Br u. 300 Voll. Ae. in einer Walzenmühle 90 Std. bei 45—50° vermahlen. Nach dem Zersetzen mit Eis wird der Ae. abgetrennt, der Mg-Schlamm in 150 Voll. W. u. 50 Voll. konz. HCl gelöst u. die Lsg. 1 Std. auf dem Wasserbad erhitzt. Das quaternäre Ketonchlorid scheidet sich als ölige Schicht ab. Diese wird nach dem Erkalten in 200 Voll. Methanol u. 100 Voll. W. gelöst u. durch Schütteln mit Pd-Kohle in Ggw. von H_2 entbenzyliert. Das *1-Methyl-4-(3'.4'-dimethoxyphenyl)-piperidyl-(4)-äthylketon*, Kp.$_{0,05}$ 146 bis 149°; *Hydrochlorid*, F. 195—196°; leicht lösl., wird aus dem Filtrat nach dem Abtrennen des Katalysators mit NH_3 in Freiheit gesetzt. Ausbeute 82%. — *Heilmittel* mit *antagonist.* Wrkg. gegenüber zentralen Morphinwirkungen. (**E. P. 732 584** vom 26/1. 1953, ausg. 29/6. 1955. Schwz. Prior. 29/1. 1952. **Schwz. P. 307 794** vom 29/1. 1952, ausg. 16/8. 1955.) R. Link. 4807

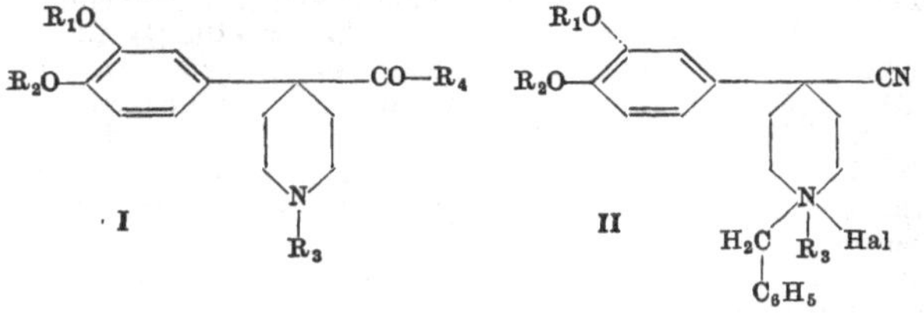

I II

Dr. Karl Thomae G. m. b. H., Chemisch-Pharmazeutische Fabrik, übert. von: **August Kottler** und **Ernst Seeger,** Biberach/Riss, *Nicotinsäureester* der Formel I (R = Alkyl mit wenigstens 4 C-Atomen, Aryl oder Aralkyl, n = 1—2) erhält man durch Verestern von Nicotinsäure, deren Anhydrid, deren Säurehalogenide oder deren niedermol. Ester mit Monoalkyl-, Aryl- oder Aralkyläthern von Äthylenglykolen, notfalls in Ggw. eines Lösungsm., eines Wasserabspaltungsmittels oder eines säurebindenden Mittels. — Aus Nicotinsäure u. $SOCl_2$ → Nicotinsäurechloridhydrochlorid; daraus mit Äthylenglykolmonopropyläther in Ggw. von wasserfreiem Pyridin → *Nicotinsäure-β-propoxyäthylester*, gelbes Öl, Kp.$_{17}$ 165°. — Äthylenglykolmonobutyläther → *Nicotinsäure-β-butoxyäthylester*, Kp.$_{11}$ 166—167°. — Äthylenglykolmonophenyläther → *Nicotinsäure-β-phenoxyäthylester*, Kp.$_5$ 195—196°. — Äthylenglykolmonobenzyläther → *β-Benzyloxyäthylester*, Kp.$_5$ 205°. — Diäthylenglykolmonoäthyläther → *Nicotinsäure-ω-äthoxydiäthylenglykolester*, Kp.$_{12}$ 179—181°. — *ω-Butoxydiäthylenglykolester*, Kp.$_{14}$ 196—198°. — Eine gegebenenfalls freie OH-Gruppe des Äthylenglykols kann anschließend veräthert werden. — Die Verbb. zeigen *hyperämisierende* Wirkung. Vgl. D. B. P. 858 401; C. **1953.** 1690. (**A. P. 2714 109** vom 15/9. 1953, ausg. 26/7. 1955. D. Prior. 9/9. 1950.) G. Krauss. 4807

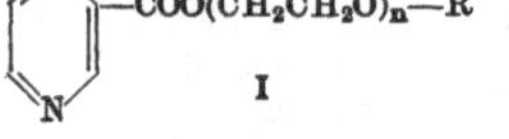

I

Roche Products Ltd., Welwyn Garden City, Herts., England, *Isonicotinsäurederivate* der allg. Formel I, in der m = 0 oder 1, n = 1 oder 2 u. R bei n = 1 einen aliphat. oder araliphat. Rest mit wenigstens 1 Substituenten im aliphat. Teil des Mol. bedeuten, der außer C u. H wenigstens 1 anderes Atom enthält, oder in der R bei n = 2 einen nichtsubstituierten aliphat. Rest bedeutet, der n Paar freie oder n Einfachbindungen besitzt, je nachdem, ob m = 0 oder 1 ist, erhält man durch Kondensation von Isonicotinylhydrazin (**II**) mit einer aliphat. oder araliphat. Carbonylverb. mit wenigstens 1 Substituenten im aliphat. Teil des Mol. u. wenigstens 1 anderes Atom außer C u. H oder auch einer nichtsubstituierten aliphat. Carbonylverb. in Ggw. eines Verdünnungsmittels (niedermol. Alkohole) u. bei erhöhter Temp. u. gegebenenfalls Hydrieren des erhaltenen Kondensationsprod. mit H_2 in Ggw. von PtO. — 28 (Gewichtsteile) **II** u. 22 3-Acetopropanol werden in 100 Voll. heißem A. gelöst u. 16 Std. stehengelassen. *N'-Isonicotinyl-N''-(4-oxy-1-methyl-n-butyliden)-hydrazin*, F. (aus Bzl.) 121°; daraus erhält man durch Red. mit H_2 in Ggw. von PtO in Methanol bei 30—40° *N'-Isonicotinyl-N''-(4-oxy-1-methyl-n-butyl)-hydrazin*, F. 153

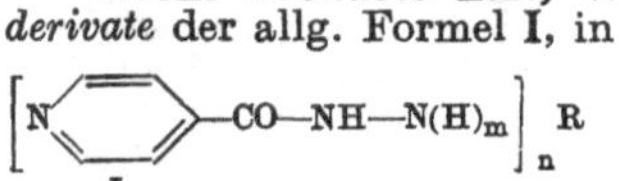

I

bis 155°. — Analog: Aus **II** u. Diacetonalkohol → *N'-Isonicotinyl-N''-(3-oxy-1.3-dimethyl-n-butyliden)-hydrazin*, Öl. — *N'-Isonicotinyl-N''-(3-oxy-1.3-dimethyl-n-butyl)-hydrazin*; *Dihydrochlorid*, F. 212—215°. — *N'-Isonicotinyl-N''-(3-oxy-2.2-dimethyl-n-propyliden)-hydrazin*, F. (aus Methanol) 193—194°. — *N'-Isonicotinyl-N''-(3-oxy-2.2-dimethyl-n-propyl)-hydrazin*, F. 180—190°. — *N'-Isonicotinyl-N''-(2.2'-dioxyisopropyliden)-hydrazin*, F. 153°. — *N'-Isonicotinyl-N''-(2.2'-dioxyisopropyl)-hydrazin*, F. (aus Isopropanol) 122—124°. — *N'-Isonicotinyl-N''-(1-methoxymethyl-3-methoxy-n-propyliden)-hydrazin*, Öl. — *N'-Isonicotinyl-N''-(1-methoxymethyl-3-methoxy-n-propyl)-hydrazin*; *Dihydrochlorid*, F. 180—181°. — *N'-Isonicotinyl-N''-(1-carboxyäthyliden)-hydrazin*, F. 213°. — *N'-Isonicotinyl-N''-(1-carboxyäthyl)-hydrazin*, F. (aus Methanol) 180°. — *N'-Isonicotinyl-N''-(3-carboxy-1-methyl-n-propyliden)-hydrazin*, F. 222—223°. — *N'-Isonicotinyl-N''-(3-carboxy-1-methyl-n-propyl)-hydrazin*, F. 181—182°. — *N'-Isonicotinyl-N''-(2-carbäthoxy-1-methyläthyliden)-hydrazin*, Öl. — *N'-Isonicotinyl-N''-(2-carbäthoxy-1-methyläthyl)-hydrazin*; *Dihydrochlorid*, F. 195—198°. — *N'-Isonicotinyl-N''-(3-diäthylamino-2.2-dimethyl-n-propyliden)-hydrazin*, F. 123—124°. — *N'-Isonicotinyl-N''-(3-diäthylamino-2.2-dimethyl-n-propyl)-hydrazin*, Kp.$_{0,1}$ 156°. — *N''.N''-Glyoxal-bis-(N'-isonicotinylhydrazon)*, weiße Mikrokristalle, die nicht $<$ 320° schmelzen. — *N''.N''-Succindialdehyd-bis-(N'-isonicotinylhydrazon)*, F. (aus verd. Methanol) 208°. — *N''.N''-[Butandion-(2.3)]-bis-(N'-isonicotinylhydrazon)*, weiße Kristalle, F. 280—281,5°. — *N''.N''-[Hexandion-(2.5)]-bis-(N'-isonicotinylhydrazon)*, weiße Mikrokristalle, F. 165,5—167,5°. — *Chemotherapeutica* zur Bekämpfung von *Tuberkulose*. (**E. P. 726 093** vom 6/3. 1953, ausg. 16/3. 1955. A. Priorr. 7/3. u. 14/3. 1952.) R. LINK. 4807

Olin Mathieson Chemical Corp., Virginia, übert. von: **Jack Bernstein** und **Kathryn A. Losee**, New Brunswick, N. J., V. St. A., *Hydrazide von Isonicotinsäure-N-oxyden*, der Formel I, in der R = H, einen niedermol. Alkyl- oder Alkoxyrest u. R' = H, einen niedermol. Alkyl- oder Alkoxyrest oder Halogen bedeuten, erhält man, wenn man eine entsprechend kernsubstituierte Isonicotinsäure mit H_2O_2 oder einer Percarbonsäure behandelt, das erhaltene Isonicotinsäure-N-oxyd mit einem niedermol. Alkanol (Methanol oder A.) verestert u. den gebildeten Ester mit Hydrazinhydrat umsetzt. Die substituierte Isonicotinsäure kann auch zuerst verestert u. dann anschließend oxydiert u. mit Hydrazinhydrat umgesetzt werden. —

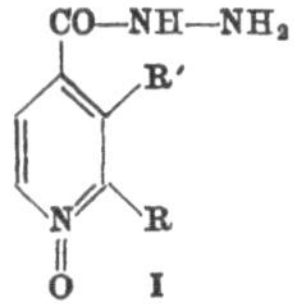

27,4 (g) Isonicotinsäuremethylester in 200 cm³ Eisessig werden tropfenweise mit 35 40%ig. Peressigsäure versetzt u. 5 Std. auf dem Dampfbad erhitzt. Nach dem Eindampfen erhält man den *Isonicotinsäure-N-oxydmethylester*, F. (aus absol. A.–Ae.) 118 bis 119°. — 19 davon werden in 75 cm³ trockenem Methanol gelöst u. mit 7,4 Hydrazinhydrat (85%ig) versetzt. Es krist. das *Isonicotinsäure-N-oxydhydrazid*, F. (aus 95%ig. A.) 218—219° (Zers.). — Analog: *3-Methoxyisonicotinsäure-N-oxydmethylester*. — *3-Methoxyisonicotinsäure-N-oxydhydrazid*. — *2-Propoxyisonicotinsäure-N-oxydmethylester*. — *2-Propoxyisonicotinsäure-N-oxydhydrazid*. — *3-Chlorisonicotinsäure-N-oxydmethylester*. — *3-Chlorisonicotinsäure-N-oxydhydrazid*. — *3-Methylisonicotinsäure-N-oxydäthylester*. — *3-Methylisonicotinsäure-N-oxydhydrazid*. — *2-Äthylisonicotinsäure-N-oxydäthylester*. — *2-Äthylisonicotinsäure-N-oxydhydrazid*. — *Chemotherapeutica* mit *antimycobakteriellen* Eigg., bes. geeignet zur Behandlung von *Tuberkulose*. (**A. P. 2 714 595** vom 18/9. 1952, ausg. 2/8. 1955.) R. LINK. 4807

Farbenfabriken Bayer Akt.-Ges., Leverkusen, *Substituierte 8-Chinolinole* der allg. Formel I, in der X u. Y gleiche oder verschied. geradkettige oder verzweigte Alkylreste bedeuten, welche Heteroatome enthalten oder z. B. durch Oxy-, Dialkylaminogruppen oder einen Arylrest substituiert sein können u. die zusammen mit dem N-Atom einen gesätt. heterocycl. Ring (Pyrrolidin, Piperidin, Hexamethylenimin, Morpholin, Piperazin) bilden können u. in der Z ein aromat. oder heterocycl. Rest ist, der substituiert sein kann u. entweder direkt oder über eine Alkyl- oder Alkenylgruppe an die Carbonylgruppe gebunden sein kann, erhält man aus den entsprechenden 5-Acyl-8-chinolinolen, welche in 7-Stellung unsubstituiert sind, mit CH_2O u. einem sek. Amin u. gegebenenfalls Kondensation der 5-ständigen Acylgruppe mit einem aromat. oder heterocycl. Aldehyd. —

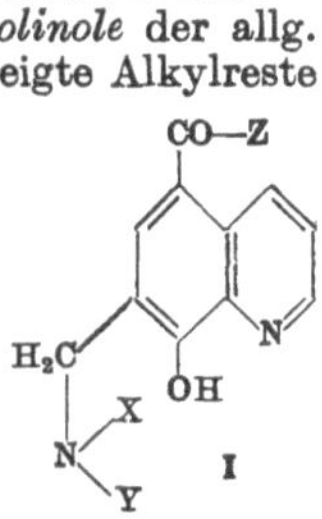

8,3 (g) 5-Benzoyl-8-chinolinol, 3,5 30%ig. CH_2O, 3 50%ig. Dimethylaminlsg. u. 200 cm³ A. werden 4 Std. unter Rückfluß erhitzt. Nach dem Abdest. des A. wird der Rückstand mit 3%ig. Essigsäure versetzt u. mit NH_3 das *5-Benzoyl-7-dimethylaminomethyl-8-chinolinol* gefällt; *Hydrochlorid*, F. 135—140° (Zers.). — *5-Benzoyl-7-N-äthyl-N-(β-diäthylaminoäthyl)-aminomethyl-8-chinolinol*, F. 54—56°. — Analog: *5-(4'-Chlorbenzoyl)-7-dimethylaminomethyl-8-chinolinol*, F. 92—93°; *Hydrochlorid* zers. sich bei 140°. — *5-(2'-Chlorbenzoyl)-7-dimethylaminomethyl-8-chinolinol*; *Hydrochlorid*, F. 207°

(Zers.). — *5-(2'.4'-Dichlorbenzoyl)-7-dimethylaminomethyl-8-chinolinol; Hydrochlorid* F. 222° (Zers.). — *5-Cinnamoyl-7-dimethylaminomethyl-8-chinolinol* (II), F. 193°. — II kann auch durch Kondensation des *5-Acetyl-7-dimethylaminomethyl-8-chinolinols*, F. 225° (Zers.), mit Benzaldehyd erhalten werden. — *5-Cinnamoyl-7-diäthylaminomethyl-8-chinolinol*, F. 85—90°; *Hydrochlorid*, F. 180—185° (Zers.). — *5-Cinnamoyl-7-di-n-butylaminomethyl-8-chinolinol*, F. 51—53°. — *5-Cinnamoyl-7-di-N.N-(β-oxyäthyl)-aminomethyl-8-chinolinol*, F. 136°. — *5-Cinnamoyl-7-N-äthyl-N-(β-diäthylaminoäthyl)-aminomethyl-8-chinolinol*, F. 85—90°. — *5-Cinnamoyl-7-N.N-bis-(β-diäthylaminoäthyl)-aminomethyl-8-chinolinol*, F. 85-90°. — *5-Cinnamoyl-7-N-methyl-N-benzylaminomethyl-8-chinolinol*, F. 124°; *Hydrochlorid*, F. 227°. — *5-Cinnamoyl-7-N-methyl-N-n-dodecylaminomethyl-8-chinolinol*, F. 76°. — *5-Cinnamoyl-7-(1'-pyrrolidyl)-methyl-8-chinolinol*, F. 178° (Zers.); *Hydrochlorid*, zers. sich bei 232°. — *5-Cinnamoyl-7-(1'-piperidyl)-methyl-8-chinolinol*, F. 71—72°; *Hydrochlorid*, F. 220°. — *5-Cinnamoyl-7-(4'-methyl-1'-piperazyl)-methyl-8-chinolinol*, F. 181°; *Hydrochlorid*, F. 203—204° (Zers.). — *5-(4'-Chlorcinnamoyl)-7-dimethylaminomethyl-8-chinolinol*, F. 183°; *Hydrochlorid*, zers. sich bei 215—216°. — *5-β-Phenylpropionyl-7-dimethylaminomethyl-8-chinolinol*, F. 88—90°. — *5-ω-Cinnamalacetyl-7-dimethylaminomethyl-8-chinolinol* [5-(1-Phenyl-1.3-pentadienoyl)-7-dimethylaminomethyl-8-chinolinol], F. (aus Ligroin) 73—74°; *Hydrochlorid*, zers. sich bei 140°. — *5-Benzoylacetyl-7-dimethylaminomethyl-8-chinolinol*, F. 188° (Zers.); *Hydrochlorid*, zers. sich bei 175°. — *5-(3'.4'-Dimethoxycinnamoyl)-7-dimethylaminomethyl-8-chinolinol*, F. 132°; *Hydrochlorid*, F. 232° (Zers.). — *5-Furfurylidenacetyl-7-dimethylaminomethyl-8-chinolinol*, F. 190°; *Hydrochlorid*, F. 220°. — *5-(5'-Nitrofurfurylidenacetyl)-7-dimethylaminomethyl-8-chinolinol*, verfärbt sich bei 220°, zers. sich bei 254°. — *5-(6'-Chinolylidenacetyl)-7-dimethylaminomethyl-8-chinolinol*, F. (aus A.) 200°; *Hydrochlorid*, zers. sich bei 263—265°. — Die als Ausgangsverbb. benötigten 5-Acyl-8-chinolinole können durch eine FRIEDEL-CRAFTS-Rk. aus 8-Oxychinolin u. dem entsprechenden Säurechlorid in Ggw. eines inerten organ. Lösungsm. (Nitrobenzol) gewonnen werden. *5-(4'-Chlorbenzoyl)-8-chinolinol*, F. 216°. — *Chemotherapeutica* mit *amöbicider* u. *bakterizider* Wirksamkeit. **(E. P. 735 547** vom 10/6. 1953, ausg. 24/8. 1955. D. Prior. 11/6. 1952.) R. LINK. 4807

Schenley Industries, Inc., N. Y., V. St. A., übert. von: **Hans Ulrich Hörlein, Hans Andersag** und **Helmut Timmler**, Wuppertal-Elberfeld, *Dihydropyrrolo-(3.2-c)-chinolinderivate* der allg. Formel I, in der R einen N-Methylcarbamylrest, eine Carboxylgruppe oder H bedeutet, erhält man, wenn man z. B. α-Butyrolacton mit einem Oxalsäuredialkylester, z. B. dem Diäthylester, in alkoh. Na-Äthylatlsg. umsetzt, das erhaltene Reaktionsprod. der Formel II mit Anilin zu einer SCHIFFschen Base III kondensiert, diese durch Behandeln mit einem P-Halogenid in ein 2-Carbalkoxy-3-β-halogenäthyl-4-halogenchinolin (IV; X = Halogen) überführt u. dieses bei erhöhter Temp. in

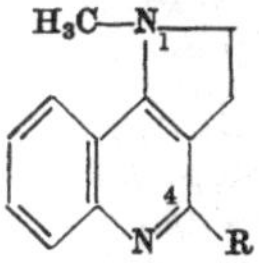
I

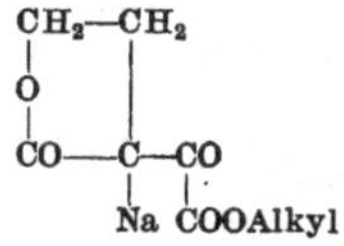
II

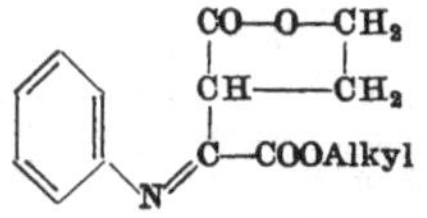
III

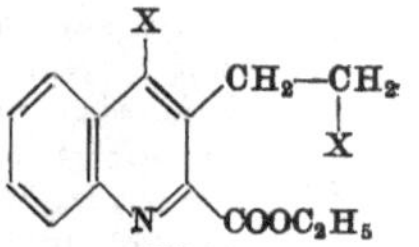
IV

einem organ. Lösungsm. mit Methylamin zum *1-Methyl-4-N-methylcarbamyl-2.3-dihydropyrrolo-(3.2-c)-chinolin* (**V** = **I** mit R = $-CONHCH_3$) umsetzt. — **V** kann anschließend durch Erhitzen mit alkoh. Kali in das entsprechende 4-carbonsaure K-Salz umgewandelt u. dieses durch Behandeln mit CO_2 in die freie 4-Carbonsäure übergeführt werden, welche beim Erhitzen CO_2 entwickelt u. in das *1-Methyl-2.3-dihydropyrrolo-(3.2-c)-chinolin* (**VI**) übergeht. — **V**, F. 290° (aus A.–Aceton). — *1-Methyl-4-carboxy-2.3-dihydropyrrolo-(3.2-c)-chinolin* (**I**; R = COOH), F. 273—275°. — **VI**, Kp.$_3$ 180—183°, F. (aus Ligroin) 108 bis 109°. — *Chemotherapeutica* zur Bekämpfung von *Malaria* u. *Amöbiasis*. **(A. P. 2 714 593** vom 28/4. 1953, ausg. 2/8. 1955. D. Prior. 26/5. 1952.) R. LINK. 4807

G. D. Searle & Co., Chicago, übert. von: **John W. Cusic**, Skokie, Ill., V. St. A., *Halogenbenzoesäureester von 1.2.3.4-Tetrahydroisochinolinalkanolen* erhält man durch Erwärmen von Halogenbenzoylchloriden in Butanon mit substituierten 1.2.3.4-Tetrahydroisochinolin-2-alkanolen. — Aus o-Chlorbenzoylchlorid u. 1.2.3.4-Tetrahydroisochinolin-2-äthanol → *2-[β-(o-Chlorbenzoyloxy)-äthyl]-1.2.3.4-tetrahydroisochinolin*; *Hydrochlorid*, F. (aus verd. Isopropanol) 173—174°. — Analog: *2-[β-(p-Chlorbenzoyloxy)-äthyl]-1.2.3.4-tetrahydroisochinolin*; *Hydrochlorid*, F. 206—207°. — *2-[β-(p-Jodbenzoyloxy)-äthyl]-3-methyl-1.2.3.4-tetrahydroisochinolin*. — *2-[γ-(o-Chlor-p-äthylbenzoyloxy)-propyl]-1.2.3.4-tetrahydroisochinolin*. — *2-[β-(o.p-Dichlorbenzoyloxy)-äthyl]-1.2.3.4-tetrahydroisochinolin*; *Hydrochlorid*, F. 215—216°. — *2-[β-(m.p-Dichlorbenzoyloxy)-äthyl]*-

1.2.3.4-tetrahydroisochinolin; Hydrochlorid, F. 206—207°. — *Arzneimittel* zur Regulierung eines anomalen Herzrhythmus, *blutdrucksenkende* u. *gefäßerweiternde* Mittel. (**A. P. 2 714 594** vom 13/1. 1954, ausg. 2/8. 1955.) R. LINK. 4807

Hoffmann-La Roche, Inc., Nutley, N. J., V. St. A., übert. von: **Arnold Brossi,** Basel, Schweiz, *Racemisierung von optisch-aktivem 1-(p-Methoxybenzyl)-2-methyl-1.2.3.4.5.6.7.8-oktahydroisochinolin* (**I**) gelingt durch Oxydation mit H_2O_2 (30% ig) bei $\leqq 60^0$, Behandeln der erhaltenen Mischung aus dem opt.-akt. N-Oxyd von **I** u. dem opt.-inakt. 2-(N-Methylhydroxylaminoäthyl)-4'-methoxy-3.4.5.6-tetrahydrostilben (**II**) mit einer konz. wss. Alkalilsg. bei erhöhter Temp. (ca. 110—120°) u. Dest. des erhaltenen einheitlichen **II**, F. 120—123°, bei vermindertem Druck (0,01 mm Hg). Man erhält das rac. **I**-Oxalat, F. 162—164°; freie Base. Man kann auch das opt.-akt. N-Oxyd von **I** aus der Mischung abtrennen, F. 150—152°; $[\alpha]_D^{20}$ + 22° (c = 1,0; Methanol), anschließend mit z. B. 44%ig. KOH-Lsg. auf 130° erhitzen, das dabei erhaltene **II** abtrennen u. gleichfalls durch Vakuumdest. in rac. **I** umwandeln. — *Zwischenprodd. zur Herst. von opt.-akt. 3-Oxy-N-methylmorphinan* (**III**). Die Racemisierung von **III** gelingt nicht. (**A. P. 2714107** vom 5/8. 1954, ausg. 26/7. 1955. Schwz. Prior. 13/8. 1953.) R. LINK. 4807

Dr. Karl Thomae G. m. b. H., Chemisch-Pharmazeutische Fabrik, Biberach/Riss, *Substituierte 4.4'-Dioxydiphenylchinolyl-, -isochinolyl- und -pyridylmethane* werden erhalten, wenn man Chinolin-, Isochinolin- oder Pyridinaldehyde oder deren Acetale oder Ketone mit den p-ständigen H-Atomen von Phenolen oder deren Vorprodd., welche 1—4 Alkyl-, Aryl-, Aralkyl-, Alkoxy- u./oder Acyloxygruppen enthalten u. deren Oxygruppen alkyliert oder acyliert sein können, in Ggw. wasserabspaltender Mittel (H_2SO_4, H_3PO_4, HCl, $ZnCl_2$, $SnCl_4$, P-Halogenide, P_2O_5, BF_3, $AlCl_3$) u. in Ggw. von Lösungsmitteln (Bzl., Toluol) bei n. oder leicht erhöhter Temp. kondensiert. — 65 (g) Chinolin-2-aldehyd u. 120 Phenol werden mit 65 cm³ konz. H_2SO_4 unter Kühlen verrührt. *(4.4'-Dioxydiphenyl)-[chinolyl-(2'')]-methan* (**I**), F. (aus A.) 246°. — Analog: *(4.4'-Dioxy-3.3'-dimethyldiphenyl)-[chinolyl-(2'')]-methan,* F. (aus Methanol) 264—265°. — *(4.4'-Dioxydiphenyl)-[6''-methylchinolyl-(2'')]-methan,* F. (aus wss. A.) 239—240°. — *(4.4'-Dioxydiphenyl)-[chinolyl-(2'')]-methylmethan,* F. (aus A.) 228°. — *(4.4'-Dioxydiphenyl)-[isochinolyl-(3'')]-methan,* F. 232°. — *(4.4'-Dioxydiphenyl)-[isochinolyl-(1'')]-methan,* F. 254°. — *(4.4'-Dioxydiphenyl)-[isochinolyl-(1'')]-methylmethan,* F. (aus wss. A.) 185°. — *(4.4'-Dioxy-3.3'-dimethoxydiphenyl)-[chinolyl-(2'')]-methan,* F. (aus Bzl.) 177°. — **I** wird mit Essigsäureanhydrid u. konz. H_2SO_4 acetyliert. *(4.4'-Diacetoxydiphenyl)-[chinolyl-(2'')]-methan,* F. 110—115°. — *(4.4'-Dimethoxydiphenyl)-[chinolyl-(4'')]-methan,* F. 202—205°. — *(4.4'-Dioxy-3.3'-diisopropyl-6.6'-dimethyldiphenyl)-[chinolyl-(4'')]-methan,* F. 220—223°, gelbliche Kristalle. — *(4.4'-Dioxy-3.3'-diphenyldiphenyl)-[chinolyl-(4'')]-methan,* F. 198—200°. — *(4.4'-Dioxy-3.3'-dibenzyldiphenyl)-[chinolyl-(4'')]-methan,* F. (aus Methanol–W., anschließend Eisessig–W.) 187 bis 190°. — *(4.4'-Dioxydiphenyl)-[pyridyl-(2'')]-methan* (**II**), F. (aus Methanol–W.) 254°. — *(4.4'-Dioxy-2.2'-dimethyldiphenyl)-[pyridyl-(2'')]-methan,* F. 247°. — *(4.4'-Dioxy-3.3'-dimethyldiphenyl)-[pyridyl-(2'')]-methan,* F. 206°. — *(4.4'-Dioxy-3.3'-diisopropyl-6.6'-dimethyldiphenyl)-[pyridyl-(2'')]-methan,* F. (aus Methanol–Aceton) 251°. — *(4.4'-Dioxy-3.3'-diphenyldiphenyl)-[pyridyl-(2'')]-methan,* F. (aus A.) 188—190° (Zers.). — *(4.4'-Dioxy-3.3'-dibenzyldiphenyl)-[pyridyl-(2'')]-methan,* F. (aus A.) 195°. — *(4.4'-Dioxydiphenyl)-[pyridyl-(3'')]-methan,* F. (aus wss. Methanol) 238°. — *(4.4'-Dioxydiphenyl)-[pyridyl-(3'')]-methylmethan,* F. (aus wss. Methanol) 216°. — *(4.4'-Dimethoxydiphenyl)-[pyridyl-(2'')]-methan,* Kp.$_{15}$ 200—203°. — *(4.4'-Dioxydiphenyl)-[pyridyl-(2'')]-phenylmethan,* F. (aus Methanol–W.) 250—251°. — *(4.4'-Dioxy-3.3'-dimethoxydiphenyl)-[pyridyl-(2'')]-methan,* F. (aus wss. Methanol) 174°. — *(4.4'-Dioxydiphenyl)-[pyridyl-(4'')]-methan,* F. (aus wss. Methanol) 261° (Zers.). — *(4.4'-Dioxydiphenyl)-[6''-methylpyridyl-(3'')]-methylmethan,* F. (aus wss. Methanol) 256°. — *(4.4'-Diacetoxydiphenyl)-[pyridyl-(2'')]-methan,* F. (aus wss. A.) 138°, durch Acetylierung von **II** mit Essigsäureanhydrid u. Na-Acetat. — *(4.4'-Dioxydiphenyl)-[6''-methylpyridyl-(3'')]-methan,* F. (aus Methanol–W.) 239°, wird durch Kondensation von 6-Methylpyridin-2-aldehyddiäthylacetal u. Phenol in Ggw. von konz. H_2SO_4 erhalten. — *(4.4'-Dioxydiphenyl)-[pyridyl-(2'')]-methylmethan,* F. (aus Methanol–W.) 230°, wird durch Kondensation des Na-Salzes der Pyridyl-(2)-methyloxymethansulfonsäure u. Phenol in Ggw. von konz. H_2SO_4 unter leichtem Erwärmen erhalten. — **II** kann auch wie folgt erhalten werden: 60 (g) Pyridin-2-aldehyd, 120 Anilin u. 200 cm³ konz. HCl werden 8 Std. unter Rückfluß auf dem Ölbad erhitzt (150°). Nach dem Verdünnen der Reaktionsmischung mit W. u. Zugabe von NH_3 fällt das *(4.4'-Diaminodiphenyl)-[pyridyl-(2'')]-methan,* F. (aus 50% ig. A.) 172°, aus. — 55 g davon werden in 1500 cm³ 25% ig. H_2SO_4 gelöst, zum Sieden erhitzt u. mit 500 cm³ einer 10% ig. $NaNO_2$-Lsg. behandelt. — Analog: *(4.4'-Diaminodiphenyl)-[6''-methylpyridyl-(2'')]-methan,* F. (aus 50% ig. A.) 186°. — *Laxativa, Desinfektionsmittel.* (**E. PP. 735 683**

vom 9/9. 1953, ausg. 24/8. 1955. D. Prior. 9/9. 1952 u. **730 243** vom 17/3. 1953, ausg. 18/5. 1955. D. Priorr. 17/3. 1952 u. 12/1. 1953.) R. LINK. 4807

Paul François Meunier, Seine, Frankreich, *Herstellung von Vitamin A aus Carotinoiden, insbesondere aus β-Carotin.* In Erweiterung des Verf. des Hauptpatentes wird das in Dichloräthan (I) u. 95% ig. A. (II) gelöste β-Carotin durch oxydierende Adsorption an passende Metalloxyde in Ggw. von Luft gefällt, bes. an elektrolyt. MnO_2. — 50 mg kristallines Rohcarotin aus Palmenöl werden in 25 (cm^3) einer Mischung aus je 12,5 I u. II gelöst, die Lsg. mit 5 g elektrolyt. MnO_2 unter Luftzutritt 1½ Min. gerührt u. sogleich dekantiert u. filtriert. Die Ausbeute an reinem Retinen mit nur geringen Spuren nicht gefällten Carotins überschreitet 86%. (**F. P. 61 754** vom 6/12. 1950, ausg. 17/5. 1955. **Zusatz zu F. P. 1 019 617; C. 1956. 9807**). G. WELTZIEN. 4809

American Cyanamid Co., New York, N. Y., V. St. A., *Gewinnung von Koprogenen* durch Extraktion der Fermentations-Fll. von Sarcina lutea, Micrococcus varians, Alcaligenes bookeri, Staphylococcus citreus, Micrococcus agilis, Actinomyceten, wie z. B. Streptomyces griseolus, Aspergillusarten, wie A. mentii, A. alliaceus, A. candidus, A. carbonarius, A. cinnemomeus, A. flavus, A. fumigatus, A. niger, Penicillinarten, wie P. luteum, P. chrysogenum, Epiecum granulatum, Synsporium biguttatum, Hormudendrum pyri, Stemphylium congestum, Ustilago zeae, Diplodia zeae u. von Protozoen, wie Polytomella agilis mit n-Butanol oder einem anderen mit W. nicht mischbaren Lösungsm., welches mindestens eine OH-Gruppe aufweist, wie Amylalkohol, Chlf.–Phenol–W., Benzylalkohol–W., Isobutanol–W., Benzylalkohol–CCl_4–W.; an Stelle von W. kann 0,01 HCl treten. Die Lsgg. können vor der Extraktion mit $(NH_4)_2SO_4$ gesätt. werden. Die Butanollsg. wird lyophilisiert, in mit W. gesätt. n-Butanol aufgenommen u. mehrmals an einer Säule chromatographiert. Entwickler-Fll. mit W. gesätt. n-Butanol, dem wechselnde Mengen Äthylacetat zugesetzt werden. Koprogene sind Wachstumsfaktoren für Pilobolus kleinii. (**Belg. P. 519 648** vom 2/5. 1953, ausg. 29/4. 1955. A. Prior. 3/5. 1952.) K. HEINZE. 4809

International Minerals & Chemical Corp., New York, N. Y., übert. von: **Forest A. Hoglan,** Glenview, Ill., V. St. A., *Glutaminsäure.* Man hält STEFFENS-Filtrat bei erhöhter Temp. mindestens 24 Std. bei p_H 9,5—10,5, wobei das Filtrat partiell hydrolysiert wird; man konz. bis zu einem Trockengeh. von 55—80% u. läßt auskristallisieren. (**A. P. 2 730 545** vom 28/1. 1954, ausg. 10/1. 1956.) G. LANGER. 4809

Syntex Soc. An., Mexico, Mex., *In 9(11)-Stellung ungesättigte 12-Ketone der Spirostan-*Reihe erhält man durch HBr-Abspaltung u. Entbromierung aus den entsprechenden 11.23-Polybromspirostan-12-ketonen. — Man behandelt z. B. 11.23-Dibrom-22-isoallospirostan-3β-ol-12-on-3-acetat zunächst mit γ-Collidin u. sodann mit Zn/A. → *22-Iso-9(11)-allospirosten-3β-ol-12-on-3-acetat,* F. 218—220°; $[\alpha]_D^{20}$ —8,70°; λ_{max} 238 u. 322 mμ; *freier Alkohol,* F. 223—225°; $[\alpha]_D^{20}$ —3°; λ_{max} 240 u. 322 mμ. — Das nur durch HBr-Abspaltung erhaltene *23-Brom-22-iso-9(11)-allospirosten-3β-ol-12-on-3-acetat* schm. bei 209—213° (Zers.); λ_{max} 238 mμ. — Zwischenprodd. für die Herst. von *Steroidhormonen.* (**E. P. 727 010** vom 20/12. 1951, ausg. 23/3. 1955. A. Prior. 27/12. 1950. **Zusatz zu E. P. 721 953; C. 1956. 7408**) U. SIEVERS. 4809

Syntex Soc. An., Mexico (Erfinder: **George Rosenkranz** und **Carl Djerassi**), *Neue Cyclopentanophenanthrenderivate* der allg. Formeln I u. II, worin X die Gruppe $-CH_2-$ oder $-C{=}O$, R den Rest einer niederen Säure, z. B. Essigsäure oder Propionsäure, bedeuten, dad. gek., daß man einen 21-Ester des Allopregnen-3.20-dion-17α.21-diols oder des Allopregnen-3.11.20-trion-17α.21-diols bromiert, das 2.4-Dibromderiv. mit Alkalijodid zu dem 2-Jod-Δ^4-deriv. umsetzt. Aus diesem kann mit wss. $NaHSO_3$ das J abgespaltet werden zu einem Δ^4-3-Ketosteroid. — Beispiel: Man suspendiert 3 g Allo-

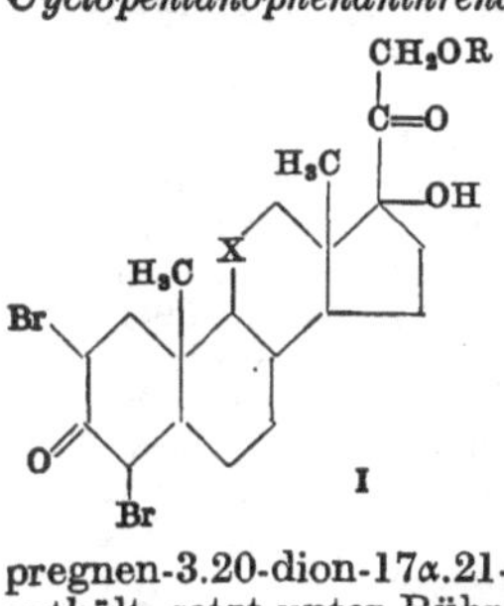

I

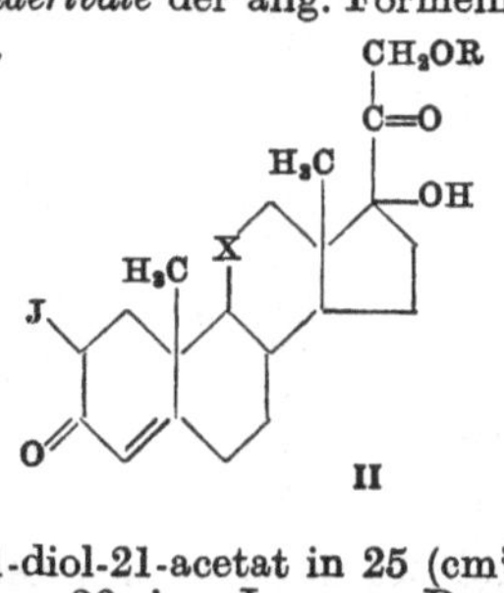

II

pregnen-3.20-dion-17α.21-diol-21-acetat in 25 (cm^3) Chlf. u. 50 Eisessig, der etwas HBr enthält, setzt unter Rühren 26 einer Lsg. von Br_2 in Essigsäure zu, läßt stehen, neutralisiert, dest. Chlf. ab u. erhält *21-Acetat des 2.4-Dibromallopregnen-3.20-dion-17α.21-diols,* F. 173—176° (Zers.). Man kann die Lsg. sogleich mit 4 g NaJ u. 100 Aceton erwärmen. Aus der wss. Lsg. mit etwas $NaHSO_3$ wird mit Ae. extrahiert. *21-Acetat des 2-Jod-Δ^4-pregnen-3.20-dion-17α.21-diols.* Nach 30 Min. Erhitzen mit 15 Dioxan u. 20 einer 5%ig.

$NaHSO_3$ wird mit Chlf. extrahiert. *21-Acetat des Δ^4-Pregnen-3.20-dion-17α.21-diols*, F. 234—236°. Beschrieben wird ferner die Herst. des *21-Acetats von 2.4-Dibromallopregnen-3.11.20-trion-17α.21-diol*, von *2-Jod-Δ^4-pregnen-3.11.20-trion-17α.21-diol* u. von *Δ^4-Pregnen-3.11.20-trion-17α.21-diol*, F. 243—245°. (**F. P. 1 058 969** vom 28/3. 1952, ausg. 22/3. 1954. A. Prior. 28/3. 1951.) S. BÖTTCHER. 4809

Charles E. Frosst & Co. (Erfinder: **Irving Levi**, Montreal, und **Ezra Lozinski**, Westmount), Quebec, Can., *Dextranabbau* durch Behandlung hochmol. Rohdextrane mit Lsgg. von H_2O_2 von 0,001—0,1% bei 25—150°, wobei gegebenenfalls Drucke bis 2,11 atü angewendet werden. Einwirkungsdauer von einigen Min. bis zu mehreren Tagen. Es können Puffer zugesetzt werden. — *Pyrogenfreie Blutersatzlösungen.* — Vgl. **auch E. P. 730 982**; C. **1956.** 3111. (**D. B. P. 940 135** Kl. 30h vom 24/2. 1953, ausg. 8/3. 1956. Anmeldung bekanntgemacht 22/9. 1955. **Belg. P. 518 334** vom 11/3. 1953, ausg. 18/2. 1955. Beide Can. Prior. 11/3. 1952.) K. HEINZE. 4813

G. Analyse. Laboratorium.

Erich Krell, *Neuzeitliche Verfahrenstechnik des chemisch-physikalischen Laboratoriums.* Überblick über Neuentwicklungen der Laboratoriumsgeräteindustrie der DDR. (Technik **1954.** 147—52. Messesonderheft, Leipzig-Wiederitzsch.) D. BREDTSCHNEIDER. 5006

H. T. Greenaway, *Die Erzeugung von Laboratoriumsgeräten aus Magnesia nach einem abgeänderten Schlammgußverfahren.* Beschreibung eines Verf. zur Herst. von MgO-Geräten, die bei der Unters. warmfester Legierungen, bes. als Werkstoff für Tiegel u. Gehäuse von Thermoelementen, verwendet werden. Das Verf. besteht darin, daß eine MgO-Aufschlämmung in eine Gipsform der gewünschten Abmessungen (unter Berücksichtigung der Schrumpfung) gegossen wird. Nachdem der Gips das W. absorbiert hat, gießt man die Fl. ab, so daß auf der Formwandung ein halb erstarrter Überzug zurückbleibt, den man der Form entnimmt u. erhitzt. (Metallurgia [Manchester] **45.** 159—60. März 1952. Melbourne, Aeronaut. Res. Labors., Dep. of Supply.) W. WESLY. 5006

L. Weil, *Ein leistungsstarker Heliumverflüssiger.* Das He wird durch fl. N_2 u. durch unter verringertem Druck sd. H_2 vorgekühlt u. dann auf Grund des JOULE-THOMSON-Effekts abgekühlt. Die kurz beschriebene u. schemat. dargestellte App. liefert je Std. 1,2 Liter fl. He. (J. Physique Radium **13.** 241—42. April 1952. Grenoble, Labor. du C. N. R. S.) G. KIRSCHSTEIN. 5006

R. C. Mathewson, *Biegsames Überfüllrohr für flüssigen Wasserstoff.* (Rev. sci. Instruments **26.** 616. Juni 1955. Berkeley, Calif., Univ. of California, Dep. of Phys., Radiat. Labor.) C. GOTTFRIED. 5006

W. M. Smit, *Eichpunkte für die Thermometrie.* 2. Mitt. *Eichpunkte bei 14,5, 48, 69 und 93°.* (1. vgl. C. **1956.** 5091.) Die früher beschriebene Ampulle wird für eine Verb. verwendet, die einen Eichpunkt bei 14,51 ±0,01° gibt. Für Tempp. über 25° dienen Ampullen, die von den früher beschriebenen etwas abweichen (Abb.) u. in ein im einzelnen beschriebenes elektr. Erhitzungsgerät (Abb.) eingesetzt werden. Eichampullen für die Tempp. 48,16 ±0,02, 68,96 ±0,02 u. 93,13 ±0,02° stehen zur Verfügung. (Chem. Weekbl. **51.** 772—73. 22/10. 1955. Utrecht, Centr. Inst. voor phys.-chem. Constant.) W. WESLY. 5016

L. Piatti und **W. Marti,** *Fehlerquellen bei Temperaturmessungen.* Vff. untersuchen, in welchem Ausmaß Wärmeverluste von Thermometerstutzen oder aufgelöteten Thermoelementen zu Fehlern bei der Temperaturmessung führen. Bei der Verwendung ölgefüllter Thermometerstutzen verursachen zu große Ölmengen erhebliche Fehler. Ein Ersatz des Öles durch WOODsche Legierung führt zu guter Übereinstimmung. Die Genauigkeit der Messung von Oberflächentempp. mit einem Thermoelement wird dadurch beeinträchtigt, daß der Draht der Thermoelemente als Kühlrippe wirkt. Eine teilweise Beseitigung dieser Fehlerquelle ist durch Verwendung möglichst dünner Zuleitungen möglich. Nichtbeachtung dieser Einfll. kann Meßfehler bis zu 50° verursachen. (Chemie-Ing.-Techn. **28.** 473—75. Juli 1956. Winterthur, Schweiz, Labor. der Gebrüder Sulzer AG.) W. KRÖNERT. 5016

A. J. P. Meyer und **P. Taglang,** *Ein einfaches Hochfrequenz-Schmelzverfahren von Legierungen mit flüchtigen Bestandteilen.* Zwei einseitig geschlossene SiO_2-Rohre, die ohne Spule ineinander passen, werden am offenen Rande weit von der Heizung luftdicht verkittet. Das innere Rohr wird dabei höher gezogen, in der Weise, daß unter diesem Rohr der Schmelztiegel mit den Legierungsbestandteilen Platz findet. Das Verf. ist seit zwei Jahren bei der Erschmelzung von Co–Zn-, Mn–Zn-, Mn–As-, Mn–Bi-, Fe–P- u. Co–B-Legierungen prakt. erprobt worden. (J. Physique Radium **13.** 485. Okt. 1952.) H. FAHLENBRACH. 5028

Boris Rybak, *Ein Dialysator mit kontrolliertem Druck.* Genaue Beschreibung des Dialysators. (C. R. hebd. Séances Acad. Sci. **235.** 617—19. 22/9. 1952.)
C. GOTTFRIED 5030

Jülide Deymer, *Laboratoriumsmethode und Apparatur zum Destillieren bei tiefen Temperaturen.* Um KW-stoffe, wie *Methan* bis *Pentan*, voneinander bei tiefen Tempp. zu trennen, wird der App. von LOWTRA verwendet, der in Aufbau u. Wirkungsweise beschrieben wird. Temperatur- u. Druckverhältnisse, bes. am krit. Punkt, werden diskutiert. Es wird dann ein vom Vf. verwendeter, vereinfachter App. mit größerer Destillierkapazität beschrieben, der vor allem durch die Packung mit Al-Folie einen niedrigeren Wärmeübergangskoeff. erhält. Die vorteilhaften Eigg. des Al werden hervorgehoben. (Istanbul Üniv. Fen Fak. Mecmuasi [Rev. Fac. Sci. Univ. Istanbul], Ser. A **17.** 228—49. Juli 1952.) H. MIETHING. 5038

E. F. G. Herington, *Laboratoriumsfraktionierungen.* Darst. bzgl. Destillationskolben, Destillationskolonnen, Destillationsaufsätze, Kontrolle des Druckes, Theorie u. Durchführung von laboratoriumsmäßigen fraktionierten Destillationen von idealen u. azeotropen Gemischen sowie extraktive Dest. von azeotropen Gemischen. (Chem. and Ind. **1953.** 26—30. 10/1. Teddington, Middlesex, Chem. Res. Labor.) T. OPPERMANN. 5038

N. Bărbulescu und S. Bainglas, *Die Bestimmung makromolekularer Massen nach der Methode des statistischen Gleichgewichts.* In einem senkrechten Rohr von 265 cm Länge werden nach Einführung von wss. Lsg. von 0,30% *Gelatine* (**I**) u. 0,1% $HgCl_2$ u. 4 Monate Stehen bei $\sim 20^0$ Proben aus 3 Hähnen entnommen, die voneinander 115 bzw. 106 cm entfernt sind. Aus den Werten der D. (1,00184, 1,00191, 1,00205) werden die **I**-Konzz. berechnet: 0,256, 0,296, 0,340%. Diese stimmten mit den nach der Formel von HALLEY u. LAPLACE auf Grund der Mol.-M. $5{,}019 \cdot 10^{-20}$ berechneten gut überein. Für die AVOGRADO-Zahl ergibt sich als Mittelwert $6{,}227 \cdot 10^{22}$. (Bul. ştiinţific, Ser. Mat., Fizică Chim. **2.** 43—50. Jan. 1950. Bucureşti, Univ. Parhon, Fac. de Chim., Labor. de Chim. fiz.) R. K. MÜLLER. 5044

Andrew Gilchrist, *Entwurf und Konstruktion von zwei Tieftemperaturthermostaten.* Es werden 2 neu konstruierte kleine Thermostaten für die Temperaturbereiche —40 bis —70° u. —70 bis —150° beschrieben. In dem ersten Thermostat wird Aceton als Bad-Fl., in dem zweiten ein Metallblock verwendet. Die Temp. kann in beiden Thermostaten auf 0,01° eingestellt werden. (Rev. sci. Instruments **26.** 773—75. Aug. 1955. Providence, R. I., Brown Univ., Metcalf Res. Labor.) C. GOTTFRIED. 5046

Frank A. Steldt und K. K. Chen, *Ein einfaches Verfahren zur Bestimmung des Dampfdrucks flüchtiger Amine.* Ein Luftstrom von bekanntem Vol. wird durch eine mit W. gefüllte Flasche beim regulierten Auslaufen durch Heberwrkg. erzeugt. Er wird über Natronkalk von CO_2 befreit, über $CaCl_2$ getrocknet u. gelangt dann durch ein Temperaturbad in das Verdampfungsgefäß, wo eine besondere Rohrkonstruktion ausreichende Berührung der Luftblasen mit dem Amin sichert. Nach Beendigung der Durchströmung wird das Verdampfungsgefäß mit dem restlichen Amin zurückgewogen. (J. Amer. pharmac. Assoc. **43.** 477—80. Aug. 1954. Indianapolis, Ind., Lilly Res. Labor.)
PH. FRESENIUS. 5048

Louis Moyd, *Bestimmung des linearen thermischen Ausdehnungskoeffizienten von Gesteinen mit Hilfe von Widerstandsdraht (SR-4)-Dehnungsmessung.* An die angeschliffenen Gesteine werden Dehnungsmeßstreifen durch Zement angekittet u. in einem Thermostaten die Dehnung in Abhängigkeit von der Temp. durch Messung der Veränderung des Widerstands bestimmt, wobei als Vergleichsgröße Quarzkristalle verwendet werden. (Mining Engng. **187.** 683—84. Juni 1950.) F. ENSSLIN. 5048

Břetislav Sochor, *Die Bestimmung der Teilchengröße.* Übersicht. (Stavivo **28.** 266—69. 283—86. 1950. Brno.) K. STEINER. 5048

C. J. H. Monk, *Ein lichtelektrisches Zählgerät für den Sward-Härtemesser.* Beschreibung, Abb., Schemenbilder. (J. Oil Colour Chemists' Assoc. **35.** 178—82. April 1952. Slough, Imp. Chem. Ind. Ltd., Res. Dep., Paints Div.) B. SCHEIFELE. 5048

Frank H. Slade, *Elektronengeräte und -kontrollapparate.* 1. Mitt. (2. vgl. C. **1955.** **8687.**) Beschrieben werden das Temperaturkontrollgerät von KELVIN u. HUGHES u. der FIELDEN-Tektor zur Messung elektr. Kapazität. (Chem. Products chem. News [N. S.] **15.** 447—52. Dez. 1952.) K. STEINER. 5052

S. L. Martin, *Forschungen über Katalyte. Anwendung magnetochemischer Verfahren.* An Hand von 19 Literaturangaben werden die Begriffe Dia-, Para-, Ferro- u. Antiferromagnetismus u. ihre Wrkg. erklärt, die Methoden ihrer Messung u. der Einfl. adsorbierter Schichten auf die magnet. Eigg. erläutert u. Beispiele geschildert, sie zur Aufklärung von Struktur u. katalyt. Rkk. zu nutzen. (Chem. Process Engng. **37.** 63—66. Febr. 1956. Univ. Coll. of the West Indies, Chem. Dep.) H. MÜHLMEISTER. 5052

Roger W. Warren, *Anwendung der Messung elektrischer Felder auf Glimmentladungen.* (Vgl. C. **1956.** 6864.) Vf. beschreibt eine Elektronenstrahlsondenmeth. mit automat. Registrierung zur Messung der Felder in Glimmentladungen; die Meth. ist auf eine große Zahl anderer Probleme anwendbar. Felder von 1000—0,2 V/cm konnten gegenüber früheren Methoden in $^1/_{20}$ der Zeit gemessen werden; die Empfindlichkeit gegenüber anderen Methoden war um einen Faktor von mehr als 10 besser. Wandpotentiale konnten gleichzeitig mit registriert werden. (Rev. sci. Instruments **26.** 765—70. Aug. 1955. Berkeley, Calif., Univ., Dep. of Phys.) C. GOTTFRIED. 5052

G. D. Cristescu, *Ein hochempfindliches Meßinstrument für Potentialdifferenzen und elektrische Ladungen.* Um die Vorteile von Quadrant- u. Fadenelektrometer miteinander zu vereinigen, wird eine Anordnung angegeben, bei der ein an einem WOLLASTON-Draht hängendes längliches Viereck aus Al-Draht zwischen 4 senkrechten einander parallelen Drähten frei beweglich ist. Die Genauigkeit hängt von der zu messenden Spannung ab; sie beträgt z. B. bei 6 V annähernd $3{,}5 \cdot 10^{-2}$ V/mm. (Bul. ştiinţific, Ser. Mat., Fizică, Chim. **2.** 57—66. Jan. 1950.) R. K. MÜLLER. 5052

T. M. Dauphinee und **E. Mooser,** *Apparat zur Messung des Widerstandes und des Hall-Koeffizienten von Halbleitern.* Unter Verwendung eines neuen Typs von Meßkreis wurde ein App. zur Messung des Widerstandes u. des HALL-Koeff. von Halbleitern konstruiert, welcher die besten Charakteristiken der bisher benutzten Wechselstrom- u. Gleichstromapparaturen vereinigt. Einerseits werden mit dem App. Fehler infolge therm. EMKK. u. des ETTINGHAUSEN-Effektes ausgeschaltet u. anderseits wird das notwendige Gleichgewicht an einem einfachen Gleichstrompotentiometer mit einem Gleichstromgalvanometer als Nullindicator hergestellt. Zur Messung bei tiefen Tempp. werden die Messungen in einem Gas-Kryostaten, zur Messung bei Tempp. bis 1000° dadurch durchgeführt, daß der Präparathalter in einer evakuierten Mullitröhre untergebracht wird, der nichtinduktive Windungen trägt. Die Leistungsfähigkeit des App. wurde durch Messung des Widerstandes u. des HALL-Koeff. von Ge vom p-Typ zwischen 77 u. 850°K geprüft. (Rev. sci. Instruments **26.** 660—64. Juli 1955. Ottawa, Nat. Res. Council, Div. of Phys.) C. GOTTFRIED. 5052

Gustav A. Kodal, *Die neuesten Tendenzen im Mikroskopbau.* (Vortrag.) Zusammenfassende Übersicht über Entwicklungstendenzen im Bau von Mikroskopen. (Prakt. Chem. [Wien] **6.** 141—44. Juni; 169—72. Juli 1955. Wien, Opt. Werke C. Reichert A. G.) C. GOTTFRIED. 5056

R. Barer, *Phasenkontrastmikroskopie.* Zusammenfassender Überblick über Theorie u. Anwendungsmöglichkeiten der Phasenkontrastmikroskopie. (Research **8.** 341—50. Sept. 1955. Oxford, Univ.) C. GOTTFRIED. 5056

R. J. King, *Ein Phasenkontrastsucher für das reflektierende Mikroskop von Burch.* Beschreibung der opt. Einrichtung des Mikroskops. (Nature [London] **173.** 220—21. 30/1. 1955. London, Royal Cancer Hosp., Chester Blatty Res. Inst.) C. GOTTFRIED. 5056

H. Schumann und **H. Piller,** *Über die Verwendungsmöglichkeit moderner Polarisationsfilter in mineralogischen Mikroskopen.* Als Ersatz für immer seltener werdende Kalkspatpolarisatoren gibt Vf. Ersatzstoffe an, die in den letzten Jahren immer mehr verbessert wurden. Die Durchlässigkeit der üblichen Cellopolarfilter ist geringer als die der Nicols, ihre Polarisation aber fast gleich gut. Das „Ausbleichen" im starken Licht wird auf einen Wärmeffekt zurückgeführt. Schräg u. senkrecht einfallende Wellen werden gleich stark polarisiert u. absorbiert. Nachteile u. Vorteile der künstlichen Filter werden diskutiert. (Neues Jb. Mineralog., Mh. **1950.** 1—16. Göttingen.) E. SCHIEBOLD. 5056

A. Hée, M. Jarovoy und **M. Vitart,** *Rolle des Schleifmittels bei der radioaktiven Verunreinigung von mineralogischen Dünnschliffen.* Vff. weisen darauf hin, daß bei der Unters. von Gesteinsdünnschliffen auf akt. Zentren mittels photograph. Platten bei Verwendung von Schmirgel (eisenhaltiger Korund) akt. Zentren vorgetäuscht werden können, während dies bei Verwendung von Carborund als Schleifmittel nicht der Fall ist. (Ann. Géophysique **11.** Nr. 2. 249—51. 1955.) C. GOTTFRIED. 5058

Fritz Micheel und **Paul Albers,** *Chromatographische Analyse mit Celluloseester-Papieren.* 5. Mitt. (4. vgl. C. **1956.** 9809.) Die beschriebenen Verff. werden für die Herst. von *Benzoyl-* bzw. *Phthalylcellulose*-Papier dahin verbessert, daß das unbehandelte Papier in einem Gemisch von Benzoesäureanhydrid/Pyridin (1 : 5) bzw. Phthalsäureanhydrid + Pyridin (150 g in 650 ml) behandelt wird. Als neues Kationenaustauschpapier mit ca. 1,5% Carboxylgeh. wird ein *Diacetyl-D-tartroyl-cellulose*-Papier durch 1 std. Erwärmen des Papieres in einem Gemisch von 150 g [*0.0-Diacetyl-D-weinsäure*]*-anhydrid*

+ 750 ml Dimethylformamid auf 90° hergestellt. Es eignet sich in gleicher Weise wie *Phthalylcellulose-Papier* zur Trennung bas. Aminosäuren. Durch $^1/_4$std. Erwärmen auf dem Dampfbad in einem Gemisch von 15 ml Palmitoylchlorid, 25 ml Chlf. u. 45 ml absol. Pyridin konnte ein Papier mit 5% *Palmitoyl*-Resten gewonnen werden, auf dem auch noch Fettsäuren, die sich nur um 1 C-Atom unterscheiden, getrennt werden konnten. Zur Trennung von Stoffen mit Anionencharakter wird ein *Diäthylamino-* bzw. *Triäthylaminoacetylcellulose*-Papier hergestellt. Durch 10std. Erhitzen des Papieres in einem Gemisch von Chloracetanhydrid u. Dimethylformamid (1 : 5) auf 80° wird das entsprechende *Chloracetylcellulose*-Papier erhalten, das durch Erwärmen in 20%ig. Di- bzw. Triäthylamin-Lsg. in Toluol in die genannten Aminoacetylderivv. umgesetzt wird. An verschied. Stoffgemischen: o- u. m-Kresol, männlichen u. weiblichen Sexualhormonen, Gallensäuren, aliphat. Aminen, Fettsäuren wird die Trennwrkg. der Papier gezeigt. Zum Nachw. der Fettsäuren werden diese auf dem Papier in ihre Pb-Salze übergeführt, das Pb-Ion mit Dithizon nachgewiesen. Unterss. über die Abhängigkeit der R_F-Werte vom Veresterungsgrad der Papiere zeigen bei den 3 isomeren Nitranilinen eine Abnahme der R_F-Werte mit wachsendem Acetylgeh., die Differenzen zwischen den R_F-Werten bleiben jedoch konstant. Abweichend verhalten sich einige Zuckerderivv., worüber die Unterss. noch im Gange sind. (Chem. Ber. **89.** 140—46. 1956. Münster/Westf., Univ., Organ.-chem. Inst.) H. ENDRASS. 5062

G. T. Franglen, *Chromatographie und Papierelektrophorese von Sulfophthaleinfarbstoffen.* Bei der chromatograph. [WHATMAN Nr. 3 MM, **A**) *tert.-Amylalkohol* (**I**)/konz. NH_3-Lsg. (D. 0,880) (4 : 1) oder **B**) **I**/Eisessig/W. (4 : 1 : 1), 26 Std. absteigend] u. elektrophoret. (WHATMAN Nr. 4, 0,06 mol. Diäthylbarbituratpuffer, p_H 8,6, 8,0 V/cm, 3 Std.) Reinheitsprüfung findet Vf., daß die meisten als p_H-Indicatoren Verwendung findenden *Sulfonphthaleinfarbstoffe* (BRITISH DRUG HOUSES) mit kleinen Mengen von bis zu 7 anderen Verbb. verunreinigt sind, die auf dem Papier entweder durch ihre Eigenfarbe oder durch ihre Fluorescenz bzw. Absorption (Verbb. mit substituiertem m-Kresolring) im UV-Licht erkennbar sind. Bei *Chlorphenolrot* (**II**) bilden die 7 Nebenkomponenten sogar die Hauptmenge des Präp.; eine davon scheint *Bromphenolblau* (**III**) zu sein. Keine Verunreinigung wird bei *Bromthymolblau* (**IV**) u. *Thymolblau* (**V**) gefunden. **III** wird im alkal. Medium zers. u. zieht Schwänze. — Folgende Verbb. wurden untersucht: **II**: (R_F der Hauptverb. im Lösungsm. **A**) 0,09, (Zahl der nachgewiesenen Verunreinigungen) 6; (R_F mit Lösungsm. **B**) 0,67, (Zahl der Verunreinigungen) 6; (elektrophoret. Beweglichkeit der Hauptverb. in $cm^2/V \cdot Sek. 10^5$) 14,4, (Zahl der Verunreinigungen) 3. — **III**: 0,27, 1; 0,74, 0; 12,8, 0. — **IV**: 0,50, 0; 0,88, 0; 11,9, 0. — **V**: 0,70, 0; 0,85, 0; 9,0, 0. — *Bromkresolgrün*: 0,32, 1; 0,79, 0; 13,5, 0. — *Bromphenolrot*: 0,11, 4; 0,68, 5; 13,8, 1. — *Bromkresolpurpur*: 0,19, 2; 0,76, 5; 13,4, 2. — *Phenolrot*: 0,06, 4; 0,54, 3; 13,8, 3. — *Kresolrot*: 0,12, 4; 0,67, 3; 12,2, 3. — *Metakresolpurpur*: 0,16, 3; 0,66, 2; 12,2, 0. (Nature [London] **175.** 134. 15/1. 1955. London, St. George's Hosp. Med. School, Dep. of Chem. Pathol.) K. PECHAL. 5062

Jan Michal, *Quercetin als Entwicklungsreagens in der Chromatographie von anorganischen Stoffen.* Vf. benutzt zur Entw. von Ag-, Hg-, Cu-, Bi-, Sb-, Sn-, Fe-, Al-, Ni-, Co-, Mg-, Li-, Mo-, Be-, Ga-, In-, Pr-, Nd-, Sm-, U-, V-, W-, Ti-, La-, Th-, Zr- u. AsO_3^{3-}-Ionen bei der chromatograph. Analyse eine alkoh. Quercetinlösung. Es wurde die Erfassungsgrenze u. die Reaktionsempfindlichkeit sowie die Natur der entstandenen Komplexe ermittelt. Strukturformeln werden vorgeschlagen. (Chem. Listy **50.** 77—80. Jan. 1956 [Orig.: tschech.]; Collect. czechoslov. chem. Commun. **21.** 576—80. Juni 1956. Praha, Ústav pro výzk. rud. [Orig.: dtsch.]) V. RŮŽIČKA/Prag. 5062

P. H. List, *Fearons Amidin-Pentacyanoamminoferrat-Reaktion in der Papierchromatographie.* Zum Farbnachw. von Thioverbb., Amidinen u. Guanidinderivv. auf Papierchromatogrammen läßt sich FEARONs-Rk. in abgeänderter Form verwenden. Als Sprühreagens dient ein Gemisch von 15 ml 1%ig. $Na_3[Fe(CN)_5NH_3]$-Lsg., versetzt mit 1 Tropfen H_2O_2, + 5 ml 20%ig. NaOH. Diese Lsg. ist 24 Std. haltbar. In einer Tabelle sind einige Verbb., ihre R_F-Werte bei Entw. mit PARTRIDGE-Gemisch, die beim Besprühen auftretenden Färbungen u. die unteren Nachweisgrenzen aufgeführt. (Hoppe-Seyler's Z. physiol. Chem. **303.** 27—29. 1956. Würzburg, Univ., Inst. für Pharm. u. Lebensmittelchem.) H. ENDRASS. 5062

K. K. Nair und **P. T. Muthe,** *B.D.H.-Universal- und „4.5"-Indicatoren als Sprühreagentien für den Nachweis organischer Säuren.* Organ. Säuren kommen in biol. Material in so geringen Konzz. vor, daß die üblichen Sprühreagentien zu ihrem Nachw. auf Papierchromatogrammen nicht ausreichen. Empfindlicher als die meisten anderen sind Lsgg. von je 5 ml B.D.H.-Universal- oder „4.5"-Indicator in Äthanol. Das erste gibt rosa Flecke auf weißem, das zweite hellbraune Flecke auf grünem Grund. Die Chromatogramme werden entwickelt mit einem Pentanol/5mol. HCOOH-Gemisch 1 : 1. Vor dem Besprühen werden sie zur Entfernung der HCOOH 4 Std. an der Luft getrocknet. (Naturwissenschaften **43.** 106. 1. März-H. 1956. Bombay, Wilson Coll., Dep. of Biol.) F. UMLAND. 5062

F. Abelès, *Zu einer Methode der Messung der optischen Konstanten durch Reflexion.* In Ergänzung zu der von AVERY (C. **1956.** 11256) angegebenen Meth. zur Best. der opt. Konstanten von absorbierenden Medien durch Reflexionsmessungen teilt Vf. ein vereinfachtes Auswerteverf. der Meßdaten mit. (Proc. physic. Soc., Sect. B **65.** 996. 1/12. 1952. Paris, Inst. d'Optique.) O. FUCHS. 5063

S. F. Knight, *Ein vereinfachtes Verfahren zur Festlegung optischer Achsen in technischen Edelsteinen.* In synthet. Edelsteinen (*Sapphire*) sollte zweckmäßig die Drehachse senkrecht zur opt. Achse liegen. Es wird das mkr. Verf. zur Lagebest. opt. Achsen in Kristallen mit Hilfe NICOLscher Prismen u. einer BERTRANDschen Linse geschildert u. dargelegt, wie aus dem beobachteten Achsenbild die genaue Richtung der Drehachse gewonnen werden kann. (Beama J. **57.** 203—07. Juli 1950.) O. ZEDLITZ. 5063

G. F. Landegren, *Automatisches elektronisches Polarimeter.* Es wird eine elektron. Anordnung zur Messung des Rotationswinkels opt.-akt. Substanzen beschrieben. Die Meth. besteht darin, daß Licht nach Durchgang durch ein kontinuierlich rotierendes polarisierendes Element in zwei Strahlen zerlegt wird, von denen der eine Strahl durch die zu untersuchende Lsg. geht. Jeder Strahl geht dann durch entsprechende polarisierende Elemente u. fällt als sinusartig moduliertes Licht auf entsprechende Photoröhren. Die Leistungen jeder Röhre werden einem elektron. Phasenmesser zugeleitet, welcher die winkelmäßige Phasenverschiebung der opt.-akt. Substanz angibt. Als automat. Registriergerät kann es dazu dienen, die Mutorotationsgeschwindigkeiten verschied. Zucker u. anderer Substanzen zu verfolgen. (Rev. sci. Instruments **26.** 502—04. Mai 1955. Beaumont, Tex., Lamar State Coll. of Technol.) C. GOTTFRIED. 5063

F. F. Pollak und **J. W. Nicholas,** *Die Verwendung des photoelektrischen Spekker-Absorptiometers für Präzisionsmessungen.* (Vgl. NICHOLAS u. POLLAK, C. **1951.** II. 1176.) Beschreibung des H 602-SPEKKER-Absorptiometers mit Hg-Dampflampe. Die Anwendungsweise des Gerätes u. die inzwischen vorgenommenen Verbesserungen mit dem Ziel der Erhöhung der Genauigkeit werden behandelt. Es wird die Verwendung u. Herst. monchromat. Filter sowie die Kalibrierung der Trommelteilung in wahren Durchlässigkeitswerten beschrieben. Die mol. Extinktion von K-Chromat wird gemessen u. ein Verf. zur gleichzeitigen Best. von Cr u. Mn im Stahl mitgeteilt mit Angabe der erreichbaren Genauigkeit. Für die Mn-Best. wird ein 577 mμ-Filter, für die Cr-Best. ein 436 mμ-Filter verwendet. (Metallurgia [Manchester] **44.** 319—26. Dez. 1951. Critall Manufact. Comp.) O. WERNER. 5063

J. A. M. Dikhoff und **N. W. H. Addink,** *Ergebnisse von Intensitätsbestimmungen mit der s.p.d.-Skala mit einer kurzen Bemerkung über Skalenlinien mit einem spektrallinienähnlichen Schwärzungsprofil.* Diskussion u. experimentelle Prüfung der automat. Untergrundkorrektur bei der Auswertung von Spektren mit der s.p.d.-Skala u. Bemerkungen zu der zweckmäßigsten Durchführung derartiger Messungen sowie zur Herst. von s.p.d.-Skalen mit spektrallinienähnlichem Schwärzungsprofil. (Mikrochim. Acta [Wien] **1955.** 257—63. Eindhoven, N. V. Philips' Gloeilampenfabrieken, Philips Forsch.-Labor.) H.-J. EICHHOFF. 5063

T. K. Aidarow, *Einige Handgriffe zur Einführung von Proben in die Lichtquelle bei der Spektralanalyse.* Es wird empfohlen, Lsgg. aus dem Kanal einer reinen Al-Elektrode zu verdampfen; Pulver werden im Kanal einer liegenden Kohlenelektrode langsam in den Wechselstrombogen hineingeschoben; bei Funkenentladung wird das Pulver mit einer alkoh. Lsg. von Bakelitlack angefeuchtet u. vorgetrocknet. Diese Handgriffe sollen ein gleichmäßiges Einbringen der Proben u. damit die Reproduzierbarkeit der Meßergebnisse begünstigen. (Заводская Лаборатория [Betriebs-Lab.] **21.** 366—67. 1955. Allunions Wiss. Forsch.-Inst. für Halurgie.) A. v. WILPERT. 5063

Ch. I. Silberstein und **L. P. Makarow,** *Über die Beseitigung der Porosität von Kohlenelektroden für die Spektralanalyse von Lösungen.* Es wurden Verss. mit folgenden 5 Stoffen durchgeführt, mit denen spektralanalyt. Kohlenelektroden, zwecks Beseitigung ihrer Porosität, getränkt wurden: *Petroleum* (**I**; *Kerosin*, 10 Min. Eintauchen), geschmolzenes *Wachs* (**II**) u. *Paraffin* (**III**; je 1 Min. bei 100°), *Collodium* (**IV**)-Lsg. u. *Polystyrol* (**V**; 3,5%ig. Lsg. in Bzl.; je 10 Sek.). Die Stirnflächen der Elektroden wurden sodann mit 0,08 ml Cs-Lsg. ($1,4 \cdot 10^{-3}$ g Cs/ml) benetzt, teils neutral, teils unter Zugabe von 10 oder 5% ihres Vol. konz. HNO_3. Die Elektrodenstäbchen wurden getrocknet u. sodann mit Röntgenstrahlen durchleuchtet. Die Röntgenbilder zeigen deutlich, daß die Cs-Lsg. in ungetränkte Elektroden tief eingedrungen war; daß die neutrale Cs-Lsg. in keine der Elektroden eindringen konnte, die mit **I**, **IV** u. **V** getränkt waren (**II** u. **III** wurden als selbstverständlich schutzwirkend gar nicht geprüft). Cs + HNO_3: **IV** u. **V** zeigten volle, **I**—**III** keine vollständige Schutzwirkung. Cs + H_2SO_4: Keines der 5 Infiltrationsmittel hielt das Eindringen zurück, jedoch war das Eindringen bei **V** am geringsten (geringste Tiefe). Im ganzen war **V** der beste, **II** der schlechteste Schutzstoff. (Заводская Лаборатория [Betriebs-Lab.] **21.** 342—44. 1955. Inst. für Silicatchem. der Akad. der Wiss. der UdSSR.) A. v. Wilpert. 5063

P. T. Beale und **Daphne A. Poynter,** *Die Anwendung der Lösungen und Pulver verwendenden spektrographischen Verfahren zur Untersuchung von verschiedenen Proben.* Übersicht über die Lsgg. u. Pulver verwendenden spektrograph. Verff. zur Unters. von Metallproben, ihre prakt. Anwendung u. ihr Zubehör. — 16 Schrifttumshinweise. (Metallurgia [Manchester] **52.** 253—61. Nov. 1955. London, Brit. Non-Ferrous Metals Res. Assoc.) W. Wesly. 5063

M. F. Hasler und **B. R. Boyd,** *Verwendung des Quantometers zur schnellen Stahlanalyse.* Den Kern des Instruments bildet das Spektrometer, das das Ablenkungsgitter für die Lichtstrahlen, Photoröhren u. Spiegel enthält. Mit einem einzigen Instrument können eine große Anzahl von Elementen analysiert werden, auch können mehrere Stoffe gleichzeitig untersucht werden. (Electr. Furnace Steel Conf. Proc., Iron Steel Divis., Amer. Inst. Mining metallurg. Engng. **10.** 143—51. 4—6/12. 1952.) W. Haug. 5063

Jacques-Émile Blamont und **Georges Courtès,** *Neues Verfahren zur photometrischen Untersuchung der monochromatischen Emissionen des Nachthimmels.* Vff. beschreiben ein Verf., bei dem zur Unters. der Intensitätsverteilung der Strahlungen des Nachthimmels nicht wie üblich photoelektr. Photometer, sondern photograph. Photometrie angewandt wird. (Ann. Géophysique **11.** Nr. 2. 252—54. 1955. Observat. de Haute-Provence.) C. Gottfried. 5063

G. Hansen, *Vergleich der Leistung von Auge, photographischer Schicht und elektrischen Strahlungsempfängern bei spektralphotometrischen Arbeiten.* Durch Klarlegung der meßtechn. Voraussetzungen wird gezeigt, daß ein exakter Vgl. der Leistung von verschied. Strahlungsempfängern möglich ist, wenn auf gleiche Meßzeit u. Meßgenauigkeit Bezug genommen wird. (Mikrochim. Acta [Wien] **1955.** 709—14. Oberkochen/Wttbg., Carl Zeiss.) H.-J. Eichhoff. 5063

W. I. Dianow-Klokow, *Automatisches schnellarbeitendes Spektrophotometer — ein Zusatz zum Spektrographen.* Der App. besteht aus 4 Teilen: [Strahlen-]Eintrittsvorr., Perforator (zwecks Phasenverschiebung), Grundblock (Verstärker u. Gleichrichter), Oscillograph. Diese Kombination wird vor einen der gebräuchlichen Spektrographen oder Monochromator vormontiert. Sie ermöglicht ein stetig ununterbrochenes Photometrieren des Spektr. (vgl. der Intensitäten zweier Lichtbündel auf elektr. Wege) bei geringer Zeitdauer (1 Min.), automat. Korrekturen der Ungleichförmigkeit der Lichtquelle, visuelle Beobachtung des Spektr. u. anderes. (Заводская Лаборатория [Betriebs-Lab.] **21.** 361—64. 1955. Inst. für Element-organ. Verbb. der Akad. der Wiss. der UdSSR.) A. v. Wilpert. 5063

Roland T. Mueller, *Modifizierter Beckman-Zerstäuber für das Perkin-Elmer-Flammenphotometer.* Die allg. gebräuchliche Form des Beckman-Zerstäubers wird zur Erhöhung von Genauigkeit u. Schnelligkeit der Messungen verbessert. Vf. red. den Durchmesser der Mündung der Zerstäubercapillare auf die Hälfte des Durchmessers der Saugcapillare u. erhöht den Luftdruck auf 10 lb./in^2; entsprechende Abmessungen des Zerstäubers werden mitgeteilt. Damit können ein Durchsatz von ca. 2,5 ml Analysenlsg./Min. erreicht u. ca. 2 Bestimmungen je Min. durchgeführt werden. Im Labor. des Vf. hat sich dieser modifizierte Beckman-Zerstäuber zur Best. von Na, K u. Ca in W., Pflanzen- u. Bodenextrakten bewährt. (Analytic. Chem. **27.** 1848. Nov. 1955. Los Angeles, Calif., Univ. of California, Dep. of Subtrop. Horticult.) D. Ertel. 5063

R. F. Beers jr., *Ein temperaturkontrollierter Mischapparat mit vier Kanälen und Zuflußunterbrechung zur Verwendung für das Beckmansche Modell des DU-Spektrophotometers.* Genaue Beschreibung des App., der bes. zur spektrophotometr. Verfolgung sehr schnell verlaufender Katalaseunterss. konstruiert war. Als Anwendungsbeispiel wird die Best. der Geschwindigkeitskonstanten erster Ordnung für die Zers. von H_2O_2 durch Katalase aus Rindsleber u. Micrococcus lysodeikticus bei p_H 7,0 u. 0,2n-Phosphatpuffer bei Tempp. von 1,5 bzw. 2,4° mitgeteilt. Der prozentuale Fehler bei den Unterss. mit der baktiellen Katalyse ist $> \pm 2\%$. (Biochem. J. **62.** 492—500. März 1956. Cambridge, Mass., MIT, Dep. of Biol., Div. of Biochem.) C. Gottfried. 5063

Rudolf Czensny, *Über die Grenzen der mikrochemischen Maßanalyse.* Bei der mikrochem. Maßanalyse stehen der weitgehenden Verdünnung der Normallsgg. ihre geringere Haltbarkeit u. die Abhängigkeit des Indicatorumschlages von der erheblichen

Vermehrung des Endvol. entgegen, die Verkleinerung der Geräte, bes. der Büretten, die Tropfengröße, da Eintauchen der Bürette unkontrollierbare Fehler durch Diffusion hervorruft. Vielleicht kann die Oberflächenspannung u. damit die Tropfengröße der Lsgg. durch Zusatz indifferenter oberflächenakt. Stoffe vermindert werden. Vf. gibt Beispiele mit Anregungen zur Abhilfe. (Vom Wasser **22.** 243—46. 1955. Berlin-Friedrichshagen.) H. MÜHLMEISTER. 5066

John A. Riddick, *Säure–Base-Titrationen in nichtwässerigen Lösungsmitteln.* Zusammenfassender Bericht über die Literatur auf dem Gebiet der Säure–Base-Titrationen für die beiden Jahre seit der letzten Übersicht (vgl. C. **1954.** 3529) bis Sept. 1955. Die Übersicht behandelt theoret. Fragen; die Stärke von Säuren u. Basen; Lösungsm.; Titrierlsgg.; Methodik; LEWIS-Säuren; spezif. Anwendungen; Äquivalentgewicht u. Identifizierung organ. Verbindungen. — 170 Literaturzitate. (Analytic. Chem. **28.** 679—87. April 1956 (Part II). Terre Haute, Ind., Commerc. Solv. Corp.) W. KRÖNERT. 5066

G. N. Thomis, *Eine neue Methode zur genauen Bestimmung organischer Säuren und Basen.* Die neue Meth. zur Titration organ. freier Säuren oder als Salz starker Säuren vorliegender organ. Basen beruht auf folgendem Prinzip: Die freie organ. Säure bzw. die organ. Base wird mit wss. NaOH unter gleichzeitigem energ. Schütteln mit einem in W. unlösl. organ. Lösungsm. in Ggw. eines „Amphiindicators" bzw. eines als internen „Amphiindicators" wirkenden Sulfophthaleins titriert. Diese Meth. wird als „Amphimetrie" bezeichnet; der „Amphiindicator" ist ein aus einem sauren Indicator u. einem Alkaloid bestehender Komplex. Die einfache Meth. ist anwendbar, wenn das der organ. Säure entsprechende Na-Salz weniger bas. als das dem „Amphiindicator" zugrunde liegende Alkaloid ist, u. wenn die Säure im organ. Lösungsm. besser als in W. lösl. ist. Eine als Salz vorliegende Säure muß zuerst durch eine starke Säure in Freiheit gesetzt u. mit einem mit W. nicht mischbaren Lösungsm. extrahiert werden. Als organ. Lösungsmittel können die üblichen Lösungsmittel (Ae., Chlf., sowie CCl_4, Bzl., PAe.) verwendet werden. — Darst. eines „Amphiindicators": 0,45 g Thymolblau wird in 25 ml W. durch Zugabe von 10 ml 0,1n NaOH gelöst. Die Lsg. wird zu einer Lsg. von 0,4 g Chininhydrochlorid in 25 ml W. gegeben. Der koll. orange gefärbte Nd. wird durch Ausschütteln mit 50 ml Chlf. gelöst. — Beispiele: Best. von freier p-Aminosalicylsäure: 5 ml 2%ig. äther. Probelsg. werden mit 2—3 Tropfen obiger Indicatorlsg. versetzt u. mit 0,1n NaOH titriert; nach jedem Alkalizusatz wird heftig geschüttelt. Solange freie Säure vorhanden ist, ist die Ätherschicht gelb gefärbt, während die wss. Phase farblos bleibt. Ist die Säure neutralisiert, so zers. ein Alkaliüberschuß den „Amphiindicator"; die organ. Schicht wird entfärbt, die wss. Phase wird blau. — Best. von Chinin(hydrochlorid): Ca. 1 g Probe wird mit W. zu 100 ml gelöst u. filtriert. 5 ml des Filtrats werden mit 10 ml Chlf. u. 2 Tropfen 0,2%ig. alkoh. Lsg. von Bromkresolpurpur oder Xylenoblau versetzt u. mit 0,1n NaOH wie oben titriert. (Praktika Akad. Athenon **25.** 182—91. 1950. [Orig.: franz.]) K. F. MÜLLER. 5066

M. Bobtelsky und **A. E. Simchen,** *Konduktometrische Titration einiger Metallcitrate und -tartrate in Gegenwart und in Abwesenheit von Wasserstoffsuperoxyd.* Mit Hilfe der früher (C. **1939.** II. 2499 u. früher) beschriebenen Arbeitsweise werden in wss. Lsg. u. in Ggw. von 0,1n H_2O_2 konduktometr. titriert: $AgNO_3$, $BaCl_2$, $CdCl_2$, $CoCl_2$, $CuSO_4$, $Fe(NH_4)_2(SO_4)_2$, $MgSO_4$, $MnCl_2$, $NiSO_4$, $Pb(NO_3)_2$, $UO_2(NO_3)_2$, $ZnSO_4$, $AlCl_3$, $Ce_2(SO_4)_3$, $Cr_2(SO_4)_3$, $FeCl_3$, NH_4-Molybdat, Na-Wolframat u. Na-Vanadat mit Tri-Na-Citrat; $CoCl_2$, $CuCl_2$, $CuSO_4$, $UO_2(NO_3)_2$, $AlCl_3$, $Cr_2(SO_4)_3$, $KCr(SO_4)_2$, $FeCl_3$ mit Di-Na-Tartrat. Mit Ausnahme von Pb zeigen alle 2-wertigen Kationen in ihren Titrationskurven Knickpunkte genau bei dem Verhältnis 1 Me^{2+}/1 Anion. Die Ergebnisse der Titration 3-wertiger Metalle sind von Fall zu Fall verschieden. (Bull. Soc. chim. France, Mém. [5] **17.** 870—73. Sept./Okt. 1950.) W. WESLY. 5066

C. A. McCauley und **W. J. Gresham,** *Ein vereinfacht arbeitendes Gerät für Dead-Stop-Endpunktanzeige mit magischem Auge.* Ausführliche Beschreibung eines selbst zu bauenden, billigen Gerätes zur Verwendung in Industrielaborr., wo Prodd. wechselnder Zus. in verschied. Lösungsmitteln analysiert werden. Vorgesehen sind die Systeme: Methanol, Methanol–Bzl., Methanol–Toluol, Methanol–Essigsäure. (Analytic. Chem. **27.** 1847—48. Nov. 1955. Monsanto, Ill., Monsanto Chem. Co.) D. ERTEL. 5066

R. Neumann, *Fragen zur Konstruktion der Quecksilbertropfelektrode.* Übersicht über Konstruktion u. Betrieb von polarograph. Tropfelektroden. (Chem. Techn. **7.** 146—47. März 1955. Rackwitz.) E. MOISAR. 5066

Walter H. Jura, *Abgeschirmte Quecksilbertropfelektrode für polarographische Analysen strömender Lösungen. Bestimmung von Cyanid-Ionen.* Vf. beschreibt eine Zelle mit einer abgeschirmten Hg-Tropfelektrode, die eine polarograph. Analyse in strömenden

Lsgg. erlaubt. Die prakt. Anwendung für die Best. von CN^- wird geprüft. Die Vorr. ist bis zu einer Strömungsgeschwindigkeit von 120 cm^3/Min. anwendbar, man erhält dann Polarogramme wie in stehenden Lösungen. Unter idealen Bedingungen kann eine Genauigkeit von 1—2% erreicht werden. Die Ansprechgeschwindigkeit auf Konzentrationsänderungen ist befriedigend. Die Anwendbarkeit als kontinuierliches Analysenverf. ist im Prinzip möglich. Schwierigkeiten treten auf, wenn der zu analysierenden Lsg. erst Leitsalz zugesetzt werden muß. Eine Lsg. dieser Schwierigkeit wird beschrieben. (Analytic. Chem. **26**. 1121—23. Juli 1954. Stamford, Conn., Amer. Cyanamid Co.)
H. Marsen. 5066

P. N. Tereschtschenko, *Thermostatisch geregeltes polarographisches Elektrolysiergefäß.* Das (lange) Ende der Hg-Tropfcapillare steckt in einem Glasrohr, das von einem Mantelrohr von Kühlerform umgeben ist; im Mantelrohr zirkuliert thermostat. reguliertes W., das ein Einhalten der Temperaturkonstanz ermöglicht. (Заводская Лаборатория [Betriebs-Lab.] **21**. 370—71. 1955.) A. v. Wilpert. 5066

I. I. Zapiw, *Oscillographische Polarogramme einfacher Metallionen.* Es werden die Technik polarograph. Bestimmungen von *Cu, Cd* u. *Pb* beschrieben sowie deren Ergebnisse mitgeteilt. Hierbei wurde eine einfache polarograph. Zusatzvorr. verwendet, die es ermöglicht, mit dem Kathodenstrahloscillographen auf dem Schirm der Kathodenstrahlröhre ein unbewegliches Bild des Polarogramms zu erhalten. Grundlsg. 0,5 u. 1n KCl; Elektroden aus Ag (Kathode — Nadel, Anode — Blech). Das Oscillogramm wurde durch einen period. linearen Spannungssprung von Δ-Form erzeugt (geradlinig ansteigend, plötzlich abfallend). Die besten Ergebnisse wurden erzielt, wenn die Impulsdauer 0,72 bis 0,80 der Wiederholungszeit (Periode) betrug, deren Häufigkeit möglichst niedrig zu halten ist (Optimum 20 Perioden/Sek.). Umrühren der Lsg. steigert die Höhe der polarograph. Welle bei Cu um das $1^1/_2$—2fache, bei Pb weniger, bei Cd überhaupt nicht. Die Oberfläche der Elektroden soll möglichst glatt, am besten amalgamiert sein. Temperaturerhöhung steigert die Wellenhöhe um ca. 2% je Grad. O_2 ist fernzuhalten, es sei denn, daß dessen Welle sich deutlich von der Metallwelle abhebt. (Заводская Лаборатория [Betriebs-Lab.] **21**. 286—89. 1955. Lwow, Polytechn. Inst.) A. v. Wilpert. 5066

T. Higuchi und **Donald Anton Zuck,** *Über die Eignung verschiedener Verbindungen als Indicatoren bei der Lithium-Aluminium-Hydrid-Titration funktioneller Gruppen.* (Vgl. C. **1951**. II. 1939.) Vff. untersuchten die Verwendbarkeit von *p-Aminoazobenzolderivv.* als Indicatoren bei der alkalimetr. Titration sehr schwacher Säuren, Alkohole, Ester, Phenole, Ketone, Aldehyde u. ähnlicher Verbb., die mit $LiAlH_4$ reagieren. Geprüft wurden *N-Phenyl-, N-Äthyl-* u. *N-Methyl-p-aminoazobenzol, p-Aminoazobenzol* u. *N.N-Dimethyl-p-phenylazoanilin.* Das letzte gibt auf Grund der Abwesenheit akt. H-Atome in Ggw. von $LiAlH_4$ keinen Farbumschlag; als zweckmäßigste Verb. wurde das *N-Phenyl-p-aminoazobenzol* erkannt (Umschlag von Rot nach Gelb). Saure H-Atome tragende KW-stoffe, wie Triphenylmethan, Tridiphenylmethan, Phenylacetylen, Fluoren u. Phenylfluoren, erwiesen sich als ungeeignet. Die erhaltenen Titrationswerte stehen in guter Übereinstimmung mit den Werten der vergleichweise ausgeführten potentiometr. Titrationen. (J. Amer. chem. Soc. **73**. 2676—79. Juni 1951. Madison, Wis., Univ. of Wisconsin, School of Pharm., Res. Labors.) M. Kühnel. 5068

M. Kuraš und **E. Ružička,** *Analytische Reaktionen einiger Amidoxime.* 6. Mitt. *Bernsteinsäure-bis-amidoxim.* (5. vgl. Chem. Listy **47**. [1953.] 1870.) Vff. haben das *Bernsteinsäure-bis-amidoxim* (I; Butan-bis-amidoxim; Succin-diamid-dioxim), HON: $C(NH_2)\cdot CH_2\cdot CH_2\cdot(NH_2)C$: NOH, nach Sembritzki (C. **1888**. 623) hergestellt u. seine analyt. Eigg. untersucht. I gibt charakterist. Fällungs- oder Farb-Rkk. mit Ag^+, Hg^{2+}, Pb^{2+}, Cu^{2+}, Cd^{2+}, Co^{2+}, Fe^{2+}, Fe^{3+} u. UO_2^{2+}, von denen jene mit Cu^{2+} u. Fe^{3+} zu ihrem Nachw. verwendbar sind. Nachw. von Cu^{2+}: Zu 1 ml schwach saurer Probelsg. (p_H 5) wird 0,5 ml 0,5%ig. wss. Lsg. von I gegeben (braungrüne Färbung). Co^{2+}, Fe^{3+} u. Überschuß an H^+ wirken störend. Der Nachw. von Fe^{3+} wird auf dieselbe Art in saurer Lsg. durchgeführt (braunrote Färbung). Es stören Co^{2+} u. Cu^{2+}. Empfindlichkeit ist in beiden Fällen 10[D]1, Grenzkonz. 1: 100000. Überdies wurde das innerkomplexe Ag-Salz, das bas. Cd- u. Pb-Salz u. das Cl-haltige Cu(II)- u. Hg(II)-Salz von I isoliert u. ihre Strukturformeln wurden abgeleitet. (Chem. Listy **48**. 1257—59. Aug. 1954. Olomouc, Vys. škola pedagog., chem. ústav. [Orig.: tschech.]) K. Kámen/Prag. 5072

M. Kuraš und **E. Ružička,** *Analytische Reaktionen einiger Amidoxime.* 7. Mitt. *Amidoxim des Malonsäureamids.* (6. vgl. vorst. Ref.) Es wurde das bisher nicht beschriebene *Amidoxim des Malonsäurehalbamids* (I), $H_2N\cdot CO\cdot CH_2\cdot C(NH_2)$: NOH, hergestellt: Die Lsg. von 6,95 g $NH_2OH\cdot HCl$ in kleinstem Vol. 96%ig. A. wird mit 100 ml absol. A., in welchem 2,3 g Na gelöst wurden, versetzt. Nach Fitration wird die Lsg. von 8,4 g Cyanacetamid in 200 ml 96%ig. A. zugegeben u. so lange erhitzt (Wasserbad, Rückflußkühler), bis sich die Lsg. rotbraun gefärbt hat. A. wird zur Hälfte abdest., die ausgeschiedenen Kristalle werden abgesaugt u. mit wenig 96%ig. A. durchgewaschen. Schuppen oder Prismen (96%ig. A.), Zers. 149°. Wenig lösl. in kaltem, gut in heißem W. u. sd. Äthanol. Durch Kochung mit W. wird I zersetzt. I gibt charakterist. Farb- oder Fällungs-Rkk. mit Ag^{+}, Hg_2^{2+}, Pb^{2+} Hg^{2+}, Cu^{2+}, Ni^{2+} u. Fe^{3+}. Es wurden auch die Hg(II)-, Pb(II)- u. Ni(II)-Salze von I isoliert, deren Zus. obenst. Formel entspricht. (Chem. Listy **49.** 1897—98. Dez. 1955. Olomouc, Vys. škola pedagog., chem. ústav. [Orig.: tschech.]) K. KÁMEN/Prag. 5072

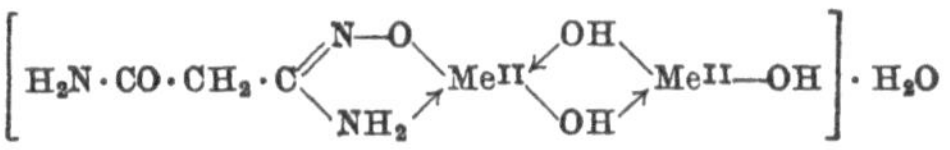

Ajit Kumar Mukherjee und **Bireswar Banerjee**, *Jodoxin als neues analytisches Reagens. Jodoxin* (*5.7-Dijod-8-oxychinolin*; I) gibt mit Cu^{2+}, Ni^{2+} Co^{2+}, Fe^{3+}, UO_2^{2+}, Pd^{2+}, Th^{4+}, Zr^{4+}, Ti_4^{+}, VO_3^{-} u. Pb^{2+} farbige Niederschläge. Zur quantitativen Best. eignet sich I bei verschied. p_H-Werten für Cu, Ni, Fe, Zr, Th, U, V u. Ti. Bei Konzz. von 0,4 mg Fe^{3+} u. 0,2 mg Zr^{4+}, Th^{4+}, UO_2^{2+} u. Cu^{2+} in 200 ml Lsg. ist die Rk. noch ausführbar. Für noch kleinere Konzz. kann die Rk. von I mit Fe^{3+} u. UO_2^{2+} colorimetr. ausgewertet werden, wenn I in Dioxan oder Pyridin gelöst u. die Abhängigkeit der Färbung vom p_H-Wert berücksichtigt wird. (Naturwissenschaften **42.** 416—17. 2. Juli-H. 1955. Calcutta, Dep. of Inorg. Chem.) R. KIESSIG. 5072

C. L. Mehltretter, B. H. Alexander und **C. R. Rist**, *Maskierung durch Zuckersäuren.* Auf Grund ihrer Fähigkeit, mit Metallionen wasserlösl. Komplexe zu bilden, wird das Maskierungsvermögen einer Reihe von „Zuckersäuren" (**I**), unter denen die durch Zuckergärung gebildeten Säuren u. die bei der Oxydation der Zucker entstehenden Aldon- u. dibasigen Säuren verstanden sein sollen [Milch-, Citronen-, Wein- (**V**), Arabon- (**VI**), Glucon- (**VII**), Galakton- (**VIII**), Saccharin- (**IV**), Schleim- (**IX**), Glucohepton- (**X**) u. 2-Ketogluconsäure] gegenüber Ca-, Fe- u. Cu-Ionen in saurer, neutraler u. alkal. Lsg. quantitativ untersucht. Method. werden dabei 2%ig. Lsgg. (Stammlsg.) der Na- bzw. K–Na-Salze der I mit der betreffenden Metallsalzlsg. in Ggw. einer Indicatorlsg. titriert. Als Endpunkt gilt das Auftreten eines geringen, schwer lösl. Nd. der Metallverbindung. Daraus wird der Maskierungswert der jeweils angewandten I berechnet. — Für Ca werden 10 cm³ Stammlsg. mit 10 cm³ dest. W. verd. u. unter Zugabe von 2 cm³ 2%ig. Na-Oxalatlsg. bei mit Essigsäure auf 4 eingestelltem p_H u. starkem Rühren mit 1%ig. Ca-Acetatlsg. bis zum 1. Auftreten einer bleibenden Trübung titriert. Vermehrt sich diese bis zum Nd., so wird die kleinste Menge Ca-Lsg. gesucht, die nach 24std. Stehen nur eine geringe Fällung von Ca-Oxalat gibt, u. als Maskierungwert betrachtet. Um diesen in alkal. Lsg. zu bestimmen, gibt man zu 10 cm³ Stammlsg. vor Zusatz des Oxalatindicators 10 cm³ NaOH-Lsg. von doppeltem Geh. als dem erwünschten. Zur Messung des Maskierungsvermögens gegenüber Fe in neutraler oder saurer Lsg. verd. Vf. 10 cm³ Stammlsg. mit 180 cm³ dest. W., die 5 cm³ 2%ig. $K_4Fe(CN)_6$ (**II**)-Lsg. enthalten. Nach Einstellen mit verd. HCl auf p_H 4 oder 7 wird mit 9%ig. $Fe_2(SO_4)_3$ (**III**)-Lsg. bis zur Bldg. eines bleibenden Nd. von unlösl. Fe(III)-Hexacyanoferrat (**II**) titriert. In alkal. Lsg. fällt das Fe ohne **II**-Zusatz als unlösl. $Fe(OH)_3$ aus. Zur Erzielung einer eindeutigen, leichten Fällung wird bei der Titration die Lauge zu einem Gemisch von 10 cm³ Stammlsg. mit verschied. Mengen **III** gegeben, um die kleinste fällende Menge zu finden. — Bei der Trennung des Cu wird eine Verdünnung von 10 cm³ Stammlsg. mit 180 cm³ dest. W. nach Einstellung auf das erforderliche p_H mit verd. HCl u. Zusatz von 10 cm³ 2%ig. $K_3Fe(CN)_6$-Lsg. mit Cu-Sulfatlsg. (67,4 g $CuSO_4 \cdot 5H_2O$/Liter) bis zur Bldg. einer schwachen Trübung titriert. Wie für Ca angegeben, ist der Endpunkt durch den nach 24 Std. erhaltenen, geringen Nd. von unlösl. Cu(II)-Hexacyanoferrat(III) gekennzeichnet. Beim Messen in alkal. Lsgg. wird $Cu(OH)_2$ gebildet u. der Maskierungswert wie beim Fe bestimmt. — Nach den Meßergebnissen ist die Maskierungsfähigkeit verschied. „zuckersaurer" Salze für Ca im p_H-Bereich 4—10 bei 25° relativ niedrig. Während sie für die C_6-Carbonsäuren u. **V** in 2—5%ig. NaOH erheblich ansteigt, u. das Maximum im Falle der **VII** u. **IX** in 5%ig. Alkali noch nicht erreicht ist, wird das Maskierungsvermögen der **IV** bei über 4%ig. Alkali verringert. Das Optimum von 20 g Ca auf 100 g K–Na-Saccharat nach 24 Std. liegt in 2—4%ig. NaOH. Mit Erhöhung der Konz. an **IV** u. **VII** in 3%ig. NaOH steigt die Maskierungskapazität proportional an. Sie ist gegenüber Fe u. Cu in saurer u. neutraler Lsg. gering, mit Ausnahme des Na-Citrats. Den Gegensatz bilden die höheren **I** (**VI, VII, VIII, IV, IX** u. **X**) mit großen Maskierungswerten für Fe u. Cu in alkal. Lösung. Die erhöhte Maskierungswrkg. der **I** in alkal. Lsg. soll auf vermehrte Ionisation des H der HO-Gruppen in wss. Alkali beruhen. Zu hohe Alkalikonz. setzt das Trennvermögen durch Bldg. stabiler Na-Salze mit den OH-Gruppen des **I**-Mol. herab. Zur Trennung der Erdalkalien sind benachbarte Gruppen mit koordinativen u. kovalenten

Bindungen im komplexbildenden Mol. erforderlich. Sie bilden mit dem Metallion einen stabilen Fünfring. Der IV-Metallkomplex ist bes. beständig, weil mehrere Ringe gebildet werden. In Ggw. einer der Carboxylgruppe benachbarten Ketogruppe tritt erhöhte Maskierungsfähigkeit ein. Für die Maskierung des Fe in alkal. Lsg. sind anscheinend Carbonylgruppen nicht erforderlich. (Ind. Engng. Chem. **45.** 2782—84. Dez. 1953. Peoria, Ill., N. Reg. Res. Labor.) ANTJE SCHMIDT. 5072

Florence Nesh, *Bestimmung geringer Wassergehalte mit Methylenblau.* Zum Nachw. geringer Wassergehh. in Hexachloräthan beschreibt Vf. ein einfach durchzuführendes, dabei sehr empfindliches Verf., das auf der extrem guten Wasserlöslichkeit von Methylenblau beruht. Durch CCl_4-Zusatz wird die Mischbarkeit von C_2Cl_6 mit H_2O stark herabgesetzt; es entstehen kleine Wassertröpfchen, die mit dem in der Lsg. suspendierten rotbraunen, trockenen Methylenblaupulver sofort eine tiefblaue Färbung liefern. Die Nachweisgrenze liegt bei 0,05% H_2O. Die Meth. kann bei sinngemäßer Übertragung auch zum H_2O-Nachw. in anderen Substanzen dienen, solange diese selbst mit Methylenblau nicht reagieren. Eine Imprägnierung von Textilfäden mit trockenem Methylenblau gestattet z. B. den H_2O-Nachw. in Gasen u. Fll. durch einfaches Eintauchen. (Analytic. Chem. **27.** 1842—43. Nov. 1955. Brooklyn, N. Y.) D. ERTEL. 5074

W. N. Jerschow und **N. M. Jerschowa,** *Schnellmethode zur Bestimmung der Feuchtigkeit capillarporiger disperser Systeme.* Mit Hilfe einer App., die im wesentlichen aus einer Sonde u. einem Galvanometer als Indicator besteht, wurden die Erwärmungskurven verschied. Materialien in Abhängigkeit von ihrem Wassergeh. aufgenommen. Die eindeutige Beziehung zwischen Erwärmung bzw. Erkalten der Sonde u. dem Wassergeh. des Materials ermöglicht die Wasserbest. auf elektr. Wege, da die Geschwindigkeit der Erwärmung oder Abkühlung der Sonde an der Änderung der Thermo-EMK. gemessen wird. (Журнал Технической Физики [J. techn. Physik] **24.** 854—58. Mai 1954.) O. LEBTAG. 5074

A. L. Linch, *Bestimmung der Reinheit und des Wassergehaltes von Xanthaten und Dithiocarbamaten. Verwendung von jodhaltigen Reagentien.* Vf. entwickelt Methoden zur Best. des Reinheitsgrades u. Wassergeh. von *Na-* u. *K-Xanthaten* (**I**) u. *Dithiocarbamaten* (**II**) auf jodometr. Wege bzw. mit KARL FISCHER-*Reagens* (**III**). — Sowohl Hydratwasser als auch anhaftende Feuchtigkeit werden durch **III** rasch mit einer Fehlergrenze von ± 1% bestimmt. Ausgangsstoffe von **I** u. **II** wie Alkohole u. Amine reagieren dabei nicht. Zersetzungsprodd. wie Thiosulfat u. Sulfite ergeben nur kleine Fehler. — Reinheitsbest. von **I**-Derivv. durch Jodtitration in wss. Lsg. in Ggw. von $BaCl_2$ ist rascher durchgeführt u. wesentlich genauer als eine Gesamtschwefelbest. u. Umrechnung oder die Titration mit einem Schwermetallsalz, sofern keine Sulfide oder Thiocarbonate anwesend sind. — Das jodometr. Verf. in A. zur Reinheitsbest. von **II** kann nur als eine angenäherte Schnellmeth. verwendet werden, es sei denn, daß keine störenden Verunreinigungen vorhanden sind. (Analytic. Chem. **23.** 293—96. Febr. 1951. Deepwater, N. J., E. I. du Pont de Nemours & Co., Inc., Chambers Works.) F. BRUCK. 5074

Otto Haxel, *Eine einfache Methode zur Messung des Gehaltes der Luft an radioaktiven Substanzen.* Vf. zeigt, daß die in der Luft vorhandenen radioakt. Folgeprodd. von Ra- u. Th-Emanation von Schwebstoffiltern (bestehend aus Filtrierpapier, in das Zusätze wie gemahlener Asbest oder gemahlener Bernstein eingebaut sind) quantitativ zurückgehalten werden. Die aus der Emanation zunächst als isolierte Atome entstehenden Folgeprodd. lagern sich nach kurzer Zeit an Aerosolteilchen an, die aber noch wesentlich kleiner sind als die Poren des Filters u. deshalb nicht mechan. zurückgehalten werden können. Die Schwebstoffilterwrkg. beruht nicht auf der Engmaschigkeit, sondern wahrscheinlich auf den durch Zumischungen kristalliner Prodd. erzeugten elektr. Mikrofeldern, von denen die elektr. geladenen Aerosolteilchen herausgezogen werden. Nach dem Durchpumpen einer gemessenen Menge Luft wird das Filter auf einem dünnwandigen β-Zähler aufgelegt u. die gesammelte Aktivität ausgezählt. Die Meth. ist sehr gut zur Best. der Luftradioaktivität geeignet. Die Unterss. zeigen, daß eine mit Schwebstoffilter ausgerüstete Gasmaske sehr guten Schutz gegen radioakt. Verseuchungen der Atemluft bildet. (Z. angew. Physik **5.** 241—42. Juli 1953. Heidelberg.) MAX SCHMIDT. 5088

Robert L. Slobod, *Tieftemperaturtrennung des Äthans von Methan und Luft.* Es wird eine Meth. beschrieben, die durch Verwendung von fl. N_2 unter vermindertem Druck von 63,5—68,5 mm Hg als Kühlmittel im Mantel eines Ausfrierrohres fl. N_2, der sich im offenen Ausfrierrohr selber befindet, auf -208^0 kühlt. Dadurch wird die quantitative Abtrennung des Äthans von Methan u. Luft ermöglicht, während bei $-195,8^0$, der Temp. des fl. N_2 unter Normaldruck, das Äthan noch einen erheblichen Dampfdruck aufweist. (Analytic. Chem. **23.** 361—63. Febr. 1951. Dallas, Tex., Atlantic Refin. Co.)
F. BRUCK. 5088

a) Elemente und anorganische Verbindungen.

F. E. Beamish und **A. D. Westland,** *Anorganische gravimetrische und volumetrische Analyse.* Zusammenfassender Bericht über die Entw. auf dem Gebiet der anorgan. gravimetr. u. volumetr. Analyse seit Erscheinen der letzten Zusammenstellungen (vgl. C. **1954.** 4222; RODDEN u. GOLDBECK, C. **1953.** 105), wobei jedoch nur ein Teil der Literatur seit 1953 (Gravimetrie) bzw. 1952 (Volumetrie) erfaßt wurde. Von der Gravimetrie werden behandelt: Methoden der selektiven Fällung u. allg. gravimetr. Reagentien; Herst. der Ndd., die homogene Fällung; die thermogravimetr. Analyse u. die Fällung einzelner Elemente. Die Volumetrie ist aufgeteilt in: Allg. Betrachtungen; Best. einzelner Elemente; Bestimmungen in vielkomponentigen Systemen. — 104 bzw. 130 Literaturzitate. (Analytic. Chem. **28.** 694—705. April 1956 (Part I). Toronto, Ontario, Can., Univ. of Toronto.) W. KRÖNERT. 5100

Yoshio Sugiura, *Colorimetrische Tüpfelanalyse für Chloride.* (Vorl. Mitt.) Wird zu einem Tropfen einer Cl^--haltigen Lsg. ein Tropfen $AgNO_3$-Lsg. gegeben u. 2—3 Min. mit UV-Licht bestrahlt, so erscheint eine violette Färbung. Im gleichen Fall erscheint mit Ag_2CrO_4-Lsg. eine gelbe Färbung. Jede der Färbungen kann mit einem Standard (z. B. 10—500 mg Cl^-/Liter u. 0,3%ig. $AgNO_3$-Lsg.) verglichen u. so quantitativ ausgewertet werden. (J. chem. Soc. Japan, pure Chem. Sect. [Nippon Kagaku Zassi] **71.** 86. Jan. 1950. Tokyo, Meteor. Hauptobserv. [Orig.: japan.]) L. SCHULER. G 247

Shinya Oana, *Mikrobestimmung von Chlorion durch Silberchromat.* Auf einem Objektträger wird durch Vermischen von $AgNO_3$- u. K_2CrO_4-Lsg. u. Trocknen festes *Ag_2CrO_4* präpariert. Daneben wird ein Tropfen der auf *Cl^-* zu prüfenden Lsg. angelegt u. unter dem Mikroskop ein ca. 0,01 mm großes Teilchen Ag_2CrO_4 in den Tropfen gebracht. Durch Beobachtung der zur Umwandlung in AgCl nötigen Zeit läßt sich, nach Vgl. mit Verss. mit bekannten Konzz. der Cl^--Geh. im Bereich von 0,01—10 mg/Liter bestimmen. Auch eine Suspension von Ag_2CrO_4 in Gelatinelsg. statt festes Ag_2CrO_4 ist verwendbar. (J. chem. Soc. Japan, pure Chem. Sect. [Nippon Kagaku Zassi] **71.** 171. Febr. 1950. Nagoya Univ. [Orig.: japan.]) L. SCHULER. G 247

F. Toffoli und **A. Gaudiano,** *Eine Farbreaktion der Carbonate.* Hydroxylamin reagiert mit HCO_3^- oder CO_3^{2-} zu einer Verb. (**I**) (Carbhydroxylaminsäure oder Oxycarbaminsäure?), die mit $FeCl_3$-Lsg. einen braunroten Komplex (**II**) bildet. **I** entsteht sehr rasch, desgleichen **II**, jedoch entwickelt sich das Extinktionsmaximum mit einer von den Versuchsbedingungen abhängigen Geschwindigkeit. **II** ist zwischen p_H 7—10 stabil, Optimum ist p_H 8,5. **II** ist merklich dissoziiert. Das Dissoziationsgleichgewicht wird z. B. durch Zugabe von Glycerin verschoben, das aber andererseits die Fällung bas. Fe-Salze verhindert. Die Rk. läßt sich zur quantitativen colorimetr. CO_2-Best. heranziehen. Die Genauigkeit der Meth. beträgt 2—3% bei einem Endgeh. von 10 mg CO_2 in 25 ml Lsg., jedoch ist sie bei konz. Lsgg. besser. Störend wirken Anionen, die Fe^{3+} fällen oder komplex binden [PO_4^{3-}, $(PO_3^-)_x$, F^-, SO_3^{2-}, CNS^-, $Fe(CN)_6^{4-}$, $C_6H_5O^-$, organ. Oxysäuren, Polyalkohole] sowie starke Reduktionsmittel oder Verbb., die mit Hydroxylamin reagieren (Ester, Aldehyde). — Zur Best. werden vier Lsgg. hergestellt: 1. Pufferlsg. vom p_H 8,5: 5 ml n-NaOH u. 95 ml mol. Glykokolllsg., aufs 10fache verd., 2. gleiche Teile n-NaOH u. mol. $NH_2OH \cdot HCl$-Lsg. 1 : 1 gemischt, 3. 5 g Glycerin zu 1 ml 20%ig. $FeCl_3 \cdot 6H_2O$-Lsg. in n/10 HCl zugefügt u. Nd. mit n-NaOH in Lsg. gebracht, dann mit W. auf 40 ml aufgefüllt. 4. n/2 $NaHCO_3$ in Wasser. Zur Durchführung werden 2 ml Lsg., die 20—100 mg $NaHCO_3$ enthalten soll, mit 2,5 ml Lsg. 1 u. 4 ml Lsg. 2 versetzt. Nach 5 Min. wird 1 ml Lsg 3 zugegeben, geschüttelt u. nach weiteren 5 Min. wird auf 25 ml aufgefüllt. Nach 30 Min. wird bei 450 mμ in einer 1 cm-Küvette die Extinktion bestimmt. (Rend. Ist. super. Sanità **18.** 588—96. 1955. Roma, Ist. Super. di Sanità, Labor. di Biol.) H. NÖTH. G 260

Kaarina Lounamaa, *Die Anreicherung des Arsens aus Silicatgesteinen für eine colorimetrische oder spektrographische Bestimmung. Aufschluß mit Flußsäure unter Druck.* Für eine quantitative Best. des As in Silicatgesteinen wurde 1 g sehr fein gemahlene Probe (100maschig) 5—10 Min. mit 4 ml konz. $HClO_4$ erwärmt, nach dem Abkühlen mit 15 ml HF versetzt u. in einer mit Teflon ausgekleideten Stahlbombe (Vol. 30 ml) mit einigen ml Spülwasser, 2 ml $(NH_4)_2SO_3$-Lsg. u. ca. 10 mg NH_4J 1 Std. auf 150° erhitzt. Falls die entstandene Lsg. trübe war, wurde sofort zentrifugiert u. die Fällung mit verd. HF gewaschen. Durch 2 Min. langes Schütteln der klaren Lsg. mit 15 ml 0,5%ig. Diäthylammoniumdiäthyldithiocarbaminat (I)-Lsg. in Chlf. konnte alles As, Cu u. teilweise Bi extrahiert werden. Es wurde nochmals mit je 5 ml I-Lsg. extrahiert u. mit Chlf. gewaschen. Die Best. des extrahierten As geschah entweder colorimetr. als Molybdänblau oder spektrographisch. Die Molybdänblaufärbung wurde nach Abrauchen des Chloroformauszuges mit 4 ml Mischsäure (konz. H_2SO_4, HNO_3, $HClO_4$ = 2 : 1 : 1) in neutraler

Lsg. in einem Meßkolben durch 0,1 Vol. Molybdatlsg. [5 g $(NH_4)_2MoO_4$ in 70 ml konz. H_2SO_4 + 300 ml W. lösen, auf 500 ml auffüllen] u. 0,01 Vol. Hydrazinlsg. (150 mg in 100 ml W.) erzeugt. Nach dem Auffüllen wurde die Absorption bei 840 mμ in einem Beckman-Spektrophotometer Modell DU gemessen. Für die spektrograph. Meth. vermischt man den Chloroformrückstand mit 2 ml HNO_3 u. 50 mg MgO + 40 μg Te in HNO_3. Die Lsg. wird eingedampft u. 10—15 Min. auf 500° gehalten. Nach dem Erkalten mischt man mit Kohle (1 : 1) u. füllt in Elektroden von 2 mm Tiefe u. 4 mm Durchmesser, Probe als Kathode. Man verwendet einen Zeiss-Spektrographen Q 24. Zur Auswertung dient das Linienpaar As 2349,84/Te 2385,76 mit Untergrundkorrektur, Schwärzungskurve nach Zweistufenmethode. Die Meth. gestattet die Best. von As-Gehh. von 0,0005 bis 0,05% in Silicatgesteinen mit einem mittleren Fehler von 5—10%. (Z. analyt. Chem. **146.** 422—29. 1955. Skelleftehamn, Schweden, Gruvaktiebolag.) H. Pluskal. G 265

N. Howell Furman und **A. James Fenton jr.**, *Coulometrische Titration von Arsen(III)-Lösungen mit Cer(IV). Spektrometrische Endpunktsbestimmung.* Mittels einer näher beschriebenen Meßzelle (Abb.) untersuchen Vff. die coulometr. Titration von As(III)-Lsgg. mit schwefelsaurer Ce(IV)-Lösung. Der Endpunkt wird spektrometr. mit dem nicht abgeänderten Beckman DU-Spektrometer bestimmt u. hängt von der Stärke des Ce-Absorptionsmaximums bei 320 mμ ab. Die Meth. besteht so in dem Nachw. der auf einem Ce-Ionenüberschuß beruhenden Absorption mit Extrapolation auf die Absorption Null. Eine durch die Komponenten der Lsg. bedingte Absorption erfolgt bis zum Überschreiten des Äquivalenzpunktes nicht. Die in einer Tabelle zusammengestellten Ergebnisse lassen sich gut mit denen vergleichen, die bei der Titration von red. As-Lsgg. mit elektrolyt. entwickeltem J_2, Br_2 u. Cl_2 erhalten werden, wobei die Endpunktsbest. potentiometr. oder photometr. erfolgt. (Analytic. Chem. **28.** 515—17. April 1956 **(Part I)**. Princeton, N. J., Princeton Univ., Frick Chem. Labor.) H. Surawski. G 265

Sankaranarayana Gireesan und **Arcot Visvanathan**, *Bemerkung zu der direkten Bestimmung von Arsen(III)- und Antimon(III)-oxyd durch Kaliumbichromat.* Es wird eine Meth. der direkten Best. von As_2O_3 in alkal. Lsg. bzw. Sb_2O_3 in alkal.-weinsaurer Lsg. beschrieben. Von der alkal. $NaAsO_2$- bzw. $KSbOC_4H_4O_6$-Lsg. wird soviel direkt zu einer KJ-Lsg. in eingestellter, H_2SO_4-saurer $K_2Cr_2O_7$-Lsg. gegeben, bis fast das gesamte freigesetzte J_2 red. ist. Darauf wird die Lsg. stark verd., genügend $NaHCO_3$ u. Rochellesalz zugesetzt u. das unverbrauchte J_2 mit der As- bzw. Sb-Lsg. gegen Stärkelsg. zu Ende titriert. (J. Indian chem. Soc. **31.** 643—44. Aug. 1954. Egmore, Madras, Minerva Tutorial Coll., Chem. Labors.) H. Hofmann. G 266

P. N. Kowalenko und **W. W. Tenkowzew**, *Colorimetrische Methode zur Natriumbestimmung.* Es wurde ein volumetr. Verf. untersucht, bei dem Na mit Zn- u. Uranylacetat als $NaZn(UO_2)_3(CH_3COO)_9 \cdot n\, H_2O$, bei n = 6—9, gefällt wird. Der Nd. wurde mit einem Gemisch aus 9 Teilen A. u. 1 Teil 80% ig. Essigsäure 2mal mit je 0,5 ml gewaschen, durch ein Röhrchen filtriert, in mit H_2SO_4 angesäuertem W. gelöst u. durch Zusatz von NH_4CNS in eine Komplexverb. von intensiver Färbung (Currah-Blamish 1947, Skey 1867) übergeführt, die mit Mikrocolorimeter u. Differentialcolorimeter („FEK-2") colorimetriert wurde, wobei als optimale Bedingungen 1 ml Na-Lsg., Reagensvol. = der 1½fachen Menge, Dauer der Na-Fällung 2 Std. angegeben werden. Das Reagens bestand aus einem Gemisch von 1—6 Äquivalenten Uranyl- u. 1—10 Äquivalenten Zn-Acetat je Äquivalent Na. Titriert wurde mit 1,5n NH_4CNS-Lösung. Es wurde der Einfl. der Reagensmenge u. (Fällungs-) Zeit, der Rhodanidkonz. u. Acidität der Lsg. untersucht. (Украинский Химический Журнал [Ukrain. chem. J.] **20.** 411—16. 1954. Rostow/Don, Molotow-Univ.) A. v. Wilpert. G 274

A. K. Solomon und **David C. Caton**, *Modifiziertes Flammenphotometer zur Mikrobestimmung von Natrium und Kalium.* Durch Einbau des Photomultipliers RCA Typ 6217 in das Beckman-Spektrophotometer DU mit Flammenansatz, Modell 9200 (O_2—C_2H_2), u. unter Verwendung des registrierenden Brown-Potentiometers (10 mV, 4 Sek.) sind Vff. in der Lage, noch 1 μMol Na/Liter mit $\pm$1,4% Genauigkeit bei 589 mμ u. 0,6 μMol K/Liter mit $\pm$8% bei 768 mμ quantitativ zu bestimmen. Ca. 0,5 ml Analysenlsg. sind erforderlich. Ggw. von 0—16 μMol KCl/Liter bzw. 50—100 μMol NaCl/Liter in 100 μMol NaCl/Liter bzw. 2—4 μMol KCl/Liter stören die Na- bzw. K-Best. nicht. (Analytic. Chem. **27.** 1849—50. Nov. 1955. Boston, Mass., Harvard Med. School, Biophys. Labor.) D. Ertel. G 275

Niro Matsuura, *Magnesiumbestimmung durch Schaumvolumetrie.* 1. Mitt. Zur raschen Messung von Gasen wie CO_2 werden diese als Schaumvol. durch ca. 0,5% Albumin stabilisiert. Zu der *Mg*-haltigen Lsg. wird genügend 6n $(NH_4)_2CO_3$-Lsg. gegeben, um das Mg als $MgCO_3 \cdot (NH_4)_2CO_3 \cdot 4H_2O$ auszufällen; das Filtrat wird mit wenig Albumin als Stabilisator versetzt u. mit 9n H_2SO_4 der CO_2-Schaum entwickelt, dessen Vol. in dem in einem Thermostat befindlichen zur Rk. benutzten Reagensglas abgelesen werden kann. Ein Parallelvers. wird ohne Mg ausgeführt u. aus der Volumendifferenz das Mg berechnet. — Beispiele: Mg in Tafelsalz u. in Seewasser. — 4 Skizzen. (J. chem. Soc. Japan, pure Chem. Sect. [Nippon Kagaku Zassi] **71.** 168—71. Febr. 1950. Tokyo, 1. High School Labor. [Orig.: japan.]) L. SCHULER. G 282

E. C. Mills und **S. E. Hermon,** *Die Einwirkung einiger Probenformen auf die Reproduzierbarkeit der spektrographischen Analyse gewisser Magnesiumlegierungen unter Verwendung von Stiftelektroden und einer einfachen Energiequelle.* (Vgl. C. **1956.** 11257.) Verss. über die günstigste Form, die Proben aus Mg-Legierungen (in %: 7—11 Al, < 1 Zn, < 0,4 Mn, < 0,3 Si, < 0,3 Cu) aufweisen sollen, um reproduzierbare spektrograph. Untersuchungsergebnisse, bes. bzgl. des Al-Geh., zu gewährleisten, zeigen, daß eine waagerechte Scheibenelektrode geeigneter ist als eine Stiftelektrode. (Metallurgia [Manchester] **52.** 210—12. Okt. 1955. Slough, High Duty Alloys Ltd., Res. and Develop. Div.) W. WESLY. G 282

Katsuki Takagi, Eiichi Nakano und **Hanako Hirano,** *Analyse von Zinksulfidphosphoren.* 1. Mitt. *Zersetzung.* Bei Behandlung von gefälltem ZnS mit Königswasser ist der S-Verlust nicht zu vernachlässigen. Zur quantitativen Verwandlung von ZnS in $ZnSO_4$ muß in zugeschmolzenen Röhren gearbeitet werden. (J. chem. Soc. Japan, pure Chem. Sect. [Nippon Kagaku Zassi] **71.** 65—68. Jan. 1950. Hamamatsu TH. [Orig.: japan.]) L. SCHULER. G 288

Katsuki Takagi und **Hanako Hirano,** *Analyse von Zinksulfidphosphoren.* 2. Mitt. *Mikroskopische Untersuchung des Bariumsulfats.* (1. vgl. vorst. Ref.) Der Einfl. von Temp., Konz. u. Mischgeschwindigkeit bei der Zugabe von $BaCl_2$-Lsg. zu Ammoniumsulfatlsg. auf die Eigg. des $BaSO_4$ wurde untersucht (13 Aufnahmen). Längeres Digerieren nach der Fällung hat wenig Einfl. auf das Kristallwachstum, sehr wohl aber die Anwendung von Ultraschall. (J. chem. Soc. Japan, pure Chem. Sect. [Nippon Kagaku Zassi] **71.** 148—51. Febr. 1950. Hamamatsu, TH. [Orig.: japan.]) L. SCHULER. G 288

Helmut Hartmann, Wilhelm Hofmann und **Gerhard Ströhl,** *Sauerstoffbestimmungen an Zink und Cadmium.* Das von HARTMANN, HOFMANN u. SCHULTE-SCHREPPING für die O-Best. in Zn entwickelte, auf der Gleichung $ZnO + H_2S \rightarrow ZnS + H_2O$ beruhende gravimetr. Bestimmungsverf. wurde zu einer mikroanalyt. Meth. weiterentwickelt. Trägergas ist dabei nicht mehr H_2, sondern N_2. Die aus Leerwert- u. Modellverss. ermittelte Fehlergrenze des Verf. beträgt $\pm 5\%$. Thermodynam. Berechnungen der entsprechenden Rkk. zeigten die Anwendbarkeit der Meth. auch zur O_2-Best. in Cd u. Pb. Die in verschied. kompakten Zn-Sorten ermittelten O-Gehh. liegen zwischen 1—3 g/t. In Reincadmium beträgt der O_2-Geh. 3,5 g/t. Die an zwei Pb-Sorten gefundenen O_2-Gehh. stimmen gut mit den nach der H_2-Reduktionsmeth. ermittelten Werten überein. (Z. Erzbergbau Metallhüttenwes. **8.** 18—21. Jan. 1955.) H. HOCHSTEIN. G 289

Jan Doležal, *Die Anwendung der Aminoverbindungen in anorganischer Polarographie.* 3. Mitt. *Polarographische Indium- und Cadmiumbestimmung in Äthylendiaminlösungen.* (2. vgl. C. **1956.** 8441.) Zur gemeinsamen Best. von Cd u. In eignet sich 1 mol. *Äthylendiamin* (**I**) in 1 mol. KOH, in der das Halbstufenpotential des Cd um 470 mV positiver als jenes des In ist. Zur Best. von Cd, In u. Zn kann eine Grundlsg., welche 0,5 mol. an **I** u. 0,5 mol. an K_3PO_4 ist, benutzt werden. Bei großem Überschuß (bis 1 : 500) von Zn bewährte sich eine Grundlsg. von folgender Zus.: 0,5 mol. **I**, 0,5 mol. KCN u. 0,5 mol. Na OH. (Chem. Listy **50.** 54—61. Jan. 1956 [Orig.: tschech.]; Collect. czechoslov. chem. Commun. **21.** 844—52. Aug. 1956 [Orig.: deutsch]. Praha, Karlova univ., ústav pro chem. analyt.) P. ZUMAN/Prag. G 289

A. H. W. Aten jr., T. Doorgeest, U. Hollstein und **H. P. Moeken,** *Die analytische Chemie des Astatins.* Die Darst. von At nach $^{209}Bi + {}^4He \rightarrow {}^{211}At + 2\,{}^1n$ durch Beschießen von Wismutoxyd mit He-Ionen im Cyclotron wird beschrieben. Verff. zur Mitführung (bes. die Vor- u. Nachteile der Verwendung von J als Träger), Trennung u. Messung von ^{211}At werden erörtert. (Analyst **77.** 774—77. Nov. 1952. Amsterdam, Inst. for Nucl. Res.) H. GEDSCHOLD. G 334

Walter Koch und **Hanns Malissa,** *Mikroanalytische Untersuchungen in der Eisenforschung.* 1. Mitt. *Die Technik der Mikroanalyse.* Übersicht über die verschied. mikroanalyt. Verff. u. über die Auswahl von Werkstoffen für die Geräte sowie über die besondere Rolle der Blindwerte, die aus den Chemikalien u. aus den Gefäßen u. Geräten stammen, mit denen die Probe im Laufe der Unters. in Berührung kommt. (Arch. Eisenhüttenwes. **27.** 13—24. Jan. 1956. Düsseldorf, MPI für Eisenforsch.) H. HOCHSTEIN. G 354

Walter Koch und **Siegfried Eckhard,** *Mikroanalytische Untersuchungen in der Eisenforschung.* 2. Mitt. *Die spektrochemische Untersuchung isolierter Gefügebestandteile in Stählen.* (1. vgl. vorst. Ref.) Die analyt. Unters. der mg- u. µg-Mengen an isolierten Gefügebestandteilen läßt sich zu einem großen Teil spektrochem. durchführen. Dazu wird ein leitprobenfreies Verf. entwickelt, bei dem die photograph. Platte zur Messung der Lichtintensität dient u. die Konzz. jeweils aus Eichkurven entnommen werden, in denen sie als Funktion der gemessenen Lichtintensität dargestellt sind. Zur Vorbereitung der kleinen Stoffmengen werden die Gerätschaften der Mikroanalyse benutzt. Kleinste Stoffmengen werden unter Verwendung eines Mikromanipulators aufgeschlossen. Die Genauigkeit der Verff. entspricht der anderer Mikroanalysen. Der mittlere Fehler der Einzelmessung liegt zwischen 2,5 u. 3%. Die Spektralanalyse kann nicht auf die Elemente C, N, S u. P ausgedehnt werden u. bedarf daher einer Ergänzung durch andere mikroanalyt. Verfahren. Der Zeitaufwand für die spektrochem. Unters. beträgt ca. $^1/_{10}$ der bei anderen Mikroanalysen erforderlichen Zeit. (Arch. Eisenhüttenwes. **27**. 165—76. März 1956.) H. HOCHSTEIN. G 354

O. B. Falkowa, *Bestimmung von Sauerstoff im Stahl nach der Spektralmethode.* Elektroden: Prüfstahl u. konstante Kohlenelektrode. Es wird im Sondergefäß bis auf 0,01 mm Hg vorverd., dann mit H_2 bis auf 270 mm Hg gefüllt; die Entladung erfolgt im Hoch- oder Niedrigspannungsfunken, im ersten Falle durch 2 Entladungsstrecken; beim Niedrigspannungsfunken wird über ein Thyratron beladen. Die Konz. des O_2 wird aus dem log der relativen Intensitäten der Meßlinie 4641,8 Å des O u. der Grundstrahlung mit einer Reproduzierbarkeit bis auf 25% für die Einzelbest. ermittelt. Die App. ermöglicht eine 3fache Analyse von 5—6 Proben je Arbeitsgang. Die Best. erfolgt mit Hinzuziehung von Standardproben (analysiert durch Schmelzen im Vakuum) u. Eichkurve. (Известия Академии Наук СССР, Серия Физическая [Nachr. Akad. Wiss. UdSSR, physik. Ser.] **19**. 149—50. März/April 1955. Moskau, Stalin-Inst. für Stahl.) A. v. WILPERT. G 354

Hans Joachim Thomann und **Elisabeth Wolf,** *Phosphorbestimmung in Grauguß mit dem Pulfrich-Photometer.* Die im 250 ml-Enghalskolben eingewogenen Graugußspäne (> 0,5 g) werden unter mäßigem Kochen in 50 ml HNO_3 (D. 1,2) gelöst. Dann wird abgekühlt, mit dest. W. zur Marke aufgefüllt, umgeschüttelt u. durch ein Faltenfilter filtriert. Vom Filtrat werden 50 ml in einen 100 ml-Enghalskolben pipettiert, zum Sieden erhitzt u. mit 10 ml $KMnO_4$-Lsg. (10 g/Liter W.) versetzt u. 5 Min. schwach gekocht. Tropfenweise Zugabe von kalt gesätt. wss. K-Metabisulfitlsg., bis die Lsg. klar erscheint, u. nochmaliges Aufkochen. Sodann wird die Lsg. nacheinander mit 10 ml NaF-Lsg. (30 g/ Liter W.) u. 2 ml Ammoniumvanadat (I)-Lsg. (5 g **I** in 150 ml heißem W. lösen, mit 40 ml HNO_3, D. 1,4, ansäuern u. auf 200 ml auffüllen) versetzt. Nach dem Abkühlen mit dest. W. zur Marke auffüllen u. 50 ml abpipettieren (Restlsg. dient beim Photometrieren als Vergleichslsg.). Die abpipettierte Lsg. wird auf 35—40° erwärmt, mit 5 ml Ammoniummolybdat (II)-Lsg. (30 g **II** in 200 ml W. unter Erwärmen lösen, nach Abkühlen mit 2,5 ml NH_4OH, D. 0,91, versetzen u. auf 250 ml auffüllen) versetzt, umgeschüttelt u. nach dem Abkühlen gegen die Vergleichslsg. bei einer Schichtdicke von 5 cm mit Filter S 47 u. Glühlampe im PULFRICH-Photometer gemessen. Genauigkeit: ±0,025% P. Giessereitechnik **1**. 196. Okt. 1955.) M. WINIKER. G 354

Heinz Krapp, *Bestimmung der Seltenen Erden in Stahl.* Die Fluorid-, Peroxyd- u. Oxalsäureverff. zur Best. der Seltenen Erden werden erörtert u. zwei abgeänderte Arbeitsgänge besprochen, deren Anwendbarkeit auf legierte Stähle untersucht wird. Mit den beschriebenen Verff. ist nur eine Trennung der dreiwertigen von den vierwertigen Seltenen Erden zu erreichen. (Arch. Eisenhüttenwes. **27**. 103—05. Febr. 1956. Sterkrade.) H. HOCHSTEIN. G 354

b) Organische Verbindungen.

C. L. Ogg, *Organische Mikrochemie.* Zusammenfassender Bericht über Fortschritte auf dem Gebiet der organ. Mikrochemie in den beiden Jahren seit der letzten Übersicht (vgl. C. **1954**. 4224). Die Zusammenstellung behandelt die Best. von *C* u. *H, N, S, Halogenen, O,* verschied. Elementen u. funktionellen Gruppen sowie Fragen der Standardisierung. — 60 Literaturzitate. (Analytic. Chem. **28**. 766—69. April 1956. Philadelphia, Pa., Eastern Reg. Res. Labor.) W. KRÖNERT. 5350

Henry Gault, Marguérite Dorgans und **Anne-Marie Azières,** *Über ein Verfahren zur Reinheitskontrolle gewisser organischer Stoffe.* Vorschlag zur Verwendung des Phänomens der Annellierung nach JERMOLENKO (C. **1940**. I. 3379) zu Zwecken der Reinheitskontrolle organ. Substanzen. (Mikrochem. verein. Mikrochim. Acta **36/37**. 801—04. 1951. Gennevilliers, Labor. de Rech. du Gaz de France.) PH. FRESENIUS. 5350

F. Drahowzal und **D. Klamann,** *Über eine Methode zur Bestimmung von Sulfochloriden.* Der Cl-Geh. von Sulfochloriden konnte in einfacher Weise durch Behandlung derselben mit wss. Pyridin u. Ansäuern mit HNO_3 bestimmt werden. Die Meth. konnte auch zur Analyse von Gemischen benutzt werden, wenn nicht Substanzen mit sehr beweglichen Cl-Atomen vorhanden waren.

Versuche: Zur Best. von Cl^- u. p-Toluolsulfochlorid in n-Butyl-p-toluolsulfonat wurde nach Titration des ionogenen Cl nach ROTHMUND (Z. anorg. allg. Chem. **63.** [1909.] 330) mit der gleichen Menge Pyridin u. einigen Tropfen W. versetzt, dest. W. u. HNO_3 nach einigen Min. zugegeben u. wie üblich titriert. (Mh. Chem. **82.** 470—72; S.-B. österr. Akad. Wiss., math.-naturwiss. Kl., Abt. IIb **160.** 470—72. 1951. Wien, TH, Inst. für organ.-chem. Technol.) HILDEGARD BAGANZ. 5352

R. G. Bridges, A. Harrison und **F. P. W. Winteringham,** *Trennung der Isomeren des Benzolhexachlorids mittels Phasenumkehr-Papierverteilungschromatographie.* Mit W. gut ausgewaschene u. dann getrocknete WHATMAN Nr. 1-Streifen werden mit 5%ig. äther. Lsg. von Paraffinum molle album getränkt u. getrocknet. Auf so vorbehandeltem Papier können die *Benzolhexachlorid* (I)-*Isomeren* mit Methanol/W. (7 : 3) in ca. 18 Std. absteigend chromatographiert werden. R_F-Werte: α- 0,33, β- 0,00, γ- 0,40, δ-I 0,58. Die Lokalisierung der I-Isomeren erfolgt durch Tauchen des Streifens in frisch dest. Monoäthanolamin, ½std. Erhitzen auf 100° u. Tauchen in 0,1n $AgNO_3$-Lsg., angesäuert mit $^1/_{10}$ Vol. konz. HNO_3. Die I-Isomeren erscheinen im UV-Licht als braune Flecken. Empfindlichkeitsgrenze ca. 5 µg. (Nature [London] **177.** 86. 14/1. 1956. Slough, Bucks., Pest Infestat. Labor.) K. PRCHAL. G 1810

Giovanni Giovannozzi-Sermanni, *Ein neues Lösungsmittel zur quantitativen Papierchromatographie von Zuckern.* Das frisch bereitete Lösungsmittelgemisch n-Propylalkohol/Benzylalkohol/W./85%ig. Ameisensäure (50 : 72 : 20 : 20) eignet sich bes. gut zur Trennung von *Rohrzucker* (R_f-Wert) 0,17, *Glucose* 0,26 u. *Fructose* 0,32. Vor dem Besprühen muß das Lösungsm. mit warmer Luft entfernt werden. Weitere R_f-Werte: *Mannose* 0,30, *Arabinose* 0,32, *Xylose* 0,33 u. *Ribose* 0,41. (Nature [London] **177.** 586—87. 24/3. 1956. Rome, Ist. Sci. Sperim. Tabacchi, Labor. of Biochem.) K. PRCHAL. G 3400

C. Edwin Weill, *Bestimmung der gekuppelten aromatischen Kerne in einem Azoprotein.* Es wird gefunden, daß bei Kupplung von diazotierter p-Arsanilsäure mit p-Kresol oder Tyrosin in der Kälte Farblsgg. entstehen, die den gleichen Extinktionskoeff. haben wie Lsgg. der entsprechenden, umkrist. Farbstoffe. Weiter wird in gekuppelten Proben (diazotierte p-Arsanilsäure immer im Unterschuß) einerseits der As-Geh. bestimmt u. andererseits die Farbdichte im BECKMAN-Spektrophotometer, Modell DU, mit 1cm-Küvette bei 340 mµ u. p_H 7,0 ± 0,1 der Farblsg. ausgemessen. Berechnung der Moll. Azogruppen je g gekuppeltes Protein ergibt gute Übereinstimmung der beiden Analysenmethoden. Daraus ergibt sich, daß man die Zahl der gekuppelten Azogruppen bei jedem beliebigen Protein durch Vgl. der Lichtabsorptionen des Azoproteins mit einer Azotyrosinlsg., hergestellt aus dem gleichen diazotierten Amin u. Tyrosinüberschuß, bestimmen kann. Molare Extinktionskoeffizienten von Arsaniloazotyrosin $10{,}0 \cdot 10^3$ u. Arsanilo-p-kresol $17{,}3 \cdot 10^3$. (Analytic. Chem. **24.** 1617—18. Okt. 1952. Newark, Rutgers Univ., Newark Coll. of Arts and Sci.) H.-M. BARCHET. G 4070

d) Medizinische und toxikologische Analyse.

F. D. White, G. E. Delory, K. A. Christie und **E. A. Dudley,** *Nicotinamidhämochrom als Verbindung zur colorimetrischen Bestimmung der gesamten Hämfarbstoffe des Blutes.* Bei Zusatz von *Nicotinsäureamid* zu einer Lsg. von Blut in 0,1n NaOH u. Red. der Mischung mit $Na_2S_2O_4$ entsteht ein Hämochrom mit 2 gut ausgebildeten Maxima (λ_{max} 564, 530 mµ). Dies ermöglicht eine einfache colorimetr. Meth. zur Best. der Gesamthämfarbstoffe des Blutes. Die Genauigkeit der Meth. wurde durch Fe-Best. bestätigt. (Canad. J. med. Sci. **30.** 136—42. April 1952. Winnipeg, Univ. of Manitoba, Fac. of Med., Dep. of Biochem.) K. MAIER. 5727

J. C. Perrone und **L. D. Antonaccio,** *Die Aussalzkurve von menschlichem Serum.* In 30 Kölbchen (50 ml) wurden je 1 ml Serum u. 10 ml Phosphatlsg. ($KH_2PO_4 + K_2HPO_4$, p_H 6,5) steigender Molarität (0,98—3 mol.) gegeben u. 16 Std. bei 37° gehalten. Der Kolbeninhalt wurde dann 2 mal filtriert, u. vom Filtrat wurde je 1 ml in einen 25 ml-Kolben gegeben u. mit 0,1n NaOH zur Marke aufgefüllt. Zur Best. der Proteinkonz. wurde im Quarzspektrometer bei 280 mµ gemessen. Die Ergebnisse wurden graph. dargestellt, indem die Extinktionen gegen die Molarität der Phosphatlsg. aufgetragen wurden. Derartige Aussalzkurven sind unterteilter als Elektropherogramme. Die spektrophotometr. Auswertung ist schnell u. für den vorliegenden Zweck genau genug. Die Auswertung durch UV-Messungen läßt sich durch Anwendung von FOLINschem Reagens u. Messung in einem gewöhnlichen lichtelektr. Colorimeter umgehen. (An. Acad. brasil. Ci. **25.** 459—68. 31/12. 1953. Rio de Janeiro, Inst. Nac. de Tecnol.) K. NEHRING. 5728

K. Marha, *Spezifische polarographische Serumalbuminreaktion.* (Vorl. Mitt.) Höhere Fettsäuren u. Alkohole unterdrücken bei der BRDIČKAschen Rk. den zweiten Teil der polarograph. katalyt. Doppelstufe der Eiweißstoffe. Es handelt sich wahrscheinlich um eine ster. Hinderung der polarograph. akt. Gruppe. Globulin, Fibrinogen u. andere Eiweißstoffe geben diese Rk. nicht u. stören nicht die Rk. des Albumins. (Chem. Listy **49.** 1896—97. Dez. 1955. Praha, Ústav hyg. práce a chorob z povolání.)
P. ZUMAN/Prag. 5728

R. W. R. Baker, *Photometrische Bestimmung von Calcium.* Zu der früher angegebenen Arbeitsweise (C. **1955.** 9870) zur Ca-Best. in Serum wird eine Sprühvorr. mit einer Mikrometereinstellung an Hand einer schemat. Darst. beschrieben. (Recueil Trav. chim. Pays-Bas **74.** 502—06. Mai 1955. London, Guy's Hosp. Med. School, Dep. of Chem. Pathol.) J. SCHWAIBOLD. 5728

I. MacIntyre, *Die Bestimmung von Calcium in biologischen Flüssigkeiten durch Flammenspektrophotometrie.* Beschreibung des Untersuchungsverf. zur Ca-Best. im Serum, Urin usw., über das früher schon kurz berichtet worden ist (C. **1955.** 1343), an Hand von Emissions- u. Auswertungskurven (auch im Vgl. mit Ergebnissen nach der Meth. von KRAMER u. TISDALL) u. einer schemat. Darst. der Apparatur. (Recueil Trav. chim. Pays-Bas **74.** 498—501. Mai 1955. London, Postgraduate Med. School.)
J. SCHWAIBOLD. 5728

Jonathan B. Wittenberg, Saul R. Korey und **Franklin H. Swenson,** *Die Bestimmung höherer Fettaldehyde in Geweben.* Unter Hinweis auf die Schwierigkeiten beim Nachw. höherer Fettaldehyde mittels der FEULGEN-Rk. mit Fuchsinschwefliger Säure wird ein neues Verf. unter Benutzung von *p-Nitrophenylhydrazin* (**I**) entwickelt. Modellverss. mit einer Reihe von definierten Aldehyden u. Acetalen; Ermittlung des Lipoid-P nach FISKE u. SUBBAROW (J. biol. Chemistry **66.** [1925.] 375), des N nach KJELDAHL. Extraktion der Gewebe nach FOLCH u. Mitarbeitern (C. **1952.** 1515); ein aliquoter Anteil davon mit 0,1—7 μMol Fettaldehyd wird im 30 ml-Zentrifugenglas bei 70° zur Trockne gebracht, dazu 8 ml A. (95%ig), 1 ml 0,02 mol. **I** in 95%ig. A. sowie 1 ml 1n H_2SO_4 gegeben; Mischung bleibt 20 Min. bei 70° stehen. Man gibt 5 ml W. u. 10 ml PAe. (60—70°) zu, schüttelt u. entfernt die wss. Schicht; die Petrolätherphase wird 2mal mit 10 ml W. gewaschen u. durch Zentrifugieren geklärt; man nimmt davon 1—5 ml, konz. im Luftstrom auf dem heißen Wasserbad, löst den Rückstand sofort in 3—20 ml 95%ig. A., ermittelt im BECKMAN-Spektrometer bei 395 mμ die opt. Dichte u. wertet aus; mol. Extinktionskoeff. bei dieser Wellenlänge $2{,}35 \cdot 10^4$; Reproduzierbarkeit der Ergebnisse $\pm 5\%$; Modellverss. lehren, daß bei der Best. nur die Aldehyde mit 14 u. mehr C-Atomen vollständig, die Vertreter mit 8 u. 10 C-Atomen nur partiell erfaßt werden. Anwendung der Arbeitsweise auf Lipoidextrakte von Rattengewebe (Leber, Milz, Nieren, Lunge, Herz, Gehirn, Hoden, Skelettmuskulatur) sowie Ermittlung der Verteilung der höheren Fettaldehyde in den verschied. Komponenten der Rattenleber (Zellkern, Mitochondria, Mikrosome, Homogenate); Vgl. der Ergebnisse mit denjenigen nach der FEULGEN-Methode. (J. biol. Chemistry **219.** 39—47. März 1956. Cleveland, O., Western Reserve Univ., School of Med., Dep. of Biochem. and Div. of Neurol., Dep. of Med.)
K. TÄUFEL. 5750

Robert B. Fischer, Quantitative chemical analysis. Philadelphia: Saunders. 1956. (401 S. m. Abb.) $ 5,50.
Harper W. Frantz, A laboratory study of chemical principles; a semimacro manual integrating general chemistry and qualitative analysis; 2nd. ed. San Francisco: W. H. Freeman. 1956. (295 S. m. Abb. u. Diagr.) Q. $ 2,75.

H. Angewandte Chemie.

I. Allgemeine chemische Technologie.

J. Henry Rushton, *Mischen.* (Vgl. C. **1956.** 9273.) Jahresübersicht über Arbeiten, die verschied. Arten des Mischens von Feststoffen, des Mischens u. gleichzeitigen Extrahierens, der Mischverff. von Gasen mit Fll., der Zumischung kleiner Mengen, Wärmeübertragungseinfll., mechan. Konstruktionsmerkmale von Mischern u. Schüttelprozesse behandeln. — 26 Literaturzitate. (Ind. Engng. Chem. **47.** 582—85. März 1955. Chicago, Ill., Illinois Inst. of Technol.) L. FISCHER. 5822

James Gillin, *Ionenaustausch in der Feinchemikalienindustrie.* Ionenaustauschprozesse erhalten für die Herst. von Feinchemikalien zunehmende Bedeutung. Auf pharmazeut. u. biol. Gebiet sind bes. folgende Operationen von Interesse: a) Entionisierung, b) Neutralisierung, c) Neutralaustausch, d) Adsorption u. Elution. — Beispiele: a) Entsalzung von Proteinlsgg. (NaCl) im Mischbettverf. bei konstantem p_H. b) Entfernung von überschüssiger H_2SO_4 aus Aminosäurehydrolysaten bzw. von Dicarbonsäuren u. tox.

Verunreinigungen aus Caseinhydrolysaten. c) Umstellung pharmazeut. wichtiger Säuren u. Basen in die handelsübliche Form: Na–Penicillin → K–Penicillin; Thiamin–Br → Thiamin–NO_3; Vitamin B_1–Br → Vitamin B_1–Cl. d) Adsorption u. Elution von Streptomycin an schwach sauren Kationenaustauschern. (Chem. Engng. Progr. **51.** 547–50. Dez. (Part II). 1955. Rahway, N. J., Merck & Co., Inc.) G. NAUMANN. 5826

Robert B. Booth, *Flotation.* (Vgl. C. **1955.** 6097.) Zusammenfassende Übersicht über die Arbeiten auf dem Gebiet der Flotation von Eisenerzen u. von Nichtmetallverbb. aus dem Jahre 1954. — 97 Literaturangaben. (Ind. Engng. Chem. **47.** 551–58. März 1955 (Part II). Stamford, Conn., American Cyanamide Co). MAX SCHMIDT. 5828

S. A. Miller, *Filtration.* (Vgl. C. **1956.** 8183.) Jahresübersicht: Veröffentlichungen über Theorie, Experiment u. Konstruktion, techn. Anlagen u. Anwendung, Vorfiltration von Schlamm, Filtermedien u. Filtrierhilfen, Ultrafiltration. — 133 Literaturzitate. (Ind. Engng. Chem. **47.** 546–51. März 1955. Lawrence, Kans., Univ.) L. FISCHER. 5830

W. O. Bice, F. Prange und **R. E. Weis,** *Die Handhabung flüssigen Schwefelwasserstoffs. Amerikanische, in großem Maßstab vorliegende Erfahrungen.* Über seit 1943 vorliegende Erfahrungen bei der Verflüssigung von natürlich vorkommendem H_2S u. dessen Verarbeitung zu Mercaptanen wird berichtet. Die dazu erforderliche Arbeitsweise der Kompressoren mit ihren Sicherheitseinrichtungen, die benötigten Kontrollinstrumente u. die Fragen des Atemschutzes u. der Korrosion werden behandelt. (Chem. Trade J. chem. Engr. **131.** 1029–30. 31/10. 1952.) H. EISENBARTH. 5856

W. O. Bice, Fred Prange und **R. E. Weis,** *Die Handhabung flüssigen Schwefelwasserstoffs.* Ausführlichere Wiedergabe der vorst. referierten Arbeit. (Ind. Engng. Chem. **44.** 2497–2500. Okt. 1952. Philips, Tex., Philips Petroleum Co., Chem. Engng. Div., Philtex Exp. Stat.) H. EISENBARTH. 5856

Lyman F. Kells, S. R. Orfeo und **Whitney H. Mears,** *Die thermodynamischen Eigenschaften der Freonkältemittel.* 1. Mitt. *Freon–12, Dichlordifluormethan.* Zahlenmäßige Zusammenstellung der thermodynam. berechneten u. gefundenen Kennwerte von CCl_2F_2, einschließlich Zustands- u. Dampfdruckgleichungen. (Refrigerating Engng. **63.** Nr. 10. 46–50. Okt. 1955. Morristown, N. J., General Chem. Res. Labor.) W. WESLY. 5858

A. F. Orlicek und **H. Voetter,** *Über die Rektifikation von Mehrstoffgemischen.* Vff. geben eine Modifikation der Berechnung der Arbeitslinie bei der Rektifikation von Mehrstoffgemischen, die entgegen der klass. Meth. ihre Abweichung von der Abtriebs- bzw. Verstärkungsgeraden durch Wärmeeffekte (verschied. Verdampfungswärmen der Komponenten, Wärmeverluste) zu bestimmen gestattet. Das Verf. beruht auf der Einführung einfacher Korrekturen u. wird halb rechner., halb graph. durchgeführt. (Österr. Chemiker-Ztg. **54.** 227–29. Aug. 1953. Wien, TH, Inst. für Verfahrenstechn.) F. CRAMER. 5864

Frank A. Gluckert, *Trocknung.* (Vgl. C. **1956.** 10091.) Arbeiten über Grundlagen u. Methoden der Trocknung, sowie die Bedingungen für einige besondere Materialien sind in einen Jahresüberblick zusammengefaßt. — 149 Literaturzitate. (Ind. Engng. Chem. **47.** 527–31. März 1955. Wilmington, Del., E. I. du Pont de Nemours & Co., Inc., Engng. Dep., Engng. Res. Labor.) L. FISCHER. 5874

G. C. Bond, *Katalyse: Kunst oder Wissenschaft?* Kurze Übersicht über die Theorie der katalyt. Hydrierung. (Chem. Products chem. News **18.** 300–04. Aug. 1955.) MAX SCHMIDT. 5900

Soc. Française de Peintures Bitumineuses A. E. Petit & Fils (S. à. R. L.) [Bitulac], Frankreich, *Fugendichtungsmittel* (Seeleim), bes. für Schiffsbrücken, bestehend aus elast. Mischpolymerisat, z. B. Polyvinylchlorid, Polyisobutylen, Polybutylisopren, Vinylchloracetat, mit weiteren Zusätzen von Steinkohlenteer, Kautschuk oder Erdölpech. — Man mischt z. B. 55 (Gewichtsteile) Steinkohlenteer, 10 Polyvinylchlorid u. 35 Anthracenöl zu einer homogenen M. oder 10 Polyisobutylen, 80 geblasenes Erdölbitumen (Erweichungspunkt 85°) u. 10 Talk- oder 10 Butylisoprenmischpolymerisat, 32,9 Kautschuk, 2 Schwefel, 0,1 Beschleuniger, 10 ZnO, 40 Ton, 5 Ruß. (**F. P. 1 085 436** vom 25/6. 1953, ausg. 2/2. 1955.) M. F. MÜLLER. 5811

Mij. voor Kolenbewerking Stamicarbon N. V., Heerlen, Holland, *Regelung der Viscosität von Flüssigkeiten, die aus einem Gemisch verschiedener Flüssigkeiten bestehen und/oder Stoffe gelöst, emulgiert und dispergiert enthalten.* Die Fll. werden in eine Rotationskammer mit Separator geleitet, wobei der Druck u. die Dimension der Kammer so bemessen sind, daß im Gebiet der krit. Viscosität der Gipfelwinkel des Verteilerkonus stark verändert werden kann, während der Abstand zwischen der Flüssigkeitszuführungsöffnung u. dem (den) oberen Rand (Rändern) der Trennwände des Separators so eingestellt ist, daß beim Grenzwert der Viscosität die Fl. gerade auf einen dieser Ränder auftrifft. Die Fl., die nicht die verlangte Viscosität aufweist, wird in den Prozeß zurückgeführt. *Herst. von Lsgg. gewünschter Konz., Extraktion fester Stoffe, z. B. in der Industrie der Farbstoffe, Anstrichmittel, Fette u. der Stärke, Herst. von Lsgg. von Kunstharzen bestimmten Polymerisationsgrades.* — Zeichnung. (**Belg. P. 514 898** vom 17/10. 1952, ausg. 9/7. 1954. Holl. Priorr. 17/10. 1951 u. 26/9. 1952.) W. MATTHAES. 5897

Standard Oil Development Co., übert. von: **Karl J. Nelson,** Cranford, N. J., V. St. A., *Inkontaktbringen von Flüssigkeiten mit feinverteilten Feststoffen.* Die Fll. werden der dichten turbulenten Feststoffmasse von unten nach oben zugeführt; in der Behandlungszone (I) wird konstante Temp. u. Verweilzeit der Feststoffe (II) eingehalten, indem ein Teil der II mit einer nicht unter der Behandlungstemp. liegenden konstanten Temp., die jedoch ausreicht, die erforderliche Temp. in der I aufrechtzuerhalten, u. ein Teilstrom frischer II mit einer darunter liegenden Temp. der Feststoffmasse zugeführt wird. Ein Strom der behandelten II wird aus der M. abgezogen. Die Zufuhr frischer II wird so geregelt, daß die Temp. konstant gehalten wird; es werden nur so viel behandelte II abgezogen, daß das Niveau gehalten wird. Behandlung von Kohle, Lignit, Teersand, Koks, Ölkoks, Asphalt usw. unter Gewinnung von *Kohlengas, Wassergas, Leichtöl, Teer.* — Zeichnungen. (**A. P. 2 677 604** vom 14/12. 1946, ausg. 4/5. 1954.) W. MATTHAES. 5905

Commonwealth Scientific & Industrial Research Organisation, East Melbourne, Australien, *Gegenstromkontaktführung von Feststoffen und Flüssigkeiten.* Bei Feststoffen u. einer spezif. leichten Fl. oder Schlamm wird die Gegenstromführung in einer Vorr. vorgenommen, die durch ein Sieb in einen oberen u. unteren Teil unterteilt ist, wobei die Feststoffe oberhalb der Siebfläche im Gegenstrom zur Fl. geführt werden u. wobei das Sieb ständig aufwärts u. vorwärts bewegt wird oder auch der obere oder untere Teil der Vorr. bewegt wird, wodurch die Fl. in pulsierende Bewegung versetzt wird. *Ionenaustauschprozesse, kontinuierliche fraktionierte Absorption u. Fließbettverfahren.* — Zeichnung. (**E. P. 731 000** vom 24/2. 1953, ausg. 1/6. 1955. Aust. Prior. 7/4. 1952.)
W. MATTHAES. 5905

Dorr Co., Stamford, Conn., V. St. A., übert. von: **Thomas D. Heath,** Westport, *Durchführung endothermer Reaktionen in der Wirbelschicht.* Bei Wirbelschichtverff., die oxydierbare Reaktionsprodd. liefern, wird ein inerter, feinverteilter Feststoff (I) dem Wirbelbett, in dem die endotherme Rk. erfolgt, als Wärmeträger zugeführt, die Reaktionsprodd. (II) abgeführt u. getrennt davon der I einer exotherm. Reaktionszone zugeführt, in der er durch ein O_2-haltiges Gas fluidisiert wird, wobei darin die Aufheizung des I durch Zuführung von II erfolgt, die oxydiert werden, worauf der heiße I der endotherm. Reaktionszone wieder zugeführt wird. — Gewinnung von S aus Pyriten, von CS_2 aus C u. S, von Wassergas aus C u. Wasserdampf. — Zeichnung. (**A. P. 2 700 592** vom 13/3. 1950, ausg. 25/1. 1955.) W. MATTHAES. 5905

N. V. de Bataafsche Petroleum Mij., Den Haag (Erfinder: **Pieter Jan Schoenmakers** und **Willem Lodewijk van de Putte,** Delft, Holland), *Regelung der Zirkulationsgeschwindigkeit von Wirbelschichten* in einer Vorr., die aus einem Rohrsyst. besteht, das einen aufsteigenden Ast (I) umfaßt, dem am unteren Ende Gas zugeführt wird, um die Stoffe in dem I nach oben mitzureißen, sowie einen absteigenden Ast (II), der am oberen Ende die Feststoffe aus dem I aufnimmt u. am unteren Ende an den I wieder abgibt, wobei I u. II am unteren Ende durch eine Hilfskammer (III) verbunden sind, die durch enge Öffnungen mit I u. II in Verbindung steht u. in die eine Zusatzgasleitung mündet. Die Menge des der III zugeführten Zusatzgases wird in Abhängigkeit von der Temperaturdifferenz der Wirbelschicht zwischen zwei in senkrechtem Abstand voneinander entfernten Punkten in dem II geregelt. — Zeichnung. (**D. B. P. 936 744** Kl. 12g vom 6/9. 1953, ausg. 22/12. 1955. Anmeldung bekanntgemacht 30/6. 1955. Holl. Prior. 8/9. 1952.)
W. MATTHAES. 5905

Esso Research & Engineering Co., übert. von: **George L. Matheson** und **Homer J. Hall,** Cranford, N. J., V. St. A., *Homogene Wirbelschicht.* Die fluidisierten Teilchen weisen Durchmesser bis $>$ 500, z. B. 500—840 mμ u. mehr, auf u. sollen in größerem Anteil, z. B. 70—90%, Teilchen von 200 u. weniger mμ enthalten, wobei das Verhältnis von Höhe zu Durchmesser der Wirbelzone $>$ 2 sein soll. — Beispiele: *Fluidisieren von Kohle, Koks, Erzen.* — Zeichnung. (**A. P. 2 711 387** vom 30/11. 1949, ausg. 21/6. 1955.)
W. MATTHAES. 5905

Dorr Co., Barry Place, Conn., V. St. A. (Erfinder: **Frank Stevenson Waite**), *Temperaturführung im Wirbelschichtbett.* Das Wirbelschichtbett besteht aus gröberen, vom Gasstrom nicht fortgeführten Feststoffteilchen, die durch einen heißen Gasstrom aufgewirbelt werden, wobei die umzusetzenden feineren Teilchen durch die Schicht der gröberen Teilchen hindurchgeführt werden u. wobei zwecks Vermeidung von Verunreinigungen des Reaktionsprod. die gröberen Teilchen die gleiche chem. Zus. haben wie die ausreagierten feineren Teilchen. — Beispiele: *Rösten von Pyrit, Calcinieren von Kalk.* — Zeichnung. (**E. P. 731 923** vom 21/9. 1951, ausg. 15/6. 1955.) W. MATTHAES. 5905

E. I. du Pont de Nemours & Co., übert. von: **Herrick R. Arnold**, Wilmington, Del., V. St. A., *Herstellung von Hemichromiten des Kupfers, Eisens, Kobalts und Nickels.* Man löst in wss. Lsg. gleiche Mengen CrO_3 u. Cu-, Fe-, Co- oder Ni-Acetat, dampft zur Trockne ein u. trocknet bei 120°. Nachdem man das Prod. zu einem Pulver vermahlen hat, calciniert man bei 400—475° u. anschließend im H_2-Strom bei 425—475°. Die erhaltenen Hemichromite $CuCrO_2$, $FeCrO_2$, $CoCrO_2$ u. $NiCrO_2$ sind gute *Katalysatoren.* (**A. PP. 2 733 129** u. **2 733 130** vom 5/11. 1953, ausg. 31/1. 1956.) H. NEBELSIEK. 5905

Esso Research & Engineering Co., Elizabeth, N. J., V. St. A., *Gewinnung von γ-Al_2O_3 durch Hydrolyse von Al-Alkoholat mit Wasserdampf zu Boehmit.* Nach dem Trocknen u. Erhitzen auf ca. 315—870, bes. 315—540°, erhält man dann γ-Al_2O_3. — Verwendung als *Katalysator* in Verbindung mit Pt oder MoO_3. (**E. P. 737 359** vom 21/10. 1953, ausg. 21/9. 1955. A. Prior. 1/11. 1952.) H. NEBELSIEK. 5905

F. R. Bruce and other eds., Process Chemistry. Vol. 1. London: Pergamon Pr. 1956. (419 S. m. Abb.) 84 s.

II. Betriebsschutz. Feuerschutz.

Wilhelm Sandermann und **Adolf-Wilhelm Barghoorn**, *Gesundheitsschädigende Hölzer.* Zusammenstellung aller Berichte über die Giftigkeit von Hölzern, getrennt nach zweifelhaften u. gesicherten Angaben. Es handelt sich vor allem um ausländ., meist trop. Hölzer, bei deren Be- oder Verarbeitung vornehmlich Haut- oder Schleimhauterkrankungen auftreten. Neben echten Vergiftungen beruht die Erkrankung zumeist auf einer allerg. Disposition der Betroffenen. Verhütungsmaßnahmen werden erörtert. (Holz Roh- u. Werkstoff **14.** 87—94. März 1956. Reinbek, Bez. Hamburg, Bundesforschungsanst. für Forst- u. Holzwirtschaft, Abt. Holzchemie.) W. WERGIN. 5932

K. Meures, *Staubgefahren im Emaillierwerk.* In Emaillierwerken wird häufig bei den dort üblichen Arbeitsmethoden der beträchtlichen Entw. gesundheitsschädlicher Stäube nicht genügend Aufmerksamkeit gewidmet. Vf. weist auf Wege hin, die bei der Herst. des Emails, beim Sandstrahlen der Gußeisenstücke, beim Aufbringen der Emailschichten u. an den Emailbrennöfen zu einer Verminderung der Staubentw. führen. (Staub Heft **36.** 260—63. 15/6. 1954. Oberkirch/Baden.) H. EISENBARTH. 5932

G. D. Nussey und **D. W. Woodhead**, *Kohlenstaubbindemittel.* Es wird über Verss. zur Bindung von Kohlenstaub mit KCl, $CaCl_2$ u. Kalkstaub berichtet. — Diskussion. (Colliery Guardian. **188.** 37—44. 14/1. 419—21. 8/4. 1954.) F. VIER. 5940

E. H. Coleman und **G. W. V. Stark**, *Ein Vergleich der Löschwirkungen von Bromchlormethan und Kohlenstofftetrachlorid.* Bei Zusatz von *Bromchlormethan* (**I**) oder *CCl_4* (**II**) zu Gemischen von Brennstoff–Luft rücken die obere u. untere Zündgrenze näher aneinander heran, so daß bei genügend starker Zugabe von **I** oder **II** beide Zündgrenzen aufeinanderfallen. Die hierfür vorliegende Konz. an **I** oder **II** dient Vff. als Maß für die Wirksamkeit zur Zündunterdrückung, da bei noch reichlicherer Zugabe ohne Rücksicht auf das Verhältnis Brennstoff–Luft jede Entzündung unterbleibt. Diese Konz. wurde als „peak value" bezeichnet (PV). Bei den an n-Heptan (**III**) als Brennstoff durchgeführten Verss. betrug PV bei **I** 6,35%, bei **II** 9,9%, d. h. **I** war in der Wrkg. stärker als **II**. Die Wirkungen von **I** u. **II** waren auf die untere Zündgrenze etwa gleich, auf die obere zeigte **I** die stärkere Wrkg., da bereits 0,5% **I**-Dampf im **III**–Luft-Gemisch die obere Grenze von 6,7% auf 5,0% brachten; erst die Zugabe von 5,2% **II**, also die 10fache Menge gegenüber **I**, hatte die gleiche Wirkung. Bei bereits brennenden Flammen ist die Überlegenheit von **I** bes. groß, da an der Basis einer Flamme stets an Brennstoff reiche Gemische vorliegen. (Chem. and Ind. **1955.** 563. 14/5. Boreham Woods, Herts., Joint Fire Res. Organ., Dep. of Sci. and Ind. Res. and Fire Off. Comm.) E. ROEDER. 5944

A. R. Meetham, Atmospheric pollution, 2nd. edn. London: Pergamon Pr. 1956. (310 S. m. Abb.) 63 s.

III. Elektrotechnik.

Igranic Electric Co. Ltd., Bedford, England, übert. von: **Merle Robert Swinehart**, Milwaukee, Wis., V. St. A., *Schaltkontakt.* Ein inniges Gemisch aus ca. 87,5 (Gew.-%) gefälltem Ag-Pulver, 11,9 CdO u. 0,6 AgJ wird mit einem Gemisch aus ca. 80 gefälltem Ag-Pulver u. ca. 20 krist. Ag-Pulver überschichtet u. bei ca. 870° gesintert. Der so gewonnene Formkörper wird heiß gewalzt. Aus dem Walzprod. werden Kontaktelemente herausgestanzt. (**E. P. 653 796** vom 15/7. 1947, ausg. 23/5. 1951. A. Prior. 1/7. 1946.) H. KESSEL. 5953

Igranic Electric Co. Ltd., Bedford, England, *Kontaktkörper* besteht aus gesintertem Ag-Pulver mit Einlagerungen von Teilchen aus einem gesinterten Gemisch von $NiSO_4$ (**I**) u. CdO (**II**), wobei der **I**-Geh. höchstens 3,75% der Gesamtmasse beträgt, oder von $CoSO_4$ (**III**) u. **II**, wobei der **III**-Geh. höchstens 5% der Gesamtmasse beträgt. (**E. PP. 683 343** vom 1/11. 1950, ausg. 26/11. 1952. A. Prior. 3/12. 1949 u. **684 199** vom 1/11. 1950, ausg. 10/12. 1952. A. Prior. 28/11. 1949.) H. KESSEL. 5953

Licentia Patent-Verwaltungs-G. m. b. H., Hamburg, *Kontaktkörper* werden durch Sintern von Metallpulver gewonnen, unter Zusatz von Graphit- oder Schmirgelpulver. (**Schwz. P. 298 655** vom 13/8. 1943, ausg. 16/7. 1954. D. Prior. 22/9. 1942.) H. KESSEL. 5953

C. S. Brainin Co., New York, übert. von: **Raymond Francis Vines**, Queens Village, N. Y., V. St. A., *Schaltkontakt*. Der aus einer Ag–Cd-Legierung mit 5—15% Cd bestehende Kontaktkörper wird in oxydierender Atmosphäre mehrere Std. auf ca. 650—885° erhitzt, bis das Cd in einer Tiefe von ca. 0,25 mm zu CdO oxydiert ist. (**A. P. 2 673 167** vom 28/12. 1945, ausg. 23/3. 1954.) H. KESSEL. 5953

Godfrey L. Cabot, Inc., Boston, übert. von: **William M. Jackson II**, Watertown, Mass., V. St. A., *Keramischer Körper*. Kaolin, Ballclay oder deren Mischungen in Mengen von 4—28 (Gew.-%) werden mit 70—90 eines schmelzbaren Materials, wie Feldspat, Wollastonit ($CaO \cdot SiO_2$), Steatit, Calciumzirkonsilicat, Cordierit oder dgl. sowie Bor- u. Phosphorverbb., z. B. BPO_4, in Mengen von 2—10 vermischt u. zu keram. Körpern verarbeitet. Die Prodd. haben eine günstige DK. u. geringe dielektr. Verluste. — *Verwendung in der Elektrotechnik*. (**A. P. 2 726 963** vom 8/10. 1952, ausg. 13/12. 1955.) F. REINHART. 5957

Standard Téléphone et Radio Soc. An., Zürich, Schweiz, *Massekern*. Die Magnetpulverteilchen tragen 2 verschied. Isolierschichten, von denen die innere aus SiO_2-Sol besteht, die äußere aus $Mg(OH)_2$ (**I**) oder, über einer **I**-Zwischenschicht, aus MgO oder TiO_2. (**Schwz. P. 265 648** vom 23/11. 1946, ausg. 16/3. 1950. E. Prior. 23/11. 1945.) H. KESSEL. 5959

C. Conradty, Nürnberg (Erfinder: **Ottmar Conradty**), *Vollständige Aktivierung von Kunstkohleplatten für Akkumulatoren* oder dgl., dad. gek., daß die heißen aktivierenden Gase durch die ebenfalls erhitzten Kunstkohleplatten hindurchgepreßt oder gesaugt werden. (**D. B. P. 941 552** Kl. 21b vom 2/12. 1944, ausg. 12/4. 1956. Anmeldung bekanntgemacht 8/10. 1953.) F. LAASS. 5971

Edmond Bigare, Seine, Frankreich, *Bleistromsammler*. In dem wegen der Entw. von Gasen unverschlossenen Sammler wird der Elektrolyt gegen Verdunsten von W. durch Beschichten mit Paraffinöl geschützt. (**F. P. 1 095 411** vom 2/12. 1953, ausg. 2/6. 1955.) B. SCHMIDT. 5971

Walter Mohr, Zwickau, und **Paul Neidhardt**, Planitz, *Aktive positive Masse für alkalische Stromsammler*. Das aus $NiSO_4$-Lsg. durch NaOH ausgefällte $Ni(OH)_2$ wird auf beschleunigtem Wege sulfat- u. alkalifrei gemacht, indem der in einem Vakuumfilter abgesaugte Nd. mehrmals in dest. W. von 70° aufgeschlämmt, wieder abgesaugt u. einer kurzzeitigen Trocknung unterworfen wird. Die letzte Trocknung erfolgt nur soweit, daß eine streichfähige Paste entsteht. (**D. P. [DDR] 5 765** Kl. 21b vom 4/1. 1951, ausg. 11/11. 1953 [Wirtschaftspatent].) B. SCHMIDT. 5971

VEB Elektrochemisches Kombinat Bitterfeld, Bitterfeld, *Elektrode für galvanische Elemente*. Ein aufgerauhter metall. Träger, z. B. aus Al, wird mit einer Suspension von Kohle, Koks, Ruß, Anthracit oder bes. Graphit in einem organ. Mittel beschichtet u. zur Verkokung dieses Mittels gegebenenfalls unter Schutzgas, z. B. N_2, auf $>300°$ erhitzt. Die Suspension enthält z. B. 64 (%) Nitrocelluloselack, 30 Graphit mit Korngröße $<0,1$ mm, 6 Graphit mit Korngröße 0,1—0,5 mm. (**D. P. [DDR] 5 608** Kl. 21b vom 20/1. 1942, ausg. 9/3. 1954 [Wirtschaftspatent].) B. SCHMIDT. 5971

Werner Rönisch und **Erich Giese**, Zeuthen, Kr. Teltow, *Regenerieren von Trockenelementen*. In galvan. Elementen, deren Elektroden noch nicht aufgebraucht sind, erfolgt durch „rechteckige" Gleichstromimpulse von 0,02—0,1 Sek. Dauer u. 2—10 A Stromstärke bei einer Anzahl von 2—3 in der Sek. u. einer Behandlungsdauer von 20—30 Min. eine Abwanderung des H_2 vom Depolarisator unter Regenerierung des Elektrolyten u. Bldg. von Zn aus $ZnCl_2$ an der Zn-Elektrode. — Versuchsergebnisse, elektr. Schaltschemata. (**D. P. [DDR] 7 471** Kl. 21b vom 23/8. 1952, ausg. 24/7. 1954 [Wirtschaftpatent].) B. SCHMIDT. 5971

Siemens & Halske Akt.-Ges., Berlin und München (Erfinder: **Werner Espe**, Berlin), *Sekundäremissionselektrode*. Der akt. Teil besteht aus einem Metall, z. B. Pd, bes. in Form von Pd-Mohr, das entgast u. mit gelöstem H beladen ist. (**D. R. P. 758 300** Kl. 21g vom 5/5. 1939, ausg. 3/8. 1953.) H. KESSEL. 5975

Siemens & Halske Akt.-Ges., Berlin und München (Erfinder: **Hans Vatter**, Geislingen/Steige, und **Günther Kromrey**, Berlin), *Elektroden für elektrische Entladungsröhren.* Zur Schwärzung wird vor dem Aufbringen von Al, das durch Glühen in eine schwarze, gut wärmeabstrahlende Modifikation übergeführt wird, eine Fe-Schicht aufgebracht, z. B. durch Aufsintern oder Plattieren, oder es wird Fe zugleich mit dem Al aufgetragen, z. B. als Fe–Al-Pulvergemisch. (**D. B. P. 943 423** Kl. 21g vom 29/10. 1941, ausg. 17/5. 1956. Anmeldung bekanntgemacht 25/6. 1953.) H. KESSEL. 5975

Westinghouse Electric Corp., East Pittsburgh, Pa., übert. von: **John H. Findlay**, Upper Montclair, N. J., V. St. A., *Elektrode für elektrische Entladungsröhren* mit geringer Primär- u. Sekundärelektronenemission besteht aus einem metall. Trägerkörper, z. B. aus Mo oder Ta, mit einem aufgesinterten Überzug aus graphitierten Ta-Pulverteilchen. (**A. P. 2 683 671** vom 17/7. 1952, ausg. 13/7. 1954.) H. KESSEL. 5975

International General Electric Co., Inc., New York, **General Electric Co.**, Schenectady, N. Y., V. St. A., und **British Thomson-Houston Co. Ltd.**, London, England, übert. von: **James M. Lafferty**, Schenectady, N. Y., V. St. A., *Glühkathode für elektrische Entladungsröhren* enthält ein Metallhexaborid, z. B. ein Erdalkali-, La-, Ce-, Nd- oder Mischmetallhexaborid. (**Oe. P. 172 597** vom 20/3. 1951, ausg. 25/9. 1952. **Schwz. P. 301 197** vom 31/3. 1951, ausg. 1/11. 1954. **E. P. 678 258** vom 12/3. 1951, ausg. 27/8. 1952. Alle A. Prior. 31/3. 1950. **A. P. 2 639 399** vom 31/3. 1950, ausg. 19/5. 1953.) H. KESSEL. 5975

Westinghouse Electric Corp., East Pittsburgh, übert. von: **Fitz-Hugh B. Marshall**, Glenshaw, und **John W. Coltman**, Pittsburgh, Pa., V. St. A., *Strahlungsdetektor und Bildwandler.* In einem Leuchtstoff mit Speicherwrkg. (z. B. SrS, aktiviert mit Ce u. Sm, oder Cs-Antimonid) wird die der zu erfassenden energiereichen Strahlung (z. B. Röntgen-, α-, β- oder γ-Strahlen) entnommene Energie gespeichert, bei impulsweiser Bestrahlung mit einer Hilfsstrahlung (z. B. Infrarot) als Fluorescenzstrahlung emittiert u. unter Vermittlung einer Bildwandlereinrichtung (Photokathode u. Sekundärelektronenverstärker mit oder ohne elektronenopt. Strahlführung) verstärkt u. gemessen oder sichtbar gemacht. (**A. P. 2 612 610** vom 6/11. 1948, ausg. 30/9. 1952.) H. KESSEL. 5975

General Electric Co., New York, N. Y., V. St. A., übert. von: **Alfred Hamilton McKeag** und **Peter Whitten Ranby**, North Wembley, England, *Erdalkaliphosphatleuchtstoff* mit Apatitstruktur $3\,M_3(PO_4)_2 \cdot M(OH)_2$ oder $3\,M_3(PO_4)_2 \cdot MO$, in der M ein Erdalkalimetall bezeichnet, aktiviert mit 0,1 (Gew.-%) Cu oder 1—3 Sb oder 2—10 Tl (u. gegebenenfalls zusätzlich 1—5 Mn). Geeignet für *Fluorescenz-* u. *Kathodenstrahlröhren.* (**A. P. 2 664 401** vom 1/4. 1949, ausg. 29/12. 1953.) R. SCHREINER. 5975

Radio Corp. of America (Erfinder: **Philip Raymond Celmer jr.**), V. St. A., *Fluorescenzstoff*, enthaltend 97—99 Gew.-% Zinkselenid (ZnSe) u. geringe Mengen eines Aktivierungsmittels, z. B. 0,003—0,015 (Gew.-%) $CuCl_2$, mit weiteren geringen Zusätzen von Cadmiumselenid (CdSe) u. NH_4Cl. — Ein Gemisch aus 99 (Gewichtsteilen) ZnSe, 1 CdSe, 0,01 $CuCl_2$ u. 2,0 NH_4Cl hat ein Emissionsmaximum von 6140 Å. (**F. P. 1 105 763** vom 28/7. 1954, ausg. 7/12. 1955. A. Prior. 17/8. 1953.) M. F. MÜLLER. 5975

Standard Elektrizitäts-Gesellschaft Akt.-Ges., Stuttgart (Erfinder: **Manfred Wagner**, Nürnberg), *Elektrolytkondensator.* Ätzrückstände, z. B. $FeCl_2$, $Fe(NO_3)_2$, $AlCl_3$ oder Säurereste, werden durch induktives Erhitzen im Vakuum beseitigt oder in unschädliche Verbb. verwandelt. (**D. B. P. 940 774** Kl. 21g vom 10/9. 1949, ausg. 29/3. 1956. Anmeldung bekanntgemacht 9/8. 1951.) H. KESSEL. 5983

Westinghouse Electric Corp. (Erfinder: **L. W. Frost, G. C. Gainer** und **D. W. Lewis**), V. St. A., *Herstellung von mit Methyl- und Arylresten substituierten Organosiliciumverbindungen.* — Ein GRIGNARD-Reagens aus Mg u. 4-Brom-2-(trifluormethyl)-chlorbenzol in äther. Lsg. wird mit Trimethylchlorsilan umgesetzt. Es bildet sich das *4-Chlor-3-(trifluormethyl)-phenyltrimethylsilan*, Kp. 213,9°, F. —32 bis —34°. — Mit Dimethyldichlorsilan wird das *Dimethyl-bis-[4-chlor-3-(trifluormethyl)-phenyl]-silan*, Kp. 326,2°, F. 45,4°, erhalten. — Weiter ist die Herst. beschrieben von *4-Chlor-3-(trifluormethyl)-phenyldimethyläthoxysilan*, $Kp._2$ 65—67°, *Bis-[4-chlor-3-(trifluormethyl)-phenyl]-tetramethyldisiloxan*, $Kp._{0,7}$ 130—131°, *4-Chlor-3-(trifluormethyl)-phenylmethyldiäthoxysilan*, $Kp._4$ 90°, *Bis-[4-chlor-3-(trifluormethyl)-phenyl]-dichlorsilan*, $Kp._1$ 112—115°, *Bis-[4-chlor-3-(trifluormethyl)-phenyl]-methylchlorsilan*, $Kp._1$ 128—129°, *1.3-Dimethyl-1.1.3.3-tetrakis-[4-chlor-3-(trifluormethyl)-phenyl]-disiloxan* der Formel I. Die Prodd. sind fl. u. besitzen eine hohe Dielektrizitätskonstante. Die Fll. werden für *elektr.* App., bes. *Kondensatoren*, verwendet. (**F. P. 1 103 476** vom 15/4. 1954, ausg. 3/11. 1955. A. Prior. 21/4. 1953.) M. F. MÜLLER. 5983

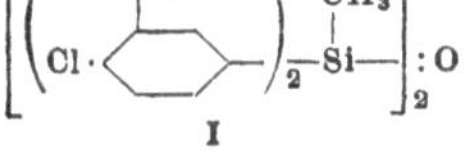

I

IV. Wasser. Abwasser.

A. M. Rawn und **F. R. Bowerman**, *Membranfilter: Vor- und Nachteile.* Krit. Besprechung über die Vor- u. Nachteile der Membranfiltermethode. (Water Sewage Works **103.** 36—37. Jan. 1956. Los Angeles.) W. NIEMITZ. 6016

Hans Stach, *Chemische Struktur und Einsatzmöglichkeiten der Ionenaustauscher aus Braun- und Steinkohlen.* Die Austauschkapazität u. Widerstandsfähigkeit der Ionenaustauscher wird wesentlich durch die Struktur des Skelettes bestimmt, wie bes. der Aufbau der Styrolharze gelehrt hat. Es werden nach dieser Richtung Braun- u. Steinkohlen verschied. geolog. Alters untersucht (Schliffbilder). Das Ergebnis ist, daß beim reinen Basenaustausch nur Steinkohlenaustauscher einzusetzen sind, während die Braunkohlenaustauscher in der H-Ionenform gleichzeitig zur Entcarbonisierung u. Enthärtung benutzt werden können. Die Austauschkapazität (kg CaO/m^3) bleibt in allen Fällen weit hinter der der modernen Kunstharzaustauscher zurück. (Vom Wasser **20.** 303—16. 1953.) H. DORSCH. 6020

Herbert Corte, *Der Stand der Vollentsalzung und Entkieselung mit Ionenaustauschern.* Es werden (viele Bilder u. Schemata) Vollentsalzungsanlagen beschrieben, wobei die möglichen Varianten krit. in bezug auf Technik, Chemikalienverbrauch u. Endeffekt diskutiert werden. Man kann heute aus einem Abwasser mit einem $KMnO_4$-Verbrauch von 200 mg/Liter, Gesamtsalzgeh. von 4 mval/Liter u. 10 mg SiO_2/Liter ein Trinkwasser nach DAB 6 herstellen (Leitfähigkeit $< 0{,}5\ \mu S$ u. $KMnO_4 < 3$ mg/Liter). (Vom Wasser **20.** 317—30. 1953.) H. DORSCH. 6020

F. W. Gilcreas, *Werkerleitfaden zur Laboratoriumsüberwachung.* 3. Mitt. *Ausflocken von Wasser.* (2. vgl. C. **1956.** **12371.**) Begriffe u. Vorgänge beim Zusatz von koagulierenden Stoffen zum W., Einfl. des p_H u. von Hilfsmitteln werden erläutert u. Prüfungen für die Überwachung angegeben. (Water Works Engng. **109.** 40—43. Jan. 1956.) H. MÜHLMEISTER. 6024

F. W. Gilcreas, *Werkerleitfaden zur Laboratoriumsüberwachung.* 4. Mitt. *Einfluß der Ausflockung auf die Wasserbeschaffenheit.* (3. vgl. vorst. Ref.) Best. von Alkalinität, p_H, Färbung u. Trübung u. die erforderliche App. werden im einzelnen beschrieben. (Water Works Engng. **109.** 122—23. 138—39. Febr. 1956.) H. MÜHLMEISTER. 6024

Rudolf Kroke, *Warum das Ozonverfahren vor 30 Jahren nicht zum Erfolg geführt hat und welche Aussichten heute bestehen.* Es werden eingangs früher gebaute Anlagen beschrieben u. beurteilt. Abgesehen davon, daß die Kosten für die Herst. des O_3 noch sehr hoch waren, hatte die Verteilung des O_3 im W. bei der geringen Löslichkeit ganz besondere Schwierigkeiten u. hohe Verluste gebracht. Die Betriebskosten für das Ozonverf. liegen auch heute noch unbedingt höher als die des Chlorverfahrens. Es hat jedoch so viele Vorteile, daß man daran arbeitet, die Wirtschaftlichkeit weiter zu verbessern. (Vom Wasser **20.** 194—208. 1953.) H. DORSCH. 6026

W. S. Haines und **J. G. Simonoff**, *Kesselwasseraufbereitung für einen Hochdruckdampfkessel.* Für den 63 atü-Dampfkessel der Zuckerfabrik Puunene/Hawaii wurde das aus dem 2.—4. Verdampferkörper stammende Kondensat als geeignetes Speisewasser befunden, wenn es <10 mg/Liter Zucker enthielt. Ein Übersteigen dieses Geh. wurde automat. durch photoelektr. Messung einer von Zucker mit α-Naphthol bewirkten Färbung angezeigt, das W. außerdem durch laufende Leitfähigkeitsbest. überwacht, die bei 35 μOhm Alarm auslöste. (Rep. Hawaiian Sugar Technologists **14.** 69—71. 1955.) H. MÜHLMEISTER. 6030

Waldron D. Sheets und **George W. Malaney**, *Synthetische Netzmittel und die Bestimmung des BSB.* Studienbericht über den Einfl. ausgewählter synthet. Netzmittel (I) u. oberflächenakt. Stoffe auf den *BSB* eines Abwassers. Geprüft wurden anion., kation. u. nichtion. Typen, ferner Na_2SO_4 u. $Na_4P_2O_7$ sowie Haushaltwaschmittel. Die Best. des BSB_5 wird durch die chem. Zus. der I verschieden beeinflußt. Die kation. I (z. B. *Cetyltrimethylammoniumbromid* oder *Cetylpyridiniumchlorid*) beeinträchtigen die Best. stark, werden aber durch Ggw. anion. I „neutralisiert". Nichtion. I können das Wachstum der Mikroorganismen im Abwasser je nach ihrer Zus. hemmen (z. B. „*Igepal*": Phenolderiv.) oder anregen (z. B. „*Tween 80*": cycl. Dehydratationsprod. des *Sorbits*). — Je 3 Kurven u. Zahlentafeln. (Sewage ind. Wastes **28.** 10—17. Jan. 1956. Columbus, O., Ohio State Univ., Engng. Exp. Stat., Dep. of Bacteriol.) H. ECKSTEIN. 6036

W. Zimmermann, G. Lehmann, F. Schwille und **E. Schmeidler**, *Beeinflussung von Trinkwasser durch Erdölprodukte.* An Hand einiger Beispiele wird auf die Gefährdung der öffentlichen Wasserläufe u. des Grundwassers u. damit der Trinkwasserversorgung durch Verunreinigung mit Erdölprodd. aufmerksam gemacht. Wasserchem. bewirkt der Treibstoffeinfl. eine Abnahme der Nitrate u. eine Zunahme der Oxydierbarkeit, biol. eine Vernichtung der Kleinlebewelt u. eine starke Beeinträchtigung der Fischzucht. Als Nachw. ist der Geruch als am empfindlichsten anzusehen, der noch bei einer Verdünnung von 1:1 Million einwandfrei zu beobachten ist. Vorbeugende Maßnahmen zur Verhütung einer Verunreinigung von Grund- u. Oberflächenwasser mit Erdölprodd. werden besprochen u. gefordert. (Z. Hyg. Infektionskrankh. **142.** 322—38. 1956. Trier, Staatl. Medizinaluntersuchungsamt.) W. NIEMITZ. 6038

V. Anorganische Industrie.

L. J. Revallier, *Besondere Verfahren zur Salpetersäuregewinnung.* Beschreibung des KACHKAROFF-MATIGNON-Verf. (gleichzeitige Gewinnung von HNO_3 u. H_2SO_4 nach dem verbesserten Pb-Kammerverf.) u. des WISCONSIN-Verf. (Oxydation des Luft-N_2 nach dem Flammbogenverf. bei 3000—3500°). (Chem. Weekbl. **52.** 77—82. 4/2. 1956.)
W. WESLY. H 243

John Schuber und **W. A. Kraske,** *Neuer Ausblick für Chlordioxyd.* Das neue Herstellungsverf. ($NaClO_3$-Red. in H_2SO_4-Lsg. mit CH_3OH, Lösen in W.) wird mit Fließschema bschrieben. Zusammenstellung u. Einzelschilderung der Vorteile bei Verwendung der Cl_2-armen ClO_2-Lsg. als Bleichmittel für Fette u. Öle, Cellulose u. Mehl sowie zur Wassersterilisation u. Geruchsbekämpfung. (Chem. Engng. **60.** 205—07. Sept. 1953. Syracuse, N. Y., Solvay Proc. Div., Techn. Serv. Dep.) H. ECKHARD. H 247

St. Bretsznajder, *Rückgewinnung von Schwefeldioxyd aus verdünnten industriellen Abgasen.* Kurze Beschreibung u. anschließend krit. Beurteilung der verschied. Methoden zur Gewinnung des SO_2 aus industriellen Abgasen. Als einziges wirtschaftliches Verf. wird die Absorption des SO_2 mit NH_3 bezeichnet, welche in verschied. Formen gehandhabt wird. Von den übrigen Verff. besitzt die Absorption durch CaO einzig den Vorteil der Billigkeit. Aussichtsreicher sind das MgO-, das katalyt. u. das Soda-ZnO-Verf., deren Vor- u. Nachteile (App., Kosten, Vollständigkeit der Absorption, Gewinnung geeigneter Prodd. — Düngersalze, H_2SO_4) abwägend gek. werden. Auch kombinierte Verff. werden kurz beschrieben. (Przemysł chem. **8** (**31**). 276—84. Juni 1952.)
A. v. WILPERT. H 253

Österreichische Stickstoffwerke Akt.-Ges. (Erfinder: **Robert Schober),** Linz/Donau, Österreich, *Verfahren zum Betrieb von Röhrenkontaktöfen der Ammoniaksynthese.* Das in dem rekuperativen Wärmeaustauscher aufgeheizte Synthesegas durchströmt u. umströmt den Zwischenboden zwischen Kontaktteil u. Wärmeaustauscher u. tritt nach Wiedervereinigung dieser Teilströme u. nach dem Passieren eines axialen, doppelwandigen Gegenstromrohres im Kontaktteil an die Stelle höchster Wärmeentw. der Kontaktrohre. Von da tritt es nach Umspülung des übrigen Teiles der Kontaktrohre in deren frei in den Ofenraum ragende, offene Enden ein. — Vorrichtung. (**D. B. P. 939 868** Kl. 12k vom 23/12. 1952, ausg. 19/4. 1956. Anmeldung bekanntgemacht 11/3. 1954. Oe. Prior. 11/1. 1952.) H. NEBELSIEK. H 243

Dynamit Akt.-Ges. vormals Alfred Nobel & Co., Troisdorf, übert. von: **Albert Hermann,** Rheinfelden, *Absorbieren von Gasen durch Flüssigkeiten,* bes. von *Chlorwasserstoff* in *Wasser.* Die zu absorbierenden Gase werden in einem vertikalen Rohr mit der Fl. in Kontakt gebracht, die über eine mit schüsselförmigen Vertiefungen versehene, aus Graphit oder graphithaltigem Material hergestellte Kolonne mit wechselndem Durchmesser rieselt, wobei die Reaktionswärme durch eine durch die hohle Kolonne geführte Kühl-Fl. abgeführt wird. — Abbildungen. (**A. P. 2 726 072** vom 29/5. 1951, ausg. 6/12. 1955. D. Prior. 23/12. 1948.) K. DEMMLER. H 247

United States Atomic Energy Commission, übert. von: **Warren E. Winsche,** Wilmington, Del., **Louis G. Stang** und **Walter D. Tucker,** Sayville, und **Gerald J. Selvin,** East Patchogue, N. Y., V. St. A., *Gewinnung von gasförmigem, radioaktivem Jod.* Man bildet ein Gemisch aus $^{132}TeO_2$, $SiCl_4$ u. KCl, bringt dieses in einen abgeschlossenen Behälter (eine Art Autoklav) u. erhitzt es auf Schmelztemp., wobei man gleichzeitig Luft hindurchleitet. Durch Zerfall von ^{132}Te bildet sich ^{132}J. Durch die eingeleitete Luft wird $^{132}J_2$ ausgetrieben u. von einem vorgeschalteten Absorptionsmittel aufgefangen. (**A. P. 2 710 249** vom 29/11. 1951, ausg. 7/6. 1955.) H. NEBELSIEK. H 249

Comptoir des Textiles Artificiels, Viscose Française et Givetizieux, Frankreich, *Reinigen von konzentrierter Schwefelsäure* bis zu einem Geh. an As_2O_3 von weniger als 2 mg/kg durch Einleiten von H_2S oder Na_2S in einem innigen Gemisch miteinander u. durch anschließende Trennung durch Dekantieren, Filtrieren oder Schleudern. (**F. P. 65 233** vom 9/7. 1952, ausg. 7/2. 1956. **Zusatz zu F. P. 983 507; C. 1952. 3389.**)
M. F. MÜLLER. H 253

Werner Meusel, Lautawerk/Lausitz, *Entfernung von Natrolithkrusten aus den Heizrohren der Verdampfer von Bayer-Tonerdeanlagen* durch Auskochen mit starker reiner Alkalilauge. (**D. P. [DDR] 8 949** Kl. 12a vom 28/1. 1954, ausg. 6/1. 1955 [Wirtschaftspatent].) M. F. MÜLLER. H 294

National Lead Co., New York, N. Y., übert. von: **Walter R. McCormick**, Plainfield, N. J., V. St. A., *Gewinnung von basischem Eisensulfat.* Ein metallsulfidhaltiges Erz, das neben FeS noch Sulfide des Cu, Co u. Ni enthält, wird gebrochen u. mit W. angeschlämmt, so daß ein Schlamm mit 10—40% Feststoffen erhalten wird. Diesen erhitzt man unter Druck in Ggw. eines O_2-haltigen Gases 1—3 Std. auf 400—500° F. Die anderen Sulfate gehen in Lsg., während bas. Eisensulfat etwa der Formel $Fe_4(OH)_2(SO_4)_5$ ausfällt. (**A. P. 2 718 455** vom 11/8. 1950, ausg. 20/9. 1955.) H. NEBELSIEK. H 354

Soc. An. Manufactures de Produits Chimiques du Nord, Établissements Kuhlmann (Erfinder: **R. Lefrançois**), Frankreich, *Gewinnung von Ammoniumsalzen und Metalloxyden in fester Form* durch Umsetzen von krist. Metallsalzen mit gasförmigem NH_3 u. einem oxydierend wirkenden Gas, wie Luft, O_2 oder einer Mischung von O_2 mit inertem Gas, z. B. N_2, in einem mit Rührer versehenen Reaktionsgefäß bei Tempp. zwischen 20 u. 60°. Bei Verwendung von krist. $FeSO_4$ erhält man $(NH_4)_2SO_4$ u. $Fe_2O_3 \cdot 3H_2O$. Das NH_4-Salz wird durch Auslaugen mit W. erhalten. (**F. P. 1 050 678** vom 8/2. 1952, ausg. 11/1. 1954.) W. WITTHOLZ. H 354

VI. Silicatchemie. Baustoffe.

B. K. Banerjee, *Kolloid gefärbtes Silicatglas.* Der Einfl. der Erhitzungsdauer beim Anlassen des Glases u. des PbO in Goldrubin u. Ag-Gelbglas wird röntgenograph. untersucht. Die Bindungsverhältnisse des Pb im Glas werden diskutiert. (Proc. nat. Inst. Sci. India **19.** 491—93. Juli/Aug. 1953. Calcutta, Jadavpur, Indian Ass. for Cultivat. of Sci.) W. SCHÜTZ. 6200

B. K. Banerjee, *Kolloid gefärbte Silbergläser.* (Vgl. vorst. Ref.) Im Boraxglas bleibt Ag im DEBYE-SCHERRER-Diagramm deutlich sichtbar, im LINDEMANN-Glas oder B_2O_3-Glas nur noch sehr schwach. AgCl bleibt im Boraxglas erhalten u. ist röntgenograph. nachweisbar. (Proc. nat. Inst. Sci. India **19.** 495—99. Juli/Aug. 1953.) W. SCHÜTZ. 6200

Sl. Karabiberow, N. Kossewa und **Ss. Kukow**, *Untersuchungen über den Kaolin der „Stachanow"- (Boshidar-) Grube und den Graulehm von Plewna.* Die therm. Kurven von *Kaolin* (I) u. *Graulehm* (II) weisen bei ca. 960° einen exothermen (für **II** geringer), bei 590 bzw. 100—120° einen endothermen Effekt auf. **I** verliert zwischen 40 u. 120° 1%, **II** 5% Feuchtigkeit. **I** beginnt bei 400° Kristallwasser abzugeben, **II** bei 450°. **II** bindet in starkem Maß hygroskop. Wasser. Kombiniert mit Soda wirkt Na-Wasserglas günstig auf die Viscosität u. den Verteilungszustand von **I**, während Wasserglas allein die Viscosität verringert. Auf **II** wirkt Wasserglas günstiger als Soda, wobei längeres Stehenlassen der M. infolge vollständiger Hydratisierung eine völlige Dispersion der Lehmteilchen herbeiführt. (Лека Промишленост (София) [Leicht-Ind. (Sofia)] **5.** Nr. 4. 19—24. 1956.) O. POLLAK V. EMHOFEN. 6208

Hans Lehmann und **Helmut Kolkmeier**, *Der Einfluß von Rauchgasen auf das Schmelzverhalten von Porzellanglasuren.* Der Einfl. der Rauchgase auf das Schmelzverh. von Porzellanglasuren wird eingehend untersucht u. die schon auf diesem Gebiet existierenden Arbeiten einer krit. Wertung nach eigenen Erkenntnissen u. Unterss. unterzogen. Es werden die verschied. Momente, wie Ofenatmosphäre, Brandführung, Glasurstärke, Einfl. der S-Verbb., Wasserdampf, Oberflächenspannung, Viscosität, Blasenbldg. u. a. untersucht. Das Zusammenwirken aller dieser Komponenten sowie der Einfl. von Gas- u. Luftzufuhr im Tunnelofen wird an Temperatur- u. Druckkurven besprochen, u. die Versuchsergebnisse werden ausgewertet. Unter Benutzung des Erhitzungsmikroskops von LEITZ werden Verss. mit reinen Gasen ausgeführt. Einfll. von organ. Verunreinigungen in der M. u. Glasur auf die Entstehung von Glasurfehlern, von S-Verbb. auf das Schmelzverh. von Porzellanglasuren, von Wasserdampf, der Scherbenstärke auf die Bldg. von Nadelstichen u. Glühpocken bei roh glasierter u. n. verglühter u. anschließend glasierter Ware sowie von Siliciumcarbidverunreinigungen werden diskutiert. — 37 Literaturangaben. (Tonind.-Ztg. keram. Rdsch. **80.** 33—38. Febr. 69—76. März 1956.) W. FREYER. 6212

M. F. Nasarenko und **W. L. Rasumowa**, *Gießeigenschaften der Porzellanmasse vom Werk Akmolinsk.* (Vgl. C. **1956.** 7061.) Die in Akmolinsk zur Verfügung stehenden *Tone* sind stark versalzen; es wurde festgestellt, daß am stärksten koagulierend auf den Schlicker Gipswasser wirkt, es folgen Wässer mit geringem Geh. an $MgCl_2$, $MgSO_4$ u.

Na_2SO_4. Zur Verflüssigung des Schlickers wurde erfolglos Soda ausprobiert. Bessere Wrkg. zeigte $Na_2SiO_3 \cdot 9 H_2O$ (I), dessen 0,22%ig. Zusatz die Fließbarkeit u. den Verfestigungskoeff. auf n. Werte brachte (jedoch bei 44,4% Feuchtigkeit gegenüber der zulässigen Grenze von 31—34%). Neben 0,22% I werden daher noch 0,15% Eichenextrakt empfohlen, die gemeinsam die Fließbarkeit des Schlickers bei 33,0% Feuchtigkeit normalisieren (Ausflußgeschwindigkeit 15 Sek., Verfestigungskoeff. 1,4). Seitdem wird in Akmolinsk nicht mehr plast. geformt, sondern gegossen; die Gießeigg. des Schlickers sind gut. (Вестник Академии Наук Казахской ССР [Nachr. Akad. Wiss. KasachSSR] **12.** Nr. 3. 71—74. März 1956. Akad. der Wiss. der KasachSSR.)
A. v. WILPERT. 6214

Chihiro Kawashima und **Susumu Okuda,** *Über die Zerstörung von Tonformen für Töpfereien.* An Hand von Lagerungsverss. von Tonformen in verschied. Lsgg. von Säuren, Alkalien, gesätt. Gipslsg. u. reinem W. wurde festgestellt, daß die Zerstörungserscheinungen durch die gesätt. Gipslsg. verursacht werden. Weiter wurde der Zusammenhang zwischen Gefüge u. Durchlässigkeit der Formen untersucht. Die Durchlässigkeit wurde erheblich vergrößert nach Behandlung mit Alkalilsgg., in welchen die Probekörper bewegt werden. (Gypsum [Tokyo] **1952.** Nr. 5. 236—40. [Orig.: japan.; Auszug: engl.])
K. SEIDEL. 6216

M. Démarteau, *Praktische Deutung einiger physikalischer Eigenschaftswerte von silicium-aluminiumhaltigen Stoffen.* Die Anwendung physikal. Eigenschaftswerte auf die Verhältnisse der Praxis bedarf einer gewissen Vorsicht. Dies gilt bes. für feuerfeste Stoffe. Die Verhältnisse im Prüflabor sind oft andere als in der Praxis. Am Beispiel der Druckerweichung (DIN 1064) wird dies gezeigt. Hierbei ist ein bestimmter Temperaturanstieg vorgeschrieben, der keineswegs immer den industriellen Verhältnissen entspricht. So kann es sein, daß bei langsamer Aufheizung die Erweichung früher eintritt. Vf. schlägt daher eine Druckerweichung bei konstanter Temp. vor. Nur in enger Zusammenarbeit mit der Praxis wird es gelingen, physikal. Werte richtig zu deuten u. anzuwenden. (Rev. univ. Mines, Métallurg., Trav. publ., Sci. arts appl. Ind. [9] **11 (98).** 669—73. Dez. 1955. Andenne, Soc. Belge Prod. Réfractaires.) H. SAALFELD. 6218

M. N. Bluwstein, *Technologische Eigenschaften feuerfester Materialien für die Auskleidung von Stahlgießpfannen.* Zahlenmaterial über chem. Zus., nachträgliche Schrumpfung, Druck- u. Reibfestigkeit, Schubmodul, Schlackenfestigkeit, therm. Widerstandsfähigkeit, Deformation, Wärmeleitfähigkeit u. andere physikal. Eigg. von 10 Produkten. Krit. Bemerkungen u. Empfehlungen (z. B. des deutschen halbsauren Ziegels). (Огнеупоры [Feuerfeste Mater.] **21.** 87—93. 1956. Leningrad, Inst. für feuerfeste Materialien.)
A. v. WILPERT. 6218

G. Biéler, *Keramische Stoffe ohne Glasphase. Ihre besonderen Eigenschaften.* (Vgl. C. **1956.** 12102.) Die feuerfesten Oxyde zeichnen sich durch ihre guten dielektr. Eigg. aus u. haben daher große techn. Bedeutung. Bes. sind es die Titanate von Mg, Ca, Sr, Ba, welche hohe DK. u. geringen dielektr. Verlust haben. Aber auch Mischkristalle zwischen TiO_2 u. ZrO_2 verhalten sich so. Die Herstellungsbedingungen werden beschrieben. Gasöfen zeitigen die besten Ergebnisse, wobei eine oxydierende Atmosphäre unerläßlich ist. Die Brandführung muß sorgfältig kontrolliert werden, da diese die dielektr. Eigg. stark beeinflußt. Keram., ferromagnet. Stoffe sind die inversen Spinelle, die Ferrite. Zu Halbleitern gelangt man durch Substitution des Ti beim Rutil durch Nb, oder in den Titanaten durch La. Auch Mischkristallbldg. elektr. leitender Spinelle mit entsprechenden nichtleitenden führt zu Halbleitern. Jedoch ist hier der Einfl. der Brandführung sehr groß. Mischkristalle von V_2O_3 u. Al_2O_3 sind hiervon unabhängiger. Herst. u. Anwendungsbereich dieser Stoffe werden diskutiert. (Ind. céram. **473.** 54—57. März 1956. Paris, Inst. de Céramique Française.) H. SAALFELD. 6220

F. Köberich, *Über Klinkerbrennen in langen Naßöfen.* Unterss. an einem langen Naßdrehofen hatten folgende Ergebnisse: Durchsatzzeit für die Entwässerungszone 90 Min., die Reaktionszone im festen Zustand 270 Min., Verklinkerungszone 12 Min., Kühlzone 20 Minuten. Das Wärmeaustauschsyst. des Ofens besteht aus Vorwärmer, Kettenzone u. 8fachem Kreuz. Die Abgastemp. wird in diesem Syst. von 620 auf 120° gesenkt u. das Material entwässert u. granuliert. In der Kettenzone beträgt die Temp. 80° u. steigt im Kreuz auf 120° an. Der Ofenstaub wird im Vorwärmer weitgehend niedergeschlagen. Weitere Einbauten darf der Ofen aber nicht haben u. muß mit hohem Luftüberschuß gefahren werden, um höheren Staubanfall zu vermeiden. Auf diese Weise konnten, bei völlig gleichmäßigem Ofenbetrieb, Futterschwierigkeiten vermieden werden. Einige Bemerkungen zur Ansatz- u. Ringbldg. in Drehöfen, die aus Verss. über die Bruch- u. Abriebfestigkeit der Granalien, der Bldg. von $3CaO \cdot SiO_2$ aus CaO u. $2CaO \cdot SiO_2$ u. der Ausbldg. zweier Temperaturmaxima der Kohlenstaubflamme abgeleitet sind, werden gemacht. (Zement-Kalk-Gips **9 (45).** 89—97. März 1956.) K. SEIDEL. 6222

V. Lach, *Beitrag zur Korrosion der Ausfütterungen in Zementdrehöfen.* Die chem.-technolog. Unterss. der verschied. Ausfütterungen von Zementdrehöfen ergaben, daß bei allen sich die Alkalien (I) in der innersten Schicht ansammeln. Der I-Geh. ist gegenüber dem ursprünglichen Geh. sehr erhöht. Die I liefern dünnfl. u. aggressive Schmelzen u. tragen zur Korrosion der Ausfütterungen wesentlich bei. (Stavivo **33.** 292—94. Sept. 1955. Brno, Výzk. úst. stavebních hmot.) H. FREYTAG. 6222

E. Ruhland, *Bilanz einer Reihenuntersuchung der Staubemission von Zementwerken.* Es werden die Ergebnisse der seit 1948 durchgeführten Emissionsmessungen an 300 Brenn- u. Trocknungsaggregaten der deutschen Zementindustrie mitgeteilt. Für die verschied. Brennverff. werden die Kornfraktionsbereiche der Abgasstäube u. die Emissionswerte in g/m³ Abgas u. in % der Erzeugung angegeben. Emissionsmessungen in der Umgebung von Zementwerken zeigen, daß ein einwandfreies Ergebnis nur nach jahrelanger Versuchsdauer zu erwarten ist. (Zement-Kalk-Gips **9** (**45**). 103—11. März 1956.) K. SEIDEL. 6222

Shuyo Ito, Ichiro Teraoka und **Seiichiro Yoshihama,** *Über die Raumänderung von Gips während und nach dem Abbinden.* Es wurde ein opt. Dilatometer entwickelt, um die Raumänderungen des erhärtenden Gipses zu beobachten. Die mitgeteilten Diagramme zeigen fast durchweg in der Zeit von 0—10 Min. eine Schrumpfung u. darauf folgend bis zu 20—40 Min. eine Quellung. In späterem Alter bleibt das Vol. konstant. (Gypsum [Tokyo] **1952.** Nr. 5. 225—29. [Orig.: japan.; Auszug: engl.]) K. SEIDEL. 6226

Keiichi Murakami und **Mitsuo Hanada,** *Untersuchungen über hochfesten Gipsputz.* 1. Mitt. *Gipsputze aus Gipspulver im Autoklaven, der Salzlösungen enthält.* Es werden die Unterss. von HADDON u. CAFFERATA u. von EBERL u. INGRAM bestätigt, wonach Lsgg. von citronensaurem Na, bernsteinsaurem Na, malonsaurem Na u. KJ die Bldg. prismat. Kristalle von α-$CaSO_4 \cdot {}^1/_2 H_2O$ fördern. Die für diese Bldg. angegebene günstigste Temp. von 135—142° konnte jedoch nicht bestätigt werden. Je höher die Temp. gesteigert wurde, desto geringer wurde die Festigkeit des Gipsmörtels. (Gypsum [Tokyo] **1952.** Nr. 5. 229—32. [Orig.: japan.; Auszug: engl.]) K. SEIDEL. 6226

Seishi Hoshi, *Untersuchungen über die Herstellung von Stuckgips aus Gipsformenbruch.* An natürlichem Gips u. dem rekrist. Gipsformenbruch wurden therm. Analysen u. mineralog. Unterss. durchgeführt, außerdem wurden die bei Erhitzung im Autoklaven erhaltenen Prodd. nach den üblichen Methoden untersucht. Es wurde gefunden, daß die im Autoklaven unterhalb der zweiten Dehydratationstemp. erhitzten Proben besser als andere waren. Gipsmörtel aus großen u. dichten Kristallen waren härter als die anderen. Die spezielle hydrothermale Meth. ergab, auf den rekrist. Gipsformenbruch angewandt, Gips von ausgezeichneter Qualität. (Gypsum [Tokyo] **1952.** Nr. 5. 251—53. [Orig.: japan.; Auszug: engl.]) K. SEIDEL. 6226

M. E. C. Stedham, *Sintern von Ton: Laboratoriumsherstellung von Gemischen und Endprodukten.* Hohe Baukosten beim Bau nach den bisher üblichen Methoden haben die Entw. verschied. Materialien mit verbesserten Eigg. begünstigt. Leichtgewichtsziegel aus Ton, die mit geringeren Kosten eingebaut werden können u. eine bessere Wärmeisolation gewährleisten, scheinen diese Anforderungen zu erfüllen. Die verschied. Wege der Herst. u. die Literatur dazu werden erörtert. Es werden Einzelheiten eines halbautomat. Betriebes zur Herst. von Leichtgewichtsziegeln angegeben; der Betrieb wurde benutzt, um die Eignung verschied. Tone u. ihre Behandlung bei diesem Verf. festzustellen; auftretende Schwierigkeiten u. deren Überwindung sowie die charakterist. Eigg. der erhaltenen Prodd. werden besprochen. (Trans. Brit. ceram. Soc. **55.** 113—39. Febr. 1956.) W. FREYER. 6228

Rudolf Gunzelmann, *Eine Untersuchung des Einflusses von Härtedruck, Härtezeit und CaO-Gehalt bei der Herstellung von Kalksandsteinen bei Drücken von 8 bis 40 atü.* Im Rahmen von Verss. zur Dampfhärtung von Kalksandsteinen zwischen 8 u. 40 atü u. Härtezeiten von 1—24 Std. bei Variierung des CaO-Geh. von 3—15% wurde gefunden, daß ein Festigkeitsmaximum bei 10—12% CaO besteht, u. daß dieses unabhängig vom Druck ist, sobald man entsprechend lange Härtezeiten in Kauf nimmt. Steigert man den Druck, so kann man die Härtedauer verkürzen. 8 atü u. 8 Std. können als Maßstab betrachtet werden. (Tonind.-Ztg. keram. Rdsch. **80.** 1—7. Jan. 1956.) K. SEIDEL. 6228

K. Pate, W. Noble und **F. H. Clews,** *Schlämmwerte von Ton.* Gewöhnlich werden 50 oder 20 g in 100 cm³ H_2O geschüttelt u. zum Absetzen gebracht. Schütteln u. Schlämmen werden wiederholt, bis man konstante Werte des für den Ton charakterist. Absetzvolumens erhält. Saure Rk. u. Vibration haben wenig Einfl.; erhöhte Temp. ändert das Endvol. nicht; Konz. der Suspension u. Feinheit der Mahlung haben erheblichen Einfluß. Erforderliche Behandlung für diese Prüfmeth., auftretende variable Eigg. werden angegeben. (Trans. Brit. ceram. Soc. **55.** 140—56. Febr. 1956.) W. FREYER. 6248

P. Esenwein, *Ein neues Verfahren zur Bestimmung von freiem Calciumoxyd neben freiem Calciumhydroxyd in Zementproben.* Da die übliche thermogravimetr. Meth. zur Best. von freiem $Ca(OH)_2$ neben freiem CaO in Zementen, hydraul. oder Luftkalken in Ggw. von Sulfidverbb. versagt, entwickelte Vf. eine Meth., die darin besteht, daß die bei 350° vorgetrocknete Materialprobe in die äußere Kugel eines PENFIELD-Rohres gefüllt u. erstere in einem Cu-Block ½ Std. lang auf 550—600° erhitzt wird, wobei das aus $Ca(OH)_2$ abgespaltene W. in der gekühlten zweiten Kugel des Rohres kondensiert u. hierin nach Abtrennung der Kugel zur Wägung gebracht wird. Die Summe an freiem CaO + freiem $Ca(OH)_2$ wird nach der Glykolat- oder Glyceratmeth. bestimmt. Zeichnung der Versuchsanordnung. (Schweiz. Arch. angew. Wiss. Techn. **22.** 39—40. Febr. 1956. Zürich, Eidg. Materialprüfungs- u. Versuchsanst.) W. GELMROTH. 6252

VII. Agrikulturchemie. Schädlingsbekämpfung.

L. Varga, *Die Wirkung der verschiedenen Düngervergärungsmethoden auf die Mikroauna des Düngers.* Die Mikrofauna des täglich in den Vergärungskammern gestapelten, mit Kola-Phosphat (I) oder Kalkpulver (II) vermengten (oder unvermengten), mit Jauche oder W. begossenen, heiß oder kalt vergorenen, mit Betonplatten abgedeckten Stalldüngers (III) geht im Lauf der Vergärung zugrunde, wobei nur die enzystierten Protozoenarten am Leben bleiben. Je länger die Vergärung dauert, desto größer ist die vernichtende Wrkg. selbst auf die Zysten. Nach Unterbringung des III im Boden u. reichlicher Durchnässung schlüpfen die Protisten in kurzer Zeit aus ihren Zysten aus u. vermehren sich sehr schnell. Wachstum u. Vermehrung gehen am schnellsten in mit I oder II vermengtem III vor sich. In den verschied. III-Proben wurden 122 Protozoenarten festgestellt. — 17 Literaturangaben. (Acta agronom. Acad. Sci. hung. **3.** 343—84. 1953. Sopron, Ungar. Akad. der Wiss., Tihanyer Biol. Forschungsinst., Bodenbiol. Abt.) F. RANG. 6294

Augusto Bonazzi, *Untersuchungen über tropische Böden.* 10. Mitt. *Eigenschaften einiger Böden der westlichen venezolanischen Ebene.* (Vgl. C. **1955.** 6369.) Gewisse Böden zeigen eine sehr geringe Plastizität u. gehen aus dem Zustand der besten Bearbeitungsmöglichkeit sofort bei Regen in einen aufgeweichten Zustand über. Es steht dies damit in Zusammenhang, daß sie „inakt." Ton enthalten. Der Geh. an Ton, den man bei der mechan. Analyse in einem trop. Boden findet, gibt daher noch nicht das Verh. des Bodens gegen W. wieder, sondern man muß dazu auch die Menge der inakt. Tonfraktion bestimmen. (Acta ci. venezolana **2.** 152—59. Juli/Aug. 1951. Venezuela, Central-Univ., Fak. f. Landwirtschaftsing., Dep. für Chem. u. Böden.) A. JACOB. 6300

Shinobu Yamada, *Übersicht über die Charakteristika der Böden in Hokkaido.* Ausführliche Beschreibung mit Karte u. Tabellen. (J. Sci. Soil Manure, Japan [Nippon Dozyô-Hiryô-Gaku Zasshi] **24.** 176—84. Nov. 1953. Taikyo, Univ. [Orig.: japan.; Auszug: engl.]) L. SCHULER. 6300

Minoru Ikeda, *Über die Torfböden des Shizukarifeldes in Hokkaido.* Die Gebiete des Nieder- u. Hochmoors (p_H 5,4—5,6) des Shizukarifeldes (von 1922—1951 Naturschutzzone) sind sehr ausgebreitet, das des intermediären nur schmal. In wechselnder Tiefe ist eine 3 cm dicke vulkan, Aschenschicht hart u. in der Nähe des Moorufers von Schelfform. — 9 Profil- u. Lageskizzen. (J. Sci. Soil Manure, Japan [Nippon Dozyô-Hiryô-Gaku Zasshi] **24.** 138—40. Nov. 1953. Hiroshima, Univ., [Orig.: japan.; Auszug: engl.]) L. SCHULER. 6300

Hiroyasu Kashiwagi und **Kanichi Ota,** *Untersuchung der chemischen Eigenschaften von diluvialen Böden.* 1. Mitt. Aus der Unters. der chem. u. kolloidchem. Eigg. u. des Einfl. der organ. Bestandteile der *allit. Böden* ergibt sich: 1. Die unbearbeiteten *Seta*-Böden haben höhere Acidität als die bearbeiteten. Die bearbeiteten Oberböden haben noch bei p_H 3,5 negative Ladung u. die p_H-ε-Kurve hat ein deutlicheres Minimum als bei den unkultivierten, beide fehlen bei den Mutterböden. In bebauten Böden ist weniger lösl. Al_2O_3 als in unbebauten beim selben p_H. Bei den *Taizanjino*-Böden fehlt das Minimum der negativen Ladung, da mehr verrottete Stoffe sich anhäufen infolge des kälteren Wetters u. des Ca-Mangels, das nach der Mutterbodenschicht gewandert ist. Beide unkultivierte Böden scheinen sich durch eine Art Selbstreifung einander anzugleichen. — Tabellen u. Diagramme. (J. Sci. Soil Manure, Japan [Nippon Dozyô-Hiryô-Gaku Zasshi] **24.** 107—10. Okt. 1953. Shiga, Agricult. Coll. [Orig.: japan.; Auszug: engl.]) L. SCHULER. 6304

Hiroyasu Kashiwagi und **Kanichi Ota,** *Untersuchung der chemischen Eigenschaften von diluvialen Böden.* 2. Mitt. (1. vgl. vorst. Ref.) Wegen des hohen Ca-Geh. zeigt der unbebaute Oberboden eine erhebliche Differenz zwischen dem Maximum u. Minimum der negativen Ladung auf der p_H-ε-Kurve, während der Mutterboden kaum negative

Ladung zeigt. Bebaut zeigt der Oberboden erhebliches negatives Ladungsminimum. — Tabelle u. Diagramme. (J. Sci. Soil Manure, Japan [Nippon Dozyô-Hiryô-Gaku Zasshi] **24.** 111—12. Okt. 1953. [Orig.: japan.; Auszug: engl.]) L. SCHULER. 6304

Hiroyasu Kashiwagi, Hajime Yokoi und **Toshio Yoshikawa,** *Untersuchung der chemischen Eigenschaften von diluvialen Böden.* 3. Mitt. (2. vgl. vorst. Ref.) Tabellen über die chem. Eigg. der Bodenkolloide u. den Betrag an austauschfähigen Basen bei den Böden von *Seta, Taisanji* (Shiga) u. *Fujisaka* (Aomori). Die Zusammenhänge von Ca-Geh. u. kolloidchem. Eigg. entsprechen den Erörterungen in den früheren Mitteilungen. (J. Sci. Soil Manure, Japan [Nippon Dozyô-Hiryô-Gaku Zasshi] **24.** 157—58. Nov. 1953. [Orig.: japan.; Auszug: engl.]) L. SCHULER. 6304

Hiroyasu Kashiwagi und **Kanichi Ōta,** *Untersuchung der chemischen Eigenschaften von diluvialen Böden.* 4. Mitt. (3. vgl. vorst. Ref.) Unbearbeiteter Oberboden von *Seta* wird ca. 60 Tage bei 37° bebrütet, dann organ. Material mit Ca bzw. Mg zugegeben. Der so geschaffene Humus ähnelt in den Eigg. der Bodenkolloide denen von gereiften Böden, d. h. das Minimum der p_H-ε-Kurve der Bodenkolloide ist nahe 5,0—6,0 u. das lösl. Al ist nahe p_H 4. — Kurvenbilder u. Tabellen. (J. Sci. Soil Manure, Japan [Nippon Dozyô-Hiryô-Gaku Zasshi] **24.** 159—62. Nov. 1953. Shiga, Agric. Coll. [Orig.: japan.; Auszug: engl.]) L. SCHULER. 6304

Katsumi Hosoda und **Hideo Takata,** *Untersuchung des Humus von Schwarzerde.* 1. Mitt. *Über die organisch-mineralischen Gele.* Nach TYULINs Verf. untersuchte 10 verschied. Podsol (**II**)-ähnliche *Schwarzerde böden* (**I**) enthalten 1% G_1 u. ca. 15% G_2, hierin verschieden von **II**. Keine klare Beziehung zwischen G_1-Geh. u. Fruchtbarkeit. Die Basenaustauschfähigkeit von G_1 ist höher als die von G_2, was auf eine besondere Art **I** hinweist. C/N von G_{2a} ist größer als bei G_1, etwas ähnlich darin dem europäischen **II**; doch der N- u. C-Geh. von **I** ist erheblich verschieden von dem in **II** u. Tschernosem. Es scheint, daß Fe u. Al an Silicat gebunden sind u. dieser Komplex an Humus (**III**), ein Teil Fe u. Al bei G_2 ist, aber direkt an **III** gebunden. C/N jeder Humatfraktion des **I** aus hochfruchtbarem Sumpfreisboden übertrifft darin unkultivierten Boden, wahrscheinlich wegen der ergiebigen Stalldüngerzufuhr u. unvollkommen verrotteten Grases, die einen Teil der Bodenkolloide bilden. Es ist zweifelhaft, ob die Schlüsse nach TYULIN im Falle der japan. **I** berechtigt sind. (J. Sci. Soil Manure, Japan [Nippon Dozyô-Hiryô-Gaku Zasshi] **24.** 65—69. Okt. 1953. Tottori, Univ. [Orig.: japan.; Auszug: engl.]) L. SCHULER. 6304

Katsumi Hosoda und **Hideo Takata,** *Untersuchung des Humus von Schwarzerde.* 2. Mitt. *Über die Löslichkeit und das mit verschiedenen Lösungsmitteln erhaltene Kohlenstoff–Stickstoff-Verhältnis.* (1. vgl. vorst. Ref.) Für die Löslichkeit von *Humus* (**I**) aus *Schwarzerde* (**II**) vom Daisenplateau ergibt sich die Reihe: PAGEs Reagens = sd. 2% ig. NaOH > 2% ig. NaOH > 1% ig. Na_2CO_3 > 1% ig. Na-Oxalat. Der Rückstand nach Behandlung mit 2% ig. NaOH wird 30 Min. mit 2% ig. NaOH gekocht; der darin lösl. Humusanteil hat erheblich höheren C/N-Wert u. C-Geh. als die übrigen herauslösbaren Fraktionen. Im Falle vorliegender **II** ist der Faktor 1,724 zur Berechnung des **I**-Geh. aus dem C-Geh. nicht geeignet. Bei hoch fruchtbarem Sumpfreisboden ist der in sd. 2% ig. NaOH lösl. Anteil größer u. dessen C/N-Wert sowie der des NaOH-Unlösl. bes. klein. Menge u. Zus. von Humin, Fulvinsäure, Hymatomelansäure u. Huminsäure aus dem untersuchten Humus zeigen deutliche Schwankungen. Beurteilung der Fruchtbarkeit nach dem A- u. B-Typ von Humus (nach SIMON) ist nach den Erfahrungen an **II** fragwürdig. (J. Sci. Soil Manure, Japan [Nippon Dozyô-Hiryô-Gaku Zasshi] **24.** 70—73. Okt. 1953. [Orig.: japan.; Auszug: engl.]) L. SCHULER. 6304

Katsumi Hosoda und **Hideo Takata,** *Untersuchung des Humus von Schwarzerde.* 3. Mitt. *Mit dem Pulfrich-Photometer erzielte Ergebnisse.* (2. vgl. vorst. Ref.) Bei Untersuchung des Humus (**I**) von japan. *Schwarzerden* (**II**) nach SPRINGER [1928] u. SIMON [1929] zeigt hoch fruchtbarer Boden (HFB) Abnahme an wahrer Huminsäure u. Zunahme an verrotteten Stoffen u. den in Acetylbromid lösl. Anteilen. HFB zeigt geringen Grad an **I**-Zers. (d. h. Z. G.). Daisen-**II** ist reich an Humin u. Lignin oder an Lignohumin. Im allg. scheint der **I** in **II** stark mit Fe u. Al verbunden (ähnlich dem Podsol), während in hochwertigem Sumpfreisboden (z. B. aus Yonezawa) ein Teil des **I** isoliert u. locker an Ca u. Mg gebunden ist. In **II** ist außer der gewöhnlichen **II**-Form noch eine andere spezif. **I**-Form. Nach dem Färbekoeff. TF ist unbearbeiteter Boden vom Typ **II**, kultivierter vom Humoligníntyp, eigentümlich für Podsol. Der **I** von **II** ist im allg. von kleinem StF, bei besonderer Fruchtbarkeit von noch kleinerem. — 4 Tabellen. (J. Sci. Soil Manure, Japan [Nippon Dozyô-Hiryô-Gaku Zasshi] **24.** 153—56. Nov. 1953. [Orig.: japan.; Auszug: engl.]) L. SCHULER. 6304

S. Egerszegi, *Ein neues Meliorationssystem für Sandböden (Tiefdüngung).* Bei der vom Vf. ausgearbeiteten „Tiefdüngung" wird eine Kompost (**I**)- oder gut verrottete

Stallmist (II)-Schicht [350—550 (dz/ha)] in Bodentiefe von 50 cm teppichartig zusammenhängend ausgebreitet. Nach jeweils 2—3 Jahren werden über diese weitere Schichten untergebracht. Durch diese Meth. wird der Wasserhaushalt des Sandbodens grundlegend verbessert, gleichzeitig die Wurzelentw. angeregt u. die Oberfläche des Wurzelsyst. beträchtlich vergrößert. — In lockerem Sandboden wurden 350 **II** in einer einzigen Schicht 50 cm tief untergebracht u. Mais angebaut. Der Kolbenertrag erreichte 26,72 gegenüber 9,75 nach flacher Unterbringung der gleichen **II**-Gabe. — Der Samenertrag von Sorghum vulgare auf Sand betrug trotz großer Dürre bei Tiefdüngung mit **I** 31,24, bei Tiefdüngung mit **II** 28,28, bei Flachdüngung jedoch nur 6,77. (Acta agronom. Acad. Sci. hung. **3.** 317—41. 1953. Budapest, Agrochem. Res. Inst., Dep. of Soil Sci.) F. RANG. 6304

Vlad. Frantek, *Die Gründüngung, ihre Funktion bei der Humusbildung.* Vf. stellt fest, daß Stalldünger nur bei der Düngung der Felder durch Gründünger ersetzt werden kann u. dieser die Humusbldg. ebenfalls fördert. (Za socialist. Zemědělství **5.** 263—69. März 1955.) E. VEVERA. 6304

H. Koepf, *Zur Dynamik des Abbaues organischer Substanzen in verschiedenen Böden.* 17 verschied. organ. Substanzen wurden auf der Grundlage gleicher C-Mengen zu 2 Böden zugegeben u. der Verlauf des Abbaues an Hand der CO_2-Ausscheidung beobachtet. Bei einem nährstoffarmen, sauren Sandboden war die Schnelligkeit des Abbaues entscheidend vom C/N-Verhältnis der zugegebenen organ. Substanz abhängig. Anders verhielt sich ein Lehmboden, bei dem die Schnelligkeit des organ. Substanzabbaues prakt. unabhängig vom N-Geh. war. Dieses unterschiedliche Verh. wurde an einer größeren Anzahl von Böden durch Abbauverss. mit Weizenstroh u. Luzerne geprüft. Die Relation zwischen der Abbauintensität bei einer N-armen u. einer N-reichen Substanz erwies sich als charakterist. für die einzelnen Böden. Von erheblichem Einfl. war die Bodenreaktion. Ferner bauten Böden, die bereits schon ohne organ. Zusatz eine höhere CO_2-Ausscheidung zeigten, zugegebene organ. Substanz rascher ab, u. zwar ohne Rücksicht auf deren N-Gehalt. Keine statist. gesicherten Beziehungen bestanden zwischen dem NH_3-Geh. der Böden sowie ihrem Geh. an Saccharose u. lactatlösl. Nährstoffen einerseits u. der Abbauintensität andererseits. Die Korrelationen zu den angeführten analyt. Daten der Böden waren meist ziemlich locker. Die dynam. Meth. der Unters., bei der man den analyt. ermittelten Abbauverlauf bei Zugabe der beiden genannten organ. Substanzen berücksichtigt, gestattet einen genaueren Einblick in das unterschiedliche Verh. der einzelnen Böden. (Z. Pflanzenernähr., Düng., Bodenkunde **73** (**118**). 48—58. 1956. Stuttgart-Hohenheim, Landwirtschaftl. Hochschule, Inst. für Geol. u. Bodenlabor.) A. JACOB. 6304

J. M. Bremner, *Einige Probleme der organischen Substanz des Bodens.* (Vgl. C. **1956.** 1710.) Die Wrkg. der organ. Substanz auf die Bodenstruktur, die Abtrennung der organ. Substanz, Komplexe von Metallen mit organ. Substanz, die organ. N-Fraktion, die organ. P-Fraktion u. die Kationenaustauschfähigkeit werden besprochen. (Commonwealth Bur. Soil Sci., Soils Fertilizers **19.** 115—23. April 1956. Harpenden, Herts., Rothamsted Exp. Stat.) A. JACOB. 6304

Wilhelm Gärtel, *Über die Saccharaseaktivität in Weinbergsböden.* Weinbergsböden sind bei der Unters. nach der Meth. von HOFMANN u. SEEGERER saccharaseärmer als Acker-, Weide- oder Wiesenböden. Bei den meisten Weinbergsböden ist unterhalb 20 cm eine starke Abnahme der Saccharaseaktivität festzustellen. Ungepflegte, saure, nährstoffarme Böden sind saccharaseärmer als Böden mit gutem Kulturzustand u. Ertrag. Zur Förderung des Bodenlebens auch in tieferen Schichten wird eine verstärkte Gründüngung mit tief wurzelnden Pflanzen empfohlen. (Weinberg u. Keller **2.** 412—17. Nov. 1955. Bernkastel-Cues/Mosel, Biol. Bundesanstalt für Land- u. Forstwirtsch., Inst. für Weinbau.) A. JACOB. 6304

Pavel Škopík, *Erhöhung der Wirksamkeit von Düngemitteln.* Vf. bespricht die einzelnen Komponenten der Düngemittel u. ihre Rolle bei der Düngung u. erläutert, wie die Düngung am zweckmäßigsten gestaltet wird. (Za socialist. Zemědělství **5.** 269—77. März 1955.) E. VEVERA. 6304

W. L. Nelson, *Einige bei der Unterbringung von Dünger zu beachtende Grundsätze.* Die Entscheidung über die Frage, ob Handelsdünger breitwürfig oder in seitlich von den Pflanzen verlaufenden Reihen ausgestreut werden soll, hängt vom Bewurzelungstyp, Klima sowie von den Boden- u. Nährstoffeigg. ab. — 8 Literaturangaben. (Commerc. Fertilizer **89.** Nr. 5. 28—30. 32. Nov. 1954. Lafayette, Ind., Amer. Potash Inst.) F. RANG. 6304

Ju. A. Basskakow und **N. N. Melnikow,** *Chemische Mittel zur Blätterentfernung und zum Trocknen von Pflanzen.* Übersicht über die neuere Entw. der Defolianten u. Desiccanten auf Grund der Literatur nach Stoffgruppen: Anorgan. Verbb., KW-stoffe, Alkohole u. Phenole, organ. Säuren, organ. S- u. N-Verbb., Harnstoffderivate. — 107 Literaturzitate. (Химическая Промышленность [Chem. Ind.] **1955.** Nr. 7. 51—59. Okt./Nov.) R. K. MÜLLER. 6312

Zbyněk Müller, *Fortschritte in der Unkrautbekämpfung.* Zur Unkrautbekämpfung schlägt Vf. vor: 20%ig. $FeSO_4$-Lsg., für Unkraut im Getreidefeld, festes $(NH_4)_2SO_4$ u. Kainit, gemengt in Düngemitteln, ferner $NaClO_3$ u. $Ca(ClO_3)_2$, Nitroderivv. des Phenols, wie Dinitro-o-kresol in 0,1—2%ig. Konz., 2.4-D u. MCPA. Die aufgeführten Mittel sind pflanzenspezif. u. schädigen in höheren Gaben Nutzpflanzen. (Za socialist. Zemědělstvi **5.** 286—89. März 1955.) E. VEVERA. 6312

C. R. Taylor, *Bekämpfung der Wasserhyacinthe im Rotura-Distrikt.* Spritzungen mit 2.4-D in öliger Lsg. bewirkten bei zweimaliger Behandlung in jedem Falle eine Vernichtung des Unkrautes. (New Zealand J. Agric. **90.** 188—95. 15/2. 1955. Rotura, Dep. of Agric.) W. KNÖPKE. 6312

P. Frezal und **R. Portelli,** *Wirkung von Captan auf Phylloxera vitifolii Fitsch.* Der Rebenschädling Phylloxera vitifolii wurde durch wiederholtes Spritzen mit 0,250%ig. Captanlsg. erfolgreich bekämpft, während Zineb u. Bordeauxbrühe wenig wirksam waren. (C. R. hebd. Séances Acad. Agric. France **1954.** 563—66.) F. RANG. 6312

H. E. Harbour, *Neue Fortschritte bei Parasitenbekämpfungsmitteln.* Übersicht über die Bekämpfung der Parasiten der Haustiere (Läuse, Flöhe, Stechfliegen, Milben usw.) mit chlorierten KW-stoffen (DDT, HCH, Dieldrin, Aldrin usw.) u. über die Anwendung von Phenothiazin, NaF u. Piperazinverbb. als Anthelminthica. — 18 Literaturangaben. (Veterin. Rec. **67.** 1021—24. 10/12. 1955. Berkhamstead, Herts., Cooper Techn. Bur.) W. KNÖPKE. 6312

Herbert Spencer und **Allen G. Selhime,** *Neue Insekticide für die rote Citrusmilbe (Purpurmilbe).* Die rote Citrusmilbe (Metatetranychus ciri) u. die Rote Spinne haben sich in gefährlicher Weise in den letzten Jahren vermehrt. Bei ihrer Bekämpfung haben sich die neueren Präpp. Mitox, Isolan, Demeton u. Schradan bewährt, ebenso wie Ölemulsion, Ovotran, Aramit oder EPN. Auch Malathion hatte eine gute Wrkg., wenn es 2mal im Jahre angewandt wurde. (Citrus Ind. **36.** Nr. 6. 11—17. Juni 1955.) A. JACOB. 6312

Roy A. Harrison, *Toxizität von Pyrethrum für Stubenfliegen.* Vf. benutzte den PEET-GRADY-Test zur Prüfung verschied. Pyrethrumextrakte gegenüber DDT-empfindlichen u. -resistenten Stämmen von Musca domestica. Dabei zeigte sich, daß Männchen beider Stämme empfindlicher waren als die Weibchen Die wirksamen Konzz. lagen für 80- u. 95%ig. Lähmung bei 0,034 bzw. 0,075%ig. Lsg. in Kerosin, für für 70-, 80- u. 95%ig. Abtötung bei 0,25, 0,32 u. 0,56%. DDT-resistente Männchen waren schwerer abzutöten als DDT-empfindliche. Natürliches u. synthet. Pyrethrum hatte annähernd gleiche Wirksamkeit. (New Zealand J. Sci. Technol., Sect. B **35.** 22—29. Juli 1953. Aukland, New Zealand, Plant Dis. Div., Dep. of Sci. and Ind. Res.) W. KNÖPKE. 6312

—, *Hornissenvertilgung in Deutschland.* Das Vieh wird, bevor es auf die Weide getrieben wird, mit *Derrilavol* eingerieben. Das Verf. bietet nachst. Vorteile: Alle Hornissenlarven werden getötet, die Behandlung ist einfach, kann bequem überwacht werden u. unterbricht den Lebenskreislauf der Hornissen in weiten Gebieten. (Nederl. Leder-Ind. **63.** 369—71. 28/8. 408—09. 11/9. 1952.) W. WESLY. 6312

J. R. Velasco und **R. P. Novero,** *Untersuchungen zur Blattdiagnose.* 1. Mitt. *Stickstoffbeziehungen.* Bericht über Verss. mit Elon–Elon-Reispflanzen, gedüngt mit verschieden hohen N-Gaben. Es wurde festgestellt, daß zur Ermittlung des N-Status Blätter, die gerade die Reife erreicht haben, am besten geeignet sind. Bei P-Mangel wurde allg. eine Erniedrigung der N-Werte festgestellt, nicht hingegen bei Ca-, Mg-, K- oder S-Mangel. — 22 Literaturhinweise. (Philippine Agriculterist **35.** 223—32. Okt. 1951.) C. GRIMME. 6322

George J. Bouyoucos, *Verbesserter Bodenfeuchtigkeitsmesser.* Beschreibung eines Feuchtigkeitsmessers, der an Stelle von Vakuumröhren einen Transistor enthält, wodurch die Lebensdauer der Batterien erhöht wird. Ein verbesserter Stromkreis ermöglicht durch Vermeidung von Kapazitätswirkungen, Anwendung von Leitungen bis 250 Fuß Länge, so daß bei den üblichen Längen bis 25 Fuß Messungen über den gesamten Feuchtigkeitsbereich möglich sind. Auch die Gipsblöcke wurden durch Ausstattung mit Siebelektroden aus platiniertem nichtrostendem Stahl verbessert. (Agric. Engng. **37.** 261—62. April 1956. East Lansing, Mich., Michigan Agricult. Exp. Stat., Soil Sci. Dep.) A. JACOB. 6324

H. Peter und **Susanne Markert,** *Untersuchungen über die Adsorption von Farbstoffen an Mineralböden und deren Beziehung zur Sorptionskapazität.* Bei der Unters. der Sorption von *Methylenblau* (I) an Mineralböden wurde festgestellt, daß der Farbstoff in bezug auf reine Adsorption als auch auf Ionenaustausch an der Oberfläche u. im Schichtgitter von Bodenmineralien prinzipiell keine Unterschiede gegenüber Metallionen der 1. u. 2. Gruppe des Periodensyst. zeigt. Die Best. der Sorption ist somit durch spektrophotometr. Messung der Farbintensität von I-Lsgg. möglich, mit denen der Boden geschüttelt wird. (Z. Pflanzenernähr., Düng., Bodenkunde **73** (**118**). 11–24. 1956. Berlin, Deutsche Akad. der Landwirtschaftswiss.; Leipzig, Inst. für landwirtschaftl. Versuchs- u. Untersuchungswesen.) A. JACOB. 6324

H. Segeberg, *Über den Zusammenhang zwischen den „Humositätsgraden" nach v. Post, den „Vertorfungsgraden" nach Keppeler und den spezifischen Gewichten von Hochmoortorfen.* Strukturanalysen von Moorprofilen u. die Best. des Zersetzungsgrades der Torfe werden als Voraussetzungen für jede sachgemäße Melioration angesehen. Es werden einserseits die Beziehungen zwischen den Humositätsgraden (I) der Hochmoortorfe nach v. POST u. den Vertorfungsgraden nach KEPPELER, andererseits die Zusammenhänge zwischen diesen u. den spezif. Gewichten geklärt. Die Ergebnisse sind in einer Tabelle zusammengefaßt worden, mit deren Hilfe es möglich ist, aus den auf dem Felde bestimmten I u. den Volumengewichten (trocken) der Hochmoortorfe die für landwirtschaftliche u. kulturtechn. Arbeiten wichtigsten Eigg. dieser Torfe größenordnungsmäßig mit ausreichender Genauigkeit abzuschätzen. Bes. ist es möglich, mit Hilfe der Tabelle die Lagerungsdichten dieser Torfe in sehr guter Übereinstimmung mit den experimentell erhaltenen Werten zu bestimmen, wodurch sich die Vorausberechnungen von Sackungen wesentlich vereinfachen. (Z. Pflanzenernähr., Düng., Bodenkunde **73** (**118**). 74–85. 1956. Bremen, Staatl. Moorversuchsstat.) A. JACOB. 6324

G. Lenhard, *Die Dehydrogenaseaktivität des Bodens als Maß für die Mikroorganismentätigkeit im Boden.* Die von Mikroorganismen entwickelte *Dehydrogenase* (I) reagiert mit Triphenyltetrazoliumsalzen unter Bldg. von rotgefärbtem Triphenylformazan, das in *Methylalkohol* (II) lösl. ist. Die Intensität der Rotfärbung des mit II hergestellten Bodenauszuges nach Behandlung des Bodens mit Triphenyltetrazoliumchlorid u. einigen Zusätzen ist proportional der biol. Formazanbldg. im Boden. Diese wird im alkoh. Bodenauszug quantitativ colorimetr. gemessen u. als I-Aktivität des Bodens bezeichnet. Die Entw. einer entsprechenden Bodenunters. wird beschrieben. (Z. Pflanzenernähr., Düng., Bodenkunde **73** (**118**). 1–10. 1956. Berlin-Dahlem, Inst. für Pflanzenernähr., Bodenchem. u. Bodenbiol.; Berlin-Charlottenburg, TU.) A. JACOB. 6324

Georges Barbier und **Edwige Tyskiewzic,** *Ständige Bewegung der Phosphationen, die durch ein Tonteilchen des Bodens zurückgehalten werden.* Es handelt sich um eine einfache Bestimmungsmeth. für sowohl gebundene als auch bewegliche Phosphate im Boden. Die Verss. wurden an neutralen, kalkfreien Lehmen durchgeführt u. der Austausch durch Verwendung von radioakt. u. nichtradioakt. Phosphat verfolgt. Die Phosphationen werden von den Bodenpartikeln reversibel adsorbiert. Sie lassen sich leicht durch verd. Säuren oder Laugen wieder herauswaschen. Diese Tatsache wurde für eine einfache Bestimmungsmeth. des Phosphatgeh. ausgenutzt, deren Prinzip auf der reversiblen Adsorption u. Elution von radioakt. Phosphat beruht. Diese Meth. hat den Vorteil, gegenüber chem. Bestimmungsmethoden mit verd. Säuren, daß keine Auswahl zwischen den verschied. Formen des P_2O_5 , wie sie in natürlichem Boden vorliegen, getroffen wird, sondern erfaßt deren gesamte Aktivität. (C. R. hebd. Séances Acad. Sci. **235**. 1246–48. 17/11. 1952.) R. WALCKER. 6324

L. Brouwers, *Über die Methode „Aspergillus niger", angewandt zur Bestimmung von Phosphor im Boden.* Vf. zeigt, daß die Werte der chem. Extraktion sich denen der mikrobiol. Meth. mit Aspergillus niger nähern. Chem. bestimmt man ja nur die Fraktion des P, die durch ihre Sättigung in der auszuziehenden Lsg. begrenzt ist. Die mikrobiol. Meth. reflektiert besser die zunehmende u. dynam. Erscheinung der mineral. Ernährung von Aspergillus niger. (Arch. int. Physiol. Biochim. **63**. 254–55. Juni 1955.) K. BÖHM. 6324

Diedrich Schroeder, *Die flammenphotometrische Bestimmung des Bariums bei der Ermittlung der Umtauschkapazität des Bodens nach Mehlich.* Mit dem Spektralphotometer ZEISS mit Monochromator M4Q u. Sekundärelektronenvervielfacher Maurer A(bzw. JP 28) ist es möglich, Ba rasch u. genau flammenphotometr. direkt im Filtrat der $MgCl_2$-Durchwaschung zu bestimmen. (Z. Pflanzenernähr., Düng., Bodenkunde **73** (**118**). 86–87. 1956. Hannover, TH, Inst für Bodenkunde.) A. JACOB. 6324

Garl Göran Lamm, *Mikrobestimmung von Zink in Bodenauszügen durch Papierchromatographie.* Kleine Mengen Zn (1–5 γ) lassen sich durch Papierchromatographie von anderen Metallen (außer Hg) trennen, die mit Dithizon gefärbte Komplexe geben. (Lösungsm.: n-Butanol wird 1 Std. mit dem gleichen Vol. 2n HCl geschüttelt, die wss. Phase anschließend verworfen. — R_f-Werte: Cu 0,13; Ni 0,06; Co 0,08; Pb 0,11; Bi 0,12; Ag 0,36; Zn 0,84; Cd 0,68; Hg 0,87.) Der Zn-Fleck wird ausgeschnitten u. das Zn durch Kochen mit 1ml 2n HCl u. 15 ml W. aus dem Papier herausgelöst. Nach Zusatz von 3 ml Ammoniumcitratpuffer [113 g $(NH_4)_2C_6H_6O_7$ in 500 ml W. + 150 ml 25%ig. NH_3) wird mit 10 ml einer 0,002%ig. Dithizonlsg. in CCl_4 geschüttelt u. die opt. Dichte des roten Zn-Dithizonats in der CCl_4-Phase bei 540 mμ bestimmt. (Acta chem. scand. **7.** 1420—22. 1953. Lyngby, Denmark, State Labor. for Plant Culture.) F. UMLAND. 6324

F. P. W. Winteringham, *Trennung und Nachweis von Pyrethrininsekticiden und deren Derivaten nach der umgekehrten Phasenpapierchromatographie.* Verf. zur Trennung u. zum Nachw. von mit ^{14}C markierten Insekticiden vom Pyrethrintyp. Es wird WHATMAN-Papier Nr. 1 benutzt Die äther. Lsg. der Substanz (100 μg) steigt unter N_2-Atmosphäre an dem Papier auf. Nach 24 Std. wird getrocknet, mit 0,1%ig. $KMnO_4$-Lsg. besprüht, mit H_2O wieder ausgewaschen u. mit essigsaurer Benzidinlsg. (0,5% ig) gefärbt. Für Allethrin (**I**) wird ein R_f von 0,40, für Allethrincinerolon (**II**) u. Chrysanthemummonocarbonsäure (**III**) ein R_f von 0,89 angegeben. Das natürliche Pyrethrin wird in zwei Bestandteile aufgetrennt, „Pyrethrin 1" (**IV**) u. „Pyrethrin 2" (**V**), für die R_f = 0,23 u. 0,72 gefunden werden. Die schneller laufende Fraktion wird als **V** erkannt. Zur Trennung der alkoh. u. sauren Hydrolyseprodd. des **I** wird eine aufsteigende Chromatographie in ammoniakal. Petroleum vorgenommen. Hierbei wandert **II**, während **III** liegenbleibt. (Science [Washington] **116.** 452—53. 24/10. 1952. Berkeley, Calif., Univ., Agricult. Exp. Stat.) L. WALLIS. 6328

Farbenfabriken Bayer Akt.-Ges. (Erfinder: **Fritz Schmidt** und **Otto Bayer,** Leverkusen, und **Wilhelm Becker,** Köln), *Verbesserung der Bodenstruktur* durch Zusatz wasserhaltiger anorgan. Gelbildner, dad. gek., daß man als Zusatz zu Böden Kieselsäureester oder Alkoholate mehrwertiger Metalle, bes. des Al, Ti oder Zr, verwendet. Bes. geeignet sind Methyl-, Äthyl-, Propyl- oder Polyester der Kieselsäure in Mengen von ca. 50—100 g/m² schwerer, bindiger Lehm- oder Tonböden. Durch den Zusatz der Verbb. werden gute Bodenkrümelung u. Verbesserung der Belüftung, Wasserdurchlässigkeit u. Wasserhaltefähigkeit der Böden u. Förderung des Pflanzenwachstums erreicht. Die Verbb. werden von den Bodenbakterien nicht angegriffen (**D. B. P. 941 374** Kl 16 vom 5/12. 1953, ausg. 12/4. 1956. Anmeldung bekanntgemacht 24/2. 1955.) H. KARST. 6303

Monsanto Chemical Co., St. Louis, Miss., V. St. A., *Bodenverbesserungsmittel.* Mit Hilfe von in W. lösl., durch Sulfonierung von Polystyrol oder dessen Alkylderivv. erhältlichen Prodd. mit einem mittleren Mol.-Gew. von mindestens 10000, vorzugsweise von mindestens 25000, werden, gegebenenfalls in Verbindung mit Pflanzennährstoffen u./oder Verdünnungs- oder Streckmitteln, gute physikal. Veränderungen der Böden erreicht. Die Prodd. werden trocken durch Einarbeiten mit landwirtschaftlichen Geräten oder in Form von wss. Lsgg. dem Boden einverleibt. (**Oe. P. 183 767** vom 25/3. 1952, ausg. 10/11. 1955.) W. WITTHOLZ. 6303

Annie France-Harrar, Mexico City, *Verfahren zur Herstellung eines biologischen Bodenimpfstoffes,* unter Verwendung von an Bodenorganismen reichen, z. B. durch Verrottung von organ. Abfallprodd. u. allenfalls zugemischten Mineralstoffen gewonnenen Schlämmen, die von der Müllverwertung der Städte, vom Faulschlamm von Kanalisationsanlagen oder von natürlichen Moor- u. Uferschlämmen oder dgl. herrühren. In einen solchen Schlamm, der mindestens 50% Feuchtigkeit enthält u. verrottet ist, werden wss. Aufschlämmungen von solchen Mikroorganismen eingerührt, die beim Trocknen in eine Dauerform übergehen u. Mischkulturen verschied. Mikrofaunen u. -floren aus der Klasse der Bodenorganismen, vorzugsweise aus der Gruppe der grünen Bodenalgen, z. B. Schizophyceen u. Protococcales usw., der moosbewohnenden Rhizopoden u. Diatomeen, Lithobionten, darstellen. Die erhaltene Schlammasse wird im Laufe einer mehrwöchigen, zweckmäßig im Freien durchgeführten Mischungs- u. Vortrocknungsperiode zu einer homogenen, brei- oder teigförmigen Impfmasse entwickelt u. schließlich nach entsprechender Formgebung, z. B. in Ziegelform, auf 5—8% Wassergeh. getrocknet. (**Oe. P. 183 421** vom 22/2. 1952, ausg. 10/10. 1955.) W. WITTHOLZ. 6307

Soc. des Usines Chimiques Rhône-Poulenc, Paris, Frankreich, *Behandlung von Saatgut* durch Überziehen oder Imprägnieren der Körner mit einer Lsg. von *Di-* oder *Triarylguanidin* in Ölsäure. Konz. 10—14 Gew.-% Di- oder Triarylguanidin in der Ölsäure, bes. Di- oder Triphenylguanidin. Auf 100 kg Saatgut nimmt man 60—210 g Di- oder Triarylguanidin. (**E. P. 730 253** vom 15/5. 1953, ausg. 18/5. 1955. F. Prior. 12/6. 1952.) H. NEBELSIEK. 6313

Schenley Industries, Inc., New York, N. Y., übert. von: **Leon Katz**, Springfield, N. J., V. St. A., *Fungicide Mittel*, bestehend aus Verbb. des *2-Hydrazinbenzoxazols* mit Aldehyden u. Ketonen der allg. Formel **I**, in der **X** für H oder ein niederes Alkyl steht, Y entweder 2-Hydroxyl-, 4-Carboxy-, 4-Carboxymethoxy ($-OCH_2 \cdot COOH$), 4-Di-(niederes Alkyl-)amino- oder einen 4-Chlorrest bedeutet. — Man erhält die **I** durch Erhitzen eines Gemisches aus Isopropylalkohol, Eisessig u. 2-Hydrazinbenzoxazol zum Sieden

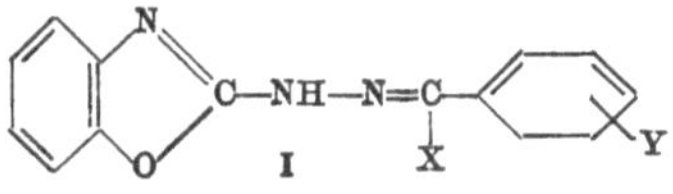

I

u. Zufügen von Salicylaldehyd unter Rühren, kühlt ab, filtriert, wäscht die Kristalle mit CH_3OH u. trocknet im Vakuum. Ausbeute an *Benzoxazolyl-2-hydrazon des Salicylaldehyds* 85 (%), F. 250—251°. — Erhitzt man 2-Hydrazinbenzoxazol mit wss. CH_3OH u. Eisessig zum Sieden, fügt 2-Oxyacetophenon zu u. läßt 5 Min. weiter sd., so erhält man nach dem Abkühlen, Auswaschen u. Kristallisieren im Vakuum *Benzoxazolyl-2-hydrazon des 2-Oxyacetophenons*, F. 171—173°. — Durch Erhitzen eines Gemisches aus Eisessig, Isopropylalkohol u. 2-Hydrazinbenzoxazol zum Sieden unter Zufügen von 4-Formylphenoxyessigsäure, Abkühlen, Filtrieren, Waschen u. Trocknen erhält man 88% *Benzoxazol-2-hydrazon der 4-Formylphenoxyessigsäure*, F. 228—229°. — Fügt man an Stelle der 4-Formylphenoxyessigsäure 4-Formylbenzolesäure zu, so erhält man unter den gleichen Reaktionsbedingungen 61% *Benzoxazolyl-2-hydrazon des 4-Carboxybenzaldehyds*, F. 281—282°. — Ersetzt man 4-Formylphenoxyessigsäure durch 4-Dimethylaminobenzaldehyd, so erhält man unter den gleichen Reaktionsbedingungen 83% *Benzoxazolyl-2-hydrazon des 4-Dimethylaminobenzaldehyds*, F. 223—224°. — Nimmt man entsprechend den vorigen Beispielen äquimol. Mengen 4-Chlorbenzaldehyd, so erhält man unter gleichen Reaktionsbedingungen 91% der theoret. Ausbeute an *Benzoxazolyl-2-hydrazon des 4-Chlorbenzaldehyds*, F. 248—249°. (**A. P. 2 710 823** vom 17/9. 1952, ausg. 14/6. 1955.) H. NEBELSIEK. 6313

Schenley Industries, Inc., New York, N. Y., übert. von: **Leon Katz**, Springfield, N. J., V. St. A., *Fungicide Mittel mit gleichzeitig bakterizider Wirkung*, bestehend aus den Benzoxazolyl-2-hydrazonen von Aldehyden u. Ketonen der allg. Formel **I**, in der Y für H oder ein niederes Alkyl steht, Z H, OH oder einen Di-(niederes Alkyl-)aminorest u. R H oder ein niederes Alkyl bedeuten. — Man erhält die **I** z. B. durch Erhitzen von 2-Hydrazinbenzoxazol, Eisessig u. CH_3OH zum Sieden

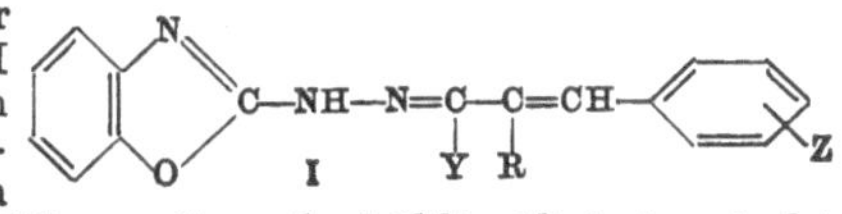

I

unter Zufügen von Zimtaldehyd. Man läßt 10 Min. weiter sd., kühlt, filtriert, wäscht u. trocknet im Vakuum. Ausbeute 88% an *Benzoxazolyl-2-hydrazon des Zimtaldehyds*, F. 216°. — Ersetzt man den Zimtaldehyd durch Salicylalaceton u. arbeitet unter gleichen Bedingungen, so erhält man *Benzoxazolyl-2-hydrazon des Salicylalacetons*, F. 161 bis 162°. — Unter den gleichen Bedingungen erhält man bei Zusatz von Benzalaceton an Stelle von Zimtaldehyd 80% *Benzoxazolyl-2-hydrazon des Benzalacetons*, F. 180 bis 184°. — Ebenso erhält man unter gleichen Bedingungen bei Zusatz von Anisalaceton 84% *Benzoxazolyl-2-hydrazon des Anisalacetons*, F. 183—187°, bei Zusatz von 4-Dimethylaminobenzalaceton 89% *Benzoxazolyl-2-hydrazon des 4-Dimethylaminobenzalacetons*, F. 136—137°, $Kp._{10}$ 195—200°, bei Zusatz von α-n-Amylzimtaldehyd (Jasminaldehyd) erhält man 85% der theoret. Ausbeute an *Benzoxazolyl-2-hydrazon des α-n-Amylzimtaldehyds*, F. 168—169°. — Man erhitzt ein Gemisch aus Isopropylalkohol, Eisessig u. 2-Hydrazinbenzothiazol zum Sieden u. trägt Benzalaceton ein, läßt 5 Min. weiter sd. unter Rühren. Nach dem Abkühlen, Filtrieren, Waschen u. Trocknen im Vakuum erhält man 98% Ausbeute an *Benzothiazolyl-2-hydrazon des Benzalacetons*, F. 180—182°. — Ersetzt man in entsprechender Weise Benzalaceton durch Anisalaceton, so erhält man 94% an *Benzothiazolyl-2-hydrazon des Anisalacetons*, F. 144—146°, durch Salicylalaceton, so erhält man 99% an *Benzothiazolyl-2-hydrazon des Salicylalacetons*, F. 177—179°, u. durch 4-Dimethylaminobenzalaceton, so erhält man 86% an *Benzothiazolyl-2-hydrazon des 4-Dimethylaminobenzalacetons*, F. 189—192°. (**A. P. 2 710 824** vom 17/9. 1952, ausg. 14/6. 1955.) H. NEBELSIEK. 6313

Shell Development Co., Emeryville, Calif., übert. von: **Rex E. Lidov**, Denver, Colo., V. St. A., *Insekticide Mittel*, bestehend aus polycycl., halogenierten KW-stoffen u.

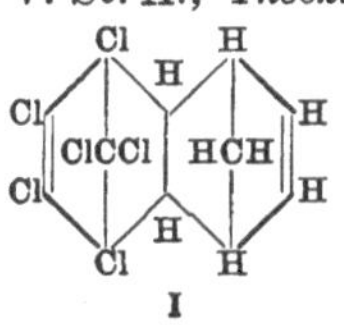

I

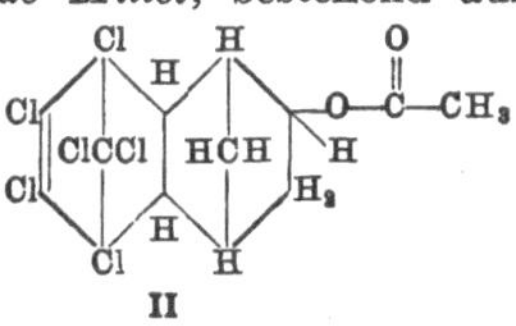

II

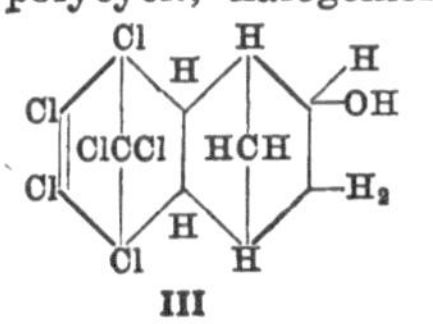

III

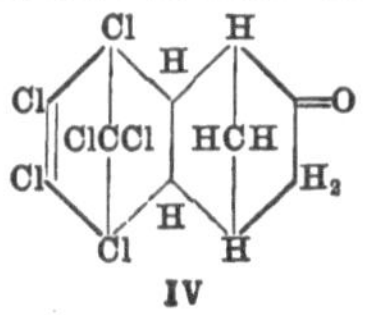

IV

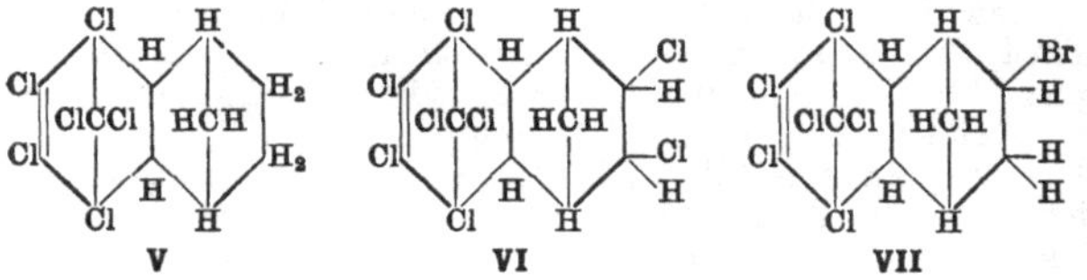

V VI VII

deren Derivv. der Formeln I—VII. Man erhält I durch Verrühren am Rückflußkühler von frisch dest. Cyclopentadien mit Hexachlorbicycloheptadien unter Erwärmen auf 65—100°. Nach Abklingen der Rk. z. B. bei 50° fügt man weiteres Cyclopentadien zu u. erhitzt 2 Std. auf 75—90°. Nach dem Abkühlen gibt man die feste M. in sd. Aceton–Methanol-Gemisch u. erhält nach dem Abkühlen, Filtrieren u. Trocknen *β-1.2.3.4.10.10-Hexachlor-1.4.4a.5.8.8a-hexahydro-1.4;5.8-dimethylennaphthalin*, F. 240—242°. — **II** erhält man am Rückflußkühler aus vorst. Verb., konz. H_2SO_4 u. Eisessig. Nach dem Eingießen des Reaktionsgemisches in W. neutralisiert man mit $NaHCO_3$ u. erhält den organ. Anteil durch Extraktion mit CCl_4. Durch Eindampfen u. Umkristallisieren erhält man *6-Acetoxy-1.2.3.4.10.10-hexachlor-1.4.4a.5.6.7.8.8a-oktahydro-1.4;5.8-dimethylennaphthalin*, F. 204—208°. — **III** wird erhalten aus vorst. Verb. durch „Trans-Veresterung" mittels ca. 7% HCl enthaltendem wasserfreien CH_3OH zu der entsprechenden OH-Verb.: *1.2.3.4.10.10-Hexachlor-6-oxy-1.4.4a.5.6.7.8.8a-oktahydro-1.4;5.8-dimethylennaphthalin*, F. 205°. — **IV** erhält man durch Oxydation vorst. Verb. in Eisessig mit wss. Kaliumpermanganatlsg. u. steigert die Temp. langsam von 60 auf 100°. Nachdem man die Temp. auf ca. 75° hat sinken lassen, filtriert man den Nd. ab, extrahiert mit Aceton. Nach dessen Verdampfung krist. man das rohe Oxydationsprod. mit Aceton u. Hexan um u. erhält *1.2.3.4.10.10-Hexachlor-6-keto-1.4.4a.5.6.7.8.8a-oktahydro-1.4;5.8-dimethylennaphthalin*, F. 290—291°. — **V** erhält man durch Druckhydrierung von **I** in Hexan mit einem Ni-Katalysator in üblicher Form. Nach dem Filtrieren u. Verdampfen des Lösungsm. erhält man *1.2.3.4.10.10-Hexachlor-1.4.4a.5.6.7.8.8a-oktahydro-1.4;5.8-dimethylennaphthalin*, F. 218—219°. — **VI** wird erhalten durch Lösen von **I** in CCl_4 u. einige Min. langes Kühlen in einem Eisbad. Nach dem Verdampfen des CCl_4 erhält man einen gummiartigen Rückstand, den man mit heißer Methanollsg. aufnimmt. Nach dem Abkühlen fällt weißes, kristallines *Oktachlortetracyclododecan* (ebenfalls ein Dimethannaphthalen) aus, F. 212—213°. — **VII** erhält man durch Lösen von **I** in Diäthyläther unter Durchleiten von wasserfreiem HBr bei ca. 20°. Nach Abfiltrieren des kristallinen Nd., Verdampfen des Lösungsm. u. Umkristallisieren erhält man *6-Brom-1.2.3.4.10.10-hexachlor-1.4.4a.5.6.7.8.8a-oktahydro-1.4;5.8-dimethylennaphthalin*, F. 110—111°. (**A. P. 2 717 851** vom 13/12. 1952, ausg. 13/9. 1955.) H. NEBELSIEK. 6313

Wisconsin Alumni Research Foundation, V. St. A., *Nagetierbekämpfungsmittel.* Verwendung von 4-Oxycumarin, bes. als Na-Salz, das in 3′-Stellung durch eine Gruppe R—ČH—CH_2—CO(R) substituiert ist, worin R ein niedriger Alkyl- u. Phenylrest ist, im Gemisch mit inerten Trägerstoffen, wie Sand, Diatomeenerde, Zellstoff. Genannt ist *3-[α-Acetonylbenzyl]-4-oxycumarin-Na.* (**F. P. 1 063 279** vom 9/7. 1952, ausg. 30/4. 1954. A. Prior. 17/3. 1952.) W. WITTHOLZ. 6313

VIII. Metallurgie. Metallographie. Metallverarbeitung.

G. A. Clayton, *Erzkonzentrieren mit der Naßspirale.* Beschreibung der physikal. Grundlagen u. der Arbeitsweise des HUMPHREYS-Spiralkonzentrators u. seiner Anwendbarkeit zu Vorkonzentrierungen je nach Erzeigenart. (Brit. Steelmaker **22.** 132—35. Mai 1956. Fraser & Chalmers Engng. Works.) H. ECKHARD. 6360

S. C. Sun, L. Y. Tu und **E. Ackerman,** *Erzflotation mit ultraschallemulgierten Kollektoren.* Beschreibung von Bau, Wirkungsweise u. Anwendung eines Gerätes zur Emulgierung beliebiger Kollektoren in W. durch Ultraschallwellen. Es wird gezeigt, daß ultraschallemulgierte Kollektoren für die Erzflotation wirksamer als nichtemulgierte Kollektoren sind. (Mining Engng. **7.** 656—60. Juli 1955. University Park, Pa., Pennsylvania State Univ.) W. WESLY. 6362

H. Rush Spedden, *Konzentrieren von von natürlichen Mineralien abweichenden Materialien.* (Annales Mines **145.** Nr. 2. 51—63. Febr. 1956. Niagara Falls, N. Y., Union Carbide & Carbon Corp. — C. **1956.** 7070.) H. ECKHARD. 6362

Clyde H. Wyman, *Die feuerfesten Werkstoffe der Gießpfanne und ihre Anwendung in Stahlgießereien mit sauer gefütterten, elektrischen Öfen.* Langzeitverss. über den Einfl. von Korngröße u. -verteilung der zur Auskleidung der Gießpfannen verwendeten, SiO_2 enthaltenden feuerfesten Werkstoffe auf die Lebensdauer der Gießpfannen, d. h. die Reinheit des Gußmetalles, zeigen, daß 4 im einzelnen aufgeführte Mischungen feuerfester Stoffe u. eine bestimmte Kornverteilung (Siebanalyse) der Auskleidung die Dichtigkeit verleihen, die die Voraussetzung für eine Verzahnung der Körner, die Abwesenheit von Spalten u. die Verhinderung von Erosionen u. somit eine lange Lebensdauer der Auskleidung schafft. — Diskussion. (Trans. Amer. Foundrymen's Soc. **59.** 546—54. 1951. Chicago, Ill., Burnside Steel Foundry Co.) W. WESLY. 6370

H. M. Richardson und **G. R. Rigby**, *Stillgelegte Hochöfen. Ein Überblick über die Untersuchungen von Mauerwerk.* (Vgl. C. **1956.** 553.) Zusammenfassende Übersicht über die Auswertung der Befundberichte von 79 stillgelegten Hochöfen. Behandelt werden: Rk. von CO u. Schlacken mit feuerfesten Steinen, Zn u. Zn-Verbb., Gasdurchlässigkeit u. Einfl. des Mörtels. (Brit. Clayworker **65.** 44—46. 15/5. 1955.) W. SCHÜTZ. 6370

A. Tipper, *Fortschritte mit dem CO_2-Verfahren in britischen Gießereien.* Übersicht über geschichtliche Entw., derzeitige Ausführung, Zubehör, Wirtschaftlichkeit u. Zukunftsaussichten des Verf. zur Herst. von Kernen u. Formen mittels CO_2-Härtung. (Foundry Trade J. **100.** 99—105. 2/2. 1956. Harborough Construction Co., Ltd., Foundry Supplies Div.) W. WESLY. 6382

Karl Haake und **Ernst Pfitzmann**, *Erfahrungen mit der Anwendung des CO_2-Wasserglasverfahrens bei der Kernherstellung für Fahrzeugguß.* Hinweise für die Praxis. (Gießereitechnik **1.** 191—92. Okt. 1955. Ketschendorf.) M. WINIKER. 6382

János Szekeres, *Die Technologie der Kernbindung mit Wasserglas.* Zur Kernbindung vermischt Vf. den Formsand mit wss. Na-Silicatlsg., welche durch Einw. von CO_2 (oder Rauchgas) in SiO_2-Hydrat u. Soda zerfällt u. dadurch den Sand bindet. Zwecks Prüfung des Verf. wurden bei Änderung der Mischungsverhältnisse die Druck- u. Scherfestigkeit, Gasdurchlässigkeit u. Wärmeausdehnung nach Zumischen von Bentonit, Steinkohlenmehl u. Kunstharz die Wärmefestigkeit bestimmt. Die fertigen Formen müssen an trockenem Ort aufbewahrt werden, sonst blüht Soda aus. (Kohászati Lapok **8** (**86**). Nr. 3. Öntöde **4.** 49—56. März 1953.) J. PLANK. 6382

D. N. Buttrey und **Y. W. Rayden**, *Die synthetischen Harze in der Gießerei: Synthetische Harze als Bindemittel bei der Herstellung der Kerne.* (Vgl. C. **1954.** 7735.) (Fonderia [Milano] **2.** 493—97. Dez. 1953.) K. RUMPF. 6382

M. R. Hinchcliffe, *Zirkonsand.* Beschreibung von Vork., Gewinnung, chem. u. physikal. Eigg. u. Verwendung von $ZrSiO_4$, das als sehr feiner „Sand" natürlich vorkommt, zur Kernherst. für Gießereien. (Metal Ind. [London] **83.** 437—40. 27/11. 1953.) W. WESLY. 6382

Davidlee von Ludwig, *Schwierige Gußstücke in Quecksilbermodellformen.* Beschrieben werden die Durchführung u. Vorzüge des Hg-Genauguß-Verfahrens. Die aus einem gegen Hg beständigen Material bestehende Form wird mit fl. Hg gefüllt. Hg wird bei ca. —80 bis —130° F eingefroren. Das eingefrorene Modell wird mit einem keram. Überzug, z. B. aus TiO_2, ZrO_2, Al_2O_3 oder dgl. versehen u. das eingefrorene Hg-Modell darauf aufgetaut. Die so erhaltene keram. Formschale wird gebrannt u. zum Abguß gebracht. Die Vorzüge des Hg-Verf. liegen in der Herst. sehr genauer Gußstücke von schwer zu formenden komplizierten Gegenständen sowie darin, daß die keram. Formschalen geringeren Ausdehnungs-Kontraktions-Spannungen unterliegen. Auch besitzen die keram. Formschalen eine hohe Oberflächenglätte. (Iron Age **173.** Nr. 24. 148—50. 17/6. 1954.) H. HOCHSTIN. 6382

H. H. Fairfield und **James McConachie**, *Die Wirkung der Sandkornverteilung auf die Glätte von Gußstücken.* Die Oberflächenglätte von Bronzegußstücken, die in Formen von mehreren Sanden mit verschied. Kornverteilung erzeugt worden sind, wird nach dem von HOBMAN (Amer. Foundryman **1949.** 46) angegebenen Verf. bestimmt. Der Sand mit der niedrigsten Permeabilität u. der höchsten Kornfeinheit führt zu der besten Oberflächenbeschaffenheit. Sand mit unsymm. Körnern gibt die beste Fließbarkeit. Zu oft gerüttelter Sand erzeugt eine rauhere Oberfläche. (Trans. Amer. Foundrymen's Soc. **59.** 523—28. 1951. Owen Sound. Can., William Kennedy and Sons.) W. WESLY. 6382

James O'Keeffe jr., *Die Steigerung des Wirkungsgrades der Steiger.* Der Wirkungsgrad eines Steigers kann erhöht werden durch Verlängerung der Zeit, während der das Metall im Steiger geschmolzen ist oder durch Erhöhung der Erstarrungsgeschwindigkeit in der Gußmasse. Weitere Maßnahmen bestehen in der Verringerung der Steigeroberfläche u. der Einschränkung von Wärmeverlusten durch Isolation oder Verwendung exothermer Werkstoffe. (Trans. Amer. Foundrymen's Soc. **59.** 392—97. 1951. Conneaut, O., Exomet. Inc.) W. WESLY. 6382

R. L. Mattson, *Die Einwirkung von Restspannungen auf die Ermüdungsfestigkeit von Metallen.* (Vgl. C. **1956.** 3987.) Übersicht über Ursache, Messung u. Wrkg. der in Metallen auftretenden inneren Spannungen, bes. auf die Ermüdungsfestigkeit. —

10 Schrifttumshinweise. (Steel Processing **40.** 365—75. 390. Juni 1954. General Motors Corp., Res. Laborr. Div.) W. WESLY. 6388

Otto Barth, *Über die Reduktion von titanhaltigen Eisenerzen.* (Inst. Hierro Acero **8.** 149—58. April/Juni 1955. Stockholm, TH. — C. **1956.** 3140.) R. K. MÜLLER. 6390

Borut Marinček, *Die Roheisenherstellung im Elektroverhüttungsofen.* (Vgl. C. **1956.** 6501.) Es wird ein Vgl. der Betriebsverhältnisse eines Elektroverhüttungsofens (**I**) u. eines Hochofens mit ähnlicher Erzeugung gezogen. Wegen der geringen Beschickungshöhe des **I** kann eine wesentliche Erhöhung der Roheisenerzeugung teils durch Verwendung eines nur wenig Strom brauchenden Möllers, teils durch den Bau der Öfen, deren Oberfläche durch die reihenförmige Elektrodenanordnung vergrößert wird, erreicht werden. Eine Vorred. der Erze durch die Ofengichtgase führt zu einem Stromverbrauch bis ca. 1500 kWh u. einem Kohlenverbrauch bis ca. 230 kg je t Roheisen. Der **I** eignet sich bes. für die Verarbeitung feiner u. für Hochofenverhältnisse minderwertiger Erze u. Brennstoffe. Auch Kohlensorten mit bis 40% u. mehr Asche können im **I** laufend verwendet werden. Die zukünftige Entw. von Großraum-Elektroverhüttungsöfen u. ihre Bedeutung für die Energiewirtschaft wird vorausgesagt. (Stahl u. Eisen **75.** 1426—32. 3/11. 1955. Zürich, Eidgenöss. TH.) H. HOCHSTEIN. 6400

Wolfgang Küntscher und **Joachim Holzhey,** *Über den Angriff von Roheisen und Schlacke auf Kohlenstoffsteine für den Hochofen.* In Laborverss. wurde festgestellt, daß durch schmelzfl. Roheisen bei Tempp. $>1300^0$ ein merklicher Angriff der Kohlenstoffsteine durch Auflösung des Kohlenstoffs im Roheisen erfolgt. Durch erhöhte *Mn*-Gehh. wird dieser Angriff etwas verstärkt, durch erhöhte *Si*-Gehh. etwas herabgesetzt. Bei Verss. mit Endschlacken aus einem Hochofenbetrieb u. aus einem Niederschachtofenwerk (bei 1600^0) war an den Versuchstiegeln kein sichtbarer Angriff festzustellen, jedoch war der FeO- u. der MnO-Geh. merklich gesenkt worden, was nur durch eine Reduktionswrkg. des C zu erklären ist. Weiter zeigten die Verss. die Notwendigkeit einer Kühlung der Kohlenstoffsteine. (Metallurgie **5.** 128—32. April 1955. Freiberg, Sachsen, Bergakademie, Eisenhütten-Inst.) M. WINIKER. 6400

V. T. Malcolm und **S. Low,** *Einige Prüfungen der Relaxation von Gußeisen.* Beschreibung einer Vorr. zur Prüfung der Restspannungen in Gußeisen u. Angabe der für 2 Gußeisenproben gefundenen Werte. — Aussprache. (Trans. Amer. Foundrymen's Soc. **58.** 456—59. 1950. Indian Orchard, Mass., Chapman Valve Manufacturing Co.) W. WESLY. 6402

O. E. Cullen und **R. J. Light,** *Temperguß-Glühöfen und -Atmosphären.* Übersicht über Entw. u. Arten der Tempergußglühöfen u. -Gasatmosphären. — Diskussion. (Trans. Amer. Foundrymen's Soc. **59.** 494—500. 1951. Toledo, O., Surface Combustion Corp.) W. WESLY. 6406

Hans Kosmider, *Die Anwendung von Sauerstoff zur Erhöhung der Frischgeschwindigkeit beim Stahlschmelzen.* Ein Hinweis auf die Bedeutung der Elemente C u. O für die Herst. von Massenstahl wird angegeben. Die bei der Verschlackung u. Verbrennung der Roheisenbegleitelemente sowohl beim Konverter- als auch SIEMENS-MARTIN-Verf. auftretenden Wärmetönungen werden untersucht u. dabei gezeigt, daß die Verschlackung der Roheisenbegleitelemente über Erzsauerstoff in jedem Falle wärmeverbrauchend verläuft. Die mit der O_2-Anreicherung des Gebläsewindes eintretende Verkürzung der Blasezeit u. die mit Vergrößerung der O_2-Zufuhr je Zeiteinheit sich ergebende Erhöhung der Konvertierungsgeschwindigkeit beim THOMAS- u BESSEMER-Verf. werden besprochen. Die zum Frischen einer SIEMENS-MARTIN-Schmelze benötigte O_2-Menge wird je nach dem Roheisensatz u. der Art der Feuerung nur z. T. aus dem Schrott u. den Verbrennungsgasen selbst geliefert, während der Rest entweder über Erzsauerstoff oder Zufuhr von gasförmigem O_2 zugeführt werden muß. Eine Erhöhung der Frischgeschwindigkeit ist nur bei erhöhter O_2-Zufuhr je Zeiteinheit möglich, wobei wegen der besseren Wärmewirtschaft dem gasförmigen O_2 der Vorzug zu geben ist. — Diskussion. (Stahl u. Eisen **75.** 1433—39. 3/11. 1955. Hagen-Haspe.) H. HOCHSTEIN. 6408

Wilhelm Schüll und **Georg Rockrohr,** *Der basische Heißwindkupolofen als Vorschmelzaggregat im Siemens-Martin-Stahlwerk.* Auf Grund von Betriebsunterss. wird gezeigt, daß in einem bas. betriebenen Heißwind-Kupolofen Schrott für SIEMENS-MARTIN-Öfen mit Erfolg vorgeschmolzen werden kann. Die Arbeitsweise eines solchen Ofens, seine Zustellung u. die Zus. des Vorschmelzeisens werden beschrieben, u. es werden die Möglichkeiten der Leistungssteigerung der SIEMENS-MARTIN-Öfen durch den fl. Einsatz erörtert. Diese betrug 36%. — Diskussion. 15 Schrifttumsangaben. (Stahl u. Eisen **76.** 1—13. 12/1. 1956. Köln-Mülheim.) H. HOCHSTEIN. 6408

Wilhelm Schmitt, *Über die Leistungsprobleme von Siemens-Martin-Öfen beim Roheisen–Schrott-Verfahren.* Aus der statist. Auswertung der Betriebsaufschreibungen von verschied. Stahlwerken werden allg. gültige Gesetzmäßigkeiten abgeleitet, die für eine Leistungssteigerung beim SIEMENS-MARTIN-Verf. von Bedeutung sind. Neben der Einsatzleistung sind bes. die Herdbelastung u. die wärmetechn. Eignung des Ofens ausschlaggebend. Der Einfl. der Einsatzleistung auf die Schmelzleistuug ist groß, jedoch von Ofen zu Ofen unterschiedlich; auch ist sie in bestimmten Grenzen beeinflußbar. Der Leistungsgewinn durch höhere Herdbelastung wird in der Zeit des Losschmelzens erzielt. Die Kochleistung dagegen ändert sich meist bei höheren Herdbelastungen nicht. Die Bedeutung des Ofens für die Leistung beruht neben seiner Schmelzfähigkeit vor allem in seiner metallurg. Wirksamkeit. Der Einlauf-C-Geh. hat von Ofen zu Ofen einen unterschiedlichen Einfl. auf die Länge der Kochzeit. Eine allgemeingültige Angabe über die Höhe zweckmäßig anzuwendender Frischgeschwindigkeiten ist nicht möglich. — 25 Schrifttumsangaben. Diskussion. (Stahl u. Eisen **75.** 1627—40. 1/12. 1955. Düsseldorf.) H. HOCHSTEIN. 6408

Egon Koerfer, Hermann Schenck und **Hans-Kurt Görlich,** *Einfluß der Wärmebehandlung auf die Dreh- und Bohrbarkeit von unlegiertem Stahl mit rund 0,45% C unter besonderer Berücksichtigung des Erschmelzungsverfahrens.* Bei Langzeitdrehverss. mit Hartmetallmeißeln der Güte *S 3* an verschied. wärmebehandelten Werkstücken aus unlegiertem SIEMENS-MARTIN-, Elektro-, verbessertem Konverter- u. *Thomas*-Stahl mit ca. 0,45% C zeigte im allg. der verbesserte Konverterstahl das beste, der THOMAS-Stahl das schlechteste Standzeitverhalten. Nach dem Konverterstahl kommt der Elektrostahl u. dann der SIEMENS-MARTIN-Stahl. Im Walzzustand sowie im weichgeglühten, normalgeglühten u. im isotherm. vergüteten Zustand wurden hohe, in den übrigen untersuchten Vergütungszuständen niedrige Standzeitwerte erzielt. Demnach scheinen für die Drehbarkeit der untersuchten Stähle perlit.-ferrit. Gefüge u, ferrit. Gefüge mit körnigem Zementit günstig, sorbit.-troost. Gefüge dagegen ungünstig zu sein. Bohrverss. mit 12 mm dicken Bohrern aus Schnellarbeitsstahl *ABC III* an den gleichen Stählen zeigten, daß diese sich im weichgeglühten Zustand beim Bohren nicht so gut verhalten wie beim Drehen u. daß im Gegensatz zu den Ergebnissen beim Drehen der SIEMENS-MARTIN-Stahl, der Elektrostahl u. der THOMAS-Stahl sich in ihrer Bohrbarkeit nicht wesentlich unterscheiden. Der verbesserte Konverterstahl läßt sich besser bohren als die übrigen Stähle. Niedrige Zugfestigkeits- u. Kerbschlagzähigkeitswerte sowie grobstreifiges Perlitgefüge mit Anteilen an freiem Ferrit begünstigen offenbar die Bohrbarkeit. (Stahl u. Eisen **76.** 125—33. 9/2. 1956. Aachen, TH.) H. HOCHSTEIN. 6408

Adolf Rose und **Werner Strassburg,** *Einfluß der Austenitisierungstemperatur auf das Umwandlungs- und Härtungsverhalten der Baustähle.* Der Einfl. der Austenitisierungstemp. (**I**) auf das Umwandlungs- u. Härtungsverh. von Einsatz- u. Vergütungsstählen, teils auch von Schnellarbeitsstahl, wird untersucht. Hierbei ist zwischen Umwandlung aus einphasigem u. Umwandlung aus mehrphasigem Zustand zu unterscheiden. Im ersten Falle wird bei einer Erhöhung der **I** sowohl die Ferrit- als auch die Perlitumwandlung im An- u. Ablauf verlangsamt, während die Zwischenstufenumwandlung (**II**) unbeeinflußt bleibt. Für die Härtbarkeit bedeutet dies, daß eine Verbesserung nur dann zu erwarten ist, wenn die Anlaufzeiten in der Perlitstufe mit denen der Zwischenstufe vergleichbar sind u. somit die Martensitmengen mit abnehmender Geschwindigkeit nicht nur durch zunehmende Mengen Zwischenstufengefüge, sondern durch die Ferrit–Perlit-Umwandlung verändert werden. Wenn aber die Perlitstufe merklich längere Anlauf- u. Umwandlungszeiten als die Zwischenstufe aufweist, wird kein Einfl. auf die Härtbarkeit festgestellt. Bei mehrphasigem Ausgangszustand ist mit einer Veränderung der **I** stets auch eine Änderung der Zus. des sich umwandelnden Mischkristalls u. damit eine Verschiebung der **II** verbunden, aus der eine Verbesserung der Härtbarkeit folgt. Im Falle eines homogenen Ausgangszustandes ist für das Umwandlungsverh. u. die Härtbarkeit die Zus. des Stahles maßgebend. Im Falle eines heterogenen Ausgangszustandes beeinflussen bes. die Austenitisierungsbedingungen das Umwandlungsverh. u. die Härtbarkeit, so daß im Grenzfall hochlegierter Werkzeugstähle die Zus. des Stahles von untergeordneter Bedeutung sein kann. — 10 Schrifttumsstellen. (Stahl u. Eisen **75.** 1472—80. 3/11. 1955. Düsseldorf, Max-Planck-Inst. für Eisenforschung.) H. HOCHSTEIN. 6410

H. Laplanche, *Die Sprödigkeit von sehr weichen, ferritischen Eisen–Chrom-Stählen beim Wiedererwärmen.* Verss. über das Verh. von rostfreien, ferrit. Stählen mit hohem Cr- u. niedrigen C-Gehh. beim Erhitzen (Anlassen) auf 370—540° zeigen, daß die Stähle spröde werden (Anstieg der Festigkeit u. der Elastizitätsgrenze, Verminderung der Härte, der plast. Verformbarkeit u. der elast. Verformungsarbeit, Änderung der elektr. u. magnet. Eigg., Verminderung der Korrosionsfestigkeit). Dabei bilden sich Nitride, Phosphide, Carbide u. die als σ-Phase bekannte Fe–Cr-Verbindung. Die Änderung der physikal. Eigg. geht einher mit der Fällung einzelner Bestandteile der Stähle. Die allmähliche Veränderung der ursprünglichen Zus. kann weder durch Zusatz bestimmter Elemente, C, Cr, Mn,

Si, P, Ni, N, Mo, Ti u. Nb, noch durch Beseitigung der Verunreinigungen aufgehalten werden. (Métallurgie Construct. mécan. **86.** 837—48. Nov. 1954.) W. WESLY. 6410

P. W. Ramsey und **G. L. Werley,** *Alterungsverhalten einer Zinklegierung mit 25% Mangan, 15% Kupfer, 0,1% Aluminium.* Die Einw. von Zeit u. Temp. auf spezif. Schlagarbeit, Härte, Zugfestigkeit, Dehnung u. Kontraktion der Legierung bei Tempp. zwischen 60 u. 185° werden wiedergegeben u. durch eine Exponentialbeziehung ausgedrückt. Die sich daraus ergebende Zunahme der Alterungsgeschwindigkeit mit der Temp. läßt Voraussagen über das Verh. der Legierung bei Tempp. unterhalb von 60° zu. Zwischen Alterung u. Diffusion besteht ein ähnliches Verhalten. Die aus der Alterungsgeschwindigkeit abgeleiteten Q-Werte (Diffusions-Aktivierungswärme) zeigen eine gewisse Übereinstimmung u. liegen zwischen 18400 u. 21200 cal je g-Atom für die genannten Eigenschaften. (J. Metals **188.** 139—43. Jan. 1950. Palmerton, Pa., New Jersey Zink Co. of Pennsylvania, Techn. Dep.) W. WESLY. 6426

M. Nony und **K. L. Dreyer,** *Über den Gefügeaufbau und die Eigenschaftsänderungen von kupferreichen Kupfer–Silicium- und Kupfer–Mangan–Silicium-Legierungen.* Unter Zugrundelegung neuerer Unterss. über das Zustandsschaubild Cu–Si, die zur Auffindung der $\varkappa$-Phase führten, wurde an einer Reihe von Cu-reichen Cu–Si-Legierungen mit bis zu 6% Si die Änderungen des elektr. Widerstandes u. der Härte im Zusammenhang mit den Gefügeveränderungen für verschied. Tempp. u. Zeiten verfolgt. Die Legierungen lagen im rekristallisierten, kaltverformten oder gegossenen Zustand vor. Es wurde gefunden, daß die Bldg. der $\varkappa$-Phase eine beträchtliche Widerstandszunahme, aber nur eine geringfügige Härtung verursacht. Das Auftreten der γ-Phase ist mit einer stärkeren Härtezunahme u. einem erheblichen Widerstandsabfall verbunden. Oberhalb der eutektoiden Temp. von ca. 550° stellt sich das Gleichgewicht verhältnismäßig rasch ein. Unterhalb dieser Temp. verlaufen die Rkk. nur im kaltverformten Zustand nach dem Gleichgewichtsdiagramm. Bei rekristallisierten oder gegossenen Proben treten im Gefüge zunächst Zwischenzustände auf, die sich auch auf den Eigenschaftskurven ausprägen. Erst nach längeren Anlaßzeiten wandeln sich die instabilen Phasen mehr oder weniger vollständig in die für die betreffende Legierung u. Temp. stabilen Phasen um. Das Auftreten der $\varkappa$-Phase hat auch in dem früher von SMITH aufgestellten tern. Zustandsschaubild Cu–Mn–Si Veränderungen zur Folge, die auf Grund von Gefügebeobachtungen an Legierungen mit Si-Gehh. bis 7% u. Mn-Gehh. bis ca. 3% für verschied. Tempp. untersucht wurden. Die reine $\varkappa$-Phase ist nur bis höchstens 3% Mn beständig. Auch in dem tern. Syst. erfolgt die Gleichgewichtseinstellung unterhalb der eutektoiden Temp. sehr langsam u. meist über die Bldg. von instabilem $\varkappa$, das allmählich zugunsten von γ verschwindet, wobei eine Kaltverformung beschleunigend wirkt. Zwischen der Mn_5Si_3-Ausscheidung u. der $\varkappa$-Bldg. scheint kein direkter Zusammenhang zu bestehen. Das Auftreten der verschied. Phasen ist auch in den Cu–Mn–Si-Legierungen mit charakterist. Eigenschaftsveränderungen verbunden, jedoch erfolgt häufig eine Überlagerung mehrerer Effekte, wodurch die Zuordnung u. Deutung erschwert wird. — 13 Schrifttumsangaben. (Metall **9.** 947—54. Nov. 1955. Berlin-Charlottenburg, Techn. Univ.) H. HOCHSTEIN. 6432

W. Matthey, *Die spanabhebende Bearbeitung der Kupferlegierungen.* Die Cu-Legierungen werden nach Bearbeitungsgruppen eingeteilt u. die Formen der Werkzeugschneiden beschrieben. Die günstigste Spanform wird erörtert. Am wirtschaftlichsten ist der nadelspritzige, der Bröckelspan erzeugt mehr Spandruck u. entwickelt mehr Wärme, durch den Abpreßspan wird das Arbeiten erheblich erschwert, am ungünstigsten ist der Lockenspan, da er die Schneiden der Werkzeuge zu schnell abstumpft. Die Beeinflussung der Standzeit durch die verschied. Faktoren wird erörtert. (Metall **9.** 978—82. Nov. 1955. Berlin.) F. VIER. 6432

R. A. Cole, *Daten von Titan für die Praxis.* Überblick über techn. u. Festigkeitsdaten u. einige Besonderheiten von Ti u. seinen Legierungen. (Aeronautics **34.** Nr. 2. 74—78. April 1956.) D. BREDTSCHNEIDER. 6448

H. P. Holmes, M. M. Barr und **H. L. Gilbert,** *Gewinnung von Hafnium.* Nach histor. Rückblick wird mit Fließschema u. zahlreichen Abb. die Gewinnung von Hf aus Zr-Mineralien in einer Versuchsanlage eingehend beschrieben. Das Verf. ähnelt dem KROLL-Prozeß für die Zr-Gewinnung (Red. des Tetrachlorids durch Mg) mit $Hf(OH)_4$, HfO_2, $HfCl_4$ als Zwischenstufen. Das Fertigungsprod. ist warm schmied- u. walzbar. (U. S. Dep. Interior, Bur. Mines, Rep. Invest. **1955.** Nr. 5169. 1—33. Nov. Albany, Ore., Bur. Mines.) H. ECKHARD. 6448

Norman S. Mott, *Legierung Typ 25-12.* Die Legierung Typ 25-12 mit niedrigem C-Geh. (Zus. nicht angegeben) wird mit u. ohne *Nb* u. *Mo* hergestellt, ist hitzebeständig u. korrosionsfest, bes. gegen anorgan. u. organ. Säuren u. Heizgase von Brennstoffen mit hohem S-Gehalt. Auf Grund der verschied. magnet. Permeabilität lassen sich 2 Typen unterscheiden: Typ 1 enthält dehnbaren Ferrit, ist bruchfest u. zeigt verhältnismäßig niedrige Kriechfestigkeit. Typ 2 ist austenit., zeigt bei gleichbleibender Belastung hohe Kriechfestigkeit, ist aber nicht schlagfest. Menge, Form u. Verteilung der Carbide beeinflussen Festigkeit u. Dehnbarkeit u. werden von C-Geh., Temp. u. Haltezeit bestimmt. Der anwesende Ferrit erhöht die Dehnbarkeit bei höheren Tempp. nach Kurzzeitalterung. Man muß jedoch bezweifeln, ob die Legierung längere Zeit Tempp. von 1200—1700° F ausgesetzt werden darf, weil dieses Temperaturgebiet die Bldg. einer harten u. spröden σ-Phase begünstigt, die die Festigkeit, Dehnbarkeit u. die Beständigkeit gegen Warmermüdungsbrüche herabsetzt. Die Bldg. der σ-Phase wird durch Dauertempp. von ~1700° F verhindert. Zur Berechnung des Ferrits aus der chem. Zus. wird eine Formel angegeben. (Corrosion [Houston] **8.** Nr. 8. Topic of the Month 28. Aug. 1952. Hillside, N. J., Cooper Alloy Foundry Co.) W. WESLY. 6470

John P. Lyle jr., *Erzeugnisse der Aluminiumpulvermetallurgie.* Es wurden die Eigg. (Zug-, Bruch-, Wechsel-, Kriechfestigkeit, *Brinell*-Härte, D., elektr. u. therm. Leitfähigkeit, therm. Ausdehnung) von Sinterkörpern APM (Al-Pulvermetallurgie) aus legiertem Al-Pulver des Typs M 257, M 276, 2024-T 4, X 2219-T 6 u. 2618-T 61 in Abhängigkeit von der Temp. zusammengestellt. Von allen Körpern auf der Basis legierter, oxydhaltiger Al-Pulver zeichnen sich die aus M 276 u. M 257 durch besonders gute Eigg. aus, sie sind von 300 bis oberhalb 600° F härter als alle übrigen Al-Legierungen. M 257 ist gut bearbeitbar, läßt sich mit anderen Metallen verschweißen, besitzt gute Korrosionsbeständigkeit u. ist plattierbar. (Materials and Methods **43.** Nr. 4. 106—11. April 1956. Aluminum Comp. of America.) M. CLASING. 6474

John L. Everhart, *Teile aus Metallpulver.* Überblick über die maximalen Abmessungen, in denen Werkstücke auf pulvermetallurg. Wege hergestellt werden können. Die dafür maßgebenden Faktoren (Form der Werkstücke, Verwendungszweck, verwendetes Pulver u. seine Preß- u. Sinterfähigkeit) werden diskutiert sowie einige Beispiele von pulvermetallurg. herstellbaren Teilen großer Dimensionen an Hand von 12 Abbildungen gezeigt. (Materials and Methods **43.** Nr. 4. 112—17. April 1956.) M. CLASING. 6474

Antonio Garcia Verduch, *Die heutigen Vorstellungen über das Sinterungsphänomen.* Vf. untersucht den Einfl. von Verdampfung u. Kondensation, viscosem u. plast. Fluß, Diffusion, stöchiometr. Abweichungen, Bindung zwischen den Körnern, Wechselwrkg. der Teilchen vor dem Sintern, Pressen, in den Poren eingeschlossenen Gasen u. chem. u. Phasenumwandlungen auf die Sintervorgänge. — 22 Literaturhinweise. (Inst. Hierro Acero **8.** 136—48. April/Juni 1955.) R. K. MÜLLER. 6474

George W. Hume, *Eine neue aluminiumkeramische Verbindung gewährt luftdichten Abschluß.* ZrH_4- (oder TiH_4-) Pulver wird in einer indifferenten Fl. aufgeschlämmt u. auf den Keramikteil aufgebracht. Als Lot wird ein Draht aus reinem *Ag* überschichtet u. im Hochvakuum mittels Hochfrequenzerhitzung red. (bei 900° F) u. legiert (2000° F). Anschließend wird das *Al*-Blech unter Zuhilfenahme einer Kohleform ebenfalls im Hochvakuum an die Lötstelle angeschmolzen. Die geschaffene Verbindung ist hochvakuumdicht, anwendbar für hochisolierte Durchführungen (10^{12} Ω), z. B. in Ionisationskammern. (Materials and Methods **41.** Nr. 4. 110—11. April 1955. General Electric Co., Gen. Engng. Labor.) P. WOLF. 6474

Bernard P. Planner, *Die Anwendung der Pulvermetallurgie und ihrer Technik auf die Herstellung von Werkstoffen für extrem hohe Temperaturen. Teil I.* Bericht über den Stand der Technik. (Western Machinery Steel Wld. **43.** Nr. 6. 105. 117—18. Juni 1952. San Francisco, James H. Knapp Co.) H. FAHLENBRACH. 6474

H. H. Johnson und **G. A. Fisher,** *Die Beziehung zwischen Stahlbeschaffenheit und Zerreißstabbrüchen.* (Trans. Amer. Foundrymen's Soc. **58.** 537—49. 1950. Sharon, Pa., Sharon Works, National Malleable and Steel Castings Co.) W. WESLY. 6480

Helmut Knüppel und **Karl Ernst Mayer,** *Streuung und Trennschärfe verschiedener Verfahren zur Prüfung der Sprödbruchempfindlichkeit von Stahl.* Mit Hilfe der mathemat. Statistik wurde unabhängig von der Theorie des Sprödbruches versucht, Aussagen über die Streuung u. Trennschärfe verschied. Verff. zur Prüfung der Sprödbruchempfindlichkeit von Stahl zu gewinnen. Untersucht wurde der Kerbschlagbiegevers. mit Proben nach SCHNADT, *DVM*-Proben mit verschied. Kerbdurchmessern u. bei verschied. Tempp., der Kerbschlagzug- u. Kerbzugvers. mit Proben von KUNTZE u. der Kerbzugbiegevers. nach KAHN u. IMBEMBO. An unberuhigten u. beruhigten THOMAS-Stählen sowie SIEMENS-MARTIN-Stählen wird der Einfl. der Elemente C, Mn, P, S, N u. O auf die Prüfergebnisse untersucht. Für die unberuhigten Stähle wurde gefunden, daß die Prüfung mit einer gealterten Kerbschlagbiegeprobe mit Rundkerb am günstigsten ist, da sie am besten auf die chem. Zus. anspricht u. leicht durch Änderung der Prüftemp. verschärft werden kann. (Arch. Eisenhüttenwes. **27.** 25—33. Jan. 1956. Dortmund.) H. HOCHSTEIN. 6480

W. P. Borsow und **Je. W. Iljina,** *Spektralmethode zur Bestimmung der Dicke galvanischer Überzüge.* Zur Best. der Dicke von metall. Überzügen wird bei einem einfachen Überzug ein Linienpaar ausgewählt, das aus einer Linie des Überzugs u. einer solchen der Basis (des bedeckten Metalls) besteht. Es muß eine Reihe von Vergleichsmustern angefertigt werden, die dieselbe Basis mit demselben Überzug von wechselnder Dicke enthalten, von diesen Vergleichsmustern sind Eichkurven anzufertigen, die das Verhältnis der Intensitäten des gesuchten Linienpaares darstellen. Bei 2schichtigen Überzügen kann die Best. der Dicke der beiden Schichten aus den Linienpaaren obere Elektrode/Oberschicht u. Unterschicht/Basis entnommen werden. Bei 3schichtigem Überzug kann gegebenenfalls die Oberschicht als dekorativ vernachlässigt werden, u. die Paare Mittelschicht/obere Elektrode, Unterschicht/Basis dienen dann zur Best. der Dicken. Bei mehrschichtigen Überzügen muß dafür gesorgt werden, daß die Belichtungsdauer das Maximum der Linienintensität für den dicksten Überzug vollständig zu fixieren ermöglicht. (Заводская Лаборатория [Betriebs-Lab.] **21.** 327—31. 1955.) A. v. WILPERT. 6480

A. Th. Wuppermann, *Die laufende Überwachung der Dicke von gewalzten Materialien während der Fertigung.* Beschreibung des App. zur Best. der Dicke der Walzbleche durch Messung der Absorption von Röntgenstrahlen in dem Blech. (Métaux **26.** 306—09. Juli—Aug. 1951.) W. WESLY. 6484

A. Kohn, *Homogenisierung von Stahl durch autoradiographische Methoden.* (Vgl. C. **1954.** 5614.) Es wird ein Verf. beschrieben, die Verteilung von *P* u. *As* in Stählen mit Zusätzen von radioakt. ^{32}P u. radioakt. ^{76}As zu untersuchen. Mit der Eigenstrahlung der Proben werden Oberflächenaufnahmen hergestellt. (Metal Treatment Drop Forging **20.** 405—11. Sept. 1953.) K. KREITZ. 6484

Werner Martin und **Erhard Thon,** *Die Einwirkung der elektrischen Blockkopfbeheizung auf das Blockinnere schwerer Schmiedeblöcke.* Durchgeführt werden Vergleichsunterss. zwischen einem nach dem KELLOGG-Hot-Top-Verf. beheizten u. einem üblich erstarrten 17,9 t-Block. Es wurde ein Primärätzverf. ausgearbeitet, das auch bei großen Blöcken ermöglicht, das Primärgefüge festzuhalten. Es zeigte sich, daß der beheizte Block in bezug auf Seigerungen etwas günstiger als der unbeheizte lag, u. zwar waren die Seigerungsstreifen etwas gleichmäßiger verteilt u. die S- u. P-Werte waren beim beheizten Block günstiger. Der Unterschied zwischen den höchsten u. tiefsten C-Seigerungen war bei beiden Blöcken gleich. Bei der Beurteilung des Primärgefüges konnte eine unmittelbare Einw. der Beheizung auf den unteren Blockteil nicht festgestellt werden, wohl jedoch eine mittelbare, durch die breitere Ausbldg. des Schüttkegels der abgesunkenen, umgekehrt geseigerten Kristallite. Infolge des zeitlich später einsetzenden Erstarrungssprunges bei den beheizten Blöcken können hier mehr Kristallite absinken. Durch die Beheizung wird jedoch der krit. Blockerstarrungsbereich, der sich längs der Blockachse hinzieht u. nichtmetall. Einschlüsse, Hohlstellen, porige Stellen u. Lunker enthält, nicht beseitigt oder verschoben. Die Lage des krit. Erstarrungsbereiches, der sich in der Erstarrungskurve durch den Erstarrungssprung ausdrückt, erstreckt sich bei beheizten Blöcken auf das gleiche Gebiet wie bei unbeheizten. Offensichtlich ist dieser Bereich, der durch sein Primärgefüge aus wolkigen Globuliten mit Resterstarrungsdendriten gekennzeichnet ist, von der Kokillenform abhängig. — 22 Schrifttumsangaben. (Stahl u. Eisen **75.** 1765—74. 29/12. 1955. Düsseldorf.) H. HOCHSTEIN. 6492

E. P. Riley-Gledhill, *Eine praktische Untersuchung der Ursachen des Ziehformverschleißes beim Trockenziehen von Eisendraht.* Drahtziehverss. zeigen, daß ein übermäßiger Ziehformverschleiß vermieden wird, wenn der in die Ziehform eingeführte Draht u. die Ziehform selbst in gerader Linie liegen. Auf diese Weise werden die auf die Oberfläche der Ziehform ausgeübten Beanspruchungen gleichmäßig verteilt u. damit die Anstiege von Temp. u. Druck vermindert. Unter dieser Voraussetzung ist eine Verkleidung der Ziehform mit Zn-Phosphat unnötig. Wenn Draht u. Ziehform nicht in einer geraden Linie liegen, schützt auch eine Phosphatverkleidung die Ziehform nicht vor Verschleiß. Der Vorteil einer Ziehformverkleidung ergibt sich aus der Tatsache, daß nach der Zerstörung der äußeren Ca-Seifenschicht (Ca-Seife ist besser als Na-Seife) noch die mit Seife imprägnierte Verkleidung zurückbleibt, die die Berührung von Metall zu Metall verhindert. Wenn der Draht schiefwinklig in die Ziehform eingeführt wird, ist die Verformung der Kristallstruktur auf der einen Seite des Drahtes stärker als auf der anderen, so daß Struktur u. Härte innerhalb des Drahtes ungleich werden, was die Dehnbarkeit vermindert. Je beständiger der Schmierfilm in der Ziehform ist u. je gradliniger der Draht eingeführt wird, um so gleichmäßiger ist der gezogene Draht. Erhöhte Ziehgeschwindigkeiten erzeugen höhere Tempp. in der Ziehform; genügende Kühlung von Ziehform u.

Draht u. Verwendung eines hitzebeständigen Schmierfilmes machen Sonderverkleidungen überflüssig. (Wire Ind. **21.** 407. 408—12. 421. April; Wire and Wire Products **29.** 746—51. 767. 775—77. Juli 1954. Halifax, Fredk. Smith & Co., Wire Manifactures Staff. School.) W. WESLY. 6490

W. Alfred Carter, *Die Metallbearbeitung.* 2. Mitt. *Schneidkräfte und Schneidbedingungen.* Die beim Schneiden (Schneidbrennen) von Metallen in diesen u. den angewandten Werkzeugen auftretenden Kräfte u. die Arbeitsbedingungen werden beschrieben. (Machinery Lloyd [europ. Edit.] **27.** Nr. 6A. 37—43. 19/3. 1955.) W. WESLY. 6490

W. Alfred Carter, *Die Metallbearbeitung.* 3. Mitt. *Die Winkel der Schneidwerkzeuge.* (2. vgl. vorst. Ref.) Beschreibung der Einw. der wichtigsten (Neigungs-, Schnitt- u. Anstell-) Winkel, die an Einstahlwerkzeugen zum Drehen, Bohren, Schlichten u. Formschleifen auftreten, auf die Beschaffenheit des bearbeiteten Stückes. (Machinery Lloyd [europ. Edit.] **27.** Nr. 12A. 37—42. 11/6. 1955.) W. WESLY. 6490

W. Alfred Carter, *Die Metallbearbeitung.* 4. Mitt. *Die Werkstoffe der Werkstücke und Werkzeuge.* (3. vgl. vorst. Ref.) Übersicht über die Eigg. der zur Herst. von Werkstücken dienenden Werkstoffe, ihre Bearbeitung u. die Eigg. der dazu verwendeten Werkzeuge u. ihrer Werkstoffe. (Machinery Lloyd [europ. Edit.] **27.** Nr. 13A. 37—45. 25/6. 1955.) W. WESLY. 6490

W. Alfred Carter, *Die Metallbearbeitung.* 5. Mitt. *Die beim Schneiden von Metallen erzeugte Wärme.* (4. vgl. vorst. Ref.) Beschreibung der bei der mechan. Reibung auftretenden Vorgänge (mechan. Wärmeäquivalent), bes. der Wärmeentw., die beim Schneiden, Fräsen, Feilen, Drehen usw. von Metallen beobachtet wird. (Machinery Lloyd [europ. Edit.] **27.** 37—41. 24/12. 1955.) W. WESLY. 6490

G. Kaliske, *Untersuchungen und Studien zum Metallkleben.* Es wird ein Überblick über den Stand der Festigkeitsforschung an Metallklebverbindungen gegeben. Dann wird über Verss. des Vf. mit den Klebstoffen *Araldit fl. Typ XV, Araldit kalthärtend Typ 101, Redux, Epoxydharz Ku 9517, Phenolharzkitt Ka 1559 K* berichtet. Die Verss. wurden an Rein-*Al*, AlCuMg-Legierungen, AlMgMn-Legierungen u. an *Stahl*-Blech vorgenommen. Der Einfl. von Überlappungsverhältnis, $\sigma_{0,2}$-Grenze des Blechwerkstoffes, Blechdicke, Oberflächenbeschaffenheit der Bleche u. Probenbreite auf die Bindefestigkeit wurde festgestellt u. die Korrosionsbeständigkeit u. Zugfestigkeit der Metallklebverbindungen wurden untersucht. Weiter wurden Unterss. an der Bindeschwellfestigkeit u. an der abgebundenen Klebstoffsubstanz durchgeführt. — 50 Schrifttumstellen. (Aluminium **31.** 151—56. April; 275—81. Juni 1955. Braunschweig.) F. VIER. 6490

G. A. Covington, *Die Überwachung der Beschaffenheit von Widerstandsschweißen. Ergebnisse von Prüfungen und Verfahren, die von der Consolidated Vultee Aircraft Corporation angewandt werden.* Die an gute Schweißen zu stellenden Anforderungen u. die zulässigen äußeren Mängel werden zahlenmäßig aufgeführt. (Sheet Metal Ind. **30.** 1065—70. Dez. 1953. San Diego, Calif., Consol. Vultee Aircraft Corp.) W. WESLY. 6506

E. Sellier, *Argonarc-Schweißung von Stählen unter Verwendung von Abschmelzelektroden.* Beschreibung des Verf. u. des Zubehörs. Schweißverss. u. mechan. Prüfungen der Schweißen zeigen, daß die Mindestdicke des Werkstückes bei Hand- (automat.) Schweißung 4 (2) mm beträgt u. daß die von Hand ausgeführte Argonarc-Schweißung unter Verwendung von Abschmelzelektroden anderen Verff. wirtschaftlich überlegen ist, bes., wenn es sich um große Werkstückdicken u. Schweißnahtlängen handelt. Die automat. Schweißung kann schon für geringe Werkstückdicken lohnend sein. Die Argonarc-Schweißung zeichnet sich im Vgl. mit anderen Verff. durch Verminderung der Ausführungszeiten u. Schnelligkeit der Ausführung aus. (Acier — Stahl — Steel **21.** 27—32. 39. Jan. 1956. Brüssel, Soc. An. L'Oxyhydrique International.) W. WESLY. 6506

H. F. Tremlett, *Brüche bei rostfreien und hitzebeständigen Schweißungen.* Brüche von Schweißstellen rostfreier u. hitzebeständiger Stähle beruhen immer auf der Struktur der Schweißstelle. Austenit. Schweißstellen neigen zum Bruch. Wählt man aber die sogenannte doppelte Schweißung u. erzeugt ein vermischt austenit.-ferrit. Gefüge, so erreicht man hohe Widerstandsfähigkeit gegen Bruch. Das SCHAEFFLER-Diagramm kann einem bei der Auswahl geeigneter Schweißmetallzuss. behilflich sein. — Diskussion. (Trans. Inst. Welding **16.** 143—53. 175. Dez. 1953. United Steel Comp. Ltd.) H.-J. HEINRICHS. 6506

E. C. Rollason, *Schweißrisse von Stahlschweißgut.* (Vgl. C. **1951.** II. 2104.) Das Auftreten von Schweißrissen wird durch die besondere Schweißtechnik u. metallurg. Faktoren bestimmt. Diese Einflußgrößen u. die Wrkg. einzelner Elemente werden beschrieben. Es werden Verff. zur Prüfung der Rißempfindlichkeit diskutiert. (Welder [N. S.] **22.** 45—53. April/Juni 1953.) W. SCHRECKENBERG. 6506

F. H. Keating, *Das Schweißen von austenitischen Chrom–Nickel-Stählen in Industrieanlagen.* Zusammenfassender Bericht über das Schweißen austenit. *CrNi-Stähle* der Typen 18/8 (C ~0,1%), 18/8 mit *Nb* oder *Ti*, 18/8 mit ~3% *Mo*, 18/8 mit ~3% Mo + Nb oder Ti, 25/20, 18/8 mit ~0,03% *C*. (Welder [N. S.] **22.** 61—69. April/Juni 1953. Billingham, Imp. Chem. Ind. Ltd., Billingham Div.) W. SCHRECKENBERG. 6506

W. I. Pumphrey, *Einige Aluminium–Zink–Magnesium-Legierungen. Eine Untersuchung ihrer Dehnungseigenschaften und Sauerstoff–Acetylen-Schweißcharakteristika.* Die untersuchten Cu-freien Al–Zn–Mg-Legierungen sind zur Hitzebehandlung geeignet u. können eingesetzt werden, wo hohe Festigkeiten u. gute Schweißeigg. verlangt werden. Ein Cu-Geh. ist schädlich, weil er die Tendenz zum Brechen beim Schweißen fördert. Der Mg-Geh. soll bei 4% liegen; ein höherer Geh. ruft Porosität der Schweißzone hervor, ein niedrigerer verursacht Bruch beim Schweißen. Empfohlen werden Al-Legierungen mit 4 (%) Zn u. 4—5 Mg oder mit 6 Zn u. 4 Mg. (Welding Res. **7.** 26 r—33 r. April 1953. Murex Welding Processes Ltd.) D. BREDTSCHNEIDER. 6506

G. Rossi-Landi, *Das Beizen der Metalle in einer Gasphase.* Kurze Mitt. über die in Amerika noch im Versuchsstadium befindlichen Verss. zum Metallbeizen mit Gasen (HCl). Einführen des Gutes in einen Ofen, in dem eine bestimmte Säure, meist HCl, zirkuliert; Zeitdauer nur wenige Sekunden. Man kann auch bei höheren Tempp. arbeiten u. gleichzeitig entfetten u. ausglühen. (Métallurgie Construct. mécan. **86.** 597. Juli/Aug. 1954.) W. HAUG. 6512

Jean Labergère, *Neues bei der Regenerierung von Beizbädern.* Beim Regenerieren von H_2SO_4-Beizlsgg. durch Auskristallisieren des $FeSO_4 \cdot 7\,H_2O$ kann bei ruhenden Bädern das Bad bis zum Ansteigen des Fe-Geh. auf 130—140 (g/Liter) benutzt werden, falls für gutes Abspülen gesorgt wird. Bei kontinuierlichen Verff. darf nach Angaben von MARTIN der Höchstgeh. an Fe nur 66—72 betragen, da die Beizdauer sonst sehr lang ist. Beschreibung des Verf. von RUTHNER, bei dem das Fe als FeO ausgeschieden wird, während die Säure dem Prozeß im Kreislauf wieder zugeführt wird. (Métallurgie Construct. mécan. **76.** 127—28. Febr. 1954. Montreuil-sous-Bois, Ets. O. Fakler et Adam.) F. MARKHOFF. 6512

Krahirus, *Die Anoden für galvanische Bäder.* Überblick. (Metallwaren-Ind. Galvano-Techn. **45.** 534—37. Nov. 1954.) F. VIER. 6514

Francisco Muñoz del Corral, Sebastian Feliu Matas und **Manuel Serra Ribera,** *Interferometrische Untersuchung der Wirkung des Elektropolierens.* Die rein geometr. Ursache der Erscheinung der Mattheit einer Metalloberfläche wird hervorgehoben. In Verss. mit 18/8-Stahl wird die Oberfläche nach Einschmirgeln paralleler Linien in einem Bad von 100 ml absol. Methanol + (langsam zugesetzt) 100 ml H_2SO_4 + (am nächsten Tag zugegeben) 600 ml absol. A. mit einer Stromdichte von 0,1 A/cm² elektrolyt. poliert. Die interferometr. Unters. läßt erkennen, daß das elektrolyt. Polieren eine selektive Beseitigung der Rauhigkeiten von $<0,3\,\mu$ bewirkt, die allmählich in ein leicht gewelltes Profil übergehen. Auch stark reflektierende polierte Oberflächen können noch Erhebungen von 0,4 μ u. mehr aufweisen. (Inst. Hierro Acero **8.** 62—65. Jan./März 1955.) R. K. MÜLLER. 6514

E. J. Wilhelm und **Richard F. Kayser,** *Die Messung der Stromverteilung in sauren Kupfer-Plattierbädern.* Die Stromverteilung in sauren Cu-Elektrolyten wurde mit Hilfe einer gegenüber der Kathode angeordneten Hilfselektrode aus Cu u. der zwischen der Kathode u. der Hilfselektrode fließende Strom gemessen. Es wurden Strommessungen unter Variation des Größenverhältnisses von Kathode zur Anode durchgeführt. Einige bei der Stromdichtebest. unter Verwendung von Hilfselektroden auftretende Probleme werden besprochen. Die Kathodenpolarisation ändert sich mit der Stromdichte nur wenig. Das Verf. ist daher zur Messung der Stromdichteverteilung geeignet. (Plating **42.** 406—12. April 1955. Tonawanda, N. Y., Linde Air Products Co.) F. VIER. 6514

J. Elze, *Anwendungsmöglichkeiten und Technik anodischer Glänzverfahren für Kupferlegierungen.* Die anod. Glänzverff. für Cu-Legierungen eignen sich auch zum Entfernen des durch spanabhebende Bearbeitung entstandenen Grates u. zum Reinigen korrodierter Oberflächen. Sie sind für die Unters. der Oberflächenstruktur von Bedeutung. Bei nicht homogenen Legierungen, z. B. ($\alpha + \beta$)-Messing, ist der Glänzerfolg gering. Der Elektrolyt enthält als Hauptbestandteil H_3PO_4, nur in wenigen Fällen werden HNO_3-Lsgg. mit Zusätzen von niedrigmol. Alkohol verwendet. Die günstigsten Arbeitsbedingungen werden beschrieben. (Metall **9.** 983—90. Nov. 1955. Berlin-Dahlem, Bundesanstalt für mechn. u. chem. Materialprüfung.) F. VIER. 6514

L. Ranucci-Gatto, *Orientierende Untersuchungen über den Einfluß des Bakterienstoffwechsels auf die Korrosion des Aluminiums durch stehendes Wasser.* Schwer deutbare starke Korrosionserscheinungen an Al-Behältern, in denen Trinkwasser längere Zeit gestanden hatte, veranlaßten Vf. neben elektrochem. Rkk. auch bakterielle Einfll. als Korrosionsursache zu untersuchen. Gut gereinigte Al-Bleche wurden in n. u. in sterilem Trinkwasser der Wrkg. von bekannten, im W. vorkommenden Bakterien ausgesetzt. Außer einer oberflächlichen Schwärzung der Al-Oberfläche in Ggw. aerober Stämme ließ sich keine Korrosion durch Bakterienwrkg. feststellen. Auch die bei andern Metallen korrosionsfördernd wirkenden S-reduzierenden Bakterien verhielten sich indifferent, was Vf. auf die anaeroben Versuchsbedingungen zurückführt. — 11 Literaturhinweise. (Aluminio **23.** 399—411. Juli; Ist. Sperim. Metalli leggeri, Mem. Rapp. [6] Nr. **126.** 1—15. 1954. Novara.) A. SANDER. 6538

Nathan C. Burbank, *Verwendung organischer korrosionshemmender Mittel als Ersatz für Chromsalze.* In Umlaufkühlsystemen u. dgl. haben als Korrosionsschutz zugesetzte Cr^{6+}-Salze den Nachteil, daß sie beim Ablassen nur schwer entfernt werden können u. wegen ihrer Giftigkeit das W. im Vorfluter ungenießbar machen, wenn keine genügende Verdünnung möglich ist. Organ. Substanzen haben diesen Nachteil nicht u. werden im Abwasser bakteriell abgebaut. An Stelle der früher verwendeten Kartoffelschalen, Zucker, Melasse, Stärke, Sulfitablauge u. Alkalitannate kommen als Chemikalien in Frage *aliphat* u. *aromat. Alkohole, Amine, Nitrite, Sulfonate* u. *Carbonsäureester.* Sie wirken bei Zusatz von 1—10 mg/Liter durch Bldg. von Filmen auf der Metalloberfläche auch im Zusammenwirken mit ungiftigen anorgan. korrosionshemmenden Chemikalien. Gleichzeitig verhindern sie Bakterien- u. Pilzwuchs sowie die Holzzerstörung in Kühltürmen. (Oklahoma Engng. Exp. Stat. Publ. **23.** Nr. 1. 45—52. Dez. 1955. Oklahoma, Okla., Agric. Mechan. Coll., School of Civ. Engng. and Chem.) H. MÜHLMEISTER. 6538

B. Nauton, *Die Rolle von Aminen mit langen Ketten als Inhibitoren in der Petroleumindustrie.* Die Amine finden Verwendung bei der Best. von Erdölerzeugnissen um Korrosionen zu verhindern. Sie werden in den Dämpfeweg eingespritzt. Bei einer Zugabe von 4 mg Inhibitor je Tonne Destillationserzeugnisse konnte die Korrosion des *Fe* von 3 mg Fe/kg. W. auf 0,5 mg abgesenkt werden. Eine Zugabe von mehr als 4 mg Inhibitor konnte keine stärkere Wrkg. herbeiführen. Aus den angestellten Verss. konnten jedoch keine Rückschlüsse auf die Art der Einspritzung u. das Kriterium der Wirksamkeit gezogen werden. (Corrosion et Anti-Corrosion **3.** 113—15. Mai/Juni 1955.) K. ROSENDAHL. 6538

Hugh L. Logan, *Mechanismus der Spannungskorrosion bei Schutzfilmreißen.* In einer Ar-Atmosphäre wurden die durch die n. Atmosphäre gebildeten Schutzfilme von verschied. Metallen (Ag-Legierung, Messing, Mg-Legierung, C-arme Stähle, rostfreie Stähle) entfernt u. die freien Oberflächen wiesen eine 0,12—0,76 V negativere Spannung auf, bezogen auf eine Kalomelelektrode als bei n. Atmosphäre. Gekerbte, durch Zug beanspruchte Proben zeigten eine 0,16—0,70 V höhere Spannung als nicht gekerbte, was auf die Entfernung der schützenden Schicht im Grunde der Kerben zurückzuführen ist. (J. Res. nat. Bur. Standards **48.** 99—105. Febr. 1952.) M. BLUTH. 6540

Simon-Carves Ltd., Stockport, England, *Aufbereitung von Mineralien oder Kohlen mittels Schwerflüssigkeit.* Als Schwerstoff dient magnet. Material, wie *Walzzunder* oder *calcinierter Spateisenstein* oder Fritten, die man aus einem Gemisch von Eisenerz u. Koks erhält, sowie Rückständen der Pyritröstung oder natürlicher *Magnetit,* die alle einen mehr oder minder großen Anteil an magnet. Material enthalten. (**Belg. P. 520 034** vom 18/5. 1953, ausg. 27/5. 1955.) W. HAUSWALD. 6363

Chester W. Fitko und **John S. Horn,** Chicago, Ill., V. St. A., *Überziehen von Teilchen mit Kunstharz,* bes. für Gießereizwecke für das CRONING-Verfahren. Der Sand wird gemischt mit 2—4 (Gew.-%) sauerkondensiertem warmhärtbaren *Phenolformaldehydharz* (**I**) u. 8—20 gepulverten *Hexamethylentetramin* (**II**) bezogen auf das Harz. Dann wird erhitzt, bis **II** mit **I** verschmolzen ist u. das Harz einen F. von 80—102° erreicht hat. Dann wird mit W. gekühlt. Der so hergestellte Überzug ist nicht klebrig u. warmhärtbar. (**A. P. 2 706 188** vom 5/7. 1952, ausg. 12/4. 1955.) F. VIER. 6383

Ford Motor Co. Ltd., London, England, *Herstellung von harzgebundenen Formen und Kernen für die Metallgießerei.* Die Formteile werden durch Auftragen von Sand mit 4—10% *Phenylformaldehydharz* auf die auf 400° F (204° C) erhitzten, mit Formpuder überzogenen Modelle hergestellt. Um auch der Außenseite der Formen eine glatte Oberfläche zu geben, werden die Teile in einem Behälter geformt, dessen mit Formpuder überzogene Wände auf 400° F erhitzt sind. (**E. P. 732 118** vom 10/4. 1952, ausg. 22/6. 1955.) F. VIER. 6383

Gebr. Böhler & Co. Akt.-Ges., Wien, Österreich, *Mehrschichtig aufgebaute Form für Präzisions- oder Feingießverfahren* mit ausschmelzbaren Modellen, dad. gek., daß sie aus einer hochabbildungsfähigen, sehr feinkörnige feuerfeste Stoffe enthaltenden inneren Schicht, die durch Aufbringen einer verhältnismäßig groben Körnung gemagert ist, u. aus einer die Hauptmasse der Form darstellenden Schicht besteht, deren Korngröße zwischen der Korngröße der innersten Schicht u. der des Magerungsmittels liegt. Je dicker die innere Schicht ist, um so gröber soll das Korn des Magerungsmittels sein. (**Oe. P. 182 485** vom 4/3. 1952, ausg. 11/7. 1955.) F. VIER. 6383

Shaw Processes, Newcastle-on-Tyne, Northumberland, England (Erfinder: **Clifford Shaw**), *Herstellung von Gießformen für den Metallguß*, bes. für den Präzisionsguß, u. von anderen Formkörpern, wobei ein Modell mit einer fl. oder breiförmigen Formmasse aus feinkörnigen, feuerfesten Stoffen mit einem fl. Bindemittel umgeben u. nach der Verfestigung der Formmass ewieder entnommen wird, dad. gek., daß, bevor noch ein wesentliches Schrumpfen infolge Verdampfen oder Verdunsten flüchtiger Bindemittelanteile eintritt, der Formkörper nach dem Verfestigen der Formmasse zu einem elast., zur Handhabung hinreichend festem Gel, einem Wärmeschock, z. B. durch Einbringen in einen durch Infrarotstrahlung stark erhitzten Ofen, ausgesetzt wird, indem alle seine Flächen gleichmäßig u. gleichzeitig auf eine Temp. erhitzt werden, die wesentlich höher liegt als zum Verdampfen der frei werdenden flüchtigen Anteile des Bindemittels erforderlich ist, so daß die Oberflächenschicht sofort erhärtet u. die Form abbindet, wobei das Innere der Form durch Bldg. von Mikrorissen stark porig wird. Als Bindemittel kann ein Kieselsäuresol oder ein Alkalisilicat zusammen mit einem sauren Gelierungsmittel verwendet werden. (**E. P. 741 381** vom 1/4. 1953, ausg. 30/11. 1955. **Oe. P. 183 874** vom 26/3. 1954, ausg. 25/11. 1955. E. Prior. 1/4. 1953.) F. VIER. 6383

VEB Fachanstalt für Gießereiwesen, Dresden-Dölzschen, *Form- und härtbare Trichterheizmasse* von hoher Gasdurchlässigkeit, besteht aus 16—22 (%) *Al-Spänen*, 50—60 *Fe-Oxyd*, 6—9 *Koksgrus*, 4—6,5 *Mg-* oder *Elektron-Feil-* u. *-Sägespänen*, 6—10 *Alkalinitrat*, 2—6 Bindemittel, z. B. 2—3 *Bentonit* u. *Dextrin*. An Stelle von Mg- oder Elektronspänen u. von Alkalinitrat können 7—20 Alkali- oder Erdalkalisulfate, bes. $BaSO_4$, treten. (**Oe. P. 182 487** vom 10/12. 1953, ausg. 11/7. 1955.) F. VIER. 6383

Tiroler Röhren- und Metallwerke Akt.-Ges., Solbad Hall, Österreich (Erfinder: **Friedrich Langer**, Rum), *Schleudergießen von Graugußkörpern in Kokillen*, die keine wärmeisolierende Auskleidung aufweisen. Die Kokillentemp. wird durch Umspülen mit Wasserdampf, Heißwassersprühnebel u./oder Kaltwassersprühnebel in solchen Grenzen gehalten, daß die Abkühlungsgeschwindigkeit der äußeren Randzonen des Gußkörpers unter der liegt, bei der eine weiße oder melierte Randerstarrung eintritt. — Vorrichtung. (**Oe. P. 182 488** vom 12/8. 1953, ausg. 11/7. 1955.) F. VIER. 6383

Gebr. Böhler & Co. Akt.-Ges., Wien, Österreich, *Kontinuierliches Gießen schwer schmelzbarer Metalle*. Um bes. bei bas. Ausmauerung eine Rohrpfanne zum Stranggießen verwenden zu können, ist es notwendig, nicht nur die Pfanne vor dem Eingießen der Schmelze zu erwärmen, sondern es muß darüber hinaus das Rohr gesondert vorgeheizt werden, da es sonst zu wenig erhitzt würde, was bei dem wenig temperaturbeständigem Werkstoff zu Sprüngen führt. (**Oe. P. 183 880** vom 21/1. 1953, ausg. 25/11. 1955.) F. VIER. 6383

Gebr. Böhler & Co. Akt.-Ges., Wien, Österreich, *Kühlung des Gußstranges von Stranggußanlagen* außerhalb der Kokille, dad. gek., daß durch das Kühlmedium nur solche Wärmemenge abgeführt wird, daß die Temp. der Randzone vom Austritt des Stranges aus der Kokille bis zur Erstarrung des Kerns im wesentlichen gleichbleibt, höchstens aber allmählich um ca. 200° absinkt. Auf diese Weise kann ein vollkommen homogenes Gefüge über den ganzen Querschnitt bei höchster Absenkgeschwindigkeit erzielt werden. (**Oe. P. 183 182** vom 29/9. 1952, ausg. 10/9. 1955.) F. VIER. 6383

Ballard H. Clemmons, Tuscaloosa, Ala., V. St. A., *Aufbereitung von kalkhaltigen Eisenerzen durch Flotation*. Eine alkal. Trübe des Erzes (p_H mindestens höher als 9,3) wird in Ggw. eines anion. Sammlers (*höhere Fettsäuren*, *Harzsäuren* oder Mischungen beider u. deren Seifen) flotiert, wobei als Drücker für die Eisenoxyde *wasserlösl. Silikate* (2—12 pds. Silikatlsg. mit 63% W. je Tonne Erz) verwendet werden. (**A. P. 2 701 057** vom 29/5. 1952, ausg. 1/2. 1955.) W. HAUSWALD. 6391

Soc. An. de Commentry-Fourchambault & Decazeville, Frankreich, *Herstellung von grauem Gußeisen mit erhöhten Festigkeitseigenschaften*. Die zur Umwandlung der Sulfide im Gußeisen dienenden Alkali- u. Erdalkalimetalle werden nicht wie nach dem Hauptpatent in Form von Legierungen, sondern als Granalien oder Pulver der Schmelze zugesetzt. (**F. P. 59 637** vom 19/9. 1949, ausg. 29/6. 1954. **Zusatz zu F. P. 1 010 693; C. 1954. 1340.**) F. VIER. 6403

Eugen Pauling, Berlin, *Gewinnung von Blei aus Bleiglanz nach dem Röstreaktionsverfahren*, dad. gek., daß das in Erzen enthaltene PbS mittels geschmolzenen Pb herausgelöst, die so entstandene Lsg. mit Luft (O_2) zu Pb u. Röstgas (SO_2) umgesetzt u. das hieraus resultierende, durch die Rk. aufgeheizte Pb im Kreislauf wieder zum Lösen verwendet wird. (**D. B. P. 930 288** Kl. 40a vom 13/6. 1953, ausg. 5/7. 1956. Anmeldung bekanntgemacht 20/1. 1955.) F. VIER. 6431

Duisburger Kupferhütte (Erfinder: **Ulrich Gregor, Carl Kayser, Heinrich Schackmann** und **Wilhelm Teworte**), Duisburg, *Herstellung von Kobalt* aus Zn-, S- u. Cl-haltigen Co-Verbb., dad. gek., daß diese bei über 1000° mit reduzierenden Gasen behandelt werden u. das so vorgereinigte prakt. Zn-, S- u. Cl-freie Co-Oxyd in üblicher Weise raffiniert wird. Die reduzierende Behandlung wird in Schacht-, Drehrohr- u. Muffelöfen mit indirekter oder direkter Beheizung des Materials vorgenommen. (**D.B.P. 943 727** Kl. 40a vom 22/12. 1953, ausg. 1/6. 1956. Anmeldung bekanntgemacht 8/12. 1955.) F. VIER. 6435

État Français und **Maurice Pierre Bachelet** (Erfinder: **Maurice Pierre Bachelet** und **Étienne Cheylan**), Frankreich, *Verarbeitung von Uranerzen*, bes. solchen mit geringem U-Geh., dad. gek., daß die zerkleinerten Erze mit *Alkalicarbonat*-Lsgg., bes. Na_2CO_3 u. $NaHCO_3$, unter Umrühren bei Tempp. unterhalb des Kp. der Lsg., z. B. bei 60—80°, behandelt werden. Aus der so erhaltenen Lsg. wird das U als $Na_2U_2O_7$ gewonnen. (**F. P. 1 092 946** vom 29/11. 1949, ausg. 28/4. 1955.) G. APEL. 6449

Wallram Hartmetallwerk und Hartmetallwerkzeugfabrik Meutsch, Voigtländer & Co., Essen (Erfinder: **Franz Skaupy**, Berlin), *Herstellung von Hartmetallen*, die neben einem harten Carbid von Metallen, wie *W* oder *Mo*, u. einem Hilfsmetall, bes. der Eisengruppe, wie *Co*, noch einen 2. Hartstoff in Gestalt eines Carbides der Metalle *Ti, Zr, Nb, Ta, V, Cr* enthalten u. bei dem zuerst aus dem Hilfsmetall u. einem Carbid der 2. Gruppe eine Legierung hergestellt, dad. gek., daß die Zwischenlegierung durch Erhitzen einer Mischung aus unreinem Carbid u. Hilfsmetall unter Zufügen einer geringen Menge *C* hergestellt wird. — Beispiel: 8 (Teile) Co werden mit 16 techn. TiC u. einer kleinen Menge Graphit, die dem Geh. des Carbids an C u. O entspricht, innig gemischt, zu Stäben verpreßt u. in H_2 bei 1600° geglüht. Die Stäbe werden zerkleinert u. unter Zusatz von WC u. gegebenenfalls Co in einer Kugelmühle unter Zusatz von Bzl. gemahlen, geformt u. gesintert. (**D. B. P. 945 292** Kl. 40b vom 8/11. 1942, ausg. 5/7. 1956. Anmeldung bekanntgemacht 17/7. 1952.) F. VIER. 6477

Akt.-Ges. für Unternehmungen der Eisen- und Stahlindustrie (Erfinder: **Josef Hinnüber** und **Ernst Ammann**), Essen, *Werkstoff für Walzen*, bes. Warmwalzen, besteht aus gesinterten Hartmetallegierungen mit bis 30 (%) *TiC*, Cr_3C_2 oder *TaC* einzeln oder gemischt, 3—20 eines niedriger schm. Hilfsmetalles, das zu 90—99 aus *Co* oder *Ni* oder deren Legierungen untereinander oder mit *W* oder *Mo*, u. zu 1—10 aus *Cu* oder *Al* u./oder *Ag* besteht. Rest *WC*. (**D. B. P. 941 869** Kl. 40b vom 27/5. 1939, ausg. 19/4. 1956. Anmeldung bekanntgemacht 30/10. 1952.) F. VIER. 6477

Chicago Bridge & Iron Co., Ill., übert. von: **Robert L. Brown**, Birmingham, Ala., V. St. A., *Herstellung von Bimetallen* unter Verwendung einer Lotmetallzwischenschicht durch Erhitzen auf eine Temp. über dem F. des Lotmetalls im Vakuum u. Abkühlen im Vakuum. Das Verf. ist zum Plattieren von *Eisenblech* mit *Cr-Stahl, Cr-Ni-Stahl, Nickel, Monelmetall, Inconel, Hastelloy, Cu, Au, Pt* u. *Ag* geeignet. (**A. P. 2 713 196** vom 11/2. 1955, ausg. 19/7. 1955.) F. VIER. 6479

Stahlwerke Südwestfalen Akt.-Ges. (Erfinder: **Rudolf Schäfer** und **Ernst Langenbach**), Geisweid, Kr. Siegen, *Weichglühen von Stahl von der Warmformgebungstemperatur aus*, dad. gek., daß der Stahl unmittelbar von der Warmformgebungstemp. auf Tempp. zwischen Ac_1 u. Ar_1 an Luft abgekühlt u. dann in einen Ofen, dessen Temp. in diesem Temperaturbereich liegt, überführt wird, in dem er in ca. 7 Std. auf Tempp. von ca. 600° erkaltet. — Schliffbilder. (**D. B. P. 938 128** Kl. 18c vom 28/7. 1942, ausg. 26/1. 1956. Anmeldung bekanntgemacht 23/10. 1952.) H. HOCHSTEIN. 6493

Walter Reinecken, Düsseldorf-Gerresheim, *Kontinuierliche Wärmebehandlung von Metalldrähten, -bändern oder -rohren.* Die Stahldrähte, -bänder u. -rohre werden durch direkten Stromdurchgang elektr. auf Härte- u. Anlaßtemp. erhitzt u. darauf durch Düsen abgeschreckt, wobei sowohl die Erhitzung auf Härtetemp. als auch die auf Anlaßtemp. durch einen einfachen Stromdurchgang, zweckmäßig durch Hindurchführen des kontinuierlich laufenden Werkstoffs durch stromleitende, korrosionsvermeidende Fll., u. eine Regelung der Anlaßtemp. durch eine zweckmäßige Anordnung der Abschreckdüsen längs des Stromdurchgangsweges derart erfolgt, daß die Laufstrecke des Drahtes, Bandes oder Rohres in eine Erhitzungsstrecke u. eine Anlaßstrecke eingeteilt wird. — Abbildung. (**E. P. 733 927** vom 1/8. 1952, ausg. 20/7. 1955.) H. HOCHSTEIN. 6493

Kaiser Aluminum & Chemical Corp., Oakland, Calif., übert. von: **James F. Murphy**, Spokane, Wash., V. St. A., *Lösung zum chemischen Glänzen von Aluminium und seinen Legierungen* besteht aus einem Gemisch von 45%ig. HBF_4 u. 70% HNO_3 u. geringen Mengen $Cu(NO_3)_2$. Die Mengenverhältnisse sind in einem Diagramm festgelegt. — Beispiel: 4,8 (cm^3/Liter) einer 45%ig. HBF_4 u. 30 einer 70%ig. HNO_3. Der Cu-Zusatz soll nicht weniger als 0,001 g/Liter betragen. (**A. P. 2 719 079** vom 20/4. 1953, ausg. 7/9. 1955.) F. MARKHOFF. 6513

Kaiser Aluminum & Chemical Corp., Oakland, übert. von: **Frederick Harold Hesch**, Anaheim, Calif., V. St. A., *Saure Lösung zum chemischen Glänzen von Aluminium und seinen Legierungen* besteht aus einem Fluorid u. HNO_3, deren Konz. in einem Diagramm festgelegt sind, sowie Ionen eines Metalls, das edler als H ist. Der Geh. an solchen Metallen, z. B. Cu, soll nicht weniger als 0,001 g/Liter betragen. — Beispiel: 7,9 (g/Liter) NH_4F u. 30 cm^3/Liter einer 70%ig. HNO_3, 1 g/Liter $Cu(NO_3)_2 \cdot 3\,H_2O$. — Diagramm. (**A. P. 2 719 781** vom 9/4. 1952, ausg. 4/10. 1955.) F. MARKHOFF. 6513

Poor & Co., Chicago, Ill., V. St. A., *Erhöhen des Korrosionswiderstandes von Zink.* Die Zn-Oberfläche wird mit einer Lsg. von CrO_3, HNO_3 u. einer wasserlösl. Verb., wie HBF_4, *Trifluoressigsäure* oder einem *Alkylester* dieser *F* enthaltenden Säuren behandelt, u. zwar mit einer 0,5—5%ig. HNO_3, die 1,82—9,1 (g/gal) CrO_3 u. 1,59—7,95 F in Form der genannten Verbindungen. (**E. P. 736 145** vom 28/9. 1951, ausg. 7/9. 1955. A. Prior. 30/11. 1950.) F. MARKHOFF. 6513

Pyrene Co. Ltd., Brentford, England, *Emulsionsreiniger für Metalloberflächen* besteht aus einem oder mehreren organ. Lösungsmitteln, einem unverseifbaren Öl, einem Ketoalkohol, mindestens einem nichtionisierenden Emulgiermittel u. mindestens einem anionakt. Emulgiermittel u. gegebenenfalls aus Wasser. — Beispiel: 3 (%) des Kondensationsprod. eines Fettalkohols mit mindestens 10 C-Atomen mit 15—20 Äthylenoxydmoll., 4 des Na-Salzes einer Sulfoamidoessigsäure, 4 eines unverseifbaren Öls, das bei der Herst. von Na-Alkansulfonaten entsteht u. 15 C-Atome in der Kette enthält, 0,06 Diacetonalkohol, 52 Kerosin von der D. 0,8 u. Rest W. werden gemischt u. diese Fl. als 2% Mischung mit W. emulgiert. Die entstandene Emulsion wird mit 2% H_2SO_4 (D. 1,8) versetzt. Die Emulsion wird bei 60—70° aufgespritzt. (**E. P. 736 638** vom 30/6. 1953, ausg. 14/9. 1955. D. Prior. 30/6. 1952.) F. MARKHOFF. 6513

Siemens-Schuckertwerke Akt.-Ges., Berlin und Erlangen (Erfinder: **Hans Marks** und **Karl Spönemann**, Berlin), *Herstellung von metallischen, insbesondere lötfähigen Überzügen* unter Anwendung hochfrequenter Schwingungen, wobei das Überziehen des Körpers in einem Bad aus dem geschmolzenen Überzugsmetall erfolgt, dad. gek., daß der zu überziehende Körper vor der Beschallung bzw. vor dem Einsetzen in das fl. Metall vorgewärmt wird. (**D. B. P. 943 151** Kl. 48b vom 18/6. 1942, ausg. 9/5. 1956. Anmeldung bekanntgemacht 13/11. 1952.) F. VIER. 6517

Robert Michel, Paris, Frankreich, *Galvanische Herstellung nichtoxydierbarer Überzüge.* Solche Überzüge lassen sich aus sauren u. alkal. Bädern abscheiden, die *Ti*, vorzugsweise Ti- u. *Zn*-Salze, enthalten. Es können Zn- oder titanhaltige Zn-Anoden verwendet werden. An Beispiele werden angegeben: Alkal. Bad: 6 (kg/100 Liter) $NaCN$, 3 Na_2CO_3, 2,5 ZnO, 1 *Ti-Chlorid*, 1 $Al_2(SO_4)_3$, 0,5 H_3BO_3. — Saures Bad: 30 $ZnSO_4$, 5 *Ti-Oxalat*, 2 H_3BO_3, 2,5 $Al_2(SO_4)_3$, 1,5 $NaCl$. Es wird mit einer Spannung von ca. 3 V bei einer Badtemp. von 25—35° gearbeitet. (**Schwz. P. 308 576** vom 29/4. 1953, ausg. 1/10. 1955.) H. HÄNLE. 6517

A. O. Smith Corp., Milwaukee, übert. von: **John J. Chyle**, Wauwatosa , Wis., V. St. A., *Auskleiden von Stahlgefäßen mit Kupfer.* Das Cu-Blech wird nicht unmittelbar mit dem Stahlgefäß verschweißt, sondern über eine durch Lichtbogenschweißen aufgebrachte Zwischenschicht aus *reinem Ni* oder einer *Ni-Legierung* mit hohem Ni-Geh., z. B. *Monel* mit 67 (%) Ni u. 30 Cu. Derartige Gefäße halten hohe Tempp. u. Drucke aus, ohne daß die Auskleidung reißt. (**A. P. 2 709 295** vom 18/5. 1951, ausg. 31/5. 1955.) F. VIER. 6517

N. V. Metallic Industry (Erfinder: **Hendrikus Andreas van Oosterhout** und **Rolf Cransberg**), Loosdrecht, Holland, *Saures galvanisches Kupferbad mit einem Gehalt an Thioharnstoff oder dessen Derivaten* enthält eine heterocycl. N-Verb., z. B. *Xanthin, Coffein, Theobromin, Morpholin, Hexamethylentetramin* u. *Pyridin.* Gute einebnende Wirkung. (**D. B. P. 940 860** Kl. 48a vom 30/7. 1952, ausg. 29/3. 1956. Anmeldung bekanntgemacht 13/1. 1955. Holl. Prior. 5/7. 1952.) H. HÄNLE. 6517

United States of America, übert. von: **John G. Beach, William C. Schickner** und **Charles L. Faust**, Columbus, O., V. St. A., *Herstellung festhaftender galvanischer Überzüge auf Gegenständen aus Zirkonium oder Zirkoniumlegierungen.* Festhaftende Überzüge werden erzielt, wenn der Gegenstand zuvor in ein Ätzbad getaucht wird, das 0,44 bis 1,32 (Mol/Liter) *NH_4F*, 0,44—0,88 *HF*, wobei das Verhältnis NH_4F : HF zwischen 1 u. 3 liegen soll u. 0,25—1,0% eines *aliphat. Amins* der Formel $C_nH_{2n+1}NH_2$, wobei n eine Zahl zwischen 12 u. 18 bedeutet, enthält. Als Beispiel für das Amin wird *Triisobutylamin* genannt. Die Temp. des Ätzbades soll zwischen 70 u. 120°F (21 u. 49°C) liegen. Auf die so geätzte Oberfläche wird galvan. ein Metallüberzug aufgebracht u. der Gegenstand während 10—45 Min. einer Glühbehandlung zwischen 1200 u. 1600°F (650—870°C) unterworfen. (**A. P. 2 711 389** vom 15/5. 1953, ausg. 21/6. 1955.) H. HÄNLE. 6517

Enthone, Inc., New Haven, übert. von: **Walter R. Meyer**, Hamden, Conn., V. St. A., *Galvanische Abscheidung von Eisen* aus einem Bad, das 0,5—5 (gMol/Liter) Alkalihydroxyd, 0,5—5 eines organ. Amins, 0,02—0,5 einer 3 wertigen Fe-Verb. u. ein Salz der Äthylendiamintetraessigsäure entsprechend 0,5—1,5 Fe enthält bei einem p_H-Wert von über 11 u. einer kathod. Stromdichte von 3—300 A/sq.ft. (0,3—32 A/dm²). Als bevorzugte Badzus. werden auf 1 Liter H_2O angegeben: 100 (g) *NaOH*, 154 $(HOCH_2CH_2)_3N$, 132 $(NaO_2CCH_2)_2(NCH_2)_3$, 20 Fe^{3+}. Es werden festhaftende, nicht poröse Fe-Überzüge erhalten. (**A. P. 2 714 089** vom 26/1. 1953, ausg. 26/7. 1955.) H. HÄNLE. 6517

D. Napier & Son Ltd., London, England (Erfinder: **Oswald Wright** und **John Kenneth Wilson**), *Kontaktverbindung*. Als Elektrolyt wird eine Lsg. von $Pb(BF_4)_2$ u. als Kontaktmetall Al oder Mg verwendet. Auch *Plumbit–Plumbat-* oder *Pb-Acetat*-Lsgg. sind geeignet. (**E. P. 730 089** vom 27/11. 1951, ausg. 18/5. 1955.) F. MARKHOFF. 6517

D. Napier & Son Ltd., London, England (Erfinder: **Oswald Wright** und **John Kenneth Wilson**), *Erzeugen von Zinn–Blei-Legierungsüberzügen mittels Kontaktverfahren.* Die Gegenstände werden nacheinander in eine Lsg. von Sn- u. eine von Pb-Verbb. getaucht unter Verwendung eines unedleren Kontaktmetalls, wie Al. Die abgeschiedenen Metalle werden durch Erhitzung auf eine Temp. unterhalb des F. der Metalle durch Diffusion miteinander legiert. — Nach E. P. 730 091 wird eine Lsg. Na_4PbO_4 u. $Na_2[Sn\cdot(OH)_6]$ verwendet, aus der sich unter Verwendung eines Kontaktmetalles, wie Al, unmittelbar eine Pb–Sn-Legierung abscheidet. (**E. PP. 730 090** u. **730 091** vom 28/11. 1950, ausg. 18/5. 1955.) F. MARKHOFF. 6525

IX. Organische Industrie.

Rosarina Carpignano, *Über technisches Isophoron.* Die Dest. von 150 g eines techn. *Isophorons* ($D.^{20}_{20}$ 0,920, n_D^{20} 1,4786, η_{20} 3,01) ergaben folgende Fraktionen: *1. Fraktion*, Kp. bis 208° mit den entsprechenden Konstanten 0,922; 1,4769; 2,91; 26 g (Ausbeute); *2. Fraktion*, 208—210°, 0,923; 1,4783; 2,83; 41 g; *3. Fraktion*, 210—211°, 0,920; 1,4788; 2,78; 55 g; *4. Fraktion*, 211—212°, 0,919; 1,4791; 2,48; 20 g; *5. Fraktion*, über 212°, 0,928; 8 g. — Für die Messungen der Farb-Rk. mit $Na_2Fe(CN)_5NO\cdot 2H_2O$ wird ein photocolorimetr. Verf. angegeben, mit dem mit Hilfe von bekannten Proben eine Kurve erhalten wird, die sich als Grundlage für die Best. von Isophoron in unbekannten Proben eignet. Weitere Best. über das bereits bekannte *Semicarbazon*, F. 191°. In den Fraktionen 2—5 konnte ein Anteil von 53—59% als Semicarbazon nachgewiesen werden. (Ann. Chimica **45.** 81—87. Jan. 1955. Turin, Univ., Ist. Chim. Org. Ind.) G. PLATZER. H 1960

W. A. P. Black, *Chemische Produkte aus den braunen Seealgen.* Der Seetang, der hauptsächlich aus den braunen Algen, u. zwar zum größten Teil aus *Laminara cloustoni* besteht, ist in seiner Zus. großen jahreszeitlichen Schwankungen unterworfen. 1000000 t im Laufe eines Jahres geernteten Tangs enthalten im Durchschnitt: 30600 t *Alginsäure* (**I**), 18000 t *Mannit* (**II**), 14400 t *Laminarin* (**III**), 7620 t *Fucoidin* (**IV**) u. ca. 200 t *Fucosterin* (**V**). Nur **I** wird industriell gewonnen, die Gewinnung u. die Eigg. von **II**, **III**, **IV** u. **V** werden beschrieben: **II**, F. 166°, $Kp._{3,5}$ 295°, $[\alpha]_D$ —0,49° (W.), Extraktion des Seetangs mit verd. HCl oder H_2SO_4 vom p_H 2,4 (gebräuchliche Meth. zur Gewinnung von Alginaten), Verdampfen, Aufnehmen in A. (Abscheidung von **III** u. **IV**) u. entweder auskristallisieren lassen; 65% (Ausbeute), oder Abscheidung von schwerlösl. Triaceton- oder Triäthylidenderivv. u. anschließende Hydrolyse; 58%, oder Entfernung der Mineralsalze in der alkoh. Lsg. durch Ionenaustauscher (Zeo-Karb 225 u. Amberlit IRA-400 [OH]). *Hexanitrat*, F. 112°. — **III** ist eine β-d-Glucopyranose, die quantitativ zu Glucose hydrolysiert werden kann. Auftreten von 2 Formen: Abscheidung der in W. unlösl. Form aus dem Säureextrakt; 65%, u. der in W. lösl. Form aus dem Alkohol. — **IV** ist wahrscheinlich ein Polyfucosemonosulfat (mit α-1-Fucopyranosegliedern). Abscheidung durch Verdampfen des neutralisierten, verd. Säureextrakts, Lösen in W. u. Fällen mit A., dann Behandlung mit Formaldehyd; 76% (gewonnen aus *Pelvetia canaliculata*). — **V**, durch Extraktion mit Bzl., Ae./A. oder Aceton u. Verseifung der übrigen Bestandteile (vgl. BLAK u. CORNBILL, J. Sci. Food Agric. **2.** [1951.] 387). (Chem. Products chem. News **16.** 139—43. April 1953. Inst. of Seaweed Res.) E. FRANCK. H 3950

Ethyl Corp., New York, N. Y., übert. von: **Albert P. Giraitis,** Baton Rouge, La., V. St. A., *Herstellung von organischen Verbindungen mit verschiedenem Halogen.* Man setzt eine organ. Verb. (I) mit einer Mischung von Metallhalogeniden, bes. Alkali- bzw. Erdalkalihalogeniden, die verschied. Halogene enthalten, bei 250—450° in Ggw. von SO_3 im Verhältnis von 4—9 (Mol) pro 1 organ. Verb. um. Man zieht das entstandene gasförmige u. nichtgasförmige Prod. getrennt ab, wobei jenes die halogenierten organ. Verbb. u. dieses das Metallsulfat enthält. Als I können halogenierte KW-stoffe, Säuren, Anhydride, Ester, Aldehyde, Ketone, Acetale, Äther, Nitroverbb. u. bes. Alkane mit bis zu 4 C-Atomen verwendet werden. Durch Rk. von C_2H_6 mit SO_3 u. einem Gemisch von $FeCl_3$ u. ZnJ_2 bei 350° erhält man hauptsächlich Chlorjodäthane. (**A. P. 2 698 348** vom 2/4. 1952, ausg. 28/12. 1954.) J. MÜHLEISEN. 6565

Arapahoe Chemicals, Inc., übert. von: **Joseph D. Park** und **John R. Lacher,** Boulder, Colo., und **Henry J. Gerjovich,** Wilmington, Del., V. St. A., *Herstellung von chlorierten N-Bromacetamiden* aus den entsprechenden Chloracetamiden u. Br_2 in Ggw. von Ag_2O oder HgO in einer aliphat. Perfluorcarbonsäure als Lösungsmittel. — Zu einer Lsg. von 0,1 (Mol) Ag_2O in 250 ml wasserfreier Trifluoressigsäure (I) werden 0,2 Trichloressigsäureamid gegeben u. 1 Std. bei n. Temp. gerührt. Dann werden 0,2 Br_2 in 100 ml **I** tropfenweise hinzugefügt. Man erhält 29 g *N-Bromtrichloracetamid,* F. 124—125°. Analog werden die folgenden *N-Bromacetamide* hergestellt: *Dichlor-,* F. 96°, u. *Monochlor-,* F. 75°. — *Bromierungsmittel.* (**A. P. 2 713 595** vom 2/10. 1951, ausg. 19/7. 1955.) E. CARL. 6565

B. F. Goodrich Co., New York, N. Y., übert. von: **Marvin R. Frederick,** Wadsworth, O., V. St. A., *1.1-Difluor-1.2.2-trichloräthan* erhält man durch Rk. von $CCl_2=CCl_2$ (I) mit einem Überschuß von HF unter Druck in Ggw. von 2—15% $SbCl_5$ (berechnet auf I) bei 100—250°. Dabei bildet sich auch etwas 1-Fluor-1.1.2.2-tetrachloräthan. (**A. P. 2 724 004** vom 8/4. 1952, ausg. 15/11. 1955.) J. MÜHLEISEN. H 510

Knapsack-Griesheim Akt.-Ges., Knapsack bei Köln, *Halogensubstituierte Derivate von Acetylen, Alkyl- und Vinylacetylenen* erhält man durch deren Behandlung mit Cuprihalogeniden in Ggw. des entsprechenden Halogenwasserstoffs, bes. in wss. Lsg., z. B. nach dem Reaktionsschema: $2\,CuCl_2 + C_2H_2 \rightarrow Cu_2Cl_2 + ClCH{=}CHCl$, in fl. Phase, bes. bei 60—100° u. 100 mm Hg bis 300 lbs./sq.inch. Das Verhältnis von Cu(I)- zu Cu(II)-Salzen beträgt ca. 4:1 bis 9:1. Zweckmäßig erfolgt die Rk. in zwei verschied. Gefäßen, wobei im 2. Gefäß die Oxydation der Cuprosalze zu Cuprisalzen z. B. nach folgenden Gleichungen erfolgen kann: $Cu_2Cl_2 + \frac{1}{2}\,O_2 + 2\,HCl = 2\,CuCl_2 + H_2O$; $Cu_2Cl_2 + Cl_2 = 2\,CuCl_2$; $Cu_2Cl_2 + 2\,HCl$ (anod. Oxydation) $= 2\,CuCl_2 + H_2$. — Aus 43 Litern Acetylen unter Einleiten in eine Lsg. aus 600 g $CuCl_2 \cdot 2\,H_2O$ in 2000 g 20%ig. HCl bei 85° u. 300 mm Hg → *1.2-Dichloräthylen,* Kp. 48°; 91% (Ausbeute), bezogen auf C_2H_2. — Acetylen + $CuSO_4$ in wss. 50%ig. HBr → *trans-1.2-Dibromäthylen*; 89%. — *trans-1.2-Dijodäthylen,* F. 73°; 98%. — Vorr., Zeichnung. (**E. P. 736 375** vom 5/6. 1953, ausg. 7/9. 1955. D. Priorr. 7/6. u. 27/12. 1952.) G. KRAUSS. H 520

Research Corp., New York, N. Y., übert. von: **Nicholas A. Milas,** Belmont, Mass., V. St. A., *Acetylenperoxyde* der Formeln **I** u. **II** (R_1, R_2, R_3 u. R_4 = KW-stoffreste; R_3 auch H) erhält man durch Rk. von Acetylencarbinolen der Formel **III** oder Acetylenglykolen (**IV**) mit H_2O_2 bei —10 bis +20° in Ggw. einer Mineralsäure. **V** kann auch aus **I** u. **III** in Ggw. einer Mineralsäure hergestellt werden. — Aus 30,6 (g) 50%ig. H_2O_2, 20 3-Methyl-3-oxypentin-(1), $CH_3CH_2C(OH)(CH_3)-C{\equiv}CH$, u. 48 95,5%ig. H_2SO_4 bei 0—5°, anschließendem

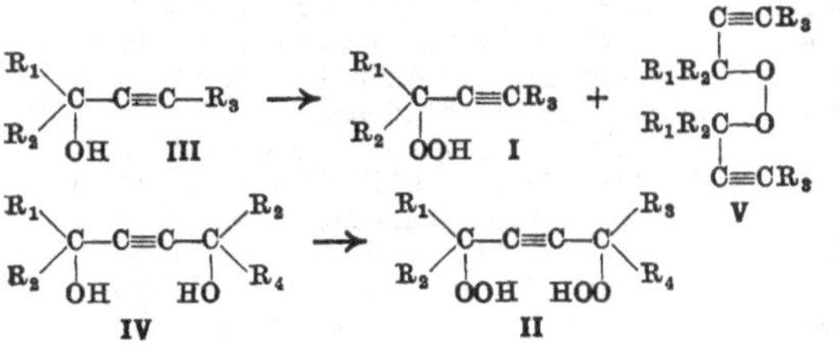

Sättigen der Lsg. mit $(NH_4)_2SO_4$ u. Extraktion mit Ae. → *3-Methyl-3-hydroperoxypentin-(1),* Kp.$_5$ 38—40°; n_D^{25} 1,4396; $D.^{25}_4$ 0,9547; Mol.-Refr. 31,32. — *Di-(3-methylpentinyl)-3-peroxyd.* — 3-Methyl-3-oxybutin-(1) → *3-Methyl-3-hydroperoxybutin-(1),* Kp.$_{17}$ 40—42°; n_D^{25} 1,4289; $D.^{25}_4$ 0,945; Mol.-Refr. 27,26; 99,5% (Ausbeute). — 2.5-Dimethyl-2.5-dioxyhexin-(3) → *2.5-Dimethyl-2 5-dihydroperoxyhexin-(3),* aus Bzl. F. 107 bis 109° (Zers.); 85%. — 1.1'-Dioxy-1.1'-dicyclohexylacetylen → *1.1'-Dihydroperoxy-1.1'-dicyclohexylacetylen,* aus Cyclohexan, F. 95° (Zers.). — *Di-(3-methylbutinyl)-3-per-*

oxyd, Kp.$_{76}$ 60°. — *2.5-Dimethyl-2.5-di-(tert.-butylperoxy)-hexin-(3)*, Kp.$_2$ 65—67°; n_D^{25} 1,4219; $D.^{25}_4$ 0,881; Mol.-Refr. 82,61. — Die Peroxyde können verestert oder alkyliert werden, z. B. **II** mit tert.-Butanol zu **VI**. — Zwischenprodd. für Synthesen; *Bleichmittel*, *Germicide* u. *Polymerisationskatalysatoren*. (**A. P. 2 670 384** vom 24/9. 1951, ausg. 23/2. 1954.) G. KRAUSS. H 550

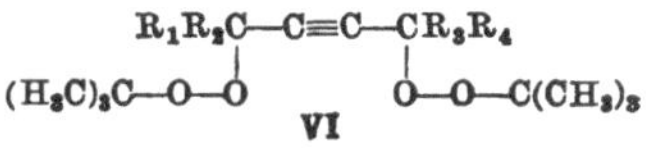

VI

Ethyl Corp. (Erfinder: **James Benjamin Hinkamp, Roy Sugimoto** und **Harry Richard Dittmar**), New York, N. Y., V. St. A., *Amylnitrate* erhält man bei der Einw. einer wss. HNO_3–H_2SO_4-Lsg. auf eine Mischung, die 80—100 (Gew.-%) isomere prim., bis 20 sek. u. nicht $>$1 tert. Amylalkohole enthält. Der Geh. der HNO_3 soll mindestens 20 u. das W. nicht $>$14 der Säurelsg. betragen. Die HNO_3-Menge soll gleich der stöchiometr. sein oder höchstens in 13%ig. Überschuß angewendet werden. Am Ende der Veresterung soll das Verhältnis W.:H_2SO_4 nicht $>$0,35 betragen. Die Reaktionstemp. wird zwischen 0 u. 20° gehalten. Höherer Geh. an sek.-Amylalkohol erfordert niedrigere Reaktionstempp.; reiner Amylalkohol wird bei 20° nitriert. — Vgl. auch A. P. 2 618 650; C. **1954**. 8443. (**E. P. 731 438** vom 3/7. 1952, ausg. 8/6. 1955.) G. KÖNIG. H 560

Houdry Process Corp., Wilmington, Del., übert. von: **John C. Snyder**, Darling, Pa., V. St. A., *Glykole und deren Ester* erhält man bei der Oxydation von Mono-, Di- u. Polyolefinen mittels freien O_2-enthaltenden Gasen bei höheren Tempp. (50—250°) u. Drucken, welche die fl. Phase aufrechterhalten, in Ggw. von Ag oder Metallen, die mehrere Oxydationsstufen zu bilden vermögen, wie Co, Mn, Cu. Sie werden bes. in Form von Salzen der Carbonsäuren angewandt. Um Neben-Rkk. zu vermeiden, setzt man den Olefinen organ. Carbonsäuren, wie Essig-, Oxal-, Benzoesäure, zu. Man verwendet einen mol. Überschuß, bezogen auf die entstehenden OH-Gruppen, z. B. 6 (Mol) Carbonsäure auf 1 Monoolefin, an. — 1 Buten-(2) wird mit 4 Essigsäure u. 0,5 Gew.-% Co-Acetat, bezogen auf Buten-(2), bei 160° u. unter Druck umgesetzt. Man erhält *2.3-Butylenglykoldiacetat* u. daraus beim Verseifen *Butylenglykol*. — 1 Cyclohexen mit 6 Eisessig bei 180° in Ggw. von Mn(II)-Acetat ergibt *1.2-Cyclohexendioldiacetat*. (**A. P. 2 701 818** vom 8/3. 1951, ausg. 8/2. 1955.) G. KÖNIG. H 570

Emilio Santelli, Mailand, Italien, *Kontinuierliche Schnellveresterung von Glycerin mit Fettsäuren*, dad. gek., daß man bei 160—190° u. 3 mm Druck Glycerindampf im Gegenstrom u. unter starkem Rühren durch eine abwärtsfließende, einen Veresterungskatalysator (z. B. Zn-Pulver) enthaltende Fettsäure leitet, aus den abziehenden Dämpfen nichtumgesetztes Glycerin dephlegmiert u. dieses wieder dem Kreislauf zuführt. Das Reaktionswasser, das noch etwas Glycerin enthalten kann, wird in einem der Vakuumpumpe vorgeschalteten Kühler kondensiert. — Zeichnung. (**It. P. 480 063** vom 18/7. 1951, ausg. 18/4. 1953.) O. SCHÖN. H 580

E. I. du Pont de Nemours & Co., übert. von: **John H. Haslam**, Wilmington, Del., V. St. A., *Anorganische Ester* erhält man bei der Rk. von NH_3-Addukten mehrwertiger esterbildender Elemente mit einer Mindestwertigkeit von 3 u. einem At.-Gew. $>$12 u. $<$57, wie Ti, Zr, Fe, P, As, Sb, Sn, Al, B, mit reaktionsfähige OH-Gruppen enthaltenden organ. Verbb., z. B. tert. Alkoholen, Allyl- oder Ketoalkoholen, bei 40° bis zum Kp. des Alkohols u. verschied. Drucken. Man kann die NH_3-Metallsalzaddukte vor der Rk. mit den OH-Verbb. oder auch während der Zugabe der letzteren gleichzeitig herstellen. — $TiCl_4$, in trockenem Cyclohexan gelöst, wird mit NH_3 versetzt; $TiCl_4 \cdot 8\,NH_3$ fällt aus. Man setzt diese Verb. kochendem tert.-Butylalkohol zu, filtriert von NH_4Cl, dest. das Lösungsm. ab u. erhält *Tetra-tert.-butyltitanat*, Kp.$_{0,3}$ 59—60°. Es werden ferner hergestellt: *Tetra-tert.-amyl-*; *Tetraallyltitanat*; *Triallylphosphat*, Kp.$_{0,25}$ 73—77°; *Tributylantimonit*, Kp.$_4$ 133—135°. (**A. P. 2 684 972** vom 21/2. 1952, ausg. 27/7. 1954.) G. KÖNIG. H 590

Standard Oil Co., Chicago, Ill., übert. von: **Mack Sutton**, Valparaiso, Ind., V. St. A., *Carbonsäuren bzw. deren Alkaliseifen* erhält man durch Oxydation von Alkoholen u. Aldehyden C_4—C_{16} (**I**) oder deren Gemischen mittels wss. Alkalihydroxyd in einem Reaktionsturm, in dessen oberstem Teil das Hydroxyd mit einer Temp. von 350—380° eingebracht wird, während man weiter unten **I** mit einer Temp. von 200—380° einführt, so daß die Reaktionsteilnehmer sich im Gegenstrom bewegen. In einem 2. Turm wird das als Bodenprod. erhaltene Gemisch aus nichtumgesetzten Reaktionsteilnehmern u. Seife nochmals auf 350—380° erhitzt. — Vorr., Zeichnungen. (**A. P. 2 727 050** vom 19/11. 1952, ausg. 13/12. 1955.) O. MÜLLER-MEININGEN. H 810

General Mills, Inc., übert. von: **Joseph W. Opie**, Minneapolis, Minn., V. St. A., *Gesättigte höhermolekulare Fettsäuren* (**I**) erhält man aus ungesätt. mit der JZ. 30—65 durch Red. in Ggw. von Ni u. 1—3% einer Bleicherde, bis die JZ. unter 5 gesunken ist, worauf man die **I** abdestilliert. (**A. P. 2 715 641** vom 12/7. 1951, ausg. 16/8. 1955.) O. MÜLLER-MEININGEN. H 810

Monsanto Chemical Co., V. St. A., *Herstellung eines Dimethylacylamids* der allg. Formel $RCON(CH_3)_2$, worin R ein Alkyl (C_1-C_3) bedeutet, dad. gek., daß man Dimethylamin u. eine Acylverb. (Essigsäure, Propionsäure, Buttersäure u. ihre Anhydride) in stöchiometr. Mengen zu einer Mischung des herzustellenden Dimethylacylamids mit der entsprechenden Säure gibt, wobei der Anteil der Säure in dieser Mischung geringer sein muß als der zur Bldg. eines azeotropen Gemisches nötige. Beschrieben wird die Herst. von *Dimethylacetamid* [Konz. der Essigsäure in der Mischung $>$21,1 (Gew.-%)], *Dimethylpropionamid* (Konz. der Propionsäure $>$23,4) u. *Dimethylbutyramid* (Konz. der Buttersäure $>$32). — Zeichnung. (**F. P. 1 056 134** vom 13/12. 1951, ausg. 24/2. 1954.) S. MEIER. H 810

E. I. du Pont de Nemours & Co., Wilmington, Del., übert. von: **Melvin L. Huber,** Pitman, N. J., V. St. A., *Die Umwandlung von Oximen in Amide oder Lactame* gelingt, wenn man die Oxime mit wenigstens 1,2 Mol Trifluoressigsäure je Mol Oxim unter Rückflußbedingungen (72—115°) erhitzt. — Aus Cyclohexanonoxim entsteht z. B. in 82%ig. Ausbeute das *Caprolactam*, Kp.$_{0,9}$ 100—101°. — Aus Acetophenonoxim → *Acetanilid*; 91%. — Aus Butylaldoxim → *Butyramid*, F. 114—115°. (**A. P. 2 721 199** vom 15/12. 1953, ausg. 18/10. 1955.) R. LINK. H 810

Soc. An. Perfogit, Mailand, Italien, *11-Bromundecansäure* erhält man durch Rk. von Undecylensäure mit HBr in Ggw. eines organ. Peroxyds u. eines dehydrierend wirkenden Lösungsm., wie Toluol, unter O_2- bzw. Luftausschluß bei —1 bis + 14° in 92%ig. Ausbeute (frei vom 10-Br-Deriv.). (**E. P. 740 724** vom 23/7. 1953, ausg. 16/11. 1955. It. Prior. 7/8. 1952.) O. MÜLLER-MEININGEN. H 810

Arthur D. Little, Inc., übert. von: **Charles W. Sauer,** Cambridge, Mass., V. St. A., *Methylen-bis-amide* entstehen aus einem Amid u. Hexamethylentetramin (I) unter Ausschluß von Wasser. — *Methylen-bis-formamid.* Man erhitzt I mit überschüssigem Formamid auf 140°, F. 140—141°. — Analog werden hergestellt: *Methylen-bis-acetamid*, F. 198 bis 200°. — *Methylen-bis-malonamid*, F. 234°. — *Methylen-bis-benzamid*, F. 216—220°. (**A. P. 2 713 594** vom 7/12. 1950, ausg. 19/7. 1955.) G. LANGER. H 820

Monsanto Chemical Co., St. Louis, Mo., übert. von: **William F. Yates,** Texas City, Tex., V. St. A., *α-Acetoxynitrile* erhält man durch Rk. von α-Oxynitrilen mit Rohketen bei 30—50° in Ggw. von 0,01—1 Gew.-% eines alkal. Katalysators. — Beispiele zur Herst. von *α-Acetoxypropionitril*, *α-Acetoxy-n-butyronitril* (I), *α-Methyl*-I, *α-Acetoxy-n-valeronitril*. — Zwischenprodukte. (**A. P. 2 726 257** vom 11/8. 1952, ausg. 6/12. 1955.) O. MÜLLER-MEININGEN. H 850

Laboratoires Clevenot, Norgent-sur-Marne, Frankreich, *Reinigung von Glucoheptonsäure* (I) u./oder ihres Ca-Salzes (II), das man durch Rk. von $Ca(CN_2)$ mit Glucose in Ggw. von so viel überschüssigem $Ca(OH)_2$, daß das p_H 10 beträgt, erhält, erfolgt durch Ansäuern der Lsg. mit so viel Oxalsäure (III), daß man nach Abtrennen des die Verunreinigungen enthaltenen Ca-Oxalates eine 60—70%ig. II-Lsg. vom p_H 3,5—4,5 erhält, die man gegebenenfalls noch durch Behandeln mit Aktivkohle, die man auch zusammen mit III zugeben kann, entfärben kann. (**E. P. 733 886** vom 31/3. 1953, ausg. 20/7. 1955. F. Prior. 18/2. 1953.) O. MÜLLER-MEININGEN. H 850

Mathieson Chemical Corp., übert. von: **Warren K. Cline,** Niagara Falls, N. Y., V. St. A., *Alkylencarbonate* erhält man durch Kondensation von CO_2 mit einem Alkylenoxyd bei 150—250° u. ca. 500—2000 lbs./sq.in. in Ggw. von Ca- u. Mg-Chloriden, -Bromiden u. -Jodiden. — Aus 2068 (Teilen) Äthylenoxyd u. 2138 fl. CO_2 in Ggw. von 20 geschmolzenem $MgCl_2$ bei 190° u. 1500 lbs./sq.in. nach 135 Min. → 3021 *Äthylencarbonat*, Ausbeute 73%. — Propylenoxyd → *Propylencarbonat*. Das Mol-Verhältnis von Alkylenoxyd:CO_2 beträgt ca. 1:1 bis 2:1. Höchste genannte Ausbeute 85,4%. — Zwischenprodukte. (**A. P. 2 667 497** vom 12/12. 1951, ausg. 26/1. 1954.) G. KRAUSS. H 880

Shawinigan Chemicals Ltd., Montreal, übert. von: **Robert H. J. Creighton,** Shawinigan Falls, Quebec, Can., *Gewinnung von Blausäure* durch therm. Zers. von Formamid, wobei die HCN kondensiert u. von den anderen Reaktionsprodd. aus fl. HCN abgetrennt wird. Dabei werden die HCN-Dämpfe von den Gasen der Nebenprodd. dadurch getrennt, daß man die Dämpfe bzw. Gase im Gegenstrom zu in Absorptionstürmen herabrieselndem fl. Formamid leitet. (**A. P. 2 723 184** vom 24/12. 1952, ausg. 8/11. 1955.) H. NEBELSIEK. H 890

Eastman Kodak Co., übert. von: **Delbert D. Reynolds,** und **Thomas T. M. Laakso,** Rochester, N. J., V. St. A., *N.N.N'.N'-Tetrasubstituierte Diamine* der Formeln $(R)_2N-(CH_2)_n-N(R)_2$, $(R)_2N-C_2H_4-O-C_2H_4-N(R)_2$ u. I entstehen durch Rk. eines sek. Amins R—NH—R mit einem Glykoldisulfonat $R'-O-SO_2-(CH_2)_n-SO_2-O-R'$, worin n = 2—6, R eine Alkylgruppe mit 1—18 C-Atomen, eine Cycloalkylgruppe mit 5—6 C-Atomen, eine Arylgruppe oder eine Aralkylgruppe, X = CH_2 oder O u. R' eine

Alkylgruppe mit 1—4 C-Atomen, Phenyl oder Tolyl bedeuten. Die Verbb. dienen als Zwischenprodukte. — Die entsprechenden Glykoldisulfonate entstehen, wenn man ein Glykol in 3—5 Vol. trockenem Pyridin bei 5—15° mit dem entsprechenden Sulfonylchlorid umsetzt u. das Reaktionsgemisch auf Eis gießt. — *Äthylenglykoldibenzolsulfonat*, F. 48—50°; *Propan-1.3-dioldi-p-toluolsulfonat*, F. 92—93°; *Butan-1.4-dioldi-p-toluolsulfonat*, F. 81—82°; *Pentan-1.5-dioldimethansulfonat*, F. 35—36°; *Hexan-2.5-dioldibenzolsulfonat*, F. 104 bis 105°; *Diäthylenglykoldibenzolsulfonat*, F. 38—39°; *Butan-1.3-dioldi-p-toluolsulfonat*, F. 58—59°. — *N.N.N'.N'-Tetraäthyläthylendiamin*. Man kocht Diäthylamin mit Äthylenglykoldibenzolsulfonat in Dioxan, dest. den Überschuß des Amins ab, versetzt mit NaOH, dest. nochmals u. arbeitet auf; $Kp._{31,5}$ 89°. — Analog werden erhalten: *N.N.N'.N'-Tetraisopropyltrimethylendiamin*, $Kp._{0,25}$ 83°. — *1.3-Bis-(diisopropylamino)-butan*, $Kp._1$ 85—87°. — *N.N.N'.N'-Tetra-n-butyltetramethylendiamin*, $Kp._{0,3}$ 107—108°. — *N.N.N'.N'-Tetracyclohexyläthylendiamin*, F. 102—104°. — *N.N.N'.N'-Tetraphenyltrimethylendiamin*, $Kp._{0,3}$ 118—121°. — *2.5-Dimorpholinohexan*, $Kp._{0,3}$ 130—132°. — *1.5-Dipiperidinopentan*, $Kp._{0,5}$ 110°. — *β.β'-Bis-(diisopropylamino)-diäthyläther*, $Kp._{0,5}$ 96,5°. — *β.β'-Bis-(diäthylamino)-diäthyläther*, $Kp._1$ 69—70°. (**A. P. 2 716 134** vom 19/4. 1950, ausg. 23/8. 1955.) G. LANGER. H 910

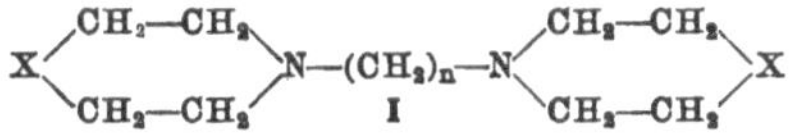
I

Farbwerke Hoechst Akt.-Ges., vormals Meister Lucius & Brüning (Erfinder: **Ludwig Orthner** und **Roderich Graf**, Frankfurt/M.), *Ungesättigte Alkyl-, Cycloalkyl- und Aralkylphosphonsäureester* erhält man durch Rk. der entsprechenden Phosphonsäuredichloride bzw. Esterchloride der nebenst. Formel (R = Alkyl, Cycloalkyl, Aralkyl; X = Halogen, bes. Cl; Y = Halogen oder ein über O gebundener KW-stoffrest, wie Alkyl, Alkenyl, Cycloalkyl, Cycloalkenyl, Aralkyl, Aralkenyl, Aryl). — Aus Butylphosphonsäuredichlorid u. Allylalkohol in Ggw. von Pyridin bei —5 bis 0° → *Butylphosphonsäurediallylester*, $Kp._{0,3}$ 101—102°. — *Cyclohexylphosphonsäurediallylester*, $Kp._{0,3}$ 133—134°. — Cyclohexylphosphonsäurephenylesterchlorid, $Kp._{0,7}$ 156—158°, → *Cyclohexylphosphonsäurephenylallylester*, $C_6H_{11}PO(OC_6H_5)(OC_3H_5)$, dünnfl. Sirup. — *Äthylphosphonsäurebutylallyester*, $C_2H_5PO(OC_4H_9)(OC_3H_5)$. — *Propylphosphonsäurecyclohexylcrotylester*, $C_3H_7PO(OC_6H_{11})(OC_4H_7)$. — *Butylphosphonsäurebenzylallylester*. — *Cyclohexylphosphonsäurepropylallylester*. — *Heptylphosphonsäurediallylester*. — *Zwischenprodd.* zur Herst. von *Kunststoffen* u. *Schädlingsbekämpfungsmitteln*. (**D. B. P. 936 927** Kl. 12o vom 23/2. 1950, ausg. 22/12. 1955. Anmeldung bekanntgemacht 17/3. 1955.) G. KRAUSS. H 980

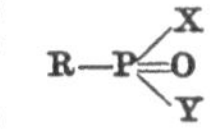

Argus Chemical Laboratory, Inc., New York, N. Y., V. St. A., *Mercaptozinnverbindungen* der allg. Formel $R_n—Sn—X_{4-n}$ (R = Alkyl; X = Esterrest des Mercaptoalkohols, dessen S an Sn gebunden ist; n = 1—3). Ein Mercaptoalkanol mit 2—4 C-Atomen wird mit einer aliphat. oder hydroaromat. Monocarbonsäure mit 6—20 C-Atomen verestert u. der Ester dann in einem organ. Sn-Chlorid, Sn-Oxyd oder einer organ. Stannosäure umgesetzt. — Aus 1 (Mol) β-Mercaptoäthanol, 1 Trimethylhexansäure, $CH_3CH(CH_3)CH(CH_3)CH(CH_3)CH_2COOH$, in 200 cm^3 Bzl. in Ggw. von 0,3 g p-Toluolsulfonsäure unter Erhitzen, bis 18 cm^3 W. azeotrop entfernt sind, u. anschließendem Zusatz von ½ Di-n-butyl-SnO unter Erhitzen. → *Di-n-butyl-Sn-SS'-di-(mercaptoäthanoltrimethylhexansäureester)*, $(C_4H_9)_2Sn—(SCH_2CH_2OOCC_8H_{17})_2$, stark viscose, leicht gelbe Fl., lösl. in Ae., Chlf., CCl_4, Bzl., Toluol, Xylol. — *Di-n-butyl-Sn-S.S'-di-(mercaptobutanoltrimethylhexansäureester)*, $(C_4H_9)_2Sn(SCH_2CH_2CH_2CH_2OOCC_8H_{17})_2$; Sn-Geh. 16,3%; S-Geh. 8,9%. — *Di-n-Butyl-Sn-S.S'-di-(mercaptoäthanollaurinsäureester)*, $(C_4H_9)_2Sn\cdot(SCH_2CH_2OOCC_{11}H_{23})_2$, Sn-Geh. 15,75%. — *Di-n-butyl-Sn-S.S'-di-(mercaptoäthanoltetrahydroabietinsäureester)*, $(C_4H_9)_2Sn—(SCH_2CH_2OOCC_{19}H_{33})_2$. — *Tri-n-butyl-Sn-S-monothioglycerindilaurylester*, $(C_4H_9)_3Sn—[SCH_2CH(OCOC_{11}H_{23})CH_2OOCC_{11}H_{23}]$; Sn-Geh. 15,5%. — *Isopropyl-Sn-S.S'.S''-tris-(mercaptoäthanoltrimethylhexansäureester)*, $(C_3H_7)Sn(SCH_2CH_2OOCC_8H_{17})_3$; Sn-Geh. 14,5%. — Stabilisierungsmittel für halogenhaltige organ. Verbb., vgl. E. P. 740 397; C. **1956.** 7661, Antioxydationsmittel u. Zwischenprodukte. (**E. P. 740 392** vom 13/5. 1953, ausg. 9/11. 1955. A. Prior. 14/5. 1952.) G. KRAUSS. H 980

Columbia-Southern Chemical Corp., Allegheny County, Pa., übert. von: **Loyd W. Piester**, New Martinsville, W. Va., V. St. A., *Trichlorbenzole* mit erhöhtem Geh. an dem 1.2.4-Isomer (I) erhält man durch Rk. von Benzolhexachlorid mit einer wss. $Ca(OH)_2$-Lsg. bei >100°, bes. bei dem Kp. der Mischung. Man erhält bis ca. 92% **I**, neben den 1.2.3- u. 1.3.5-Isomeren. (**A. P. 2 724 003** vom 24/10. 1952, ausg. 15/11. 1955.) J. MÜHLEISEN. H 1010

Columbia-Southern Chemical Corp., übert. von: **Theodore Williams Heiskell**, New Martinsville, W. Va., und **Edward C. Workman**, Milford, O., V. St. A., *Trichlor-*

benzole (**I**) mit bes. hohem Geh. an dem 1.2.4-Isomeren (**II**) erhält man durch Rk. von Benzolhexachlorid (**III**) mit einer wss., mindestens 25% ig. NaOH-Lsg. (**IV**), zweckmäßig bei Tempp. unter dem Kp. der Mischung u. unter kontinuierlichem Entfernen der Dämpfe von W. u. **I** durch Destillation. Die Konz. von **IV** kann 70—75% oder mehr betragen, wobei der %-Geh. der **I** an **II** bis 92 betragen kann. (**A. P. 2 725 409** vom 10/10. 1952, ausg. 29/11. 1955.) J. MÜHLEISEN. H 1010

Stamicarbon N. V., Heerlen, übert. von: **Johan R. H. Goris**, Geleen, Holland, *Herstellung von Phenol*, dad. gek., daß man zunächst eine 85—100° heiße wss. 65—75% ig. Alkalibenzolsulfonatlsg. herstellt, hierauf mindestens die äquivalente Menge CaO unter Rühren einträgt, das Gemisch trocknet u. — bes. nach seiner Granulierung — in Ggw. von Wasserdampf auf 350—450° erhitzt. Als Vorteil dieses Verf. wird angegeben, daß das Phenol ohne Aufblähen der M. entbunden wird. (**A. P. 2 735 873** vom 3/3. 1952, ausg. 21/2. 1956. Holl. Prior. 17/3. 1948.) O. SCHÖN. H 1060

Pure Oil Co., Chicago, übert. von: **Joseph Walker** und **Norman W. Lambert**, Crystal Lake, Ill., V. St. A., *Entfernung flüchtiger Fettsäuren* (**I**) aus nichtwss. Phenollsgg. (**II**) mit einem **I**-Geh. von 0,01—1,0% erfolgt durch Rk. der **II** mit SiO_2-Gel, Fullererde, akt. Al_2O_3 oder Aktivkohle oberhalb des F. von Phenol. (**A. P. 2 727 925** vom 5/8. 1952, ausg. 20/12. 1955.) O. MÜLLER-MEININGEN. H 1060

Gulf Research & Development Co., Pittsburgh, übert. von: **Donald R. Stevens**, Wilkinsburg, und **Samuel C. Camp**, Richland Township, Allegheny County, Pa., V. St. A., *Stabilisieren von Alkylphenolen.* Zur Verhinderung einer Desalkylierung bei der Fraktionierung eines rohen, sauren Alkylierungsgemisches wird dieses zunächst ein- oder mehrmal mit W. u./oder einer wss. Alkalilsg. (z. B. 5—10% ig. NaOH) bei n. oder erhöhter Temp. gewaschen u. anschließend bei n. oder erhöhter Temp. (90°) mit geringen, aber stöchiometr. Mengen eines Alkalisalzes von Phenol oder seinen Homologen oder einem Alkalialkoholat mit wenigstens 2 C-Atomen behandelt. (**A. P. 2 714 087** vom 31/10. 1949, ausg. 26/7. 1955.) R. LINK. H 1060

Hercules Powder Co., übert. von: **Joshua C. Conner jr.**, Wilmington, Del., V. St. A., *Halogenhaltige aromatische Hydroperoxyde* der allg. Zus. $R^1R^2{-}\overset{\displaystyle OOH}{\overset{|}{C}}{-}ArR^3X$ (R^1 u. R^3 = H, Alkyl, R^2 = Alkyl, Ar = aromat. Ring, X = Halogen) erhält man durch Oxydation von aromat. Halogen-KW-stoffen mit O_2 bei 20—200° u. 0—500 lbs./sq.in. in Abwesenheit von Katalysatoren. — Beispiele zur Herst. folgender Hydroperoxyde: p-Chlorcumol → *α.α-Dimethyl-p-chlorbenzyl-*; p-Chlorcymol (Gemisch aus 2- u. 3-Chlor-1-methyl-4-isopropylbenzol) → *α.α-Dimethyl-3-chlor-* u. *α.α-Dimethyl-2-chlor-4-methylbenzyl-*; 2.4-Dichlorcumol → *α.α-Dimethyl-2.4-dichlorbenzyl-*. — Zwischenprodd. zur Herst. von Halogenphenolen u. Polymerisationsbeschleunigern. (**A. P. 2 719 864** vom 17/3. 1950, ausg. 4/10. 1955.) O. MÜLLER-MEININGEN. H 1060

Koppers Co., Inc., Pittsburgh, Pa., V. St. A., *Cumolhydroperoxyd* erhält man durch Oxydation von Cumol in fl. Phase mit O_2 in Ggw. von 0,15—5%, bes. 0,5—3,5%, eines Tetraalkyl-NH_4-hydroxyds (Alkyl nicht über 5, bes. nicht über 3 C-Atome), wie Tetramethyl- oder -äthyl-NH_4-hydroxyd, bei 100—120°, bes. 110°. (**E. P. 741 507** vom 23/6. 1953, ausg. 7/12. 1955. A. Prior. 9/9. 1952.) O. MÜLLER-MEININGEN. H 1070

Universal Oil Products Co., V. St. A., *Sulfonierung von Alkylaromaten*, deren Alkylgruppe 5—8 C-Atome besitzt, dad. gek., daß man ein Gasgemisch aus 3—30 Vol.-% (bes. 10—20%) SO_3 u. Luft in das fl. Gemisch des KW-stoffs mit 1—10% eines inerten Lösungsm. (n-Butan, n-Pentan) einleitet bei Tempp. u. Drucken, bei denen ein Teil des Lösungsm. verdampft wird, während ein anderer Teil während der gesamten Reaktionsdauer (1—3 Std.) fl. bleibt. Man kann auch ohne Lösungsm. arbeiten oder dem KW-stoff vorher 5—15 Gew.-% einer 95—100% ig. H_2SO_4 zusetzen. Die Temp. beträgt ca. 30°. Ausgangsstoffe sind Alkylbenzole u. -toluole. — *Zwischenprodukte.* (**F. P. 1 056 014** vom 10/10. 1951, ausg. 23/2. 1954.) S. MEIER. H 1090

Smith, Kline & French Laboratories, Philadelphia, Pa., übert. von: **Alfred Burger**, Charlottesville, Va., V. St. A., *Herstellung von 3-Phenylphthalidyl-(3)-essigsäure* (**I**), dad. gek., daß man entweder o-Benzoylbenzoesäure (**II**) mit Allyl-Mg-halogenid zum 3-Allyl-3-phenylphthalid ($Kp._{0,4}$ 153—154°) umsetzt u. letzteres mit $KMnO_4$ oxydiert oder daß man **II** mit $SOCl_2$ zum **II**-Pseudochlorid umsetzt, dieses mittels Äthoxy-Mg-malonsäurediäthylester in 3-Phenylphthalidyl-(3)-malonsäurediäthylester (F. 77—79°) überführt u. diesen nach Verseifung partiell decarboxyliert. Aus **I**, F. 175—177°, erhält man über dessen Säurechlorid mit β-Diäthylaminoäthylamin *N-(Diäthylaminoäthyl)-3-phenylphthalidyl-(3)-acetamid*, F. 129,5°. — Zwischenprodukt. (**A. P. 2 567 546** vom 8/8. 1950, ausg. 11/9. 1951.) O. SCHÖN. H 1210

Imperial Chemical Industries Ltd., London (Erfinder: **Hugh Wilma Boulton Reed**), England, *Terephthalsäure oder deren Ester* erhält man durch Abspaltung von W. aus Cyclohexandiol-(2.5)-dicarbonsäure-(1.4) bzw. deren Estern u. nachfolgende oder gleichzeitige Dehydrierung der erhaltenen Cyclohexadien-(1.4)-dicarbonsäure-(1.4) bzw. von deren Estern. — Man erhitzt z. B. Cyclohexandiol-(2.5)-dicarbonsäure-(1.4)-dimethylester in Toluol unter N_2 auf 300° → *Cyclohexadien-(1.4)-dicarbonsäure-(1.4)-monomethylester*, F. 224—226°; daraus durch therm. Dehydrierung bei 500° → *Terephthalsäuredimethylester* in 98,5%ig. Ausbeute. — Die Dehydrierung kann auch katalyt. oder mit Oxydationsmitteln, wie Se, erfolgen. (**E. P. 731 053** vom 28/4. 1952, ausg. 1/6. 1955.) U. SIEVERS. H 1220

Sharp & Dohme, Inc., Philadelphia, Pa., übert. von: **Walter H. Hartung**, Baltimore, Md., V. St. A., *Herstellung von 1-(p-Aminophenyl)-2-aminopropanol-(1)*. Man behandelt in Ae. gelöste p-Nitro- oder p-Acylaminopropiophenone („propiophenon" = **I**) mit Alkylnitrit u. HCl-Gas, red. die so erhaltenen α-Oximinoketone u. spaltet eine gegebenenfalls vorhandene N-Acylgruppe hydrolyt. ab. — Die Herst. folgender Zwischen- u. Endprodd. wird beschrieben: p-Amino-**I**, F. 140°; p-Propionylamino-**I**, F. 149—150°; p-Acetamido-**I**, F. 172—173°; p-Benzoylamino-**I**, F. 187—188°; p-Nitro-**I**, F. 90—91°; p-Acetamido-α-oximino-**I**, F. 218—219°; p-Benzoylamino-α-oximino-**I**, F. 207—210° (Zers.); p-Nitro-α-oximino-**I**, F. 129—130°; p-Propionylphenyldiazoniumborfluorid, F. 85—86° (Zers.); p-Propionylphenyldiazoniumchlorid; 1-(p-Benzoylaminophenyl)-2-aminopropanol-(1), Hydrochlorid, F. >340°; *1-(p-Aminophenyl)-2-aminopropanol-(1)-dihydrochlorid* (vermutlich kristall. W. enthaltend), F. 191—192°. (**A. P. 2 567 906** vom 31/1. 1947, ausg. 11/9. 1951.) O. SCHÖN. H 1320

American Cyanamid Co., New York, N. Y., übert. von: **James R. Vaughan Jr.**, Darien, Conn., V. St. A., *Peptide und substituierte Amide* entstehen durch Rk. einer Aminoverb. mit dem gemischten Anhydrid aus einer N-acetylierten Aminosäure u. einer α- oder β-verzweigtkettigen Fettsäure mit 4—7 C-Atomen. — *Carbobenzoxyglycinanilid*. Man setzt Carbobenzoxyglycin mit Isovaleriansäurechlorid in Toluol in Ggw. von Triäthylamin zum gemischten Anhydrid um u. läßt unter Kühlung Anilin einwirken, F. 145 bis 147°. — Analog: *Carbobenzoxyglycyl-DL-phenylalaninäthylester*. — *Carbobenzoxyglycyl-L-tyrosinäthylester*. — *Carbobenzoxy-L-leucylglycinäthylester*. — *Dicarbobenzoxy-L-lysylglycinäthylester*. — *Carbobenzoxy-L-leucyl-L-leucinäthylester*. — *Carbobenzoxy-DL-alanyl-DL-phenylalaninäthylester*. — *Phthalylglycyl-DL-phenylalaninäthylester*. — *Carbobenzoxyglycyl-DL-phenylalanylglycinäthylester*. — *Carbobenzoxyglycyl-DL-phenylalanin*. — *Carbobenzoxy-L-leucyl-L-tyrosinäthylester*. — *Phthalyl-DL-phenylalanylglycylglycinäthylester*. — *Phthalyl-DL-alanyl-DL-valinäthylester*. — *Carbobenzoxyglycyl-L-phenylalaninäthylester*. — *Phthalylglycyl-L-tyrosinäthylester*. — *Phthalyl-DL-leucyl-DL-phenylalaninäthylester*. — *Phthalyl-DL-leucylglycylglycinäthylester*. (**A. P. 2 710 857** vom 17/5. 1951, ausg. 14/6. 1955.) G. LANGER. H 1350

Universal Oil Products Co., übert. von: **Herman Pines** und **Vladimir N. Ipatieff**, Chicago, Ill., V. St. A., *Di-(alkylphenyl)-alkene* der Formel **I** (R = geradkettiges Alkyl, R_1 u. R_2 = Cycloalkyl, R_1 = auch Alkyl). Man halogeniert ein Cycloalkylbenzol mit Br_2 oder Cl_2, setzt das gebildete Arylhalogenid mit einem Cycloalkylarylketon nach

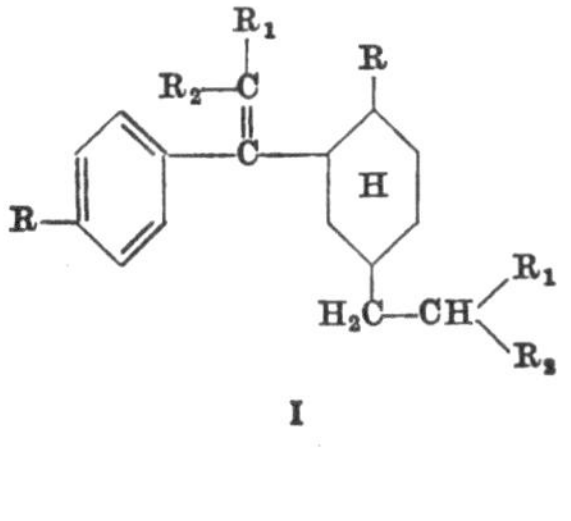

I

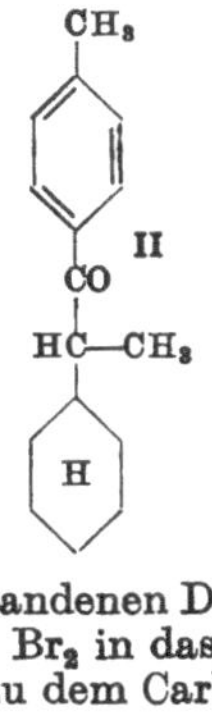

II

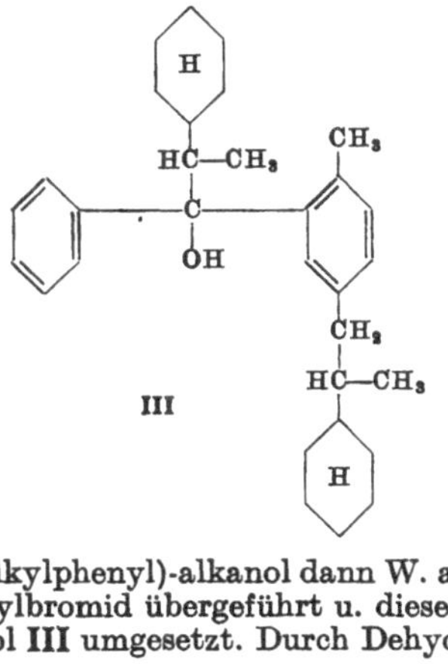

III

GRIGNARD um u. spaltet aus dem entstandenen Di-(alkylphenyl)-alkanol dann W. ab. — 2-Cyclohexyl-1-p-tolylpropan wird mit Br_2 in das Arylbromid übergeführt u. dieses mit dem Keton **II** in Ggw. von Mg in Ae. zu dem Carbinol **III** umgesetzt. Durch Dehydrati-

sierung mit Al_2O_3 entsteht *1-(4-Methylphenyl)-1-(2-methyl-5-[(2-cyclohexylpropyl)-phenyl]-2-cyclohexyl-1-propen.* Die I liefern bei der Umsetzung mit Cl_2 *Insekticide*, mit CH_2O oder anderen Aldehyden *Harze*. Zwischenprodd. für *Pharmazeutica* u. Farbstoffe. Vgl. A. P. 2 578 207; C. **1956.** 9035. (**A. P. 2 625 571** vom 21/6. 1951, ausg. 13/1. 1953.)
G. Krauss. H 2210

Research Corp., New York, N. Y., übert. von: **Milton D. Soffer**, Northampton, Mass., V. St. A., *1.1-Disubstituierte 2-Tetralone* der Formel I (R = CN, COOH, COO-Alkyl, CH_2COOH, CH_2COO-Alkyl; X = H, niedermol. Alkoxy) erhält man durch Dialkylierung von 2-Tetralonen der Formel II. — Aus frisch dest. 2-Tetralon (III) u. Bromessigsäuremethylester in wasserfreiem Bzl. in Ggw. von NaH oder K-tert.-Butylat bei höchstens 20° → *1.1-Di-(carbomethoxymethyl)*-III, aus Ae.–PAe. Nadeln, F. 87,5—88°; $Kp._{0,65}$ 159°; Ausbeute 98%; daraus durch Verseifung mit wss. KOH → *1.1-Di-(carboxymethyl)-2-tetralonhydratdilacton*, aus 95%ig. A., F. 140—140,5°; daraus mit KOH in Diäthylenglykol u. Hydrazinhydrat bei 200° → 1.1-Di(carboxymethyl)-1.2.3.4-tetrahydronaphthalin, aus Bzl.–PAe. Nadeln, F. 162—162,5°, das mit Acetylchlorid nach 3 std. Erhitzen 1.1-Di-(carboxymethyl)-1.2.3.4-tetrahydronaphthalinanhydrid gibt, aus PAe. Nadeln, F. 121—122°. — III + Chloracetonitril → *1.1-Di-(cyanmethyl)*-III, F. 135—136°. — III + β-Brompropionsäuremethylester → *1.1-Di-(β-carbomethoxyäthyl)*-III, aus Methanol–Bzl., F. 182—183°, lösl. in Methanol, 95%ig. A., heißem W., unlösl. in Benzol. — III + CH_3J → *1.1-Dimethyl*-III, $Kp._{0,1}$ 73—77°, nach Reinigung mit NH-Bisulfit, $Kp._{0,5}$ 92—96°; $D._4^{22,4}$ 1,045; n_D^{20} 1,538. — Zwischenprodd. für *Morphinsynthese*. (**A. P. 2 644 836** vom 27/4. 1950, ausg. 7/7. 1953.)
G. Krauss. H 3500

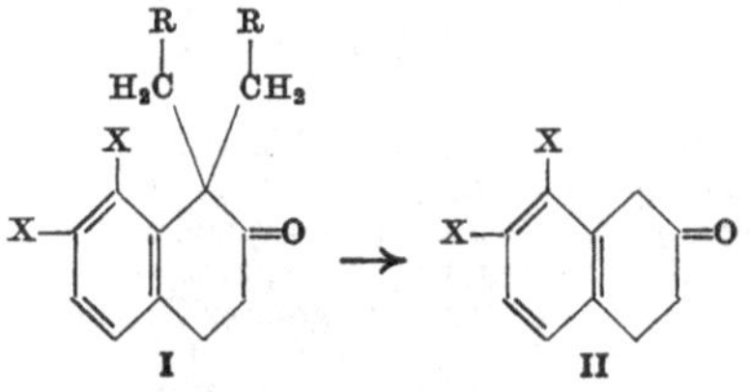

Eli Lilly & Co., übert. von: **George S. Shahovskoy** und **Gordon H. Svoboda**, Indianapolis, Ind., V. St. A., *Gewinnung von Mutterkorn* (I) aus dieses enthaltenden Getreidekörnern. *Ergotaminphthalat* (II). I-haltiges Getreide wird mit einer Mischung aus einem fl. Halogen-KW-stoff u. einem aliphat. KW-stoff, der eine D. von 1,15—1,25 hat, flotiert u. das obenschwimmende I manuell oder maschinell entfernt. Man verwendet z. B. eine Mischung aus einem Halogenalkan mit 1—3 C-Atomen u. D. ca. 1,4, wie CCl_4, Chlf., Trichloräthylen, u. einem Alkan mit Kp. ca. 10—160° u. D. 0,6—0,8, wie Pentan, Hexan, Heptan, PAe., Naphtha. — 2 kg I werden pulverisiert u. mit einer Lsg. von 200 g Al-Sulfat in 300 W. gemischt, die Mischung wird fein gemahlen, mit 1,5 Liter Bzl. benetzt, mit Bzl. im Perkolator extrahiert, der Rückstand in 4 Liter Bzl. unter Einleiten von NH_3-Gas suspendiert, das Bzl. abfiltriert u. der Rückstand mit Bzl. gewaschen, bis das Filtrat keine Keller-Rk. mit $FeCl_3$ mehr gibt. Aus den alkal. Benzolauszügen werden die I-Alkaloide mit PAe. gefällt. 6,3 g davon werden in 4 Liter Ae. gelöst, zum klaren Filtrat 2 g Phthalsäure in 10 cm³ Methanol u. 300 Ae. gegeben, wobei II, $C_{41}H_{41}O_9N_5 \cdot 2\,H_2O$, als leicht gelbe amorphe M. ausfällt; aus Aceton rhomb. Platten, F. ca. 182° (Zers.); Mol.-Gew. 780; $[\alpha]_D^{20}$ 63°. — *Therapeuticum*. II gibt mit NH_4OH *Ergotamin*, F. 172 bis 182°; $[\alpha]_D^{20}$ —156° (Chlf.); daraus mit Weinsäure → *Tartrat*. (**A. PP. 2 673 852** vom 30/11. 1951, ausg. 30/3. 1954 u. **2 689 851** vom 29/4. 1953, ausg. 21/9. 1954.)
G. Krauss. H 3500

Torsten Hasselstrom, Philadelphia, Pa., V. St. A., *Ketoterpencarbonsäureester* erhält man durch Verestern von Ketoterpencarbonsäuren mit Alkoholen der Formel $A(OH)_{1\ oder\ 2}$ (A = Alkyl mit wenigstens 6 C-Atomen, Alkylätherrest mit wenigstens 4 C-Atomen, Cycloalkyl, Benzyl) in üblicher Weise. — α-Pinen gibt bei der Oxydation in W. emulgiert mit $KMnO_4$ bei 20° Pinonsäure (I), Ausbeute 50%. I wird mit Benzylalkohol in Ggw. von Toluol bei 190° zu I-*Benzylester* verestert, n_D^{20} 1,5137; n_D^{25} 1,5119; $D._4^{20}$ 1,06221; *Semicarbazon*, F. 116—117°. Die Oxydation von Terpentinöl kann auch mit Bichromat, Alkaliferrocyaniden, Sulfomonopersäuren, O_3 oder Luft in Ggw. von Mn-Salzen u. elektrolyt. erfolgen. — I-*Äthylenglykolmonoäthylätherester*, $Kp._{100-150\mu}$ 120,5—121,5°; n_D^{20} 1,4579; $D._4^{20}$ 1,01969; *Semicarbazon*, F. 70—72°. Die bei der Oxydation entstandene I läßt sich durch Fraktionieren in feste u. fl. I zerlegen. — Feste I: F. 102—104°; $[\alpha]_D^{22,5}$ —1,09 (A.); Absorptionsmaximum bei 283 mμ, daraus mit n-Hexanol, Kp. 154,2—155,2° → fester I-*Hexylester*, $C_{16}H_{28}O_3$, $Kp._{55-60\mu}$ 140—141,5°; n_D^{25} 1,4542; $D._4^{20}$ 0,90533; Mol.-

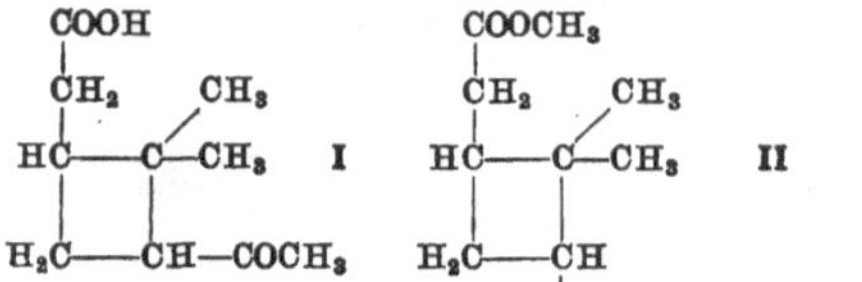

Refr. 74,42. *Semicarbazon*, F. 97°. — Fl. I: $[\alpha]_D^{22,5}$ + 15,07° (A.); $D.^{20}_4$ 1,07667; n_D^{20} 1,4682; *Semicarbazon*, F. 197—198°; *n-Hexylester*, $Kp._{260\mu}$ 113—114°; n_D^{25} 1,4534; n_D^{20} 1,4555; $D.^{20}_4$ 0,9623; Mol.-Refr. 75,75; $C_{16}H_{28}O_3$; $[\alpha]_D^{22,5}$ + 12,93° (A.). *Semicarbazon*, F. 100°. — Fl. I (Mischung aus I, Pinononsäure u. Pinoylameisensäure) → *verzweigte* I-*2-Äthylhexandiol-(1.3)-ester*. Durch Dest. erhält man folgende Fraktionen: $Kp._{195\mu}$ 98—126°; $D.^{20}_4$ 0,95504. $Kp._{125-195\mu}$ 125—140°; $D.^{20}_4$ 1,03396. *Semicarbazon*, F. 187—189°. $Kp._{125\mu}$ 142 bis 155°; $D.^{20}_4$ 1,03266. $Kp._{125\mu}$ 165—167°; n_D^{20} 1,01637. $Kp._{125}$ 167—180°; n_D^{20} 1,01222. $Kp._{125}$ 180—225°; $D.^{20}_4$ 1,01855. — I-*Cyclohexylester*, $Kp._{190\mu}$ 145°; $D.^{20}_4$ 1,02462; n_D^{20} 1,4791. *Semicarbazon*, F. 126—127°. — I-*Terpenylester* (*Gemisch*), $Kp._{260\mu}$ 118—184°; n_D^{21} 1,4930; $D.^{20}_4$ 1,4515. — *Camphensäuredi-n-hexylester*, $C_{22}H_{40}O_4$, $Kp._{165\mu}$ 156,5—157,5°; n_D^{25} 0,9573; $D.^{20}_4$ 0,9573; Mol.-Refr. 104,51. — *Camphenonsäure-n-hexylester*, $C_{16}H_{26}O_3$, $Kp._{250\mu}$ 151—151,5°; n_D^{20} 1,4649; $D.^{20}_4$ 1,0—1,54; Mol.-Refr. 73,40. — *Norpinsäure-n-hexylester*, $Kp._{175\mu}$ 133—145°; n_D^{20} 1,4780; $D.^{20}_4$ 0,96028. — *d-Camphersäuredi-n-hexylester*, $C_{22}H_{40}O_4$, $Kp._{65-68\mu}$ 159—161,5°; n_D^{25} 1,4576; $D.^{20}_4$ 0,96468; $[\alpha]_D^{19,5}$ + 18,85 (A.). — *Camphersäuremono-n-hexylester*, $C_{16}H_{28}O_4$, $Kp._{325\mu}$ 196—206°; $D.^{20}_4$ 1,0350; n_D^{20} 1,4702; Neutralisationszahl 269. — I-*Methylester*, $Kp._{400\mu}$ 75—79°; E. —77°; n_D^{20} 1,4579; $D.^{20}_4$ 1,02638. *Semicarbazon*, F. 148—150°; daraus mit Bromessigsäureäthylester in Ggw. von Zn nach REFORMATZKI → *1-Methylhomodehydroäthylenpinensäuremethyläthyldiester* (II), dunkelbraunes Öl, $Kp._{10,5}$ 165—184°; n_D^{20} 1,982; Ausbeute 20%. — *Weichmacher*, bes. für *Celluloseester*, *natürliche* u. *synthet. Harze*, *natürlichen* u. *synthet. Kautschuk*, *Preßmassen* bes. bei tiefen Tempp., *Klebmassen*. *Fungistatica*, bes. für *Überzugsmassen*, *Fette*, *Lacke* u. *Anstrichmittel*. (**A. PP. 2 679 461** u. **2 679 509** vom 15/9. 1950, ausg. 25/5. 1954.) G. KRAUSS. H 3600

Merck & Co., Inc., Rahway, übert. von: **Stanton A. Harris**, Westfield, **Ralph Mozingo**, Elizabeth, **Glen E. Arth**, Rahway, und **Karl Folkers**, Plainfield, N. J., V. St. A., *Biotinzwischenprodukte* für die Synth. von Tetradehydrobiotin. Man erhält sie durch Rk. von 2-substituierten Tetrahydrothiophenen der allg. Formel I mit H_2 in Ggw. von Edelmetallkatalysatoren (z. B. Gemischen aus Kohle u. Palladiumchlorid). In I bedeuten: R einen Alkyl-, Aryl- oder Aralkylrest, Y—N = Oximin-, Arylhydrazin- oder Semicarbazidreste. Substituenten in Zweierstellung können sein: 4'-Carboalkoxybutyl-, 4'-Carboaroxybutyl-, 4'-Carboaralkoxybutyl-, 4'-Carboalkoxybutyliden-, 4'-Carboaroxybutyliden- oder 4'-Carboaralkoxybutylidenreste. — Beispiele für die Zwischenprodd.: 2-(4'-Carbomethoxybutyl)-3-keto-4-benzamidotetrahydrothiophen, F. 114—116°; 2-(4'-Carbomethoxybutyl)-3-oximino-4-benzamidotetrahydrothiophen, F. 160—161°; 2-(4'-Carboxybutyl)-3-oximino-4-benzamidotetrahydrothiophen, F. 201°; 2-(4'-Carbomethoxybutyl)-3-acetamido-4-benzamidothiophen, F. 152°; 2-(4'-Carboxybutyl)-3-acetamidothiophen, F. 159—160°. (**A. P. 2 571 238** vom 15/12. 1945, ausg. 16/10. 1951.) H. NEBELSIEK. H 3800

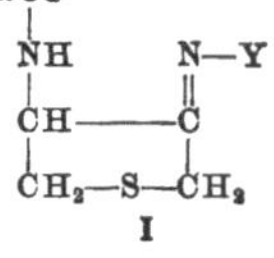

I

X. Färberei. Organische Farbstoffe.

H. R. Hirsbrunner, *Beitrag zum Färben der neutral ziehenden Metallkomplexfarbstoffe*. Nach eingehender Unters. der Energieverhältnisse beim Färbevorgang geht Verf. auf drei Möglichkeiten zur Erzielung einer egalen Färbung ein: Temperatur- u. p_H-Wertkontrolle, Schaffung neuartiger Farbstoffe (2 : 1-Metallkomplexfarbstoffe) u. neue Färbeverff. (HT- u. HF-Verf.). Die auf diesen Gebieten empir. gewonnenen Grundlagen werden theoret. unterbaut. (SVF Fachorgan Textilveredlung **11.** 320—28. Juni 1956. Basel, Geigy AG.) H. SONTAG. 7020

R. H. Sennett, *Prüfungen und Leiden eines Wollfärbers*. Vf. bespricht die beim Färben von Wolle zu beachtenden Schäden durch Alkali, Oxydation, Reduktionsmittel, Chlorierung, Wärme, Licht usw., ihre Erkennung u. die Maßnahmen zu ihrer Behebung. (Färgeriteknik **32.** 50—56. März 1956.) R. K. MÜLLER. 7020

K. M. Ssidnewa, *Der Einfluß von Metallen auf den Ausfall der Wollfärbungen*. Untersucht wurde der Einfl. von Metallen (Fe-, Cu- u. Al-Platte) u. ihren Sulfaten (0,2—2% vom Gewicht des Gewebes) auf die Veränderung des Farbtons u. die Gleichmäßigkeit der Färbung von 23 Säurefarbstoffen auf reiner Wolle. Am stärksten auf die Farbtönung wirkt Fe, am wenigsten Al. Mit Al oder $Al_2(SO_4)_3$ ist die Färbung am ungleichmäßigsten. Salze wirken in den meisten Fällen stärker als Metallplatten. Der Einfl. auf die einzelnen Farbstoffe ist sehr verschieden. (Текстильная Промышленность [Textil-Ind.] **16.** Nr. 4. 38—40. April 1956. Wiss. Woroschilow-Inst. für organ. Halbprodd. u. Farbstoffe.) N. STSCHERBINA. 7020

H. Egli, *Eine Methode zur Bestimmung der färberischen Eigenschaften saurer Wollfarbstoffe*. Vf. beschreibt eine neue chromatograph. Meth. zur Erfassung der Ziehgeschwindigkeit u. Migration von sauren Wollfarbstoffen. Die derart bestimmte Wanderungsstrecke wird in Abhängigkeit vom p_H-Wert der Flotte aufgetragen. Die Lage der Kurve gibt Aufschluß über das färber. Verh., bes. die Egalitätseigg. der untersuchten Farbstoffe u. damit wertvolle Hinweise auf Kombinationsmöglichkeiten. Auf Farbstoffe ohne ausgeprägtes Migriervermögen ist die Meth. nicht anwendbar. (SVF Fachorgan Textilveredlung **11.** 328—34. Juni 1956. Basel, Sandoz AG.) H. SONTAG. 7020

F. Weber, *Beitrag zur Frage der Mischfaserfärbung.* Übersicht über den heutigen Stand der Mischfaserfärberei. Bes. wird auf die Ergebnisse von Unterss. beim Färben von Wolle–Nylon bzw. Perlon u. Wolle–Orlon usw. sowie auf die Verff. zur Einfärbung lichtechter brillanter Grün- oder Blautöne auf Halbwolle hingewiesen. (Melliand Textilber. **37.** 685—90. Juni 1956. Wien, Österreich.) H.-E. MESSERKNECHT. 7020

Klaus Hemmerling, *Das Färben von chromgegerbtem narbigem Kalbleder.* Die Vorbehandlung von gegerbten Häuten zum Färben. Allg. Anweisungen für den Färbeprozeß mit Farbstoffen zum Durchfärben des Leders u. solchen zum Schattieren des Farbtones. (Dyestuffs **41.** 111—15. März 1956. Chicago, Ill., Nat. Aniline Div., Allied Chem. u. Dye Corp.) I. SCHOENMAAN. 7024

J. de O. Cabbal und **H. A. Turner,** *Die Polarographie von Azofarbstoffen.* Durch die polarograph. Unters. von 21 wasserlösl. (sauren, bas., beizen- u. direktziehenden) Azofarbstoffen, sollte festgestellt werden, ob sich diese Meth. allg. für die Identifizierung u. Best. der Azofarbstoffe eignet. Bei der unter bestimmten Bedingungen (werden angegeben) durchgeführten kathod. Red. der Azogruppen konnten keine Potentialunterschiede beobachtet werden, aus denen sich Rückschlüsse auf die mol. Konst. ziehen ließen. Die Ergebnisse sind in graph. Darst. u. tabellar. Anordnung zusammengestellt. (J. Soc. Dyers Colourists **72.** 158—67. April 1956.) I. SCHOENMANN. 7086

Badische Anilin- & Soda-Fabrik Akt.-Ges., Ludwigshafen/Rh. (Erfinder: **Hans Krzikalla,** Heidelberg, und **Otto Dornheim,** Rainbach über Neckargemünd), *Metallhaltige Azomethinfarbstoffe,* die leicht lösl. in organ. Lösungsmitteln sind u. sich daher sehr gut zum Färben von Lacken, plast. Massen aus Celluloseestern oder -äthern oder Polyvinylverbb. u. zum Spinnfärben von Acetatkunstseide u. anderen künstlichen Fasern eignen, erhält man dadurch, daß man metallhaltige, keine Carboxyl- oder Sulfonsäuregruppen enthaltenden, z. B. nach D. R. P. 654 668; C. **1938.** I. 3700 erhältlichen Azomethinfarbstoffe mit organ. Basen oder deren Salzen oder mit bas. Farbstoffen umsetzt. — Zu einer Lsg. von 10 (Teilen) des gelben chromhaltigen Azomethinfarbstoffes aus 2-Aminophenol u. 2-Oxybenzaldehyd in CH_3OH gibt man 5 Palmkernfettdimethylamin (**I**), erhitzt 2 Std. unter Rückfluß zum Sieden u. dest. das Lösungsm. ab. Der erhaltene gelbe Farbstoff löst sich in organ. Lösungsmitteln wesentlich besser als der Ausgangsfarbstoff. An Stelle von **I** kann man auch Isopentadecylamin, Pyridin, Chinolin oder Pyrrolidin verwenden. Gelangt als bas. Bestandteil ein bas. Farbstoff zur Rk., so wird mit der erhöhten Löslichkeit auch eine Verschiebung des Farbtones erreicht. (**D. B. P. 890 251** Kl. 22e vom 10/10. 1939, ausg. 17/9. 1953.) O. ROICK. 7049

American Cyanamid Co., New York, N. Y., übert. von: **Mario Scalera,** Somerville, und **Frederik Henry Adams,** Bound Brook, N. J., V. St. A., *Azofarbstoffe der Benzotriazolreihe* der allg. Formel I (R = carbocycl. aromat. Rest; die CONHR-Gruppe ist o-ständig zur OH-Gruppe; Ar = Rest eines diazotierbaren Amins) erhält man durch Diazotieren eines Amins (Ar) u. Kuppeln mit einem Arylid der Benzotriazolreihe. — p-Chloranilin (**II**) → 5-Oxy-1.2.3-benzotriazol-4-carboxy-o-anisidid; brauner Farbstoff. — **II** → 5-Oxy-1.2.3-benzotriazol-6-carboxyanilid (**III**); braun. — 3-Nitro-4-aminoanisol → **III**; rötlichgelbbraun. — 2.5-Dichloranilin (**IV**) → **III**; gelblichgelbbraun. — **IV** → 5-Oxybenzotriazol-4-carbonsäure-α-naphthylamid; gelblichgelbbraun. — 3-Nitro-4-aminoanisol (**V**) → 5-Oxybenzotriazol-4-carbonsäurebenzidid; orangebraun. — **V** → 5-Oxybenzotriazol-4-carbonsäure-o-anisidid (**VI**); rötlichbraun. — **IV** → **VI**; gelblichbraun. (**A. P. 2 675 376** vom 27/9. 1951, ausg. 13/4. 1954.) U. SIEVERS. 7053

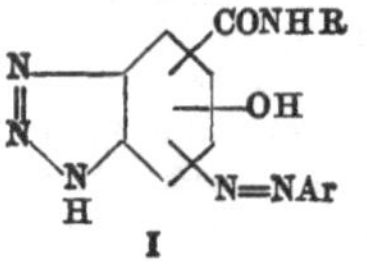

I

Eastman Kodak Co., Rochester, N. Y., übert. von: **Joseph B. Dickey** und **Edmund B. Towne,** Kingsport, Tenn., V. St. A., *Azofarbstoffe* der allg. Formel I (R = Alkylrest mit 1—10 C-Atomen, Alkoxyalkylrest mit 3—6, Oxyalkylrest mit 2—5, Cyanalkylrest mit 2—6, Sulfoalkylrest mit 2—4, Sulfatoalkylrest, Phosphato- oder Phosphonoalkylrest mit 2—5 C-Atomen, β-Nitroäthylrest, Alkenylrest mit 2—4 C-Atomen, Cyclo-

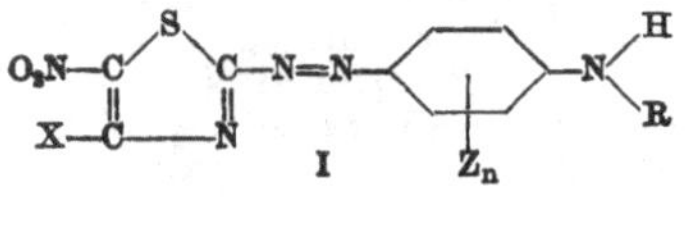

I

hexyl-, Cyclopentyl-, Benzyl-, Phenetyl-, Chlorallyl-, Tetrahydrofurfuryl- oder Pyridylrest, ferner $-(CH_2)_m-COOR_1$ [worin m = 1—3 u. R_1 = Alkylrest mit 1—4 C-Atomen], X = H, Alkylrest mit 1—6 C-Atomen, CN-, CF_3-Rest oder 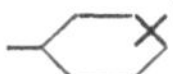, wobei Q = H, $-NO_2$, Cl, Br oder Alkylrest mit 1—4 C-Atomen; Z = Alkylrest oder Alkoxyrest mit 1—4 C-Atomen, Cl, Br, F oder —HN—CO—Y, wobei Y = Alkylrest mit 1—3 C-Atomen; n = 0—3) erhält man durch Diazotieren eines entsprechenden 2-Amino-5-nitrothiazols u. Kuppeln mit einem entsprechend substituierten Anilin. — 2-Amino-5-nitrothiazol (**II**) → N-β.γ-Dioxypropyl-2-methoxy-5-chloranilin; Celluloseacetat (**C**), Nylon (**N**), Wolle (**B**) u. Seide (**S**), rötlichblau. — 2-Amino-4-cyan-5-nitrothiazol → N-β-Methyl-β.γ-dioxypropyl-2-äthoxy-5-chloranilin; **C**, **N**, **B** u. **S**, blau. — 2-Amino-4-trifluormethyl-5-nitrothiazol → N-(3-Methoxy-2-oxypropyl)-2.5-dimethoxyanilin; **C** blau. — 2-Amino-4-n-butyl-5-nitrothiazol → N-β-Oxyäthyl-m-toluidin; **C** violett. — 2-Amino-4-(p-chlorphenyl)-5-nitrothiazol → N-β.γ-Dioxypropyl-m-chloranilin; **C** rötlichviolett. — 2-Amino-4-(p-n-butylphenyl)-5-nitrothiazol → N-β.γ-Dioxypropyl-m-acetaminoanilin, **C** rötlichblau. — **II** → N-Methylanilin; **C** rubinrot. — **II** → N-Allylanilin; **C** rubinrot. — **II** → N-β-Phosphatoäthylanilin; **C** rubinrot. — **II** → N-β-Cyanäthylanilin; **C** rot. (**A. P. 2 683 708** vom 21/12. 1951, ausg. 13/7. 1954.) U. SIEVERS. 7053

Ciba Akt.-Ges., Basel (Erfinder: **Henri Riat**, Arlesheim), Schweiz, *Herstellung kupferhaltiger Trisazofarbstoffe*, dad. gek., daß man auf Azofarbstoffe der allg. Formel I (R_1 = Benzolrest; X = Oxy-, Alkoxy- oder Carboxylrest der in o-Stellung zur —N=N-Gruppe steht; Y = Methyl- oder Carbonylgruppe; R_2 = in p-Stellung an die

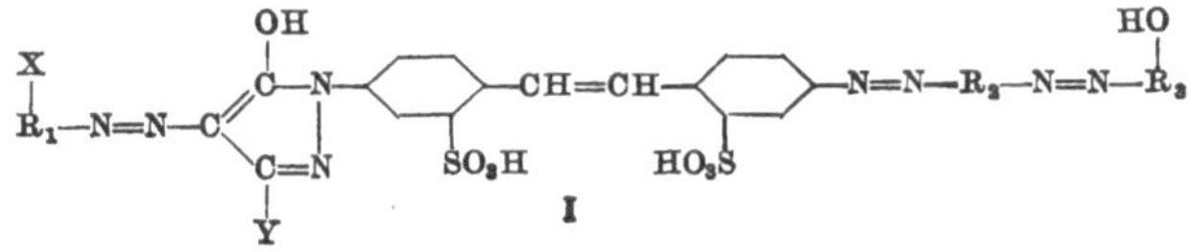

I

—N=N—-Gruppe gebundener Benzol- oder Naphthalinrest, der in o-Stellung zu $-N=N-R_3$ eine Oxy- oder Alkoxygruppe enthält; R_3 = in o-Stellung zur Oxygruppe an die —N=N-Gruppe gebundener Naphthalinrest) kupferabgebende Mittel derart einwirken läßt, daß vorhandene o-Alkoxy-o'-oxyazogruppierungen in o.o'-Dioxyazokupferkomplexe übergeführt werden. — 1-Aminobenzol-2-carbonsäure-4-sulfonsäure (**II**) → 1-[4''-Aminostilben-(4')]-3-methyl-5-pyrazolon-2'.2''-disulfonsäure (**III**) → 1-Amino-2-methoxynaphthalin-6-sulfonsäure (**IV**) → 2-Acetylamino-5-oxynaphthalin-7-sulfonsäure; man kupfert den erhaltenen Farbstoff. Baumwolle (**A**) olivgrün. — **II** → **III** → **IV** → 2-(4'-Methylphenylamino)-5-oxynaphthalin-7.3'-disulfonsäure. Der Farbstoff wird gekupfert; **A** gelbstichiggrün. — 1-Amino-2-methoxybenzol-5-sulfonsäure → **III** → **IV** → 2-Benzoylamino-5-oxynaphthalin-7-sulfonsäure (**V**). **A** gekupfert oliv. → 2-Amino-1-oxybenzol-4-sulfonsäure → **III** → 1-Amino-2-methoxy-5-methylbenzol (**VI**) → **V**; **A** gekupfert grau. — 1-Aminobenzol-2-carbonsäure-4-sulfonsäure → **III** → **VI** → **V**; **A** gelbstichigoliv. — Vgl. auch Schwz. P. 304 039; C. **1955.** **10632.** (**D. B. P. 927 042** Kl. 22a vom 30/10. 1952, ausg. 28/4. 1955. Anmeldung bekanntgemacht 7/10. 1954. Schwz. Priorr. 8/11. 1951 u. 14/10. 1952.) U. SIEVERS. 7055

Ciba Akt.-Ges., Basel, Schweiz, *Herstellung eines Azofarbstoffes*. 1-(2'-Chlorphenyl)-3-methyl-5-pyrazolon-5'-sulfonsäure (**I**) ← 3.3'-Diamino-2.4.2'.4'-tetramethyldiphenylmethan → **I**. Wolle wird lichtecht gelb gefärbt. (**Schwz. P. 304 390** vom 2/10. 1951, ausg. 16/3. 1955.) U. SIEVERS. 7055

Eastman Kodak Co., Rochester, N. Y., übert. von: **Joseph B. Dickey** und **Edmund B. Towne**, Kingsport, Tenn., V. St. A., *Polyfluorierte organische Oxyverbindungen*, bes. aliphat. Chlor- oder Bromhydrine, erhält man durch Rk. von 3.3.3-Trifluorpropen, 3.3.3-Trifluor-2-methylpropen, 4.4.4-Trifluor-1-buten, 3.3-Difluorpropen, 3.3-Difluor-2-methylpropen u. 3.3-Difluor-1-buten mit HClO oder HBrO in wss. Medium bei ca. —10 bis 0°. — 3.3.3-Trifluor-2-methylpropen, Kp. 6,4° mit HClO bei —5 bis 0° 3 Std. behandelt u. bei n. Temp. mit NaCl gesätt. u. mit Ae. extrahiert, ergibt nach Aufbereitung *3.3.3-Trifluor-2-chlor-2-methyl-1-oxypropan* (**I**), $Kp._{37}$ 67—70°, wasserklare Fl., lösl. in A. u. Ae., wenig in Wasser. Mit HBrO erhält man *3.3.3-Trifluor-2-brom-2-methyl-1-oxypropan*. Es werden ferner hergestellt: *3.3.3-Trifluor-2-chlor-1-oxypropan* (**III**), Kp. 111—115°; *4.4.4-Trifluor-1-chlor-2-oxybutan* (**IV**), $Kp._{36}$ 70—73°; *3.3-Difluor-2-chlor-1-oxybutan* (**II**), $Kp._{36}$ 85—88°; *3.3-Difluor-2-brom-1-oxybutan*; *3.3-Difluor-2-chlor-1-oxypropan* (**V**), $Kp._{36}$ 64—66°, Kp. 138—142°, n_D^{20} 1,4113; *3.3-Difluor-2-brom-1-oxypropan*; *3.3.3-Trifluor-2-brom-1-oxypropan*; *3.3-Difluor-2-brom-2-methyl-1-oxypropan*; *3.3-Difluor-2-chlor-2-methyl-1-oxypropan*. — Verwendung der Halogenhydrine zur Herst. polyfluorierter Alkohole, Glykole, Äther, Amine, von Farbstoffen für Celluloseester, bes. für Celluloseacetat. — **I** u. feingepulvertes $Ca(OH)_2$ in wss. Medium bei 20° ergeben *2-Tri-*

fluormethyl-2-methyläthylenoxyd (**VI**). Es werden folgende Alkylenoxyde hergestellt: *2-Difluormethyl-2-methyläthylenoxyd*; *3.3-Difluor-1.2-n-butylenoxyd*; *3.3.3-Trifluor-1.2-propylenoxyd*; *4.4.4-Trifluor-1.2-butylenoxyd*; *3.3-Difluor-1.2-propylenoxyd*. — **VI** u. konz. wss. NH_3 bei 50° geben: *3.3.3-Trifluor-2-methyl-2-oxypropylamin*; als Nebenprodd. entstehen sek. u. tert. Amine. Es werden ferner hergestellt: *3.3-Difluor-2-methyl-2-oxypropylamin*; *4.4.4-Trifluor-2-oxybutylamin*; *4.4-Difluor-2-oxybutylamin*; *3.3.3-Trifluor-2-oxypropylamin*; *3.3-Difluor-2-oxypropylamin*. — *3.3-Difluor-1.2-n-butylenoxyd* u. *Äthylendiamin* geben *N-β-Aminoäthyl-3.3-difluor-2-oxy-n-butylamin*; 2-Trifluormethyl-2-methyläthylenoxyd u. Methylamin → *N-Methyl-3.3.3-trifluor-2-methyl-2-oxypropylamin*. Es werden ferner hergestellt: *N.N-(Di-β-oxyäthyl)-3.3.3-trifluor-2-oxypropylamin*; *N-n-Butyl-3.3.3-trifluor-2-oxypropylamin*; *N.N-(Di-β-oxyäthyl)-3.3.3-trifluor-2-oxypropylamin*, *N.N-(Di-n-butyl)-3.3.3-trifluor-2-oxypropylamin*, *N.N-(Dimethyl)-3.3-difluor-2-oxypropylamin*; *N-β-Oxy-γ-trifluorpropylanilin*, *N-Bis-β-oxy-γ-trifluorpropylanilin*; *N-Äthyl-N-β-oxy-γ-trifluorpropylanilin*; *N-β-Oxy-γ-difluorpropylanilin*; *N-β-Oxy-γ-difluor-n-butylanilin*; *N-β-Oxy-β-methyl-γ-trifluorpropylanilin*; *N-β-Oxy-δ-trifluorbutylanilin*; *N-β-Oxy-γ-trifluorpropyl-m-toluidin*, *N-β-Oxy-γ-trifluorpropyl-m-chloranilin*; *N-β-Oxy-γ-difluorpropyl-m-toluidin*; *N-Äthyl-N-α-trifluormethyl-β-oxyäthyl-m-toluidin*; *N-α-Difluormethyl-β-oxyäthylanilin*; *N-Bis-β-oxy-γ-trifluorpropylanilin*; *N-β-Oxy-γ-difluorpropyl-m-chloranilin*; *N-β-Oxy-δ-trifluorbutylanilin*; *N-β-Oxy-δ-trifluorbutyltetrahydrochinolin*; *N-β-Oxy-γ-trifluorpropyltetrahydrochinolin*; *N-β-Oxy-γ-trifluorpropylbenzomorpholin*; *N-α-Difluormethyl-β-oxyäthylbenzomorpholin*; *N-β-Oxyäthyl-N-β-oxy-γ-difluorpropylanilin*; *N-β-Oxyäthyl-N-β-oxy-γ-trifluorpropylanilin*; *N-β-Oxyäthyl-N-β-oxy-γ-trifluorpropyl-m-chloranilin*; *N-β-Oxy-γ-trifluorpropyl-2-methyltetrahydrochinolin*; *N-β-Oxy-γ-trifluorpropyl-2.5-dimethyltetrahydrochinolin*; *N-β-Oxy-γ-difluorpropyl-2-methylbenzomorpholin*, *N-β-Oxy-γ-difluorpropyl-2.5-dimethylbenzomorpholin*; *N-β-Oxy-γ-trifluorpropyl-2-methylbenzomorpholin*; *N-β-Oxy-γ-trifluorpropyl-α-naphthylamin*; *N-β-Oxy-γ-difluorpropyl-α-naphthylamin*; *1-N-β-Oxy-γ-trifluorpropylamino-5-naphthol*; *N-β-Oxy-δ-trifluorbutyl-α-naphthylamin*. Aus den Aminen erhält man Azoverbb. der allg. Formeln $R_5—N=N—R_6—NX_2X_3$ u. $R_5—N=N—R_7$, wobei R_5 eine monocycl. Arylgruppe der Benzolreihe, R_6 eine monocycl. Arylgruppe der Benzolreihe oder eine Naphthalingruppe, X_2 eine 3.3.3-Trifluor-2-oxypropyl-, 3.3-Difluor-2-oxypropyl-, 3.3.3-Trifluor-2-methyl-2-oxypropyl-, 3.3-Difluor-2-methyl-2-oxypropyl-, 4.4.4-Trifluor-2-oxybutyl-, 4.4.4-Difluor-2-oxybutyl-, eine α-Trifluormethyl-β-oxyäthyl-, eine α-Difluormethyl-β-oxyäthyl-, eine α-Methyl-α-trifluormethyl-β-oxyäthyl-, eine α-Methyl-α-difluormethyl-β-oxyäthyl- oder eine α-(α.α-Difluoräthyl)-β-oxyäthylgruppe, X_3 = H, eine β-Oxyäthyl-, β-Oxypropyl-, γ-Oxypropyl-, β.γ-Oxypropyl-, δ-Oxybutylgruppe, eine Alkylgruppe mit 1 bis 4 C-Atomen oder eine Monoalkylgruppe mit 3 bis 4 C-Atomen bedeuten u. R_7 einen Tetrahydrochinolin- oder Benzomorpholinkern, wobei der Kern N eine X_2-Gruppe enthält. — o-Aminophenylmethylsulfon diazotiert u. mit N-β-Oxy-γ-trifluorpropylanilin gekuppelt, ergeben **VII**, das Celluloseacetat in orange Tönen färbt. — α-Anthrachinonsulfonsaures Na u. 3.3.3-Trifluor-2-oxypropylamin in wss. Lsg. bei 150—180° im Autoklaven 10 Std. behandelt, ergeben *1-β-Oxy-γ-trifluorpropylaminoanthrachinon*; färbt Celluloseacetat rotorange. Es werden hergestellt u. färben Celluloseacetat: *1-β-Oxy-γ-difluorpropylaminoanthrachinon*, rotorange; *1.5-Bis-β-oxy-γ-difluorpropylaminoanthrachinon*; rot; *1.5-Bis-β-oxy-γ trifluorpropylaminoanthrachinon* rot; *1-β-Oxy-γ-trifluorpropylamino-4-oxyanthrachinon*, violett; *1-β-Oxy-γ-difluorpropylamino-4-oxyanthrachinon*, rotviolett; *1.4-Bis-β-oxy-γ-difluorpropylaminoanthrachinon*, rötlichblau; *1.4-Bis-β-oxy-γ-trifluorpropylaminoanthrachinon*, blau; *1-β-Oxy-γ-trifluorpropylamino-4-bromanthrachinon*; *1-β-Oxy-β-methyl-γ-trifluorpropylamino-4-bromanthrachinon*; *1-β-Oxy-β-methyl-γ-difluorpropylamino-4-bromanthrachinon*; *1-β-Oxy-β-methyl-γ-difluorpropylamino-2.4-dibromanthrachinon*; *1-β-Oxy-γ-difluorpropylamino-2.4-dibromanthrachinon*; *1-β-Oxy-β-methyl-γ-trifluorpropylamino-4-β-oxyäthylaminoanthrachinon*, blau; *1-Phenylamino-4-β-oxy-γ-trifluorpropylaminoanthrachinon*, grünblau; *1.4-Di-β-oxy-γ-trifluorpropylamino-2-bromanthrachinon*, blauviolett; *1-β-Oxyäthylamino-2-brom-4-β-oxy-γ-trifluorpropylaminoanthrachinon*; *1.4-Di-β-oxy-γ-trifluorpropylamino-5.8-dioxyanthrachinon*; *1-β-Oxy-β-methyl-γ-trifluorpropylamino-4-β-oxyäthylamino-5.8-dioxyanthrachinon*; *1-β-Oxy-β-methyl-γ-trifluoramino-4-β-oxyäthylamino-5.8-dioxyanthrachinon*; *1.4-Di-β-oxy-γ-difluorpropylamino-5.8-dioxyanthrachinon*; *1.4-Di-β-oxy-δ-difluorbutyl-*, *1.4-Di-β-oxy-β-methyl-γ-trifluorpropyl-*, *1.4-Di-β-oxy-δ-trifluorbutyl-*, *1-β-Oxy-γ-trifluorpropylamino-4-methyl-*, *1-β-Oxy-γ-difluorpropylamino-4-n-butyl-*, *1-β-Oxy-γ-trifluorpropylamino-4-δ-oxybutyl-*, *1-β-Oxy-γ-trifluorpropylamino-4-β.β-difluoräthyl-*, *1-β-Oxy-γ-difluorpropylamino-4-β.β.β-trifluoräthyl-*, *1-β-Oxy-γ-difluorpropylamino-4-p-(β-äthoxy-β-äthoxy-β-äthoxyäthoxy)-phe-*

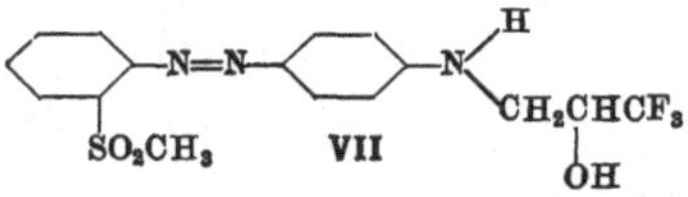

VII

nyl-, 1-β-Oxy-γ-trifluorpropylamino-4-o-(β-methoxy-β-äthoxyäthoxy)-phenyl-, 1-β-Oxy-γ-trifluorpropylamino-4-β-äthoxyäthyl-, 1-β-Oxy-γ-difluorpropylamino-2-brom-4-methylaminoanthrachinon; 1-β-Oxy-γ-trifluorpropylamino-2-cyan-4-oxyanthrachinon, rot; *1-β-Oxy-β-methyl-γ-difluorpropylamino-2-cyan-4-oxyanthrachinon; 1-β-Oxy-γ-difluorpropylamino-2-cyan-4-methylaminoanthrachinon*, blau; *1-β-Oxy-β-methyl-γ-trifluorpropylamino-2-cyan-4-cyclohexylaminoanthrachinon*, blau; *1-β-Oxy-β-methyl-γ-trifluorpropylamino-2-cyan-4-phenylaminoanthrachinon*, grünlichblau; *1-β-Oxy-γ-trifluorpropylamino-2-cyananthrachinon*, orangerot; *1-β-Oxy-γ-trifluorpropylamino-2-cyan-4-bromoanthrachinon; 1-β-Oxy-γ-trifluorpropylamino-2-cyan-4-β-methoxäthylaminoanthrachinon; 1.4-Di-β-oxy-β-methyl-γ-trifluorpropylamino-2-cyananthrachinon*, rötlichblau; *1-β-Methyl-β-oxy-γ-trifluorpropylamino-2-carboxyanthrachinon*, orangerot; *1-β-Oxy-β-methyl-γ-trifluorpropylamino-2-carboxy-4-bromanthrachinon; 1-β-Oxy-β-methyl-γ-trifluorpropylamino-2-carboxy-4-β-oxyäthylaminoanthrachinon*, blau; *1-β-Oxy-γ-trifluorpropylamino-2-carboxy-4-methylaminoanthrachinon*, blau; *1-β-Oxy-β-methyl-γ-trifluorpropylamino-2-carboxy-4-benzylaminoanthrachinon*, blau; *1-β-Oxy-β-methyl-γ-trifluorpropylamino-2-carboxy-4-aminoanthrachinon*, blau; *1-Amino-2-carboxy-4-β-oxy-γ-difluorpropyl-* (violett); *1-Amino-2-carboxy-4-β-oxy-γ-trifluorpropylaminoanthrachinon*, violett; *1-Äthylamino-2-carboxy-4-β-oxy-γ-trifluorpropyl-* (blau); *1-Äthylamino-2-carboxy-4-β-oxy-δ-trifluorbutyl-, 1-Äthylamino-2-carboxy-4-β-oxy-δ-difluorbutyl-, 1-β-Oxy-β-methyl-γ-trifluorpropylamino-2-carboxy-4-phenyl-* (blau); *2-Carboxy-4-p-methylphenylaminoanthrachinon*, blau; *1-β-Oxy-γ-trifluorpropylamino-2-carboxy-4-p-(β-oxy-β-äthoxy-β-äthoxyäthoxy)-phenylaminoanthrachinon*, grünblau; *1-β-Oxy-γ-trifluorpropylamino-2-carboxy-4-p-(β-äthoxy-β-äthoxy-β-äthoxyäthoxy)-phenyl-, 1-β-Oxy-γ-trifluorpropylamino-2-carboxy-4-o-(β-oxy-β-äthoxyäthoxy)-phenyl-* (grünblau); *1-β-Oxy-β-methyl-γ-trifluorpropylamino-2-carboxy-4-p-(β-oxy-β-äthoxy-β-äthoxyäthoxy)-phenylaminoanthrachinon*, grünblau; *1-β-Oxy-β-methyl-γ-trifluorpropylamino-2-carboxy-4-bromanthrachinon*, blau; *1-β-Oxy-γ-trifluorpropylamino-2-carbo-n-butoxyanthrachinon* (**VIII**) orange; *1-β-Oxy-γ-trifluorpropylamino-2-carbomethoxy-* (orange); *1-Nitro-2-carbo-n-butoxy-, 1-Nitro-2-carbäthoxy-, 1-Nitro-2-carbo-n-propoxy-, 1-Amino-2-carboxy-4-brom-, 1-β-Oxy-β-methyl-γ-trifluorpropylamino-2-carbomethoxy-4-bromanthrachinon; 1-Amino-2-carbomethoxy-4-β-oxy-β-methyl-γ-trifluorpropyl-* (rotblau), *1-Amino-2-carbomethoxy-4-β-oxy-γ-difluorpropyl-* (rotblau), *1-β-Oxy-β-methyl-γ-trifluorpropylamino-2-carbomethox-4-äthyl-, 1-β-Oxy-β-methyl-γ-trifluorpropylamino-2-carbomethoxy-4-β-cyanoäthyl-* (blau), *1-β-Oxy-β-methyl-γ-trifluorpropylamino-2-carbomethoxy-4-phenyl-* (blaugrün), *1-β-Oxy-β-methyl-γ-difluorpropylamino-2-cyan-4-β-methoxyäthyl-, 1-β-Oxy-γ-trifluorpropylamino-2-cyan-4-β-cyanäthylanthrachinon; 1-β-Oxy-β-methyl-γ-difluorpropylamino-2-carboxy-; 1-β-Oxy-γ-trifluorpropylamino-2-carboxy-4-bromanthrachinon; 1-β-Oxy-γ-difluorpropylamino-2-carboxy-4-β-oxyäthyl-, 1-Amino-2-carboxy-4-β-oxy-β-methyl-γ-trifluorpropyl-, 1-Amino-2-carboxy-4-β-oxy-β-methyl-γ-difluorpropyl-, 1-β-Oxyäthylamino-2-carboxy-4-β-oxy-β-methyl-γ-trifluorpropyl-, 1-β-Oxyäthylamino-2-carboxy-4-β-oxy-β-methyl-γ-difluorpropyl-, 1-β-Oxy-γ-difluorpropylamino-2-carboxy-4-o-(β-oxy-β-äthoxy-β-äthoxyäthoxy)-phenylanthrachinon; 1-Amino-2-carbäthoxy-4-β-oxy-γ-trifluorpropyl-, 1-β-Oxy-γ-trifluorpropylamino-2-carbobutoxy-4-β.γ-dioxypropyl-, 1-β-Oxy-β-methyl-γ-trifluorpropylamino-2-carbomethoxy-4-p-(β-oxy-β-äthoxy-β-äthoxyäthoxy)-phenyl-, 1-β-Oxy-γ-trifluorpropylamino-2-carbomethoxy-4-p-(β-oxy-β-äthoxy-β-äthoxyäthoxy)-phenyl-, 1-β-Oxy-γ-difluorpropylamino-2-carbomethoxy-4-o-(β-oxy-β-äthoxy-β-äthoxyäthoxy)-phenyl-, 1-β-Oxy-γ-trifluorpropylamino-2-carbomethoxy-4-p-(β-oxy-β-äthoxyäthoxy)-phenyl-, 1-β-Oxy-γ-difluorpropylamino-2-carbomethoxy-4-p-(β-äthoxy-β-äthoxy-β-äthoxyäthoxy)-phenyl-, 1-β-Oxy-γ-trifluorpropylamino-2-carbomethoxy-4-p-(β-methoxy-β-äthoxyäthoxy)-phenylaminoanthrachinon.* — Die *neuen* Azo- u. Anthrachinonverbb. werden bevorzugt direkt auf die Faser als wss. Suspension aufgebracht. Vorteilhafte Badtemp. 70—90°, Konz. des Farbstoffes 1/3—3 Gew.-%. (**A. P. 2 700 686** vom 15/2. 1951, ausg. 25/1. 1955.) G. KÖNIG. 7059

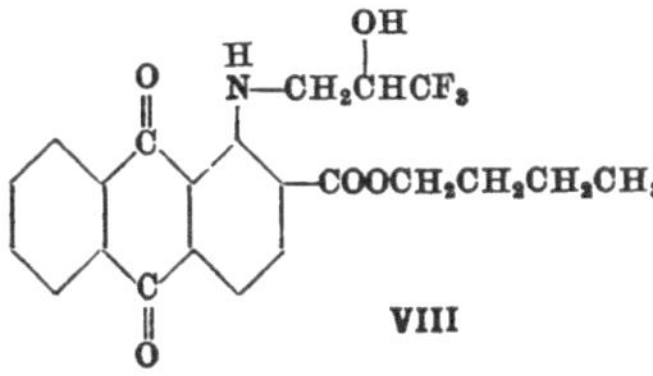

VIII

XIa. Farben. Anstriche. Lacke. Naturharze.

F. Bollenrath, *Bemerkungen zum elektrostatischen Aufbringen von Überzügen.* (Vgl. C. **1956**. 2306.) Beschreibung von Grundlagen, Entw. u. Ausführung der Verff. zum elektrostat. Aufbringen von Überzügen u. des Zubehörs. Die Verff. bringen Einsparungen an Arbeitskräften, Energie u. Überzugsmitteln u. lassen sich auf kleinerem Raum als Handarbeit ausführen. (Metalloberfläche, Ausg. B **5**. 85—89. Juni 1953. Aachen, TH, Inst. für Werkstoffkunde.) W. WESLY. 7090

Ernst Sachse, *Rostschutz durch Anstrich.* Übersicht über Entstehung von Rost u. seine Bekämpfung durch Anstrichmittel. (Metalloberfläche, Ausg. A **7.** 93—96. Juni 1953. Köln-Bickendorf, Lackfabrik Herbig-Haarhaus A. G., Anwendungstechn. Labor.) W. WESLY. 7090

A. C. Zettlemoyer und **Raymond R. Myers,** *Katalyse durch Komplexverbindungen. Trocknen von Leinöl.* Es wurde nachgewiesen, daß die üblichen Trocknermetalle für ölige Bindemittel durch Metallkomplexe ersetzt werden können. Unter Heranziehung von 160 Aminen wurde gezeigt, daß Co ersetzt werden kann durch Mn u. Fe in Verbindung mit einem Zusatz von Amin. Mn + Diamine oder andere difunktionale Amine (N.N'-Disalicylaläthylendiamin, N.N'-Disalicylal-o-phenylendiamin, o-Phenanthrolin), die Resonanzstruktur besitzen, sind der Co-Katalyse oft überlegen. Fe ist in Verbindung mit denselben Aminen im Vgl. zu seiner Ausgangsaktivität noch stärker aktivierbar als Mn. (Ind. Engng. Chem. **46.** 2220—23. Okt. 1954. Bethlehem, Pa., Lehigh Univ., Nat. Printing Ind. Res. Inst.) B. SCHEIFELE. 7096

Raymond R. Myers und **A. C. Zettlemoyer,** *Elektronische Erklärung der Katalyse des Leinöltrocknens.* Zur Erklärung der Rolle der Elektronenkonfiguration der Trocknermetalle u. Metallamine wird die Hypothese aufgestellt, daß die Metalle sich nicht im Ionenzustand, sondern in kovalenter Bindung befinden. (Ind. Engng. Chem. **46.** 2223—25. Okt. 1954.) B. SCHEIFELE. 7096

F. Margival, *Die Fischöle und ihre Anwendung in der Anstrichfarbenherstellung.* Behandelt werden Extraktion u. Raffination von Menhaden-, Sardinen- u. Salmölen. Vergleichende Tabelle der Kennzahlen von Fischölen u. trocknenden Pflanzenölen. (Peintures, Pigments, Vernis **31.** 977—79. Nov. 1955.) B. SCHEIFELE. 7096

Franco Tovaglieri, *Die Erscheinung der Adsorption der Sikkative durch die Pigmente in Anstrichfarben und Firnissen.* Ursachen u. Verhinderung der Sikkativadsorption der Pigmente. (Ind. Vernice -Lack- u. Farbenchem **7.** 91—92. 1953.) B. SCHEIFELE. 7096

—, *Bildung von Metallseifen in Anstrichfarben und Anstrichfilmen.* Übersicht über neuere Literatur betreffend Metallseifenbldg. in Anstrichstoffen. (Peintures, Pigments, Vernis **31.** 1075—77. Dez. 1955.) B. SCHEIFELE. 7096

—, *Mehrwertige Alkohole.* Die Veresterung von Fettsäuren, Kolophonium u. Alkydharzen mit Alkoholen von höherer Funktionalität als Glycerin führt zu härteren u. resistenteren Produkten. Die Anwendung von Penta- u. Polypentaerythrit, Sorbit, 2.2.6.6-Tetramethylolcyclohexanol (TMC), Diglycerin, Methyl-α-D-glucosid u. Inosit wird beschrieben. — 35 Literaturzitate. (Paint, Oil chem. Rev. **116.** Nr. 5. 12—21. 26/2. 1953.) B. SCHEIFELE. 7096

J. P. Gibbons, L. R. Morrow und **R. L. Clark,** *Methylglucosid — ein neuer Polyalkohol.* Inhaltlich ident. mit der C. **1954.** 8450 referierten Arbeit. (Paint Varnish Product. **43.** Nr. 4. 23—25. 80. April 1953. Mellon Inst.) K. STEINER. 7096

R. O. Austin und **John Drew,** *Mit Epoxydharz modifizierte Harzester.* Unter Verwendung verschied. Polyester u. Epoxydharze (Epone, SHELL CHEMICAL CO.) erzeugte Epoxykolophoniumester (Eplex 10, 14, 15, 16, 17), die kältebeständige, schleifbare u. farbtonbeständige Filme liefern u. auch in Verbindung mit trocknenden Ölen schnelltrocknende, alkali- u. wasserfeste Lacke ergeben. (Paint, Oil chem. Rev. **117.** Nr. 11. 15—17. 35—37. 3/6. 1954. DeRidder, La., Crosby Chemicals Inc.) B. SCHEIFELE. 7096

L. J. Venuto, *Ruße für Schutz- und Dekorationsfarben.* Inhaltsgleich mit der C. **1955.** 2308 referierten Arbeit. (Dtsch. Farben-Z. **8.** 170—73. Mai. 314—16. Aug. 355—58. Sept. 423—25. Nov. 472—75. Dez. 1954. **9.** 17—20. Jan. 39—45. Febr. 1955.) M. WINIKER. 7106

I. C. Fritz, *Korrosionsschutz durch Kaltverzinkung.* Bericht über das Aufbringen von Zn-Staubanstrichen. — Schrifttumsstellen. (Metall **9.** 488—89. Juni 1955. Köln-Kalk.) F. VIER. 7106

John C. Lukman, *Polyvinylacetatemulsionspolymerisation.* Übersicht über die Herst. von Polyvinylacetatlatices. (Amer. Paint J. **40.** Nr. 10. 44. 46. 48. 21/11. 1955. Celanese Corp., Summit Res. Labor.) R. SCHÄFF. 7106

F. Wilborn und **J. Morgner,** *Experimentelle Beiträge zu einigen physikalischen Pigmentuntersuchungen.* Auf Reproduzierbarkeit wurden geprüft: Meth. zur Best. der Benetzungsgeschwindigkeit nach SAUER u. GUSSMANN, Pistill-Verf. zur Best. des Mindestöl-Geh. von WOLFF, Best. des Netz-, Schmier- u. Fließpunktes von WAGNER, volumetr. u. pyknometr. Verf. zur Best. der D. von Pigmenten. (Dtsch. Farben-Z. **9.** 3—7. Jan. 1955. Leipzig, Labor. für Anstrichforschung.) B. SCHEIFELE. 7152

Maurice Voituriez, *Apparate zur physikalischen Prüfung von Anstrichfarben.* Übersicht über die Geräte zur physikal. Prüfung des fl. Anstrichmaterials u. des Anstrichfilms, bes. Deckkraftmesser. (Peintures, Pigments, Vernis **31.** 971—74. Nov. 1955.) B. SCHEIFELE. 7158

A. A. Kammerer, *Methode zur Bestimmung der Heißsiegelfähigkeit von thermolackierten Aluminiumfolien.* Zur Best. der Heißsiegelfähigkeit thermolackierter Al-Folien dient die KOFLER-Heizbank in Verbindung mit einem Haftungsprüfer, bestehend aus Stabfederwaage mit Skala u. Kurbel. Mittels Al-Folie, die auf der einen Seite thermoplast. Lackierung u. auf der anderen Seite gewöhnliche Schutzlackierung trägt, wird die Siegelung Thermolack auf Thermolack u. Thermolack auf gewöhnlichem Lack bestimmt. Die verschweißte Probe wird bis zur Erreichung der durch die Verklebung auszuhaltenden Zugspannung oder bis zum Schweißpunkt beansprucht, je nachdem, ob die Packung durch Verkleben oder durch Verschweißen verschlossen werden soll. Die Methode (2 Abb.) liefert reproduzierbare Werte. (Schweiz. Arch. angew. Wiss. Techn. **21.** 1—3. Jan. 1955. Kreuzlingen, TG.) B. SCHEIFELE. 7158

Joseph L. Switzer, Cleveland Heights, **Robert C. Switzer,** South Euclid, und **Richard A. Ward,** Cleveland, O., V. St. A., *Organische Leuchtmassen.* In einem farblosen, lichtdurchlässigen Träger (I) wird ein organ. Farbstoff (II), der (bei genügender Verdünnung) auf Anregung durch unsichtbare Strahlen in der Eigenfarbe (die er unverd. oder in festem Zustand bei Tageslicht zeigt) zusätzlich fluoresciert, u. ein UV-absorbierender, sichtbares Licht aber durchlassender Stoff (III) dispergiert. Die Menge des **II** variiert zwischen 5 (Gewichtsteilen) für blaue u. grüne u. 1 für rote in 100 **I.** Genannt sind als Beispiele für **I:** Kunstharze, wie Äthylcelluloselacke u. Polyvinylharze; für **II:** m-Diäthylaminophenolphthaleinhydrochlorid (rot), m-Monoäthylaminophenolphthalein (orange), Äthylester des m-Monobutylaminophenolphthaleins (orange), m-Aminophenolphthaleinhydrochlorid (gelb-grün), Di-(p-dimethylaminophenyl)-ketoniminhydrochlorid (gelbgrün), 2.3-Diphenyl-N-phenylchinoxaloniumsulfat (grün), p.p'-Di-[p''-(p'''-aminobenzoylamino)-benzoylamino]-stilben-o.o'-di-(natriumsulfonat) (blau) u. beliebige Gemische dieser Farbstoffe; für **III:** 2.3-Diphenylchinoxalin, 2.3-Diphenyl-6-methylchinoxalin, Äthylenglykoldisalicylat, 5.7-Dibrom-8-oxychinolin. (**A. P. 2 653 109** vom 21/8. 1942, ausg. 22/9. 1953.) R. SCHREINER. 7093

Standard Oil Development Co. (Erfinder: **Herbert K. Wiese, Joseph F. Nelson** und **Charles E. Morrell**), V. St. A., *Herstellung von Cyclodiensilanen* durch Rk. eines Siliciumtetrahalogenids mit dem Na-Salz eines Diolefinkohlenwasserstoffes. — Cyclopentadienyl-Na wird in benzol. Lsg. mit $SiCl_4$ bei 25—30° unter Ausschluß von Feuchtigkeit u. Luftsauerstoff umgesetzt. Es entsteht dabei das *Cyclopentadientrichlorsilan,* $Kp._7$ 45 bis 48°. — Das monomere *Cyclopentadienyltrichlorsilan* ist bei 75—200° polymerisierbar. Es wird bei 125° innerhalb von 2 Std. zu 25% polymerisiert. Die Cyclopentadiensilane reagieren mit Maleinsäureanhydrid nach Art einer konjugierten Dienverbindung. Die *Polymerisate* der Silane dienen zur Herst. von *Lacken.* (**F. P. 1 102 019** vom 9/6. 1954, ausg. 13/10. 1955. A. Prior. 13/7. 1953.) M. F. MÜLLER. 7097

Edison Swan Electric Co. Ltd., London, England, (Erfinder: **Stanley Thomas Deakin**), *Überzugsmittel auf der Grundlage von Polytetrafluoräthylen* für zylindr. oder vielseitige Oberflächen (I), bes. elektr. Konduktoren usw. Man windet um die **I** Schichten von Zwirn, Leinwand oder Seilmaterial, behandelt mit dem Überzugsmittel, überzieht mit einem Metallstreifen, wendet Hitze an, wodurch das Überzugsmittel zu einer zusammenhängenden Schicht wird, u. entfernt den Metallstreifen wieder. (**E. P. 731 974** vom 20/1. 1953, ausg. 15/6. 1955.) M. BÖTTCHER. 7107

N. V. Philips' Gloeilampenfabrieken, Holland, *Herstellung einer Schutzschicht auf einer spiegelnden Metalloberfläche.* Man bedeckt die spiegelnde Fläche mit einer in der Wärme erhärtenden Kunstharzschicht. — Z. B. trägt man auf einen aus einem Gemisch eines Harnstoff–CH_2O-Kondensationsprod. (I) mit einem Alkydharz (II) bestehenden sphär. Träger durch Aufdampfen im Vakuum eine einige tausendstel Millimeter starke Al-Metallschicht auf u. bedeckt diese bei rotierendem Spiegel mit einer Lsg. eines **I-II**-Gemisches in Xylol–Butanol-Gemisch (Viscosität der Lsg. 9—9,5°, ENGLER bei 20°). Dann trocknet man das Ganze 20 Min. bei 60° u. erhitzt es $1^1/_2$ Std. auf 115°. (**F. P. 1 046 097** vom 3/12. 1951, ausg. 3/12. 1953. Holl. Prior. 5/12. 1950.) T. OPPERMANN. 7107

John L. Armitage & Co., Inc., Newark, übert. von: **James D. Armitage,** South Orange, **Crittenden Bliss,** Montclair, und **Delton Ezell,** West Orange, N. J., V. St. A., *Lederartige Überzüge auf Metall,* bes. für die Anfertigung von Schreib- u. Diktiermaschinen. Als rostsichere Grundierung verwendet man eine mit Verdünnungsmitteln (Aceton, Äthylmethylketon, Cyclohexanon, Isophoron) u. Pigmenten versetzte Vinylharzpaste, z. B. aus 10 (Teilen) $ZnCrO_4$, 3 Al-Stearat, 81,5 Talkum, 1,5 Ruß, 10,5 Fe-Ocker, 12 Diatomeenerde, 45 TiO_2, 63 Harnstoffharz, 19 Sebacinsäureester, 19 Dioctylphthalat, 162 mit Maleinsäure behandeltes Vinylchloridacetat-Mischpolymerisat, 82 des gleichen Mischpolymerisats u. 672 Methylisobutylketon (I), verd. mit 5 H_3PO_4 u. 95 **I.** Als Überzüge dienen verd. Pasten von Gemischen aus Polyestern, Polyacrylestern, Harnstoff- u. Melaminharzen. (A. P. 2715587 vom 8/7. 1953, ausg. 16/8. 1955.) G. SALZMANN. 7107

Stefan Reiner, Farben, Lacke und Kitte in der Gummi- und Kunststoff-Industrie. Berlin: Hadert-Lexikon-Verl. 1956. (78 S.) 8° = Haderts chemisch-technische Taschenbücher. Bd. 3. DM 7,60.

XIb. Plaste (Kunstharze. Plastische Massen).

J. F. Carley und **R. A. Strub**, *Grundlegende Anschauungen über Strangpressen.* Vff. besprechen die Grundlagen des Strangpressens, eines Verf. bei der Herst. von Kunststoffen, bei der dem Fließverh. von viscosen Fll. eine besondere Bedeutung zukommt. Ein zum Studium dieses Verf. geeigneter App. (extruder), bestehend aus einem festen Zylinder u. einem darin rotierenden schraubenartigen Einbau, wird beschrieben. Die Strömungsverhältnisse in diesem App. werden diskutiert. Die geschichtliche Entw. der Erforschung der Gesetzmäßigkeiten des viscosen Flusses u. speziell des Strangpressens wird besprochen. (Ind. Engng. Chem. **45.** 970—73. Mai 1953. Wilmington, Del., E. I. Du Pont de Nemours & Co., Polychem. Dep.) G. GÜNTHER. 7170

Walter Opavsky, *Das Holofol-Verfahren und seine Anwendung bei der Herstellung von Stückware.* Allg. Ausführungen. (Vgl. auch C. **1956.** 5973, 7945.) (Plastverarbeiter **6.** 466—69. Dez. 1955.) M. WINIKER. 7170

E. G. Curphey, *Polymere aus den Oxyden des Kohlenstoffs.* Polyharnstoffe werden durch Kondensation von CO_2 mit Polyaminen hergestellt. CO_2 gibt mit Äthylen (**I**) bei 50—400° u. über 100 at Copolymerisate. CO copolymerisiert mit **I** zu Verbb., die nach Aminierung u. Red. Polyamine geben, die sich als Bindemittel beim Stoffdruck mit Phthalocyaninfarbstoffen eignen. Die CO-**I**-Verbb. lassen sich mit Aminen, Hydrazinen, Chinolinen, quarternären NH_4-Salzen u. CH_2O zu lösungsmittel- u. hitzefesten Harzen umsetzen. Nach Umsatz mit Alkali werden Harze erhalten, die mit CH_2O reagieren u. als Klebstoffe verwendet werden. Red. der CO-**I**-Verbb. mit Ni-Chromat gibt KW-stoffe. (Chem. Age **72.** 845—46. 9/4. 1955.) H. BECKER. 7180

Rich. Müller und **S. Sliwinski**, *Über Silicone.* 10. Mitt. *Silicone als Hilfsstoffe in der Kunststoffindustrie.* (9. vgl. REUTHER, C. **1956.** 11814.) Nach einem kurzen Überblick über Geschichte, Darst. u. Eigg. der Silicone u. ihrer Vorprodd. wird an einigen Beispielen die Verwendung von Siliconen, bes. Siliconölen in der Kunststoffindustrie, z. B. bei der Entfernung u. Entschäumung, erläutert. (Chem. Techn. **4.** 334—40. Juli 1952. Dresden-Radebeul, VEB Silikonchemie.) M. WINIKER. 7188

H. Reuther, *Über Silicone.* 11. Mitt. *Über das Viscositäts-Temperatur-Verhalten von Siliconölen unter besonderer Berücksichtigung des Bereiches unter 0°.* (10. vgl. MÜLLER u. SLIWINSKI, vorst. Ref.) Die Siliconöle (**I**) weisen nur eine geringe Abhängigkeit der Zähigkeit von der Temp. auf, was sie als Schmiermittel bes. geeignet macht. Die für die Viscosität zahlreicher **I** u. anderer Öle bei verschied. Tempp. (auch unter 0°) gültigen Werte sind in mehreren Zahlentafeln u. Diagrammen nach UBBELOHDE zusammengestellt. (Chem. Techn. **4.** 451—54. Okt. 1952.) W. WESLY. 7188

Rich. Müller, S. Sliwinski und **H. Reuther**, *Über Silicone.* 13. Mitt. *Siliconöle.* (12. vgl. Chem. Techn. **4.** [1952.] 491; 11. vgl. REUTHER, vorst. Ref.) Übersicht über geschichtliche Entw. der Si-(Chlor)-wasserstoffe u. der organ. Si-Verbb., Gewinnung der Siliconöle u. deren chem., physikal. u. techn. Eigenschaften. — 16 Literaturangaben. (Chem. Techn. **5.** 68—72. Febr.; 119—24. März 1953.) W. WESLY. 7188

Norman L. Greenman, *Ein neuer faserverstärkter Fluorkohlenstoff.* Beschreibung der Eigg. des faserverstärkten Teflons „*Duorid 5600*", das sich bes. durch hohe Festigkeit gegen Warmverformung u. Kaltfluß auszeichnet u. seine Verwendung zu Flugzeugteilen. (Materials and Methods **42.** Nr. 5. 110—11. Nov. 1955. Rogers Corp.) W. WESLY. 7204

—, *Eigenschaften und Anwendungen von Phenolharz-imprägnierten Glasfaserrohren.* Angaben über Dimensionstoleranzen, Wasseraufnahme, Einw. von heißem Öl, Haftfestigkeit der Schichten aufeinander u. Bearbeitbarkeit von Phenolharz-Glasfaser-Rohren. D. 1,67. — Anwendungsbeispiele. (Brit. Plastics **26.** 300. Aug. 1953.) H. J. SCHENCK. 7204

M. H. Swann, M. L. Adams und **G. G. Esposito**, *Analyse von Nitrocellulose, Alkydharzen und Phthalatweichmachern enthaltenden Lacken.* Neue Analysenmethoden für Lacke, die Nitrocellulose (**I**), Alkydharze u. Weichmacher, wie Phthalsäure- oder Phosphorsäureester, enthalten, werden angegeben. Dabei wird **I** durch Lösungsmittel abgetrennt, die gesamten Phthalate direkt spektrophotometr. bestimmt, die Phthalatesterweichmacher durch Kohleadsorption abgetrennt u. analysiert u. Nichtflüchtiges u. Phosphatester bestimmt. (Analytic. Chem. **27.** 1426—29. Sept. 1955. Aberdeen Proving Ground, Md., Paint and Chem. Labor.) R. SCHÄFF. 7210

W. Holzmüller und **P. Jung,** *Messung der Schlagbiegefestigkeit von Thermoplasten im Erweichungsgebiet.* Vff. diskutieren eine Theorie der Vorgänge bei der Ermittlung der Schlagbiegefestigkeit (Sch.) mit dem Pendelschlagwerk, deren wesentliches Merkmal die Annahme eines Molekülplatzwechsels bei der Biegung ist. Zur Messung der Sch. bei verschied. Tempp. werden die Proben durch Anblasen mit heißer Luft erwärmt; die verwendete Einrichtung wird beschrieben. Bei *Polystyrol* u. *Polymethacrylsäureester* liegt die Sch. bei Zimmertemp. relativ niedrig, steigt dann zu einem Maximum bei 115 bzw. 95° an, um dann schnell unter den Anfangswert abzufallen. Bei *Nitrocellulose* u. *PVC* liegt das Maximum anscheinend bei Zimmertemperatur. Die Sch. ist keine Materialkonstante, weshalb es nicht angebracht ist, die Schlagarbeit auf die Querschnittsfläche zu beziehen. (Plaste u. Kautschuk **2.** 218—22. Okt. 1955.) F. SCHIPKE. 7210

Albright & Wilson Ltd. (Erfinder: **Harold Coates** und **Peter Carlyle Crofts**), Birmingham, England, *Dialkylalkanphosphonate* (**I**) der allg. Formel $(RO)_2P(:O)R^1$, erhält man aus Trialkylphosphiten (**II**) u. Alkalimetalljodiden in Mengen von 0,5—10 Gew.-% (auf **II** bezogen) bei > 150°. In **I** sind R und R^1 prim. Alkylgruppen mit 1—4 C, die gleich oder verschieden sein können. — $(CH_3O)_3P$ u. NaJ geben, 2 Std. bei 178° behandelt, *Dimethylmethanphosphonat*, $Kp._{10}$ 64°, $D.^{20}{}_{20}$ 1,168. — $(C_2H_5O)_3P \rightarrow$ *Diäthyläthanphosphonat*, $Kp._{11}$ 80—83°, $D.^{20}{}_{20}$ 1,0303, $n_D{}^{20}$ 1,4173. — $(n\text{-}C_4H_{13}O)_3P \rightarrow$ *Di-n-butylbutanphosphonat*, $Kp._{11-13}$ 140—150°, redest. $Kp._{0,005}$ 60°, $D.^{20}{}_{20}$ 0,9536, $n_D{}^{20}$ 1,4323. — *Plastifikatoren* für *harzartige Stoffe*; Zwischenprodukte. (**E. P. 713 669** vom 4/10. 1951, ausg. 18/8. 1954.) G. KÖNIG. 7171

Standard Oil Co., Chicago, Ill., übert. von: **Jack Linsk,** Hammond, Ind., V. St. A., *Polymerisation von Isobutylen* in Isopentan als Lösungsm., wodurch in Ggw. von $AlCl_3$ als Katalysator bei ca. —35° gearbeitet werden kann. Auch Mischpolymerisate mit Butadien bzw. Isopren sind hierdurch herzustellen. Die Prodd. haben ein Mol.-Gew. von ca. 130000. — Mengenbeispiel. Tabelle. (**A. P. 2 727 022** vom 16/4. 1952, ausg. 13/12. 1955.) H. SCHINDLER. 7173

Monsanto Chemical Co., St. Louis, Mo., übert. von: **Tracy M. Patrick jr.,** Dayton, O., V. St. A., *Cyclische Acetal-Telomere* erhält man aus cycl. Acetalen der Formel **I**, worin R ein 2 wertiges Alkylenradikal mit 1—2 C-Atomen (Methylen, Äthylen, Alkylmethylen), R′ u. R″ H oder Alkyl bedeuten (1.3-Dioxolan, 2-Methyl-1.3-, 2-Hexyl-1.3-dioxolan, 1.3-Dioxan, 2-Propyl-1.3-dioxan u. dgl.) u. ungesätt. Polyestern aus Säuren mit 4—6 C-Atomen in Ggw. von Benzoylperoxyd; die Formel **II** des Telomeren (vgl. obenst.), worin R einen 2-wertigen Alkylenrest mit 1—2 C-Atomen (als Teil des Ringes), R′ u. R″ H oder Alkylreste mit bis zu 7 C-Atomen u. T 2-wertige Radikale, wie nebenst., bedeuten, wobei Q für den Rest —COOR‴ (R‴ = gesätt. KW-stoffrest mit bis zu 20 C-Atomen) steht; n ist eine ganze Zahl von 2—20. Verwendung als Schmiermittel, Weichmacher für synthet. Kautschuk, Zusatz zu Wachs u. Schaumzerstörer. (**A. P. 2 684 373** vom 27/11. 1950, ausg. 20/7. 1954.) G. SALZMANN. 7177

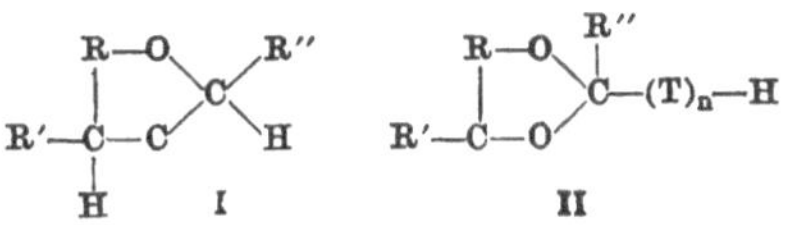

I II

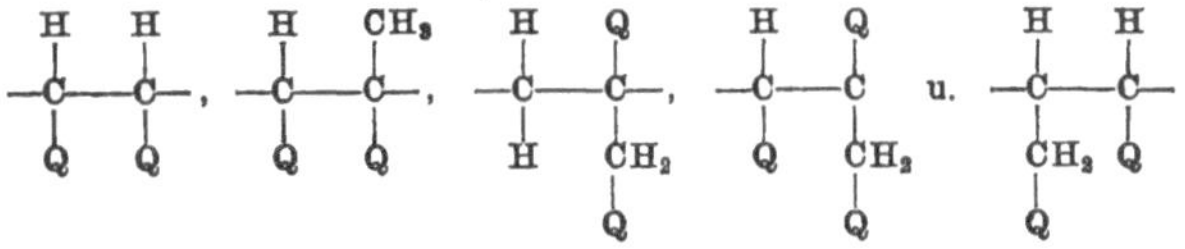

Hercules Powder Co., übert. von: **Walter S. Ropp,** Wilmington, Del., V. St. A., *Mischpolymerisate auf Basis Vinylester und Fettsäuren bzw. Harzsäuren.* Prodd. mit hohem Mol.-Gew. u. Erweichungspunkt, großer Härte u. Verträglichkeit mit Nitrocelluloselacken erhält man durch Polymerisation von Vinylacetat mit Vinylestern von hydrierten oder dehydrierten Harzsäuren, die nicht >10% Abietinsäure oder deren Derivv. mit 2 Äthylendoppelbindungen aufweisen dürfen. Die Rk. kann mit Peroxyden oder UV-Bestrahlung in Ggw. von Aktivatoren, wie Aceton oder Diacetyl, erfolgen. Andere Prodd. erhält man durch Mischpolymerisation von Vinylestern gesätt. Fettsäuren mit 12—18 C-Atomen, bes. Vinylstearat, mit Vinylestern von Kolophoniumsäuren (**I**), die zuvor durch Hydrierung oder Dehydrierung stabilisiert wurden. Als Katalysatoren dienen Peroxyde, Azoisobuttersäuredinitril oder Diazoaminobenzol bzw. UV-Bestrahlung. Mit den gleichen Stoffen können auch **I** mit Vinylchlorid mischpolymerisiert werden. — Mengenbeispiele, Tabellen, Kurven. (**A. PP. 2 727 871** vom 5/7. 1951, **2 727 872** u. **2 727 873** vom 27/9. 1951, alle ausg. 20/12. 1955.) H. SCHINDLER. 7177

Sidney Haas, Scarsdale, übert. von: **James W. Wandell,** Bronx, N. Y., V. St. A., *Stabile Harnstoff-Formaldehyd-Zwischenkondensate.* Man gibt Harnstoff (**I**) zu einem wss.

sirupösen Harnstoff–CH_2O-Anfangskondensat (Mol-Verhältnis CH_2O : I = $2^1/_2$—$1^3/_4$: 1), das einen Füllstoff enthält. Die Zusatzmenge I muß ausreichend sein, um das Mol-Verhältnis CH_2O : I von $1^1/_2$—$1^1/_4$ bis 1 zu ändern, worauf das Gemisch kurzzeitig auf 270 bis 300° F erhitzt u. dann schnell getrocknet wird, so daß das Vorkondensat mit I kondensiert. Die Prodd. geben beim Verpressen stabile, gasfreie Formkörper. (**A. P. 2 723 253** vom 25/10. 1952, ausg. 8/11. 1955.) J. Mühleisen. 7181

Corning Glass Works, Corning, N. Y., übert. von: **Charles F. Kohl,** Pittsburgh, Pa., V. St. A., *Herstellung substituierter Methylsiloxane* der allg. Formel I, in der n eine ganze

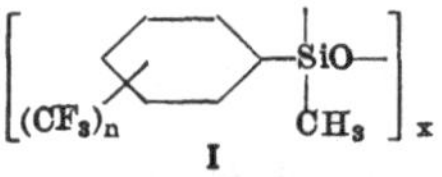

I

Zahl < 3 bedeutet u. x einen Durchschnittswert von 3—10 besitzt. — Beispiel: Ein symm. Trimethyltris-(hexafluoroxylyl)-cyclotrisiloxan, Kp.$_4$ 169°, n^{25} 1,4380, $D.^{25}_4$ 1,483, spezif. Refraktion 0,1770. — Man erhält die I durch Hydrolyse der entsprechenden Dichlorsiloxane mit anschließender Kondensation. Diese entstehen bei 80° aus Methyltrichlorsilan u. einem Grignard-Reagens, das wiederum durch Rk. eines trifluormethylsubstituierten Brombenzols (II) mit Mg bei < 80° erhalten ist. II gewinnt man durch die bekannte Bromierung von Trifluormethylbenzol bei 60°. Die Siloxane sind selbst an der Luft bei hohen Tempp., z. B. 250°, stabil. (**A. P. 2 571 090** vom 27/10. 1949, ausg. 16/10. 1951.) H. Nebelsiek. 7189

Imperial Chemical Industries Ltd. (Erfinder: **Lawrence Reginald Hawtin,** Birmingham), London, England, *Zusammenbacken zweier Gegenstände,* von denen wenigstens einer eine Platte ist, mit Hilfe eines Bindemittels, z. B. eines thermoplast. Harzes, das sich zwischen den beiden Gegenständen befindet. Von den beiden Gegenständen, die so 2 Schichten bilden, soll wenigstens einer mit einer Öffnung versehen sein, um auf diese Weise mit dem anderen möglichst dicht in Berührung zu kommen, wenn der andere dicht an die Öffnung angefügt ist. Man erhitzt nun das Harz u. preßt die beiden Schichten fest aufeinander. — Zeichnung. (**E. P. 705 569** vom 13/3. 1950, ausg. 17/3. 1954.)
H. Nebelsiek. 7205

XII. Kautschuk. Guttapercha. Balata.

M. Braden und **W. P. Fletcher,** *Der Schutz von natürlichem Gummi gegen den Angriff von Ozon.* Antioxydantien vom Typ R—HN—A—NH—R' (R u. R' = H, Alkyl- oder Phenyl-; A = 1—3 aromat. Ringe, direkt oder durch CH_2 verbunden) bieten einen guten Schutz gegen den Angriff des in der Luft vorhandenen Ozons auf gedehnten Gummi. Speziell wurde mit *N.N'-Dioctyl-p-phenylendiamin* (I) gearbeitet, wobei sich ein Zusatz von 2% I als ausreichend erwies. Die Verss. wurden mit verschied. Reckgraden u. Vulkanisaten durchgeführt. Bei Anwendung von < 2% I treten weniger, dafür aber tiefere Risse auf. (Rubber J. **129.** 709—10. 26/11. 1955. Brit. Rubber Prod. Res. Ass.)
F. Schipke. 7230

Iwan Michailow, *Zur Arbeit von Prof. M. Gerassimow über das Tallöl.* Das von Gerassimow (vgl. C. **1956.** 4581) vorgeschlagene Tallöl als Weichmacher für Kautschukregenerate wird abgelehnt, da es sich bei dem Rohprod. nur um ein Halbprod. handelt, das infolge seiner physikal. chem. Eigg. eher als Füllstoff fungiert. (Рационализация (София) [Rationalisier. (Sofia)] **5.** Nr. 12. 15—16. Dez. 1955. Pleven, Zuckerfabrik.)
O. Pollak v. Emhofen. 7232

S. A. Eller und **C. K. Chatten,** *Apparatur des Material Laboratory zur Bestimmung der Relaxation nach Druckbeanspruchung.* Eine verbesserte App. nach Art, der im ASTM-D-395-Meth.-B beschriebenen, zur Messung der Spannungsrelaxation (compression set) von kautschukelast. Prodd. unter Druckeinw. wird beschrieben. (Rubber Wld. **132.** 478—81. 486. Juli 1955. Brooklyn, N. Y., Naval Shipyard, Material Labor.)
R. Schäff. 7248

E. W. Madge, H. M. Collier und **J. L. M. Newnham,** *Zinkoxydprüfung von Latex.* Vff. untersuchten die Viscositätsänderungen von konz. Naturkautschuklatex bei verschied. Versuchsbedingungen zur Ermittlung des Mechanismus der ZnO-Verdickung. Außerdem wurden die unterschiedlichen Ergebnisse der ZnO-Verdickung (ZnO-Test) u. anderer Latexteste erörtert. Kleine Änderungen der Menge der von Natur aus vorhandenen Seife spielen eine große Rolle bei der Verdickung von ZnO-haltigem Latex (bes. bei dem niedrigen NH_3-Geh. beim ZnO-Test). Der Einfl. von zugefügter Seife auf den ZnO-Test ändert sich von Latex zu Latex u. ist bei verschied. Seifen ebenfalls verschieden. Weniger als ca. 0,3% von verschied., zum Latex vor dem ZnO zugefügten Seifen red. den Verdickungsgrad u. die -geschwindigkeit. Bei mehr als 0,3% Seife hängt die Verdickung von der verwendeten Seife ab. Die mechan. Stabilität der Latices hängt von der Menge u. Art der zugefügten Seife ab. Die neuen Teste für die ZnO-Sensibilität von Latices müssen berücksichtigt werden, wenn aus dem ZnO-Test Folgerungen über Verarbeitungsverh. gezogen werden sollen. (Rubber Wld. **131.** 776—80. März 1955. Birmingham, Dunlop Rubber Co. Ltd., Fort Dunlop.) R. SCHÄFF. 7248

Standard Oil Development Co., Elizabeth, N. J., V. St. A., übert. von: **Ralph Finch Howe** und **Frederic Ancrum Lord Holloway,** *Polymerisierverfahren.* Butylkautschuk wird bei tiefer Temp. kontinuierlich hergestellt, indem der mit Lösungsmittel gereinigte Reaktor auf —6 bis —164° gekühlt wird, worauf als 1. Fällung eine Mischung verwendet wird, die gegenüber der n. Zus. einen größeren Anteil Verdünnungsmittel, z. B. Methylchlorid, u. Buten-(1) u. einen kleineren Anteil Isobutylen u. Multiolefin u. einen FRIEDEL-CRAFTS-Katalysator enthält. Der Zusatz wird bis zum Polymerisationsbeginn fortgesetzt, worauf die Zus. langsam auf den n. Wert gebracht wird u. die Reaktionsprodd. laufend abgetrennt u. gereinigt werden. (**E. P. 714 636** vom 20/3. 1952, ausg. 1/9. 1954.) W. OVERBECK. 7225

E. I. du Pont de Nemours & Co., V. St. A., *Treibmittel zur Herstellung von porösem Kautschuk, Kunstkautschuk, Harzen oder Kunstharzen,* bestehend aus N-Nitrosoamiden aromat. Carbonsäuren, wie N.N'-Dinitroso-N.N'-dimethylterephthalamid, -isophthalamid, -phthalamid, -diäthylterephthalamid, p.p'-Bis-(N-nitroso-N-methylbenzamid), $\frac{H_3C}{ON}>NOC\cdot C_6H_4\cdot C_6H_4\cdot CON<\frac{CH_3}{NO}$, N-Nitroso-N-methyl-p-tert.-butylbenzamid, N-Nitroso-N-benzylbenzamid, N.N'-Dinitrosoäthylen-, -tetramethylen-, -hexamethylendibenzamid, N.N'-Dinitrosoäthylen-bis-p-methoxybenzamid. Man nimmt 1—15 (Teile) Amid pro 100 Elastomeres u. 2—45 pro 100 plast. M. oder Harz. (**F. P. 1 097 345** vom 11/3. 1954, ausg. 4/7. 1955.) M. PANKOW. 7227

XIII. Ätherische Öle. Parfümerie. Kosmetik.

Marius Badoche, *Die Bedeutung der optischen Aktivität für die Untersuchung einiger Ketonsemicarbazone.* Die Semicarbazone (SC.), die zur Identifizierung von Ketonen dienen, lassen sich leichter durch ihr Drehungsvermögen als durch ihren F. erkennen. Die Unters. der opt. Aktivität der SC. in essigsaurem Medium hat zur Entdeckung von Isomeren geführt, die man durch method. Anwendung von Lösungsmitteln isolieren konnte. Eine Übersicht über verschied. untersuchte opt.-akt. Ketone, ihre SC. u. ihr opt. Verh. wird gegeben. (Ind. Parfumerie **10.** 180—83. Mai; 238—41. Juni 1955.) F. GROH. 7262

T. A. Rudolfi, *Extraktionsöle, ihre Gewinnung und Verwendung im Ausland.* Übersicht. — 18 Literaturangaben. (Маслобойно-Жировая Промышленность [Öl- u. Fett-Ind.] **21.** Nr. 7. 22—26. 1955.) J. BÖSS. 7262

Hans Schwarz, *Das Pfefferminzöl und seine Anwendung.* Besprechung der Herst. u. Eigg. des *Pfefferminzöles* (**I**) in seinen verschied. Qualitäten u. der vielseitigen Einsatzmöglichkeiten des **I** für pharmazeut. u. kosmet. Zwecke. (Seifen-Oele-Fette-Wachse **80.** 706. 22/12. 1954. München.) H. P. FIEDLER. 7262

Gustav A. Nowak, *Das „Wasserlöslichmachen" von Parfümölen.* Zur Herst. von niedergrädigen alkoh. kosmet. Zubereitungen werden wasserlösl. Parfümöle benötigt. Hierzu eignen sich Lösungsvermittler (Netzmittel, Glycerin, Glykole, Lösungsm. APV, Carbitol [Diäthylenglykolmonoäthyläther] usw.) u. verschied., bes. nichtionogene Emulgatoren (sulfoniertes Rizinusöl, Sorbitmonolaurat, Mannitmonolaurat, verschied. Tweens [Polyoxyäthylensorbitderivv.] usw.). Einige Rahmenrezepte erläutern die Ausführungen. (Parfümerie u. Kosmet. **36.** 552—56. Nov. 1955.) H. P. FIEDLER. 7276

W. Schweisheimer, *Verwendung von Wachsen und Lanolin in der kosmetischen Industrie.* (Vgl. C. **1956.** 5703.) Hinweise auf die Verwendungsmöglichkeiten von Bienenwachs, Walrat, Cetylalkohol, Stearylalkohol, Paraffinen, Ozokerit u. des Wollfettes zur Herst. kosmet. Präparate. (Seifen-Öle-Fette-Wachse **80.** 707—08. 22/12. 1954.) H. P. FIEDLER. 7284

N. S. Peel, *Rezepte für Silicone.* Die für die Anwendung allg. wertvollen Eigg. der Silicone (**I**) werden besprochen u. für verschied. Cremes, Zahnputz- u. Poliermittel 8 Rezepte angegeben. Ihre Wrkg. beruht auf der Bldg. eines wasserabstoßenden dauerhaften Films von **I**. (Soap, Perfum. Cosmet. **28.** 1006—09. Sept. 1955.) H. MÜHLMEISTER. 7284

Sébastien Sabetay, *Parfümierungstechnik bei kosmetischen Produkten.* Die wichtige u. vielseitige Rolle, die das Parfüm in kosmet. Prodd. spielt, wird erörtert. Für eine zweckmäßige Parfümierung von Schönheitsmitteln werden Richtlinien gegeben. (Ind. Parfumerie **10.** 197—202. Mai 1955.) F. GROH. 7284

Graf, *Die Verwendung von Sorbit als Weichmachungsmittel.* Sorbit ist dem Glycerin u. den Glykolen als Weichmachungsmittel weit überlegen, denn es verhindert infolge seiner Eigg. die Veränderung des Wassergeh. von Präparaten. Außerdem erlaubt es, in der Mischung mit anderen Weichmachern angewandt, den Wassergeh. auf den gewünschten Wert zu bringen u. auch den Viscositätsgrad zu regeln. Weitere Vorzüge des Sorbits werden aufgeführt; er ist ungiftig u. wirkt als Konservierungsmittel. Seine Ester mit Fettsäuren sind ausgezeichnete Emulgierungsmittel. (Ind. Parfumerie **10.** 211—13. Mai 1955. Zürich-Altstetten, Dr. Hefti A.G.) F. GROH. 7284

T. H. Elder jr. und **Carl Pacifico,** *Oberflächenaktive Mittel in Schampoo-Rezepten.* Überblick über die in USA verbreitetsten Haarwaschmittel, die in ihnen verwendeten oberflächenakt. Körper, ihre Eigg. u. Wirkungen, unter bes. Berücksichtigung von Laurylsulfaten, Alkylamiden u. Seifen. Die Entw. strebt zu Mitteln mit möglichst geringer Einw. auf die Haut sowie zur Verwendung von Aerosolen, wenn für diese das Korrosionsproblem der Behälter gelöst ist. (Drug Cosmet. Ind. **77.** 622—23. 714—17. 719. 721. Nov. 1955. Americ. Alcolac Corp.) H. MÜHLMEISTER. 7284

W. W. Sserpinski, Ss. A. Woitkewitsch und **N. Ju. Ljuboschitz,** *Bestimmung des Druckes des gesättigten Dampfes einiger Duftstoffe.* 4. Mitt. (3. vgl. Журнал Физической Химии [J. physik. Chem.] **28.** [1954.] 1969.) Bericht über die Best. des Druckes des gesätt. Dampfes von *Anisaldehyd, ζ-Oxydihydrocitronellal, α-Amylzimtaldehyd, Heptin-(1)-carbonsäuremethylester, Isoamylsalicylat* u. *Benzylsalicylat* im Temperaturgebiet von 10 bis 60°. (Журнал Физической Химии [J. physik. Chem.] **29.** 653—57. April 1955. Moskau, Inst. für synthet. u. natürliche Riechstoffe.) J. BÖSS. 7286

XIV. Zucker. Kohlenhydrate. Stärke.

J. Missonnier, *Biologische Bemerkungen und Versuche zur chemischen Bekämpfung der Rübenfliege (Pegomya betae Curt.).* Die Bekämpfung der Rübenfliege richtet sich vor allem gegen die Adulten u. Larven, während sie im Eistadium weniger wirksam ist. Früher erfolgte sie durch Spritzen mit NaF-enthaltenden Zuckerlsgg., neuerdings bevorzugt man die Bestäubung mit DDT- u. HCH-Präparaten. Beste Ergebnisse zeitigte die Anwendung von Parathion in geeigneter Emulsion. (C. R. hebd. Séances Acad. Agric. France **41.** 669—74. 16/11. 1955. Stat. centr. de Zoologie Agric.) C. GRIMME. 7406

M. Samec, *Neuere Beobachtungen über zeitliche Veränderungen von Stärkelösungen.* An Hand von elektronenmkr. Aufnahmen zeigt Vf., daß Präpp. von *Amylose* (**I**) u. *Amylopektin* (**II**) von Stärke aus Kartoffel u. Weizen, die durch Eintrocknen der betreffenden Lsgg. auf einer Glasunterlage erhalten waren, typ. Bilder geben. **I** in W. trocknet zu zusammenhängenden Massen ein, in verd. Lauge oder in Formamid zu diskreten Kügelchen. **II** verschied. Stärken liefern verschied. Eintrocknungsbilder. Bei Alterung erhält man von **I**-Lsgg. größere punktförmige Massen, das Weizen-**II** wird kartoffelähnlich. — UV-Spektroskopie ergab bei Stärke u. deren Komponenten ein kontinuierliches Absorptionsspektr., welches von 214 mμ bis 350 mμ stark abfällt. **I** u. **II** geben verschied. Spektren. Bei Alterung nimmt die Gesamtabsorption für UV bei **I** zu, bei **II** auffallenderweise stark ab. Große Veränderungen werden durch Lsg. in alkal. Medium hervorgerufen. **I** zeigt ein Absorptionsmaximum bei 268—270 mμ, **II** besitzt Maxima bei 234 u. 308 mμ. Durch Neutralisation läßt sich das ursprüngliche kontinuierliche Spektr. innerhalb weniger Min. zurückerhalten. (Stärke **7.** 131—36. 1955. Ljubljana, Jugoslawien.) M. ULMANN. 7448

H. Rüggeberg, *Über Herstellungsverfahren und Anwendungsmöglichkeiten von Stärkeäthern und -estern.* Überblick über Herst. u. Verwendung von Stärkederivv. unter bes. Berücksichtigung der techn. Erfordernisse. Weiteste Anwendbarkeit dürfte der Allylstärke zukommen. (Stärke **7.** 101—05. 1955. Düsseldorf.) M. ULMANN. 7448

Edmund Waleriańczyk, *Unterschied bei der Polarisation des Saftes von Zuckerrüben vor und nach der Wasserwäsche.* Bei der Best. des Zuckergeh. in Rüben vor u. nach der Wäsche (15 Min. bei 20°) wurde eine Abnahme der Polarisation um 1% bei gleichzeitiger Zunahme des Wassergeh. um 1,1% festgestellt. (Gaz. Cukrownicza **57.** 186. 1955.) F. URBAN. 7472

Giorgio Mantovani, *Die Färbung des raffinierten Zuckers und ihre Bewertung. Beschreibung einer Reflexmeßvorrichtung.* Nach einem Überblick über die mit der Farbe des Raffinadezuckers zusammenhängenden Probleme (Entfärbungsmittel, Farbbest., die Farbe beeinflussende Faktoren; Bedeutung der Kontrolle) wird eine Anordnung beschrieben, mit der die Farbe durch photocolorimetr. Reflexionsbest. geprüft wird. (Ind. saccarif. ital. **47.** 42—47. Jan./Febr. 1954. Ferrara, Univ., Ist. chim.) R. K. MÜLLER. 7488

W. Hönsch, *Konzentration und spezifisches Gewicht von Weizenstärkeaufschlämmungen.* Vf. bringt Tabellen für die Konz. u. die D. von Weizenstärkeaufschlämmungen. Als Faktor für die Abhängigkeit von Trockensubstanz u. D. in ° Bé wird 1,806 gefunden.

Dieser Wert ist höher als bei Maisstärkeaufschlämmungen, was auf eine im Durchschnitt kleinere Korngröße hinweist. (Stärke **5.** 81—82. April 1953. Tamworth, N.S.W. [Australien].) M. ULMANN. 7490

XV. Gärungsindustrie.

M. L. Nepomnjaschtschaja und **L. Ju. Medwinskaja,** *Die biologischen Eigenschaften der Betriebshefe Saccharomyces cerevisiae (Rasse XII) bei der Entnahmemethode.* 1. Mitt. *Morphologie, Kultureigenschaften und Vermehrungsenergie bei Saccharomyces cerevisiae (Rasse XII) beim Entnahmeverfahren.* Die Unterss. erfolgten an Hefen von 2 nach dem Entnahmeverf. arbeitenden Spiritusfabriken u. einer nach dem üblichen Verf. arbeitenden Fabrik. In allen untersuchten Hefen wurden Cytochrom a u. b festgestellt. Am intensivsten sind die Absorptionsbanden bei der nach dem üblichen Verf. angesetzten Hefe. Auf Grund der Unterss. wird angenommen, daß bei der Entnahmemeth. ein Teil der veränderten Hefezellen abstirbt, daß jedoch ein großer Teil sich den veränderten Verhältnissen anpaßt u. n. vergärt. Das Entnahmeverf. besteht darin, daß man während der stürm. Gärung bei 9—11° BALLING Maische entnimmt, mit H_2SO_4 bis 0,8—1,0° versetzt, 5—6 Std. bei 26—28° bis 5—6° BALLING nachgären läßt. Die so gewonnene Hefe wird in den Gärbottich gepumpt, der mit frischer Maische beschickt wird. (Мікробіологічний Журнал [Киев] [Mikrobiol. J. (Kiew)] **17.** Nr. 3. 18—25. 1955. Mikrobiol. Inst. der Akad. der Wiss. der UkrSSR.) O. LEBTAG. 7506

M. K. Karpenko, *Die biologischen Eigenschaften der Betriebshefe Saccharomyces cerevisiae (Rasse XII) bei der Entnahmemethode.* 2. Mitt. *Untersuchung der Aktivität der Atmung und Gärung bei der Hefe Saccharomyces cerevisiae, Rasse XII, bei kontinuierlicher Gärung im Betrieb.* (1. vgl. vorst. Ref.) Die Unterss. über die Aktivität der Gärung u. Atmung von *Saccharomyces cerevisiae* (Rasse XII)-Kulturen in Ggw. von Glucose ergaben, daß die Hefen der nach dem Entnahmeverf. arbeitenden Spritfabriken die gleiche Gärungsaktivität besitzen wie die Hefen der nach dem gewöhnlichen Verf. arbeitenden Spritfabrik. Dabei ist die Gärungsaktivität mit Herbstrohstoff größer als mit Frühjahrs-Sommerrohstoff. Die Hefen aller Betriebe verbrauchen O_2 sowohl in Ggw. wie in Abwesenheit von Glucose. Die Dynamik des O_2-Verbrauches u. der CO_2-Ausscheidung in Ggw. des Substrates sowie die Zahlen über den Glucoseverbrauch zeigen, daß in den ersten 30 bis 45 Min. des 2std. Vers. Gärung u. Atmung nebeneinander verlaufen u. daß nachher nur eine Atmung stattfindet. Beim Entnahmeverf. ist die Atmungsaktivität der Hefe größer als beim gewöhnlichen Verfahren. Bei beiden Verff. ist die Gärungsaktivität bei 48std. Hefe größer als bei 16std. Hefe. (Мікробіологічний Журнал [J. Microbiology] **17.** Nr. 4. 30—35. 1955. Mikrobiol. Inst. der Akad. der Wiss. der UkrSSR.) O. LEBTAG. 7506

—, *Erfahrungen aus Sporenbildungsversuchen nach der sogenannten Filterpapiermethode.* Die Nachteile der Gipsblockmeth. bei der Best. der %-Zahl sporenbildender Zellen in einer Hefeprobe werden vermieden, wenn man Filterpapier (nach 20 Min. Sterilisierung bei 120°) verwendet; die gefundenen Werte sind nicht niedriger als bei Gips. (Brygmesteren **12.** 312—13. Nov. 1955. AB Pripp & Lyckholm, Biol. Labor.) R. K. MÜLLER. 7506

Adalbert Torns, *Der Einfluß des Extraktgehaltes auf die Alkoholstärke.* Unter Hinweis auf die einschlägige Publikation von WALTER (C. **1955.** 9464) wird mittels der TABARIÉschen Formel der Unterschied zwischen dem scheinbaren u. dem wahren Alkoholgeh. extraktarmer Branntweine berechnet u. die Werte in einer Tabelle wiedergegeben. (Alkohol-Ind. **68.** 236—37. 15/5. 1955. Bremen.) E. KIELHÖFER. 7536

William J. Olson, *Untersuchung über Gersten- und Malzqualität.* Erhöhter Wassergeh. der Gerste beim Keimen führt in Abhängigkeit von der Sorte zu höherer proteolyt. Kraft, die mit der Keimdauer ansteigt. Die proteolyt. Kraft steht zur α-Amylase in einer bes. signifikanten Korrelation, aber auch zum Würze-N u. zur β-Amylase. Eine neue „Extrakt"-Meth. zur Best. der proteolyt. Kraft liefert bei schlecht gelösten Malzen niedrigere Werte als die autolyt. Methode. Durch Anwendung beider Methoden kann unter Umständen die Beurteilung der Auflösung erleichtert werden. 17 Aminosäuren wurden in Gerste durch Papier- u. Ionenaustauschchromatographie gefunden; die 10 wichtigsten waren (Reihenfolge nach der Menge): γ-Aminobuttersäure, Glutaminsäure, Asparaginsäure, Alanin, Valin, Glycin, Leucin u. Isoleucin, Prolin, Serin u. Phenylalanin. Beim Mälzen blieb die Reihenfolge der ersten 5 unverändert. Im Bier kamen am häufigsten vor: Alanin, γ-Aminobuttersäure, Prolin, Glutaminsäure, Asparaginsäure usw. (Brewers Digest **29.** Nr. 7. 57—69. Juli 1954. Madison, Wis., U. S. Dep. of Agricult., Barley and Malt Labor.) H.-G. SCHULTZE-BERNDT. 7540

Carl W. Naumann, *Die Adsorption des Hopfenbitterstoffes.* Die Bitterstoffe des zum Überschwänzen verwendeten gekochten Hopfenwassers wurden durch die Malztreber quantitativ absorbiert. Beim Überleiten des Hopfenwassers über H-Wofatit werden gleichfalls Bitterstoffe adsorbiert; das Filtrat ist sauer. (Brauwissenschaft **1954**. 267—68. Dez., Beilage zu: Brauwelt, Ausg. B.) H. G. SCHULTZE-BERNDT. 7540

Karl Heinze, *Gewinnung von Gärungskohlensäure.* Bei n. Stammwürzgeh. kann man prakt. mit 1—1,1 kg CO_2/hl Bier rechnen. Diese Menge reicht für die Abfüllung, Flaschen-CO_2 für Faßbier u. durchschnittliche Mineralwassererzeugung. Bei kleineren Anlagen ist zur Bereitstellung gasförmiger CO_2 für die Abfüllerei ein Gasometer zweckmäßig. Größere Anlagen arbeiten mit Dauerbetrieb des Kompressors. Eine Verflüssigungsanlage wird dem Gasspeicher nachgeschaltet. Zur Ausscheidung des Kondensats von W., A. u. Öl wird ein Zentrifugalabscheider verwendet, Geruchsstoffe werden durch Adsorption an Aktivkohle, Ölspuren in Schwebestoffiltern u. Feuchtigkeitsspuren in Silia-Doppelfiltern entfernt. Bei Abdeckung von Bottichen mit 4000 hl errechnet sich der Preis für gasförmige CO_2 zu DM 0,184/kg, bei fl. CO_2 zu insgesamt DM 0,547/kg. (Brauwelt **95**. 1659—63. 16/12. 1955.) H. G. SCHULTZE-BERNDT. 7544

George B. Beattie, *Gedanken zur Kohlensäurebindung.* Verschied. Theorien über das CO_2-Bindungsvermögen in Bier u. Mineralwasser werden besprochen u. Verss. in alkoholfreien Getränken durchgeführt. Bei Zusatz verschied. Salze in Mengen von 110 bis 295 mg/Liter wurde die Oberflächenspannung zwar leicht erhöht, doch scheint die verbesserte CO_2-Bindung andere Ursachen zu haben. Günstigere Ergebnisse hatte die Zugabe von 10—25 mg Silicon-Antischaummitteln je Liter, die allerdings einen höheren Luftgeh. verursachte. Wurden harte Carbonat- oder Sulfatwässer verwendet, so wurde die Gasbindung verbessert, ohne die Schaumeigg. zu schädigen. (Bottling **1954**. Nr. 121. 107—15. Juli, Beilage zu: Brewing Trade Rev.) H. G. SCHULTZE-BERNDT. 7550

XVI. Nahrungs-, Genuß- und Futtermittel.

R. G. Eeckhaut, *Das Problem der Antiseptica in der Lebensmittelindustrie.* Gekürzte Wiedergabe der C. **1956**. 11087 referierten Arbeit. (Petit J. Brasseur **63**. 770—76. 18/11. 1955.) H. GUDE. 7634

E. P. Farrell und **J. A. Johnson,** *Verminderung des Bedarfs für Malzzusatz beim Mehlmahlen.* Die Umwandlung von Stärke in fermentierbaren Zucker ist eine Funktion der Enzyme α- u. β-Amylase, die im Malz enthalten sind. Die Stärke muß lösl. gemacht werden, bevor sie brauchbar ist. Dies kann in begrenztem Maße durch den Mahlprozeß bewirkt werden. Zu feines Mahlen begünstigt zwar den Enzymangriff auf die Stärke, schädigt aber das Protein. Eine geringe Vermehrung der Empfänglichkeit der Stärke kann zwar durch gesteigerten Rolldruck bewirkt werden. Am wirksamsten ist es, einen der reinen, niedriggrädigen, mittleren Ströme auszuwählen, einen Teil dieses Stromes fein zu mahlen u. dadurch die durchschnittliche Löslichkeit der Stärke im Mehl als Ganzes zu erhöhen. (Northwestern Miller **248**. 1a. 3a. 22a. 12/8. 1952.) R. WALCKER. 7670

Adolf Schulz und **Hans Stephan,** *Untersuchungen über die Verwendung von Trockenmilch in der Bäckerei.* Vff. fanden, daß ein ca. 3%ig. Zusatz von ungesäuertem Magermilchpulver zum Brotteig das Brotvol. verringert u. die Krumenbeschaffenheit verschlechtert. Wird die Magermilch vor dem Trocknen gesäuert (Propionsäurebakterien zur sterilen Magermilch), können hervorragende backtechn. Effekte erzielt werden. Es kann auch bis p_H 5,5 gesäuerte u. als solche bequem versprühbare, eingedickte Milch verwendet werden. (Milchwissenschaft **10**. 396—401. Dez. 1955. Detmold, Bundesforschungsanstalt für Getreideverarbeitung.) F. GÜNTHER. 7674

Emil von Skramlik, *Läßt sich das Kochsalz im Geschmack ersetzen?* (Vgl. C. **1956**. 4586.) Bericht über Unterss. mit Xal, Neocurtasal, Co-Salt u. Titro-Sina-Salz, die NH_4Cl als wesentlichen Bestandteil enthalten (p_H-Werte, Geschmacks- u. Schwellenwerte). Der NaCl-Geschmack wird durch diese Präpp. nicht vollwertig ersetzt. (Z. ges. inn. Med. Grenzgebiete **7**. 679—82. 1/8. 1952. Berlin, Humboldt-Univ., Physiol. Anst.) J. SCHWAIBOLD. 7714

W. Spoon (unter Mitwirkung von **Wa. M. Sesseler** und **D. Spruit**), *Kann Boegroemakkafett Kakaobutter ersetzen?* (Vgl. C. **1955**. 4727.) Unterss. über die Eigg. von raffiniertem u. desodorisiertem Fett aus den Samenkernen der Boegroemakka (**a**) oder Muru-Muru-Palme (Astrocaryum spec.) aus Surinam zeigen, daß das Fett derselben bis zu einer gewissen Menge die Kakaobutter in Schokolade (in bitterer eher als in Milchschokolade) zu ersetzen vermag. Größere Mengen werden sich nicht anwenden lassen, weil damit techn. Schwierigkeiten (beim Loslösen aus den Formen) u. Geschmacksveränderungen („fettig") verknüpft sind. (Cacao-Chocolade-Suikerwerken **23**. Nr. 12. 422. Dez. 1955. Oliën, Vetten Zeep **39**. Nr. 23. 359. Nov. 1955; Ber. Afdel. trop. Product. Kon. Inst. Tropen **1955**. Nr. 253. 1—13. Amsterdam.) W. WESLY. 7726

J. van Hoeken und **P. C. Moerman,** *Der Einfluß des Schimmelpilzes Rhizopus oryzae auf die Alkaloide Lupinin und Spartein aus der bitteren gelben Lupine (Lupinus luteus).*

Das in Ostasien zur Verbesserung der Genießbarkeit u. des Geschmacks von Sojabohnen übliche Verf., das Prod. mit Rhizopus oryzae verschimmeln zu lassen, wird zur Beseitigung der in Lupinus luteus enthaltenen Alkaloide Lupinin u. Spartein angewandt. Es zeigt sich, daß diese durch die genannte Behandlung unverändert bleiben, so daß es mit dem Verf. nicht gelingt, Lupinus luteus für den Verzehr geeignet zu machen. (Landbouwkund. Tijdschr. **64.** 767—69. Nov. 1952. Delft, TH, Labor. voor techn. Botanie.)
W. WESLY. 7742

R. Buttiaux, *Die bakteriologische Untersuchung von Büchsenschinken.* 2. Mitt. (1. vgl. C. **1953.** 8737.) Die Mikroflora von Dosenfleisch u. -schinken u. ihre Bedeutung für die menschliche Gesundheit werden besprochen. Die Meth. der bakteriolog. Prüfung, die Erkennung bestimmter Mikroorganismen werden erörtert, die Zus. von Nährmedien ist angegeben. (Food Manufact. **28.** 135—38. 1/4. 1953. Lille, Inst. Pasteur.)
PH. FRESENIUS. 7750

Johannes O. Gütte, *Untersuchungen über die Unterschiede im Fettgehalt der Morgen-, Mittags- und Abendmilch.* Vf. erklärt die Schwankungen des Fettgeh. der Morgen-, Mittags- u. Abendmilch damit, daß eine Restmilchmenge im Euter zurückbleibt, die infolge mechan. Entmischung bes. fettreich ist (ca. 15%). Nach längerer Zwischenmelkzeit ist die Restmilchmenge größer, da zur Ermelkung der größeren Milchmenge mehr Zeit benötigt wird u. die Oxytocinwrkg. schon während des Melkens abklingt. Ferner ist die mechan. Entmischung der Milchbestandteile weiter fortgeschritten. Die vermehrt zurückbleibende Restmilch wird bei der folgenden Melkung mit ermolken, so daß nach langer Zwischenmelkzeit eine bes. fettreiche Milch erhalten wird. (Milchwissenschaft **8.** 321—24. Sept. 1953. Göttingen, Univ., Inst. für Tierphysiol. u. Tierernährung.)
F. GÜNTHER. 7756

J. C. Oosthuizen, *Tägliche Schwankungen im Fettgehalt der Sammelmilch.* Vf. führt Ursachen für die Schwankung des Fettgeh. in der Milch an. (Farming South Africa **30.** 49—52. Febr. 1955. Glen., Coll. of Agriculture.) F. GÜNTHER. 7756

Manfred Kublitz, *Untersuchungen über den Kalkgehalt der Milch von Kühen.* Vf. ermittelte aus 1182 Analysen, daß die Werte für Milchkalk weitgehend dem Fettgeh. der Milch proportional sind (Korrelationskoeff.). Ein Einfl. des Futters auf den Kalkgeh. der Milch konnte nachgewiesen u. pro kg Milch im Durchschnitt 1,53 g Ca festgestellt werden. (Milchwissenschaft **8.** 315—20. Sept. 1953. Göttingen, Univ., Inst. für Tierzucht u. Milchwirtschaft.) F. GÜNTHER. 7756

Paavo Roine und **Helge Gyllenberg,** *Der Riboflavingehalt der Handelsmilch.* Für den *Riboflavin* (I)-Geh. wurden in Milch aus Milchläden in Helsinki u. zum Vgl. in frischgemolkener Milch (Werte jeweils in Klammern) auf mikrobiol. Wege in verschied. Jahreszeiten folgende Mittelwerte gefunden: Mai/Juni 1,64 (1,88), November 1,78 (1,88), Februar/März 1,74 (1,90) mg/Liter. Der geringere **I**-Geh. im Sommer wird auf seine Zerstörung infolge stärkerer Belichtung zurückgeführt; höhere Temp. ist prakt. ohne Einfluß. Die **I**-Verluste bei Bestrahlung der Milch sind in farblosen Flaschen viel höher als in braunen Flaschen. (Karjantuote **39.** 187—92. 27/4. 1956. Helsinki, Yliopiston ravintokem. laitos.) S. BECKMANN. 7756

Hermann Gebhardt, *Die Geschichte der Milcherhitzungsverfahren.* Kurzer Überblick über die Entw. der Milcherhitzungsverfahren. — 9 Abbildungen. 12 Literaturhinweise. (Milchwissenschaft **8.** 246—51. Juli 1953. Hamburg-Lohbrügge.) F. GÜNTHER. 7756

Hartmut Bachmann, *Kontinuierliche Sterilisation der Milch.* Es werden die Vorteile der Kontinu-Sterilisation (Anlage der GEBR. STORK & CO., Amsterdam), fehlerhafte Veränderungen der Milch bei unsachgemäßer Wartung der Anlage, der Sterilisationseffekt bzw. die Keimfreiheit des Endprod., zahlreiche techn. Einzelheiten u. ein Kleinsterilisator besprochen. — 2 farbige Schemata u. Abbildungen. (Molkerei-Ztg. **7.** 755—58. 18/6. 811—12. 25/6. 831. 2/7. 867. 9/7. 892—93. 16/7. 1953. Karlsruhe.) F. GÜNTHER. 7756

F. Schönberg, *Zur Wirksamkeit der Trinkmilchpasteurisierung in der heutigen Molkereipraxis, insbesondere bezüglich der Abtötung von Tuberkelbakterien.* Bei Unters. von im Durchschnitt 200 Proben ergab sich im Tiervers., daß kurzzeiterhitzte Milch (mit automat. Umschaltgeräten u. Temperaturschreibern; 76°) zu 0,94% tuberkelhaltig (Rohmilch 54,1%) war u. hocherhitzte Milch (Plattenerhitzer; 85°) zu 0,93% (Rohmilch 20,24%). Bei drei Molkereien mit Hocherhitzern u. einer mit Dauererhitzer (30 Min. bei 62—65°) waren 0% tuberkelhaltig. Vf. erhebt zum Ziel der völligen Keimfreiheit die Forderung, alle Molkereien mit Sicherungsgeräten für die Milchpasteurisierung auszurüsten. (Molkerei-Ztg. **7.** 801—03. 25/6. 1953. Hannover, Tierärztl. Hochschule, Inst. für tierärztl. Lebensmittelkunde u. Milchhygiene.) F. GÜNTHER. 7756

Heinz Lemke, *Der Weg zur schonenden Konservierung der Milch. Undenaturiertes Molkenprotein — Überlegenheit der Kurzzeiterhitzung und Sprühtrocknung — Erhaltung* *von Bakterienhemmstoffen* (*Inhibinen*). Besprechung von Arbeiten, deren Ergebnisse auf die Überlegenheit der Kurzzeiterhitzung gegenüber der Hocherhitzung hinweisen, bes. im Rahmen der Säuglingsernährung. — 7 Elektropherogramme von Molke verschied. behandelter Milchproben. (Molkerei-Ztg. **7.** 747—48. 18/6. 1953. Herford, Westfalen.) F. GÜNTHER. 7756

Heikki K. Kerkkonen und **Matti Kreula,** *Soll man zur Verwendung farbiger Milchflaschen übergehen?* Die Durchlässigkeit verschied. gefärbter Gläser, *PVC-* u. *Cellophan-* (I)-Folien für Licht verschied. Wellenlängen wurde untersucht. Rotes **I** läßt nur Licht von $\lambda > 5800$ Å durch, auch grünes **I** hat eine geringe Durchlässigkeit für kurzwelliges Licht, dagegen haben farbloses u. blaues Glas u. gelbes, rotes u. blaues PVC eine hohe Durchlässigkeit für kurzwellige Strahlen; Opalglas hat eine relativ geringe Durchlässigkeit für alle Wellenbereiche. — Frischmilch wurde in Flaschen verschied. Farbe im Sonnenlicht aufbewahrt u. der Geh. an Vitamin C u. die Geschmacksveränderungen verfolgt. Typ. Geschmacksfehler treten nach dem Verschwinden von Vitamin C auf: in farblosen Flaschen schon nach ca. 1 Std., in blaugrünen u. grünen nach ca. 3 Std.; am besten hält sich die Milch in braunen Flaschen, die für Wellenlängen < 4500 Å undurchlässig sind. Die Geschmacksfehler werden verstärkt beim anschließenden Aufbewahren der bestrahlten Milch bei niedriger Temp. im Dunklen. (Karjantuote **39.** 158—62. 10/4. 1956. Helsinki, Valion labor.) S. BECKMANN. 7756

N. King, *Der Einfluß des Fettgehaltes auf die Stabilität der Eiweiß- und Fettphase beim Homogenisieren der Sahne.* Vf. untersuchte die Stabilität der Eiweiß–Fett-Phasenverteilung in unsterilisierter (a) u. sterilisierter (b) homogenisierter Sahne bei Fettgehh. von 9; 18,5; 28; 37 u. 48%. In a u. b nahm die Stabilität der Eiweißphase mit der Erhöhung des Homogenisierungsdruckes u. des Fettgeh. ab, bei b jedoch nicht so deutlich. Hohe Stabilität aller 48%ig. Proben (mit partieller Entemulgierung). Bei b zeigte sich bei niedrigen Fettgehh. eine erhöhte Umhüllung der Fettkügelchenoberfläche mit dem Homogenisierungsdruck. Beim Steigen des Fettgeh. nehmen die Fettkügelchen mehr hydrophobes Verh. ihrer Oberfläche an. (Milchwissenschaft **8.** 251—55. Juli 1953. Melbourne, Australien.) F. GÜNTHER. 7756

Karl J. Demeter, *Beitrag zur Frage der Butterfehler. Der Butterfehler „faulig-käsig", seine Ursache und Bekämpfung.* Besprechung des Butterfehlers „faulig-käsig" (= surface taint bzw. rabbito defect) u. ein Verf., seinen aus dem W. stammenden Erreger, Pseudomonas putrefaciens, mittels Gelatine–Phosphatpufferlsg. nach NAYLOR u. SMITH u. eines Spezialnährbodens nach LONG u. HAMMER zu isolieren u. nachzuweisen. Kräftiger Säurewecker u. 1—15 ppm. Chlor im W. werden zur Bekämpfung angegeben. — 61 Literaturhinweise. (Molkerei-Ztg. **7.** 885—86. 16/7. 915—16. 23/7. 1953.) F. GÜNTHER. 7758

Theodor Sabalitschka, *Einwirkung von l-Ascorbinsäure auf lagernde Butter.* Vf. vergleicht die von ihm erzielten Ergebnisse früher angestellter Verss. mit denen kürzlich von TOLLENAAR (C. **1954.** 2293) veröffentlichten. Bei beiden Autoren verzögerte *l-Ascorbinsäure* (I) die durch Lagerung der Butter verursachte Geruchs- u. Geschmacksverschlechterung. Andererseits erzeugte der **I**-Zusatz einen butterfremden Malzgeschmack u. eine Braunfärbung, wodurch **I** zur Stabilisierung der Butter ungeeignet ist. — Diskussion der möglichen Ursachen. (Milchwissenschaft **8.** 300—02. Aug. 1953. Berlin, Biologisch-Chemische Forschungsanstalt.) F. GÜNTHER. 7758

N. King, *Die Anwendung der Homogenisierung in der Käserei.* Die mit der Einführung der Homogenisierung auftretenden neuen Eigg. des Käses werden besprochen. (Milchwissenschaft **8.** 324—27. Sept. 1953. Melbourne.) F. GÜNTHER. 7760

Nis Petersen, *Gibt es penicillin-widerstandsfähige Säurewecker für die Käserei?* Besprechung dän. Verss. zur Herst. von penicillinresistenten Säureweckern. Bei gleichbleibendem Aromabildungsvermögen gelang es, nach einjähriger gradweiser Anpassung eine $^1/_2$—1 Monat haltbare Resistenz eines Molkereisäureweckers von 1 I. E. Penicillin pro ml Milch zu erreichen, während Handelssäurewecker keine Anpassung zeigte. (Molkerei-Ztg. **7.** 766—67. 18/6. 1953. Kiel.) F. GÜNTHER. 7760

Siegfried Winkler, *Züchtungs- und Käsereiversuche mit Sc. faecalis.* Vf. untersuchte ob eine Beimpfung der Kesselmilch mit Streptococcus-faecalis (**I**)-Reinkultur einen Einfl. auf die Eigg. des Emmentaler Käses hat. **I** erwies sich als schwacher Säurebildner in Milch gemeinsam mit Lactobacillus helveticus kann er jedoch hohe Säuregrade erreichen. **I** wächst am besten auf doppelt verdauter Milch. 8 Emmentaler Käse, deren Kesselmilch mit **I** beimpft worden war, zeigten keine Unterschiede zu den Kontrollen. Hinsichtlich Lochung, Teigbeschaffenheit, Geruch, Geschmack u. Aroma waren die Versuchskäse nach 4 Monaten gegenüber den Kontrollen minderwertiger, was nach 2 Monaten noch stärker hervortrat. (Milchwiss. Ber. **4.** 219—40. 1954. Rotholz, Österreich, Bundeslehr- u. Versuchsanstalt für Hartkäserei.) F. GÜNTHER. 7760

M. E. Schulz, *Auswirkung der Volumenvergrößerung bei der Lochbildung im Käse.* Die bei der Lochbldg. im Käse auftretende Volumenvergrößerung kann kompensiert werden durch Wölbung u. Dehnung der Käseoberfläche, durch Auspressen von Molke sowie durch Zusammenpressung der sauerstoffverarmten Luft in Bruchlöchern. Man sollte deshalb ruhig reichlich Bruchlöcher zulassen. Die obere Grenze hierfür ist gegeben durch den Zusammenhalt des Käses beim Schneiden. (Milchwissenschaft **8.** 314. Sept. 1953. Kiel, Bundesversuchs- u. Forschungsanstalt für Milchwirtschaft.) F. GÜNTHER. 7760

T. Kristoffersen und **F. E. Nelson,** *Die Beziehung von Serindesaminierung und Schwefelwasserstoffbildung durch Lactobacillus casei zum Cheddarkäsearoma.* Vff. isolierten aus verschied. Cheddarkäseproben Stämme von Lactobacillus casei. H_2S-bildende Stämme wurden nur in Käse mit einer Mindestpunktzahl von 39,0 oder mehr gefunden. Die Fähigkeit zur Serindesaminierung war sehr unterschiedlich, jedoch wurden die aktivsten Stämme aus den besten Käsen isoliert. SH-Gruppen u. freier H_2S nahmen im Verlauf der Reifung von Versuchskäsen zu. Nach 6 Monaten entsprach der höchsten H_2S-Konz. der geschmacklich beste Käse. (J. Dairy Sci. **38.** 1319—25. Dez. 1955. Ames, Io., Iowa Agric., Expt. Stat., Dairy Ind. Sect.) HANS THIELE. 7760

Matti Antila, Arvo Lehto und **Matti Hietaranta,** *Die Reifung von Edamer Käse. Über Säurewecker bei der Herstellung von Edamer Käse.* Bei der Herst. von Edamer Käse aus pasteurisierter Milch zeigten verschied. bei der Butterherst. bewährte Säurewecker (**I**) kaum Unterschiede hinsichtlich des Einfl. auf den Reifungsprozeß. Zusatz von Reinkulturen von *Sc. diacetilactis 38* (**II**) u. *Bc. cremoris Norge 30* (**III**) zu den **I** begünstigte im allg. die Bldg. flüchtiger Säuren. Zusatz von **II** verbesserte die Wrkg. der schwächeren **I** bei der Reifung, verschlechterte aber, ebenso wie **III**, die Wrkg. der besseren **I**. Zur Verbesserung der biochem. Aktivität von **I** ist daher nur **II** zu empfehlen. Die qualitativ besten Käse wurden mit gewöhnlichen **I** ohne Zusatz erhalten. Mit **II** u./oder **III** allein gelang es nicht, fehlerfreien Käse zu erhalten; bei diesen Verss. war die Milchsäuregärung verlangsamt. Zwischen der Geschwindigkeit der Säurebldg. u. der Trocknung, sowie zwischen dem Geh. an Citronensäure u. dem Geschmack der Käse besteht eine deutliche Korrelation, nicht dagegen zwischen dem Geh. von reifem Käse an flüchtigen Säuren u. dem Geschmack. (Karjantuote **39.** 99—107. 28/3. 1956. Helsinki, Yliopiston Maitotalouslaitos u. Valion Neuvontaosasto.) S. BECKMANN. 7760

Kaleva Niemelä, *Beobachtungen über die Haltbarkeit von Emmentaler Käse bei niedriger Lagerungstemperatur.* An ca. 35000 Stück Emmentaler Käse wurde festgestellt, daß während der Lagerung bei einer Temp. von 6—8° Rinden- u. andere Fehler hauptsächlich in den ersten 2 Lagerungsmonaten auftreten. Ungenügende Feuchtigkeit begünstigt das Auftreten von Qualitätsfehlern. (Karjantuote **39.** 152—55. 10/4. 192—95. 27/4. 1956.) S. BECKMANN. 7760

Ludwig Sedlmayr, *Versuche und Beobachtungen über den Grünschimmel am Camembert. Einfluß der Luftbewegung und Widerstandsfähigkeit langwüchsiger Weißschimmel bei Infektionen.* Vf. untersuchte die wechselseitige Beeinflussung von Grün- u. kurzwüchsigem u. langwachsendem weißen Camembertschimmel auf der Käseoberfläche u. auf Nährböden. Es werden die Infektionsbilder der einzelnen Tage u. der Einfl. der Luftbewegung genau angegeben. Eine übergroße Zahl von Weißsporen dämmt die sichtbare Grünkolonie wesentlich ein. (Molkerei-Ztg. **7.** 895—96. 16/7. 1953. München.) F. GÜNTHER. 7760

J. H. Labuschagne, *Das Salzen des Gouda-Käses.* Vf. erhielt mit einer 20% ig. Salzsole die besten u. mit Trockensalzen die schlechtesten Ergebnisse. Die erforderliche Dauer der Salzbehandlung hängt von der Temp. u. der Konz. der Salzlsg. sowie dem Feuchtigkeitsgeh. u. der Größe des Käses ab. — 3 Tabellen. (Farming South Africa **30.** 285—86. 300. Juni 1955. Pretoria, Agricult. Res. Inst.) F. GÜNTHER. 7760

Josef Zwolsky, *Roquefortkäse — Edelpilzkäse.* Vf. teilt Erfahrungen bei der Herst. von Edelpilzkäse mit u. vergleicht das Herstellungsverf. mit dem des Roquefort. (Molkerei-Ztg. **7.** 767—68. 18/6. 1953. Emmerthal.) F. GÜNTHER. 7760

Aarne Mäkelä, *Über das mechanische Sättigungsvermögen und den Energiewert von Futtermitteln.* Um das mechan. Sättigungsvermögen (Futtervol.) verschied. Futtermittel im Vgl. mit Heu zu ermitteln, erhielten Kühe teils nur Heu ad libitum, teils außerdem bestimmte Mengen anderer Futtermittel. Die Menge Heu, die dann weniger gefressen wurde, wurde festgestellt. Die aus den Versuchsergebnissen errechneten Werte geben an, wieviel kg Trockensubstanz des Futtermittels des Heus 1 kg Trockensubstanz des Futtermittels (bzw. wieviel kg lufttrockenes Heu 1 kg des Futtermittels) entsprechen: Kraftfuttermittel 0,5 (0,52), Kartoffeln 0,6 (0,15), Kohlrüben 0,6 (0,09), Zuckerrübenschnitzel 0,9 (0,11), Futtercellulose 0,7 (0,77), Zuckerrübenblatt 0,8 (0,14), A IV-Silage aus Gras

1,0 (0,28), Haferstroh 1,0 (1,04). Der Fasergeh. der Kraftfuttermittel beeinflußt deren mechan. Sättigungsvermögen nicht nennenswert. Die Menge an Trockensubstanz im Futter von Kühen mit hohen Rationen ist größer, als bei Kühen mit niedrigen Rationen, wenn alle Tiere bis zur Sättigung fressen. Auf Grund von Verss. werden Höchstwerte für die Menge an Trockensubstanz in Futterrationen von Kühen verschied. Leistung angegeben. (Karjatalous **32.** 33—35. Febr. 1956. Helsinki, Yliopiston kotieläintiet. laitos.)
S. BECKMANN. 7780

W. Spoon, *Der Nährwert von Palmkernkuchen aus Surinam.* Aus den Samen einiger Astrocaryumarten (Awarra-, Boegroemakka-, Muru-Muru- u. Paramakka-Palmen) gewonnene Preßkuchen enthalten: 12,6 (%) Rohprotein, ca. 20 Rohzellstoff, 3,2 Asche, ca. 64 N-freien Extrakt (Stärke, Zucker usw.). Die gewöhnlichen Pålmkern- u. Cocosnußkuchen weisen mehr Protein u. weniger N-freien Extrakt auf. An Hämmeln ausgeführte Verss. über Verdaulichkeit u. Nährwert der aus den Samenkernen gewonnenen Kuchen zeigen in Übereinstimmung mit dem analyt. Befund, daß diese proteinarm, aber reich an Stärkeäquivalent sind. Die Kuchen enthalten 1—1,65% NaCl (Trockensubstanz), das aus dem Boden in der Nähe von See- oder Brackwasser stammt. (Oliën, Vetten Zeep **39.** Nr. 2. 15. 22/1. 1955; Ber. Afdel. trop. Product. Kon. Inst. Tropen **1955.** Nr. 249. 1—8. Amsterdam.)
W. WESLY. 7786

Joachim Pietz, *Die Hefe, ihre Technologie und ihre Anwendung.* Die Gewinnung von Nährhefe aus Buchenholzsulfitablauge in der Filmfabrik Wolfen sowie Zus., Bedeutung u. Anwendung bei der Fütterung werden ausführlich dargestellt. (Mh. Veterinärmed. **10.** 177—83. 15/4. 1955. Wolfen, VEB Filmfabrik Agfa, Abt. Hefefabrikat.)
H. G. SCHULTZE-BERNDT. 7786

Allan K. Smith, Paul A. Belter und **Vernon L. Johnsen,** *Peptisation von Sojabohnenmehlprotein. Wirkung der Methode der Dispergierung und Alter der Bohnen.* Schrifttumsüberblick über die Arbeiten zur Ermittlung der Dispergierbarkeit der Sojaproteine aus industriell verarbeiteten Bohnen unter Hinweis auf die prakt. Verwendung dieser Prodd.; weitere Verss. über die Wrkg. der Temp., des Rührens, des p_H des Syst., der Varietät der Bohnen u. ihrem Alter auf die Dispergierbarkeit; letztere wird ermittelt, indem der Geh. der unter definierten Bedingungen hergestellten u. dann zentrifugierten Dispersion (klare Lsg.) an N (KJELDAHL) bestimmt u. zum Gesamt-N der eingewogenen Probe in Beziehung gesetzt wird. Aus den Resultaten geht hervor, daß es eine allg. anwendbare Arbeitsweise nicht gibt, um ein schlüssiges Urteil abgeben zu können, weil die einflußnehmenden Faktoren sich in ihrem Effekt überschneiden. Eine Wasserextraktion des Substrates (30 Min. bei Zimmertemp.; W. : Mehl 40 : 1) ermöglicht eine Differenzierung von solchen Mehlen, die bei der Verarbeitung relativ wenig denaturiert worden sind; die Ergebnisse sind nicht sehr präzis, werden aber durch verlängerte Extraktionszeit verbessert. Sehr stark denaturierte Mehle können differenziert werden, wenn man die Dispersion bei p_H 8 in einer Lsg. von Laurylsulfat vornimmt. (J. Amer. Oil Chemists' Soc. **29.** 309—12. Aug. 1952. Peoria, Ill., Northern Reg. Res. Labor.)
K. TÄUFEL. 7804

R. M. McCready und **E. A. McComb,** *Extraktion und Bestimmung der gesamten Pektinmaterialien in Früchten.* Die gesamten Pektinsubstanzen werden als Anhydrouronsäure (I) bestimmt u. durch milde Mittel charakterisiert. Pektinenzyme wurden zur Extraktion von Pektin aus Äpfeln benutzt. Ein Ca absonderndes Mittel u. Pektinase wird benutzt, um Totalpektinsubstanzen aus Früchten ohne Erhitzen zu extrahieren. Frische Früchte u. Orangekonzentrate wurden als I analysiert durch eine colorimetr. Carbazolmeth. nach erfolgter Extraktion mit Versenpektinase u. Kochen mit 0,5% Versen. Getrocknetes Material wurde als I analysiert, indem die zu untersuchende Substanz mit 19%ig. HCl 2 Std. lang erhitzt u. das dabei entstehende CO_2 gemessen wurde. (Analytic. Chem. **24.** 1986—88. Dez. 1952. Albany, Calif., Western Reg. Labor.)
R. WALCKER. 7808

H. Moor, *Die Bestimmung von Vitamin A in Milch und Milchprodukten. (Auswertung nach Carr-Price).* (Vgl. auch C. **1954.** 3829.) Zu untersuchendes Fett wird — im Gegensatz zu allen bisherigen Verff. — bei 80° u. bei Verdampfen des A. 10—15 Min. verseift u. zur Sirupkonsistenz eingedampft. Durch Zusatz von Hydrochinon treten keine Verluste von *Vitamin A* (I) ein. Al_2O_3 wird als Adsorptionsmittel für Seifen u. Emulgatoren zugesetzt. I kann seifenfrei aus dem pulverförmigen Adsorbat mittels Ae. eluiert u. nach CARR-PRICE colorimetriert werden. Bei Milch wird nach RÖSE-GOTTLIEB verfahren. Bei unbekanntem Material muß die endgültige Abtrennung des I durch Chromatographie erfolgen. (Milchwissenschaft **8.** 298—300. Aug. 1953. Basel, Hoffmann-La Roche, Vitamin-Abt.)
F. GÜNTHER. 7856

Karl Heinz Wagner, *Die Bestimmung von Vitamin A und Carotin in Milch- und Fettprodukten mit chemisch-physikalischen Methoden.* Nach Verseifen des Untersuchungsgutes u. Extraktion wurden durch zwei hintereinandergeschaltete, mit bas. u. saurem Al_2O_3 beschickte Chromatographiesäulen *Vitamin A* u. *β-Carotin* getrennt u. mit der CARR-PRICE-Rk. oder spektralphotometr. bestimmt. Äußerst genaue Versuchsbeschreibung sowie Rechenbeispiele. (Milchwissenschaft **8**. 287—91. Aug. 1953. Gießen, Justus-Liebig-Hochsch., Medizin. Akad., Inst. für Ernährungswiss.) F. GÜNTHER. 7856

Karl Heinz Wagner, *Die quantitative biologische Bestimmung von Vitamin A und Carotin in Milch- und Fettprodukten.* Mit dem Hinweis auf die größere Zuverlässigkeit der biol. Bestimmungsmethoden für *Vitamin A* (**I**) werden der Kolpokeratosetest, der Resistenztest, der biol. Wachstumstest (mit genauem Berechnungsschema) u. der kurative Test eingehend beschrieben. Von der Wachstumsmeth. wird abgeraten, da das Wachstum zu vielen Ursachen gleichzeitig unterliegt. Die Anforderungen an den größere Sicherheit liefernden Nachw. der Augenerscheinungen (Keratomalacie, Konjunctivitis, Xerophthalmie) werden dargelegt. Vf. wertet **I**, *β-Carotin* (**II**) u. **I**-*Alkohol* (internationale Standardpräpp.) biol. aus u. bestimmt die Grenzdosis für den biol. Test zu 2 I.E. **I**. Zur Best. von **I** in Kuhmilch u. vitaminisierter Margarine wird **I** vor dem Test von **II** u. Carotinoiden säulenchromatograph. getrennt. Erläuterung eines Rechenbeispiels. (Milchwissenschaft **8**. 291—98. Aug. 1953. Gießen, Justus-Liebig-Hochsch., Medizin. Akad., Inst. für Ernährungswiss.) F. GÜNTHER. 7856

V. Sreenivasamurthy, H. Laxminarayana und **K. K. Iya,** *Eine neue mikrobiologische Methode zum Schnellnachweis von Lactoflavin in der Milch.* Auf der Tatsache, daß die Red. von Triphenyltetrazoliumbromid durch Streptococcus faecalis von der *Lactoflavin* (**I**)-Konz. des Nährbodens abhängig ist, bauten Vff. ein Schnellnachweisverf. (5 Std.) für **I** auf. Das gebildete Formazan wird nach 3std. Bebrütung bei 37° u. Extraktion mit 5 ml n-Butanol mittels Elektrophotometers bestimmt. (Milchwissenschaft **8**. 286—87. Aug. 1953. Bangalore, Indian Dairy Res. Inst.) F. GÜNTHER. 7856

Willibald Diemair und **Gisela Schwindling-Manderscheid,** *Zur Methodik der Bestimmung von Vitamin D_3 in ultraviolettbestrahlter Milch.* Vff. gelang eine quantitative Best. des *Vitamins D_2* mittels Antimontrichloridguajakol auf stufenphotometr. Wege. Die Reaktionslsg. muß völlig rein u. wasserfrei sein u. die Isolierung des Vitamins D_2 muß unter Luft- u. Lichtabschluß erfolgen. Die Störung durch Carotinoide macht eine chromatograph. Abtrennung erforderlich. (Milchwissenschaft **8**. 278—84. Aug. 1953.) F. GÜNTHER. 7856

Erwin Vogel und **Hermann Neukam,** *Erfahrungen zur Bestimmung des Vitamin D_3-Gehaltes in homogenisierter vitaminierter Vollmilch.* Vff. trennten den unverseifbaren Anteil homogenisierter u. vitaminisierter Milch (PAe., Phasentrennung) durch zweidimensionale Papierchromatographie in wss. Aceton als Entwickler von störenden Bestandteilen u. machten den Vitamin-D_3-Fleck durch Behandeln des Chromatogramms mit petroläther. Jodlsg. sichtbar. Annähernde Abschätzung der Menge aus der Fleckgröße durch Vergleich. (Milchwissenschaft **8**. 284—85. Aug. 1953. Nürnberg, Labor. der Bayer. Milchversorgung GmbH.) F. GÜNTHER. 7856

Bruno Paschke, *Nachweismethoden der Erhitzung von Trinkmilch in der Lebensmittelkontrolle.* Die Anwendbarkeit der *Peroxydase-* u. *Phosphatase*-Rk. wird besprochen u. in Verss. gefunden, daß eine Regeneration der Phosphatase (wie die der Peroxydase) nicht möglich ist. Tabellar. Zusammenstellung der nach den einzelnen Erhitzungsverff. erhaltenen Reaktionen. (Milchwissenschaft **8**. 266—68. Juli 1953. München, Staatl. Chem. Untersuchungsanst.) F. GÜNTHER. 7856

G. Schwarz, E. Ciblis und **W. Lange,** *Beitrag zur Reduktionsprobe in der Milch.* Vff. züchteten Streptococcus lactis u. Leuconostoc dextranicum auf Molkenagar bzw. Dextrosebouillonagar, Aerobacter aerogenes, Pseudomonas fluorescens, Bacillus subtilis u. Bacillus cereus var. mycoides auf Dextrosebouillonagar bzw. Bouillonagar u. Lactosehefe auf Molkenagar u. setzten den Nährböden 5 ml einer 1%ig. wss. sterilen *2.3.5-Triphenyltetrazoliumchlorid*-Lsg. zu. Sie fanden, daß außerhalb der Bakterienzellen eine Red. der im Nährboden enthaltenen Salze nicht stattfindet. Leukocyten vermögen wie Mikroorganismen, *Methylenblau* bzw. *Resazurin* zu hydrieren. Die Unterscheidung einer durch Mikroorganismen bzw. Leukocyten in Milch verursachten Red. ist mit der Resazurinprobe nur bedingt möglich. Die Reduktionszeit der Methylenblauprobe wird verkürzt durch: Acetaldehyd, Ascorbinsäure, Cysteinhydrochlorid, Hefeautolysat u. Peptonlösung. (Milchwissenschaft **8**. 261—66. Juli 1953. Hohenheim, Landw. Hochsch., Inst. für landw. Technol.) F. GÜNTHER. 7856

Gotthold Tewes und **Lotte v. Gavél,** *Zur Keimzahlbestimmung in der Trinkmilch.* Die meist aus coryneformen Bakterien bestehende Mikroflora hocherhitzter Milch wird mit einer Bebrütungsdauer (Deutsche Einheitsmethoden) von 48 Std. mit dem Plattenkeimzählverf. (Pepton–Lactose-Agar) nur zu einem Teil erfaßt. Bei dieser Meth. hat eine Festlegung der Höchstkeimzahl von Trinkmilch ($10^5/cm^3$) keinen Sinn, weil Milch mit niedrigerem Keimgeh. überwiegend Coryneforme enthält. Will man die hitzeresistenten Keime mit der Zählung auf Platten erfassen, muß die Untersuchungsmeth. geändert werden. (Milchwissenschaft **8.** 255—60. Juli 1953. Weihenstephan, Südd. Versuchs- u. Forschungsanst., Bakteriol. Inst.) F. GÜNTHER. 7856

Bruno Wauschkuhn, *Die bakteriologische Beurteilung des Sauermilchquarkes.* Die Beurteilung des Sauermilchquarks nach der amtlichen Prüfung entspricht nicht den Anforderungen der Praxis, da Säuregrad u. bakteriolog. Verhältnisse stark vom Alter der Probe abhängen. Vf. schlägt daher Bedingungen zur Standardisierung eines Untersuchungsverf. vor (analog Butterunters.) u. weist auf die Unzulänglichkeit der bisher üblichen Reifungsprobe u. deren Beeinflussung durch den Milchzuckergeh. hin. Es soll zusätzlich eine Gärprobe ausgeführt werden. (Molkerei-Ztg. **9.** 1631—33. 22/12. 1955. Hameln, MLUA.) F. GÜNTHER. 7860

N. D. Dijkstra, *Über die Verdaulichkeit und den Nährwert von frischer und silierter, süßer Lupine.* Aus der chem. Zus. von frischer u. silierter süßer Lupine u. den an Hämmeln ermittelten Werten für Verdaulichkeit u. Nährwert (Zahlentafeln) werden Beziehungen u. Formeln abgeleitet, die die Berechnung des verdaulichen Roheiweißes aus dem Roheiweiß u. (angenähert) des Stärkeäquivalentes gestatten, wenn die Gehh. an Asche u. Rohzellstoff bekannt sind. (Versl. landbouwkund. Onderz. **1955.** Nr. 61. 16. 1—22. Hoorn, Rijkslandbouwproefstat.) W. WESLY. 7866

XVII. Fette. Seifen. Wasch- u. Reinigungsmittel. Wachse. Bohnermassen usw.

M. Gerassimow, P. Gatewa und **D. Zanewa,** *Zur Frage der Gewinnung von Traubenkernöl durch Extraktion.* Die Verwendungsmöglichkeiten von Traubenkernöl (VZ. 189, SZ. 32,9°, EZ. 156,1, JZ. 131,09, Viscosität 3,88, n_D^{20} 1,4751, D. 0,926) werden besprochen. (Легка Промищленост (София) [Leicht-Ind. (Sofia)] **5.** Nr. 4. 29—30. 1956.) O. POLLAK V. EMHOFEN. 7894

—, *Fortschritte in der Margarineherstellung.* 2. Mitt. *Margarineproduktion.* (1. vgl. C. **1954.** 5199.) Bebilderte Beschreibung der großtechn. Margarineherstellung. Besondere Ausführungen sind dem modernen „*Votator*"-Verf. der VAN DEN BERGHS & JURGENS LTD., Purfleet, Essex, gewidmet. (Food **22.** 480—87. Dez. 1953.) PH. FRESENIUS. 7900

E. Szmidtgal, *Die Kolloid-Aggregation oberflächenaktiver Körper und ihr Einfluß auf die Waschwirkung.* Wird die krit. Konz. einer mol. Dispersion von z. B. Seifen oder ähnlichen oberflächenakt. Körpern überschritten, so tritt eine mit der Zeit wachsende Aggregation zu Kleinmicellen u. bei Konzz. über 20—70 g/Liter zu Großmicellen ein. Da an den Grenzflächen der Gewebefasern die üblichen Waschmittellsgg. infolge starker Adsorption Konzentrationserhöhung erfahren, nimmt Vf. an, daß für den Wascheffekt u. den folgenden Spülprozeß nicht die Oberflächenaktivität der Waschmittel, sondern die Großmicellenbldg. für den Schmutzabtransport maßgebend ist. — Baumwolle, die auf die hydrophoben Elemente der oberflächenakt. Teilchen nur geringe Anziehungskräfte ausübt, benötigt Seifen mit langen, nicht verzweigten KW-stoffketten (C_{18}—C_{20}), die a priori zur Aggregation neigen. Wolle hingegen entwickelt an ihren Faseroberflächen infolge intensiver Polwrkg. der Amidogruppen eine starke Adsorptionsschicht, so daß Waschmittel mit geringen Aggregationsfähigkeiten, z. B. mit kürzeren bzw. verzweigten KW-stoffketten mit gutem Erfolg angewandt werden können. (Przemysł chem. **10** (**33**). 234—37. Mai 1954.) L. SKARK. 7912

Arnold Lada, *Abscheidung von unverseifbarem Material durch Chromatographie an einer Kohlenstoffsäule.* Der in A. gelöste unverseifbare Rest von Fetten bzw. Ölen wird in eine mit einem Gemisch von Darco G-60 u. Celite 545 (1 : 2) versehene Säule gefüllt. Durch Elution mit 20—70%ig. Chlf. in A. werden ziemlich reine Sterinderivv. (z. B. Acetat) in krist. Form erhalten. (J. Assoc. off. agric. Chemists **37.** 550. 15/5. 1954. Washington, D. C., Dep. of Health, Educat., u. Welfare, Food and Drug Admin., Div. of Food.) F. RANG. 7932

W. Hessler, *Eine einfache Nachweismethode für Paraffin in Wachsgemischen.* Feste Paraffine quellen auf, wenn man sie einige Tage in einer gesätt. wss. Harnstofflsg. stehen läßt. Ebenso tun dies mit Paraffin verschnittene, feste Wachse, während die reinen Wachse nicht oder nur sehr viel weniger aufquellen oder Ausblühungen zeigen. Diese Erscheinung kann zum qualitativen Nachw. des Verschnittes verwendet werden, wobei bei Bienenwachs, gebleichtem Montanwachs u. den meisten Ceresinen bereits 2% Paraffinzusatz zu erkennen sind, dagegen bei härteren Wachsen, wie Carnauba, Gersthofen O u. S, erst ab 5%. Die gleichen Ausblühungen kann man hervorrufen, wenn man einfach einen Tropfen einer wss. Harnstofflsg. auf dem Wachsstück eintrocknen läßt. Die Harnstoffkristalle kann man dann mit W. abspülen, u. die weißen Paraffinausblühungen bleiben deutlich sichtbar auf dem Wachs zurück. Bei den harten Wachsen empfiehlt es sich, das Eintrocknen des Tropfens im Trockenschrank bei einer Temp., die ca. 25—30° tiefer liegt als der F. des Wachses, vorzunehmen. (Fette Seifen einschl. Anstrichmittel **58.** 1—3. Jan. 1956. Mainz/Rh., Werner & Mertz A. G., Wiss. Labor.) G. MEINHARDT. 7944

Severočeské tukové závody, národní podnik, Ústí nad Labem (Erfinder: **Gustav Feil,** Schreckenstein III, **Heinrich Sauer-Schmidt,** Berlin-Charlottenburg, und **Ernst Ulbrich,** Schreckenstein II), *Verfestigung von alkylsulfonathaltigen Seifen* durch Zusatz von Alkalibicarbonat, zweckmäßig in pulverisierter Form oder in Form einer mit W. angerührten Paste. (**D. P. [DDR] 4434** Kl. 23e vom 17/5. 1940, ausg. 7/9. 1953 [Ausschließungspatent].) M. F. MÜLLER. 7911.

Universal Oil Products Co., übert. von: **Herman S. Bloch,** Chicago, **Alfred E. Hoffman,** Clarendon Hills, und **Howard E. Mammen,** North Riverside, Ill., V. St. A., *Herstellen eines anionaktiven Netz-, Wasch- und Emulgiermittels.* Ein aliphat., monoolefin. KW-stoff mit $\leqq 8$ C-Atomen u. ein konjugierter Dien-KW-stoff mit 4—8 C-Atomen oder dessen Halogensubstitutionsprodd. werden bei ca. —100 bis ca. 0° in Ggw. von SO_3 gleichzeitig sulfoniert u. mischpolymerisiert. (**A. P. 2 677 702** vom 5/10. 1950, ausg. 4/5. 1954.) W. OVERBECK. 7913

Anglo-Iranian Oil Co. Ltd., England (Erfinder: **Max Marin Wirth** und **Wilfred John Oldham**), *Herstellung von Estern,* dad. gek., daß man ein Mineralöl oder eine Ölfraktion mit Harnstoff umsetzt, das krist. Addukt abtrennt, zers. u. die so erhaltene Fraktion reiner n. Paraffine mit Luft oxydiert (140°), wobei Hydroperoxyde entstehen. Diese läßt man mit S-, P-, As-, Sb-, Bi-, Se- oder Te-Verbb. reagieren bei tiefer Temp. in wss. Lsg., wobei sich Zwischenprodd. der allg. Formel $R-O-POCl_2$ (bei Anwendung von PCl_3, R = Alkyl) bilden, die zu Estern hydrolysiert werden. — *Oberflächenakt. Stoffe.* (**F. P. 1 044 862** vom 23/10. 1951, ausg. 23/11. 1953. E. Prior. 24/10. 1950.) S. MEIER. 7913

Alphonse J. Saxer, übert. von: **W. Kedzie Teller,** Riverside, Ill., V. St. A., *Tapetenreinigungsmittel,* das nicht krümelt, schmiert, färbt oder haftet, plast. ist u. eine lang dauernde Lager- u. Gebrauchsfähigkeit hat, besteht aus 380—470 (433) (Gewichtsteilen) W., 270—300 (270) Weizenmehl, 100—130 (130) Bentonit, 6,5—8,0 Alaun (7 NH_4-Alaun), 4—6 (4) Harnstoff, 6—10 (8,2) Kerosin, 7—11 Wachs (7,9 Paraffinwachs) u. 180—190 (186) NaCl oder KCl. (**A. P. 2 728 729** vom 31/8. 1950, ausg. 27/12. 1955.) W. GRÄGER. 7917

Werner & Mertz Akt.-Ges., Mainz (Erfinder: **Willi Hessler,** Wiesbaden), *Herstellung von Wachspasten* nach D. B. P. 936 228, dad. gek., daß vor der Homogenisierung die Hartwachse u. die Weichwachse für sich getrennt in Teilen des Lösungsm. dispergiert werden, worauf die Dispersion der Hartwachse auf eine höhere Temp. gebracht u. dann in die kältere Weichwachsdispersion eingetragen wird. Weitere Zusätze (Farbstoffe) können in eine der beiden Vordispersionen eingearbeitet werden. Bessere Temperaturbeständigkeit, Spiegelbldg., Konsistenz u. Ölbindung. (**D. B. P. 938 146** Kl. 22g vom 18/9. 1952, ausg. 26/1. 1956. Anmeldung bekanntgemacht 16/6. 1955. Schwed. Prior. 29/11. 1951. **Zusatz zu D. B. P. 936 228; C. 1956. 7370.**) W. GRÄGER. 7925

XVIIIa. Holz. Cellulose. Zellstoff. Papier. Papierdruck. Celluloid. Linoleum.

A. N. Michailow, *Über das Erhitzen von Fournierpaketen in heißen Pressen.* Die experimentelle Unters. der Temperaturverhältnisse der bei 143° gepreßten Fournierpakete ergab Unterschiede im Temperaturverlauf im Inneren u. in den äußeren Schichten, da bei höheren Tempp. eine starke Verdampfung der Feuchtigkeit einsetzt. Es werden Formeln für eine zweckentsprechende Erhitzungsdauer für Fournierpakete mit 6 bis 14% H_2O u. für Preßdrucke von 17—22 kg/cm² gebracht. (Деревообрабатывающая Промышленность [Holzverarb. Ind.] **4.** Nr. 11. 10—11. Nov. 1955.) M. ULMANN. 7952

A. G. Koblikowa, *Über die Dauer der Trocknung von mit Caseinleimen geklebten gebogenen Materialien.* Durch Klebeverss. von Schichtholz mit *Caseinleim* [100 (Teile) Casein + 25 $Ca(OH)_2$ + 500 W.] wird gezeigt, daß die Festigkeit der Klebung desto besser ist, je geringer die Feuchtigkeit des Musters. Die Erhärtung des Casein-Kalk-Leimes beginnt bei einer mittleren Feuchtigkeit des Schichtholzes von 33—35%. Frisch geklebte Hölzer müssen anfangs bei Zimmertemp. nicht unter 12 Std. getrocknet werden, falls bei 45° weitergetrocknet wird, oder mindestens 52 Std., falls anschließend bei 60° getrocknet wird. (Деревообрабатывающая Промышленность [Holzverarb. Ind.] **4.** Nr. 11. 8—9. Nov. 1955. Ukrain. Landwirtschaftl. Akad.) M. ULMANN. 7952

S. Vardheim, *Hemicellulosen. Von einer akademischen Kuriosität zu technischer Anwendung.* Überblick über die Geschichte u. Entw. der Hemicellulosen u. Beispiele für die techn. Anwendungsmöglichkeiten. — 7 Literaturzitate. (Tekn. Ukebl. **103.** 197—99. 8/3. 1956.) R. K. MÜLLER. 7954

Gh. Oprescu, *Verbesserung der in der Fabrikation von Sulfatcellulose angewandten Verfahren und Apparate auf Grund sowjetischer Erfahrungen der letzten 10 Jahre.* Es werden Verbesserungen der Kaustifizierung von Sodalsgg. zur Gewinnung von Kochlaugen für die Fabrikation von Sulfatcellulose auf Grund sowjet. Erfahrungen beschrieben. Die Ausgangssodalsg. soll eine möglichst geringe Konz. besitzen u. der zur Kaustifizierung verwandte Ätzkalk wird vorteilhaft in feinverteilter Form zugesetzt. (Ind. Lemnului Celulozei Hîrtiei [Ind. Holzes, Cellulose Papiers] **3.** 371—81. Okt. 1954.) H. TIMMLER. 7960

S. Barbasch, *Vorbereitungen für die Anwendung fortgeschrittener sowjetischer Verfahren zum Kochen von Sulfitcellulose in der Fabrik „Nicolae Bălcescu“.* Bericht über die Verbesserung der Produktion von Sulfitcellulose in der Fabrik „Nicolae Bălescu“ durch die Ausnutzung sowjet. Erfahrungen. Die Sulfitlsgg. enthalten bis zu 9% SO_2 an Stelle von 3—4% SO_2 bei der früheren Produktion. (Ind. Lemnului Celulozei Hîrtiei [Ind. Holzes, Cellulose Papiers] **3.** 381—85. Okt. 1954.) H. TIMMLER. 7962

J. K. N. Jones, Louis E. Wise und **Josephine P. Jappe,** *Die Einwirkung von metaborathaltigem Alkali auf Holzcellulose.* Durch Behandlung von α-Cellulose aus Holocellulose von Kiefernholz (*Pinus caribaea*) mit metaborathaltiger Kalilauge werden erhebliche Mengen von Hemicellulose bzw. Mannan entfernt, was ohne diesen Zusatz nicht möglich war. Die gleichen Ergebnisse werden auch bei Espenholz erhalten. Vff. diskutieren anschließend die Möglichkeiten zur Reinigung von Zellstoff für die Acetylierung, da bekanntlich die bei dieser auftretenden Filtrationsschwierigkeiten auf die Anwesenheit von Begleitkohlenhydraten zurückzuführen sind. (Tappi **39.** 139—41. März 1956.) V. JACOPIAN. 7964

Arthur Pollak, *Neue Entwicklungen in der Tallölindustrie.* An Hand von statist. u. betrieblichen Unterlagen werden das ständig steigende Interesse an der Tallölgewinnung sowie die Reinigungs- u. Verwendungsmöglichkeiten besprochen. (Tappi **39.** 60A—64A. Jan. 1956.) V. JACOPIAN. 7966

A. A. Ssokolowa, B. D. Bogomolow und **W. A. Leuschewa,** *Rationelle Ausnutzung der Sulfatseife.* Wird bei der Gewinnung von *Tallöl* (I) aus den Abfällen der Celluloseverkochung nicht von roher Sulfatseife ausgegangen, sondern von durch Reinigungsoperationen u. durch Aussalzen vergütetem Material, so erhält man nicht nur ein **I** von größerer Reinheit, sondern man benötigt zur Seifenspaltung 10—15% weniger H_2SO_4. Zur Herst. von den Gütevorschriften entsprechenden festen Haushaltsseifen läßt sich neben 60% tier. Fetten 40% **I** anwenden. (Бумажная Промышленность [Papier-Ind.] **31.** Nr. 2. 16—19. Febr. 1956.) M. ULMANN. 7966

Robert J. Purdy, *Der Einfluß von Bakterien und Chemikalien auf die Lebensdauer von Filz.* Der Verschleiß des in Papiermaschinen benutzten Filzes ist hauptsächlich auf die Tätigkeit von Bakterien zurückzuführen, die infolge des günstigen p_H-Wertes u. der Temp. dort ideale Lebensbedingungen vorfinden. Der Wollanteil des Filzes ist gegen den Angriff verschied. Mikroorganismen (*Penicillium, Aspergillus* usw.) sehr empfindlich. Für schädliche Chemikalien kommen folgende Quellen in Betracht. 1. Kochlaugenreste (SO_3^{2-}). 2. Für die Papierherst. notwendige Zusätze. 3. Fabrikationswasser (Fe, Ca). 4. Unsachgemäße Reinigung des Filzes mit Chemikalien. Vf. kommt zu der Ansicht, daß für den Verschleiß der Filze nicht mechan. Gesichtspunkte maßgebend sind, sondern hauptsächlich chem. u. mikrobiologische. (Tappi **39.** 8—11. Jan. 1956.) V. JACOPIAN. 7974

J. W. Davis, W. H. Robertson und **C. A. Weisgerber,** *Ein neues Leimmittel für Papier: Alkylketendimere.* Als neues Leimmittel für Papiere schlagen Vff. Alkylketendimere vor. Die Vorteile dieser Verbb. bestehen in der Fähigkeit, chem. Bindungen mit der Cellulose einzugehen, u. der bequemeren Anwendbarkeit. Die Mittel sind fl. oder fest u. ergeben eine dauerhafte Leimung. (Tappi **39.** 21—23. Jan. 1956.) V. JACOPIAN. 7978

W. Oburger, *Kunststoffvulkanfiber.* Übersicht über Vulkanfiber, dessen Eigg., Verarbeitung u. Anwendungen. Dieser Werkstoff findet im Kunststoffsektor noch immer Beachtung u. materialgerechte Einsatzmöglichkeiten. (Elektrotechn. u. Maschinenbau **70.** 197—99. 1/5. 1953. Wien.) R. SCHÄFF. 7986

B. L. Browning, L. O. Sell und **W. M. Abel,** *Celluloselösungsmittel für Viscositätsmessungen. Der Einfluß der Kupfer- und Basenkonzentration in Kupferamin- und Kupferäthylendiaminlösungen.* Kupferaminlsg. (I) u. Kupferäthylendiaminlsg. (II) wurden im Konzentrationsbereich von 7,5—35 g/Liter Cu u. 125—250 g/Liter NH_3 bzw. 50 bis 150 g/Liter Äthylendiamin auf ihre celluloselösende Kraft untersucht. **I** mit über

30 g/Liter Cu u. über 200 g/Liter NH_3 sind unbeständig, solche I mit mehr als 10 g/Liter Cu müssen durch Glucose stabilisiert werden. I mit mehr als 15—20 g/Liter Cu können nur durch Luftoxydation von Cu-Metall in NH_3 nach JOYNER hergestellt werden, enthalten dann etwas Nitrit. NH_3-Konzz. zwischen 100 u. 200 g/Liter besitzen wenig Einfl. auf die Lösungskraft — Bei einem Verhältnis Base : Cu von 2 : 1 bis 3 : 1 wirkt II als gutes Lösungsm., wobei die TAPPI-Lsg (1 mol. an Äthylendiamin–0,5 mol. an Cu) die beste Lösekraft besaß. Hochpolymere Baumwolle, gebleichter Halbzellstoff u. gebleichter Flachszellstoff wurden durch I u. II bei bestimmten hohen Konzz. befriedigend gelöst. Bei Luftausschluß sind II beständiger als I, selbst wenn letztere stabilisiert sind. Die Konzz. an Base u. an Cu lassen sich in I bei guter Lösekraft über einen viel größeren Bereich variieren als in II. Erhöhung der Cu-Konz. von 0,5 auf 1,0 mol. in II-Lsgg. verursacht beträchtlichen Viscositätsabfall, während die Erhöhung des Base : Cu-Verhältnisses die spezif. Viscosität erhöht. Bei beiden Lösungsmitteln hängen spezif. Viscosität u. Grundviscosität stark vom Verhältnis Base : Cu ab. Es war nicht möglich, für I u. II Konzz. zu finden, die die gleiche Grundviscosität in beiden Lösungsmitteln lieferten. — 8 Abb., 3 Tabellen, 26 Literaturzitate. (Tappi **37.** 273—83. Nr. 7. Juli 1954.)
P. SCHORNING. 8006

Burkart Philipp und **Horst Hoyme,** *Komplexometrische Kupferbestimmung in Cuoxam und Cuoxamcelluloselösungen.* Es wird eine neue Meth. zur Best. des Cu in Kupferoxydammoniaklsgg. beschrieben, die in der gesamten zellstofferzeugenden u. zellstoffverarbeitenden Industrie laufend u. in genau festgelegter Zus. für Viscositätsbestimmungen benötigt werden. Die Meth. beruht auf der Bldg. eines stabilen Komplexes von Kupfer mit Komplexon-III (Dinatriumsalz der Äthylendiamintetraessigsäure). Als Indicatorsubstanz wird eine Mischung von Murexid p. a. mit festem NaCl verwendet. Der Vgl. der Meth. mit der bisher als genaueste u. als Standardmeth. geltenden elektrolyt. Best. ergab für die komplexometr. Best. den Vorteil einer außerordentlich raschen u. einfachen Durchführung sowie besser reproduzierbare Ergebnisse. Vergleichstabellen u. Literaturzitate sind gegeben. (Faserforsch. u. Textiltechn. **7.** 231—32. Mai 1956.)
E. ZEHMISCH. 8006

A. H. Nissan, G. S. Baker und **L. W. Causer,** *Schnelle Prüfung der Wasserdampfdurchlässigkeit großer Behälter.* 2. Mitt. *Experimentelle Ergebnisse.* (1. vgl. C. **1955.** 3452.) Vff. beschreiben die Unterss. an Behältern in der l. c. referierten Arbeit angegebenen Klimakammer. (Proc. techn. Sect., Brit. Paper Board Makers Assoc. (Inc.) **32.** 425—39. Mai 1951. Northfleet, Kent, Bowaters Development and Res. Ltd.)
MAX SCHMIDT. 8010

Farbenfabriken Bayer Akt.-Ges., Leverkusen (Erfinder: **Otto Pauli** und **Gerhard Technau,** Krefeld), *Bekämpfung des Verstockens von Laubhölzern, besonders von Rotbuchenstammholz.* Nachdem die Schnittflächen des Holzes mit einem Reduktionsmittel gemäß D. B. P. 837 923 behandelt wurden, werden sie mit einem luftabschließenden Überzug versehen, zu dem Pech-, Wachs- oder Bitumenlsgg. sowie wss. Emulsionen von Cellulosederivv., Polyvinylverbb. oder Alkydharze verwendet werden. (**D. B. P. 937 667** Kl. 38h vom 1/1. 1950, ausg. 12/1. 1956. Anmeldung bekanntgemacht 29/11. 1951. **Zusatz zu D. B. P. 837 923; C. 1952. 5670.**) K. WOLK. 7953

Kurt Thinius, Lore Kamphenkel und **Wolfgang Thümmler,** Magdeburg, *Erniedrigung des Polymerisationsgrades von Cellulosetriestern organischer Säuren.* Bes. unter Fasererhaltung hergestellte Cellulosetriester, bes. Cellulosetriacetat, werden mit anorgan. oder organ. Säurechloriden ($SOCl_2$, CH_3COCl, Chloride der Vorlauffettsäuren) in Ggw. indifferender Verdünnungsmittel (z. B. Bzl.) u. katalyt. Mengen Mineralsäuren, bes. $HClO_4$, behandelt. — Statt der Säurechloride können organ. Säureanhydride (Acet-. Buttersäure, Isobuttersäure-, Methyläthylessigsäureanhydrid) angewandt werden. (**D. PP. [DDR] 6 258** Kl. 39b vom 14/12. 1952, ausg. 24/12. 1953 u. **6 738** Kl. 39b [Zusatzpatent] vom 14/12. 1952, ausg. 4/3. 1954 [Wirtschaftspatente].) M. PANKOW. 7971

Roland R. McLaughlin, Toronto, und **Donald B. Mutton,** New Toronto, Ontario, Can., *Herstellung eines gut anfärbbaren Cellulosederivats* durch Rk. von zerfaserter u. mit A. gewaschener Alkalicellulose mit einer alkoh. Lsg. von p-Amino-ω-chloracetophenon unter Rückfluß. (**A. P. 2 727 034** vom 31/5. 1952, ausg. 13/12. 1955.)
K. FABEL. 7971

Ralph H. McKee, New York, N. Y., V. St. A., *Herstellung von selbstleimendem Papierstoff* bzw. *Papier* aus Cellulosematerial, dad. gek., daß der Rohstoff heiß mit hydrotroper Koch-Fl. aufgeschlossen, die M. auf n. Temp. gekühlt, mit etwa doppelt soviel kaltem W. von 15° gemischt, das Lignin dadurch in u. auf den Fasern gefällt, der Stoff gewaschen, das Waschwasser auf 30% Salzgeh. konz. u. wieder zum Aufschluß verwendet wird. — Beispiel: 1 (Teil) Bagasse wird mit 7 einer 33%ig. Lsg. von Na-Xylolsulfonat 90 Min. bei 168° gekocht, wobei CO_2 abgeblasen wird, in einer Kugelmühle gemahlen, die M. auf 15° gekühlt, mit 2 W. verd., filtriert u. gewaschen. Nach Bldg. der Bahn kalandriert man bei 160°, um das Lignin auf den Fasern zu verschmelzen, wobei Naßfestigkeit erreicht wird. (**A. P. 2 731 344** vom 11/5. 1953, ausg. 17/1. 1956.) G. VOGEL. 7979

Ciba Akt.-Ges., Basel, Schweiz, *Herstellung einer abwaschbaren Tapete*, dad. gek., daß auf Tapetenpapier eine wss. Dispersion eines wasserunlösl. Polyvinylesters einer organ. Säure aufgebracht u. getrocknet wird, wobei die wss. Phase ein wasserlösl. Kondensationsprod., das unter Verwendung von CH_2O u. eines Aminotriazins mit mindestens 2 prim. NH_2-Resten am Triazinring, bes. Melamin, hergestellt ist u. einen potentiell sauren Katalysator, z. B. NH_4Cl, NH_4CN, enthält. Es können noch Verdickungsmittel, Weichmacher u. Pigmente zugesetzt werden. Das Papier kann auch gefärbt sein. (**Schwz. P. 290 262** vom 28/9. 1950, ausg. 1/8. 1953.) G. VOGEL. 7987

Aktiebolaget Svenska Kullagerfabriken, Göteborg (Erfinder: **Karl Johan Evald Bergstedt,** Alingsås), Schweden, *Herstellung von rostschützendem Verpackungsmaterial oder Verpackungen* aus Feuchtigkeit annehmendem oder durchlassendem Material, durch Imprägnierung des Materials, dad. gek., daß das Material mit der Lsg. eines Stoffes imprägniert wird, der von W. gelöst wird u. die Fähigkeit des W. zur Rostbldg. aufhebt. Es werden Lsgg. von Nitriten, bes. 0,1%ig. Lsg. von $NaNO_2$, bzw. von Bichromaten verwendet. (**D. B. P. 939 726** Kl. 55f vom 21/5. 1947, ausg. 1/3. 1956. Anmeldung bekanntgemacht 11/6. 1952. Schwed. Prior. 21/5. 1946.) G. VOGEL. 7987

N. V. Albi Chemie i. o., Amsterdam, Holland, *Feuerwiderstandsfähige Masse*, dad. gek., daß sie aus einem Salz eines bas. Anionenaustauscherharzes besteht, das N u. eine nichtoxydierende Säure (H_3PO_4) enthält. Als Harz dient ein Kondensationsprod. aus einem Aldehyd, bes. CH_2O, einem stark bas. Deriv. von Cyanamid (I), bes. aus **I** u. Guanidin, u. einem schwach bas. Deriv. von I, bes. aus I u. Melamin oder Harnstoff. Die M. kann noch Filmbildner (trocknende Öle, Alkydharz, Cellulosederivv.) u./oder Stärkeprodd., Gummi, Eiweißstoffe enthalten. — *Überziehen, Imprägnieren* von *Wandbelag, Faserplatten, Karton, Papier, Gewebe, Holz*; vgl. A. P. 2 628 946; C. **1955.** 661. **Belg. P. 497 634** vom 18/8. 1950, ausg. 16/12. 1950.) G. VOGEL. 7987

J. H. Benecke, Hannoversche Wachstuch- & Kunstlederwerke K. G. auf Aktien, Vinnhorst/Hann., *Herstellung von zwei- oder mehrschichtigen Folien oder Bahnen aus Kunststoffen und Papier*, die sich z. B. zur Herst. von *Koffern* eignen. Statt des bisher glatten wird gekrepptes Papier verwendet, das beim Kaschieren mit den elast. Kunststofffolien wegen seiner Dehn- u. Stauchbarkeit keine Betriebsstörungen verursacht. Bei Verwendung thermoplast. Kunststoffe kann ohne Klebstoff gearbeitet werden, wobei gleichzeitiges Prägen möglich ist. — Zeichnung. (**Schwz. P. 311 894** vom 31/12. 1952, ausg. 15/2. 1956. D. Prior. 28/1. 1952.) W. GRÄGER. 7987

Phillips Coating Corp. und **Margery M. Egler,** Chicago, Ill., V. St. A., *Kalt gemahlene Mischung* aus 30—50 (Teilen) Gummi („Ceylon crepe rubber") u. 50—70 hydrierten fetten Öles, die nach Überziehen einer Unterlage (Papier, Folien) in der Wärme einen kalt klebenden Film bildet. — *Verpackungsmaterial* für *Gemüse* u. *Fleisch*. — Zeichnung. (**A. P. 2 737 540** vom 24/12. 1952, ausg. 6/3. 1956.) G. VOGEL. 7987

Pierre Quintana, Bouches-du-Rhône, *Korkstopfen* aus Korkabfällen mit einer Mischung aus Milchcasein u. vulkanisierbarer Kautschukmilch als Bindemittel, das beim Pressen des Korkes vulkanisiert wird. (**F. P. 62 971** vom 16/6. 1952, ausg. 1/7. 1955. **Zusatz zu F. P. 1 045 111; C. 1955. 1642.**) M. PANKOW. 7999

XVIIIb. Textilfasern.

J. P. Parker, *Der Einfluß des Ausrüstens auf die Bruchfestigkeit von Reifencord.* Testverss. über das Verf. des Ausrüstens u. den Beitrag der Ausrüstung zur Festigkeit. (Textile Res. J. **25.** 601—02. Juli 1955. Enka, N. C., Amer. Enka Corp., Res. and Development Div.) I. SCHOENMANN. 8032

Jason M. Salsbury, T. F. Cooke, Elliot S. Pierce und **Philip B. Roth,** *Schmutzabweisende Behandlung von Geweben.* Nach Darlegung der Beschaffenheit des trockenen Schmutzes wird der Mechanismus des Eindringens u. der Ablagerung in die verschied. Faserarten von Teppichgarnen mit Abb. opt.- u. elektronenmkr. Aufnahmen erklärt, daneben die Herabsetzung der Schmutzeinlagerung in die Fasern nach Behandlung der Teppiche mit dem neuentwickelten Antischmutzmittel *Juvenon R.* Für dieses Prod., welches in einer Konz. von 1—3% (bezogen auf das Fasergewicht) wirksam ist, werden einige physikal. Daten u. die Anwendungsmethoden (Badbehandlung, Sprühen, Klotzen) angegeben. Graph. Darstellungen zeigen die Wirksamkeit für die verschied. Faserarten, die durch eine im einzelnen beschriebene Schnelltestmeth. bestimmt wird. Das Mittel ist auch für Polsterstoffe, Tapeten u. bemalte Oberflächen anwendbar. (Amer. Dyestuff Reporter **45.** P190—P202. 26/3. 1956. Bound Brook, N. J., Amer. Cyanamid Co., Res. and Organ. Chem. Div.) I. SCHOENMANN. 8036

Alexander Brown, *Die mechanischen Eigenschaften der Fasern.* Nach verschied. Darstellungen des mechan. Verh. der Fasern durch ein dreidimensionales Koordinatensyst., welches die Zusammenhänge von Zug, Dehnung u. Zeit demonstriert, werden die Beziehungen zwischen den Fasereigg. u. ihrer mol. u. innermol. Struktur dargelegt u. an graph. Abb. erläutert. Eine Kurve, welche vom Kräuseln über den „Fließpunkt" bis zum Faserbruch verläuft u. die einzelnen Stufen der allg. für Fasern gültigen Zug–Dehn-Belastungen darstellt, dient als Grundlage für die Erläuterungen zu den sich aus dem strukturellen Aufbau (Kettenlänge bzw. Mol.-Gew., Kristallbldg., Orientierung der Kristallite u. amorphen Abschnitte) ergebenden mechan. Eigg. u. dem Mechanismus der Deformation u. Entspannung. Es wird die permanente Härtung definiert u. das entsprechende Verh. der Fasern untersucht. Eine graph. Darst. über den Einfl. einer period. Belastung in bestimmten Grenzen zeigt, daß der permanente Effekt nur annähernd erreicht wird. (Textile Res. J. **25.** 617—28. Juli 1955. South Charleston, W. Va., Carbide & Carbon Chem. Comp.) I. SCHOENMANN. 8040

J. L. Horner, *Die Reaktion von Wollkeratin mit Alkalien.* Die Anwendung des DONNAN-Membrangleichgewichtes auf die Aufnahme von NaOH, NaOH + 0,2mol. NaCl, KOH, KOH + 0,05- u. 0,5mol. KCl durch Wolle während 24 Std. bei 25° ergab eine ausgezeichnete Übereinstimmung zwischen den berechneten u. gefundenen Werten. Hieraus wird geschlossen, daß das Tyrosin ebenfalls an der Alkalibindung beteiligt ist. Im Gegensatz hierzu führt die Anwendung der GILBERT-RIDEAL-Theorie zu Schwierigkeiten, da die für die Alkalibindung verantwortlichen Gruppen verschied. Affinitäten aufweisen. Die Ergebnisse werden ausführlich diskutiert. (Trans. Faraday Soc. **50.** 1000—10. Sept. 1954. Torridon, Headingley, Leeds 6, Wool Ind. Res. Ass.)
H. G. FRÖHLICH. 8060

Hans Reichert, *Untersuchung der Copolymerisation von Acrylnitril mit Acrylamid.* 3. Mitt. *über Acrylfasern.* (2. vgl. HUNYAR u. REICHERT, C. **1954.** 9660.) Zum Zwecke der Herst. von Copolymerisaten aus Acrylnitril (**I**) u. Acrylamid (**II**) im Gewichtsverhältnis 90:10 für Faserzwecke wurden die relativen Reaktionsgeschwindigkeiten r_1 (**II**) = 1,3 ± 0,2 u. r_2 (**I**) = 0,88 ± 0,08 experimentell bestimmt. Die Polymerisationen wurden in wss. Lsgg. der Monomerengemische mittels K-Persulfat, K-Metabisulfit u. Ferroammonsulfat durchgeführt u. bei einem Umsatz unter 10% abgebrochen. Aus den r-Werten wurden die e- u. Q-Werte errechnet, wobei für **I** e_2 = + 1,2 u. Q_2 = 0,44 eingesetzt wurde. Für **II** ergaben sich die Werte e_1 = + 1,073 u. Q_1 = 0,605. Die Copolymerisation kommt der „idealen" sehr nahe, bei der das Verhältnis der angewandten Monomerenkonzz. statist. gleich den Anteilen im Polymeren ist, jedoch die Tendenz zur unregelmäßigen Alternierung anzunehmen ist. (Faserforsch. u. Textiltechn. **5.** 204—10. Mai 1954. Berlin, Deutsche Akad. der Wiss.; Teltow-Seehof, Inst. für Faserstoff-Forsch.)
H. REICHERT. 8080

Andreas Hunyar, Hans Reichert und **Heinz Fark,** *Synthetische Fasern aus Copolymerisaten mit überwiegendem Anteil an Acrylnitril.* 4. Mitt. *über Acrylfasern.* (3. vgl. vorst. Ref.) Die Herst. von Copolymerisaten für Spinnzwecke aus *Acrylnitril* mit geringeren Mengen *Vinylacetat, Acrylsäure, Acrylamid, Methylmethacrylat* u. *Methacrylnitril* unter Berücksichtigung der r-Werte, das Viscositätsverh. der konz. Lsgg. dieser Prodd. in Dimethylformamid u. die textilen Eigg. der nach dem Naßspinnverf. erhaltenen Fasern werden beschrieben. Dabei wird versucht, Beziehungen zwischen dem Alternierungsgrad bei der Copolymerisation, der Struktur der copolymerisierten Komponenten u. der Reißfestigkeit, Bruchdehnung, Schrumpfung sowie dem elast. Verh. der Fasern aufzuweisen. Vgll. mit Fasern aus reinem Polyacrylnitril werden gezogen. — 15 Literaturhinweise. (Faserforsch. u. Textiltechn. **6.** 145—52. April 1955.)
H. REICHERT. 8080

Andreas Hunyar, *Die Rolle der polymerhomologen Verteilungsbreite bei der Herstellung synthetischer Fasern aus Polyacrylnitril.* 5. Mitt. *über Acrylfasern.* (4. vgl. vorst. Ref.) Mit nach gleichem Verf. hergestellten Acrylnitrilpolymerisaten von unterschiedlichen Durchschnitts-Mol-Geww. wurden solche Mischungen hergestellt, die bei Messung in einer 0,5%ig. Dimethylformamidlsg. Werte für η_r zwischen 2,2 u. 2,9 ergaben. An diesen zu Fasern versponnenen Mischungen wurde gezeigt, daß mit zunehmender Verteilungsbreite der Mol.-Geww. ein Absinken der Reißfestigkeit u. eine Zunahme der Bruchdehnung sowie der Schrumpfung beim Kochen in W. erfolgt. Es konnte jedoch festgestellt werden, daß selbst eine Mischung von gleichen Gewichtsanteilen von Proben mit Werten für η_r 2,9 noch Fasern mit brauchbaren textilen Werten ergibt. (Faserforsch.

u. Textiltechn. **6.** 300—09. Juli 1955. Berlin, Deutsche Akad. der Wiss.; Teltow-Seehof, Inst. für Faserstoff-Forsch.) H. REICHERT. 8080

Andreas Hunyar und **Wolfgang Möller**, *Untersuchungen über organische Lösungsmittel des Polyacrylnitrils.* 6. Mitt. *über Acrylfasern.* (5. vgl. vorst. Ref.) Aus der GIBBS-HELMHOLTZschen Gleichung $\Delta F = \Delta U - T\Delta S$ wird gefolgert, daß die Lösetemp. ein geeignetes Maß für die Güte einer makromol. Lsg. ist. Die bekannten homologen Reihen von organ. Lösungsmitteln für Polyacrylnitril (I) wurden daraufhin untersucht u. ergaben einen Anstieg der Löse- u. Geliertemp. in Richtung des nicht mehr lösenden Homologen. Vergleichende Viscositätsmessungen bei niedriger (Grenzviscosität) u. höherer Konz. (ca. 6%) zeigten, daß die Lsgg. von den schlechteren Lösungsmitteln höhere Viscositäten als die der besseren Lösungsmittel besitzen. Vff. führen dieses Verh. auf die geringe Biegsamkeit der stark polaren I-Ketten zurück, die geringe Neigung zur Knäuelung aufweisen u. bes. bei schlechten, geringer polaren Lösungsmitteln zur Bldg. von Assoziaten untereinander neigen. Die Güte des Lösungsm. sowie die Konz. der Lsg. zeigten keine nennenswerten Einfll. auf die Güte der daraus versponnenen Faser. Dimethylformamid wurde als das beste Lösungsm. bestätigt. (Faserforsch. u. Textiltechn. **6.** 442—49. Okt. 1955.) H. REICHERT. 8080

Siegfried Neue, *Physikalische Einflüsse bei der photochemischen Redoxpolymerisation des Acrylnitrils.* 7. Mitt. *über Acrylfasern.* (6. vgl. vorst. Ref.) Vf. untersuchte die Abhängigkeit der photochem. Polymerisation des Acrylnitrils von verschied. organ. Säuren, Sauerstoff, Bewegung, Lichtintensität u. Temp. (bei Belichtung durch Tages- oder Sonnenlicht). Als Redoxsyst. wurde Oxalsäure/H_2O_2/Ferroammonsulfat angewandt. Außer Oxalsäure ist auch Citronensäure gut wirksam, Bernsteinsäure (gerades Homologe) mäßig, Malonsäure (ungerades Homologe) überhaupt nicht. Dilatometerverss. ergaben einen raschen Anstieg der Polymerisationsgeschwindigkeit bis ca. 20% Umsatz; es folgt ein etwas verlangsamter Abstieg. Rühren, Schütteln, Umwälzen hemmt die Polymerisation, was nicht nur durch Einw. von O_2, sondern vermutlich auch mechan. bedingt ist. Induktionszeit Z, anfängliche Polymerisationsgeschwindigkeit v u. das durchschnittliche Mol.-Gew. $\overline{M}$ sind unter sonst gleichen Umständen Funktionen der Lichtintensität J: $Z = k \cdot J^{-3}$; $v = a \cdot e^{bJ^2}$; $\overline{M} = m \cdot J^{-3/2}$ (k, a, m = Konstante). Mit steigender Temp. (bis 35°) sinkt die Induktionszeit, steigt aber die Polymerisationsgeschwindigkeit u. das Mol.-Gewicht. (Faserforsch. u. Textiltechn. **6.** 450—56. Okt. 1955. Teltow-Seehof, Inst. für Faserstoff-Forsch.) S. NEUE. 8080

Andreas Hunyar und **Volker Gröbe**, *Über anorganische Salzlösungen als Lösungsmittel für Polyacrylnitril.* 8. Mitt. *über Acrylfasern.* (7. vgl. vorst. Ref.) Bis zur Sättigung bei Zimmertemp. konz. wss. Lsgg. von Salzen der „HOFMEISTERschen Reihe" wurden auf ihre Lösefähigkeit gegenüber *Polyacrylnitril* (I) geprüft. Entsprechend der Menge des gelösten Polymeren bei gleicher Viscosität der Lsg. (cP) konnte eine „Gütereihe" aufgestellt werden, aus der sich als bestes Lösungsm. eine NaSCN-Lsg. hervorhebt. Dann folgen $Mg(ClO_4)_2$- u. $NaClO_4$-Lsgg., u. in weiterem Abstand die fast gleichwertigen Lsgg. von $Ba(ClO_4)_2$, $Al(ClO_4)_3$, $ZnCl_2$ sowie von $Ca(ClO_4)_2$ u. $Ca(SCN)_2$. Bei niedrigeren Salzkonzz. sind die Löseeigg. unterschiedlich. NH_4SCN löst erst in bei 55° gesätt. Lsg. u. ergibt im Gegensatz zu den anderen Salzen keine verspinnbare Lösung. Zusatz von I nichtlösenden Salzen zu lösenden Salzen kann die Löseeigg. verbessern. — Z. B. löst eine Mischung aus 30% $ZnCl_2$ u. 25% $CaCl_2$ in W. I, während $ZnCl_2$ allein erst ab 57% löst. — 16 Literaturhinweise. (Faserforsch. u. Textiltechn. **6.** 496—503. Nov. 1955.) H. REICHERT. 8080

Andreas Hunyar und **Volker Gröbe**, *Über die Polymerisation von Acrylnitril in anorganischen Salzlösungen.* 9. Mitt. *über Acrylfasern.* (8. vgl. vorst. Ref.) In konz. wss. Lsgg. von Salzen der „HOFMEISTERschen Reihe" wurde *Acrylnitril* (I) unter Anwendung von $FeCl_3$ u. ungefiltertem UV-Licht als Initiator polymerisiert. $NaClO_4$-, $Ca(ClO_4)_2$-, $Ba(ClO_4)_2$-, $Al(ClO_4)_3$-, $Mg(ClO_4)_2$, $ZnCl_2$-Lsgg. sowie solche Mischungen aus $ZnCl_2$ u. Alkali- bzw. Erdalkalichlorid selbst in Mengenverhältnissen, in denen *Polyacrylnitril* nicht lösl. ist, eigenen sich für die Polymerisation, bei der das Polymere in Lsg. bleibt. Diese Lsgg. können direkt versponnen werden. Unterss. der optimalen Bestrahlungsdauer, $FeCl_3$- u. I-Konz., sowie Anfangstemp. für Umsatz u. Polymerisationsgrad wurden an $ZnCl_2$–$CaCl_2$-Lsgg. durchgeführt. Für Spinnzwecke geeignet wurde folgende Polymerisationsbedingung gefunden: Eine Mischung von 1800 g $ZnCl_2$–$CaCl_2$-Lsg. (35:20), 200 g I, 90 ml konz. HCl, 4,4 g $FeCl_3 \cdot 6H_2O$ wird bei einer Anfangstemp. von 50° 1 Std. 50 Min. bestrahlt u. ergibt bei 70% Umsatz ein Durchschnitts-Mol.-Gew. von 75—80000 (nach STAUDINGER) u. eine Viscosität von 2000 cP. Die gesponnenen Fäden wiesen eine Reißfestigkeit von 2,4—3,7 g/den u. eine Bruchdehnung von 18—12% bei einer relativen Naßfestigkeit von 95% auf. — 6 Literaturhinweise. (Faserforsch. u. Textiltechn. 6. 548—53. Dez. 1955.) H. REICHERT. 8080

Andreas Hunyar, *Über das Lösen von einigen Mischpolymerisaten des Acrylnitrils in verschiedenen organischen Lösungsmitteln.* 10 Mitt. *über Acrylfasern.* (9. vgl. vorst. Ref.) *Acrylnitril* wurde mit *Vinylacetat, Methylmethacrylat* (**I**), *Acrylamid* u. *Acrylsäure* in den Gewichtsverhältnissen 80:20, 90:10, 95:5 copolymerisiert. Von diesen Copolymerisaten wurden Lösetemp. in Dimethylformamid (**II**) mit 6, 8, 10% Wassergeh., Hydracrylnitril, Adipodinitril, Bernsteinsäuredinitril, Formylpiperidin (**III**) u.Dimethylcyanacetamid bestimmt. Im Vgl. zu Polyacrylnitril haben die Copolymerisate allg. niedrigere Lösetempp., die mit zunehmendem Anteil der 2. Komponente außer bei **I** absinken. Auch die Art des Lösungsm. beeinflußt die Lösetemperatur. **II** zeigt niedrigste Lösetempp., **III** stärksten Temperaturabfall mit zunehmendem Anteil der 2. Komponente. (Faserforsch. u. Textiltechn. **7.** 13—17. Jan. **1956.**) H. REICHERT. 8080

Andreas Hunyar und **Heinz Fark,** *Herstellung von Spinnlösungen von Polyacrylnitril.* 11. Mitt. *über Acrylfasern.* (10. vgl. vorst. Ref.) Bei dem Vermischen von 12—20% Polymerisat mit Lösungsm. in einem Kneter wird innerhalb von ca. 3 Std. infolge der Reibungsarbeit eine Erwärmung hervorgerufen, die von Zimmertemp. ausgehend zu einem Anstieg auf ca. 50—70° führt u. eine homogene Lsg. ohne Wärmezufuhr entstehen läßt. (Faserforsch. u. Textiltechn. **7.** 131—32. März 1956.) H. REICHERT. 8080

S. Mertins, *Das neue „Lanameter" (Faserfeinheitsmikroskop).* Das Lanameter ist ein hauptsächlich zur Best. der Wollfeinheit konstruiertes Mikroskop mit Mikroprojektionseinrichtung u. einem zur Vermeidung von Doppelmessungen mit Sperrvorrichtungen versehenen Objektführer. Dieses Gerät mit auswechselbaren Objektiven für 200—1000-fache Vergrößerungen eignet sich für Faserquerschnittmessungen jeder Faserart. (Tierzucht **9.** 245—46. Juli 1955.) I. SCHOENMANN. 8096

National Lead Co., New York, N. Y., übert. von: **Donald Duane,** Highland Park, N. J., V. St. A., *Stabilisierte Imprägnierlösungen für Flammfestausrüstungen,* gek. durch einen Geh. von 50—150 g $TiCl_4$ in 1 Liter W., wobei auf je 1 (Teil) 0,02—0,17 P in Form von lösl. anorgan. Phosphaten vorhanden sein sollen. — Z. B. werden 80,5 wss. HCl-Lsg. (36%ig), 37,4 H_3PO_4-Lsg. (85,5%ig) u. 925 W. miteinander gemischt, mit 450 Sb_2O_3 versetzt u. die erhaltene Paste mit 850 $TiCl_4$ vermischt, wobei gekühlt wird. Zum Gebrauch wird der Ansatz mit W. auf einen Geh. von 60 Ti je 1 Liter eingestellt. Das mit der Lsg. imprägnierte Gewebe wird 1½ Std. bis zur Gelbldg. getrocknet, mit einer Wasserglas–Soda-Lsg. neutralisiert u. fertiggestellt. (**A. P. 2 728 680** vom 30/10. 1951, ausg. 27/12. 1955.) H. MÖLLERING. 8037

Harris Research Laboratories, Inc., V. St. A., *Behandlung von Keratinstoffen,* wie Wolle, Haare u. dgl., bes. zu deren Entfärbung, in einem wss. Bade, das ein Reduktionsmittel für das Keratin u. mehr als 0,00045 Mol/g des Keratinstoffes eines Alkylendihalogenids, z. B. Dibromäthan, enthält, bei 60—100° u. $p_H > 7$. Die Behandlung kann in 2 Stufen erfolgen, wobei in der ersten als Reduktionsmittel z. B. Na-Hydrosulfit oder Na-Formaldehydsulfoxylat, in der zweiten die entsprechenden Zn-Salze bei $p_H \leqq 7$ verwendet werden. (**F. P. 1 036 539** vom 7/5. 1951, ausg. 8/9. 1953. A. Prior. 6/5. 1950.) G. HOPPE. 8061

E. I. du Pont de Nemours & Co., Wilmington, Del., V. St. A., *Fäden, Filme, Kapseln und dergleichen aus regenerierter Cellulose* erhält man aus einer ein lösl. Salz einer N-substituierten Dithiocarbaminsäure, z. B. des Methyl-, Benzyl-, Äthylen-bis-, Dibutyl-, Dioctyl-, Lauryl- oder Cyclohexyldithiocarbamats enthaltenden Viscose, die in ein 1 bis 15% $ZnSO_4$ enthaltendes saures Fällbad versponnen wird. Die Fäden zeichnen sich durch eine glatte Oberfläche u. eine wesentlich geringere Sekundärquellung (Wasseraufnahme des getrockneten Fadens) aus. (**Schwz. P. 308 243** vom 28/5. 1952, ausg. 16/9. 1955. A. Prior. 29/5. 1951.) G. SALZMANN. 8075

Monsanto Chemical Co., St. Louis, Mo., übert. von: **Donald H. Powers,** Darien, Conn., und **Oscar P. Cohen,** Chestnut Hill, Mass., V. St. A., *Drallfixierung in Fäden oder Garnen aus Keratinfasern.* Man behandelt das feuchte Garn ca. 10 Min. mit einer wss. Lsg. eines methylierten Melamin-CH_2O-Kondensates unter Zusatz einer in W. lösl. oder dispergierbaren organ. Mercaptoverb., bes. eines ein- oder mehrbas. Mercaptoalkohols, z. B. 2-Mercaptoäthanol (**I**), 2-Mercaptopropanol, 1-Thiosorbit oder 1-Thioglycerin. — Eine Imprägnierlsg. enthält z. B. 34 (Teile) eines 60%ig. wss. Harzkondensates, 86 W., 3 **I**, 0,5 Na-Cetylbenzolsulfonat u. 2 2-Amino-2-methylpropanolphosphat. Ein bis zur Aufnahme von 14% Ansatz behandeltes Teppichgarn wird getrocknet u. 15 Min. bei 149° vergütet. (**A. P. 2 723 213** vom 28/7. 1951, ausg. 8/11. 1955.) H. MÖLLERING. 8079

Commonwealth Engineering Co. of Ohio, übert. von: **Leo J. Novak,** Dayton, O., V. St. A., *Drallfixierung in Fäden aus Seide oder synthetischen Fäden,* bes. für Strickerei u. Wirkerei. Man belädt das Gut mit 1—10% Dextranester von gesätt. Fettsäuren mit 8—12 C-Atomen aus einer Lsg. in einem nichtpolaren Lösungsmittel. — Z. B. wird ein 10 *Nylonfäden* enthaltender Zwirn mit einer 5%ig. Lsg. von Dextranpalmitat in Chlf. imprägniert u. dann getrocknet. (**A. P. 2 734 006** vom 18/6. 1953, ausg. 7/2. 1956.) H. MÖLLERING. 8079

E. I. du Pont de Nemours & Co., Wilmington, übert. von: **George Moore Rothrock,** West Chester, Pa., V. St. A., *Schmelzspinnverfahren für Polyacrylnitril* (**I**). Etwa gleiche Teile **I** u. cycl. Äthylencarbonat bzw. Butyrolacton werden vermischt, 30 Min. auf 60—80° erwärmt u. in einem Autoklaven bei 130° evakuiert. Die Spinnschmelze fließt mit 8 g/Min. aus. Verwendet man die sonst üblichen Lösungsmittel (Dimethylformamid u. dgl.), so soll das Verhältnis **I**:Lösungsm. 60:40 betragen. (**A. P. 2 706 674** vom 12/12. 1950, ausg. 19/4. 1955.) G. SALZMANN. 8081

Dow Chemical Co., Midland, Mich., V. St. A., *Herstellung von Fäden und Filmen aus Polyacrylnitril* (**I**). Um restliche Metallsalze, z. B. $ZnCl_2$, die zum Lösen von **I** verwendet worden sind, zu entfernen, behandelt man die gequollenen Gebilde mit der Lsg. eines Kation- u./oder Anionaustauschers (quaternäres Ammoniumsalz von Styrol–Divinylbenzol-Mischpolymerisat, sulfoniertes Polystyrol u. dgl.). — Bes. geeignet sind auch Lsgg. des Na-Salzes von Äthylendiamintetraessigsäure (p_H bis 8) oder von Polyphosphorsäuren. (**E. PP. 732 007** u. **732 008** vom 1/6. 1953, ausg. 15/6. 1955.) G. SALZMANN. 8081

Farbwerke Hoechst Akt.-Ges., vorm. Meister Lucius & Brüning, Frankfurt/M. (Erfinder: **Paul Schlack,** Bobingen), *Verbesserung der Färbbarkeit von Polyacrylnitrilverbindungen,* bes. *Fasern,* dad. gek., daß man Mischpolymere, die neben Acrylnitril noch Vinylcarbonsäureamide (**I**) oder am N substituierte **I** als Komponenten enthalten, gegebenenfalls in Mischung mit anderen Polyacrylnitrilverbb., auf Tempp. von 130—180° erhitzt, vorzugsweise in Ggw. einer verhältnismäßig starken Säure oder eines bei Reaktionstemp. eine Säure abspaltenden Stoffes (γ-Chlorbuttersäure), bis die Affinität zu sauren Farbstoffen, wie „Orange II", eine wesentliche Steigerung erfahren hat. Das Mischpolymere kann auch noch Carboxylgruppen (von z. B. Acrylsäure) enthalten. (**D. B. P. 937 127** Kl. 39b vom 28/5. 1950, ausg. 29/12. 1955. Anmeldung bekanntgemacht 29/11. 1951.) G. SALZMANN. 8081

VEB Filmfabrik Agfa Wolfen, Wolfen (Erfinder: **Paul Schlack,** Berlin), *Herstellung von linearen Polyharnstoffen und/oder Polythioharnstoffen.* Inhaltlich ident mit D. B. P. 920 512; C. **1955.** 5458. (**D. P. [DDR] 5 387** Kl. 39c vom 16/6. 1943, ausg. 30/10. 1954 [Wirtschaftspatent].) M. PANKOW. 8081

Industrial Rayon Corp., Cleveland, übert. von: **Herman A. Bruson,** Shaker Heights, O., V. St. A., *Wasserlösliche Aminoalkoholallyläther* der Formel $CH_2{=}CH{-}CH_2{-}O{-}CH_2{-}CH(OH){-}CH_2{-}NX(Y)$ (X u. Y = Alkyl, Cycloalkyl, Oxyalkyl, Cyanalkyl, Aminoalkyl; X = auch H; X + Y = auch heterocycl. Rest, wie Morpholinyl, Pyrrolidyl u. Piperidyl) erhält man durch Kondensation eines Allylglycidyläthers mit dem entsprechenden prim. oder sek. Amin. — Aus Monoäthanolamin u. Allylglycidyläther (**I**) in W. bei 37—48° → *1-Allyloxy-3-(β-oxyäthylamino)-propanol-(2),* $Kp._{0,2}$ 121°. — β-Methylaminoäthanol + **I** → *1-Allyloxy-3-(β-oxyäthyl-N-methylamino)-propanol-(2),* $Kp._{0,03}$ 96—97°; 86% (Ausbeute). — Diäthanolamin + **I** → *1-Allyloxy-3-(bis-β-oxyäthylamino)-propanol-(2),* $Kp._{0,3}$ 170; 90%. — Bis-[β-oxyisopropyl]-amin + **I** → *1-Allyloxy-3-(diisopropanolamino)-propanol-(2),* $Kp._1$ 170—172°, schwachgelb. — Methylamin + **I** → *1-Allyloxy-3-methylaminopropanol-(2),* $Kp._{23}$ 118—119°, + 50%ig. wss. Glykolsäurenitril, $HOCH_2CN$, → *1-Allyloxy-3-(N-methyl-N-cyanmethylamino)-propanol-(2),* $Kp._{0,7}$ 115°. — **I** + β-Aminodipropionitril → *1-Allyloxy-3-(bis-β-cyanäthylamino)-propanol-(2),* $Kp._1$ 215—220° (Zers.), schwach amberfarbig. — **I** + 4-Amino-4-methyl-2-pentanol → $CH_2{=}CHCH_2OCH_2CHOHCH_2NHC(CH_3)_2CHOHCH_3$, $Kp._{0,01}$ 110—111°. — **I** + Hydrazin → *1-Allyloxy-3-hydrazinopropanol-(2),* $Kp._2$ 124—125°. — **I** + β-Dimethylaminoäthylamin → *1-Allyloxy-3-(β-dimethylaminoäthylamino)-propanol-(2),* $Kp._2$ 119,5 bis 120,5°. — β-Aminoäthylmorpholin + **I** → *1-Allyloxy-3-(β-morpholinoäthylamino)-propanol-(2),* $Kp._{0,8}$ 148—150°. — Bis-[β-aminoäthyl]-amin + **I** → $CH_2{=}CHCH_2OCH_2\cdot CHOHCH_2N(CH_2CH_2NH_2)_2$ oder $CH_2{=}CHCH_2OCH_2CHOHCH_2NHCH_2CH_2NHCH_2\cdot CH_2NH_2$. — β-[β'-aminoäthylamino]-äthanol + **I** → *1-Allyloxy-3-(β-oxyäthylaminoäthylamino)-propanol-(2),* $Kp._{0,02}$ 145—146°. — 3-Dimethylaminopropylamin + **I** → *1-Allyloxy-3-(γ-dimethylaminopropylamino)-propanol-(2),* $Kp._4$ 133—134°. — Äthylendiamin + **I** → *1-Allyloxy-3-(β-aminoäthylamino)-propanol-(2),* $Kp._3$ 126—128°. — Morpholin + **I** → *1-Allyloxy-3-morpholinopropanol-(2),* $Kp._{0,4}$ 93°. — $CH_2{=}CHCH_2OCH_2CHOHCH_2\cdot N(CH_2CHOH)(CH_2CH_2CN)$. — $CH_2{=}CHCH_2OCH_2CHOHCH_2N(CH_2CH_2OH)(CH_2CH_2\cdot$

NH_2). — $CH_2{=}CHCH_2OCH_2CHOHCH_2N(CH_2CH_2NH_2)_2$. Ferner werden folgende Verbb. hergestellt: $CH_2{=}CHCH_2OCH_2CHOHCH_2N\left\langle\begin{matrix}CH_2-CH_2\\ | \\ CH_2-CH_2\end{matrix}\right.$. — $CH_2{=}CHCH_2OCH_2 \cdot CHOHCH_2N\left\langle\begin{matrix}CH_2-CH_2\\ CH_2-CH_2\end{matrix}\right\rangle CH_2$. — Die Verbb. lassen sich mit *Acrylsäurenitril* zu *faserbildenden, farbstoffaffinen Polymeren* mischpolymerisieren. (**A. P. 2712015** vom 10/5. 1951, ausg. 28/6. 1955.) G. KRAUSS. 8081

Walther Lorenz, Abriß der Faserstoffchemie. 2. erw. u. verb. Aufl. Leipzig: Fachbuchverl. 1956. (VI + 87 S. mit 19 Abb.) 8°. DM 4,20.

XIX. Brennstoffe. Erdöl. Mineralöle.

Karl Kegel, *Gasausbrüche und Gasgewinnung im Bergbau.* Im Kohlenbergbau sind die ausbruchsgefährlichen Stellen Gebiete mit weicher, mulmiger, tekton. hochbeanspruchter Kohle, die die Gase (CO_2, CH_4) adsorptiv u. capillar gebunden enthält. Durch geringfügige Impulse wird die adsorptive Bindung des Gases kurzfristig aufgehoben u. der latente akt. Gasdruck wirksam. Im Salzbergbau ist das ausbruchsgefährliche Salz immer von CO_2-haltiger Lauge durchtränkt. Umwandlungszonen, vertaubte Gebiete u. mit hochgespannter CO_2 gefüllte Kluftsysteme sind bes. ausbruchsgefährlich. Für Vulkanausbrüche, soweit sie Aschenausbrüche mit Gasexhalationen betreffen, sind ähnliche Vorgänge (spontaner Zerfall des Schlotkernes) anzunehmen. Aus der infolge des Abbaues druckentlasteten u. aufgelockerten Kohle des Hangenden läßt sich durch Anbohren der entgasenden Kohlenschichten CH_4 gewinnen. Auch im Salzbergbau ist die Möglichkeit einer derartigen CH_4-Gewinnung gegeben. (Abh. dtsch. Akad. Wiss. Berlin, Kl. techn. Wiss. **1953.** Nr. 3. 1—38. 1954.) T. OPPERMANN. 8126

H. H. Storch, *Forschung und Entwicklung über die Umwandlung von Kohle in Gas, flüssige Brennstoffe und verschiedene organische Chemikalien.* (Canad. Mining metallurg. Bull. **46.** 690—94. Nov. 1953. — C. **1956.** 10148.) F. ROSENDAHL. 8126

Arimasa Baba, *Untersuchungen über Lösungsmittelbehandlung von Kohle und deren industrielle Anwendung.* Eine gepulverte Yubari-Kohle (77% durch ein TYLERsieb) wurde in einem Schüttelautoklaven bei 400° mit Teerölfraktionen behandelt. Nach Ansicht des Vf. verläuft die Rk. in 3 Stufen. Zuerst wird eine extrahierbare M. im Kohlepartikel gebildet, wobei die Kohle Lösungsm. absorbiert u. quillt u. Kohlemicellen sich loslösen, die extrahierbar werden. Diese Micellen diffundieren dann durch nichtextrahierbare Bestandteile u. dispergieren im Lösungsmittel. Dabei fallen die Kohlepartikel auseinander. Zuletzt tritt durch eine Konzentrationsdifferenz eine Rekoagulation der im Lösungsm. dispergierten Micellen ein. Die Reaktionszeiten dieser 3 Stufen werden näher untersucht u. rechner. Ableitungen gebracht. Die industrielle Verwertbarkeit wird besprochen. (Rep. Resources Res. Inst. [Kawaguchi], A Nr. 5 (27). 1—120. Sept. 1955. [Orig.: japan.; Auszug: engl.]) K. O. MÜLLER. 8126

Alexander Kosicki, *Veränderung der Zusammensetzung von Brennstoffen während der Verbrennung.* Es wurde die Wärmebilanz von Brennstoffen jüngeren Alters, bes. Lignit, untersucht u. gefunden, daß beim Erhitzen ein Prozeß abläuft, der dem natürlichen Alterungsprozeß ähnlich ist: Nach dem Abbrennen von 49% des Lignits entsprach der Rest in seinen Eigg. der Braunkohle, nach 89% Abbrand der Steinkohle. Es bildet sich somit eine künstliche Inkohlung (besser künstliche Alterung) im Anfang des Verbrennungsprozesses (ab 330° aufwärts) aus. (Гласник Хемиског Друштва Београд [Ber. chem. Ges. Belgrad] **19.** 1—7. 1954.) A. v. WILPERT. 8128

S. Landa, *Über den Einfluß der Zusammensetzung von Waschölen und ihrer Hydrierung auf das Benzinauswaschen aus Gas, welches durch das Carbonisationsverfahren bei niedrigen Temperaturen entsteht.* Die von der Zus. abhängige Waschleistung der *Schwelbenzinwaschöle* unterliegt am meisten dem Einfl. der *Phenole* (**I**). Sie wird durch sehr geringe **I**-Gehh stark erniedrigt. Gering ist der Einfl. des Mol.-Gew. u. des Verhältnisses der Aromaten, Naphthene u. Paraffine im Waschöl (**II**). Hydrierung mit WS_2 ist zur **II**-Regenerierung sehr geeignet. Dadurch wird die Wrkg. von **I** u. unbeständigen ungesätt. Verbb. ausgeschaltet, was durch andere Verff. nicht so leicht möglich ist. (Paliva **35.** 315—18. Nov. 1955. Praha, Kat. syntet. pohonných látek, Vysoká škola chem.-technol.) H. FREYTAG. 8140

Katsuya Inouye und **Hideo Tani,** *Über die Struktur von Koks.* 1. Mitt. *Struktur und Eigenschaften eines Hochofenkokses.* Ein Koksstück wurde in mehrere Schnitte zerlegt u. die Veränderungen der physikalischen Eigg. u. der inneren Struktur untersucht. Die

Reihenfolge der Schnitte war von der Ofenwand zum Inneren hin. Es konnte gezeigt werden, daß die Eigg. irgendwie miteinander in Verbindung standen. Die physikal. Eigg. — bes. die Abriebfestigkeit — kann als ein zusammenfassender Begriff aufgefaßt werden, so daß das Verhältnis der einzelnen Komponenten dieses zusammenfassenden Begriffes untereinander die Struktur des Kokses bestimmen u. damit letzten Endes auch die Eigenschaften. (Fuel **34.** 356—62. Juli 1955. Saitama-Kawaguchi, Resources Res. Inst.) F. ROSENDAHL. 8144

Katsuya Inouye und **Akira Roppongi,** *Über die Struktur des Kokses.* 2. Mitt. *Physikalische Eigenschaften von Koksen, die aus Mischungen verschiedener Feinkohlen hergestellt werden.* (1. vgl. vorst. Ref.) Vier verschied. Hochofenkokse wurden durch Mischen verschied. Feinkohlen hergestellt. Es ergab sich, daß die endgültige Struktur der Kokse lediglich durch die Verkokungsbedingungen bestimmt wird. — Bes. spielt die Temp. eine große Rolle. Sie ist unabhängig von den Eigg. der verschied. Mischkomponenten. Die Unters. der Kokse in der Länge der einzelnen Stücke bestätigte diese Annahme. Vergleicht man die elektr. Leitfähigkeit, die Dichtigkeit, das spezif. Gewicht u. die Mikrostruktur, so ist eine gewisse Einheitlichkeit durch das ganze Stück festzustellen, auch wenn die verschiedensten Feinkohlen zur Anwendung kamen. Die physikal. Eigg. u. die Struktur der Kokse wurden bestimmt durch das Ineinandergreifen der Eigg. der einzelnen Mischkomponenten. Es konnte auch festgestellt werden, daß Beziehungen zwischen den mkr. u. makroskop. Strukturen der Kokse bestehen durch Ausbldg. guter Allgemeineigenschaften. Es ist also durchaus möglich, durch Auswahl geeigneter Feinkohlen beim Mischen u. Abstimmung der einzelnen Eigg. untereinander zu einem Koks mit guten Eigg. zu kommen. (Fuel **34.** 471—79. Okt. 1955.) F. ROSENDAHL. 8144

G. R. Strimbeck, J. H. Holden, L. P. Rockenbach, J. B. Cordiner jr. und **L. D. Schmidt,** *Vergasung von Kohlenstaub mit Sauerstoff und hochüberhitztem Dampf in einer Versuchsanlage.* Zur Gewinnung billigen *Synthesegases* für fl. Treibstoffe aus gepulverter Rohkohle (Sewickley-Kokskohle) werden Unterss. in einer Versuchsanlage für 100 bis 225 kg Kohle/Std. ausgeführt. Die Vergasung der Kohle wird in 3 Temperaturbereichen, 1480—1870, 870—1100, 110—121°, mit O_2 u. überhitztem Dampf ausgeführt. Der durchschnittliche Bedarf für die Herst. von 28,32 m^3 (1000 cu.ft.) Synthesegas (bei 15,6° u. 762 Torr, trocken) beträgt bei 1590° (Dampftemp.) 15,5 (kg) Kohle, 4,8 (m^3) O_2, 2,2 (m^3) Dampf, 88,9(%) (durchschnittliche Vergasung der Kohle); bei 1020° 16,9 Kohle, 9,1 O_2, 1,2 Dampf, 82,9; bei 115° 19,1 Kohle, 11 O_2, 0,8 Dampf, 85,2. Die Vergasung verläuft befriedigend; der O_2-Bedarf bei Anwendung des Hochtemperaturdampfes ist geringer als bei anderen bekannten kontinuierlichen Verfahren. (Amer. Gas Assoc., Proc. annu. Meeting **32.** 501—63. 1950. Morgantown, Bur. of Mines.) E. ROTTER. 8148

A. E. Sands, H. W. Wainwright und **G. C. Egleson,** *Organischer Schwefel in Synthesegas — Vorkommen, Bestimmung und Entfernung.* (Vgl. C. **1951.** I. 1549.) In zwei Versuchsanlagen (vgl. vorst. Ref.) wird Synthesegas (**I**) aus Pulverkohle, Dampf u. O_2 gewonnen, wobei bei einer Kapazität von 250 kg Kohle/Std. Dampf:Kohle-Verhältnisse von 0,19—3,43 angewandt werden. — Im **I** nach obiger Herstellungsmeth. findet sich kein Thiophen. Zugabe von ca. 20 g wasserhaltigem Kalk/kg Kohle erniedrigt den Geh. an organ. S (**II**) im **I**, hat jedoch keinen Einfl. auf den H_2S-Geh.; bei Verdoppelung des Zusatzes wird **II** u. H_2S erniedrigt. Die Beziehung von S-Geh. in der Kohle zum **II** im Gas läßt sich nicht einfach feststellen; sie schwankt mit der Kohleart, dem Dampf: Kohle-Verhältnis u. anderer Arbeitsbedingungen. Bei unveränderten Arbeitsbedingungen sinkt **II** stark mit steigendem Dampf:Kohle-Verhältnis. — Von verschied. Verbrennungsmethoden für die Best. von **II** ist die IGT-Meth. (HAKEWILL u. RUECK, Amer. Gas Assoc., Proc. annu. Meeting **28.** [1946.] 529) mit kleinen Änderungen die beste. Jedoch auch die Referee-Meth. (ALTIERI, Amer. Gas Assoc., Proc. annu. Meeting **27.** [1945.] 148) führt zu guten Resultaten. Für die Best. von **II** als $BaSO_4$ im BETZ-HELLIGE-Turbidimeter wie auch im BECKMAN-Spektrophotometer wird je eine Meth. ausgearbeitet u. beschrieben. Sie gestatten noch die Best. von 0,0051 bzw. 0,051 mg S als $BaSO_4$ in 250 cm^3 Lösung. Obwohl letztere Meth. nur 0,1 der Empfindlichkeit der vorherigen Meth. besitzt, bietet sie durch den Wegfall der Eichung der Lichtintensität Vorteile. Ferner wird die Meth. von LUSBY (Amer. Gas Assoc., Proc. annu. Convent. **1936.** 752), Umwandlung von **II** in H_2S über Pt-Spirale, wegen ihrer Empfindlichkeit, Genauigkeit u. Schnelligkeit weiter ausgearbeitet u. beschrieben. — Als Reinigungsverf. wird die katalyt. Umwandlung von **II** in H_2S in Ggw. großer Mengen H_2S untersucht u. gefunden, daß sie wegen des Gleichgewichts zwischen H_2S, CO u. **II** (wahrscheinlich COS) in der gegenwärtigen Form nicht verwendet werden kann. Co-Molybdat u. Pt auf Al_2O_3 sind für die **II**-Entfernung nicht geeignet. Die HUFF-Katalysatoren zeigen bei der gleichzeitigen Entfernung von **II** u. H_2S jedoch ausgezeichnete Ergebnisse; der Gesamt-S kann bis auf 5,1 mg/2,8 cm³ erniedrigt werden, während alkalisierte Fe-Katalysatoren zur oxydativen Entfernung von Gesamt-S unter diese Grenze kommen. — Zur Entfernung von Thiophen werden verschied. akt. Kohlen verwendet. Die COS-Entfernung bei 21 at mit Aktivkohle wird in Abhängigkeit von linearer Gasgeschwindigkeit, COS-Geh. u. CO_2-Konz. untersucht. CO_2 senkt die Kapazität der Aktivkohle für COS. (Amer. Gas Assoc., Proc. annu. Meeting **32**. 564—602. 1950.) E. ROTTER. 8148

Wacław Nowyk, *Zur Frage der Zugabe eines Geruchstoffes zum Erdgas.* Auf Grund der geforderten Eigg. eines Geruchstoffes für Erdgas u. andere Heizgase werden die zur Zeit angewendeten Verbb. beschrieben. Rohbenzol wird als vorläufig am besten geeignetes Mittel angegeben. (Gaz, Woda Techn. sanit. **28**. 322—24. Nov. 1954. Krakôw, Centr. Labor. Gaz.) F. URBAN. 8156

S. Landa und **J. Mostecký,** *Zusammensetzung des Braunkohlenurteers.* 2. Mitt. *Einige o-Alkylphenole.* (1. vgl. C. **1955**. 11126.) Aus der Lsg. der Xylenolfraktion, Kp. 200—220°, des nach LURGI-Verf. gewonnenen Urteermittelöls in 30% NaOH wurden durch Ae.-Extraktion die *o-Alkylphenole*, $Kp._{10}$ 92—98,6° (3,8%), isoliert, die durch Dest. der *Methyläther* (erhalten durch Behandeln mit Dimethylsulfat in alkal. Lsg.) in C_7- ($Kp._{37}$ 85,7—86,4°), C_8- ($Kp._{37}$ 100,2—101,0°) u. C_9-Fraktionen ($Kp._{37}$ 102,7—103,5°) getrennt wurden. Durch Sieden mit $KMnO_4$ in 2% KOH wurden aus C_7-Fraktion die *2-Methoxybenzoesäure* (I), F. 100°, aus C_8-Fraktion I u. *2-Methoxyisophthalsäure*, F. 215—219°, aus C_9-Fraktion ein untrennbares Säuregemisch erhalten, wodurch die Anwesenheit von *o-Kresol, o-Äthylphenol* u. *2.6-Xylenol* in der untersuchten Probe bewiesen wird. Die Behandlung der extrahierten o-Alkylphenole mit Chloressigsäure in alkal. Lsg. führte zu einem untrennbaren Gemisch von *Aryloxyessigsäuren*, F. 121,3° (aus W. u. PAe.). (Chem. Listy **50**. 391—93. März 1956. Praha, Vysoká škola chem.-tech., Katedra synth. pohon. látek.) J. KOVÁŘ/Prag. 8178

J. Buzon und **J. Favre,** *Untersuchung über die Zusammensetzung des Gasvorkommens von Lacq.* Beschreibung der Unters. eines natürlichen Gases u. ihrer Ergebnisse (Vol.-%: 60—74,6 CH_4; 2,5—4,2 C_2H_6; 0,5—1,2 C_3H_8; 0,2—0,4 C_4H_{10}; 0,7—2 C_4H_{10} + C_5H_{12} + C_6H_{14}; 9—17 H_2S; 20 H_2S + CO_2; 0,8—5 N_2; $<$0,05—0,1 Mercaptane; 0,014—0,03 COS; 0,002 He). (Rev. Inst. franç. Pétrole Ann. Combustibles liquides **10**. 387—90. Mai 1955. Inst. Français du Pétrole, Dép. Analyses et Synthèses.) W. WESLY. 8186

N. F. Bogdanow, *Über den Mechanismus der Deasphaltierung der Erdölrückstände mit flüssigem Propan.* Die allg. verbreitete Theorie der Deasphaltierung mit *Propan* (I) besagt, daß die in koll. Zustand befindlichen Asphaltoide u. harzartigen Prodd. gegenüber dem Öl lyophilen u. gegenüber dem I lyophoben Charakter aufweisen. Durch Verdünnen mit fl. I nimmt der lyophobe Charakter soweit zu, daß letztlich Koagulierung u. Ausfällung erfolgt. Nach der Koagulationstheorie müßte somit eine unendliche Verdünnung mit I eine maximale Deasphaltierung zur Folge haben. An Hand von Verss. wurde gezeigt, daß dies nicht der Fall ist, vielmehr nähert sich der Deasphaltierungseffekt bei zunehmender Verdünnung einem Maximum; bei weiterer Verdünnung erfolgt Solvatisierung bereits ausgefällter Asphaltoide. — Bei der Raffination eines paraffin. Grosny-Öls mit techn. I bei 70° wurden folgende Ergebnisse erzielt: Daten des Ausgangsprod.: d_{20} 0,966 Viscosität bei 100° 119 cSt, Verkokbarkeit 12,6%. Bei einem Gewichtsverhältnis Öl/I von 1:5 wurde ein maximaler Effekt erzielt, wobei folgende Kenndaten erhalten wurden: 0,908; 22,8 cSt.; 1,52%. Die Ausbeute an Deasphaltisat betrug 33%. Bei einem Öl/-I-Verhältnis von 1:10 war das Maximum schon längst überschritten: 0,917; 26,8 cSt.; 1,91%. Ausbeute 50%. Wird noch weiter verd., so resultieren noch ungünstigere Werte. Etwaige adsorptive Vorgänge zwischen Öl u. Asphaltoiden, als Erklärung dieser Erscheinung, wurden durch folgenden Vers. widerlegt: Ein Asphaltextrakt wurde zunächst mit I im Verhältnis 1:4 behandelt u. die Kenndaten sowie die Menge des Raffinats ermittelt; hierauf wurde in gleicher Weise mit 1:28 gearbeitet, wobei die Daten des Raffinats eine wesentliche Verschlechterung zeigten. Dann wurde I so weit abdest., daß wiederum ein Verhältnis von 1:4 resultierte. Hierbei konnte erneut Phasentrennung beobachtet werden, die keinesfalls auf Adsorption zurückzuführen ist, da ja die ausgeschiedenen Asphalte bei der Behandlung 1:28 bereits abgetrennt wurden. Die Kenndaten waren mit der zuerst durchgeführten Behandlung (1:4) nahezu identisch. Weiter wurde gefunden, daß die gleiche Erscheinung auch bei höheren Deasphaltierungstempp. beobachtet wird. Nach der Koagulationstheorie sollen niedrigmol. Öle besser deasphaltierbar sein als solche, die mit Asphaltoiden angereichert sind. Die durchgeführten Verss. zeigten die Irrigkeit dieser Ansicht. Die Unstimmigkeit der Koagulationstheorie macht es erforderlich, nach einer anderen Erklärung zu suchen, die dem Mechanismus der Deasphaltierung besser gerecht wird. (Нефтяное Хозяйство [Petroleum-Wirtsch.] **33**. Nr. 5. 63—68. Mai 1955.) A. HOYNINGEN-HUENE. 8194

Marshall Sittig, *Zusammenfassender Bericht über die Technik der katalytischen Spaltung.* Besprechung der chem. u. techn. Grundlagen der katalyt. Spaltung an fest oder beweglich sowie in Wirbelschicht angeordneten Katalysatoren, bes. auf Basis Si–Mg, Al, Phosphat u. Pt. Die in den letzten Jahren entwickelten Verff., wie das der HOUDRY UNIVERSAL OIL PROD. Co., das *Perceo katalyt. Reforming-, Catarol-, Socony-Vaccum-, Atlantic-Verf.* u. a. werden an Hand von Skizzen u. Fließbildern bes. hinsichtlich der Ausbld. von Wirbelschichten an Hand zahlreicher Literatur besprochen. (Petroleum Refiner **31.** Nr. 9. 263–316. Sept. 1952.) K. O. MÜLLER. 8196

Carlo Trevissoi, *Über die thermodynamische Ausbeute an Aromaten aus Naphthenen beim katalytischen Reformingverfahren.* Aus den Änderungen der freien Energie werden die Gleichgewichtskonstanten für die Bldg. von Bzl. (I) u. Toluol (II) aus Naphthenen mit 6 C-Atomen (Cyclohexan, Methylcyclopentan) u. 7 C-Atomen (Methylcyclohexan, Dimethylcyclopentane) unter den Bedingungen des Reformingverf. berrechnet. Dabei wird sowohl der Fall der gleichzeitigen Bldg. von I u. II (genaue Lsg.) als auch der der unabhängig voneinander angenommenen Bldg. von I u. II (Näherungslsg.) entwickelt. Der Fehler der Näherungsmeth. in den Werten für I, II u. I + II (III) ist am größten, wenn das Verhältnis $C_6:C_7$ bei den III 1:1 ist. Als empir. Beziehung ergibt sich die Differenz zwischen den nach der Näherungsmeth. u. den nach der genauen Meth. erhaltenen Werten, wenn $n = C_6/(C_6 + C_7)$ ist, zu $5{,}52\,(1 - n)^{1{,}142}$%. (Metano [Padova] **10.** 3–13. Jan. 1956. Bologna, Univ., Labor. fis.-chim. appl.) R. K. MÜLLER. 8200

R. Birthler und **Chr. Szkibik,** *Die hydrierende Mitteldruckraffination von Rohdieselölen.* Für die aus Braunkohle gewonnenen Dieselkraftstoffe sind chem. Raffinationsverff. infolge hoher Verluste ungeeignet. Dagegen ergibt Hydrierung bei 340–350° 50 at Kammerdruck 32,5 at H_2 Partialdruck, ein wesentlich rationelleres Veredlungsverfahren. Als Kontakt wurde MoO_3 auf Al_2O_3, z. T. mit Zusätzen, wie WoS, NiS, NiO u. CoO, verwendet. Der H_2-Verbrauch (97%ig) betrug 150–160 m³/t Rohdieselöl. Die Regenerierung des Kontaktes verläuft zufriedenstellend. Hydrier-Dieselkraftstoff zeigt bes. im Hinblick auf S-Geh., Phenolgeh., Stabilität u. Cetanzahl wesentlich verbesserte Eigenschaften. In letzterem Falle konnte eine Steigerung bis zu 12 Punkten (abhängig vom Einsatzprod.) beobachtet werden. Hydrierte Fahrbenzine zeigen zwar ebenfalls verbesserte Eigg., liegen jedoch in der Octanzahl zu niedrig (MOZ 58), um allein verwendet zu werden. (Chem. Techn. **6.** 373–78. Juli 1954.) A. HOYNINGEN-HUENE. 8212

C. B. Davies, *Schmiermittel für Maschinen und industrielle Einrichtungen.* (Colliery Guardian **187.** 311–15. 3/9. 340–42. 10/9. 1953.) F. VIER. 8220

Alfred Sponheuer, *Härte- und Vergüteöle für Großhärteanlagen.* Vf. berichtet über Verss. mit Sonderölen u. prüft diese nach dem Silberkugelverfahren. Ziel seiner Arbeiten ist die Entw. eines Härte- u. Vergüteöles, das feuersicher u. alterungsbeständig ist u. gleichbleibende Ablöschwrkg. gibt. Das Mittel soll eine tiefgehende Abschreckwrkg. besitzen u. den Unterschied in der Wrkg. zwischen W. u. Öl überbrücken. Bei der Prüfung wurden abgedrehte Butzen von 400 mm Länge u. 200 mm Durchmesser aus dem Stahl 16 CrMO 44 verwendet u. diese bei 930° wärmebehandelt. Nach der Vergütung wurden die Streckgrenze, Zugfestigkeit, Dehnung, Einschnürung u. Kerbzähigkeit gemessen. Versuchsergebnisse zeigen, daß mit Ölen verschied. Eigg. in der Kernzone der Prüfstücke keine Unterschiede erhalten wurden. Zusammenfassend stellt Vf. fest, daß es noch kein Ablöschmittel auf Ölbasis gibt, das auch im Kern großer Schmiedestücke eine dem W. gleiche Ablöschwrkg. hat. (Erdöl u. Kohle **9.** 30–34. Jan. 1956.) K. O. MÜLLER. 8220

Pál Zakar, *Die Verwendung des Bitumens aus Nagylengyel.* (Vgl. C. **1955.** 3287 u. 8532.) Das nagylengyeler Bitumen wird zu 36% auf Destillationsbitumen, 32% verd. Bitumen u. Wegöl, 24% geblasenem Bitumen u. 8% anderen Bitumensorten verarbeitet. Der größte Teil dieses Bitumens wird in Ungarn zur Brikettierung verwendet, ein wesentlicher Teil in der Bauindustrie u. zum Straßenbau, die anderen Industrien verwenden nur geringe Mengen. Außerdem wird es in der Gummi-, Kabel- u. korrosionsverhütenden, Zündschnur-, Lack- u. Farben-, Papier- u. Lagerschmiermittelindustrie sowie als Bindemittel für Gießereiformsand verwendet. (Müszaki Élet. [Techn. Leben] **11.** Nr. 7. 21–23. 5/4. 1956.) E. KISS. 8224

Petrolite Corp., Del., übert. von: **Alvin Howard Smith,** Kirkwood, Mo., V. St. A., *Brechen von Erdölemulsionen* des W.-in-Öl-Typs durch Einw. eines Demulgators, der synthet. hydrophile Prodd. enthält, wie saure Teilester, die erhalten werden durch Rk. einer mehrwertigen Carbonsäure (I) mit einem Überschuß von oxypropyliertem Triricinolein (Ricinusöl), wobei mindestens 20 Mol Propylenoxyd in den Ricinoleylrest eingeführt werden u. mindestens 1 Mol I mit jeder OH-Gruppe umgesetzt wird. (**A. P. 2 695 883** vom 10/4. 1952, ausg. 30/11. 1954.) P. UNGER. 8191

Standard Oil Development Co., V. St. A., *Trennung von Kohlenwasserstoffen mit gerader und verzweigter Kette.* Man stellt aus Koksrückständen, bes. aus dem Säureteer der Erdöldest., eine Aktivkohle her, indem man den Teer bei 315—371° unter Luftabschluß carbonisiert, bei 538—649° die flüchtigen Bestandteile abtreibt u. das Prod. bei 760 bis 793° mit der 1,1—4,9fachen Menge Wasserdampf behandelt. Dabei werden 75—88% in eine Aktivkohle von hohem Wirkungsgrad für die selektive Absorption übergeführt. Der Wirkungsgrad wird auf ein 50 : 50-Gemisch von n-Heptan u. Isooctan berechnet u. soll bei 15,5° ca. 29 cm^3/100 g betragen. Er hängt von den Bedingungen der Bereitung ab. Die Absorption erfolgt in fl. Phase bei n. Drucken u. Temperaturen. Absorbiert werden die geradkettigen Bestandteile aus Gemischen von geraden, verzweigten u. cycl. Paraffinen oder Olefinen, bes. n-Hexan u. n-Heptan aus seinen Gemischen mit fl. verzweigten u. cycl. KW-stoffen u. Hexen-(1) aus einem Gemisch mit 2-Äthylbuten-(1). Die Abtrennung hat eine *Erhöhung der Octanzahl* zur Folge. — 1 Zeichnung. (**F. P. 1 054 342** vom 23/1. 1952, ausg. 9/2. 1954.) S. MEIER. 8195

Standard Oil Development Co., V. St. A. (Erfinder: **Clinton H. Holder** und **Robert C. Morbeck**), *Herstellung von Kohlenwasserstoffen,* dad. gek., daß man ein Synthesegas aus CO u. H_2 bei 343—400° u. 42—52,5 kg/cm^2 mit einer dichten fluidisierten Katalysatormasse, die Fe enthält, in Berührung bringt. Die Gasdurchgangsgeschwindigkeit soll 18—45 cm/Sek. betragen, der Partialdruck des H_2 12,3—19,3 kg/cm^2 u. sein Anteil im Gasgemisch 0,4—0,6. Der verwendete Fe-Katalysator wird vorher auf einen O_2-Geh. von 1—3% reduziert. — Zeichnung. (**F. P. 995 168** vom 9/9. 1949, ausg. 28/11. 1951. A. Prior. 16/9. 1948.) S. MEIER. 8201

Steinkohlenbergwerk Rheinpreussen (Erfinder: **H. Kölbel** und **R. Langheim**), Deutschland, *Erhöhung der Paraffinausbeute bei der Kohlenoxydhydrierung* unter Verwendung eines Eisenkatalysators, welcher nach der Abtrennung des Paraffins zwecks Regenerierung mit Alkali versetzt wird. Das Alkali wird in feinpulveriger Form dem Extraktionsmittel zugesetzt, mit dem es eine möglichst stabile Suspension bildet. (**F. P. 1 043 550** vom 8/10. 1951, ausg. 10/11. 1953.) M. F. MÜLLER. 8201

Socony-Vacuum Oil Co., Inc., übert. von: **Albert T. Fellows**, Woodbury, N. J., V. St. A., *Herstellung eines Katalysators für die Fischer–Tropsch-Synthese,* dad. gek., daß ein Metalloxyd, z. B. von Fe, Co oder Ni, auf $> 900°$, jedoch unterhalb des F., erhitzt u. dann in eine organ. Fl. gegeben wird, so daß durch die Zers. der Fl. eine reduzierende Atmosphäre entsteht, die die Oberfläche des Metalloxyds reduziert. Die organ. Fl. soll ein Atomverhältnis von H : C $\leqq$ 4 besitzen. Als organ. Fll. werden z. B. KW-stoffgemische, wie Bzn., Alkoholmischungen u. denaturierter A. genannt. — Zeichnung. (**A. P. 2 693 481** vom 8/12. 1950, ausg. 2/11. 1954.) A. MOHR. 8201

Steinkohlenbergwerk Rheinpreussen, Deutschland, *Eisenkatalysator für die Kohlenoxydhydrierung.* Man geht aus von einer 1—3%ig. Fe-Nitratlsg. u. setzt dieser ein festes Erdalkaliverbb. enthaltendes Mineral in feinpulveriger Form zu. Das Mineral soll nicht mehr als 1% von zersetzbaren Silicaten enthalten. Der erhaltene alkalifreie Katalysator bildet bes. KW-stoffe mit niedrigem Kp., bes. CH_4. (**F. P. 1 043 322** vom 26/9. 1951, ausg. 9/11. 1953.) M. F. MÜLLER. 8201

Standard Oil Development Co., Del., übert. von: **Charles E. Hemminger**, Westfield, und **Wilfred O. Taff**, Cranford, N. J., V. St. A., *Reformieren von Naphtha.* Um aus einer verdampften Naphthafraktion (C_6 bis 180° F) Bzn. zu erhalten, werden Naphthadämpfe in einer Hydroformierungszone bei 850—950° F u. 10—200 lbs./sq.in. in Ggw. eines fluidisierten Katalysatorbettes (Metalloxyde der VI. Gruppe des Period. Syst. auf Tonerdeträger) umgewandelt. Die Reaktionsprodd. werden in Bzn., H_2-reiches Gas u. einen rückzuführenden KW-stoffstrom getrennt. Der mit C verunreinigte Katalysator wird laufend abgezogen u. dafür die aliquote Menge des bei 1100—1200° F regenerierten Katalysators zugeführt. Der regenerierte Katalysator wird zusammen mit dem H_2-reichen Gasstrom u. dem nicht zurückzuführenden KW-stoffstrom in eine 2. Reaktionszone bei 1100—1200° F eingeleitet. Die aus dieser 2. Zone anfallenden Prodd., wie H_2-reiches Gas, KW-stoffe u. heißer Katalysator, werden kontinuierlich zusammen mit der Naphtha in die 1. Reaktionszone eingeleitet. — Zeichnung. (**A. P. 2 697 684** vom 28/11. 1951, ausg. 21/12. 1954.) E. KAHLES. 8201

Standard Oil Development Co., Del., übert. von: **Forrest H. Blanding**, Cranford, N. J., V. St. A., *Reformieren von Naphtha.* Die Naphtha wird zusammen mit H_2 auf 800° F vorerhitzt, feinverteilter Hydroformierungskatalysator bei 875—950° F beigemischt u. das Gemisch aufwärts durch eine Reihe von Reaktionszonen geleitet. Die Reaktionsprodd. u. der verbrauchte Katalysator werden abgezogen. Durch Abtrennen der Verunreinigungen wird der Katalysator regeneriert u. die heißen regenerierten Katalysatorteilchen abwärts durch die Reaktionszonen geführt, wobei ein indirekter Wärmeaustausch erfolgt. — Zeichnung. (**A. P. 2 701 230** vom 1/7. 1949, ausg. 1/2. 1955.) E. KAHLES. 8201

Baker & Co., Inc., Newark, N. J., V. St. A., *Herstellung eines Platin–Tonerde-Reformierungskatalysators.* Es wird ein Tonerdegel welches aus einem Al-Salz hergestellt wurde, gewaschen u. in ein krist. Tonerdehydrat, das vor allem aus Trihydrat besteht, übergeführt. Der Tonerdeträger wird mit einer Lsg. eines Salzes der Pt-Gruppe getränkt, getrocknet u. in Kügelchen geformt u. calciniert. (**E. P. 742 613** vom 10/7. 1953, ausg. 30/12. 1955. A. Prior. 19/7. 1952.) E. Kahles. 8201

Standard Oil Development Co., V. St. A., *Katalysatoren zum Reformieren von Benzin.* Sie bestehen aus koll. Pt oder Pd, dispergiert in einem koll., wasserhaltigen Oxyd, z. B. Al_2O_3, SiO_2, Cr_2O_3, TiO_2, ThO_2. — Z. B. löst man 2250 g $AlCl_3 \cdot 6H_2O$ in W. u. verd. auf 7 Liter. Nach Abkühlen auf 10° versetzt man mit 1600 (cm³) fl. Äthylenoxyd u. dann mit 150 Pt-Chloridlsg. (2,39 g Pt). Nach 4 Std. zerteilt man das gebildete Gel, trocknet es bei n. Temp. u. red. den Katalysator bei 482° im H_2-Strom. Der Katalysator enthält 99,5 (%) Al_2O_3 u. 0,5 Pt. (**F. P. 1 080 855** vom 4/6. 1953, ausg. 14/12. 1954.) T. Oppermann. 8201

Standard Oil Development Co., Del., übert. von: **James M. Jennings,** Baton Rouge, La., und **George F. Pappas,** Metuchen, N. J., V. St. A., *Thermische Umwandlung von Kohlenwasserstoffen.* Ein Destillationsrückstand vom Kp. > 800° F wird bei 850 bis 975° F in die 1. Zone zur Viscositätsbrechung eingeleitet, wobei eine dampfförmige u. eine Teerfraktion entstehen. Die Teerfraktion wird mit einem asphalthaltigen Rohöl vom Kp. < 800° F so gemischt, daß 15—20 Teile Teerfraktion auf 100 Teile des Rohöles kommen. Dieses Gemisch wird in einer 2. Zone zur Viscositätsbrechung bei 750—900° F u. einer Verweilzeit von 2,5—30 Vol./Vol./Std. bei 750° F eingeführt. Die Temp. der 2. Zone ist ca. 50—100° F tiefer als die der 1. Zone. Die Reaktionsprodd. werden in eine Dampffraktion u. eine Teerfraktion (*Heizöl*) zerlegt. — Zeichnung. (**A. P. 2 687 986** vom 1/5. 1951, ausg. 31/8. 1954.) E. Kahles. 8217

Standard Oil Development Co., Elizabeth, N. J., übert. von: **Peter J. Gaylor** und **William H. Smyers,** Westfield, N. J., V. St. A., *Mineralische Schmieröle mit erhöhtem Viscositätsindex,* gek. durch einen Geh. an in Ggw. von anorgan., sauer reagierenden Halogeniden, vorzugsweise Borfluorid, unterhalb 0° erhältlichen geradkettigen Polymerisaten aliphat. Olefine mit mehr als 2 C-Atomen, bes. Isobutylen, mit anderen polymerisierbaren KW-stoffen, bes. Styrol, in Mengen von 0,01—5 Gew.-%, bezogen auf das Öl. Zusatzmenge ca. 2%. — Vgl. auch D. B. P. 913 826; C. **1956.** 1170. (**D. B. P. 938 978** Kl. 23c vom 11/11. 1937, ausg. 9/2. 1956. Anmeldung bekanntgemacht 21/7. 1955. A. Priorr. 9/4. u. 17/7. 1937.) E. Drews. 8221

Standard Oil Development Co., Elizabeth, N. J., übert. von: **Raymond L. Heinrich,** Baytown, und **Albert J. Shmidl,** Houston, Tex., V. St. A., *Antioxydationsmittel für Schmier- und Mineralöle,* bestehend aus einer 0,5—5%ig. Lsg. eines Reaktionsprod. von Diphenylamin (I) u. Trithioaceton (II). Die Herst. erfolgt durch 4std. Erhitzen von 51 (Teilen) I mit 22 II bei 165—175° Zusatz: 2 Gew.-%, berechnet auf das Schmieröl. (**A. P. 2 684 335** vom 22/6. 1951, ausg. 20/7. 1954.) E. Drews. 8221

Standard Oil Co., übert. von: **Helen Sellei Beretvas,** Chicago, Ill., V. St. A., *Umsetzung von Polyolefinen,* die wenig Doppelbindungen enthalten, *mit Schwefelchloriden.* Nach den Beispielen wird ein Polybutylen mit Mol.-Gew. 330 u. JZ. 53, das in der Kette ca. 1 Doppelbindung enthält, mit 5—50 (Vol.-%) S_2Cl_2 oder SCl_2 bzw. Mischung in Ggw. von 1—50 W. u. 2—9 P_2S_5 oder P_4S_3 oder P_2S_3 bei 26—656° umgesetzt. Schwach gefärbte, klare Prodd. großer Stabilität, die als Zusatz zu *Schmierölen* brauchbar sind. — Tabellen. (**A. P. 2 727 030** vom 9/5. 1951, ausg. 13/12. 1955.) H. Schindler. 8221

Standard Oil Development Co., Elizabeth, N. J., V. St. A., *Schmieröl* mit einem Geh. von 0,1 –50 (Gew.-%) einer Mischung aus A) Zn-Dithiocarbamat oder Zn-Dialkyldithiocarbamat u. B) eines phosphorsulfurierten Olefins, das mit einer Metallbase oder einer Stickstoffbase, z. B. Guanidincarbonat, neutralisiert ist. Die Mischung enthält 1 (Gewichtsteil) A u. 1—20 B. — Prüfergebnisse. (**E. P. 710 140** vom 15/11. 1951, ausg. 9/6. 1954. A. Prior. 7/6. 1951.) E. Drews. 8221

Standard Oil Development Co., V. St. A. (Erfinder: **Ronald William Morton, Edwin Mathieson Dodds** und **John Lincoln Heaton**), *Schmierölkompositionen.* Sie bestehen aus einem Pflanzenöl, bes. Ricinusöl, einem fl. Mono- oder Diester, dessen Viscosität unter der des Öls liegt [z. B. Isopropyloleat (I), Di-(2-äthylhexyl)-sebacinat, -adipinat] u. O_2-Inhibitoren (z. B. ein Phenol + einer S u. P enthaltenden organ. Substanz). — Eine solche Komposition hat z. B. die Zus.: 60 (%) Ricinusöl, 40 I, 1 2.6-Di-tert.-butylkresol u. 1 α-Pinenphosphorsulfid. (**F. P. 1 092 703** vom 10/12. 1953, ausg. 26/4. 1955. E. Priorr. 10/12. 1952, 5/5. u. 17/11. 1953.) T. Oppermann. 8221

Shell Refining & Marketing Co. Ltd., England, *Kraftstoffe und Schmiermittel für Verbrennungsmotoren.* Die Kraftstoffe bzw. die Schmieröle enthalten eine geringe Menge

einer metallorgan. Verb. von der allg. Formel MR_2, worin M Fe, Ni, Ru oder Os u. R einen gegebenenfalls substituierten Cyclopentadienylrest bedeuten, u. gegebenenfalls ein Reinigungsmittel. — Z. B. löst man 1,54 (g) Fe-Dicyclopentadienyl (I) u. 3,52 Tri-(diisopropylcarbinyl)-borat in einem Liter Fliegerbenzin oder z. B. 0,5 g I in 100 cm^3 Shell X–100 (Schmieröl). Die metallorgan. Verbb. wirken als Antiklopfmittel. (**F. P. 1 082 934** vom 20/6. 1953, ausg. 4/1. 1955. E. Priorr. 23/6. u. 10/11. 1952 u. 14/5. 1953.)
T. Oppermann. 8221

Shell Development Co., San Francisco, übert. von: **David E. Adelson,** Berkeley, Calif., V. St. A., *Stabilisatoren für Schmieröle.* Man setzt 2—6 (Mol) eines Ketons oder Aldehyds mit 1—3 eines Alkylenpolyamins bei 50—250° bis zur Beendigung der Wasserbldg. um, u. behandelt 1 des erhaltenen Prod. mit 1—8 einer C-freien anorgan. S-Verb. der Gruppen P-Sulfide, S-Halogenide oder S für 3—24 Std. bei 0—175°. — Beispiel: 2 Diisobutylketonbodenprod. (18 C-Atome/Mol) u. 1 Äthylendiamin (I) werden in Bzl. bei 75—80° erhitzt u. vom entstehenden W. u. nicht umgesetzten I abgetrennt. Man erhält eine braune viscose Fl. (N = 4,4%). 1 dieses Prod. wird mit 4 P_2S_5 bei 110—150° umgesetzt. Man erhält eine braune viscose Fl. (S = 9,7%, P = 7,6%, N = 1,7%). — Zusatzmenge bis 5 Gew.-%. (**A. P. 2 652 367** vom 5/8. 1950, ausg. 15/9. 1953.)
E. Drews. 8221

N. V. de Bataafsche Petroleum Mij., Den Haag, Holland (Erfinder: **Walter Howard Peterson, Stanley Thistlewood Abrams** und **Fred Helmut Stross,** Emeryville, Calif., V. St. A.), *Schmierfett,* bestehend aus einer Schmierölgrundlage, bes. aus einem mineral. Schmieröl u. einem anorgan. Gelierungsmittel, wie Siliciumdioxyd oder Oniumton, vorzugsweise in einer Menge von mindestens 1 Gew.-%, dad. gek., daß es eine wasserstoffliefernde Substanz, wie einen cycloaliphat. naphthen. KW-stoff, vorzugsweise in einer Menge von mindestens 1 Gew.-% u. bes. in einer Menge von 5—25 Gew.-%, u. einen wasserstoffübertragenden Katalysator, z. B. einen säureaktivierten Ton, ZnO, oder Zn-Salze, die bei > 230° unter ZnO-Bldg. zerfallen, in einer Menge von mindestens 0,0025 Gew.-% enthält. (**D. B. P. 939 946** Kl. 23c vom 14/7. 1953, ausg. 8/3. 1956. Anmeldung bekanntgemacht 8/9. 1955. A. Prior. 15/7. 1952.) E. Drews. 8223

N. V. de Bataafsche Petroleum Mij., Holland (Erfinder: **Forrest J. Watson),** *Schmiermittel.* Sie bestehen zum großen Teil aus einer öligen Fl. (z. B. Dihexylbenzolphosphonat, Tetra-[7-methyl-4-thiaoctyl]-silicat, Di-[2-äthylhexyl]-sebacinat) u. 0,1 bis 6 (Gew.-%) einer Epoxyverb. (z. B. Glycidylphenyläther, Glycidylmethyläther, 2.3-Epoxy-5-isopropoxypentan, 1.2-Epoxy-4-methoxy-butan) u. 0,1—6 eines Metallsalzes eines Kondensationsprod. eines Aldehyds mit einem Phenol oder Thiophenol (z. B. Octylphenol-Acetaldehyd, Octylthiophenol-Formaldehyd). (**F. P. 1 079 268** vom 30/4. 1953, ausg. 29/11. 1954. A. Prior. 2/5. 1952.) T. Oppermann. 8223

N. V. de Bataafsche Petroleum Mij., Holland (Erfinder: **Forrest J. Watson),** *Schmiermittelkompositionen.* Sie bestehen zum größten Teil aus einer öligen Fl. (z. B. Trioctylphosphat, Dinonylisooctenphosphonat, Tetraoctylsilicat, Di-(2-äthylhexyl)-sebacinat] u. enthalten geringe Mengen eines Bis-(aminoaryl)-alkans [z. B. Bis-(aminophenyl)-, Bis-(p-dimethylaminophenyl)-methan] u. eines Thiodiarylamins (z. B. Thiodiphenylamin). (**F. P. 1 082 950** vom 25/6. 1953, ausg. 4/1. 1955. A. Prior. 27/6. 1952.)
T. Oppermann. 8223

N. V. de Bataafsche Petroleum Mij., Den Haag, Holland (Erfinder: **Forest Jay Watson,** Emeryville, Calif., V. St. A.), *Schmiermittel auf Esterbasis,* bes. auf Basis von Phosphorsäure-, Kieselsäure-, Mono- u. Dicarbonsäureestern, gek. durch einen geringen Geh., vorzugsweise je 0,25—5 Gew.-%, einer Epoxyverb., z. B. Glycidylphenyläther, 2.2-Bis-(p-2.3-epoxypropoxyphenyl)-propan oder eines Kondensationsprod. aus 2.2-Di-p-phenolpropan u. Epichlorhydrin, u. eines Arylamins, z. B. Phenyl-α-naphthylamin Phenylthiazin oder N.N'-Tetramethyldiaminodiphenylmethan. — Beispiel: Phosphorsäurediphenyloctylester 96,5 (Gew.-%), Bis-(2.3-Epoxypropyl)-äther 3,0, Dibenzylamin 0,5. (**D. B. P. 939 523** Kl. 23c vom 5/1. 1954, ausg. 23/2. 1956. Anmeldung bekanntgemacht 1/9. 1955. A. Prior. 5/1. 1953.) E. Drews. 8223

Esso Research & Engineering Co., Elizabeth, N. J., V. St. A., *Entparaffinieren von Mineralöl.* Man kühlt das Öl nach Zugabe eines Gemisches aus 75% $CH_3COC_2H_5$ u. 25% Toluol bis zur Bldg. von Paraffinkristallen ab, trennt die kleineren Kristalle, die in das Verf. zurückgeführt werden, von den größeren, die durch Filtrieren oder Zentrifugieren vom anhaftenden Öl befreit werden. — Schemazeichnung. (**E. P. 743 006** vom 24/3. 1953, ausg. 4/1. 1956. A. Prior. 29/5. 1952.) C. Lüttgen. 8227

Soc. Générale des Huiles de Petrole, Frankreich (Erfinder: **Alfred Champagnat** und **Charles Vernet),** *Extraktive Kristallisation normaler Paraffine mit Harnstoff,* dad. gek., daß man die Emulsion der KW-stoffe mit der Harnstofflsg. mit einem flüchtigen

Lösungsm. (niedere Erdölfraktion) wäscht u. dann durch Einblasen von Luft unter Rühren zerstört. Der Harnstoffkomplex wird durch Erwärmen auf 60° zers., die Paraffine extrahiert u. dekantiert. Die Harnstofflsg. besteht aus 90% Harnstoff in Methanol–W.–Äthylenglykol. Der Komplex entsteht bei der intensiven Mischung dieser Lsg. mit einer Erdölfraktion oder einem anderen KW-stoffgemisch. — Zeichnung. (**F. P. 1 057 344** vom 24/5. 1952, ausg. 8/3. 1954.) S. MEIER. 8227

Esso Research & Engineering Co., Elizabeth, N. J., V. St. A., *Entasphaltieren von Erdölen*, bes. von Rückstandsölen durch Blasen mit Luft bei 450—700° F (Dauer ½ bis 2 Std.). Das mit Luft geblasene Öl wird anschließend mit einem Asphaltierungsmittel, z. B. Propan, behandelt. — Zeichnung. (**E. P. 736 612** vom 30/12. 1952, ausg. 14/9. 1955. A. Prior. 19/2. 1952.) P. UNGER. 8229

Esso Research & Engineering Co., Elizabeth, N. J., V. St. A., *Entasphaltieren mit Propan und Butan*, bes. von Petroleumrückstandsölen, welche mit einem Asphaltfällungsmittel, bestehend aus einer Mischung von Propan u. Butan, behandelt werden. Die Mischung enthält 13—14 Vol.-%, bezogen auf das Gesamtvol. von Propan u. Butan. Das Rückstandsöl hat eine Viscosität von mehr als 2500, bes. 3000 SSU bei 210° F. — Zeichnung. (**E. P. 736 898** vom 14/4. 1953, ausg. 14/9. 1955. A. Prior. 12/6. 1952.) P. UNGER. 8229

Shell Development Co., Emeryville, Calif., V. St. A., bzw. **N. V. de Bataafsche Petroleum Mij.**, Den Haag, Holland, übert. von: **Harry J. Sommer**, Lafayette, Calif., V. St. A., *Asphaltemulsion* vom Typ Öl-in-Wasser. Im Asphalt sind Alkaliseifen von Naphthensäuren eines Mol.-Gew. 300, im W. wasserdispergierbare Seifen, z. B. Alkaliseifen, dispergiert. Die Menge der Naphthenseifen beträgt 0,5—10 (Gew.-%), bezogen auf Asphalt, die der Alkaliseifen 0,5—10, bezogen auf Wasser. — Beispiel: Emulsion von Asphalt mit einem Geh. von 8 Naphthensäureseifen (gewonnen aus Rückständen der Schmieröldest. in Ggw. von NaOH) in der gleichen Menge W., in welcher 0,75 K-Seife von Tallöl dispergiert ist. (**A. P. 2 730 506** vom 28/3. 1952, ausg. 10/1. 1956. **E. P. 724 318** vom 26/3. 1953, ausg. 16/2. 1955. A. Prior. 28/3. 1952.) E. DREWS. 8231

Comp. Française des Essences Synthétiques, Frankreich, *Verflüssigung* von Kohle, Lignit, Torf u. anderen Prodd., dad. gek., daß man die M. bei 420—520° u. ca. 300 kg/cm² mit 50 Gew.-% Wasserdampf behandelt, wobei man neben Unzersetztem u. gasförmigen Anteilen (CO_2, H_2S, H_2, N_2, C_nH_{2n}, C_nH_{2n+2}) ca. 40% an Ölen, Kp. 200, 250 u. 325°, erhält. — Zeichnung. (**F. P. 1 056 765** vom 28/3. 1951, ausg. 2/3. 1954.) S. MEIER. 8233

Salustiano Recaldelaca y Ricardo López Gracia, La gran industria quimica. Parte segunda. Combustibles. Volumen VI. Bilbao: A. G. Grijelmo. 1955. (VI + 365 S.) ptas. 160,—.

XXI. Leder. Gerbstoffe.

D. Wegerle und **H. Hahn**, *Zur Frage der Unterscheidung zwischen Kollagen- und Keratinabbauprodukten in Äscherbrühen.* Es wird eine papierchromatograph. Meth. beschrieben, die eine qualitative Unterscheidung der Proteinabbauprodd. des Kollagens von denjenigen des Keratins ermöglicht. Aus der Abwesenheit bestimmter Aminosäuren (Cystin, Cystinsäure, Tyrosin) im Chromatogramm läßt sich die Herkunft der vorliegenden Abbauprodd. erkennen. Bei einer derartigen Unters. konnte festgestellt werden, daß die üblich verwendeten kurzzeitigen angeschärften Enthaarungsäscher im wesentlichen nur Bestandteile der Oberhaut u. der Haare enthalten. Bei längerer Äscherung in reinem Weißkalk geht dagegen auch Kollagen in Lsg., was als unerwünschter Angriff auf die Lederhaut angesehen werden kann. (Leder **6**. 298—301. Dez. 1955. Heidelberg, Chem. Inst.) H.-G. FRÖHLICH. 8334

E. C. Mathew und **B. M. Das**, *Bleisalzmethode zur Darstellung reinen Gerbstoffes.* Vff. verglichen den nach PERKIN u. Mitarbeitern (J. chem. Soc. [London] **69**. [1896.] 1287, 1299, 1303; **71**. [1897.] 1131 u. **73**. [1898.] 374) gereinigten Gerbstoff mit dem nach einem eigenen Verf. gereinigtem u. fanden bei letzterem günstigere Resultate; allerdings ist auch dieses Verf. ungeeignet zur vollständigen Trennung der verschied. Komponenten. Die Hauptunterschiede der nach Vff. modifizierten Pb-Salzfällung sind: Zugabe von nur 50% der erforderlichen Menge Pb-Acetat; Extraktion des Gerbstoffes aus wss.-aceton. Lsg. mit Essigester. Vergleichsanalysen für Gerbstoff aus Avaramrinde (*Cassia auriculata*). (J. sci. ind. Res. [New Delhi] **13 B**. 385—87. Mai 1954. Madras, Central Leather Res. Inst.) R. HÄUSSLER. 8336

K. Rosenbusch, *Kationische Gerbstoffe.* Nach einer kurzen Diskussion der Systematik organ., synthet. Gerbmittel schildert Vf. seine Verss., Hochpolymere mit prim. Aminogruppen zu synthetisieren, die als kation. Gerbstoffe eingesetzt werden können. Dabei wurde gefunden, daß durch Mischkondensation von Hydrochloriden aromat.

Amine [Äthanolaminhydrochlorid] (I) u. wasserfreien Aldehyden gerbakt. Kondensationsprodd. erhalten werden. Auf I kann unter Umständen verzichtet werden. Näher untersucht wurde die Mischkondensation aus *2.6-Dimethylanilinhydrochlorid, Paraformaldehyd* u. I, bei der ein gelbliches, kristallines Prod. der Zus. $C_{17}H_{22}N_2 \cdot 2\,HCl$ erhalten wurde, das als *4.4'-Diamino-3.5.3'.5'-tetramethyldiphenylmethanhydrochlorid* identifiziert wurde. Dieses läßt sich diazotieren u. gibt mit β-Naphthol eine Rotfärbung. Die mit derartigen Aminoplasten gegerbten Leder lassen sich durch einfaches Bestreichen mit $NaNO_2$-Lsg. diazotieren u. in gleicher Art durch Tunken in die Lsg. einer geeigneten Kupplungskomponente direkt färben. (Leder **6.** 1—5. Jan. 1955.) R. HÄUSSLER. 8336

D. E. Hathway und **J. W. T. Seakins**, *Autoxydation von Catechin.* Erhitzen von Catechin (I) beim $p_H < 2$ auf 100° mit u. ohne O_2 ergibt ein tieffarbiges Phlobaphen, welches die Farb-Rkk. des Brenzcatechins u. Phloroglucins zeigt. Beim p_H 4—8 erfolgt dagegen Autoxydation zu Catechintannin (II), welches die Farb-Rkk. nicht gibt. $NaHSO_3$-Zusatz hält die Autoxydation an, in Abwesenheit von O_2 erfolgt nur Epimerisation. Autoxydation beim $p_H > 8$ führt zu Huminsäuren, möglicherweise unter Ringspaltung. Bei Behandlung von I mit O_2 in Phosphatpuffer (p_H 8) bei 35° erfolgt Bldg. eines II (λ_{max} 400 mμ [p_H 6], λ_{max} 420—430 mμ) u. von 0,38 Mol H_2O_2 unter Aufnahme von 1,59 Mol O_2. Die O_2-Absorptionskurve zeigt S-förmigen Verlauf ohne Induktionsperiode. Das aus I u. Brenzcatechin mit Ag_2O in Dioxan erhaltene Prod. zeigt λ_{max} 370 mμ (vgl. o-Benzochinon, λ_{max} 370 mμ), dagegen ergeben die entsprechenden o-Chinone beim Schütteln mit O_2 oder I mit Ag_2O in Phosphatpuffer **II**. Ein Mechanismus unter Annahme freier Radikale wird vorgeschlagen: $H_2Q + O_2 = Q + H_2O_2$; $H_2Q + H_2O_2 = Q + 2\,H_2O$ (Q = Chinon). Bei Einw. von Oxydasen auf I erfolgt Bldg. von o-Chinon, welches durch O_2-Acceptoren (z. B. Ascorbinsäure) reduzierbar ist u. bei weiterer enzymat. Oxydation **II** gibt. (Nature [London] **176.** 218. 30/7. 1955. Egham, Surrey, Milton Park, Brit. Leather Manufacturers' Res. Assoc.) O. HENNING. 8336

H. Gnamm, *Probleme der Wasserwerkstatt bei der Herstellung von lohgarem Vachettenleder.* Ausführliche Darst. der bei der Herst. von lohgarem Vachettenleder auftretenden Probleme beim Weichen u. Äschern der Rohhäute, vom Praktiker aus gesehen. — Ausführliche Diskussionsbemerkungen. (Leder **6.** 265—75. Nov. 1955.)
H. G. FRÖHLICH. 8340

K. Löchner, *Probleme der Wasserwerkstatt bei der Herstellung von Unterleder.* Eingehende Behandlung der beim Äscherprozeß wichtigsten Vorgänge, wie die Naturfettentfernung u. die größtmögliche Substanzerhaltung bei der Herst. von Unterleder. Hierbei wurden auch Möglichkeiten einer Rationalisierung des Unterlederäschers diskutiert. (Leder **6.** 275—78. Nov. 1955.) H. G. FRÖHLICH. 8340

G. Walther, *Probleme der Wasserwerkstatt bei der Herstellung von Feinleder.* An Hand der Literatur vergleicht Vf. die zur Herst. von Feinleder, bes. Chevreauleder, am besten geeigneten Äscherverff. mit seinen eigenen Erfahrungen. (Leder **7.** 1—8. Jan. 1956.)
H. G. FRÖHLICH. 8340

R. Schubert, *Vorschläge für eine vorläufige Methode zur Untersuchung von Lederfettungsmitteln.* Lederfettungsmittel, wie sie heute für verschied. Zwecke von der Industrie hergestellt werden, sind so zusammengesetzt, daß es nicht möglich ist, mit den bisherigen Standardmethoden der Fettunters. eine Analyse eindeutig durchzuführen. Es wurde deshalb teilweise dazu übergegangen, besondere Untersuchungsverff. zu entwickeln. Die dabei in den verschied. Labors gesammelten Einzelerfahrungen werden gegeneinander verglichen, u. es soll versucht werden, zu allgemeingültigen Analysenvorschriften zu kommen. Neben der Best. des Wassergeh. u. der flüchtigen organ. Bestandteile soll die Best. nichtflüchtiger, nichtfettender organ. Substanzen u. der Mineralstoffe neu festgelegt werden. Es werden ausgearbeitete Vorschläge für vorläufige neue Analysenmethoden zusammengestellt. (Leder **4.** 177—82. Aug. 1953. Ludwigshafen/Rh., BASF, Ledertechn. Abt.) P. STADLER. 8366

Fritz Stather, Leder und Kunstleder. Fachkunde in Stichworten. Unveränd. Nachdruck d. 2. verb. Aufl. Gleichzeitig 4. neubearb. Aufl. von „Das Leder". Berlin: Akademie-Verl. 1956. (104 S. m. 90 Schemazeichnungen, 10 Tab. u. 10 Taf.) 8°. DM 9,50.

XXIV. Photographie.

W. Clark, *Angewandte Infrarotphotographie.* Kurzer Überblick. (Research **5.** 304 bis 312. Juli 1952. Rochester, N. Y., Eastman Kodak Co.) H. LIEPACK. 8590

I. L. Roich, *Über die Zusammensetzung der photographisch-aktiven Teilchen, die sich bei der atmosphärischen Korrosion von Metallen abscheiden.* (Vgl. C. **1954.** 5252.) Die photograph. Aktivität der Metalle ist bisher nicht eindeutig geklärt, wobei feststeht,

daß der photograph. Effekt durch Oxydation der Metalloberfläche hervorgerufen wird. Auf Grund eingehender Unterss. folgert Vf., daß H_2O_2 (I)-Dämpfe die Schwärzung der Photoschichten hervorrufen. Vf. setzte die Photoschicht der Einw. von I-Dämpfen aus, wobei die Schicht vor oder nach der Einw. von spektral zerlegtem Licht ausgesetzt war (6×9-Platten in 2 mm Entfernung der Schicht von der I-Lsg.). Analog wurde eine photograph. Platte der Einw. einer Platte aus granuliertem Zn in einer Entfernung von 0,13—0,22 mm ausgesetzt. Die jeweilige Belichtung der Platte mit spektral zerlegtem Licht erfolgte vor oder nach der Einw. der Metallschicht, um mögliche Unterschiede gegenüber der Einw. der I-Dämpfe festzustellen. Die Schwärzung der Schichten wurde durch ein Photoelement mit Sperrschicht u. Spiegelgalvanometer gemessen. Die Belichtung mit Licht betrug 1 Min., die Einw. der I-Dämpfe 2 Std., die der Zn-Platte 10 Tage, als Aufnahmematerial diente eine Isoorthoplatte 500 H & D, entwickelt wurde 3 Min. mit TSCHIBISSOW-Entwickler. Die auf diese Weise erhaltenen Schwärzungskurven zeigten vollständige Analogie. Vergleichsverss. mit $HgCl_2$ oder mit Na_3AsO_3 zeigten abweichende Schwärzungskurven. Aus diesen Ergebnissen folgert Vf., daß die photograph. Einw. der Zn-Platte durch entstandenes I zu erklären ist. (Доклады Академии Наук СССР [Ber. Akad. Wiss. UdSSR] [N. S.] **94.** 1117—20. 21/2. 1954.)
H.-A. OEHRN. 8598

A. J. Ahearn und **J. T. Law,** *Russell-Effekt in Silicium und Germanium.* Der RUSSELL-Effekt besteht in der Schwärzung einer photograph. Platte durch eine frisch aufgerauhte Metalloberfläche. Während für Al, Zn, Cd usw. Einwirkungszeiten von mehreren Std. erforderlich sind (vgl. RUSSELL, Proc. Roy. Soc. [London], Ser. A **61.** [1897.] 424), genügen bei Si u. Ge wenige Minuten. Vff. können zeigen, daß der Effekt auf einer Bldg. von H_2O_2 an der Metalloberfläche beruht. Die Geschwindigkeit, mit der die Wrkg. der Metalloberfläche nach ihrer Aufrauhung abklingt, wird untersucht. (J. chem. Physics **24.** 633—34. März 1956. Murray Hill, N. J., Bell Telephone Laborr.)
H. W. LEVI. 8598

Władysław Markocki, *Photographische Emulsionen für die Registrierung der Bahnen elektrisch geladener Teilchen.* Übersicht; Entw.; Entstehung des latenten Bildes in Ag-Halogenidkristallen; photograph. Materialien für die Registrierung von Kernspuren; Anwendungen; Rezepte für die Herst. von Kernemulsionen. (Wiadomości chem. **6.** 2—27. Jan. 1952. Breslau [Wrocław], Politechn., Kat. Fototechn.)
R. K. MÜLLER. 8600

A. J. Axford, *Die quantitative Analyse von Phenidon–Hydrochinon-Entwicklern.* Die bei *Metol–Hydrochinon*-Entwicklern zum Ziele führenden Analysenmethoden lassen sich auf *Hydrochinon–Phenidon*-Gemische nicht anwenden. Die mol. Konz. an Phenidon beträgt in solchen Entwicklern meist nur den 4. Teil der Hydrochinonmenge. Der Entwickler enthält sehr wenig Phenidon, oft nur 0,01—0,02%. Phenidon besitzt eine geringere Basizität als Metol u. wird aus sauren Lsgg. zusammen mit dem Hydrochinon extrahiert, von dem es nur schwierig zu trennen ist. Die übliche Oxydationstitration von Phenidon gibt ungenaue Werte. Vf. beschreibt eine Meth. zur quantitativen Best. von Phenidon, die darauf beruht, daß *3-Pyrazolidone* in saurer Lsg. durch *Jod* zu den entsprechenden *Pyrazolonen* oxydiert werden können. Andere in Phenidon–Hydrochinon-Entwicklern enthaltene organ. Substanzen werden bei Raumtemp. von Jod nicht angegriffen, wenn bei der Best. das p_H von 5,0 eingehalten wird. Genaue Arbeitsvorschrift. (Brit. J. Photogr. **103.** 88—89. 24/2. 1956. Ilford Ltd., Renwick Labor.)
W. GÜNTHER. 8658

REDAKTIONSSCHLUSS: 12. Sept. 1956.

Herausgeber u. verantwortlich für den Inhalt: Prof. Dr. Maximilian Pflücke, Berlin N 4, Schiffbauerdamm 19, Fernsprecher: 425571. Redaktion: Chefredakteure Dr. Eugen Klever und Prof. Dr. Maximilian Pflücke. Verlag: Akademie-Verlag GmbH, Berlin W 8, Mohrenstraße 39 (Fernsprecher 200386, Postscheckkonto Berlin 35021), u. Verlag Chemie, GmbH, Weinheim/Bergstraße (Fernsprecher 2017 u. 2965, Postscheckkonto Frankfurt/M. 145314 u. Berlin-West 7430). Bestell- u. Verlags-Nr.: 1007/127. Das Chemische Zentralblatt erscheint wöchentlich. Preis des Jahrganges einschl. Autoren-, Patent-, Sach- und Formelregister: DM 680,—; einseitig bedruckte Ausgabe: DM 750,—. Abgabe der Zeitschrift nur mit sämtlichen Registern.

Satz u. Druck: VEB Leipziger Druckhaus, Leipzig, III/18/203. XI. 56.
Veröffentlicht unter der Lizenznummer 1212 des Amtes für Literatur und Verlagswesen der Deutschen Demokratischen Republik.
Printed in Germany.

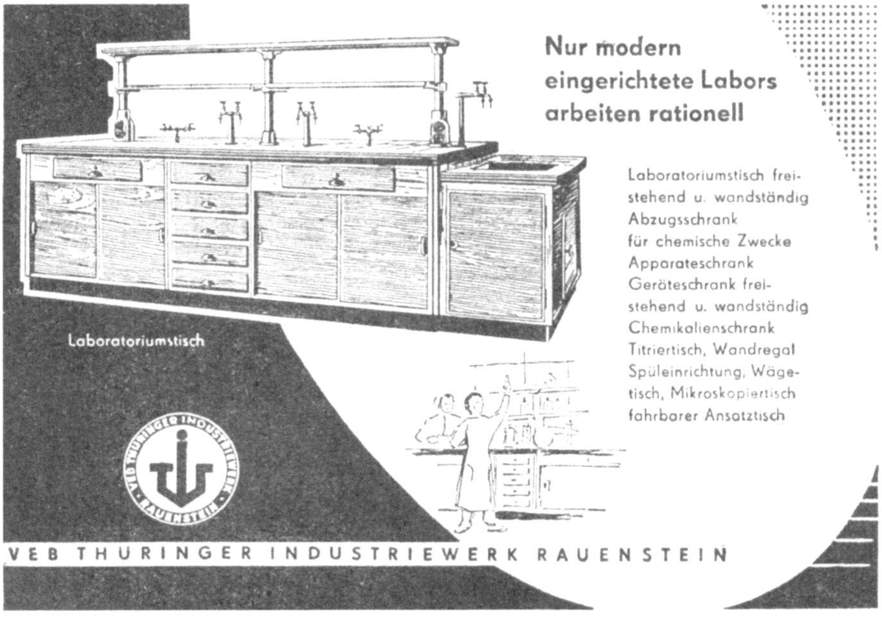
Nur modern eingerichtete Labors arbeiten rationell
Laboratoriumstisch freistehend u. wandständig
Abzugsschrank für chemische Zwecke
Apparateschrank
Geräteschrank freistehend u. wandständig
Chemikalienschrank
Titriertisch, Wandregal
Spüleinrichtung, Wägetisch, Mikroskopiertisch
fahrbarer Ansatztisch
Laboratoriumstisch
VEB THÜRINGER INDUSTRIEWERK RAUENSTEIN

FSC
www.fsc.org
MIX
Papier | Fördert
gute Waldnutzung
FSC® C083411

Kolibri 360 GmbH
Ferdinand-Jühlke-Straße 7
99095 Erfurt, Deutschland
produktsicherheit@kolibri360.de